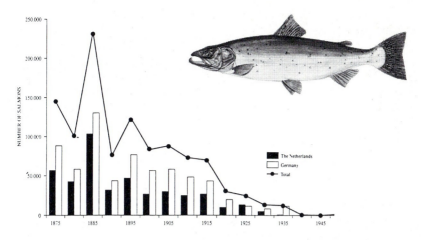

Tafel 2a: Niedergang der Lachsfischerei in deutschen und niederländischen Flüssen (ICPR 1991)

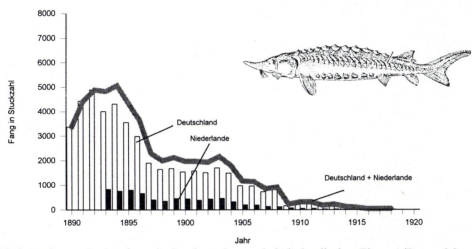

Tafel 2b: Rückgang der Störfänge in den deutschen und niederländischen Flüssen (Daten: MOHR 1952)

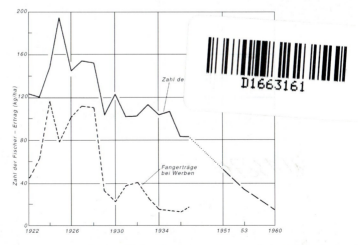

Tafel 2c: Rückgang der Fangerträge und Anzahl der Fischer an der mittleren Elbe (ALBRECHT 1960)

José L. Lozán · Hartmut Kausch (Hrsg.)

Warnsignale aus Flüssen und Ästuaren

Wissenschaftliche Fakten

Mit 160 Abbildungen, 4 Tafeln und 60 Tabellen

Unter Mitwirkung von:
Hans H. Bernhart, Günther Friedrich, Alfred Hamm und Michael Schirmer

Parey Buchverlag Berlin 1996

Parey Buchverlag im
Blackwell Wissenschafts-Verlag
Kurfürstendamm 57, 10707 Berlin

Anschriften der Herausgeber:

Dr. José Luis Lozán
STATeasy »wissenschaftliche Auswertung«
Schulterblatt 86
20375 Hamburg

Prof. Dr. Hartmut Kausch
Institut für Hydrobiologie und
Fischereiwissenschaft
Universität Hamburg
Zeiseweg 9
22765 Hamburg

Gedruckt mit Unterstützung der »**Aktion seeklar**«, **Verein zum Schutz der Meere e.V.**, Hamburg (S. 104); dem »**Bund für Umwelt und Naturschutz Deutschland**«, Bonn (S. 266); dem »**Bund für Umwelt und Naturschutz in Bayern**«, München (S. 265); der »**Umweltstiftung WWF-Deutschland**«, Frankfurt/M (S. 355); »**WWF-Österreich**«, Wien (S. 151) und **STATeasy »wissenschaftliche Auswertung«** Hamburg (S. 355).

Die Wiedergabe von Gebrauchsnamen, Handelsnamen, Warenbezeichnungen usw. in diesem Buch berechtigt auch ohne besondere Kennzeichnung nicht zu der Annahme, daß solche Namen im Sinne der Warenzeichen- u. Markenschutz-Gesetzgebung als frei zu betrachten wären und daher von jedermann benutzt werden dürften.

Die Deutsche Bibliothek – CIP-Einheitsaufnahme

Warnsignale aus Flüssen und Ästuaren :
wissenschaftliche Fakten ; mit 60 Tabellen / José L. Lozán ; Hartmut Kausch (Hrsg.). Unter Mitarb. von: H. H. Bernhart ... - Berlin : Parey, 1996
ISBN 3-8263-3085-4
NE: Lozán, José L. [Hrsg.]; Bernhart, Hans Helmut

© 1996 Blackwell Wissenschafts-Verlag,
Berlin · Wien

Printed in Germany · ISBN 3-8263-3085-4

Dieses Werk ist urheberrechtlich geschützt. Die dadurch begründeten Rechte, insbesondere die der Übersetzung, des Nachdrucks, des Vortrages, der Entnahme von Abbildungen und Tabellen, der Funksendung, der Mikroverfilmung oder der Vervielfältigung auf anderen Wegen und der Speicherung in Datenverarbeitungsanlagen, bleiben, auch bei nur auszugsweiser Verwertung, vorbehalten. Eine Vervielfältigung dieses Werkes oder von Teilen dieses Werkes ist auch im Einzelfall nur in den Grenzen der gesetzlichen Bestimmungen des Urheberrechtsgesetzes der Bundesrepublik Deutschland vom 9. September 1965 in der Fassung vom 24. Juni 1985 zulässig. Sie ist grundsätzlich vergütungspflichtig. Zuwiderhandlungen unterliegen den Strafbestimmungen des Urheberrechtsgesetzes.

Einbandgestaltung: Rudolf Hübler, Berlin
Titelfoto: Überschwemmung im Rheinland Januar 1995, Friedrich Schewe – Das Fotoarchiv.
Tafel 1: © Westermann Schulbuchverlag GmbH, Braunschweig
Satz: Dr. José Luis Lozán
Repro: deutsch-türkischer fotosatz, Berlin
Druck und Bindung: Mercedes-Druck, Berlin

Gedruckt auf chlorfrei gebleichtem Papier

Vorwort

Die Flüsse sind im globalen Wasserkreislauf die Adern der Kontinente. Sie führen die Wasserüberschüsse aus Niederschlägen und Grundwasser, die nicht verdunsten oder für einige Zeit im Grundwasserdepot verbleiben, ins Meer und regulieren auf diese Weise den Haushalt von Oberflächen- und Grundwasser. Sie transportieren aber auch in Wasser gelöste Stoffe und feste Substanzen mit der fließenden Welle und tragen damit zu den Sedimenten der Seen und Meere sowie zur chemischen Zusammensetzung des Meerwassers bei. Dabei werden Landschaften und oft auch Seen miteinander verbunden.

Zum Fluß gehören nicht nur das fließende Wasser und das Gewässerbett, sondern auch die Uferregion und die Überschwemmungsgebiete mit ihren Auewäldern, Röhrichten, Flachwasserzonen und Nebengewässern. Vielfalt und Dynamik der Bedingungen in einem Flußgebiet, verbunden mit dem oft hohen geologischen Alter, erlauben Entstehung, Vorhandensein und natürliche Veränderungen vielgestaltiger Lebensräume bis hinein in das Grundwasser und der in ihr lebenden artenreichen Fauna und Flora. Fließgewässer stellen Ökosysteme ganz eigener Art dar. Sie ermöglichen Wasserorganismen das aktive oder passive Wandern zwischen Süßwasser und Meer. Viele Fischarten, bei uns z. B. Lachse und Meerforellen, leben im Meer, wandern aber zur Fortpflanzung in die Flüsse und weiter aufwärts bis in die Bäche. Andere Arten, wie der Aal, wandern nach mehreren Jahren im Süßwasser ins Meer, um sich dort fortzupflanzen.

Mit den langfristigen Schwankungen des Klimas und der Niederschläge verändern die Flüsse ihre Form und Lage. So entwickelte sich das heutige Erscheinungsbild der großen Flüsse in der Norddeutschen Tiefebene erst nach der Eiszeit mit dem Anstieg des Meeresspiegels. Ihre Mündungen wurden von der ansteigenden Nordsee überflutet, verlagerten sich nach Süden, und ihre alten Täler wurden zu Ästuaren. Flußtäler und Ästuare waren von alters her bevorzugte Siedlungsgebiete des Menschen. Er veränderte vor allem in neuerer Zeit bis heute nachhaltig die Gestalt der Flüsse, errichtete Siedlungen und setzte mit Hochwasserschutzdeichen und dem Trockenlegen der seitlichen Feuchtgebiete, Begradigungen und Uferbefestigungen der natürlichen Veränderlichkeit der Flußgebiete und ihrer geomorphologischen Dynamik ein Ende. Das Strombett des Hauptstromes wird durch flußwärtige Vorverlegung der Deiche und Abtrennung tief ins Land greifender Nebenarme zunehmend eingeengt. Wo früher Flußauen und -marschen waren, ehemals ökologisch wichtige Feuchtgebiete, stehen heute Siedlungen, Industrieanlagen und Wohnviertel mit Parkplätzen, oder die Flächen werden landwirtschaftlich genutzt. Immer mehr Menschen leben in hochwassergefährdeten Gebieten und gefährden sich und ihre hochwertigen Güter.

Begradigungen und Uferverbau führen zur Vereinheitlichung der Uferstruktur und zum Verlust von Lebensräumen für Pflanzen und Tiere. Die Ufer sind durch Steinschüttungen befestigt, Buhnen sorgen für das Freihalten der Fahrrinne, die Fließgeschwindigkeit ist erhöht, wodurch die Tiefenerosion ansteigt, Flachwassergebiete verschwinden, der Grundwasserspiegel sinkt ab oder muß durch technische Maßnahmen künstlich hochgehalten werden.

Stauhaltungen, sei es zur Verbesserung der Schiffbarkeit oder zur Gewinnung von elektrischem Strom, verändern das Flußregime grundsätzlich: Aus dem Fließgewässer wird über lange Strecken ein stehendes Gewässer mit langen Wasseraufenthaltszeiten, hohen Temperaturen und häufigem Sauerstoffmangel im Sommer. Der Fluß »vergreist«, Fauna und Flora verändern sich und verarmen. Probleme machen die Sedimentation in den Stauräumen und die erhöhte Erosion unterhalb davon. Die zum Erhalt natürlicher Lebensbedingungen in der Flußaue erforderlichen jährlichen Überflutungen werden unterbunden und die Wanderungen der Fische erschwert, wenn nicht verhindert.

Durch die beschleunigte Klimaänderung sind starke Schwankungen der Niederschlagsmenge und damit größere Hochwasserspitzen als früher zu beobachten; an der Küste ist eine Zunahme der Sturmflutwäufigkeit festzustellen. Die Hochwassergefahr vor allem an Rhein und Mosel verschärft sich, weil das Wasser in den verbauten Flußstrecken schneller abläuft als früher und die Hochwasserspitzen von Haupt- und Nebenflüssen nicht mehr zeitlich hintereinander gestaffelt auftreten, sondern sich immer öfter zu kritischen Wasserstandshöhen vereinen. Zugleich aber fehlen die Rückhalteflächen der ehemaligen Auen, am Rhein in Zukunft ersetzt durch Rückhaltepolder mit unnatürlichen und damit ökologisch unwirksamen oder gar schädlichen Überflutungszeiten. Ebenfalls hat sich aufgrund der Fahrwasservertiefung der norddeutschen Ästuare die Sturmflutgefährdung der Menschen in den großen Städten wie Hamburg und Bremen verschärft. Diese Warnsignale sind als Folgen von langjährigen Sünden der Übernutzung der Flüsse und einer fehlerhaften Wasserbaupolitik zu bewerten. Von besonderer, meist nicht erwähnter Bedeutung ist auch die Tatsache, daß zunehmend mit großen Investitionen geschaffene Bauten und Techniken in hochwassergefährdete Gebiete gebracht wurden, wohl weil die Fähigkeiten des Menschen, mit Technik alles regeln und beherrschen zu können, weit überschätzt wurde.

Mit der Entwicklung der Städte und der Industrialisierung wurden die Flüsse seit etwa der Mitte des 19. Jhs. nicht nur als Transportwege, sondern mehr und mehr auch als Vorfluter zur Entsorgung der häuslichen, gewerblichen und industriellen Abwässer benutzt. Die Kanalisierung und die zunehmende Versiegelung des Bodens in den Städten und Dörfern brachte außerdem den Eintrag der Dach- und Straßenabläufe mit sich. Obwohl die dadurch sehr stark verschmutzten Flüsse zunehmend für Trink- und Brauchwasserentnahmen wertlos wurden und die Flußfischerei fast ganz zum Erliegen kam, brachte die Entwicklung effektiver Klärtechniken erst in der zweiten Hälfte des 20. Jhs. Entlastung. Bis dahin war aber mit der Intensivierung der Landwirtschaft der Einfluß von Dränagen und Abschwemmungen stark erhöhter Mineraldüngergaben aus Äckern und Wiesen sowie Ausgasungen von Stickstoffverbindungen aus der intensiven Nutztierhaltung dazugekommen und die Luftverschmutzung durch Industrie und Autoverkehr hatte flächendeckende Wirkungen auf Oberflächen und Grundwässer erreicht. Die Flüsse sind die Haupteintragspfade für Nähr- und Schadstoffe in die Meere und durch hohe Schadstoffgehalte sind manche Flußfische, wie z. B. der Aal, für den menschlichen Verzehr ungeeignet geworden.

Nach über 100 Jahren menschlicher Beeinflussung gelten die Flüsse in Mitteleuropa – trotz der Verbesserungen der letzten Jahre – noch immer als stark gefährdete Ökosysteme. Ziel dieses Buches ist es, wichtige Untersuchungsergebnisse und Erkenntnisse über die Eigenschaften und Gefährdungen der Flüsse in Deutschland in allgemeinverständlicher Form darzustellen, um dem Leser eine Grundlage für seine eigene Meinungsbildung und seine Entscheidungen über den künftigen Umgang mit dem Lebensraum Fluß zu geben. Es gibt nicht mehr viele Fließgewässer in naturbelassenem Zustand. Wir sind gerade dabei, auch diese Reste zu zerstören. Das Buch richtet sich nicht nur an Wissenschaftler, sondern auch an Studenten, Schüler und interessierte Laien.

Als erstes wird der Lebensraum Fluß beschrieben. Dann werden die wesentlichen Aspekte der sieben wichtigsten Flüsse in und durch Deutschland behandelt. Anschließend wird auf die Nutzungen, Belastungen und Veränderungen der Flüsse eingegangen. Die abschließenden Kapitel befassen sich mit den ökologischen Folgen und dem Schutz flußtypischer Lebensräume. Im letzten Kapitel (Ausblick) steht eine kritische Wertung zum aktuellen Zustand der Flüsse und Empfehlungen zur Verbesserung der Situation in den Flüssen im Mittelpunkt.

Aufgrund des beschränkten Buchumfangs mußte auf Vollständigkeit der behandelten Themen verzichtet werden. An dieser Stelle wird daher auf folgende weiterführende Bücher hingewiesen: »Biologie der Donau« (KINZELBACH 1994), »Limnologie der Donau (LIEPOLT 1967), »Biologie des Rheins« (KINZELBACH & FRIEDRICH 1990), Die Weser (GERKEN & SCHIRMER 1994). Ergänzende Informationen zu den Ästuaren sind in »Warnsignale aus dem Wattenmeer« und zur Nordsee in »Warnsignale aus der Nordsee« enthalten.

Unser Dank geht in erster Linie an die Autoren für die rasche Übersendung ihrer Texte und an die Gutachter für kritische Durchsicht der Kapitel. Dem Verlag danken wir für die gute Zusammenarbeit und schnelle Drucklegung dieses Werkes. Nicht zuletzt sind wir dem Verein zum Schutz des Meeres »Aktion seeklar«, dem »Bund für Umwelt und Naturschutz Deutschland«, dem »Bund für Umwelt und Naturschutz in Bayern«, der Umweltstiftung WWF-Deutschland« und »WWF-Österreich« für die Druckkostenzuschüsse, die eine größere Verbreitung dieses Buches ermöglichen, dankbar.

Das vorliegende Buch wurde durch Herrn Dr. J. L. Lozán initiiert und organisiert.

Hamburg-Bremen-Düsseldorf-Karlsruhe, im Frühjahr 1996   Die Herausgeber und die Mitwirkenden

Inhaltsverzeichnis

Vorwort
Autoren und Gutachterverzeichnis

1	**Lebensraum: Fluß**	**1**
1.1	Fließgewässer von der Quelle bis zur Mündung (W. Schönborn)	1
1.2	Wechselbeziehung zwischen Fluß und Meer (J. L. Lozán, W. Hickel, K. Reise & K. Ricklefs)	6
1.3	Die Entwicklung der Küstenlandschaft und Ästuare im Eiszeitalter und in der Nacheiszeit (H. Streif)	11
1.4	Besiedlungsgeschichte in den Flußmündungsgebieten am Beispiel der Eider und Elbe (D. Meier)	19
1.5	Das Klima und seine Bedeutung für Fluß-Ökosysteme (M. Schirmer)	23
2	**Mitteleuropäische Flüsse – Früher und Heute**	**28**
2.1	Die Donau – Gefährdungen eines internationalen Flusses (W. Konold & W. Schütz)	28
2.2	Die Eider – Veränderungen seit dem Mittelalter (H. Fock & K. Ricklefs)	39
2.3	Die Elbe – ein immer wieder veränderter Fluß (H. Kausch)	43
2.4	Die Ems – der kleine Tieflandstrom (Th. Höpner)	52
2.5	Die Oder – ein wichtiger Fluß an der südlichen Ostsee in Gefahr (R. Köhler & I. Chojnacki)	59
2.6	Der Rhein – das alte Sorgenkind (G. Friedrich & A. Schulte-Wülwer-Leidig)	65
2.7	Die Weser – eine Zustandsbeschreibung (M. Schirmer)	75
3	**Flüsse als Verkehrswege und Ansiedlungsgebiete**	**83**
3.1	Besiedlungsentwicklung – Entwicklung der Binnenschiffahrt (R. de Vries & H. Reincke)	83
3.2	Unfallbedingte Belastungen der Flüsse (K. Vogt & J. Lowis)	91
3.3	Flüsse als Trink- und Brauchwasserreservoir (E. Schramm)	95
3.4	Wärmebelastung durch Kraftwerke (M. Wunderlich)	100
4	**Belastung der Flüsse mit Schad- und Nährstoffen**	**105**
4.1	Wie und woher kommen die Nährstoffe in die Flüsse? (A. Hamm)	105
4.2	Diffuse Schadstoffquellen (K. Bester)	110
4.3	Schwermetalle und organische Schadstoffe in den Flußsedimenten (G. Müller)	113
4.4	Probleme mit Hamburger Hafenschlick (W. Calmano)	124
4.5	Toxisches Potential von Schwebstoffen und Sedimenten (L. Karbe & J. Westendorf)	129
4.6	Flußmündungen als Sammelbecken für Schadstoffe (W. Förstner)	133
4.7	Nährstoff-Frachten durch die Flüsse (U. Brockmann & R.-D. Wilken)	138
4.8	Schadstoff-Frachten durch die Flüsse (M. Haarich)	144
4.9	Atmosphärische Deposition von Stickstoff- und Schwefelverbindungen (U. Niemeier & K. Schlünzen)	148
5	**Veränderungen durch Baumaßnahmen**	**152**
5.1	Begradigung, Uferverbau und Stauhaltungen (H. P. Nachtnebel)	152
5.2	Fahrwasservertiefungen ohne Grenzen? (H. Kausch)	162
5.3	Wasserkraftnutzung – Möglichkeiten und Grenzen (H. H. Bernhart)	168
5.4	Flußhochwasser in Deutschland: Chronik und Bilanz (H. Engel)	177
5.5	Binnenschiffsverkehr und Wasserstraßenausbau (E. P. Dörfler)	182
5.6	Das Delta-Projekt und seine ökologischen Folgen am Beispiel der Oosterschelde (A. Smaal)	188
6	**Ökologische Folgen**	**197**
6.1	Veränderungen des Flußplanktons (J. Köhler & B. Köpcke)	197

6.2 Aufwuchsalgen der Fließgewässer (L. Kies) 201

6.3 Neozoen und andere Makrozoobenthos-Veränderungen (H.-G. Meurs & G.-P. Zauke) 208

6.4 Amphibien und Reptilien in Flußauen Mitteleuropas, Indikatoren für Landschaftswandel? (H.-K. Nettmann) 213

6.5 Gefährdung der Fischfauna der Flüsse Donau, Elbe, Rhein und Weser (J. L. Lozán, Ch. Köhler, H.-J. Scheffel & H. Stein) 217

6.6 Rückgang der Flußkrebse (E. Bohl) 227

6.7 Gefährdung der Säugetiere (C. Reuther) 231

6.8 Gefährdung der Vogelwelt an Flüssen (S. Garthe, J. Ludwig & P. H. Becker) 234

6.9 Das Problem des Sauerstoffmangels in Flüssen (M. Kerner) 240

6.10 Versalzung der Werra und Weser und ihre Auswirkungen auf das Phytoplankton und Makrozoobenthos (J. Bäthe) 244

6.11 Beeinträchtigung der Reproduktionsfähigkeit limnischer Vorderkiemerschnecken durch das Biozid Tributylzinn (TBT) (U. Schulte-Oehlmann, E. Stroben, P. Fioroni & J. Oehlmann) 249

6.12 Krankheiten und Parasitismus in natürlichen Gewässern (J. Schlotfeldt & J. L. Lozán) 255

6.13 Die Belastung der Biozönosen durch Schadstoffe (D. Busch) 259

7 Flußtypische Lebensräume schützen! 267

7.1 Bedeutung und Gefähring der Flachwassergebiete, Brack- und Süßwasserwatten (A. Hagge & N. Greiser) 267

7.2 Die Ufervegetation und ihre Gefährdung (L. Neugebohrn) 273

7.3 Veränderungen und Gefährdungen der Flußmarschen (Ch. Heckmann & H. Kausch)....... 280

7.4 Nebenflüsse – ihre Bedeutung für die Regeneration der Biozönose des Hauptgewässers (J. Scholle & B. Schuchardt) 286

7.5 Flußauen: Ökologie, Gefahren und Schutzmöglichkeiten (E. Dister) 292

8 Was wird getan? 301

8.1 Strukturelle Sanierung und Renaturierung (K. Kern) 301

8.2 Ökonomie und Ökologie – ein Widerspruch? (D. Jepsen, J. Lohse & S. Winteler) 308

8.3 Industrielle Abwässer: Verbesserung der Abwasserbehandlung (Th. Kluge & A. Vack) 314

8.4 Kommunale Abwässer – Hygienische Probleme und technische Möglichkeiten zu ihrer Lösung (W. Dorau) 318

8.5 Rote Liste – eine Bilanz (J. Blab & P. Finck) 322

8.6 Kritische Anmerkungen zum Einsatz des Saprobiensystems bei der Gewässerüberwachung (G.-P. Zauke & H.-G. Meurs) 329

8.7 Biomonitoring im Rahmen der Meßprogramme internationaler Organisationen und staatlicher Institutionen (L. Karbe & R. Dannenberg) 331

8.8 Nationale Arbeitsgemeinschaften und Internationale Kommissionen: Einrichtungen zum Schutz der Flüsse (J. L. Lozán, Th. Höpner & H. Reincke) 336

8.9 Schutzgebiete im Flußbereichen mit besonderer Berücksichtigung der »Mittleren Elbe« (G. Bräuer & J. L. Lozán) 342

8.10 Probleme bei der Renaturierung der Flußauen am Beispiel der mittleren Donau (A. Zinke & U. Eichelmann) 345

9 Ausblick 349

10 Begriffserklärungen und Abkürzungen 356

11 Literaturverzeichnis 363

12 Sachregister 383

Autoren- und Gutachterverzeichnis
Autoren

Jürgen Bäthe, Niedersächsisches Landesamt für Ökologie, Hildesheim
Peter H. Becker, Institut für Vogelforschung »Vogelwarte Helgoland«, Wilhelmshaven
Hans Bernhart, Institut für Wasserbau und Kulturtechnik, Universität Kalsruhe
Kai Bester, Institut für Organische Chemie, Universität Hamburg
Josef Blab, Bundesamt für Naturschutz, Bonn
Erik Bohl, Institut für Wasserforschung, Bayerisches Landesamt für Wasserwirtschaft, Wielenbach
Gerda Bräuer, Biosphärenreservat, Mittlere Elbe, Dessau
Uwe Brockmann, Institut für Biochemie und Meereschemie, Universität Hamburg
Dieter Busch, Fachbereich Biologie, Aquatische Ökologie, Universität Bremen
Wolfgang Calmano, Umwelttechnik, Technische Universität, Hamburg-Harburg
Ireneusz Chojnacki, Umweltstiftung WWF-Deutschland, Naturschutzstelle Ost, Potsdam
Robert Dannenberg, Umweltbehörde Hamburg
Rolf de Vries, Zentrum für Energie, Wasser- und Umwelttechnik, Handwerkskammer, Hamburg
Emil Dister, Umweltstiftung WWF-Deutschland, Auen-Institut, Rastatt
Ernst-Paul Dörfler, Bund für Umwelt und Naturschutz Deutschland, Elbe-Projekt, Steckby
Wolfgang Dorau, Institut für Wasser, Boden und Hygiene, Berlin
Ulrich Eichelmann, WWF Österreich, Wien
Heinz Engel, Bundesanstalt für Gewässerkunde, Koblenz
Pio Fioroni, Institut für spezielle Zoologie und vergleichende Embryologie, Universität Münster
Peter Finck, Bundesamt für Naturschutz, Bonn
Haino Fock, Forschungs- und Technologiezentrum, Christian-Albrechts-Universität zu Kiel, Husum
Ulrich Förstner, Umwelttechnik, Technische Universität Hamburg-Harburg
Günther Friedrich, Landesumweltamt Nordrhein-Westfalen, Essen
Stefan Garthe, Abteilung Meereszoologie, Institut für Meereskunde, Kiel
Norbert Greiser, HGU, Hamburg
Michael Haarich, Bundesforschungsanstalt für Fischerei, Institut für Fischereiökologie, Hamburg
Andreas Hagge, Institut für Hydrobiologie und Fischereiwissenschaft, Universität Hamburg
Alfred Hamm, Institut für Wasserforschung, Bayerische Landesanstalt für Wasserwirtschaft, Wielenbach
Charles Heckmann, Institut für Hydrobiologie und Fischereiwissenschaft, Universität Hamburg
Wolfgang Hickel, Biologische Anstalt Helgoland, Hamburg
Thomas Höpner, Institut für Chemie und Biologie des Meeres, Carl-von-Ossietzky-Universität Oldenburg
Dirk Jepsen, ÖKOPOL, Hamburg
Ludwig Karbe, Institut für Hydrobiologie und Fischereiwissenschaft, Universität Hamburg
Hartmut Kausch, Institut für Hydrobiologie und Fischereiwissenschaft, Universität Hamburg
Klaus Kern, Beratender Ingenieur, Landschaftswasserbau, Karlsruhe
Martin Kerner, GKSS-Forschungszentrum, Institut für Chemie, Geesthacht
Ludwig Kies, Institut für Allgemeine Botanik und Botanischer Garten, Universität Hamburg
Thomas Kluge, Institut für sozial-ökologische Forschung, Frankfurt
Werner Konold, Institut für Landschafts- und Pflanzenökologie, Universität Hohenheim
Jan Köhler, Institut für Gewässerökologie und Binnenfischerei, Berlin
Ralf Köhler Nationalparkverwaltung »Unteres Odertal«, Schwedt/Oder
Christian Köhler, Obere Fischreibehörde, Regierungspräsidium Darmstadt
Britta Köpcke, Institut für Hydrobiologie und Fischereiwissenschaft, Universität Hamburg
Jürgen Ludwig, Naturschutzstation Unterelbe
Joachim Lohse, ÖKOPOL, Hamburg
Jaqueline Lowis, Landesumweltamt Nordrhein-Westfalen, Essen
José L. Lozán, STATeasy, Wissenschaftliche Auswertungen, Hamburg
Dirk Meier, Forschungs- und Technologiezentrum, Christian-Albrechts-Universität zu Kiel, Husum
Hans-Gerd Meurs, Nationalparkverwaltung, Niedersächsisches Wattenmeer, Wilhelmshaven
German Müller, Institut für Umwelt-Geochemie, Universität Heidelberg
Hans-Konrad Nettmann, Fachbereich Biologie, Universität Bremen
Hans-P. Nachtnebel, Universität für Bodenkultur, Wien
Lars Neugebohrn, Institut für angewandte Botanik, Universität Hamburg
Ulrike Niemeier, Meteorologisches Institut, Universität Hamburg
Jörg Oehlmann, Institut für spezielle Zoologie und vergleichende Embryologie, Universität Münster
Heinrich Reincke, Arbeitsgemeinschaft für die Reinhaltung der Elbe, Hamburg
Karsten Reise, Biologische Anstalt Helgoland, Wattenmeerstation List/Sylt
Claus Reuther, Otter-Zentrum, Aktion Fischotterschutz e. V., Hankensbüttel
Klaus Ricklefs, Forschungs- und Technologiezentrum, Christian-Albrechts-Universität zu Kiel, Husum

Hans-Joachim Scheffel, Aquatische Ökologie, Fachbereich Biologie, Universität Bremen
Michael Schirmer, Aquatische Ökologie, Fachbereich Biologie, Universität Bremen
Hans-Jürgen Schlotfeldt, Staatlicher Fischseuchenbekämpfungsdienst Niedersachsen, Hannover
Heinke Schlünzen, Metereologisches Institut, Universität Hamburg
Jörg Scholle, Aquatische Ökologie, Fachbereich Biologie, Universität Bremen
Wilfried Schönborn, Institut für Ökologie, Friedrich-Schiller-Universität Jena
Engelbert Schramm, Institut für sozial-ökologische Forschung, Frankfurt
Bastian Schuchardt, Aquatische Ökologie, Fachbereich Biologie, Universität Bremen
Wolfgang Schütz, Institut für Wasserwirtschaft, Christian-Albrechts-Universität zu Kiel
Anne Schulte-Wülver-Leidig, Internationale Kommission zum Schutze des Rheins, Koblenz
Ulrike Schulte-Oehlmann, Institut spezielle Zoologie und vergleichende Embryologie, Universität Münster
Aad Smaal, National Institute for Coastal and Marine Management, Middelburg NL
Herbert Stein, Angewandte Zoologie - Fischbiologie, Freising-Weihenstephan
Hansjörg Streif, Niedersächsisches Landesamt für Bodenforschung, Hannover
Eberhard Stroben, Institut für spezielle Zoologie und vergleichende Embryologie, Universität Münster
Aicha Vack, Institut für sozial-ökologische Forschung, Frankfurt
Klaus Vogt, Landesumweltamt Nordrhein-Westfalen, Essen
Johannes Westendorf, Allgemeine Toxikologie, Universitätsklinik Eppendorf, Hamburg
Rolf.-Dieter Wilken, GKSS-Forschungszentrum, Geesthacht
Sabine Winterler, ÖKOPOL, Hamburg
Michael Wunderlich, Bundesanstalt für Gewässerkunde, Koblenz
Gerd-Peter Zauke, Fachbereich Biologie, Zooökologie, Carl-von-Ossietzky-Universität Oldenburg
Alexander Zinke, WWF Österreich, Wien

Die Herausgeber danken zusätzlich folgenden Gutachtern:

PD Dr. Peter H. Becker, Institut für Vogelforschung »Vogelwarte Helgoland«, Wilhelmshaven
PD Dr. Hans H. Bernhart, Institut für Wasserbau und Kulturtechnik, Universität Kalsruhe
Prof. Dr. Josef Blab, Bundesamt für Naturschutz, Bonn
Dr. Uwe Brockmann, Institut für Biochemie und Meereschemie, Universität Hamburg
Prof. Dr. Günther Friedrich, Landesumweltamt Nordrhein-Westfalen, Essen
Dr. Norbert Greiser, HGU, Hamburg
Dr. Michael Haarich, Bundesforschungsanstalt für Fischerei, Institut für Fischereiökologie, Hamburg
Dr. Alfred Hamm, Institut für Wasserforschung, Bayerisches Landesamt für Wasserwirtschaft, Wielenbach
Dr. Wolfgang Hickel, Biologische Anstalt Helgoland, Hamburg
Prof. Dr. Thomas Höpner, Institut für Chemie und Biologie des Meeres, Carl-von-Ossietzky-Universität Oldenburg
PD Dr. Heinrich Hühnerfuss, Institut für Organische Chemie, Universität Hamburg
Dr. Daniela Jacob, Max-Planck-Institut für Metereologie, Hamburg
Prof. Dr. Hartmut Kausch, Institut für Hydrobiologie und Fischereiwissenschaft, Universität Hamburg
Prof. Dr. Ludwig Kies, Institut für Allgemeine Botanik und Botanischer Garten, Universität Hamburg
Prof. Dr. Ragnar Kinzelbach, Institut für Zoologie, Technische Universität Darmstadt
Prof. Dr. Werner Konold, Institut für Landschafts- und Pflanzenökologie, Universität Hohenheim
Dr. Joachim Lohse, ÖKOPOL, Hamburg
Dr. José L. Lozán, STATeasy, Wissenschaftliche Auswertungen, Hamburg
Dr. Dirk Meier, Forschungs- und Technologiezentrum, Christian-Albrechts-Universität zu Kiel, Husum
Prof. Dr. Günther Miehlich, Institut für Bodenkunde, Universität Hamburg
Dr. Barbara Meyer, Max-Planck-Institut für Limnologie, Plön
Prof. Dr. German Müller, Institut für Umwelt-Geochemie, Universität Heidelberg
Dr. Hartmut Müller, Nationalparkverwaltung »Unteres Odertal«, Schwedt/Oder
Prof. Dr. Franz Nestmann, Institut für Wasserbau und Kulturtechnik, Universität Kalsruhe
Dr. Hans-Konrad Nettmann, Fachbereich Biologie, Universität Bremen
Dr. Hans-Jürgen Pluta, Bundesgesundheitsamt, Berlin
Dr. Michael Schirmer, Aquatische Ökologie, Fachbereich Biologie, Universität Bremen
Dr. Wilfried Schönborn, Institut für Ökologie, Friedrich-Schiller-Universität Jena
Dr. Werner Speer, Bundesanstalt für Gewässerkunde, Koblenz
Prof. Dr. Herbert Stein, Angewandte Zoologie - Fischbiologie, Freising-Weihenstephan
Dr. Hansjörg Streif, Niedersächsisches Landesamt für Bodenforschung, Hannover
Prof. Dr. Herbert Sukopp, Institut für Ökologie, Technische Universität Berlin
Dr. Burkard Watermann, LimnoMar, Hamburg
Dr. Gerd-Peter Zauke, Fachbereich Biologie, Zooökologie, Carl-von-Ossietzky-Universität Oldenburg

1 Lebensraum: Fluß

Umgangssprachlich werden unter dem Begriff »Fluß« im allgemeinen alle Fließgewässer, wie Bäche und Ströme, verstanden. Zwischen diesen gibt es jedoch bezüglich biologischer und physikalischer Eigenschaften erhebliche Unterschiede. Im Mittelpunkt des Buches stehen die durch Mitteleuropa fließenden Ströme Donau, Elbe, Rhein und Weser und ihre wichtigsten Nebenflüsse.

In diesem Kapitel wird der Lebensraum »Fluß« charakterisiert und auf die Entwicklung der Flußlandschaft seit dem Eiszeitalter und die ersten Besiedlungen eingegangen.

In der Längsrichtung erkennt man unterschiedliche Flußregionen und -bereiche mit eigenen Merkmalen und Leitorganismen; die physikalischen Parameter wie Fließgeschwindigkeit, Abfluß sowie Temperatur und Sauerstoffgehalt des Wassers ändern sich von der Quelle bis zur Mündung inhomogen aber kontinuierlich. Auch die geographische Region prägt die Flora und Fauna und andere Eigenschaften des Flusses. In diesem Sinne sind Fließgewässer in den Alpen und im Flachland ökologisch verschieden. In einem natürlichen Fließgewässer findet man Bereiche mit schneller Wasserströmung und strömungsberuhigte Zonen, die von spezialisierten Organismen bevorzugt werden. Uferbereiche mit ihrer Vegetation dienen für viele Arten als Laichplatz. Flachwasserzonen sind produktiv und weisen hohes Nahrungsangebot und geringe Wasserströmung auf; sie stellen die Kinderstube für Jungfische dar. Flußauen – Flußniederungen, geprägt von wechselndem Hoch- und Niedrigwasser – sind mit den Marschgebieten die bedeutendsten Feuchtgebiete der Flüsse. Sie sind nicht nur Lebensräume für Pflanzen und Tiere, sondern auch Sedimentationszonen und übernehmen damit maßgeblich die Filterfunktion des Flusses. Fließgewässer in natürlichem Zustand verfügen damit und mit ihrer Organismenvielfalt potentiell über eine gewaltige Selbstreinigungskraft.

Durch Begradigung, Vertiefung und Uferverbau werden diese Lebensräume zerstört, insbesondere auf diese Biotope angewiesene Organismen können nicht mehr existieren. Die Filterfunktion und Selbstreinigungskraft werden nicht mehr gewährleistet. Flüsse dienen zur billigen Entsorgung der Abwässer, die trotz Reinigung noch eine Menge an Nähr- und Schadstoffen enthalten: »Man hat große Bereiche der Flüsse nur noch zu Kanälen degradiert« (vgl. Kap. 5.3).

1.1 Fließgewässer von der Quelle bis zur Mündung
WILFRIED SCHÖNBORN

Fließgewässer sind primär Entwässerungssysteme der Erdoberfläche, die das Wasser der Niederschläge den Wassersammelstätten der Erde, den großen Binnenseen und Meeren, zuführen. Dieser Funktion im Wasserkreislauf entspricht auch ihre Gestalt. Fließgewässer sind lange und schmale Wasserrinnen, die verschiedene geologische Formationen und geographische Regionen berühren können und infolge der wechselnden Abflüsse Teile des umgebenden Landes mehr oder weniger periodisch überschwemmen. Ihr relativ geringer Wasserkörper besitzt lange Uferstrecken und daher intensiven Kontakt mit der Umgebung. Fließgewässer entwässern nicht nur das sie umgebende Land, sondern transportieren auch gelöste und feste Stoffe aus den Böden ab. Flüsse werden so zu Transportsystemen, die die gelösten Stoffe im Meer konzentrieren und seinen Salinität erhalten. Die Überschwemmungsgebiete (Auen), wie noch gezeigt wird, sind von Natur aus so beschaffen, daß sie durch die Retention des Wassers die Stoffverluste minimieren. Die moderne Forst- und Landwirtschaft führt jedoch zu einer Erhöhung der Erosion in der Aue und Beschleunigung der Stoffverluste aus der Landschaft.

Diese Entwässerungs- und Transportsysteme entwickelten sich schnell zu komplizierten Ökosystemen, deren Verständnis bis heute noch große Schwierigkeiten bereitet. Fließgewässer wurden der Lebensraum von Mikroorganismen, Algen, höheren Pflanzen und Tieren mit intensiven Wechselbeziehungen zu Grundwasser und dem umgebenen Land. Die Verzahnung der Fließgewässer mit anderen Lebensräumen macht sie zu Lebensadern vieler Landschaften. Ihre Belastung und Verbauung hat daher auch weitreichende Folgen für andere Lebensräume, nicht zuletzt auch für die Seen und Meere, in die sie münden.

Die Längszonierung der Fließgewässer

Ursprung vieler Fließgewässer sind Quellen, aus denen Grundwasser dauernd oder periodisch an die Oberfläche tritt und abfließt. Es gibt aber auch Fließgewässer, die von dem Schmelzwasser der Gletscher, dem Wasserüberschuß von Seen, Sümpfen und Mooren sowie in Gebieten mit aridem Klima von Niederschlägen gespeist werden. Das abfließende Wasser folgt der Geländeneigung und gelangt schließlich in einen See oder meist in ein Meer. Viele Fließgewässer haben im Gebirge oder Bergland ihren Ursprung. Ihr Gefälle nimmt zur Mündung hin ab, ihre Breite zu. Daher sind die Oberläufe der Fließgewässer schmal und haben eine starke, turbulente Strömung, während flußabwärts die Fließgeschwindigkeit abnimmt. Je höher das Gefälle und somit die Fließgeschwindigkeit, um so stärker erodiert der Fluß. Die Erosion erfolgt als Tiefen- und Seitenerosion. Die Tiefenerosion, die eine Vertiefung der Sohle bewirkt, benötigt Fließgeschwindigkeiten von > 3 m/s. Darunter wird nur noch schwach tiefenerodiert, aber dafür setzt jetzt die Seitenerosion ein, die das Fließgewässer verbreitert. Die durch die Erosion freigesetzten Feststoffe werden vom Fluß abtransportiert und zunehmend wieder akkumuliert (sedimentiert). Mit abnehmendem Gefälle von der Quelle bis zur Mündung nimmt die Transportkraft des fließenden Wassers ab. Bei Fließgeschwindigkeiten um 1m/s wird noch erodiert, aber auch schon akkumuliert, darunter nur noch akkumuliert. Im Oberlauf bleiben bereits die Blöcke und großen Steine liegen, Kiese und Sande erreichen noch den Mittellauf, und im Unterlauf werden die Feinsande und feinen organischen Partikel (Schlamm) abgesetzt.

Mit der Akkumulation des transportierten Materials ist auch gleichzeitig seine Sortierung verbunden, wodurch die wichtigste habitatbezogene Längszonierung entsteht, die die Basis für die Besiedlung durch Organismen wird.

Infolge der Unebenheiten des Flußbettes und lokaler Reduktion der Fließgeschwindigkeiten kommt es stellenweise auch schon im Oberlauf zwischen den großen Steinen zur Akkumulation von Feinmaterial, was die Mosaikstruktur des Flußbettes verstärkt.

Mit Abnahme der Fließgeschwindigkeit beginnt ein Fluß zu mäandrieren. Ein sich krümmender Fluß benötigt eine geringere Arbeitsleistung als ein geradlinig fließender (LEOPOLD & LANGBEIN 1966; MANGELSDORF & SCHEURMANN 1980). Die Mäandrierung führt zu Prall- und Gleithängen. An den Prallhängen kommt es zur Vertiefung (Tiefen) mit relativ hohen Fließgeschwindigkeiten, an den Gleithängen geht die Fließgeschwindigkeit zurück und es wird Sand abgelagert.

Endogene Schwingungsvorgänge führen schließlich unterhalb der Blöcke und großen Steine zu einer Schnellen-Stillen-Sequenz, die bis in den Mittelbereich des Fließgewässers reichen kann. Handtellergroße Steine werden periodisch abgelagert – über sie fließt das Wasser schnell dahin, dahinter kommt eine tiefere Stelle, in der das Wasser langsamer strömt. Die Strecke zwischen zwei Schnellen beträgt etwa die 7–8fache Bachbreite (LEOPOLD et al. 1964; BRAUKMANN 1987). Wichtig ist auch, ob die großen Steine gerollt (Geröll) oder geschoben (Geschiebe) werden. Im ersteren Falle entstehen runde Steine, im zweiten flache mit einer breiten Ober- und Unterfläche, die gut von Pflanzen und Tieren besiedelt werden können.

Erosion, Transport, Akkumulation, Sortierung und endogene Schwingungsvorgänge schaffen aber Strukturen, die grundlegend für die Besiedlung der Fließgewässer werden: Längszonierung der Korngrößen, Verbreiterung des Bettes, Mäandrierung mit Gleit- und Prallhängen, Tiefen, Schnellen, Stillen, Steinoberflächen und Mosaikstrukturen. Diese durch geologische Vorgänge bewirkte Längszonierung der Fließgewässer führt zu ihrer differenzierten Besiedlung mit Organismen und so zur Strukturierung ihres (oder ihrer) Ökosystemes.

In Verbindung mit dem Gefälle und der Schwankungsbreite der Wassertemperaturen lassen sich die Fließgewässer in zönotische Regionen untergliedern, die in *Tab. 1.1-1* ausgewiesen sind. Es sind nicht nur die Fische, sondern auch viele andere Organismen, die den genannten Regionen zugeordnet werden können (ILLIES 1961).

Die dargestellte Gliederung ist typisch für Fließgewässer, die im Mittelgebirge entspringen. Fließgewässer, die im Flachland ihren Ursprung haben, beginnen oft schon mit dem Hyporhithral oder Epipotamal und dann mit Bachcharakter. Das Epirhithral von Hochgebirgsflüssen kann hingegen noch Untergliederungen aufweisen. Küstenflüsse haben oft kein Potamal.

Zwischen Rhithral und Potamal kommt es zu dem stärksten Einschnitt in der Besiedlung des Fließgewässers. Im Rhithral leben meist kaltstenotherme, sauerstoffbedürftige und rheophile Arten, im Potamal hingegen warmstenotherme oder eurytherme und rheotolerante Arten. Pflanzen und Tiere des Rhithrals sind oft morphologisch oder durch Verhaltensstrategien an die starke Strömung angepaßt.

Die Strömung nimmt in Sohlnähe und besonders auch auf den Habitatoberflächen stark ab, so daß viele Tiere selbst in stark fließendem Wasser vor dem Fortspülen geschützt sind.

Viele benthische Organismen (besonders wirbellose Tiere) verlassen aber auch aktiv die

Tab. 1.1-1: Die Längszonierung der Fließgewässer (Q = Quelle, M = Mündung)

	Fischregion	Limnologische Bezeichnung		Gefälle [‰]	Jahrestemperatur [°C] Amplitude
Q	Obere Forellenregion	Epi-		bis ~20	~ 10
	Untere Forellenregion	Meta-	Rithral = Bach	7	10-18
	Äschenregion	Hypo-		4	18-20
↓	Barbenregion	Epi-		2	> 20
	Bleiregion	Meta-	Potamal = Fluß		
M	Flunderregion	Hypo-		Mariner Einfluß	

Besiedlungsflächen, lassen sich für kurze Strecken flußabwärts treiben und setzen sich dann aktiv wieder fest (Verhaltensdrift). Dieses Verhalten dient wahrscheinlich der Verbreitung der Organismen. Auch bei ungünstigen Einflüssen (z. B. Gift, Rückgang des Wassers, O_2-Schwund) können viele Tiere aktiv ihren Ort verlassen und sich somit aus der Gefahrenzone begeben (Katastrophendrift). Auch eine Zufallsdrift läßt sich postulieren. Wenn überhaupt nötig, werden die Verluste durch die Drift in einer Fließstrecke durch das Flußaufwärtswandern vieler Tiere wieder ausgeglichen (positive Rheotaxis). Aber auch die durch die Populationsverdünnung gegebene Produktionsstimulation genügt in vielen Fällen zum Ausgleich. Neben dieser Drift, die benthischer Herkunft ist, gibt es in Flüssen auch ein echtes Plankton, das Potamoplankton. Es gibt aber kein spezifisches Fließgewässerplankton.

Alle Plankter der Fließgewässer kommen aus lenitischen Buchten des Flusses oder Stillgewässern, die mit dem Fluß in Verbindung stehen. Fließgewässer müssen also ständig mit Plankton beimpft werden, weil die Plankter abtreiben. Erst wenn die fließende Welle alt genug und die Fließgeschwindigkeit nicht mehr hoch ist (meist im Metapotamal; oft < 0,4 m/s) können sich Plankter im Fluß vermehren und zum echten Potamoplankton werden. Die Algen des Potamoplanktons haben in belasteten Potamalen eine große Bedeutung bei der biogenen Belüftung.

Noch einen anderen wichtigen Lebensraum gibt es in Fließgewässern. Unter der Sohle und neben dem Ufer fließt in den Porensystemen Wasser mit einer Geschwindigkeit von etwa 1–2 % des Oberflächenwassers. Es steht (im Gegensatz zum Grundwasser) mit dem Oberflächenwasser direkt in Verbindung und ist ein wichtiger Lebensraum des Flusses selbst. In diesem Hyporhithral leben oft mehr benthische Tiere als im oberflächlichen Benthos. Es dient auch als Ruhe-, Flucht- und Entwicklungsraum vieler Arten, aber auch als spezifische Lebensstätte und ist besonders im Rhithral entwickelt (SCHWOERBEL 1964, 1993).

Tal- und Auebildung

Der Fluß gestaltet nicht nur sein Bett mit Hilfe der Erosion, sondern auch die angrenzenden Landschaftsteile. Das von der Tiefenerosion freigelegte Gestein verwittert. Der Verwitterungsprozeß dauert in Gebirgslagen sehr lange. Flußabwärts verläuft er meist zunehmend schneller. So entstehen die Flußtäler, die im Gebirge relativ eng bleiben, im Flachland aber immer breiter werden. Überschwemmungen überspülen die Täler und gestalten sie weiter. Der Überschwemmungsraum ist das Hochwasserbett oder die Aue. Das überschwemmende Wasser lagert Partikel ab, in umittelbarer Flußnähe Sande, entfernter davon die feineren organischen und mineralischen Teile, die schließlich den fruchtbaren Auelehm bilden.

Die Wasserführung eines Fließgewässers läßt sich grob in Niedrig-, Mittel- und Hochwasser unterteilen. Die Mittelwasserlinie, auch Uferlinie genannt, hat eine wichtige Funktion. Hier wurzeln die uferbegleitenden Bäume. In Europa sind alle Fließgewässer-Ufer und auch die angrenzenden Auen von Bäumen und Sträuchern bewachsen gewesen. An der Uferlinie wurzeln vor allem Erlen und Weiden. Ihre Wurzeln wachsen dem Wasser entgegen und stabilisieren somit die Flußsohle. Erlenwurzeln fluten oft im Wasser und bilden ein wichtiges Habitat für Algen und Tiere. Oberhalb der Uferlinie beginnt die Aue. Mit Erlen und Weiden ist es die Weichholzaue, daran schließt sich die Hartholzaue, die früher oft ein Ulmen-Eichenwald war. Im Flachland kann es vor der Weichholzzone noch eine Ried- und Rohrregion geben; im Gebirgs- und Bergland besiedelt oft die Pestwurz diese Region unterhalb der Uferlinie, die allerdings im Gebirge unscharf ausgebildet sein kann. *Abb. 1.1-1* gibt einen Überblick über den Gradienten der Auenvegetation mit den entsprechenden Fachausdrücken.

Viele Hinweise über die Physiographie und Biologie der Fließgewässer finden sich in den Büchern von CALOW & PETTS (1992, 1994) und SCHÖNBORN (1992).

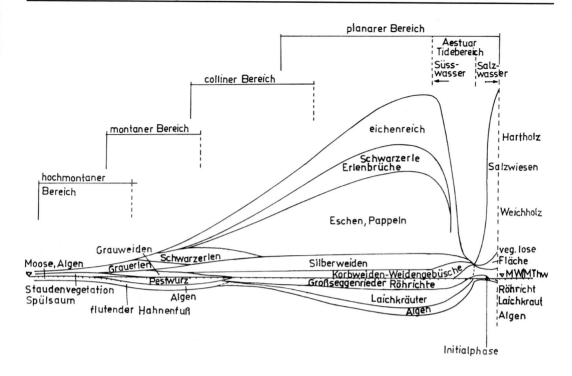

Abb. 1.1-1: Längszonierung der Ausdehnung der Wasserpflanzenbestände (unterhalb ∇) und der Auenvegetation (oberhalb ∇). MW/MThw Mittelwasser/Mittleres Tidehochwasser (aus KÜSTER 1978)

Fließgewässer als Kontinuum

Flußbett, Uferregion, die fließende Welle, das Hyporheal, Grundwasser und auch die sich anschließende Aue bilden ein physikalisch, chemisch und biologisch eng verzahntes System. Es ist ein übergeordnetes Ökosystem, dessen Kompartimente aufeinander abgestimmt sind und Eingriffe mit meist für die Menschen negativen Reaktionen ahndet.

Die Längszonierung eines Fließgewässers umfaßt nicht nur die genannten Strukturen, Faktoren und Lebensgemeinschaften von Flußbett und freier Welle (Potamoplankton) und die Pflanzengemeinschaften der Aue, sondern auch physiologische Faktoren.

Der Oberlauf der Fließgewässer ist noch schmal; seine Uferbäume haben Kronenschluß. Diese Fließgewässerstrecken werden hauptsächlich allochthon durch herabfallendes Laub und Holz ernährt. BARNES & MINSHALL (1983) bringen zu diesem Thema viele interessante Beispiele. Typische Tiere sind hier die Zerkleinerer, allen voran der Bachflohkrebs *Gammarus*. Im Oberlauf entsteht grober Detritus, der die Därme der Tiere passiert, bakteriell immer weiter abgebaut und schließlich flußabwärts transportiert wird. Im Schatten der Bäume dominieren unter den Algen die Diatomeen, die Primärproduktion ist relativ gering. Der Produktion/Respiration-Quotient (P/R) liegt oft unter 1.

Verbreitet sich der Fluß durch die Seitenerosion und Aufnahme von Nebenbächen, so kommt es nicht mehr zum Kronenschluß der Bäume. Der stärkere Lichteinfall in den Fluß bewirkt eine höhere Primärproduktion. Die Abbauprodukte dieser Pflanzen sind Feindetritus und es dominieren unter den Tieren die Weidegänger, wie Schnecken und viele Insektenlarven, die die Algenrasen abweiden. Im Potamal akkumuliert sich immer mehr Feinmaterial, Schlamm; hier dominieren die Substratfresser, wie Tubificiden und viele Chironomidenarten. Im Mittellauf liegt der P/R-Quotient meist um 1, im Hypopotamal und zur Mündung hin sinkt er wieder unter 1. Die Mechanismen, die zu dem niederen P/R-Quotienten in Rhithral und Hypopotamal führen, sind aber grundverschieden. Im ersteren Fall ist es eine schweraufschließbare geformte Substanz (Blätter, Holz) im zweiten (wie auch bei Abwasser) eine bereits feinsuspendierte leicht abbaubare. So bleiben die Rhithrale im oligotrophen Bereich. Die

Potamale werden auch unter natürlichen Bedingungen eutroph. In ihnen konzentrieren sich schließlich die genannten Produktionsabfälle der vorhergehenden Strecken, wodurch die Trophie ansteigt.

Den genannten Gradienten flußabwärts, die Änderung der strukturellen, zönotischen und physiologischen Parameter, bezeichnet man auch als Kontinuumkonzept, in das aber auch noch viele Vorstellungen aufgenommen wurden, die sich nicht bestätigt haben (VANNOTE et al. 1980). Das Kontinuum eines Fließgewässers hat, wie schon angedeutet, viele Heterogenitäten. Infolge der Habitatstrukturen gibt es eine Fülle von Fließgeschwindigkeitsmosaiken und Akkumulationsänderungen. Es gibt die stark wechselnden Abflüsse, verbunden mit einem oft kurzlebigen Strukturmuster. Ein Fließgewässer ist ein sehr chaotisches System mit einem inhärenten Störregime, d. h. einer breiten Amplitude physikalischer und chemischer Faktoren. Diesem Störregime wirken die grenznahen Wasserschichten mit ihrem laminar fließenden oder fast stehenden Wasser entgegen, in dem aber durch strudelnde Ciliaten und Rotatorien der Stoffaustausch gewährleistet wird. Fließgewässer müssen allerdings des öfteren im Jahr wieder von neuem mit der Besiedlung beginnen. Starke Hochwässer, Austrocknung, Eisgang können die oberflächliche Besiedlung weitgehend vernichten. Ein Fließgewässer ist also auf Wiederbesiedlungsmechanismen angewiesen. Diese sind Drift, Flußaufwärtsbewegungen von Tieren, Rekolonisation vom Land her (Sporen, Zysten, Eier, adulte Insekten), das Hyporheal, die retardierten Schlupfzeiten mehrerer Insektenarten und natürlich einige robuste Überdauerungsstrategien im Flußbett selbst.

Fließgewässer sind sehr uneffektive Ökosysteme. Der größte Teil der Nährstoffe fließt ungenutzt in das Meer (SCHÖNBORN 1992).

Die Mündung der Flüsse

Flüsse münden meist in einen Binnensee oder in ein Meer. Münden feststoffreiche Flüsse in ein großes Binnengewässer oder in ein gezeitenloses oder -schwaches Meer, so kommt es infolge der Abbremsung der Fließgeschwindigkeit zur Akkumulation großer Mengen mitgeführten Materials quer zur Mündung. Zwischen diesen Flußbarren verzweigt sich der Fluß und bildet ein Delta, das einen besonderen und vielseitigen Lebensraum darstellt.

Mündet ein Fluß in ein Gezeiten-Meer, so strömt auf der Nordhalbkugel unter der Einwirkung der Coriolisbeschleunigung bei Flut das Wasser auf der linken Seite in den Fluß und bei Ebbe auf der rechten wieder ab. Dadurch wird die Flußmündung trichterförmig erweitert und bildet ein Ästuar. In der Strommitte ist die Fließgeschwindigkeit am geringsten, wodurch es oft zur Entstehung langgestreckter Sandbänke kommt. Doch darf die Feststofführung dieser Flüsse nicht zu groß sein, damit das Ästuar nicht verfüllt wird.

Das Meerwasser vermischt sich mit dem Süßwasser des einmündenden Flusses (Brackwasser). Die Vermischungszone kann weit in den Fluß hineinreichen (Hypopotamal). Vom Hypopotamal aus steigt der Salzgehalt zunächst allmählich an, nimmt dann aber sprunghaft zu. In dieser Sprungzone kommt es zu einem verstärkten Absterben des Süßwasser- und marinen Planktons (KÜHL & MANN 1961). Es werden viele Nährstoffe freigesetzt, der Sauerstoffgehalt geht zurück und die Trübung steigt an. Bis in diese Zone werden bei Flut auch die marinen Sedimente transportiert und Tone flocken aus (Trübungszone, Trübstoff-Falle).

In unseren Breiten ist die Artendichte der Ästuare im Vergleich zu der im Fluß und Meer relativ gering. Das liegt an dem extrem schwankenden Salzgehalt, dem nur wenige Arten durch eine schnelle Umstellung ihres Elektrolytenhaushaltes angepaßt sind.

Auch eine Aue im üblichen Sinn gibt es im Bereich der Ästuare nicht mehr. Bei Einsetzen der Flut kommt es bereits im Hypopotamal zu einem Wasserstau, der über die Ufer tritt und feines Material ablagert (Schlick genannt). Es stammt sowohl aus dem Fluß als auch aus dem Meer. Diese Ablagerungen bilden die Flußmarsch, die zu einer Aufhöhung führen. Das sich anschließende Land neigt zur Moorbildung.

Die erhöhte und von Pflanzen (Seemarsch) befestigte Marsch wird von dem Mittelhochwasser nicht mehr erreicht. Die Zonen zwischen der Marsch und dem Ästuar, die vom Mittelhochwasser noch überspült werden und bei Ebbe trocken fallen, sind die Fluß- oder Süßwasserwatten. Auch sie entstehen infolge der Gezeiten durch Stau- und Pegelschwankungen. An sie mußten sich auch die limnischen Organismen anpassen. Im Prinzip sind Flußmarschen und Süßwasserwatt durch die Gezeiten abgewandelte Auen.

1.2 Wechselwirkung zwischen Fluß und Meer

JOSÉ L. LOZÁN, WOLFGANG HICKEL, KARSTEN REISE & KLAUS RICKLEFS

Mit dem Flußwasser werden Sedimente (Geschiebe und Geröll) sowie die im Wasser gelösten und an den Schwebstoffen ab- oder adsorbierten Substanzen bis ins Meer transportiert. Zu den natürlichen transportierten Stoffen gehören Bikarbonate (HCO_3^-), Sulfate (SO_4^-), Chloride (Cl^-), Kalzium (Ca^+), Magnesium (Mg^+) und Siliziumoxid (SiO_2) sowie Spurenelemente und Eiweiße, Farbstoffe und kleine Organismen, wie das Süßwasserplankton, die mit der Zunahme der Salinität des Wassers im Flußmündungsbereich absterben und zu Boden sinken. Im Gegensatz zum Meerwasser, dessen Inhaltsstoffe über 85 % aus NaCl bestehen, stellen HCO_3^-, Ca^+, SO_4^- und SiO_2 im Flußwasser ca. 80 % der gelösten Inhaltsstoffe dar. Die genaue Ionnenzusammensetzung im Wasser ist von Fluß zu Fluß etwas verschieden und von der Geologie des Einzugsgebietes abhängig. Flüsse sind somit für den globalen Wasserkreislauf sowie für die Sedimentbildung und den Chemismus des Meeres von Bedeutung.

Umgekehrt beeinflußt das Meer mit der Veränderung der Höhe des Meeresspiegels und den Stürmen den Flußmündungsbereich und den Küstenverlauf in zunehmendem Maße (vgl. Kap. 1.5). In den tideabhängigen Flüssen werden Plankton und Schwebstoffe mariner Herkunft regelmäßig mit dem Flutstrom in die Flußmündungsbereiche hineintransportiert und bilden zusammen mit limnischen Stoffen eine Zone maximaler Schwebstoffkonzentration »die Trübungszone«. Im Tidenzyklus sedimentieren die Schwebstoffe und werden partiell wieder aufgewirbelt. Als Indikatoren für diese Stoffdynamik gilt die Präsenz von Substanzen mariner Herkunft im Sediment des Flußunterlaufs. So werden z. B. in der Weser und Elbe regelmäßig radioaktive Substanzen aus den Wiederaufbereitungsanlagen in La Hague und Sellafield registriert, die mit der Zirkulation und dem Austausch des Wassers über die gesamte Nordsee verteilt werden. All diese Prozesse im Fluß werden mit dessen Vertiefung und Begradigung erheblich verstärkt. Das ist in der drastischen Erhöhung des Tidenhubs bei Bremen und Hamburg deutlich zu sehen.

Flußunterläufe sind aufgrund der dort abgelagerten nährstoffreichen Sedimente hochproduktive Regionen; marine Fisch- und Krebsarten dringen dort mit dem Flutstrom ein, um das hohe Nahrungsangebot zu nutzen. Besonders hervorzuheben ist ferner die Bedeutung der Flüsse für die zwischen Meer und Fluß wandernden Tiere. Auch in der Evolution haben möglicherweise die Flüsse bei der Eroberung terrestrischer Lebensräume durch Meeresformen bzw. später bei der Rückeroberung des Meeres durch Landbewohner eine wichtige Rolle gespielt. Im Zusammenhang mit Warnsignalen befaßt sich dieser Beitrag insbesondere mit dem Stoff- und Sedimenttransport und dessen Folgen für die Flora und Fauna an der Küste. Es soll gezeigt werden, daß viele ökologische Veränderungen weit entfernt von der Quelle der Verschmutzung im Meer zutage treten.

Wasser-, Sediment und Stofftransport

Flüsse als »Adern« im globalen Wasserkreislauf der Erde führen die Wasserüberschüsse aus Niederschlägen und Grundwasser bis ins Meer. Obwohl die Wassermenge der Flüsse mit nur 0,0001 % des Gesamtwasservolumens der Erde relativ gering ist, gehören die durch Fließgewässer in Gang gebrachten geologischen Abläufe doch zu den wirkungsvollsten und haben überragende Bedeutung für die morphologische Gestaltung der Erdoberfläche. Beispielsweise vermögen im Gebirge talwärts schießende Wassermassen tief eingeschnittene Schluchten zu modellieren. Abschnitte mit weniger starkem Gefälle sind oft durch ein Mäandrieren des Flusses gekennzeichnet. Die mit Annäherung an die Mündung immer träger dahinfließenden Ströme bauen nicht selten weite Schwemmlandebenen auf. Zu den Leistungen der Flüsse gehört nicht nur, das Oberflächenwasser wieder dem Meer zuzuführen, sondern Verwitterungsprodukte zu transportieren und somit zu einem Ausgleich des Festlandreliefs beizutragen. Bevor der Mensch begann, seine Lebensräume umzugestalten, wurden durch die Flüsse weltweit etwa 9 Mrd. t/a an Verwitterungsprodukten in die Ozeane transportiert. Besonders die Rodung von Wäldern und die großflächige Anlage von Ackerflächen, aber auch die Ausbeutung von Bodenschätzen haben einen starken Anstieg der Flußfracht bis auf etwa 22–24 Mrd. t/a bewirkt. Hiervon entfallen etwa 4/5 auf feste und 1/5 auf gelöste Stoffe (SKINNER & PORTER 1987). Im Zusammenhang mit anhaltender Abholzung der Wälder am Oberlauf ist eine Zunahme der Abschwemmung und Erosion zu beobachten. Wasserbauten wie Staudämme bewirken zwar eine Erhöhung der Sedimentation, unterhalb der Staudämme und in begradigten Flußstrecken sind aber durch die erhöhte Fließgeschwindigkeit verstärkte Erosionsvorgänge festzustellen.

Die Verweilzeit des Wassers in den Flüssen ist kurz. Während beispielsweise in der zentralen Ostsee bis 35 Jahre vergehen können, bis ihr Wasser erneuert wird, verweilt das Wasser in den Flüssen nur wenige Tage oder Wochen. Gerade wegen des schnellen Abtransports werden die Flüsse seit Entwicklung der Städte und Industrie zur kostenlosen Entsorgung von Abwässern benutzt. Während kommunale und industrielle Abwässer heute weitgehend in Kläranlagen behandelt und deren Verunreinigungsgrad vor Einleitung in die Flüsse reduziert wird, fließen Abwässer aus der Landwirtschaft und industriellen Tierhaltung vor allem während der niederschlagsreichen Monate meist ungereinigt in die Flüsse. Dies führt nicht nur zur Kontamination des Wassers und der Sedimente der Flüsse, sondern auch zu einem Überangebot an Nährstoffen (Eutrophierung), mit der Folge erhöhter Produktion organischer Substanz in Küstengewässern und auch in Flußbereichen.

Durch jahrzehntelange, erhöhte Nährstoffzufuhr gibt es seit langem deutliche Anzeichen für eine starke Eutrophierung (Überdüngung) auch in Küstengewässern. *Abb. 1.2-1* zeigt den Jahresgang des anorganischen, gelösten Phosphats im niederländischen Wattenmeer (Marsdiep) in früheren Jahren (1950–1951) und nach verstärkter Eutrophierung (1970/1971). Nicht nur hatten sich die Phosphat-Konzentrationen mehr als verdoppelt, sondern auch der Jahresgang hatte sich verändert. Nach der Planktonblüte im Frühjahr waren die Phosphatmengen minimal und blieben gering über den ganzen Sommer. Heute dagegen liegen sie – nach einem kurzen Minimum im Frühjahr – gerade im Sommer um ein mehrfaches höher und bilden ein Maximum, das sich nur durch die Remineralisation erhöhter Mengen organischer Substanz, vermutlich aus erhöhter Planktonproduktion, erklären läßt. Eine ähnliche Entwicklung wird auch im deutschen Wattenmeer 1991 festgestellt. Dies und die Tatsache, daß nicht mehr alle Nährstoffe verbraucht werden, wird als Beweis für eine Überdüngung gewertet.

Die Flußwasserfahnen, charakterisiert durch geringen Salzgehalt und hohe Nährstoffkonzentrationen, erstrecken sich weit in das Küstenwasser (BROCKMANN & EBERLEIN 1986). Durch den Tide-Einfluß können sie sich oft als »Wasserblase« ausbilden, die als gesonderte Wasserkörper verdriften. An den Übergängen der Flußwasserfahne können Fronten entstehen, an denen sich die Planktonproduktion durch die günstigen Nährstoffbedingungen erhöht. Im Sommer kann es bei anhaltend schönem, windarmem Wetter zu einer verstärkten Dichteschichtung der Wassersäule und dadurch zu einer verstärkten Sedimentation von Biomasse mit nachfolgendem Sauerstoffmangel im Tiefenwasser kommen.

Mit der industriellen Entwicklung nahm in den Fließgewässern neben den Nährstoffen die Menge der Schwermetalle drastisch zu, die ursprünglich nur in Spuren vorhanden und unproblematisch waren. Hinzu kam die Vielzahl der synthetisierten Stoffe, die schwer abbaubar und daher im Ökosystem persistent sind. Sowohl Schwermetalle als auch die synthetisierten Stoffe werden durch Organismen angereichert und sind z. T. schon in geringer Konzentration für den Menschen sowie für Tiere und Pflanzen schädlich (vgl. Kap. 6.13). Die aus Industrie, Kraftwerken, Haushalten, Verkehr und Landwirtschaft in die Luft emittierten Schad- und Nährstoffe gelangen direkt oder indirekt in die Flüsse (vgl. Kap. 4.7). Die auf dem Land mit dem Wind und den Niederschlägen deponierten Stoffe erreichen aufgrund der enormen Einzugsgebiete der Flüsse früher oder später nach Abspülung durch das Regenwasser das Meer. Beispielsweise weist die Donau bei einer Länge von etwa 2 880 km ein Entwässerungsgebiet von ca. 817 000 km² auf.

Zum Überangebot an Nährstoffen und Anreicherung von Schadstoffen in Küstengewässern ha-

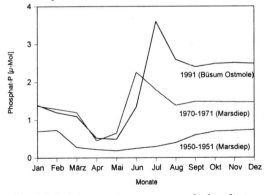

Abb. 1.2-1: Jahresgang von anorganisch gelöstem Phosphat im niederländischen Wattenmeer (Marsdiep) in den Jahren 1950–1951 und 1970–1971 (DE JONGE & POSTMA 1974) und im nordfrisischen Wattenmeer im Jahr 1991 (HESSE et al. 1993)

ben auch die in diesem und im vorigen Jahrhundert durchgeführten morphologischen Flußveränderungen beigetragen. So bewirkten Hochwasserschutzmaßnahmen die Vernichtung von Feucht- und Überschwemmungsgebieten, die bedeutende Sedimentationsflächen darstellen und als Senken für Nähr- und Schadstoffe fungieren. Uferverbau und Flußbegradigung führen zu Verlusten von Lebensräumen für Tiere und Pflanzen sowie zur Erhöhung der Fließgeschwindigkeit. Dadurch verminderte sich nicht nur die Selbstreinigungskraft der Flüsse, sondern auch die Filterfunktion der Flüsse ging teilweise verloren. Der Stoffeintrag ins Meer wurde damit verstärkt und beschleunigt.

Rund 75 % der anthropogen bedingten Phosphor- und ca. 50 % der Stickstoff-Einträge gelangen in die Nordsee über die dort mündenden Flüsse. Weil die Nordsee ein offenes Randmeer ist, war man früher der Meinung, daß die eingeleiteten Nähr- und Schadstoffe mit dem zufließenden Wasser aus dem Atlantik verdünnt und mit dem ausfließenden Wasser aus der Nordsee ausgetragen würden. Neuere Messungen zeigen jedoch, daß dies nur in geringem Umfang der Fall ist. Die eingetragenen Nähr- und Schadstoffe werden vielfach durch Pflanzen und Tiere aufgenommen und durch Räuber-Beute-Beziehungen in die Nahrungskette weitergegeben. Nach Absterben der Organismen sedimentieren diese als organisch gebundene Stoffe. Ein weiterer Teil insbesondere der Schadstoffe wird durch komplexe ab- und adsorptive Vorgänge an Schwebstoffen zurückgehalten und in strömungsarmen Arealen deponiert, wo er durch Winterstürme teilweise wieder remobilisiert wird.

Einflüsse auf die marinen Organismen

Die Bedeutung der Flüsse für die Lebewesen des Meeres ist von Natur aus ambivalent. Flüsse machen ihnen das Leben schwer, aber sie bringen ihnen auch Gutes. Der saisonal oft schwankende Süßwasserimport stellt hohe physiologische Anforderungen und kann die Süßwassertoleranz einiger mariner Arten überschreiten. Die im Flußwasser suspendierten Partikel und Trübstoffe verursachen Lichtmangel bei den Algen und Seegräsern. Die mitgeführten Sinkstoffe können die feinen Filter mancher Meerestiere verstopfen. Andererseits bringen die Flüsse Nährsalze und organische Substanzen mit sich; dies fördert das Wachstum der Meeresorganismen.

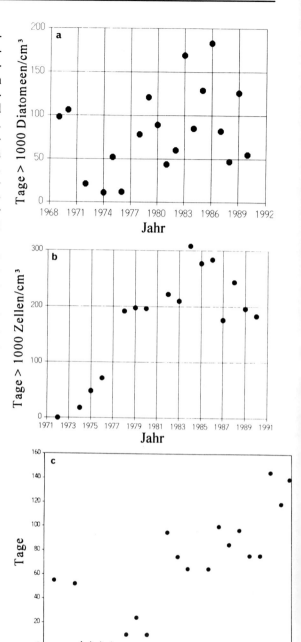

Abb. 1.2-2: Veränderungen in Phytoplankton vor der niederländischen Küste (Marsdiep) ausgedruckt als die Zeit Tage/a mit > 1000 Zellen/ml. **a**: Diatomeen, **b**: Alle Nicht-Diatomeen **c**: *Phaeocystis* (CADEÉ 1992)

Durch das anhaltende Überangebot an Nährsalzen sollte man eine Erhöhung der Pflanzen- und Tierproduktion zumindest im eutrophierten Küstenwasser erwarten. In der Tat zeigte sich im holländischen Wattenmeer gegen Ende der 70er Jahre eine Verdoppelung der Primärproduktion und eine auffällige Verlängerung der Planktonblütezeit der »Schaumalge« *Phaeocystis* (CADÈE 1992) (*Abb. 1.2-2*). Die Planktonalge wird durch die Schaum-Berge auf den Stränden im Frühsommer auffällig; sie bildet Gallert-Kolonien, deren eiweißartige Substanzen beim Absterben durch den Wellenschlag zu Schaum geschlagen und auf die Strände geweht werden. Man nimmt an, daß sich die von Silizium (Si) nicht abhängige *Phaeocystis* durch Anstieg von Phosphor (P) und Stickstoff (N) so stark vermehren konnte. Da Si nicht zugenommen hat, ist es kein Wunder, daß die Menge der im Plankton dominierenden und von Si abhängigen *Diatomeen* (Kieselalgen) mit der Eutrophierung auch nicht wesentlich anstieg.

Der unterschiedliche Verlauf der Phosphat- und Nitrat-Eutrophierung ist in der Deutschen Bucht durch die langen Zeitreihenmessungen der Biologischen Anstalt Helgoland gut dokumentiert (HICKEL et al. 1996) (*Abb. 1.2-3*). Vor allem die Verwendung der P-haltigen Waschmittel führte sehr früh bis 1973 zu einer Verdopplung der P-Einträge, während Nitrat (als Haupt-Stickstoff-Komponente) erst später in den 80er Jahren im Zusammenhang mit Elbe-Hochwässern stark zunahm. Danach nahm die Phosphat-Konzentration bei Helgoland durch die Maßnahmen zur Phosphat-Reduzierung etwas ab; die Nitrat-Konzentration stieg jedoch weiter.

Nicht nur die Konzentration von N und P hat sich also durch die Eutrophierung verändert, sondern auch die Mengenverhältnisse N:P haben sich seit den 80er Jahren mehr als verdoppelt. Früher lagen sie im Mittel um 10 bis 18; heute zeigen sie mit 30 bis 50 hohe N-Überschüsse an. Gerade dies kann die Zusammensetzung des Planktons beeinflussen.

Wie bereits erwähnt, können vom gestiegenen N und P außer *Phaeocystis* alle jenen Phytoplankter profitieren, die kein Si zum Wachstum brauchen. *Abb. 1.2-3* zeigt, daß die Menge des Phytoplanktons mit der Eutrophierung zugenommen hat, was aber nur durch eine bestimmte Planktongruppe – die kleinsten Flagellaten (»Nanoflagellaten« < 20 µm) bedingt ist. Ihre Menge (Biomasse) ist in der unteren Kurve eingezeichnet; der Grund für den plötzlichen Anstieg ist aber noch nicht erforscht. Ferner scheinen die abnormen N:P-Verhältnisse die Wucherung bisher eher seltener Plankton-Arten zu begünstigen. Unter

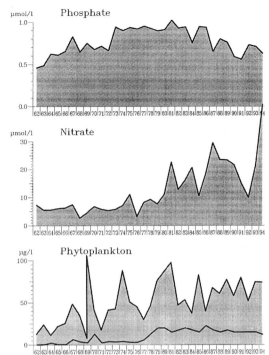

Abb. 1.2-3: Phosphat-, Nitrat- und Phytoplankton-Konzentrationen, Helgoland-Reede, 1992–1994 als Jahres-Mediane, Phytoplankton-Biomasse (errechnet als organischer Kohlenstoff aus mikroskopischen Zählungen) als Mediane der Vegetationsperiode (Mitte März bis Mitte September). Darin: Biomasse der Nanoflagellaten (< 20 µm) (aus HICKEL et al. 1996)

diesen offenbar vermehrt auftretenden »Planktonblüten« sind auch solche giftiger Arten, wie z. B. die »Killeralge« *Chrysochromulina polylepis*, die 1988 zu großen Fischsterben geführt hat.

Die erhöhten Nährstoff-Frachten aus den Flüssen sind vermutlich auch die Ursache für Veränderungen am Meeresboden. Auf den Wattflächen gab es besonders Anfang der 90er Jahre flächendeckenden Bewuchs mit Grünalgen (REISE & SIEBERT 1994), und die Biomasse der Bodenfauna zeigte einen langfristigen Anstieg (BEUKEMA 1991). Das Massensterben der Makroalgen führt zu Fäulnis und H_2S-Bildung sowie Entstehung von »Schwarzen Flecken« auf dem Wattenboden. Sogar die Bodenfauna auf der Doggerbank, mitten in der Nordsee, zeigt gegenüber früheren Untersuchungen eine Zunahme (KRÖNCKE 1990). In anderen Bereichen der Nordsee aufgetretene Sauerstoffdefizite am Meeresboden dürften auch indirekt mit Flußeinträgen zusammenhängen. Diese verursachten verstärkte Planktonblüten, die bei Absterben zu Boden sanken und bei deren Abbau der verfügbare Sauerstoff aufgezehrt wurde. Herzseeigel und sogar Bodenfische starben (NIERMANN & BAUERFEIND 1990).

Weitere Warnsignale sind die Feststellungen, daß Fische in den Flußmündungen um den Faktor 2 höhere Schadstoffkonzentrationen aufweisen als in küstenferneren Gebieten (WESTERNHAGEN 1994). Als Folge davon treten dort häufiger Krankheiten und Mißbildungen bei Fischen auf. Insbesondere ist die Erhöhung der Befallsrate der Flunder mit Lebertumoren in den Flußmündungen von Elbe und Weser zu erwähnen (LANG 1994). Über 50 % der Klieschenembryonen zeigen in Küstennähe eine Chromosomenschädigung, im sauberen Küstenwasser anderer Gebiete beträgt diese weniger als 15 %. Bei Eiern der Elbflundern liegen die Chromosomenschädigungen sogar bei 80 % (WESTERNHAGEN & CAMERON 1994). Die Robben im Wattenmeer sind um ein Vielfaches stärker belastet als die der Antarktis und von Spitzbergen (SCHWARZ & HEIDEMANN 1994).

Die Wechselwirkung zwischen Fluß und Meer ist asymmetrisch. Im wesentlichen führt die Wirkungsrichtung vom Fluß zum Meer. Dies hat sich durch die anthropogenen Flußfrachten noch verstärkt, oft derart, daß wir uns wünschten, manche Flüsse mögen lieber umkehren, bevor sie das Meer erreichen. So wie schon der natürliche Fluß auf Meeresorganismen ambivalent wirkt, so verhält es sich auch mit den anthropogenen Einträgen. Wirkungen von Schad- und Nährstoffen können sich synergistisch aufheben und bleiben dann meist unbemerkt. HERMANN et al. (1991) diskutieren dies für den Mündungsbereich der Westerschelde, seewärts von Antwerpen. Miesmuscheln in diesem Ästuar wiesen sehr hohe Schwermetall-Kontaminationen auf, die dann für Cadmium und Kupfer seit 1982 deutlich rückläufig wurden. Seit dieser Zeit hat das Phytoplankton im Ästuar zugenommen, wie Chlorophyll-Messungen zeigten. Nährstoffe wie Phosphat und organisch gebundener Stickstoff waren in der Flußfracht so reichlich und blieben unverändert auf hohen Konzentrationen, daß sie zu keiner Zeit das Wachstum des Phytoplanktons begrenzten. Die Lichtverhältnisse im Ästuar haben sich auch nicht verändert, so daß auch dieser Faktor nicht ursächlich sein kann. Als Hypothese bleibt, daß eine Verringerung der genannten Schwermetalle oder anderer, nicht gemessener technogener Schadstoffe das Wachstum der Planktonalgen jetzt weniger behindert und daher die Zunahme resultiert. Zwar gilt es zu bedenken, daß auch die Planktonfiltrierer bei verringerten Schadstoffkonzentrationen sich erholt haben könnten und dann entsprechend mehr Phytoplankton vertilgen, aber im Vergleich zu Muscheln reagieren die Planktonalgen etwa 10mal empfindlicher auf Schwermetalle.

Organismen in der Übergangszone zwischen Fluß und Meer

Für Ästuare gilt die schon 1893 von FRIEDRICH DAHL für die Elbmündung formulierte Regel: Die Ungunst der physikalischen Verhältnisse mindert die Zahl der Arten, aber die Überlebenden vermögen die reiche Nahrung in hoher Individuenzahl zu nutzen. Wo sich Fluß und Meer begegnen, sinkt daher die Biodiversität, während die Produktivität steigt. Hier wirkt maßgeblich der Salzgehalt, der in Elbe, Weser und Ems auf einer kurzen Strecke von ca. 90 km von 0,3 auf 30 psu (1 ‰ = 1 psu) zunimmt. Der Bereich zwischen 3 psu und 10 psu stellt die kritische Übergangszone (Brackwasserzone) für die Organismen dar. Nur einige Tiere, die echten Brackwasserarten, haben sich auf diesen Lebensraum spezialisiert und kommen nur dort vor. Die Fähigkeit zu einer guten Osmoregulation spielt hierfür eine entscheidende Rolle; das ist der Mechanismus zur Konstanthaltung der Ionenkonzentration im Organismus trotz veränderten Außenmediums. Nur einige besonders tolerante Arten aus benachbarten Gebieten können in diesen Bereich eindringen. Vom Meer her wandern bis an den oberen Grenzbereich der Brackwasserzone z. B. der Schlickkrebs (*Corophium volutator*) und der Wattringelwurm (*Nereis diversicolor*). Vom Fluß aus können in die Brackwasserzone nur die salzresistenten Oligochaeten, Schnecken und Insektenlarven dringen (MICHAELIS et al. 1992). In einer Untersuchung zur heutigen Situation der echten Brackwasserarten der deutschen Flüsse stellte MICHAELIS et al. (1992) fest, daß im Vergleich zu den benachbarten europäischen Fließgewässern 9 von den zu erwartenden 30 Arten in allen deutschen Flüssen fehlen. Als mögliche Ursachen wurden Abwässer, wasserbauliche Eingriffe, Schiffahrt, Hafen- und Baggerbetrieb genannt. Besonders auffallend ist, daß die Eider als der sauberste große deutsche Fluß mit nur 7 Arten bemerkenswert artenarm war. Hier scheint, daß sich das errichtete Sperrwerk schwerwiegender auswirkt als die Abwässer. Aufgrund dieser drastischen Veränderungen in Faunenbestand gelten Brackwasserzonen der großen deutschen Flüsse ökologisch als stark gefährdete Lebensräume.

Einflüsse auf die wandernde Fauna

Noch seltener sind die Tiere, die in der Lage sind, sowohl im Meer als auch in den Flüssen zu leben. Dies ist ebenfalls nur mit einer besonderen Anpassung der Osmoregulation möglich. Zu diesen Arten gehören Stör, Lachs, Meerforelle, Schnäpel, Finte, Alse, Fluß- und Neunaugen, Stint, Flunder, Aal und Wollhandkrabbe. Alle Fischarten bildeten früher große Bestände und hatten daher eine wirtschaftliche Bedeutung. Lachs und Alse wanderten bis über tausend Kilometer flußaufwärts, um Flußregionen mit kaltem Wasser und kiesigem Substrat zu finden und dort zu laichen. Die Jungfische wanderten ins Meer zurück, um dort aufzuwachsen. Flunder und Aale leben im Süßwasser; die Flunder wandert nach Erreichen der Geschlechtsreife bis vor die Küste und der Aal bis zu Sargasso-See (Atlantik), um dort zu laichen. Mit Ausnahme des Stints der Elbe gelten alle Wanderfischarten als gefährdet. Stör, Alse, Lachs und Schnäpel sind sogar in fast allen deutschen Gewässern verschollen und fehlen weitgehend auch in der Fischfauna der Nordsee. Von den anderen Arten sind nur Restbestände bekannt. Der Bau von Wehren und auch die intensive Fischerei führten vor einigen Jahrzehnten zum drastischen Rückgang dieser Fischbestände, die sich dann durch weitere Wasserbauten sowie die Einleitung giftiger Abwässer und Eutrophierung nicht erholen konnten.

Schlußbetrachtung

In den Sedimenten von Flußmündungen und Küstengewässern haben sich die jahrzehntelang ins Meer transportierten Nähr- und Schadstoffe angereichert. Besonders die feinkörnigen Sedimente weisen hohe Schadstoffwerte auf. Da die Flußmündungen und die Küste wie eine Senke für Schad- und Nährstoffe wirken (vgl. Kap. 4.6), ist eine geringe Abnahme der Schadstoffe in den Flüssen nicht ausreichend, um eine Verbesserung der Situation an der Küste zu erreichen. So wirkt sich die langsam einsetzende Abnahme der Schadstoff-Konzentrationen in den Flüssen nur verzögert auf die Verbesserung der Schadstoffbelastung in Küstengewässern aus. Um eine erhoffte Verbesserung zu erzielen, ist eine drastische Reduktion der Einträge erforderlich. Dafür ist vor allem ein Umdenken in der Landwirtschaft zur Vermeidung der seit langem praktizierten Überdüngung und Pestizidanwendung nötig. Die höhere Wahrscheinlichkeit für das Auftreten toxischer Algen vor der Küste aufgrund des verschobenen Verhältnisses von Phosphor zu Stickstoff zeigt, daß N und P gleichzeitig reduziert werden müssen.

Um den Gefährdungen der Flora und Fauna an der Grenze zwischen Fluß und Meer zu begegnen, ist nicht nur die stoffliche Belastung zu verringern, sondern auch die dortigen Wasserbauten, wie Sperrwerke, Begradigung und Uferböschungen, müssen an die ökologischen Erfordernisse angepaßt werden.

1.3 Die Entwicklung der Küstenlandschaft und Ästuare im Eiszeitalter und in der Nacheiszeit

HANSJÖRG STREIF

Erste Vorläufer unserer heutigen Flußsysteme wurden gegen Ende des Tertiärs angelegt, als sich vor ca. 25 Mio. Jahren das Tertiärmeer allmählich aus den nordwesteuropäischen Festlandsgebieten zurückzog. Im niederländisch-norddeutschen Raum entwickelten sich zwei bedeutsame Entwässerungssysteme.

Das heute nicht mehr existierende Baltische Flußsystem, dessen Einzugsgebiet weit in den baltischen, skandinavischen Raum sowie in die ostdeutschen und polnischen Mittelgebirge hinein reichte, verlief durch das Ostseebecken, Schleswig-Holstein, Niedersachsen und die Niederlande nach Westen zur Nordsee. Dort schüttete es ein riesiges Delta auf, das aufgrund seiner Ausdehnung von 0,5 Mio. km² mit dem größten heutigen Delta, dem Ganges-Brahmaputra-Delta, vergleichbar ist. Ablagerungen dieses Flußsystems sind grauweiße quarzreiche Sande mit Einschaltungen von Ton, Braunkohlensanden und Braunkohlenflözen. Als kiesige Komponenten dominieren gut gerundete, bis erbsengroße Gerölle aus Quarz und untergeordnet Quarzit sowie silifizierte Gesteine. Dieses Flußnetz entwickelte sich ab Beginn des Miozän, existierte im Pliozän (Kaolinsande) und Unterpleistozän (präglaziale Sande), was einer Dauer von ca. 20 Mio. Jahren entspricht.

Vorläufer des Rheins war vom Miozän an ein lokal bedeutsamer Fluß, der vom Rheinischen Massiv nach Norden verlief. Sedimente dieses Entwässerungssystems sind u. a. die pliozänen Kieseloolith-Schichten, die in den tektonisch vorgezeichneten Senkungsgebieten des Neuwieder Beckens, der Niederrheinischen Bucht und des Zentralgrabens der Niederlande vorkommen.

Die Entwicklung der Flüsse im Eiszeitalter

Starke zyklische Klimaschwankungen des Pleistozäns, die vor ca. 2,4 Mio. Jahren einsetzten, gestalteten diese Flußsysteme in mehreren Entwicklungsschritten mehr oder weniger stark um und führten zur heutigen Situation (GIBBARD 1988). Gesteuert wurden diese Prozesse vor allem durch klimabedingte Veränderungen des Eis-Wasser-Haushaltes der Erde. Während kalter Klimaphasen, in denen die mittleren Julitemperaturen Mitteleuropas auf Beträge zwischen +10 ° und 0 °C absanken, entstanden riesige Eisschilde in Nordamerika und Skandinavien. Dabei wurde ein Großteil der Niederschläge im Eis gebunden, was eine globale Absenkung des Meeresspiegels um ca. 100 m zur Folge hatte. In warmzeitlich geprägten Phasen, deren mittlere Julitemperaturen mit +20 °C z. T. etwas über den heutigen Werten lagen, schmolz das Inlandeis ab und hob sich der Meeresspiegel, so daß vormalige Festlandsgebiete überflutet und mit marinen Sedimenten überdeckt wurden. Am Unterlauf der Flüsse führten die Meeresspiegel-Schwankungen abwechselnd zum Einschneiden von Tälern bzw. zur Ablagerung sandig-kiesiger Sedimentkörper, die überwiegend unter kaltzeitlichen Klimabedingungen aufgeschüttet worden sind.

Während der vor ca. 350 000 (?) Jahren einsetzenden **Elster-Kaltzeit** breiteten sich erstmalig Inlandgletscher aus Skandinavien und den englisch-schottischen Gebirgen weit nach Süden aus. Ihre Eismassen bedeckten das gesamte norddeutsche Flachland und drangen bis in den Randbereich der Mittelgebirge vor. Nahezu der gesamte Nordseeraum war von Eis erfüllt, und es existierte zeitweilig eine von Norddeutschland bis England reichende Eisbarriere, die das ursprüngliche, nach Nordwesten gerichtete Entwässerungssystem vollständig abdämmte. In dem kleinen eisfreien Areal zwischen den Niederlanden und East Anglia entstand ein Eisstausee, dessen Abfluß nach Südwesten gerichtet war (*Abb. 1.3-1*). Dieser Abfluß zum mittleren Atlantik, das »Channel River System«, schuf eine Erosionsrinne, die später wiederholt vom Meer überflutet wurde und heute vom Ärmelkanal eingenommen wird.

Der Rhein gewann im jüngsten Pliozän durch rückschreitende Erosion und tektonische Hebungen Anschluß an den Oberrheingraben sowie Zustrom aus den Alpenflüssen (HANTKE 1993). Damit vollzog sich ein Umschlag in der Sedimentation von den Kieseloolith-Schichten zum bunten Schotterspektrum der unterpleistozänen Terrassenfolge und Hauptterrassenfolge. Drastisch zeichnet sich dies auch in der Schwermineralführung ab durch verstärktes Vorkommen weniger stabiler Minerale, wie Epidot, Granat und grüne Hornblende (BOENIGK 1990). Ablagerungen der unterpleistozänen Hauptterrassenfolge sowie die in der Elster-Kaltzeit akkumulierten Sedimente der Mittelterrasse lassen einen geradlinig nach Nordwesten gerichteten Rheinlauf erkennen, der aus dem Raum Köln-Düsseldorf kommend östlich des IJsselmeeres verlief und in die Nordsee bzw. den o. g. Eisstausee mündete.

Auch die Weser war an dieses Flußnetz angeschlossen und hatte in dieser Entwicklungsphase einen völlig anderen Mittel- und Unterlauf als heute (CASPERS et al. 1995). Anhand charakteristischer Kiesablagerungen der Oberterrasse mit einer Geröllzusammensetzung aus permischen Porphyren des Thüringer Waldes, unterkarbonischen Kieselschiefern, weißen Gangquarzen und mesozoischen Gesteinen läßt sich belegen, daß die elsterzeitliche Weser von Hameln nach Nordosten über das Leinetal bei Elze in den Raum nördlich

Abb. 1.3-1: Maximale Ausdehnung des Elster-Inlandeises. Der Rhein sowie das gemeinsame Flußsystem von Weser und Elbe münden in einen Eisstausee, der über über das »Channel River System« zum mittleren Atlantik entwässert

Hannover floß. Dort schwenkte sie in eine Westrichtung um und setzte ihren Lauf im Vorfeld der Mittelgebirge durch das Emsland bis in die Niederlande fort. Nördlich von Hannover erhielt die elsterzeitliche Weser starke Zuflüsse aus dem Elbe-Einzugsgebiet und entwässerte somit ein erheblich größeres Areal als die heutige Weser bzw. Elbe. Beim Zerfall des Elster-Eises entstand der sog. Berliner Elbelauf, durch den das Wasser der östlichen Einzugsgebiete nach Norden in eine im Raum Berlin-Brandenburg liegende Seenlandschaft abgelenkt wurde. Gleichzeitig entwickelte sich der nach Westnordwesten orientierte Flußabschnitt der Weser von Hameln über Rinteln zur Porta Westfalica. Unberührt von derartigen Umgestaltungen blieb der ursprüngliche Unterlauf der Weser in Richtung Niederlande.

Während der **Holstein-Warmzeit** (vor ca. 250 000 Jahren), einer warmzeitlichen Klimaphase von ca. 16 000 Jahren Dauer, stieg der Nordseespiegel um mindestens 60 m. Die Küstenlinie des Holstein-Meeres verlief in den Niederlanden im Bereich der Westfriesischen Inseln, und die Rheinmündung lag zwischen Texel und Terschelling (ZAGWIJN 1979). Indizien belegen, daß die Weser an dieses Gewässernetz angeschlossen war. In Nordwestdeutschland verlief die Küste des Holstein-Meeres vor den Ostfriesischen Inseln, reichte aber mit schmalen und verzweigten Buchten weit ins Unterelbegebiet, in den westlichen Teil Schleswig-Holsteins und nach Mecklenburg-Vorpommern.

Mit der Abkühlung des Klimas in der **Saale-Kaltzeit** (vor ca. 240 000 bis 125 000 Jahren) wurden zunächst in den Flußtälern Schotter der Mittelterrasse sedimentiert. In Phasen extremer Abkühlung drang das skandinavische Inlandeis erneut bis in die Randzone der norddeutschen Mittelgebirge vor. Ein Eisvorstoß in den Raum Düsseldorf drängte den Rhein nach Westen ab und stauchte die zwischen Krefeld und Kleve liegenden Endmoränen auf (KLOSTERMANN 1992). Der Drenthe-Hauptvorstoß erfaßte auch Kiesablagerungen der Ober- und Mittelterrasse der Weser und stauchte sie in die Endmoränen des Rehburger Stadiums ein (MEYER 1986).

Während der Saale-Kaltzeit bildete sich im Nordseebecken keine geschlossene Eisbarriere. Im frühen Drenthe-Stadium, der Phase maximaler Eisausdehnung, drang das skandinavische Eis nur ca. 40 bzw. 110 km über die heutige Küste der Niederlande bzw. Dänemarks vor (CAMERON et al. 1993). Das englisch-schottische Eis ist in dieser Phase nicht auf den Nordseeschelf vorgedrungen. Große Teile der südlichen und mittleren Nordsee blieben in der Saale-Kaltzeit eisfrei, so daß eine Entwässerung zur nördlichen Nordsee und zum Nordatlantik möglich war (*Abb. 1.3-2*) Ob der Rhein mit den vom Saale-Eis abgelenkten Zuflüssen aus Weser und Elbe vorübergehend an das »Channel River System« angeschlossen war und zum mittleren Atlantik geflossen ist, läßt sich nicht sicher belegen.

Im jüngeren Teil des Drenthe-Stadiums bedeckte das Eis kleinere Areale, wobei seine Front östlich der heutigen Unterweser lag. Am Eisrand austretende Schmelzwässer flossen in dieser Phase über das Breslau-Magdeburg-Bremer Urstromtal ab und schufen eine Erosionsrinne im Gebiet des heutigen Aller- bzw. Unterwesertales. Diese Abflußrinne sowie die im Rehburger Stadium aufgestauchten Moränenwälle im westlichen Niedersachsen (MEYER 1986) lenkten die Weser nördlich der Porta Westfalica aus ihrer ursprünglichen West- in eine Nordrichtung um. Damit entstand der bis heute aktive Weserlauf über Nienburg, Verden und Bremen nach Bremerhaven. Noch spä-

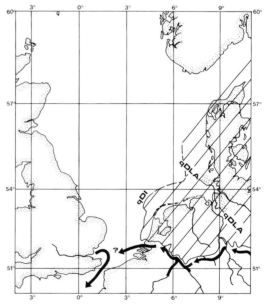

Abb. 1.3-2: Verbreitung des Inlandeises im Verlauf der Saale-Kaltzeit:
• Maximale Ausdehnung im frühen Drenthe-Stadium (qDI) mit dem nach Westen gerichteten Entwässerungssystem.
• Eisrandlagen im Jüngeren Drenthe-Stadium (qDLA) bzw. im Warthe-Stadium (qWA) mit dem nach Norden gerichteten modernen Weserlauf.

ter wurde der heutige Elbe-Unterlauf angelegt. Seine Ausformung setzte erst am Ende der Saale-Kaltzeit ein, als die zwischen dem Unterwesergebiet und Hamburg liegenden Eismassen des Warthe-Stadiums abgeschmolzen waren.

In der **Eem-Warmzeit**, 125 000 bis 115 000 Jahre vor heute (J.v.h.), erreichten die Temperaturen zeitweilig höhere Werte als heute, und es vollzog sich ein einphasiger Transgressionszyklus mit Meeresspiegel-Schwankungen von ca. 100 m. Zu Beginn dieser Warmzeit stieg der Nordseespiegel extrem rasch mit einer mittleren Rate von ca. 4 m/Jh. Danach schwächte sich die Anstiegsrate ab, und es folgte während des eemzeitlichen Klimaoptimums eine ca. 4 000 bis 4 500 Jahre dauernde Stagnationsphase. Zurückgehende Temperaturen leiteten gegen Ende der Warmzeit Meeresspiegel-Absenkungen um ca. 20 m ein.

Bei seiner Maximalausdehnung hatte das Eem-Meer eine Küstenkonfiguration, die der heutigen weitgehend glich (STREIF 1990). Wattsedimente und Torflagen aus dieser Phase sind in den Niederlanden und Deutschland im Tiefenbereich um NN -12 m bzw. NN -7 bis -4 m anzutreffen. Dabei ist zu betonen, daß diese Werte nicht den exakten Stand des eemzeitlichen Meeresspiegels bezeichnen. Senkungsprozesse, die sich nach der Eem-Warmzeit auf das Nordseebecken ausgewirkt haben, führten dazu, daß die eemzeitlichen Meeresablagerungen und Torfe heute insgesamt einige Meter unter ihrem ursprünglichen Ablagerungsniveau liegen.

Das Eem-Meer besaß nördlich Amsterdam eine bis zur Ostseite des IJsselmeeres reichende Bucht in die der Rhein einmündete. Weitere Buchten existierten im Raum südlich Terschelling sowie bei Groningen. An der Ems sind eemzeitliche marine Einflüsse bis Emden nachweisbar, und an der ostfriesischen Küste existierte ein durch Buchten und Inseln gegliedertes eemzeitliches Wattenmeer. Unbekannt ist, wie weit das Eem-Meer in das Wesergebiet vorgedrungen ist. An der Unterelbe sowie an der Westküste von Schleswig-Holstein existierten ausgedehnte, teilweise weit ins heutige Festland reichende Wattbuchten (KOSACK & LANGE 1985).

Während der **Weichsel-Kaltzeit** (115000 bis 10000 J.v.h.) drang das skandinavische Eis in der Zeitspanne zwischen 25000 und 14000 J.v.h. bis nach Norddeutschland vor. In mehreren Vorstoß- und Rückzugsphasen schuf es dort eine Serie von Endmoränenwällen, deren Außenrand aus dem südlichen Brandenburg über Havelberg bis Hamburg verläuft und den Ostteil von Schleswig-Holstein durchzieht. Die Elbe wurde während dieser Phase nicht vom Eis überschritten. Schmelzwässer flossen, je nach Lage des Eisrandes, in unterschiedlichen Urstromtälern ab. Zeitlich nacheinander und in räumlicher Abfolge von Süden nach Norden waren folgende Täler aktiv: das Glogau-Baruther Haupttal, das Warschau-Berliner Haupttal, die Potsdamer Urstromtalung sowie das Thorn-Eberswalder Haupttal. Diese Urstromtäler vereinigten sich am Elbeknie bei Havelberg und setzten ihren Lauf gebündelt Richtung Nordsee fort.

Der Spiegel der Nordsee hat in der Zeitspanne zwischen 115000 bis 10000 J.v.h. durchgehend mehr als 45 m unter dem heutigen Niveau gelegen. In der Phase extremster Abkühlung um 25000 bis 18000 J.v.h. ist er sogar auf eine Tiefe von 100 bis 130 m abgesunken. Die nicht vom Eis bedeckten Räume Norddeutschlands lagen damals im Einflußbereich des Permafrostes, so daß der Boden z. T. tiefgründig gefroren und die Grundwasserzirkulation weitgehend unterbunden waren. Alles anfallende Wasser mußte oberflächlich abgeführt werden (CASPERS et al. 1995), wobei sich über dem Dauerfrostboden ein Geflecht flacher Strömungsrinnen mit ausgedehnten Sand- und Kiesbänken entwickelte. Solche »verwilderten« Flüsse füllten tiefer liegende Partien der Täler mit ausgedehnten und meist mehrere Meter mächtigen kiesig-sandigen Sedimentkörpern auf, die als Niederterrasse bezeichnet werden.

Mit dem Tauen des Permafrostes im Weichsel-Spätglazial und frühen Holozän veränderten sich die Abfluß- und Sedimentationsbedingungen grundlegend. Wasser konnte nun sowohl oberirdisch in Flüssen, als auch unterirdisch, dem Druckgefälle folgend, im Grundwasserstrom abfließen. Flüsse bündelten daher die verbleibenden Wassermassen in wenigen Strömungsrinnen, die sich einige Meter tief in die Niederterrasse einschnitten. Gleichzeitig vollzog sich ein Wandel von den für Kaltzeiten typischen »verwilderten« Flußsystemen zu mäandrierenden Flußsystemen, die für warmzeitlich geprägte Klimaphasen charakteristisch sind. Dieser Vorgang setzte in Norddeutschland vor ca. 13 000 Jahren ein und war spätestens vor 9 000 Jahren abgeschlossen. Dabei wurden auch die heutigen Flußauen angelegt.

Der Rhein besaß in der Weichsel-Kaltzeit zwei Mündungsarme, deren nördlicher durch das heutige IJssel-Tal bzw. IJsselmeer verlief und südlich der Insel Texel nach Westen abbog. Der südliche

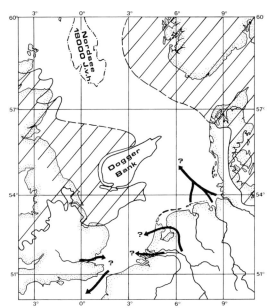

Abb. 1.3-3: Maximale Ausdehnung des Eises in der Weichsel-Kaltzeit mit dem Verlauf des Rheins sowie dem gemeinsamen Entwässerungssystem von Ems, Weser, Elbe und Eider

Rheinarm floß aus dem Raum Arnheim-Nijmegen über Rotterdam westwärts durch das heutige Rhein-Maas-Mündungsgebiet. Als bis 8 m mächtiger Sedimentkörper lassen sich Flußsande von Rhein und Maas (Kreftenheye Formation) vor der niederländischen Küste ca. 80 km weit auf den Schelf hinaus verfolgen (*Abb. 1.3-3*). Ein weiteres fluviatiles Element im Nordseeraum ist das »Elbe-Urstromtal« (FIGGE 1980), an das vermutlich auch Ems, Weser und Eider angeschlossen waren. Unvollständig aufgefüllte Abschnitte dieser weichselzeitlichen Rinne zeichnen sich heute am Nordseeboden als 30 bis 40 km breite Mulde ab, die westlich Helgoland ansetzt und nach Nordwesten zur Weißen Bank verläuft.

Sandige und z. T. feinkiesige Flußablagerungen der Niederterrasse, die überwiegend in der Weichsel-Kaltzeit abgelagert worden sind, haben am Unterlauf von Ems, Weser und Elbe weite Verbreitung. An der Ems sind im Raum Rheine drei Terrassenniveaus (Obere Niederterrasse, Untere Niederterrasse, Inselterrasse) entwickelt. Diese tauchen bei Papenburg unter holozäne Moorbildungen und Küstenablagerungen ab, lassen sich aber bis westlich von Emden verfolgen. Die Weser-Niederterrasse taucht südlich Bremen unter jüngere Sedimente und ist unter der Marsch über eine Strecke von 80 km bis Bremerhaven verfolgbar (PREUSS 1979). Dort liegt die mit 0,17 ‰ Gefälle abtauchende Niederterrassen-Oberfläche in Tiefen um NN -15 m. Ähnlich sind die Verhältnisse an der Elbe, wo zwei weichselzeitliche Niederterrassen-Körper entwickelt sind (SCHRÖDER 1988). Diese tauchen bei Winsen/Luhe unter jüngere Sedimente und sind bei Stade in Tiefen um NN -8 m, bei Cuxhaven um NN -23 m anzutreffen.

Stellenweise sind gegen Ende der Weichsel-Kaltzeit und im frühesten Abschnitt des Holozän durch Wind Flugsande und Dünen auf der Niederterrassen-Oberfläche abgelagert worden. Dabei zeigen die bevorzugt auf der Ostseite ehemaliger Flüsse vorkommenden Dünen ein Vorherrschen westlicher Windrichtungen an. Beispiele derartiger Flußrand-Dünen sind die Donken im Rhein-Maas-Mündungsgebiet, die Bremer Düne und deren Fortsetzung im Bereich der Osterstader Marsch (PREUSS 1979) sowie isolierte Dünenaufragungen in der Elbmarsch südlich von Glückstadt bzw. in der Haseldorfer Marsch.

Die holozäne Entwicklung der Nordsee und der Flußmündungen

Über den beginnenden Wiederanstieg des Meeresspiegels nach dem weichselzeitlichen Tiefstand bei -110 bzw. -130 m gibt es aus der südlichen Nordsee keine Daten. Nur der jüngere Abschnitt der Transgression ab 8600 J.v.h. läßt sich zuverlässig rekonstruieren (Streif 1990). Hiernach ist die Nordsee zwischen 8600 und 7100 J.v.h. von -45 m auf -15 m angestiegen, hat vor 5 000 Jahren ein Tiefenniveau um NN -3 bis -4 m erreicht und sich anschließend auf den heutigen Stand eingependelt. Zu Beginn der Transgression betrug die durchschnittliche Rate des Meeresspiegel-Anstieges 2,1 m/Jh. Danach schwächte sich der Anstieg deutlich ab, wobei Phasen langsamen Ansteigens, Phasen der Stagnation und Phasen temporärer Meeresspiegel-Absenkung wiederholt abwechselten.

Vom Nordseeschelf kennt man aus Tiefen zwischen -45 bis -25 m bislang nur geringmächtige Sedimentabfolgen holozäner Meeres- und Wattsedimente, die meist mit erosivem Kontakt auf pleistozänen Schichten bzw. auf holozänen Bodenbildungen, Torfen, Süß- oder Brackwasserablagerungen liegen. Dies verdeutlicht, daß sich die Küstenlinie zunächst sehr rasch aus dem Raum nördlich der Doggerbank bis zu den Ostfriesischen Inseln verschoben hat. Nördlich von Wangerooge erbohrte Brackwassersedimente, die im Niveau von NN -24 m liegen und aus der Zeitspanne 7900 bis 7600 J.v.h. stammen, sind erste Indizien mariner Einflüsse auf den Küstenraum. Erst mit dem weiteren Meeresspiegel-Anstieg um ca. 25 m sind in den letzten 7 500 Jahren die charakteristischen Landschaftselemente der heutigen Küstenregion, die Inseln, Watten, Marschen und Ästuare entstanden. Dieser äußerst dynamische Prozeß der Landschaftsentwicklung war um die Zeitenwende weitgehend abgeschlossen. Spätere Meereseinbrüche, so verheerend sie für die Küstenanwohner gewesen sein mögen, waren im Vergleich dazu eher bedeutungslos.

In der Zeit nach 7500 J.v.h. wurde im Küstenraum ein keilförmiger Sedimentkörper abgelagert, der seine größten Mächtigkeiten im Bereich der Inseln bzw. am Außenrand der Watten erreicht, landwärts dünner wird und gegen den Rand der Geestlandschaft auskeilt. Dieser Akkumulationskeil (*Abb. 1.3-4*) besteht an seinem seewärtigen Rand aus einer bis 35 m mächtigen Abfolge von Strand- und Wattsanden, auf denen stellenweise 25 m hohe Dünen liegen. Im Untergrund der heutigen Watten und Marschen liegt eine kompliziert aufgebaute Abfolge von Watt- und Brackwassersedimenten, die sich z. T. intensiv mit Torflagen verzahnen. Landwärts vereinigen sich diese Einzellagen meist zu dickeren Torfschichten, so daß die holozäne Schichtenabfolge stellenweise aus einem einzigen mehrere Meter dicken Torfpaket bestehen kann.

Derartige Schichtenabfolgen belegen, daß der Akkumulationsprozeß nicht einheitlich verlaufen ist, sondern maßgeblich von der Richtung bzw. Geschwindigkeit der Meeresspiegel-Schwankungen gesteuert wurde. So hat sich z. B. die Watt- und Brackwasserzone in mehreren transgressiven Schüben landwärts verlagert. Umgekehrt haben sich Küstenmoore in Phasen regressiver Entwicklung wiederholt z. T. mehrere Kilometer weit seewärts ausgebreitet. Temporäre Meeresspiegel-Absenkungen hatten zur Folge, daß die Oberfläche von Watt- bzw. Brackwassersedimenten von Bodenbildungsprozessen überprägt wurden. In Mooren führten diese Prozesse häufig zu einem Umschlagen von Niedermoor- zur Hochmoorvegetation oder zu Verwitterungs- und Zersetzungsprozessen an der Mooroberfläche (STREIF 1990).

Die Akkumulation klastischer Sedimente marinen Ursprungs bzw. das Wachsen von Torfmooren im Küstenraum erfolgte in einer durchschnittlich ca. 10 bis 20 km breiten Zone, die sich vom seewärtigen Rand der Inseln bzw. der Watten bis zum pleistozänen Hinterland der Geest erstreckt. In den Ästuaren von Ems, Weser, Elbe und Eider waren die entsprechenden Ablagerungsprozesse jedoch bis 100 km weit in die Flußtäler hinein wirksam und wurden dort zusätzlich vom abströmenden Oberwasser bzw. von der Reichweite der Tide- und Sturmflutwellen beeinflußt.

Die **Mündungen von Rhein, Maas und Schelde** bilden einen komplexen Ablagerungsraum, der genetisch und morphologisch eine Zwischenstellung zwischen einem Delta und einem System von Ästuaren einnimmt. Der seewärtige, bis Antwerpen bzw. Dordrecht reichende Teil besteht aus Halbinseln und Inseln, die durch mehrere Ästuare voneinander getrennt sind. Nach der Sturmflutkatastrophe 1952 wurden mit Ausnah-

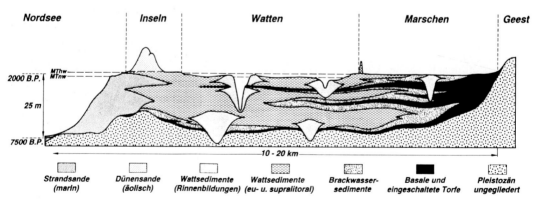

Abb. 1.3-4: Schematischer geologischer Schnitt durch die Küstenregion. Beim Ansteigen des Meeresspiegels um ca. 25 m in den letzten 7 500 Jahren wurde über der »ertrinkenden« Geestlandschaft ein komplex aufgebauter Sedimentkörper aus Meeres-, Watt- und Brackwassersedimenten und Torfen abgelagert. Dieser 10 bis 20 km breite Sedimentationsraum reicht am Unterlauf von Weser und Elbe 80–100 km tief ins Binnenland und verzahnt sich dort mit Flußablagerungen (aus STREIF 1993)

me der Westerschelde alle Ästuare durch Küstenschutzbauwerke geschlossen, um vergleichbare Katastrophenfluten zu verhindern. Nördlich und südlich der Mündungszone liegen Strandwallsysteme, die sich vor der holländischen Küste bis Den Helder erstrecken bzw. vor der belgisch-französischen Küstenniederung bis an die Kliffs westlich Calais reichen. Östlich von Rotterdam bzw. Dordrecht geht die Mündungszone in einen von zahlreichen Rinnen durchzogenen Sedimentationsraum mit verflochtenen und mäandrierenden Flußrinnen über.

Die Entwicklung beider Regionen wurde ab ca. 8000 J.v.h. maßgeblich vom Meeresspiegel-Anstieg bestimmt. Ein schnell steigender Meeresspiegel verlagerte die Küstenlinie rasch landwärts bzw. höher und schuf einen Stauraum, der von den verfügbaren Sedimentmengen nicht vollständig aufgefüllt werden konnte (BEETS 1995). Nur im Rhein-Maas-Mündungsgebiet reichten die von den Flüssen angelieferten Sinkstoffe aus, um den Meeresspiegel-Anstieg zu kompensieren und die Küste etwas seewärts vorzubauen. Nördlich und südlich davon waren geringere Sedimentmengen verfügbar, so daß sich hier eine konkave Küstenlinie mit großen Wattbuchten, Lagunen und randlichen Mooren entwickelte. Ein verlangsamter Meeresspiegel-Anstieg führte in der Zeitspanne von 6000 bis 5000 J.v.h. dazu, daß die Wattbuchten mit Sedimenten aufgefüllt wurden, die Gezeitenrinnen sich schlossen und zusammenhängende Strandwälle entstanden. Um 3000 J.v.h. existierte ein mehrere Kilometer breiter Strandwall, der, mit Ausnahme der Mündungsarme von Rhein, Maas und Schelde, die gesamte Küstenniederung gegen die See abriegelte und hinter dem sich Niedermoore ausbreiteten. Um diese Zeit waren die Sandvorräte im Küstenvorfeld weitgehend aufgezehrt. Der weitere, bis heute andauernde Meeresspiegel-Anstieg mit einer durchschnittlichen Rate von 5 cm/Jh. (BEETS 1995) führte zu neuerlichen Materialdefiziten in der Küstenniederung, die durch menschliche Aktivitäten wie Binnenentwässerung und Torfgewinnung, verstärkt wurden. Dies hatte weitreichende Meereseinbrüche durch die Ästuare bzw. durch das Strandwallsystem zur Folge.

Auch im landwärts anschließenden fluviatilen Bereich wirkte sich der Meeresspiegel-Anstieg auf die Sedimentationsbedingungen aus. So konnte nachgewiesen werden (TÖRNQUIST 1993), daß im Raum östlich Rotterdam zwischen 8000 und 7500 J.v.h. zunächst mäandrierende Flußsysteme existierten. Rückstau durch den rasch steigenden Meeresspiegel führte hier ab 7500 J.v.h. zur Entwicklung eines Systems verflochtener Flußrinnen, die bis 4000 J.v.h. aktiv blieben. Mit dem verlangsamten Meeresspiegel-Anstieg gewannen danach erneut mäandrierende Rinnensysteme die Oberhand.

Im **Emsästuar und Dollartgebiet** reichte der Süßwasser-Gezeitenbereich unter natürlichen Bedingungen ursprünglich bis in den Raum Papenburg. Infolge von Strombau- und Küstenschutzmaßnahmen endet der tidebewegte Abschnitt der Ems heute etwas weiter südlich am Sperrwerk bei Herbrum. Der Dollart ist eine junge Wattenbucht, die eventuell schon im ausgehenden 13. Jahrhundert, sicher aber in den Sturmfluten von 1362 bzw. 1377 entstanden ist. Ursprünglich existierte links der Ems ein Uferwall, der aus dem Gebiet von Ditzum über Pogum nach Nesse im heutigen Hafengebiet Emdens verlief und sich von dort bis Punt van Reide in den Niederlanden fortsetzte. Mit der Erosion dieses Uferwalles brach das Wattenmeer tief in die dahinter liegenden Moorgebiete ein, so daß der Dollart bei der Katastrophenflut von 1509 eine maximale Ausdehnung von 350 km² erreichte und etwa dreieinhalb mal so groß war wie heute. Gleichzeitig kam es bei Emden zu folgenschweren Veränderungen, als ca. 3 km südlich der Stadt eine Flußschlinge durchbrach und die »Frische Ems« zur wichtigsten Stromrinne wurde. Emdens Hafen lag dadurch an einem Altarm mit schlechten Fahrwasserverhältnissen und verlor rasch an wirtschaftlicher Bedeutung. Um 1500 einsetzende und 1924 abgeschlossene Eindeichungen engten den Dollart schrittweise ein. Heute wird die natürlich fortschreitende Verlandung des Buchtenwatts nicht mehr durch Landgewinnungsmaßnahmen beschleunigt.

Das heutige Weserästuar umfaßt **Außenweser** und **Unterweser**. Als Außenweser bezeichnet man den trichterförmigen Flußabschnitt, der zwischen der Insel Mellum bzw. der Wurster Küste beginnt und bei Bremerhaven endet. Südlich schließt sich der 80 km lange schlauchförmige und durch Stromspaltungen bzw. Inseln gegliederte Tidefluß der Unterweser an, den das Sperrwerk bei Hemelingen gegen die tidefreie Weser abgrenzt.

Die holozäne Meerestransgression stieß erstmalig um 7500 J.v.h. in das Weserästuar vor, wobei Wattsedimente zeitweilig bis in den Raum Elsfleth bzw. ins Gebiet der Osterstader Marsch eingefrachtet wurden. Beiderseits des Flusses entwickelten sich Uferwälle aus schluffig-sandigen

Sedimenten, die von See her durch Tideströmungen sowie vom Oberwasser der Weser antransportiert worden sind. Sturmfluten bzw. Flußhochwässer haben dazu beigetragen, daß die Uferwälle etwas über ihr Umland hinaus wuchsen und relativ trockene Standorte für eine Baumvegetation mit Ulmen, Eichen und Eschen boten. Weniger gut mit Sedimenten versorgte Gebiete hinter den Uferwällen bildeten beiderseits der Weser eine mehrere Kilometer breite amphibische Landschaft mit zahlreichen Gezeitenrinnen, Altwässern und einer Vegetation aus Erlen und Weiden. Dort lagerten sich vorwiegend tonig-schluffige, humose, von zahlreichen Holz- und Blattresten durchsetzte Brackwasser- und Süßwassersedimente ab, die als Auenwaldbildungen bezeichnet werden. In den Randgebieten der Marsch verzahnen sich diese Sedimente mit zahlreichen Torflagen, die wiederholte Vermoorungsphasen zwischen 6000 und 2000 J.v.h. anzeigen.

Das Verbreitungsmuster von Uferwällen, Auenwaldbildungen und Torfen zeigt, daß die Weser während des gesamten Holozän in einer gewissen Bandbreite um ihren heutigen Stromstrich gependelt hat, jedoch nie eine andere Fließrichtung besaß als heute. Sturmfluten des 14. Jhs. schufen breite, rinnenartige Durchbrüche vom Jadebusen zur Unterweser, so daß zeitweilig ein gemeinsames, höchst komplexes Tideregime existierte. Die Heete-Rinne verlief aus dem Gebiet südlich von Eckwarden bis Nordenham und machte den Nordteil Butjadingens zur Insel. Das Ahne-Lockfleth-Rinnensystem zog sich vom heutigen Seefeld nach Südsüdosten bis Golzwarden. Bereits um 1500 begann die natürliche Verlandung dieser Wattrinnen. Ihr folgten im 16. Jh. rasch fortschreitende Eindeichungen, welche die mittelalterlichen Landverluste teilweise ausglichen. Abgesehen von diesen kurzfristigen Verbindungen haben sich das Weserästuar und das Buchtenwatt des Ur-Jadebusens bzw. des mittelalterlichen Jadebusens (STREIF 1990) unabhängig voneinander entwickelt.

Das Ästuar der **Elbe** beginnt auf der Höhe von Cuxhaven-Süderdithmarschen und verengt sich in östlicher Richtung rasch bis Brunsbüttel. Südwärts folgt ein 110 km langer, schlauchartiger Flußabschnitt mit mehreren Stromspaltungen, der am Sperrwerk von Geesthacht endet.

Ursprünglich war der trichterförmige Teil des Ästuars erheblich breiter als heute. So treten in weiten Teilen der Marsch südöstlich von Cuxhaven und im Ostetal bis in Tiefen von NN -15 m Wattsedimente auf. Brackwasserüberflutungen sind um 6000 J.v.h. sowie zwischen 4700 und 4100 J.v.h. bzw. 3900 und 3600 J.v.h. ca. 25 km weit in die Hadelner Bucht vorgedrungen und haben Sedimente im Bereich des Bederkesaer See abgelagert. An der Elbe reichte die Brackwasserzone im Holozän zeitweilig bis Buxtehude und die Obergrenze des Süßwasser-Gezeitenbereichs ins Gebiet von Winsen/Luhe. Auch die Elbe hat nur in einer gewissen Bandbreite um ihren heutigen Stromstrich gependelt, was jedoch zwischen 1570 und 1750 zu erheblichen Landverlusten im Gebiet von Cuxhaven geführt hat.

Reaktionen des Menschen auf den holozänen Meeresspiegel-Anstieg sind nur teilweise rekonstruierbar. Einzelne vom Nordseeboden aufgefischte Gebrauchsgegenstände aus dem Mesolithikum (8000–4000 v. Chr.) sind Indizien seiner Anwesenheit in dieser Region. Von jüngeren Küstensedimenten überdeckte Reste sog. Flachsiedlungen aus der Bronzezeit (1600–700 v. Chr.), der älteren Eisenzeit (700–250 v. Chr.) und dem älteren Abschnitt der römischen Kaiserzeit (Chr. Geb. bis 200 n. Chr.) belegen, daß der Mensch zeitweilig in der Küstenregion gesiedelt hat und wiederholt aus diesem Lebensraum verdrängt worden ist. Als Siedlungsplätze bevorzugte er dabei zunächst natürliche Erhebungen in der flachen Marschlandschaft. Vor allem Flußuferwälle boten als hoch aufsedimentierte Bereiche einen gewissen Schutz vor Überflutung und waren günstige Ausgangspunkte für Jagd und Fischfang. Überdies waren Flüsse damals günstigere Verkehrswege als die durch eine amphibische Marschlandschaft führenden Pfade. Während aus der Bronzezeit und älteren Eisenzeit bislang nur eine geringe Zahl von Wohnplätzen gefunden worden ist, weisen zahlreiche Flachsiedlungen der römischen Kaiserzeit auf eine flächenhafte Besiedlung großer Marschgebiete hin.

Um ca. 100 n. Chr. begannen die Küstenbewohner erstmalig damit, in der Marsch künstliche Wohnhügel, die Wurten (Warften) aufzuschütten. Zu diesem Zweck gruben sie im Umfeld der Siedlungen Boden ab und trugen diesen schichtweise zu Hügeln auf, um die Wohnplätze höher zu legen und einen gewissen Schutz vor Sturmfluten zu erzielen. Da der systematische Bodenauftrag in Abständen wiederholt wurde, zeigt der Innenaufbau vieler Wurten einen Wechsel von Auftragsschichten bzw. Siedlungsschichten, die schalenartig den ursprünglichen Siedlungskern überwölben. Eine erste Bauphase von Wurten an der niedersächsischen und schleswig-holsteinischen Küste datiert von 100–450 n. Chr. Während der Völkerwanderungszeit (400–600 n. Chr.) ist eine ca. 200 Jahre lange Siedlungslücke zu verzeichnen. Hiernach wurden ab ca. 650 n. Chr. zunächst einige Jahrzehnte lang Flachsiedlungen angelegt bzw. aufgelassene alte Wurten wiederbesiedelt. In Niedersachsen begann um 730 n. Chr. eine zweite Wurtenphase, die gegen 1100 n. Chr. ausklang. In Dithmarschen, Schleswig-Holstein, wurden die Flachsiedlungen des frühen Mittelalters in einzelnen Fällen z. T. gegen Ende des 8. Jh., überwiegend jedoch erst zu Beginn des 9. Jh. zu Wurten erhöht. In Nordfriesland existieren zahlreiche Wurten aus dem 12 Jh., die in einem einzigen Arbeitsgang auf Höhen von NN +3 m aufgeschüttet worden sind.

Völlig neue Entwicklungen setzten mit dem Deichbau ab 1100 n. Chr. ein. Zunächst wurden um kleine Areale ringförmige niedrige Sommerdeiche angelegt, um die Wirtschaftsflächen gegen sommerliche Überflutungen zu schützen. Durch schrittweises Verbinden dieser Ringdeiche entstand allmählich ein zusammenhängender hoher Seedeich, der im 13. Jh. nahezu die gesamte Marsch umschloß. Mit dem Deichbau mußte auch die Binnenentwässerung eingedeichter Gebiete über Siele und Schöpfwerke einher gehen. Diese Entwässerung führte stellenweise zu starker Kompaktion der Küstenablagerungen, so daß die Marschoberfläche z. T. erheblich unter ihr ursprüngliches Niveau absackte, ein Umstand, der wesentlich zu den verheerenden mittelalterlichen Sturmfluten beigetragen hat.

Nach vorausgegangenen erheblichen Landverlusten wurden ab dem 15. Jh. weite Areale durch systematische Eindeichungen zurückgewonnen. Bis in die 50er Jahre dieses Jahrhunderts verfolgten Deichbauten neben dem Küstenschutz stets auch das Ziel, landwirtschaftliche Nutzflächen zu gewinnen. Neuerdings sind derartige Baumaßnahmen u. a. darauf ausgerichtet, Nutzflächen für Hafenerweiterungen und Industrieansiedlungen zu schaffen, insbesondere jedoch die Deichstrecke zu verkürzen, um so die Unterhaltungskosten zu senken. Mit dem Industriezeitalter begann in den Ästuaren auch die systematische Vertiefung von Fahrrinnen zu den teilweise weit im Hinterland liegenden Häfen. Diese Eingriffe führten zu drastischen Veränderungen der Tideverhältnisse und zu einer Einengung des Stauraumes für die bei Sturmfluten auflaufenden Wassermengen.

1.4 Besiedlungsgeschichte in den Flußmündungsgebieten am Beispiel der Eider und Elbe

DIRK MEIER

Eidermündungsgebiet

Als größter Fluß Schleswig-Holsteins mündet die Eider in einem breiten Trichter westlich der saalezeitlichen Altmoränen des Geestrandes zwischen dem nordfriesischen und Dithmarscher Küstengebiet in die Nordsee. Zu beiden Seiten der Eider entstanden vor über 2 000 Jahren Marschen, welche zu den altbesiedelten Küstenregionen der schleswig-holsteinischen Nordseeküste gehören. Im ersten nachchristlichen Jahrtausend wies der Fluß noch einen weit windungsreicheren Unter- und Mittellauf als heute auf, wie eine verlandete alte Schleife bei Tofting im südöstlichen Eiderstedt und im nordwestlichen Teil der Dithmarscher Nordermarsch andeutet. Die damalige Tidegrenze lag vermutlich oberhalb der Lundener Nehrung, einem langgestreckten, vor etwa 4 000 Jahren vor heute entstandenen Sandwall, und wurde erst mit der Beseitigung der großen Eiderschleife im Mittelalter mehrere Kilometer stromaufwärts gelegt (*Abb. 1.4-1*). Gleichzeitig entwik-

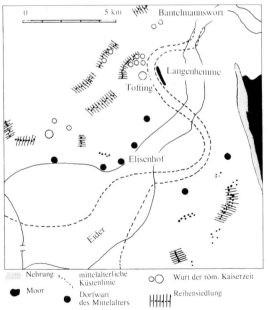

Abb. 1.4-1: Das Mündungsgebiet der Eider im 1. Jtsd. n. Chr. (schematisch) mit Dorfwurten des 1.–4. und 8.–11. Jhs. n. Chr. sowie vermutetem hochmittelalterlichem Deichverlauf

kelte sich ein breiter Mündungstrichter, der durch die spätmittelalterliche Sturmfluten erweitert wurde und heute eine Breite von ca. 5 000 m aufweist. Ob sich im Bereich der Mündung kleinere Inseln befanden, läßt sich heute nicht mehr nachvollziehen. Sowohl die Rekonstruktion der Uferlinien für verschiedene Stadien der Flußentwicklung als auch Angaben über den Anstieg des Mittleren Tidehochwassers sind mit zahlreichen Unsicherheiten verknüpft, weil der Fluß bis zum Bau des Seesperrwerkes 1973 starke Umgestaltungen erfahren hat (vgl. Kap. 2.2).

Vor allem nördlich des Mündungsgebietes entstanden durch die Aufschüttung von Sedimenten hohe Uferwälle, welche die Entwässerung der dahinter liegenden, niedrigeren Marschen erschwerten, so daß sich hier um die Wende des 1. nachchristlichen Jahrtausends teilweise ausgedehntere Moorgebiete erstreckten, welche erst seit dem hohen Mittelalter abgebaut und kolonisiert wurden. Als sich im 1.–2. Jh.n.Chr. erste Siedlergruppen auf den Uferwällen niederließen, waren diese wohl nicht mehr überall sturmflutfrei. So ergaben die botanischen Untersuchungen in der von BANTELMANN (1955) untersuchten Wurt Tofting nordöstlich von Tönning, daß der Salzwassereinfluß während des 2.–3. Jahrhunderts. auf das Umland der Wurt zwar noch gering blieb, doch überschwemmten bereits winterliche Sturmfluten die Salzwiesen, wobei die Intensität der Sturmfluten im 3.–4. Jh. zunahm. Als Reaktion auf die sich ändernden Umweltbedingungen wurden die zunächst zu ebener Erde auf dem bis NN +1,5 m hohen Uferwall als Flachsiedlung angelegten Hofplätze der Siedler mit Mist und Klei zu Hofwurten aufgehöht, aus deren Zusammenschluß und weiterer Erhöhung sich im 4.–5. Jh. eine im Durchmesser bis 200 m große Dorfwurt bildete. Wie die ausschnittsweise Untersuchung von drei Wohnplätzen ergab, wurde zwar jeder der Hofplätze aufgehöht, doch trennten zunächst nur schmale Sodenlagen die verschiedenen Häuser voneinander (BANTELMANN 1955). So lagen drei Herdstellen der Wohnstallhäuser des 2.–3. Jhs. auf dem Wohnplatz I mit einer Höhenlage von NN +1,83 – +2,45 m ebenso dicht übereinander wie vier Herdstellen des etwas jüngeren, im 3. Jh. bestehenden Wohnplatzes II, die sich zwischen NN +2,6 – +2,82 m befanden. Auch auf dem Wohnplatz III trennten nur schmale Sodenlagen die Herdstellen mehrerer Häuser, deren Höhenniveau vom ausgehenden 2. bis zum 3./4. Jh. von NN +2,45 m bis NN +2,60/+3,65 m angehoben wurde, wobei im späten 5. und vielleicht noch dem frühen 6. Jh. noch eine weitere Erhöhung von NN +3,98 m auf NN +4,08 m erfolgte. Blieben die geringfügigen Erhöhungen der Hofplätze mit Kleisoden zunächst noch auf die einzelnen Hofwurten beschränkt, wurden während des späten 4. und 5. Jhs. die Zwischenräume mit Siedlungsmaterial und Erdreich aufgefüllt, so daß eine einheitliche Dorfwurt entstand, deren Häuser sich in etwa auf dem gleichen Höhenniveau befunden haben dürften. Die langsame, aber kontinuierliche Erhöhung der Wohnplätze dürfte möglicherweise noch nicht am Anfang der Siedlungszeit, aber sicherlich seit dem 3. Jh. aufgrund einer intensiveren Sturmfluttätigkeit nötig gewesen sein, da nun häufiger höher auflaufende Fluten die Wurt erreichten, wie die botanischen Untersuchungen ergaben (BEHRE 1976). Im übrigen waren auch auf der nur in kleinsten Aufschlüssen bekannten Dorfwurt Tönning die Siedlungshorizonte des 3.–4. Jhs. zwischen NN +2,76 – +3,13 m über der maximal bis NN +2,00 m hohen Marsch aufgehöht.

Anders waren hingegen die Verhältnisse im entfernteren, durch die hohen Uferwälle dem direkten Meereseinfluß weitgehend entzogenem Hinterland der Eidermündung. Allenfalls Stauwasser veranlaßte die Bewohner zur Erhöhung ihrer zu ebener Erde angelegten, mit Ausnahme von Bantelsmannswort meist nur kurzfristig bestehenden Flachsiedlungen. Dort lagen die Höhen der Herdplätze des 2./3.– 4./5. Jhs. zwischen NN +1,20 m – + 1,60 m (BOKELMANN 1988).

In die während der Völkerwanderungszeit entsiedelten Marschen längs des Eidermündungsgebietes erfolgte im frühen Mittelalter eine erneute Landnahme bäuerlicher Siedlungsgemeinschaften, welche die günstige naturräumliche Entwicklung an der Küste nutzten, da die Sturmflutaktivitäten nachgelassen hatten. Nördlich der Eider wanderten friesische Bevölkerungsgruppen ein und ließen sich wiederum auf den hohen Uferwällen des Flusses nieder. Anders als in den ersten nachchristlichen Jahrhunderten boten die rückwärtigen, tiefer gelegenen Gebiete nun keine Siedelmöglichkeiten mehr, da sich hier teilweise ausgedehnte Schilfdickichte und Moore erstreckten. Auch südlich der Eider, wo sich die Küstenlinie seewärts verlagert hatte, dehnten sich in den vom 1.–4. Jh. noch dicht besiedelten alten Marschen Moore und Schilfflächen aus, welche eine siedlungsfeindliche Landschaft bildeten. Somit beschränkten sich auch in diesem Gebiet die frühmittelalterlichen Siedlungen in ihrer Lage auf die äußeren, baumlosen und von regelmäßigen Salzwasserüberflutungen erfaßten Seemarschen längs des Eidermündungsgebietes und der Nordsee (BEHRE 1976). Die wirtschaftliche Grundlage der Siedlungen bildete die Viehwirtschaft, wobei das Vieh in den sich seewärts ausdehnenden Salzbinsenwiesen weidete. Diese dienten zugleich der Heugewinnung.

Dort, wo die Uferwälle wie am Elisenhof bei Tönning bis NN +2,2 m aufgelandet waren, legten die Bauern ihre Höfe zunächst noch als Flachsiedlung an. So entstanden die ersten Wohnstallhäuser auf den am höchsten gelegenen Bereichen des Uferwalles im 8. Jh., wobei sich die nach und nach erhöhten Wirtschaftsbetriebe allmählich stallwärts den Hang hinab in Richtung auf einen Priel verschoben, der später mit Mist verfüllt und in das Siedelareal der 12–15 Hofplätze einbezogen wurde, wie die umfangreichen Grabungen ergaben (BANTELMANN 1975). Wie am Elisenhof so erfolgten auch in der etwa 1 500 m westlich am Schnittwinkel zwischen der Eider und des Prielstromes der Süderhever gelegenen, nur randlich untersuchten Dorfwurt Welt im frühen Mittelalter deutliche Aufträge. In ihrem Aufbau gleicht die Dorfwurt denjenigen des Küstengebietes südlich der Eider, wie ein 1994 durch die Arbeitsgruppe Küstenarchäologie auf der Dorfwurt Wellinghusen angelegter Grabungsschnitt zeigt. Auch dort begann auf einem bis NN +1,8 m hohen Marschrücken die Besiedlung mit mehreren Hofplätzen zu ebener Erde, die schnell aufgehöht wurden, wobei das Siedelniveau am Ausgang des frühen Mittelalters eine Höhe von NN +4 m erreichte.

Bis etwa zur Jahrtausendwende behielt die Eider ihren windungsreichen Lauf bei und spaltete sich stromaufwärts, wo die Gezeitenwelle allmählich ausklang, in mehrere Arme auf. Seit dem hohen und späten Mittelalter änderten sich die landschaftlichen Verhältnisse im Mündungsgebiet der Eider völlig. So verlagerte sich das Flußbett, so daß der alte windungsreiche Verlauf bei Langenhemme verschlickte, wie indirekt aus der historischen Überlieferung hervorgeht (KÜHN & PANTEN 1989). Längs der Eider entstanden seit dem 12. Jh. Deiche, welche den Strom einschnürten. Die Verlagerungen der Eider und spätmittelalterliche Sturmfluten haben dazu geführt, daß deren Reste jedoch kaum noch erhalten sind, was Möglichkeiten der Rekonstruktion erheblich einschränkt. Der Deichbau ermöglichte eine Regelung der Binnenentwässerung der rückwärtigen Gebiete, so daß dort im Rahmen des hoch- und spätmittelalterlichen Landesausbaus Moore abgetorft wurden und so eine vom Menschen geprägte Kulturlandschaft entstand. Im späten Mittelalter und in der frühen Neuzeit waren Teile der Eiderdeiche als Stackdeiche erbaut, wie Peter Sax berichtet (PANTEN 1986). Auch diese mit viel Aufwand errichteten Deiche mit ihren hölzernen Bohlwerken konnten nicht verhindern, daß es im Eidergebiet immer wieder zu Deichbrüchen und Überschwemmungen kam, wobei größere Landflächen bei Olversum im 16. Jh. verloren gingen. Nachdem in der frühen Neuzeit immer weitere Vorländer entlang der Eidermündung eingedeicht wurden, lief das Wasser höher auf, da der Stauraum bei Sturmfluten eingeengt war, was zu einem erhöhten Druck auf die Deiche und häufig zu Deichbrüchen sowie zur Zerstörung von Sielen führte. Die deshalb 1936 vor allem zum Schutz gegen Sturmfluten erbaute Abdämmung der Eider bei Nordfeld entzog eine 78 km lange Flußstrecke der Tidebewegung. Da unterhalb der Abdämmung die Eider zwischen Nordfeld und Tönning versandete und die Vorflut ebenso wie die Schiffahrt erheblich beeinträchtigt wurde, entstand ein Sturmflutsperrwerk an der Flußmündung in der Linie Hundeknöll/Vollerwiek, das 1973 fertiggestellt wurde und mit seinem 4,8 km langen Damm mit Siel und Schleuse die Tidebewegungen beeinflußen kann.

Elbemündungsgebiet

Wie im Mündungsgebiet der Eider wurden auch entlang des Elbeästuars infolge eines weit verbreiteten Rückganges oder Stillstandes des Meeresspiegelanstiegs um Chr. Geburt Marschen erstmalig besiedelt. In weit größerem Maße noch als längs der Eidermündung dehnten sich in den binnenwärts der hoch aufgelandeten Elbufermarschen gelegenen, niedrigen Gebieten des Sietlandes ausgedehnte Moore aus (MEIER 1994). Wo im Untergrund humose Tone oder toniger Klei und Torf anstanden, kam es zu größeren Sackungen, von denen nur die mit Schluff und Feinsand verfüllten Priele unbeeinflußt blieben, die als Inversionsrücken nun deutlich sichtbare Erhöhungen bildeten. Später drang das Meer wiederum in dieses durch Inversionsrücken gegliederte Küstengebiet ein und füllte die Senken erneut mit Sediment auf. Während einer frühmittelalterlichen Regressionsphase hatten sich stellenweise erneut Marschböden gebildet, die jedoch später überschlickt wurden. Zwar wurden im Mittelalter auch Teile der Randmoore von Sedimenten überlagert, doch blieben weite Moore am Geestrand unbedeckt. Aufgrund der instabilen Untergrundverhältnisse, den Maßnahmen der hoch- und spätmittelalterlichen Kolonisation mit der Binnenentwässerung und Abbau der Torfe traten Sackungen auf, so daß Reste der Moore heute 2–3 m unter dem Meeresspiegel liegen.

Die noch im ersten nachchristlichen Jahrtausend ausgedehnten Moorgebiete schränkten die Siedel- und Wirtschaftsmöglichkeiten einer von der Entwicklung des Naturraumes abhängigen Bevölkerung weitgehend ein, so daß günstige Siedelflächen in den ersten nachchristlichen Jahrhunderten nur auf den höheren Ufermarschen längs der Elbe und deren Seitenflüsse sowie höherer Inversionsrücken bestanden (*Abb. 1.4-2*). Ältere Sondagen und archäologische Untersuchungen in den 30er Jahren in Hodorf und 1956 in Ostermoor vermitteln das Bild kleinerer, teilweise nur kurzfristig bewohnter Ansiedlungen mehrerer Hofstellen. So deckten 1935 Grabungen in Hodorf ein Wohnstallhaus auf, das im 2. Jh.n.Chr. auf einem 0,3 m hohen Sodenpodest über einer heute bei NN -0,2 m liegenden Marschoberfläche errichtet wurde. An der Wende vom 2. zum 3. Jh. erhöhte man das Fußbodenniveau des etwa 20 m langen und 5,20 m breiten Hauses um 0,7 m (HAARNAGEL 1940). Auch außerhalb des Hofplatzes erfolgten Aufträge aus Mistschichten und abdeckenden Kleilagen, wobei das Siedlungsareal im 3. Jh. geringfügig erhöht und ausgedehnt wurde. Der Siedlungshorizont des 4. Jhs. mit einem Grubenhaus und vermuteten weiteren Bauten lag vermutlich schon dicht unter der jetzigen Oberfläche. Während die gering mächtigen Aufhöhungen am Beginn der Siedlungszeit wohl nicht auf Sturmfluten zurückgingen, höhten am Ende der Besiedlung oder später einsetzende Überflutungen das Umland mit tonigen Sedimenten soweit auf, bis auch die höhere Marschensiedlung von den Meeresablagerungen überdeckt wurde.

Während die Hodorfer Gehöftanlage bis in das 4. Jh. hinein bestand, war die aus mehreren, reihenförmig auf einem bis NN +1,0 m hohen Uferwall angelegten Wohnstallhäusern bestehende Flachsiedlung Ostermoor in den äußeren Elbmarschen bei Brunsbüttel wohl nur kurzfristig bewohnt (BANTELMANN 1956/1957). Die im 1. und 2. Jh. errichteten Höfe wurden verlassen, da das unvollkommen verlandete Hinterland mit seinen Schilfdickichten und Restseen keine guten Wirtschaftsmöglichkeiten bot, vor allem als sich auch in der Umgebung der Siedlung Moore auszubreiten begannen. Anders als im Mittelalter und in der Neuzeit blieb das einseitig auf Viehwirtschaft ausgerichtete Wirtschaftssystem im hohen Maße von den naturräumlichen Bedingungen abhängig, da die Siedler noch nicht in ihre Umwelt durch Deichbau und geregelte Entwässerung eingriffen.

Dies änderte sich erst seit dem hohen Mittelalter, wobei zunächst wohl frühestens seit der zweiten Hälfte des 11. Jhs. Deiche das Wirtschaftsland auf den hohen Uferrändern schützten. In der Mitte des 12. Jhs. wird bereits in einer historischen Quelle bedeichtes von unbedeichtem Land unterschieden. Seit dieser Zeit erfolgte auch ein Landesausbau in die binnenwärtigen, geestnahen, vermoorten Sietländer zu beiden Seiten der Elbe in einer durch die Stader Grafen gelenkten und durch holländische Fachkräfte geleiteten Kolonisation (HOFMEISTER 1979/1981). So werden Holländer erstmals 1142 in der Haseldorfer Marsch, ab etwa 1221 auch in der Wilstermarsch genannt. Die Anlage der sich in langen Siedlungsreihen auf niedrigen Hauspodesten erstreckenden Höfe der Kolonisten, von denen sich die durch Gräben eingefaßten Streifenfluren immer weiter in das Moor vorstreckten und aus dem Ödland gewinnbringendes Nutzland formten, setzte eine vorherige Eindeichung der Elbmarschen voraus. So entstanden in den Marschen bei Stade, wo vor dem hohen Mittelalter noch keine Deichbauten

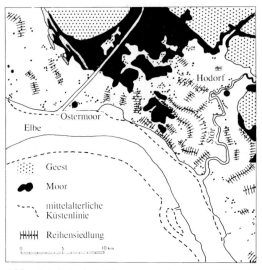

Abb. 1.4-2: Das Mündungsgebiet der Elbe im 1. Jtsd. n. Chr. (schematisierte Darstellung) mit Siedlungsplätzen des 1.-4. Jhs. n. Chr. und vermutetem hochmittelalterlichem Deichverlauf

bestanden, im Zuge der holländischen Kolonisation seit der ersten Hälfte des 12. Jhs. erste Deiche (HOFMEISTER 1984). Im Sietland dienten zunächst für die einzelnen Siedlungsgebiete und Kirchspiele gesondert angelegte Dämme als Schutz gegen das Moorwasser, das durch »Wettern« genannte Kanäle in die Elbe oder Nebenflüsse geleitet wurde. Besondere Probleme bereitete in der Folgezeit die sich in ihrem Bett immer wieder verlagernde Elbe, was seit der Mitte des 12. Jhs. zu einem Abbruch der hohen Uferränder führte, damit den Bestand der niedrigen Flußdeiche gefährdete und so Landverluste bedingte. Dort, wo wie bei Haseldorf, die sich inselförmig vor den Niederungen erstreckende, schmale hohe Marsch zerstört wurde, überschwemmten Sturmfluten leicht weite Bereiche des Sietlandes. Im Bereich der Flußmündung wirkten sich bei Brunsbüttel Landabbrüche der hohen alten Marsch noch bis in das 18. Jh. hinein aus. Als im 14. Jh. die ganze Wilstermarsch überschwemmt wurde, mußten auch hier die Elbdeiche zurückgenommen werden. Eine seit der Neuzeit erfolgte starke Kanalisierung des Flusses durch hohe Deiche hat erneut die Frage aufgeworfen, ob örtlich eine Rückverlagerung der Deiche nicht sinnvoller ist, um eine Millionenstadt wie Hamburg nicht zu gefährden.

Schlußbetrachtung

Entlang der Mündungen von Eider und Elbe boten sich hoch aufgelandete Ufermarschen bereits in den ersten nachchristlichen Jahrhunderten als günstiger Siedel- und Wirtschaftsraum an. Ein um Chr. Geburt noch niedriger Meeres- und Sturmflutspiegel erlaubte ebenso wie im 8. Jh. örtlich die Anlage von Flachsiedlungen, die jedoch bald zu Wurten aufgehöht werden mußten. Erst nachdem die Flüsse seit dem hohen Mittelalter entlang ihrer Mündungen durch küstenparallele Deiche eingedämmt waren, konnte das sich hinter den hohen Ufermarschen erstreckende niedrige, vermoorte Sietland planmäßig entwässert und kolonisiert werden, so daß sich hier die Landschaft völlig veränderte. Die seit dem hohen Mittelalter längs der Flußmündungen errichteten Deiche führten zu einem Anstau des Wassers, so daß höher auflaufende Sturmfluten die Deiche zerstörten und das Sietland überschwemmten. Besonders im Elbmündungsgebiet mußten Deiche zurückgenommen werden, wobei die wasserbautechnischen Probleme bis in die Neuzeit nicht gelöst waren, wie die Hamburger Katastrophe 1962 vor Augen führt.

1.5 Das Klima und seine Bedeutung für Fluß-Ökosysteme

MICHAEL SCHIRMER

Die Eigenschaften der in diesem Buch behandelten Flüsse sind in erster Linie Ausdruck des in ihrem Einzugsgebiet herrschenden Klimas der gemäßigten Breiten. Differenzierend wirken Orographie und Geologie und die ebenfalls klimaabhängige Vegetation. Von Bedeutung ist dabei die Größe des oberirdischen Einzugsgebiets (A_{Eo}), da in kleineren Gebieten das regionale Klima deutlich abweichen kann, vor allem durch Höhenlage, Geländeform und Exposition gegenüber den vorherrschenden Windrichtungen: In unserer Westwind-dominierten geographischen Breite zapfen die Mittelgebirge große Regenmengen aus der ozeanischen Luftfeuchtigkeit (das Resultat sind Gewässer des pluvialen Abflußtypus), und verringern die Niederschlagsmengen im leeseitigen Hinterland beträchtlich. Die Höhenlage der alpinen Einzugsgebiete führt ebenfalls zu Steigungsregen, vor allem aber zu verlängerter Zwischenspeicherung der Niederschläge als Schnee und Eis (nivale Abflußtypen). Wichtige Parameter zur Charakterisierung des Niederschlags sind die Jahressumme, der Jahresgang der Monatsmittel und die Intensitätsverteilung, wie also Starkregenereignisse oder Dauerregen auftreten. Welcher Anteil der Niederschläge dann sofort als Oberflächenabfluß oder verzögert nach Versickerung zur Ausbildung von oberirdischen Fließgewässern beiträgt, hängt entscheidend von der Temperatur und der Gesamtverdunstung, der Evapotranspiration, ab. Diese beträgt im Bereich der Bundesrepublik 60–70 % der Jahresniederschläge.

Im nacheiszeitlichen Mitteleuropa haben sich für die in diesem Buch behandelten Stromgebiete von Rhein, Elbe, Oder, Weser und oberer Donau jeweils typische Niederschlags-/Abfluß-Relationen eingestellt. In den »Deutschen Gewässerkundlichen Jahrbüchern« (z. B. NLÖ 1995) werden die relevanten Niederschlags-, Wasserstands- und Abflußdaten des jeweiligen hydrologischen Jahres (01.11.–31.10.) und die Mittelwerte längerer Beobachtungszeiträume in Form der Hauptwerte veröffentlicht (festgelegt in der DIN 4049; s. a. BRETSCHNEIDER et al. 1993 und BAUMGARTNER & LIEBSCHER 1990).

Tab. 1.5-1 zeigt einige der Hauptwerte des

Tab. 1.5-1: Vergleich der Hauptwerte und der MNQ/MHQ-Relation von Rhein, Weser, Elbe, Oder und Donau (aus BRETSCHNEIDER et al. 1993)

Fluß Pegel	MQ	MNQ	MHQ	MNQ/MHQ	Mq	A_{Eo}
Rhein Rees	2 280	1 020	6 360	1:6,2	14,30	159 300
Weser Intschede	323	119	1 170	1:9,8	8,61	37 495
Elbe Neu-Darchau	722	279	1 880	1:6,7	5,47	131 950
Oder Hohens.-F.	543	246	1 307	1:5,3	5,00	109 564
Donau Wien	1 919	636	5 780	1:9,1	18,90	101 731

Abflusses, die Größe der zugehörigen Einzugsgebiete und die mittlere **Abflußspende** Mq (l/[sec·km²]). Deutlich wird an der großen Relation von MNQ zu MHQ der Weser (1:9,8) die Folge der geringen Flächengröße, die in den Stromgebieten mit 3- bis 5facher Größe deutlich enger ist. Die Donau bis Wien unterliegt dem dominierenden Einfluß der alpinen Region mit einer Abflußspitze zur Zeit der Schneeschmelze (**nivaler Abflußtyp**). Der Rhein zeigt diese Spitze im Sommer auch, erhält jedoch durch die Abflüsse aus den Mittelgebirgsregionen durch alle Jahreszeiten einen ausgeglichenen Zufluß mit 2 Spitzen (**pluvio-nivaler Abflußtyp**). Elbe und Oder dagegen entwässern im Regenschatten liegende, kontinental geprägte, große Gebiete mit entsprechend geringerer Abflußspende Mq und gedämpfter Abflußamplitude. Der Einfluß des Menschen auf die Wasserführung der Flüsse ist vielgestaltig und führt zu unterschiedlichen Wirkungen, wobei die Abflußbeschleunigungen durch Versiegelung, Ausbau und die Umwandlung von Wald in Kulturlandschaft wohl die dramatischsten sind.

Das Klima einer Region ist die langfristige Ausprägung des Wetters, welches gerade in den gemäßigten Breiten durch große saisonale und interannuelle Variabilität gekennzeichnet ist. Dementsprechend sind auch die Hauptwerte des Abflusses und der Wasserstände mit großen Streuungen behaftet, die umso größer sind, je kleiner das Einzugsgebiet des Flusses ist. Einen Eindruck dieser Streuung bietet die *Abb. 5.4-3* mit den mittleren jährlichen Abflüssen der Elbe zwischen 1891 und 1990. Eine deutliche Saisonalität und von Jahr zu Jahr u. U. erhebliche Unterschiede prägen auch die aquatischen Ökosysteme. Jahrtausende ähnlicher klimatischer Bedingungen haben zur Etablierung aquatischer Biozönosen geführt, die gegenüber den saisonalen und interannuellen Streuungen der Klimaparameter elastisch reagieren. Sofern die von Jahr zu Jahr wechselnden Abfluß-, Temperatur- und Strahlungsbedingungen die langfristigen, dem Landschaftsklima entsprechenden Mittelwerte nicht verschieben, etablieren sich sehr charakteristische, über Jahrhunderte »stabile« Tier- und Pflanzengesellschaften. Deren Mitgliedsarten verfügen über entsprechende Toleranzen, Anpassungen und Strategien zur Aufrechterhaltung ihrer Populationen. Dies schließt im übrigen auch Wiederbesiedlungsstrategien nach »natürlichen« Totalverlusten der Populationen ein, sofern das Kontinuum des Flußökosystems gewahrt bleibt (longitudinale und laterale Vernetzung) und die naturraumtypischen Fluß- und Auenstrukturen vorhanden sind. Vor allem die durch Hochwässer bewirkte zeitweilige Verbindung aller Alt- und Nebengewässer innerhalb der Aue mit ihrem Stoff- und Organismenaustausch ist ein klimatisch bedingter ökosystemstabilisierender Faktor von großer Bedeutung (aus gewässer- und auenökologischer Sicht sind Hochwässer notwendige Ereignisse und keine Katastrophen). Jeweiliger Jahres-Temperaturverlauf und -Abfluß können Bestandsdichten und Dominanzverhältnisse der aquatischen Biozönosen in weiten Bereichen schwanken lassen, doch erst längere Perioden gleichsinniger Abweichungen von den mittleren Verhältnissen, z. B. »feuchte« oder »kühle« Dekaden, wirken sich auch auf das Artenspektrum des Gewässers oder Abschnitts aus.

Der Vollständigkeit halber sei noch auf die ökosystemstabilisierende Wirkung der winterlichen Minimaltemperaturen hingewiesen, die die hier behandelten westeuropäischen Flußsysteme alljährlich durchlaufen. Ihre Bedeutung liegt darin, daß die dabei eintretenden Strahlungs- und Temperaturminima eine Art von »reset«-Funktion ausüben. Sie bewirkt, daß insbesondere für ein- und wenigerjährige Arten mit jedem Frühjahr die (Sekundär-) Sukzession neu einsetzt und die Konkurrenzfähigkeit der Population für eine Saison ausreichen muß, bevor wieder die Temperatur zum dominanten Minimumfaktor wird, die Sukzession abbricht und erneut ähnliche Startbedingungen hergestellt werden.

»Mittlere« oder »typische« Temperatur- und Abflußzustände steuern die »sanfte« Morphodynamik des Flußbettes und die Entwicklung der charakteristischen Biozönose. Von erheblicher Bedeutung sind jedoch auch die u. U. nur sehr selten auftretenden Extremereignisse (Hoch- und Niedrigwässer, Frost- und Hitzeperioden mit Wiederkehrzeiten von z. B. über 50 Jahren). Diese können die Struktur der Gewässerlandschaft und die Besiedlung von Fluß und Aue schlagartig und extrem verändern und betreffen vor allem Populationen mit langen Generationszeiten und Biotoptypen später Sukzessionsstadien, z B. Auenwälder. Die Frequenz solcher Extremereignisse bestimmt durch die dazwischenliegenden »Erholungszeiten« wesentliche charakteristische Eigenschaften des Flusses.

Nicht zu vergessen ist, daß auch der Stoff-, insbesondere der Nährstoffhaushalt, klimabeeinflußt ist: Vegetationstypen, Bodenbildung, Mineralisation, Auswaschung etc. sind klimaabhängige Größen, die auch in den Einzugsgebieten der mitteleuropäischen Flüsse entsprechend unterschiedliche Ausprägungen zeigen. Allerdings sind diese Größen auch stark durch den landschaftsverändernden Einfluß des Menschen betroffen, so daß die Analyse der Bedeutung des Klimas für Existenz und Eigenschaften der Stromsysteme diese anthropogenen Störungen berücksichtigen muß.

Bedeutung eines Klimawandels für Flüsse und ihre Ökosysteme

Wie oben dargelegt, sind die Flüsse als Ökosysteme Ausdruck der in ihrem Einzugsgebiet gegebenen geomorphologischen Bedingungen und der dort herrschenden Groß- oder Regionalklimate. Die Eingriffe des Menschen, deren wichtigste in den vorangegangenen Kapiteln dargelegt wurden, hatten bisher die Basisparameter »Abflußspende« des Einzugsgebietes und »Temperaturregime« noch nicht grundsätzlich verändert. Mittlerweile ist es jedoch wissenschaftlich erwiesen, daß der Mensch weltweit die klimabestimmenden Eigenschaften der Atmosphäre verändert und damit das Klima selbst. Die Erhöhung der Temperatur der Atmosphäre wird generell zu einer Nordverschiebung der Klimazonen der Erde führen (IPCC 1990). Die bisher möglichen Prognosen über das Ausmaß und die Geschwindigkeit des anthropogenen Klimawandels sind noch mit großen Unsicherheiten behaftet, hervorgerufen sowohl durch die Unmöglichkeit einer exakten Prognose des zukünftigen Verhaltens der Menschheit

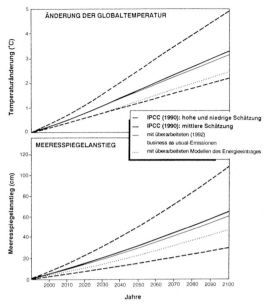

Abb. 1.5-1: Verbesserte Prognosen der Zunahme der globalen Atmosphärentemperatur und des Meeresspiegelanstiegs. Nach IPCC 1994

(v. a. bezüglich CO_2-Emission) als auch wegen der noch immer lückenhaften Kenntnisse über die das globale und regionale Klima bestimmenden Faktoren und Prozesse. Die aktuellen, verbesserten Prognosen des IPCC für die mittlere Globaltemperatur und den Meeresspiegelanstieg zeigt *Abb. 1.5-1*.

Nach wie vor große Probleme bereitet das »down-scaling« der gobalen Klimamodelle auf regionale Aussagen, insbesondere für die am kontinentalen Rand liegenden Einzugsgebiete der hier behandelten Stromsysteme. Dennoch soll an dieser Stelle versucht werden, aus Trendaussagen der Klimaforschung und ersten Hinweisen aus Meß- und Überwachungsprogrammen mögliche Entwicklungen der gewässerrelevanten Klimaparameter zu skizzieren. Diese »Szenarien« sind nicht mit »Prognosen« zu verwechseln, da keine Aussagen über Eintrittswahrscheinlichkeiten und Absolutwerte möglich sind. Dennoch ist es notwendig – und wird in der vorsorgeorientierten Klimafolgenforschung auch getan (BACKHAUS et al. 1994) – solche plausiblen und tendenziell eher pessimistischen Szenarien zu formulieren und die Sensitivität von Ökosystemen und Gesellschaft gegenüber solchen Entwicklungen zu erforschen. Dies muß bereits heute getan werden, um die mit Sicherheit notwendig werdenden Vorsorge- und Kompensationsmaßnahmen rechtzeitig vorbereiten zu können – seien es Fluß- und Auenrenaturierung, Wiederherstellung des Retentionsvermögens, Aufforstungen, Abwasservermeidung, Förderung der Grundwasserneubildung oder Verringerung der Abwärmeeinleitungen.

Zunächst kann davon ausgegangen werden, daß mit dem bereits nachweisbaren Anstieg der mittleren Atmosphärentemperatur der Wasserdampfgehalt der Luft zunimmt und sich Verdunstung und Niederschlag verstärken. Mit einer Verschiebung der Klimazonen könnte tendenziell ein Trend zu einem Klima mit Winterregen erwartet werden, verbunden mit einer Zunahme von Starkwindereignissen und vermehrten Gewittern mit Starkregen. Ein solches Klima würde bewirken, daß folgende Veränderungen im Abflußregime unserer Flüsse eintreten können: Zunahme der winterlichen Abflüsse bei verringerter Zwischenspeicherung als Eis und Schnee unter milderen Winterbedingungen, im Flachland seltenere Schneeschmelze-Hochwässer. Für Rhein und Donau kann das bedeuten, daß die winterliche Zunahme der Niederschläge im Alpenraum im Gegensatz zu heute vermehrt zu winterlichen Abflußspitzen führt. Das Abschmelzen der meisten Alpengletscher und der beobachtete Anstieg der Schneegrenze stützen ein solches Klimaszenario für die Alpen, wie auch der Deutsche Wetterdienst eine Tendenz zur Abnahme der Sommerniederschläge feststellt. Eine solche sommerliche Niederschlagsabnahme bei erhöhten Durchschnittstemperaturen und gesteigerter Evapotranspiration würde die Abflüsse im Sommer erheblich verringern, was vor allem zu einer u. U. dramatischen Vergrößerung der saisonalen Abfluß- und Wasserstandsamplitude führen könnte. Sensitivitätsstudien für den Rhein bestätigen dieses (KWADIJK 1989). Ein solcher Trend würde sich in Einzugsgebieten mit semiaridem Charakter, wie z. B. Teilen des Elbe-, Oder- und Donaugebietes, noch deutlich verstärkt bemerkbar machen (NOVAKY 1989).

Angesichts der großen interannuellen Variabilität der Niederschläge, Temperaturen und Abflüsse werden Änderungen dieser Parameter auf absehbare Zeit wohl noch nicht statistisch signifikante Größenordnungen erreichen. Dies vor allem auch vor dem Hintergrund, daß sich die anthropogene Klimaänderung zunächst in einer Zunahme

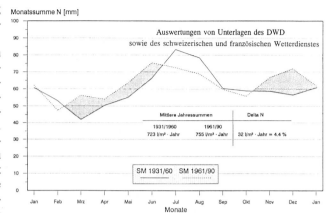

Abb. 1.5-2: Mittlere Monatssummen der Niederschläge (SM) der Klimaperioden 1931/60 und 1961/90 über den Einzugsgebieten von Elbe, Weser, Ems und Rhein (Mit freundlicher Genehmigung von H. ENGEL, BFG)

von Extremereignissen bemerkbar machen dürfte, bevor statistisch signifikante Mittelwertverschiebungen nachweisbar werden. In diesem Sinne eben stützen die seit Beginn der 80er Jahre gehäuft auftretenden »Jahrhundertsommer« und »-hochwässer«, die milden Winter und die Trockenphasen im Mittelmeerraum die Prognosen der Klimaforschung. Bezogen auf unsere Flüsse zeigte z. B. ENGEL (1995) für die Weser, daß in ihrem Einzugsgebiet (26 Niederschlagsmeßstellen) beim Vergleich der meteorologischen Klimaperioden 1931–1960 und 1961–1990 die Jahresniederschläge um 33 mm oder 4,6 % zugenommen haben. Zusätzlich hat die Niederschlagsverteilung eine Veränderung zugunsten der Winter- und Frühjahrsmonate erfahren (*Abb. 1.5-2*). Das Ergebnis ist, daß sich etwa ab 1955 eine Tendenz zur Verlängerung der winterlichen Hoch-Abflußperiode und eine weitere Abnahme der Niedrig-Abflüsse im Spätsommer und Herbst zeigt. Insbesondere in Flüssen mit kleinerem Einzugsgebiet kann sich zudem das vermehrte Auftreten von Starkregen in einer größeren Überflutungshäufigkeit und Morphodynamik bemerkbar machen. Diese Zunahme von Extremereignissen nach Intensität und Häufigkeit würde sich auch auf die Struktur der Biozönose auswirken, wobei vor allem die Verkürzung der »Erholungszeiträume« eine Rolle für Biozönosen älterer Sukzessionsstadien spielt.

Zu erwarten wäre, daß neben veränderter

Hydro- und Morphodynamik der Flüsse sich auch deren Geschiebehaushalt und die Gehalte an gelösten Stoffen verändern. Hier würden sich, vor allem auch bei höheren Wintertemperaturen, verstärkt Stoffwechselprozesse und Mineralisation im Boden bemerkbar machen, und höhere Niederschläge den Abtrag und die Auswaschung der Produkte beschleunigen, wie Untersuchungen in den USA bestätigten (POFF 1992, WARD et al. 1992).

Eine Anhebung der winterlichen Minimal- und sommerlichen Maximaltemperaturen würde sich selbstverständlich auf die Zusammensetzung der Biozönosen der Gewässer und Auen auswirken: Durch Temperaturtoleranz bedingte Verbreitungsgrenzen werden nach Norden verschoben und der Anteil von Neozoen und Neophyten wird weiterhin zunehmen, unterstützt durch Gewässerausbau, -verschmutzung und Abwärmeeinleitungen. Viele der heute schon bekannten Abwärmefolgen, wie im Kap. 3.4 angedeutet, würden flächenhaft in den Fließgewässersystemen relevant werden. Besonders betroffen sein dürfte der Sauerstoffhaushalt der Flüsse, der bereits jetzt alljährlich in den hypertrophen, gestauten Fließgewässern zusammenzubrechen droht. Interessante Folgen dürfte insbesondere eine weniger rigorose »reset«-Funktion der winterlichen Temperaturminima haben. Bereits heute ist nach milden Wintern davon ein Eindruck zu gewinnen, wenn in der Forst- und Landwirtschaft über zunehmenden »Schädlings«-befall geklagt wird. Der zugrundeliegende Trend der abnehmenden Bedeutung des Temperaturminimums als alljährlich einsetzender Masterfaktor wird Konkurrenz und Räuber-Beute-Beziehungen stärker wirksam werden lassen. Hierdurch und durch Ab- und Einwanderung von Arten werden merkliche Veränderungen der aquatischen und terrestrischen Lebensgemeinschaften ausgelöst.

Die Verringerung der sommerlichen Abflüsse hätte zur Folge, daß die kontinuierlich eingeleiteten kommunalen und industriellen Abwässer weniger verdünnt werden und Gewässergüte und -nutzbarkeit abnehmen – vor dem Hintergrund klimabedingt steigenden Bedarfs! Es muß wohl davon ausgegangen werden, daß die meisten der heute geltenden, nutzungsorientierten Emissions- und Immissionsstandards unter veränderten Klimabedingungen nicht mehr ausreichen werden.

Die gewässer- und auenökologischen Folgen einer in der geschilderten Art ablaufenden Klimaänderung würden sich wiederum verstärkt in den Ästuaren auswirken. Da hier zwei weitere Klimafolgen – der Anstieg des Meeresspiegels und die Zunahme der Stürme - die im Ästuar herrschenden Fließgleichgewichte verändern, muß mit u. U. erheblichen Konsequenzen gerechnet werden. Ausführliche Darstellungen der Problematik lieferten SCHIRMER & SCHUCHARDT 1993; SCHIRMER 1994 beschreibt die besondere Sensitivität der Ästuare. Die wichtigsten Wechselwirkungen bestehen zwischen dem Süßwasserabfluß mit seiner verstärkten Saisonalität und einem angestiegenen mittleren Meeresspiegel, der im Jahre 2050 um bis zu 20–40 cm höher liegen könnte. Die Folge wäre in allen Ästuaren eine Verlagerung der Brackwasserzone und ihres Trübungsmaximums landeinwärts und verstärktes jahreszeitliches Pendeln dieser für die Fluß-, Auen- und Grundwasserbiozönose nur eingeschränkt besiedelbaren Region. An der Nordsee ist überdies eine weitere Zunahme des Tidenhubs und der ebenfalls schon deutlichen Häufung von Sturmereignissen nicht auszuschließen. Beide Prozesse intensivieren die Instabilität der ästuarinen Übergangszone, die in allen Flüssen bereits durch Ausbau, Vertiefung und Kanalisierung ihrer natürlichen Reaktions- und Anpassungspotentiale beraubt wurde.

Schlußbetrachtung

Die Flußsysteme sind in ihren physischen und ökologischen Eigenschaften ganz entscheidend geprägt von den Klimabedingungen ihres Einzugsgebietes. Die bereits einsetzende anthropogene Änderung des globalen Klimas wird demzufolge gravierende Veränderungen des Wasserhaushalts, der physikalisch-chemischen Eigenschaften des Grund- und Oberflächenwassers und der Tier- und Pflanzenwelt der Flüsse und ihrer Landschaften bewirken. Hiermit werden zugleich die negativen Auswirkungen vieler menschlicher Gewässernutzungen verschärft. Insbesondere werden die Konflikte zwischen den Ansprüchen des traditionellen Hochwasser- und Küstenschutzes und denen des Umwelt- und Naturschutzes erheblich zunehmen. Es müssen daher moderne Konzepte des vorsorgenden, flexiblen und integrierten Managements der Fluß-, Auen- und Küstenlandschaften entwickelt werden. Die Zeit arbeitet gegen uns. Allerdings läßt die nach den Rheinhochwässern einsetzende, von erschütternder Ignoranz und Eigennutz geprägte Diskussion ahnen, wie schwierig der Umgang der Gesellschaft mit den von ihr selbst verursachten Problemen ist.

2 Mitteleuropäische Flüsse – früher und heute

Im Mittelpunkt dieses Kapitels stehen sieben wichtige Flüsse: Donau, Rhein, Elbe und Oder sowie Weser, Eider und Ems. Von allen diesen Fließgewässern ist die Donau mit 2 880 km deutlich der längste. Die Länge von Elbe, Oder, Rhein bewegt sich zwischen 850 und 1 200 km. Weser (490 km), Ems (331 km) und Eider (108 km) sind mit Abstand die kleinsten Flüsse. Während die Donau ins Schwarze Meer und die Oder in die Ostsee münden, fließen Eider, Elbe, Ems, Rhein und Weser westwärts in die Nordsee.

Die Flußlandschaften – vor allem die Täler der großen Flüsse – stellten mit ihren Auenwäldern markante Strukturelemente in der wald- und moorbedeckten Naturlandschaft Mitteleuropas. **Heute** sind die Urwälder längst verschwunden oder durch forstliche Monokulturen ersetzt, die Moore ausgetorft, entwässert und in landwirtschaftliche Kultur genommen, die Auenwälder beseitigt und ihre Flächen als Felder, Wiesen oder Weiden genutzt, als Industriegebiete verwertet oder in Wohngebiete verwandelt.

Die Wasserscheiden der Einzugsgebiete waren für wassergebundene Organismen die Besiedlungsgrenzen. Nur dort, wo rückschreitende Erosion den Wechsel von Teilen des einen Einzugsgebietes zum anderen, benachbarten Flußsystem herbeiführte, war der Übergang wasserlebender Faunenelemente möglich, z. B. des Welses von der Donau in den Rhein (KINZELBACH 1990). **Heute**, in wenigen Jahrzehnten, hat der Mensch diese natürlichen Grenzen vom Alter geologischer Zeiträume beseitigt. Durch den Bau von Schiffahrtsstraßen sind die Flußsysteme miteinander verbunden worden.

Die Ufer, früher durch Abtragung und Anlagerung von Geschiebe geformt und verändert, von Röhricht oder Bäumen und Büschen bestanden, Ein- und Austrittspforten für das Grundwasser, sind **heute** durch Steinschüttungen, Betondecken oder gar Spundwände aus Eisen gesichert. Die Flußbetten können nicht mehr frei mäandern, sondern sind festgelegt, künstlich vertieft, häufig verbreitert, in Staustufen aufgeteilt. Der Stromstrich wird dort, wo der Fluß noch fließt, durch Buhnen in die für ihn vorgesehene Bahn gelenkt und der Durchfluß tut, bei verkürztem Lauf und höheren Strömungsgeschwindigkeiten, das, was er soll: Er bewahrt die Schiffahrtsrinne vor dem Versanden. Für die Fische bleiben nur noch die strömungsberuhigten Buhnenfelder.

2.1 Die Donau – Gefährdungen eines internationalen Flusses

WERNER KONOLD & WOLFGANG SCHÜTZ

Die Donau ist zweifellos der bedeutendste Fluß Europas, auch wenn sie in Länge und Abfluß hinter der Wolga steht. Sie verbindet heute mit ihrem etwa 2 880 km langen Lauf neun Staaten direkt miteinander (Deutschland, Österreich, Slowakei, Ungarn, Jugoslawien, Kroatien, Rumänien, Bulgarien und Ukraine), über ihr Einzugsgebiet, das insgesamt etwa 817 000 km² umfaßt, verknüpft sie mit diesen weitere neun Länder, von denen allerdings einige nur mit sehr kleinen Gebieten beteiligt sind (Schweiz, Italien, Tschechische Republik, Polen, Slowenien, Bosnien-Herzegowina, Albanien, Mazedonien und Moldawien) (*Abb. 2.1-1*). Knapp 90 Mio. Menschen leben Mitte der 90er Jahre im Einzugsbereich des Stromes. Auch in politisch schwierigen Zeiten war die Donau zwangsläufig verbindendes Element, denn alle baulichen Veränderungen, Belastungen und Abflüsse zeigten ihre Wirkungen bei den jeweiligen Unterliegern und machten gegebenenfalls Absprachen notwendig. Bereits in vor- und frühgeschichtlicher Zeit fungierte die Donau mit ihrem Tal als wichtige wirtschaftlich-kulturelle, aber auch als verbreitungsbiologische Achse zwischen dem Vorderen Orient und Europa.

Hydrographie

Die Donau nimmt ihren Anfang in den Quellgebieten von Brigach und Breg im Schwarzwald auf circa 1000 m Höhe. Diese beiden Bäche vereinigen sich in Donaueschingen auf nunmehr 678 m Höhe zur Donau. Das erste Stück, die Riedbaar, durchquert sie gefällearm und mäanderreich wie ein Tieflandsfluß. Es folgt eine landschaftlich sehr reizvolle Durchbruchstrecke durch den Schwäbischen Jura, unterbrochen von tertiären Niederungen, die die Donau ursprünglich breit aufgegabelt bis mäandrierend durchströmte. Bei der Passage durch den Jura verliert sie einen Großteil ihres Wassers, das durch die Karstklüfte nach Süden abfließt und nach 10 bis 15 km im Aachtopf, der größten Quelle Deutschlands, wieder zu Tage tritt. Den Schwäbischen Jura verläßt die Donau endgültig bei Munderkingen. Mit der Mündung der Iller in Ulm und dann von Lech, Isar, Inn und schließlich Enns und Traun, also alpinen Flüssen, bekommt sie einen völlig anderen Charakter bezüglich der Abflußmengen, des Abflußverhaltens,

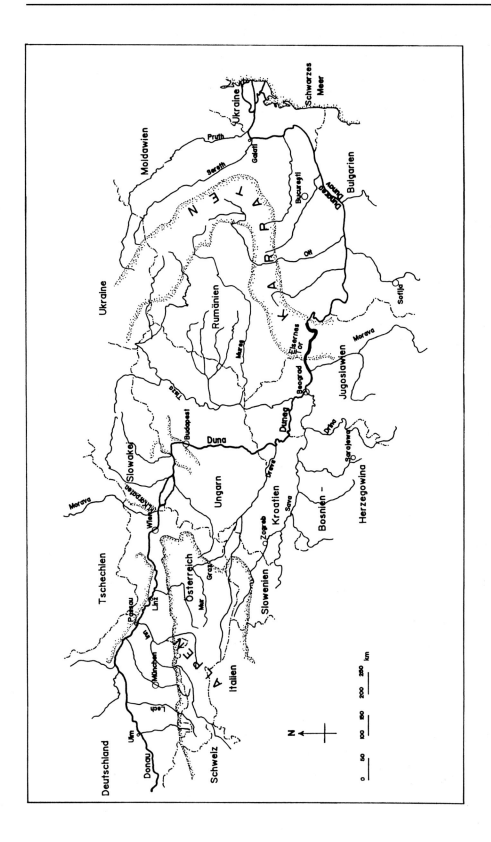

Abb. 2.1-1: Die Donau und ihr Einzugsgebiet

Obere Donau: Donaueschingen – ca. Vac (ca. 30 km vor Budapest): ca. 900 km
Mittlere Donau: Vac – ca. Negotin (ca. 100 km nach dem Eisernen Tor): 925 km
Untere Donau: Negotin – Sulina (Mündungshafen): 885 km
Donau-Delta ab Sulina: 70 km

des gesamten Stoffhaushalts und der Lebensgemeinschaften. Den Fränkischen Jura passiert sie oberhalb von Neuburg und dann noch einmal in teilweise grandiosen Abschnitten von unterhalb Ingolstadt bis Regensburg, wo sie ihren nördlichsten Punkt erreicht. Einer Bruchzone folgend knickt sie nach Südosten ab und fließt – ursprünglich stark mäandrierend – in einer breiten Niederung entlang dem Bayerischen Wald. Oberhalb von Vilshofen tritt sie, nun von steilen Talhängen eingefaßt, in das Grundgebirge der Böhmischen Masse ein, das sie bis Krems in Niederösterreich nicht mehr verläßt. Es folgen die Niederung des Tullner Feldes und nach der Wiener Pforte das recht kleine Wiener Becken, in dem die Donau noch von schönen Auenwäldern gesäumt wird. Bei Bratislava durchbricht sie in der Thebener Pforte die Kleinen Karpaten und bewegt sich in ihrem alten Binnendelta, das in seinem südlichen Teil Kleines Ungarisches Tiefland genannt wird. Hier mündet die Rába, die das Ende des Donau-Oberlaufs mit seinen größeren Gefällen markiert (bis zur Lechmündung 1 ‰, bis Regensburg 0,53 ‰, bis zur Innmündung 0,20 ‰ und bis zur Rábamündung 0,43 ‰). Die folgende mittlere Donau, die oberhalb von Budapest einen rechtwinkligen Knick nach Süden macht und bis zu den Karpaten reicht und dabei die Große Ungarische Tiefebene und die Wojwodina quert, besitzt nur noch ein durchschnittliches Gefälle von 0,06 ‰. Die Passage durch die Südkarpaten, die mit dem Durchbruch am Eisernen Tor ihren landschaftlichen Höhepunkt findet, wird mit ihren 0,32 ‰ Gefälle als Karpatenstrecke bezeichnet. Danach ist die Donau – jetzt untere Donau im Rumänischen Tiefland – mit 0,05 ‰ Gefälle wieder ein ausgesprochener Tieflandfluß. Ab Cernavodă, wo sie zunächst vor den Bergen der Dobrudscha nach Norden und dann bei Galați nach Osten ins riesige Delta abknickt, wird sie vollends träge und hat nur mehr ein Gefälle von 0,01 ‰. Auf der Höhe von Tulcea am Beginn des 5 500 km² großen Deltas teilt sich die Donau in den nördlichen Kilija-Arm, der am wasserreichsten ist, den mittleren Sulina- und den südlichen St. Georghe-Arm, die allesamt ins Schwarze Meer münden.

Entsprechend dem Gefälle sind die Fließgeschwindigkeiten der Donau sehr unterschiedlich. Sie liegen zwischen 0,4 und 2,65 m/s. Einige große Zuflüsse besitzen einen so hohen Abfluß, daß sie die Donau stark überprägen. So verdoppeln zum Beispiel Iller, Lech und Inn bei mittleren Abflüssen jeweils die Wasserführung der Do-

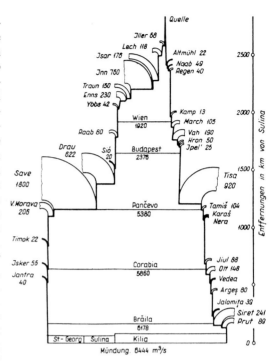

Abb. 2.1-2: Mittlerer jährlicher Abfluß der Donau und ihrer wichtigsten Nebenflüsse in [m³/s] (aus LÁSZLÓFFY 1965, in LIEPOLT 1967)

nau. Auch Drava, Tisza und Sava bringen sehr große mittlere Abflüsse (*Abb. 2.1-2*). Die natürliche Abflußdynamik ist heutzutage unter anderem beeinflußt durch die zahlreichen großen Speicher im Einzugsgebiet, die ein Retentionsvolumen von weit über 3 Mrd. m³ besitzen. Jährlich fließen aus der Donau etwa 200 Mrd. m³ Wasser ins Schwarze Meer.

Der Ausbau der Donau
(im wesentlichen nach: Regionale Zusammenarbeit der Donauländer 1986)
Wie bereits angedeutet, war die Donau seit jeher von großer wirtschaftlicher Bedeutung. Eine nennenswerte Schiffahrt fand beispielsweise schon während der Römerzeit statt. Unter Kaiser Trajan (um 100 n. Chr.) wurde, um die Bergfahrt intensivieren zu können, im Bereich des Eisernen Tores ein Treidelpfad in die Felsen geschlagen. Größere wasserbauliche Arbeiten am oder im Fluß selbst begannen erst gegen Ende des 18. Jhs. Die Anlässe für Begradigungen und Ausbauten waren die oft schadenbringenden Überschwemmungen, die nur schlecht nutzbaren Auen, die Flußverlagerungen, Geschiebever- und -ablagerungen, Eisver-

setzungen im gekrümmten Verlauf sowie der Wunsch, die Schiffahrt zu verbessern.

Deutschland: In Baden-Württemberg erfolgte der Ausbau im wesentlichen zwischen 1820 und 1889. Man gab dem Fluß ein einheitliches, befestigtes Trapezprofil. Doch gab es auch schon früher Wehre und Flußbauten in der Donau. Auch für Bayern lassen sich alte Flußverlegungen, Durchstiche und Ausbauten nachweisen (KRÄNKL in KONOLD 1994). Dort begannen die größeren »Korrektionen« mit Durchstichen und Befestigungen des Mittelwasserbettes zögerlich im 19. Jh. Immerhin wurde der Lauf der Donau zwischen Regensburg und Vilshofen um rund 15 % verkürzt. Erst mit der Verabschiedung des Wassergesetzes im Jahr 1907 machte man sich systematisch an den weiteren Ausbau und die Anlage von Hochwasserschutzdämmen. Die erste Staustufe wurde 1927 bei Vilshofen fertiggestellt. Ausbau und Begradigung und vor allem auch die Zerstückelung durch Stauhaltungen gingen so weit, daß heute von den 385 km bayerischer Donau nur mehr etwa ein Viertel über eine längere Strecke frei fließen kann.

Österreich: Im 18. Jh. wurde durch das Anlegen von Treidelwegen die Schiffahrt verbessert. Das heißt, daß die Ufer weitgehend von Gehölzen »befreit« werden mußten. Im Wiener Raum hatte man im 17. und dann im 18. Jh. den Fluß schon teilweise durch den Einbau von Uferbefestigungen, Dämmen und Leitwerken reguliert (MICHLMAYR in KONOLD 1994). Ab etwa 1850 begann man mit den großen Regulierungen, einer Vereinheitlichung des Betts und der Absperrung von Nebengerinnen. Zwischen 1882 und 1920 wurden entlang des Flusses etwa 200 km Hochwasserschutzdämme angelegt, so daß die Donau von ihrer Aue abgekoppelt wurde. Da die österreichische Donau wegen ihres vergleichsweise großen Gefälles ein hohes Potential für die Energieerzeugung besitzt, wurden seit 1950 10 Staustufen gebaut. Eine große freie Fließstrecke existiert heute nur noch zwischen Wien und Hainburg. Doch auch diese ist gefährdet, da die Energiewirtschaft nach wie vor – ein erster Angriff konnte vor Jahren abgewehrt werden – den Bau einer Staustufe fordert (*Tafel 4*).

Slowakei: Mit dem Eintritt in ein altes Binnendelta unterhalb der Thebener Pforte bei Bratislava beginnt eine große Auflandungsstrecke der Donau. Sie fließt auf einem riesigen Schuttkegel und veränderte häufig ihren Lauf. Ab der Mitte des 19. Jhs. legte man Hochwasserschutzdämme an, zwischen 1886 und 1896 wurde sie begradigt und mit Hilfe von Buhnen in ein schmaleres Bett gezwungen. 1978 wurde mit dem Bau der Staustufe Gabčíkovo begonnen (s. u.).

Ungarn: Seit dem 16. Jh. versuchten sich die Anwohner durch Hochwasserdämme zu schützen. Bei einem verheerenden Hochwasser im Jahr 1838 wurden 15 % der Wohnhäuser von Buda und 50 % der von Pest zerstört. Danach beschleunigte man den Schutzdammbau. Bereits 1840 waren 2 000 km² Überschwemmungsgebiet mit Hilfe von 500 km Dämmen ausgepoldert. Heute verlaufen im Bereich der Donau circa 1350 km Schutzdämme. Ab 1870 hatten Regulierungsarbeiten und die Ausbauten für die Schiffahrt begonnen. Die 417 km lange ungarische Donaustrecke erfuhr eine Laufverkürzung um 55 km oder 12 %.

Kroatien und Jugoslawien mit Rumänien: Die ersten konsequenten Bemühungen, sich vor Hochwasser zu schützen, gehen in der Pannonischen Tiefebene bzw. der Wojwodina ins 19. Jh. zurück. Ab 1895 führte man auch Regulierungsarbeiten durch. Auf der gemeinsamen Flußstrecke mit Rumänien, dem Durchbruch durch die Karpaten, konzentrierten sich die Bemühungen der Wasserbauer zunächst auf die Schiffbarmachung. Schon ab 1834 entfernte man viele 100 000 m³ Klippen und Felsen, von 1890 bis 1898 hob man mühsam Fahrtrinnen zwischen den Katarakten aus. Doch blieb die Strecke nur mit Lotsen passierbar. Durch den Bau der Staustufen Eisernes Tor I (1972 fertiggestellt) und II (1984 fertiggestellt) wurden die gefährlichen Katarakte einfach überstaut. Aus dem zwischen den Felsen schießenden Fluß wurde ein Flußstausee mit entsprechend atypischen Lebensgemeinschaften. Die Staustufe I besitzt bei Niedrigwasser eine Höhe von 32 m; der Rückstau reicht 270 km flußaufwärts bis zur Mündung der Tisza.

Bulgarien und Rumänien: In Bulgarien wurden zwischen 1930 und 1950 mit etwa 300 km Hochwasserdämmen 72 600 ha Überschwemmungsgebiet ausgepoldert. Mit rund 1000 km Dämmen sind in Rumänien 400 000 ha, das sind 4/5 der ehemaligen Aue, vom Hochwassergeschehen der Donau abgekoppelt. Um die Donau für größere Seeschiffe erreichbar zu machen, wurde von 1857 bis 1902 der Sulina-Arm im Delta von 85 km auf 62 km verkürzt und in eine 80 m breite Schiffahrtsrinne umgewandelt. Im Delta selbst werden seit 1956 riesige Flächen trockengelegt, zuerst Polder für eine intensive Fischwirtschaft und in den 80er Jahren Pappelplantagen angelegt (dazu mehr weiter unten).

Durch die wasserbaulichen Aktivitäten wurden der Donau zwischen 15 000 und 20 000 km² Überschwemmungsgebiet entzogen. Es existieren bislang noch keine Angaben darüber, wie sich dies auf das Fluß- und Auenökosystem in seiner Gesamtheit ausgewirkt hat. Was man sicher weiß, ist, daß sich das Abflußverhalten der Donau deutlich geändert hat, und zwar hin zu kürzeren, aber sehr viel höheren Hochwasserspitzen, die große Schäden verursachen (*Abb. 2.1-3*).

Geschiebe- und Schwebstoffhaushalt

Eine bedeutsame Geschiebeführung gab bzw. gibt es nur in dem von den alpinen Zuflüssen geprägten oberen Abschnitt der Donau. Sehr viel größer als die Geschiebefracht ist die Schwebstofffracht, die auch die Nutzung des Einzugsgebietes ganz gut widerspiegelt (*Tab. 2.1-1*).

Die oben geschilderten Ausbauten und Begradigungen hatten in den gefällereicheren Flußstrecken eine so starke Erhöhung der Fließgeschwindigkeit zur Folge, daß die Flußsohle erodiert und der Grundwasserspiegel in der Aue abgesenkt wurde, ein Prozeß, der bis auf den heutigen Tag anhält. An der obersten Donau bei Riedlingen tiefte sich die Sohle seit dem Beginn des 20. Jhs. um bis zu 2 m in die weiche tertiäre Molasse ein. Zwischen Regensburg und Straubing werden jährlich zwischen 2 und 3 cm, bei Wien 1 cm und an der österreichisch-slowakischen Grenze etwa 10 cm Sohlenerosion gemessen. Das bedeutet, daß bei sinkendem Mittelwasserspiegel die Uferböschungen sukzessive massiv befestigt werden müssen und sich keine der für das Flußökosystem so wichtigen Uferlebensgemeinschaften dauerhaft halten und sich auf Grund der Sohlenerosion auch keine stabile benthische Flora und Fauna, beide elementare Glieder aquatischer Nahrungsnetze, ausbilden kann.

Um den Abfluß besser regulieren zu können, die Schiffahrt anzukurbeln (90 % der Fließstrecke sind heute schiffbar), Energie zu gewinnen, aber auch um der Sohlenerosion Einhalt zu gebieten, setzte seit etwa 1950 ein verstärkter Staustufenbau ein. Heute befinden sich an der Donau 58 Staustufen, die kleineren nicht mitgerechnet. Diese Stauregulierung hatte wiederum zur Folge, daß der Geschiebehaushalt des Flusses vollends gestört wurde, da einerseits die Flußstaue voluminöse Geschiebefallen sind und andererseits unterhalb der Wehre eine verstärkte Sohlenerosion einsetzt, wenn nicht unmittelbar der nächste Stauwurzelbereich beginnt. Die Geschiebefracht der Donau ist also massiv zurückgegangen, verschärft noch durch große Kiesbaggerungen im Fluß, in denen ebenfalls Geschiebe aufgefangen wird. In der Stauhaltung von Gabčíkovo zum Beispiel stehen 150 Mio. m³ Stauraum für Geschiebe- und

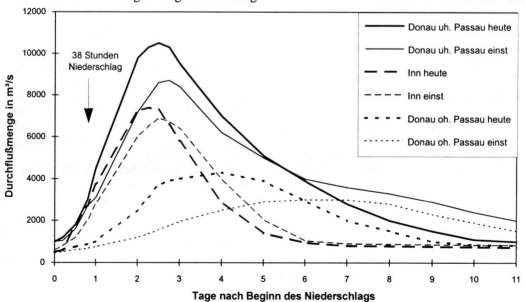

Abb. 2.1-3: Der Einfluß menschlicher Eingriffe in Fluß und Einzugsgebiet auf das Abflußverhalten, Beispiel Passau (**oh**.= oberhalb, **uh**.= unterhalb) (aus Schwarzl 1992, verändert)

Tab. 2.1-1: Geschiebe- und Schwebstofffracht der Donau, Jahresmittel in t (aus LÁSZLÓFFY 1965, in LIEPOLT 1967)

Ort	Geschiebe	Schwebstoffe
Ulm	30 000	260 000
Passau	70 000	3 900 000
Wien	1 070 000	4 700 000
Budapest	30 000	11 000 000
Beograd	50 000	40 000 000
Mündung	67 500	67 500 000

Schwebstoffablagerungen zur Verfügung, also für Material, welches unterhalb zur Aufrechterhaltung des Fließgleichgewichts notwendig wäre. Im Unterstrom der Stauhaltungen am Eisernen Tor mit ihren Volumina von zusammen 3,2 Mrd. m³ nimmt die Schwebstofffracht um 50 % ab; danach steigt sie wieder etwas an, weil der Fluß aus der Sohle Material entnimmt, sich also in die Tiefe einschneidet (LÁSZLÓFFY 1965 in LIEPOLT 1967). Schätzungsweise 20 Mio. t Sedimente werden jährlich in den Stauen des Eisernen Tores zurückgehalten und so dem Fluß entzogen.

Stoffliche Belastungen

Es steht außer Frage, daß die Belastung der Donau mit Nähr- und Schwebstoffen, Schwermetallen, Erdölprodukten und Pestiziden in den letzten 30–50 Jahren deutlich zugenommen hat. Längere, am Pegel Wien-Nußdorf erhobene Meßreihen zeigen in den 1960er Jahren deutlich geringere Nährstoffwerte als heute. So haben sich die Nitratkonzentrationen von ca. 1 mg NO_3-N/l seit 1970 verdoppelt bis verdreifacht. Bei den Phosphat-Werten ist ein starker Anstieg Anfang der 70er Jahre bis 0,4 mg/l Gesamt-P auffällig, der Ende der 80er Jahre jedoch wieder auf ca. 0,2 mg/l sank. Ein ähnlicher Trend ist bei den Ammonium-Werten zu beobachten, die bis 1970 unter 0,1 mg/l lagen und in den 80er Jahren 0,2 bis 0,3 mg/l NH_4-N erreichten (FLECKSEDER in KINZELBACH 1994). Ein kontinuierlicher Anstieg der N-Frachten ist im Mittel- und Unterlauf seit Mitte der 70er Jahre zu beobachten, der Anfang der 90er Jahre durch die Verringerung der industriellen und landwirtschaftlichen Produktion in den ehemals kommunistischen Anrainerstaaten der Donau unterbrochen wurde, sich aber mit einer Verbesserung ihrer ökonomischen Situation wieder fortsetzen dürfte. Für die 90er Jahre zeigen die Phosphor- und Stickstoffwerte der Donau keine markanten Unterschiede zwischen Ober-, Mittel- und Unterlauf (ROJANSKI in AKADEMIE 1994).

Aufgrund der zunehmenden Einträge aus landwirtschaftlichen Flächen und der Einleitung von Industrieabwässern ist auch die Chloridfracht im Mittel- und Unterlauf zu Beginn der 70er Jahre deutlich angestiegen. Bei der Stadt Ruse (Strom-km 495) erhöhten sich die Ionengehalte des Donauwassers von 1954 bis 1987 um ca. 30 %. Nach einer Phase relativ konstanter Werte 1958–1969 begann der auf die Zunahme von Sulfat und Chlorid-Ionen beruhende Anstieg im Jahr 1969 (IWANOW & PETSCHINOW 1987). Die Chlorid-Frachten waren 1990 im Unterlauf bis zu achtfach höher als noch im Jahr 1973. Um das fünffache hat sich im gleichen Zeitraum die Fracht an organischen Substanzen erhöht (ROJANSKI in AKADEMIE 1994). Die erniedrigten O_2-Werte im Unterlauf und unterhalb großer Städte dokumentieren ebenfalls eine Verschlechterung der Situation. Im Unterlauf macht der Rückgang, im Vergleich von 1988 zu 1966, 25–30 % aus. Noch werden allerdings, zumindest außerhalb der Stauhaltungen, keine wirklich kritischen Werte erreicht.

Im Oberlauf haben eine wirksamere Abwasserreinigung und veränderte Verbrauchergewohnheiten zu einer Entlastung ehemals erheblich verschmutzter Teilstrecken geführt. In der oberen Donau wird sich dieser Trend nach FLECKSEDER (in KINZELBACH 1994) durch den weiteren Kläranlagenausbau wohl fortsetzen. Ob dies tatsächlich stattfindet, ist aber stark von den schwer abzuschätzenden Wasser-Sediment-Interaktionen in den zahlreichen Stauräumen abhängig.

Starke Verschmutzungsquellen sind die großen Städte an der mittleren und unteren Donau. Dies ist kein Wunder, da z. B. allein in Budapest 40 % des ungeklärten Abwassers Ungarns anfallen und in die Donau geleitet werden (LASZLO in AKADEMIE 1994). Hohe Werte unterhalb großer Stadtagglomerationen erreichen auch coliforme und fäkalcoliforme Bakterien in der ohnehin hygienisch bedenklich belasteten Donau (DAUBNER in KINZELBACH 1994).

Die Belastung mit Schwermetallen ist in der oberen Donau noch wesentlich geringer als im Rhein und anderen großen Flüssen Mitteleuropas (MARTEN in AKADEMIE 1994). Durch Rückhaltung (Sedimentation) in Kläranlagen und geringeren Verbrauch in den Haushalten ist vor allem ein Rückgang der Quecksilber- und Cadmium-Belastung eingetreten. In der mittleren und unteren Donau wurden dagegen sowohl in den Sedimenten als auch in Benthostieren und Fischen z. T. mäßige bis sehr hohe Konzentrationen an Cd, Mn, Cu, Co, Zn, Pb, Hg und V gefunden, wobei besonders Cu und Hg im Längsverlauf stark zunehmen (PANNONHALMI in IAD 1995).

Erdölprodukte spielen in der obersten Donau noch keine bedeutende Rolle, nehmen aber im weiteren Verlauf offenbar kontinuierlich zu. DAUBNER (in KINZELBACH 1994) fand eine Zunahme der Konzentration von Erdölprodukten im Wasser von 0,7 mg/l im Oberlauf auf 1,6 mg/l im Unterlauf. Die Sedimente sind z. T. hoch kontaminiert, z. B. wurden in Sedimenten der ungarischen Donau bis 1050 mg/kg in der Feinpartikelfraktion gefunden. Wenig bekannt ist bisher über die Belastung mit Pflanzenschutzmitteln und ihren Derivaten. Lindan-Konzentrationen von 2 bis zu 100 µg/g und PCB-Werte im Bereich von 10–100 µg/g HEOM (Hexan extractable organic material) fand die »Equipe COUSTEAU« 1991/92 (in Akademie 1994) in Donau-Sedimenten, die aus diesem Grund und wegen hoher Schwermetallgehalte nach Ansicht der Autoren durchaus die Bezeichnung »chemische Zeitbomben« verdienen.

Die Situation der Auenvegetation an der Donau

Es überrascht nicht, daß sich mit dem Ausbau der Donau auch das Bild der Donau-Auen stark gewandelt hat. Die ursprünglichen Auenwälder sind nur noch an wenigen, kurzen Abschnitten der Donau erhalten, da insbesondere die Standorte der Hartholzaue im Mittelalter und z. T. schon früher in Weiden, und mit dem Bau von Mittelwasserdämmen im 19. Jh. auch in Wiesen und Ackerland umgewandelt wurden (KONOLD in AKADEMIE 1994). Mit dem Bau von Hochwasserdämmen im 20. Jh. konnte auch ein großer Teil der Weichholzaue landwirtschaftlich intensiver genutzt werden. Neben der Umwidmung in Ackerland wurde in den letzten 100 Jahren auch die forstliche Nutzung intensiviert, indem man die ursprünglichen Eschen-Eichen-Ulmen-Wälder der Hartholzaue bzw. die Siberweiden-Schwarzpappel-Wälder der Weichholzaue in Hybridpappel-Plantagen umwandelte. Aber auch dort, wo kein forstlicher Eingriff erfolgte, zeigten sich Verschiebungen in der Struktur der Auenwälder, hervorgerufen durch das Ausbleiben der Überschwemmungen, die Nivellierung der Wasserstände und teilweise durch Wassermangel aufgrund absinkender Grundwasserstände. Eschen-Eichen-Ulmen-Wälder entwickeln sich in Richtung Eichen-Hainbuchenwälder oder an edaphisch trockenen Standorten zu Eichenmischwäldern. An dauernd vernäßten Standorten, die durch eine künstliche Stabilisierung des Grundwasserspiegels geschaffen wurden, ist mit einer Ausbreitung von Erlen- und Eschenwäldern zu rechnen.

In der 78 600 ha umfassenden bayerischen Donau-Aue nimmt der Wald 9 577 ha Fläche ein, von denen 22 % als naturnah eingestuft werden können. Vor 100–50 Jahren war noch der größte Teil des Waldes naturnah (SCHREINER in ANL 1991). An der österreichischen Donaustrecke sind noch 27 500 ha Auenwälder zu finden. Zu einer Reduktion seit 1813 um 22 % führen erhebliche Qualitätsverluste durch forstliche Umstrukturierung (v. a. Pappelplantagen), hydrologische Veränderungen und Zerschneidungen durch Straßen und Bauwerke hinzu (WÖSENDORFER in ANL 1991). Nach KÁRPÁTI & KÁRPÁTI (in ANL 1991) umfaßt der noch überwiegend naturnahe Auenwald in geschützten Auegebieten Ungarns an der Donau 28 680 ha. An der rumänischen Donau sind nur noch geringe Reste der bis in die 1970er Jahre (s. o.) noch umfangreichen Weichholzauenwälder vorhanden. Viele der naturnahen Auenwälder wurden nach der Hochwasserfreilegung auch hier durch Hybridpappelpflanzungen ersetzt. Der größte zusammenhängende Auenwald liegt im Gebiet der Bràila-Insel in Rumänien und umfasst 5 336 ha (SCHNEIDER in ANL 1991).

Von den Mitte der 60er Jahre am Mittel- und Unterlauf der Donau noch großflächig überschwemmbaren, naturnahen Auen sind bis heute noch Reste erhalten (DISTER in KINZELBACH 1994):
- zwischen der Stauhaltung Straubing und der Isarmündung,
- zwischen Wien und Hainburg,
- zwischen Baja (Ungarn) und der Drava-Mündung (Kroatien, Jugoslawien),
- bei Vukovar (Kroatien),
- zwischen Ruse (Bulgarien) und der Dobrudscha im ukrainischen Teil des Donaudeltas.

Fallbeispiele für die Veränderung der Donau

1. Struktur und Vegetation der oberen Donau zwischen Sigmaringen und Ulm

Die Begradigung und der Ausbau der Donau haben dazu geführt, daß sich Uferstruktur, Wasser- und Ufervegetation dieser früher gegabelten bis mäandrierenden Strecke grundlegend änderten. Ehemals morphologisch vielgestaltige Ufer mit wechselnder Benetzung, einem reichen Angebot an Nischen für Fauna und Flora im Übergangsbereich Wasser/Land wurden monotoner und glatter. Der 100 km lange Abschnitt ist heute zu 43 % mit Mauern, Blocksatz, Steinsatz und Steinschüttungen verbaut. Auf der rund 200 km langen Uferstrecke gibt es gerade noch zwölf Ein-Kilometer-Strecken, die am Stück unverbaut sind. Ein Großteil des Ufers wird von einer artenarmen, überwiegend uniformen Vegetation beherrscht. Hybridpappeln, linear ausgebildete Rohrglanzgrasbestände, von Brennesseln dominierte Nitrophytenfluren und Grünland i.w.S. nehmen 35,5 % der Uferstrecke ein, von Weiden dominierte, lineare, überwiegend gepflanzte Gehölzbestände 50,3 %. Zwischen bestimmten Vegetationstypen und dem Uferverbau gibt es teilweise eine enge Korrelation. Verbaute Ufer sind gekennzeichnet durch gehäuftes Auftreten von monotonen, linearen Rohrglanzgrasbeständen, Nitrophytenfluren und artenarmem Grünland. Das Vorkommen schmaler Weidensäume korrespondiert eng mit groben Steinschüttungen bzw. Blocksatz (KONOLD in AKADEMIE 1994).

Die Veränderung der Wasservegetation kann, besonders in dem Abschnitt, wo die weiche Untere Süßwassermolasse ansteht, nur als radikal bezeichnet werden. Die Gesamtzahl der Arten von heute 22 hat sich zwar nicht erheblich verändert, doch war die Donau vor der Begradigung weithin von artenreichen und dichten Wasserpflanzen-Beständen besiedelt, von denen heute zwischen Sigmaringen und Ulm kaum noch etwas zu finden ist. Verschollen bzw. ausgerottet sind mehrere großblättrige Laichkräuter (*Potamogeton alpinus, P. nodosus, P. lucens*), stark zurückgegangen viele andere, früher teilweise häufige Arten wie *Groenlandia densa, Myriophyllum verticillatum, Potamogeton perfoliatus, P. natans, Nuphar lutea, Hippuris vulgaris, Oenanthe aquatica* und *Butomus umbellatus*. Als Hauptgründe für den Rückgang können die durch die Laufverkürzung erhöhte Strömungsgeschwindigkeit und die damit einhergehende starke Erosion der Sohle gelten. Nur wenige Arten, v. a. die gegen starke Strömung wenig empfindliche Flutende Hahnenfuß (*Ranunculus fluitans*) und das Quellmoos (*Fontinalis antipyretica*) kommen mit den veränderten Bedingungen zurecht. Der starke Rückgang der früher weit häufigeren Arten Teichrose (*Nuphar lutea*), Tannenwedel (*Hippuris vulgaris*) und Schwimmendes Laichkraut (*Potamogeton natans*) ist vor allem auf das Verschwinden ruhiger Fließstrecken und geschützter Buchten durch die Begradigung zurückzuführen. Die Stauhaltungen sind – wie man vielleicht zunächst annehmen könnte – kein Ersatz für ehemals strömungsarme Bereiche, da sie oft zu tief, trübe und mit mächtigen Schlammablagerungen angefüllt sind, in denen sich die Pflanzen mit ihren Wurzeln nicht verankern können.

Eutrophierung bzw. die Verschmutzung mit Abwasser, damit verbunden auch eine Wassertrübung und Massenentwicklung von fädigen Grünalgen (*Cladophora*), verhindern zusätzlich das Aufkommen höherer Wasserpflanzen. Etwas vereinfacht läßt sich sagen, daß vom Rückgang und von der Ausrottung hauptsächlich Arten nährstoffarmer Gewässer und Arten lenitischer Standorte und solche, die durch Schwimmblätter und große submerse Blätter gekennzeichnet sind, betroffen sind. Zugenommen haben schmalblättrige, strömungstolerante Arten, die durch ein höheres Nährstoffangebot gefördert werden. Helophyten wie die Schwanenblume (*Butomus umbellatus*) wurden lokal durch die Wühltätigkeit und den Fraß des in den 1950er Jahren eingewanderten Bisams ausgerottet.

2. Staustufe Altenwörth

Die Staustufe Altenwörth wurde bei Flußkilometer 1980,4 (60 km oberhalb von Wien) in den Jahren 1973–1976 erbaut. Die nutzbare Fallhöhe beträgt maximal 15,3 m, die Staustrecke ist etwa 35 km lang. Durch den Bau von Flußdeichen, die mit Asphalt und Schmalwänden abgedichtet und an der Wasserseite mit einem Blockwurf versehen sind, wurden 2 300 ha Aue vom »natürlichen« Hochwassergeschehen der Donau abgeschnitten. Mit Hilfe von Dotationsbauwerken können Teile der alten Aue gezielt mit Wasser beschickt werden, was jedoch keine wirkliche Kompensation des natürlichen Abflußgeschehens ist, da die für Auen wesentliche Hoch- und Grundwasserdynamik mit ihren Spitzenabflüssen und extremen Amplituden nicht mehr stattfindet. Die Zuflüsse mußten umgelegt und unterhalb des Staus in die Donau eingeleitet werden. Schwellen in Altwässern und Zuflüssen sollen den Grundwasserstand stabilisieren. Die Auswirkungen einer solchen Stauhaltung lassen sich wie folgt zusammenfassen (NACHTNEBEL 1989):

• Das Geschiebe kommt bereits im Stauwurzelbereich zum Stillstand. Oberhalb des Wehres lagern sich die feinsten Sedimente ab. Es kommt jährlich zu einer Sedimentation von bis zu 400 000 m³ überwiegend feinkörnigen, also kaum strukturierten Materials. Im Sediment werden Nährstoffe akkumuliert.

• Die Einheitlichkeit des Sohlensubstrates führt zu einer Veränderung und Vereinfachung der

Benthosfauna. Diese ist – wie in vielen gestörten Systemen – gekennzeichnet durch Artenarmut und einen Individuenreichtum der wenigen Arten.
- Die Fischfauna ist gegenüber freien Fließstrecken reduziert. Es überwiegen indifferente und stagnophile Arten wie Laube, Rotauge, Flußbarsch, Brachsen oder Marmorgrundel. Der Altersaufbau der Populationen ist ungünstig. Sehr negativ wirkt sich der Mangel an warmen Flachwasserzonen für die Fortpflanzung und als »Kinderstube« für die Jungfische aus. Einzige Strukturen sind Wasserpflanzen auf den Uferbermen (vor allem das eutraphente Kamm-Laichkraut) und die am Ufer geschütteten Steine.
- Bei der Avifauna kann man einen deutlichen Anstieg der Wintergäste feststellen. Das Artenspektrum hat sich sehr stark zugunsten der Entenvögel verschoben. Dominant sind Stock-, Tafel- und Reiherente und außerdem das Bläßhuhn.
- In der ehemaligen Aue ist die Grundwasserdynamik durch den Einbau von Stauschwellen nivelliert. An anderen Stellen wurde der Grundwasser-Spiegel teilweise so stark abgesenkt, daß die Wuchsleistung der Wälder zurückgegangen und insgesamt der Auenwaldcharakter verlorengegangen ist.
- Das in der alten Aue gewonnene Trinkwasser, also das parallel zum Fluß ziehende Grundwasser, ist gegenüber früher nahezu sauerstofffrei und weist höhere Ammonium-, Eisen- und Mangangehalte auf

3. Staustufensystem Gabcíkovo

Einer der größten, jemals vorgenommenen Eingriffe in das Ökosystem der Donau und ihrer Aue ist der Bau des Kraftwerks Gabčíkovo und der dazugehörigen Staustufe in der Slowakei. Dadurch wurden das Abflußregime und das Gefüge der ehemals größten noch intakten Auenlandschaft der Donau grundlegend verändert. Dieses ca. 60 km lange, zwischen Bratislava und der Rába-Mündung gelegene »Binnendelta« der Donau (geomorphologisch gesehen ein gigantischer Schuttfächer) war eine der letzten naturnahen Auen mit einem nahezu unglaublichen Reichtum an Lebensräumen und Lebensgemeinschaften. Der Strom verlagerte hier vor den älteren Regulierungen (s. o.) ständig seinen Lauf und konnte bei Hochwasser auf eine Breite von knapp 6 km anschwellen. Mit einem Grundwasserspeichervolumen von rund 20 Mrd. m³ in dem bis zu 300 m mächtigen Kieskörper nimmt das Gebiet als Trinkwasserreservoir eine internationale Spitzenstellung ein.

1992 wurde das Kraftwerk in Betrieb genommen. Als Speicher dient ein 61 km² großer Stausee bei Cunovo (*Abb. 2.1-5*). Die Donau leitete man aus ihrem alten Bett in einen 25 km langen Kraftwerks- und Schiffahrtskanal, der über dem Geländeniveau verläuft, von der Umgebung völlig isoliert ist und von daher auch kein Wasser mehr an den Grundwasserkörper abgeben kann. Seine Abflußkapazität liegt bei maximal 5 000 m³/s. Dem Kraftwerk in Gabčíkovo schließt sich ein weiterer Kanal an, der das Wasser der Donau wieder zuführt. Im 35 km langen, alten Donaubett – nun zur »Restwasserstrecke« degradiert – verbleibt eine Restwassermenge von lediglich 50 m³/s. Nach der Zuleitung des Kanalwassers wurde das Bett der Donau auf einer Strecke von 20 km ausgehoben, um die Schiffahrt zu optimieren. Die Errichtung des Staubeckens und die Wasserumleitung führten neben der Vernichtung von 50 km² Auenwald zu einer endgültigen Zerstörung eines Teiles des Nebenarmsystems, zur Grundwasserabsenkung oder einer unnatürlichen Stabilisierung der Grundwasserstände. Mit der Abriegelung der noch verbliebenen Nebenarme vom Hauptstrom und der geringfügigen Wassermenge, welche das alte Donaubett noch erhält, setzte eine beschleunigte Verlandung und eine Egalisierung der früher zeitlich und räumlich äußerst variablen Lebensbedingungen ein, die auch durch seltene Spitzenhochwässer nicht ausgeglichen werden können (LÖSING 1989). Die Seitenarme fallen als wichtige Laichplätze für Fische und als Planktonlieferanten für die Donau aus. Um dem sinkenden Grundwasserspiegel zu begegnen, wurde ein Altarmverbundsystem projektiert. Das Restwasser wird durch eine Zahl kleinerer Wehre aufgestaut und über Verteilerbauwerke einem Teil der Altarme zugeleitet. Viele Seitenarme sind von diesem System ausgeschlossen und werden in Zukunft wohl fast gänzlich trockenfallen. Bereits 1993 war eine Erhöhung des Trophiegrades der Seitengewässer zu eu- bis polytrophen Zuständen erkennbar. Auch ist mit einer Verschlammung und Abdichtung der Altarmbetten und in der Folge mit einem stark verringerten Austausch zwischen Oberflächen- und Grundwasser zu rechnen. Wegen des veränderten Abflußgeschehens wird sich längerfristig auch die Zusammensetzung der Auenwälder ändern (LÖSING 1989).

Die starke Abflußbeschleunigung im Hauptstrom führte zu einer Verminderung der Egelarten von 12 auf 3 Arten innerhalb eines Jahres (PUKY in IAD 1994). Im Staubecken und im Oberwasser

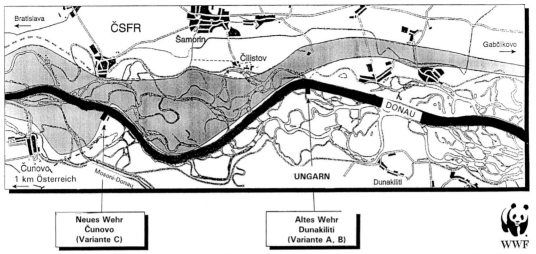

Abb. 2.1-4: Die Zerstörung der Donauaue in der Slowakei und in Ungarn; gebaut wurde die »Variante C« mit einem Stausee bei Cunovo und dem sich anschließenden Kanal nach Gabčíkovo (Mit freundlicher Genehmigung von WWF Österreich)

der Staustufe ist ein starker Anstieg des Trophiegrades und der Algenzahlen zu beobachten.

4. Das Donaudelta

Das oben bereits erwähnte und zusammen mit einigen südlich gelegenen Lagunenbereichen fast 6 000 km² große Donaudelta ist bzw. war ein Lebensraumkomplex ganz besonderer Art: Es umfaßt das weltweit größte Schilfgebiet und weist andererseits ein einmaliges Mosaik verschiedenster, zum Teil extrem arten- und individuenreicher Lebensräume auf. In dem Nebeneinander von Altarmen, Seen, Silberweidenwäldern, trockeneren Uferwällen und Dünenkomplexen sind Mangel und Überfluß an Wasser und Nährstoffen ganz eng miteinander verzahnt. Daneben ist (oder war) das Delta eine alte, dünnbesiedelte und überwiegend von Jägern und Fischern nachhaltig genutzte Kulturlandschaft. Nahezu 90 % seiner Fläche bestehen aus Fließ- und Stillgewässern oder zeitweilig sind Überschwemmungsgebiet. Als solches fungiert das Delta als riesiger Filter, sozusagen als Niere, und hält jährlich über 60 000 t Stickstoff und weit über 3 000 t Phosphor zurück. Es ist mit dieser Aufgabe heute allerdings völlig überfordert, seit sich die Nähr- und Schadstofffrachten der Donau seit den 60er Jahren vervielfacht haben.

Von beeindruckender Vielfalt ist die Vogelwelt des Deltas (WEBER in AKADEMIE 1994). Die Ornithologen stellten bislang 275 Vogelarten fest, darunter 175 Brutvogelarten. Für 50 Arten ist das Delta zusammen mit den Razelm-Sinoe-Lagunenseen europa- oder gar weltweit von höchster Bedeutung, sei es als Brutplatz, als Rastgebiet – im Delta kreuzen sich mehrere Vogelzugrouten – oder als Überwinterungsgebiet.

Die auch heute noch überwältigende Vielfalt und Fülle darf jedoch nicht darüber hinwegtäuschen, daß die Bestände einzelner Vogelarten auf nur noch 10 % der ehemaligen Populationsgrößen zusammengeschrumpft sind. Hiervon besonders stark betroffen sind die Greifvögel sowie die in Kolonien brütenden Arten. Etliche Kolonien wurden völlig aufgegeben. Begonnen hatte der Rückgang schon zu Beginn des Jahrhunderts, als Naturalien-, Präparate-, Trophäen- und Schmuckfedernsammler verstärkt ihr Unwesen trieben. Hauptursache des Rückgangs war jedoch die 1949 einsetzende, beispiellose und brutale Vernichtungskampagne gegen fischfressende Arten, der jährlich weit über 100 000 Vögel allein durch Abschuß zum Opfer fielen. Außerdem zerstörte man Kolonien, Gelege, ja sogar Nester mit Jungvögeln. Erst Mitte der achtziger Jahre war nach offizieller Einstellung des Vernichtungsfeldzugs eine leichte Erholung zu verzeichnen, der allerdings fast ausschließlich auf Zuzüge von außerhalb zurückzuführen war und auch nur kurz anhielt. Der Bestand des Rosapelikans beispielsweise war von ehedem 5 000 Brutpaaren auf 500 geschrumpft! 1983 hatte bereits der nächste große und – wenn es dabei geblieben wäre – wohl letale Schlag gegen das Delta begonnen. Ein »Kultivierungsplan« sah vor, zwei Drittel dieses einmaligen amphibischen Lebensraums in industriell nutzbare Schilfäcker, Pappelplantagen und Fischpolder umzuwandeln. Glücklicherweise mußte das Vorhaben bald mangels Geld eingestellt werden. Doch die Pläne liegen noch in den Schubladen und stellen nach wie vor eine große Gefahr für das Delta dar. Ein Hoffnungsschimmer für diese einmalige Natur- und Kulturlandschaft ist, daß sie 1993 zum »Biosphärenreservat – Nationalpark Donaudelta« erklärt wurde (WEBER in Akademie 1994).

Perspektiven für den europäischen Strom

An der Donau zeichnen sich sehr unterschiedliche, ja widersprüchliche Entwicklungen ab. Zum einen werden alte wasserbauliche und nur auf ökonomische Nutzung ausgerichtete Planungen weiterverfolgt (**Beispiel 1**); zum anderen wird versucht, der Donau wieder mehr Eigendynamik zu lassen und dieses Ziel mit dem nach wie vor notwendigen Hochwasserschutz in Einklang zu bringen (**Beispiel 2**).

Beispiel 1. Die letzte große frei fließende Strecke der Donau in Bayern zwischen Straubing und Vilshofen soll in einen technischen Komplex von geregeltem Fluß und Kanälen umgewandelt werden (WEIGER in AKADEMIE 1994). Die Kanäle wären bis zu 9,5 km lang und lägen bis zu 6 m über dem ebenen Gelände, was eine völlige Abdichtung der Gerinne erforderlich machen würde. Der Fluß müßte über viele Kilometer immer wieder ausgebaggert werden. Die Auswirkungen liegen auf der Hand:

- Wegfall der Wasserstands- und Strömungsdynamik in Fluß und Aue,
- Entkopplung von Fluß und Aue, damit auch Rückgang der Grundwasserneubildung,
- Völlige Veränderung der aquatischen Lebensräume (s. Altenwörth),
- Verlust wertvoller, noch naturnaher Lebensräume in Fluß und Aue wie Steilufern, Kies- und Sandbänken, Kolken, Altwässern und Weichholzauenwäldern und
- Verlust von schätzungsweise 50 % der Tier- und Pflanzenarten.

Beispiel 2. Das Integrierte Donauprogramm des Landes Baden-Württemberg sieht vor, an der Donau den Grundwasserhaushalt zu harmonisieren, dem Fluß mehr natürliche Entwicklungsmöglichkeiten zu geben, das auentypische Lebensraumangebot zu verbessern, die Aue stärker in das Hochwassergeschehen einzubeziehen, Wanderungshindernisse zu beseitigen, aber auch bebaute Ortslagen (nicht jedoch landwirtschaftliche Nutzflächen) besser vor Hochwasser zu schützen (KLEPSER in AKADEMIE 1994). Ein erster Schritt in diese Richtung wurde im Bereich »Blochinger Sandwinkel« auf dem Gebiet der Stadt Mengen getan, wo eine 1000 m lange Strecke der Donau mit Hilfe von zwei Schlingen auf 1400 m verlängert wurde. Anlaß waren die starke Sohleneintiefung, die damit verbundene Grundwasserabsenkung und die seltene Inanspruchnahme der Aue bei Hochwasser sowie eine verarmte Flora und Fauna. Die Flußsohle wurde mittels zweier Steinrampen um 2 m angehoben, damit das Wasser in die neu ausgehobenen und nur grob vorgegebenen Schlingen geleitet werden konnte. Es wurden keinerlei Befestigungen oder Verbauten, auch kein Lebendverbau, vorgenommen. Das alte Gerinne blieb als Hochwasserbett erhalten, um die nahegelegene Siedlung vor Hochwasser zu schützen. Schon während der Bauphase tauchte der Flußregenpfeifer als Indikator für gut funktionierende Flußökosysteme auf. Die gewünschte Dynamik hat sich in hervorragender Weise eingestellt, ohne daß ein nennenswerter Geschiebeaustrag stattfindet.

Schlußbetrachtung: Leitlinien für die Donau

Wie soll es mit der Donau weitergehen? Auf einer internationalen Tagung in Ulm mit dem Titel »Lebensraum Donau – Europäisches Ökosystem« im April 1994 wurden angesichts der dort dokumentierten vielgestaltigen Belastungen und Gefährdungen der Donau und ihrer Aue eine »Ulmer Donau-Erklärung« verabschiedet, die den künftigen Umgang mit dem Strom und seiner Aue abstecken soll. Die wichtigsten Eckpunkte sind:

- Vollständiger Verzicht auf neue Staustufen,
- Bau von gut durchwanderbaren Umgehungsgerinnen an bestehenden Staustufen,
- Ökologisch orientierte Mindestwasserregelungen treffen,
- Schaffung und Wiederherstellung von Retentionsflächen bzw. Auen sowie Renaturierung begradigter Flußabschnitte,
- Rückverlegung bzw. Abbau von Deichen,
- Bereitstellung von Gewässerrandstreifen bzw. Korridoren für die Laufentwicklung und Ausweisung von Überschwemmungsgebieten und rechtliche Sicherung von naturschutzwürdigen Flächen, insbesondere des Donaudeltas,
- Wiederherstellung einer den standörtlichen Gegebenheiten angepaßten Grünlandnutzung und
- Nachhaltige und umfassende Verbesserung der Gewässergüte durch Intensivierung der Abwasserreinigung.

2.2 Die Eider – Veränderungen seit dem Mittelalter
HEINO FOCK & KLAUS RICKLEFS

»*Die Eider östlich der Fiegenplate ist dauernden Veränderungen unterworfen. Deshalb werden in dieser Karte, ... die Tiefenangaben dieses Gebietes nicht laufend berichtigt*«. Diese in der amtlichen Seekarte abgedruckte Warnung läßt ein wenig den Eindruck entstehen, daß es sich bei der Eider um einen naturnahen, in seinem Lauf ungezügelten Fluß handelt. Tatsächlich ist aber die Eider und speziell ihr Mündungsgebiet in den letzten Jahrhunderten durch anthropogene Eingriffe stark verändert worden«

Hydrographie

Die Eider läßt sich in den üblichen Fließgewässerkriterien schlecht bemessen. Zum einen liegen keine verläßlichen Datenreihen vor, zum anderen sind sämtliche Abschnitte des Flusses und damit auch das Fließgeschehen reguliert. Der Frischwasserabfluß wird daher über die Niederschlagsmengen und das dazugehörige Einzugsgebiet errechnet. Der durchschnittliche Abfluß für den Zeitraum 1985–1989 beträgt 25 m³/s. Nach HARTEN & VOLLMERS (1978) schwankt der Abflußwert zwischen 0 (MNQ) und 140 m³/s (MHQ, geschätzt). Das Einzugsgebiet verkleinerte sich auf 2 070 km², die Flußlänge von 185 km auf 108 km, die nochmals durch drei Sperrwerke (Lexfähr, Nordfeld, Vollerwiek-Hundeknöll) unterteilt ist.

Entwicklung bis heute

Seit sich durch die schweren Sturmfluten des 14. und 15. Jhs. das bis dahin aus zahlreichen Rinnen aufgebaute Mündungsgebiet des Flusses zu einer ausgeprägteren Trichterform ausbildete, haben menschliche Aktivitäten zu einer immer stärkeren morphologischen und hydrologischen Umformung beigetragen. Waren es anfänglich nur einzelne Deiche und Dämme, die begrenzte Überflutungsräume abriegelten, so waren später jene Eingriffe des Menschen in das Fließgeschehen der Eider von besonderer Bedeutung, die auf Begradigungen des Flußlaufes, Abriegelung von Nebenarmen o.ä. abzielten. Besonders zu nennen sind in diesem Zusammenhang die Bedeichung von der Treenemündung bis Erfde von 1460 bis 1522, die Abschleusung der Treene im Jahre 1569/70 sowie die Abdeichung und Abschleusung des Sorgegebietes zwischen 1620 und 1630 (*Abb. 2.2-1*).

Gerade diese wasserbautechnischen Maßnahmen hatten in Überlagerung mit einem Anstieg des Meeresspiegels und einer Zunahme der Sturmfluthäufigkeit zur Folge, daß sich das Tidegeschehen durch die immer weitergehende Einengung des Flutraumes seit dem Mittelalter mehr und mehr flußaufwärts verlagerte. Reichte die normale Tide um 1362 wohl nur bis Friedrichstadt oder Süderstapel (ROHDE 1965), so machte sich

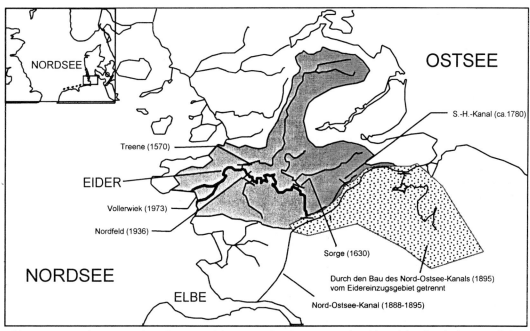

Abb. 2.2-1: Verringerung des Einzugsgebietes durch Abtrennung der Obereider durch den Nord-Ostsee-Kanal und Darstellung der wichtigsten Eindeichungs- und Sperrwerksbauten im Untereider

nach Einschätzung des KÜSTENAUSSCHUSSES NORD- UND OSTSEE (1964) etwa vom Ende des 17. Jhs. an eine mittlere Tidebewegung bis nach Rendsburg hin bemerkbar. Ein weiteres Vordringen der Tide war wegen der in Rendsburg angelegten Mühlenstaue nicht möglich.

Eine nachweisbare Vergrößerung der Tidebewegung trat infolge von Flußbegradigungen und Tiefenbaggerungen ein, die mit dem Bau des Alten Eiderkanals in den Jahren 1777 bis 1784 verbunden waren. Die Teilabschneidung eines etwa 300 km² großen Einzugsgebietes der Obereider, das nun in die Scheitelhaltung des Kanals und somit zumindest zeitweise in die Ostsee entwässerte, wird vermutlich zu geringeren Oberwassermengen geführt haben. Dieses Defizit an Abflußwasser hat zusammen mit den Begradigungen und Baggerungen im Unterlauf erheblich zu einem Anstieg des Tidenhubes beigetragen. So betrug im Jahre 1782 in Rendsburg der Höhenunterschied zwischen Tidehoch- und Tideniedrigwasser bereits rund 75 cm. Bis 1865 ist ein weiterer Anstieg des mittleren Tidenhubes um nochmals 25 cm beobachtet worden (KÜSTENAUSSCHUSS NORD- UND OSTSEE 1964).

Ein erneuter, für die Entwicklung des Flußgeschehens maßgebender Eingriff erfolgte durch den Bau des Nord-Ostsee-Kanals in den Jahren 1887 bis 1895. Durch die vollständige Abdämmung bei Rendsburg und das Abschneiden zahlreicher linker Nebenflüsse unterhalb von Rendsburg wurde der Eider die Oberwassermenge eines 1211 km² großen Einzugsgebietes entzogen. Die Tidebewegung unterhalb von Rendsburg nahm dadurch stark zu, das Tideniedrigwasser sank ab, das Tidehochwasser stieg an. Der Tidenhub vergrößerte sich so von 1895 bis 1935 um 80 cm (SINDERN & ROHDE 1970). Dieser Anstieg des Tidenhubes führte zu einer starken Asymmetrie der Tidekurve bezogen auf Steig- und Falldauer bzw. zwischen Flutstrom- und Ebbstromgeschwindigkeit. Der Verlauf der Tidekurve bei Rendsburg näherte sich 1925 fast dem einer flußaufwärts wandernden Flutwelle (Bore) an (KÜSTENAUSSCHUSS NORD- UND OSTSEE 1964).

Ein derartiger Strömungsverlauf führt fast zwangsläufig zu einem starken Eintrag von Sand und Schlick aus seewärts gelegen Gebieten. Auf diese Weise erklären sich z. B. die starken Schrumpfungen der Flußquerschnitte der Eider, die bis etwa 30 km flußabwärts von Rendsburg einsetzten. Nach Peilungen des Wasser- und Schifffahrtsamtes Tönning hat in diesem Abschnitt der Wasserraum von 1891/92 bis 1934/35 trotz umfangreicher Baggerungen etwa 33 % an Volumen verloren.

Die als Folge der Volumenänderungen und besonders des erhöhten Tidenhubs in den ersten Jahrzehnten des 20. Jhs. bei Sturmfluten häufig eintretenden Überflutungen der Eiderniederungen führten 1936 zum Bau der Abdämmung bei Nordfeld. Durch dieses wenige Kilometer flußaufwärts von Friedrichstadt gelegene Sperrwerk wurde der Bereich der heutigen Binneneider vom Tidegeschehen abgeschnitten, wodurch ein vollständiger Sturmflutschutz der Eiderniederungen erreicht werden konnte. Das Tidegeschehen unterhalb der Sperrstelle änderte sich jedoch infolge von Reflexionen der Tidewelle an der neuen Abdämmung und der sehr viel geringeren Tidewassermenge (rund 12 Mio. m³, WIELAND 1992) beträchtlich. Das Tideniedrigwasser sank stark ab und das Tidehochwasser nahm leicht an Höhe zu. Damit verbunden war eine drastische Schwächung des Ebbstromes und eine deutliche Erhöhung der Flutstromgeschwindigkeit. Dieses Ungleichgewicht führte nach der Errichtung des Sperrwerks sehr schnell zu einer Einwanderung von Feinsand aus den vorgelagerten Watten. Diese Versandung setzte zuerst im Bereich Tönning bis Reimersbude ein und bewegte sich dann immer weiter flußaufwärts. Allein in den ersten zehn Jahren nach der Abdämmung sind in die Eider etwa 20 Mio. m³ Sand eingewandert. Die Rinnenquerschnitte sind dadurch auf der Strecke von Nordfeld bis etwa Tönning um rund 90 % geschrumpft (*Abb 2.2-2*).

Die infolge der anhaltenden Versandung immer weitergehende Verschlechterung der Vorflut, die zunehmende Behinderung der Schiffahrt und das unter dem Eindruck der Sturmfluten von 1953 und 1962 entstandene Bestreben nach verbessertem Hochwasserschutz führten in den 60er Jahren zu zahlreichen Untersuchungen, mit dem Ziel, umfassende Lösungen der anstehenden Probleme des Eidermündungsgebietes zu erarbeiten. Von den insgesamt 17 Lösungsvorschlägen werden die wichtigsten im Gutachten des KÜSTENAUSSCHUSSES NORD- UND OSTSEE (1964), VON LORENZEN (1966) sowie von ROHDE & TIMON (1967) diskutiert. Aus der Auswahl der vorgeschlagenen Baumaßnahmen wurde letztlich die Abdämmung in der Linie Hundeknöll-Vollerwiek verwirklicht. Der rund 5 km lange Damm läßt etwa 57 km Eiderdeiche in die zweite Deichverteidigungslinie rücken. Das als Rückhaltebauwerk und Sturmflutsperrwerk konzipierte Siel besitzt fünf durch doppelte

Segmentverschlüsse gesicherte Öffnungen mit je 40 m lichter Weite. Bei zahlreichen Sturmfluten hat die Abdämmung seit ihrer Fertigstellung im Jahre 1973 die Funktion als Sturmflutschutzbauwerk unter Beweis gestellt.

Die Versandung des Eidermündungsgebietes konnte aber durch das Bauwerk nicht aufgehalten werden. Vielmehr gingen durch den Sperrwerksbau und damit verbundene Einengungen der Eiderrinne sowie durch die Eindeichung des Katinger Watts etwa 10 Mio. m³ Überflutungsraum verloren. Zusammen mit einer Veränderung des Strömungsgeschehens im Bereich des Sperrwerks führte das bis 1980 zu einer Verdoppelung der jährlich eingetragenen Sandmengen auf rund 1 Mio. m³ (WIELAND 1992). Dies ließ das Tideniedrigwasser in Eider und Treene um 10 cm bis 45 cm ansteigen.

Seit der Einführung der Betriebsform des »gedrosselten Einlasses« im Jahre 1980, bei der durch stufenweises Öffnen der Sperrwerkstore die Dauer und der Verlauf der Flutphase verändert wird, ist die Tendenz zur Versandung im Bereich zwischen dem neuen Eidersperrwerk und der Abdämmung bei Nordfeld zurückgegangen. Nach wie vor werden aber hier und besonders in der Außeneider etwa 0,3 Mio. m³ Sand und Schlick pro Jahr neu abgelagert.

Ökologische Auswirkungen

Diese durch menschliche Eingriffe in das Fließgeschehen verursachte Versandung und Verschlickung sowie Segmentierung des Eider-Ästuars hat nicht nur zu dramatischen Veränderungen der Morphologie, sondern damit verbunden auch zu starken Umbildungen der hydrologischen und ökologischen Verhältnisse geführt. Am deutlichsten ist dieser Wandel in der Fischereistatistik des Störfanges dokumentiert. Wenige Jahre nach Errichtung des Sperrwerks Nordfeld (1936) brach der Fang des flußaufwärts wandernden Störes in der Eider vollständig zusammen, nachdem die zunehmende Überfischung den Bestand schon erheblich veringert hatte: Die limnischen Laichgründe des letzten Störbrutgebietes Deutschlands (STEINERT 1951) waren vom Meer abgeschnitten (SPRATTE 1992), ein Nachwachsen geschlechtsreifer Tiere mit Bindung an die Eider kann nicht mehr stattfinden .

Dies verdeutlicht, daß mit der Regulierung ein tiefgreifender Wandel eingetreten ist, verbunden mit einem Verlust von wichtigen standorttypischen Biotoptypen und -strukturen, die durch unspezifische Biotoptypen, wie z. B. eutrophe Stillwasserhabitate, ersetzt worden sind. Die Veränderungen lassen sich unter 3 Aspekten zusammenfassen:

- Verlust von Übergangszonen und Verhinderung typischer Zonierung,
- Verlust von Fließgewässereigenschaften im limnischen Abschnitt der Untereider (= Binneneider) und
- Instabilität und Verkürzung der Brackwasserzone mit einem sehr steilen ästuarinen Salzgehaltsgradienten in der Tideeider.

Die durch natürliche Tide und jahreszeitlich fluktuierende Abflußmengen gesteuerte Dynamik eines Ästuars ist in der Eider unterbunden. Der Wechsel zwischen den unterschiedlichen Gewässerzonen ist für wandernde Fischarten nahezu unmöglich (SPRATTE 1992). Die durch das Sperrwerk Hundeknöll geförderte Gewässerberuhigung in der Tideeider führt zu einem verstärkten seewärtigen Vordringen der Brackwasserröhrichte zu Lasten der ursprünglichen Salzwiesen, ebenso ist seit 1950 ein kontinuierlicher Rückgang der marinen Eulitoralfauna in der Eider zu beobachten (FOCK & HEYDEMANN, in Vorb.).

Die Wasser-Land-Übergangszonen des Flußufers sind durch eine enge Bedeichung der Ufer stark verkleinert. Nur an wenigen Stellen im Oberlauf der Tideeider existieren natürliche mäandrierende Priele im Brackwasserröhricht. In diesem Rahmen ist das Eider-Treene-Sorge-Programm der Landesregierung Schleswig-Holsteins zur Rückentwicklung der Feuchtgebiete nordwestlich der Binneneider von großer Bedeutung.

Der abgesperrte obere Teil der Binneneider (Lexfähr bis Rendsburg) weist die Charakteristika eines Binnensees auf. Die Fließgeschwindigkeit ist gering, Wasserabfluß und Einzugsgebiet sind auf ca. 1,6 m³/s und 115 km² reduziert. Der untere Teil der Binneneider (Nordfeld bis Lexfähr) besitzt durch den Siel- und Spülbetrieb

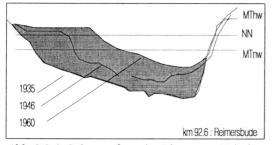

Abb. 2.2-2: Schrumpfung der Rinnenquerschnitte in der Tideeider bei Reimersbude. Verläßliche Daten aus dem 19. Jh. liegen nicht vor

zeitweilig eine höhere Strömungsgeschwindigkeit. HERBST (1952) kennzeichnet die Ufervegetation als lenitische (strömungsberuhigt), selten unterbrochene Schilfgürtel . Lotische (exponierte) Uferrandbiotope fehlen. Die Belastung durch kommunale Abwässer hat den Gütezustand der stagnierenden oberen Binneneider in den 50er und 60er Jahren durch die lange Verweilzeit (UHLMANN 1988) stark beeinträchtigt. Durch Ausbau der Kläranlagen konnte der chemische Gütewert von 2,6 (LANDESAMT FÜR WASSERHAUSHALT U. KÜSTEN 1979) auf 2,1 (LANDESAMT FÜR WASSERHAUSHALT U. KÜSTEN 1987) leicht verbessert werden, der Saprobienindex konnte sich im gleichen Zeitraum aber nicht verbessern (2,4 resp. 2,38) und zeigt eine nachhaltige Veränderung an. Allerdings sind die ermittelten Saprobienwerte relativ ungenau (BÖTTCHER 1985).

Die Zusammensetzung der Fischfauna der Binneneider spiegelt den Wandel vom Fließgewässer zum Binnensee gleichfalls wieder. Typische Fließgewässerarten wie Bach- und Flußneunauge, Bach- und Meerforelle, Hasel und Elritze sind in ihrem Vorkommen weitgehend auf unverbaute Zuflüsse der Eider (Treene, Bollingstedter Au) beschränkt. Anspruchslose Arten wie Brassen, Rotfedern und Flußbarsche dominieren in der Binneneider (SPRATTE 1992).

Die Verteilungsdynamik des Planktons der Binneneider wird (a) stärker durch Winddrift als durch Strömung beeinflußt, ein für Seen typisches Muster. So kann LINK (1973) durch Winddrift verursachte Schichtungsphänomene und lokale Konzentrationen des Planktons (»patchiness«) nachweisen. Als weiterer Verteilungsfaktor beeinflußt (b) der Salzgehalt die Zusammensetzung des Zoo- und Phytoplanktons. Im Vergleich zu HERBST (1952) ist der Anteil von Süßwassercopepoden im Frühjahrsplankton vergrößert (LINK 1973). *Cyclops vicinus vicinus* als dominante Form erweitert sein Verbreitungsgebiet flußabwärts bis fast zur Schleuse Nordfeld (LINK 1973), während das Verbreitungsgebiet des Brackwassercopepoden *Eurytemora affinis* auf den engeren Bereich an der Schleuse Nordfeld zurückgegangen ist. Mit Bau des Sperrwerks Hundeknöll und dem Spülbetrieb in Nordfeld sind brackige Situationen in der Binneneider stark eingeschränkt, zu Lasten der angepaßten Brackwasserfauna.

Die Beschränkung der dynamischen Mischungszone auf den kurzen Abschnitt der Tideeider hat zu einer Aufsteilung des ästuarinen Salinitätsgradienten in der Tideeider geführt. Der ästuarine Mischungsindex für die Eider beträgt 8,1 gegenüber 1,15 für die ausgebaute und kanalisierte Elbe (FOCK 1995). Legt man das ursprüngliche Einzugsgebiet der Eider von 3 280 km² dem ursprünglichen ungehinderten Tideweg von ca. 60 km bis 100 km zugrunde, dann resultiert daraus eine Indexzahl zwischen 0,9 und 0,8, die eine sehr gute Ausbildung von Brackwasserbiotopen im ursprünglichen Eiderstrom anzeigt. Sehr hohe Indexwerte, berechnet aus dem Verhältnis des Süßwassers zum Meerwasser während einer Tide auf der tidebeeinflußten Stromlänge, zeigen zunehmend einen Wechsel vom homoihalinen zu einem poikilohalinen Gradienten an, der einen abrupten Übergang vom limnischen ins haline Milieu anzeigt.

Der hohe Indexwert von 8,1 führt besonders im Eulitoral, dem periodisch bei Ebbe trocken fallenden Uferabschnitt, zu außerordentlich unbeständigen Lebensbedingungen für die Brackwasserfauna. Der Schwankungsbereich des Salzgehaltes, gemessen als Variationskoeffizient, an Stationen im Eidereulitoral ist um durchschnittlich 57 % höher als an vergleichbaren Stationen in der Elbe. Diese Instabilität drängt Brackwasserformen zum Wechsel des Lebensraumes (Submergenz). So kommt der Brackwasserringelwurm *Marenzellaria viridis* in der Tideelbe im Eulitoral, in der Tideeider aber nur im dauerhaft überfluteten Sublitoral vor. Gleiches gilt für die Flohkrebse *Corophium lacustre* und *Gammarus zaddachi*. Doch während *M. viridis* auf der gesamten Stromlänge der Tideeider sublitoral verbreitet ist, können die Flohkrebse nur einen kurzen Gewässerabschnitt unterhalb der Absperrung Nordfeld besiedeln.

Die Fischfauna wird durch die große Variabilität des Salzgehaltes ebenfalls betroffen. ANDERS & MÖLLER (1991) weisen eine positive Korrelation zwischen dem Ausmaß der Salinitätsschwankungen und der Gesamtbefallsrate von Flundern mit Lymphocystis und Flossenfäule nach. Die Befallsrate ist mit 15 % (Längenklasse: 18 cm) dreimal höher als im Wattenmeer. In der Längenklasse: 10 cm findet ULLICH (1992) max. 9 – 12,3 % Befallsraten in der Eider gegenüber max. 3,6 % in der Elbe.

Die Artenzahl typischer Brackwasserformen ist in der vergleichsweise unbelasteten Tideeider im Eulitoral relativ geringer als in den stärker belasteten Großästuaren der Ems und Weser (MICHAELIS et al. 1992) sowie der Elbe. Im Vergleich zur Elbe kann der Brackwasserpolychät *Streblospio shrubsoli* nicht im Eu- und Sublitoral der Tideeider gefunden werden. Zusätzlich zu den bei

MICHAELIS et al. (1992) genannten Arten konnten im Rahmen der Monitoringforschung von 1989 bis 1992 *Tubificoides heterochaetus, Paranais frici* und *P. botniensis* als Brackwasserformen für das Eulitoral der Tideeider gefunden werden. Damit ist die Artenzahl typischer Brackwasserfauna in der Eider mit 10 Arten nur um 1 größer als an den Vergleichsstationen in der Elbe (FOCK 1995). Diese relativ geringe Artenzahl ist ebenfalls auf die Aufsteilung des ästuarinen Gradienten und die Reduktion der Brackwasserzone zurückzuführen.

Schlußbetrachtung

Die Eider ist durch industrielle Abwässer relativ unbelastet (LICHTFUSS 1977, HUNTENBURG et al. 1995). Die organische Belastung und die Belastung mit Nährstoffen gehen zurück. So sank der Gesamt-P-Gehalt in der Eider vor Tönning von 1977/78 bis 1992 um ca. 65 % auf 0,1 bis 0,2 mg/l, der Gesamt-N-Gehalt im gleichen Zeitraum um ca. 50 %. Die Eider weist mit der ästuarinen Trübungszone und der mixohalinen Übergangszone zwischen Süß- und Meerwasser alle Kennzeichen eines Ästuars auf (RICKLEFS 1989). Gleichwohl läßt sich das ökologische Potential des Flusses nur wiederherstellen, wenn die natürliche Dynamik und das ursprüngliche Wassereinzugsgebiet das Abflußgeschehen an der Eider bestimmen können.

2.3 Die Elbe – ein immer wieder veränderter Fluß
HARTMUT KAUSCH

Geomorphologische Gliederung

Die Elbe (tschechisch Labe) ist mit einer Länge von rund 1 091 km einer der großen Flüsse Mitteleuropas. An ihrem Einzugsgebiet, das eine Fläche von 148 268 km² hat, sind Österreich, Polen, Tschechien und Deutschland beteiligt.

Die Oberelbe

Die Elbe *(Abb. 2.2-1)* entspringt im Riesengebirge (Tschechische Republik) in einer Höhe von 1 384 m über dem Meeresspiegel. Da die tschechische Kilometrierung der Elbe ab der Grenze zu Deutschland flußaufwärts zählt, liegt die Quelle bei km 369,9. Die Elbe quert als Gebirgsbach mit starkem Gefälle und Wasserfällen das sudetische Kristallinikum (bis Vrchlabí, km 348,9, Forellenregion). Dann durchfließt sie das Permbecken unterhalb des Riesengebirges (bis Vestřev, km 326,1) und danach das weite böhmische Kreidebecken (bis Malé Žemoseky, km 56,1). Die ersten 48 km der Strecke sind Äschenregion, die nächsten 292 km bis zur Mündung der Moldau Barbenregion, unterbrochen von etwa 20 km Äschenregion bei der Mündung des Nebenflusses Loučná. An der Einmündung der Moldau beginnt eine 69 km lange Brassenregion, die im nächsten Streckenabschnitt der Elbe, dem weiten Durchbruchstal durch das Böhmische Mittelgebirge (bis Děčín, km 12,5) an der Mündung der Bílina (km 40,4) wieder Barbenregion wird und es bis weit nach Deutschland hinein bleibt (LOHNISKY 1992, unveröff. Daten, zitiert nach IKSE 1992). Die Elbe ist innerhalb der Tschechischen Republik kanalisiert und weist zwischen Špindlerův Mlýn (km 358,4) und Střekov (km 40,4) 31 Staustufen und zahlreiche Wehre und Schwellen auf. Ab Děčín (km 12,5) fließt die Elbe in einem engen, auelosen, landschaftlich imposanten Durchbruchstal durch das Elbsandsteingebirge, wo sie bei km 0 die deutsche Grenze erreicht. 14 Nebenflüsse hat die Elbe bis hierher aufgenommen, von denen der größte, die Moldau (tschechisch Vltava), bei ihrer Einmündung mehr Wasser führt als die Elbe. Von der deutschen Grenze an zählt die Kilometrierung stromabwärts. Nach dem Elbedurchbruch, der Durchquerung der granitischen Lausitzer Überschiebung und des karbonischen Plutons von Meißen (km 83) durchfließt die Elbe eiszeitliche Moränen und erreicht bei Hirschstein (km 96) das norddeutsche Tiefland (IKSE 1994), nachdem sie 2 weitere Nebenflüsse aufgenommen hat. Bis hierher reicht nach GAUMERT (1995) die Barberegion. Barben sind allerdings seit Jahrzehnten nicht mehr gefangen worden. Man bezeichnet die rund 465 km lange Flußstrecke von der Quelle bis Hirschstein als **Oberelbe**. Sie ist zugleich der älteste Teil des Flußsystems.

Die Mittelelbe

Von nun an folgt die Elbe dem eiszeitlichen Urstromtal, das durch die Schmelzwässer der letzten Eiszeit in die Ablagerungen der vorangegangenen Eiszeiten eingetieft wurde, und wird lediglich bei Magdeburg noch einmal mit Felsgestein permisch-karbonischen Ursprungs konfrontiert. Hier beginnt die Brassenregion. Die rund 487 km lange Flußstrecke von Hirschstein bis Geesthacht (Stromkilometer 585,9) wird als **Mittelelbe** bezeichnet (IKSE 1994). An der im Jahre 1960 fertiggestellten Staustufe bei Geesthacht endet heute der in nur einer Richtung fließende Fluß. Die Mittelelbe nimmt 17 Nebenflüsse auf, von denen die bei Halle mündende Saale und die bei Werben

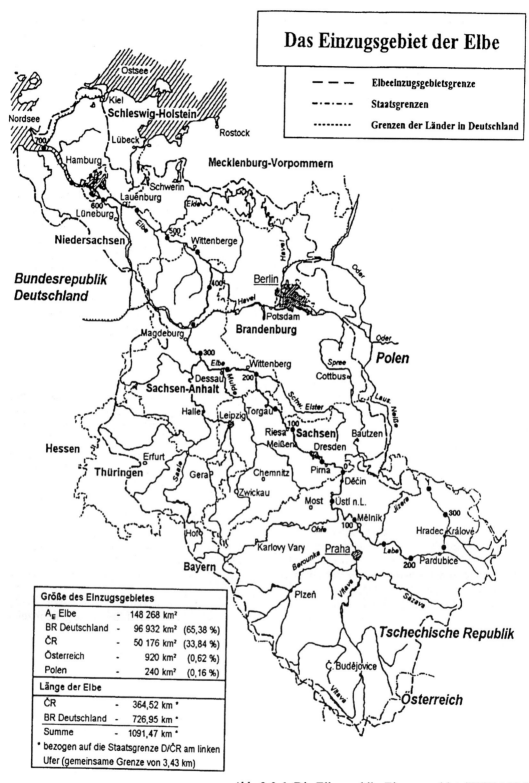

Abb. 2.3-1: Die Elbe und ihr Einzugsgebiet (IKSE 1994)

mündende Havel die größten sind. Die Staustufe wurde gebaut, um die durch den Elbeausbau beschleunigte Tiefenerosion des Flußbettes zu verhindern. Sie versperrt wegen der mangelhaften Funktionsfähigkeit der dort eingebauten Fischtreppen den meisten Wanderfischen den Weg.

Die Unterelbe (auch Tideelbe)

Ab der Staustufe Geesthacht beginnt die von den Gezeiten der Nordsee beeinflußte **Unterelbe**, die deshalb auch **Tideelbe** genannt wird. Oberhalb Hamburgs liegt das Stromspaltungsgebiet, in dem der Fluß sich in Norder- und Süderelbe teilt, ursprünglich ein durch zahlreiche Inseln und Flußarme gekennzeichnetes Binnendelta und heute u. a. das Gebiet des Hamburger Hafens. Unterhalb Hamburgs öffnet sich die Unterelbe trichterförmig zur Mündung hin. Langgezogene Inseln und Sände sind immer wieder ihren Ufern vorgelagert. Die Fließrichtung wechselt viermal täglich entsprechend den Zeiten von Ebbe und Flut und der Wasserstand ist nicht nur von der Wasserführung der Mittelelbe, sondern auch von den Tidewasserständen sowie der vorherrschenden Windrichtung und -stärke abhängig. Ein solches Flußmündungssystem nennt man ein Ästuar (von lat. aestus = Gezeiten). Wie in vielen Ästuaren wird auch hier durch die Vermischung von Fluß- mit Meerwasser eine Brackwasserzone gebildet, deren Salzgehalt in Richtung Nordsee zunimmt. Bei Flut und mittleren Oberwasserabflüssen beginnt sie ungefähr bei Glückstadt und wird mit den Gezeitenströmungen täglich zweimal über ca. 15 bis 20 km flußauf und flußab verfrachtet. Dadurch treten am Boden und in den Uferregionen starke Salzgehaltsschwankungen auf, die nur von vergleichsweise wenigen Tier- und Pflanzenarten, die an solche Verhältnisse angepaßt sind, auf Dauer toleriert werden können. Bedingt durch die großen Turbulenzen der Gezeitenströmungen werden in der Unterelbe vom Wasser große Mengen an Schwebstoffen hin- und her transportiert, die sich im Bereich der Brackwasserzone ungefähr bei Brunsbüttel zu einem Schwebstoffmaximum akkumulieren. Die Oberwasserabflüsse der Elbe, gemessen am Pegel Neu Darchau, liegen zwischen minimal 150 m³/s im Spätsommer und bis zu 3 000 m³/s im Frühjahr und erzeugen, ihnen zugeordnet, Fließzeiten zwischen 2,5 und < 1 Tage in der Mittelelbe. In der Tideelbe verlängern sich die Fließzeiten wegen des gezeitenbedingt periodischen Wechsels der Fließrichtung auf 70 bis < 4 Tage. Die Position von Brackwasserzone und Schwebstoffmaximum ändert sich in Abhängigkeit vom Oberwasserabfluß: Ist er hoch, so werden beide in Richtung Nordsee abgedrängt, ist er niedrig, dringen beide weiter stromaufwärts vor. Die Unterelbe reicht bis zur Seegrenze bei km 727,7 (IKSE 1994). Das Urstromtal der Elbe setzt sich aber als Tiefe Rinne auf dem Grund der Nordsee bis Helgoland und weiter fort, ein Umstand, der sich dadurch erklärt, daß während der letzten Eiszeit der Meeresspiegel rund 100 m tiefer lag als heute, erst vor ungefähr 4.000 Jahren sein heutiges Niveau erreichte und das bis zu dieser Zeit eingetiefte Elbetal jenseits der heutigen Mündung überflutete (SCHMIDTKE 1993). 11 Nebenflüsse, deren Unterläufe selbst Ästuare sind, und, seit 1895, der Nord-Ostsee-Kanal, münden in die Unterelbe. Fischbiologisch gehört das Elbeästuar etwa bis etwa zur Estemündung zur Brassen-, danach zur Kaulbarsch-Flunder-Region (GAUMERT 1995). Mit dem in Richtung Nordsee ansteigenden Salzgehalt nimmt die Anzahl von Meeresfischarten immer mehr zu, aber in oberwasserarmen Jahren dringen Heringe sogar bis Neßsand unterhalb von Hamburg vor.

Natürliche Lebensräume an Fluß und Ästuar

Die Elbe und die anderen glazial entstandenen Mittel- und Unterläufe der großen, in die Nord- und Ostsee entwässernden Flüsse mäanderten in ihren Urstromtälern, transportierten die großen Mengen an Lockermaterial, welche die Gletscher zurückgelassen hatten, talabwärts, füllten die Talböden mit Sedimenten flußabwärts abnehmender Korngrößen auf und lagerten Schlick und Talsande auf die von den höchsten Hochwässern erreichten Flächen ab. Dort bildeten sich die Flußauen, welche zunächst durch häufige Umlagerungen der Flußbetten, Aufspaltungen von Flußarmen, Mäanderbildungen, Abtrennung von Schlingen durch Mäanderrisse, Bildung anmooriger und mooriger Bereiche sowie Bedeckung durch große Röhrichtbestände gekennzeichnet waren (JÄHRLING 1992). Große Überschwemmungsgebiete sind typische Begleiterscheinungen von natürlichen Flüssen in weiten Gebirgstälern oder flachen Landschaften. Sie gehören zum Ökosystem Fluß und ihr Fehlen bedeutet Verarmung des Lebensraumes an Pflanzen und Tieren. Sie weisen verschiedene Typen von Lebensräumen auf, z. B. Altwässer in den durch die natürlichen Flußbettverlagerungen abgetrennten Flußarmen oder -schlingen, Feuchtgebiete in Ufernähe und im Offenland, Auenwälder und die Trockenrasen an den randlichen Binnendünen. Einer großen

Reihe von Pflanzenarten, den Stromtalpflanzen, die an Fluß- und Urstromtäler gebunden sind, bieten die Auen den einzigen für sie in Frage kommenden Lebensraum. Verschwinden sie, dann verschwinden auch diese Pflanzenarten und mit ihnen die auf sie angewiesenen Insekten, z. B. bestimmte Schmetterlinge (EMPEN 1992, KÖHLER 1992). Für viele Fische, wie z. B. Weißfischarten und den Hecht, sind die Auen als Brutgebiete überlebensnotwendig (NELLEN 1992). Für viele Vogelarten sind sie Lebens- und Brutraum im Sommer oder wichtiger Rast- und Weideplatz, z. B. für Bleßgans, Saatgans, Zwergschwan, Singschwan, Kampfläufer und andere Watvögel (MELTER 1992) während der Zugzeiten und des Winters. Im tidebeeinflußten Unterlauf treten zu den durch den Oberwasserabfluß hervorgerufenen Hochwässern, die im Ästuar eine untergeordnete Rolle spielen, die wind- und gezeitenbedingten Sturmfluten (PETERSEN & ROHDE 1991), welche auf den weiten, von der Überflutung erreichbaren Überschwemmungsflächen zum Aufwachsen der Marschen führten. Hier tritt ein weiterer wichtiger Lebensraum in Erscheinung, der dem eigentlichen Fluß fehlt, die Wattgebiete (LOZÁN et al. 1994), die, täglich jeweils zweimal, bei jeder Ebbe trockenfallen und bei jeder Flut überschwemmt werden. Die im Süßwasserbereich unserer Ästuare vorhandenen Süß- und Brackwasserwatten sind einzigartige Lebensräume von hoher Produktivität. Den Watten vorgelagert sind die ursprünglich ausgedehnten Flachwassergebiete, war doch die Unterelbe zumindest in ihrem seefernen Oberlauf nur wenige Meter tief. Sie, wie auch die Nebenelben, sind die bevorzugten Aufenthalts- und Brutgebiete der Fische, die höhere Strömungsgeschwindigkeiten meiden müssen, der schwimmenden Krebse, wie Garnelen und Mysidaceen, und des Phyto- und Zooplanktons. Heute sind diese Flachwassergebiete wegen der künstlich verbreiterten Schiffahrtsrinnen stark reduziert und in Gefahr völlig zu verschwinden (vgl. Kap. 5.2).

Veränderungen durch den Menschen und ihre Folgen

Der Einfluß des Menschen wird erkennbar

Die erste, noch sporadische und nicht dauerhafte Besiedlung durch den Menschen entlang der häufig überschwemmten, schwer zugänglichen Elbauen, auf den Hochhanggebieten oder auf Flußsanddünen, läßt sich bereits für die Jungsteinzeit vor 5 000 – 6 000 Jahren nachweisen, auch größere Siedlungen aus der Bronzezeit vor ca. 2 500 – 3 000 Jahren. Ab etwa dem 1. Jh. n. Chr. setzte dauerhafte Besiedlung ein, jedoch zu dieser Zeit stets außerhalb der Auen, die zwar durch den Menschen genutzt, aber noch nicht strukturell verändert wurden (JÄHRLING 1992). Bereits mit dem Einsetzen der Eisenzeit begann jedoch eine erste, mittelbare, anthropogene Strukturänderung der Überschwemmungsgebiete, deren Signal in den Sedimenten der Elbmarschen zu finden ist. In dieser Zeit entwickelte sich der Ackerbau, der durch Roden der Wälder im Einzugsgebiet des Ober- und Mittellaufes vorbereitet wurde. Dadurch erhöhte sich die Erosion in den entwaldeten Gebieten, Bodenmaterial wurde in die Flüsse abgeschwemmt und zu einem erheblichen Teil im Unterlauf wieder sedimentiert. Die Sedimentationsraten stiegen in dieser Zeit sprunghaft um ein Mehrfaches an, wodurch die Überschwemmungsgebiete schneller aufgelandet und trockener wurden. Die Schilfröhrichte verschwanden von den nun etwas höher liegenden Flächen, gefolgt vom Aufwachsen von Auenwäldern (PALUSKA et al. 1984). Röhrichte blieben auf die unmittelbare Ufernähe beschränkt.

Hochwasserschutzmaßnahmen und Landgewinnung

Mit der dauerhaften Besiedlung und dem Fortschreiten der Bodenkultur wurde bereits im 8. Jh. ein großer Teil der Auenwälder an Mittel- und Unterelbe gerodet und die Flächen in Weide- und Ackerland umgewandelt. Dies hatte Folgen. »*Bei Hochwasser konnte nicht etwa, wie bis dahin, nur der unmittelbar an die Vorfluter angrenzende Bereich überflutet werden, sondern gleich die gesamte Talaue, und dies völlig ungehindert*« (PALUSKA et al. 1984). Zunehmend häufigere Überflutungen erschwerten die Ansiedlung und die Nutzung der Ländereien. In den Elbmarschen baute man Wurten, künstliche Erhöhungen, auf denen die Häuser errichtet wurden. Ab dem 11. bis 13. Jh. umgab man die Ortschaften hier und an der Mittelelbe mit Ringdeichen und verband etwas später die eingedeichten Ansiedlungen durch lange Deiche zum Schutz der Ländereien vor dem Wasser (KANOWSKI 1992). Dadurch wurden bereits damals Teile des ehemaligen Auenlandes der Überflutung entzogen. Durch die Eindeichung und die dadurch bedingte Austrocknung des Bodens, unterstützt durch die Oxidation der nun besser belüfteten Torfschichten, sackten die Bodenschichten zusammen. Das Marschland an der Unterelbe sank ab, »*im Hamburger Raum um ca. 1 m, in der Wilster und Kremper Marsch sogar bis auf -3 m NN. Die Nut-*

zung der Elbmarsch war ... nur unter dem ständigen Schutz der Deiche möglich« (PALUSKA et al. 1984). An der Mittelelbe hatten die fortschreitende Entwaldung des Einzugsgebietes und die Eindeichungen zur Folge, daß die Hochwasserscheitel immer höher aufliefen. Über mehrere Jahrhunderte konnte man nur mit der Wiederherstellung der Deiche, angepaßt an die jeweiligen veränderten Bedingungen (KANOWSKI 1992), reagieren, nutzte dies, an der Küste ab der großen Sturmflut von 1362, aber stets auch zur Landgewinnung (PETERSEN & ROHDE 1991). Dies blieb sowohl im Küstenbereich als auch an den Flüssen bis in unsere Tage ein wichtiges Ziel der Landesentwicklung. War *»vor dem großräumigen Deichbaukonzept Preußens«* bis zum Beginn des 19. Jh. *»die eigentliche Auendynamik des Elbestromes nur regional eingeschränkt«* – betrugen doch die größten Breiten der Überschwemmungsgebiete im Bereich der Mittelelbe, z. B. an der Muldemündung 12 km, an der Ehlemündung 35 km, an der Havelmündung 44 km, an der Löcknitz- bis Sudemündung 21 km, bei Geesthacht bis 16 km und an der Unterelbe zwischen Lühe- und Störmündung 29 km – so *»kam es (danach) allerdings allein im heutigen Regierungsbezirk Magdeburg zu einer Reduzierung der ehemaligen aktiven Überflutungsaue auf ca. 16 %«* (IKSE 1992). *»An Elbe und Oder haben die Dämme das Überschwemmungsgebiet auf 1/4 bis 1/5 verringert ... Je mehr alle Bäche und Flüsse korrigiert und alle feuchten Wiesen drainiert werden, desto mehr trocknet das Land aus, desto größer wird die Hochwassergefahr talab«* (WAGNER 1960). Sehr große, für das Ökosystem Unterelbe ökologisch wichtige und wertvolle Watt- und Marschengebiete gingen außerdem verloren, als in den 70er Jahren, nach der großen Sturmflut von 1962, bei der über 300 Menschen in Hamburg umkamen (PETERSEN & ROHDE 1991), die Deichlinien verkürzt, d. h. nahe an die mittlere obere Tidewasserlinie herangerückt, und die Deiche auf NN + 7,20 m erhöht wurden (ARGE Elbe 1984, SCHIRMER 1994). Im Rahmen der gleichen Maßnahme wurden die Nebenflüsse durch Sturmflut-Sperrwerke gesichert und große Teile sowohl des Ufers als auch der Elbinseln mit Baggergut bis auf 1 m über das mittlere Tidehochwasser erhöht. Abermals gingen damit der Elbe Überflutungsflächen und Biotope größeren Ausmaßes verloren. Aber auch an der niedersächsischen Strecke der Mittelelbe bei Schnackenburg wurden noch in den 80er Jahren die Deiche trotz massiver Einsprüche der Naturschutzverbände zum Nachteil naturnaher Auengebiete stark verkürzt und erhöht.

Ausbau der Elbe zur Schiffahrtsstraße

Parallel zu diesen Veränderungen, die dem Hochwasserschutz und der Landgewinnung und -nutzung dienten, waren *»bereits im 10. und 11. Jh. an der Elbe und Moldau Floß- und Schiffsgassen genutzt und Hindernisse im Flußbett beseitigt«* worden (IKSE 1994). Mühlenbauwerke, die noch nicht parallel zum Fluß angelegt waren, Wehre und Brücken behinderten die zunehmende Schiffahrt. Mäander waren schwierig zu befahren und verhinderten außerdem den schnellen Ablauf von Hochwässern. So gehörte das Abtrennen einzelner, besonders großer Flußschlingen, z. B. bei Mühlberg oder bei Prettin an der Mittelelbe um das Jahr 1610 (STAMS 1995), zu den ersten, damals durchführbaren Strombaumaßnahmen größeren Ausmaßes, denen weitere bis zum Beginn des 19. Jhs. folgten. Durch diese Mäanderdurchstiche verkürzte sich der Flußlauf. Dies und die Beseitigung von anderen Schiffahrtshindernissen, wie Felsen oder Stromschnellen, erhöhte die Strömungsgeschwindigkeit, wodurch die Erosion im Flußbett und an den Ufern erheblich zunahm. Daher wurde bereits damals an einzelnen Strecken die Anlage von Buhnen und Längswerken vorgenommen, die der Stabilisierung des Fahrwassers und der Ufersicherung dienten (ROHDE 1971, zit. nach IKSE 1994). Das jedoch führte zu erhöhter Tiefenerosion, wodurch der Fluß sich nach und nach tiefer in sein Bett eingräbt. Als Flachwassergebiete blieben die Buhnenfelder übrig, die aber, weil die Buhnen wegen der Tiefenerosion des Flusses nach und nach immer weiter aus dem Wasser herausragen, immer flacher werden und im Laufe der Zeit zuschlicken. Auch in der Unterelbe waren bereits vor Beginn des 19. Jhs. erste Ufersicherungsarbeiten durchgeführt worden, dort aber blieben Deichbaumaßnahmen, durch welche die Überflutungsräume reduziert wurden, lange Zeit die wichtigsten Eingriffe in die amphibische, durch sich ständig im Strombett verlagernde Sände und Inseln gekennzeichnete Ästuarlandschaft.

Intensive Strombaumaßnahmen zur Sicherung und Verbesserung der Schiffahrtsverhältnisse begannen in der Elbe nach 1843, nachdem Europa auf dem Wiener Kongreß 1815 neu geordnet und die Elbe zur Schiffahrtsstraße erklärt worden war. Das war verbunden mit der Verpflichtung der Uferstaaten, funktionsfähige Fahrwasser zu gewährleisten. An der Oberelbe wurden bis zur Mitte unseres Jhs. Staustufen gebaut und der Fluß weitgehend kanalisiert, durch Abtrennen der Mäander um ca. 55 km verkürzt und begradigt. Nur knapp 35 % der Länge des tschechischen Oberlaufes sind nicht überstaut und nur rund 5 km der Oberelbe unterhalb der Elbequelle können als »*weitgehend natürlich erhalten*« sowie nur 18 km im Bereich der Loučná-Mündung als noch weitgehend naturnah bezeichnet werden (IKSE 1994). Durch die Stauhaltungen wurde das Fließgewässer Oberelbe in ein langsam fließendes Gewässer von Unterlaufcharakter umgewandelt – eine Art künstlicher »Vergreisung« des Flusses –, die Durchgängigkeit für Wanderfische und andere wandernde Wasserorganismen unterbrochen, die natürlichen Fischregionen vernichtet, der Wärmehaushalt verändert und der Sauerstoffhaushalt, unterstützt durch die zunehmende Abwasserbelastung, gestört. Da die Grundwasserstände verändert, die regelmäßige Überflutung der Auen verhindert und ihre ursprünglichen Strukturen, z. B. die noch verbliebenen Auenwälder, beseitigt wurden, Ackerbau und Forstwirtschaft auf den nun trockeneren Flächen Einzug hielten, trat stellenweise Versteppung ein, generell verarmte die Artenvielfalt drastisch und die ökologische Stabilität verringerte sich (IKSE 1994). An der Mittelelbe wurde der Bau von Buhnen und Uferbefestigungen weitergeführt und die Mittelwasseregulierung begonnen. Für die Kettenschiffart, die ab 1866 zwischen Hamburg und Mělník verkehrte, wurde eine über 700 km lange Kette in der Elbe verlegt. Dies ist die Zeit der 1. von 5 Perioden der Fischerei an der Elbe, die von BAUCH (1958, zit. nach ALBRECHT 1960) unterschieden werden: 1820–1870, die Zeit der ersten großen Regulierungsarbeiten im Interesse der Landeskultur und der Schiffahrt. Noch waren alle für die Mittelelbe typischen Fische vorhanden. Die darauf folgende 2. Periode der Fischerei (1870–1895) nach BAUCH (1958) und ALBRECHT (1960) war durch die Intensivierung des Ausbaus und die Umgestaltung der Mittelelbe zur Wasserstraße gekennzeichnet. Damit einher ging die Vernichtung der Laichplätze (Kies- und Sandbänke, Kolke) für die wichtigsten Wanderfische, welche nur noch in den Nebenflüssen (Saale, Mulde) und im Oberlauf Fortpflanzungsmöglichkeiten fanden (vgl. auch Kap. 6.5). Die Beseitigung zahlreicher Altwässer führte zum Rückgang der Fänge von Hecht, Wels und Schleie. Im Jahre 1892 waren die Strombaumaßnahmen zur Mittelwasserregulierung abgeschlossen und der Feinausbau zur Niedrigwasserregulierung in Angriff genommen. Das Niedrigwasserbett wurde befestigt, Deichvorländer durch Baggergut aufgefüllt, Felsen und Sandbänke in großem Umfang beseitigt, weitere Durchstiche zur Flußbegradigung durchgeführt und Schiffsmühlen abgerissen (ARGE Elbe, 1984, *Abb. 2.3-2*). Kanalbauten, wie der des Elbe-Lübeck-Kanals zwischen 1896 und 1900 und der Einbau von Wehren zur Unterstützung der Kanalisierung der Unterhavel brachten weitere große Eingriffe in die Stromlandschaft mit sich. Ab 1911 wurden erstmals Fahrwassertiefen festgelegt und ab 1921 mit der Übernahme der Wasserstraßen durch das Deutsche Reich an die Tiefgangsentwicklung der Schiffe gebunden, eine Regelung, die auch von der Bundesrepublik übernommen wurde. Damit begann das Zeitalter der immer wiederkehrenden »Anpassungen« von Flüssen und Ästuaren an immer größer werdende Schiffe (vgl. auch Kap. 5.2). Da die Niedrigwasserregulierung mit Wassertiefen zwischen 140 und 170 cm für die Mittelelbe durch Strombaumaßnahmen allein nicht möglich war, wurden 1934 die Bleilochtalsperre und 1940 die Talsperre Hohenwarthe, beide im Bereich des Oberlaufes der Saale, fertiggestellt, um Zuschußwasser in Niedrigwasserzeiten zur Verfügung zu haben. Diese Talsperren dienen zugleich dem Hochwasserschutz und der Energiegewinnung. So wirkte sich also die Schiffahrt auf der Elbe massiv auf die Beeinträchtigung der ökologischen Strukturen im Einzugsgebiet der Saale aus, ein Prozeß, der heute – in den Tagen der für die Elbe zu großen Euro-Schubverbände – durch die Errichtung von Staustufen in der Saale selbst seine Fortsetzung findet. Trotz aller Baumaßnahmen wurden die Ziele der Niedrigwasserregulierung, den Fluß dauerhaft für Binnenschiffe befahrbar zu machen, im unteren Bereich der Mittelelbe bis 1951 nicht erreicht (ROHDE 1971). An der Unterelbe führte Hamburgs Entwicklung zur Handelsstadt ab dem 12. Jh. zunächst zu Umgestaltungen der ursprünglichen Elbelandschaft zugunsten des Hafens. »*Ursprünglich war der Hauptstrom der Elbe die Süderelbe. Die Norderelbe ... gab es noch nicht ... durch Abdämmung und Begradigung der ... nördlich gelegenen Elbarme des Stromspaltungsgebietes ... (entstand) zwischen dem 15. und 17. Jh. ... allmählich ein gut schiffbarer Elblauf ... Um 1550 schaffte Hamburg eine zweite Hafeneinfahrt von oberstrom und ab 1604 konnte die Veddelelbe durch einen 1 800 m langen Durchstich zur Alstermündung hin abgeleitet werden*«. Dadurch »*entstand ein einheitlicher Stromverlauf von der Bunthäuser Spitze bis*

St. Pauli – die Norderelbe« (ARGE Elbe 1984 nach ROHDE 1971). Bis zum Beginn des 19. Jhs. waren in der Unterelbe für Schiffe, die seit Jahrhunderten nur ca. 3,5 m Tiefgang hatten, keine größeren wasserbaulichen Maßnahmen erforderlich. Seit dem 15. Jh. kennzeichnen Tonnen das Fahrwasser und Lotsen übernehmen die Führung der Schiffe. Flache Stellen konnten nur mit der Flut überwunden werden. Jedoch »...*schon vor dem Beginn der eigentlichen Ausbauarbeiten (sind) an der Unterelbe durch die natürliche Entwicklung, die wahrscheinlich durch Ufersicherungs- und Landgewinnungsarbeiten unterstützt wurde, Nebenarme weitgehend verlandet«* (*Abb. 2.3-3*, ROHDE 1971). Ab der zweiten Hälfte des 19. Jhs. bis heute war und ist der Strombau in der Unterelbe durch den Aus- und Umbau des Hamburger Hafens im Stromspaltungsgebiet, der als wichtiger Umschlagplatz für die internationale Überseeschiffahrt immer bedeutender wurde, den Verlust der letzten naturnahen Überschwemmungsflächen mit ihrer Vegetation zugunsten einer Industrielandschaft sowie Vertiefung und Verbreiterung zuerst an den flachen Stellen, später im gesamten Stromverlauf unterhalb Hamburgs, gekennzeichnet. Anstiege des Tidenhubes stromaufwärts bis Hamburg waren die Folge (vgl. auch Kap. 5.2). Derzeit liegt die Nenntiefe bei 13,5 m unter dem mittleren Tideniedrigwasser (MTnw). Der Hamburger Hafen als riesiges, strömungsberuhigtes und stark vertieftes Gewässernetz muß ständig ausgebaggert werden, denn er ist inzwischen das größte Sedimentationsgebiet in der Unterelbe mit Baggergutmengen um jährlich 2 bis 3 Mio. t Hafenschlick, die wegen ihrer hohen Belastung mit Schadstoffen außerhalb der Elbe deponiert werden müssen (vgl. Kap. 4.4).

Abwasserbelastung und Trinkwassergewinnung

Mit Einführung der Schwemmkanalisation – ab der Mitte des 19. Jhs. wurden die häuslichen Abwässer unbehandelt den Flüssen übergeben – stieg die Verschmutzung der Elbe mit organischen Stoffen und Industrieabwässern entlang ihres gesamten Laufes stark an, eine Entwicklung, die zumindest oberhalb von Schnackenburg bis zur Wiedervereinigung Deutschlands anhielt. Schon 1892 war es in Hamburg zu einer verheerenden Choleraepidemie gekommen, deren Ursache der verhängnisvolle Kreislauf von Abwasserablauf in die Elbe und Trinkwasserentnahme ohne Aufbereitung war. Der unnatürlich starke Zustrom allochthoner organischer Substanz verschob das Gleichgewicht der biologischen Stoffwechselvorgänge auf die Seite der sauerstoffzehrenden mikrobiellen Atmungsprozesse, wodurch ständig anhaltende Sauerstoffdefizite im Wasser auftraten, die sich bei Hinzutreten weiterer ungünstiger Bedingungen, z. B. lange Eisbedeckung, in verschiedenen Abschnitten der Mittelelbe bis zu Sauerstoffgehalten nahe 0 mg/l mit z. T. katastrophalen Fischsterben (ALBRECHT 1960) verschärften. In der Unterelbe wurde und wird durch den Eintrag zehrungsfähigen organischen Materials ein stabiles

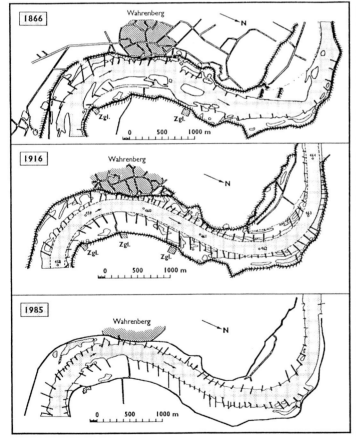

Abb. 2.3-2: Die Mittelelbe bei Wahrenberg – Vergleich der Ausbausituationen der Jahre 1866, 1916 und 1985 (JÄHRLING 1992)

sommerliches, etwa 20 km langes »Sauerstoffloch« hervorgerufen, das ab April im Laufe einiger Wochen aus der Brackwasserzone stromaufwärts bis in das Gebiet von Hamburg wandert (CASPERS 1984). Dazu kommt, daß Montansalzeinleitungen aus der Kaligewinnung von Staßfurt die natürlichen Konzentrationen, die »*vor 1871 ... zwischen 18,5 und 29,7 mg Cl⁻/l*« lagen auf zeitweilig > 600 mg/l Cl⁻ (VOLK 1908, zit. nach RIEDEL-LORJÉ & GAUMERT 1982) erhöhten, eine Versalzung, die bis in die 20er Jahre anhielt und das aus der Elbe gewonnene Trinkwasser geschmacklich sehr beeinträchtigte. Der Chloridgehalt des Elbewassers oberhalb der Brackwassergrenze ist mit 200–300 mg/l Cl⁻, abhängig von der verdünnenden Wirkung unterschiedlicher Wasserführung, auch heute noch stark erhöht. Die 3. Periode der Fischerei an der Elbe nach 1820 (BAUCH 1958, s. o.) reicht von 1895 bis 1928 und ist einerseits gekennzeichnet durch Zunahme der ungereinigten häuslichen und Zuckerindustrie-Abwässer, aber auch durch den Bau der Stau-

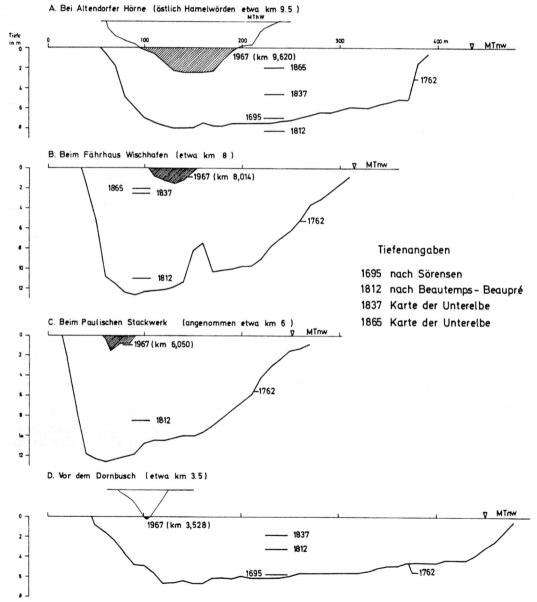

Abb. 2.3-3: Verlandung der Wischhafener Nebenelbe (ROHDE 1971)

haltungen in der Oberelbe. Der Lachs erreichte seine Laichplätze im Oberlauf nicht mehr. Von den wichtigen Nutzfischen der Elbe fielen aus: Der Stör wegen Überfischung der noch nicht geschlechtsreifen Jungtiere in der Unterelbe (BLANKENBURG 1910, RIEDEL-LORJE & GAUMERT 1982), der Lachs und der Maifisch wegen der Folgen des Elbeausbaus sowie der Schnäpel, der nur noch in Dänemark kleine Populationen bilder, aus bisher nicht näher bekannten Gründen (NELLEN 1992). Mit der stürmischen Entwicklung der chemischen und pharmazeutischen Industrie in den 30er Jahren ging – eingeleitet durch das große Fischsterben im Winter 1928/29 unter Eis – der Anstieg der Abwasserschäden durch Sauerstoffmangel in den wasserarmen Folgejahren weiter, verstärkt durch die Maßnahmen der Niedrigwasserregulierung. Dies ist die 4. Periode der Fischerei an der Elbe (1928–1947) nach BAUCH (1958), in der Neunauge, Wels und Barbe ausfielen und bei einem allgemeinen Rückgang der Fangerträge in der Mittelelbe der Fischfang mit verbesserten Fangmethoden nur noch »Weißfische« und Aal erbrachte. Ab den 50er Jahren kam mit der erneuten Entwicklung der Industrie zur organischen Abwasserlast eine unübersehbare Zahl von Substanzen und Chemikalien oft toxischer Natur, giftig sowohl für die Stoffwechselprozesse und Organismen im Fluß selbst als auch für den Menschen, dazu. Dies führte (5. Periode nach BAUCH von 1947–1958) zum Niedergang der Flußfischerei, wiederum begleitet durch große Fischsterben, z. B. im Winter 1954/55, und die Trinkwassergewinnung aus Flußwasser wurde entweder sehr erschwert oder sogar unmöglich. Während in den elbanliegenden Ländern der Bundesrepublik Deutschland spätestens ab 1960 Abwasserreinigungssysteme installiert und weiterentwickelt wurden, nahm die damalige DDR die zu ihr gehörige Strecke der Elbe aus der »Nahrungsmittelproduktion« heraus und erklärte sie zum Abwasserkanal. Abwasserreinigungsmaßnahmen wurden nicht ergriffen. Die organische Abwasserfracht nahm gewaltig zu, Schwermetalle und Pestizide reicherten sich in Sedimenten und Organismen an. Der »Chemiegeschmack« machte die Fische ungenießbar und wertlos. Zwar war ab 1954 eine Zeitlang der Futterfischfang von Weißfischen für die Tierhaltung in der damaligen DDR steigend, die Mehrzahl der Fischer von Tangermünde flußabwärts und in der Unterelbe, wo Aale wegen ihres Quecksilbergehaltes mit einem Verkaufsverbot für den Verzehr belegt werden mußten, gab aber den Beruf auf.

Über 30 Jahre lang, bis zur Wiedervereinigung und ihren Folgen für die marode Großindustrie der ehemaligen DDR, blieb die Elbe einer der am stärksten verschmutzten Flüsse Deutschlands.

Schlußbetrachtung

Die Abwassersituation hat sich seit der Wiedervereinigung im Jahre 1990 entschärft, bedingt zu einem guten Teil durch die Industriestillegungen in den ostdeutschen Bundesländern (REINCKE 1992). Zu Beginn der 90er Jahre wurde der Bau kommunaler Kläranlagen entlang der Elbe stark forciert (SIMON 1994) und es ist zu hoffen, daß die Wasser- und Abwassergesetzgebung bei der Entwicklung der ostdeutschen Industriestandorte durch konsequente Anwendung des Standes der Abwasserklärtechnik die neuerliche Verschmutzung der Elbe verhindern wird. In der Unterelbe ist eine erneute Vertiefung und Verbreiterung der Schiffahrtsrinne in Vorbereitung und der weitere Ausbau der Mittelelbe zum Schiffahrtskanal muß befürchtet werden. Auch wenn der Gütertransport auf Wasserstraßen als besonders umweltfreundlich gilt, der Ausbau der Flüsse ist es ganz und gar nicht. 1938 war der Mittellandkanal bis an die Elbe herangeführt und 1976 der Elbeseitenkanal von Lauenburg zum Mittellandkanal in Betrieb genommen worden. Aus ökologischer Sicht ist die Nutzung dieser vorhandenen Wasserstraßen auch langfristig sinnvoller als ein neuerlicher Ausbau der Mittelelbe zwischen Magdeburg und Geesthacht. Bei Vertiefung dieser Strecke werden weitere Flachwassergebiete verlorengehen, Grundwasserstände absinken und die verbliebenen wertvollen Auen geschädigt werden. Auch sollte der für die Flüsse und Ästuare fatale Automatismus, mit dem die zu kleinen Wasserstraßen an immer größere Schiffe anzupassen sind, endlich aufgegeben werden. Vielmehr sollte sich die Größe der Schiffe an den Möglichkeiten der Wasserstraßen messen. Es wäre eine Katastrophe für dieses Flußökosystem, wenn der letzte Rest der noch freifließenden Oberelbe und Teile der Mittelelbe in Staustufen gezwungen würden. Und es wäre ein Unglück, nicht nur für die Elbe, sondern langfristig für alle davon Betroffenen, wenn die Fehler einer Bebauung der bislang noch naturnahen und schutzwürdigen, gegen zukünftige Strombaumaßnahmen aber hochempfindlichen Auenflächen mit Industrieanlagen oder Ansiedlungen nach dem Muster von Oberrheinebene und Kölner Bucht wiederholt werden würden. Es ist geplant, einen Großteil der verbliebenen Auengebiete an der gesamten Elbe in einem Verbund von Schutzgebieten zusammenzufassen (IKSE 1994) und es bleibt zu hoffen, daß diese rechtlich nicht besonders gut gegen spätere Eingriffe abgesicherten Gebiete der Elbe dauerhaft erhalten bleiben.

Es bleibt eine große Aufgabe für die Internationale Kommission zur Reinhaltung der Elbe (IKSE) und alle an Nutzung und Schutz der Elbe Beteiligten, daran mitzuarbeiten, das jahrhundertealte, überwältigende Primat der Ökonomie über die Ökologie zugunsten gemeinsamer, umweltverträglicher Konzepte zur schonenden Nutzung, großzügigen Sanierung und dauerhaften Förderung des Ökosystems Elbe zu beenden.

2.4 Die Ems – der kleine Tieflandstrom
THOMAS HÖPNER

Etwa 35 Quellbäche ähnlicher Größe entspringen am Südwesthang des Teutoburger Waldes und vereinigen sich im nordöstlichen Münsterland zur Ems. Einer davon, der viertsüdlichste, trägt den Namen Ems von seiner 134 m hoch gelegenen Quelle an. Die vereinigte Ems durchfließt die Talsand- und Lößebene des Münsterlandes, bis sie bei Rheine einen Kalk- und Schieferriegel quert, der den Teutoburger Wald mit dem Bentheimer Höhenzug verbindet. Von da ab folgt sie in Richtung Norden dem Ems-Vechte Urstromtal, heute eine weitgespannte Talsandebene. Ein Binnendünen-System zieht sich entlang der Ems, das mächtigste Norddeutschlands, auf beiden Seiten von ausgedehnten Mooren begleitet (SEEDORF & MEYER 1992). Die Schleuse Herbrum trennt den Tieflandstrom vom tidebeeinflußten Ästuar. In Leer etwa beginnt der Brackwasserbereich (mehr als 1,8 ‰ mittlerer Salzgehalt), bei Gandersum die marine Zone (mehr als 18 ‰). Die Größe des Ästuars steht in keinem Einfluß zu dem bescheidenen Tieflandstrom. Die vom Ästuar (oder der Unterems) ausgehenden Warnsignale wurden an anderer Stelle behandelt (HÖPNER 1994), innerhalb dieses Berichts sind dazu lediglich neuere Entwicklungen nachzutragen.

Die Ems erreicht nach 111 km Laufstrecke bei Greven den Zustand der »bedingten Schiffbarkeit« auf einer Höhe von nur noch 50 m, und auf der gesamten restlichen Strecke von 220 km ist die Ems ein typischer Tieflandfluß mit geringem Gefälle und starker Neigung zum Mäandrieren. Zu einem wirklich schiffbaren Gewässer im heutigen Sinne eines Europa-Schiffes ist die Ems nur durch den 228 km langen Dortmund-Ems-Kanal geworden, mit dem sie sich zum ersten Mal bei Hanekenfähr südlich von Lingen vereinigt, um sich kurz danach wieder zu trennen, was sich bis kurz vor Dörpen, dem Abzweig des Küstenkanals, noch viermal wiederholt. Es ist deshalb nicht möglich, die Ems getrennt vom Dortmund-Ems-Kanal zu behandeln. An der letzten der 15 Wehre und Schleusen der Ems/des Dortmund-Ems-Kanals bei Herbrum wechselt die Ems ihren Charakter vom Binnen-Schifffahrtsweg zur tidebeeinflußten Großschifffahrtsstraße.

Das 12 300 km² große Einzugsgebiet (Bezugspunkt Pogum) der Ems erstreckt sich fast ausschließlich östlich des Flußverlaufes. Bildet man den Index aus dem langjährigen mittleren Abfluß und der Größe des Einzugsgebietes (MQ, hier Versen 1941–1990) und vergleicht ihn mit dem von Weser und Elbe, so spricht alles für sehr günstige wasserwirtschaftliche Verhältnisse der Ems. Die Zahlen lauten 9,42 $l/(s \cdot km^2)$ gegenüber 6,77 (Intschede 1941–1990) und 5,46 (Neu-Darchau 1926–1990). Verglichen mit den beiden anderen Strömen entwässert die Ems also das niederschlagsreichste Einzugsgebiet. Es erstaunt deshalb, wenn die Ems trotzdem unter Wassermengen-Problemen leidet. Schiffahrt und Kraftwerke erwarten mehr von ihr, als sie in sommerlichen Zeiten leisten kann.

Dortmund-Ems-Kanal (DEK)

Der Kanal, der Ems viele Funktionen nehmend und die des Schifffahrtsweges gebend, ist in seiner heutigen Form 100 Jahre alt. Um den Wasserverbrauch der von Dortmund aus stets absteigenden Schleusungen zu befriedigen, wird zunächst die Lippe angezapft. Kurz vor dem Verlassen von Nordrhein-Westfalen gibt es die Übergangsmöglichkeit vom Mittelland-Kanal, ebenfalls absteigend. Da der Mittelland-Kanal durch ein Pumpwerk bei Minden z. T. mit Weser-Wasser versorgt wird, gehört auch die Weser zu den Wasserversorgern des Dortmund-Ems-Kanals. Von Hanekenfähr südlich von Meppen an muß dann die Ems für die Wasserversorgung des Kanals sorgen, und dazu stehen die Kraftwerke in Konkurrenz, was nur durch extrem hohe wasserwirtschaftliche Aufwendungen zu regeln ist. Schließlich ist auch der Übergang vom Küstenkanal in den Dortmund-Ems-Kanal eine abstei-

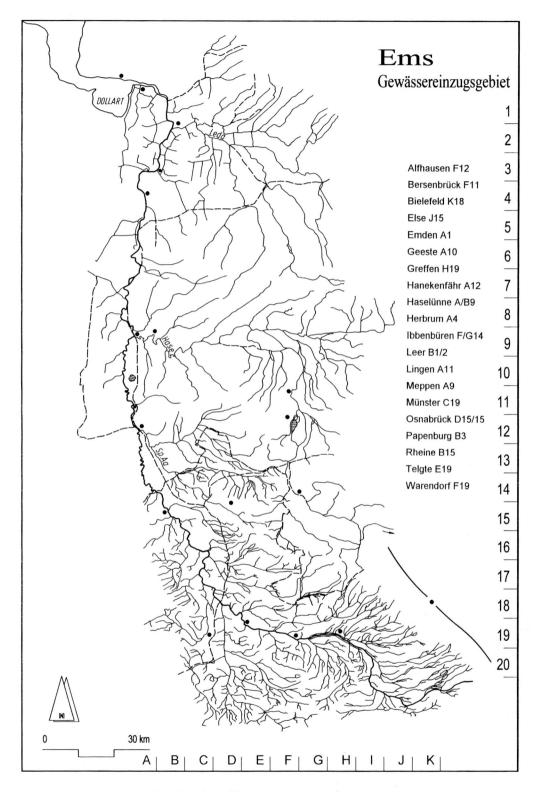

Abb. 2.4-1: Die Ems und ihr Einzugsgebiet

gende Schleusung, so daß auch der Küstenkanal und damit die Soeste und die Hunte, zum Wasserhaushalt des Dortmund-Ems-Kanals und der Ems beitragen. Als symbolischen Ausgleich gibt es ein wasserwirtschaftliches Kuriosum: Die Hase-Bifurkation bei Melle, wo ein Drittel des Hasewassers (entsprechend 20 km² Niederschlagsgebiet) über die Else der Weser zufließt.

Ob es unterhalb von Hanekenfähr überhaupt eine Ems gibt, oder ob da lediglich einige etwas naturnähere Schleifen des Dortmund- Ems-Kanals sind, ist Auffassungssache.

Bei 15 Schleusen ist die Benutzung des Dortmund-Ems-Kanals nicht gerade attraktiv. Wird für jede Schleusung eine halbe Stunde, entsprechend 5 km Fahrt, angesetzt, so sind Zeitverlust bzw. scheinbare Streckenverlängerung deutlich. Zwar ist die Südstrecke des Dortmund-Ems-Kanals bis zum Mittelland-Kanal mit 30 000 Schiffen pro Jahr die am stärksten befahrene künstliche Durchgangswasserstraße Deutschlands, doch weiter nördlich wird es schwierig. Die vier nächsten Schleusen sind nur 10 m breit, und nördlich von Dörpen sind es die zu engen Kurven der Ems, die die Befahrbarkeit einschränken. Nur durch »verkehrslenkende Maßnahmen« kann dort der Betrieb der Europa-Schiffe (85 x 9,5 x 2,5 m) ermöglicht werden. 8 700 Schiffe passierten 1994 die Schleuse Dörpen, 12 900 die Schleuse Herbrum. Die Konkurrenzroute führt vom Mittelrhein über die Ijssel, das Ijssel-Meer, den Prinses-Margriet-Kanal und den van- Starkenborgkanal in den Eems-Kanal und damit nach Emden.

Kein Wunder, daß jede Zeit ihre Ausbaupläne hatte. Der weitestgreifende war der »Adolf-Hitler-Kanal«, offiziell »Seitenkanal Papenburg Gleesen« seit 1937. Noch heute zieht sich die nicht zusammenhängende, teils als kanalartiges Stillgewässer, teils als leerer Graben erkennbare, 1941 geschlossene, Baustelle durch das Emsland und das Ostfriesische Moorgebiet. Sie wäre fast vergessen, würde sich nicht die emsländische Magnet-Schwebebahn-Versuchsstrecke streckenweise der Trasse bedienen.

Die natürlichen Funktionen

Bevor das Kanalsystem die Ems mit den benachbarten Einzugsgebieten vernetzte, war die Geographie der Ems und ihrer Zuläufe ein charakteristisches Bild mit Besonderheiten (*Abb. 2.3-1*).

Welche von den ca. 35 nordwestlich und südöstlich von Bielefeld am südwestlichen Hang des Teutoburger Waldes entspringenden Quellzuflüssen schließlich den Namen »Ems« erhielt, scheint beliebig. Gemeinsam ist ihnen allen, daß sie am unteren Ende eines Trockentales entspringen und dann in der sandigen oberen Senne erhebliche erodierende Kraft entfalten mit der Folge, daß in der unteren Senne die Hochlage des Gewässers eine typische Eigenschaft ist, entstanden durch Ablagerung des mittransportierten Sandes und dem jahrhundertealten Bemühen, die Bachbetten von diesem freizuhalten (SERAPHIM 1978, 1981). Die Erscheinung eines dichten Fächers von Zuläufen wiederholt sich noch dreimal und nur von rechts: Die große Aa, mündend bei Hanekenfähr südlich von Lingen, die Hase, mündend in Meppen, und das Leda-Jümme-System, mündend in die Tide-Ems in Leer.

»Von links kommt nichts« lautet der alte Spruch, der kurz und bündig die dortige Situation charakterisiert (REQUARDT-SCHOHAUS & STROMANN 1992). Warum? Aus dem Teutoburger Wald (Ems), dem Tecklenburger Land (große Aa), dem Wiehengebirge und den Dammer Bergen (Hase) hat die Ems die Sedimente in das Gebiet ihres Mittellaufes zwischen Meppen und Papenburg transportiert, so daß heute ein Dünenstreifen beiderseits den Fluß begleitet. Dieser behinderte den Abfluß in die Ems, was zu den Ursachen der großflächigen Vermoorungen gehört. Erst in der zweiten Hälfte des 19. Jhs. ist das niederländisch-emsländische Moorgebiet durch ein Netz von Entwässerungs- und Schiffahrts- Kanälen mit der Ems verbunden worden. Davon haben heute nur noch der Ems-Vechte-Kanal, der immerhin fast 50 km lange Süd-Nord-Kanal und der Haren-Rütenbrock-Kanal eine Bedeutung für die Wasserwirtschaft und die Sportschiffahrt (LINKSEMSISCHE KANALGENOSSENSCHAFT 1991).

Hochwasser

Im Oberlauf mit seinem relativ starken Gefälle ist Hochwasser kein behandelnswertes Phänomen mehr, seitdem die Ems dort in den 30er Jahren als Arbeitsbeschaffungsprogramm und durch den Reichsarbeitsdienst (und abschließend in den 50er Jahren) weitgehend und unter entsprechenden Verlusten an ökologischer Qualität ausgebaut worden war (KAISER 1993, StAWA MÜNSTER). Von Meppen bis Papenburg dagegen signalisiert ein 1–7 km breites gesetzliches Hochwasserschutzgebiet gewaltige Probleme. Der Hochwasserabfluß kann bei Herbrum bis 500 m³/s sein. Das langjährige (1941–1990) Mittel im abflußreichsten Monat Januar ist 154 m³/s (*Abb. 2.4-2*, StAWA Meppen)

Der Dortmund-Ems-Kanal ist in diesem Punkt keine Hilfe. Er überläßt den Hochwasserabfluß den Ems-Strecken. Zentrum regelmäßig wiederkehrender Hochwasserstände ist Lingen, wo eine enge Straßenbrücke und kurz darauf ein keilartig in das Hochwassergebiet hineinragendes Kasernengelände eine Engstelle bilden, die z. Z. mit hohem Aufwand und dem respektablen Versuch naturnaher Lösungen aufgeweitet wird (ARSU 1984).

Unterhalb von Papenburg sind es dann nicht mehr die abflußbedingten Hochwasserstände, sondern die Sturmfluten, die evtl. Probleme erzeugen. Sie können sich über das Wehr Herbrum hinweg durchaus in den Mittellauf hinein erstrecken, denn die Krone dieses Wehres liegt im Bereich des mittleren Hochwassers. Leda und Jümme werden ggfs. durch ein Sturmflutsperrwerk abgesperrt, das routinemäßig bereits 50 cm über mittlerem Hochwasser schließt.

Fast geläufiger als im eigentlichen Ems-Gebiet sind Klagen über Hochwasser aus dem Abflußgebiet der Hase (*Tab. 2.4-1*). Deren Ursprünge liegen zwar z. T. ebenfalls in Höhen über 100 m, doch im Mittellauf etwa von Bersenbrück bis Haselünne ist das Gefälle außerordentlich niedrig. Den jahrzehntelangen Klagen wurde schließlich 1964 mit einem Hochwasserschutz-Generalplan entsprochen (MELF 1964), von dessen rigorosen Lösungsansätzen nur ein Rückhaltebecken bei Alfhausen (sogenannter Alf-See, nördlich von Osnabrück) mit 210 ha Wasserfläche und 12,7 Mio. m³ Stauraum verwirklicht worden ist. Weiter unten beschränkt sich der Hochwasserschutz auf Überflutungspolder und den Schutz der Siedlungen durch Deiche. Ganz ähnlich wie in der Ems sind auch hier die Probleme durch Erosionen im Oberlauf und Ablagerung im Mittellauf hervorgerufen worden, Erscheinungen, die auch heute noch aktiv sind.

Gewässergüte

Die Ems erreicht den Tidebereich bei Herbrum mit der Gewässergüte II–III. Diese Bewertung ist für den gesamten Emsverlauf typisch, es gibt sogar einige Strecken mit der Gewässergüte II, wenn auch mit Tendenz zu II–III. An den Beispielen der Ems-Quellen in der Senne und den Hase-Zuläufen soll im folgenden das Verhältnis der Gewässergüte der Ems zu dem ihrer Zuläufe diskutiert werden.

Von 44 Gewässern des Oberems-Einzugsgebietes haben 21 jeweils an ihren Mündungen in die Vorfluter die Gewässergüte III und schlechter,

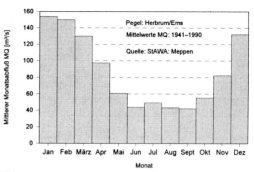

Abb. 2.4-2: Mittlerer Monatsabfluß MQ an Pegel Herbrum/Ems aus Messungen von 1941 bis 1990 berechnet ($MQ_{Herbrm} = MQ_{Uersen} \cdot 1,1$)

nur zwei haben die Gewässergüte II, der Rest II–III (neun werden nicht überwacht). Die Gründe sind unzureichende Kläranlagen, Gewerbeeinleitungen und nicht zuletzt der morphologische Zustand der Gewässer. Bei der Entwicklung der Gewässergüte überwiegen leider die Herabstufungen gegenüber den Verbesserungen (STAWA MINDEN 1991). Die Ems, die schließlich die meisten dieser Zuflüsse aufnimmt (den Rest bündelt die zwischen Warendorf und Telgte in die Ems mündende Hessel), hat bis unterhalb Gütersloh die Gewässergüte III, von dort bis zur niedersächsischen Grenze II–III, woran sich auch bis Herbrum nichts mehr ändert. Da ist also das interessante Phänomen, daß die Ems durch Regenerationsprozesse in der Lage ist, die von den Zuflüssen übernommenen Hypotheken teilweise abzutragen.

Anders sind die Verhältnisse im Einzugsgebiet der Hase. Die Mehrzahl der von Süden (Bereich Bersenbrück) kommenden Zuläufe ist in die Güteklasse II eingestuft. Etwa ein Drittel der von Osten kommenden Zuläufe ist in Güteklasse III, der gesamte Rest bei II–III. Dies gegenüber den Verhältnissen der Senne relativ positive Bild ist schwer zu vereinbaren mit den ungeheuerlichen Nährstofffrachten, die vor allem aus den nur 560 km² des »Gülle-Dreiecks« Vechta/Lohne/Dinklage von der Lager-Hase eingebracht werden: 4 000 t/Jahr Gesamtstickstoff, das sind 15 % der Emsfracht aus nur 6 % des Einzugsgebiets (beides auf Herbrum bezogen). Die Lager-Hase liefert mit 120 t/Jahr Gesamtphosphor 11 % der Herbrumer Fracht von 1 070 t/Jahr. Die Lösung des Widerspruchs zwischen Gewässergüte und Frachten ist, so die zuständige Meinung, daß der Löwenanteil der Fracht im Winter durch die Gewässer rauscht ohne wesentliche Wechselwirkung mit der Gewässerbiologie (STAWA CLOPPENBURG

Tab. 2.4-1: Hydrologische Daten und Jahresfrachten für die Ems, die Hase und das Speicherbecken Geeste

Die Ems			
Länge		331	km
Gefälle		134	m
Gesamt-Einzugsgebiet (Herbrum)		9 207	km²
(davon Hase 3 107 km²)			
Einzugsgebiet Tideems		2 468	km²
Abfluß Herbrum: m³/s	MNQ	16,3	
	MQ	85,9	
	MHQ	405	
Abflußspende Mq (Versen 1941–1990)		9,42	l/(s·km²)
Jahresfrachten Herbrum in t:			
Gesamtstickstoff	1988	26 100	
	1982	16 000	
Gesamtphosphor	1988	1 071	
	1982	etwa wie 1988	
Chlorid (Cl⁻)	1988	408 000	
Cadmium (Cd)	1989	0,50	
Quecksilber (Hg)	1989	0,08	
Kupfer (Cu)	1989	2,0	
Zink (Zn)	1989	30	
Blei (Pb)	1989	1,0	
Polych.Byphenile (PCBs)	1989	0,008	
Lindan (γ-HCH)	1989	0,006	

Die Hase			
Länge		165	km
Gefälle		ca. 100	m
Einzugsgebiet		3 107	km²
davon Lager-Hase		560	km²
Abfluß Herzlake (m³/s)	MNQ	4,8	
	MQ	21,4	
	MHQ	91,4	
Abflußspende Mq (Herzlake 1956-90)		9,61	l/(s·km²)
Jahresfrachten in t Gesamtstickstoff		4 000	
Gesamtphosphor		120	

Speicherbecken Geeste		
Fertiggestellt 1987 für	250	Mio.DM
Speichernutzraum	19,7	Mio. m³
Geländeniveau (m über NN)	21	m
Dammkrone (m über NN)	36	m
Länge Dammkrone	5 800	m
Fläche	2,3	km²
Größter Durchmesser	ca. 2,0	km
Lage: 6 km nördlich Lingen		
Erste Einspeisung in den DEK 1991 (3,1 Mio. m³)		

1993). Bei ihrer Einmündung in die Ems in Meppen hat die Hase die Güteklasse II–III wie die Ems selbst.

Das Hase-Einzugsgebiet wird von Intensivlandwirtschaft beherrscht, das oberste Ems-Einzugsgebiet in der Senne ist verdichtete Region mit Industrie. Dieser Unterschied ist eine unbefriedigende Erklärung für die Diskrepanz, wahrscheinlicher ist, daß ein und dasselbe Bewertungssystem für unterschiedliche Bedingungen nicht uneingeschränkt geeignet ist.

Südlich von Lingen bekommt die Ems seit 1981 von der großen Aa/Speller Aa 600–700 t Chlorid pro Tag aus dem Kohlebergbau von Ibbenbüren. Die Speller Aa gehört in die Chloridbelastungsstufe 4 (über 5 000 mg/l), die kurze Strecke der großen Aa bis Hanekenfähr (Ems) in die Belastungsstufe 3 (2 000–5 000 mg/l), und sowohl Ems wie auch Dortmund-Ems-Kanal sind bis Meppen in der Belastungsstufe 2 (400–2 000 mg Chlorid/l). Die Belastung ist noch bis Herbrum als Belastungsstufe 1 (200–400 mg/l) dokumentiert (StAWA Meppen 1994). Dies reicht, um den Gärtnereien von Halte (Papenburg) die bis 1981 mögliche Benutzung von Emswasser unmöglich zu machen.

Mehr interessant als quantitativ bedeutsam sind ca. 50 t Chlorid pro Tag, die der Dortmund-Ems-Kanal durch die absteigenden Schleusungen aus dem Mittelland-Kanal und somit letztlich aus der Weser erhält. Sie bringen zwar den Dortmund-Ems-Kanal oberhalb von Hanekenfähr »nur« in die Belastungsstufe 2, jedoch mit der besonderen biologischen Problematik der schleusungsbedingten Schwankungen zwischen 100 und 2 000 mg/l.

Gewässergüteprobleme »neuer Art«

Wird dies so verstanden, daß Gewässergüteprobleme weder auf Einleitungen noch auf die Gewässermorphologie zurückgeführt werden können, so finden wir zwei Fälle von Gewässergüteproblemen neuer Art, einen im Quellbereich, den anderen in der oberen Tide-Ems.

Es waren die Stadtwerke Bielefeld, die die Grundwasserversauerung in der Senne entdeckten. Die Folge ist eine Mobilisierung von Aluminium mit Aluminiumhydroxid-Niederschlägen, sobald die zunächst mit 3 und 4 extrem niedrigen pH-Werte sich im Zuge der Wasserbehandlung erhöhten (Stadtwerke Bielefeld 1989). Erst wenige Jahre später, 1991, traten die entsprechenden Erscheinungen in Quellbächen der Ems, vor allem dem Ölbach, auf. Aluminiumhydroxid-Niederschläge und Algen verleihen den Gewässern zeitweise ein giftgrünes Aussehen, andere Organismen fehlen dann. Noch sind die Gewässer in der Lage, die Erscheinung innerhalb weniger Kilometer abzupuffern, doch der Zusammenhang zwischen Säuredeposition aus der Atmosphäre und Gewässergüteproblemen der Fließgewässer ist unstrittig (StAWA Minden 1991). Daß er zuerst in der Senne auftaucht, liegt an der geringen Pufferkapazität der dortigen Sandböden.

Der Fall aus der Tide-Ems zwischen Herbrum und der Leda-Mündung (Leer) sei aus dem Gewässergütebericht 1994 (StAWA Aurich 1994) zitiert: »*Die Ems war in den letzten Jahren das einzige Fließgewässer in Ostfriesland, das abschnittsweise in die Güteklasse II eingestuft werden konnte. Jetzt mußte auch der obere Tidebereich um eine Stufe in die Gewässergüteklasse II-III zurückgestuft werden. Die zeitweise schlechte Sauerstoffsituation sowie die kaum noch vorhandene Besiedlung der Ems im Bereich von Herbrum bis zur Leda-Mündung sind die Gründe. Als Ursachen müssen der veränderte Schwebstofftransport (Verschlickung der Uferbereiche, vermehrte Aufwirbelung von sauerstoffzehrendem Sediment) sowie in Bezug auf die Besiedlung auch die Unterhaltungsbaggerungen, die Substratverhältnisse und die Tidendynamik angesehen werden. Es spricht vieles dafür, daß die morphologischen Veränderungen der Ems in Verbindung mit zeitweise sehr geringen sommerlichen Oberwasserabflüssen zu dieser ungünstigeren Situation geführt haben*«.

Die Fahrwasservertiefungen in der Unter-Ems und die damit verbundenen Baggeraktivitäten waren in der jüngsten Vergangenheit vielfältiger Grund zur Klage (Höpner 1994). Nun haben sie dazu beigetragen, daß die Gewässergüte der Ems im oberen Ästuarbereich heruntergestuft werden mußte, ein im allgemeinen Trend der Entwicklung seltener und deshalb um so auffälligerer Vorgang.

Wasserhaushalt

Es gibt Indikatoren dafür, daß der Wasserhaushalt der Ems durch die Anforderungen der Schiffahrt und für Kühlzwecke der Kraftwerke hoch beansprucht wird: Zuwässerung aus Weser und Lippe, Rückpumpstrecken (z. B. von Meppen nach Lingen) und vor allem das Speicherbecken Geeste (zwischen Lingen und Meppen) sprechen eine deutliche Sprache.

Unter den Kraftwerken an der Ems muß das von Emden (fünf Blöcke, zusammen 770 Megawatt, jedoch nur teilweise aktiv) nicht den Wasserhaushaltsproblemen der Ems zugerechnet werden, da es sich im unteren Tidebereich befindet. Das Kohlekraftwerk Ibbenbüren (745 MW) zehrt jedoch vom System, weil es das Wasser für seinen Kühlturm aus dem Dortmund-Ems-Kanal erhält. 7 km nördlich von Meppen liegt das Erdgasspitzenkraftwerk Hüntel (600 MW), nur etwa 30 km südlich davon das Kernkraftwerk Lippe/Ems in Lingen mit 1 360 MW als Grundlastkraftwerk, dazu zwei Erdgasspitzenkraftwerksblöcke von zusammen 840 Megawatt. Letztere laufen ca. 250 mal im Jahr an, haben 1 000-1 500 Betriebsstunden bei flexibler Leistung und benötigen bei Vollast ungefähr 400 m³ Wasser/Std. aus der Ems. Das Grundlastkernkraftwerk Lingen verbraucht, d. h. verdampft, im Sommer im Mittel in der Stunde 2 600 m³/Std., entsprechend etwas über 0,7 m³/s. Weil der sommerliche Niedrigwasserabfluß dort 16 m³/s beträgt, mit Extremwerten unter 5 m³/s, können Probleme auftreten.

Deshalb wurde für 250 Mio. DM (ca. 5 % der Kosten des Kernkraftwerks) nördlich von Lingen das Speicherbecken Geeste (*Tab. 2.4-1*) gebaut, das im Sommer bis zu 18 Mio. m³ in den Dortmund-Ems-Kanal abgeben kann, aus dem das Kernkraftwerk letztlich sein Wasser holt. Das Becken wird durch eine Pumpleitung im Winter aufgefüllt. Man borgt sich also im Winter Ems-Wasser, um es im Sommer zurückzuliefern, allerdings gibt es dabei jährliche Verdunstungsverluste von 1,2 Mio. m³.

Anstatt wassertechnische Bauwerke als Stolz der Wasserbauingenieure aufzuzählen, sollen sie hier dazu verwendet werden, zu unterstreichen, mit welchen Aufwendungen die Ems an den Bedarf angepaßt wurde und in welchem Ausmaß die natürliche wasserwirtschaftliche Situation verändert worden ist: Das erste deutsche Schiffshebewerk mit 14 m Hubhöhe 15 km nördlich von Dortmund, Brücken, auf denen der Kanal die Lippe, die Stever und die Ems überquert, 15 Schleusen, z. T. als Sparschleusen (bei denen das Schleusungswasser z. T. in Becken gelagert und für die nächste Hochschleusung wieder verwendet wird), das spektakuläre Speicherbecken Geeste, die Ems-Korrekturen bis zur teilweisen Kanalisierung, die Vertiefung der Unter-Ems, die Dockschleuse Papenburg für die Großschiffneubauten. Und daß diese Entwicklung schon 100 und mehr Jahren alt ist, zeigen die frühen Kanalbauten oder etwa die berühmte Kesselschleuse in Emden, die vier verschiedene (künstliche) Wasserstände verbindet. Technik als Indikator für Naturferne!

Natur- und Landschaftsschutz

Die Einsicht in die Notwendigkeit von Renaturierung und Revitalisierung hat natürlich auch die Ems erreicht. Immerhin kann man aus der Signatur für Landschaftsschutzgebiete auf der entsprechenden Karte der BfN (1992) den Verlauf der mittleren und oberen Ems rekonstruieren, so wie das sonst nur für Partien der Saale und Elbe möglich ist. In der Tat wird die Ems von einer fast lückenlosen Kette von Landschaftsschutzgebieten begleitet. Die natürliche Voraussetzung dafür ist die schon erwähnte Dünenkette. Leider ist das Speicherbecken Geeste – mitten in diesen heute kiefernbestandenen Dünen liegend – völlig unbiologisch angelegt worden (totale Asphaltbeton-Abdichtung, keine Flachwasserzonen), doch gibt es 50 ha Feuchtbiotope als Ausgleichsmaßnahme. In Nordrhein-Westfalen ist für die ca. 110 km lange Gewässerstrecke von Greffen bis Rheine das Ems-Auen-Schutzkonzept planfestgestellt, in das 6 000 ha einbezogen sind. Die Ems ist, so das entsprechende Landesprogramm »Natur 2000«, die wichtigste Naturschutzachse im Münsterland. Das Ziel ist die optimale Abstimmung naturnaher und nutzungsbedingter Biotop- und Flächenentwicklung. Dies bedeutet konkret die Anbindung von Altarmen, die naturnahe Anbindung von Nebengewässern, die Entfernung aller naturfremden Elemente, die künftige Eigenentwicklung von Gewässern ohne Festlegung von Profil und Mindestquerschnitt (StAWA Münster).

Ein durchaus vergleichbares Projekt »Hase-Auen-Revitalisierung« (BERNHARDT 1994) hat den Stand einer gutachterlichen »Ist-Zustands-Erfassung und -Bewertung« erreicht. Der hohe Nutzungsdruck auf die Hase, so aus den Ergebnissen, hat zu starken Veränderungen der Auenlandschaft geführt. Die Aue ist entweder intensiv landwirtschaftlich genutzt oder städtischer Bereich geworden. Bewaldete oder verbuschte Uferstrukturen sind selten geworden. Wälder sind nur noch Fragmente der potentiellen natürlichen Vegetation und beschränken sich auf das Quellgebiet. Infolge starker Gülledüngung ist es zu einer Verschiebung zugunsten nährstoffliebender Vegetationseinheiten und -arten gekommen. Komplementär zur »Revitalisierung« ist ein Entwicklungskonzept »Erholungsgebiet Hasetal« erarbeitet worden (FELLNER & SCHÄFER 1994), dessen Vorschläge für die Renaturierung der Hase durchaus mit den Vorstellungen des Revitalisierungsprogramms vereinbar sind. Indikator für das vorhandene gewässerökologische Potential mag das 1990 erfolgte erfolgreiche Auswildern von Bibern (zwischen Bokeloh und Kreyenborg) sein. Immerhin werden etwa 60 % der Fließstrecke als »potentiell wertvoll nach Ankopplung von Fluß/Aue« betrachtet und als Vorranggebiete für Revitalisierung vorgeschlagen.

Am Schillingmannsgraben, einem Nebengewässer des nördlich von Lingen in die Ems mündenden Lingener Mühlenbaches, ist seit 1991 für 12 Mio. DM ein 95 ha großes Feuchtgebiet »Brögberner Teiche« entstanden, dem Grundsatz folgend, daß Fluß-Revitalisierung bei den kleinen Zuläufen beginnen muß. Das neue Feuchtgebiet ist »Exponat aus Stadt und Land« der EXPO 2000. Bei der Planung (STRASSER 1994) spielten Retentions- und Eliminationskapazität (für Nährstoffe und AOX) die wesentliche Rolle. Zur Maßnahme gehören Gewässerrandstreifen von 15 bis 20 m Breite auf 5,5 km Länge. Noch ist die biologische Vernetzung mit der Ems fraglich, denn die Kläranlage Lingen bringt den Unterlauf des Lingener Mühlenbaches z. Z. noch auf die Gewässergüte III–IV, eine Güte-Barriere verursachend.

Im westfälischen Teil der Ems kann man neun, meist kleinere Naturschutzgebiete dem Quellbereich und dem Verlauf der Ems zuordnen. Nach diesem Kriterium wären in Niedersachsen lediglich drei zu nennen, nämlich das »Borkener Paradies« nordwestlich von Meppen, die Tunxdorfer Schleife oberhalb von Papenburg und das Naturschutzgebiet Dollart, wobei die beiden letzteren bereits dem Tidebereich angehören. Das Tunxdorfer Ems-Altwasser ist ein wichtiger Hinweis auf das noch vorhandene Naturschutzpotential, denn aus den zahllosen Altwässern innerhalb des Überschwemmungsgebiets lassen sich noch viele Naturschutzgebiete entwickeln.

In diese Richtung gehen Verhandlungen über Verbesserungen entlang der Tide-Ems zwischen den Naturschutzverbänden und dem Land Niedersachsen. Um die Ablieferung des Kreuzfahrtschiffes »Oriana« mit seinen 7,5 m Tiefgang zu sichern, hatte die Landesregierung den Verbänden BUND, NABU und WWF im Juli 1994 eine Vereinbarung abgerungen, nach der bis 1998 7,5 Mio. DM »für die Verbesserung der ökologischen Situation an der Ems« bereitgestellt werden, und dies nicht zu Lasten von Mitteln für den Naturschutz. Außerdem sollen innerhalb von 10 Jahren 10 Mio. DM Stiftungsmittel aufgebracht werden, deren Erträge zweckgebunden »für ein Langfristprogramm zur Verbesserung der ökologischen Situation im Ems-Dollart-Raum« zu verwenden sind. Diese Vereinbarung, ein Novum in den Auseinandersetzungen um die Umwelt, sieht vor, daß die Unterems nicht über den Bedarf von 7,3 m Tiefgang hinaus vertieft wird. Es sähe also nicht ganz so schlecht aus für die Unterems, wüßte die Landesregierung, woher sie das Geld nehmen soll.

Arbeitsgemeinschaft Ems?

Wer die Ems auf Warnsignale prüft, muß die Kooperation mit mindestens fünf staatlichen Ämtern für Wasser und Abfall bzw. für Wasser und Abfallwirtschaft suchen, von denen jedes innerhalb seines Dienstbezirks offensichtlich intensiv und anerkennenswert arbeitet, jedoch wenig Auskunft geben kann über bezirksüberschreitende Angelegenheiten. Er muß außerdem die Wasser- und Schifffahrtsämter (der Bundeswasserstraßenverwaltung) aufsuchen. Was eine internationale Rheinkommission und eine ebenfalls internationale Arbeitsgemeinschaft Elbe sowie die nationale Arbeitsgemeinschaft zur Reinhaltung der Weser angepackt haben, fehlt an der viel kleineren Ems noch. Da offensichtlich allen Ämtern daran gelegen ist, Warnsignale rechtzeitig zu erkennen und auf Abhilfe zu drängen, mögen sie bitte eine kleine Botschaft hören: Gründet endlich die ARGE Ems und beginnt eine Ems-umfassende Kooperation! (vgl. Kap. 8.8).

2.5 Die Oder – ein wichtiger Fluß an der südlichen Ostsee in Gefahr

RALF KÖHLER &
IRENEUSZ CHOJNACKI

Die Oder ist im Gegensatz zu den meisten mitteleuropäischen Flüssen trotz vieler schon vor über fünf Jahrhunderten vorgenommener menschlicher Eingriffe noch relativ naturnah und weist noch eine ungewöhnlich hohe Biodiversität auf. Ihre seit Ende des zweiten Weltkrieges andauernde Lage als Grenzfluß zwischen Polen und Deutschland hat ihren heutigen Zustand maßgeblich geprägt. Ohne diese Randlage wäre die ökologische Wertigkeit der Oder und ihrer Lebensräume heute sicher nicht so hoch einzuschätzen.

Ausgehend von einem allgemeinen Übersichtsteil über die wesentlichen Charakteristika der früheren und der heutigen Oder, werden im vorliegenden Kapitel am Beispiel des unteren Odertals, das seit dem 29.6.95 als Nationalpark sichergestellt ist, exemplarisch der ökologische Istzustand der Oder, wichtige anthropogene Veränderungen, Belastungen und Gefahren, aber auch Naturschutzplanungen sowie Entwicklungsperspektiven erläutert.

Die »Zusammenfassung, Auswertung und Bewertung des vorhandenen Informationsmaterials über die Oder und ihrer deutschen Nebenflüsse« (LUA 1994) vermindert den zur Zeit vorhandenen Mangel an grundlegenden ökologischen Daten für die Grenzoder. Sie dient dem vorliegenden Kapitel als wesentliche Datengrundlage. Weitere Angaben wurden einer im Rahmen des »European Postgraduate Programmes 1994/95 in Environmental Management« erstellten Studie über »Möglichkeiten eines ökologischen Wassermanagements im unteren Odertal, unter Berücksichtigung der Belange der Schiffahrt, des Hochwasserschutzes, der Landwirtschaft und der Fischerei« entnommen (HERMEL 1995).

Beschreibung der wichtigsten Eigenschaften der Oder
Klimatische Verhältnisse

Das Odereinzugsgebiet kann allgemein als Übergangsgebiet zwischen gemäßigt-kontinentalem und kontinentalem Klima des östlichen Europas bezeichnet werden. Kalte Festlandluft aus dem Osten Europas führt bei der Oder zu häufigeren und längeren Vereisungsperioden als bei westlicher gelegenen Flüssen. So konnten in der Jahresreihe 1900/01–1990/91 (LUA 1994) am Pegel Hohensaaten durchschnittlich 44 Tage mit Eiserscheinungen beobachtet werden, davon 30 Tage mit Eisstand. Die alljährlich im Winterhalbjahr auf dem Fluß treibenden Eisschollen sind für viele Besucher des Nationalparks Unteres Odertal etwas, was sie auf anderen Flüssen noch nie beobachten konnten. Der größte Teil des Odereinzugsgebietes liegt im Bereich sehr niedriger jährlicher Niederschlagsmengen (500–600 mm). Im Bereich des Unterlaufes der Oder fallen sogar noch niedrigere Jahresniederschläge mit weniger als 500 mm.

Hydrographische Beschreibung

Die Oder (polnisch und tschechisch: Odra) hat eine Länge von 854 km und stellt im östlichen Mitteleuropa mit einer Jahresabflußmenge von 17 km³ am Pegel Hohensaaten-Finow (MQ 1921/90 ohne 1945) den sechstgrößten Süßwasserzufluß zur Ostsee dar. Der größte Anteil des Gesamteinzugsgebietes liegt mit 89 % (106 057 km²) in Polen, 6 % (7 217 km²) liegen in der Tschechischen Republik und lediglich 5 % (5 587 km²) in Deutschland (*Abb. 2.5-1*). Eine Besonderheit der

Oder besteht darin, daß ihr Einzugsgebiet auf der rechten Seite (polnischen Seite) weit mächtiger als auf der linken Seite ausgebildet ist und daß die Oder selbst sehr weit am linken Rand des gesamten Einzugsgebietes liegt. Das durchschnittliche Gefälle der Oder beträgt ca. 0,7 Promille, im Unterlauf unterhalb von Küstrin etwa 0,01 Promille bei einer mittleren Breite von 200 m.

Die Oder entspringt in einer Höhe von 634 m über dem Meeresspiegel am 25 km östlich von Olomouc (Olmütz) gelegenen Fidluv Kopec (Lieselberg) im Mittelgebirge Oderské Vrchy (Mährisches Odergebirge) der tschechischen Ostsudeten. Zu ihren bedeutendsten linksseitigen Nebenflüssen gehören (nur die deutschen Namen angeführt): Oppa, Glatzer Neiße, Ohle, Weistritz, Katzbach, Bober und die Lausitzer Neiße, zu ihren bedeutendsten rechtsseitigen: Ostrawitza, Olsa, Klodnitz, Malapane, Stober, Weide, Bartsch, Warthe, Mietzel und Ihna. Das Odereinzugsgebiet läßt sich entsprechend seiner Geomorphologie in drei große Einzugsbietsteile untergliedern (LUA 1994):

Flußbereiche	Oderabschnitt:
Obere Oder	Quellen – Breslau
Mittlere Oder	Breslau – Mündung der Warthe
Untere Oder	Mündung der Warthe – Mündung in das Stettiner Haff

Den geringen Niederschlägen entsprechend, verfügt die Oder mit einer mittleren Abflußspende von 4,93 l/(s·km²) am Pegel Hohensaaten (Jahresreihe 1921/1990) über ein vergleichsweise geringes Oberflächenwasserdargebot. Das Abflußregime der Oder ist dabei durch eine hohe Wasserführung bei Schneeschmelze und durch geringe Abflüsse im Sommer geprägt.

Entsprechend der meteorologischen Situation führt die Oder jährlich zwei Hochwasser ab. Dies sind ein Winter- bzw. Frühjahrshochwasser sowie ein Sommerhochwasser. Erstere werden entweder durch Schneeschmelze oder Eisstand ausgelöst und letztere durch ergiebige Niederschläge im oberen und mittleren Odereinzugsgebiet. Starke Regenfälle in der Sommerperiode führen in der Regel zu kurzen steilen Hochwasserwellen, die insbesondere im Oberlauf beträchtliche Überschwemmungen hervorrufen können.

Das Abflußgeschehen des Unterlaufs der Oder wird zum einen durch den Zufluß der Warthe, deren Abfluß etwa 40 % des Gesamtoderabflusses ausmacht, zum anderen durch einen häufigen wetterabhängigen Rückstau aus dem Stettiner Haff bzw. aus der Ostsee beeinflußt. Die Warthe entwickelt bei Hochwasser langsam ansteigende, flache und andauernde Scheitel. Fließen Hochwasserwellen der Oder ab, ohne daß die Warthe von dem Niederschlagsereignis betroffen wurde, wirkt die Warthe ausgleichend auf den Unterlauf der Oder; der Wellenscheitel wird kompensiert (LUA 1994). Treffen jedoch beide Hochwasserwellen aufeinander, können gefährliche Situationen an der Unteren Oder entstehen. Dies ist insbesondere dann der Fall, wenn durch einen Windrückstau vom Stettiner Haff der Oderabfluß gehemmt ist. Hohe Wasserstände der Ostsee und Nordwinde können den Wasserstand der unteren Oder um 50 cm ansteigen lassen und einen Rückstau bis Hohensaaten bewirken.

Postglaziale Entstehung
Das untere Odertal ist maßgeblich durch die jüngste Eiszeit (Weichsel-Eiszeit) geprägt, die ein vielgestaltiges Mosaik an Landschaften gebildet hat. So hat die letzte Eiszeit zum Beispiel im unteren Odertal neben den »Streusanden« der Sanderflächen, Talsandbereichen und Dünenzügen vor allem auch vielfach gestaffelte Höhenrücken von Endmoränen, großflächige Grundmoränenplatten und von Schmelzwasser geformte, netzartig miteinander verbundene Talzüge hinterlassen (FREUDE 1995). Im südlichen Teil des unteren Odertals haben sich im Bereich periglazialer Randzertalungen der Moränenplatten zum Odertal hin vielfältige naturnahe Lebensräume erhalten können, die ganz wesentlich den naturwissenschaftlichen und landschaftlichen Wert dieses Tales (SUCCOW & JASNOWSKI 1991) ausmachen. Die Moränenplatten werden zur Oder hin von zahlreichen schluchtartigen Erosionsrinnen immer wieder untergliedert, in denen sich heute unterschiedlichste Pflanzengesellschaften entwickeln können.

Anthropogene Veränderungen
Wasserbauliche Veränderungen wurden seit dem 13. Jh. vorgenommen. Es handelte sich dabei um Laufbegradigungen, Abtrennungen von Flußschlingen, die Verlegung des Laufes der alten Oder an die höher gelegene Ostseite des Oderbruches und um den Bau von Buhnen und Deichen. An den Nebenflüssen wurden zur Wasserstandsregulierung und Energiegewinnung Talsperren erbaut und im Oberlauf selbst 22 Staustufen angelegt.

1717 begann die systematische Eindeichung des Oderbruches, die sich 1746–1753 fortsetzte. Auf Grund von daraufffolgenden Verlandungserscheinungen in der Alten Oder wurde 1832 ein

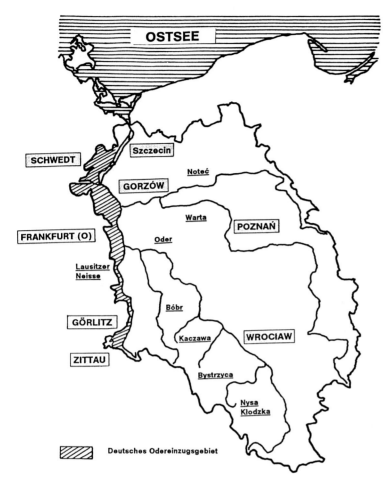

te auf einer etwas höher gelegenen Talsandterasse, nahe des bereits bestehenden Finowkanals, der Bau des heutigen **Oder-Havel-Kanals**. 1558 bis 1563 wurde ein Verbindungsgraben zwischen Schlaube und Spree gebaut, aus dem unter Einbeziehung des Schlaubeunterlaufes, Brieskower Sees und eines alten Oderarmes in den Jahren 1662 bis 1668, nach einer zwei Jahrhunderte später (1886 bis 1890) erfolgten Erweiterung der heutige Oder-Spree-Kanal entstand. Auf polnischer Seite wurde das Odersystem über den Gleiwitzkanal (Kanał Gliwicki) und den Bromberger Kanal (Bydgoski Kanał) mit dem System der Weichsel verbunden.

Das untere Odertal

Der Nationalpark Unteres Odertal ist der jüngste der 12 bestehenden deutschen Nationalparke. Auf polnischer Seite gilt weiterhin die Verordnung des Woiwoden von Szczecin (Stettin) vom 1.4.93,

Abb. 2.5-1: Die Oder und ihr Einzugsgebiet

Deich gebaut, der die Alte Oder von der Oder abtrennte, so daß erstere nur noch den Binnenabfluß des Oderbruches abführen konnte. Regulierungsmaßnahmen, alleine im 19. und 20. Jh., verkürzten die Fließstrecke der Oder um 154 km. Um Rückstauungen in die Alte Oder bei Hochwasser zu verhindern, wurde 1848–1860 in Verlängerung des bereits zwischen Lebus und Neuglietzen bestehenden Deiches ein Winterdeich bis nach Stützkow angelegt, in dessen Zuge unter Nutzung eines alten Stromarmes der Oder ein den Oderbruchabfluß abführender Kanal entstand. Die heute der Schiffahrt dienende Hohensaaten-Friedrichsthaler Wasserstraße (Ho-Frie-Wa) ist aus diesem ehemaligen »Vorflutkanal« hervorgegangen.

Seit Jahrhunderten bestanden Bestrebungen, Elbe und Oder über einen Kanal zu verbinden, um so einen Zugang zur Nordsee zu erhalten. 1605–1620 wurde der erste Finowkanal gebaut, der eine Verbindung zur Havel herstellte. 1906–1914 folg-

die den polnischen Teil des geplanten »Internationalpark Unteres Odertal« (Międzynarodowy Park Dolina Dolnej Odry) als die beiden »Landschaftsschutzparke« Cedynia (Cedyński Park Krajobrazowy) und Unteres Odertal (Park Krajobrazowy Dolina Dolnej Odry) mit dem Ziel einer Nationalparkgründung unter Schutz stellt.

Die Umweltminister Deutschlands und Polens sowie Brandenburgs und der Woiwode von Stettin haben sich in der gemeinsamen Erklärung vom 7.5.92 auf die Schaffung eines grenzüberschreitenden, deutsch-polnischen, nach den internationalen Regeln der IUCN (Weltnaturschutzunion) anerkannten Nationalparks im unteren Odertal verpflichtet, dessen Name »Internationalpark Unteres Odertal« (Międzynarodowy Park Dolina Dolnej Odry) sein wird.

Bedingt durch die Grenzsituation der letzten 40 Jahre, blieb hier im unteren Odertal eine naturnahe Flußauenlandschaft mit angrenzenden Hügelketten von 60 km Länge zwischen Stettin im

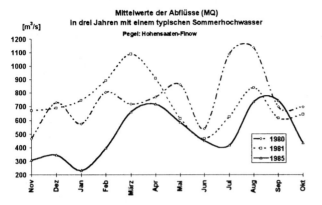

Abb. 2.5-2: Mittlerer Monatsabfluß während der Jahre 1980, 1981 und 1985. Pegel Hohensaaten-Finow. Die Graphik zeigt für die Oder typische Frühjahr- und Sommerhochwasser

Norden und Hohensaaten im Süden bei einer Breite von 2–5 km erhalten. Der südliche, deutsche Teil liegt zwischen der Hohensaaten-Friedrichsthaler Wasserstraße und der Stromoder (8 446 ha), der nördliche, polnische Teil zwischen der Ost- und der Westoder (5 684 ha).

Der geplante deutsch-polnische Internationalpark gliedert sich in drei logische Abschnitte. Das südliche Drittel des Parks ist ein Trockenpolder mit einer Fläche von 1 680 ha. Dieses Gebiet ist ganzjährig durch Deiche vor Hochwasser und Überschwemmungen geschützt. Das mittlere Drittel besteht aus zwei Naßpoldern bei Schwedt und Friedrichsthal mit einer Gesamtfläche von 4 700 ha, die stets im Winter geflutet werden. Das nördliche, polnische Drittel (der Landschaftsschutzpark »Unteres Odertal«) war bis 1945 ebenfalls ein Naßpolder mit einer Fläche von 5 684 ha, doch verfielen dessen wasserbaulichen Anlagen nach dem Krieg und die landwirtschaftliche Nutzung des Zwischenoderlandes (Międzyodrze) wurde aufgrund der nicht mehr regulierbaren Wasserstände eingestellt. In den letzten 50 Jahren entwickelte sich auf diesen Flächen die ursprüngliche Vegetation einer europäischen Flußauenlandschaft mit ausgedehnten Röhrichten, Seggenrieden und Überflutungsmooren. Im polnischen Teil sind bereits die für eine internationale Anerkennung des Nationalparks erforderlichen, von Menschen weitgehend unbeeinflußten natürlichen Prozesse möglich.

Der Zweck des brandenburgischen Nationalparkgesetzes ist, das untere Odertal mit seiner in Mitteleuropa besonderen Auenlandschaft, ihrem artenreichen Tier- und Pflanzenbestand, den zahlreichen Feuchtbiotopen, Wiesen und Auwäldern sowie die die Stromaue begleitenden Hangwälder im Verbund mit anderen Wäldern und den Trockenrasenstandorten zu schützen, zu pflegen, zu erhalten und in ihrer natürlichen Funktion zu entwickeln.

Insbesondere dient der Nationalpark der Sicherung und Herstellung eines von menschlichen Eingriffen weitgehend ungestörten Ablaufes der Naturprozesse auf möglichst großer Fläche, der Erhaltung und Regeneration eines naturnahen Wasserregimes und des natürlichen Selbstreinigungspotentials des Stromes und der Aue (Flächenfilterfunktion) sowie der Erhaltung naturnaher Waldbestände und langfristiger Regeneration von Forsten zu Naturwäldern. Der Nationalpark dient auch einer umweltschonenden, naturnahen Erholung und der Entwicklung des Fremdenverkehrs.

Die weiträumigen Auen des unteren Odertales haben in Deutschland und Mitteleuropa einen einzigartigen ökologischen Stellenwert als eine der letzten naturnahen Flußniederungen überhaupt. In dem seit 1980 als Feuchtgebiet internationaler Bedeutung (FIB) nach der RAMSAR Konvention geschützten Flächen in den Naßpoldern auf deutscher Seite wurden bisher 226 Vogelarten beobachtet, von denen 120 hier brüten. Zu ihnen gehören hier vom Aussterben bedrohte Arten wie Wachtelkönig und Seggenrohrsänger, für die das untere Odertal das wichtigste deutsche Brutgebiet ist, sowie u. a. Trauerseeschwalbe, Großer Brachvogel und Kampfläufer, aber auch See- und Fischadler, Schwarzstorch, Eisvogel, Wiedehopf und Kranich.

Das untere Odertal ist aber auch einer der bedeutendsten Rastplätze und eine wichtige Durchzugstraße für Zugvögel. Bis zu 35 000 Bleßgänse, 15 000 Saatgänse und ebenso viele Stockenten, 3 500 Pfeifenten, 4 000 Krickenten und 2 500 Spießenten wurden hier rastend gezählt. Alljährlich Anfang Oktober ziehen bis zu 7 000 Kraniche zu ihren Schlafplätzen in die Oderniederung. Ein günstiger Zeitpunkt, um dieses alljährlich wiederkehrende Naturschauspiel zu erleben. Insgesamt können sich bis zu 150 000 Gänse, Enten und Schwäne im Frühjahr und Herbst gleichzeitig im Gebiet aufhalten. Nicht nur die Avifauna erscheint einzigartig. Mit 40 Säugetier-, 19 Amphibien- und

Reptilien- und über 42 Fischarten ist die Oderniederung ein bedeutsames Refugium für seltene Wirbeltiere. Der Fischotter geht hier auf Nahrungssuche, und der Biber baut seine Burgen neuerdings auch im deutschen Teil des Nationalparks. Bisher konnten über 50 Libellen-, 50 Heuschrecken- und 490 Großschmetterlings- sowie 56 Molluskenarten ermittelt werden. Einmalig ist die Vielfalt der Wasserpflanzengesellschaften im Parkgebiet; sie reicht von Seerosen- und Krebsscherengesellschaften über Kleinlaichkraut- und Wasserlinsengesellschaften bis zur Seekannen- und Schwimmfarngesellschaft. Feuchtwiesen, Schilf- und Seggenriede sowie naturnahe Auenwaldgesellschaften umsäumen die Seen und Altarme des Tales; man findet hier die ausgedehntesten Großseggensümpfe Mitteleuropas (2 500 ha).

Die auf den Oderhängen entlang der Niederung vorhandenen Trockenrasenbiotope beherbergen eine außergewöhnliche, kontinental geprägte Steppenvegetation mit zum Teil asiatischen Elementen. Wärmeliebende Pflanzen wie das Frühlingsadonisröschen oder die Sandnelke, der Kreuzenzian, der Zottige Spitzkiel, die Sibirische Glockenblume, Federgras oder das Dreizähnige Knabenkraut haben hier ihren Standort. Zu den interessantesten Waldgesellschaften gehören trockene Eichen- und Eichen-Kiefernwälder, quellige Eschenwälder, Eichen- und Hainbuchenwälder und Reste natürlicher Auwälder.

Die im Odertal vorhandenen Naturschätze sind durch die Gründung eines Nationalparks am besten geschützt. Allerdings handelt es sich bei dem Nationalpark Unteres Odertal noch um einen »Entwicklungsnationalpark«, für den aber die internationale Anerkennung der IUCN als Nationalpark angestrebt wird.

Im polnischen Teil des Gebiets befindet sich das größte noch intakte mitteleuropäische Überflutungsmoor und eine urwüchsige Vegetation, wie sie in keinem Flußmündungsraum Zentraleuropas mehr zu finden ist. In der Sumpfvegetation mit Moorwäldern, Feuchtgrünland und einer Vielzahl von Kleinstgewässern sind unter anderem Rothalstaucher und Rohrdommel beheimatet. Des weiteren brüten hier Gänsesäger, Roter Milan, Seeadler, Wiesen- und Kornweihe sowie Baumfalke, Kranich, Wachtelkönig, Tüpfelralle und Karmingimpel. Auch Seggenrohrsänger, Trauerseeschwalbe, Waldwasserläufer, Bekassine, Sumpfohreule, Bartmeise, Blaukehlchen und der Wiedehopf finden in dieser weiten Flußlandschaft die ihnen gemäßen Lebensbedingungen.

Warnsignale bzw. konkrete Gefahren für die Oder

Ausbaupläne für die Schiffahrt und Wirtschaft

Laut Bundesverkehrswegeplan 1992 (BVWP) bestehen konkrete Pläne für einen Ausbau der Havel-Oder-Wasserstraße zwischen Berlin und Stettin, einschließlich der Hohensaaten-Friedrichsthaler Wasserstraße und der Westoder bis Mescherin. Bestehende Kapazitätsengpässe sollen dabei beseitigt und die Wirtschaftlichkeit dieser Wasserstraße erhöht werden. Es ist vorgesehen, die Schiffahrtsverbindung für den zweischiffigen Verkehr moderner Schiffsgrößen nach dem EU-Standard zu erschließen (Wasserstraßenklasse Va mit eingeschränkter Abladetiefe) (vgl. Kap. 3.1). Langfristig soll die Wasserstraßenklasse Vb für alle durch das untere Odertal führenden Wasserstraßen erreicht werden.

Weiterhin bestehen Forderungen nach einem Hafenneubau im Bereich der Mündung der Welse in die Hohensaaten-Friedrichsthaler Wasserstraße. Zudem werden von den großen Industriebetrieben, die sich in einem »infrastrukturellen Nadelöhr« sehen, deutlich größere Wassertiefen für die Ho-Frie-Wa gefordert (4,50 m), damit auch Küstenmotorschiffe den Industriestandort in Schwedt erreichen können.

Von polnischer Seite bestehen seit vielen Jahren Pläne für eine Verbesserung der Schiffbarkeit der Oder. Besonders »radikale« Konzeptionen sehen eine vollständige Kanalisierung des Oderabschnitts zwischen Brzeg Dolny (km 281,9) und Bielinek mit 23 neuen Staustufen vor, bei gleichzeitiger Modernisierung des bereits bestehenden kanalisierten Abschnitts. Langfristig sollte die Oder nach diesen Vorstellungen eine Langstreckentransportkapazität in einer Richtung von 60 Mio. t gewährleisten. Über die Spree und Havel sowie über eine geplante Verbindung zur Donau soll sie in das System der EU-Wasserstraßen eingebunden werden (vgl. Kap. 3.1).

Im Rahmen des sogenannten »Stromregelungskonzepts«, das auf deutsch-polnisch abgestimmte »Ausbaukonzeptionen für die Oder von km 542,4 bis 704,1« aus den Jahren 1966–1973 zurückgeht, sollen auf der Grenzoder die Schiffahrtsbedingungen verbessert werden. Durch eine Sanierung und Verdichtung der Buhnenregulierung sollen möglichst gleichmäßige Abflußgeschwindigkeiten erreicht werden, um die Geschiebedynamik (z. B. Sandbankverlagerungen) zu reduzieren. Im Idealfall würde die Oder entstehende Untiefen durch diese Regulierung selbst wieder ausspülen. Insgesamt soll eine durchgehende Tauchtiefe von 1,60 m geschaffen werden, die an nicht mehr als 20 Tagen im Jahr unterschritten werden soll. Nach Einschätzung der WSD Ost wird dieses Ziel kaum erreicht werden können. Für das Jahr 2015 ist eine Transportkapazität von 27 Mio. t angepeilt (WSD Ost). Zur Zeit laufen Naturversuche, um notwendige Maßnahmen zur Erreichung dieser Ziele zu ermitteln.

Die deutsche Seite, für die die Oder nur eine untergeordnete wirtschaftliche Bedeutung hat, sieht im Bereich des unteren Odertals lediglich eine punktuelle Verbesserung der Fahrwasserqualitäten im Raum Hohensaaten-Bielinek vor (Buhnensanierung- und verdichtung). Auf Deckwerke soll aus ökologischen Gründen weitgehend verzichtet werden. Es ist aber wenig wahrscheinlich, daß für eine weitergehende Modernisierung der Niedrigwasserregelung ausreichende Finanzmittel zur Verfügung stehen werden.

Zu den Ausbauplanungen des BVWP und des sogenannten »Projekts 17« der Verkehrsprojekte deutsche Einheit wurde in den letzten Jahren von den deutschen Naturschutzverbänden ein umweltfreundlicheres Alternativkonzept für die ökologische Entwicklung der großen ostdeutschen Flüsse unter Berücksichtigung der Belange der Schiffahrt erarbeitet (BUCHTA 1994).

Für den Bereich der unteren Oder wird dabei von der Leitvorstellung ausgegangen, daß die Schiffahrt überwiegend oder ganz über die ausgebaute Ho-Frie-Wa bzw. Westoder abgewickelt wird und die Stromoder und Ostoder einer Renaturierung überlassen bleiben. Der polnischen und internationalen Binnenschiffahrt, die derzeit die Oder als internationalen Wasserweg gebührenfrei nutzt, soll ein Ersatz-Angebot unterbreitet werden, das deutsche Kanalnetz (die Ho-Frie-Wa) kostenfrei zu benutzen.

Die Kosten einer Renaturierung der unteren Oder zwischen Hohensaaten und Stettin (ca. 60 km) würden sich nach vorsichtigen Berechnungen der Naturschutzverbände auf maximal 30 Mio. DM sowie zusätzliche 3 Mio. DM Planungskosten belaufen. Bei dieser Berechnungsmethode entfallen jedoch 90 % auf die Kosten für den Grunderwerb und für den Abriß von wasserbaulichen Anlagen. Der Renaturierungskomplex »Untere Oder« ist im Rahmen des Gesamtkonzepts der Naturschutzverbände die einzige an der Oder vorgesehene Renaturierungsstrecke. Die Renaturierung setzt voraus, daß die Ho-Frie-Wa gemäß den Planungen des BVWP ausgebaut wird.

Die entstehenden Mehrkosten dieser »Doppellösung« werden im Rahmen des Gesamtkonzepts für die ostdeutschen Flüsse mehr als wieder ausgeglichen.

Ausbaupläne für Fernstraßen

Neben einem bereits bestehenden Grenzübergang vor den Toren der Stadt Schwedt, soll nach Meinung einiger Interessengruppen etwa 3 km weiter nördlich ein zweiter Grenzübergang durch den Nationalpark gebaut werden. Im Nationalparkgesetz mußte ein eigens für diese Straße vorgesehener Korridor offengelassen werden. Auch wenn dieser Grenzübergang eindeutig gegen EU-Recht verstößt, da es sich beim unteren Odertal um ein IBA-Gebiet handelt (Important Bird Area) und der Grenzübergang raumordnerisch wenig sinnvoll erscheint, erhöht sich gegenwärtig der politische Druck zur Durchsetzung dieses Grenzüberganges.

Probleme der gesetzlichen Unterhaltung

Ein wesentlicher Grund für die hohe Bedeutung des unteren Odertals für den Naturschutz liegt in der vergleichsweise extensiven Unterhaltung der Hochwasserschutzanlagen, bzw. der Deiche und Polder vor der Wende. Die heutigen wirtschaftlichen Bedingungen (moderne Maschinen, beliebig verfügbare Mengen an Motorsägen usw.) machen eine sehr konsequente Umsetzung von rechtlichen Rahmenbedingungen, Behandlungsrichtlinien etc. möglich. So kann man bei genauer Beobachtung verfolgen, wie kleinflächige, strukturelle Vielfalt (»natürlich immer aus guten Gründen!«) z. B. durch Freischneiden von Wegen und Deichen für einen leichteren Zugang für Nutzfahrzeuge oder durch die Aufschüttung von Schüttsteinen bereits vieler Jahre vorhandener Uferabbrüche scheibchenweise verschwindet, so daß nur ein sehr aufmerksamer Beobachter die schleichende, aber summarisch sehr drastische Entwertung vieler Flächen wahrnehmen kann. Der Unterhaltungszwang für Wasser- und Bodenverbände geht soweit, daß diese für viel Geld Hochwasserdeiche pflegen, obwohl die dahinter befindlichen Polder frei von jeglicher Nutzung und per Gesetz als Totalreservate ausgewiesen sind. Der einzige Grund, warum der Verband die betreffenden Deiche also pflegt, liegt in den rechtlichen Rahmenbedingungen.

Freizeit- und andere Nutzungsansprüche

Sportanglern und Jägern gelingt es auch an der Oder immer wieder, Sonderrechte durchzusetzen. So waren von ca. 1300 bis Ende Juni 1995 ausgestellten Befreiungen für die Befahrung des einstweilig sichergestellten Nationalparks mit Motorfahrzeugen 673 für Sportangler ausgesprochen worden. Es kostet außerordentlich viel Kraft, solche negativen Erscheinungen wieder zurückzudrängen. Gewährte Ausnahmen ziehen in aller Regel wieder Sonderwünsche und andere Ausnahmen nach sich. Als generelle Erfahrung beim Aufbau des Nationalparks Unteres Odertal zeigt sich, wie wenig der Durchschnitt der Bevölkerung über Naturschutz wirklich weiß. Sehr viele der gerade im Bereich der Tourismusentwicklung auftretenden Konflikte würden bei einer besseren Umweltbildung gar nicht erst auftreten. Bei nicht wenigen Menschen in der Region des Nationalparks stößt das Konzept »Natur Natur sein lassen« auf absolutes Unverständnis und Widerstand (»Die Nationalparkverwaltung läßt das Gebiet «verwahrlosen, versumpfen, verwildern u. a.«). Diese Meinung kann politisch in Einzelfällen eine hohe Bedeutung bekommen.

Nach wie vor zählen Kostenargumente mehr als die ökologische Qualität unserer Umweltgüter. So will ein großer Energiekonzern wegen einer gegenüber der umweltfreundlicheren Lösung zu erwartenden Kostenersparnis von rund 25 Mio. DM bei 65 Mio. Gesamtkosten die Oder mit gewaltigen Mengen Sole als Auswaschungsprodukt eines Salzstockes belasten.

Entlang der gesamten Oder findet eine nicht aufzuzählende Zahl infrastruktureller Maßnahmen wie Siedlungsbau, Bau von Bootsanlegestegen, Hafenbau, Campingplatzbau etc. statt, deren summarischen Auswirkungen sich gegenwärtig nicht einschätzen lassen, die aber Grund zur Besorgnis geben.

Naturschutzplanungen und ökologisches Management

Für die weitere Entwicklung der Oder wird in den nächsten 10 Jahren neben der zur Zeit laufenden Erstellung von Pflege- und Entwicklungsplänen für den National Park Unteres Odertal, die einerseits eine genaue Istaufnahme des ökologischen Zustandes des unteren Odertales erbringen sollen aber andererseits auch Entwicklungsempfehlungen aus naturschutzfachlicher Sicht abgeben werden, die Frage dominierend sein, in wieweit man Fischerei, Landwirtschaft, Tourismus, Schiffahrt bzw. Verkehr, Hochwasserschutz und die bilateralen (Deutschland und Polen) bzw. trilateralen Beziehungen (Deutschland, Polen und Tschechien) der einzelnen Oderanrainerstaaten unter einen Hut bekommt. Es gibt bereits eine Reihe deutsch-polnischer Abkommen, die in diesem Sinne wirken. Die noch nicht gegründete Internationale Kommission zum Schutz der Oder (IKSO) wird neben der bereits bestehenden deutsch-polnischen Grenzgewässerkommission und anderen Gremien von großer Bedeutung sein.

Im Bereich der Oder laufen zur Zeit viele Forschungsvorhaben an, die bestehende Wissensdefizite vermindern sollen. Dabei lassen sich an der Oder noch Forschungen durchführen, die an anderen deutschen Flüssen nicht möglich sind, da dort keine vergleichbar naturnahen Auenlandschaften mehr vorhanden sind. Es müssen zudem Monitoringkonzepte für die Beobachtung der Entwicklung der Oderlandschaft erarbeitet und in der naturschutzfachlicher Praxis eingesetzt werden.

Schlußbetrachtung

Es gilt mit aller zur Verfügung stehenden Kraft, das vorhandene großartige Naturpotential der gesamten Oder, das in den europäischen Einigungsprozeß eingebracht wurde, zu erhalten und im Sinne einer nachhaltigen Nutzung weiterzuentwickeln. Das insbesondere entlang der Oder in den letzten Jahren aufgebaute System von Schutzgebieten ist ein wichtiger Schritt in diese Richtung. Es geht darum, zu verhindern, daß vorhandene Nutzungsansprüche zu den gleichen, irreversiblen und gewaltigen Zerstörungen der Naturlandschaften der Oder führen werden, wie an Rhein, Ems und Weser u. a.

»Was aber ist es für eine Kultur, in der zwar das Bruttosozialprodukt steigt, die Quellen aber versiegen und mit ihnen unsere Seelen verdorren, der Eisvogel und die Wasserschwertlilie, Libellen und Träume aussterben? Was hingegen wäre es für ein Leben, wenn unsere Fließgewässer wieder wie ehedem von Erlen und blütenreichen Auewäldern umsäumt und begleitet wären, wenn die Vielfalt der Fische und gar der heimliche Badeplatz wieder zurückkehren würden?« (Hubert Weinzierl).

2.6 Der Rhein – das alte Sorgenkind
Günther Friedrich & Anne Schulte-Wülwer-Leidig

»Der Rhein vereinigt alles; er ist schnell wie die Rhône, breit wie die Loire, eingeschlossen wie die Mosel, gewunden wie die Seine, klar und grün wie die Somme, geschichtlich wie der Tiber, königlich wie die Donau, geheimnisvoll wie der Nil, goldbesät wie ein Strom Amerikas, bedeckt mit Sagen und Geistern wie ein asiatischer Fluß« (Victor Hugo 1842).

Der Rhein hat viele Gesichter und eine lange Entwicklungsgeschichte. Bereits die Römer nutzten ihn als wichtigen Verkehrs- und Handelsweg. Diese Infrastruktur führte damals zu ersten Stadtgründungen, wovon Köln, Bonn, Mainz u.a. noch heute Zeugnis ablegen. Im Mittelalter kamen vermehrt Ansiedlungen von Gewerbe hinzu, später Industriebetriebe, dies alles möglichst direkt am Fluß. Die Nutzung des Stroms und seiner Landschaft bestimmt somit seit Jahrtausenden menschliches Handeln am Rhein.

Der Rhein ist heute immer noch Europas wichtigste Binnenwasserstraße (Güterdurchgang bei Emmerich 1992 ca. 135 000 Mio. t); Duisburg der größte Binnenhafen, Rotterdam der größte Seehafen der Welt. Im Einzugsgebiet leben ca. 50 Mio. Menschen, etwa 20 Mio. sind indirekt vom Rheinwasser als Trinkwasserquelle abhängig. Es gibt keinen Fluß mit einer höheren Dichte an Chemiewerken, anderen Industriebetrieben und Kraftwerken. Mensch und Industrie brauchen und verschmutzen Wasser. Dieses Abwasser wird dem Rhein – dank vielfältiger Sanierungsmaßnahmen – heute zu fast 90 % nach biologischer Klärung wieder zugeführt. Durch diese intensive Nutzung entstehen unweigerlich ökologische Probleme. So war und ist der Konflikt zwischen menschlichem Nutzungsanspruch und Leistungsfähigkeit des Flusses in seinem Naturraum vorprogrammiert.

Gleichzeitig gehört die sagenumwobene Rheinlandschaft zu den wichtigsten Sehenswürdigkeiten Europas und inspiriert seit Jahrhunderten Maler, Dichter, Musiker und Denker.

Strom mit Vergangenheit

Der Rhein mit seinem heutigen Einzugsgebiet entstand erst vor 500 000 Jahren in geologisch junger Zeit (*Abb. 2.6-1*). Ehemals wurde das Rheineinzugsgebiet über das Rhône-Aare-Donausystem ins Schwarze Meer entwässert (A). Später floß der Rhein zusammen mit Aare und Doubs durch die Burgundische Pforte dem Mittelmeer zu (B) und erst vor etwa 500 000 Jahren entstanden mit der Bildung des Schweizer Faltenjuras die heutigen Fließverhältnisse der großen europäischen Flüsse (C). In diese Epoche fallen auch die Eiszeiten. (GERSTER 1991) So ist der Bodensee das Werk des Rheingletschers und es entstand auch der Rheinfall von Schaffhausen mit einer Fallhöhe von 24 m (vgl. Kap. 1.3). Letzterer bildete sich dadurch, daß die unterhalb des Bodensees gelegenen eiszeitlichen Schotter leichter ausgeräumt werden konnten als die flußaufwärts gelegenen Kalkbänke.

Von der Quelle bis zur Mündung – Der Strom und seine anthropogen bedingte Strukturveränderung

Der Rhein mit einer Gesamtlänge von 1 320 km verbindet als einziger Strom Europas die Alpen mit der Nordsee. Sein Einzugsgebiet ist im Vergleich zu anderen großen Flußgebieten mit ca. 185 000 km² (Donau 800 000 km², Wolga 1 380 000 km²) das drittgrößte Europas. Es verteilt sich auf 9 Staaten: Italien, Österreich, Liechtenstein, Schweiz, Deutschland, Frankreich, Luxemburg, Belgien, Niederlande. Deutschland hat mit ca. 100 000 km² den größten Anteil; dort leben 43 % der deutschen Bevölkerung (34 Mio.). Die Schweiz, Frankreich und die Niederlande haben Anteile, die jeweils zwischen 20 000 und 30 000 km² liegen (KHR 1978)

Der Rhein wird in folgende Teilstrecken un-

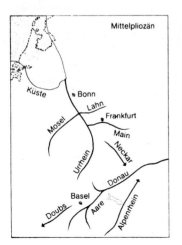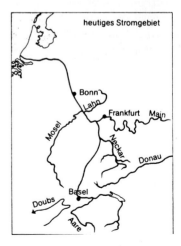

Abb. 2.6-1: Flußgeschichte des Rheins (aus REICHELT 1986)

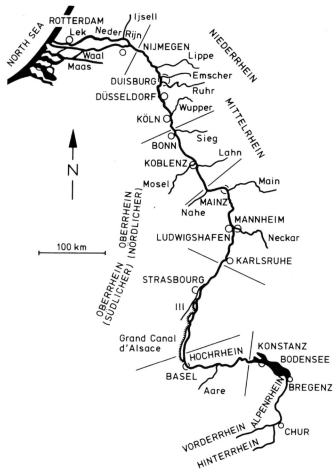

Aus Friedrich & Müller 1984

Abb. 2.6-2a: Der Rhein

tergliedert: Alpenrhein, Hochrhein, Oberrhein, Mittelrhein, Niederrhein, Rheindelta *(Abb. 2.6-2).*

Alpenrhein

Er entsteht aus dem Zusammenfluß von Vorder- und Hinterrhein, deren Quellgebiete in den Schweizer Alpen liegen. Der Vorderrhein entspringt dem auf 2 341 m Höhe gelegenen Tomasee, südlich des Oberalppasses. Der Hinterrhein entspringt dem Rheinwaldfirn beim Rheinwaldhorn und Rheinquellhorn im Adula-Massiv.

Eingebettet in Schluchten zählt der Hinterrhein zu den schönsten Alpengewässern. Bei Reichenau vereinigen sich Vorder- und Hinterrhein zum Alpenrhein, der den Bodensee speist. Von der Quelle des Rheins bis zum Bodensee besteht ein Höhenunterschied von rund 2 000 m. Daraus resultiert ein starkes Gefälle von über 10 ‰ im Durchschnitt mit extremer Erosionskraft. Dieses starke Gefälle wurde bereits sehr früh zur Stromgewinnung aus Wasserkraft genutzt.

Bodensee

Der Bodensee hat eine Fläche von 571,5 km² und eine durchschnittliche Tiefe von 95 m; die tiefste Stelle liegt bei 254 m. Er sorgt für eine gleichmäßige Wasserversorgung des Rheins.

Hochrhein

Vom Abfluß des Bodensees bis nach Basel wird der Fluß als Hochrhein bezeichnet. Er hat auf dieser Strecke ein mittleres Gefälle von 0,89 ‰ zum Vergleich 0,04 ‰ im Rheindelta. Auf dieser Strecke münde die Aare, die mehr Wasser spendet (Jahresmittelwert 563 m³/s) als der Rhein beim Zusammenfluß mit der Aare (Jahresmittelwert 440 m³/s). Die früher hohe Fließgeschwindigkeit ist heute infolge von 11 Laufwasserkraftwerken zwischen Schaffhausen und Basel wesentlich herabgesetzt (vgl. *Tafel 3a).* Sie wurden zwischen 1895 und 1966 gebaut. Durch die damit verbundenen Staustufen hat sich aus dem ehemals schnell fließenden Gewässer eine »Wassertreppe« gebildet. Gut 70 % des ehemaligen Gefälles zwischen Rheinfall und Basel wird zur Energieerzeugung genutzt und fehlt dem Fluß als strukturierende Kraft. Lediglich zwei kurze, natürliche Fließgewässerstrecken existieren heute noch am Hochrhein (Abschnitt: Rheinau bis oberhalb Thurmündung und Abschnitt: Kraftwerk Reckingen bis Koblenzer Laufen). Für ihre Erhaltung läuft das Verfahren zur Unterschutzstellung. Der Hochrhein ist nur auf wenigen Teilstrecken schiffbar, von Stein am Rhein bis Schaffhausen für Passagierschiffe und für Frachtschiffahrt ab Rheinfelden stromabwärts.

Oberrhein

Der Oberrhein ist der Rheinabschnitt zwischen Basel und Bingen. Dieser wies ursprünglich alle Übergänge vom stark strömenden bis zum stehenden Gewässer auf.

Im südlichsten, der Furkationszone, hatte er ursprünglich das Bild eines in viele Arme aufgelösten Wildstroms in einer bis zu 6 km breiten Aue mit – im Bereich Basel-Breisach – einer morphologisch bedingten stetigen Tiefenerosion (mittleres Gefälle 0,8 ‰). Hier treten in der Aue klare, ergiebige Grundwasserquellen, die Gießen zutage. Diese bilden die letzten Refugien der ursprünglichen rheintypischen Flora und Fauna. Demgegenüber floß der Rhein in den beiden anschließenden Abschnitten, d. h. von Iffezheim bis Nackenheim in einem geschlossenen Bett, das sich jedoch durch Seitenerosion stetig verlagerte (Mäanderzone, Riedstrecke – mittleres Gefälle 0,2 ‰).

Charakteristisch waren für den Oberrhein vor allem großflächige Auengebiete, die schon bei geringem Hochwasser überflutet wurden. Die im 19. Jh. durchgeführte Tulla'sche Rheinkorrektion, die die Uferbewohner vor Hochwasser schützen sollte, hat das Flußwasser in ein durchschnittlich 200 bis 250 m breites Flußbett gezwängt (*Abb. 2.6-3*) (vgl. Kap. 5.1). Das Netz der Hochwasserdeiche begrenzt Überflutungen bei Hochwasser auf ein 1-2 km breites Gebiet. Auf der Strecke Basel-Karlsruhe sind heute lediglich 10 % der natürlichen Überflutungsflächen erhalten. Diese Korrektion aus Hochwasserschutzgründen erhöhte die Erosion beträchtlich und hatte eine deutliche Vertiefung des Flußbettes unterhalb von Basel zur Folge. Dann folgte eine »Regulierung« des Niedrigwassers, die durch den Bau von Buhnenfeldern beiderseits der Fahrrinne in eine Großschiffahrts-straße mündete.

Schließlich begann Anfang des 20. Jhs. der Oberrheinausbau zur Wasserkraftnutzung, durch den nochmals große Teile der restlichen Überflutungsgebiete vom Fluß abgeschnitten wurden. 1932 wurde das Stauwehr Kembs in Betrieb genommen; der Bau weiterer Stauwehre im Rheinseitenkanal, dem Grand Canal d'Alsace folgte: Ottmarsheim, Fessenheim und Vogelgrün mit einem Ausbaudurchfluß von 1 160 m³/s. Dieser Ausbau schaffte eine Rheininsel zwischen dem Grand Canal d'Alsace und dem Flußbett des Restrheins, der in seinem vorherigen Zustand, jedoch mit sehr stark verringerten Abflüssen blieb (zwischen 10 und 50 m³/s je nach Wasserführung). Dies führte zu einer Grundwasserspiegelsenkung von 2 bis 3 m südlich des Kaiserstuhls. Nördlich von Breisach wurden aus diesem Grunde nach 1956 die weiteren geplanten Staustufen mit einer sog. »Schlingenlösung«: Marckolsheim, Rheinau, Gersteim und schließlich Straßburg (Ausbaudurchfluß bis 1 400 m³/s) errichtet.

Nördlich von Straßburg sind von Deutschland und Frankreich zwei neue Stauwerke in Gambsheim (Inbetriebnahme 1974) und Iffezheim (Inbetriebnahme 1977) gebaut worden. Das Flußbett des Rheins ist vollständig kanalisiert, einschließlich der Ausbaustellen (Schleusen, Staustufen, Fabriken), die das auf fast 900 m erweiterte Flußbett

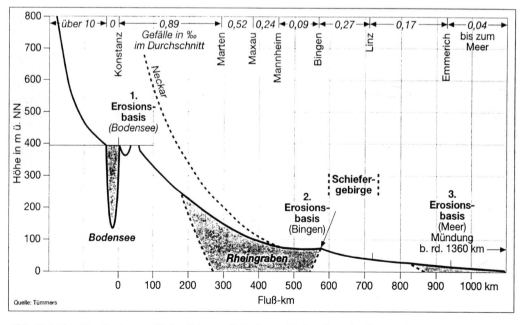

Abb. 2.6-2b: Das Längsprofil des Rheins (Mit freundlicher Genehmigung des Cornelsen Verlags)

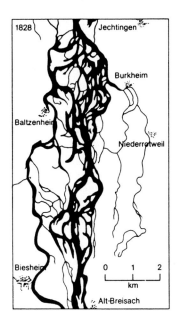 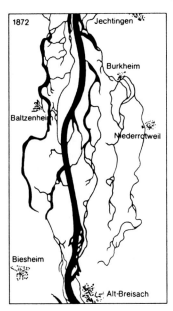 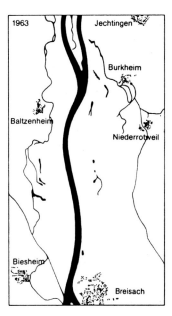

Abb. 2.6-3: Oberrhein bei Breisach: 1828 vor der Regulierung, 1872 nach der Korrektur durch Tulla und 1963 nach weiterer Kanalisierung (aus REICHELT 1986)

vollständig aufstauen. Die Rhein-Begradigungen durch Tulla und Kröncke haben eine durchgehende Tiefenerosion hervorgerufen, die heute noch nicht abgeschlossen ist. Sie hat im hessisch/rheinland-pfälzischen Rheinabschnitt im Mittel 1,5 m bis 2,0 m erreicht. Der Ausbau hat gleichzeitig den Oberrhein um 82 km verkürzt.

Aufgrund dieses Ausbaus stellt der Rhein keine ununterbrochene Einheit mit den Auengebieten dar. Es bestehen jedoch noch Rheinauenwälder, von denen einige bei Hochwasser mit dem Rhein verbunden sind (Rheininseln, Wälder am Rheinufer oder der Zuflüsse unterhalb von Iffezheim).

Auf einer Länge von 160 km ist der Oberrhein zwischen Basel und Iffezheim durch 10 Staustufen reguliert. Unterhalb von Iffezheim ist er eingedeicht. Besonders gravierend ist, daß die Kanalisierung des Rheins und der daraus resultierende Verlust an Überflutungsflächen zu einer deutlichen Verschärfung der Hochwassergefahr unterhalb der Ausbaustrecke (Hochwasserschutz früher 200-jährlich, heute 50-jährlich) geführt hat.

Auf der Basis des Berichtes der Hochwasser-Studienkommission für den Rhein von 1978 wurde ein Maßnahmenkatalog durch das deutsch-französische Abkommen vom 6. Dezember 1982 festgelegt, der zum Ziel hat, unterhalb des Stauwehrs von Iffezheim den Rheinhochwasserschutz wieder herzustellen, der vor dem Oberrheinausbau existierte. Dafür sollen in Rheinland-Pfalz, Baden-Württemberg und im Elsaß »Retentionsräume«, die 212 Mio. m³ Wasser fassen können, gebaut werden. Lediglich ein Teil dieser Räume – für 80 Mio. m³ – wurde bis 1995 geschaffen. Im Oberrhein münden die beiden wichtigen Nebenflüsse Neckar und Main, die ebenfalls gestaut und zu Schiffahrtsstraßen ausgebaut sind.

Was den Hochwasserschutz betrifft, haben die Hochwasser am Rhein im Dezember 1993 und Januar 1995 den dringenden Handlungsbedarf für den Gesamtrhein offengelegt. In der Internationalen Rheinschutzkommission (IKSR) sind Anfang 1995 die Arbeiten zur Aufstellung eines »Aktionsplans Hochwasser für den Rhein« angelaufen.

Mittelrhein
In der engen, kurven- und gefällereichen Mittelrheinstrecke zwischen Bingen und Bonn wurden verschiedentlich Regulierungsarbeiten (1880–1900) durchgeführt. Zwischen 1964 und 1976 erfolgte der Ausbau einer bis St. Goar 1,90 m tiefen und 120 m breiten Fahrrinne zur Verbesserung der Schiffahrt. Eine Aue ist nicht oder nur rudimentär vorhanden. Allerdings gibt es eine Vielzahl an Rheininseln. Außerdem ist dies die sagenumwobene romantische Rheinstrecke zwischen Mainz und Koblenz, die Touristen aus aller Welt anzieht. Hier mündet einer der Hauptzuflüsse, die zur Schiffahrtsstraße ausgebaute, gestaute Mosel.

Niederrhein

Am Übergang vom Mittel- zum Niederrhein mündet der Fluß Sieg. Als weitere Zuflüsse zum Niederrhein sind Wupper, Ruhr, Lippe und Emscher zu nennen. Dieser vorletzte Abschnitt des Rheins ist zum Teil vergleichbar mit dem nördlichen Oberrhein. Er ist charakterisiert durch geringere Strömungsgeschwindigkeit, festes Gerinne während der normalen Wasserführung und Überflutungen während der Hochwasserperioden. Die klassische Mäandrierung ist noch vorhanden, aber es finden keine Laufveränderungen mehr statt. Der Niederrhein wurde durch Ausbaumaßnahmen um 23 km verkürzt.

Delta

Das Delta des Rheins beginnt im Bereich der deutsch-niederländischen Grenze und ist durch drei Hauptarme geprägt: Waal, Neder-Rjin und IJssel. Im Delta bestehen auch Verbindungen zur Maas, die im nordwestlichen Teil des Rheindeltas in die Nordsee mündet. Extrem viele Baumaßnahmen haben den Charakter des Deltas ebenfalls einschneidend verändert (KHR 1978) (vgl. Kap. 5.6).

Hydrologische Verhältnisse – Wasserführung

Die Wasserführung des Rheins ist durch die alpine Lage seiner Quellgebiete und der Verschiedenartigkeit der Niederschlagsgebiete seiner Nebenflüsse im Vergleich zu anderen Flüssen sehr ausgeglichen. Im Winter halten die Alpen einen Großteil der Niederschläge in Gletschern und Schneefeldern fest, die erst im Sommer zur Wasserführung des Rheins beitragen. Die Abflüsse in den Mittelgebirgslagen des Rheineinzugsgebietes, in denen der Einfluß durch Niederschläge vorherrscht, ist die Abflußspende im Sommer (Vegetationszeit) sehr gering. Im Winter trifft dort der Niederschlag häufig auf wassergesättigten oder gefrorenen Boden, so daß der gesamte Niederschlag oberflächlich abläuft und direkt das Fließgewässer speist.

Die Schwankungsbreite des Abflusses, ausgedrückt durch das Verhältnis Niedrigwasser- zu Hochwasserabfluß NQ/HQ, beträgt oberhalb des Bodensees 1:50, ist in Rheinfelden durch die Einflüsse der Seen auf ca. 1:12 reduziert und schwankt stromab zwischen 1:10 und 1:18 (DK 1994).

Gütezustand des Rheins

Bereits zu Beginn des Jahrhunderts waren auf kurzen Strecken erhebliche Belastungen der Wasserqualität durch die Städte und Industrieansiedlungen festzustellen. Gleichzeitig mit den ersten grundlegenden Untersuchungen von LAUTERBORN über die biozönotische Gliederung des Rheinstroms erfolgten Untersuchungen über die Rheinverschmutzung (MARSSON 1907–1911).

Die dichte Besiedlung und der nach dem 2. Weltkrieg einsetzende Wirtschafts- und Industrialisierungsboom führten rasch zu einer rapiden Verschlechterung der Wasserqualität des Rheins. Der absolute Tiefpunkt war Ende der 60er, Anfang der 70er Jahre erreicht. Der Rhein galt als die »Kloake Europas«. Erst ab diesem Zeitpunkt wurden größere Sanierungsprogramme aufgestellt, die insbesondere den Kläranlagenbau in Kommunen und Industriebetrieben forcierten.

Ob derartige Programme greifen, ist nur durch umfangreiche chemische und biologische Untersuchungen nachzuweisen. Bereits seit Mitte der 50er Jahre wurde an 9 internationalen Meßstationen von der Schweiz bis in die Niederlande das Rheinwasser regelmäßig chemisch-physikalisch untersucht. National wurde an vielen weiteren Stationen gemessen.

Diese Untersuchungsprogramme wurden Ende der 80er Jahre nach dem Brandunfall in Schweizerhalle (1.11.1986) deutlich erweitert. Es wurden nicht nur zusätzliche Kenngrößen (heute ca. 200) im Wasser gemessen, sondern auch in Schwebstoffen, Sedimenten und Fischen. Hinzu kamen umfangreiche biologische Bestandsaufnahmen von Fischen, niederen Tieren (Makrozoobenthon) und im Wasser schwebenden, mikroskopisch kleinen Algen und Tieren (Planktonorganismen).

Die Versorgung des Rheinwassers mit Sauerstoff kann heute als zufriedenstellend bezeichnet werden. So stieg die Sauerstoffsättigung beispielsweise an der deutsch-niederländischen Grenze zwischen 1971 – dem Zeitraum der höchsten Belastung – und 1981 von 40 auf 82 % an und erhöhte sich bis 1993 auf 98 % im Jahresmittel (Abb. 2.6-4). Dies ist bedingt durch die Abnahme der leicht abbaubaren organischen Belastung, die auf die umfassende Reinigung kommunaler und industrieller Abwässer in Kläranlagen zurückzuführen ist. Im gleichen Zeitraum 1971–1993 nahmen die Jahresmittel der Ammoniumstickstoff deutlich ab wie auch die der Gesamtphosphorkonzentrationen (NH_4-N 1971: 2,48 mg/l, 1993: 0,23 mg/l; Gesamt-P 1973: 1,06 mg/l, 1993: 0,19 mg/l), letztere insbesondere nach P-Ersatz in Wasch- und Reinigungsmitteln Mitte der 80er Jahre. Im Gegensatz dazu stehen die Jahresmittel der Nitratgehalte (NO_3-N 1971: 2,46 mg/l, 1993: 3,51 mg/l), die nach wie vor steigende Tendenz aufweisen.

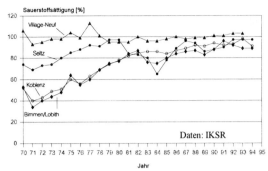

Abb. 2.6-4: Sauerstoffsättigung, Jahresmittelwerte 1970–1993 an vier Meßstationen im Rhein

Dies ist Folge erhöhter Nitratauswaschung aus landwirtschaftlich intensiv genutzten Flächen und der Umwandlung von Ammonium in Nitrat in Kläranlagen.

Die verschärften Anforderungen an die Abwasserreinigung in Kläranlagen – Umsetzung der EU-Richtlinie 91/271/EWG – lassen in bezug auf die Phosphor- und Stickstoffeliminierung in den nächsten Jahren weitere Nährstoffabnahmen im Rhein erwarten. Dies ist erforderlich, um die zunehmende Euthrophierung im Niederrhein und der Nordsee, aber auch in allen abflußberuhigten Zonen, z. B. durchströmten Altarmen, zu begrenzen.

Schwermetalle

Die Schwermetallgehalte im Rheinwasser haben in den letzten 20 Jahren so deutlich abgenommen, daß die Gehalte von Quecksilber, Blei und Cadmium heute bereits im Bereich der Nachweisgrenze liegen.

Zusätzlich werden seit 1988 Schwermetallanalysen in Schwebstoffen und Sedimenten durchgeführt. Diese Proben weisen immer noch erhöhte Schwermetallgehalte auf, weil Metalle überwiegend an Partikel gebunden sind. Ein Vergleich mit Schwebstoffmeßergebnissen seit 1973 an der Meßstelle Koblenz ergibt auch hier abnehmende Tendenz wie im Wasser. Die Rückstandsanalytik 1990 in Rheinfischen zeigt außerdem, daß die Quecksilbergehalte in einem Großteil der Barben die in Deutschland und der Schweiz geltenden gesetzlich festgelegten Höchstmengen für Fische als Lebensmittel von 0,5 mg/kg noch überschreiten.

Auch hat der Vergleich des Istzustandes 1993 mit den immissionsbezogenen Zielvorgaben (d. h. IKSR-Anforderungen an die Rheinqualität (SCHULTE-WÜLWER-LEIDIG 1994) ergeben, daß Schwermetalleinträge von Quecksilber, Cadmium, Kupfer und Zink noch weiter zurückzudrängen sind. Die IKSR-Zielvorgaben sind Zielwerte für anzustrebende, sehr niedrige Schadstoffgehalte im Rheinwasser oder Schwebstoff, die den Schutzgütern aquatische Lebensgemeinschaften, Fischerei, Trinkwasserversorgung, Schwebstoff- und Sedimentqualität Rechnung tragen.

Organische Mikroverunreinigungen

Das Rheinwasser wird auch auf viele organische Mikroverunreinigungen untersucht. In den letzten Jahren gingen die Gehalte an Chloroform ebenso zurück wie die Werte für AOX, dem Summenparameter, mit dem ein Großteil der anthropogen bedingten organischen Chlor- und anderer Halogenverbindungen erfaßt wird. Dies ist bedingt durch die Umstellung bei der Zellstoff- und Papierindustrie, die Bleichung statt mit Chlor mit Sauerstoff vorzunehmen, sowie durch weitergehende Abwasserreinigungsmaßnahmen und den teilweisen Ersatz von Chlor bei der chemischen Industrie.

Einzelne Pflanzenschutz- und Schädlingsbekämpfungsmittel-Wirkstoffe (N- und P-haltige PBSM) spielten in den letzten Jahren im Rheineinzugsgebiet eine große Rolle. Stoffe wie Atrazin, Simazin, Bentazon, Metazachlor und Metolachlor sowie verschiedene Phosphorsäure-ester (Sandoz-Unfall) sorgten für erhöhte Aufmerksamkeit. Die Belastung des Rheins mit diesen Wirkstoffen ist zwischenzeitlich erheblich zurückgegangen. Gefunden wurden vor allem noch – mit abnehmenden Gehalten – Atrazin, Simazin und Diuron. Die Substanzen stammen zum überwiegenden Teil aus diffusen Einträgen. Die Atrazinanwendung ist in Deutschland übrigens seit dem 29.3.1991 untersagt.

Weitere Substanzen wurden in Schwebstoffen und Sedimenten untersucht. In deutlich meßbaren Konzentrationen wurden 1990 vor allem Hexachlorbenzol (HCB), polychlorierte Biphenyle (PCB) und polyzyklische aromatische Kohlenwasserstoffe (PAK) in Schwebstoffen und Sedimenten gefunden. Dies wurde durch Rückstandsanalysen in Fischen am Oberrhein untermauert. In Fischen ist HCB neben PCB ebenfalls der Schadstoff mit den höchsten Konzentrationen. So sind die hohen HCB-Gehalte in der Nähe von Rheinfelden auf eine seit September 1986 stillgelegte Produktionsstätte für Pentachlorphenol (PCP) sowie die in diesem Werk anschließend durchgeführte Chlorsilan-Produktion zurückzuführen. In diesen Produktionsstätten fiel HCB als Nebenprodukt an. Es werden somit inzwischen hauptsächlich »Altlasten« erfaßt.

Höchstmengenüberschreitungen nach deutschem Recht wurden 1990 bei zahlreichen Aalen und einigen Rotaugen und Barben festgestellt. Für HCB sind in den meisten Rheinanliegerstaaten zwischenzeitlich Herstellungs- und Anwendungsverbote in Kraft getreten.

Außerdem wurden in Schwebstoffen, Sedimenten und Fischen erhöhte PCB-Gehalte gemessen. Polychlorierte Biphenyle (PCB) sind – obwohl sie im Rheineinzugsgebiet nicht hergestellt bzw. nicht mehr verwendet werden – noch überall in der Umwelt vorhanden und gelangen heute vorwiegend diffus in Gewässer. Die Höchstmengen für höherchlorierte PCB in Speisefischen werden bei einem Großteil der Aale in allen Rheinanliegerstaaten überschritten – besonders deutlich im niederländischen Rheinabschnitt – in der Schweiz und in Deutschland auch bei einzelnen Barben (IKSR 1993). Diese Immissionsbetrachtungen stimmen tendenziell sehr gut mit dem Rückgang der stoffbezogenen Einleitungen aus Industrie und Kommune überein. (IKSR 1994).

Eine erneute, detaillierte Bestandsaufnahme der Gewässergüte des Rheins vom Bodensee bis zur Nordsee läuft im Jahr 1995. Die Ergebnisse werden somit 1996/97 allgemein verfügbar sein.

Biologischer Zustand des Rheins
Fischbestand

Die Brotfische der Rheinberufsfischerei, die Lachse, verschwanden am Hochrhein zeitgleich mit dem Bau der Kraftwerke. Den Fischen wurde dadurch der Zugang zu ihren Laichgewässern versperrt. Weiter stromabwärts erlosch der Lachsbestand um etwa 1950 (vgl. *Abb. 2.6-5*)(vgl. *Tafel 2a*). Gründe für das Erlöschen sind neben dem Staustufenbau die Flußbegradigung und damit das Abschneiden der Auengewässer, die Überfischung sowie die bereits beschriebene Verschlechterung der Wasserqualität. Dieses Warnsignal integriert somit die anthropogene Strukturveränderung des Gewässers und die Verschlechterung der Wasserqualität.

Von den – am Ende des letzten Jahrhunderts – im Rhein vorhandenen 47 Fischarten kommen heute wieder 40 Arten vor (vgl. Kap. 6.5). Es dominieren allerdings wenig anspruchsvolle Weißfischarten. Erfreulicherweise wurden auch Einzelexemplare von Wanderfischen wie Lachs, Meerforelle, Maifisch und Meerneunauge, dazu auch einige andere selten gewordene Fischarten wie Schneider, Barbe, Nase und Flunder gemeldet. Es kann somit von einer deutlichen Zunahme von gefährdeten Fischarten gesprochen werden. Nach LELEK & BUHSE (1992) wurden um 1975 – Zeitraum schlechtester Wasserqualität im Rhein – nur noch 23 Fischarten nachgewiesen.

Für die weitere Erholung des Fischbestandes und eine Annäherung an die ursprüngliche Fischartenzusammensetzung sind vielfältige strukturelle Maßnahmen am Gewässerbett zu realisieren. Diese beziehen sich einerseits auf die Wiederherstellung der Durchwanderbarkeit des Hauptstroms (Überwindbarmachung von Wanderhindernissen, z. B. Wehren) sowie auf den Wiederanschluß und die -herstellung von Laichgebieten und Jungfischhabitaten in Altgewässern bzw. Nebenflüssen des Rheins. Der IKSR-Plan zur Wiedereinführung der Langdistanz-Wanderfische in den Rhein enthält bereits einen Teil der erforderlichen Lebensraumverbesserungen. Das seit 1988/89 laufende Wiederansiedlungsprogramm für Lachse ist gleichzeitig mit Gewässerstrukturverbesserungen kombiniert. Es handelt sich dabei beispielsweise um den Einbau funktionstüchtiger Fischpässe an den Staustufen Iffezheim und Gambsheim am Oberrhein und an verschiedenen Wehren in Ill, Lahn, Saynbach, Sieg etc.. Weitere Aktionen zur Revitalisierung von Fischlebensräumen laufen an den genannten Nebenflüssen. Sie bilden erst den Anfang. Ziel ist es, den Fluß für alle Wanderfische wieder bis Rheinfelden durchgängig zu machen. Diese Maßnahmen werden sich auch auf andere Fischarten und das gesamte Ökosystem positiv auswirken. Bereits 1990 konnte der erste Lachs gefangen werden, der 1988 im Rahmen des Wieder-einführungsprogramms als Jungfisch in der Sieg ausgesetzt worden war und vom Meer zum Laichen zurückkam, 1993 kamen mindestens 14 laichreife Lachse zurück. Und einen weiteren Beleg, daß das Programm greift, lieferte Anfang 1994 die erste natürliche Lachsvermehrung im Siegsystem.

Makrozoobenthon

Die Besiedlung des Rheinbettes (Ufer und Sohle) mit wirbellosen Kleinlebewesen (Makrozoobenthon) zeigt ebenfalls eine erfreuliche Zunahme der Artenzahlen seit der Abwasserentlastung Mitte der 70er Jahre. Als Beispiel wird eine Untersuchungsstelle am Niederrhein (*Abb. 2.6-6*) herangezogen. Die Artenzahl nähert sich allmählich wieder der um die Jahrhundertwende festgestellten Größenordnung. Dies darf jedoch nicht zu Fehlschlüssen führen. Bedingt durch den für die menschliche Nutzung stark veränderten Lebens-

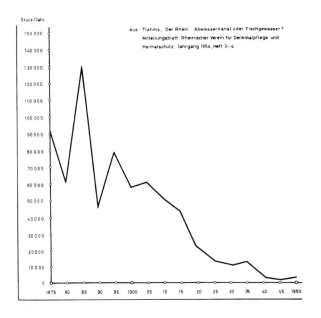

Abb. 2.6-5: Anzahl der registrierten Lachse (1892 – 1922) in Schaffhausen, Zürich und Aargau (aus TRAHMS 1954)

raum hat sich die Artenzusammensetzung extrem verändert. Viele, früher vorhandene, strömungsliebende und empfindliche Arten – z. B. Steinfliegen – sind verschwunden und Arten mit geringeren Ansprüchen an den Lebensraum haben sich durchgesetzt. Dies ist auch bedingt durch den heute vorherrschenden monoton, strukturierten Schiffahrtskanal. Zudem haben mehrere fremde Arten (sog. Neozoen), die aus fernen Regionen eingewandert sind, begonnen, die entstandenen Freiräume zu nutzen. Diese Entwicklung ist noch in vollem Gange. So wurde z. B. 1994 im deutschen Niederrhein erstmalig der aus den Niederlanden eingewanderte Kleinkrebs *Dikerogammarus villosus* aufgefunden.

Hochrhein und Restrhein (Oberrhein) sind durch das Vorherrschen einer größeren Zahl von Insektenarten geprägt. Vom Oberrhein an stromabwärts, vor allem am Mittel- und Niederrhein prägen vorwiegend Plattwürmer, Egel, Schnecken und Krebstiere das Besiedlungsbild. Einige Insektenarten treten jedoch auch hier wieder auf, die zuvor bereits als verschollen galten (z. B. verschiedene Eintagsfliegen- und Köcherfliegenlarven). Typische neue Arten sind der Plattwurm *Dugesia tigrina*, die Schnecke *Potamopyrgus antipodarum*, der Flohkrebs *Gammarus tigrinus* oder der Schlickkrebs *Corophium curvispinum*, der sich seit 1985 von der Mündung her bis in den Oberrhein massenhaft ausgebreitet hat.

Plankton

Die lange Verweilzeit des Rheinwassers auf seinem Weg vom Bodensee bis zum Niederrhein und die gestauten Bereiche und Zuflüsse (Grand Canal d'Alsace, Neckar, Main und Mosel) ermöglichen die Entwicklung von im Wasser schwebenden Mikroalgen, des Phytoplanktons, als Folge der heutzutage hohen Nährstoffgehalte im Rhein. Die Phytoplanktondichte erreicht inzwischen ein Vielfaches dessen, was um die Jahrhundertwende oder noch in den 30er Jahren gefunden werden konnte (FRIEDRICH & MÜLLER 1984) Zentrische Kieselalgen und Grünalgen kommen heute in hohen Dichten vor; das sind allgemein verbreitete, unempfindliche Arten nährstoffreicher Gewässer. Die Chlorophyll-a- Konzentrationen als Maß für die Algendichte schwanken im Laufe des Jahres in Abhängigkeit vom Abfluß und von den Witterungsbedingungen. Gleiches gilt für die Schwankungen von Jahr zu Jahr. Die 1990 im Niederrhein ermittelten Konzentrationen gehören zu den höchsten (bis zu 170 µg/l), die im Rhein bisher beobachtet wurden. Insbesondere in den 70er Jahren wirkten sich toxische Substanzen hemmend auf die Phytoplanktondichte aus; dies gilt auch für die Entwicklung von mikroskopisch kleinen Rädertieren, und den festsitzenden, ebenfalls die Algen aus dem Wasser filtrierenden Dreikantmuscheln (*Dreissena polymorpha*) und den zuvor genannten Schlickkrebsen. Es ist noch zu untersuchen, inwieweit und durch welche Maßnahmen, z. B. weitere Reduzierung von Phosphoreinträgen, eine Begrenzung des Planktonwachstums auf 100 µg Chlorophyll/l als Maximum an der deutsch-niederländischen Grenze erzielt werden kann.

Ökosystembetrachtung des Rheins

Bis zum Sandoz-Brandunfall am 1.11.86 stand beim Gewässerschutz die Qualität des Wassers im Vordergrund des öffentlichen Handelns. Mit dem massiven Aalsterben von Basel bis Bingen geriet das verletzliche Ökosystem des Rheins in den Blickpunkt der Öffentlichkeit. Unterstützt durch das gestiegene Umweltbewußtsein erfuhr die internationale Gewässerschutzpolitik eine deutliche Erweiterung. So setzte die 8. Rheinministerkonferenz am 30.9.87 in Straßburg folgende Ziele, die im Jahr 2000 erreicht sein sollten.

Entwicklung der häufigen Makrozoobenthonarten im Rhein 1969 - 1994 Meßstelle Rheinstadion Düsseldorf														
Taxon	Nov 1969	Okt 1971	Sep 1972	Mai 1974	Sep 1976	Okt 1978	Sep 1980	Sep 1982	Sep 1984	Aug 1986	Sep 1988	Aug 1990	Sep 1992	Aug 1994
PORIFERA					■■■	■■	■■	■■	■■■■	■■	■■	■■		■■■■
TURBELLARIA														
Dendrocoelum lacteum								■■						
Dugesia lugubris						■■■		■■	■■	■■	■	■■	■	■■
Dugesia tigrina								■■■	■■■	■■■■	■■■■	■■■	■■	■■■■
BRYOZOA						■■	■■	■■	■	■■■		■■		■
HIRUDINEA														
Erpobdella octoculata	■		■■	■		■■	■■■	■■■		■	■■		■■	
Glossiphonia complanata	■					■■					■■			
GASTROPODA														
Acroloxus lacustris				■■■■			■	■	■					
Ancylus fluviatilis				■■■	■■					■	■■■	■■	■■	■■
Bithynia tentaculata			■	■	■				■	■■■■■	■■	■■■	■■■■■	■■■
Physa acuta														
Potamopyrgus antipodarum														
Radix peregra		■■	■■■■	■■■■	■■■			■■■	■■■	■■	■■	■■		
LAMELLIBRANCHIATA														
Corbicula spp.													■■	■■■■
Dreissena polymorpha					■			■■■■	■■■	■■■	■■	■■	■■	■■■■
Sphaerium corneum								■■			■■	■■	■■	
CRUSTACEA														
Asellus aquaticus				■	■■	■■	■■■	■■■			■■			■■■
Chaetogammarus ischnus														
Corophium curvispinum												■■■■■	■■■■	■■■
Gammarus pulex								■■	■■	■■■■	■■	■■		■
Gammarus tigrinus													■■	
Orconectes limosus														
EPHEMEROPTERA														
Ephoron virgo														■
TRICHOPTERA														
Ceraclea dissimilis									■■	■	■■	■■	■■	
Ecnomus tenellus														
Hydropsyche contubernalis						■■	■■■■■	■■■	■■■■	■■	■■■			■■■
Hydroptila sp.														■
DIPTERA														
Chironomidae div. spec.						■■■	■■■	■■■■■	■■■■		■■	■■		■■■
Anzahl der Taxa	1	1	4	6	8	6	11	16	15	13	14	14	12	15

Häufigkeiten: ■ = vereinzelt bis ■■■■■ = massenhaft

kursiv gedruckte Namen: NEOZOEN

Abb. 2.6-6: Entwicklung des Makrozoobenthos im Rhein unterhalb Emscher 1969–1994

- Früher vorhandene Arten (z. B. Lachs) sollen wieder im Rhein heimisch werden. Diese Forderung ist Ausdruck der insgesamt zu erreichenden Verbesserung der Wasserqualität und des gesamten Ökosystems.
- Die Nutzung des Rheinwassers für die Trinkwasserversorgung muß auch künftig gewährleistet bleiben.
- Die Schadstoffbelastung des Flußsediments ist so zu verringern, daß dieses Sediment wieder als Aufspülmaterial auf dem Lande verwendet oder ins Meer gebracht werden kann.
- 1989 fügten die Rheinminister ein weiteres Ziel hinzu: Die Verbesserung des ökologischen Zustandes der Nordsee. Im Hinblick auf dieses Ziel sind für einige Stoffe strengere Regeln anzuwenden als diejenigen, die sich allein aus der Notwendigkeit des Rheinschutzes ergeben.

Erreicht werden sollten diese Ziele durch:

- Reduzierung der Belastung aus direkten Einleitungen (Industrie, Kommunen) und indirekten diffusen Einträgen (Atmosphäre, Landwirtschaft)
- Verringerung der Störfall-Gefährdung durch höhere betriebliche Sicherheitsstandards
- morphologische und hydrologische Lebensraumverbesserungen für Flora und Fauna des Rheins und seiner Aue.

Die vor 8 Jahren erhobenen Forderungen zur Verbesserung der Wasserqualität konnten – wie zuvor beschrieben – bis zum Jahr 1995 zum größten Teil realisiert werden. Dem Strom geht es wieder besser.

Es werden wesentlich weniger Schadstoffe eingeleitet, die Anlagensicherheit wurde verbessert und die Zahl der Störfälle hat sich verringert.

Dennoch ist allein mit diesen Verbesserungen nicht alles getan. Der Strom selbst und sein umgebender Raum sind strukturell aus Nutzungsgründen immens verändert worden. Die damaligen Ausbaumaßnahmen sollten Probleme, die sich der uneingeschränkten Nutzung entgegenstellten, lösen. Sie haben neue Probleme geschaffen oder alte Probleme stromabwärts verlagert. So haben der gravierende Auenverlust (90 % zwischen Basel und Karlsruhe) und die Laufverkürzung nicht nur die meisten wertvollen Lebensgemeinschaften in der Aue vernichtet, sondern auch die Hochwassergefahr für die Unterlieger bedrohlich verschärft.

Die Forderung der Rheinminister lautet am 8.12.94 (DK 1994), daß der zukünftige Gewässerschutz am Rhein ökologisch orientiert sein soll, im Einklang mit der nachhaltigen Nutzung durch den Menschen. Für diese neue Dimension der Gewässerschutzes ist die sektorale Betrachtung zu überwinden. Viele ökomorphologische Maßnahmen, wie Wiederanbindung von Altarmen an die Flußdynamik, Deichrückverlegung zur Auenerweiterung – auch aus Hochwasserschutzgründen – Bau von Fischpässen oder Umleitungsgerinnen und anderes mehr, die erhebliche finanzielle Mittel erfordern, werden künftig im Gewässerschutz eine herausragende Rolle übernehmen. Ziel ist ein verantwortungsbewußter Umgang mit dem Wasservorkommen, mit dem Strom und seiner Aue als Lebensraum für Mensch, Tier und Pflanze.

2.7 Die Weser – eine Zustandsbeschreibung
MICHAEL SCHIRMER
Physiographie
Die Weser liegt mit ihrem gesamten Stromgebiet innerhalb Deutschlands (*Abb. 2.7-1*). Ihren Namen trägt sie erst ab Hannoversch-Münden, nach der Vereinigung ihrer »Quellflüsse« Werra und Fulda, wobei der eigentliche Quellfluß die 295 km lange Werra ist und die Fulda mit 221 km eher ein Nebenfluß. Beide sind typische Mittelgebirgsflüsse, die in ihrem Lauf den jeweiligen Tälern folgen und darin von nur relativ engen Auen begleitet werden. Die Werra entspringt in 780 m Höhe an der Pechleite im Thüringer Wald, hat zwischen Eisfeld und Hannoversch-Münden ein durchschnittliches Gefälle von 2,3 ‰ und entwässert ein Einzugsgebiet (A_{Eo}) von 5 497 km². Die Fulda entspringt bei Gersfeld/Wasserkuppe in der Rhön in einer Höhe von 870 m, ihr wichtigster Nebenfluß ist die Eder mit dem Ederstausee. Sie entwässert bis Hannoversch-Münden 6 947 km² mit einem durchschnittlichen Gefälle von 3,4 ‰. Ab Hannoversch-Münden, »*wo Werra sich und Fulda küssen und ihren Namen büßen müssen ...*«, wie die Inschrift auf einem Gedenkstein besagt, beginnt die **Oberweser** ihren Lauf nach Nordwesten, um bei der Porta Westfalica Wiehen- und Wesergebirge zu durchbrechen. Bis hier, zum Weser-km 198 (gezählt ab Hannoversch-Münden), durchfließt die Oberweser das Weserbergland. Ihre Aue ist breiter als die von Werra und Fulda, aufgeschottert, und erlaubt Laufverlagerungen, so daß sich hier ehemals die typische Furkationszone mit langgestreckten Stromspaltungen, Kies- und Schotterbänken und intensiver Geschiebeumlagerung ausbilden konnte. Das durchschnittliche Gefälle beträgt nur noch 0,4 ‰ und gibt der Oberweser den Charakter eines Mittelgebirgsflusses. Das Einzugsgebiet bis zum Pegel Porta wächst auf 19 162 km². Die mittlere Wasserführung beträgt hier 184 m³/s (mit deutlicher Beeinflussung durch den Betrieb der Edertalsperre).

Unterhalb der Porta Westfalica beginnt die 164 km lange **Mittelweser**, die bei Weser-km 362 am Wehr in Bremen-Hemelingen in die tidebeeinflußte Unterweser übergeht. Die Mittelweser weist die typischen Merkmale des Flachlandflusses in einer weiten Talaue auf. Das Gefälle verringert sich auf 0,2 ‰, so daß die Weser hier ausgeprägte Mäander bilden kann und eine von Altarmen durchsetzte Aue schuf. Sie nimmt hier ihren größten Nebenfluß, die Aller (mit Leine, Innerste und Oker), auf und erreicht damit am Pegel Intschede ein Einzugsgebiet von 37 495 km² und einen mittleren Abfluß von 324 m³/s. *Abb. 2.7-2* zeigt den Jahresgang des Abflusses, *Abb. 2.7-3* die Abflüsse in 1990 und die Dauerlinien für den Pegel Intschede (Die Dauerlinie gibt die Anzahl der Tage an, an denen ein gegebener Abfluß bzw. Abflußspendewert unterschritten wird).

Die unter Tideeinfluß stehende **Unterweser (Weserästuar)** erreicht nach etwa 68 weiteren Kilometern Bremerhaven (Unterweser-Kilometrierung 65), wo sich schließlich die durch das Wattenmeer bis zur offenen See verlaufende Außenweser anschließt, die nach etwa 60 km die Seegrenze erreicht. Unter- und Außenweser bilden zusammen das Weserästuar, innerhalb dessen auch die Brackwassergrenze bei UW-km 50 pendelt. Bis zur Küste nimmt die Unterweser noch Hunte und Lesum auf und erreicht damit ein Ge-

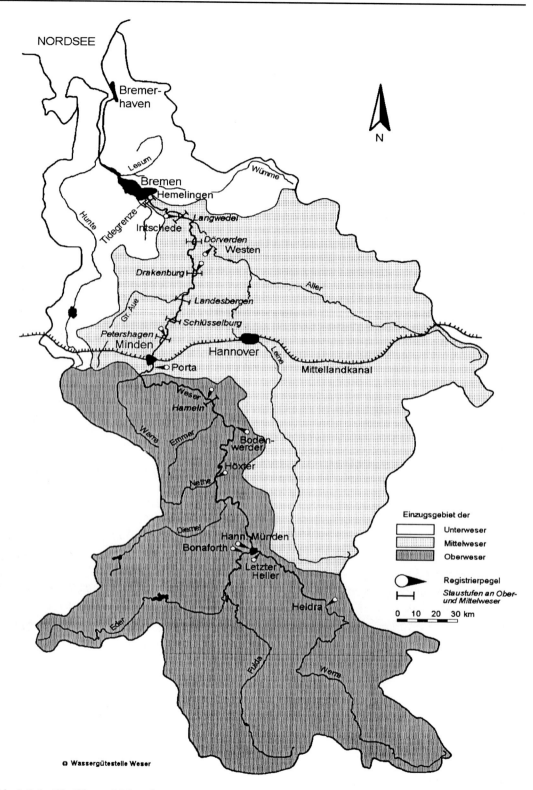

Abb. 2.7-1: Die Weser: Nebenflüsse, Einzugsgebiet, Staustufen und Pegel (nach ARGE 1995)

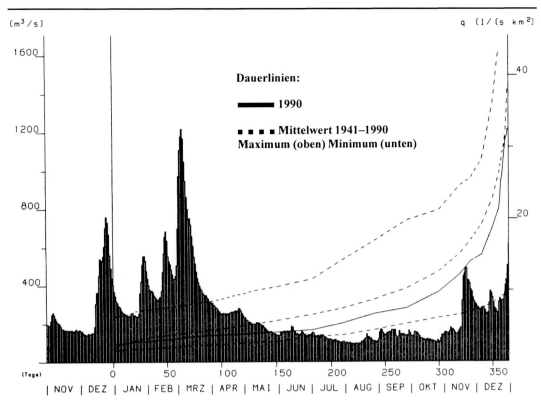

Abb. 2.7-3: Abfluß (Q) und Abflußspende (q) in der Weser für das abflußarme Jahr 1990 am Pegel Intschede (aus NLÖ 1995). **Dauerlinien**: Für 1990 —— und Mittelwert 1941–1990 --- mit Maximum (oben) und Minimum (unten). Zum Ablesen ein Beispiel: Ein Abfluß Q von 400 m³/s wurde in 1990 an 306 Tagen unterschritten, im langjährigen Mittelwert dagegen nur an 274 Tagen

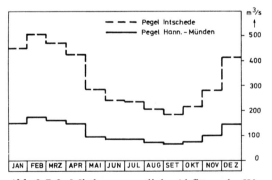

Abb. 2.7-2: Mittlere monatliche Abflüsse der Weser 1941–1970 bei Intschede (aus ARGE 1982)

samt-Einzugsgebiet von 46 303 km², was gut 1/8 der Fläche Deutschlands ausmacht (UIH 1994, NLÖ 1995, ARGE 1994a, ENGEL 1995, ALBRECHT & KIRCHHOFF 1987, GLÄBE 1968).

Der überwiegende Anteil der in den Auenbereichen von Werra, Fulda und Weser anstehenden Gesteine wird von verschiedenen Schichten des Buntsandstein und Muschelkalk gebildet. Nur im unteren Bereich der Oberweser findet sich Keuper in deutlicher Ausprägung. Vor allem an Werra und Fulda lagern wirtschaftlich bedeutsame salzhaltige Schichten des Zechstein. Mit dem Eintreten der Mittelweser in das glazial geprägte Norddeutsche Flachland bewegt sich der Strom in vergleichsweise jungen pleistozänen Sedimenten in einem klassischen Urstromtal. Im nördlichen Abschnitt, dem Weser-Aller-Urstromtal, durchschneiden Mittel- und Unterweser die norddeutschen Geestrücken.

Hydrologie, Wasserwirtschaft

Abb. 2.7-4 zeigt die mittlere Jahresganglinie der Abflüsse der Jahresreihe 1901–1990 am Weser-Pegel Intschede. Die höchsten Abflüsse liegen im Zeitraum Januar bis März/April, die Weser gehört somit zum »nivalen« Abflußregime-Typ, der im wesentlichen ein durch Schneeschmelze bedingtes Frühjahrsmaximum aufweist (BAUMGARTNER & LIEBSCHER 1990). Die Hauptzahlen (1941–1990) für den Pegel Intschede lauten (NLÖ 1995):

MNQ: 127 m³/s
MQ: 324 m³/s
MHQ: 1250 m³/s

Die Weser führt mithin pro Jahr etwa 10,2 km³ Wasser der Nordsee zu. Die **Abflußspende** des Einzugsgebietes, Mq, beträgt 8,64 l/(s·km²), was typisch ist für Flüsse des Mittelgebirges – zum Vergleich: Mq Rhein: 11,7, Elbe: 4,9 l/(s·km²). Die Relation zwischen MNQ und MHQ von 1:10 verdeutlicht die wesertypische, große Amplitude der Abflüsse und Wasserstände im Jahresverlauf, was für Hochwasserschutz und Schiffahrt von größter Bedeutung ist.

Wie ENGEL 1995 darstellt, unterliegen diese Hauptwerte seit Anfang unseres Jahrhunderts gegenläufigen Trends: die niedrigsten Abflüsse steigen, während die Hochwasserabflüsse langsam abnehmen. Er erklärt dieses mit der abflußverstetigenden Funktion der Rückhaltebecken und Talsperren (vor allem Eder- und Diemeltalsperre, die Talsperrensysteme im Harz und das Rückhaltebecken Salzderhelden an der Leine). Doch zeigen auch die Jahresmittelwerte MQ einen steigenden Trend, den ENGEL 1995 auf die deutliche Zunahme der Jahresniederschläge im Wesergebiet zurückführt, die sich seit Mitte der 50er Jahre als Zunahme der Abflüsse im Frühjahr (März–Juni) und Abnahme im Sommer/Herbst (Juli–Oktober) manifestiert. Solche Tendenzen stimmen mit den Prognosen der Klimaforschung überein (vgl. dazu Kap. 1.5).

In der Unterweser wirken sich heute wegen der ausbaubedingten **Querschnittserweiterung** von oben kommende Hochwässer nur noch minimal auf die dortigen Wasserstände aus. Während an Ober- und Mittelweser und ihren Nebenflüssen Hochwässer noch relativ großflächig ausufern und die Auen überschwemmen (HQ war 3500 m³/s am 12.2.1946), wirken sich diese in der tidebeeinflußten Unterweser vor allem als Unterdrückung des Flutstromes aus.

Weil das Volumen der Unterweser durch den Ausbau zur Seeschiffahrtstraße erheblich vergrößert wurde, benötigt das über das Hemelinger Weserwehr eintretende Oberwasser für die 68 km lange Strecke bis Bremerhaven deutlich länger als für die 365 km von Hannoversch-Münden bis Bremen (*Abb. 2.7-5*): bei MQ etwa 4 Tage bis Bremen und dann noch etwa 10 Tage bis Bremerhaven (ARGE 1982). Bei sommerlich niedrigem Oberwasserzufluß kann die Verweilzeit im Ästuar 30 bis 40 Tage erreichen, bei Flut- und Ebbewegen von über 20 km, so daß ein Wasserkörper bis zu 40mal z. B. an einer Abwärmeeinleitung vorbeipendelt (ARGE 1994b): die Kombination aus sommerlicher Niedrigwasserführung (mit wei-

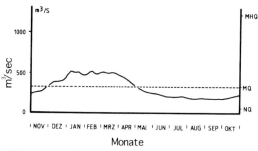

Abb. 2.7-4: Mittlere Jahresganglinie der Abflüsse der Weser 1901/1990 am Pegel Intschede (nach ENGEL 1995)

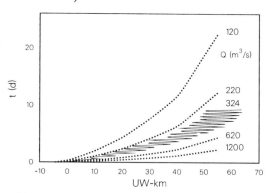

Abb. 2.7-5: Unterweser (UW): Bewegungsdauer in Tagen (d) eines Wasserkörpers bei mittlerem Oberwasser (zick-zack-Kurve) und mittlere Laufzeiten für 4 weitere typische Abflußsituationen (gestr. Kurven) (aus ARGE 1994b)

ter abnehmender Tendenz!) und künstlicher Überdimensionierung der Unterweser (mit zunehmender Tendenz durch Ausbau und Anstieg des Meeresspiegels) ist deutscher Rekord!

Während niederschlagsbedingtes Hochwasser also für das Ästuar wenig problematisch ist, so bringen die winderzeugten Sturmfluten um so mehr Gefahren mit sich. Der bei nördlichen bis westlichen Winden in der Deutschen Bucht erzeugte Einstau der Wassermassen führt in den trichterförmigen Mündungen von Elbe und Weser zu dramatischen Wasserständen, die zuletzt im Februar 1962 zu katastrophalen Deichbrüchen, Überschwemmungen und Hunderten von Todesopfern führten.

Wegen der offenen Verbindung zur Nordsee ist das Deichsystem an der Unterweser Bestandteil des Küstenschutzes. Mit stetig steigenden Anforderungen an Deichhöhen und -sicherheiten drohte das Deichsystem der Nebenflüsse zum Risiko zu werden. Sie wurden daher sämtlich mit Sturmflutsperrwerken an ihren Mündungen versehen. Der dadurch fehlende Flutraum in Hunte,

Lesum/Wümme und Ochtum führte zu einem rechnerischen Anstieg der Sturmfluthöhen in der Weser um weitere 60 cm – zusätzlich zum ausbaubedingten Sturmflutanstieg, zum säkularen Meeresspiegelanstieg von bisher etwa 20 cm pro Jahrhundert und zu dessen Beschleunigung durch den anthropogenen Klimawandel (vgl. Kap. 1.5)

Die Weser - zurechtgestutzt und angepaßt

In ihrem Lauf durch Zeit und Raum ist die Weser zunehmend genutzt, mißbraucht und angepaßt worden. Wie bei allen Flüssen standen natürlich am Anfang die Fischerei, die Jagd am Fluß und in der Aue, die Benutzung des Flusses zur Fortbewegung und für den Transport. Die frühen Boote waren klein, Flöße dienten zum Transport von Waren und Holz (KEWELOH 1985; DÖHL 1995). Größere, fast schon katastrophale Eingriffe in das Gewässernetz begannen im frühen Mittelalter: an vielen Nebenflüssen und auch in der Oberweser wurden Mühlenstaue errichtet (in Hameln um das Jahr 1000), die das Kontinuum des Flußökosystems zerstörten und vor allem den Rückgang der Wanderfischarten Lachs, Alse, Stör und Flunder einleiteten. Gleichzeitig begann eine Phase intensivster Entwaldung in den Mittelgebirgen, um Bauholz für Schiffe und Häuser und Brennholz für die Salzherstellung, Köhlerei, Glas- und Metallhütten zu gewinnen. Die Folge waren großflächige Erosion, verstärkte Hochwässer mit Lehmablagerungen in den Weserauen und die stetige Versandung der Unterweser mit dem drohenden Verlust der Schiffbarkeit für seegehende Schiffe. Überdies setzte im 11. und 12. Jh. der systematische Bau von Deichen an Mittel- und Unterweser ein. Bis dahin hatte man hochwasserfreie Areale besiedelt oder versucht, durch den Bau von Wurten oder Warften einzelne Gebäudekomplexe höher zu setzen. Der Übergang vom »Objekt«- zum »Flächenschutz« beraubte die Weser großer Teile ihrer Aue – der durch die verstärkten Ton- und Lehmablagerungen fruchtbarer gewordene Überschwemmungsbereich und Retentionsraum fehlt ihr bis heute. Die steigenden Hochwässer sind die Quittung. Eindeichung erforderte natürlich auch Entwässerung, die zusammen mit der landwirtschaftlichen Nutzung zu Bodensackungen durch Austrocknung und Remineralisierung der Niedermoorböden führte, womit die Überflutungsgefahr weiter stieg: im Bremer Blockland (Wümmeniederung) und z. B. in der Osterstader Marsch, nördlich von Bremen, sind die Böden um bis zu 1,5 m gesackt und liegen heute bis zu -0,8 m NN, während das mittlere Tidehochwasser auf mehr als +2 m NN steigt.

Die Weser zeigt seit tausend Jahren in sehr anschaulicher Weise, wie die Zerstörung der Landschaft den Fluß verändert und wie der Oberlieger den Unterlieger in Not bringt. Aber auch für Zähigkeit und Sturheit bietet die Weser schöne Beispiele. Ein solches ist die Beseitigung mehrerer Durchbrüche zwischen der Unterweser und dem Jadebusen, die zwischen dem 12.und 16. Jh. durch katastrophale Sturmfluten entstanden waren. Durch sie waren die Gebiete Butjadingen und Stadland zeitweilig zu »Inseln« geworden, vom »Festland« durch Line, Lockfleth, Ahne und Heete getrennt. Die Beseitigung dieser Durchbrüche bewies den »Ordnungssinn« der Bevölkerung und das bereits zu dieser Zeit hochentwickelte soziale und technische Vermögen der Bewohner des Weserraums, die Flußlandschaft ihren Bedürfnissen anzupassen.

Der Flußlauf der Weser und ihrer Quell- und Nebenflüsse war schon bis ins 15./16. Jh. durch zahlreiche Mühlenstaue und Fischwehre ökologisch zerschnitten. Die Erfassung ihres ökologischen Zustandes ergibt noch heute 40 Wehre an der Werra und 26 an der Fulda, die in fast allen Fällen für die Limnofauna nicht passierbar sind (UIH 1994). Mit der Entwicklung einer organisierten Treidelschiffahrt begann die Zerstörung auch der Flußufer. Ab dem 17. Jh. wurde auf ganzer Länge zumindest eines der Weserufer vom Gehölzbewuchs befreit und geglättet, um einen Treidelpfad anlegen zu können. Ab dem 18. Jh. wurden Pferdegespanne eingesetzt, für die ein mindestens 3 m breiter Pfad hergestellt werden mußte (ALBRECHT & KIRCHHOFF 1987). Eingriffe in das Flußbett blieben dagegen zunächst kleinräumig und ohne große Folgen. Erst mit dem Aufkommen der Raddampfer änderten sich die »Sachzwänge« und machten die Anpassung des Flußbettes an die Bedürfnisse der Schiffahrt erforderlich. Die Wehre wurden mit Schleusen versehen und bekamen zusätzliche Funktionen durch die Anhebung der sommerlichen Niedrigwasserstände. Die Ufer wurden, meist mit Steindeckwerken, befestigt. Stromspaltungen wurden beseitigt, und ab 1880 begann an der Oberweser die Herrichtung einer Fahrrinne durch Buhnenbau und Ausbaggerung. Damit war dieser Abschnitt der Weser korsettiert und der wichtigsten ökologisch relevanten Fluß- und Auenstrukturen und -funktionen beraubt.

Durch Buhnenbau und Baggerei hatte sich die Mittelweser zwischen Minden und Bremen, wie auch die Oberweser, um einen halben Meter eingetieft, so daß die Staustufe Dörverden gebaut und 1914 in Betrieb genommen wurde. Seit 1912 bestand die Staustufe in Bremen-Hemelingen, die den Tideeinfluß und das Absinken des Mittelwasserstandes nach dem Ausbau der Unterweser von der Mittelweser fernhalten sollte. In den Jahren 1915/16 wurde der Mittellandkanal in Betrieb genommen, der die Weser bei Minden in einer imposanten Kanalbrücke mit Auf- und Abstiegsschleusen quert. Da der Kanal mit bis zu 16 m³/s Wasser aus der Weser gespeist werden sollte und diese Entnahme bei dem ja schon von Natur aus geringen Sommerabfluß die Schiffahrt auf dem Fluß unmöglich gemacht hätte, wurden die Eder- und Diemeltalsperren gebaut (202 bzw. 20 Mio. km³ Inhalt). Sie sollten mit im Winter gespeichertem Wasser im Sommer die Oberweserwasserstände anheben und den Mittellandkanal mitversorgen. Diese Funktion haben beide Talsperren auch heute noch, obwohl auf der Oberweser nur noch, in geringem Umfang, Personenschiffahrt stattfindet.

Da die Mittelweser erst kurz vor Bremen durch die Aller eine nennenswerte Abflußzunahme erfährt, ergab sich das Problem, daß die Verbindung zwischen Mittellandkanal und den bremischen Seehäfen im Sommer oft durch niedrige Wasserstände eingeschränkt war. Kleine Binnenschiffe hatten dadurch Vorteile, größere mußten teilabgeladen, d. h. nicht mit voller Ladung, fahren. So wurde 1934 begonnen, die Mittelweser zu kanalisieren und in eine Reihe von Stauhaltungen zu zerlegen. Nach kriegsbedingter Unterbrechung wurden die Staustufen Petershagen, Schlüsselburg, Landesbergen, Drakenburg und Langwedel fertiggestellt, so daß die Mittelweser heute auf 148 km 7 Staustufen aufweist (*Tafel 3*). Die Schleusenkanäle schneiden meist durch die weiten Mäanderschleifen, so daß sich der Schiffahrtsweg (nicht die Lauflänge der Weser) um 22,5 km verkürzte (LÖBE 1960). Seit 1960 hat die Mittelweser dadurch mindestens 2,50 m Wassertiefe, die Tauchtiefe für Binnenschiffe beträgt etwa 2 m. Die erwünschte Wirkung der Staustufen – Wasserstandsanhebung und -verstetigung – wirkt sich allerdings ökologisch katastrophal aus. Die Vergrößerung der Wasservolumina innerhalb der fast von Stufe zu Stufe reichenden Staubereiche führt zu Sedimentation, Schichtungsphänomenen und beschleunigter Erwärmung – die Folge ist der regelmäßige Zusammenbruch des Sauerstoffhaushalts der Mittelweser (s. u.). Aus ökonomischen Gründen nimmt jedoch die Größe der Binnenschiffe weiter zu. Insbesondere vom Rhein und der Unterelbe und -weser herkommend wuchs der Anteil größerer Binnenschiffe, die die Mittelweser nur teilabgeladen befahren können. Seit 1988 wird die Mittelweser daher an das sog. »Europa-Schiff« (85 m lang, 9,5 m breit, 2,5 m Tiefgang bei 1350 t Ladung) »angepaßt«. Zu den Maßnahmen gehören vor allem Vertiefungen der Fahrrinne, die Abflachung von Kurven und zusätzliche Ufersicherungen. Diese Anpassung ist für die Staustufen Petershagen und Schlüsselburg gerade beendet, da beginnt bereits die Planung für die nächste Schiffsgröße: das Bemessungsschiff der Zukunft ist das containertragende »Großmotorgüterschiff« (GMS) mit bis zu 110 m Länge, 11,45 m Breite und 2,8 m Tiefgang. Auch wenn dieses auf der Mittelweser nur mit 2,5 m Tiefgang teilabgeladen fahren soll und wenn heutzutage versucht wird, durch Umweltverträglichkeitsprüfung und Eingriffs/Ausgleichsregelung das Schlimmste zu verhüten, so wäre doch damit die Umwandlung eines Flusses in eine Wasserstraße so total vollzogen wie nur vorstellbar. Die Charakteristika des Flusses als Ökosystem und Bestandteil der Landschaft – mit Hydro- und Morphodynamik, aquatischer und amphibischer Biotopvielfalt – sind dann weitgehend vernichtet. Auch die Unterweser wurde seit 1885 Schritt für Schritt den wachsenden Schiffsgrößen angepaßt. Die Folgen der Übertiefung und immensen Querschnittserweiterung des Ästuars sind oben dargestellt (ausführlicher in SCHIRMER 1994, 1995a). Für die Unterweser scheint die Zeit größerer Anpassungsmaßnahmen wohl vorbei zu sein, weil die damit verbundene weitere Verstärkung des Tidenhubs über 4,1 m hinaus enorme Konsequenzen für die Häfen und das gesamte Ästuar hätte. Dessenungeachtet wird gegenwärtig das Planfeststellungsverfahren für die weitere Anpassung der Außenweser an die Großcontainerschiffe der 3. und 4. Generation durchgeführt: die Fahrrinne soll von 12 bis 14,7 m unter SKN vertieft werden, die Auswirkungen werden bis Bremen hinein spürbar sein.

Neben den dargestellten Eingriffen in den Flußlauf und sein Einzugsgebiet muß noch die großflächige Zerstörung der rezenten, heute noch regelmäßig überschwemmten Aue durch Kiesgruben genannt werden. In einigen Abschnitten der Ober- und Mittelweser sind bereits ganze »Seenlandschaften« entstanden, z. B. die Häverner Marsch (Petershagen) und die Weserbögen bei Marklohe und Leeseringen (bei Nienburg) (UIH

1994). Wenn alle geplanten Abgrabungen verwirklicht werden, verschwinden auf lange Strecken bis zu 50 % der Aue! Abgesehen von den Versuchen, die Baggerseen für die Ablagerung umweltgefährdender Abfälle oder als Freizeitcenter zu mißbrauchen, gehen damit auch dauerhaft die Möglichkeiten zur Regeneration auentypischer Bioptypen und zur Wiederherstellung des Retentionsvermögens der Aue verloren. Sand und Kies werden allerdings auch direkt aus der Weser und ihren Nebenflüssen entnommen, die Staustufen bilden willkommene Sedimentfallen. Dieser Eingriff in den Geschiebehaushalt leistet der fortschreitenden Tiefenerosion Vorschub und führte dazu, daß die traditionelle Sandgewinnung an der Unterweser verboten werden mußte und dort nur noch Umlagerungsbaggerei stattfindet.

Ein Fluß wird gepökelt – die Weser im Streß

Eine Darstellung des Belastungszustandes der Weser muß mit der Verunreinigung von Werra und Weser durch die **Salzeinleitungen** der Kali-Industrie beginnen. Seit Beginn des Jahrhunderts stetig zunehmend, erreichten die Einleitungen von Kali-Endlaugen Anfang der 70er Jahre ein Niveau von etwa 200 kg Chlorid (Cl⁻)/s, von denen etwa 85 % aus den thüringischen Werken stammten, der Rest aus Hessen und Niedersachsen. Diese Fracht führte in der Werra zu Konzentrationen von 11 000 mg Cl⁻/l bei MQ und bis zu 40 000 mg Cl⁻/l bei NQ, in der Mittelweser noch zu 1 000 bzw. 3 000 mg Cl⁻/l. Besonders nachteilig wirkten sich die starken Konzentrationsschwankungen aus. Erst unterhalb der Allermündung wurden Werte erreicht, die wenigstens einigen limnischen Arten die Besiedelung der Weser erlaubten. Durch Betriebsstillegungen nach der Wiedervereinigung sank die Chloridfracht auf 30–50 % der früheren Werte. Welche katastrophalen gewässerökologischen Konsequenzen diese Europarekord-Belastung hatte und wie die Regeneration der halotoleranten Restbiozönose einsetzt, wird in Kap. 6.10 beschrieben.

Zu der Ungeheuerlichkeit, einen ganzen Strom auf 590 km Länge zu versalzen, gesellen sich die »üblichen« Belastungen, die sich gegenseitig und in Wechselwirkung mit den Ausbaufolgen verstärken. Nährstoffe und abbaubare organische Substanz werden entlang des gesamten Flußsystems aus kommunalen und industriellen Kläranlagen eingeleitet und gelangen aus der Fläche diffus in die Weser. Die Behandlung der Abwässer ist heute allgemein so weit fortgeschritten, daß keine unmittelbar abwasserbedingten O_2-Mangelprobleme mehr auftreten. Der Sauerstoffhaushalt der Weser wird jedoch durch zwei andere Phänomene erheblich belastet: beim Zusammenfluß von Fulda und Werra stirbt ein Großteil des limnischen Phytoplanktons der Fulda wegen der schlagartig ansteigenden Salinität ab, die folgende Zersetzung führt zu O_2-Defiziten. Das aus der Werra eingetragene Phytoplankton wird von salzliebenden Kieselalgen dominiert, denen die Silikatzufuhr aus der Fulda ein starkes Massenwachstum in der Oberweser erlaubt. Mit dem Eintritt in die 7fach gestaute Mittelweser setzt durch Turbulenzverringerung und Selbstbeschattung ein Absterben des Phytoplanktons ein. Die Folge sind regelmäßig auftretende Sauerstoffmangelkatastrophen mit Werten häufig unter 2 mg O_2/l und Fischsterben (SCHWIEGER 1995). In solchen Situationen stellen die Wasserkraftwerke in den 6 oberen Staustufen den Betrieb ein, und es wird versucht, durch den Wehrüberfall atmosphärischen Sauerstoff ins Wasser zu schaffen (vgl. dazu ARGE 1994a). Nach Eintritt der Weser in den Tidebereich erreicht die centrische Diatomee *Actinocyclus normanii* häufig große Bestandsdichten, bevor im Bereich der Trübungswolke zwischen Esenshamm und Bremerhaven das weserbürtige Phytoplankton endgültig am Ende ist (SCHUCHARDT & SCHIRMER 1990).

Die ARGE Weser (1995) schätzt, daß sich die Ammoniumfracht der Weser im Vergleich 1993 zu 1986 um 25 % verringert hat, die Nitratfracht um ca. 10 % und die Phosphatfracht um 65 %. Die Belastung der Weser mit Schwermetallen zeigt eine leicht rückläufige Tendenz. Auffällig sind nach wie vor die hohen Konzentrationen von Cd, As und Pb, die vor allem über die Aller in die Weser gelangen: im Einzugsgebiet der Oker liegen die mittelalterlichen, z. T. heute noch betriebenen Erzbergwerke und -hütten und die dazugehörigen Abraumhalden, aus denen der saure Regen tödliche Schwermetallmengen ins Sickerwasser spült. Die Abzucht und die Oker sind streckenweise infolge Schwermetallvergiftung verödet. Diese Schwermetallzufuhr bewirkt vor allem hohe Cd-Anreicherungen in den Sedimenten, die dadurch höher belastet sind als die von Rhein und Elbe. Alle Schwermetalle, insbesondere Pb und Cd, sind überdies in hohen Konzentrationen in Algen und Tieren der Weser nachweisbar.

Das gilt auch für die nachfolgende Schadstoffgruppe: Leicht- und schwerflüchtige halogenierte

Kohlenwasserstoffe und Pflanzenschutzmittel finden sich in Wasser, Schwebstoffen und Sedimenten der Weser, wenn auch nicht in spektakulären Konzentrationen: Der Wesergütebericht 1993 (ARGE 1995) nennt eine »Grundlast« von einigen PCBs im mittleren Belastungsbereich sowie Hexachlorbenzol, α-HCH und γ-HCH, das eigentlich längst verboten ist.

Zu diesen stofflichen Belastungen der Weser kommt die Zufuhr anthropogener thermischer Energie: 2 Atomkraftwerke (Grohnde an der Oberweser und Esensham an der Unterweser, das AKW Würgassen wurde 1995 stillgelegt (!)) und 9 Gas- und Kohlekraftwerke führen der Weser chronisch soviel Abwärme zu, daß die ökologisch fundamental wichtigen winterlichen Minimaltemperaturen nur noch selten erreicht werden und die natürliche Gleichgewichtstemperatur der Weser um bis zu 3 Kelvin überschritten ist.

Eine Zukunft für die Weser

Das Einzugsgebiet der Weser liegt vollständig in Deutschland, also sind keine internationalen Absprachen erforderlich und die Sanierung geht zügig vonstatten? Gemach, gemach! Das »**Aktionsprogramm WESER**« (ARGE 1989) nennt hehre Ziele, die Umsetzung schleppt hinterher. So erfreulich der stetige Ausbau der Kläranlagen ist, so ärgerlich ist die Entschärfung des Wasserhaushaltsgesetzes durch die aktuelle Novellierung. Bezogen auf das Wasser der Weser bleiben drei große Probleme auf absehbare Zeit ungelöst:
• Die **Salzbelastung** von Werra und Weser soll gar nicht beseitigt, sondern nur »verringert und verstetigt« werden. Das langfristige Ziel ist zwar eine Reduzierung der Chloridfracht aus den thüringischen Kaliwerken von ca. 180 auf 18 (!) kg/s (bei ca. 75 kg/s in 1993), was jedoch 1. erhebliche Investitionen erfordert und 2. zusammen mit den Frachten aus den hessischen und niedersächsischen Kaliwerken immer noch 50 kg/s bedeutet;
• Die **Abwärmebelastung** wird weiterhin das ökologische Gefüge der Weser nachhaltig stören und den Erfolg anderer Sanierungsmaßnahmen schmälern. Es bleibt abzuwarten, ob die in Niedersachsen erhobene Abgabe für Kühlwassernutzung zur Verringerung dieser Energieverschwendung führt;
• Die Auslaugung der Erzhalden und die Entwässerung alter Bergwerke bleibt die entscheidende Quelle der Schwermetalle, durch welche die Sedimente in Aller, Mittel- und Unterweser so belastet werden, daß sie als Sonderabfall behandelt werden müssen.

Bezogen auf Morphologie, Wasserhaushalt und Nutzung der Weser und ihrer Aue sind die Aussichten auf ökologisch begründete Verbesserungen wenigstens etwas besser. Die ARGE Weser (1989) hat in ihrem Aktionsprogramm die Verbesserung der ökologischen Verhältnisse in und an der Weser gefordert und die Vergabe von Gutachten angekündigt. Diese sind tatsächlich erstellt bzw. in Arbeit und bilden eine beispielhafte Grundlage für ökologisch orientierte Entwicklungsplanungen für das Gesamtsystem Fluß und Aue. Bereits abgeschlossen und veröffentlicht ist das »Rahmenkonzept zur Renaturierung der Unterweser und ihrer Marsch« (CLAUS et al. 1994a,b). Darin wird – unter vorläufiger Tolerierung des aktuellen Ausbauzustandes – ein Leitbild entwickelt, welches Elemente der Naturlandschaft enthält (zwischen den Deichen und der Fahrrinne keinerlei Nutzung, Öffnung von Sommerdeichen, Rückbau von Uferbefestigungen, Förderung von Hydro- und Morphodynamik, Förderung der freien Sukzession und der Wiederentwicklung der naturraumtypischen Biotoptypen, vor allem Flachwasserzonen, Röhrichte, Auenwälder etc.) und Elemente der naturraumtypischen Kulturlandschaft (hinter den Deichen extensive bis sehr extensive Feuchtgrünlandbewirtschaftung mit regionaler Vermarktung der Produkte, Förderung der Grabensysteme etc.).

Ein ähnlicher Plan für Werra, Fulda, Ober- und Mittelweser wird z. Z. im Fachausschuß 4.12 (Ökologie der Gewässerlandschaft) des DVWK für die ARGE Weser erarbeitet. Dieser »Ökologische Gesamtplan« beinhaltet nach Naturraumtypen differenzierte Leitbilder mit anthropogener Komponente. Das heißt, es werden für menschliche Tätigkeiten und Nutzungen Auflagen formuliert, die eine Wiederherstellung der ökologischen Funktionen der Weser und ihrer Aue ermöglichen (noch fehlen allerdings in diesem Konzept die gesamten Nebenflüsse ...).

Beide Renaturierungskonzepte beziehen die gesamte jeweilige Gewässerlandschaft von Fulda, Werra und Weser ein und berücksichtigen fluß- und landschaftsökologische Funktionen. Sie sind in dieser Hinsicht bisher einzigartig und bilden ein hervorragendes Instrument für den Schutz und die Wiederherstellung der Fluß- und auenökologischen Funktionen der Weser.

3 Flüsse als Verkehrswege und Ansiedlungsgebiete

In der Nähe der Flüsse zu leben war schon zur Zeit der frühesten Besiedlung attraktiv, denn sie boten Trink- und Brauchwasser, waren fischreich und die einzigen Verkehrswege. Ansiedlung und Landwirtschaft in unmittelbarer Nähe der Flüsse sowie die Schiffahrt waren aber erschwert und unsicher, denn die sich verlagernden Flußläufe, die großen Schwankungen der Wasserführung, das immer wieder über die Ufer tretende, die Felder überschwemmende, den Landbesitz und die Ansiedlungen gefährdende Wasser waren feindlich und schwer zu beherrschen.

Örtliche Eingriffe hier und da bereits im ausgehenden Mittelalter und die Anlage von Treidelpfaden beeinträchtigten und veränderten bereits die gewachsenen Strukturen der Flüsse und ihrer Ufer. Aber erst die fortschreitende technische Entwicklung seit Beginn des Industriezeitalters vor etwa 200 Jahren, die zunehmende Bedeutung der internationalen Handelsbeziehungen, die immer größer werdenden Schiffe und die dafür benötigten Verkehrsstrukturen, das Wachstum der an den Flüssen liegenden großen Städte mit ihren Abwässern und ihren Häfen sowie die anhaltende Nachfrage nach zuerst mechanischer, später nach immer mehr elektrischer Energie haben zu der bis heute fortschreitenden, tiefgreifenden Umgestaltung der Fließgewässer geführt. So wurden aus strukturreichen, dynamischen und von vielgestaltigem Leben erfüllten Ökosystemen regulierte, gestaute, kanalisierte, ökologisch verarmte, aber für die erwünschte technische Nutzung immer geeignetere »Wasserstraßen« und durch Schadstoffe belastete »Vorfluter«.

Heute erkennen wir, daß die Übernutzung der Einzugsgebiete, die Zersiedlung der Täler, die Technisierung der Flußläufe und die Zerstörung der Flußökosysteme zu neuen, kostspieligen Problemen führen - wie z. B. die immer häufiger wiederkehrenden »Jahrhunderthochwässer« und ihre Folgen - die den vermeintlichen Vorteil von Standorten in den ehemaligen Auen in Frage stellen. Trotz teurer Kläranlagen ist in den Flüssen das Baden nicht mehr möglich, das Fischen unergiebig, die Trinkwassergewinnung erschwert oder eingestellt. Die Warnsignale sind nicht mehr zu ignorieren. Sie mahnen zu maßvoller, zurückhaltenderer Nutzung und ökologisch sinnvoller Korrektur der Fehler. Dies gehört zu den Problemen, die wir unseren Nachkommen zumuten.

3.1 Besiedlungsentwicklung – Entwicklung der Binnenschiffahrt
ROLF DE VRIES & HEINRICH REINCKE

Die Anfänge und die Entwicklung der Binnenschiffahrt sind eng verknüpft mit der Besiedlung und stehen mit ihr in enger Wechselbeziehung. Sie reichen weit zurück in vorgeschichtliche Zeiten und haben voneinander unabhängig in verschiedenen Gebieten der Erde ihre unterschiedliche Entwicklung genommen. Die natürlichen Flüsse wurden dabei für den Transport von Personen und Gütern genutzt und bildeten Leitlinien mit einem erheblichen Einfluß auf die Form der Besiedlung der betreffenden Regionen.

Die technische Entwicklung der Binnenschiffahrt von kleinen hölzernen Booten bis zum heutigen modernen aus Metall gefertigtem Binnenschiff vollzog sich ebenfalls zunächst sehr langsam und wurde jeweils durch die derzeitigen Produktionsmittel und -verfahren, aber auch durch die natürlichen Gegebenheiten der Flüsse bestimmt.

An den Ufern der Flüsse wurden die Menschen seßhaft. Sie konnten auch andere natürliche Barrieren wie Gebirgszüge an den Ufern der sie durchschneidenen Flüsse überwinden. Neben der Leitlinienfunktion von Flüssen ist aber auch die hemmende Funktion von Wasserläufen zu betrachten, die einer Ausbreitung und einem ungehinderten Passieren bzw. einer Ausweitung der Ansiedlungen entgegen standen. Wo keine natürlichen Möglichkeiten (z. B. Furten) gegeben waren, entstand der akute Bedarf, durch Fährboote die Personen und Güter über den Strom zu transportieren.

Mit der Seßhaftwerdung der Menschen entstanden im Laufe der wirtschaftsgeschichtlichen Entwicklung Landwirtschaft, Handel, Handwerk und später noch die Industrie und die sich daraus ergebende Notwendigkeit für den Transport von Personen und vor allem Gütern. Im Mittelalter mit seiner Blüte des Handels und der Herausbildung von Handelsstädten erhielt die Binnenschiffahrt in den europäischen Ländern einen großen Auftrieb. Die an den großen Flüssen gelegenen Städte entwickelten sich zu Handelsmetropolen. Die Kaufleute konnten ihre Handelsgüter über die schiffbaren Flüsse bis direkt an ihre Lagerhäuser per Schiff transportieren. Den deutschen Handelsstädten wurde durch Kaiser OTTO I. (936 bis 973) das sog. Stapelrecht verliehen, das erst durch einen Aufhebungsbeschluß des Wiener Kongresses (1815) endgültig aufgehoben wurde. Das Stapelrecht bestand darin, daß die zu transportierenden Güter auf dem Wege zum eigentlichen Bestimmungsort beim Transport an jedem Handelsplatz zunächst ausgeladen und dort zum Verkauf angeboten werden mußten. Nur die unverkaufte Ware wurde wieder verladen und weiter an seinen eigentlichen Bestimmungsort verschifft. Zunächst führte das Stapelrecht zu einer Ausweitung des Handels. Es wurde aber später wegen des Aufwandes und Zeitverlustes zu einem echten Handelshemmnis.

Ein weiteres Hemmnis entstand durch die Gründung von Schifferzünften, die für bestimmte Flußabschnitte das ausschließliche Recht des Transportes besaßen. Die Handelswaren mußten also ebenfalls öfter mit Zeitverlust und Kostenaufwand entsprechend umgeladen werden. Auch die von Anliegern gebauten Wehre zur Nutzung der Wasserkraft schränkten teilweise den freien Verkehr ein und bedingten Umladungen. Zu guter Letzt sind die zu zahlenden Zölle und Abgaben zu nennen, die entrichtet werden mußten, wenn die Handelswaren auf dem Strom Hoheitsgrenzen überschritten.

Die Flüsse wurden im Laufe der Zeit durch Kanalbauten zu Netzen erweitert. Während die großen Flüsse in Deutschland in Süd-Nord- Richtung fließen, wurden die Kanäle in Ost-West-Richtung geschaffen. Durch Wasserbaumaßnahmen wurde Einfluß auf die Wasserführung genommen. Kanalbauten (seit dem 14. Jh.) und die Erfindung und der Bau von Kammerschleusen (15. Jh.) gaben der wirtschaftlichen Entwicklung der Regionen und der Binnenschiffahrt weitere positive Impulse.

Während die Schiffe und Boote bei der Talfahrt die Strömung, den Wind und das Rudern oder Staken als Antriebsenergie nutzten, wurden bergwärts die Schiffe und Boote zumeist von Menschen oder später durch Zugtiere gegen den Strom vom Ufer aus gezogen (getreidelt).

Trotz dieser begrenzenden Faktoren und Einflüße auf die Binnenschiffahrt, war ihre Stellung als bedeutender Träger des Güterverkehrs neben Pferd und Wagen als Transportmittel unangefochten und hatte erheblichen Einfluß auf die Besiedlung und wirtschaftliche Entwicklung.

Mit der Erfindung und dem Einsatz der Dampfmaschine durch J. WATT (1736–1819) setzten jedoch auch im Verkehrswesen grundlegende Veränderungen ein. Zum einen durch die Nutzung der Dampfmaschine als Antrieb für Binnenschiffe, aber auch durch den Einsatz bei der sich entwickelnden landgebundenen Eisenbahn als konkurrierender Verkehrsträger neben Pferd und Wagen. Der spätere Einsatz von Benzin- und Dieselmotoren veränderte ebenfalls die Binnenschiffahrt und die Motorisierung des Straßenverkehrs mit gleichzeitigem Auf- und Ausbau des Straßennetzes und begrenzte die Binnenschiffahrt erheblich.

Bei der industriellen Standortwahl spielen insbesondere 3 Faktoren eine Rolle, die zueinander in Wechselbeziehung stehen (GAEBE et al. 1984):
- Rohstoffvorkommen (vor allem transportaufwendige, mineralische und agrarische Rohstoffe)
- Lagemerkmale und Verkehrsanbindung
- Agglomerationswirkungen

Unter Agglomerationswirkungen (= Zusammenballung) werden die am schwersten faßbaren Einflüsse auf eine Standortentscheidung verstanden, die sich weder aus dem Rohstoffvorkommen noch den Lagemerkmalen und den Verkehrsanbindungen, sondern aus der räumlichen Konzentration von Versorgungs- und Produktionsbetrieben, Informations- und Kontaktmöglichkeiten ergeben.

Diese Faktoren sind von unterschiedlichem Gewicht und variieren innerhalb der Industriebereiche: Bergbau, Grundstoff- und Produktionsgüterindustrie, Investitionsgüterindustrie, Verbrauchsgüterindustrie und Nahrungs- und Genußmittelindustrie.

Die Bedeutung der Flüsse auf die wirtschaftliche Entwicklung wird deutlich bei der Betrachtung der Ballungsräume in Deutschland. Ballungs- oder Verdichtungsräume haben eine Einwohnerdichte von 1 000 Einwohner/km² und mindestens 500 000 Einwohner die dort leben. Diese Ballungsräume in Deutschland sind: Hamburg, Bremen, Hannnover/Braunschweig, Rhein/Ruhr, Rhein/Main, Rhein/Neckar, Stuttgart, Nürnberg/Fürth, München, Berlin/Potsdam, Magdeburg, Halle/Leipzig, Erfurt/Weimar/Jena, Chemnitz/Zwickau und Dresden.

Flüsse und Kanäle

Das Netz der Flüsse und Kanäle in Deutschland wird in *Abb. 3.1-1* in ihrer geographischen Lage dargestellt. Dabei sind die Flüsse und Kanäle, die als Bundeswasserstraßen in der Verwaltung des Bundes sind, als See- und Binnenwasserstraßen verstärkt dargestellt.Nach dem Bundeswasserstraßengesetz fallen alle Gewässer darunter, auf denen regelmäßig Schiffahrt betrieben wird.

Bundeswasserstraßen

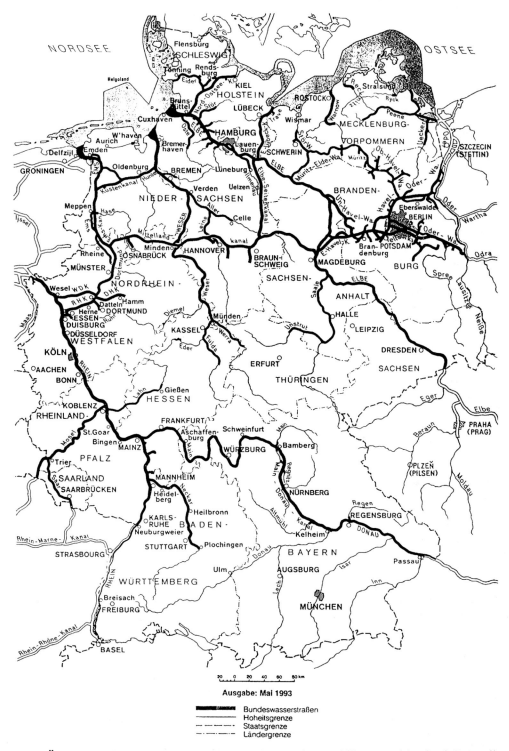

Abb 3.1-1: Übersicht über das Fluß- und Kanalnetz der Bundesrepublik Deutschland mit Darstellung der Bundeswasserstraßen (Quelle: BDB 1994)

Tab. 3.1-1: Bundeswasserstraßen mit Angabe der Längen (km) nach Verkehrsgebieten

Rhein und Nebenflüsse	1 704
Rhein (Rheinfelden-niederländische Grenze)	618
Neckar (Mündung Rhein/Ende Bundeswasserstraße)	201
Main (Mündung Rhein/Ende Bundeswasserstraße)	384
Main-Donau-Kanal (Mündung Main/Mündung Donau)	171
Mosel (französische Grenze/Mündung Rhein)	242
Saar (franz.Grenze/Völklingen u. Dillingen/Mündung Mosel)	88
Wasserstraßen zwischen Rhein und Elbe	**1 437**
Ruhr (Mündung Rhein/Ende Bundeswasserstraße)	12
Rhein-Herne-Kanal (Mündung Rhein/Mündung DEK)	49
Wesel-Datteln-Kanal (Mündung Rhein/Mündung DEK)	60
Datteln-Hamm-Kanal (Mündung DEK/Schmehausen)	47
Dortmund-Ems-Kanal und Untere Ems (Dortmund/Seegrenze)	304
Küstenkanal und Untere Hunte (Mündung DEK/Seegrenze)	95
Mittellandkanal (Mündung DEK/Mündung Elbe)	325
Weser und Unterweser (Hannoversch-Münden/Seegrenze)	430
Elbe-Seiten-Kanal (Mündung Mittellandkanal - Mündung Elbe)	115
Elbegebiet	**1 049**
Nord-Ostsee-Kanal (Mündung in die Elbe/Kieler Förde)	109
Elbe-Lübeck-Kanal und Kanaltrave (Mündung Elbe/Seegrenze)	88
Elbe und Unterelbe (CR-Grenze/Seegrenze)	728
Saale (Leuna-Kreypau/Mündung in die Elbe)	124
Wasserstraßen zwischen Elbe und Oder	**1 494**
Berliner Haupt- und Nebenwasserstraßen	181
Havel-Oder-Wasserstraße und Nebengewässer	488
Spree-Oder-Wasserstraßen und Nebengewässer	252
sonstige Teilstrecken	573
Oder (Grenze Polen/Abzweigung Westoder)	**162**
Gewässer an der Ostseeküste	**539**
Donau	**210**
Sonstige Bundeswasserstraßen	**757**
GESAMT	*7 352*

Tab. 3.1-2: Aufgliederung der Wasserstraßen nach Wasserstraßenklassen mit Angabe der Tragfähigkeit in den alten Bundesländern (ABL)

Klassen*	Tragfähig-keit in t	Flüsse km	Kanäle km	ABL km	Anteil %
0	50–249	87	115	202	4,73
I	250–399	99	-	99	2,32
II	400–649	180	9	189	4,43
III	650–999	256	538	794	18,60
IV	1000–1499	1 390	507	1 897	44,44
V	1500–2999	608	-	608	14,24
VI	3000 und >	315	165	480	11,24
Summe		2 935	1 334	4 269	100,00

* Wasserstraßen-Klassen

Sie trennen sich in natürliche Wasserstraßen (Flüsse, Seen u. Meere) und künstliche Wasserstraßen (Kanäle u. Stauseen). Die Länge der Bundeswasserstraßen beträgt 7 352 km (*Tab. 3.1-1*) (BDB 1994). Davon entfallen auf das Gebiet der alten Bundesländer 4 269 km (58,05 %), (davon Flüsse 2 945 km und Kanäle 1 324 km) und auf das Gebiet der neuen Bundesländer 3 079 km (41,84 %). Die tatsächliche Länge der Flüsse ist jeweils um den nichtschiffbaren Teil größer.

Eine Aufgliederung nach Wasserstraßenklassen für den Bereich der alten Bundesländer (ABL) gibt *Tab. 3.1-2* (STATISTISCHES BUNDESAMT 1994). Eine entsprechende Aufgliederung für die neuen Bundesländer (NBL) liegt in 1995 noch nicht vor.

Verkehrsaufkommen/ Verkehrsleistung

Im Güterverkehr wird die erbrachte Verkehrsleistung in Gewicht der beförderten Tonnen oder in Tonnenkilometern (tkm = Gewicht der beförderten Güter in Tonnen multipliziert mit der Entfernung in Kilometern) dargestellt. Die Bedeutung der Flüsse und Kanäle für den Güterverkehr ist seit geraumer Zeit leicht rückläufig. Auch die Wiedervereinigung hat diesen Trend bisher bestätigt. Die konkurrierenden Verkehrswege (Eisenbahn, Straße und Rohrfernleitungen) und ihre Verkehrsbedeutung wird später erläutert.

Die Entwicklung des Güterverkehrs der Binnenschiffahrt wird in *Tab. 3.1-3* für den Zeitraum 1980–1992 (STATISTISCHES BUNDESAMT 1994) aufgezeigt. Der Güterverkehr von insgesamt 230 Mio. t beförderte Güter in 1992 resultierte mit 70,4 Mio. t (30,6 %) aus dem Inlandsverkehr (Empfang = Versand). Der grenzüberschreitende Verkehr betrug beim Versand 47,1 Mio. t (20,5 %) und beim Empfang 97,1 Mio. t (42,2 %). Der Durchgangsverkehr belief sich auf 15,3 Mio. t (6,7 %).

Der Güterverkehr auf Binnenwasserstraßen in 1992 zeigte dabei eine Verteilung auf 12 Güterhauptgruppen mit Schwerpunkten bei Mineralöl und Mineralölerzeugnissen, Erz und Metallabfällen und Baumaterialien (Sand, Kies, Bims, Ton u. Schlacken) (*Tab. 3.1-4*).

Eine Aufgliederung des Gesamtverkehrs so-

Tab. 3.1-3: Entwicklung des Güterverkehrs der Binnenschiffahrt in den Jahren 1980–1992

Jahr		Beförderte Güter		Tonnenkilometer	
		Mio. t	%	Mio. tkm	%
1980	ABL	241,00		55 435	
1985	ABL	222,40	-7,72	48 183	-13,08
1990	ABL	231,60	-3,90	54 803	-1,14
1991	D	230,00	-4,56	55 973	0,97
1992	D	230,00	-4,56	57 239	3,25

% = Veränderung

ABL = Alte Bundesländer D = Neue und alte Bundesländer

Tab. 3.1-4: Aufteilung des Güterverkehrs nach Güterhauptgruppen

Güterhauptgruppen (1992)	Güter Mio. t	%	Tonnenkilometer Mio. tkm	%
Nahrungs- und Genußmittel	1 404	0,61	481	0,84
Getreide	8 028	3,49	3 337	5,83
feste min. Brennstoffe	26 366	11,47	8 347	14,58
Mineralöl, -erzeugnisse	45 435	19,76	11 425	19,96
Erze u. Metallabfälle	40 253	17,51	7 056	12,33
Eisen u. Stahl (einsch. Halbzeug)	11 461	4,98	3 518	6,15
Sand, Kies, Bims, Ton, Schlacken	44 757	19,47	8 326	14,55
Steine, u. a. Rohminerale, Salz	12 740	5,54	2 962	5,17
Mineralische Baustoffe, Glas	3 004	1,31	870	1,52
Düngemittel	6 640	2,89	2 426	4,24
Halb- u. Fertigwaren Maschinen*	1 056	0,46	329	0,57
Sonstiges	28 780	12,52	8 162	14,26
Summe	**229 924**	**100,00**	**57 239**	**100,00**

Aus STATISTISCHES BUNDESAMT 1994 *Elekto, Metall, Halb- u. Fertg.

wohl bei den beförderten Gütern, als auch nach den geleisteten Tonnenkilometern nach Verkehrsbeziehungen, zeigt zwei Schwerpunkte: Bundesrepublik Deutschland und Niederlande.

Die Werte für die Bundesrepublik für beförderte Güter liegen bei 102,9 Mio. t (44,8 %) und für Tonnenkilometer bei 24 670 Mio. (43,1 %). Die Werte für die Niederlande betragen: 99,6 Mio. t (43,3 %) und 24 389 Mio. (42,6 %).

Die Verteilung des Güteraufkommens im Hauptnetz der Wasserstraßen wird in der *Abb. 3.1-2* basierend auf den Daten des Jahres 1991 dargestellt. Dabei wird die überragende Bedeutung des Rheins und seiner Verbindungen (> 85 %) und im norddeutschen Raum die Bedeutung des Nord-Ostsee-Kanals und der unteren Elbe bis Hamburg deutlich.

Situation der Binnenflotte

Die Binnenschiffahrt dient zur Erbringung einer Transportleistung durch den Transport von Personen und Gütern. Der Anteil der Schiffe für die Personenbeförderung beträgt rund 25 % am Bestand der Binnenflotte.

Die Personenbeförderung gliedert sich in drei Teilgebiete:

• Personenbeförderung im Ausflugsverkehr. Die Schiffahrt findet auf Binnengewässern und im Küstenbereich statt. Eingesetzt werden hierfür Fahrgastschiffe, z. B. im Ausflugsverkehr auf Binnenseen und interessanten Flußstrecken, in Häfen und in der küstennahen Seeschiffahrt. Die Schiffe verkehren meist nach Fahrplan. Die Fahrtstrecken sind relativ kurz bemessen. Fahrgastschiffe bieten keine Übernachtungsmöglichkeiten.

• Schiffsreisen. Längere – in der Regel – mehrtägige Schiffsreisen werden auf Kreuzfahrtschiffen (See) bzw. Kabinenschiffen (Binnen) durchgeführt. Eine solche Kabinenschiffahrt wird in der Bundesrepublik nur auf der Elbe, der Donau und dem Rhein (Basel bis Rotterdam) durchgeführt.

• Personenbeförderung auf Kurzstrecken. Der Transport von Personen wird durch Fähren und Barkassen sichergestellt. Die Barkassen sind vornehmlich im Hamburger Hafen zu finden und dienen dort dem Übersetzen von Arbeitern zu Schiffen oder Werkstätten. Im Binnenverkehr und in der Küstenschiffahrt unterscheidet man zwischen reinen Personenfähren und kombinierten Personen/Last-(Auto)-fähren. Fahrgastschiffe verfügen grundsätzlich über einen eigenen Antrieb.

Im Binnenschiffsbereich gibt es Schiffe ohne und mit eigenem Antrieb. Bei nicht motorisierten Fahrzeugen unterscheidet man zwischen Schleppkähnen (eigene Ruderanlage, Steuerhaus, Wohnraum) und Schubleichtern (normalerweise ohne Ruderanlage, Steuerhaus u. Wohnraum). Bei Schleppkähnen und Schubleichtern unterscheidet man ebenso wie bei motorisierten Schiffen zwischen Schiffen für feste Ladung (Güterschiffe) und solche für flüssige Ladung (Tankschiffe). Die einfachste Form des Güterschiffs ist das Massengutschiff (für trockenes Massengut = Kohle, Sand, Getreide, Dünger usw.) Schiffbaulich höhere Anforderungen werden an Stückgut- und Containerschiffe gestellt. Tankschiffe werden für alle flüssigen bzw. pumpfähigen Ladungen eingesetzt. Flüssige Massengüter gehören überwiegend zu den sog. gefährlichen Gütern (Benzin, Chemikalien usw.).

Die eigentliche Transportleistung wird durch die vielfältigen Arten von Schleppkähnen, Motorgüterschiffen und Schubbooten erbracht. Daneben gibt es eine Reihe von Arbeits- und Dienstleistungsfahrzeugen zur Unterstützung.

Mit dem Beginn der Industrialisierung kamen die ersten Schlepper mit Dampfantrieb auf die Flüsse. Sie waren reine Maschinenfahrzeuge ohne eigenen Laderaum und konnten bis zu sechs Schleppkähne zu Berg und zu Tal ziehen. Dieses Schlepp-Transportsystem wurde durch die Entwicklung und Nutzung des Verbrennungsmotors

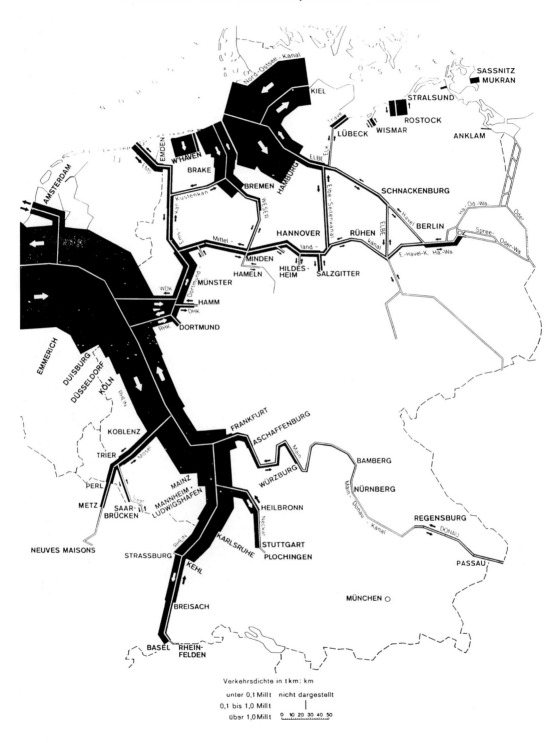

Abb. 3.1-2: Verteilung des Güteraufkommens im Hauptnetz der Wasserstraßen 1991 (Quelle: BDB 1994)

Tab. 3.1-5: Bestand an Binnenschiffen am 31.12.92

Schiffsgattungen	Anzahl	Tragfähigkeit in t
Gütermotorschiffe	1 699	1 710 837
Tankmotorschiffe	395	545 875
Summe Motorschiffe	**2 094**	**2 256 712**
Güterschleppkähne	74	54 466
Tankschleppkähne	21	7 820
Summe Schleppkähne	**95**	**62 286**
Schubleichter	1 093	1 009 624
Schuten und Leichter	868	184 454
insgesamt	4 150	3 513 076
Schlepper	234	KW 47 212
Schubboote	263	KW 109 164
Fahrgastschiffe	706	Personen 159 948

verändert. Es entwickelte sich ein Transportsystem mit selbstfahrenden Motorschiffen (mit Antrieb und eigenem Laderaum), das noch durch die Möglichkeit zum Schleppen von Lastkähnen ergänzt wurde.

Seit den 60er Jahren wurde die klassische Schleppschiffahrt durch den Schubverband abgelöst. Hierbei werden zwei oder mehr Fahrzeuge starr oder gelenkig gekoppelt. Dieser Verband wird durch ein Motorschiff angetrieben.

Es werden dabei unterschieden:

• Motorschiff-Schubverband. Hier wird durch ein Motorschiff ein bis zu drei Schubleichter geschoben.
• Motorschiff-Schleppgelenkverband. Hier wird durch ein Motorschiff ein gelenkig gekoppelter Schubleichter gezogen (nur auf Kanälen zulässig)
• Schubboot-Schubverband. Hier werden durch ein Schubboot bis zu sechs Schubleichter geschoben.

In *Tab. 3.1-5* wird eine Übersicht über die deutsche Binnenflotte nach Anzahl und Tragfähigkeit (Stand: 31.12.1992) gegeben (STATISTISCHES BUNDESAMT 1994).

Im Bereich der Binnenschiffahrt waren zum 30.06.1992 1 444 Unternehmen mit 10 793 Beschäftigten tätig. Die Anzahl des fahrenden Personals betrug 8 966 Personen, die Anzahl der Schiffseigner und deren mithelfenden Familienangehörigen betrug 1 461 und das Landpersonal 1 827. Der Umsatz belief sich insgesamt auf 2 267 Mio. DM in 1991.

Weitere Entwicklung der Binnenschiffahrt

Der Vergleich der Binnenschiffahrt mit den anderen Verkehrsträgern: Eisenbahn, Straßenverkehr (Nah- und Fernverkehr) und Rohrfernleitungen ist für 1991 und 1992 in der *Tab. 3.1-6* dargestellt. Der Anteil der Binnenschiffahrt beträgt 5,3 % bei den beförderten Gütern und 15,8 % bei den Tonnenkilometern. Der Anteil der Binnenschiffahrt ist langfristig rückläufig. Dieses gilt ebenso für die Eisenbahn. Seit 1975 ist die Straße der größte Verkehrsträger.

Die Verkehrsstrecken der Verkehrsträger betrugen in 1992: Eisenbahnnetz 41 100 km (davon 16 600 km elektrifiziert), Straßennetz 226 300 km, Rohrfernleitungen 2 696 km und das Binnenwasserstraßennetz 6 929 km (ohne Küsten).

Derzeit sind in Westeuropa ca. 21 000 Güterschiffe eingesetzt. Ein Viertel davon zählt zu den Leichtern und Kähnen (nicht motorisiert). Der Anteil der Tankschiffe ist klein. Der niederländische Anteil der Tankschiffe und speziell der Güterschiffe ist überproportional groß. Mehr als die Hälfte der Schiffe hat eine Zulassung zum Verkehr auf dem Rhein. Die Gesamttonnage beträgt ca. 15 Mio. t. Die Fahrzeuge mit Rhein-Zulassung verfügen über fast drei Viertel der Gesamttonnage. Der Anteil der Schubleichter am Gesamtfrachtraum hat seit den 60er Jahren stark zugenommen und ist in den letzten Jahren konstant geblieben. Der Frachtraum der Schleppkäh-

Tab. 3.1-6: Entwicklung des Güterverkehrs nach Verkehrszweigen in den Jahren 1991 und 1992

Verkehrszweig	1991				1992			
	Beförderte Güter		Tonnen-Kilometer		Beförderte Güter		Tonnen-Kilometer	
	Mio. t	%	Mio. tkm	%	Mio. t	%	Mio. tkm	%
Eisenbahn	418,5	10,2	82 219	23,2	380,2	8,8	72 848	20,1
LKW Fernverk.	511,8	12,5	144 289	40,7	544,1	12,5	156 081	43,0
LKW Nahverk.	2 865,0	69,8	58 400	16,5	3 100,0	71,5	62 870	17,3
Binnenschiff	230,0	5,6	55 973	15,8	230,0	5,3	57 239	15,8
Rohrfernleitungen	79,3	1,9	13 979	3,9	81,5	1,9	13 872	3,8
Summen	4 104,6	100,0	354 860	100,0	4 335,8	100,0	362 910	100,0

ne hat stark abgenommen und ist heute nahezu bedeutungslos. Der Gesamt-Frachtraum hat abgenommen. Bei etwa konstanter Transportleistung ist dies ein Indikator für schnelleren Transport und schnelleren Umschlag in den öffentlichen und privaten Binnenhäfen.

Die durchschnittliche Tonnage aller westeuropäischer Schiffe liegt bei 700 t/Schiff. Leichter und Tankschiffe sind dagegen überproportional groß. Es sind in der Regel Neubauten. Im Laufe der letzten Jahrzehnte hat sich der Anteil der mittleren und großen Schiffe stetig vergrößert. Dieses wurde auch durch die Abwrackprämien für alte und kleine Schiffe begünstigt.

Bei Tankschiffen sind von insgesamt 395 Einheiten 229 Einheiten im Bereich von 1 001–1 500 t Tragfähigkeit, 105 Einheiten im Bereich von 1 501–3 000 t und 3 Einheiten > 3 001 t Tragfähigkeit.

Bei den Schubleichtern sind von insgesamt 1 093 Einheiten 592 Einheiten im Bereich von 401–650 t Tragfähigkeit, 122 Einheiten im Bereich von 651–1 000 t Tragfähigkeit, 23 Einheiten im Bereich 1 001–1 500 t Tragfähigkeit und 255 Einheiten im Bereich von 1 501–4 000 t Tragfähigkeit.

Die Abmessungen und die Tragfähigkeit der Motorschiffe auf den Wasserstraßen der Bundesrepublik liegen:

- Beim Typschiff Th. Bayer: 38,5 m Länge x 5,05 m Breite; Tiefgang 1,50 m (130 t), Tiefgang 2,00 m (220 t), Tiefgang 2,30 m (270 t).
- Beim Typschiff J. WELKER (Europa-Schiff) sind die Werte 85 m Länge x 9,50 m Breite; Tiefgang 1,50 m (570 t), Tiefgang 2,00 m (930 t), Tiefgang 2,50 m (1 350 t).
- Beim Großmotorschiff von 110 m Länge x 11,4 m Breite; Tiefgang 1,50 m (600 t), Tiefgang 2,00 m (1 200 t), Tiefgang 2,50 m (1 800 t), Tiefgang 2,80 m (2 100 t), Tiefgang 3,50 m (3 000 t).
- Beim Schubleichter EUROPA Typ IIa bei 76,5m Länge x 11,40m Breite beträgt die Tragfähigkeit bei 2,00m (1 140 t), bei 2,50 m (1 529 t), bei 2,80 m (1 880 t) und bei 4,00 m (2 800 t).

Die heutigen Tankschiffe stellen am gesamten Frachtraum der deutschen Binnenschiffe rd. 16 %. Diese Schiffe erbringen aber rd. 25 % der Transportleistung. Einschließlich der Düngemittel beträgt der Anteil der sog. Gefahrgüter ca. 33 %. Der Stückgutanteil in der Binnenschiffahrt ist sehr gering.

In letzter Zeit wurden Ansätze bekannt, die Versorgung von Warenverteilungszentren großer Versender (Otto-Versand) verstärkt von der Straße auf das Binnenschiff zu verlegen.

Der Güterumschlag Binnenschiff-Land findet in Häfen statt. Unterschieden wird zwischen öffentlichen Häfen und Werkshäfen. Die öffentlichen Häfen werden vom Bund, Land oder Kommune betrieben, sie stehen jedermann gegen Gebühren zur Benutzung offen. Sie sind Knotenpunkte für die Verbindung mit anderen Verkehrsträgern und Standorte für unterschiedliche Wirtschaftsunternehmen und bilden oft Mittelpunkte der regionalen Ballungszentren.

Der Endenergieverbrauch in kJ/tkm in 1988 betrug für die Binnnschiffahrt 464, für die Eisenbahn 566 und für den LKW-Verkehr 2 290. Die externen Kosten im Güterverkehr nach Belastungsart belaufen sich für Luftverschmutzung, Unfälle und Lärm, Boden-, Wasserbelastung u. a. beim Binnenschiff auf 0,35 DM, bei der Eisenbahn auf 1,15 DM und beim LKW-Verkehr auf 5,01 DM jeweils für 100 tkm (BDB 1994). Das entspricht einem Verhältnis von 1 : 2,3 : 14,3. Bei einer ökologischen Gesamtbetrachtung sind aber auch die Kosten für erforderliche Baumaßnahmen an den Verkehrswegen und deren Ausgleichsmaßnahmen mit einzubeziehen.

Schlußbetrachtung

Obwohl der Anteil des tatsächlich abgewickelten Transportvolumen über die Jahre rückläufig ist, werden durch die Binnenschiffahrt und ihre Organisationen mit Hinweis auf die Wirtschaftlichkeit und geringere Umweltbelastung mit erheblichem Aufwand der Versuch unternommen, die Verlagerung des Transportvolumens von der Straße auf das Binnenschiff zu erreichen. Dazu werden Prognosen vorgelegt, die sich aus der bisherigen Entwicklung und einer realistischen Einschätzung der Zukunft nicht nachvollziehen lassen.

Die Wirtschaftlichkeit beim Binnenschifftransport wird erheblich beeinflußt von der Schiffsgröße und dem Personaleinsatz. Seit Jahren ist der Trend zu größeren Einheiten (Länge, Breite, Tiefgang und Tragfähigkeit) sowohl bei den Motorschiffen als auch bei den Schubleichtern zu beobachten. Der Trend wird noch durch die Abwrackaktion mit entsprechender Prämie bei den kleineren und älteren Einheiten unterstützt.

Beim Einsatz der größeren Einheiten kommt es zwangsläufig zu Konflikten, da die Tauchtiefen der natürlichen oder noch naturnahen Flüsse wie beispielsweise der Elbe bei einem typischen Elbe-Schiff (76 m Länge x 10,6m Breite, 2,30m Tiefgang u. 1 300 t Tragfähigkeit) im Jahresverlauf nicht durchgängig gegeben ist. Es werden daher dringend Ausbaumaßnahmen gefordert.

Der Verkehrsetat des Bundes für das Haushaltsjahr 1994 weist nach BDB (1994) ein Gesamtvolumen von 53,8 Mrd. DM aus. Für den Bereich der Bundeswasserstraßen sollen im Haushaltsjahr 1994 rund 2,66 Mrd. DM ausgegeben werden. Davon entfallen 1,05 Mrd. DM auf den Ausbau der Bundeswasserstraßen. Allein 60 Mio. DM sind dabei für die Bundeswasserstraßen in den neuen Bundesländern vorgesehen. Dazu kommen noch einmal 120 Mio. DM für die Anlaufmaßnahmen des »Projektes 17« Deutsche Einheit (Mittelland-Kanal, Elbe-Havel-Kanal, Untere Havel-Wasserstraße, Berliner Wasserstraßen).

Diese erheblichen Investitionen sollten wirklich nur zum Erhalt des derzeitigen Binnenwasserstraßen-Netzes und seiner Verkehrseinrichtungen genutzt werden. Sie sollten aber volkswirtschaftlich da begrenzt werden, wo natürliche oder naturnahe Flüsse durch Ausbau oder weiteren Ausbau zerstört werden. Nicht die Flüsse müssen an die Schiffstypen angeglichen und angepaßt werden, sondern umgekehrt.

3.2 Unfallbedingte Belastungen der Flüsse
KLAUS VOGT & JAQUELINE LOWIS

Die großen Flüsse Europas haben sich aufgrund der fortschreitenden Besiedlung und ihres Ausbaus als Verkehrswege zu vitalen Lebensadern entwickelt. Sie erfüllen vielfältige Nutzungsansprüche für die an ihnen lebenden und arbeitenden Menschen. Von vorrangiger Bedeutung sind hierbei die Trinkwasserversorgung, die Versorgung der Industrieansiedlungen mit Kühl-, Brauch- und Produktionswasser, die Aufnahme von gereinigtem Abwasser (»Vorfluter-Funktion«), die Fischerei und die Nutzung als Wasserstraße. Darüber hinaus sollen sie auf Grundlage der nationalen und landesweiten Wassergesetze aber auch als Bestandteil der Natur und zum Wohl der Allgemeinheit vor jeder vermeidbaren Beeinträchtigung geschützt werden und als weitgehend intakte Ökosysteme uns Raum zur Erholung, sei es zu einer beschaulichen Wanderung, zum Baden oder zum Angeln geben.

Beispielhaft für die großen Flußgebiete vereinigt der Rhein als Lebensader Mitteleuropas alle genannten Nutzungsanforderungen auf sich. Über 50 Mio. Menschen und viele tausend Industriebetriebe sind im Einzugsgebiet dieses Stromes angesiedelt. Die daraus resultierenden Nutzungskonflikte sind unvermeidbar und bedürfen einer kooperativen Einigung und konsequenten Überwachung der Umsetzung von rechtsverbindlichen Regelungen und Vereinbarungen. Die Verschmutzung des Rheins wird weitgehend durch die anthropogenen Einwirkungen geprägt. Schadstoffeinträge aus Industrie und Kommunen, Landwirtschaft und Schiffahrt gelangen dabei aus vielfältigen punktuellen und diffusen Quellen in das Gewässer (vgl. Kap. 4.1-4). Nachdem in den 70er Jahren die regulären und zumeist dauerhaften Belastungen, v. a. aus den Kläranlagen deutlich vermindert wurden, haben in den 80er Jahren die Chemieunfälle am Rhein das hohe Gefährdungspotential durch die chemische Industrie deutlich gemacht. Die Brandkatastrophe bei der Sandoz AG/Basel am 1.11.86 (s. u.) war das wohl folgenreichste Ereignis; viele andere in den Statistiken erfaßten Schadensfälle, bei denen z. T. tonnenweise Schadstoffe in den Rhein gelangten, sind dagegen in den Hintergrund getreten (*Tafel: Seite 95*).

Heute lassen sich die bei der intensiven Nutzung des Rheins als Vorfluter und Wasserstraße nie ausschließbaren, oft unfallbedingten und kurzfristigen Schadstoffwellen deutlicher erkennen und beurteilen. Bei der Beschreibung dieser überwiegend punktuellen und stoßartigen Belastungen, deren Auswirkungen und den Vermeidungsmaßnahmen ist es sinnvoll, die aus der Schiffahrt und aus Störungen von Kläranlagen herrührenden Schadensfälle getrennt zu beschreiben.

Verschmutzungen durch die Schiffahrt

Der Rhein ist die wichtigste und meist befahrene Wasserstraße Mitteleuropas. In Emmerich am Niederrhein liegt eine der beiden deutschen Stationen des Melde- und Informationssystems Binnenschiffahrt (MIB), deren Aufgabe in der Erfassung aller gewerblichen Schiffsbewegungen liegt. Nach dort erzeugten Statistiken beträgt das Verkehrsaufkommen jährlich ca. 180 000 Schiffe (vgl. Kap. 3.1). Dabei werden ca. 135 Mio. t Güter in beide Richtungen transportiert (DK 1994a). Unter ökonomischen und ökologischen Gesichtspunkten sowie unter dem Aspekt der Verkehrssicherheit ist die Binnenschiffahrt ein bevorzugtes Transportmittel für Massengüter und Schwertransporte, aber auch für gefährliche Güter. Bei diesem hohen Verkehrsaufkommen sind aber trotz aller Sicherheitsmaßnahmen (Radar, Echolot, Unterhaltung der Fahrrinne etc.) Unfälle nicht auszuschließen. Am auffälligsten sind hierbei die Havarien, die oft zu einem zumindest teilweisen Austritt der Ladung führen. Nach den Erhebungen des Internationalen Warn- und Alarmdienstes Rhein, der als behördliche Meldekette die Information über bedeutsame Verunreinigungen entlang der Rheinstrecke sicherstellt, traten diese Vorfälle in den Jahren 1988–1994 zwischen 1–4x jährlich auf (*Abb. 3.2-1,* IKSR 1993). Die Auswirkungen der Havarien auf das Gewässer lassen sich nicht generalisieren und hängen naturgemäß von der Art und Menge des Ladungsverlustes ab. Spektakuläre Schadensfälle konnten aber in den vergangenen Jahren nicht festgestellt werden. Längerfristig betrachtet ist die Anzahl von Schiffsunfällen deutlich zurückgegangen, was bei etwa konstantem Güterverkehr auf ein geringes Verkehrsaufkommen durch den Einsatz größerer Schiffe zurückzuführen ist. Auch das Ausmaß der Schädigungen durch Schiffsunfälle ist deutlich reduziert; maßgeblich für diese steigende Transportsicherheit ist die europäische Verordnung über die Beförderung gefährlicher Güter auf dem Rhein (ADNR), nach der die Vorschriften für die Ausrüstung und den Bau von Schiffen festgelegt werden und z. B. gefährliche Güter nur in doppelwandigen Schiffen transportiert werden dürfen.

Ebenfalls unfallbedingt sind Leckagen durch Grundberührungen oder leichtere Kollisionen. Sehr häufig sind damit Ölverluste und Ladungsverluste unterschiedlicher Mineralölfrachten verbunden. Je nach Siedebereich der Mineralölfraktion lassen sich drei Phasen der Ölausbreitung unterscheiden: zunächst verteilt sich das Öl auf der Wasseroberfläche zu einem typisch schillernden und hauchdünnen Film, aus dem leichterflüchtige Bestandteile (Benzin, Leichtöl) zu großen Teilen verdunsten und sich in der Atmosphäre verteilen. Im Verlauf von mehreren Tagen bis Wochen können sich Emulsionen und Ölschlamm bilden, die nach Klumpenbildung absinken und in einem bis zu Jahren dauernden Prozeß des biologischen Abbaus zur Schädigung der aquatischen Lebensgemeinschaften führen.

Befinden sich diese Mineralölgemische erst einmal auf dem Rhein, so lassen sie sich kaum noch daraus entfernen (RP Düsseldorf 1992). Aufgrund der hohen Fließgeschwindigkeit und Turbulenz des Wasserkörpers ist eine mechanische Reinigung über Ölsperren mit anschließendem Abschöpfen nicht möglich. Eine wirkungsvolle Möglichkeit zur Schadensbegrenzung liegt im Anlaufen eines geeigneten Industriehafens, aus dem ein Austreten in den Rheinstrom verhindert und somit der Schaden und weitere Maßnahmen lokal begrenzt werden können.

Anders als beim Rhein lassen sich Ölverunreinigungen aus kleineren Flüssen durch überwiegend mechanische Maßnahmen entfernen. Mit erheblichen Kosten wurden z. B. an der für die Trinkwassergewinnung bedeutsamen Ruhr die technischen Vorrichtungen bei den Feuerwehren und technischen Hilfsdiensten angeschafft, um Ölschadensfälle eingrenzen und die aufschwimmenden Anteile binden und abschöpfen zu können.

Am Niederrhein lagern sich Ölschlämme auch teilweise in Buhnenfeldern ab und schädigen dort die Lebensgemeinschaft, v. a. die substratgebundenen Organismen. Auf die mechanische Säuberung dieser Strandbereiche durch Einsammeln von Ölklumpen, Abbürsten und Abspritzen der Steine wird aus Kostengründen meist verzichtet. Aus ökologischer Sicht ist eine Behandlung dieser Uferabschnitte mit Tensidgemischen, teilweise unter dem Schlagwort »Vollbiologische Ölentfernung« vermarktet, abzulehnen, da diese nur optische Beseitigung der Ölverunreinigung durch zusätzlichen Chemikalieneintrag zu einer weiteren Schädigung der Biozönose mit weiter reichenden Auswirkungen führt.

Nicht unfallbedingt, sondern schlicht illegal sind häufig beobachtete Ölflecken und -teppiche, die durch das Ablassen von Bilgenöl entstehen. Hierbei handelt es sich um ölverschmutztes Wasser, das sich in den tiefergelegenen Teilen des Schiffes, v. a. im Maschinenraum (Bilge) sam-

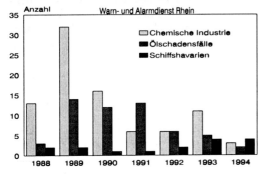

Abb. 3.2-1: Entwicklung der Meldungen im Warn- und Alarmdienst Rhein von 1988–1994 (LUA NRW 1995)

melt, und – häufig bei Nacht und Nebel – in den Rhein gepumpt wird. Dieses unverantwortliche Vorgehen, vergleichbar mit einem Motorölwechsel von Autos am Straßenrand, ist schwer verständlich, zumal im schiffbaren Rheineinzugsgebiet acht Bilgenentölungsboote die kostenfreie Entsorgung durch Lenzen der Bilge anbieten. Eine seit 1957 bestehende, zwischenzeitlich öffentlich-rechtliche und gemeinnützige Organisation (Bilgenentwässerungsverband) sammelt derzeit jährlich 8–10 Mio. l Bilgenöl, also etwa 1/5 der 1989 aus der Exxon Valdes ausgelaufenen Ölmenge.

Das ölhaltige Bilgenwasser wird nach dem Lenzen an Bord der Bilgenentölungsboote durch Schwerkraftabscheider und eine nachgeschaltete Ultrafiltrationsanlage gereinigt; dabei werden Reinigungsleistungen mit Ablaufwerten von unter 10 mg Kohlenwasserstoffe/l Wasser erzielt. Obwohl diese umweltfreundliche Entsorgung auf Anforderung sogar am fahrenden Schiff durchgeführt werden kann, führt der hohe ökonomische (Zeit)druck für einige schwarze Schafe unter den Binnenschiffern zu der illegalen Praxis des über-Bord-Pumpens. Bei den in *Abb. 3.2-1* aufgeführten Ölschadensfällen sind kleinere Verstöße dieser Art nicht aufgeführt, da sie oft erst am folgenden Tag entdeckt werden und die Verursacher aufgrund der hohen Verkehrsdichte nicht mehr ermittelt werden können. Bei frühzeitig erkannten Delikten setzt eine rege Aktivität der Wasserschutzpolizei ein. In Zusammenarbeit mit dem o. g. »Melde- und Informationssystem Binnenschiffahrt« in Duisburg und Emmerich werden die zeitlich in Frage kommenden Verursacher ermittelt und Proben von Bilgenöl auf den Schiffen sichergestellt. In aufwendigen und gerichtsverwertbaren chemisch-analytischen Verfahren wird anhand spezifischer Leitsubstanzen ein Identitätsvergleich der Öle aus Gewässerprobe und Bilgenwasser durchgeführt und bei ausreichender Beweislage Anklage erhoben.

Ebenfalls illegal ist das Lenzen von Ladungsresten und Waschwässern aus Tankreinigungen von Schiffen. Die Dunkelziffer über Ausmaß und Häufigkeit dieser kriminellen Praktiken ist hoch; bei einem mittleren Abfluß von 2 000 m³/s am Niederrhein erlaubt die große Verdünnung derartiger, z. T. hochgiftiger Einleitungen nur in Einzelfällen eine eindeutige Identifizierung des Verursachers. Die behördlichen Werkzeuge zur Entdeckung dieser Gewässerverunreinigungen werden später erläutert.

Insgesamt stellt die geordnete Entsorgung der Binnenschiffahrt von Abwasser und Abfällen eine umweltpolitisch unverzichtbare Maßnahme dar (DK 1994b). Als Pilotprojekt wurde für das Rheingebiet ein Gesamtentsorgungskonzept aufgestellt, dessen internationale Realisierung für 1996 vorgesehen ist. Danach wird ein Bündel von Maßnahmen für die Entsorgung von Altöl, Abfällen aus den Ladungsbereichen, Sonderabfällen aus dem Schiffsbetrieb, Hausmüll und häuslicher Abwässer (insbesondere von den Fahrgastschiffen) auf der Grundlage des Verursacherprinzips und kontrollierbarer Nachweise festgelegt. Es ist zu erwarten, daß eine konsequente Umsetzung dieser Maßnahmen zu einer wirksamen Verminderung der Rheinverschmutzung durch die Schiffahrt führt.

Schadensfälle durch Störungen aus Kläranlagen

Neben den bereits geschilderten Gewässerverunreinigungen durch die Schiffahrt sind die unfallbedingten Verunreinigungen von der Landseite nicht zu unterschätzen. Hier sind als Einleitungsquellen die mehr als 300 bedeutsamen industriellen und kommunalen Kläranlagen im Rhein einzugsgebiet zu nennen (DK 1994), von denen im Schadensfall (Betriebsstörung) ein hohes Gefahrenpotential ausgeht. Schadstoffeinleitungen wirken zunächst unmittelbar an der Einleitungsstelle. Leichtflüchtige Stoffe entweichen relativ schnell und belasten dann die Atmosphäre. Adsorbierbare chemische Verbindungen werden vom Schwebstoff gebunden und weiter transportiert. Unlösliche Substanzen können das Sediment des Gewässers so stark verunreinigen, daß dieses entfernt werden muß. Ist ein Schadstoff erst einmal in den Rhein gelangt, so läßt er sich kaum noch aufhalten, entfernen oder neutralisieren. Da das Wasser mit einer Geschwindigkeit von mehreren Stundenkilometern dahinfließt, kann man den verunreinigten Wasserkörper nicht ausschöpfen; selbst das Auffangen aufschwimmender Stoffe an der Oberfläche ist kaum möglich. Der Schwerpunkt einzuleitender Maßnahmen liegt somit in der Prophylaxe.

Wichtig für die überregionale Bedeutung von Schadstoffeinleitungen ist die Kenntnis, wie sich das Flußwasser mit der Einleitung vermischt. Bei mäßigen Strömungsgeschwindigkeiten sind kilometerlange Abwasserfahnen die Regel. Oberhalb der Grenze zu den Niederlanden beträgt die Durchmischungsstrecke mehr als 100 km. Sie ist somit länger als die Distanz zwischen der Grenze und den Mündungen der rechtsrheinischen Nebenflüsse Ruhr, Emscher und Lippe. So erklären sich die teilweise unterschiedlichen Meßergebnisse der linksrheinischen deutschen Meßstation Kleve-Bimmen und der rechtsrheinischen niederländischen Meßstation Lobith. Mitte der 80iger Jahre wurde als Konsequenz aus dem Brand bei der Schweizer Firma Sandoz, bei dem im Zuge der Löscharbeiten 30–40 t insektizid wirkender Phosphorsäureester sowie weitere Pflanzenbehandlungsmittel und organische Chemikalien in den Rhein gelangten, ein Frühwarnsystem zur kontinuierlichen Überwachung der Rheinwasserqualität in Betrieb genommen.

Ziele dieses Frühwarnsystems sind einerseits die kurzfristige Aufdeckung, Verfolgung und Verursacherermittlung von bedeutsamen Gewässerverunreinigungen und Stoßbelastungen nach Unfällen, Havarien oder Betriebsstörungen in kommunalen und industriellen Kläranlagen und andererseits die zeitige Information der Wasserwerke (Vogt 1994). Ferner werden die Auswirkungen der Gewässerverunreinigung ermittelt. Diese sind am Rhein häufig nur sehr schwer faßbar, da durch die große Verdünnung Schadstoffe meist nur direkt an der Einleitungsstelle in akut toxischen Konzentrationen vorliegen. An den kleineren Nebengewässern lassen sich die Auswirkungen auch kurzfristiger toxischer Gewässerverunreinigungen eindeutiger ermitteln. Nach dem Brand bei Sandoz gab es zahlreiche Befürchtungen, daß die Schadstoffe in das aus dem Rhein gewonnene Trinkwasser gelangen könnten. Dies konnte jedoch in einem Forschungsprojekt widerlegt werden: Alle größeren Wasserwerke am Rhein verwenden entweder Uferfiltrat oder führen bei direkter Entnahme eine Vorbehandlung sowie nachfolgende Bodenpassage durch. Stoßbelastungen überwinden selbst eine relativ ufernahe Bodenpassage kaum, so daß die Rohwasserqualität praktisch allein von der Dauerbelastung des Flusses abhängt. Die Wasserentnahme muß nicht gestoppt werden. Anders verhält es sich bei Wasserwerken, die das Wasser direkt dem Fluß entnehmen, vorbehandeln, über Sand versickern und dann aus Brunnen wieder entnehmen. In solchen Fällen kann es sehr wohl notwendig sein, die Entnahme während einer Schadstoffwelle einzustellen.

Das Frühwarnsystem in Nordrhein-Westfalen umfaßt zur Zeit ein Netz von 15 Meßstationen am Rhein und seinen wichtigsten Nebenflüssen, in denen rund um die Uhr und kontinuierlich Flußwasserproben entnommen werden (LUA-NRW 1994). Ferner werden physikalische und chemische Meßgrößen automatisiert bestimmt, organische Spurenstoffe angereichert und mittels gaschromatographischer Screening-Verfahren analysiert sowie kontinuierliche Biotests durchgeführt. Bei Auffälligkeiten wird eine Alarmmeldung ausgelöst, deren Weiterleitung und Bearbeitung in nationale und internationale Alarmpläne eingebunden ist. Zum einen wurde mit Hilfe dieses Überwachungssystems in den vergangenen 7 Jahren am Rhein eine Vielzahl von Betriebsstörungen in industriellen und kommunalen Kläranlagen aufgedeckt, zum anderen führte das System der kontinuierlichen Überwachung in der chemischen Industrie zu einem Umdenken – weg von Nacht-und-Nebel-Einleitungen hin zur frühzeitigen Meldung von Betriebsstörungen an die zuständigen Wasserbehörden (LUA NRW 1995). Aufgrund der Überwachungsmaßnahmen und verbesserter Sicherheitsvorkehrungen in den chemischen Betrieben (v. a. innerbetriebliche Frühwarnsysteme, Speicherbecken und Sonderbehandlungsanlagen) sind Anzahl und Ausmaß der Schadensfälle durch die chemische Industrie seit 1990 rückläufig (*Abb. 3.2-1*) (MALLE 1994). Im Jahre 1982 einigten sich die Rheinanliegerstaaten in der Internationalen Kommission zum Schutze des Rheins (IKSR) auf einen grenzüberschreitenden Alarm- und Warndienst, der die bereits in den 70er Jahren eingerichteten regionalen und nationalen Meldesysteme integriert. Beteiligt sind an der Rheinschiene von der Quelle bis zur Mündung sechs internationale Hauptwarnzentralen. Diese geben im Rahmen einer zügigen und fehlerfreien Informationsweitergabe Alarmmeldungen über Betriebsstörungen, Havarien und Ölschadensfälle formularisiert über eine definierte Meldekette telefonisch und fernschriftlich weiter. Ausgelöst wird eine Meldung z. B. durch den Nachweis von erhöhten Schadstoffkonzentrationen in den Meßstationen des Frühwarnsystems, durch Alarm in den kontinuierlich betriebenen Biomonitoren, durch Beobachtungen der Wasserschutzpolizei (Streifendienst) oder auch direkt durch die Meldung des Verursachers einer störungsbedingten Verschmutzung.

Schlußbetrachtung

Die fortschreitenden und für Staat und Industrie kostenintensiven Maßnahmen zum Gewässerschutz haben in den beiden vergangenen Jahrzehnten insgesamt zu einer spürbaren Sanierung unserer Gewässer geführt. In dieser Situation zeigt sich, daß die z. T. unvermeidbaren und nie ausschließbaren Belastungen aus Schadensfällen im und am Gewässer weiterhin einer erhöhten Aufmerksamkeit und Vorsorge bedürfen. Wenn sich auch die zuvor skizzierten unfall bedingten Belastungen an den großen Strömen in ihren Auswirkungen auf die aquatischen Lebensgemeinschaften und die anderen Nutzungsaspekte oft schwer quantifizieren lassen, darf das Gefahrenpotential nicht unterschätzt werden. Im Sinne eines vorsorgenden Gewässerschutzes sind folgende Arbeiten

- zur geordneten Entsorgung aller Problemstoffe aus der Schiffahrt,
- zum Ausbau der Anlagensicherheit und Störfallvorsorge in den Industrieanlagen und
- zur Weiterentwicklung der zeitnahen Gewässerüberwachung als Frühwarnsystem konsequent fortzusetzen.

3.3 Flüsse als Trink- und Brauchwasserreservoir
ENGELBERT SCHRAMM

Rhein (mit Bodensee), Ruhr, Main, Elbe, Spree, Havel und Donau bilden neben den Talsperren der Mittelgebirge das Rückgrat der Brauch- und Trinkwasserversorgung. Aus dem Rhein und seinen Nebenflüssen werden in Deutschland und den Niederlanden fast 20 Mio. Menschen mit Leitungswasser versorgt. Die Flußverschmutzung in den 50er Jahren erlaubte den Einsatz von Flußwasser ohne weitere Aufbereitung immer weniger; angesichts des Stellenwerts von Brauchwasser für die industrielle Produktion setzte sich damals sogar der Bundesverband der Deutschen Industrie für schärfere gesetzliche Regelungen ein.

Tafel: Bei der N.V. WRK in Nieuwegein (RIWA-Alarmzentrale) bekanntgewordene Zwischenfällen, die 1993 zur Verunreinigung des Rheins geführt haben. Quelle: Jahresbericht der RIWA 1993 Teil A: Der Rhein (Anlage 8).

Diese Aufstellung zeigt, daß die Störfälle im Rhein zur Zeit immer noch häufig sind. Im Vergleich mit denjenigen der 80er Jahre zeigen sie jedoch in ihrer Häufigkeit eine Abnahme.

Datum	Str.km	Ort	Art der Verunreinigung	→Ursache, Herkunft
14.01.1993	293	Rhein	Öl	→Störfall bei Reinigung
03.02.1993	781	Rhein	Diesel 4–5 t	→Schiffskollision
07.02.1993	505	Rhein	Öl, 5 km Fleck	→Vermutlich Bilgenöl
09.02.1993	171	Rhein	Dichlormethan, 4,3 µg/l	→Unbekannt
22.02.1993	497*	Main	Ortho-Nitroanisol, 2–3 t	→Bedienungsfehler bei Hoechst
04.03.1993	504	Rhein	Bilgenöl	→Vermutlich Schiffahrt
12.03.1993	501	Rhein	Xylen-Kunstharzmischung	→Störfall bei Fa. Hoechst
15.03.1993	497*	Main	150 m³ Löschwasser	→Explosion bei Höchst
23.03.1993	711	Rhein	Isoforondiamin, 6–7 t	→Unsorgfält. Reinigung b. Hoechst
20.03.1993	750	Rhein	Chlorbenzol, 40 kg	→Betriebsstörung Bayer
01.04.1993	433	Rhein	Ortho-Dichlorbenzol, 5 µg/l	→Betriebsstörung BASF
02.04.1993	497*	Main	Salzsäure, 4 m³	→Betriebsstörung Hoechst
19.05.1993	703*	Wupper	2-Chloranilin, 2,1 µg/l	→Beriebstörung Bayer
01.06.1993	433	Rhein	Nitrobenzol, ca. 3 t, 40 µg/l	→Betriebsstörung BASF
18.06.1993	730	Rhein	Öl, dünner Film	→Vermutlich Bilgenöl
02.07.1993	433	Rhein	Dioxan 1,8 t	→Betriebsstörung BASF
02.07.1993	433	Rhein	Tetrahydrofuran, 1 t	→Betriebsstörung BASF
11.08.1993	705	Rhein	Ditolin, 0,5 t	→Betriebsstörung Bayer
14.08.1993	950	Lek	Ölfleck, 15 km lang	→Vermutlich Bilgenöl
17.09.1993	826	Rhein	Unverbleites Benzin, 100 t	→Schiffsunfall TMS Sarah
23.09.1993	497*	Main	Hydrauliköl	→Leitungsbruch
23.09.1993	497*	Main	Raffinaderieprodukt	→Unbekannt
20.10.1993	720	Rhein	Mineralöl	→Einleitung TMS Maas
04.11.1993	291	Rhein	Mineralöl	→Unbekannt
21.12.1993	781	Rhein	Cyclohexan, 5 000 l	→Havarie

* Mündungstelle Nebenfluß

Stellenwert der Flußwasserversorgung

Wasser aus Flüssen wird zum einen als Kühl- und Prozeßwasser für industrielle und gewerbliche Zwecke verwendet. Zum anderen werden heute mit steigender Tendenz 28 % der öffentlichen Versorgung Deutschlands mit Wasser in Lebensmittelqualität durch den Rückgriff auf Oberflächengewässer gestillt (*Abb. 3.3-1*). Der Rückgriff auf flußbürtiges Wasser zur Trinkwasserversorgung erlaubt, ein begrenztes natürliches Grundwasserdargebot zu strecken. Durch vermehrte Infiltration kann das Dargebot dem vermuteten oder tatsächlichen Bedarf der Wassernutzer angepaßt werden, statt daß Maßnahmen zur Reduzierung des Wasserbedarfs (z. B. Propagierung von wassersparendem Verhalten, Ersatz von Trinkwasser durch Regen- oder Brauchwasser) ergriffen werden.

Fernwasser aus dem Bodensee und aus Talsperren (Franken, Thüringen, Sachsen, Niedersachsen, Sachsen-Anhalt) dient einerseits zum Management von Versorgungsengpässen in urban-industriellen Zentren, andererseits ersetzt Oberflächenwasser aber auch (z. B. durch landwirtschaftliche Schadstoffeinträge) bedrohte und unzureichend geschützte Grundwasservorkommen. Urbanindustrielle Regionen mit einem durch den Bergbau (insbesondere Braunkohle, Steinkohle) gestörten Wasserhaushalt – das Ruhrgebiet ebenso wie Berlin – werden zunehmend mit flußbürtigem Trinkwasser versorgt (An der Weser ersetzt Talsperrenwasser das durch Kaliabwässer belastete flußbürtige Wasser, vgl. Kap 6.10).

Verfahren der Flußwasserförderung

Flußwasser, das als Trink- oder Brauchwasser eingesetzt werden soll, kann entweder direkt aus der fließenden Welle gepumpt oder indirekt gefördert werden. Während bei der Förderung aus der fließenden Welle die Aufbereitung auf eine höhere Qualität rein technisch erfolgen muß, nutzen die indirekten Förderverfahren Reinigungsmechanismen des Naturhaushalts aus: Bei der Passage des Flußwassers durch den belebten Boden wird ein Teil der im Flußwasser enthaltenen Chemikalien und Mikroorganismen abgebaut; andere Chemikalien werden im Boden festgelegt; durch einen außerdem zufließenden Anteil echten Grundwassers werden im Uferfiltrat verbliebene Problemstoffe verdünnt.

Bei Seen und Talsperren werden allgemein direkte Verfahren zur Trinkwasseraufbereitung bevorzugt. Daher wird meistens versucht, im Einzugsbereich des Gewässers große Schutzzonen

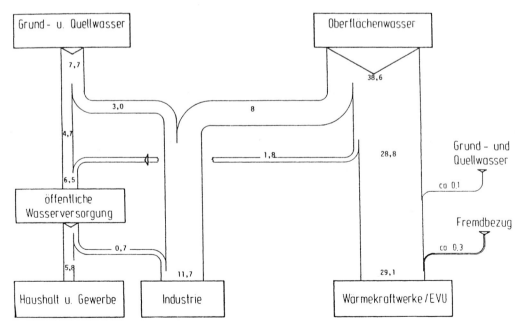

Abb. 3.3-1: Wasserverbrauch und -anwendung in der Bundesrepublik Deutschland in 10^9 m³ (1991)

auszuweisen, um so den Eintrag von schädlichen und unerwünschten Stoffen ins Wasser zu minimieren. Teilweise muß darüber hinaus noch die Wasserqualität durch technische Aufbereitung der Zuflüsse – z. B. Phosphatfällung am Tegeler See, ähnlich in der Wahnbachtalsperre – verbessert werden (bei Überdüngung können algenbürtige Substanzen das Trinkwasser massiv belasten.)

Anders als in Frankreich, Großbritannien oder den USA werden in Deutschland und den Niederlanden für die Trinkwassergewinnung aus Flußwasser indirekte Verfahren bevorzugt (Ausnahme Rostock, KLUGE & SCHRAMM 1991). Die wesentlichen Wirkungen der indirekten Verfahren sind
- Temperaturkonstanz,
- Trübstoffentfernung,
- Problem- und Schadstoffverminderung,
- Konzentrationsausgleich und
- Uferspeicherung.

Zwei indirekte Verfahren stehen zur Verfügung: Bei der Uferfiltration wird das Wasser aus Grundwasserleitern abgepumpt, die mit dem Flußwasser kommunizieren; die Entnahme aus ufernahen Brunnen bewirkt, daß vermehrt Flußwasser durch die Ufersohle in den Grundwasserleiter infiltriert (*Abb. 3.3-2*). Bei der sog. künstlichen Grundwasseranreicherung wird Wasser aus dem Fluß entnommen und über Langsamsandfilter, Schluckbrunnen o. ä. ins Grundwasser versickert und dann dem Grundwasserleiter entnommen.

Im Bereich der öffentlichen Wasserversorgung wird vermehrt auf die technisch aufwendigere Grundwasseranreicherung umgestellt (SCHMIDT 1994); für die Eigenversorgung der Industrie mit Brauchwasser spielt sie bisher – anders als die Uferfiltration – keine Rolle.

Schad- und Problemstoffmanagement

Uferfiltration und die Flußwasser-Infiltration ins Grundwasser finden seit gut 100 Jahren Anwendung. Die indirekten Verfahren alleine reichen nicht aus, um unbedenkliches Trinkwasser zu gewinnen. Um immer neue Aufbereitungstechniken mußte daher die Gewinnung flußbürtigen Trinkwassers ergänzt werden (*Abb. 3.3-3*).

Die Stoffreduktion fördernden und hemmenden Prozesse der Grundverfahren sind erst in den letzten Jahren genauer untersucht worden. Sie beruhen auf einem Zusammenspiel von chemischen, biologischen, physikalischen und hydraulischen Vorgängen. Je nach Stoffgruppe können dabei physikalische oder biochemische Vorgänge im Vordergrund stehen (SCHÖTTLER 1985, SONTHEIMER 1991).

Schon seit langem ist bekannt, daß sich bei starker Verschmutzung der Flüsse weniger Uferfiltrat fördern läßt, da lokal die Flußsohle mit einer Schluffhaut aus Schwebstoffen bis zur weitgehenden Abdichtung zugesetzt werden kann. Derartige Verplackungen der Sohle sind sowohl vom Rhein (Düsseldorf) als auch von der Elbe (Dresden) bekannt. Vermutlich ist diese Kolmation teilweise ein reversibler Prozeß, der in nicht gestauten Flüssen zu Hochwasserzeiten zu- und zu Normalwasserzeiten abnimmt (GÖLZ et al. 1991, PÜTZ 1991). Die durchlässige Sohle (hyporheisches Interstitial) und damit die ersten Dezimeter der Infiltrationsschicht sind bei der Uferfiltration

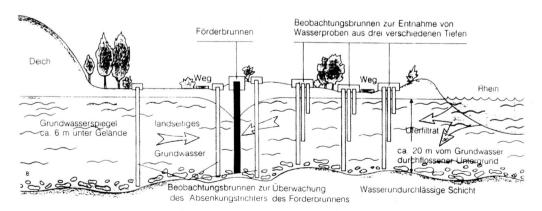

Abb. 3.3-2: Uferfiltratgewinnung (aus DK 1994c)

Stadtwerke Wiesbaden AG, WW Schierstein, Rhein-km 507

			Belüftung (Kaskade)	Belüftung (Kaskade)
		Belüftung (Kaskade)	Sedimentations-becken	Sedimentations-becken
		Sedimentations-becken	Flockung	Flockung
		Hochchlorung	Schnellfilter	Schnellfilter
		Flockung	A-Kohlefilter	A-Kohlefilter
Sedimentation	Sedimentation	Schnellfilter	Bodenpassage	Bodenpassage
Infiltrationsb.	Infiltrationsb.	A-Kohlefilter	Belüftung (Wellblech)	Belüftung (Wellblech)
Bodenpassage	Bodenpassage	Bodenpassage	Filtration (Refifloc)	Filtration (Refifloc)
Belüftung (Riesler)	Belüftung (Riesler)	Belüftung (Riesler)	Pulverkohle-Filtration	Pulverkohle-Filtration
Langsam-sandfilter	Langsam-sandfilter	Langsam-sandfilter	Langsam-sandfilter	Langsam-sandfilter
Desinfektion (Cl2)	Desinfektion (Cl2)	Desinfektion (Cl2)	Desinfektion (Cl2)	Desinfektion (ClO2)
1950	1960	1970	1980	1990

GEW Köln, Wasserwerk Weiler

			Uferfiltration	Uferfiltration
		Uferfiltration	Belüftung	Belüftung
		Belüftung	Infiltrationsb.	Infiltrationsb.
		Infiltrationsb.	Bodenpassage	Bodenpassage
Uferfiltration	Uferfiltration	Bodenpassage	A-Kohlefilter	A-Kohlefilter
Desinfektion	Desinfektion	Desinfektion	Desinfektion	Desinfektion
1950	1960	1970	1980	1990

Abb. 3.3-3: Das Wachsen der Aufbereitung in zwei Rheinwasserwerken (Quelle: HABERER 1993)

für den stofflichen Abbau besonders relevant; ähnlich ist bei der technischen Infiltration die oberste Schicht im Langsamsandfilter entscheidend (SONTHEIMER 1991).

Biologisch abbaubare bzw. veränderbare Substanzen könnten bei der Bodenfiltration zwar vollständig abgebaut werden; wenn diese Stoffe aber in zu hohen Konzentrationen im Flußwasser vorhanden sind, wird der für den Abbau erforderliche Sauerstoff vollständig aufgezehrt. Bei den dann auftretenden anaeroben Bedingungen geht einerseits die Abbaurate zurück, andererseits gehen Eisen und Mangan in Lösung. Der Eisen- und Mangangehalt im Uferfiltrat zwang daher vor ca. 25 Jahren die Wasserwerke am Rhein, Aufbereitungsstufen für Eisen- und Manganbeseitigung zu installieren.

Deshalb fordern die Wasserversorger »die Verminderung des Gehaltes biologisch abbaubarer bzw. veränderbarer Stoffe in unseren Flüssen« mittels forciertem Bau und Nachrüstung von Kläranlagen (BERNHARDT & SCHMIDT 1988).

Untersuchungen in der Folge des Sandoz-Störfalls 1987 ergaben, daß weniger als 50 % der gelösten organischen Wasserinhaltsstoffe während der Bodenpassage biochemisch abgebaut wurden. Bei langlebigen Stoffen wurden geringe Abbauraten festgestellt. Daher können persistente Stoffe aus dem Flußwasser in die Wasserwerksbrunnen gelangen (SONTHEIMER 1991).

Die Wirksamkeit einer Bodenfiltrationsstrecke für die Eliminierung schwer abbaubarer Chlorkohlenwasserstoffe geht zurück, wenn sie durch Stoffe aller Art überlastet wird. »*Sie kommt weitgehend zum Erliegen, wenn die Biozönose des Bodens durch biozid wirkende Stoffe im Infiltrat beeinträchtigt wird*« (BERNHARDT & SCHMIDT 1988: 98) Toxikologisch relevante, im einzelnen nicht bekannte halogenorganische Stoffe, die über den Parameter AOX erfaßt werden, können sich in den Wasseraufbereitungssystemen anreichern und stellen (auch bei Erschöpfung der Aktivkohlefilter) ein Gefährdungspotential für die Trinkwasserversorgung dar. Auch persistente Stickstoffverbindungen werden im Bodenfilter unzureichend abgebaut: Z. B. passieren Triazine, zu denen die Herbizide Atrazin, Simazin und Terbutylazin gehören, weitgehend alle biologischen Aufbereitungsstufen (aber auch Flockungsanlagen) und können bis in das Trinkwasser gelangen, wenn sie nicht an Aktivkohle adsorbiert werden (HABERER 1993). Aufgrund ihrer relativen Polarität ist hierbei ein aufwendiges Verfahren notwendig.

Polare Organika mit hoher Persistenz werden im Bodenfilter nicht oder nicht ausreichend abgebaut. Nitrierte und sulfonierte Organika werden daher, wenn sie langlebig sind, als trinkwasserrelevant bezeichnet. Derzeit geraten insbesondere Sulfonate ins Zentrum der Aufmerksamkeit: Stilbensulfonate werden als Bleichmittel eingesetzt; Benzol-, Naphtalin- und Anthrachinonsulfonate fallen als Vor- und Zwischenprodukt bei der Herstellung von Farbstoffen, optischen Aufhellern, Arzneimitteln, Weichmachern und Ionenaustauschern an und gelangen von dort ins Abwasser. Die Wasserwerke erarbeiten daher neben anderen trinkwassergängigen Einzelsubstanzen die Analytik von Sulfonaten (KLUGE et al. 1995, LINDNER et al. 1995).

Auch ein Teil der Pharmaka wird aufgrund ihrer Persistenz und Mobilität im menschlichen Körper nur teilweise metabolisiert und kann dann mit dem Kläranlagenablauf in die Flüsse und ins Infiltrat gelangen. Beispielsweise wurde der Lipidsenker Clofibrinsäure in verschiedenen deutschen Flüssen und auch im Uferfiltrat der Berliner und Frankfurter Wasserwerke nachgewiesen (ABKE et al. 1995).

Anorganische Substanzen können bei der Bodenfiltration nicht abgebaut werden. Anders als Chlorid und Nitrat kann aber Ammonium dort nitrifiziert werden. In der kalten Jahreszeit reicht die Nitrifikation im Boden alleine nicht aus, sofern aus den Siedlungskläranlagen (verminderte Leistung in den Bioreaktoren) größere Ammoniumfrachten in die Gewässer eingetragen werden; unter Umständen kommt es – wie wiederholt an Ruhr und (vor Betriebnahme der Nitrifikation in der Großkläranlage Ulm/Neu-Ulm) auch an der Donau beobachtet wurde – zu Ammoniumdurchbrüchen bis ins Trinkwasser. Das bei der Desinfektion mit Chlor stark störende Ammonium muß dann im Wasserwerk abgebaut werden (BERNHARDT & SCHMIDT 1988).

Die Beseitigung von Cadmium, Blei, Kupfer, Nickel und Zink aus dem Wasser beruht vor allem auf Sorptions- und Akkumulationsvorgängen, die erheblichen Störeinflüssen durch Redoxvorgänge, pH-Verschiebungen und Komplexierungsreaktionen ausgesetzt sein können. Deutliche Leistungseinbußen treten einerseits bei den anaeroben Verhältnissen der Uferfiltration, andererseits bei der Einwirkung von Komplexbildnern (z. B. Nitrolotriacetat, Ligninsulfonsäuren) auf. Die Schwermetallkonzentration wird durch eine längere Strecke bei der Untergrundpassage nicht weiter vermindert (SCHÖTTLER 1985).

Nicht nur bei der direkten Förderung von verschmutztem Flußwasser (und zukünftig auch von versauertem Talsperrenwasser), sondern auch bei den indirekten Verfahren müssen aufgrund der in den Flüssen vorhandenen Stofflasten die Trinkwasserwerke das Rohwasser technisch aufbereiten. Je nach örtlicher Situation und Vorentscheidung für Uferfiltration oder aktive Infiltration können Aufbereitungsverfahren unterschiedlich kombiniert werden (HABERER 1993, SONTHEIMER 1991). Immer fallen dabei schadstoffbeladene Aufbereitungsschlämme, Aktivkohle usw. in Mengen an, die auf Dauer nicht hinnehmbar sein werden, weil ihre Deponierung kostenintensiv ist und auch ökologische Probleme mit sich bringen kann.

Schlußbetrachtung

Die derzeitige Belastung der Flüsse mit Problem- und Schadstoffen erfordert eine sehr gute, teure Umweltanalytik bei den Wasserwerken und eine Aufbereitung mit extremem technischen und energetischen Aufwand. Die Wasserkonsumenten und nicht die Flußverschmutzer müssen derzeit diese Kosten tragen (vermutlich werden die Wasserpreise zukünftig auf ein nicht mehr sozialverträgliches Niveau ansteigen).

Insbesondere die Uferfiltration ist bei heutiger Flußverschmutzung kein nachhaltiges Verfahren: Bei andauernder Schmutzlast wird es vermutlich zum teilweisen Zusammenbrechen der Uferpassage, d. h. zum kaum sanierbaren Durchbrechen von Schwermetallen, Bakterien und Viren, polaren Organika und anderen Problem- und Schadstoffen aus dem Bodenpool in die bewirtschafteten flußnahen Grundwasserleiter kommen. »*Die ständige Überbelastung der Uferfiltrat- und Bodeninfiltrationsstrecken schädigt den Boden irreversibel und bedeutet eine schlimme Hypothek für die künftige Wasseraufbereitung*«. Auch der künstlichen Grundwasseranreicherung vorangehende Reinigungsmaßnahmen, die die Konzentration der Schad- und Störstoffe um 50 bis 95 % vermindern, können nur »*in einem gewissen Umfang*« – je nach der der Infiltration vorangehenden Aufbereitung des Rohwassers – die Gefahren der Überlastung der Bodeninfiltration und der Verunreinigung der Grundwasserleiter minimieren. (BERNHARDT & SCHMIDT 1988). Am Rhein könnten bewirtschaftete Grundwasserleiter z. B. aufgrund der hohen Salzfracht langfristig versalzen.

Damit nicht auf Kosten nachfolgender Generationen Schad- und Problemstoffe aus dem Flußwasser in die Grundwasserleiter verlagert werden, wird eine umwelt- und wirtschaftspolitische Gesamtschau erforderlich: Die Flüsse müssen gleichberechtigt in ihrem ökologischen Kontext und in ihren verschiedenen Nutzungszusammenhängen gesehen werden. Daher werden weitergehende Wege in der Abwasserreinigung (vgl. Kap. 8.3) ebenso notwendig wie neue Bewirtschaftungsmaximen in der Wasserversorgung, wonach nicht nur der Bedarf korrigiert, sondern auch die nachhaltige Nutzung dezentraler Vorkommen betrieben werden müßte (KLUGE et al. 1995). Soll hierfür auf abfallfreie und naturnahe Gewinnungsverfahren zurückgegriffen werden, müßte die Flußwasserqualität wieder unbedenklich sein. Außerdem müßte die natürliche Kommunikation zwischen dem Oberflächenwasser und dem parallel fließenden Grundwasser verbessert werden, indem ein naturnahes morphologisch-dynamisches Abflußverhalten über Kies- und Schotterbett mit Überflutungs- und Auenbereichen gefördert wird.

3.4 Wärmebelastung durch Kraftwerke
MICHAEL WUNDERLICH

Temperaturen in Fließgewässern

Fließgewässer, besonders kleinere, haben wegen ihrer Turbulenz im gesamten Abflußquerschnitt etwa die gleiche Temperatur. Zwischen Gebirgsflüssen und Flachlandflüssen bestehen charakteristische Unterschiede im Temperaturverlauf. Aufgrund ihres Temperaturverhaltens werden in unseren Breiten folgende Gewässertypen unterschieden.

• Ständig kühle Fließgewässer - typische Forellengewässer. Ihre Temperatur bleibt niedrig und schwankt geringfügig je nach Höhenlage um einen Mittelwert, der zwischen +5 °C und +10 °C oder bei Gletscherflüssen im Bereich des Gefrierpunktes liegt.
• Sommerkühle Fließgewässer in Gebirgslagen, Gebirgsrandlagen oder Mittelgebirgen. Sie weisen natürliche Wassertemperaturen bis 20 °C auf.
• Sommerwarme Fließgewässer (alle größeren Flüsse im Flachland), die natürliche Wassertemperaturen bis 25 °C aufweisen (LAWA 1991).

Bei gleichbleibenden meteorologischen Bedingungen würde sich die natürliche Temperatur des Oberflächenwassers auf einen festen Wert einstellen, der durch das Gleichgewicht zwischen Wärmezufuhr und Wärmeabgabe gekennzeichnet ist. Die Komponenten des Wärmehaushalts sind die Wärmestromdichte aus der Strahlung, Globalstrahlung, Gegenstrahlung, Ausstrahlung, reflektierte Strahlung an der Wasseroberfläche sowie aus Verdunstung und Konvektion. Die sich ergebende Temperatur wird als Gleichgewichtstemperatur bezeichnet. Liegt die Wassertemperatur oberhalb der Gleichgewichtstemperatur, wird Wärme abgegeben, liegt sie darunter, so nimmt das Gewässer Wärme auf.

Die Bedeutung der Temperatur als ökologischer Faktor

Abb. 3.4-1 zeigt die zentrale Bedeutung der Temperatur für Fließgewässer, indem sie die physikalischen, chemischen und biologischen Vorgänge beeinflußt (TÄUBERT 1975). Die Tier- und Pflanzengemeinschaften in und an den Fließgewässern haben sich aufgrund der vorhandenen ökologischen Bedingungen entwickelt. Wegen der vernetzten Beziehungen wirken sich Temperaturänderungen, die die natürliche Schwankungsbreite überschreiten, auch auf die Artenzusammensetzung aus. Einige Fischarten benötigen zum Laichen bestimmte Temperaturen, die nicht überschritten werden dürfen (REICHENBACH-KLINKE 1976). Diese Temperaturen werden in Deutschland jedoch nicht erreicht, sodaß Winter- und Frühjahrslaicher hierdurch nicht gehindert werden. Innerhalb bestimmter Grenzen besteht für

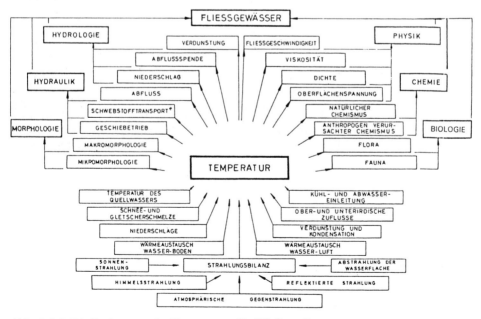

Abb. 3.4-1: Die Bedeutung der Temperatur für Fließgewässer

viele Fischarten ein enger Zusammenhang zwischen der Temperatur und der Dauer, die von der Eiablage bis zum Schlüpfen der Fischlarven benötigt wird. Bei einer mittleren Wassertemperatur von 10 °C schlüpfen z. B. Karpfenlarven nach etwa 10 Tagen. Bei einer um 5 °C höheren Temperatur verkürzt sich die Reifung auf etwa 6 bis 7 Tage, (MUUS & DAHLSTRÖM 1990).

Besonders die winterlichen Minimaltemperaturen können einen bestandsregulierenden Einfluß haben, indem sie wärmeliebende Neueinwanderer (Neozoen, vgl. Kap. 6.3) an einer Besiedlung hindern. Liegen die Gewässertemperaturen allgemein höher, so haben diese Arten einen Wettbewerbsvorteil. Beispiele hierfür sind folgende Arten: *Craspedacusta sowerbyi* (*Coelenterata*), *Branchiura sowerbyi* (Annelida), *Atyaephyra desmarestii*, *Chaetogammarus ischnus*, *Echinogammarus berilloni*, *Eriocheir sinensis* (*Crustacea*) (TITTIZER et al. 1993).

Aquatische Organismen sind einer geringeren Schwankungsbreite der Temperatur unterworfen als landbewohnende, da die Gewässer nicht die Extremwerte der Lufttemperaturen erreichen. In unseren Breiten liegen die Temperaturen in Fließgewässern zwischen dem Gefrierpunkt und etwa 28 °C. Die Körpertemperatur von Fischen und wirbellosen Tieren ist gleich der Umgebungstemperatur. Bei Wassertemperaturen von weniger als etwa 6 °C laufen die Funktionen des Stoffwechsels sehr langsam ab. Bei Fischen bezeichnet man diesen Zustand als Kältelethargie. Die Tiere nehmen dann keine oder nur sehr wenig Nahrung zu sich. Die Temperatur kann zum Stressfaktor werden, wenn der Unterschied zwischen der vorhandenen Temperatur und der artspezifischen Optimaltemperatur ein bestimmtes Maß überschreitet oder der jahreszeitlichen Periodik entgegensteht.

Große Temperaturschwankungen treten in Fließgewässern natürlicherweise nicht auf. Erst durch den Einfluß des Menschen können solche kurzzeitigen Ereignisse vorkommen, z. B. durch das Ablassen von kaltem Tiefenwasser aus Talsperren oder durch das An- und Abfahren von Spitzenlastkraftwerken. Als Reaktion auf plötzliche und krasse Temperaturänderungen zeigen manche Tiere ein deutliches Fluchtverhalten.

Meist wirkt die Temperatur auf die Gewässerorganismen nicht allein. Im Zusammenwirken mit anderen Faktoren können Bedingungen gegeben sein, die das Vorkommen oder Fehlen mancher Arten erklären. *Abb. 3.4-2* zeigt den Einfluß von

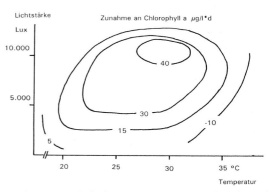

Abb. 3.4-2: Einfluß von Temperatur und Licht auf die Bildung von Algenbiomasse

Licht und Temperatur auf die Produktion von Algenbiomasse (WUNDERLICH 1982). Unterhalb und oberhalb bestimmter Licht- und Temperaturgrenzwerte war bei dem untersuchten Phytoplankton kein Zuwachs möglich.

Der Einfluß von toxisch wirkenden Stoffen ist bei höheren Temperaturen größer. Durch die damit verbundene höhere Atemfrequenz und den gesteigerten Stoffumsatz werden viele Gifte wirksamer. Andererseits laufen auch Entgiftungsprozesse schneller ab.

In allen oberirdischen Gewässern gibt es Krankheitserreger und Parasiten, die sich unter den für sie optimalen Temperaturbedingungen entwickeln. Dies äußert sich im jahreszeitlichen Auftreten von epidemischen Krankheiten und parasitärem Befall der betroffenen Fische (REICHENBACH-KLINKE 1976). So ist bekannt, daß die Immunreaktion bei Fischen erst ab 15 °C einsetzt und über 22 °C nicht weiter gefördert wird.

Allgemein gilt, daß bei steigenden Temperaturen mit kürzeren Reaktionszeiten bei chemischen und biochemischen Prozessen zu rechnen ist. Bei biologischen Prozessen gilt diese Aussage nur innerhalb bestimmter Temperaturbereiche. Bei einer Temperaturerhöhung um 10 °C erhöht sich die Reaktionsgeschwindigkeit um das 1,5 bis 4fache (VANT'HOFFSCHES Gesetz).

Der Abbau organischer Stoffe erfolgt durch Bakterien, niedere Pilze und andere Mikroorganismen. Höhere Wassertemperaturen fördern diesen Abbau. Dafür wird Sauerstoff benötigt, der im Wasser physikalisch gelöst vorhanden ist. Wenn die Menge an zehrungsfähigen Stoffen zu groß ist, kann es zu Sauerstoffmangel im Gewässer kommen. Als Folge können Fischsterben und Verödungszonen auftreten. Da das Wasser bei höheren Temperaturen weniger gelösten Sauerstoff enthält, andererseits die oxidativen Abbauprozesse schneller ablaufen, wurden diese für die Gewässerfauna bedrohlichen Zustände meist in den Sommermonaten beobachtet (vgl. Kap.6.9). Mit künstlicher Belüftung wird versucht, kritisch belasteten Fließgewässern kurzfristig zu helfen und ein Überleben der Fauna zu ermöglichen. Eine nachhaltige Besserung kann jedoch nur durch die deutliche Verminderung des Eintrags von zehrungsfähigen Stoffen und von Abwärme erreicht werden.

Kühlwassereinleitungen durch Kraftwerke und Industrie

Bei der Erzeugung von elektrischer Energie und bei Produktionsprozessen entstehen Energieverluste, die als Abwärme anfallen. Aus Gründen der Wirtschaftlichkeit und des Umweltschutzes wird versucht, diese Wärmeverluste gering zu halten oder nach Möglichkeit zu nutzen.

Früher wurde die nicht verwertbare Wärme fast ausschließlich mittels Durchlaufkühlung abgeführt und den Gewässern zugeleitet. Infolge ansteigender Produktion hätte jedoch der erhöhte Abwärmeanfall zu einer unvertretbaren Erwärmung der Gewässer geführt. Deshalb wurden Kühlsysteme entwickelt, die einen Teil der Abwärme direkt an die Atmosphäre abgeben (Ablaufkühlung, offene und geschlossene Kreislaufkühlung, Luftkühlung). Die Durchlaufkühlung ist heute als alleiniges Kühlsystem praktisch nicht mehr genehmigungsfähig. Eine Darstellung der Kühlverfahren und Erörterung der Abwärmefragen sind in einem Bericht der Länderarbeitsgemeinschaft Wasser zu finden (LAWA 1991). Gegenüber der Durchlaufkühlung sind alle anderen nassen und trockenen Kühlverfahren energieaufwendiger. So wird bei offener Kreislaufkühlung 3–5 % mehr Brennstoff zur Erzeugung der gleichen Strommenge benötigt als bei der Frischwasserkühlung. Die geschlossene Kreislaufkühlung (Trocken- oder Luftkühlung) ist thermodynamisch noch ungünstiger.

Eine Zusammenstellung der Wassernutzung bei Wärmekraftwerken für die öffentliche Versorgung hat das UMWELTBUNDESAMT (1994) aus den Daten des Statistischen Bundesamtes veröffentlicht. Danach belief sich die Wasserentnahme der 286 Wärmekraftwerke in Deutschland im Jahr 1991 auf rund 29 Mrd. m³. Auf die alten Länder entfielen 27,9 Mrd. m³ und auf die neuen Länder 0,9 Mrd. m³. Die Wärmekraftwerke, in denen das Wasser hauptsächlich zu Kühlzwecken genutzt wird, decken ihren Wasserbedarf nahezu vollständig aus Oberflächenwasser (99,8 %).

Tab. 3.4-1: Wasserbadarf in 10^9 m³ von Kraftwerken im Jahre 1991

Kühl- und Betriebswasser in Kraftwerken	71
Bedarf an Kühlwasser	62
Entnahmemenge für Kühlzwecke	25

Der Wasserentnahme steht rund die zweieinhalbfache Menge als Gesamtnutzung gegenüber. Dies wird erreicht durch Wassersportechnologien, wie Mehrfachnutzung und Kreislaufkühlung (*Tab. 3.4.1*).

Wärmelastpläne

Die Einleitung von Wärme in die Gewässer muß soweit begrenzt werden, daß diese als Lebensräume für Wasserorganismen erhalten bleiben und ihre vielfältigen Funktionen auch in Zukunft sicher erfüllen können. Bei Rhein, Main, Elbe, Weser, Donau, Isar, Neckar und Lippe wurde der Temperaturverlauf unter der Annahme von unterschiedlichen Lastfällen rechnerisch ermittelt (LAWA 1991). Die Wärmelastpläne wurden hauptsächlich in der Zeit zwischen 1971 und 1982 erstellt. Die damals zugrunde gelegten wasserwirtschaftlichen und umweltpolitischen Bedingungen haben sich gewandelt, so daß die Forderung nach einer Aktualisierung gerechtfertigt ist.

Grenzwerte

Die LAWA hat Hinweise für Umweltverträglichkeitsprüfungen und wasserrechtliche Verfahren gegeben und Temperaturgrenzwerte für die betroffenen Fließgewässer festgelegt. Daneben wurden auch die zulässigen Aufwärmspannen und maximalen Kühlwassertemperaturen bei Einleitung ins Gewässer geregelt (LAWA 1991). Im wesentlichen gilt, daß sommerkalte Fließgewässer bei vollständiger Durchmischung nicht über 18 °C erwärmt werden dürfen. Sommerkühle Gewässer dürfen bis zu 25 °C erwärmt werden und sommerwarme Gewässer bis 28 °C. Damit ein Bezug zur natürlichen Temperatur erhalten bleibt, sind auch die Aufwärmspannen im Gewässer begrenzt worden. Hierdurch soll gewährleistet werden, daß die Fließgewässer saisonal dem natürlichen Temperaturverlauf folgen, wenn auch parallel mit etwas erhöhten Werten. Abwärmebelastete Fließgewässer zeigen im 1. Halbjahr eine Vorverlegung der natürlicherweise zu erwartenden Erwärmung. In der 2. Jahreshälfte wird eine Verzögerung der Abkühlung beobachtet.

Die von der LAWA vorgeschlagenen Grenzwerte für maximal zulässige Gewässertemperaturen und Aufwärmungen stellen einen Kompromiß dar, mit dem die Kühlwassernutzung mit anderen wasserwirtschaftlichen Anforderungen und dem Gewässerschutz in Einklang gebracht werden soll.

Weitere Auswirkungen der Kühlwassernutzung

Neben den Änderungen der Gewässertemperaturen kann es zu weiteren ökologischen Wirkungen durch die Kühlwasserentnahme und -rückgabe kommen. Im Verlauf der Kühlwasserpassage werden Kleinstorganismen unterschiedlichen Drücken, Temperaturen und u. U. auch Kühlwasserchemikalien (z. B. Chlor) ausgesetzt. Die Einbußen sind fallweise sehr unterschiedlich: 33–97 % für Phytoplankton und 40–85 % für Zooplankton. Die Langzeitwirkungen verschiedener Kraftwerke und Streßfaktoren wurden modellhaft für den Hudson River beschrieben. Hiernach betrugen die Bestandsverluste zwischen 4 und 33 % bei verschiedenen Fischarten (IAEA 1980).

Beim Kontakt mit Rechen und Sieben treten nicht unerhebliche Verluste an Fischen auf, die in Deutschland einige tausend Tonnen pro Jahr betragen können.

Zur Vermeidung von Problemen in Kühlsystemen werden bei Bedarf Chemikalien zugesetzt, HELD 1984. Wegen ihrer ökologischen Bedeutung wurde der Einsatz dieser Stoffe durch das Wasserhaushaltsgesetz (WHG, Anhang 31) bzw. die Landeswassergesetze geregelt. Um den Eintrag von wassergefährdenden Stoffen aus der Produktion in Fließgewässer zu vermeiden, wurde ein einheitliches Kühlwasserkonzept in der chemischen Industrie eingeführt (VCI 1987).

Alternative Verfahren

Elektrische Energie kann in ausreichendem Maß nicht gespeichert werden, sondern muß dem Bedarf entsprechend aus anderen Energieträgern erzeugt werden. Können nun andere Verfahren der Stromgewinnung Wärmekraftwerke ersetzen? Als alternative Verfahren bieten sich an:

- Wasserkraftwerke (inkl. Gezeitenkraftwerke)
- Windkraftanlagen
- Photovoltaikanlagen
- Sonnenheizkraftwerke

Die Möglichkeiten der Nutzung von Wasserkraft sind in Deutschland weitgehend ausgeschöpft. Ihr Anteil an der Stromerzeugung beträgt ca. 3–4 %. Gezeitenkraftwerke lassen sich aufgrund des geringen Tidehubes und der flachen Küsten in Deutschland wirtschaftlich nicht realisieren. Die Windenergie steht am Anfang ihrer Entwicklung und ist noch ausbaufähig. Die Nachteile bei der Nutzung der Windenergie liegen in der begrenzten zeitlichen Verfügbarkeit und eingeschränkten Standortwahl. Im Jahr 1992 gab es in Deutschland bereits 1130 Windkraftanlagen mit einer installierten Leistung von rund 100 MW. Die gesamte Windstromproduktion belief sich auf 275 Mio. kWh. Dies entspricht etwa einem halben Prozent der in diesem Jahr insgesamt erzeugten Strommenge, (ROTH 1994). Photovoltaikanlagen haben im Vergleich zu anderen Kraftwerkstypen mit Abstand den geringsten energetischen Erntefaktor, der sich aus der Bilanz des Energieaufwandes (Bau, Betrieb, Abriß) und der Nettostromerzeugung errechnet. Wirtschaftlich werden Photovoltaikanlagen im zunehmenden Maße zur dezentralen Stromversorgung eingesetzt. Sonnenheizkraftwerke, die über Spiegel die Wärme und das Licht der Sonne bündeln, gewinnen Strom über Dampferzeugung und Generatoren. Wenn die Abwärme mit der Luft abgeführt wird, treten für Fließgewässer keine Probleme auf.

Im Wettbewerb liegen die Stromerzeugungskosten dieser Verfahren höher als bei herkömmlichen Wärmekraftwerken, deshalb bedarf es einer gezielten Förderung dieser Technologien, um ihre Marktchancen und ihre technische Entwicklung zu verbessern.

Schlußbetrachtung

Höhere Wassertemperaturen verstärken die negativen Erscheinungen von stofflichen Gewässerbelastungen (Sauerstoffmangelsituationen, Massenwachstum von Algen). Die Fließgewässer als Ökosysteme werden in ihrer Struktur und Funktion durch Kraftwerke beeinflußt. Gewässerschutz bedeutet deshalb eine konsequente Reduzierung unverträglicher Wärmeeinträge. Dieses Ziel läßt sich durch den Einsatz von Kühlsystemen weitgehend erreichen. Schnelle und gravierende Temperaturänderungen sind für die aquatische Fauna besonders belastend und sollten unterbunden werden. Eine geringfügige Gewässererwärmung, die sich im Bereich der natürlichen Wassertemperaturen und Aufwärmspannen bewegt, ist nach vorliegenden Erkenntnissen ökologisch und wasserwirtschaftlich vertretbar. Daneben sind wassersparende Maßnahmen konsequent einzusetzen und der Gebrauch von Kühlwasserchemikalien zu minimieren. Es sollte betont werden, daß eine Entlastung der Natur nur durch Verzicht und Einsparung (z. B. auch von elektrischer Energie) möglich ist.

»Aktion seeklar«
Verein zum Schutz der Meere e. V.
Große Elbstraße 133   22767 Hamburg
Tel. 040/381811   Fax. 040/3898554

1 Wer ist »Aktion seeklar«
»Aktion seeklar« wurde im Dezember 1988 in Bremerhaven gegründet von Privatpersonen und Unternehmen der deutschen Fischwirtschaft, u. a. Hochseefischerei, Seefischmärkte, Fischimport, Fischindustrie, Fischgroß- und einzelhandel und Fischgastronomie gegründet.

»Aktion seeklar« ist eine Initiative der deutschen Fischwirtschaft mit dem Ziel, meinungsbildende, umweltpolitische und wissenschaftliche Schritte zur Problembewältigung auszulösen.

Die Organe der »Aktion seeklar«, Vorstand und Beirat, arbeiten ehrenamtlich. Der Vorstand wird vom Beirat unterstützt, der sich aus Sachverständigen der Meeresbiologie und -ökologie und Umweltschutz zusammensetzt. Diese Sachverständigen beraten den Vorstand bei der Auswahl von Forschungsprojekten.

2 Ziele der »Aktion seeklar«
Hauptziel des Vereins »Aktion seeklar« ist es, den Anstieg der durch Menschen verursachten Verschmutzung (über Zuflüsse, über Deponierungen/Verbrennungen, über die Luft, über die Schiffahrt) insbesondere von Atlantik, Nord- und Ostsee zu verhindern oder fühlbar zu verringern.

Die Ziele und Aufgaben der »Aktion seeklar« sind erst erreicht, wenn die Belastung der Meere soweit reduziert wurde, daß die See wieder uneingeschränkt als unbelasteter Lebensraum angesehen werden kann.

Um dieses Ziel zu erreichen, ist es zuerst notwendig, die Sensibilität der Bevölkerung für diesen speziellen Problemkreis zu wecken und weiter wachzuhalten.

»Aktion seeklar« fördert daher Meeresumweltprojekte und den wissenschaftlichen Austausch zwischen Meeresumweltforschern, damit Forschungsergebnisse einem breiten Kreis von Interessenten zur Verfügung stehen und Forschungsmittel mit größter Wirkung eingesetzt werden.

3 Warum muß das Meer geschützt werden?
Für alle Lebewesen stellen die Meere einen bedeutenden Lebensraum dar. Unser Klima sowie die Qualität des Wassers und der Nahrungsmittel aus dem Meer hängen von dieser Lebensquelle ab. Unsere besondere Zuwendung gilt dem Schutz der Nord- und Ostsee.

Trotz nationaler und internationaler Maßnahmen schreitet die Verschmutzung dieser empfindlichen Randmeere weiter fort und bedroht den Zusammenhalt natürlicher Nahrungsketten und Lebensgemeinschaften. »Aktion seeklar« fordert daher u. a. zusammen mit dem WWF-Deutschland:
- Umsetzung des Vorsorgeprinzips
- Beendigung des Einsatzes langlebiger Umweltgifte
- Verringerung des Nähr- und Schadstoffeintrags auf dem Luft- und Bodenweg
- Appell an Politiker, Industrie und Verbraucher, abfallarme und energiesparende Technologien sowie Herstellungsverfahren mit geschlossenen Kreisläufen zu bevorzugen und zu fördern.

4 Wie kann man »Aktion seeklar« unterstützen?
Die Finanzierung von »Aktion seeklar« erfolgt durch private Spenden und Beiträge der Mitglieder. Spenden werden ohne jeden Abzug für Forschung und Förderung eingesetzt. Die notwendigen Verwaltungskosten werden durch den Jahresbeitrag der Mitglieder gedeckt.

5 Was hat »Aktion seeklar« bisher erreicht?
Seit seiner Gründung 1988 hat »Aktion seeklar« u. a. folgende Projekte unterstützt:
- Buchveröffentlichungen:
  - Warnsignale aus der Nordsee
  (Paul Parey, Hamburg 1990) und
  - Warnsignale aus dem Wattenmeer
  (Blackwell-Wissenschaftsverlag, Berlin 1994)
- Reisekosten für junge Wissenschaftler,
- Bereitstellung von PCs für Forschungszwecke im Bereich Meeresumweltforschung,
- Einrichtung des Informations- und Bildungszentrums »Feuerschiff Borkumriff« und des Nationalparkzentrums Wilhelmshaven in Zusammenarbeit mit dem WWF-Deutschland,
- Ausschreibung eines Forschungspreises für hervorragende meeresumweltwissenschaftliche Publikationen,
- Ausschreibung eines Umweltschutzpreises für Einsatz und Leistungen, die entscheidend zum Schutz und Erhalt der (Meeres-) Umwelt beitragen und
- Zeitschrift »Wattenmeer International«.

4 Belastung der Flüsse mit Schad- und Nährstoffen

Die Verschmutzung der Fließgewässer hat sich in den 50er und 60er Jahren ganz anders dargestellt, als heute. Seinerzeit war die Einleitung ungereinigter Abwässer aus Städten, Gewerbe und Industrie mit großen Mengen an sog. »fäulnisfähigen organischen Stoffen« das Hauptproblem. Massivste Verschmutzungen verursachten z. B. die Abwässer der Zellstoff-, Papier- und Zuckerindustrie. Die leicht abbaubaren organischen Stoffe gaben Anlaß zu einem ausgedehnten Wachstum des sog. »Abwasserpilzes« (*Sphaerotilus natans*), der in dicken, schaffellartigen Überzügen die Ufer bewuchs und zu »Pilztreiben« führte. In den Staustufen sedimentierten die organischen Massen und führten zu ausgedehnten Faulschlammablagerungen mit intensiver Methangärung. Durch den mikrobiellen Abbau entstanden lange Flußstrecken mit u. U. totalem Sauerstoffverlust und Fischsterben. Wenn man sich die alten Gewässergütekarten ansieht, so war ein Großteil der Flüsse der Güteklasse III (gelb – stark verschmutzt) und IV (rot – übermäßig verschmutzt) zuzuordnen. Dabei glaubte man z. T. immer noch an die sog. »Selbstreinigung«, d. h. die Abbauleistung des Flusses wurde mit in das Gewässerschutzkonzept einbezogen, und man müßte die Abwasserreinigung nur so weit treiben, daß diese Selbstreinigung nicht überfordert würde.

Eine entscheidende Wende brachte das Umweltprogramm der Bundesregierung von 1970 mit der allgemeinen Zielsetzung Gewässergüteklasse II, der Schaffung einheitlicher Mindestanforderungen an die Abwasserreinigung und dem Vorrang von Emissionsnormen vor Immissionsstandards. Heute sind etwa 95 % der Einwohner an Kanalisationen und größtenteils an vollbiologische Kläranlagen angeschlossen, viele bereits mit Nitrifikation und gezielter Phosphatelimination. In der jüngsten Zeit ist eher deutlich geworden, daß die Grenze der Ausbaufähigkeit (und finanziellen Belastungsfähigkeit der Bevölkerung) erreicht ist. Es ist nur folgerichtig, daß nach der Wiedervereinigung Deutschlands die Mittel in die neuen Bundesländer fließen, um dort den gleichen Stand der Abwasserreinigung herbeizuführen wie im Westen.

Dennoch bedeutet das nicht, daß nun alles in Ordnung sei. Immer neue Problemstoffe belasten unsere Gewässer.

4.1 Wie und woher kommen die Nährstoffe in die Flüsse?
ALFRED HAMM

Die Belastungen der Gewässer mit Nährstoffen, d. h. insbesondere mit den anorganischen Phosphor- und Stickstoffverbindungen, führen zu einem übermäßigen Algen- und Wasserpflanzenwachstum. Man nennt diesen Vorgang Eutrophierung einschließlich all der für das Ökosystem schädlichen Folgen, die daraus entstehen können. Die Eutrophierung war ursprünglich vor allem ein Problem von stehenden Gewässern, aber auch der Lebensraum der Fließgewässer wird durch zu hohe Nährstoffbelastung und Eutrophierung unter Umständen stark beeinträchtigt. Aus der Eutrophierung resultiert vor allem die sogenannte »Sekundärverschmutzung«. Die mit hoher Intensität von den Algen und Wasserpflanzen autochthon – d. h. im Gewässer selbstproduzierte Biomasse wird, vielfach zeitlich und örtlich verschoben, wieder unter Sauerstoffverbrauch abgebaut. Sie wirkt demnach nicht anders als eine allochthon, d. h. von außen eingebrachte organische Belastung, z. B. aus Abwassereinleitungen (Primärverschmutzung). In der Folge übermäßiger Eutrophierung kann der Sauerstoffhaushalt so kritisch beansprucht werden, daß es zu Fischsterben kommt, es können Faulschlammbildungen auftreten und die aquatische Lebensgemeinschaft insgesamt erheblich geschädigt werden. Kritisch sind auch die bei starkem Algen- und Wasserpflanzenwachstum auftretenden hohen Sauerstoffübersättigungen (z. B. Gasblasenkrankheit bei Fischen) sowie hohe pH-Werte, die an sich schädlich sind bzw. die Toxizität des Ammoniums stark erhöhen (Ammoniakbildung). Schließlich werden auch Gewässernutzungen stark beeinträchtigt, z. B. die Trinkwassergewinnung aus Oberflächengewässern (Geruchs- und Geschmackstoffe, Störungen der Trinkwasseraufbereitung).

Herkunft der Nährstoffe
Phosphoreinträge

Die Phosphoreinträge in die Oberflächengewässer aus den verschiedenen Herkunftsbereichen wurden mehrfach abgeschätzt, beginnend mit der sogenannten »Phosphorstudie« (BERNHARDT 1978) mit dem Bezugsjahr 1975 (*Abb. 4.1-1*). Damals wurden für die alten Länder der Bundesrepublik Deutschland 103,5 kt/a an P-Einträgen ermittelt, von denen über 80 % aus Abwassereinleitungen

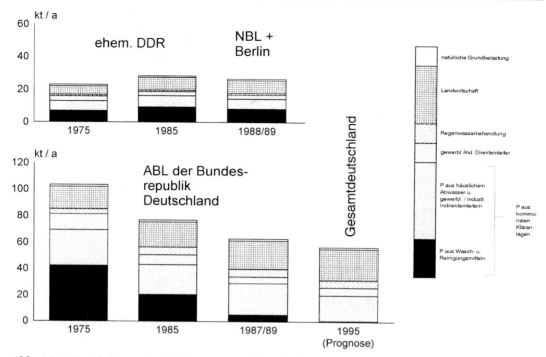

Abb. 4.1-1: Entwicklung der P-Belastung der Oberflächengewässer in Deutschland 1975–1995. Zusammengestellt nach: BERNHARDT (1978), HAMM (1989, 1991), WERNER & WODSACK (1994), BEHRENDT (1991), UMWELTBUNDESAMT (1995), leicht verändert

stammten. 42 % waren den Phosphaten in Waschmitteln zuzuschreiben.

Mittlerweile ist die Phosphorbelastung der Gewässer erheblich vermindert worden. Wesentliche Ursache dafür ist die Verwendung P-reduzierter Waschmittel (seit 1980) bzw. P-freier Waschmittel (seit 1986) und der zunehmende Ausbau der Abwasserreinigung mit einer gezielten Phosphorelimination. Auch in den neuen Bundesländern ist nach der Wiedervereinigung die P-Belastung aus denselben Gründen stark zurückgegangen. Wie aus *Abb. 4.1-1* hervorgeht, ist der Anteil von P aus Wasch- und Reinigungsmitteln heute praktisch mit Null anzusetzen. Aus sogenannten punktförmigen Quellen (Abwassereinleitungen aus kommunalen Kläranlagen, industrielle Direkteinleiter, P aus der Regenwasserbehandlung) ist für Gesamt-Deutschland 1995 mit einem Eintrag in die Oberflächengewässer von nur noch 30 kt/a zu rechnen.

Auch bei den Phosphoreinträgen aus den sog. diffusen Quellen, d. h. aus dem Bereich der landwirtschaftlichen Flächennutzung und Viehhaltung, zeichnen sich Verbesserungen ab. Während 1987/89 für die alten Länder der Bundesrepublik Deutschland und der ehemaligen DDR zusammengenommen noch 21,5 + 8,7 kt/a P = 30,2 kt/a zu ermitteln waren (HAMM 1991; WERNER & WODSACK 1994) geht die Prognose für 1995 heute von 23,6 kt/a aus (UMWELTBUNDESAMT 1995; vgl. auch WERNER & WODSACK 1994). Durch die höheren Rückgänge bei den Abwassereinleitungen ist jedoch der prozentuale Anteil bei den landwirtschaftlichen P-Einträgen auf mittlerweile rd. 40 % angestiegen.

Die natürliche Grundbelastung der Gewässer mit P-Verbindungen ist äußerst niedrig. Sie ist für Gesamtdeutschland mit etwa 2,4 kt/a abzuschätzen und resultiert aus einem natürlichen Hintergrundwert der Phosphorgehalte im Niederschlag und einem P-Eintrag in die Gewässer aus Streufall und Erosion. Es ist heute schwierig, diesen Anteil genauer zu ermitteln, da auch im Niederschlag anthropogene Anteile enthalten sind. Richtgrößen zu P-Austrägen verschieden genutzter Flächen bringt *Tab. 4.1-1*.

Der Haupteintragsweg für Phosphate aus der Landwirtschaft liegt in der Erosion und Abschwemmung (Bodenabtrag und Oberflächenabfluß). Deshalb findet sich der größte Anteil der Phosphorbelastung aus diesem Bereich in ungelöster Form (z. B. als Hydroxylapatit, Eisenphosphat, Kalziumphosphat, biogen gebundene organische Phosphate) bzw. sorbtiv an Schwebstoffen

Tab. 4.1-1: Richtgrößen für P-Belastungen aus diffusen Quellen (aus HAMM 1989)

P-Austräge aus Flächen:	kg/(ha·Jahr)
Wald auf Urgestein:	0,05
Wald im alpinen Bereich:	0,1 – 0,2
Wiese ohne Weidenutzung:	0,2
Ackerbaulich genutzte Fläche:	0,4
Weiden incl. Triebwege:	0,8
Niederschlag:	0,4 – 2,0

gebunden wieder. Der Eintrag erfolgt sehr diskontinuierlich entsprechend den Niederschlags- und Abflußvorgängen. Dagegen liegen die Phosphorverbindungen aus Abwassereinleitungen überwiegend in gelöster Form vor (z. B. als Ortho-Phosphate, verschiedene Komplexphosphate, organische Phosphate). Die Unterscheidung beider Formen erfolgt analytisch durch Membranfiltration (0,45 µm). Algen können nur einen Teil der ungelösten Phosphorverbindungen durch Exoenzyme aufschließen. Die gelösten Phosphorverbindungen sind allesamt als algenverfügbar anzusehen. Dennoch werden die Phosphorbelastungen auf Gesamt-P bezogen, da eine Ermittlung des Eutrophierungspotentials von ungelösten P- Verbindungen nicht einfach möglich ist und im übrigen auch vom Gewässertyp selbst abhängt. Im Gewässer wird ein erheblicher Teil der schwebstoffgebundenen P-Verbindungen durch Sedimentation zwischendeponiert, kann aber auch wieder z. B. bei Abflußwellen und Hochwässern in Bewegung geraten.

Die erhebliche Verminderung der Phosphoreinträge etwa seit Ende der 70er Jahre/Beginn der 80er Jahre hat sich in einem wesentlichen Rückgang der Gehalte an gelöstem Phosphat-P als auch Gesamt-P in nahezu allen unseren Flüssen dokumeniert. *Abb. 4.1-2* bringt als Beispiel den Rhein (nach IKSR 1995). Auch in anderen großen Flüssen, wie der Elbe und der Oder, ist die P-Belastung rückläufig. Gleiches gilt für die Donau, wobei allerdings zu beachten ist, daß wegen der hohen Abflußspende der südlichen alpinen Zuflüsse die Phosphatkonzentrationen dort nie so hohe Werte erreicht haben, wie in anderen Flüssen.

In der Studie über Wirkungen und Qualitätsziele für Nährstoffe in Fließgewässern (HAMM 1991) wurden Zielvorgaben zu den P-Konzentrationen in Fließgewässern formuliert. Für gestaute Flüsse vom Typ Ruhr oder Main wurden als »gerade noch tolerabel« 0,16–0,20 mg/l Ges. P ermittelt, bezogen auf eine Wasserführung im Niedrigwasserbereich und die Vegetationszeit. Die weiterreichende Zielvorgabe wurde mit 0,050–0,15 mg/l Gesamt-P angegeben. Gundlage für diese Zielvorgaben war die Erkenntnis, daß mit Erreichen dieser P-Konzentrationen kritische Auswirkungen auf die Lebensgemeinschaft, insbesondere durch zu starke Algenentwicklung und Beanspruchung des Sauerstoffhaushaltes, weitgehend vermieden werden können. Viele Flüsse haben heute zumindest die erste Stufe o. a. Zielvorgaben hinsichtlich der Phosphatbelastung erreicht. Dennoch sind mit o. a. P-Gehalten diese Fließgewässer nach wie vor eutrophe Ökosysteme.

Auch in der Nordsee macht sich die Verminderung der Phosphorbelastung bemerkbar. Die P-Gehalte in der Deutschen Bucht sind etwa seit 1991 eindeutig rückläufig (KÖRNER 1994). Man kann deshalb von einer etwa 10jährigen Zeitverzögerung auf dem Wege der Verminderung der P-Belastung im Binnenland bis zu entsprechenden Auswirkungen im marinen Bereich ausgehen. Die Bundesrepublik Deutschland wird die einge-

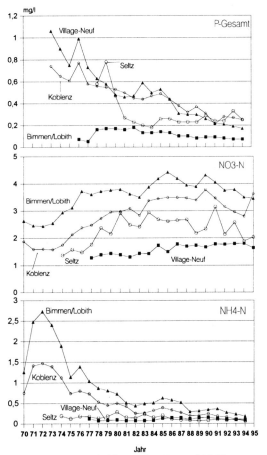

Abb. 4.1-2: Entwicklung der P- und N-Konzentrationen im Rhein (aus IKSR1995)

gangene politische Verpflichtung der Verminderung der Belastung der Nord- und Ostsee um etwa 50 % zwischen 1985 und 1995 hinsichtlich der Phosphatbelastung erfüllen können.

Stickstoffeinträge

Dagegen sind die Einträge an Stickstoffverbindungen in die Gewässer noch nicht eindeutig rückläufig. Wie *Abb. 4.1-2* zeigt sind die Nitratgehalte z. B. im Rhein kontinuierlich seit Jahrzehnten ansteigend und auch ein Rückgang noch nicht mit Sicherheit auszumachen. Allerdings ist die Ammoniumbelastung stark zurückgegangen, da auch Ammonium überwiegend aus Abwassereinleitungen stammt und der Ausbau der Kläranlagen mit Nitrifikation als auch die Verminderungen der Ammoniumbelastungen aus industriellen Direkteinleitungen sich sehr positiv ausgewirkt haben. Ammonium ist vor allem ökotoxikologisch bedenklich, da bei höheren pH-Werten der Anteil des für Wasserorganismen, insbesondere auch für Fische, stark toxischen Ammoniaks erheblich ansteigt. Dementsprechend hat auch die Verminderung der Eutrophierung positive Auswirkungen im Hinblick auf eine Verminderung der schädlichen Wirkungen des Ammoniums, da bei verringerter Algen- und Wasserpflanzenentwicklung auch der pH-Wert-Anstieg gedämpft wird.

Auf der Grundlage der Ermittlungen der Stickstoffeinträge von HAMM (1991), WODSACK et al. (1994) und WERNER & WODSACK (1994) und unter Berücksichtigung eines sich mittlerweile schon abzeichnenden Verminderungspotentials sind in *Abb. 4.1-3* die Beiträge aus den verschiedenen Quellen als Prognose für das Jahr 1995 dargestellt (UMWELTBUNDESAMT 1995). Etwa 30 % der Stickstoffeinträge in die Oberflächengewässer in Gesamt-Deutschland sind häuslichen Abwässern bzw. kommunalen Kläranlagen zuzuschreiben. Dieser Anteil wird in Zukunft weiter abnehmen, da die kommunalen Kläranlagen entsprechend den gegebenen gesetzlichen Regelungen zunehmend mit der gezielten Denitrifikation ausgebaut werden. Auch der Rückgang aus anderen punktförmigen Einträgen, insbesondere den industriellen Direkteinleitern, war und ist erheblich. Er wird z. B. für den Rhein von 1985–1995 auf ca. 50 % beziffert (IKSR 1995).

Bei den Stickstoffeinträgen aus diffusen Quellen ist – im Gegensatz zu den Phosphorverbindungen – der Eintragsweg über die Bodenauswaschung und das Sicker-, Drän- und Grundwasser in die Oberflächengewässer der absolut dominante. Davon ist nur ein geringer Anteil als natürliche Hintergrundbelastung anzunehmen. Die Größe dieser natürlichen Belastung läßt sich am ehesten anhand der Stickstoffausträge aus Waldeinzugsgebieten ermitteln, obwohl auch hier durch erhöhte atmogene Nährstoffeinträge (s. später), die Waldbewirtschaftung, zeitweise frühere oder gegenwärtige Devastierungen (z. B. Versauerung, flächenhafte Abholzung, Waldschäden) sowie durch standörtliche Gegebenheiten ein natürlicher Zustand nicht mehr ohne weiteres definiert werden kann.

Zum Stickstoffumsatz in Waldökosystemen gibt es zahlreiche Untersuchungen im forstwissenschaftlichen Bereich. Die jährlichen N-Austräge liegen im Bereich von < 1 bis ca. 10 kg/ha und höher und sind nicht nur von der N-Deposition abhängig, sondern insbesondere vom Stickstoffumsatz im Waldökosystem (FEGER 1993).

Demgegenüber sind die Stickstoffeinträge in die Gewässer aus intensiv landwirtschaftlich ge-

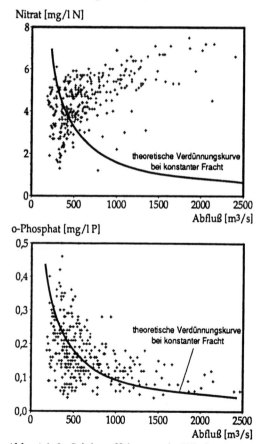

Abb. 4.1-3: Stickstoffeinträge in Fließgewässer. Prognose 1995 in 1000 t. Quelle: UMWELTBUNDESAMT, Stand 94/95

nutzten Flächen jedoch um ein Vielfaches höher. Grundlage der Ermittlung des Austragspotentials sind die flächenbezogenen Stickstoffbilanzen von landwirtschaftlich genutzten Flächen, bei der die Einträge (Niederschlag – vielfach nicht berücksichtigt –, Düngung, biogene N-Bindung und ggf. Veränderungen des Bodenvorrates) dem Entzug (Ernte) gegenübergestellt werden. Die N-Verluste variieren sehr nach Bodenbeschaffenheit, Kulturart, Bewirtschaftungsart, Düngung, klimatischen Bedingungen u. v. a. Faktoren; im Mittel kann für Deutschland jährlich mit einer Größenordnung von 100 kg/ha Stickstoffüberschüssen aus der N-Bilanz für landwirtschaftliche Nutzflächen gerechnet werden (näheres siehe z. B. bei ENQUETE-KOMMISSION 1994). Diese Überschüsse werden überwiegend im Herbst und Winter auf dem Wege der Auswaschung in das Sicker- und Grundwasser verfrachtet.

Die unmittelbaren Folgen sind stark erhöhte Nitratgehalte im Grundwasser. Dies kann zu den bekannten Problemen mit Nitrat im Trinkwasser führen, wenn die Grenzwerte der Trinkwasserverordnung (50 mg/l NO_3) nicht eingehalten werden können. Diese erhöhten Nitratkonzentrationen im Grundwasser werden aber früher oder später auch in die Flüsse verfrachtet. Im Mittel stammen etwa 80 % des Wassers in unseren Flüssen aus Grundwasser und nur 20 % aus Oberflächenabfluß.

Durch die Denitrifikation im Boden und in den Gewässern wird ein Teil des Nitrates als molekularer Stickstoff in die Atmosphäre ausgegast. Deshalb werden allerdings in Oberflächengewässern in der Regel keine so hohen Nitratgehalte wie in Grundwässern erreicht. Die Nitratkonzentrationen liegen mit wenigen Ausnahmen weit unterhalb des Grenzwertes der Trinkwasserverordnung, meist aber im Bereich des Richtwertes von 25 mg/l NO_3. Aus diesem Grunde stellt auch Nitrat in den Flüssen meist kein besonderes Problem bei der Trinkwassergewinnung aus Oberflächengewässer in Hinblick auf den Nitrat-Grenzwert dar. Im Gegenteil, Nitrat wird hier manchmal als positiv gesehen, da es helfen kann, kritische anaerobe Zustände, z. B. bei der Uferfiltration, zu vermeiden. Es ist auch zu betonen, daß Nitrat im Gegensatz zu einer Humantoxizität (»Blausucht« bei Säuglingen bei zu hoher Nitratzufuhr) für Wasserorganismen (z. B. Fische) nicht kritisch ist. Besondere Sensitivitäten, z. B. bei der Flußperlmuschel, beruhen nicht auf direkten Wirkungen. Nitrat ist generell als Ausdruck und Leitparameter der landwirtschaftlichen Belastungen anzusehen.

Es ist kein Wunder, daß eine Trendumkehr der Nitratgehalte in den Flüssen noch nicht eindeutig festzustellen ist, da lange Verzögerungszeiten die unumstritten in den letzten Jahren schon eingetretene Verminderung der N-Verluste aus der landwirtschaftlichen Produktion (Stillegung, Extensivierung) noch nicht bemerkbar werden lassen.

Im übrigen ist die Nitratbelastung der Oberflächengewässer in erheblichen Maße von der Niederschlagstätigkeit abhängig. In niederschlagsreichen Jahren und vor allem bei Hochwässern in der vegetationsfreien Zeit werden enorme Stickstoffmengen ausgewaschen und in den Flüssen transportiert. Daraus resultieren auch für Nitrat ganz andere Konzentrations- und Abfluß-Beziehungen als für Phosphat, wie es in *Abb. 4.1-4* für die Elbe dargestellt ist. Bei höheren Abflüssen nehmen die Nitratkonzentrationen zu, da die Aus-

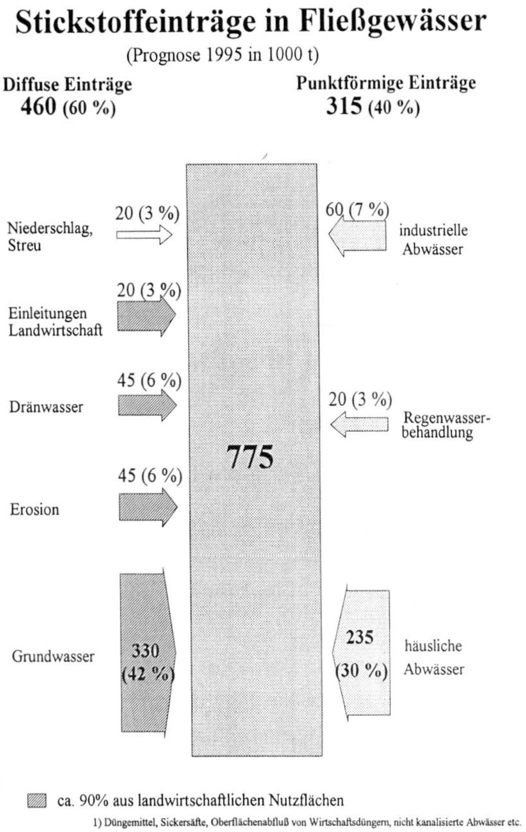

Stickstoffeinträge in Fließgewässer
(Prognose 1995 in 1000 t)

Diffuse Einträge	Punktförmige Einträge
460 (60 %)	**315** (40 %)

Niederschlag, Streu	20 (3 %) →	← 60 (7 %)	industrielle Abwässer
Einleitungen Landwirtschaft	20 (3 %) →		
Dränwasser	45 (6 %) →	← 20 (3 %)	Regenwasserbehandlung
		775	
Erosion	45 (6 %) →		
Grundwasser	330 (42 %)	235 (30 %)	häusliche Abwässer

▨ ca. 90% aus landwirtschaftlichen Nutzflächen

1) Düngemittel, Sickersäfte, Oberflächenabfluß von Wirtschaftsdüngern, nicht kanalisierte Abwässer etc.

Abb. 4.1-4: Nitrat- und Phosphatkonzentration der Elbe bei Neu Darchau in Abhängigkeit von der Wasserführung (Quelle: REINCKE 1993)

waschung aus der Fläche mit intensiven Niederschlägen steigt (Übergewicht diffuser Quellen) während die Phosphatkonzentrationen absinken (Verdünnung überwiegend punktförmiger Einträge).

Nicht unerheblich ist auch die Stickstoffbelastung terrestrischer und aquatischer Ökosysteme über den Niederschlag. Im Niederschlag sind hohe Stickstoffkonzentrationen zu finden mit einem hohen Anteil (> 50 %) an Ammonium, das zu einem erheblichen Teil aus gasförmigen Verlusten aus wirtschaftseigenen Düngern (Jauche, Gülle, Silage) sowie der Viehhaltung stammt. Die Freiland-Deposition von N erreicht jährliche Werte bis zu ca. 30 kg/ha, die Bestandsdepositionen (Wald) können noch viel höher sein (Interception). Es gibt regional große Unterschiede.

Diese N-Depositionen kommen im Binnenland überwiegend nur auf dem Wege über die Bodenauswaschung in die Oberflächengewässer, da deren offenen Fläche relativ klein ist. In küstennahen Meeresteilen spielt aber die direkte Deposition von Stickstoff unmittelbar auf die Gewässeroberfläche eine erhebliche Rolle.

Die Verminderungsstrategie in Bezug auf die Stickstoffbelastung orientiert sich überwiegend an der Notwendigkeit der Verminderung der Nitratbelastung des Grundwassers als wichtigste Trinkwasserressource und der Verminderung der Stickstoffbelastung der Meere, da Stickstoff im Meer eher wachstumslimitierend für Algen wirkt, als in Binnengewässern. Infolge des geschilderten Übergewichtes aus diffusen Quellen und den langen Verzögerungszeiten ist aber, wie dargelegt, eine substantielle Verminderung der Stickstoffeinträge in die Oberflächengewässer noch nicht sehr rasch zu erwarten.

Schlußbetrachtung

Während erfreuliche Verminderungen hinsichtlich der Phosphoreinträge zu konstatieren sind, ist die Stickstoff-Belastung – insbesondere die Nitrat-Belastung – der Flüsse noch nicht eindeutig rückläufig. Es sind deshalb weitere Anstrengungen erforderlich, insbesondere weil die Eutrophierung der Meere in erheblich größerem Maße als die der Binnengewässer auch von den Stickstoffeinträgen abhängt. Ferner sind viele – besonders kleine Fließgewässer – noch immer auch mit Phosphaten überdüngt.

Die Nährstoffeinträge aus der Landwirtschaft spielen eine zunehmend wichtige Rolle. Hier liegt ein besonderer Aufgabenschwerpunkt des Gewässerschutzes in der Zukunft.

4.2 Diffuse Schadstoffquellen
KAI BESTER

Die Einleitung von Schadstoffen in Flüsse findet prinzipiell auf zwei Wegen statt: Entweder durch Punktquellen, wie z. B. die Einleitungen von industriellen Großanlagen oder den größeren Klärwerken (der Großstädte), oder aber diffus durch viele kleine oder großflächig verteilte Quellen. Beispiele für diese zweite Art von Einträgen, die inzwischen bei vielen Substanzen dominiert, sind Einträge durch den Verkehr (über die Atmosphäre und den Straßenabfluß), in der Landwirtschaft eingesetzte Pestizide oder aber die Einleitungen vieler kleiner Klärwerke. Naturgemäß ist es häufig schwierig, die Herkunft und den Eintragsweg von Schadstoffen, die auf diese Art in die Gewässer gelangen, genau zu bestimmen. Auf der anderen Seite spiegeln die so eingetragenen Substanzen häufig direkt den Stand der Gesellschaft wider. Als Hauptquellen diffuser Schadstoffeinträge in Gewässer müssen zur Zeit der Kraftfahrzeug-Verkehr, die häusliche Abwässer und die Landwirtschaft diskutiert werden. Generell dominiert bei den diffusen Quellen der Transport der entsprechenden Schadstoffe in der Atmosphäre, obwohl auch andere eine Rolle spielen.

Da die Analytik in komplexen Systemen wie den Flüssen aufwendig ist, werden organische (kohlenstoffhaltige) Substanzen nach Polaritäten (Wasserlöslichkeiten) getrennt analysiert. In *Abb. 4.2-1* ist ein Gaschromatogramm mit massenspektrometrischer Detektion von einem n-Hexanextrakt einer Wasserprobe aus der Elbe mit den entsprechenden Zuordnungen dargestellt. Die etwas polareren Schadstoffe, wie die meisten Herbizide (Unkrautvernichtungsmittel) und Fungizide (Pilzbekämpfungsmittel), sind nicht in diesem Extrakt enthalten. In dieser Abbildung wird trotz der starken Einschränkung durch die Auswahl des Aufarbeitungsprozesses die Vielfalt der in dem Elbwasser gelösten Substanzen deutlich. Interessant ist auch, daß der größte Teil des toxischen (z. B. des mutagenen) Potentials bei Flüssen wie dem Rhein auch bei sehr umfangreichen Studien nicht identifiziert werden konnte (HENDRIKS et al. 1994).

Automobilverkehr

Die hohe und weiter steigende Anzahl der Automobile in Deutschland hat bewirkt, daß die Emissionen der gesamten »Automobilflotte«, trotz der verbesserten Technologie, zu einem immensen Eintrag von Schadstoffen geführt hat. Bei der, in

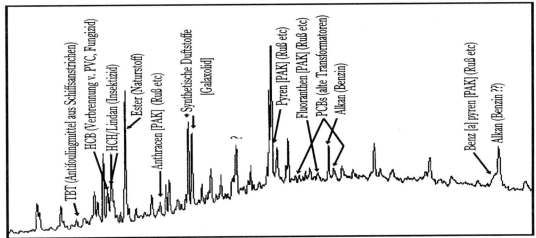

Abb. 4.2-1 Ausschnitt aus einem Gaschromatogramm mit massenspektrometrischer Detektion von einem *n*-Hexanextrakt einer Elbwasserprobe (Nur unpolare Substanzen wurden extrahiert)

der Regel nicht vollständig ablaufenden Verbrennung in Otto- und Dieselmotoren entstehen u. a. Polykondensierte Aromatische Kohlenwasserstoffe (PAK), die als Stäube (Ruß) ausgestoßen werden. Diese können je nach Bedingungen entweder in der näheren Umgebung der Straße deponiert oder über einige Distanz in der Luft transportiert werden. In beiden Fällen werden sie dann mit dem Regen ausgewaschen, was zu einer erheblichen Belastung der Flüsse mit diesen krebserregenden Substanzen führt.

Aus den Fahrzeugen werden darüber hinaus durch Verdunstung aus den Tanks sowie durch unvollständige Verbrennung aliphatische Kohlenwasserstoffe (das Benzin selbst) freigesetzt. Es gelangt ebenfalls in die Gewässer und führt dort zu einer weiteren Belastung der Organismen. Ein Teil der bei dem biologischen »Abbau« dieser Verbindungen entstehenden Substanzen sind neurotoxisch (Hexan) oder mutagen (Hexanmetabolit).

Außerdem werden auch die bei der Herstellung der Reifen als Vulkanisationsmittel eingesetzten Substanzen in den Gewässern gefunden. Von einigen Wissenschaftlern wurden diese Substanzen sogar als Nachweis von Emissions-Zuordnungen zum Autoverkehr benutzt (SPIES et al. 1987). Die Auswirkungen dieser Substanzen in den Gewässern sind derzeit völlig unbekannt. Auch wenn die Bleibelastung der Umwelt in Deutschland und damit auch der Bleigehalt der Flüsse durch die Einführung von unverbleitem Benzin zurückgegangen ist, bleiben Schwermetall-Belastungen, insbesondere aus Abrieb von Reifen und Metallteilen, eine langfristige Gefahr.

Land- und Forstwirtschaft sowie Bahnanlagen

Pestizide werden in der Landwirtschaft eingesetzt, um Ernteausfälle zu vermeiden. In Deutschland stehen dabei Unkraut-Vernichtungsmaßnahmen und die Bekämpfung von Pilzkrankheiten an erster Stelle. Die Bekämpfung von Insekten spielt in der Bundesrepublik, klimatisch bedingt, lediglich in der Forstwirtschaft eine Rolle (IVA 1993). In den alten und den neuen Bundesländern zusammen werden 30 000–40 000 t Pestizide pro Jahr eingesetzt. Diese Substanzen werden in der Regel mittels Sprühvorrichtungen, die auf Traktoren montiert sind, als Sprühnebel auf die Pflanzenkulturen aufgebracht. Seltener werden in Deutschland Flugzeuge bei dem Pestizideinsatz benutzt. Von der eingesetzten Pestizidmenge wird ein Teil direkt mit dem Ablaufwasser (darunter versteht man das ablaufende Regenwasser, welches beim ersten Regen nach einem Sprüheinsatz extrem hoch belastet ist) der Felder in Flüsse gewaschen, ein Teil wird in der Atmosphäre transportiert und mit dem Regen ausgewaschen oder mit dem Staub abgelagert (deponiert) (BESTER et al. 1995a, WENDLAND et al. 1989). Ein weiterer Teil durchwandert den Boden vertikal und gelangt in das Grund- und damit in das Quellwasser der Flüsse. Weitere Anteile der eingesetzten Pestizidmenge werden an den Boden gebunden oder auch abgebaut. Dieser Abbau kann zu Substanzen führen, deren Verhalten in der Umwelt nur unvollständig bekannt ist und die ebenfalls in die Flüsse gelangen. Einige der bekannten Pestizide haben in Deutschland eine besondere Bedeutung erlangt, deshalb werden sie an dieser Stelle behandelt:

Lindan (γ-HCH) wurde in der Bundesrepublik insbesondere in Hamburg als technisches Gemisch hergestellt, das zu 60% das als Insektizid unwirksame α-HCH enthielt. Anschließend wurde es vermarktet und in der Forstwirtschaft eingesetzt. Seit 1980 ist dieses Gemisch in den alten Bundesländern verboten, was dazu geführt hat, daß jetzt die Konzentration an α-HCH in den Flüssen zurückgeht. Dieses Verbot hatte jedoch keine Auswirkungen auf die weiterhin hohen Konzentrationen an γ-HCH (Lindan) (vgl. Kap. 4.8).

Ein weiteres inzwischen in Deutschland verbotenes Pestizid ist das Herbizid **Atrazin**. Das 1991 erfolgte Verbot hat dazu geführt, daß erst Simazin und nach dessen Verbot Terbutylazin (Pestizide der gleichen Substanzklasse) eingesetzt und entsprechend in der Umwelt gefunden wurden. Die Konzentrationen an Triazinherbiziden in der Elbe und dem Rhein betrugen Ende der 80er Jahre zwischen 50 ng/l und über 1000 ng/l (BESTER & HÜHNERFUSS 1993, GÖTZ 1991, OEHMICHEN & HABERER 1986) und überstiegen den Trinkwassergrenzwert von 100 ng/l häufig. Konzentrationen von 100 ng/l können Auswirkungen auf Plankton haben (BESTER et al. 1995b, LAMPERT et al. 1989). Inzwischen sollen die Werte für Atrazin (bedingt durch das Verbot) aber auch bei den anderen Vertretern dieser Substanzklasse im Wasser der deutschen Flüsse auf um oder unter 100 ng/l gesunken sein. Dies wird von dem Produzenten darauf zurückgeführt, daß die **Bahn**, die früher große Mengen dieser Substanzen eingesetzt hat, um die Gleise unkrautfrei zu halten, auf andere Pestizide umgestiegen ist (SEILER & MÜHLEBACH 1993). Im Sommer 1995 wurden allerdings noch mehrere hundert ng/l Triazine in einer Wasserprobe aus der Elbe bei Hamburg gefunden (BESTER 1995).

In den letzten Jahren hat sich das Spektrum der Pestizide in Deutschland erheblich geändert. Inzwischen sind Substanzen wie Basta (Gluphosinat) oder Phenylharnstoffe wie Diuron und Isoproturon Marktführer geworden. Die Analytik dieser Substanzen unterscheidet sich so stark von klassischen Methoden, daß derzeit kaum Daten über das Verhalten dieser Substanzen in der Umwelt vorliegen.

Von der Bretagne wurde allerdings berichtet, daß die Herbizidkonzentrationen im Flußwasser so hoch sind, daß es nicht mehr für die Bewässerung von landwirtschaftlich genutzten Flächen benutzt werden kann (PATEL 1994)

Kleine Klärwerke und Haushalte

In Deutschland gelangen fast alle Abwässer, wobei die häuslichen in der Regel überwiegen, über die Klärwerke in die Flüsse. Diese Anlagen haben daher die Aufgabe, nicht nur die auf diesem Weg transportierten Nährstoffe und Schwermetalle zurückzuhalten, sondern auch die anfallenden organischen Schadstoffe abzubauen. Die Konzentrationen dieser Substanzen unterliegen starken Schwankungen, und die Anwesenheit von spezifischen Substanzen ist oft schwer vorherzusehen. Diese Variationen in der Zusammensetzung der Klärwerkszuflüsse sind für eine kontinuierlich hohe Abbauleistung der Klärschlamm-Mikroorganismen außerordentlich problematisch. Entsprechend häufig passieren solche Substanzen, die zudem auch prinzipiell schwer abbaubar sein können, die Klärwerke unverändert und erreichen so die Flüsse.

Die Palette von Problemsubstanzen reicht von Waschsubstanzen (schlecht abbaubaren Tensiden), über Komplexbildner (wie EDTA und NTA, die zum Enthärten des Wassers in Waschmitteln enthalten sind) oder Duftstoffe (wie Moschus Tibeten oder Galaxolid und Tonalid, die Waschmitteln und Schampoos zugesetzt werden) bis hin zu in Deutschland nicht eingesetzten Pestiziden, die mit Baumwoll- oder Wolltextilien nach Europa gelangen und hier bei der Wäsche ausgewaschen werden (BETHAN 1995). Solche Quellen

Tab. 4.2-1: Auswahl gefundener Stoffe

Substanzname	Quelle	d/P	Konz. ng/l
-α-HCH	Altlast,	z.T. d	10
-γ-HCH	Forstwirtschaft	d	15
-1,2-Dichlorbenzol	Industriegrundstoff Altlast	z.T. d	1000
-Pentachlorphenol (PCP)	Altpestizid, Lederbehandlung	z.T. d	50
-2-Chlornitrobenzol	Grundstoff	P	600
-3-Chloranilin	Grundstoff, Transformationsprodukt v. Pestiziden		1000
-Atrazin	Pestizid	d	150
-Dimethoat	Pestizid	d + P	3500
-Diuron	Pestizid	d	100
-EDTA	Enthärter (Waschmittel)	d	37000
-Isoproturon	Pestizid	d	200
-Methabenzthiazuron	Pestizid	d	700
-Naphthalin	PAK, Verkehr	d	70
-Phthalsäurebenzylbutylester	Weichmacher	d	5500
-Phthalsäuredi-(2-ethylhexyl)ester	Weichmacher	d	1600
-Triphenylphosphat	Schmieröle	d	340
-Tetrachlorethen	Chemische Reinigungen	d	350

d = duffus P = Punktquelle

können bei Fischkontaminationen eine große Rolle spielen (PFAFFENBERGER et al. 1994).

Weitere Quellen

Eine weitere wichtige Quelle für Chemikalien sind inzwischen auch Verwitterungsprozesse von Plastikmaterialien. Sie setzen große Mengen von Weichmachern, insbesondere Phthalaten, frei, die in der Umwelt sehr stabil sind. Eine Studie des Umweltbundesamtes (HERRCHEN et al. 1995) kommt zu dem Schluß, daß diese Substanzen einen ganz wesentlichen Anteil an der toxischen Last der deutschen Gewässer haben (*Tab. 4.2-1*).

Belastungen der Flüsse mit »Altchemikalien«, wie PCB, sind immer noch häufig. Der Einsatz dieser Substanzen ist in fast allen Anwendungen in Deutschland und der EU untersagt. Die Hauptquellen für diese Substanzen sind Sickerwässer und Abläufe von Deponien und Altlastenflächen. Zu diesem immer noch bedeutsamen Neueintrag kommen die großen Lager im Sediment der Gewässer, die durch Einträge vor 10–30 Jahren verursacht wurden und die nur langsam in Richtung der Meere ausgespült oder abgebaut werden. Der »Abbau« dieser Substanzen vollzieht sich in der Regel nur langsam, und zwar als Stoffumwandlung (Transformation) und nicht als Mineralisation (Abbau zu Kohlenstoffdioxid und Wasser etc.), wie es für die Umwelt wünschenswert wäre. So stammt das in den Gewässern nachweisbare Metoxypentachlorbenzol (Pentachlor-Anisol) aus der mikrobiellen Umwandlung von Hexachlorbenzol.

Zumindest in der Elbe und ihren Nebenflüssen sind zusätzlich zu den schon beschriebenen Substanzen regelmäßig Organophosphor-Verbindungen nachzuweisen. Insbesondere Tri-*n*-Butylphosphat wurde häufig in Kunststoffen, z.B. Kunstleder und Gummimaterial, als »Weichmacher« und Flammschutzmittel eingesetzt. Zusätzlich werden Vertreter dieser Substanzgruppe in Hydraulik- und Schmierölen als Additiv eingesetzt. Entsprechend den Anwendungen sind die Einträge in die Flüsse bei sachgemäßer Handhabung diffus und erfolgen über geringe Leck- und Austrittsraten. Zum Teil werden diese Substanzen sogar weiträumig über die Atmosphäre verteilt. Einige dieser Organophosphate erwiesen sich in arbeitsmedizinischen Untersuchungen als neurotoxisch für den Menschen.

Schlußfolgerungen

Über diffuse Quellen gelangen große Mengen an Schadstoffen in die Flüsse. Im Gegensatz zu Punktquellen lassen sich solche Einleitungen sehr viel schlechter den entsprechenden Verursachern zuordnen, daher ist es häufig sehr kompliziert, solche Quellen einzudämmen und geeignete Gegenmaßnahmen zu ergreifen. In der Regel ist das Wasser der größeren deutschen Flüsse wie der Elbe nicht ohne aufwendige chemische Reinigung über z. B. Aktivkohle als Trinkwasser verwendbar. Diese Tatsache geht im Moment sowohl auf Punktkontaminationen z. B. der chemischen und metallverarbeitenden Industrie als auch auf diffuse Quellen zurück.

Generell wäre es hilfreich, wenn offene Anwendungen von Substanzen, wie z. B. der Pestizid- oder Waschmitteleinsatz, stark reduziert würden. Im Bereich des Verkehrs wären PKW mit weniger Emissionen (beim Unterhalt, aber auch im Betrieb) gegenüber der jetzigen Situation vorzuziehen. Eine Bevorzugung des Öffentlichen Personennahverkehrs ÖPNV oder Verkehrsvermeidungs-Konzepte wären allerdings optimal. Die Belastung der Gewässer und der Klärwerke mit unnötigen und schwer abbaubaren Substanzen, wie großer Mengen »Enthärter«, diverser Duftstoffe und Tenside, könnte dadurch verringert werden, daß die Verbraucher von den üblichen Kombi-Waschmitteln auf Baukasten-Systeme umsteigen und nur noch die Komponenten einsetzen, die aktuell gebraucht werden.

Häufig könnte die Natur von der Belastung mit Hilfsstoffen wie Phthalaten befreit werden, wenn verstärkt dauerhafte Produkte, z. B. auch aus natürlichen Rohstoffen, zum Einsatz kämen.

4.3 Schwermetalle und organische Schadstoffe in den Flußsedimenten
GERMAN MÜLLER

Einleitung: Sedimente – Senken und Quellen für Schadstoffe

Die 1956 erschienene Dissertation des Schweizer Limnologen ZÜLLIG »Sedimente als Ausdruck des Zustandes eines Gewässers« schuf die Grundlage für eine inter- und multidisziplinäre Forschungsrichtung, in deren Mittelpunkt heute die Identifizierung von Verschmutzungsquellen und die Verfolgung der Schadstoffausbreitung in den Oberflächengewässern steht.

Ein wichtiger Schwerpunkt hierbei ist die Erfassung der Mobilität von Schad- und Nährstoffen unter sich verändernden Bedingungen im

Wasser und/oder Sediment (z. B. Salinität, pH-Wert, Redoxpotential) im Hinblick auf einen möglichen Schadstofftransfer Sediment-Organismen und/oder Sediment/Wasser (vgl. Kap. 4.4).

Ab der zweiten Hälfte des vorigen Jahrhundert (dem Beginn des »Industriezeitalters«) werden in zunehmendem Maße Schadstoffe an die Umwelt abgegeben, von denen ein Großteil in die Gewässer und von dort über die Schwebstoffe nach deren Absinken (Sinkstoffe) in die Sedimente gelangt, wo vor allem in den feinkörnigen Fraktionen eine starke Anreicherung (adsorptiv oder chemisch gebunden) der schwer löslichen und schwer abbaubaren Verbindungen stattfindet: Ein Vorgang, der in Anlehnung an die Bioakkumulation – die Anreicherung von Stoffen in Organismen – als Geoakkumulation bezeichnet wird, wobei dieser Begriff auch auf Böden anzuwenden ist. Es handelt sich um vorwiegend folgende Schadstoffgruppen:
• Schwermetallverbindungen (insbesondere des stark toxischen Cadmiums und Quecksilbers)
• Spaltprodukte und Transurane aus nuklearen Tests und kerntechnischen Anlagen (z. B. Caesium-137, Plutonium)
• Halogenierte Kohlenwasserstoffe, insbesondere Pestizide (Herbizide, Fungizide, Insektizide) z. B. DDT, Polychlorierte Biphenyle (PCBs), Dioxine und Furane
• Kanzerogene polyzyklische aromatische Kohlenwasserstoffe (z. B. Benzo/a/pyren)
• Mineralöl und Mineralölprodukte

Neben diesen Stoffgruppen spielen die Nährstoff-Elemente Phosphor und Stickstoff, die sich ebenfalls in Sedimenten anreichern, eine wesentliche Rolle für die Entwicklung eines Gewässers. Sie bestimmen das Ausmaß der organischen Produktion (Biomasse), die ihrerseits wiederum die Wasser- wie auch die Sedimentqualität beeinflußt.

Weiterhin in Sedimenten angereichert werden umweltneutrale persistente Abfallstoffe wie Schlacke, Plastikprodukte etc. oder inerte chemische Verbindungen, die eine Indikator-Funktion für Umweltbelastungen darstellen können. So ist z. B. Koprostanol ein Fäkal-Indikator, der eine frühere Belastung eines Gewässers auch dann noch im Sediment anzeigt, wenn die Fäkalien selbst völlig mineralisiert worden sind.

Mit Hilfe von Sedimentanalysen können Verschmutzungen flächenhaft nachgewiesen werden und durch »Prospektion« punktförmige Schadstoff-Emittenten ermittelt werden. Darüber hinaus bietet die Untersuchung von datierten, kontinuierlich abgelagerten Sedimentfolgen Möglichkeit, den Beginn der Verwendung sowie die zeitliche Entwicklung spezifischer Schadstoffe quantitativ zu verfolgen und einen Trend vorauszusagen.

So haben Untersuchungen am Bodensee ergeben, daß bestimmte Schwermetalle (insbesondere Cadmium) und polyzyklische Kohlenwasserstoffe ab etwa 1880 anzusteigen beginnen und zwischen 1960 und 1970 ihre maximale Konzentration erreichen. Danach ist wieder eine beträchtliche Abnahme der Konzentrationen zu erkennen (MÜLLER et al. 1977). Diese parallele Entwicklung zweier völlig verschiedener Schadstoffgruppen läuft wiederum parallel zur Verbrennung von Steinkohle in Mitteleuropa und weist damit auf eine gemeinsame generelle Herkunft dieser Schadstoffe hin. Durch die Einführung moderner Verbrennungssysteme (Wirbelschichtverfahren) und die zunehmende Verdrängung von Kohle durch Erdöl und Kernenergie während der beiden letzten Jahrzehnte existiert dieser enge Zusammenhang nicht mehr.

Die ursprüngliche Philosophie, Sedimente als Senke für die verschiedenen Schadstoffe zu betrachten und sie lediglich als Indikator für die Gewässerqualität zu nutzen, hat sich wesentlich geändert, seit bekannt ist, daß erhöhte Schadstoffbelastungen in Sedimenten diese zu Quellen von Schadstoffen machen können, die unter extremen Bedingungen zu einer akuten Gefährdung der menschlichen Gesundheit führen können (MÜLLER 1986). So forderte die »Minamata-Krankheit« in Japan mehr als 50 Menschenleben, vorwiegend in Fischerfamilien, durch Verzehr von Fisch, der hoch mit Quecksilber (Methylquecksilber!) belastet war. Das Quecksilber stammte aus Sedimenten der Minamata-Bucht und war über die Kette Sediment-Wasser-Plankton-Fisch in den Menschen gelangt.

Derzeit große Probleme stellen die jährlich in Mio. t anfallenden Baggerschlämme aus stark belasteten Gewässern dar, die wegen der zu erwartenden Remobilisierung von Schwermetallen weder ins Meer verklappt noch unkontrolliert auf Land abgelagert werden dürfen.

Bewertung der Sediment-Qualität für Schwermetalle: Der Geoakkumulations-Index I_{geo}

Für die Beurteilung der durch den Menschen verursachten (anthropogenen) Schwermetallbelastung eines Sedimentes bietet sich als Bezugsgrösse (»Nullwert«) die Konzentration an, die durch die geochemischen Verteilungsgesetze in unbelasteten Sedimenten vorgegeben ist, der

»geochemische Background«. Da dieser Basiswert aber sehr stark von der Korngröße und damit von der mineralogischen und chemischen Zusammensetzung sowie von den physikalischen Eigenschaften eines Sediments abhängt, ist es sinnvoll, für vergleichende Untersuchungen neben der Konzentration im Gesamtsediment auch die Konzentration im Feinkornanteil (Kornfraktion < 20 µm) des Sediments zu bestimmen und diese mit der mittleren Metallkonzentration von fossilen, vorwiegend aus Feinkornmaterial aufgebauten Tongesteinen, dem »average shale« oder »Tongesteins-Standard« (TUREKIAN & WEDEPOHL 1961), zu vergleichen.

Der vom Verfasser vorgeschlagene Geoakkumulationsindex (I_{geo}) und die daraus abgeleiteten I_{geo}-Klassen bauen auf diesem geochemischen Background auf (MÜLLER 1979). Um natürliche Schwankungen einbeziehen zu können, multipliziert man die jeweilige Background-Konzentration mit dem Faktor 1,5, um die Obergrenze der niedrigsten Belastungsklasse 0 (praktisch unbelastet) zu erhalten. Die Verdoppelung dieses Wertes liefert die Obergrenze der nächsthöheren Klasse und jede weitere Verdoppelung führt zur Obergrenze einer höheren Klasse. Für die Errechnung des Geoakkumulationsindexes liegt somit folgende einfache mathematische Beziehung zugrunde:

$$I_{geo} = \log_2 C_n / 1,5 B_n \quad \text{wobei:}$$

C_n = gemessene Konz. des Elementes n in der Feinkornfraktion
B_n = Background Konzentration im Tongesteinsstandard

Am Beispiel von Cadmium (Cd) und Quecksilber (Hg) sieht dies so aus: geogener Background B_n = 0,3 mg/kg für Cd, 0,4 mg/kg für Hg. B_n x 1,5 = 0,45 mg/kg für Cd, 0,6 mg/kg für Hg.

Konz. Cd (mg/kg)	Konz. Hg	I_{geo} Klasse	Sediment-Qualität
< 0,45	< 0,6	0	(praktisch) unbelastet
0,45 – 0,9	0,6 – 1,2	1	unbelastet bis mäßig belastet
0,9 – 1,8	1,2 – 2,4	2	mäßig belastet
1,8 – 3,6	2,4 – 4,8	3	mäßig bis stark belastet
3,6 – 7,2	4,8 – 9,6	4	stark belastet
7,2 – 14,4	9,6 – 19,2	5	stark bis übermäßig belastet
> 14,4	> 19,2	6	übermäßig belastet

Schwermetallbelastung wichtiger deutscher Flüsse 1972–1985: Ein Vergleich

1972 erstmalig durchgeführte Sedimentuntersuchungen in wichtigen Flüssen innerhalb der (damaligen) Bundesrepublik Deutschland ergaben ein z. T. alarmierendes Ausmaß an Schwermetallbelastungen, insbesondere mit Cadmium im Nekkar, im Niederrhein und in der Elbe sowie mit Quecksilber in der Elbe (BANAT et al. 1972, FÖRSTNER & MÜLLER 1974).

Eine Wiederholung der Untersuchungen an 1985 entnommenen Sedimenten zeigte erfreulicherweise einen starken Rückgang der Schwermetallbelastung in allen zuvor untersuchten Flüssen (MÜLLER 1985 a, b) – mit Ausnahme der Elbe, wo nach wie vor eine übermäßig starke Belastung mit Cadmium und Quecksilber festgestellt werden konnte. *Abb. 4.3-1* und *2* vergleichen die beiden 13 Jahre auseinanderliegenden Meßkampagnen. Besonders deutlich wird der Rückgang beim Quecksilber, wo (außer in der Elbe, in der die I_{geo}-Klasse 6 über eine große Strecke weiterhin vorherrscht) in keinem anderen Fluß oder Flußabschnitt die I_{geo}-Klasse 2 überschritten wird.

Setzt man die mittlere Konzentration aller in einem Fluß oder Flußabschnitt bestimmten Schwermetalle 1972 = 100 %, so liegt 1985 der entsprechende Wert für Quecksilber in der Elbe bei 122 % (Zunahme von 13,9 auf 17,0 mg/kg), im Mittel- und Niederrhein hingegen nur noch bei 11 % (Abnahme von 8,1 auf 0,9 mg/kg). Bei Cadmium ist die Abnahme im Neckar am stärksten (von 37,3 auf 2,4 mg/kg), von 100 % auf 6 %. Durch in der Zwischenzeit durchgeführte innerbetriebliche Maßnahmen konnten in Westdeutschland die wichtigsten Punktquellen für Quecksilber beim Amalgam-Verfahren bei der Chloralkali-Elektrolyse sowie beim Cadmium durch die Stillegung der Duisburger Kupferhütte und Inbetriebnahme einer modernen Kläranlage in einem cadmiumverarbeitenden Betrieb im Bereich des mittleren Neckars weitgehend »abgestellt« werden. Im Einzugsgebiet der Elbe (Tschechien und ehemalige DDR) gab es zu diesem Zeitpunkt (noch) keine Maßnahmen zum Schutz der Gewässer.

Auf den *Abb. 4.3*-1 und *2* ist deutlich zu erkennen, daß die Konzentrationen der beiden Metalle (und der anderen untersuchten Schwermetalle ebenfalls!) in der Elbe unterhalb des Hafengebietes von Hamburg in Richtung Nordsee sehr stark abnehmen. MÜLLER & FÖRSTNER (1975) deuteten dies als »Verdünnungseffekt« durch den Stromauftransport von relativ weniger belasteten marinen Feststoffen im Tidebereich der Elbe – eine Erklärung, die durch spätere Untersuchungen mit grossem Aufwand von anderer Stelle erneut gefunden wurde. Durch die ständige Ausbaggerung großer Sedimentmengen im Hamburger Hafen existiert hier eine Sedimentfalle, die den Einfluß einer Einschwemmung von marinem Material aus der Nordsee noch verstärkt.

Die Tatsache, daß bei Blei in allen Flüssen – also auch in der Elbe – ein starker Rückgang der Konzentrationen festzustellen war, kann als Erfolg der Einführung des bleifreien Benzins gewertet werden.

Die Schwermetallbelastung der (gesamten) Elbe nach der Wiedervereinigung

Zwischen der Beprobung des Elbabschnitts im Bereich der damaligen Bundesrepublik Deutschland 1985 und der erneuten Beprobung des Gesamtlaufs der Elbe 1992 liegen keine Sedimentuntersuchungen vor, die einen Vergleich zumindest für den westdeutschen Flußabschnitt ermöglichen. Hier können für die Darstellung des Trends jedoch »ersatzweise« Messungen der ARGE Elbe an Monatsmischproben von »frischem, schwebstoffbürtigem Sediment« aus der Elbe bei Schnackenburg, nahe des »Grenzübertritts« der Elbe, herangezogen werden, auch wenn sie nur einen einzigen Punkt der Elbe betreffen und die Korngrößenzusammensetzung der Schwebstoffe nicht völlig mit der Sedimentfraktion < 20 µm identisch ist (ARGE Elbe 1988–1994, REINCKE 1995).

In *Abb. 4.3-3* sind die Jahresmittelwerte für 7 Schwermetalle und Arsen für die Jahre 1988 bis 1994 graphisch dargestellt. Es zeigt sich, daß die Konzentrationen aller Schwermetalle erst nach der »Wende«, nämlich 1991, ihr Maximum erreichten (für Nickel 1990) und dann abzunehmen beginnen. Arsen zeigt einen deutlich anderen Trend und steigt nach 1989 bis 1994 nahezu kontinuierlich an.

Im Oktober 1992 wurden im Rahmen des BMFT-Forschungsvorhabens »Erfassung und Beurteilung der Belastung der Elbe mit Schadstoffen« gemeinsam mit Mitarbeitern des GKSS-Forschungszentrums Geesthacht erstmals der gesamte Flußlauf der Elbe vom Riesengebirge (Tschechische Republik) bis zur Nordsee und die Mündungsbereiche wichtiger Nebenflüsse beprobt, um den Istzustand der Schwermetallbelastung festzustellen und das über die Sedimente zu erwartende Gefährdungspotential zu erkunden (MÜLLER & FURRER 1994).

Zwei Jahre später, im Oktober/November 1994, fand eine zweite Beprobung an den gleichen Probenahmepunkten statt. Die Ergebnisse der Untersuchungen für Cadmium und Quecksilber für den Gesamtlauf der Elbe sind in *Abb. 4.3-4* dargestellt. *Abb. 4.3-5* vergleicht die mittleren Schwermetall-Konzentrationen sämtlicher untersuchten Schwermetalle getrennt für die Bundesrepublik Deutschland (hier jedoch ohne die Probenpunkte in der Tideelbe) und die Tschechische Republik (MÜLLER & FURRER 1995).

Die Resultate der Beprobung 1994 zeigen einen signifikanten Rückgang der mittleren Schwermetallkonzentrationen in beiden Ländern, die vor allem auf die im »Sofortprogramm« der »Internationalen Kommission für den Schutz der Elbe« (IKSE) vereinbarten Maßnahmen (zahlreiche Stillegungen von Industrieanlagen bzw. Produktionserniedrigungen, Fertigstellung von kommunalen und betrieblichen Kläranlagen), jedoch aber z. T. auch auf die hydrologische Besonderheit des Abflußjahres 1994 mit besonders hohen Abflußmengen nach über fünf aufeinander folgenden abflußarmen Jahren zurückgeführt werden können.

In Tschechien ist der Rückgang von Cadmium, Quecksilber und Zink im Oberlauf durch die Fertigstellung der Kläranlage bei Pardubice (Chemieindustrie) bedingt, durch die Erweiterung der Kläranlage von Prag ist die Belastung der Moldau heute geringer als die der Elbe beim Zusammenfluß. Die Bílina ist 1992 und 1994 nach wie vor die größte Quecksilberquelle (Stadt Usti, Chemieindustrie, Kläranlage im Bau).

In Deutschland kann im sächsischen Gewässerabschnitt eine geringere Belastung vor allem durch die Inbetriebnahme der Kläranlage bei Dresden-Kaditz erklärt werden. Bei Meißen werden durch die Triebisch (teilweise Entwässerung des Freiberger Reviers) nach wie vor mit Zink und Cadmium übermäßig belastete Sedimente eingespült. Mulde und Saale sind nach der rückläufigen Elbebelastung 1994 noch deutlich höher belastet als die Elbe selbst.

Von der Einmündung der Saale bis zum Geesthachter Wehr verbleiben die Belastungen auf annähernd konstantem Niveau. Im Tidebereich der Elbe ist wiederum der bereits beschriebene Rückgang sämtlicher Schwermetallkonzentrationen zu beobachten.

Die Schwermetallbelastung der Sedimente des Neckars 1972–1990

Die Qualität der Sedimente des Neckars wurde außer 1972 und 1985 noch zusätzlich 1979 und 1990 untersucht, so daß hier ein umfangreicheres

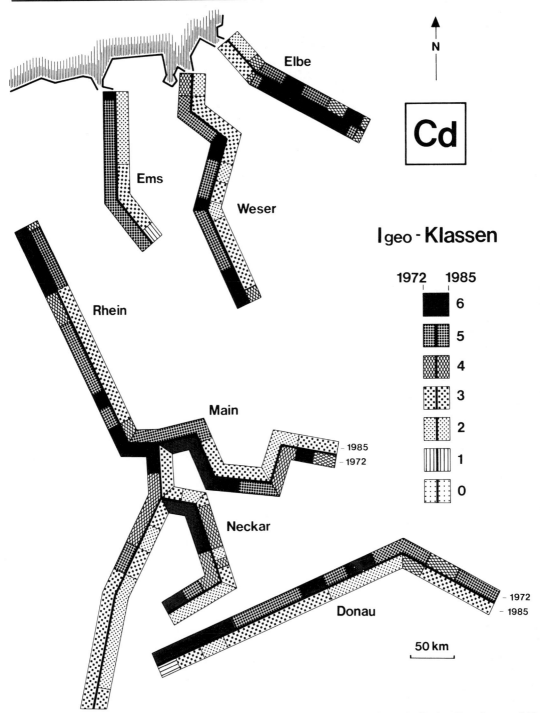

Abb. 4.3-1: Cadmium-Belastung der Sedimente wichtiger Flüsse innerhalb der Bundesrepublik Deutschland (ohne DDR) 1972 und 1985. Die Ergebnisse von 1972 sind jeweils links, die Ergebnisse von 1985 rechts in Fließrichtung aufgetragen (MÜLLER 1985a)

Datenmaterial als für die anderen deutschen Flüsse vorliegt und außerdem die jüngere Entwicklung (1985/90) aufgezeigt wird (MÜLLER et al. 1993).

Tab. 4.3-1 enthält die mittleren Schwermetall-Konzentrationen in den 4 Beprobungsjahren, sowie deren prozentualen Anteil in den auf 1972 fol-

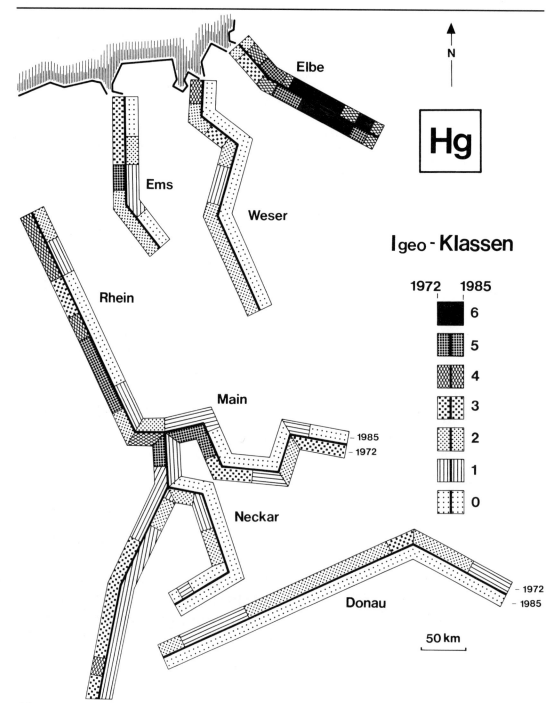

Abb. 4.3-2: Quecksilber-Belastung der Sedimente wichtiger Flüsse innerhalb der Bundesrepublik Deutschland (ohne DDR) 1972 und 1985. Die Ergebnisse von 1972 sind jeweils links, die Ergebnisse von 1985 rechts in Fließrichtung aufgetragen (MÜLLER 1985a)

genden Beprobungen, bezogen auf 1972. *Abb. 4.3-6.* ist eine graphische Darstellung der mittleren Metallkonzentrationen in logarithmischem Maßstab, in dem der extreme Rückgang der Cad- mium-Belastung zwischen 1972–1985 besonders zum Ausdruck kommt. Der Mittelwert-Vergleich 1990 mit den Ergebnissen früherer Beprobungen zeigt, daß im Vergleich zu 1985 keine wesentli-

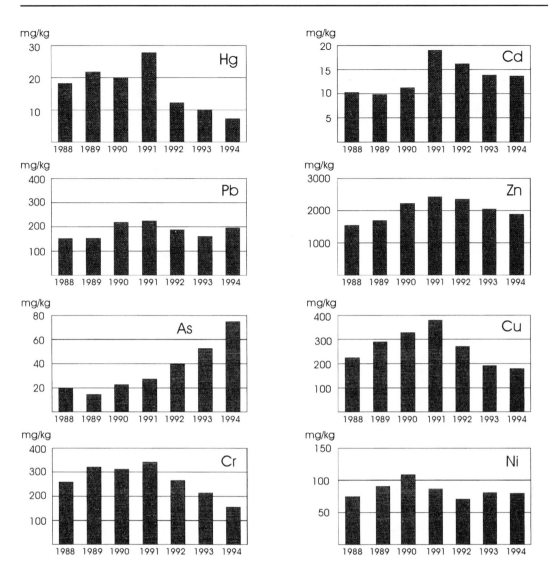

Abb. 4.3-3: Jahresmittel von Schwermetallen und Arsen in »frischem schwebstoffbürtigem Sediment« aus der Elbe für die Jahre 1988–1994 an der Meßstelle Schnackenburg (ARGE Elbe 1995)

che Veränderung mehr eingetreten ist, mit Ausnahme von Blei, dessen Konzentration sich von 69 auf 98 mg/kg erhöht hat. Der Anstieg der mittleren Quecksilberkonzentration von 0,2 auf 0,4 mg/kg kann mit großer Wahrscheinlichkeit auf einer 1990 verwendeten besseren Meßtechnik beruhen, die eine wesentlich genauere Bestimmung kleinerer Quecksilbermengen ermöglichte.

Diese geringen Veränderungen in der Schwermetallbelastung der Sedimente zwischen 1985 und 1990 dürften ihre Ursache vor allem im Fehlen von punktförmigen Emissionen haben und generell die Belastung aus überwiegend diffusen Quellen widerspiegeln, deren Erfassung und Beseitigung ungleich schwieriger ist.

Anfang 1995 stichprobenartig im Neckar entnommene Sedimente bestätigen generell den zwischen 1985 und 1990 festgestellten unveränderten Konzentrationsverlauf.

Organische Schadstoffe in Sedimenten der Elbe

In dem Bericht des Umweltbundesamtes über Vorkommen und Verhalten organischer Mikroverunreinigungen in der mittleren und unteren Elbe (KNAUTH et al. 1993) werden Ergebnisse von im Zeitraum Februar 1987 bis März 1992 im Bereich von Mittel- und Unterlauf der Elbe durchge-

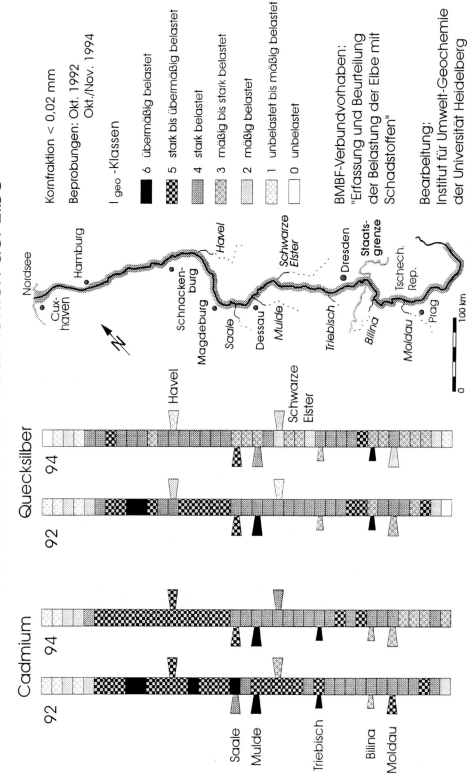

Abb. 4.3-4: Schwermetalle in den Sedimenten der Elbe 1992 und 1994 (MÜLLER & FURRER 1995)

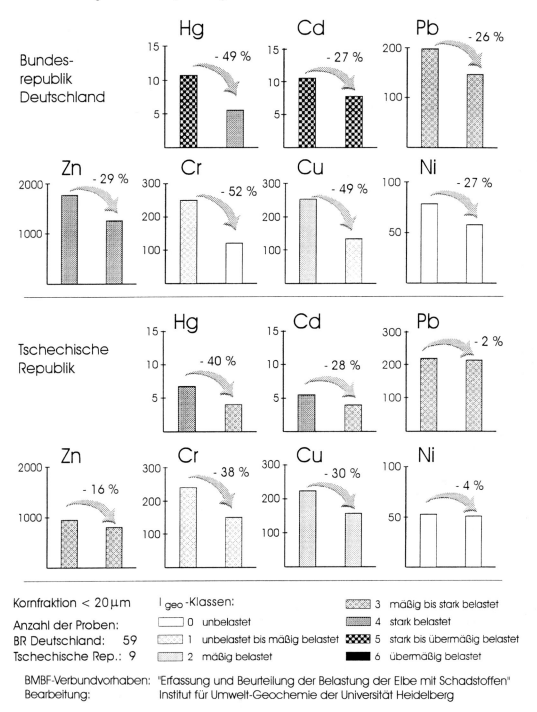

Abb. 4.3-5: Veränderung der mittleren Schwermetall-Konzentrationen (mg/kg) in den Sedimenten der Elbe für den Elblauf innerhalb der Bundesrepublik Deutschland (ohne Tideelbe) und der Tschechischen Republik (MÜLLER & FURRER 1995)

Tab. 4.3-1: Veränderung der mittleren Schwermetall-Konzentrationen in den Sedimenten des Nekkars zwischen 1972 und 1990 (MÜLLER et al. 1993)

Element	1972 mg/kg	1972 Igeo	1979 mg/kg	1979 Igeo	1979 % v.1972	1985 mg/kg	1985 Igeo	1985 % v.1972	1990 mg/kg	1990 Igeo	1990 % v.1972
Cd	37,3	6	11,9	5	33	2,4	3	6	2,5	3	7
Zn	1000	3	666	2	67	468	2	47	500	2	50
Pb	221	3	137	3	62	69	2	31	98	2	44
Cu	232	2	161	2	69	153	2	66	144	1	62
Cr	382	2	363	2	95	133	0	35	147	0	38
Ni	115	1	83	0	72	53	0	46	58	0	50
Co	55	1	23	0	42	20	0	36	14	0	25
Hg	1,1	1	0,9	1	82	0,2	0	18	0,4	0	36

führten Untersuchungen an Wasser und Schwebstoffen mitgeteilt. Bestimmt wurden schwerflüchtige Chlorkohlenwasserstoffe, N- und P-haltige Pestizide, Chlorphenole, Phthalate und Organozinnverbindungen sowie ausgewählte Schwermetalle. Ein wichtiges Ergebnis der Untersuchung war die Lokalisierung eines Belastungsschwerpunktes für Organozinnverbindungen in den Mulde-Sedimenten mit »Quelle« in den ehemaligen Chemie-Kombinaten »Bitterfeld«.

Auf dem Workshop der Internationalen Kommission zum Schutz der Elbe »Belastung der Elbe und ihrer Nebenflüsse mit organischen Schadstoffen« in Geesthacht, 31. Mai und 1. Juni 1995, wurden eine Reihe von Vorträgen gehalten, die sich auch mit der Belastung der Sedimente beschäftigen. Aus den inzwischen an die Teilnehmer und andere Interessenten verteilten »Abstracts und Folien« der Vorträge (ARGE Elbe, Wassergütestelle Elbe 1995) sollen hier lediglich die beiden Beiträge von P. HEININGER (Bundesanstalt für Gewässerkunde, Außenstelle Berlin) und H. REINCKE (ARGE Elbe, Wassergütestelle Elbe in Hamburg)

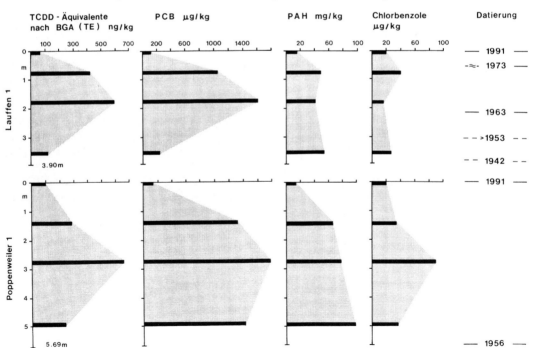

Abb. 4.3-7: Konzentrationen von Dioxinen und Furanen (TCDD-Äquivalente), polyzyklischen Biphenylen, polyzyklischen aromatischen Kohlenwasserstoffen und Chlorphenolen in Sedimentkernen des Neckars aus den Staustufen Lauffen und Poppenweiler (MÜLLER 1993)

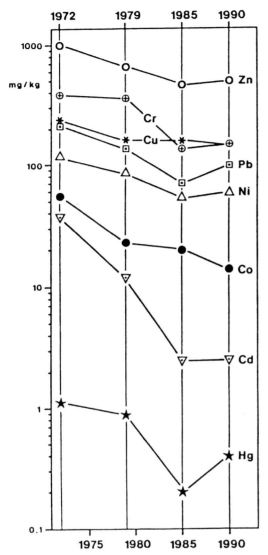

Abb. 4.3-6: Mittlere Schwermetall-Konzentrationen in den Sedimenten des Neckars zwischen 1972 und 1990 (MÜLLER et al. 1993)

zum Thema »Organische Schadstoffkonzentrationen und -frachten in der Elbe heute und vor 1989« summarisch dargestellt werden. Nach HEININGER existieren drei Haupteintragswege in das Sediment:
- Aus Tschechien: polychlorierte Biphenyle (PCBs) und Hexachlorbenzol (HCB) untergeordnet adsorbierbare organische Halogenverbindungen (AOX) sowie DDT
- Aus der Mulde: DDT und Hexachlorcyclohexan (HCH)
- Aus der Saale: AOX und polyzyklische aromatische Kohlenwasserstoffe (PAK)

Diese Eintragswege bestehen ohne Unterbrechung seit 1991. Die Belastung der frischen schwebstoffbürtigen Sedimente bei Schnackenburg ist daher zwischen 1991 und 1994 praktisch unverändert, ein Trend ist noch nicht nachweisbar. Hieraus folgt, daß das Schadstoffpotential im Einzugsgebiet so hoch und mobil ist, daß trotz Produktionsrückgang zwischen 1991 und 1994 unverändert hohe Schadstoffgehalte aufgetreten sind.

Vor dem Hintergrund der hohen, über die Haupteintragswege erfolgenden Schadstoffbelastung haben auch massive punktförmige Schadstoffeinträge nur lokal eng begrenzte Auswirkungen auf das Belastungsbild.

Auch REINCKE kommt zu der Auffassung »daß sich bei der Belastung mit organischen Mikroverunreinigungen noch kein sichtbarer Trend zur Verbesserung eingestellt hat«. Im Längsprofil ergibt sich 1994 für HCB (Haupteintragsgebiet Tschechien) von der Staatsgrenze bis zur Mündung in die Nordsee eine »Verdünnungsreihe«:

Entnahmeort	Klassifizierung	Konz.bereich
Schmilka (Grenze)	IV	> 400 (µg/kg)
Magdeburg	III–IV	200–400
Schnackenburg	III–IV	dto
Bunthaus	III	100–200
Seemannshöft	III	dto
Grauenort	II–III	40–100
Cuxhaven	I–II	< 20

Bei Schnackenburg fallen die 1987-Konzentrationen der schwebstoffbürtigen Sedimente in die Güteklasse III–IV, sie verbleiben 1988–1993 unverändert in der schlechtesten Güteklasse IV, 1994 wird wieder III–IV erreicht.

Für das DDT und dessen Abbauprodukte DDD und DDE ist der Flussabschnitt Schmilka–Schnackenburg am stärksten belastet (Güteklasse III–IV, entsprechend 200–400 µg/kg je Abbauprodukt), stromabwärts setzt dann wieder die »Verdünnung« bis zur Klasse I–II (< 20 µg/kg) ein.

Organische Schadstoffe in Neckar-Sedimentprofilen

Im Rahmen dieses Aufsatzes soll lediglich beispielshaft auf die Ergebnisse umfangreicher Analyse von organischen Schadstoffen (Analytiker P. Hagenmaier) in Sedimenten zweier datierter, 1991 entnommener, Sedimentprofile aus den Staustufen Lauffen (Fluß-km 125,150) und Poppenweiler (Fluß-km 165,000) verwiesen werden (*Abb. 4.3-7*). Kern »Lauffen« umfasst den Zeitraum 1942–1991, Kern »Poppenweiler« 1956–1991.

Bei den PCBs und den Dioxinen und Furanen (dargestellt als Tetrachlordibenzodioxin-Äquivalente mit Konzentrationsangabe in TE = Toxizitätsäquivalente) ist ein sehr starker Rückgang nach einem Maximum bei ca. 1963 und 1965 festzustellen, der mit dem Rückgang der Schwermetall-Konzentrationen parallel läuft.

Bei den polyzyklischen Aromaten (PAK) setzt dieser Rückgang etwas später ein. Chlorbenzole, die im Neckar nur eine völlig untergeordnete Rolle spielen, zeigen lediglich in Kern Poppenweiler eine zu den jüngeren Schichten hin abnehmende Tendenz.

4.4 Probleme mit Hamburger Hafenschlick
WOLFGANG CALMANO

In vielen europäischen Wasserstraßen und Seehäfen müssen große Anstrengungen unternommen werden, die Fahrrinnen und Hafenbecken gegen die natürliche Sedimentation von Schwebstoffen offen zu halten, um die erforderlichen Wassertiefen zu gewährleisten. Dies gilt insbesondere für die großen Häfen an der Küste, wie z. B. den Hamburger Hafen, der durch seine Lage im Stromspaltungsgebiet eines Tideflusses einer ständigen Versandung und Verschlickung ausgesetzt ist. Dort werden im Durchschnitt pro Jahr ca. 2,5 Mio. m^3 Sand und Schlick gebaggert (GÖHREN 1982). Das Material wurde früher oft verwendet, um tiefliegende Flächen aufzuhöhen und so, statt der bisherigen Grünlandnutzung, Acker- bzw. Gartenbau zu ermöglichen. Nachdem die starke Belastung der Flußsedimente mit Schwermetallen und organischen Schadstoffen bekannt wurde und insbesondere nach den Befunden über den Einfluß der Bodenreaktion auf die Löslichkeit und Pflanzenaufnahme von giftigen Metallen (HERMS & BRÜMMER 1980; HERMS & TENT 1982), mußten die traditionellen Beseitigungsmöglichkeiten stark eingeschränkt werden. Inzwischen ist auch die Kapazität der vorhandenen Spülfelder erschöpft und deshalb eine flächenhafte Ausbringung von Baggergut nicht mehr möglich. In Hamburg wurde seit 1980 nach neuen Verfahren zur Behandlung des kontaminierten Schlicks und nach Ablagerungsalternativen gesucht. Heute werden in einer großtechnischen Anlage (METHA) die schadstoffbelasteten Feinanteile – Ton, Schluff, organische Substanzen – aus dem Baggergut von dem praktisch unbelasteten Sand abgetrennt, so daß die Menge des Problemstoffs vermindert wird. Der schadstoffbelastete, entwässerte Schlick wird zu 2 Schlickhügeln aufgeschichtet, die mit einer Basis- und Oberflächenabdichtung versehen werden. Das beim Baggern, Transportieren und Entwässern anfallende schadstoffhaltige Wasser wird gereinigt, bevor es wieder in die Elbe eingeleitet wird.

Belastung des Baggerguts

Die Arbeitsgemeinschaft zur Reinhaltung der Elbe (ARGE) mißt in Schnackenburg die Schadstoffbelastung der Schwebstoffe, die aus dem Oberlauf der Elbe herantransportiert werden. Diese Schwebstoffe sinken je nach Oberwasserabfluß mehr oder weniger in den Ruhezonen der Hafenbecken auf den Grund und bilden somit das zukünftige Baggergut. *Tab. 4.4-1* zeigt die Gehalte einiger Schadstoffe in Schwebstoffen von 1992.

Seit 1991 werden an 13 Stellen im Hamburger Elbe- und Hafenbereich, die den Hauptbaggergebieten entsprechen, jährlich Sedimentproben entnommen und analysiert. Diese Proben geben mit hinreichender Genauigkeit Auskunft über die Entwicklung der Schadstoffgehalte sowie eine Orientierung über die Gehalte im Baggergut. Die wichtigsten Ergebnisse der Messungen in den letzten Jahren sind (MAASS 1994):
- Die Schadstoffgehalte schwanken jahrweise relativ stark
- In den östlichen Hafenbereichen sind die Schadstoffkonzentrationen höher als in den westlichen
- Die Gehalte zeigen in den letzten Jahren (außer

Tab. 4.4-1: Belastung in mg/kg Trockensubstanz der Elbeschwebstoffe in Schnackenburg 1992 (nach MAASS 1994)

Substanz	Spannweiten
Arsen	14,2–84,4
Blei	136–271
Cadmium	10,9–22,5
Chrom	201–389
Kupfer	185–349
Nickel	41,7–104
Quecksilber	7,1–20,1
Zink	1 960–2 750
Mineralöl	n. b.
PCB	0,016–0,199
Hexachlorbenzol	0,061–1,250
HCH	0,005–0,203
PAK	n. b.
Sedimentzusammensetzung	16–85 % < 20 μm
	7,3–13,4 % TOC

bei Cd) eine abnehmende Tendenz. Dies entspricht den Meßergebnissen der ARGE Elbe an Schwebstoffen in Schnackenburg
Die letztgenannte Tendenz ist wahrscheinlich auf die aktuelle Situation der Elbe – niedrige Oberwasserabflüsse und deutlich geringere Schadstoffeinleitungen – zurückzuführen. Es muß deshalb abgewartet werden, inwieweit unter geänderten hydrologischen und wirtschaftlichen Bedingungen diese positive Tendenz ein Anzeichen für einen nachhaltigen Rückgang der Schadstoffbelastung im Elbeschlick ist. *Tab. 4.4-2* zeigt die Ergebnisse einer Referenzbeprobung des Sedimentes im Hamburger Hafen von 1993.

Umwandlungs- und Mobilisationsprozesse für Schwermetalle bei Milieuänderungen im Sediment

Sedimente sind im allgemeinen ein Gemisch aus anorganischen und organischen Komponenten mit einem breiten Spektrum von Partikelgrößen. Es ist seit langem bekannt, daß die Schwermetalle vorwiegend im Feinkornbereich, z. B. in Tonmineralien mit Eisen- und Manganoxidhydrat-Überzügen und organischen Substanzen gebunden auftreten. Schwermetalle können aus kontaminierten Sedimenten wieder freigesetzt werden. Die Prozesse, welche die Löslichkeit und Mobilität feststoffgebundener Metalle erhöhen, verstärken im allgemeinen auch deren biologische Verfügbarkeit und Giftigkeit. Für eine schädliche Remobilisierung von Metallen aus kontaminierten Sedimenten kommen die folgenden Ursachen in Frage:
- Erhöhte Ionenkonzentrationen, bei denen vor allem die Kationen in Konkurrenz zu den an den Feststoffen sorbierten Metallionen treten können; außerdem können sich z. B. lösliche Chlorokomplexe mit einigen Metallen bilden. Diese Veränderungen sind beim Eintritt von Flüssen in den marinen Bereich besonders ausgeprägt. Ergebnisse aus Laborexperimenten von SALOMONS & MOOK (1980) zeigten, daß der steigende Chloridanteil auch die Adsorption von Cadmium an die Schwebstoffe und Sedimente hemmt. Auf der anderen Seite scheint ein Anstieg der Salinität die Mobilität von Blei wenig zu beeinflussen. Untersuchungen zum Verhalten von Hamburger Baggerschlick bei Kontakt mit Brack- und Meerwasser haben jedoch außer für Cadmium eine eindeutige Mobilisation von Kupfer und Zink gezeigt (FÖRSTNER et al. 1985).

Tab. 4.4-2: Belastung in mg/kg Trockensubstanz einer Referenzbeprobung des Sedimentes im Hamburger Hafen von 1993 (nach MAASS 1994)

Substanz	Spannweite
Arsen	27–65
Blei	100–220
Cadmium	1,9–13
Chrom	92–230
Kupfer	84–310
Nickel	51–95
Quecksilber	1–12
Zink	660–2400
Mineralöl	10–424
PCB	< N. G.–0,07
Hexachlorbenzol	n. b.
HCH	0,055
PAK	0,28–1,74
Sedimentzusammensetzung	7–68 % < 20 µm
	2,3–16,6 % TOC

- Eine Senkung der pH-Werte, die zu einer Auflösung von Carbonaten und Hydroxiden führt; daneben aber auch durch die Konkurrenz von Wasserstoffionen eine verstärkte Desorption von Metallkationen bewirkt. Je niedriger der pH-Wert, desto größer ist die Löslichkeit kationischer Metallverbindungen. Für die einzelnen Schwermetalle gibt es graduelle Unterschiede, die sich im wesentlichen sowohl auf die Art der Feststoffbindung als auch auf die Art der gelösten Species zurückführen lassen. Zum Beispiel erfolgt bereits bei einer geringen Absenkung des pH-Wertes unter den Neutralpunkt eine deutliche Freisetzung von Cadmium und Zink aus Baggerschlämmen des Hamburger Hafens. Für andere Metalle, z. B. Kupfer, Blei oder Quecksilber, sind diese Effekte weniger ausgeprägt. Anionische Metallverbindungen zeigen eine größere Löslichkeit bei höheren pH-Werten. Neben den natürlichen Verwitterungsprozessen spielen vor allem Redoxveränderungen und weniger der Eintrag saurer Niederschläge eine bedeutende Rolle. Dazu gehören die Oxidation pyritischer Eisenverbindungen als Verwitterungsreaktion, bei der Wasserstoffionen produziert werden, ebenso wie die Oxidation von Ammonium zu Nitrat. Solche Reaktionen finden z. B. beim Baggern, bei der Umlagerung und der Trocknung anoxischer Baggerschlämme auf Spülflächen statt. Sie bestimmen die Säurebildungskapazität des Systems. Ob und in welchem Ausmaß Sedimente oder Baggergut versauern, hängt von der Säureneutralisierungskapazität ab, die auf dem Gehalt an Puffersubstanzen (z. B. $CaCO_3$) beruht. So hat z. B. der

Rhein durch seine Geschiebefracht eine hohe Kalkreserve, während die Elbesedimente bis oberhalb Hamburgs kalkfrei sind.
- Die Veränderung der Redoxverhältnisse, wie sie z. B. bei Baggerarbeiten oder Sedimentumlagerungen auftreten. Die Redoxbedingungen besitzen einen großen Einfluß auf die Bindungsstabilität der Metalle an den Feststoffen sowie auf deren chemische Form in Porenwässern. Nach der Sedimentation von Gewässerschwebstoffen setzen biogene Reduktionsvorgänge ein, die durch die Zersetzung organischer Substanzen durch Mikroorganismen verursacht werden. Sie laufen normalerweise in einer definierten Folge ab, die mit einer verstärkten heterotrophen Sauerstoffzehrung beginnt und über die Mangan-, Nitrat- und Eisenreduktion zur Reduktion von Sulfat führen. Eine Senkung des Redox-Potentials führt zu einer Destabilisierung von Eisenhydroxiden, Eisenoxiden und Manganoxiden. Schwermetalle, die an der Oberfläche dieser Phasen sorbiert vorliegen oder als Kopräzipitat ein Bestandteil der Struktur sind, werden bei der Auflösung der Phasen mobilisiert. Bei einer weiteren Reduktion fällen freiwerdende Sulfidionen zunächst die reduzierbaren Eisenanteile aus, aber auch viele Metalle wie Quecksilber, Zink, Cadmium und Kupfer werden fest gebunden und reichern sich daher in sulfidreichen Sedimenten an. Die Oxidation von anoxischen Sedimenten, z. B. durch Kontakt erodierter Suspensionen mit Flußwasser, führt jedoch wieder rasch zu einem Abbau der Sulfide und damit zu einer nachhaltigen Remobilisierung der Schwermetalle.
- Der Eintrag natürlicher und synthetischer Komplexbildner, die mit partikulär gebundenen Schwermetallen wasserlösliche Komplexe bilden können. Der Einsatz und die Verwendung von organischen Komplexbildnern wie z. B. Ethylendiamintetraacetat (EDTA) und Nitrilotriacetat (NTA) in Industrie und Haushalt führen in der Regel dann zu einer Belastung der Gewässer, wenn derartige Substanzen bei der Abwasserreinigung nicht vollständig entfernt werden. Aufgrund des sehr starken Komplexierungsvermögens für praktisch alle Metalle und der vergleichsweise schlechten biologischen Abbaubarkeit muß EDTA als besonders problematisch für aquatische Systeme bezeichnet werden. Die Beeinflussung der Metallsorption beginnt bereits bei sehr niedrigen Komplexbildner-Konzentrationen. Schon bei 50 µg/l NTA kann mit meßbaren Veränderungen der natürlichen Sorptionsgleichgewichte gerechnet werden, die zu einer verstärkten Lösung der Schwermetalle führen.
- Mikrobielle Aktivitäten fördern die Freisetzung von Metallen durch die Bildung organischer Komplexverbindungen, durch eine Veränderung der Redox/pH-Bedingungen des Milieus und durch die Umsetzung von schwerlöslichen anorganischen Verbindungen in wasserlösliche organische Moleküle (z. B. Quecksilber-Alkylierung). Es ist bekannt, daß Mikroorganismen große Mengen an extrazellulären Polysacchariden produzieren, die entweder direkt in das Medium ausgeschieden werden oder die Zellen als Hüllen umschließen. Neben den Polysacchariden spielen Polyphenole, die von Algen ausgeschieden werden, eine bedeutende Rolle bei der Komplexierung von Schwermetallen in natürlichen Gewässern. So kann schon durch sehr geringe Konzentrationen dieser extrazellulären Produkte die Löslichkeit bestimmter Schwermetalle stark beeinflußt werden.

Umlagerung im Gewässer

Noch immer wird in den kälteren Jahreszeiten im Hamburger Hafen die Methode des »Schlick- oder Sedimenteggens« eingesetzt, bei der das Sediment am Boden des Gewässers aufgewirbelt und mit der Strömung flußabwärts verfrachtet wird. Diese Methode wird wegen der negativen Auswirkungen auf die Unterelbe und die Nordsee von vielen Fachleuten kritisiert. Das Sedimenteggen ist eine Art »Aufrührbaggerung«, bei der das Bodenmaterial mechanisch angeschnitten und anschließend möglichst fein verwirbelt wird. Für den Abtransport des abgelösten und untergemischten Materials wird die Transportfähigkeit der natürlichen Strömung des Gewässsers genutzt.

Jede Baggerung und Umlagerung stellt ein Eingriff in das Gewässer dar. Hierbei gelangt in der Regel reduziertes Bodensediment in ein sauerstoffhaltiges Oberflächenwasser. Die Erhöhung der Schwebstoffkonzentration bewirkt eine Veränderung des Lichtklimas. Es werden Porenwasserinhaltsstoffe freigesetzt, die zu einer Veränderung des Sauerstoffhaushaltes führen. Neben der Freisetzung von Nährstoffen werden auch die Bindungsformen von Schwermetallen im Sediment verändert. Da die mechanische Umlagerung das chemische Milieu der Feststoffe verändert, kommt es durch die Oxidation der zuvor anoxischen Schlämme zu einer Freisetzung und einem Transfer von Schwermetallen an reaktive biologische Oberflächen. Diese Effekte konnten im

Deponierung an Land

Für die Beseitigung stark kontaminierter Baggerschlämme ist die Lagerung an Land eine geeignetere Alternative als die Umlagerung im Gewässer. Voraussetzung für eine Landdeponierung ist, daß die erforderlichen Vorkehrungen getroffen werden, die eine Ausbreitung der Schadstoffe über das anfallende Sickerwasser in die Oberflächengewässer und in das Grundwasser, über die Luft sowie eine Aufnahme in Pflanzen und einen darüber möglichen Eintrag in die Nahrungskette verhindern. Auch bei der Landdeponierung von Baggerschlämmen spielen Redoxprozesse, z. B.. die Oxidation von Sulfiden und die Versauerung des Materials für die Mobilisierung von Schwermetallen die wichtigste Rolle. Hinzu kommen mikrobielle Aktivitäten, durch welche Schwermetalle komplexiert oder in flüchtige Verbindungen (z. B. Quecksilber, Dimethylquecksilber) umgewandelt werden.

Die Sedimente sind direkt nach dem Baggern in der Regel anoxisch, die Schwermetallverbindungen reduziert, und der pH- Wert liegt im neutralen Bereich. Durch den Transport und die weitere Behandlung, z. B. Aufspülen auf Spülflächen und Trocknung oxidiert das Material und der pH-Wert kann je nach Gehalt an puffernden Substanzen im Laufe der Zeit bis auf 4 und darunter sinken. Ein Anbau von Nutzpflanzen auf schwermetallbelasteten Baggerschlämmen muß daher vermieden werden, auch wenn die Pflanzenverfügbarkeit durch Meliorationskalkungen herabgesetzt werden kann.

Ein weiteres Problem ist die Verunreinigung des Grundwassers in den Ablagerungsgebieten für Baggergut. GRÖNGRÖFT et al. (1984) untersuchten in halbtechnischen Modellversuchen den Einfluß des Porensystems toniger und torfiger Böden auf die Transport- und Sorptionsvorgänge von Hamburger Spülfeldsickerwässer. Die Konzentrationen der Schwermetalle Blei, Cadmium, Kupfer und Zink im Schlickporenwasser frischer, reduzierter Schlämme lagen relativ niedrig (Cd < 0,1 µg/l). Weitere Messungen unter stärker oxidierenden Bedingungen zeigten einen Anstieg der Werte auf bis zu 2,3 µg/l Cadmium und 45 µg/l Kupfer. Aus diesen Ergebnissen wird deutlich, daß Schwermetallkonzentrationen in Sickerwässern oxidierter Schlicke eine Gefahr für das Grundwasser bilden können.

Unter Langzeitgesichtspunkten muß immer mit einer zumindest teilweisen Oxidation des an Land abgelagerten Baggerguts gerechnet werden, die eine Veränderung der chemischen Bindungsformen von Schwermetallen und damit eine Mobilisierung zur Folge hat. Das Material wird zunächst an der Oberfläche oxidieren. Es können Trocknungsrisse entstehen, durch welche Niederschlagswasser in den Deponiekörper eindringt, was zu einer weiteren Verwitterung führt.

Ein nicht zu unterschätzender Faktor ist die Gasbildung in abgelagerten Baggerschlämmen (STEGMANN & KRAUSE 1986). Schlick aus dem Gebiet des Hamburger Hafens enthält z. B. organische Anteile zwischen 10 und 25 %. Unter Deponiebedingungen wird ein Teil des organischen Materials biochemisch abgebaut und zu Kohlendioxid und Methan umgewandelt. Eine Erhöhung der Wasserwegigkeit ist dann nicht auszuschließen, wenn durch Gasbildung Risse im Deponiekörper entstehen. Bei Luftzutritt kann dies nicht nur zu einer Bildung brennbarer Gasgemische führen, sondern auch zu einer weiteren Oxidation des Schlicks mit den bereits beschriebenen Folgen für Versauerung und die damit verbundene Mobilisation von Schwermetallen.

Deponierung unter Wasser (Untersedimentdeponie)

Die Einbindung in natürlich gebildete Minerale, die zudem noch über geologische Zeiträume stabil bleiben, stellt sowohl unter Sicherheits- als auch Kostengesichtspunkten eine günstige Voraussetzung für eine Immobilisierung von Schwermetallen in kontaminierten Baggerschlämmen dar. Eine besonders geringe Löslichkeit besitzen die Schwermetallsulfide. Die Bildung von Sulfiden bedarf allerdings eines anoxischen Milieus und einer mikrobiellen Reduktion von Sulfat. Sie spielt deshalb hauptsächlich im marinen Bereich eine Rolle, da Meerwasser hohe Sulfatkonzentrationen enthält.

Der Vorteil einer »Untersedimentdeponie« im marinen Milieu gegenüber einer Landdeponie besteht zunächst darin, daß im allgemeinen der unterliegende Wasserkörper aus Salzlösungen besteht, die nicht für Trinkwasserzwecke genutzt werden. Diese Art der Ablagerung, bei der große Mengen an Baggerschlick in Vertiefungen auf dem Meeresboden deponiert und anschließend mit sauberem und inertem Material abgedeckt werden, erfordert eine wirksame Abschottung von der angrenzenden Hydrosphäre und Biosphäre. Über das Verhalten von Schwermetallen in der Einbringungsphase gibt es bisher keine quantitativen Erhebungen. Kritisch ist vor allem die Remobilisierung von Cadmium unter dem Einfluß von sauerstoff- und salzreichem Brack- oder Meerwasser. In Testalgen wurde Kupfer bei höheren Salzgehalten verstärkt angereichert, so daß bei einem Einbringen von Hafenschlick in Meerwasser auch mit einer Hemmung der Photosynthese von Primärproduzenten zu rechnen ist. In Aquarienexperimenten kam es zu einer Freisetzung sehr großer Ammoniummengen, gefolgt von einer starken Nitritbelastung, die mit einer Absenkung des pH-Wertes verbunden war. Bei Schollen und Nordseegarnelen wurde für einige Schwermetalle und chlorierte Kohlenwasserstoffe eine deutliche Nettoaufnahme festgestellt (BERGHAHN et al. 1986).

Stabile anoxische Bedingungen lassen sich nur durch einen permanenten Wasserüberstau erhalten. Das deponierte Material darf jedoch nicht mit der überstehenden oxischen Wassersäule in Verbindung kommen. Gegen den Stoffaustausch über das Porenwasser kann eine Sandabdeckung ab 50 cm bereits eine wirksame Barriere bilden, durch die z. B. der Übertritt von PCBs zusammen mit gelösten Humin- und Fulvinsäuren als Komplexbildner für Schwermetalle in das Oberflächenwasser verhindert wird. Andererseits können Barrieren selbst dieser Dicke von Polychaeten durchbrochen werden (BRANNON et al. 1987). Noch wirksamer erscheinen Abdeckungen aus Ton oder Schlick und sogenannte oxische Barrieren mit höheren Gehalten an Eisenoxidhydraten, die neben einem Austritt von Schwermetallen auch ein Entweichen von Phosphat und Ammonium durch Sorption und Fällung bzw. Nitrifikation unterbinden.

Die Konstruktion einer Tiefdeponie im Küstenvorfeld unter dem Erosionsniveau wurde von GÖHREN et al. (1986) beschrieben. Als technische Projektlösung bietet sich eine sogenannte »Atollinsel« an. Der Schlick soll in einer 40–50 m tiefen Grube im Flachwasserbereich eingelagert werden. Der Aushubboden wird verwendet, um rund um die Grube einen mehrere hundert Meter breiten, sturmflutsicheren Sandwall anzulegen, der infolge der herrschenden Naturkräfte eine landschaftsgerechte Dünenformation entwickeln soll. Das Baggergut wird in den dabei entstehenden Atollsee, der nicht im Wasseraustausch mit dem umgebenden Küstenmeer steht, bis zu einem Niveau eingebaut, das auch langfristig nicht durch Meereserosion freigelegt wird. Die Schlickeinlagerung wird danach durch eine Schicht unbelasteten Sand abgedeckt, die einen Schadstoffaustrag nach oben weitestgehend verhindert. Durch diese Konzeption würde eine sonst über Generationen erforderliche Kontrolle entbehrlich und der Eingriff zeitlich begrenzt sein. Es bleibt die Möglichkeit, daß Schadstoffe durch Diffusion nach unten und durch die Seiten austreten, obwohl solche Emissionen langsam vor sich gehen, sowie eine Gasentwicklung aufgrund der Zersetzungsprozesse im Schlick, welche die Stabilität und das Rückhaltevermögen der Abdeckschicht beeinflussen könnte. Vor einer Realisierung, die im Naturpark Wattenmeer kaum durchsetzbar sein dürfte, müßten die technischen und ökologischen Untersuchungen dieses Atollprojektes daher systematisch bis zu einer sicheren Beurteilung aller offenen Fragen weitergeführt werden. Ein Übergang zwischen Tiefdeponie unter dem Wasserspiegel und Hochdeponie an Land zeigt die von Rotterdam nach mehrjähriger Planungs- und Untersuchungsarbeit begonnene künstliche Halbinsel (Slufter), die 1989 fertiggestellt worden ist und ca. 150 Mio. m³ Schlick aufnehmen soll.

Problemlösungen zur Behandlung von Baggerschlick

Die ökologische Bedenklichkeit der Umlagerung und der Verklappung von schadstoffhaltigem Baggergut im Gewässer, aber auch der herkömmlichen Technologien der Ablagerung an Land sowie der Mangel an geeigneten Ablagerungsflächen, führten in den letzten Jahren dazu, nach neuen Technologien der Baggergutaufbereitung und -entsorgung zu suchen. Dabei lassen sich prinzipiell drei Vorgehensweisen unterscheiden:
• die mechanische Abtrennung des hochkontaminierten Feinschlickanteils vom relativ sauberen Sand mit dem Ziel, die Menge des abzulagernden Materials auf eine Mindestmaß zu reduzieren, wie sie in Hamburg mit der METHA praktiziert wird;
• die chemische oder biochemische Abtrennung der Schwermetalle und anderer Schadstoffe, die allerdings erst im Technikumsmaßstab untersucht wurde und bei den enormen Mengen an Baggergut nicht praktikabel ist;
• die Einbindung durch Stabilisierungsmaßnahmen (thermisch oder durch Additive) mit dem Ziel, die Schadstoffe so zu immobilisieren, daß eine Gefährdung der Umwelt ausgeschlossen ist. Zur Entsorgung des kontaminierten Baggerguts

wird die Deponierung an Land zur Zeit als beste Lösung angesehen. Sie wäre optimal, wenn die Mobilität der Schadstoffe eingeschränkt bzw. eine Freisetzung im Idealfall verhindert werden könnte. Im allgemeinen kann man davon ausgehen, daß das Mobilisierungsverhalten der Metalle durch eine bodenmechanische Verfestigung des Baggergutes positiv beeinflußt wird. Daneben müssen Lösungsalternativen für die Stabilisierung kontaminierter Baggerschlämme vor allem die chemischen Reaktionen und Prozesse im Deponiekörper berücksichtigen und dabei insbesondere die Wirkung mobilisierender Einflußfaktoren, wie eine Oxidation des Materials, Veränderung des pH-Wertes oder Einflüsse gelöster komplexierender Substanzen mit einbeziehen.

Es wurden inzwischen eine Reihe von Techniken beschrieben, mit denen sich die Mobilität von Schadstoffen verringern läßt, indem
- durch chemische Reaktionen schwerlösliche Verbindungen hergestellt werden (chemische Immobilisierung);
- durch Zugabe von Chemikalien das Wasser fixiert wird;
- durch Veränderungen der pH- und Redoxbedingungen die Löslichkeit verringert wird;
- durch den Einbau von mechanischen Barrieren das kontaminierte Material von der Umgebung abgeschirmt wird (wie in Hamburg) und
- durch thermische Behandlung keramische Produkte (Ziegelsteine, Pellets) hergestellt werden.

Die thermische Weiterverarbeitung von Baggerschlämmen führt zu einer Zerstörung der organischen Schadstoffe und, ebenso wie die Verfestigung mit Additiven, zu einer Immobilisierung der Schwermetalle. Wegen der hohen Energiekosten und der aufwendigen Abgasreinigung erscheint ein solches Verfahren allerdings nur dann lohnenswert, wenn die dabei anfallenden Produkte einer weiteren Verwendung zugeführt werden können (z. B Produktion von Pellets für den Straßenbau und von Ziegelsteinen (Hamburger Schlickstein).

Angesichts der enormen Mengen an Schlick, die jährlich in der Bundesrepublik gebaggert oder umgelagert werden, erscheint eine großtechnische Aufarbeitung und Abtrennung der Schwermetalle wenig sinnvoll. In der Regel werden diese Schlämme, sofern sie nicht zu stark kontaminiert sind, weiterhin im Gewässer umgelagert bzw. an Land deponiert werden. Bei der Deponierung an Land muß es immer darum gehen, durch geeignete Stabilisierungs- oder Abdichtungsmaßnahmen des Deponiekörpers eine Gefährdung der Umwelt und vor allem des Grundwassers auszuschließen. Vor kurzem wurde vom Niedersächsischen Schlickforum die Empfehlung gegeben, den Hamburger Hafenschlick in Salzkavernen bei Stade zu deponieren. Aber ebenso wie bei der Landdeponierung zeichnen sich auch hier große Akzeptanzprobleme in der Bevölkerung ab, die weiter wachsen werden, die aber andererseits auch nur in sachlicher Diskussion und unter Einbeziehung aller Fakten und Alternativen abgebaut werden können. Erst wenn die Elbe wieder sauber ist, kann der Schlick wie früher wieder als natürlicher und vielseitig verwendbarer Boden eingesetzt werden. Nur so sind auch weitere volkswirtschaftlich verfehlte Aufwendungen zu seiner Behandlung und umweltschonenden Lagerung vermeidbar.

4.5 Toxisches Potential von Schwebstoffen und Sedimenten

LUDWIG KARBE & JOHANNES WESTENDORF

Der größte Teil der Schadstofffracht unserer Flüsse wird an Schwebstoffe gebunden transportiert. Nur ein Teil der Schwebstofffracht erreicht das Meer. Die Hauptmenge wird in Sedimentationsräumen im Fluß selbst oder in Nebengewässern abgelagert (vgl. Kap. 4.4 und 4.6). Die Kontamination von Schwebstoffen und Sedimenten ist erfahrungsgemäß überall dort ein akutes ökotoxikologisches Problem, wo es längs unserer Flüsse aufgrund der ökomorphologischen Gegebenheiten zur vermehrten Produktion, Anreicherung und Ablagerung feinkörniger, an organischem Material reicher Partikel kommt. Aufgrund der Neigung vieler Schadstoffe, sich an Oberflächen anzulagern und mit den organischen Komponenten von Feststoff-Aggregaten unter Bildung komplexer Verbindungen zu reagieren, haben diese ein hohes Bindungsvermögen für zahlreiche anorganische und organische Problemstoffe. In Kap. 4.6 und 4.8 wird auf das Phänomen der Abnahme der Korngrößen und der Zunahme des organischen Anteils der Sedimente im Vergleich von Oberlauf (Erosionsbedingungen), Mittellauf (sukzessive Zunahme der Sedimentation auch feinkörniger Materialien) und Unterlauf hingewiesen. Die Bedeutung dieser Phänomene für grundlegende Änderungen in der Gewässerbeschaffenheit sind jedem Gewässerkundler und vielen am Zustand unserer Flüsse interessierten Laien gut bekannt (WESTRICH 1988). Im Zusammenhang mit der Frage nach dem toxischen Potential von Schwebstoffen und Sedimenten sind die aus den Änderungen des Schadstoffbindungsvermögens und den Änderungen der spezifischen Beladung resultierenden Phänomene von entscheidender Bedeutung.

Auswirkungen der Kontamination von Sedimenten auf die benthische Fauna

Zahlreiche Arbeiten beziehen sich auf die Frage, inwieweit Änderungen im Besiedlungsbild der Bodenfauna unserer Flüsse ihre Ursache in der Schadstoffbelastung der Sedimente haben. Bei der Bewertung von Sedimenten wird vielfach der von amerikanischen Autoren (CHAPMAN 1986) am Beispiel hochgradig mit Schadstoffen belasteter Küstengewässer entwickelte »Triad Approach« angewendet. Nach diesem Ansatz werden Daten zur Schadstoffbelastung der Sedimente mit Informationen zur artlichen Zusammensetzung der Bodenfauna und zur Toxizität von Sedimentproben verknüpft (Abb.4.5-1). Für die Sediment-Toxizitätstests werden vorzugsweise solche Organismen verwendet, für die in Feldstudien gezeigt werden konnte, daß ihre Bestände bei zunehmender Verschmutzung besonders stark zurückgehen.

In Bereichen extremer Schadstoffbelastung sind die Beziehungen eindeutig. Hier reicht der Faktor Toxizität vielfach alleine aus, um das Fehlen jeglicher Besiedlung mit Makroorganismen zu erklären. Erfreulicherweise sind solche Situationen in den mitteleuropäischen Flüssen auf Ausnahmen beschränkt. In Bereichen mit mäßiger Verschmutzung fällt es meist schwer, zwischen den Auswirkungen der vielfach gekoppelten Faktoren Verschlickung, Sauerstoffmangel, Schwefelwasserstoff- und Ammoniaktoxizität und Toxizität von Schwermetallen und organischen Fremdstoffen zu unterscheiden.

Bestandsentwicklung und morphologische Artefakte bei Zuckmückenlarven

Als Beispiel von Effekten in mäßig belasteten Bereichen sei auf Studien niederländischer Autoren verwiesen (z. B. VAN URK et al. 1992), die sich im Bereich des Unterlaufs des Rheins, in der

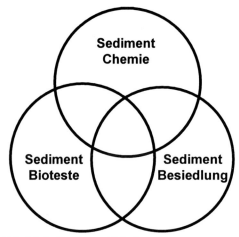

Abb.4.5-1: Sediment Triade

Deltaregion mit seinen Verästelungen und Nebengewässern intensiv mit Beziehungen zwischen Sedimenteigenschaften und Besiedlung beschäftigt haben. Schlammröhrenwürmer (Tubificiden) und Zuckmückenlarven (Chironomiden) sind hier die dominanten Faunenelemente. Bei dem Versuch, Unterschiede in der Bestandsentwicklung von Zuckmücken der *Chironomus plumosus* Gruppe auf Unterschiede in der Kontamination der Sedimente zu beziehen, ergab sich eine negative Korrelation zwischen Schadstoffkonzentrationen und Bestandsdichten der Mückenlarven. In gering kontaminierten Bereichen entwickelten sich pro Jahr zwei Generationen von Mücken; die Überwinterung der Insekten erfolgte auf dem vierten Larvenstadium. Bereits auf nur mäßig kontaminierten Sedimenten war der Prozentsatz der Vorpuppen-Larven im Frühjahr deutlich herabgesetzt. Die Puppenentwicklung erfolgte über zwei Wochen verspätet. An stark kontaminierten Stellen war die Bestandsdichte stark reduziert. Puppenstadien wurden hier überhaupt nicht beobachtet. Die Bestandsabnahme ging einher mit einer Zunahme des Prozentsatzes abnorm gestalteter Zähne (Deformation des Mentums). Ähnliche Befunde liegen auch aus anderen Bereichen des Rheins und aus der Elbe vor. Morphologische Artefakte sind in stärker kontaminierten Bereichen nicht nur an den Zähnen sondern auch an den Fühlern der Insektenlarven zu beobachten.

Bestimmung der Sedimenttoxizität

Bei experimentellen Arbeiten zur Bestimmung der Sedimenttoxizität werden drei Typen von Proben verwendet:

- Original-Sedimentprobe mit überliegendem Wasser,
- Porenwasser (Zentrifugation, Druck- oder Vakuumfiltration),
- Wässrige Eluate (Ausschütteln der Probe mit Wasser und anschließende Trennung der Phasen) und
- Lösungsmittelextrakte (Überführung des Extraktes in Wasser mit geringem Zusatz eines in dieser Konzentration selbst nicht toxisch wirkenden Lösungsvermittlers)

Als Testorganismen zur Bestimmung der Sedimenttoxizität werden meist im Sediment grabend oder an der Sedimentoberfläche in direktem Kontakt mit dem Sediment lebende Insektenlarven (wie Zuckmücken, Eintagsfliegen) Würmer (wie Schlammröhrenwürmer, Fadenwürmer), Kleinkrebse (Amphipoden) und Muscheln eingesetzt. Für die Untersuchung von Eluaten oder Lösungsmittelextrakten sind praktisch alle in der aquatischen Toxikologie etablierten Tests verwendbar (HILL et al. 1993). Toxizitätstests werden z. B. bei der Abschätzung der Umweltverträglichkeit der Einbringung von Baggergut oder der Umlagerung von Sedimenten im Zuge von flußbaulichen Maßnahmen eingesetzt (vgl. Kap. 4.4). Darüber hinaus sind solche Tests eine in zunehmendem Maße favorisierte Komponente allgemeiner Umweltüberwachungsprogramme, sowie von Programmen zur Identifizierung und Quantifizierung spezieller Risiken für Mensch und Umwelt.

Toxizität schwebstoffbürtiger Sedimente aus den Meßstationen der Arbeitsgemeinschaft zur Reinhaltung der Elbe

Im Rahmen des Meßprogramms der ARGE Elbe werden in einer Reihe von Meßstationen kontinuierlich schwebstoffbürtige Sedimente gesammelt, die routinemäßig hinsichtlich ihres Schadstoffgehaltes (vornehmlich Schwermetalle und Organochlorverbindungen) analysiert werden. Aus diesem Material wurden mehrfach Teilproben abgezwegt und unter Anwendung verschiedener Toxizitätstest untersucht. Neben den klassischen Methoden der aquatischen Toxikologie wurden dabei auch Methoden eingesetzt, die noch nicht zu dem allgemein etablierten Inventar von Umweltüberwachungsprogrammen gehören, die aber Aussagen hinsichtlich spezieller Risiken erlauben.
Mutagenität von Elbesedimenten: Abb. 4.5-2 zeigt ein Beispiel von Ergebnissen, aus denen Hin-

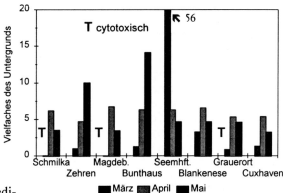

Abb.4.5-2: Mutagenität von Elbesedimenten

weise auf die Kontamination der Sedimente mit mutagenen Wirkstoffen abgeleitet werden können (VAHL et al.1995). Dargestellt sind Befunde aus der Anwendung des Arabinose-Resistenz-Tests (ARA-Test) und des Einsatzes von Toluolextrakten (in diesem Fall ohne metabolische Aktivierung von Promutagenen). Mit dem ARA-Test werden Vorwärtsmutanten spezieller Stämme der Bakterien *Salmonella typhimurium* (oder *Escherichia coli*) selektiert. Verschiedenartige Typen von Mutationen können bei diesem Test mit einem Bakterienstamm in ihrer Summe erfaßt werden. Für die meisten der bisher untersuchten Einzelsubstanzen und Sedimentproben (Festphase und Extrakte) ist die Sensitivität dieses Tests grösser als in dem bei vergleichbaren Untersuchungen meist eingesetzten Ames-Test. Schwierigkeiten können sich aus dem Umstand ergeben, daß wir es bei stärker schadstoffbelasteten Sedimenten meist mit einer Mischung unterschiedlich wirkender Substanzen zu tun haben. So kann die Ausprägung mutagener Wirkungen durch allgemein zelltoxische Wirkungen unterdrückt werden. In der Abbildung sind drei Proben markiert, bei denen die Ermittlung der Mutagenität aufgrund der gegebenen Zytotoxizität (Absterben der Testorganismen) nicht möglich war. Die Abbildung zeigt deutlich, daß in allen Sedimentproben Stoffe mit potentiell erbgutverändernden Eigenschaften enthalten waren. Besonders hoch war die Mutagenität der Extrakte aus der im März im Hamburger Hafen in der Station Seemannshöft angereicherten Probe.
Von Dioxinen und verwandten Stoffen ausgehende Wirkungen auf Leberzellen: Eine der Grundlagen zur Abschätzung des relativen toxischen Potentials von Dioxinen, Furanen und anderen ähnlich wirkenden Organochlorverbindungen ist die Ermittlung der Affinität, mit denen

diese Stoffe an einen bestimmten Rezeptor (den Arylhydrocarbon Rezeptor = Ah-Rezeptor) binden. Dieser Rezeptor wird auch als TCDD Rezeptor bezeichnet, da das 2,3,7,8-Tetrachlordibenzo-p-dioxin (TCDD), das Seveso-Dioxin, als die Substanz gilt, die mit der stärksten Affinität an diesen Rezeptor bindet. Der entstehende Ligand-Rezeptorkomplex aktiviert die Synthese einer Reihe von Enzymen. Zu diesen gehört die 7-Ethoxyresorufin-O-deethylase (EROD). In der oben erwähnten Studie wurden aus Ratten isolierte Leberzellen (primäre Hepatozyten und H4IIE-Hepatomzellen) der Einwirkung verschiedener Typen von Sedimentextrakten ausgesetzt (MICHALEK-WAGNER 1994, KÄHLER 1994). Gemessen wurden sowohl die mit einem Farbstoff-Bindungstest (Neutralrot-Test) bestimmbare, allgemein zellschädigende Wirkung der Extrakte, wie auch – als eine spezifische Reaktion – die Induktion der EROD-Aktivität. In beiden Tests wurde TCDD als Vergleichssubstanz (Positivkontrollen) eingesetzt.

In *Abb. 4.5-3* sind Ergebnisse zur EROD-Induktion Analysenwerten zum Dioxin- und Furangehalt der Sedimentproben (Summe der gemessenen PCDD/F als Toxizitätsäquivalente bezogen auf 2,3,7,8-TCDD) gegenübergestellt (Daten von GÖTZ et al. 1994). Die Abbildung zeigt, daß die mit dem biologischen Ansatz bestimmten Wirkungspotentiale sehr gut den Ergebnissen der chemischen Einzelsubstanzbestimmung entsprechen. Sie lassen auf eine stetige Zunahme des toxischen Wirkungspotentials von der oberen Mittelelbe bis in den Bereich des Hamburger Stromspaltungsgebietes hinein schließen. Eine maximale EROD-Induktion und maximale TCDD-Toxizitätsäquivalente wurden direkt oberhalb (und innerhalb) des Hamburger Hafens gemessen. Vergleichen wir die EROD induzierende Wirksamkeit der Sedimente mit Daten zur allgemeinen Charakterisierung der Proben, so sehen wir, daß die Zunahme des toxischen Potentials mit einer Abnahme der groben, mineralischen und einer Zunahme der feinkörnigeren, biogenen, organischen Schwebstoffkomponenten (gemessen als TOC, Protein und chloroplastische Pigmente) korreliert. Im Flußunterlauf ist die Korrelation zwischen EROD induzierenden Wirkungen und den I-TEQ-Werten nicht mehr so offensichtlich. Offenbar rühren die Effekte dort in größerem Maße auch von anderen Sedimentbestandteilen her.

Wirkungen auf Zellen des blutbildenden Systems: Eine kontrovers diskutierte Frage ist es, in welcher Weise und in welchem Maße Umweltschadstoffe das Immunsystem und das blutbildende System von Wirbeltieren beeinflussen. Im Zusammenhang mit diesem Fragenkomplex sind Befunde von CHUKLOVIN et al. 1995 zu sehen. Unter Nutzung verschiedener im Krebsforschungszentrum St-Petersburg entwickelter Methoden untersuchte er die Wirkung aus den Elbesedimenten gewonnener wässeriger Eluate auf Thymuszellen, Knochenmarkzellen und alveoläre Makrophagen. Von den eingesetzten Zelltypen erwiesen sich die Thymuszellen als besonders sensitiv. Die Intensität der an den Zellpopulationen meßbaren Effekte war deutlich mit dem Schwermetallgehalt der eluierten Sedimentproben korreliert. *Abb. 4.5-4* zeigt ein Beispiel von Ergebnissen. Dargestellt ist die relative Zunahme Acridinorange-bindender und die Abnahme apoptotischer Zellen. Als Maß der Schwermetallkontamination wurde ein Summenparameter berechnet, unter Berücksichtigung der Quotienten aus den für zehn Metalle gemessenen Konzentrationen und den jeweiligen für die Elbe als natürlich angenommenen Grundwerten. Die Steigerung der Acridinorange-Bindung ist Ausdruck einer Schädigung der Zellen. Eine Hemmung der Apoptose, eines Prozesses durch den primär geschädigte Zellen abgetötet werden, kann gesteigertes Krebsrisiko bedeuten.

Dies sind drei Beispiele zu toxikologischen Befunden. Die regionalen Unterschiede in der Stärke der toxischen Potentiale finden ihre Erklärung in regionalen Unterschieden in der Schwebstoff-Dynamik und den Sedimentationsbedingungen für fluviatile Sedimente im Ablauf der Elbe, in Änderungen der hydrologischen und ökologischen Bedingungen von der oberen zur mittleren Elbe, Änderungen im Schadstoffbindungsvermö-

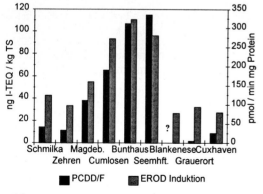

Abb. 4.5-3: EROD induzierendes Potential und Dioxingehalte von Elbesedimenten

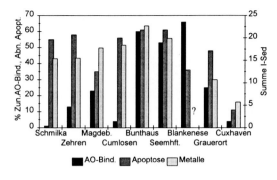

Abb. 4.5-4: Blutzelltoxisches Potential und Schwermetallgehalte von Elbesedimenten: Steigerung der Acridinorange-Bindung und Minderung der Zahl apoptotischer Thymuszellen

gen und in der spezifischen Schadstoff-Beladung der in der Elbe transportierten Feststoffe.

Konsequenz: Gefährdung von Mensch und Umwelt

In besonderem Maße gefährdet sind die Nebengewässer und die Retentionsflächen im Überschwemmungsbereich der Auen und Marschen im Bereich der mittleren Elbe und im oberen Bereich der Tideelbe. Hier erreicht das Maß der gemessenen Gefährdungspotentiale eine Größenordnung, daß sich auch die Frage nach schwer abschätzbaren umweltmedizinischen Risiken stellt. Gefährdet erscheint auch der Mensch, der Uferfiltrat oder das in der Aue versickernde Wasser als Trinkwasser nutzt, sowie der Konsument in solchen Bereichen erzeugter landwirtschaftlicher Produkte. Im Sinne der in *Abb. 4.5-1* skizzierten Sedimentqualitätstriade zeigen die exemplarisch dargestellten (und andere vorliegende) chemischen Daten und die Ergebnisse der Biotests einen hohen Grad an Überlappung. Zur dritten Komponente, der Wirkungen auf die längs der Elbe siedelnden Tiere und Pflanzen, sowie auch auf die dort ansässigen Menschen fehlen entsprechende Daten aus epidemiologischen Studien.

Wegen der zentralen Bedeutung der Sedimente als Schadstoff-Senke und als eine Quelle aktueller und zukünftiger Risiken sind diese als ein besonders schützenswertes Gut (Schutzgut Sediment) ausgewiesen. Überlegungen der für das Umweltmanagement zuständigen Stellen gehen in die Richtung, daß an Schwebstoffe und Sedimente hinsichtlich einer tolerablen Kontamination und der Begründung von Maßnahmen zu ihrer Minimierung die gleichen Anforderungen zu stellen sind wie an landwirtschaftlich genutzte Böden.

4.6 Flußmündungen als Sammelbecken für Schadstoffe

ULRICH FÖRSTNER

Die erfreuliche Entwicklung bei den Schadstoffeinträgen in vielen unserer Flüsse, nun auch im Einzugsgebiet der Elbe (vgl. Kap. 4.3), darf nicht darüber hinwegtäuschen, daß vor allem in den Sedimenten der Mündungsbereiche noch große Schadstoffpotentiale vorhanden sind, teilweise sogar weiter aufgebaut werden. Die an Partikeln angelagerten Gift- und Belastungsstoffe können bei veränderten hydrochemischen Bedingungen remobilisiert und von den Organismen aufgenommen werden. Für die äußeren Ästuar- und ihre angrenzenden Küstenzonen liegt eine Entwarnung in ferner Zukunft.

Zeitliche Entwicklung von Schadstoffbelastungen (Beispiel: Schelde)

Bestandsaufnahmen in Ästuaren, die bis Ende der 70er Jahre durchgeführt wurden, zeigten durchweg hohe Schadstoffbelastungen in Gebieten mit intensiver Industrialisierung. Die höchsten Metallkonzentrationen wurden in der Umgebung von Erzaufbereitungsanlagen gefunden (FÖRSTNER & WITTMANN 1981); andere wichtige Schadstoffquellen sind die Einträge von Klärschlämmen, Flugaschen und Oberflächenabschwemmungen aus städtischen Gebieten.

Für die Problemregion »Nordsee« sind die Übersichtsartikel über die Ästuare der Schelde (WOLLAST 1988), von Rhein und Maas (KRAMER & DUINKER 1988) sowie von Themse und Humber (MORRIS 1988) zu nennen. Die Entwicklung der Schadstoffgehalte in der Schelde, einem der Makro-Ästuare mit ausgedehnten Sedimentationszonen, ist in den *Abb. 4.6-1* und *4.6-2* dargestellt.

Abb. 4.6-1 zeigt die jährlichen durchschnittlichen Gehalte von Cadmium, Quecksilber, Blei und Zink in Schwebstoffen, die zwischen 1981 und 1989 an der belgisch-niederländischen Grenze (etwa 25 km unterhalb von Antwerpen) gesammelt und analysiert wurden. Der Rückgang der Schwermetallkonzentrationen in diesem Zeitraum beträgt zwischen 80 % für Cadmium und 50 % für Zink.

Die Veränderungen bei den organischen Schadstoffen sind in *Abb. 4.6-2* am Beispiel der Konzentrationen von PCB 52 und PCB 138 in einem Sedimentkern aus dem Salzmarsch-Gebiet

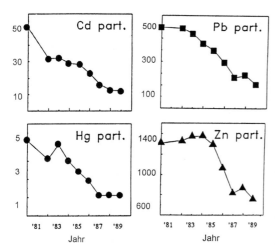

Abb. 4.6-1: Jährliche durchschnittliche Gehalte von Cadmium, Quecksilber, Blei und Zink in Schwebstoffen der Schelde an der belgisch-niederländischen Grenze von 1981 bis 1989 (nach VAN ECK & DE ROOIJ 1993)

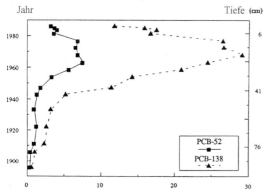

Abb. 4.6-2: Zeitliche Veränderungen der Gehalte von PCB 52 und PCB 139 in einem Sedimentkern aus der Schelde-Salzmarsch von Saeftinghe (VAN ECK & DE ROOIJ 1993)

von Saeftinghe, ebenfalls nahe der belgisch-niederländischen Grenze, wiedergegeben. In der zweiten Hälfte der achtziger Jahre sind beide PCB-Isomere – nach einem Höhepunkt zwischen 1960 und 1970 – wieder auf die Gehalte von 1950 zurückgegangen, doch liegen diese Schadstoffkonzentrationen noch um einen Faktor 5 bzw. 10 über den Werten, die für das Datum 1900 ermittelt wurden.

Räumliche Verteilung der Schadstoffe in Ästuaren (Beispiel: Elbe)

Bereits bei einer Schwebstoffkonzentration von etwa 100 mg/l – ein Durchschnittswert für Fließgewässer – werden über 90 % der Schwermetalle und schwerlöslichen organischen Schadstoffe mit den Partikeln transportiert. Die abrupte Abnahme der Schadstoffkonzentrationen im Längsprofil von Ästuaren, die in den 70er Jahren noch große wissenschaftliche Kontroversen ausgelöst hatte, ist heute beigelegt. Die Verteilung der feststoffgebundenen Schadstoffe resultiert weitgehend aus mechanischen Vermischungsprozessen von see- und flußbürtigen Sedimenten bzw. Schwebstoffen (MÜLLER & FÖRSTNER 1975), zu denen noch Einflüsse des Salinitätsgradienten und der Zusammensetzung der Schwebstoffe hinzutreten. Dabei können für die Endpunkte »marin« und »limnisch« charakteristische Indikatoren (»Tracer«) wie beispielsweise Spurenelement- und Isotopenverhältnisse eingesetzt werden (SALOMONS & FÖRSTNER 1984); am Beispiel des Elbe-Ästuars lassen sich die landseitigen Einflüsse durch die höheren Kaolinitgehalte und die marinen Sedimenteinträge durch die Gehalte an montmorillonitischen Tonen kennzeichnen (SCHWEDHELM et al. 1988).

Der dominierende Einfluß der Strömungsverhältnisse auf die Schadstoffverteilung im Elbeästuar wird aus der *Abb. 4.6-3* nach den Untersuchungen des Forschungszentrums Geesthacht (STURM & GANDRASS 1988) deutlich. Bei hohen Abflußraten aus dem Oberlauf reicht der Transport von Schwebstoffen, die mit Hexachlorbenzol belastet sind, wesentlich weiter in das Ästuar als bei niedrigem Abfluß. Bei diesen Bedingungen sedimentiert der überwiegende Teil der Schwebstoffe im Stromspaltungsgebiet der Elbe und im Hamburger Hafen.

Mit den spezifischen hydrographischen und hydrochemischen Bedingungen in den großen Ästuaren – vor allem mit dem Salzgradienten und der sog. »Trübungszone« – werden die Verhältnisse komplizierter als bei der oben skizzierten marin/limnischen Vermischung oder reinen Oberwassereinflüssen. Eine Untersuchung der ARGE Elbe (1989) hat drei Situationen dargestellt, bei denen sich unterschiedliche Abhängigkeiten der Schadstoffbeladung von den Schwebstoffkonzentrationen ergeben *(Abb. 4.6-4)*:

1. Im oberen Abschnitt des Elbeästuars (bis zum Hamburger Hafen) sind die Schadstoffgehalte unbeeinflußt von den Schwebstoffkonzentration.
2. Im Bereich der Trübungswolke ist eine Abnahme der Schadstoffkonzentrationen bei höheren Schwebstoffgehalten zu beobachten. Dies läßt sich damit erklären, daß eine Erhöhung der

Schwebstoffgehalte in dieser Zone überwiegend durch die Zumischung geringer belasteter Sedimente aus dem äußeren Mündungsgebiet hervorgerufen wird. Es ist dabei zu beachten, daß bei hohem Abfluß die Trübungszone ebenfalls nach außen verlagert wird.

3. Im äußeren Ästuarbereich nimmt mit dem verstärkten Eintrag von Schwebstoffen auch die Schadstoffbelastung zu. Dieser Befund läßt erwarten, daß die belasteten Schwebstoffe, die mit extremen Abflußereignissen dieses Gebiet erreichen, zu einer Verschmutzung der Sedimente in der äußeren Ästuarzone und im angrenzenden Küstenbereich führen.

Diese zunehmende Belastung des äußeren Elbeästuars läßt sich anhand von Analysendaten der ARGE Elbe (1989) an Sedimentproben im Längsschnitt der Tideelbe erkennen. In *Tab. 4.6-1* sind die Anreicherungsfaktoren von typischen Spurenelementen im Vergleich zu natürlichen Hintergrundwerten dargestellt. Zum Zeitpunkt der Bestandsaufnahme im Jahr 1986 war besonders Quecksilber aus dem Oberlauf stark angereichert, gefolgt von Cadmium und Zink. Bereits an der Station Blankenese, deutlicher noch bei Brunsbüttel, ist der Rückgang der Spurenelementgehalte zu sehen. Eine weitere Abnahme zur äußeren Ästuarzone hin verbindet sich mit der Erkenntnis,

Tab. 4.6-1: Anreicherungsfaktoren von ausgewählten Spurenelementen gegenüber natürlichen Hintergrundwerten im Längsschnitt der Tideelbe (Daten aus ARGE Elbe 1989)

Element	Neuwerk	Brünsbüttel	Blankenese	Bunthaus
Quecksilber	5	15	62	93
Cadmium	5	7	15	25
Zink	2,5	3,5	13	20
Kupfer	1	2	8	12
Blei	2,5	3	5	7
Arsen	1	1	4	6
Chrom	1	1	3	4

daß zwei der gefährlichsten Metallgifte, Quecksilber und Cadmium, in diesem ökologisch bedeutsamen Übergangsgebiet bereits heute um den Faktor 5 gegenüber den natürlichen Sedimentkonzentrationen angereichert sind.

Der Eintrag von belasteten Sedimenten in die Küstenregion ist eine neue und beunruhigende Erfahrung. Angesichts der großen Schadstoffreservoirs im Einzugsgebiet der Elbe, vor allem durch die insgesamt noch sehr hohen Konzentrationen in den Ablagerungen des Stromspaltungsgebiets und des Hafen von Hamburg, muß mit einem weiter anhaltenden Übergang von belasteten Feststoffen in das äußere Ästuar gerechnet werden. Über die zeitliche Entwicklung und die In-

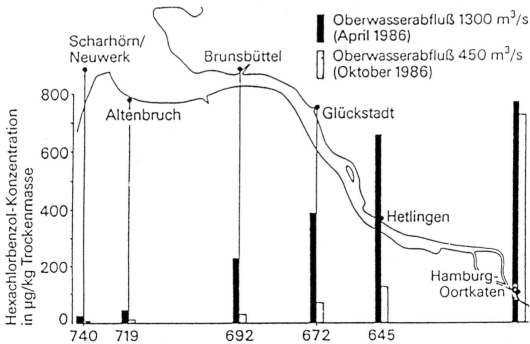

Abb. 4.6-3: Gehalte von Hexachlorbenzol an Schwebstoffen der Tideelbe bei hohen und niedigen Oberwasserabflüssen (STURM & GANDRASS 1988)

tensität dieses Schadstoffaustrags lassen sich keine Angaben machen, weil diese Effekte in erster Linie durch Extremereignisse in der Oberwasserführung ausgelöst werden. Obwohl die künstlichen Sedimentumlagerungen wie das Baggern oder Schlickeggen in der oberen Ästuarzone vermutlich nicht an die Wirkung eines Extremhochwassers heranreichen, sollten derartige Maßnahmen in Anbetracht der unabsehbaren Folgen möglichst weit eingeschränkt werden.

Freisetzung von Schadstoffen aus belasteten Ästuarsedimenten

Neben der Problematik möglicher weiterer Schadstoffanreicherungen in der äußeren Ästuarzone stellt sich die Frage, welche Auswirkungen die dort bereits vorliegenden Konzentrationserhöhungen auf die Organismen besitzen können. Für die Beantwortung dieser Frage müssen vor allem Freisetzungseffekte aus den verschmutzten Sedimenten und die Stoffübergänge in die organischen Systembestandteile betrachtet werden. Während zu den erstgenannten Effekten direkte Feldbeobachtungen an Wasserproben vorliegen, kann der fest/fest-Transfer von Schadstoffen, insbesondere zu den organischen Phasen hin, bislang nur im Experiment verfolgt werden.

In *Abb. 4.6-5* sind Beispiele von chemischen Veränderungen in Längsprofilen von zwei typischen Makro-Ästuaren zusammengefaßt, deren Wassermassen in den über mehrere 10er oder 100er von Kilometern messenden Tidebereichen lange Verweilzeiten aufweisen. Im Ästuar der Schelde wird im oberen, sauerstoffarmen Abschnitt vor allem Mangan freigesetzt und im unteren, stärker belüfteten Mündungsbereich wieder als Oxid ausgefällt (WOLLAST 1988). Im Ästuar des Huanghe (Gelber Fluß), der die zweitgrößte Sedimentfracht der Welt mit sich führt, werden die höchsten Cadmiumkonzentrationen – bis 55 ng/l – in den marin beeinflußten Wässern des Bohai-Golfs gemessen, und nicht in der Mischungszone zwischen Fluß- und Meerwasser; im vorgelagerten Gelben Meer betragen die gelösten Cadmiumgehalte nur etwa ein Zehntel dieser Werte. Der Bohai-Golf ist ein Flachmeergebiet – 1 m bis 20 m tief –, in denen die Sedimente häufig aufgewirbelt und oxidiert werden. Die Arbeitshypothese von ELBAZ-POULICHET et al. (1987) lautet, daß durch derartige Umlagerungsprozesse zunächst die Cadmiumanteile aus ihren sulfidischen Bindungen freigesetzt werden, um anschließend durch eine Chlorokomplexierung in Lösung gehalten zu werden.

Auslöser für die Freisetzung von Schadstoffen

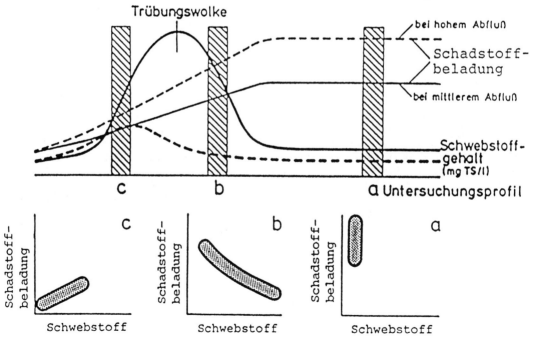

Abb. 4.6-4: Schematische Darstellung der Abhängigkeiten zwischen der Schadstoffbeladung und den Schwebstoffkonzentrationen in drei Bereichen der Tide-Elbe (nach ARGE Elbe 1989)

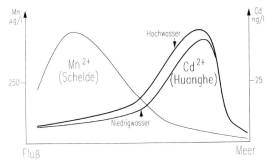

Abb. 4.6-5: Idealisierte Längsprofile der gelösten Mangan- und Cadmiumgehalte in den Ästuaren der Schelde (WOLLAST 1988) und des Huanghe/ Bohai Gulf (ELBAZ-POULICHET et al. 1987)

sind häufig biochemische Umsetzungen organischer Stoffe. Dadurch werden zunächst die Redox- und pH-Bedingungen und nachfolgend die Ionenkonzentrationen in der Lösungsphase verändert. Diese primären hydrochemischen Änderungen treffen auf Feststoffmatrices, die eine bestimmte Puffer-, Sorptions- und Austauschkapazität besitzen. Einmal kann die Aufnahmefähigkeit durch direkte Sättigung begrenzt sein. Es besteht aber auch die Möglichkeit, daß diese Kapazität durch äußeren Einfluß, z. B. Auflösungen von Karbonatpuffer, reduziert wird (*Abb. 4.6-6*). Die chemischen Umsetzungen in einem zunächst als relativ harmlos eingeschätzten Sedimentkörper können in eine Situation einmünden, bei der durch Sekundärreaktionen eine massive Freisetzung von Schadstoffen ausgelöst wird – eine »chemische Zeitbombe« (STIGLIANI & SALOMONS 1993).

Ein typischer nicht-linearer und verzögerter Prozeß ist die Spaltung von Sulfat im Redoxkreislauf (*Abb. 4.6-7*). Bei der mikrobiellen Reduktion von Sulfat und Eisenoxid – organische Substanz wird dabei abgebaut – entstehen u. a. Eisensulfid und Bikarbonat. Wäre das System geschlossen, so

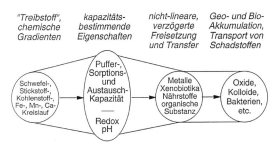

Abb. 4.6-6: Schematische Darstellung von gekoppelten geochemischen Stoffkreisläufen (erweitert nach SALOMONS 1993)

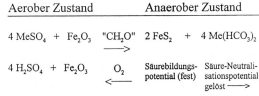

Abb. 4.6-7: Spaltung von Sulfat im Redoxkreislauf (nach VAN BREEMEN 1987)

würde sich an den pH-Bedingungen nichts ändern. Es ist jedoch möglich oder sogar wahrscheinlich, daß die Bikarbonatkomponente, die das Säure-Neutralisationspotential des Systems darstellt, weggeführt wird, während das Eisensulfid, das Säurebildungspotential, als Feststoffphase zunächst an Ort und Stelle verbleibt, wo es bei erneuter Sauerstoffzufuhr oxidiert werden kann – und dabei Säure erzeugt. Durch häufige Wieder-

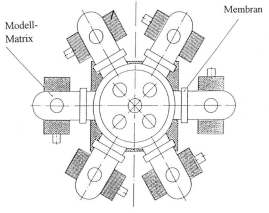

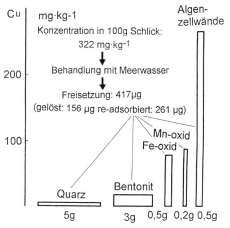

Abb. 4.6-8: Harburger Mehrkammernsystem für Stoffübergangsexperimente (CALMANO et al. 1988); Beispiel Kupferübergang aus Sedimenten (unten)

holung dieses Vorgangs können die Pufferkomponenten sukzessive aufgebraucht werden und die mobilisierende Wirkung der niedrigen pH-Werte, vor allem auf Schwermetalle, kann sich entfalten.

Die freigesetzten Metalle können weiteren Anreicherungsprozessen an organischen Matrizes (*Abb. 4.6-6*) und in der Nahrungskette unterworfen sein, wie die Experimente in unserem Harburger Mehrkammernsystem zeigen: In die zentrale Kammer wird eine Sedimentprobe eingesetzt und mit Meerwasser in Suspension gebracht. Die einzelnen Metallbeispiele werden in unterschiedlichen Anteilen freigesetzt und an die Zielmatrices in den äußeren Kammern übertragen (*Abb. 4.6-8* oben). Der wichtigste Befund ist, daß an der organischen Modellmatrix (»Algenzellwände«), die mit 5 % nur einen relativ kleinen Teil des »neuen Sediments« ausmacht, beispielsweise Kupfer trotz der geringen Freisetzungsrate (etwa 1,5 % der Gesamtmenge im Sediment) stark angereichert wird – nahezu bis zur Konzentration des Originalsediments (*Abb. 4.6-8* unten). Man kann sich die weiteren Konsequenzen so vorstellen: Aufgrund der unterschiedlichen Dichte werden die organischen Anteile an der Oberfläche eines Sediments abgelagert. Sie werden bevorzugt von Organismen aufgenommen und können damit eine signifikante Anreicherung von Schadstoffen innerhalb der Nahrungskette auslösen.

4.7 Nährstoff-Frachten in den Flüssen

UWE H. BROCKMANN & ROLF-DIETER WILKEN

Die Nährstoffelemente Stickstoff und Phosphor, die in Nährsalzen und, zusammen mit dem Kohlenstoff, in gelösten und partikulären organischen Substanzen gebunden sind, werden im Flußwasser von der Quelle bis zur Mündung durch biologische und geochemische Prozesse mehrfach umgesetzt und wechseln dabei von der gelösten Phase zu den Schwebstoffen und Sedimenten und umgekehrt. Durch diese Vorgänge können im Flußlauf vorübergehend größere Frachten in den Sedimenten zwischengelagert werden, die dann bei erhöhter Oberwasserführung wieder mobilisiert werden. Diese Sedimentdeponien befinden sich im Fluß oder werden bei Hochwasser auch vor den Deichen im Uferbereich abgelagert.

Die Flußsysteme, die ein weit verzweigtes Sammelsystem für alle lösbaren Stoffe und mit zunehmender Strömungsgeschwindigkeit auch für Stoffe, die sich an Partikeln anheften (Schwebstoffe), bilden, durchqueren unterschiedlichste Bodenformationen mit wechselnden Hangneigungen. Das durch die Wasserscheide definierte Einzugsgebiet der 1091 km langen Elbe/Labe umfaßt eine Fläche von 148 268 km², geprägt von Fest- und ausgedehnten Lockergesteinsbereichen mit mosaikartig verteilten Gebieten unterschiedlicher Nutzung wie Wälder, Moore, Grün- und Ackerflächen. Auch für die meisten anderen Flüsse im Einzugsgebiet von Nord- und Ostsee dominieren die Lockergesteinsbereiche. Die Bodenform beeinflußt das Einsickern von Regenwasser, die Bodenerosion, die Einschwemmung und die Führung von Grundwasserleitern.

Bereits an der Quelle enthält das Fluß- oder Bachwasser eine Vielzahl von Stoffen, die aus dem Gestein oder dem Boden vom Grundwasser herausgelöst oder durch Sickerwässer von der Oberfläche aus Niederschlägen zugeführt wurde.

Je nach Gesteinsarten oder dem Anteil an Niederschlagswasser variieren die gelösten Stoffe und können zur Unterscheidung von unterschiedlichen Zuführungen dienen BURTON (1976) vergleicht die große Variabilität von gelösten anorganischen Stoffen und Elementen in den Flüssen mit dem Meerwasser und zeigt, daß bis auf Silikat und einige Spurenelemente die fluvialen Konzentrationen dieser Stoffe meist um Größenordnungen höher sind als im Meerwasser. Das heißt, daß bereits natürlicherweise viele der im Meer gelösten Mineralstoffe aus den Flüssen stammen.

Diffuse Einleitungen und Punktquellen

Nähr- und Schadstoffe werden den Flüssen aus diffusen Einleitungen aus Grund- und Sickerwasser, weitflächigen Regenwassereinträgen oder Bodenabtrag sowie aus punktuellen Einleitungen durch industrielle und kommunale Vorfluter und Nebenflüsse zugeführt (vgl. Kap. 4.1 und 4.2). Bei diffusen Quellen verteilt sich der Eintrag über weite Strecken, und die eingeleiteten Stoffe reagieren mit den bereits im Fluß vorhandenen Komponenten allmählich, bei punktförmigen Einleitungen bilden sich stärkere Konzentrationsgradienten, d. h. Zonen, in denen der Gehalt der gelösten Stoffe schnell ansteigt. Diesen abrupten Veränderungen der chemischen Umwelt sind die im Wasser lebenden Organismen ausgesetzt. Viele reagieren mit Streß, einige können sich anpassen, andere sterben ab (vgl. Kap. 6). Während sich

Punktquellen durch relativ begrenzte Maßnahmen, z. B. Bau einer zusätzlichen Reinigungsstufe, steuern lassen, erfordern Verminderungen diffuser Einträge weitreichende Veränderungen, wie Produktionsumstellungen, oder die Abtrennung von Uferbereichen von der Emission oder Immission her.

In Deutschland (Bezug 1987/89) wird Stickstoff überwiegend (63 %) aus diffusen Quellen über das Grundwasser aus der Landwirtschaft (NOLTE UND WERNER 1991) und Phosphor überwiegend (61 %) aus den Punktquellen kommunaler Abwässer eingeleitet (WODSAK et al. 1994). Hohe Nitratkonzentration im Grundwasser von 90 mg/l kommt z. B. im Sandboden des Wasserwerkes »Weiler« bei Köln (FOKKEN & WOLF 1993) vor. Es wird damit gerechnet, daß das Nitrat-Problem bis über das Jahr 2000 ungelöst bleibt.

Für Phosphor kommt aus den diffusen Quellen im Elbeeinzugsgebiet der größere Anteil aus der Bodenerosion. Für den Rhein wurde in einer Bestandsaufnahme 1992 für die punktuellen Einleitungen festgestellt, daß die kommunalen Einleiter mit 74 % für Gesamtphosphor und 81 % für Gesamtstickstoff dominieren (IKSR 1994).

Im Längsprofil lassen sich die unterschiedlichen Eintragsformen an den Konzentrationsgradienten erkennen, wie am Beispiel einer Elbbeprobung mit der fließenden Welle gezeigt wird (*Abb. 4.7-1*). Starke Einleitungen, wie auch das nährstoffarme Wasser der Havel ab km 440, sind oft noch über viele Kilometer an der entsprechenden Flußseite verfolgbar, bevor sich die Wassermassen allmählich vermischt haben.

Die Elbe erreicht die deutsche Grenze bereits mit hohen Stickstofffrachten, die im April 1992 mit ca. 580 µM, über eine lange Strecke konstant blieben und erst durch das nährsalzarme Havelwasser ab km 440 auf 550 µM verdünnt wurden. Die Phosphatkonzentrationen waren auch bereits an der Grenze mit nahe 2 µM recht hoch, stiegen dann aber bei km 150 infolge lokaler Einleiter (Dresden) noch an. Die großen Nebenflüsse hatten geringere Nährsalzfrachten, vor allem die Havel, deren Zumischung die Werte deutlich absenkte.

Ein Vergleich von Emissionsberechnungen mit Immissionsabschätzungen eröffnet bei verläßlichen Datensätzen die Möglickeit, Rückhalteeffekte zu erfassen, die für die Bewertung von Speicherkapazitäten wichtig sind. BEHRENDT (1995) ermittelte beispielsweise für das ostdeutsche Ostsee-Einzugsgebiet Rückhalte bzw. Ver-

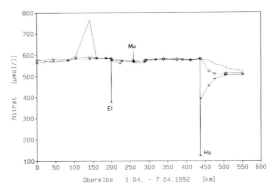

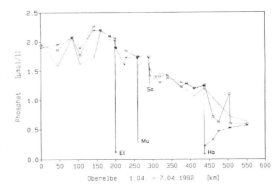

Abb. 4.7-1: Längsschnittmessungen von Nitrat und Phosphat (µM) in einer »fließenden Welle« in der Elbe vom 1.4. bis 7.4.1992. Beprobungen in den wichtigsten Nebenflüssen wurden gekennzeichnet: Elster (El), Mulde (Mu), Saale (Sa) und Havel (Ha)

luste von 63 % N bis 76 % P. Dieser Rückhalt ist teilweise auf Nährsalzfestlegungen durch Algenproduktion in den Gewässern zurückzuführen.

Nährstoffumsatz

Phosphor und Stickstoff bilden zusammen mit Kohlen-, Sauer- und Wasserstoff die wichtigsten Biomasse-Elemente. Zu den Nährstoffen gehören für die Algen und Pflanzen im Fluß vornehmlich die anorganischen Nährsalze Silikat, Phosphat, Nitrat, Nitrit und Ammonium. Die Vielzahl unterschiedlicher organischer Verbindungen, die im Fluß selbst erzeugt oder die von Land her zugeführt werden, dienen den Bakterien und anderen Kleinstlebewesen als Nahrung. Bakterien können auch die Stickstoffnährsalze umsetzen und daraus Energie gewinnen. Verbunden mit der Produktion der Algen ist die Erzeugung von Sauerstoff, während beim bakteriellen Stoffumsatz in der Regel Sauerstoff verbraucht wird (vgl. Kap. 6.9).

Die Nährsalzkonzentrationen sind in den westeuropäischen Flüssen infolge der Nährsalzeinträge aus der Landwirtschaft (vgl. Kap. 4.1) generell so hoch, daß sie das Algenwachstum nicht begrenzen. Allerdings können in strömungsberuhigten Zonen der Oberläufe und in Talsperren wegen der längeren Verweilzeiten des Wassers (STRASKRABOVÁ et al.1994) und saisonal auch im freien Fluß erhebliche Nährsalzmengen von den Algen aufgenommen werden, so daß hier die Konzentrationen nachweisbar zurückgehen. In den produktionsreichen Sommermonaten kann es, wie für den Rhein gezeigt wurde (IKSR 1993), durchaus zu einer Begrenzung des Kieselalgenwachstums wegen zu geringer Konzentrationen gelösten Silikats kommen. Die im Vergleich zu den ausgeglichenen Elementverhältnissen (REDFIELD et al. 1963) in der Biomasse des Planktons oder in den Nährsalzrelationen des Meerwassers (C:N:P:Si 106:16:1:18) häufig extreme Dominanz des Stickstoffs in den Flüssen führt zu einer unnatürlichen Entwicklung einzelner Algengruppen, die sich auf das gesamte Ökosystem bis hin ins Küstenwasser auswirkt (vgl. Kap. 6). Einleitungen mit unterschiedlichen Nährsalzkonzentrationen führen regelmäßig zu regionalen Verschiebungen der Artenspektren.

Die in der Biomasse gebundenen Nährsalzelemente werden unterschiedlich schnell wieder freigesetzt. Phosphor wird im Mittel meistens noch schneller remobilisiert als Stickstoff und dieser früher als der Kohlenstoff. Silikat schließlich, das in den Zellwänden der Kieselalgen eingebaut wird, bleibt am längsten gebunden. Daraus folgt, daß die Verhältnisse der im Fluß gelösten Nährsalze zueinander sowohl Veränderungen von den Quellen als auch von den Senken (Biomassebildung) her unterworfen sind. Die Nährsalze und ihre Verhältnisse können daher auch als Indikatoren für den Stoffumsatz und die Herkunft unterschiedlicher Wassermassen verwendet werden.

Zu ergänzen ist, daß die Nährsalze auch in nicht von der Biologie gesteuerter Wechselbeziehung zu den Schwebstoffen stehen. Ammonium wird beispielsweise in Mehrschichtsilikaten eingelagert, und Phosphat kann aus Mineralien wie Kalzit (Kalkspat) freigesetzt werden.

Die Algen produzieren auch organische Verbindungen, die schnell in gelöster Form an das Wasser abgegeben werden. Diese Stoffe bilden zusammen mit freigesetzten Substanzen aus zerfallenden Organismen und Pflanzenteilen und der Vielzahl der von Land her eingetragenen organischen Verbindungen ein komplexes Gemisch, das durch geochemische Reaktionen und biologisch gesteuerten Stoffumsatz ständig modifiziert wird. Hierbei, und zuvor schon in den Sickerwässern, bilden sich auch die Huminstoffe, die aus vielen Einzelkomponenten hervorgegangen sind und auf Grund ihres hohen Kondensierungsgrades nur noch langsam weiter umgesetzt werden (KONONOVA 1966). Gelöste Stoffe können ausflocken oder von Schwebstoffen angelagert werden. Umgekehrt können beim Zerfall von Flocken oder Verschiebungen der Gleichgewichte auch von den Schwebstoffen wieder Substanzen in Lösung treten. Das heißt, daß permanent Phasenumwandlungen gelöst <–> partikulär stattfinden. Generell werden schnell umsetzbare Stoffe, die meistens gerade frisch gebildet wurden, von schwer zersetzbaren Stoffen unterschieden. Zur erstgenannten Gruppe gehören z. B. Aminosäuren oder einfache Zuckerverbindungen, zur zweiten Gruppe eben die Huminstoffe, die in den Mooren und ihren Abläufen die braune Wasserfärbung verursachen.

In einem ausbalancierten Ökosystem werden die Algen von Zooplanktern beweidet, die ihrerseits von größeren Organismen gefressen werden, so daß die Nährsalzelemente Stickstoff und Phosphor im Nahrungsnetz weitergegeben und schrittweise wieder remineralisiert werden. Bei einer starken Algenblüte, beispielsweise in einer überdüngten (eutrophierten) Talsperre zu Zeiten geringer Abflüsse und damit langer Aufenthaltszeit, gerät das planktische Ökosystem aus dem Takt, die Algenmassen können nicht so schnell beweidet werden und sinken zu Boden. Beim bakteriellen Abbau dieser Biomassen kann es dann zu einer Sauerstoffverarmung kommen, durch die auch andere Organismen beeinträchtigt werden oder sogar absterben.

Überdüngungseffekte

Die Belastung mit fäulnisfähigen, organischen Stoffen aus externen Quellen führt ebenfalls zur Sauerstoffzehrung (Saprobisierung). Generell können die Gewässer mit steigendem Nährstoff- und Biomasse- und abnehmendem Sauerstoffgehalt nach Trophiegraden wie oligo-, meso-, eu-, poly und schließlich hypertroph eingestuft werden.

Die Folgen erhöhter Nährstoffzufuhr haben eine Sequenz ökologischer Veränderungen zur Folge, die schließlich auch die Nutzungsmöglichkeiten eines Gewässers einschränken (KLAPPER 1992). Zunächst steigt lediglich die Produktion der Algen und Wasserpflanzen, dann die der Fischnährtiere und Fische, und schließlich führt die Überdüngung (Eutrophierung) zum oben beschriebenen Sauerstoffmangel und zur kompletten Veränderung (»Umkippen«) des Ökosystems.

Die Auswirkungen einer Überdüngung reichen von Minderungen des Erholungswertes von Gewässern bis hin zu Kostensteigerungen bei der Trink- und Brauchwasseraufbereitung oder sogar deren Aufgabe wegen zu starker Gefährdung, beispielsweise auch durch freigesetzte Algentoxine.

Für die Klassifizierung und für die Nutzungsmöglichkeiten von Gewässern ist neben der Sauerstoffzehrung, der Belastung mit organischen Stoffen, der Infektion durch keimbelastete Abwässer vor allem auch die Verunreinigung mit Schwermetallen und Pestiziden von Bedeutung (vgl. Kap. 4.8).

Nährstoff-Frachten

Die Selbstreinigungskräfte der Flüsse sind allein schon auf Grund der anhaltenden hohen Nährstofffrachten und der damit verbundenen starken Produktion und nachfolgenden Zersetzung organischen Materials sehr strapaziert. Hinzu kommen die Auswirkungen der Schwermetall- und Biozidfrachten (vgl. Kap. 4.8). Die hohe Quecksilberbelastung der Elbe ging erst in den letzten Jahren merklich zurück. Die gleichzeitig stromauf verlagerte bakterielle Oxidation von Ammonium über Nitrit zu Nitrat (Nitrifizierung) könnte ein Effekt dieser Detoxifikation sein.

Die Speicherkapazität der Böden wird zunehmend ausgeschöpft, wie beispielsweise mit der seit 1955 bis 1988 stetig zunehmenden Akkumulation von Phosphor von 0 auf 800 kg/ha in den landwirtschaftlich genutzten Böden der ehemaligen nördlichen DDR angezeigt wird (BEHRENDT 1995, pers. Mitt.). Auch die Pufferwirkung von Wäldern auf sandigen Böden für atmosphärische Stickstoffeinträge scheint in einigen Fällen bereits erschöpft zu sein.

In der *Tab. 4.7-1* werden Jahresmittelwerte von den Nährstoffen, N (Gesamt-Stickstoff) und P (Gesamt-Phosphor) sowie die Konzentrationen des Gesamt-Kohlenstoffs für einige Flüsse aufgeführt. Aus einem Vergleich mit den für die Elbe abgeschätzten natürlichen Grundbelastungen von 2 mg/l N und 0,05 mg/l P (ARGE Elbe 1991) läßt sich die Spanne der Verunreinigungen erkennen.

Die Elbe weist die höchsten Phosphor- und Kohlenstoffkonzentrationen auf, die Weser die höchsten Stickstoffwerte. Die Unterschiede sind allerdings nicht signifikant. Man kann sagen, daß 1993 die mittleren Konzentrationen der wichtigsten Nährstoffe in den drei Flüssen sehr ähnlich waren.

Die Frachten von Nähr- und Schadstoffen, die aus den Konzentrationen und der Wasserführung ermittelt werden, sind wegen ihrer starken Abhängigkeit von der wechselnden Oberwasserführung von Jahr zu Jahr recht unterschiedlich. Bei der Berechnung der Frachten sind neben Wasserführung und Fließgeschwindigkeit die Konzentrationen der im Wasser gelösten und an den Schwebstoffen gebundenen Nährstoffe zu erfassen. Dies ist wegen der unregelmäßigen Schwebstoffführung und der Bildung von Querschnittsgradienten mit zunehmender Flußbreite immer schwieriger. Gemittelte Langzeit-Messungen geben einen guten Überblick, doch keine Auskunft über kurzzeitige Spitzenbelastungen, die erhebliche Auswirkungen auf das Ökosystem haben können. Auch das vielfach bei der Gewässerüberwachung praktizierte Herstellen von Mischproben ist problematisch, da in der Probe weiterhin Reaktionen ablaufen, die die Analysenergebnisse verfälschen können, wie beispielsweise für die Ammoniumbestimmung (IKSR 1995).

Trends, die auf diesen Monitoringmessungen beruhen, lassen sich mit einiger Sicherheit nur dann ermitteln, wenn wie bei dem Phosphateintrag eine stetige Verminderung die natürlichen Schwankungen, die die partikulären und gelösten organischen Verbindungen einbeziehen, überwiegt. Dies war beispielsweise für die Elbe bis 1989 nicht der Fall. (ARGE Elbe 1991). Diese Unsicherheit in der Trendabschätzung beruht auch auf dem bereits erwähnten unterschiedlichen Lösungsverhalten der Stoffe. Nitratkonzentrationen

Tab. 4.7-1: Nährsstoffkonzentrationen (1993) und Abflußwerte (Jahresmittelwerte und Extremwerte)

	Gesamt-P (mg/l)	Gesamt-N (mg/l)	Gesamt-C (mg/l)	Abfluß (m³/l)
Rhein	0,19 (0,1–0,5)	4,9 (3–8)	4,6 (3–8)	1941 (1300–5860)
Elbe	0,36 (0,3–0,5)	5,1 (4–7)	11,2 (8–15)	510 (370–830)
Weser	0,22 (0,1–0,5)	5,9 (4–9)	7,0 (5–13)	345 (110–1040)

Die Extremwerte wurden gerundet. Sie beruhen auf monatlichen und 14tägigen Messungen. C = nur organischer Kohlenstoff. Alle Angaben beziehen sich auf Meßorte oberhalb der Tidegrenzen: Rhein-Bimmen/Lobith (IKSR 1984, 1995); Elbe-Geesthacht (ARGE Elbe 1994); Weser-Hemelingen (ARGE Weser 1995)

steigen beispielsweise bei verstärkter Oberwasserführung auf Grund von Auswascheffekten überproportional an, während die Phosphatkonzentrationen infolge der Verdünnung zurückgehen.

Die Nährstoffeinträge, die für einige große Flüsse unabhängig berechnet wurden, werden in *Tab. 4.7-2* für ausgewählte Jahre seit 1974 dargestellt. Allerdings wurden hier die Meßwerte von Stationen oberhalb der Tidegrenze verwendet. Hinzu kommen die Einleitungen der Nebenflüsse und Hafenstädte im Unterlauf. Die gesamten Einleitungen in das Meer wurden in *Tab. 4.7-3* zusammengefaßt.

Zu ergänzen wären diese Angaben für organische Kohlenstoffverbindungen, da diese auch aus der Algenproduktion im Fluß hervorgehen und gleichzeitig Nährstoffe für alle heterotrophen Organismen sind. Frachtberechnungen für den organischen Kohlenstoff liegen nur für den Rhein vor, hier nahmen die Frachten bei Bimmen/Lobith von 27 (1974), auf 14 (1983) und schließlich auf 9 kg/s (1993) ab (IKSR 1993, 1995).

Die Phosphorrückgänge beruhen auf dem Ausbau kommunaler Kläranlagen und der Verwendung phosphatfreier Waschmittel. Für Stickstoff ist kein Rückgang aus diesen Daten abzuleiten.

1988 war international beschlossen worden (PARCOM Recommendation 88/2), die Einleitungen um 50 % von 1985 bis 1995 zu reduzieren. Für Phosphor ist dies bisher für die Bundesrepublik gelungen, für Stickstoff wurde ein Rückgang um nur 25 % prognostiziert (ANONYMUS 1995). Lösungsansätze zum Gewässerschutz wurden von mehreren Fachgruppen aufgezeigt (ANONYMUS 1993).

Es gibt eine Reihe von Möglichkeiten, die Nähr- und Schadstofffrachten in den Flüssen zu vermindern. Neben dem Ausbau von Kläranlagen, der viel diskutierten Einrichtung von unbewirtschafteten Uferschutzzonen und der Reduzierung der Mineralstoffdüngung, Güllewirtschaft (industrielle Tierhaltung) und Pestizidauftrag, kommen besonders für stehende Gewässerabschnitte auch eine Reihe von direkten Eingriffen in Frage wie Belüftung, Entfernung von belasteten Sedimenten und Biomanipulation (KLAPPER 1992). Allerdings sind neben den Stickstoffeinleitungen, besonders aus der Landwirtschaft, auch die Einleitungen zahlreicher Schadstoffe zu vermindern, um die Belastung der Gewässer und die Einleitungen in das Meer zu vermindern.

Die Einleitungen aus den Flüssen in die Nord- und Ostsee wurden für das Jahr 1990 in der *Tab. 4.7-3* zusammengestellt, aus der hervorgeht, daß die Flüsse die dominanten Eintragspfade darstellen. In der Ostsee sind die kommunalen Einleitungen der Hafenstädte für Direkteinleitungen von Gesamtphosphor mit 10 000 t pro Jahr ebenfalls erheblich.

Verbindung zwischen Nähr- und Schadstoffen sowie Sediment – Wassersäule

Zwischen Nährsalzen sowie gelösten und partikulären organischen Stoffen einerseits und Schwermetallen und Bioziden andererseits gibt es eine Reihe von Wechselbeziehungen, angefangen bei der parallelen Aufnahme von Phosphat und Cadmium, der gemeinsamen Remobilisierung (WINDOM et al. 1991), der Sorption von Schadstoffen an organischen Oberflächen, ein Prozeß, in den auch viele Schwermetalle einbezogen sind, da sie von gelösten organischen Stoffen komplexiert werden können, bis hin zur Festlegung,

Tab. 4.7-2: Nährsstofffrachten als Gesamt-P und -N (Jahresmittelwerte)

	Gesamt-P (kg/s)			N (kg/s)			Abfluß (m³/s)		
	1974	1983–88	1990–93	1973–74	1983–88	1990–93	1974	1983–88	1991–93
Rhein	1,85	1,43	0,41	(10,6)	(11,1)	9,6	2 200	2 600	1 900
Elbe		0,38	0,17		4,4	2,7		558	389
Weser		0,20	0,10		(2,0)	(2,0)		320	350
Ems		0,06	0,03		(1,1)	(0,7)			
Oder		0,27	0,16		2,9	1,9		634	400
Donau J						2,9			
Donau V				7,0		11,2			

Gesamt-P und -N enthält die Nährsalze und die gelösten und partikulären organischen Verbindungen. In einigen Fällen wurden Frachten nur für Nährsalze berechnet. Diese Werte setzen sich aus Nitrat und Ammonium zusammen und wurden in Klammern angegeben. Die Angaben beziehen sich auf Meßorte oberhalb der Tidegrenzen: Rhein-Bimmen/Lobith 1974, 1983, 1993 (IKSR 1985,1995); Elbe-Schnackenburg, 1985 und 1991 (ARGE Elbe 1991); Weser-Hemelingen 1983, 1993 (ARGE Weser 1995); Ems 1985 und 1990 (WULFFRAAT et al. 1993); Oder-Mündung 1988 und 1993 (PASTUSZAK, pers. Mitt. 1995); Donau-Jochenstein (deutsch/österreichische Grenze) und Valcov (Mündung) 1973 und 1992 (ROJANSCHI 1994)

Umwandlung und Remobilisierung schadstoffbeladenen organischen Materials in den Flußsedimenten. Löslichkeit und Ausfällungseigenschaften von Schwermetallen werden von den hohen Konzentrationen organischer Substanzen stark beeinflußt (DUINKER 1980).

Verbunden mit der Biomassebildung und deren Zersetzung sind also Phasenübergänge von adsorptiven Schadstoffen wie Pestiziden und einer Reihe von Schwermetallen wie Cadmium und Kupfer. Das heißt, daß von Algen Schwermetalle adsorbiert oder bei deren Zerfall wieder remobilisiert werden. Die Affinität frisch gebildeter Algenzellen kann sogar so weit gehen, daß es zu einer Umverteilung von Schwermetallen aus anorganischen hin zu organischen Schwebstoffen kommt (CALMANO et al. 1990).

Auch das Sediment ist an diesen Stoffübergängen beteiligt, da hier unter anoxischen Bedingungen der Abbau organischer Substanzen erfolgt. Dies führt zu Veränderungen der chemischen Form, in der Schwermetalle gebunden sind, z. B. Bildung schwerlöslicher Sulfide, die dann bei Erosion des Sedimentes wieder in die lösliche, oxidierte Form übergeführt werden können.

Die Porenwasserräume der Sedimente können erheblich höhere Nährsalz- und Schadstoffkonzentrationen infolge der Umwandlungsprozesse im Sediment enthalten als das freie Wasser. Bei Veränderung des Salzgehaltes (Ästuar) und anderer chemischer Eigenschaften oder auch bei unterschiedlichen Wasserständen und Strömungsgeschwindigkeiten kann das Porenwasser mit dem überstehenden Wasser schnell ausgetauscht werden mit der Konsequenz, daß sich zunächst im bodennahen Wasser beispielsweise die Schwermetallkonzentrationen erhöhen (DUINKER 1980).

Diese Vorgänge sind auch bei der oft diskutierten Speicherfunktion von strömungsberuhigten Buhnenfeldern, der zeitweiligen Überschwemmung von Vordeichsländern und Flußwatten zu berücksichtigen. Bei periodischen (Tiden) oder unperiodischen (Hochwasser) Ereignissen können hier wieder erhebliche Stoffmengen freigesetzt werden, die nur vorübergehend den Stoffumsätzen im Fluß entzogen waren.

Als besonderer Reaktionsraum im Ästuar ist die maximale Trübungszone im Übergang zwischen Süß- und Salzwasser zu nennen, die durch hydrodynamische Prozesse gebildet wird. Hier werden die Schwebstoffe mit ihren unterschiedlichen Beladungen für eine Zeit gefangen und damit die Reaktionszeiten zwischen Schwebstoff, Sediment und Wasser verlängert. An der Schnittstelle zwischen Fluß und Meer erfolgen eine Reihe von chemischen Umwandlungen, beispielsweise die Bildung von Chlorokomplexen des Cadmiums oder die Remobilisierung von Nährsalzen. Diese Prozesse und die Übergänge an den Flußfahnenfronten im Küstenwasser werden im Kap. 1.2 beschrieben.

Schlußfolgerungen

Will man die Ursachen der Überdüngung und Verschmutzung eines Fließgewässers beseitigen, so ist es zunächst wichtig zu wissen, welche Stoffe in welchen Konzentrationen vorhanden sind, und zu verstehen, was im Wasser an chemischen und biologischen Prozessen abläuft. Nur die Verfolgung dieser unsichtbaren Warnsignale kann rechtzeitiges Handeln veranlassen.

Dieses Handeln erfordert nur den politischen Willen, denn unser Wissen und unsere Technologie reichen aus, einen verschmutzten Fluß nachhaltig zu reinigen, da sein Wasser ständig erneuert wird. Wenn die Schadstofffrachten erst im offenen Küstengewässer angelangt sind, können Reinigungsmaßnahmen, mit der Ausnahme von Ölverschmutzungen, kaum noch wirkungsvoll eingesetzt werden.

Je größer ein Gewässer ist und je länger seine Austauschzeiten sind, um so weniger reversibel sind Umweltschäden, wie das Beispiel der über weite Strecken sauerstofffreien Westerschelde zeigt. Zwar sorgen lange Austauschzeiten für eine »natürliche Reinigung« des Fließgewässers durch biologische Prozesse dadurch, daß organische Stoffe abgebaut werden oder viele Schadstoffe an der vom Plankton gebildeten Biomasse angelagert werden und in strömungsberuhigten Zonen zu Boden sinken, doch dabei entsteht eine verstärkte Belastung der Sedimente.

Das »Gedächtnis« der Sedimente ist bei Sanierungsmaßnahmen von großer Bedeutung. Die Schadstoffe können in Fließgewässern schon weit zurückgegangen sein. Bei einer verstärkten Auf-

Tab 4.7-3: Einleitungen (10^3 t/a) aus Flüssen in die Nord- und Ostsee 1990

	Nordsee [1]	Ostsee [2]
Gesamt-Stickstoff [3]		
- Flüsse	910	568
- andere Einleitungen	126	94
Gesamt-Phosphor		
- Flüsse	48	33
- andere Einleitungen	8	12

[1] Jeweils obere Abschätzung. Quelle: QSR 1993
[2] Quelle: HELCOM 1993
[3] Ostsee: Summe aus Nitrat, Ammonium und Nitrit
(Atmosphärische Einträge wurden nicht berücksichtigt)

wirbelung des Sedimentes durch erhöhte Strömungsgeschwindigkeit, infolge erhöhter Abflüsse in Regenzeiten oder bei der Schneeschmelze, werden die im Sediment abgelagerten Schadstoffe wieder remobilisiert.

Küstengewässer und die der Küste vorgelagerten Meere können sich nur noch durch natürliche Prozesse wie Verdünnung und Zersetzung regenerieren, sofern die Schadstoffeinträge beendet wurden.

4.8 Schadstoff-Frachten durch die Flüsse
MICHAEL HAARICH

Unter Schadstoffen in der Umwelt werden im allgemeinen Schwermetalle (insbesondere Blei, Cadmium und Quecksilber), Organometallverbindungen, z. B. des Quecksilbers (Methyl-, Dimethylquecksilber) und des Zinns (Butyl-Zinn-Verbindungen), und eine Vielzahl organischer, überwiegend synthetischer Substanzen, die Chlor, Brom, Stickstoff oder Phosphor enthalten, verstanden.

Schadstoffe gelangen zum einen aus **Punktquellen** in die Flüsse, im wesentlichen durch Einleitungen von kommunalen und industriellen Abwässern, im Einzelfall aber auch durch betriebliche Störfälle, Unfälle und Schiffshavarien. Hier können die Einträge durch regelmäßige Messungen der stofflichen Konzentrationen und der Abflußmengen bzw. aus der Kenntnis des Anlageninhalts oder der Schiffsladung in etwa erfaßt werden.

Anders sieht es bei den **diffusen Quellen** aus (vgl. Kap. 4.2). Über weite Uferbereiche und Zuflüsse verschiedenster Größenordnung werden dem Fluß über das Oberflächenwasser sowohl die von den Wegen abgewaschenen, aus dem Boden ausgewaschenen (natürliche Schwermetallanteile aus den Gesteinen, aufgebrachte, teilweise schwermetallhaltige Dünger und Pestizide) als auch die aus der Atmosphäre dort abgelagerten Substanzen zugeführt. Im Prinzip könnte man die anthropogenen Anteile der Schwermetalle und der Kohlenwasserstoffe sowie die Pestizide als eine Unzahl von Punktquellen ansehen (z. B. die Dünger- oder Spritzfahrzeuge, Kraftfahrzeuge im allgemeinen), deren Eintrag in die Flüsse sich nur grob aus dem Verbrauch und aus Ausbreitungs-, Depositions- und Transportberechnungen abschätzen ließe, sofern man die zugrunde liegenden Prozesse mathematisch formulieren könnte.

Verhalten und Verbleib von Schadstoffen
Verhalten und Wechselwirkungen im Fluß

Insbesondere bei den organischen Schadstoffen ist nur ein Bruchteil der Substanzen in den Flüssen charakterisiert, und davon wird auch wieder nur ein Teil regelmäßig untersucht. Dieses liegt an dem hohen Aufwand, der nötig ist, um Stoffe ähnlichen physikalischen und chemischen Verhaltens voneinander trennen, eindeutig nachweisen und ihre Konzentration bestimmen zu können. Die physikalisch-chemischen Eigenschaften der Metalle und Metallverbindungen und der organischen Verbindungen bedingen, daß manche mehr in der gelösten Phase vorkommen, andere überwiegend am Schwebstoff hängen (z. B. Blei), oder auch zwischen beiden Phasen wechseln. Dieses Verteilungsgleichgewicht wird auch durch die Art der Schwebstoffe (mineralisch, organisch: tote oder lebende Biomasse) und ihre Oberflächeneigenschaften (Struktur, Ausdehnung, Bewuchs, Bedeckung der Oberfläche z. B. durch Stoffwechselprodukte von Bakterien) beeinflußt, wodurch die Bindung der Schadstoffe durch Adsorption (z. B. lipophiler Organochlorverbindungen), Komplexierung oder Einbau von Schwermetallen in die mineralische Struktur bewerkstelligt wird. In der Wasserphase spielen Randbedingungen wie der Gehalt an Salzen, gelösten natürlichen und künstlichen Komplexbildnern (z. B. Huminstoffe), Temperatur, Sauerstoffgehalt und pH-Wert eine wesentliche Rolle. Daneben kommt es noch zu Umbauprozessen durch Bakterien, die sich sowohl frei im Wasser als auch am Schwebstoff aufhalten können, und z. B. die Methylierung von »anorganischem« Quecksilber zum erheblich toxischeren Methylquecksilber, oder die Reduktion von Quecksilberionen zu elementarem Quecksilber, das über die Oberfläche in die Atmosphäre abgegeben wird (EBINGHAUS & WILKEN 1993, 1995; EBINGHAUS et al. 1994a, b), bewirken.

Deposition, Freisetzung und Verbleib
Schwebstoffgebundene Schadstoffe werden im Flußsediment (vgl. Kap. 4.3), im Hafenschlick (vgl. Kap. 4.4) und durch Ablagerung (z. B. in Staustufen und hinter Buhnen) gespeichert bzw. durch Ausbaggern entfernt. Bestimmte Ereignisse (z. B. Hochwasserwellen, Sturmfluten, das Absterben von Algen und deren Mineralisierung, Veränderung der Redoxverhältnisse) führen zur Resuspendierung abgelagerter Sedimente und ggf. zur Remobilisierung von Schadstoffen aus dem Sediment. Eine eigene Dynamik hinsichtlich

des Schwebstofftransportes und der Freisetzung von Schwermetallen aus dem Schwebstoff entwickelt sich z. B. im Flußmündungsbereich der Elbe (vgl. Kap. 4.6).

Die in der gelösten Phase befindlichen Substanzen insgesamt und der nicht im Fluß- und Ufersediment dauerhaft festgelegte partikelgebundene Anteil landen schließlich im Meerwasser und anschließend im Sediment der Küstengewässer und der hohen See, z. B. in den Tiefen der Norwegischen Rinne (HAARICH 1994, MEYERCORDT 1994). Eine Ausnahme bilden leichtflüchtige, kurzkettige Kohlenwasserstoffe und andere, als Lösemittel verwendete Verbindungen wie beispielsweise Methylenchlorid, Chloroform, Tri- und Tetrachlorethan und -ethen, welche durch Ausgasung wieder in die Atmosphäre gelangen.

Frachten

Die Berechnung von Frachten ist, wie schon oben erwähnt, bei Direkteinleitern vergleichsweise einfach, da es sich häufig um relativ gut erfaßbare Einträge handelt. Da aber sowohl die Stoffkonzentrationen als auch die Abflußmengen schwanken, ist die Genauigkeit einer Frachtenbestimmung auch von der Häufigkeit der Messungen abhängig. Ideal wäre die Kopplung einer kontinuierlichen Abflußmessung mit einer kontinuierlichen Erfassung der Schadstoffe. Letzteres ist aber aus technisch-analytischen Gründen für die meisten gelösten Stoffe nicht machbar, und noch weniger für die am Schwebstoff gebundenen Substanzen. Es ist deshalb von großer Bedeutung, aus einem Fluß eine repräsentative Probe zu entnehmen. Die Frequenz der Probenahme muß hoch genug sein, um die zeitlichen Schwankungen erfassen zu können, und der oft inhomogene Flußquerschnitt mit unterschiedlichen Strömungsverhältnissen müßte idealerweise berücksichtigt werden. Insbesondere in tidebeeinflußten Flußabschnitten (in der Elbe z. B. im Prinzip bis zum Wehr in Geesthacht) spielt der Zeitpunkt der Messung eine entscheidende Rolle. Es ist hier besonders schwierig, Bilanzen aufzustellen, die im wesentlichen den Flußanteil beschreiben. Deshalb wird z. B. im Bereich der Elbe der Probenahmeort Schnackenburg herangezogen, der oberhalb des tidebeeinflußten Flußabschnitts und der »Senke« Hamburger Hafen liegt. Zudem hat diese Station als ehemaliger Grenzort quasi historische Bedeutung, für den schon längere Zeitreihen vorliegen.

Die Jahresfracht für einen Ort berechnet sich im Prinzip aus der zeitlichen Integration des Produktes aus Abflußmenge und Konzentration für die gelösten Stoffe bzw. aus Abflußmenge, Schwebstoffgehalt und der Konzentration des Schadstoffes im Schwebstoff für die partikulär gebundenen Stoffe. Ein Problem in der Praxis der Frachtenberechnung sollte nicht unerwähnt bleiben: Wenn Meßwerte unterhalb der Bestimmungsgrenze liegen, gibt es keine sichere Basis zur Berechnung der Frachten. Sind dieses nur einzelne Werte (am besten nicht mehr als die Hälfte), lassen sich mit statistischen Verfahren (HELSEL & COHN 1988) die fehlenden Werte in ihrer Verteilung schätzen und in den Datensatz einbeziehen. Wollte man die angesprochenen Probleme reduzieren und die Genauigkeit der Frachtdaten verbessern, müßte noch mehr Aufwand und Entwicklung bei der Probenahme, der Analytik und der Datenauswertung betrieben werden. Verbesserungen lassen sich z. B. durch den Einsatz integrativ (über mehrere Tage bis Wochen) arbeitender Mischprobensammler erzielen. Diese Systeme sind aber ausschließlich für Frachtenbestimmungen einsetzbar und eignen sich nicht zur Erfassung von kurzzeitigen Konzentrationsänderungen. Abgesehen von den Grenzen, die durch die natürlichen Bedingungen im System Fluß gesetzt werden, wird so die Genauigkeit der Ergebnisse von den Kosten beeinflußt.

Meßergebnisse über Abflußmengen, Schadstoffkonzentrationen im Wasser, in der Schwebstoffphase und den Schwebstoffgehalt werden in den Flußmeßprogrammen in unterschiedlichem Umfang erhoben. In der Regel werden diese Programme durch Flußarbeitsgemeinschaften bzw. auf internationaler Ebene von verschiedenen Kommissionen getragen (vgl. Kap. 8.9). Die vorgestellten Daten sind den regelmäßig erscheinenden Berichtsbänden entnommen bzw. aus den Konzentrations-, Abfluß- und Schwebstoffangaben berechnet. Die Abweichungen zwischen unterschiedlichen Berechnungsarten können im Einzelfall bis zu 40 % betragen. Da zu organischen Schadstoffkonzentrationen nur wenige verwertbare Meßergebnisse vorliegen, überwiegen Ergebnisse zu Schwermetallen. Ein direkter Vergleich zwischen einzelnen Flußsystemen wird wegen der Unterschiede der Einzugsgebiete, der Einleiter und der Abflußcharakteristika nicht gezogen.

Am Beispiel der **Elbe** ist in der *Abb. 4.8-1* in den letzten Jahren ein deutlicher Rückgang der Frachten von Trichlorethen zu erkennen, während es beim γ-HCH (Lindan) nach einem Minimum im Jahr 1991 (Abflußminimum) zu einem Wie-

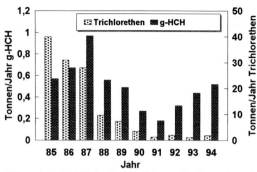

Abb. 4.8-1: Zeitliche Entwicklung der Schadstoff-Frachten in der Elbe bei Schnackenburg 1985 – 1994: Trichlorethen und Lindan. Quelle: (*)

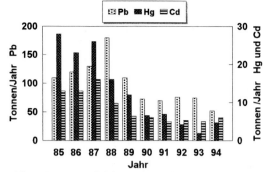

Abb. 4.8-3: Entwicklung der Schadstoff-Frachten in der Elbe bei Schnackenburg 1985–1994: Blei, Quecksilber und Cadmium. Quelle: (*)

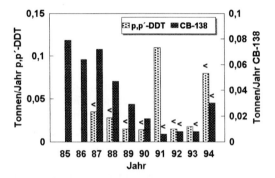

Abb. 4.8-2: Zeitliche Entwicklung der Schadstoff-Frachten in der Elbe bei Schnackenburg 1985–1994: p,p´-DDT und CB-138. Quelle: (*)

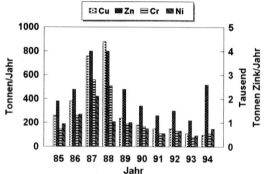

Abb. 4.8-4: Zeitliche Entwicklung der Schadstoff-Frachten der Elbe bei Schnackenburg 1985–1994: Kupfer, Zink, Chrom und Nickel. Quelle: (*)
(*) = ARGE Elbe (pers. Mitt.)

deranstieg gekommen ist. Eine Erklärung könnte sein, daß sich hier die Abschwemmung lindanhaltiger Spritzmittel aus der Waldschädlingsbekämpfung vorhergehender Jahre bemerkbar macht. Das schon angesprochene Problem der Bestimmungsgrenze wird in *Abb. 4.8-2* deutlich: Die mit »kleiner als« gekennzeichneten Balken (»<«-Symbol über dem Balken) geben eine theoretische maximale Fracht wieder; die tatsächlichen Frachten liegen niedriger. Für p,p´-DDT gehen die Balkenhöhen in etwa parallel zu den Abflußmengen; erhöhte Bestimmungsgrenzen täuschen für p,p´-DDT und das PCB-Kongener CB-138 für das Jahr 1994 einen Anstieg vor. Auffällig ist die hohe DDT-Fracht im Jahr 1991, insbesondere, da es ein besonders abflußarmes Jahr war. Diese hohe Fracht ist auf Spitzenwerte im August zurückzuführen, die mit großer Wahrscheinlichkeit aus der nicht ordnungsgemäßen Entsorgung beim Abbau stillgelegter Produktionsanlagen herrühren. Bei den Schwermetallfrachten nehmen die Werte nach den Maxima von 1987 und 1988, die durch hohe Abflüsse geprägt waren, kontinuierlich ab (*Abb. 4.8-3* und *4.8-4*). Der

Anstieg im Jahr 1994 von Chrom, Nickel und Zink ist wiederum durch einen gegenüber den Vorjahren erhöhten Abfluß verursacht (Mittelwert 860 m³/s gegenüber ca. 400–500 m³/s). Der direkte Vergleich zu den 1988er-Werten (Abflußmittel 874 m³/s) zeigt aber auch hier einen deutlichen Rückgang an.

Für den **Rhein** läßt sich aus den Jahresmittelwerten eine zeitliche Entwicklung abschätzen. Diese ist in den *Abb. 4.8-5* für einige Schwermetalle an den Probenahmeorten Koblenz und Bimmen/Lobith (an der niederländischen Grenze) zu sehen. Es ist deutlich zu erkennen, daß die Frachten für Blei (rechte Skala) und Quecksilber flußabwärts zunehmen, während die Cadmiumfrachten (linker Balken) in den letzten Jahren auf vergleichbarem Niveau liegen. Für die organischen Schadstoffe können nicht für alle Substanzen Frachten auf der Basis konkreter Meßwerte errechnet werden. Substanzen wie Lindan und Pentachlorphenol, die im Wasser gemessen werden, bewegen sich in den Konzentrationen an und unter der Bestimmungsgrenze, so daß hier nur

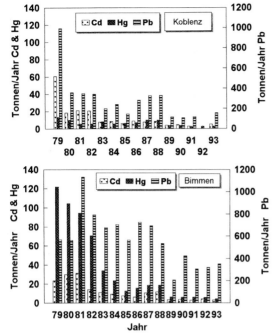

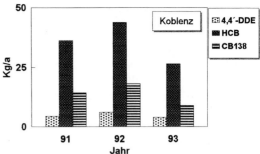

Abb. 4.8-6: Schadstoff-Frachten schwerflüchtiger chlorierter Kohlenwasserstoffe im Rhein bei Koblenz für 1991–1993 (Quelle: IKSR 1995)

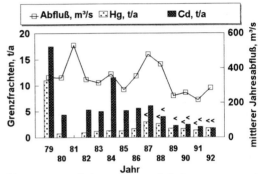

Abb. 4.8-5: Zeitliche Entwicklung der Schadstoff-Frachten im Rhein 1979–1993 bei Koblenz und Bimmen/Lobith für Cadmium, Quecksilber und Blei in t/a (Quelle: IKSR 1995)

Abb. 4.8-7: Mittlere Jahresabflußmengen und Grenzfrachten für Quecksilber und Cadmium der Weser bei Bremen-Hemelingen (Quelle: ARGE Weser 1992, 1994)

obere Grenzen für die Frachten abgeschätzt werden können. In *Abb. 4.8-6* ist für p,p´-DDE, HCB und das PCB-Kongener CB-138 die Entwicklung der Frachten an der Station Koblenz wiedergegeben. Auch wenn nach dem leichten Anstieg im Jahr 1992 im folgenden Jahr ein deutlicher Rückgang bei allen drei Komponenten auftrat, ist aus der kurzen Datenreihe eine Fortsetzung der Tendenz nicht abzuleiten (DK 1995).

Für die **Weser** existieren längere Zeitreihen für Cadmium und Quecksilber. In *Abb. 4.8-7* sind die Grenzfrachten (bei Werten unter der Bestimmungsgrenze wird diese bei der Berechnung eingesetzt) für diese beiden Elemente dargestellt, darüber ist als Linie der mittlere Jahresabfluß aufgetragen. Die Quecksilberfrachten sind, mit Ausnahme des ersten Wertes für das Jahr 1979, auf vergleichbarem Niveau geblieben; eine Abnahme nach 1987 ist wegen der zu hohen Bestimmungsgrenze nicht mehr zu erkennen. Bei Cadmium ist die Reduzierung der Frachten nach 1987 (trotz der Problematik der Bestimmungsgrenze) besser zu sehen; die Werte zeigen eine gewisse Parallelität zu dem Verlauf der Abflußkurve. Entsprechende Konzentrationskurven (ARGE Weser 1994) zeigen einen klaren Abwärtstrend.

Auch in der **Donau** sind die Schwermetallkonzentrationen in den letzten Jahren deutlich zurückgegangen. Für den in Deutschland verlaufenden Flußabschnitt sind die Konzentrationen im Donauwasser, mit Ausnahme von Kupfer und Zink, auf Werte nahe oder unterhalb der Bestimmungsgrenze zurückgegangen. Ebenso sind bei den organischen Schadstoffen die Konzentrationen des Herbizids Atrazin nach dessen Anwendungsverbot im Frühjahr 1991 erheblich zurückgegangen (VFFA 1994). Entsprechend haben sich die Frachten verringert. Die Eintragsdaten einiger Schwermetalle für das Jahr 1990 sind als Summe aller Flüsse in die Ostsee von der **Oder** bis zur **Weichsel** in folgender *Tab. 4.8-1* aufgeführt (HELCOM 1993):

Insgesamt gesehen ist für alle betrachteten

Tab. 4.8-1: Frachten in t/a für die polnischen Flüsse in die Ostsee für das Jahr 1990 (HELCOM)

Cd	Hg	Cu	Zn	Pb	Cr	Ni
29,1	13,3	297	2 182	277	64,3	177

Flüsse in den letzten Jahren eine abnehmende Tendenz in den Schadstoff-Frachten zu erkennen.

Gefährdungspotential
Die Flußmeßprogramme erfassen aus Kostengründen (u. a. analytischer Aufwand, s. vorn) nur einen Teil der gefährlichen Stoffe. Es stellt sich daher immer wieder die Frage, inwieweit die gemessene Stoffpalette geeignet ist, die Gefährdung der Umwelt durch Schadstoffe beschreiben zu können. Die Gefährdung betrifft in erster Linie die im Fluß lebenden und die sich von Flußtieren ernährenden Organismen. Die Folgen können sich in vielfältiger Weise auf verschiedenen Ebenen zeigen, z. B. als äußerlich erkennbare Schwächungen oder Krankheiten, im erhöhten Parasitenbefall, im verminderten Wachstum (Kondition) und in der Beeinträchtigung der Fortpflanzungsfähigkeit (Reproduktion). Auf zellulärer Ebene kann es zu mikroskopisch erkennbaren Veränderungen von Gewebe, Einzelzellen und Zellbestandteilen kommen. Im genetischen Bereich führen Schadstoffe zur Induktion von Enzymsystemen oder Beschädigung der DNA-Stränge auf den Zellkernen. Die regelmäßig gemessenen Elemente und Verbindungen werden daher als Indikatoren und Vertreter für bestimmte, als gefährdend eingestufte Stoffgruppen untersucht. Ein Aspekt für die Beurteilung ist, daß nicht allein die Konzentration, sondern auch die spezifische toxische Wirkung zu berücksichtigen ist. Für besonders gefährliche Stoffe (z. B. Dibenzodioxine, -furane und bestimmte PCB-Kongenere) wurden Toxizitätsäquivalente entwickelt (Bezug ist das Seveso-Gift 2,3,7,8-TCDD, AHLBORG et al. 1994), die als Richtschnur dienen können. In der realen Umwelt spielen bei organischen Substanzen molekülspezifische Eigenschaften, wie die exakte räumliche Anordnung, insbesondere der funktionellen Gruppen im Molekül, eine wesentliche Rolle. So kann z. B. bei zwei spiegelbildlich , sonst aber vollkommen identisch aufgebauten Molekülen (Chiralität) ein Isomeres eine hohe Toxizität, das andere eine geringe zeigen. Ein weiterer Punkt ist die gegenseitige Beeinflussung von Schadstoffen. Bestimmte Schadstoffe bzw. -gruppen (Cd, Hg, PCBs, Dioxine, PAKs) äußern ihre Wirkung u. a. in der Induktion von Enzymsystemen (KARBE et al. 1994, vgl. Kap. 4.5). Es gibt Hinweise, daß beispielsweise bei coplanaren PCBs bei gleichzeitiger Anwesenheit höherer Konzentrationen hochchlorierter PCBs , Cadmium oder Quecksilber die Induktion beeinflußt und die toxische Wirkung der Einzelkomponente relativ zu ihrer Konzentration verändert wird. Eine Verstärkung der toxischen Wirkung als Folge einer Induktion tritt z. B. dann ein, wenn, wie bei den coplanaren PCBs, durch das Enzymsystem Metabolisierungsprodukte erzeugt werden, die eine höhere Toxizität haben als die Ausgangssubstanz.

Schlußfolgerungen
Frachten sind nicht geeignet, eine akute Gefährdung anzuzeigen. Ihre Abschätzung ist mit vielen Problemen verbunden, so daß eine Kontrolle des Erfolgs reduzierender Maßnahmen auf dieser Basis nur relativ grob erfolgen kann. Im Bewußtsein dieser Ungenauigkeiten liefert die Angabe von Frachten aber dennoch wichtige Hinweise auf die Stoffmengen, mit dem das Ökosystem Fluß belastet ist und die letztendlich in die Küstengewässer und die offene See gelangen. Obwohl für eine ganze Reihe von Schadstoffen durch aufwendige Maßnahmen die dorthin transportierten Mengen langsam zurückgehen, erhöht sich weiterhin das Gesamtinventar in der marinen Umwelt. Solange die Stoffe nicht dauerhaft und in einer für die Organismen nicht verfügbaren Form festgelegt (Schwermetalle) oder abgebaut sind (nicht persistente organische Verbindungen), bleibt weiterhin die Gefährdung der Umwelt im Fluß und im Meer bestehen.

4.9 Atmosphärische Deposition von Stickstoff- und Schwefelverbindungen
ULRIKE NIEMEIER &
HEINKE SCHLÜNZEN

In die Atmosphäre werden vor allem Stickoxide, Kohlendioxid, Kohlenmonoxid, Kohlenwasserstoffe (z. B. Benzol, Formaldehyd), Schwefeldioxid, Ammoniak und Schwermetalle (z. B. Blei, Cadmium) emittiert. Auch die unbelastete Atmosphäre enthält einen Teil dieser Stoffe, doch in großen Mengen anthropogen freigesetzt, werden sie zu Schadstoffen. Als Folge chemischer Reaktionen entstehen langlebigere Sekundärstoffe wie Nitrate oder Sulfate, an die auch andere Schadstoffe angelagert sein können (z. B. Blei, Quecksilber). Mit den Luftströmungen transportiert sind ihre Auswirkungen auch in Regionen ohne Schadstoffquellen zu erkennen. Ein Beispiel ist die Überdüngung von Mooren mit aus der Atmosphäre eingetragenem Stickstoff.

Die im folgenden aufgeführten Emissions- und

Depositionswerte entstammen, wenn nicht anders angegeben, den Daten zur Umwelt 1992/93 (UMWELTBUNDESAMT 1994).

Atmosphärische Beiträge zur Belastung der Fließgewässer

Das Einzugsgebiet der 2 880 km langen Donau ist 800 000 km² groß. Stoffe, die durch nasse und trockene Deposition oder Düngung auf dieser Fläche abgelagert werden, können in die Donau gelangen. Die Deposition wird über Land etwa zur Hälfte von der nassen Deposition bestimmt. Die Aufnahme der Stoffe geschieht dabei nicht nur in der Wolke, sondern auch im fallenden Regentropfen. Die nasse Deposition hat somit für die Atmosphäre eine reinigende Funktion, die die Schadstoffkonzentration in der Luft nach einem Regenschauer vermindert. Entsprechend hoch ist die nasse Deposition und damit der Eintrag der Stoffe in Böden und Gewässer. Da bei starken Regenfällen, z. B. durch Gewitterschauer, nicht alles Wasser versickern kann, sondern auch direkt oder über die Kanalisation in Flüsse und Bäche fließt, ist in diesem Fall der Eintrag aus der Atmosphäre in die Flüsse nicht zu vernachlässigen. Zusätzlich werden dabei noch die Ablagerungen von Staub usw von Dächern und Blättern gewaschen. Auch ein Teil der Stoffe, die mit versickerndem Wasser in den Boden gelangen, werden durch Drainage oder abfließendes Wasser in die Bäche und Flüsse transportiert. So wird ein großer Teil der in die Atmosphäre emittierten Stoffe über Umwege in die Flüsse eingebracht.

Von den Stickstoffeinträgen in die Flüsse stammen 3 % direkt aus der Atmosphäre, 13 % aus Drainwässern und Oberflächenabflüssen (ISERMANN 1993). Seit der verbesserten Reinigung der direkt eingeleiteten Abwässer gewinnt der Anteil der aus der Atmosphäre in die Gewässer gelangenden Stoffe ständig an Bedeutung.

Emissionen

Nachdem inzwischen alle größeren Kraftwerke mit Entschwefelungs- und Entstickungsanlagen ausgerüstet und auch die Emissionen aus Industriebetrieben deutlich vermindert worden sind, entstammt der größte Teil der Schadstoffe in der Atmosphäre aus dem Verkehr und der Landwirtschaft.

Stickoxide (NO_x) werden überwiegend bei Verbrennungsprozessen emittiert. Die meisten NO_x-Emissionen entstehen in den Ballungsgebieten und entlang der Autobahnen. Die in den letzten Jahren erfolgten Minderungen des Schadstoffausstoßes von Kraftfahrzeugen wurden durch das steigende Verkehrsaufkommen wieder ausgeglichen. In der Bundesrepublik wurden 1991 3140 kt NO_x (angegeben als NO_2) emittiert, davon entfielen 63 % auf den Kfz-Verkehr und 26 % auf die Industrie. Im folgenden wurden anthropogene Emissionen genannt, natürliche sind in den Daten nicht enthalten.

Bei Schwefeldioxid (SO_2) stellen sich die Verhältnisse etwas anders dar. Die meisten Emissionen erfolgen auch weiterhin aus Kraftwerken, häufig aus hohen Schornsteinen. Dadurch wird der Ferntransport stark begünstigt. Die SO_2-Emissionen betrugen 1991 in den alten Bundesländern 1 000 kt/a, davon 60 % durch Industrie und Kraftwerke und 15 % durch Haushalte. In den neuen Bundesländern waren die Emissionen von SO_2 durch die Verbrennung stark schwefelhaltiger Braunkohle im Jahre 1991 höher. Sie betrugen insgesamt 3 550 kt/a, davon 90 % durch Industrie und Kraftwerke. Durch die Nutzung von Entschwefelungsanlagen, den Neubau von Kraftwerken und Industrieanlagen sowie die Abschaltung von Altanlagen in den neuen Bundesländern nehmen die SO_2-Emissionen z. Z. sehr stark ab.

Ammoniak (NH_3) wird hauptsächlich in der Landwirtschaft als Folge der Massentierhaltung (90 %) freigesetzt. Die größten Quellregionen liegen in den stark landwirtschaftlich geprägten Gegenden Nordwestdeutschlands und Bayerns. Die NH_3-Emission betrug 1991 660 kt/a.

Einige Kohlenwasserstoffe sind sehr reaktionsfreudig und spielen daher eine wichtige Rolle in der atmosphärischen Chemie, andere sind langlebig und als Treibhausgase wirksam. Die gesamte Emission von Kohlenwasserstoffen betrug 1991 2 990 kt/a, davon entfielen 45 % auf den Straßenverkehr und 30 % auf Lösungsmittelverbrauch.

Chemische Reaktionen in der Atmosphäre

In der atmosphärischen Chemie wird zwischen Gasphasen-, Naßphasen- und Aerosolchemie unterschieden. An der Gasphasenchemie sind als Gase vorliegende Stoffe beteiligt, die Naßphasenchemie läuft in Wolken und Regentropfen ab und die Aerosolchemie unter dem Einfluß von Teilchen. Die emittierten Stoffe unterliegen zunächst Gasphasenreaktionen. Von den emittierten Stickoxiden sind ~ 90 % Stickstoffmonoxid (NO), das schnell mit Ozon zu Stickstoffdioxid (NO_2) oxidiert. Unter dem Einfluß von Licht erfolgt die

Abspaltung eines sehr reaktiven Sauerstoffatoms von NO_2, das dann weiter zu Ozon reagiert. Kohlenwasserstoffe führen zur von Ozon unabhängigen Oxidation von NO, wodurch zusätzliches NO_2 zur Ozonbildung zur Verfügung steht. Der NO_2-Abbau geschieht hauptsächlich tagsüber bei Sonneneinstrahlung, nachts ist NO_2 sehr viel stabiler.

Schwefeldioxid reagiert in der Gasphase überwiegend mit dem OH-Radikal und Wasserdampf zu Schwefelsäure. Diese ist gut wasserlöslich und kann in die Flüssigphase übergehen. Ebenso wie Salpetersäure, die aus NO_2 gebildet wird, reagiert Schwefelsäure mit Ammoniak. Dabei bildet sich Ammoniumsulfat bzw. Ammoniumnitrat, die beide als Partikel vorliegen.

An der Naßphasenchemie sind nur die gut wasserlöslichen Stoffe beteiligt. Dazu gehören neben Schwefelsäure und Salpetersäure auch Aerosole wie Nitrate und Sulfate. Die Stoffe werden im Tropfen gelöst und unterliegen dort chemischen Umwandlungen. In einer belasteten Atmosphäre verändert die Aufnahme von Stoffen in den Tropfen den pH-Wert des Wolkenwassers. Der pH-Wert sinkt dann unter den natürlichen von 5,6. Bei Niederschlägen ergibt dieser Prozeß den sogenannten sauren Regen, der z. B. zu einer Versauerung der Böden oder zu Schäden an Gebäuden führt. 90 % der pH-Werte des Niederschlages lagen von 1985 bis 1994 in Schleswig-Holstein unter dem normalen Wert von 5,6. Dank der verminderten SO_2-Deposition zeigen die pH-Werte aber einen steigenden Trend (LANDESAMT FÜR WASSERHAUSHALT SCHLESWIG-HOLSTEIN 1995).

Transport von Schadstoffen

Die Auswirkungen anthropogener Emissionen sind nicht nur in Regionen mit großen Schadstoffquellen zu erkennen, sondern auch in sehr quellfernen Gegenden, den Reinluftgebieten. So werden die größten Ozonkonzentrationen in Lee von Städten gemessen und die Versauerung der schwedischen Seen entstand durch Ferntransport von außerhalb Schwedens emittiertem Schwefeldioxid. Die Transportentfernung der Stoffe hängt von ihrer Lebensdauer ab. Je weiter ein Stoff oxidiert ist, umso reaktionsträger wird er und damit auch weiter transportiert. Die Lebensdauer von NO_2 ist nur nachts ausreichend, um aus den quellnahen Regionen heraus transportiert zu werden. Sulfate und Nitrate werden dagegen mehrere tausend Kilometer transportiert, wie das Beispiel der schwedischen Seen zeigt.

Um Transportprozesse zu verstehen oder um die Erfolgsaussichten zukünftiger Emissionsminderungen abzuschätzen, werden Berechnungen mit numerischen Transportmodellen durchgeführt. Je nach Anwendungsziel werden die physikalischen Vorgänge in verschiedenen Modellen unterschiedlich genau erfaßt. Es gibt grob auflösende Modelle mit Gitterabständen von 80 km oder sogar 150 km, deren Modellgebiet ganz Europa überdeckt. Diese Modelle sind nicht für regionale Studien geeignet, sondern liefern z. B. monatliche oder jährliche Mittelwerte der Deposition. Um kleinräumigere Prozesse erfassen zu können, werden hochauflösende Modelle genutzt. Sie haben Gitterweiten von 100 m bis 10 km und überdecken bis zu 400 km • 400 km große Gebiete. Mit hochauflösenden Modellen lassen sich z. B. Einträge ins Wattenmeer berechnen (SCHLÜNZEN 1994).

Für Depositionsrechnungen werden die Modelle mit chemischen Reaktionsmechanismen gekoppelt. Umfangreiche Mechanismen der Gasphasenchemie enthalten mindestens 150 Reaktionsgleichungen und fast 100 Stoffe. Die Schwierigkeit in der Anwendung besteht darin, ausreichend genaue Informationen über Emissionen der verschiedenen Stoffe zu erhalten. Zur Berechnung der Naßphasenchemie müssen Modelle zusätzlich die Entstehung von Wolken und Niederschlag gut berechnen.

Konzentration und Deposition

Die erwähnten Transportmodelle ermöglichen einen flächendeckenden Überblick über die in der Atmosphäre auftretenden Konzentrationen von Stickstoff- und Schwefelverbindungen und deren Depositionen. Die hier aufgeführten Konzentrationen wurden aus Messungen bestimmt, die Depositionen wurden mit einem Modell berechnet. Alle angegebenen Werte sind Jahresmittelwerte.

Die größten kleinräumigen Unterschiede zeigen die NO_x-Konzentrationen. In den quellfernen ländlichen Regionen lagen die mittleren Werte des Jahres 1991 zwischen 10 und 30 µg/m³. In den bevölkerungsreicheren Gegenden wurden 40–60 µg/m³ erreicht und an verkehrsreichen städtischen Straßen kann der Mittelwert 100 µg/m³ überschreiten. Die Werte gelten für das gesamte Bundesgebiet. Die Ozonkonzentrationen lagen im Jahresmittel 1991 zwischen 25–50 µg/m³, in Schleswig-Holstein und den Mittelgebirgen wurden Werte bis 75 µg/m³ erreicht.

In den alten Bundesländern lag die SO_2-Konzentrationen 1991 unter 25 µg/m³. Die Belastung der neuen Bundesländer war dagegen 1991 besonders in den südöstlichen Gebieten wesentlich höher, sie lag zwischen 50 und 100 µg/m³.

Im Mittel wurden 1990 20–30 kg/(ha·a) Stickstoff (N) aus der Atmosphäre deponiert, in Gegenden mit starker Massentierhaltung wurden 35 kg N/(ha·a) überschritten. Davon entfällt gut die Hälfte auf Stickstoff aus Ammoniak und Ammonium. Als Vergleich sei angefügt, daß ohne anthropogene Emissionen nur mit einem atmosphärischen Eintrag von 5 kg N/(ha·a) zu rechnen wäre und die Anfang der 50er Jahre in Dänemark ausgebrachte Mineraldüngung nur 20 kg N/(ha·a) betrug (SCHATZMANN 1994, SCHRODER 1985). Heute beträgt sie etwa 220 kg N/(h·a) (ISERMANN 1990).

Die SO_2-Deposition wurde für das Jahr 1990 mit 15–20 kg /(ha·a) Schwefel (S) berechnet, nur in den südöstlichen neuen Bundesländern lag die Deposition mit 40–100 kg S/(ha·a) erheblich höher, da die Minderung der Emissionen dort erst begonnen hatte.

Schlußfolgerungen

Die Folgen der anthropogenen Stickstoff- und Schwefeldioxidemissionen sind vielfältig und Schäden häufig nicht mehr zu übersehen. Die Auswirkungen der Veränderung des pH-Wertes des Niederschlagswassers und die daraus folgende Versauerung von Seen und Böden, eine Voraussetzung für das Waldsterben, wurden bereits vor einigen Jahren intensiv diskutiert. Inzwischen ist die Diskussion vom Wintersmog, der durch die deutliche Verminderung der SO_2-Emissionen kein bedeutendes Umweltproblem mehr darstellt, auf den Sommersmog übergegangen. Hohe sommerliche Ozonwerte als Folge der chemischen Umwandlung von Stickoxiden und Kohlenwasserstoffen sind als Umweltproblem wahrgenommen worden.

Die Stickstoffdepositionen auf landwirtschaftlich genutzte Flächen haben bereits eine ähnliche Größenordnung wie frühere Stickstoffdüngergaben erreicht. Überschüssiger Stickstoff gelangt über Auswaschung aus den Böden in die Flüsse. Weitere Probleme bestehen vor allem in der zusätzlichen Düngung von Wäldern, Mooren und Seen. In den Wäldern beginnen die Bäume übermäßig schnell zu wachsen und werden anfälliger für Krankheiten. In den Mooren können sich dort natürlich vorkommende Pflanzen nicht mehr durchsetzen, denn das höhere Nährstoffangebot begünstigt das Wachstum anderer Pflanzen. Gegen den damit einsetzenden Zerstörungsprozeß der Moore ist jedoch Naturschutz wirkungslos. In den Seen und Meeren ist die Folge des Stickstoffeintrags ein erhöhtes Algenwachstum. Als Folge können Sauerstoffarmut und ein Rückgang der Artenvielfalt einsetzen.

Die Schlüsselrolle bei der Minderung negativer Auswirkungen der Schadstoffdeposition fällt dem Verkehr und der Landwirtschaft zu. Nur durch deutliche Emissionsminderungen in diesen Bereichen können erfolgreiche Verbesserungen erzielt werden.

Längst ist Natur- und Umweltschutz zu einer Angelegenheit globaler Dimension und Dringlichkeit geworden: Es geht um das gefährdete Ökosystem Erde.

Im Zeichen des Panda kämpft der WWF als größte Naturschutzorganisation der Welt gegen die tägliche Zerstörung der Natur.

Die Arbeit des WWF verfolgt weltweit drei Ziele:

- *Die Erhaltung der biologischen Vielfalt.*
- *Die nachhaltige Nutzung natürlicher Rohstoffe.*
- *Die Eindämmung von Ressourcenverschwendung und Umweltverschmutzung.*

Feuchtgebiete umfassen eine Vielzahl von Lebensräumen, sind Heimat unzähliger Tiere und Pflanzen und besitzen eine ökologische Schlüsselfunktion.

Der WWF will keine Verluste mehr zulassen: Mit internationalen Modellprojekten wie:

- WWF-Storchenreservat March-Auen.
- Durchsetzung des Nationalparks Donau-Auen.
- Grüne Donau: Sicherung der osteuropäischen Aulandschaften.

WWF-Österreich - Postfach 1 - 1162 Wien, WWF-Spendenkonto: PSK 1. 944.000

5 Veränderungen durch Baumaßnahmen

Durch die erfreuliche Entwicklung bei den Einträgen der Schadstoffe in die Flüsse treten in der Diskussion über unseren künftigen Umgang mit dem Lebensraum Fluß die Veränderungen durch Wasserbauten wie Begradigung, Uferverbau, Stauhaltung und Vertiefung mehr und mehr in den Vordergrund. Flüsse werden seit über 200 Jahre wasserbaulich verändert und die Auswirkungen sind z. T. tiefgreifend und nur schwer wieder gut zu machen.

Wasserbauten erfolgten, um eine Nutzung der Flüsse als Wasserwege oder eine Energiegewinnung zu ermöglichen. Hinzu kommen die Eindeichungen zum Hochwasserschutz der an den Flüssen angesiedelten Städte, zur Gewinnung der fruchtbaren Auen und Marschen für landwirtschaftliche Zwecke oder zur Errichtung von Industrieanlagen, Parkplätzen oder Straßen. Das bedeutet, viele wirtschaftliche Interessen werden im Wege stehen, wenn es darum geht, Veränderungen rückgängig zu machen oder ökologische Lösungen zu finden.

Die ökologischen Folgen der übermäßigen Flußveränderungen durch Wasserbauten sind heute nicht mehr zu übersehen. Durch die Baumaßnahmen und die Zunahme der daraus resultierenden Erosion gehen Flußstrukturen verloren, die von Pflanzen und Tieren für ihre Existenz benötigt werden. Viele empfindliche Arten sind daher verschollen oder stark gefährdet. Die Selbstreinigungskraft der Flüsse, die durch Sedimentation in den Überschwemmungsgebieten und mikrobiellen Abbau im Wasser zustande kommt, wird dadurch ebenfalls beeinträchtigt. Auch der Mensch ist direkt betroffen. Im allgemeinen bewirken Flußbegradigungen eine Erhöhung der Fließgeschwindigkeit und Zunahme der Erosion im Flußbett; der Fluß wird dadurch tiefer und der Grundwasserspiegel (Trinkwasserreserve) sinkt ab. Das Abflußverhalten des Wassers verändert sich gravierend. Bei überdurchschnittlichen Niederschlagereignissen erhöht sich die Hochwassergefahr in den tieferen Gebieten, da das Wasser schneller dort ankommt. Die Einengung der Flüsse durch Deiche und die Zerstörung von Überschwemmungsgebieten haben diese Situation verschäft. Die Retentionseigenschaft bei Hochwasser ist mit den Feuchtgebieten verloren gegangen. Die Folgen sind: Die Hochwasserereignisse häufen sich an, eine Situation, die sich mit der Klimaveränderung verstärken kann.

5.1 Begradigung, Uferverbau und Stauhaltungen

HANS P. NACHTNEBEL

Durch Maßnahmen zur Verbesserung der Schiffahrt und des Hochwasserschutzes, sowie durch die hydroelektrische Energienutzung und durch intensivierte landwirtschaftliche Nutzung des gewässernahen Raumes, erfolgten tiefgreifende Veränderungen an den Gewässern. In diesem Kapitel werden übersichtsmäßig diese Veränderungen beschrieben, wobei hauptsächlich auf die Begradigungen, die Ufergestaltung und auf Stauhaltungen im Rhein- und im Donaugebiet Bezug genommen wird. Die Umweltauswirkungen der gesetzten Maßnahmen werden ebenfalls behandelt.

Begradigung und Korrektionsmaßnahmen

Einige frühere Beispiele beziehen sich auf den Guadalquivir und die Oder, die bereits in der Mitte des 18. Jhs. Begradigungen unterzogen wurden (PETTS 1989) und zu Laufverkürzungen bis zu 40 % führten. Im Zuge der großen Korrektionsmaßnahmen, die in der Mitte des 19. Jhs. ihren Anfang haben, erfolgten die Begradigungen an den mitteleuropäischen Fließgewässern. Zur Veranschaulichung seien die beiden großen Flußgebiete, die Donau und der Rhein, herangezogen, die in Kap. 2.1 und 2.6 behandelt werden.

Am Ober**rhein**, zwischen Basel und der Neckarmündung, war nahezu der gesamte Talraum regelmäßigen Umformungen durch den Fluß unterworfen, der je nach Gefällsverhältnissen über weite Abschnitte einen verzweigten Lauf mit vielen Inseln und wandernden Schotterflächen aufwies, während in den flacheren Abschnitten sich ausgedehnte Mäander bildeten. Das von Johann Gottfried TULLA geplante und schließlich realisierte Konzept bewirkte eine Verkürzung der Lauflänge im Furkationsbereich von 219 auf 188 km und in der Mäanderzone von 135 auf 85 km. Insgesamt erfolgte also eine Verkürzung um 23 % (*Abb. 5.1-1*). Für die Schaffung des neuen Rheinbettes von Basel bis Karlsruhe, das ca 2 000 m³/s abführen konnte, wurden etwa 40 Jahre benötigt. Einen Großteil der immensen Massebewegungen wurden vom Fluß selbst bewerkstelligt, während die Menschen durch den Bau von Quer- und Längswerken die neue Trassierung initiierten. (KHR 1993). Bereits wenige Jahre nach Abschluß der Korrektionsmaßnahmen war die Sohlerosion, die durch die Beschleunigung des Abflusses und

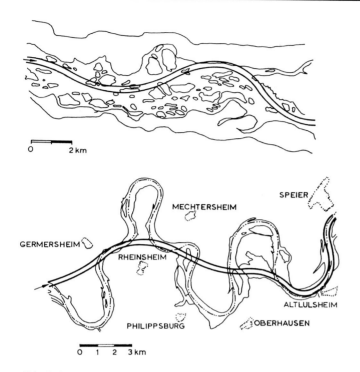

Abb. 5.1-1: Ursprüngliches Bild des Rheins und neue Linienführung. Beispiel der Korrektur in einem Furkations- und einem Mäanderabschnitt. (aus JANSEN et al. 1979)

ach bis etwa Basel wurde 1928–1959 linksufrig der **Rheinseitenkanal** errichtet, um die Schiffahrt zu fördern und das Wasserdargebot energetisch zu nutzen. Durch den Kanal wird dem Rhein ein hoher Anteil seines natürlichen Abflußdargebotes (bis zu 1 160 m³/s) entzogen, so daß besonders in Niederwasserzeiten über einen längeren Zeitraum ein Restabfluß von ca 20 m³/s verbleibt. Als Folge sank auch der Grundwasserspiegel im angrenzenden Augebiet und führte zum Austrocknen größerer Auwaldflächen. In der verbleibenden Strecke von Breisach bis Straßburg ergänzten Stauhaltungen die Ausbaumaßnahmen. Letztendlich wurde durch den Geschieberückhalt in den Stauhaltungen und die er-

damit durch die erhöhte Schleppkraft des Flusses bewirkt wurde, in längeren Abschnitten deutlich erkennbar, insbesondere im Abschnitt Rheinweiler. Der langfristige zeitliche Verlauf einiger Bereiche am Oberrhein ist in *Abb. 5.1-2* dargestellt. In einigen Abschnitten kam es auch zu Anlandungen, die allerdings wesentlich kleiner ausfielen. Die Tiefenerosion wurde noch durch Deichbauten und die Abtrennung von Altarmen verstärkt, die den Hochwasserabflußquerschnitt deutlich einengten. So mußten weitere bauliche Maßnahmen an den Rheinausbau durch TULLA und seiner Nachfolger anschließen. Der hohe Feststofftransport im Gewässer, der sich früher in der Ausbildung von Inseln und Schotterbänken geäußert hatte, erfolgte nunmehr konzentriert im Hauptgerinne und bewirkte Furtstrecken, die die Schiffahrt behinderten. Zur Unterstützung der Schiffahrt wurden sodann von HONSELL zusätzliche Regulierungsmaßnahmen vorgeschlagen, die 1906 im Abschnitt Speyer-Straßburg begonnen wurden und bis zur Mitte des 20. Jhs. durchgeführt wurden. Um diese Zeit erreichte bei Rheinweiler die Eintiefung bereits 7 m. Zwischen Breis-

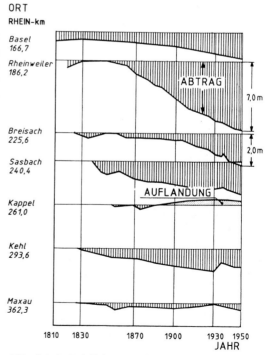

Abb. 5.1-2: Zeitliche Entwicklung der Eintiefung am Oberrhein (aus KHR 1993)

gänzenden Korrektionsmaßnahmen die Eintiefungstendenzen weiter gefördert.

Auch am Unterlauf des Rheins wurden seit dem 17. Jh. Korrektionsmaßnahmen durchgeführt (VAN URK & SMIT 1989) Die Bezeichnungen der Flußabschnitte werden nicht ganz einheitlich verwendet. Während im KHR-Bericht der Niederrhein von Bonn bis zur Staatsgrenze mit den Niederlanden reicht, was dem Flußkilometer 858–865 entspricht, wird in VAN URK & SMIT der Niederrhein hauptsächlich auf den niederländischen Abschnitt bezogen. Ab der niederländischen Grenze verzweigt sich der Rhein oder Bovenrijn in die Hauptarme Waal und Oude Rijn. Dieser teilt sich wieder in den Nederrijn und die IJssel. Zur Verbesserung der Abflußertüchtigung und Wasseraufteilung wurde bereits zu Beginn des 18. Jhs. der Pannerdensch Kanaal gebaut, der den Waal mit dem Nederrijn und der IJssel verbindet. Der Waal zeigte dennoch starke Verzweigungstendenzen, die mit großen Sedimentumlagerungen verbunden waren, während die IJssel ein mäandrierendes Fließgewässer darstellte. Um den Waal in seinem Verlauf zu stabilisieren und seine Förderfähigkeit zu erhöhen, erfolgten eine Reihe von Begradigungen, Querschnittsneudimensionierungen und der Einbau von Buhnenfeldern. Seit Mitte des 19. Jhs. gewann der Hochwasserschutz immer mehr an Bedeutung und umfangreiche Deichbauwerke grenzten das Überflutungsgebiet deutlich ein. Allein die alten Rheinkorrekturen bewirkten eine deutliche Laufverkürzung. VAN URK führt für 1649–1819, also vor den großen Korrektionsmaßnahmen, zwischen den Flußkilometern 812–932 Mäanderdurchstiche mit einer Verkürzung von 23 km an, was einer Laufverkürzung um ca 20 % entspricht.

An der **Donau** traten ähnliche Veränderungen auf. Der deutsche Abschnitt der Donau, vom Zusammenfluß der Breg und Brigach bis zur Grenze mit Österreich hat eine Länge von 580 km, von denen 180 km auf Engtäler entfallen. Durch die Regulierungsarbeiten im 19 Jh. wurde der in einem breiten Talbereich verlaufende ca. 400 km lange Flußabschnitt, der vielfache Verzweigungen aufwies, durch eine Reihe von Durchstichen um 21 % in der Lauflänge verkürzt (STANCIK & JOVANOVIC 1988). In Österreich erfolgten die tiefgreifendsten Veränderungen im Bereich Wiens, wo die Donau ebenfalls in mehreren Armen fließend, eine hohe Gewässerdynamik aufwies und einen breiten Talbereich für den Abfluß beanspruchte. Insbesondere bei Eisstößen und bei größeren Hochwässern waren große landwirtschaftlich genutzte Gebiete gefährdet. Gleichzeitig wurde auch die Stadtentwicklung sowie die Schiffahrt beeinträchtigt. In Form eines ca. 25 km langen Durchstiches wurde ein einheitlich gestaltetes neues Donaubett gegraben und ein Teil der Altarme zugeschüttet, und weite Gebiete wurden durch Hochwasserdeiche geschützt. Der Hochwasserabflußbereich wurde großzügig bemessen, so daß ein 1–2 km breiter Auwaldstreifen mit etlichen Nebenarmen verblieb, der auch heute noch eine hohe Strukturvielfalt aufweist und inzwischen unter Naturschutz gestellt wurde.

In Ungarn wurden die planmäßigen und umfangreichen Regulierungsarbeiten in der zweiten Hälfte des 19. Jhs. begonnen. Einen wesentlichen Anstoß gaben die zahlreichen Eishochwässer. Das verzweigte Flußbett mit seinen vielen Furten und Engstellen konnte nicht die von oberstrom anfallenden Eismassen weitertranspotieren und durch Eisversetzung entstehenden Dämme führten infolge von Rückstau im Oberwasser zu Ausuferungen und bewirkten zusätzlich beim Durchbruch Flutwellen im Unterwasserbereich. Bis zu Beginn des ersten Weltkrieges konnte an der gesamten ungarischen Donau die Mitelwasserregulierung abgeschlossen werden. Gleichzeitig wurden auch Maßnahmen zur Verbesserung der Schiffahrt gesetzt, in dem Leitwerke und Buhnen ein einheitliche Fahrwasserbreite mit einer Tiefe von 2,5 m garantierten. Diese Richtlinien sind auch heute noch in Form der Empfehlungen der Donaukommission für die Schiffahrt mit Sitz in Budapest gültig. Im damaligen ungarischen Abschnitt der Donau wurde durch diese Maßnahmen, die unter anderem 30 Durchstiche beinhalteten, die ursprüngliche Länge der Donau von 472 km auf 417 km verkürzt. Die Hochwasserschutzmaßnahmen wurden nach den Katastrophenhochwässern der Jahre 1881 und 1888 intensiviert und in den Grundzügen bis zum Ende des 19. Jhs. fertiggestellt. Durch den Wegfall von Retentionsräumen wurde allerdings der Hochwasserspiegel angehoben, so daß in der ersten Hälfte des 20 Jhs. die Schutzdeiche auf ein etwa 60 jähriges Ereignis erhöht wurden. Für Ungarn hat der Hochwasserschutz besondere Bedeutung, sind doch 23 000 km² potentielles Überschwemmungsgebiet, das derzeit durch Hauptdämme mit einer Gesamtlänge von 4 200 km geschützt wird.

Auch an den Zuflüssen der Donau wurden große flußbauliche Korrektionen durchgeführt. Durch das niedrige Gefälle der Theiß und die hohen Schwebstofffrachten waren große Gebiete der pannonischen Tiefebene versumpft und häufigen Überschwemmungen ausgesetzt. Der langsame Rücklauf der Hochwässer hatte mehrmonatige Überflutungen großer Gebiete zur Folge, und daher wurde schon frühzeitig entlang der Theiß mit Regulierungsarbeiten zur Abflußertüchtigung begonnen. Zwischen 1846 und 1890 wurde die ungarische Theißstrecke durch 112 Durchstiche von 1 000 km auf knapp 600 km verkürzt. Gleichzeitig wurden Hochwasserschutzdeiche errichtet, die zu Beginn des 20. Jhs. eine Länge von 2 800 km erreichten.

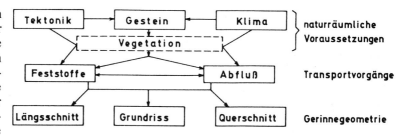

Abb. 5.1-3: Interaktionsbereiche bei der Bettbildung von Fließgewässern (aus MANGELSDORF & SCHEURMANN 1980)

Mit Beginn des 20. Jhs. wurden die großen Regulierungsarbeiten an der Drau in Angriff genommen. Das Flußbett wurde auf einer Länge von 350 km ausgebaut und ein Gebiet von ca. 20 000 ha durch Schutzdämme gegen Hochwässer geschützt. An der Save begannen die flußbaulichen Maßnahmen bereits etwas früher, noch vor Ende des 19. Jhs. Es wurden Durchstiche von insgesamt 43 km Länge durchgeführt und auf einer Länge von 60 km die Ufer befestigt. Durch Hochwasserdeiche wurde ein Gebiet von 650 000 ha hochwasserfrei gelegt.

Auswirkungen der Korrektionsmaßnahmen

Die Abflußverhältnisse, die Geometrie des Flußbettes und die von der Geologie des Einzugsgebietes abhängige Kornverteilung stehen in enger Wechselwirkung. (*Abb. 5.1-3*). Die Begradigung der Gewässer führte zu einer deutlichen Laufverkürzung und damit zu einer Gefällserhöhung. Gleichzeitig wurden Seitenarme abgetrennt, das Gewässerprofil einheitlich dimensioniert und in den Folgejahren schrittweise der Hochwasserschutz verbessert, indem die Deiche erhöht wurden und durch zusätzliche Hochwasserdeiche weitere Retentionsräume wegfielen. Durch diese Maßnahmen wird die Schleppkraft des Flusses, die direkt proportional der Wassertiefe und dem Gefälle des Flusses ist, erhöht und die Erosion gefördert. Durch Ufersicherungen wurde zusätzlich die Seitenerosion verhindert, so daß hauptsächlich Eintiefungen der Gewässersohle zu beobachten waren. Durch den Wegfall von natürlichen Retentionsräumen erhöhen sich insbesondere bei Hochwasserereignissen die Wellenscheitel und die Schleppkraft. Je nach Einfluß der einzelnen Prozesse sind unterschiedliche Tendenzen in den Spiegellagen zu beobachten. Selbst wenn infolge der reduzierten Retentionswirkung im Einzugsgebiet die Abflußscheitel zugenommen haben, kann der zugehörige Wasserstand bei gleichen Abflüssen infolge der stattgefundenen Eintiefung eine fallende Tendenz aufweisen.

Die Auswirkungen der Korrektionsmaßnahmen können auch an Hand von Zeitreihen von Wasserstandsaufzeichnungen gut nachvollzogen werden. BAUER (1965) analysiert z. B. die ca. 150 Beobachtunsgjahre umfassende Reihe des Pegels Ingolstadt an der Donau. Das Absinken der Wasserstände 1830–1855 wird durch die Mittelwasserregulierung in diesem Zeitraum erklärt. Der nachfolgende, bis zur Jahrhundertwende andauernde Anstieg ergibt sich als Folge des erhöhten Geschiebeeintrages aus den Zubringern, deren Transportkapazität durch Korrektionsmaßnahmen erhöht worden war. Zwischen 1914 und 1924 wurden umfangreiche Hochwasserschutzmaßnahmen durchgeführt und das dafür benötigte Kiesmaterial aus der Donau gebaggert. Bis 1950 erreichte die Eintiefung ca 1,40 m, wodurch oberhalb der Lechmündung eine Erhöhung der Abflußkapazität von 700 m^3/s im Jahre 1840 auf 1 000 m^3/s im Jahre 1950 ermöglicht wurde.

Zwei andere Beispiele mit gegensätzlicher Charakteristik beziehen sich auf das mittlere Donaueinzugsgebiet. *Abb. 5.1-4* (links) zeigt die Veränderungen der extremen Wasserstände an der unteren Drau. Sowohl die Wasserstände bei Hochwässern als auch bei Niederwässern weisen eine fallende Tendenz auf, die für Hochwässer bei 1,65 cm/a und bei Niederwässern bei 2,3 cm/a liegt. Eine detaillierte Untersuchung dieses Phänomens durch Sebrenovic, auszugsweise in STANCIC & JOVANOVIC (1988) wiedergegeben, zeigt gleichzei-

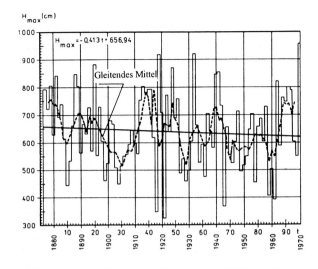
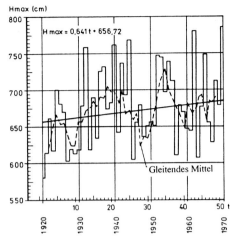

Abb. 5.1-4: Zeitliche Entwicklung bis 1970 der Wasserstände an zwei Pegelstellen im Donaueinzugsgebiet. **Links** Theiß am Pegel Szeged und **rechts** Save am Pegel Sremska Mitrovica (aus STANCIC & JOVANOVIC 1988)

tig eine deutliche Zunahme in den Abflußspitzen. Bei diesem Pegel an der Drau dominiert also die Eintiefung die Verschärfung der Hochwasserabflüsse.

Eine deutlich andere Entwicklung zeigt die Save in *Abb. 5.1-4* (rechts). Durch die bereits beschriebenen umfangreichen Hochwasserschutzmaßnahmen im Mittellauf wurde das Retentionsvermögen deutlich reduziert. Das bewirkte am Unterlauf, dargestellt am Pegel Sremska Mitrovica, im Verlauf der letzten 50 Jahre eine durchschnittliche Erhöhung des mittleren jährlichen Hochwassers (MHQ) von 10,8 m³/s.

Ufersicherung und Deckwerke

Die einheitliche Profilgestaltung, die meist in Form eines Doppeltrapezprofils für Mittel- und Hochwasser erfolgte, bewirkte auch ähnliche bauliche Ausführungen der Ufersicherungen. Die Unterschiede sind durch die Schwankungsbreite der Wasserstände, die auftretenden Fließgeschwindigkeiten und durch das Sohlsubstrat bedingt. Die Buhnen, gewöhnlich ab Mittelwasser überströmt, lenken bei flußauf gerichteter Ausführung den Abfluß zur Strommitte und tragen damit ergänzend zum Uferschutz bei. Der eigentliche Uferschutz erfolgt durch Sicherung des Böschungsfußes und durch Deckwerke. Der Böschungsfuß wird meist durch eine Schüttung aus grobem Blocksteinmaterial gesichert, da in diesem Bereich, ähnlich wie am Buhnenkopf, die größten Schleppkräfte auftreten. Bei beweglicher Sohle bewährt sich elastisches Material, wie Faschinen und Sinkwalzen, die durch Grobmaterial abgedeckt werden und damit gegen Erosion gesichert werden.

An den großen schiffbaren Flüssen wurden die Uferdeckwerke häufig aus grobschottrigem Material angelegt. Im Bereich der Wasseranschlagslinie wird die Schutzwirkung durch Blocksteine verstärkt. In besonders gefährdeten Abschnitten werden Steinpflasterungen (*Abb. 5.1-5a*) verwendet. Für einige Materialien sind kritische Schleppspannungen, ab denen Transport bzw. Erosion auftreten kann, angeführt:

Im Bereich von Stauhaltungen, die sowohl für die Energieerzeugung dienen und/oder die Bedingungen für die Schiffahrt verbessern, werden Rückstaudämme entlang der alten Uferlinien geführt. Neben dem Effekt, daß sie den Fluß vom Hinterland und Altarmen abtrennen und dadurch natürliche Retentionsräume wegfallen, wurden sie meist in einheitlicher Form über weite Strecken des Gewässers errichtet und führten zu einer deutli-

Tab. 5.1-1: Kritische Schleppspannungen für verschiedene Materialen (nach DIN V19661)

Material	kritische Schleppkraft (N/m²)
Feinsand	1
Grobsand	3 – 6
Schotter	15 – 40
Blockwurf	150 – 200
Rasenbewuchs	15 – 30
Pflasterung	160 – 200
Ufermauer	400 – 600
Betonmauer	600

Tab. 5.1-2: Typische Pflanzengesellschaften und deren Einstaudauer

Pflanzenart	Überstaudauer in Tagen
Laichkraut	365
Röhrichtzone	150 – 365
Weichholzau	30 – 150
Hartholzau	0 – 30

chen Reduktion von Flachwasserzonen und Schotterbänken. Zur Verringerung des Sickerwasserandranges werden die Rückstaudämme voll- bzw. bei geringer Stauhöhe im Bereich der Stauwurzel nur teilgedichtet. Die Dichtung ist entweder in den Damm verlegt und bindet bei Volldichtung in den undurchlässigen Untergrund ein, oder sie wird kostengünstig an der Wasserseite des Rückstaudammes in Form einer Asphaltbetonschicht aufgebracht (Versiegelung). Im Schwankungsbereich des Wasserstandes wird durch Blocksteine die Dichtungsschicht gegen mechanische Beeinträchtigung durch Schiffe, durch Wellen oder durch den Eiseinfluß geschützt. In anderen Fällen wird die Dichtung im Bereich der Wasseranschlagslinie im Damm verlegt. Um Material für den Dammbau zu sparen liegt bei Rückstaudämmen die Böschungsneigung im Bereich von 1:2 bis 1:3. Auf der Dammkrone wird dann noch ein Betriebsweg angelegt, so daß die ursprünglichen Uferstrukturen gänzlich verschwinden.

Bei einem natürlichen Ufer ist eine Zonierung der aquatischen und terrestrischen Vegetation zu beobachten, die sich entsprechend der Wasserstandshäufigkeiten einstellt (*Tab. 5.1-2*).

Es bildet sich somit ein artenreicher Uferstreifen aus, der neben seinen biologischen Funktionen auch noch als Filter beim Wasseraustausch zwischen Fluß und Hinterland wirkt (NOVITZKI 1978, MC CRIMMON 1980, ECKBLAD 1977). PINAY & DECAMPS (1988) zeigten die Abnahme des Nährstoffgehaltes im Grundwasser bei der Passage durch einen ca. 30 m breiten Auenwaldstreifen, wobei Denitrifikationsraten von 50 mg N_2/(m²·d) gemessen wurden. Ebenso werden auch die nährstoffreichen Feinsedimente im Vegetationsstreifen rückgehalten. Dies und die gute Wasserversorgung der Böden sind wesentliche Gründe für die außerordentliche Produktivität von Auwäldern, die ein mehrfaches von anderen Wäldern unserer Breiten beträgt. Durch die massiven Eingriffe im Uferbereich wird diese Abfolge von Pflanzengesellschaften entweder ganz unterbunden oder es bildet sich ein Ufersaum von wenigen Metern, in dem sich eine ähnliche Abfolge einstellt, die aber durch Pflegemaßnahmen ständig unterbrochen wird. Die Pflegemaßnahmen sind bei den bisher diskutierten baulichen Ausführungen notwendig, da tiefwurzelnde Pflanzen die Dammdichtung gefährden können und damit die Stabilität des Rückstaudammes bedrohen.

In den letzten Jahren wurden einige interessante Varianten zur Ufersicherung und Strukturierung realisiert. In *Abb. 5.1-5b* ist ein Beispiel für die Uferverbauung an einem Kleingewässer dargestellt, wo in Form von ingenieurbiologischen

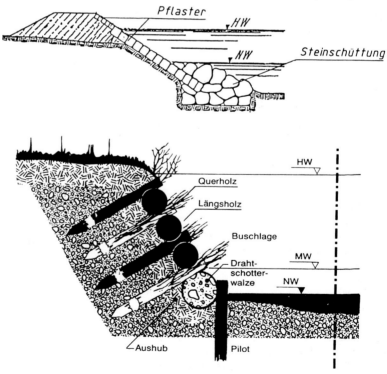

Abb. 5.1-5: Harte und ingenieurbiologische Uferverbauung (aus KHR 1993 (oben) und BMfLF 1992 (unten)

Maßnahmen die Ufer gesichert werden. Der Böschungsfuß ist durch eine Draht-Schotterwalze gesichert, es könnte auch eine flexible schottergefüllte Weidenwalze sein, deren Lage durch Holzpiloten bestimmt wird. Die Uferböschung wird durch Quer- und Längshölzer geschützt, in die noch Weidenlagen eingebracht werden, die mit ihrem Wurzelsystem zusätzlich den Holzrost verbinden und bedecken. Ist eine genügend breite Uferfläche im öffentlichen Wassergut vorhanden, so kann auch auf diese Form des Uferschutzes verzichtet werden. Der Fluß kann innerhalb vorgegebener Bereiche Umlagerungen bewirken, wodurch auch eine positive Beeinflussung der Tiefenerosion gegeben ist, und in der Folge kann sich eine natürliche standortgerechte Vegetation entwickeln. An einigen Flußläufen wurde dieser naturnahe Wasserbau praktisch erprobt (BAYERISCHES LANDESAMT FÜR WASSERWIRTSCHAFT 1984, LANGE & LECHER 1993). Es zeigt sich, daß die Vegetation ganz wesentlich zur Stabilisierung der Ufer beiträgt, und daß die Erhaltung von hartverbauten Ufern oft schon kostenintensiver als der Flächenankauf ist. Auch in Siedlungsgebieten wurden sanftere bauliche Ausführungen umgesetzt. In Wasserburg am Inn wurde der Hochwasserschutz im Stadtbereich verbessert, indem die Hochwasserschutzdämme erhöht aber mit flacher Böschungsneigung ausgeführt wurden. Die Dammdichtung ist ins Damminnere verlegt, so daß auf den flachen Uferböschungen durchaus Vegetation, auch Bäume aufkommen können. Die Linienführung des Deiches ist mit Buchten versehen, und die Wege werden nicht auf der Dammkrone geführt, sondern verlaufen näher zum Gewässer auf einer Berme des Dammes. Das für den Dammschutz verwendete Material entspricht dem Sohlsubstrat und ist nur örtlich an exponierten Stellen vergröbert, was auch bei jedem natürlichen Flußlauf zu beobachten ist. Inzwischen bewährte sich der Hochwasserschutzdamm bei einigen großen Abflußereignissen. Nachweise zwischen morphometrischen Gewässerparametern und biologischer Attraktivität wurden vielfach durchgeführt (JUNGWIRTH & WINKLER 1993, VANNOTE et al.

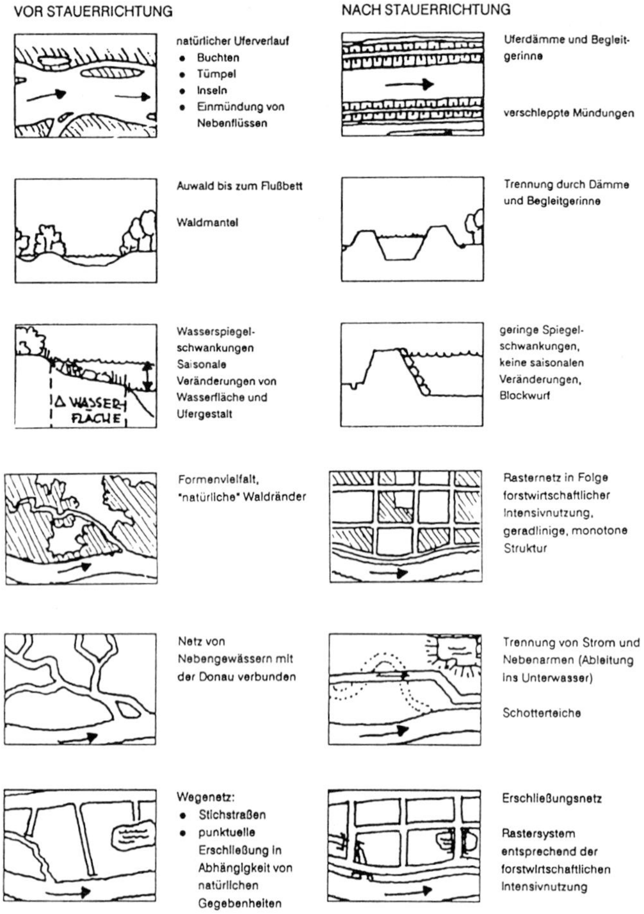

Abb. 5.1-6: Schematische Darstellung der Veränderungen am Gewässer und im Umland (aus HARY & NACHTNEBEL 1989)

1980) und bestätigen eindrucksvoll die positive Korrelation zwischen Artenvielfalt und dem Strukturreichtum eines Gewässers. Gerade die Fließgewässer in den Alluvionen der Voralpen zeigten ursprünglich eine hohe Umlagerungskapazität und Formenvielfalt. Durch die Korrektionsmaßnahmen und die Einengung des Abflußraumes, die aus der damaligen Sicht eine Notwendigkeit für die ansässige Bevölkerung darstellte, ging diese morphologische Vielfalt verloren. Die großen Korrektionsmaßnahmen betrafen sowohl den Längs- und Querschnitt der Gewässer als auch deren Grundriß und einige der Veränderungen sind in schematischer Form in *Abb. 5.1-6* wiedergegeben.

Stauhaltungen

Weltweit wurden zwischen 1960 und 1990 jährlich ca. 250–300 Dämme mit einer Höhe von mehr als 15 m errichtet (BEAUMONT 1978, MERMEL 1983, 1991), wobei seit Mitte der 70er Jahre die Tendenz fallend ist. VELTROP (1991) gibt mit Stand 1986 eine Gesamtzahl von mehr als 36 000 Dammbauten mit einer Höhe von mehr als 15 m an. AVAKYAN (1996) führt eine Gesamtzahl von mehr als 60 000 Speichern an, deren Gesamtvolumen ca 6 000 km³ bei einer Wasseroberfläche von 400 000 km² umfaßt, wobei keine Auswahlkriterien für die Erstellung dieser Statistik angegeben werden. Die Speicherbauten dienen mannigfaltigen Zwecken: Zum Hochwasserschutz, zur Bewässerung, zur Energieerzeugung und zur Wasserversorgung.

Zusätzlich zu diesen Wasserbauten werden die Fließgewässer noch durch eine Vielzahl von Flußstauhaltungen abgetreppt, die hauptsächlich zur Unterstützung der Schiffahrt und zur Energieerzeugung dienen. Die Wasserkraftnutzung ist sicherlich sehr attraktiv und in vielen Aspekten umweltfreundlich, indem sie eine erneuerbare Energiequelle nutzt und keine Schadstoffe an die Umwelt abgibt. Dennoch sind auch eine Reihe von Umweltauswirkungen zu berücksichtigen, die am Ende dieses Abschnittes kurz beleuchtet werden. Ähnlich verhält es sich mit der Schiffahrt, die im Vergleich mit anderen Verkehrsträgern deutlich weniger Energieaufwand verlangt und mit weniger Schadstoffbelastungen für die Umwelt verbunden ist. Gleichzeitig ist aber zu berücksichtigen, daß gerade durch die Schiffahrt eine drastische bauliche Veränderung der größeren Flüsse erfolgte. Als Beispiel für den staugeregelten Ausbau werden wieder das Donau- und das Rheingebiet herangezogen.

Der erstmalige gezielte Ausbau der oberen Donau für die Energiegewinnung beginnt mit dem Bau des Laufkraftwerkes Kachlet oberhalb von Passau im Jahre 1924. Das nächste große Kraftwerk, Ybbs-Persenbeug, wurde erst 1938 begonnen, die Baustelle aber, aufgrund der nachfolgenden Kriegswirren, wieder stillgelegt. Der Weiterbau erfolgte im Jahre 1954, wodurch der Ausbau der oberen Donau zu einer geschlossenen Kraftwerkskette begann, ein Prozeß, der bis in die Gegenwart andauert. Mittlerweile wurde an der oberen und mittleren Donau ein Ausbaugrad von 80 % der möglichen Leistung erreicht. In Österreich befinden sich neun Donaukraftwerke, von denen eines gemeinsam mit Bayern betrieben wird. Die ca. 350 km lange österreichische Strecke ist weitgehend ausgebaut und es fehlen lediglich noch eine Staustufe in der Wachau sowie ein bis zwei Staustufen flußab von Wien zum Vollausbau. Deutschland verfügt über eine Kraftwerkskette, die aus 21 Staustufen besteht, wobei zum Erreichen eines theoretischen Ausbaugrades von 10 % noch acht Kraftwerksstufen möglich sind. Dieser massiven Nutzung der Wasserkraft der oberen Donau mit ihren 29 Staustufen stehen vier Staustufen der mittleren Donau und drei Bauwerke im Abschnitt der unteren Donau gegenüber. Von diesen sieben Kraftwerken sind allerdings nur zwei im mittleren Donaulauf realisiert, während sich die übrigen in Planung befinden (KOMOLI 1992, SCHILLER & DREXEL 1991). Daraus ergibt sich auf Basis der durchgeführten Bauten und der vorliegenden Planungen ein hydroenergetisches Potential von rund 42 550 GWh/a für die ganze Donau. Im einzelnen entfallen dabei 17 250 GWh/a auf die obere Donau, 16 150 GWh/a auf die mittlere Donau und 9 150 GWh/a auf die untere Donau. Speziell im oberen Donauabschnitt dienen die Staustufen neben der Energieerzeugung auch dem Hochwasserschutz und der Flußschiffahrt. Dies ist von besonderem Interesse, seit der Rhein-Main-Donau Kanal, der bei Kehlheim in Deutschland in die Donau mündet, eine Schiffahrt zwischen Donau und Rhein ermöglicht.

Die Energienutzung am Oberrhein ist von besonderem energiewirtschaftlichem Interesse. Der erstmalige Ausbau zur Energiegewinnung geht auf die Versailler Verträge zurück, die Frankreich das alleinige Recht zur Wasserkraftnutzung in diesem Abschnitt zusprach. Daraufhin wurde der linksrheinischer Seitenkanal gebaut, in den 4 Staustufen mit jeweils einer Schleusenanlage und einem Kraftwerk integriert sind. Die installierte Gesamtleistung der vier Kraftwerke Kembs, Ottmarsheim, Fessenheim und Vogelgrun beträgt 678 MW. Der Kanal steigert zwar die Effizienz der Energiegewinnung und der Schiffahrt, ist aber durch die hohe Wasserentnahme aus dem Rhein die Ursache für die Restwasserprobleme. Dies war auch der Grund beim weiteren Ausbau der Wasserkraft auf die Weiterführung des Kanals zu verzichten und stattdessen eine sogenannte Schlingenlösung zu projektieren. Für die vier Stauhaltungen Marckolsheim, Rhinau, Gerstheim und Straßburg im Flußbereich zwischen Breisach und Straßburg wurde dieses Konzept realisiert. Im mittleren Teil jeder Haltung wird der Fluß durch ein Wehr aufgestaut. Das an den Deichen binnenseitig anfallende Sicker- und Grundwasser wird ins Unterwasser abgeführt. Das Wehr wird durch einen Schiffahrts- und Wasserkraftkanal umgangen, und am unteren Ende des Kanals ist eine Schleuse und ein Kraftwerk angeordnet. Durch den Einbau fester Schwellen im Rheinbett unterhalb des Wehres wird das Absinken des Wasserstandes verhindert.

Um dem Problem der ausgeprägten Sohlenerosion im Unterwasserbereich der Staustufen zu begegnen, erwiesen sich zwei zusätzliche Staustufen, Gambsheim und Iffezheim, als notwendig. Die beiden Staustufen liegen vollständig im Rheinbett und verfügen jeweils über eine Schleusengruppe und ein Kraftwerk mit 100 MW installierter Leistung. Die Staustufe Iffezheim bildet den derzeitigen Abschluß der für energiewirtschaftliche Zwecke ausgebauten Strecke des Oberrheins, die 10 Kraftwerke beinhaltet.

Auswirkungen der Stauhaltungen

Durch die großen Speicherbauten wird das Abflußdargebot zeitlich und räumlich verändert und die Feststoffe werden sedimentiert. Bei den Laufstauen bestehen die direkten Auswirkungen in der Veränderung der morphometrischen Parameter, im Wegfall von Retentiosnräumen, in der Reduktion der Fließgeschwindigkeit, im Einfluß auf die Transportrate von Feststoffen und Nährstoffen, und schließlich in der Veränderung der Gewässerbiologie. Im Unterliegerbereich ist eine Verschärfung der Hochwässer zu beobachten, sei es im rascheren Anlaufen der Welle oder in einer Erhöhung des Scheites der Welle. Gleichzeitig wird durch den Geschieberückhalt die mehrfach zitierte Eintiefungstendenz der Gewässer beschleunigt. Als ein typisches Beispiel seien die Untersuchungen an einem Laufstau an der österreichischen Donau näher beschrieben.

Im Rahmen einer interdisziplinären Studie (HARY & NACHTNEBEL 1989) wurden die Auswirkungen des Kraftwerkes Altenwörth, es ist das leistungsstärkste an der österreichischen Donau, auf die Umwelt ausführlich analysiert und dokumentiert. Eine ähnliche Studie liegt nun für das Kraftwerk Gabcikovo in der Slowakei vor (FACULTY OF NATURAL SCIENCES 1995).

Betrachtet man den Wasserhaushalt und die Veränderungen im Ökosystem, so ist eine Entkopplung von Teilsystemen und eine Reduktion in der Strukturvielfalt festzustellen. Die Entkopplung erfolgt zwischen Fluß und Hinterland, zwischen dem Hauptfluß und seinen Zubringern und den Altarmen, sowie auch die Unterbindung der Wechselwirkung zwischen Oberflächen- und Grundwasser. Die ursprüngliche Vielfalt an aquatischen Lebensräumen, die durch unterschiedliche Fließverhältnisse, Wassertiefen und wechselndes Substrat gekennzeichnet waren, wird besonders im Stauraum durch gleichförmige Strukturen ersetzt. Durch die Stauhaltung kommt es in Längsrichtung des Staues zu einer Verringerung der Fließgeschwindigkeit und dadurch zu hohen Sedimentationsraten von Schotter im Bereich der Stauwurzel und von zunehmenden Anteilen von Feinsedimenten im eigentlichen Stauraum. Diese Veränderung in den abiotischen Verhältnissen kommt auch deutlich in der benthischen Lebensgemeinschaft zum Ausdruck, die durch eine Zunahme von Oligochaeten und Polychaeten gekennzeichnet ist. Die Zunahme von Arten, die typische Vertreter von kritisch bis stärker belasteten Gewässern sind, kann aber nicht als Indikator für eine Verschlechterung der Wassergüte herangezogen werden, da z. B. die chemischen Parameter eine Sauerstoffsättigung bis zum Grund zeigen. Auf Grund weiterer Untersuchungen ist der Schluß zu ziehen, daß eine saprobiologische Kennzeichnung des Stauraumes irreführende Schlüsse zur Folge haben kann.

Aus fischökologischer Sicht entspricht der Stauraum infolge der veränderten abiotischen Basisstrukturen nunmehr einem Lebensraum limnophiler Fischarten. Von den kennzeichnenden Parametern passen zwar die geringe Fließgeschwindigkeit, die große Wassertiefe, das feinkörnige Substrat und die erhöhte Biomasse zu deren Lebensraum, doch ist die Wassertemperatur zu gering und ebenso behindert auch die geringe Planktonmasse die Ausbildung einer limnophilen Fischfauna. Durch die Strukturarmut im Stauraum sowie die fehlende Verbindung zu den Auengewässern wird insgesamt die natürliche Reproduktion negativ beinflußt. Von den ursprünglich dominanten rheophilen Fischarten wurden im Stauraum zwar einige Adultfische bei Abfischungen beobachtet, doch Jungfische wurden nur in der flußauf angrenzenden Fließstrecke und einige wenige Exemplare im Bereich der Stauwurzel gefangen. Laichmöglichkeiten für diese rheophilen Arten, die schottriges Substrat und Flachwasserzonen benötigen, bestehen im Stau nicht mehr.

Betrachtet man die Veränderungen der Wasservogelpopulation, so ist bei den überwinternden

Arten ein deutlicher Anstieg in der Gesamtzahl, verbunden mit einer Veränderung im Artenspektrum und in der räumlichen Verteilung im Stauraum festzustellen. Die geänderten Lebensgrundlagen begünstigen vor allem das Massenvorkommen von Tauchenten und Bläßhühnern. Die räumliche Verteilung der Arten wird wesentlich durch die Strömungsverhältnisse, das Nahrungsangebot und durch anthropogene Störeinflüsse bestimmt. Die fehlende Ufervegetation und der Mangel an kleinräumigen Uferstrukturen reduziert für einige Wasservogelarten (Gänsesäger, Mittelsäger) den Lebensraum; so daß diese nur mehr sporadisch auftreten. Negativ wirkten sich anthropogene Störeffekte durch Radfahrer und Spaziergänger am Treppelweg aus. Für die überwinternden Vogelarten stellt die erhöhte Vereisungstendenz des Stauraumes noch ein zusätzliches Risiko dar.

Im Hinterland wurde der Wasserhaushalt deutlich verändert. Dies wurde durch die reduzierte bzw. überhaupt ausbleibende Überflutung von der Donau, sowie durch die deutlich gedämpfte Grundwasserdynamik bewirkt. Die mittlere Grundwasserspiegellage zeigt nur geringe Veränderungen, im Bereich von wenigen Dezimetern. Eine klare Zonierung zeigt der Einfluß der über weite Strecken des Stauraumes dicht ausgeführten Rückstaudämme auf die Grundwasserdynamik, die in einem ca. 2 km breiten Uferstreifen deutlich reduziert wurde. Dadurch wurde in der Folge auch der Bodenwasserhaushalt verändert, da die Dauer des Grundwasseranschlusses an den Oberboden ebenfalls beeinflußt wurde. In der Grundwasserqualität ist ein Uferstreifen von ca. 2 km Breite mit geringen Konzentrationen an gelöstem Sauerstoff, begleitet von erhöhten Werten an Eisen und Mangan, zu beobachten.

Der veränderte Wasserhaushalt hat unmittelbare Auswirkungen auf die Auenwaldvegetation. Die mögliche Beeinflussung der landwirtschaftlichen Nutzflächen ist als gering anzusehen, da sie in größerer Entfernung von der Donau liegen und auch vor Kraftwerkserrichtung bereits große Flurabstände vorhanden waren. Aus forstwirtschaftlicher Sicht verursachte der geänderte Bodenwasserhaushalt in einigen Flächen eine Minderung des Ertragspotentials mit zusätzlich auftretenden Bestandsschäden. Je flachgründiger und grobkörniger das Substrat ist, desto negativer wirkt sich das Fehlen von hohen Grundwasserspiegellagen auf die Leistungsfähigkeit des Standortes aus. Insbesondere die feuchtedominierten Standorte (Feuchte und Nasse Weidenau, Frische Pappelau) zeigen starke negative Veränderungen, die Standorte »Feuchte Pappelau« und »Feuchte Harte Au« zeigen im Durchschnitt schwach negative Auswirkungen. Physiologische Untersuchungen an zwei vergleichbaren Beständen, aber mit unterschiedlichem Wasserversorgungsgrad des Bodens und des Wurzelraumes, zeigen, daß ein reduziertes Wasserdargebot in einer verringerten Biomasseproduktion resultiert. Der Beschattungsgrad des Bodens wird dadurch verringert und damit der Durchfall des Regens vergrößert, wodurch die Krautschicht mehr Biomasse produziert. Die geminderte Detritusbildung beim Standort ohne Grundwasseranschluß des Bodens hat längerfristig auch Verluste im Humuskörper zur Folge. Ähnlich wirkt auch der Entfall von Nährstoffen, die durch Überflutungen eingetragen wurden.

Schlußbetrachtung

Zusammenfassend ist festzustellen, daß durch die flußbaulichen Maßnahmen der letzten 150 Jahre tiefgreifende Veränderungen an unseren Fließgewässern bewirkt wurde. Diese Maßnahmen trugen wesentlich zur Nutzung der Ressourcen bei und ermöglichten in vielen Gebieten erst die dauernde und weitgehend sichere Besiedlung der Talräume. Wirtschaftlich betrachtet, sind viele der Maßnahmen mittelfristig gerechtfertigt. Dadurch daß aber nahezu alle Gewässer verändert wurden, zeigten sich auch eine Reihe negativer Auswirkungen. Diese bestehen im beschleunigten Ablauf der Hochwässer und im geringeren Wasserrückhalt in den Flußgebieten. Als eine der Folgen sinken die Grundwasserressourcen und die Augebiete zeigen Austrocknungstendenzen. Auch die ufernahen Grundwassersyteme, die eine wertvolle Trinkwasserreserve darstellen, sind gefährdet, sowohl quantitativ als auch qualitativ. Neben diesen nutzungsorientierten Beurteilungen ist festzustellen, daß die aquatischen und semiaquatischen Lebensräume stark reduziert wurden und damit negative Auswirkungen auf die Artenvielfalt klar zu Tage treten. Einzelne Arten können vielleicht wieder eingebürgert werden, doch solange die großen Lebensräume in Form von Feuchtgebieten und Auen fehlen, kann das ursprüngliche Artenspektrum nicht annähernd wiederhergestellt werden.

5.2 Fahrwasservertiefungen ohne Grenzen?

HARTMUT KAUSCH

Fahrwasservertiefungen sind eine Folge der Großschiffahrt, die sich seit der Mitte des vorigen Jahrhunderts. sowohl in der See- als auch in der Binnenschiffahrt entwickelt hat. Bis dahin waren nennenswerte Vertiefungen von Flußläufen und Schiffahrtsrinnen in den Ästuaren weder nötig, weil die Schiffe verhältnismäßig klein waren und der Tiefgang an die geringen Tiefen der Fahrwasser angepaßt war, noch möglich, weil es keine geeigneten und wirksamen technischen Hilfsmittel dafür gab. In jedem Binnenschiffahrtsrevier waren eigene, an die Verhältnisse des schiffbaren Flusses angepaßte Schiffstypen in Verwendung. So waren z. B. die auf dem zwischen 1391 und 1398 gebauten Stecknitz-Kanal bei Lübeck verkehrenden Schiffe bis zu 19 m lang und hatten einen Tiefgang von 0,43 m und eine Tragfähigkeit von 12,5 t (ROHDE 1971). Die größten Flußschiffe auf der Elbe im 18. Jh. waren 35 m lang, 5 m breit, hatten einen Tiefgang von 1 m und eine Tragfähigkeit von ca. 140 t (ROHDE 1971, S. 36). Flußabwärts ließen sich die Schiffe treiben, segelten auch gelegentlich, flußauf oder in Kanälen wurden sie entweder durch Menschen- oder durch Pferdekraft getreidelt. Heute hat das Europaschiff, das europäisch genormte Motor-Binnenschiff, eine Länge von 85 m, eine Breite von 9,5 m, einen Tiefgang von 2,5 m und eine Tragfähigkeit von 1350 t. Die Entwicklung geht weiter zu immer größeren Schiffen (z. B. das Großmotorgüterschiff von 110 m Länge, 11,45 m Breite und 3,5 m Tiefgang, vgl. Kap. 3.1) und zu großen Schubverbänden. Seegehende Frachtschiffe hatten bis zum Beginn des 19. Jhs. ein Fassungsvermögen von ca. 200 Registertonnen und einen Tiefgang von 3,5 m. Heute haben die großen Tank- und Containerschiffe meist einen Tiefgang von 12,80 m. Größere Tiefgänge noch größerer Schiffe sind aber zu erwarten oder, bei heute noch wenigen Schiffen, bereits verwirklicht (s. u.).

Vertiefung der Schiffahrtsrinnen in Flüssen

Ab dem 17. Jh. war damit begonnen worden, Flußläufe zu begradigen, indem man große Mäanderschleifen mit Hilfe von Durchstichen abschnitt sowie Felsen und andere Schiffahrtshindernisse beseitigte. Dadurch erhöhte sich die Fließgeschwindigkeit und mit ihr die Erosion an Ufer und Flußbett. Buhnen- und Leitdammbauten zur Stabilisierung des Fahrwassers und der Ufer wurden nötig. Die Begradigung und Verkürzung des Oberrheins nach den Plänen des badischen Ingenieurs Johann Gottfried Tulla im 19. Jh. mit der zu Beginn des 20. Jhs. durch Strombaumaßnahmen in diesem neuen Flußbett stabilisierten Schiffahrtsrinne (WOHLRAB et al. 1992, TÜMMERS 1994) ist ein spektakuläres Beispiel. Man erreichte mit solchen Maßnahmen jedoch vor allem ein tieferes Einschneiden des Flußbettes in den Untergrund bei gleichzeitigem Absinken des Grundwasserspiegels, nicht aber die erwünschte Vertiefung des Fahrwassers (vgl. Kap. 2.3). Daher baute man, vor allem in der ersten Hälfte unseres Jahrhunderts, Talsperren im Einzugsgebiet, die während niederschlagsreicher Zeiten Wasser speichern, das in Niedrigwasserzeiten zur Erhaltung der Fahrwassertiefen in die unterliegende oder gar einem anderen Einzugsgebiet angehörende Wasserstraße eingespeist werden kann. Diese Talsperren dienen zugleich dem Hochwasserschutz, der Strom- und der Trinkwassergewinnung oder dem Baden, Surfen und Segeln. So entstanden z. B. der Edersee (1914) für die Niedrigwasserregulierung von Mittellandkanal und oberer Weser oder die Bleilochtalsperre (1934) und die Talsperre Hohenwarthe (1940) für die Mittelelbe. Auch die Okertalsperre (1956) im Harz und der Altmühlsee in Franken, in dem ein unter Naturschutz gestelltes künstliches Flachwassergebiet von 1 km² Fläche geschaffen wurde, gehören in diese Reihe. Dies aber war und ist mit erheblichen, landschaftsverändernden Eingriffen in die Ökologie der kleineren Nebenflüsse und der gewachsenen Landschaft des jeweiligen Einzugsgebietes verbunden (vgl. Kap. 2.3), eine Fernwirkung des Ausbaus der Schiffahrtsstraßen.

Wirklich stabile Fahrwassertiefen können in den tidefreien Bereichen der Flüsse häufig nur durch Aufstau des jeweiligen Flusses selbst erreicht werden, ein den Charakter des Fließgewässers radikal veränderndes und alle seine natürlichen Gegebenheiten, auch die Auen, zerstörendes Verfahren (vgl. Kap. 2.3). Es bleibt zu hoffen, daß der deutschen Oberelbe dieses Schicksal auch nach dem Jahr 2012 erspart bleiben kann, wenn der derzeitige Bundesverkehrswegeplan, der keine Stauhaltungen für diesen Elbeabschnitt vorsieht, endet.

Eine erhebliche Anzahl unserer Flüsse sind bis in die jüngste Zeit hinein durch aufwendige Baumaßnahmen begradigt, vertieft, verbreitert, aufgestaut und in Kanäle verwandelt worden, mit dem

Ziel, die Bundeswasserstraßen miteinander zu vernetzen und an Wasserstraßen jenseits unserer Bundesgrenzen anzuschließen (vgl. Kap. 3.1 und 5.5). Noch vor wenigen Jahren fiel die untere Altmühl als naturnaher Fluß dem Bau des Main-Donau-Kanales zum Opfer und die deutsche Strecke der Donau unterhalb von Kehlheim unterliegt noch heute der Begradigung von Flußschlingen und der Verbreiterung. Dies alles geschieht trotz rückläufiger Transportleistungen auf dem Wasser. Wird, wie am Oberrhein in den 20er und 30er Jahren mit dem Bau des Rheinseitenkanals (des Grand Canal d'Alsace) geschehen – und dort durch Änderung des ursprünglichen Konzeptes und aufwendige technische Zusatzeinrichtungen seit den 70er Jahren teilweise korrigiert – der Fluß praktisch komplett in einen wasserdicht betonierten Seitenkanal mit Stauhaltungen umgeleitet, dann sind extreme Grundwasserabsenkungen und Versteppung der Flußniederung die Folge (TÜMMERS 1994).

Meist dienen die Stauhaltungen zugleich auch der Gewinnung elektrischer Energie. Das ist, neben der Schiffahrt, ein weiterer Grund, warum so viele Flüsse im Laufe der vergangenen 100 Jahre in Ketten von Staustufen umgewandelt worden sind (vgl. Kap. 5.3). Schiffahrt und Wasserkraft gelten als besonders umweltfreundlich. Dies ist jedoch nur im Hinblick auf den damit verbundenen, relativ geringen Verbrauch an fossilen Energieträgern (Öl, Gas, Kohle) und den demzufolge geringen Anteil an der Luftverschmutzung und die den Treibhauseffekt der Atmosphäre erhöhende CO_2-Abgabe richtig, nicht aber für die dafür erforderlichen radikalen Eingriffe in die Ökologie des gesamten Flußsystems.

Vertiefungen der Ästuare

In den Ästuaren von Elbe, Weser und Ems waren Änderungen der Fahrwassertiefen bis weit in das 19. Jh. hinein weder nötig noch möglich. Zwar war es schwierig dort zu navigieren, zumal ja zunächst die Seeschiffahrt eine reine Segelschiffahrt war. Die Gezeitenströmungen, im Zusammenspiel mit den aus dem Hauptfluß und seinen Nebenflüssen im Bereich des Ästuars abfließenden Oberwassermengen, führten zu ständigen Veränderungen der schiffbaren Fahrrinne durch Sandbänke und Verlagerungen. Es wurden Lotsen erforderlich, die an der Unterelbe bereits seit 1497 erwähnt werden (ROHDE 1971). Flachere Stellen wurden bei Flut überwunden. Wo immer auch dann die Fahrwassertiefe nicht ausreichte, wurden die größeren Schiffe geleichtert, d. h. ihre Ladung auf kleinere Flußschiffe oder Boote umgeladen.

Als ab dem ersten Drittel des 19. Jhs. die Dampfschiffe sowohl in der See-, als auch in der Binnenschiffahrt in Gebrauch kamen und sich bis zum Ende des Jhs. bewährt hatten, wurden immer größere und stärkere Schiffe gebaut, später mit Dieselmotoren, und der von Wetter und Wind weitgehend unabhängige, zeitlich festgelegte Linienverkehr wurde zur Regel. Zeitverzögerungen durch naturgegebene Hindernisse wurden immer weniger toleriert. Die bis heute immer wieder erfolgreich erneuerte Forderung der Seeschiffahrt, die damals ausgebauten und vergrößerten Häfen von internationaler Bedeutung mit jedem Schiffstyp und voller Ladung (»voll abgeladen«, wie der Fachausdruck heißt) möglichst gezeitenunabhängig anlaufen zu können, führte zu der früher »Korrektion«, heute »Anpassung« genannten Abfolge von Vertiefungen und Verbreiterungen der für die immer größer werdenden Schiffe zu flachen und zu schmalen Schiffahrtsstraßen in den Ästuaren (SCHIRMER 1994).

Auf der Unterelbe begann dies mit der Indienststellung leistungsfähiger Dampfbagger in den Jahren 1846 und 1859. Damals wurde die Beseitigung der auf der Strecke zwischen Hamburg und Schulau besonders hinderlichen Barren vor Blankenese, die bis dahin bei mittlerem Tideniedrigwasser die Fahrwassertiefen in diesem Bereich auf 1,7–2 m beschränkt und zu teuren Wartezeiten auf die Flut für 2/3 aller ankommenden Schiffe geführt hatten, in Angriff genommen. Danach »*betrug der Tiefgang der Schiffe, die im allgemeinen nicht mehr zu leichtern brauchten, ... bereits 5,3 m*« (ROHDE 1971). Im Jahre 1910 lagen die Tiefen bei -8 bis -10 m unter dem mittleren Tideniedrigwasser (MTnw).

Für die Schiffahrt und die Entwicklung der Wirtschaft gut, der Ökologie der großen Flüsse und Ästuare in Deutschland aber sehr abträglich war die in der Reichsverfassung der Weimarer Republik verankerte Übernahme der Wasserstrassen durch das Deutsche Reich ab dem Jahre 1921. »*Damit war der Weg frei für einen weiteren Ausbau der Wasserstraßen nach übergeordneten und für die Belange der gesamten deutschen Volkswirtschaft bestimmenden Gesichtspunkten*« (ROHDE 1971). Dies hieß vor allem, daß die Einhaltung von Fahrwassertiefen an die Tiefgangsentwicklung der Schiffe gebunden wurde. Diese Regelung, die für Hamburg den Zugang der größten Schiffe, für die Weser 70 % der Welthandelstonnage vorsah (SCHIRMER 1994), und die nach dem 2. Weltkrieg von der Bundesrepublik Deutschland übernommen wurde, programmierte alle weiteren Vertiefungen vor und garantierte ihre Durchführung.

Demzufolge wurde in der Unterelbe in der Zeit von 1936 –1950, unterbrochen durch den 2. Weltkrieg, der Ausbau auf -10 m, von 1957–1962 auf -11 m und von 1964–1969 auf -12 m unter MTnw durchgeführt (IKSE 1994). Bald danach schloß sich die Vertiefung der Unterelbe auf -13,5 m unter MTnw an (1974–1978, Abb. 5.2-1).

Ähnliches geschah in der Unterweser: 1887–1895 5 m-Ausbau, 1913–1916 7 m-Ausbau, 1953–1958 8,7 m-Ausbau und 1973–1978 9 m-Ausbau, wobei reale Tiefen von -10,7 m unter NN erreicht wurden (SCHIRMER 1994).

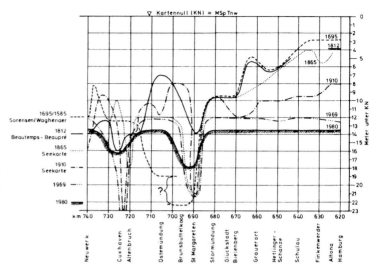

Abb. 5.2-1: Zeitliche Entwicklung des mittleren Tidenhochwassers (MThw) und des Tidenhubs (MThb) in der Unterelbe (ARGE Elbe 1984). Nach 1980 ist der Tidenhub bis heute auf 3,6 m weiter angestiegen

Vertiefung und Verbreiterung gehören zusammen

Vertiefung bedeutet zugleich auch immer Verbreiterung. HENSEN (1955) zeigte »*wie durch die Baggerungen im Gebiet der Barrenstrecke zwischen Altona und Blankenese die Flußquerschnitte zugenommen haben ... am Beispiel des Querschnittes bei km 628,425*«, der »*von 1898 bis 1902 von 2 500 m² auf 3.000 m² zu(nahm), von 1907 bis 1920 von 3 000 m² auf 3 800 m² und weiter bis 1950 auf 4 800 m²*« (zit. nach ROHDE 1971). Noch extremer sind die Verhältnisse in der Unterweser bei km 11, wo der natürliche Querschnitt von vor 1887 nach 4 Vertiefungen einschließlich des 9 m-Ausbaus mehrfach in die jüngste Querschnittsfläche von 1978 hineinpassen würde, also ein völlig neues und künstliches Strombett geschaffen wurde, das nur noch aus Schiffahrtskanal besteht, wie SCHIRMER (1994) mit einer eindrucksvollen Abbildung nach WETZEL (1987) belegt.

Das Strombett wird kanalisiert

Vertiefung bedeutet aber auch Bau von Buhnen und Leitdämmen zur Stabilisierung des übertieften Fahrwassers, Befestigung der Ufer, Aufspülungen an den Rändern des Strombettes und auf Inseln sowie ständige Unterhaltungsbaggerungen nach der Fertigstellung des neuen Kanales. Die Rauhigkeit des Bodens sinkt und die Strömungsgeschwindigkeiten im vertieften Schiffahrtskanal nehmen zu. Zugleich sinken die Strömungsgeschwindigkeiten in den flacheren Partien in Ufernähe. Das alles hat eine Menge negativer Konsequenzen für Struktur und Funktion des ursprünglichen Ökosystems. Da alle Vertiefungen nur aus den Bedürfnissen der Großschiffahrt erwachsen, wurden sie bislang ohne jede Berücksichtigung ökologischer Belange allein nach technischen Gesichtspunkten durchgeführt. Nach den letzten Vertiefungsmaßnahmen der 70er Jahre aber registrierte man auch bei den verantwortlichen Behörden nach und nach die eingetretenen Folgen, auf die engagierte Naturschützer seit Jahren nachdrücklich hingewiesen hatten.

Flachwasserzonen verschwinden

Flachwasserzonen mit Tiefen um 2 m sind wichtige Aufenthalts- und Entwicklungsgebiete für Phyto- und Zooplankton, bodenlebende wirbellose Tiere, Fische, Mysidaceen und Garnelen, die auf geringe Strömungsgeschwindigkeiten angewiesen sind, und Verbreitungsgebiete für die Unterwasserpflanzen, die genügend hohe Lichtintensitäten benötigen, um wachsen zu können (vgl. Kap. 7.1). Flachwasserzonen sind durch den laufenden Stromausbau am stärksten gefährdet.

Die mit der Vertiefung einhergehende Verbreiterung der Fahrrinnen führte vor allem in den schmalen inneren Bereichen der Ästuare zu großen ausbaubedingten Verlusten. Wo, wie in der Weser, der Schiffahrtskanal heute streckenweise größer und breiter ist, als das ursprüngliche Strombett, waren die Flachwasserverluste während der letzten rund 100 Jahre besonders hoch: 75 % insgesamt, 85 % im inneren limnischen Teil, 63 % im äußeren brackigen Bereich des Weserästuars zwischen 1887 und 1988 (SCHIRMER 1994). In der Unterelbe mit ihren größeren Abmessungen lagen die Flachwasserverluste bei 31,2 % am Nordufer und 8,3 % am Südufer (SCHIRMER 1994 nach ARGE Elbe 1984). Strömungsberuhigte Zonen, in denen sich Flora und Fauna wegen der langen Aufenthaltszeiten des Wassers ungestört entwickeln konnten, und Überschwemmungsflächen, welche durch ihre Filterfunktion die Selbstreinigung der Gewässer unterstützt hatten, wurden stark reduziert, Nebenarme zugeschlickt oder abgedämmt, Inseln an das Festland angeschlossen und Sände durch Aufspülungen hochwasserfrei gemacht.

Dort, wo an den Flanken zur Fahrrinne hin Flachwasserzonen bestehen blieben, werden die dort verwirklichten Lebensgemeinschaften durch die Unterhaltsbaggerungen zur Verhinderung der Versandung und die damit verbundenen Sedimentumlagerungen ständig gestört. Die Zunahme der Strömungsgeschwindigkeiten in der Schiffahrtsrinne und an den Rändern führt zu Erosion und Resuspension der Sedimente, unterstützt durch Schraubenwasser, Sog und Schwall der großen, die Schiffsrinne immer mehr ausfüllenden Schiffe, die Verringerung der Strömungsgeschwindigkeit über den Flachwassergebieten zu erhöhter Sedimentation. Nach und nach werden die ständig von Wasser bedeckten Flachwasserzonen zu Wattgebieten, die täglich zweimal trockenfallen. Damit ändert sich das dort vorhandene Arteninventar nahezu völlig. Fische und Garnelen können nur noch zeitweilig dort leben. In der dicht daneben liegenden Schiffahrtsrinne aber ist die Strömungsgeschwindigkeit für sie zu groß. Die strömungsruhigeren Nebenarme, die sich zwischen Hauptstrom und den langgezogenen Strominseln befinden und in die Fische und Garnelen sich zurückziehen könnten, sind durch die hydrographischen Folgen der Vertiefung ebenfalls in der Gefahr, immer kleiner und schmaler zu werden. Dadurch, daß die Ebbezeiten nun länger dauern als die Flutzeiten, ist die Schleppkraft des Wassers für Sedimente bei Ebbe geringer als bei Flut. Das hat zur Folge, daß diese strömungsarmen Nebengewässer von oberstrom her zusedimentieren und durch die nach und nach entstehenden Barren immer stärker vom Durchfluß abgeschnitten werden, ein Vorgang, der bereits nach den ersten Regulierungsmaßnahmen ab dem 18. und 19. Jh. beobachtet werden konnte (vgl. Kap. 2.3). So kommt heute z. B. den Hafenbecken in Hamburg als strömungsberuhigten Bereichen eine nicht zu vernachlässigende Ersatzfunktion für Flachwasserzonen zu. Dort findet man bei ausreichenden Sauerstoffgehalten des Wassers stets ansehnliche Fischpopulationen (Stint, Plötze, Brassen, Barsch, Kaulbarsch, Zander u. a.), von denen zumindest Plötze und Brassen im April bei Wassertemperaturen um 15 °C an Steinschüttungen ablaichen. Allerdings fällt der größte Teil der Eier bei Ebbe trocken und stirbt ab (ORTEGA et al. 1994).

Der Tidenhub steigt

Als Vertiefungsfolge nicht zu übersehen war der starke Anstieg des Gezeiten- oder Tidenhubs (MThb), d. h. des Unterschiedes zwischen dem mittleren Tideniedrigwasser bei Ebbe (MTnw) und dem mittleren Tidehochwasser bei Flut (MThw), vor allem im Inneren der Ästuare, verglichen mit den Verhältnissen an der Küste selbst: Errechnet aus den Wasserständen, die am Pegel Hamburg St. Pauli registriert wurden, stieg der Tidenhub in Hamburg von 1,8 m vor 1840 auf 2,0 m bis 1900, 2,2 m bis 1920, 2,4 m bis 1950, 2,6 m bis 1962, 2,8 m bis 1970, 3,4 m bis 1980 und 3,6 m bis 1995 (*Abb. 5.2-2*). Dabei war der Abfall des MTnw etwa dreimal so groß als der Anstieg des MThw, d. h. die mittleren Wasserstände bei Ebbe wurden immer niedriger, und dieser Rückgang war viel stärker als der Anstieg der mittleren Wasserstände bei Flut. Demzufolge sanken die mittleren Wasserstände in der oberen Tideelbe am Pegel Zollenspieker bei einem mittleren Oberwasserabfluß der Elbe von 700 m³/s zwischen 1901 und 1980 kontinuierlich von 6,55 m auf 5,17 m ab. In der Unterweser waren die Änderungen noch größer: Der Tidenhub stieg in Bremen von 15 cm im Jahre 1887 auf derzeit 4 m an (SCHIRMER 1994), vor allem wegen des ausbaubedingten Rückgangs des MTnw, das heute 4,25 m tiefer liegt als früher.

Durch den starken Rückgang der Niedrigwasserstände sind die kleineren Ästuare der Ne-

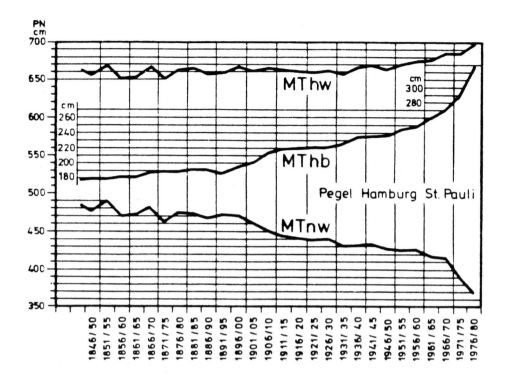

Abb. 5.2-2: Zeitliche Entwicklung der Fahrtwassertiefen in der Unterelbe (ARGE Elbe 1984)

benflüsse bei Ebbe immer stärker in Gefahr völlig leerzulaufen, ihre Flachwassergebiete und die des Hauptästuars selbst werden dadurch zu periodisch trockenfallenden Wattgebieten (HÖPNER 1994).

Der Anstieg des MThw greift von den Watten auf die durch die Eindeichungen von Land her ohnehin sehr stark reduzierten Vordeichsländer über und beschneidet sie nun zusätzlich vom Wasser her. Darüber hinaus sind die Röhrichtgürtel und die letzten Reste der Tideauenwälder, z. B. im Naturschutzgebiet Heuckenlock an der Süderelbe in Hamburg, gefährdet, da die erhöhte Tidedynamik zu Ausspülungen von Röhrichtrhizomen und Baumwurzeln führt, so daß Schilf verschwindet und Bäume umfallen. Die Einstellung eines neuen Gleichgewichtes dauert in diesen Pflanzengemeinschaften sehr lang und sie können außerdem nicht über die Grenze, die durch das viel zu enge »Deichkorsett« gesetzt wird, ausweichen.

Der Schwebstoffgehalt nimmt zu

Durch die Erhöhung der Strömungsgeschwindigkeit in der vertieften Rinne, die laufenden Verklappungen von Schlick aus den Unterhaltungsbaggerungen und die Aufwirbelung durch das Schraubenwasser der zu tiefgehenden und zu schnell fahrenden großen Schiffe, hat der Schwebstoffgehalt zugenommen und führt zu einer Verringerung der für die Primärproduktion des Phytoplanktons benötigten Sonneneinstrahlung in das Wasser. Die gut durchlichtete, trophogene Schicht ist in der Tideelbe kaum dicker als maximal 2 m. Dazu kommt, daß die stark übertieften aber turbulenten Wasserkörper gut durchmischt sind, die mikroskopisch kleinen Algen also auf den gesamten Wasserkörper verteilt und dadurch immer wieder aus der durchlichteten Schicht in größere, lichtlose Tiefen transportiert werden. Dadurch wird das Lichtklima für das Phytoplankton so entscheidend verschlechtert, daß die Primärproduktion nicht durch die im Wasser gelösten Nährstoffe, die reichlich vorhanden sind, sondern durch das eingeschränkte Lichtangebot limitiert wird. Der dadurch bedingte Rückgang der Primärproduktion verringert den biogenen Sauerstoffeintrag in die Wassersäule erheblich. Dazu kommt, daß durch die Vertiefung und Verbreiterung der Fahrrinne das Verhältnis von Wasseroberfläche zu Wasservolumen kleiner geworden und dadurch der physikalische Sauerstoffeintrag aus der Luft geringer geworden ist. Regelmässige Sauerstoffdefizite im Süßwasserbereich der

Unterelbe unterhalb von Hamburg sind die Folge (vgl. Kap. 2.3). Welch große potentielle Bedeutung für den Sauerstoffeintrag in die Ästuare unter diesen Bedingungen nun wieder den Flachwasserzonen zukommt, wurde am Beispiel des Mühlenberger Lochs in Hamburg, eine der größten, noch verbliebenen, hochproduktiven Flachwasserflächen in der Süßwasserzone des Elbeästuars (THIEL et al. 1995), das durch die anthropogen erhöhte Sedimentationsrate heute bereits zur Hälfte zu Wattgebiet geworden ist (KAFEMANN 1992), bereits von CASPERS (1984) gezeigt. Während im Bereich der Fahrrinne im Sommer der Sauerstoffgehalt auf nahe Null zurückgegangen war, fanden sich im Mühlenberger Loch hohe Sauerstoffübersättigungen, hervorgerufen durch den biogenen Sauerstoffeintrag des Phytoplanktons und der bodenlebenden Algen. Leider ist der Anteil an Flachwasserbereichen in unseren Ästuaren heute schon so gering (s. o.), daß sie derzeit für den Sauerstoffhaushalt des Gesamtwasserkörpers nur noch eine untergeordnete Rolle spielen können (ARGE Elbe 1984).

Die Brackwasserzone wandert stromaufwärts

Nach den Beobachtungen des Hamburger Senators KIRCHENPAUER (1862), der die Besiedlung der Fahrwassertonnen in der Unterelbe studierte, lag damals die obere Grenze der Brackwasserzone »*wahrscheinlich in der Gegend von Glückstadt, wo das Salzwasser aufhört*«. Auch Messungen des Salzgehaltes durch LORENZ (1863, zit. nach RIEDEL-LORJE & GAUMERT 1982) ergaben, daß »*von See her einströmendes salzhaltiges Wasser bis etwa Glückstadt gelangte*«. Nach THIEMANN (1918, zit. nach GESSNERT 1957) begann ein starker Rückgang des Süßwasser-Phytoplanktons im Bereich von Glückstadt und das Abundanzminimum des Phytoplanktons wurde erst jenseits von Cuxhaven durch Meeres-Phytoplankton wieder ergänzt. Seither wird in den Untersuchungen der bodenlebenden Tierwelt der Unterelbe ein langsames, aber stetes Wandern einzelner Brackwasser- und Meerestierarten stromauf beobachtet. Zugleich sind in den von ihnen neu eroberten Gebieten die vorher dort lebenden Süßwassertiere stark zurückgegangen oder verschwunden (RIEDEL-LORJE et al. 1995). Dies ist ein deutliches Warnsignal und ein sicheres Anzeichen dafür, daß während der 100 Jahre Vertiefungen und intensiven Stromaus- und -umbaus in der Unterelbe die Brackwasserzone sich immer weiter stromaufwärts verlagert hat. Lag die obere Brackwassergrenze noch in der Mitte des vorigen Jahrhunderts im Gebiet von Böschrücken und Ostemündung (km 705–710), so war sie bis zur Mitte dieses Jahrhunderts nach Glückstadt (km 675) vorgerückt. Heute wird sie, zumindest bei niedrigem Oberwasserabfluß, bei Lühesand-Nord (km 650) lokalisiert (ARGE Elbe 1992). Da nach dem Bau des Wehrs bei Geesthacht (vgl. Kap. 2.3) der tidebeeinflußte Bereich der Elbe keine Chance mehr hat, sich durch rückschreitende Erosion weiter stromaufwärts zu bewegen, wird durch das Vordringen der Brackwasserzone der limnische Bereich des Ästuars verkleinert, d. h., das vertiefte Ästuar wird salziger. Dies hat auch Konsequenzen für die Besiedlung der Ufer und für das Grundwasser.

Entsprechendes geschah in der Unterweser: Nach anfänglicher Verlagerung der oberen Brackwassergrenze flußabwärts im Anschluß an den 5-m-Ausbau zu Ende des 19. Jhs. begann auch dort ab den 20er Jahren des 20. Jhs. »*nach Auflandung der Altarme und Außendeichsflächen über das mittlere Tidehochwasser*« (GRABEMANN et al. 1993) eine in den 60er und 70er Jahren verstärkte Verschiebung der Brackwasserzone stromaufwärts. Hier ist jedoch nicht genau abzuschätzen, welche ursächliche Rolle die Unterweserausbauten dabei gespielt haben.

Schlußbetrachtung

Die großen Flüsse in Deutschland samt ihren größeren Nebenflüssen unterliegen als Bundeswasserstraßen den die Schiffahrt sichernden Strombaumaßnahmen und sind weitgehend auf diese Funktion reduziert. Begradigt, in ihrem Lauf verkürzt, unter Verlust meist der größten Teile ihrer Auen, zwischen Deichen eingeengt, vertieft und/ oder aufgestaut, sind ihre Betten festgelegt und ihre natürlichen Strukturen verändert, verarmt oder zerstört. Abwasserbelastete Flußstaue werden, wie z. B. in der Saar, während der warmen Jahreszeit mit Sauerstoff begast – kranke und verstümmelte Flüsse auf Intensivstation. Sogenannte »Jahrhunderthochwässer« treten immer häufiger auf, weil die Hochwasserspitzen der ausgebauten Haupt- und Nebenflüsse aufgrund der größeren Abflußgeschwindigkeit nun nicht mehr verzögert nacheinander auftreten, sondern oft zusammentreffen und, weil die Überschwemmungsgebiete fehlen, sich zu immer höheren Wasserständen aufsummieren. Ähnliches gilt, wie wir gesehen haben, für die Ästuare mit ihren unnatürlich großen, periodischen Wasserstandsänderungen und den immer höher auflaufenden Sturmfluten.

Dennoch wird weiter vertieft. Bislang hatten die gängigen Frachtschiffe in der seegehenden Containerschiffahrt durchweg einen Tiefgang von 12,80 m, wobei die Abmessungen an den Möglichkeiten, die der Panama-Kanal zuläßt, ausgerichtet wurden. Doch schon gibt es erste Schiffe, die noch größer sind und auch sie sollen nach dem Willen der Betreiber seeferner Häfen die Weser- und Elbe-Ästuare befahren können, selbst dann, wenn es sich nur um sehr geringe Stückzahlen handelt. »*Wer geglaubt hatte, daß die Zukunft durch Schiffe mit einer Kapazität von 5 000 TEU*« (20' Container-Einheiten) »*bestimmt wird, der Trend also zu kleineren, flexibler einzusetzenden Einheiten geht, hat sich gründlich getäuscht ...Somit läßt sich für das Typschiff und auch für die Post-Panmax-Schiffe festhalten, daß wir von maximalen Tiefgängen von 13,5 m Seewasser auszugehen haben*« (DROSSEL 1995). Weltweit drehen Reedereien, Werften und Hafenstädte an einer Schraube, die dazu führt, daß immer größere und tiefergehende Schiffe immer tiefere Fahrwasser benötigen. In der Unterelbe steht der 16,5 m-Ausbau, in der Außenweser der 14,7 m-Ausbau bevor. Wieder einmal wird es die »letzte« Fahrwasseranpassung sein.

Im Gegensatz zu früher gibt es nun ein gesetzlich geregeltes, aufwendiges Verfahren, mit dem die Umweltverträglichkeit des Ausbaues und seine voraussichtlichen Folgen untersucht und überprüft werden. Die geplante Baumaßnahme muß in einer Weise durchgeführt werden, daß die Folgen so gering wie möglich sind. Ausgleichs- und Ersatzmaßnahmen sind für technisch unvermeidbare, ökologisch nachteilige Eingriffe und deren Auswirkungen vorgeschrieben. Auf diese Weise müssen die Auftraggeber der Baumaßnahme dafür sorgen, daß durch geeigneten Ausbau z. B. die weitere Zunahme des Tidenhubs minimiert, Maßnahmen zur Stabilisierung von Flachwasserbereichen vorgenommen und/oder Ersatzbiotope geschaffen werden. Das ist gut so. Aber das Verfahren stützt nur, es heilt nicht.

Noch muß – gesetzlich geregelt – der alte, unmittelbar vor der neuen Maßnahme bestehende Zustand als Ausgangsbasis verwendet werden, dürfen Ausgleichs- und Ersatzmaßnahmen nur innerhalb eines vorgeschriebenen engen Rahmens den davor herbeigeführten, ökologisch zumeist höchst unbefriedigenden Zustand einigermaßen aufrecht erhalten und können somit höchstens verhindern, daß es nicht noch viel schlimmer wird. Frühere Fehler können dabei kaum einmal korrigiert werden. Damit bleiben die gut gemeinten Verbesserungen, so sehr sie zu begrüßen sind, ökologisch gesehen doch zumeist Flickwerk.

Es ist an der Zeit, diesen Zustand zu ändern. Ökonomische Interessen dürften in unserer durch den Menschen belasteten Landschaft nicht mehr allein aus ihren eigenen Bedürfnissen heraus und ohne Rücksicht auf andere Wirkungszusammenhänge verwirklicht werden. Auch Verkehrskonzepte müßten und könnten unter Berücksichtigung aller dafür wichtigen Gesichtspunkte künftig von Ökonomie und Ökologie gemeinsam erarbeitet werden. Dies ist bisher nicht geschehen. Es würde aber zu einem Lernprozeß auf beiden Seiten führen und langfristig angemessenere und bessere Ergebnisse zeitigen, als die derzeitige Politik der Konfrontation.

5.3 Wasserkraftnutzung – Möglichkeiten und Grenzen

HANS H. BERNHART

Wasserkraft ist die wichtigste regenerative Energiequelle und in vielen Ländern auch die bedeutendste. Während es in weltweitem Maßstab gesehen noch erhebliche Ausbaureserven gibt, ist bei uns ein sehr hoher Ausbaugrad erreicht und die Möglichkeiten zur Nutzbarmachung der Wasserkraft sind fast alle ausgeschöpft. An den noch vorhandenen potentiellen Standorten ist abzuwägen, ob die beim Bau von Wasserkraftanlagen unvermeidlichen Eingriffe in das Ökosystem »Fließgewässer« akzeptiert werden können, ob dadurch sogar Verbesserungen im Vergleich zur derzeitigen Situation möglich sind oder ob aufgrund der ökologischen Wertigkeit der Flußstrecke auf einen weiteren Ausbau verzichtet werden muß.

Welche Bedeutung dem Schutz unserer Lebensgrundlagen – Boden, Wasser, Luft – zukommt, wird von Tag zu Tag deutlicher und dringt immer tiefer in das Bewußtsein breiter Bevölkerungsschichten ein. Da bei der Wasserkraftnutzung die Umwelt weder durch Schadstoffausstoß (Verbrennung) noch durch Abwärme (Kühlwasser) belastet wird, nimmt es nicht Wunder, daß die Nutzung der Energiequelle Wasser und entsprechende Maßnahmen zur Förderung des Neubaus von Wasserkraftanlagen wieder verstärkt diskutiert werden. Warum muß darüber überhaupt diskutiert werden, sollte man bei einer überwiegend als umweltfreundlich eingestuften und ständig erneuerbaren Energiequelle nicht ein uneingeschränktes »*Ja*« zu ihrer Nutzung erwarten? Dies ist keineswegs der Fall. Die Ursache liegt in einem scheinbar unlösbaren Interessenskonflikt – Schutz der letzten Teilstrecken noch frei fließender Gewässer oder deren Ausbau zur Wasserkraftnutzung. Schließt sich beides gegenseitig aus?

Bei der Bewertung der Vor- oder Nachteile der Wasserkraft und bei der Abwägung der Folgen für die Fließgewässer stehen sich Befürworter und Gegner oft unversöhnlich und unfähig zum Kompromiß gegenüber und somit wird der Spielraum bei der Suche nach gemeinsam getragenen Lösungsansätzen sehr eng. Je nach Standpunkt, Interessenvertreter der Energieerzeugungsunternehmen oder Vertreter von Umweltschutzbelangen, kommt es zu entsprechend ausgerichteten Stellungnahmen: »*Wasserkraftnutzung von ideologischen Hemmnissen befreien*« (LÜTTKE 1993) auf der Pro-Seite, »*Das Ende des Mythos, Daten und Fakten zur „sauberen" Wasserkraft*« (FORUM ÖSTERREICHISCHER WISSENSCHAFTLER FÜR UMWELTSCHUTZ 1993) als Statement der Gegner eines weiteren Wasserkraftausbaues. Bei neuen Planungsansätzen bzw. Ausführungen mit umweltbezogenen Auflagen, werden die Aufwendungen zur Erfüllung der Belange des Umweltschutzes bemängelt »*Naturschutz kontra Umweltschutz – eine Erfahrung zum Nachdenken*« (NAUMANN 1994).

Unbestritten dürfte sein, daß die Nutzung der Wasserkraft – zuerst als mechanisch genutzte Energie in Mühlen und seit Ende des vorigen Jahrhunderts mit Stromübertragung über Fernleitungen – die Entwicklung unserer Industriegesellschaft entscheidend beeinflußt hat. Das erste Wasserkraftwerk, aus dem Strom über eine größere Entfernung übertragen wurde, ist das Kraftwerk Rheinfelden am Hochrhein.

Daher wurde als Name der Betreibergesellschaft, die im September 1994 ihr 100jähriges Bestehen feierte, »Kraftübertragungswerke Rheinfelden AG« gewählt. Aus *Abb. 5.3-1* ist die geschichtliche Entwicklung des Wasserkraftwerkbaues am Hochrhein zu ersehen (vgl. auch *Tafel 3*). Diese Kraftwerke sind immer noch ein bedeutender Wirtschaftsfaktor in der Region, was sich nicht zuletzt auch in großen Neubauvorhaben niederschlägt: Für das Kraftwerk Rheinfelden wurde das Baugesuch für einen kompletten Neubau am Tage des hundertjährigen Bestehens der Gesellschaft, am 30.9.94 eingereicht; für die anderen sind ebenfalls Modernisierungsmaßnahmen durchgeführt worden oder derzeit in Planung.

Während beim Bau von Rheinfelden noch darüber diskutiert wurde, ob es für soviel Energie auch Abnehmer geben wird, stellt sich die Situation heute völlig anders dar. Unser Energiebedarf ist ständig gestiegen und bis noch vor wenigen Jahren stießen neue Ausbauvorhaben daher kaum auf Kritik. Erst nachdem der Ausbau der Gewässer sehr weit fortgeschritten war, wurden Folgen für das Abflußgeschehen und für Flora und Fauna der Fließgewässer und Flußauenlandschaften

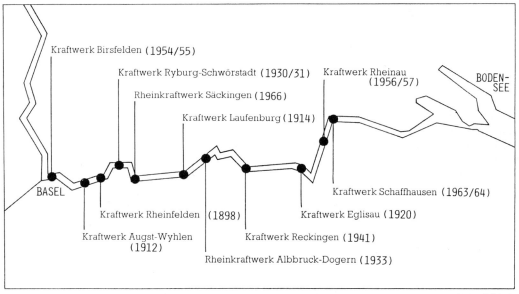

Abb. 5.3-1: Kraftwerke am Hochrhein – Lage und Inbetriebnahme (zur Höhenlage vgl. *Tafel* 3a)

sichtbar. Daher regte sich von Seiten der Ökologen Widerstand gegen Neuplanungen und es kam zu Einsprüchen und auch zum Stop bereits geplanter Baumaßnahmen (z. B. Staustufen Au/Neuburg am Oberrhein und Hainburg an der Donau östlich von Wien). Worin liegen die Ursachen des Konfliktes, und welche Möglichkeiten zur Nutzung der Wasserkraft bieten sich bei den zu beachtenden Randbedingungen noch an?

Bevor darauf näher eingegangen wird, soll ein kurzer Überblick über die für Wasserkraftanlagen erforderlichen baulichen Voraussetzungen gegeben werden, da diese zur Veränderung der Flußlandschaft führen und je nach Planungsvariante das Konfliktpotential beinhalten. Allerdings soll bereits hier darauf hingewiesen werden, daß Mehraufwendungen zum Schutz bzw. zum Erhalt der Umwelt unabdingbar sind, und daß Planungen zur Wasserkraftnutzung eine sehr vielschichtige Aufgabe darstellen, die nur noch im Team und in Zusammenarbeit mit allen Betroffenen gelöst werden kann, wobei dem Schutz und Erhalt der letzten frei fließenden Gewässerstrecken hohe Priorität zugemessen werden muß.

Bauweisen

Die an irgendeinem geeigneten Standort mögliche Energieerzeugung in einer Wasserkraftanlage ist linear von Fallhöhe und Durchfluß abhängig. Um eine große Leistung zu erzielen, ist man daher bestrebt, möglichst viel Wasser (Durchfluß) den Turbinen zuzuführen und einen möglichst hohen Aufstau (Fallhöhe) zu realisieren. Prinzipiell wird je nach der Fallhöhe zwischen Hochdruck-/Speicher- und Niederdruck-/Flußkraftwerken unterschieden. Bei Flußkraftwerken ist wiederum zwischen Bauweisen im Flußbett und Ausleitungskraftwerken zu unterscheiden (auf Hochdruckanlagen kann hier nicht eingegangen werden). Um den zur Energiegewinnung notwendigen Aufstau erzielen zu können, ist eine Wehranlage (Stauwehr) erforderlich.

Bei Ausleitungskraftwerken, wie beim Oberrheinausbau im Teilabschnitt zwischen Breisach und Straßburg realisiert (*Abb. 2.6-3*), ist darauf zu achten, daß im Flußbett eine ausreichende Mindestwasserführung als Basisabfluß verbleibt. Bei einem Flußkraftwerk ist diese Problematik nicht gegeben.

Ausbaubedingte Veränderungen des Fließgewässers

Aus ökologischer Sicht bereitet der zur wirtschaftlichen Energieerzeugung erforderliche Aufstau durch die Wehranlage eines der Hauptprobleme: Aus einem Fließgewässer mit dem ständigen Wechsel zwischen Niedrig- und Hochwasserabfluß und der entsprechenden Abflußdynamik wird ein Staugewässer mit völlig veränderter Abflußcharakteristik. Von der Wasserkraftseite wird dazu oft angeführt, daß durch den Aufstau neue bedeutende Biotope geschaffen wurden, wie z. B. die Innstauseen, was zwar richtig ist, aber zu Lasten des Ökosystems »Fließgewässer« ging. Eine objektive Beurteilung darüber, was wichtiger oder wertvoller ist, wird kaum erfolgen können, da dies eine Frage der Betrachtungsweise und der Wertvorstellungen ist, wobei zu berücksichtigen ist, daß Wertvorstellungen dem gesellschaftlichen Wandel unterliegen.

Hier scheint ein Blick auf die Entwicklung angebracht: In den 50er und 60er Jahren stand der Wiederaufbau im Vordergrund und der technische Aspekt war ausschlaggebend, das technisch Machbare wurde angestrebt: Beispielhaft dafür sei der Plan für den Ausbau der »*Donau als europäische Kraftwasserstraße*« (ÖSTERR. WASSERWIRTSCHAFTSVERBAND 1965) angeführt. Diese Namenswahl und die Ausführungspläne geben den Hinweis auf die damaligen Prioritäten: Den Fluß sah man als Energielieferant und als Verkehrsweg an und bei der Festlegung der Bauweise war die größtmögliche Energieerzeugung ausschlaggebend. Um die Baukosten möglichst niedrig zu halten, wurden mehrere Kraftwerke zu einer Staustufenkette mit »*genormten*« Abmessungen zusammengefaßt. Als Beispiel dafür ist in *Abb. 5.3-2* ein Übersichtsplan der Strecke Ulm – Kehlheim dargestellt (vgl. auch *Tafel 4*).

Entsprechend dem als Beispiel zitierten Donauausbau wurden in gleicher Weise alle wirtschaftlich nutzbaren Flüsse ausgebaut: Iller, Lech, Isar, Inn, Rhein, Neckar, Main, Mosel, Saar und auch viele kleinere Flüsse sind ausgebaut, zum größten Teil lückenlos, und wo dies noch nicht ganz der Fall ist, ist man bestrebt diese Lücken zu schließen. Um dies zu veranschaulichen, wird der Lechausbau herangezogen: In NAUMANN & KALUSA (1992) wird die neue Anlage Kinsau, die als Ersatz für eine der ältesten bayerischen Kanalkraftwerksanlagen gebaut wurde, vorgestellt. Daraus ist ferner zu entnehmen, daß auch in den letzten derzeit noch frei fließenden Flußabschnitten des Lechs ein weiterer Ausbau angestrebt wird. In diesem Streben nach Totalausbau liegt eine der Ursachen für die Konfrontation mit ökologisch orientierten Kritikern derartiger Pläne. Bemerkenswert ist in diesem Zusammenhang, wie das in Kinsau realisierte, sehr interessante wasserbauliche Konzept, bei dem ökologische Erfordernisse berücksichtigt wurden, von der Betreiberseite beurteilt wird (Schlußbemerkung in NAUMANN & KALUSA 1992):

»So ergab die ... Vergleichsuntersuchung, daß die jetzige Lösung ... fast 30 Mio. DM mehr gekostet hat und 8 % weniger Energieausbeute haben wird.

Noch nachdenklicher stimmt jedoch die Aussage dieser Studie, daß die Umsetzung der wohlgemeinten lokalen Forderungen des Natur- und Landschaftsschutzes dem Ziel der globalen Ressourcen- und Umweltschonung eher zuwiderläuft: denn Bau, Betrieb und Beseitigung der Kraftwerksanlage am Ende der Lebensdauer werden nämlich rund 64 % mehr Primärenergie verbraucht und bis zu 70 % mehr CO_2 produziert haben als dies die Standardlösung getan hätte.

Bei zukünftigen Projekten sollte daher auch über den ökologischen Tellerrand hinaus gesehen werden, um die unbestrittenen Vorteile der Wasserkraftnutzung nicht zu gefährden«.

Vergleicht man dazu noch die detaillierteren Ausführungen in dem bereits erwähnten Artikel *»Naturschutz kontra Umweltschutz – eine Erfahrung zum Nachdenken«* (NAUMANN 1994) und liest die Begründung für aktuelle Planungsvarianten, sollte man wirklich nachdenklich werden. Hat man seit 1950/1965, vgl. *Abb. 5.3-2*, denn nicht neue Erfahrungen und Erkenntnisse sammeln können? Was 1981 für das Beispiel Salzach vorgetragen wurde, ist aus damaliger Sicht vielleicht noch nachvollziehbar, (TAGUNGBERICHT DER AKADEMIE FÜR NATURSCHUTZ UND LANDSCHAFTSPFLEGE 1981, S. 45, 3.): *»Optimale Wasserkraftnutzung heißt die Errichtung einer geschlossenen Stufenkette, wobei im Idealfall die Stauwurzel bei Mittelwasser im Unterwasser des Oberliegerkraftwerkes ausläuft«* und auf S. 48 desselben Aufsatzes wird fortgefahren: *»Aus wirtschaftlichen Gründen – sprich Normung – wurde angestrebt, die Fallhöhe bei den Kraftwerken in etwa gleich zu gestalten. ... Damit sind Turbinen der gleichen Modellreihe verwendbar, was wiederum Vorteile in der Ersatzteilhaltung bringt«.* Wenn dies immer noch die Prioritäten sein sollten, die als Randbedingungen für eine Planung dienen, darf man sich nicht wundern, daß von ökologischer Seite die Akzeptanz für diese Bauweisen nicht mehr gegeben ist. Ein Konsens setzt bei-

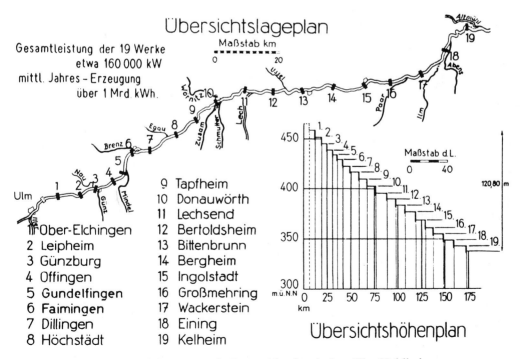

Abb. 5.3-2: Ausbau der oberen Donau in Deutschland zwischen Ulm-Kehlheim (aus FUCHS zit. in »Österreich. Wasserwirtschaftsverband 1965«)

seitiges Entgegenkommen und Verständnis für die Argumente der anderen Seite voraus.

Kritik am Staustufenausbau bezieht sich jedoch nicht nur auf den Verlust der freien Fließstrecken, denn es kann nicht übersehen werden, daß in der Vergangenheit die Bedeutung der Auwälder für den Hochwasserschutz und hinsichtlich ihrer ökologischen Wertigkeit nicht gebührend berücksichtigt oder gar nicht beachtet wurde. Die Hochwasserschutzdeiche wurden sehr häufig direkt am Mittelwasserbett gebaut und die Auenbereiche vom Flußregime abgeschnitten. Dies hat entsprechende Konsequenzen für die Unterlieger, da diese Auwälder Überschwemmungsgebiete sind, in denen vor dem Ausbau die Scheitel der Hochwasserwellen abgemindert wurden.

Durch den Verlust der Überschwemmungsgebiete kommt es zu einem Aufsteilen der Hochwasserwellen und die Abflüsse werden beschleunigt, was wiederum zu Überlagerungen mit Zuflüssen aus Nebengewässern führen kann. Für das Beispiel Oberrhein (vgl. *Abb. 2.6-3*) hat sich als Folge des Staustufenausbaues die Gefahr des Zusammentreffens der Rhein- und Neckerwelle deutlich erhöht. Die Zusammenhänge sind aus *Abb. 5.3-3* zu ersehen.

Die Ganglinie der Hochwasserwelle im Abflußzustand vor dem Ausbau bezieht sich auf das Jahr 1955. Erstaunlich ist, daß dennoch immer wieder behauptet wird, diese Probleme wären auf Flußbegradigungen, beim Beispiel Oberrhein auf die Rheinregulierung durch Tulla, zurückzuführen, und daß auch hinsichtlich dieser Problematik ein Festhalten an alten Planungskonzepten festzustellen ist. Anstelle der Hochwasserfreilegung von Flächen, die früher als Ackerland auch sinnvoll genutzt wurden, sollten aufgrund der veränderten Randbedingungen in der Landwirtschaft alle sich bietenden Möglichkeiten zur Reaktivierung verlorengegangener Überflutungsräume genutzt werden. Es ist nicht ausreichend, nur die Vorteile für die unmittelbar Betroffenen aufzuzeigen, die möglichen Veränderungen oder Nachteile für die Unterlieger sind ebenfalls einzubeziehen.

Ein weiterer Problempunkt, der beispielsweise auch in der aktuellen Diskussion bezüglich des weiteren Ausbaues an der bayerischen Donau eine wichtige Rolle spielt, ist die Sohlerosion. Wenn ein frei fließender Fluß aufgestaut wird, reduziert sich die Fließgeschwindigkeit und das von ihm mitgeführte Geschiebe lagert sich im Stauraum ab. Unterhalb der Stauanlage hat der Fluß dann überschüssige Kraft und er nimmt neues Material aus der Flußsohle auf, er gräbt sich in das Flußbett ein (*Abb. 5.6-4*). Diese Erosionsprobleme unterhalb einer Staustufe waren früher Anlaß für den Bau weiterer Stufen: Im deutsch-französischen Vertrag zum Oberrheinausbau vom Juli 1969, der sich auf den Bau der Staustufen Gambsheim, Iffezheim und Neuburgweier (später Au/Neuburg) bezieht, ist festgehalten (WASSER- UND SCHIFFAHRTSVERWALTUNG DES BUNDES 1976): »*Die Bundesrepublik Deutschland und Frankreich haben gemeinsam untersucht, durch welche strombaulichen Maßnahmen die Erosion des Rheinbettes unterhalb der Stufe Straßburg verhindert werden kann*«.

Maßnahmen zum Stop der Sohlerosion wurden erforderlich, weil unterhalb der Staustufe Straßburg bereits nach kurzer Zeit eine sehr große Erosion eintrat (*Abb. 5.3-4*), und es absehbar war, daß diese weiter fortschreitet und für die Schiffahrt und Landeskultur nicht tolerierbar wäre. Daher wurden drei weitere Staustufen geplant, von denen aber nur zwei realisiert wurden; auf den Bau der Stufe Au/Neuburg wurde verzichtet. Das Argument der Sohlerosion wird immer noch gerne als Begründung für den Bau von Staustufen herangezogen, z. B. an der Donau östlich von Wien und in Bayern, obwohl bekannt ist, daß es auch andere Lösungsansätze gibt. So wird beispielsweise unterhalb der Staustufe Iffezheim, dies ist jetzt die letzte Staustufe am Oberrhein, zur Lösung der

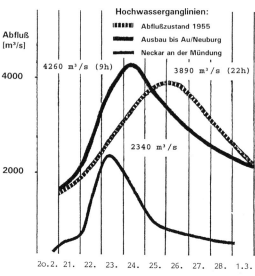

Abb. 5.3-3: Veränderung der Hochwasserwellen durch den Oberrheinausbau bei Maxau. Beispiel Hochwasser Feb.–Mär 1970 (aus BMV 1987)

Erosionsproblematik dem Fluß Geschiebe zugegeben (BMV 1981). Je nach den örtlichen Gegebenheiten können auch andere flußbauliche Maßnahmen in Betracht kommen (BERNHART 1988).

Wasserkraftpotential

Welche potentiellen Möglichkeiten zum Ausbau der Wasserkraft noch bestehen, zeigen die Ergebnisse einer Untersuchung der Enquetekommission des Deutschen Bundestages bezüglich der nutzbaren regenerativen Energien bis zum Jahr 2005. Darin wird das noch ungenutzte wirtschaftliche Potential mit 6 TWh/a angegeben. Um diese Zahl bewerten zu können, muß sie in Relation zur Gesamtstromerzeugung und zum darin bereits enthaltenen Anteil der Wasserkraft gesehen werden. Die Brutto-Stromerzeugung der öffentlichen Elektrizitätsversorgung in der BRD kann aus entsprechenden Tabellen, die auf Angaben der AG Energiebilanzen/VDEW/BMWi/VEAG beruhn, entnommen werden.

Die Werte für 1990 betreffen nur die alten Bundesländer. Bezogen auf die 385,1 TWh von 1990 entspricht das ungenutzte wirtschaftliche Potential von 6 TWh/a somit ca. 1,5 % der Stromversorgung der alten Bundesländer. Der Anteil der Wasserkraft wird prozentual weiterzurückgehen, da der Gesamtenergieverbrauch ansteigt und keine großen Zuwachsraten durch Neubauten von Wasserkraftanlagen mehr möglich sind. Auch anhand der Entwicklung der Energieversorgung mit Strom in Bayern, dem Land mit dem größten Wasserkraftpotential, ist diese Entwicklung zu ersehen. *Abb. 5.3-5* zeigt den Zuwachs von 1980 – 1990 in der Gesamtbilanz von ca. 41,4 auf 70,9 Mrd. kWh und noch einen weiteren Anstieg auf 72,5 Mrd. kWh bis 1992, aber bezüglich der Wasserkraft waren keine wesentlichen Zuwachsraten mehr gegeben, da der Ausbaustandard auch 1980 schon sehr hoch war.

Sieht man diese Zahlen, die sich nur auf die Stromerzeugung beziehen, im Vergleich zum Endenergieverbrauch, also einschließlich der anderen Energieträger (Mineralölprodukte, Gase, Kohle, Fernwärme), so wird ein Argument, das ständig als großes Plus der Wasserkraft eingesetzt wird, zumindest für unser Land doch stark relativiert, daß nämlich durch einen weiteren Ausbau der Wasserkraft die CO_2-Emissionen reduziert werden können. Natürlich produziert eine Wasserkraftanlage keine CO_2-Emissionen, aber was kann ein Ausbau der jetzt noch verfügbaren letzten Reserven bewirken, angesichts des Ausstoßes von insgesamt 983 Mio. t CO_2, wovon 38,8 % aus Kraft- und Fernheizwerken stammen. Auf den gesamten Verkehr entfallen 20,3 % (UMWELTBUNDESAMT 1994).

Ein weiterer Wasserkraftausbau kann wohl nicht die Lösung des CO_2-Problems bringen, zumal die Verkehrsprognosen für den Güterverkehr einen deutlichen Mehrausstoß an CO_2 und nicht die angestrebte Reduzierung erwarten lassen. Auch diese Erkenntnisse sind nicht neu, denn schon in TAGUNGBERICHT DER AKADEMIE FÜR NATURSCHUTZ UND LANDSCHAFTSPFLEGE (1981, S. 51) ist nachzulesen: »*Daß mittels der Wasserkraft weder der zusätzliche Bedarf an Elektrizität noch das Problem einer allmählichen Substitution des Mineralöls gelöst werden kann, brauche ich wohl angesichts der hier in Betracht kommenden Größenordnungen nicht näher zu begründen*«.

Aber dennoch gibt es Planungen zum Ausbau der letzten noch frei fließenden Gewässerabschnitte, z. B. zum Ausbau der Salzach im Flußabschnitt von unterhalb Salzburg bis zur Mündung in den Inn. Dort könnten gemäß TAGUNGBERICHT DER AKADEMIE FÜR NATURSCHUTZ UND LANDSCHAFTSPFLEGE (1981, S. 47) sechs oder sieben Stufen gebaut werden mit einer maximal erzielbaren Leistung von ca. 135 MW (bei Niederwasserführung ca. 45 MW); zum Vergleich: die Brutto-Jahresengpaßleistung der öffentlichen Stromver-

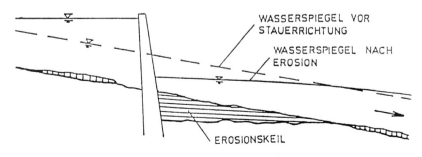

Abb. 5.3-4: Sohlerosion unterhalb von Staustufen z. B. Stufe Straßburg (BERNHART 1988)

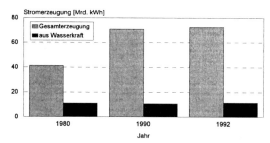

Abb. 5.3-5: Entwicklung der Stromversorgung in Bayern (Quelle: BAYER. LANDESAMT STATISTIK)

sorgung in den alten Bundesländern lag im Jahr 1990 bei 89 482 MW. Steht dieser mögliche Energiezuwachs von maximal 0,15 % wirklich im Verhältnis zu dem Verlust dieses Flußabschnittes, der seinen Charakter als Fließgewässer endgültig verlieren würde. Da die Salzach dort ohnehin schon stark beeinträchtigt ist, wurde dies bisher als Anlaß zum Vollausbau genommen; zukunftsweisend ist aber ein ganz anderer Ansatz, der zu einer Verbesserung der Lebensbedingungen in und am Fluß bzw. zu einer Wiederbelebung des Flusses beitragen kann und wieder Lebensraum für bedrohte Arten sicherstellen will; ein solches Konzept wird aktuell diskutiert. Eine Machbarkeitsstudie (Salzach – nördlich von Salzburg: Wiederherstellung eines naturnahen Zustands) dazu wurde im August 1995 der Regierung Salzburg übergeben.

Unabhängig davon, daß der Schutz der Fließgewässer höchste Priorität genießen muß, sollten dennoch alle geeigneten Möglichkeiten zum Wasserkraftausbau genutzt werden, wobei jedoch die Belange der Ökologie bei der Abwägung ein entsprechendes Gewicht haben müssen.

Bedeutung des Fließgewässers

Wie bereits erwähnt, ist aus ökologischer Sicht eines der Hauptprobleme die Umwandlung der Fließgewässer in Staugewässer und dies bei Neuplanungen insbesondere deshalb, weil es fast keine zusammenhängenden freien Fließstrecken mehr gibt. Wo sieht man noch einen frei fließenden Fluß mit Kiesbänken und unverbauten Uferstrukturen? Aufgrund der zuvor angesprochenen Gegebenheiten muß die Frage erlaubt sein, ob es wirklich wirtschaftlich unabdingbar notwendig ist, daß auch noch die letzten Reserven ausgeschöpft werden und ist der Erhalt wenigstens eines Teils naturbelassener Flußlandschaften nicht auch ein Gewinn, wenn auch nicht monetär bewertbar?

Flußlandschaften mit intakten Auwäldern sind Ökosysteme mit der reichsten Artenvielfalt und stellen besonders wertvolle Naturreserven dar, und gerade die vom Fließgewässer abhängigen Arten werden durch Ausbaumaßnahmen mit Stauhaltungen besonders betroffen. Nach UMWELTBUNDESAMT (1994) sind bereits 70 % der Fische gefährdet oder vom Aussterben bedroht (vgl. Kap. 6.5) und hierbei wiederum betrifft es gerade die Fische, die nur in Fließgewässern leben können, in ganz besonderem Maße. Wie aus *Abb. 5.3-6* zu entnehmen ist, sind von 35 Fließgewässerarten 29 aktuell gefährdet, davon 11 bereits ausgestorben und nur 6 sind nicht gefährdet. Das sollte ein Beweggrund sein, nicht nur den Erhalt der Fließgewässer zu unterstützen, sondern auch Verbesserungen, z. B. durch Umgestaltungsmaßnahmen, anzustreben, denn die Fische sind nur der Indikator für viele andere Arten, die nur im und mit dem Fließgewässer eine Überlebenschance haben.

Von seiten der Ausbauplanung wird häufig argumentiert, daß sich ein Ausbau positiv auf Auelandschaften auswirkt oder gar erst eine Rückkehr zur Auelandschaft ermöglicht, wobei gerne das Schlagwort »*Rettet die Au durch Stau*« benutzt wird oder die Entwicklung an bereits ausgeführten Beispielen ausschließlich positiv dargestellt wird. Diese Einschätzung läßt nur den Schluß zu, daß man über mangelnde Sachkenntnis hinsichtlich der komplexen Zusammenhänge in den Ökosystemen Flußauen verfügt oder ganz bewußt fachlich nicht haltbare Aussagen macht, um für das angestrebte Ausbauziel Akzeptanz in der Öffentlichkeit zu erreichen. Nur ein Beispiel dafür ist die Aussage in TAGUNGBERICHT DER AKADEMIE FÜR NATURSCHUTZ UND LANDSCHAFTSPFLEGE (1981, S. 48, 10.) »*Der Kraftwerksbau hat es durchaus in der Hand den nunmehr bestehenden Zustand zu belassen bzw. eine Rückkehr zum ursprünglichen Zustand zu bewerkstelligen. Das Beispiel der Innstaustufen zeigt aus biologischer Sicht eine überraschend positive Bilanz*«. Daß die Standortbedingungen in Staustufen einen völlig anderen

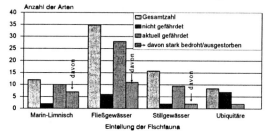

Abb. 5.3-6: Anteile gefährdeter Fischarten. Quelle: Bundesforschungsanstalt für Naturschutz und Landschaftsökologie

Charakter haben als in einem naturbelassener Fluß, und daß es sich um neue Artenzusammensetzungen, also um andere Ökosysteme als in einem Fließgewässer handelt, bleibt unerwähnt. Die Ergebnisse von Untersuchungen im Bereich bestehender Stauhaltungen belegen eindeutig, welche Veränderungen eintreten.

Die ökologischen Erfordernisse zum langfristigen Erhalt einer Auenlandschaft – die Abfluß- und Überflutungsdynamik im Hochwasserfall sowie die ebenso wichtige Grundwasserdynamik – konnten zumindest bei den bisher üblichen Bauweisen in keinem Fall gewährleistet werden. In der Ökologiekommission der Bundesregierung von Österreich – Mitglieder sind Fachleute aus den verschiedensten Disziplinen – wurde, zum Teil sehr kontrovers, über die Ergebnisse umfangreicher Untersuchungen bezüglich der Folgen eines Ausbaues an der Donau östlich von Wien (Staustufe Hainburg) diskutiert. Das übereinstimmend getragene Ergebnis war, daß sich ein stauregelter Ausbau und der Erhalt einer dynamischen Flußauenlandschaft ausschließen. Der Bau einer Staustufe wurde daher aus ökologischen Gründen verworfen und der betreffende Flußabschnitt soll in einen »Nationalpark« umgewandelt werden.

Obwohl neue Erkenntnisse vorliegen, zu denen die Untersuchungen an der österreichischen Donau in einem gestauten Flußabschnitt (»Ökosystemstudie Donaustau Altenwörth«) und in der freien Fließstrecke (Abschnitt Wien – Hainburg) wesentlich beigetragen haben, fließen diese oft nicht in die Planungen ein. Warum kommt der Ökologie nicht der gebührende Stellenwert zu? Zwar wurde schon 1981 festgestellt (TAGUNGSBERICHT DER AKADEMIE FÜR NATURSCHUTZ UND LANDSCHAFTSPFLEGE 1981, S. 51): »*Es wäre in der Tat kaum zu rechtfertigen, wegen einiger weniger Kilowatt Eingriffe etwa in ein Naturschutzgebiet vorzunehmen und es besteht auch seitens des Wirtschaftsministeriums kein Interesse daran, Projekte, bei denen gewichtige Interessen des Umweltschutzes dagegenstehen, sozusagen um jeden Preis durchzusetzen*«.

Die Praxis zeigt jedoch oft das Gegenteil, wobei man sich vermutlich auf den unmittelbar darauffolgenden Satz beruft: »*Soweit hier Zielkonflikte entstehen, wird man im Einzelfall abwägen müssen, welches der jeweils in Frage kommenden öffentlichen Interessen gegenüber anderen zurückzustehen hat*«. Nach welchen Gesichtspunkten erfolgt die Bewertung? Ist die für die bayerische Donau eingereichte Planung dafür ein Beispiel? Dort sollen die Naturschutzgebiete »Staatshaufen« und »Isarmündungsbereich« bis Mittelwasser eingestaut werden, was – allerdings nur von den Planern – als »*ökologisch unbedenklich*« eingestuft wird. Warum werden dort nicht auch Alternativen ohne Stauhaltungen ernsthaft geprüft? Bei der Auswahl der »*besten*« Lösung aus ca. 30 Varianten, standen nur Staulösungen zur Diskussion, solche ohne Stau wurden erst gar nicht untersucht.

In Baden-Württemberg werden Schritte in eine andere Richtung getan; neben dem »Integrierten Rheinprogramm« wurde auch an der Donau ein Pilotprojekt bereits verwirklicht (MINISTERIUM FÜR UMWELT BADEN-WÜRTTEMBERG 1990). Im Blochinger Sandwinkel, östlich von Sigmaringen, darf sich die Donau wieder frei entfalten (*Abb. 8.1-4*).

Ausbaumöglichkeiten

Die vorstehenden Hinweise auf die Bedeutung der Fließgewässer und das Plädoyer für den Erhalt der letzten freien, noch annähernd naturbelassenen Fließstrecken, schließt eine Wasserkraftnutzung nicht aus, allerdings kommen dafür nicht alle Standorte in Betracht, und es muß nach Bauweisen gesucht werden, die von den Ökologen mitgetragen werden können und die auch dem Fluß ein Überleben ermöglichen. Die bisher häufig bevorzugten Bauweisen dürften dabei kaum auf Gegenliebe stoßen. Eine Möglichkeit, um die Nachteile eines Aufstaus zu minimieren, wären Ausleitungskraftwerke, wobei die staubeeinflußte Strecke kurz gehalten werden müßte und im Flußbett eine ausreichend bemessene, am Abflußgeschehen orientierte, dynamische Mindestwasserführung verbleiben muß.

Bei Standorten mit entsprechend großem Mindestwasseranspruch kann auch dieser zur Energieerzeugung genutzt werden, wenn, wie beispielsweise beim Kraftwerk Kinsau (NAUMANN & KALUSA 1992) realisiert, eine zweites kleines Kraftwerk zur Speisung des Flußbettes eingeplant wird. Eine Abtrennung von Überflutungsflächen durch lange Dammstrecken kann im Hinblick auf die Hochwasserproblematik nicht mehr vermittelt werden, es sollten stattdessen, wo immer möglich, neue Flächen an das Flußregime angebunden werden, und die Überflutungsbereiche müssen weiterhin unter dem Einfluß der Hochwasserdynamik bleiben.

Bei neuen, aufwendigeren Bauweisen stellt sich sofort die Frage nach den Kosten, denn bei den derzeitigen Energiepreisen wird dann ein Ausbau schnell unwirtschaftlich. Wenn aber die Energiepreise so niedrig sind, daß nicht mehr wirtschaftlich gebaut werden kann, und derzeit sind sie eindeutig zu niedrig, kann die Schlußfolgerung nicht heißen, qualitativ schlechter zu bauen, bzw. Ausgaben für ökologische Belange einzusparen. Dann sollte auf den Ausbau verzichtet werden, zumal diese Energiequelle nicht verloren geht, und sollte wirklich eine Situation kommen, in der diese Energie doch gebraucht wird, wäre eine Nutzung immer noch möglich.

Ein Betätigungsfeld mit noch interessanten Möglichkeiten bietet die Modernisierung alter Anlagen und die Wiederinbetriebnahme stillgelegter Kraftwerke. Sicherlich gibt es auch Standorte an denen durch den Neu- oder Umbau einer Wasserkraftanlage sogar Verbesserungen erreicht werden können.

Eine Verknüpfung von Wasserkraft- und Umweltinteressen ist durchaus möglich. Beim Rheinkraftwerk Albbruck-Dogern (*Abb. 5.6-1*) gibt es Überlegungen, im Stauwehrbereich eine neue zusätzliche Maschine zu installieren. Wenn dieses Projekt realisiert wird, kann mehr Energie erzeugt und dem Flußabschnitt zwischen Wehr und Unterwasserkanal wieder das ganze Jahr hindurch ein Abfluß zugeführt werden, was in Sinne der Ökologen sein dürfte.

Auch der Neubau des Kraftwerkes Rheinfelden führt zu interessanten Verbesserungen für beide Seiten: Die neue Anlage wird unterhalb des bestehenden Wehres errichtet, das dann wegfällt. Durch das weit höhere Schluckvermögen der neuen Maschinen wird die installierte Leistung von 25,7 MW auf 116 MW erhöht. Der bisherige Werkkanal wird zu einem Fließgewässer umgestaltet, das zum einen den Fischaufstieg, die Durchwanderbarkeit nach oberstrom, ermöglicht (vgl. auch Kap. 6.12) und zum anderen als Lebensraum für die Fische konzipiert ist und gerade auch den Kieslaichern, den besonders gefährdeten Fischarten, Laichplätze bietet. Für den Neubau dieses Kraftwerkes wurden Modellversuche im »*Theodor-Rehbock-Laboratorium*« der Universität Karlsruhe durchgeführt.

Eine vergleichbare Situation wie in Rheinfelden ist an der Aare, beim Kraftwerk Ruppoldingen, gegeben. Auch hier wird eine neue Anlage mit Wehr und Krafthaus im Bereich der bestehenden Wehranlage gebaut und der bisherige Werkkanal zu einem Fließ- und Fischgewässer umgestaltet. Der Bereich zwischen dem alten Wehr und dem alten Krafthaus wird wieder aktiv an das Abflußgeschehen angebunden. Hierzu wurden ebenfalls Modellversuche im »*Theodor-Rehbock-Laboratorium*« durchgeführt

Ein weiteres Betätigungsfeld bezieht sich auf die Nutzung bereits vorhandener Wehranlagen, an denen bisher keine Wasserkraftanlagen eingebaut sind. So wurden zum Beispiel an der Wehranlage am Karlstor in Heidelberg die Bauarbeiten für ein ganz neues Krafthaus begonnen.

Schlußbetrachtung

Wasserkraft spielt seit jeher eine wichtige Rolle in der Energieversorgung. Aufgrund der Entwicklung beim Energiebedarf sind daher fast alle wirtschaftlich interessanten Ausbaumöglichkeiten realisiert worden, und der Ausbaugrad an unseren Flüssen ist so hoch, daß es kaum noch frei fließende Flußabschnitte gibt. Mit dem Ausbau der Gewässer wurden zwar Hochwasserschutzmaßnahmen verbunden, der Verlust an Überflutungsflächen hat aber zu einer Verschärfung der Hochwassergefahr für die Unterlieger geführt.

Die Anregungen und Hinweise sind im Zusammenhang mit der Tatsache des sehr hohen Ausbaugrades der Flüsse zu verstehen und können nicht verallgemeinert werden, insbesondere können auch nicht die Vorteile einer Nutzung der Wasserkraft infrage gestellt werden. Es kommt immer auf die Randbedingungen an: An welchem Standort könnte oder soll gebaut werden und welche Bauweise kommt in Betracht, allerdings gibt es Standorte an denen ein Staustufenbau erst gar nicht mehr in Erwägung gezogen werden sollte. Die bei uns noch verfügbaren Reserven sind, obwohl sie im Einzelfall rein energiewirtschaftlich gesehen vielleicht interessant wären, weder relevant, um den zusätzlichen Energiebedarf zu dekken, noch um eine Entlastung hinsichtlich der CO_2 - Problematik bewirken zu können.

Sofern bei einem Ausbau eine der letzten freien Fließstrecken und Flußauelandschaften, deren Schutz höchste Priorität zukommt, unwiderbringlich verloren gehen würde, sollte daher das Durchsetzen von Ausbauvorhaben an solch ökologisch hochwertigen Strecken der Vergangenheit angehören. Dies deshalb, weil es nur noch allerletzte Restwerte naturbezogener Flußlandschaften gibt: »*Die daraus folgenden Verpflichtungen sind daher von dem Recht der Allgemeinheit und nachfolgender Geschlechter auf einen noch ursprünglich wirkenden Naturausschnitt abzuleiten und mit gebotenem Nachdruck zu verteidigen*«. Dieser

Satz wurde bereits 1965 geschrieben (MICHELER 1965).

Der langfristige Erhalt der letzten noch nicht ausgebauten Flußauenlandschaften und die Wiederherstellung solcher Lebensräume sollte auch aus Gründen des Hochwasserschutzes Vorrang vor anderen Nutzungsinteressen haben. In bereits ausgebauten Flußabschnitten mit vorhandenen Staustufen bietet es sich jedoch an, durch Umbau, Modernisierung oder auch Neubau von Wasserkraftwerken eine Erhöhung der Leistung anzustreben, wobei es naheliegend ist, die Modernisierung mit einer Verbesserung der ökologischen Gesamtsituation in Einklang zu bringen: Wasserkraft und Ökologie sollte die Zielsetzung sein. Die zuvor genannten Fallbeispiele zeigen, daß es auch bei uns unter Berücksichtigung der erläuterten Randbedingungen noch interessante Ausbaumöglichkeiten für die Wasserkraftnutzung gibt.

5.4 Flußhochwasser in Deutschland: Chronik und Bilanz
HEINZ ENGEL

Weltweit waren die 90er Jahre von außergewöhnlichen Hochwassern geprägt, die zum Teil erhebliche Schäden angerichtet haben, bis hin zu katastrophalen Auswirkungen.

In den Medien wurde nicht nur über die Hochwasser und deren Folgen berichtet, sondern man diskutiert und spekuliert auch zunehmend über Ursachen für Hochwasser-Häufungen und -Scheitelzunahmen. Dabei wird hauptsächlich auf anthropogene Beeinflussungen hingewiesen, beginnend bei Veränderungen in der Flächennutzung über Fehler beim Ausbau der Gewässer bis hin zu Klimaverschiebungen infolge anthropogener Produktion von Treibhausgasen.

Hochwasserentwicklung in Deutschland

Während aus der Berichterstattung in den Medien der Eindruck entsteht, Hochwasser an deutschen Flüssen hätte in den vergangenen Jahren generell Verschärfungen erfahren, führt eine differenzierte Betrachtung der Hochwasserentwicklungen zu durchaus unterschiedlichen Ergebnissen. Auftragungen der jeweils größten jährlichen Abflüsse zeigen an allen Pegeln sehr große Schwankungen und einen zyklischen Wechsel von hochwasserarmen und hochwasserreichen Perioden. Es lassen sich leicht Zeitabschnitte finden mit steigenden und auch solche mit fallenden Hochwasserserien. Betrachtet man den Zeitabschnitt von 1891 bzw. 1901 bis 1995, so können die Trendgeraden über den Gesamtzeitraum sowohl steigend als auch fallend verlaufen. Die Beispiele (Abb. 5.4-1) von Achleiten/Donau (fallend), Köln/Rhein (steigend) und Neu Darchau/Elbe (nahezu unverändert) zeigen dies. Steigende Tendenzen weisen vor

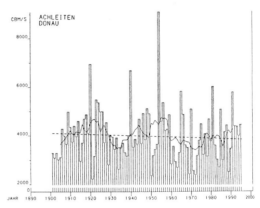

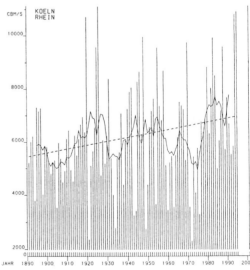

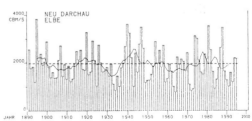

Abb. 5.4-1: Jährliche Hochwasserabflüsse (HQ) der Jahre 1891 (bzw. 1901) bis 1995 an den Pegeln Achleiten/Donau, Köln/Rhein und Neu Darchau/Elbe

allem die Hochwasserabflüsse im Rheingebiet auf, wobei auch dies nicht generell gilt. So zeigen die Hochwasserscheitelabflüsse des Mains am Pegel Würzburg fallende Tendenz in den letzten 100 Jahren, aber auch für die gesamte Beobachtungsreihe (seit 1824).

Die Hochwasserereignisse Dez./Jan. 1993/94 und Januar 1995

Außergewönliche Hochwasser in großen Flußgebieten ergeben sich als Folge flächenhaft verteilter Starkniederschläge, die auf Einzugsgebiete mit hoher Abflußbereitschaft fallen.

Mit Ausnahme der südlich der Donau gelegenen Gebiete und einiger Zonen im Nordosten betrugen die Niederschlagsmengen in Deutschland im Dezember 1993 mehr als 200 % des Klimamittelwertes für diesen Monat, bezogen auf die Periode 1951 bis 1980. Im Südwesten wurden an einigen Stationen fast 400 % erreicht.

Hieraus entstanden vor allem im Maas- und Rheingebiet Hochwassersituationen. Die Niederschläge hatten jedoch auch nördlich und östlich des Rheingebiets Auswirkungen. So erreichte der Scheitelabfluß in der Weser unmittelbar nach dem Zusammenfluß von Werra und Fulda am 23. Dezember eine ca. 5 Jährlichkeit. Das Fehlen weiterer bedeutender Zuflüsse bewirkte eine Abflachung der Weser-Welle stromab.

Ergiebige Niederschläge über dem Fichtelgebirge und dem Bayerischen Wald führten zu Hochwasserwellen in Naab und Regen, die in der Donau bei Regensburg am 23. Dezember einen etwa 10jährlichen Hochwasserscheitel zur Folge hatten. Donauabwärts ging die Jährlichkeit des Scheitels kontinuierlich zurück.

Im oberen Elbegebiet entstanden Hochwasserabflüsse über dem mittleren Hochwasserabfluß mit einer Wiederkehrhäufigkeit von 4 bis 5 Jahren. In der Saale gab es ein ebenfalls 5jährliches Hochwasser, hier allerdings erst am 27. Dezember. In der Elbe unterhalb der Havel trat erst nach Neujahr ein Abfluß auf, der den vieljährigen mittleren Hochwasserabfluß überstieg (ENGEL et al. 1994, EBEL & ENGEL 1994).

Der Januar 1995 war nahezu im gesamten Deutschland überdurchschnittlich naß. Im Südwesten wurden Werte von mehr als 300 % des üblichen Januarniederschlags erreicht. Im Rheingebiet waren es ca. 200 % des Normalwertes.

Die Niederschläge betrafen in Deutschland wiederum vor allem das Rheingebiet. Die östlich angrenzenden Einzugsgebiete von Donau, Weser und Ems waren durch die westlichen Wetterlagen zum Teil erheblich mitbetroffen. So ergaben sich für die Quellgebiete der Donau in Baden-Württemberg und für die Fulda bis Hannoversch- Münden Jährlichkeiten der Abflüsse von über 50 Jahren. An der Elbe stellten sich nur Hochwasserabflüsse kleiner Jährlichkeiten ein. Lediglich an der Saale ergab sich eine Welle mit 5- bis 10jährlichen Abflußscheiteln. Westlich des Rheins führten langandauernde Niederschläge von außergewöhnlicher Intensität zum Extremhochwasser der Maas. Von Deutschland aus entwässern Rur und Niers in die Maas. Während der Scheitelabfluß der Rur nur eine Wiederkehrzeit von ca. 3 Jahren erreichte, steht der Maximalabfluß der Niers in der 45jährigen Beobachtungsreihe an zweiter Stelle.

Da die Hochwasser 1993/94 und 1995 in Deutschland vor allem das Rheingebiet betrafen, soll dieses im folgenden gesondert betrachtet werden.

Das Einzugsgebiet des Rheins ist sehr heterogen. Es besteht aus Teilgebieten, die auf sehr unterschiedliche meteorologische Bedingungen reagieren. So enthält die lange Reihe verfügbarer hydrologischer Aufzeichnungen (seit dem Jahr 1000 n. Chr.) kein Hochwasser, das gleichzeitig in allen Teileinzugsgebieten in vergleichbarer Größe eingetreten ist. Für das Rheinhochwasser katastrophal war es jedoch immer dann, wenn mehrere Teileinzugsgebiete zugleich Extremabflüsse geliefert haben (EBEL & ENGEL 1995).

Weder das Rheinhochwasser 1993/94 noch das von 1995 hatte seinen Ursprung in den Alpen.

- 1993 ergab sich aus dem mittleren Abfluß in Rheinfelden bis Maxau ein Scheitelabfluß, mit dem rund einmal in zwei Jahren zu rechnen ist. Im Neckar begann etwa zeitgleich mit dem Rhein eine Anschwellung, die mit einem Spitzenanstieg von mehr als 350 cm in 24 Stunden zu einem 50jährlichen Scheitel auflief. Die Addition von Neckar- und Oberrheinwelle führte unterhalb der Neckarmündung zu mäßigen Scheitelwerten. Erst eine Aufhöhung der Rheinwelle durch die Nahe um rund 1 000 m³/s setzte die Eintrittswahrscheinlichkeit des Scheitelabflusses im Rhein auf ca. 35 Jahre herauf. In Koblenz trafen die Scheitel von Rhein und Mosel mit nur geringer zeitlicher Versetzung aufeinander. Der mit nahezu 4 200 m³/s größte Abfluß der Mosel seit Beginn der regelmäßigen Beobachtungen im Jahre 1817 erzeugte auch im Rhein ab der Moselmündung eine Welle, die in diesem Jahrhundert nur einmal übertroffen war.

- Die Mosel hat das Hochwasser hauptsächlich aus den nördlichen Einzugsgebieten sowie aus der

Saar bezogen. Noch an der französisch-deutschen Grenze (Pegel Perl) war der Abflußscheitel lediglich von 10jährlicher Wiederkehrhäufigkeit. Die zeitgleich eintreffenden Zuflüsse aus Sauer (höchster Abfluß seit Beobachtungsbeginn) und Saar (höchster Abfluß seit 25 Jahren) ließen die Jährlichkeit des Wellenscheitels ab Trier auf 80 Jahre ansteigen. Dabei war besonders bemerkenswert, mit welcher Schnelligkeit sich die Wasserstandsanstiege vollzogen (ENGEL et al. 1994, EBEL & ENGEL 1994).

- 1995 erreichte der Scheitelabfluß in Basel eine Jährlichkeit von ca. 20 Jahren, doch war die Hochwassersituation nur von kurzer Dauer. Die Abflüsse fielen schon im Verlauf eines Tages wieder auf Werte unter dem vieljährigen mittleren Hochwasser.
- Da die Zuflüsse aus Schwarzwald und Vogesen einschließlich dem Neckar nur unwesentliche Beiträge lieferten, sank die Jährlichkeit des Rheinscheitels stromab bis zur Mainmündung schließlich auf deutlich unter 10 Jahre. Da der Main extremes Hochwasser führte mit einem langgezogenen Scheitel, ergab sich unterhalb seiner Mündung im Rhein ein Maximalabfluß von fast 6 000 m³/s. Dieser Abfluß vergrößerte sich vor allem durch die Nahe. Die Jährlichkeit des Scheitels stieg damit auf rund 35 Jahre im Mittelrhein. Hier übertraf die Welle auch diejenige von Weihnachten 1993. In Koblenz erzeugte die Mosel mit einem um über 600 m³/s geringeren Scheitel einen um 31 cm geringeren Hochwasserstand als 1993. Wegen ausgedehnter Extremniederschläge in den Quellgebieten der Sieg stiegen die Fluten trotz dieser günstigen Voraussetzungen bis Köln so erheblich, daß dort der Pegelstand schließlich 1 069 cm erreichte. Er lag damit 6 cm höher als 1993 und auf gleicher Höhe mit dem in diesem Jahrhundert in Köln maximal gemessenen Wasserstand vom Januar 1926. Am letzten deutschen Pegel, in Emmerich, wurden schließlich 12 000 m³/s gemessen bei einem um 1 cm höheren Wasserstand als 1926 (EBEL & ENGEL 1995).

Die beschriebenen Hochwasser hatten ihre Ursprünge in extremen Niederschlägen, die auf Oberflächen mit hoher Abflußbereitschaft gefallen sind. In Deutschland sind im Mittel ca. 15 % der Bodenoberfläche permanent nicht aufnahmebereit für Versickerungen. Die Entstehung großer Hochwasser setzt jedoch voraus, daß erheblich größere Gebietsanteile mit nahezu 100 % zum Oberflächenabfluß beitragen. Diesen Zustand können nur natürliche Faktoren wie Frost oder Wassersättigung herbeiführen.

1993 erzeugte eine Regenperiode zwischen dem 7. und 18. Dezember Niederschläge in den hochwasserrelevanten Gebieten, die ca. 100 % des vieljährigen Dezembermittels entsprachen. Dadurch wurde das Bodenporenvolumen weitgehend aufgefüllt und die Oberfläche gleichsam versiegelt. 1995 wurde ein ähnlicher Effekt durch schmelzenden Schnee erzeugt und durch gefrorenen Boden im höheren Bergland.

Die Großflächigkeit der »Quasi-Bodenversiegelung« und die Verbreitung der Niederschläge führte zu einer allgemein hohen Abflußbildung im Rheingebiet unterhalb der Neckarmündung. Gebietsweise flossen 50 bis 70 % des gefallenen Niederschlags direkt in den Gewässern ab.

Einflüsse auf die Hochwasser aus Flußausbauten und Klimaänderungen

Am südlichen Oberrhein haben Flußausbaumaßnahmen, wie Begradigungen, Staustufen und Abschneiden von Überflutungsgebieten statistisch die Hochwassergefahr verschärft. Zu den rheinabwärts eingetretenen Hochwasserscheiteln 1993 bzw. 1995 hat dieser Bereich allerdings nur unwesentlich beigetragen.

Die großzügig dimensionierten Schutzdeiche, die wenige Kilometer unterhalb von Köln beginnen, verhindern weitgehend Überflutungen flußabwärts. Insgesamt liegen hier rund 640 km² hinter »Banndeichen« unter dem Niveau eines mehrhundertjährlichen Bemessungshochwassers. Die Ausdeichung von Überschwemmungsgebieten bedeutet auch am Niederrhein die Erhöhung von Scheitelabflüssen. Doch haben Überflutungen aus Rheinhochwasser infolge Dammüberströmungen oder -brüchen seit vielen Jahren weder in NRW noch in den Niederlanden stattgefunden. Alterungsprozesse an den Deichen sind allerdings sorgfältig zu beobachten und rechtzeitig zu beseitigen. Kritische Situationen beim HW 1995 haben dies sehr deutlich werden lassen.

Die Rhein-Nebenflüsse Neckar, Main, Mosel und Lahn wurden zur Energiegewinnung und Erreichung besserer Schiffbarkeit mit Staustufen ausgebaut. Begradigungen haben zwar am Main, nicht jedoch am Neckar, am deutschen Teil der Mosel oder an der Lahn stattgefunden. Retentionsraum wurde ebenfalls nicht oder allenfalls nur in unbedeutendem Ausmaß abgeschnitten. Die Ausbaubedingungen verlangen bei Hochwasser die Freigabe der vollen vor Ausbau vorhandenen Abflußquerschnitte, an der Mosel beispielsweise schon bei Abflüssen von unter 2 000 m³/s. Die Auswirkungen des Ausbaus beschränken sich daher auf Beschleunigungen des Wellenablaufs für Abflüsse unterhalb gut 2 000 m³/s. Oberhalb dieses Grenzwertes sind die Abflußverhältnisse in der Mosel die gleichen wie vor dem Ausbau. Die 2 000 m³/s übersteigenden Abflußanteile betrugen 1993/94 ca. 840 Mio. m³ und 900 Mio. m³ im Jahre 1995. Möglichkeiten zur Rückhaltung (Speicherbecken) für solche Volumina können im Moseleinzugsgebiet nicht bereitgestellt werden (ENGEL 1995).

Ausbaumaßnahmen sind auch an allen großen Flüssen außerhalb des Rheingebietes durchgeführt worden. Sie zielen im allgemeinen auf Verbesserungen im Bereich der Schiffahrt und z. T. auf Energiegewinnung ab. Sie verändern damit die Situation bei Niedrig- und Mittelwasser. Hochwasser werden in der Regel in ihrem Anlauf beschleunigt, sind im Scheitelbereich aber nur in Ausnahmefällen betroffen. Hochwasserschutzmaßnahmen sind zumeist nur örtlich begrenzt durchgeführt. Nachweise von Veränderungen des Hochwasserablaufs infolge Ausbaumaßnahmen auf längeren Strecken wurden mit Modellen nur für Rhein, Saar und Mosel sowie für die Donau durchgeführt.

Neben anthropogenen Direkteinwirkungen auf die Fließgerinne werden auch indirekte Einflüsse auf das Hochwasserregime über Klimaänderungen vermutet. Ob und inwieweit der Mensch feststellbare Entwicklungen verursacht hat, ist wohl zur Zeit noch nicht zu sagen. Tatsache ist jedoch, daß in den westlichen Flußgebieten Deutschlands (Rhein-, Ems-, Weser- und Elbegebiet) die mittleren Abflüsse seit 100 Jahren in mehreren Schüben gestiegen sind (*Abb. 5.4-2*). Diese Anstiege schlagen in vielen Fällen auch auf die Hochwasserabflüsse, z. B. am Rhein (*Abb. 5.4-1*) durch und finden in Anstiegen der jährlichen Niederschlagssummen (*Abb. 5.4-3*) ihre Entsprechung. Da die Niederschläge sich jedoch jahreszeitlich unterschiedlich entwickelt haben (Zunahmen vor allem im Winter und Frühjahr sowie Abnahmen im Hochsommer (*Abb. 1.5-2*)), sind in Flußgebieten mit hohen Mittelgebirgsanteilen Aufhöhungen von Hochwassern im Winter und Frühjahr, d. h. Verschiebungen der HW-Eintrittszeiten, erkennbar.

Abb. 5.4-4 zeigt beispielhaft die Entwicklung der mittleren Abflüsse (MQ) bezüglich der Sommerhalbjahre (Mai-Oktober) für den Pegel Maxau am Oberrhein und bezogen auf die Hochsommer-

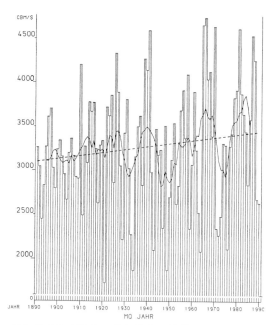

Abb. 5.4-2: Mittlere jährliche Abflüsse (MQ) aus Elbe, Weser, Ems und Rhein (Summe der Mündungsabflüsse) der Jahre 1891–1990

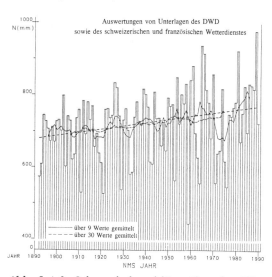

Abb. 5.4-3: Jahresniederschläge über den Einzugsgebieten von Elbe, Weser, Ems und Rhein von 1891–1990

monate (Juli-Sept.) für den Pegel Rees am Niederrhein. Eine am Oberrhein vorhandene Verringerung der mittleren sommerlichen Abflüsse wandelt sich rheinabwärts in eine Stagnation. Demgegenüber sind die Winterabflüsse deutlich gestiegen (Beispiel: Pegel Rees, MQ-Entwicklung in den Monaten März-Mai) (ENGEL 1994).

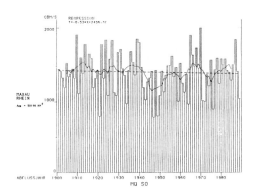

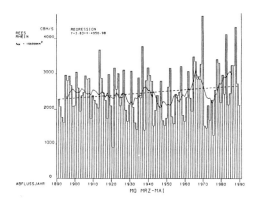

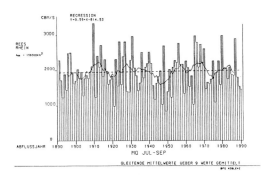

Abb. 5.4-4: Entwicklung der mittleren Abflüsse am Pegel Maxau in den Sommerhalbjahren (Mai-Oktober) sowie am Pegel Rees/Rhein in den Monaten März-Mai und Juli-September zwischen 1901 und 1990

In jüngster Zeit hat nicht nur die Höhe der Wasserstände Beunruhigung hervorgerufen, sondern vor allem die Wiederholung außergewöhnlicher Ereignisse in kurzen Zeitabschnitten. Entgegen der immer wieder geäußerten Meinung hat es Hochwasserhäufungen auch in der Vergangenheit gegeben. Es ist üblich, daß Perioden nasser Jahre mit Perioden trockener Jahre wechseln. Dabei kann es immer wieder vorkommen, daß auch besonders extreme Hochwasser kurzfristig aufeinanderfolgen (*Abb. 5.4-1*). Dieses kann in einem Jahr sein und in einem oder wenigen Jahren Abstand.

Auswirkungen der Hochwasser der letzten Jahre, Schutzkonzepte

1993 wurde das Mississippi/Missouri-Gebiet in den USA vor allem oberhalb von St. Louis von einer 5-monatigen Hochwassersituation betroffen, bei der nördlich von Cairo/Illinois rund 93 000 km² Landfläche überflutet waren. 47 Menschen mußten ihr Leben lassen und die Schäden lagen in der Summe zwischen 18 und 24 Mrd. DM (TUTTLE 1994). In Europa ereigneten sich außergewöhnliche Hochwasser an der Rhone (1993), an Rhein und Maas (1993/94) und im oberen Po-Gebiet, im italienischen Piemont (November 1994). Die Schäden in Oberitalien beliefen sich infolge einer Flut von nur zwei Tagen Dauer auf rund 20 Mrd. DM. 63 Tote waren zu beklagen und weite Teile der Überflutungsgebiete waren nach dem Ereignis mit bis zu 60 cm dicker Schlammschicht überdeckt (ALEXANDER HOWDEN GROUP Ltd., MANZITTI HOWDEN BECK INSURANCE AND REINSURANCE BROKERS 1995).

In Deutschland folgte dem Hochwasser 1993/94 im Rheingebiet ein hohe Schäden (über 460 Mio. DM) verursachendes Hochwasser in den Einzugsgebieten von Saale und Bode (April 1994) und zu Pfingsten (Mai 1994) ereignete sich ein Hochwasser am Hochrhein, dessen Scheitelabfluß seit 1890 lediglich bei einem Ereignis im Jahre 1910 übertroffen wurde. Schließlich ergab sich im Rheingebiet Ende Februar 1995, nur 13 Monate nach dem Weihnachtshochwasser 1993, eine Welle, die im Rhein unterhalb der Siegmündung neue Rekordhöhen erreichte.

Die Gesamtschäden in den von der Januarflut betroffenen europäischen Ländern (B, D, F, LUX, NL) belaufen sich nach vorsichtigen Schätzungen auf etwa 3,3 Mrd. DM (EBEL & ENGEL 1995), beim Weihnachtshochwasser 1993 lag die Schadenssumme bei ca. 2,1 Mrd. DM (EBEL & ENGEL 1994). Für Deutschland allein ergibt sich allerdings ein deutlich günstigeres Bild: Die Schäden waren 1995 mit 500 Mio. DM weniger als halb so groß wie 1993/94 (1,3 Mrd. DM) (EBEL & ENGEL 1994).

Wie die genannten Zahlen deutlich machen, sind die Flußhochwasser in Deutschland im internationalen Vergleich kaum als Katastrophen zu bezeichnen. Allerdings waren die Auswirkungen in begrenzten Bereichen und bezogen auf Einzelpersonen durchaus katastrophal und sie können es auch immer wieder werden. Deshalb ist es erforderlich, über vorhandene Schutzkonzepte nachzudenken, sie zu entwickeln und wirksam zu verbreiten. Großräumig gesehen sind die vorhandenen Einrichtungen ausreichend. Wenn man berücksichtigt, daß europaweit landwirtschaftliche Überproduktion besteht, sollte bereichsweise überlegt werden, (vor allem in den vergangenen 150 Jahren) ausgedeichte Gebiete wieder an das Hochwasserregime anzuschließen (Renaturierung). Dies entlastet die unterliegenden Gewässerstrecken. Von Nichtfachleuten werden die Wirkungen solcher Maßnahmen wie auch die Möglichkeiten des technischen Hochwasserschutzes jedoch häufig überschätzt. Es ist daher außerordentlich wichtig, die Grenzen des Hochwasser-Schutzes zu erkennen, d. h. die letztlich verbleibenden Hochwassergefahren bewußt zu machen bzw. wieder zu lernen mit Hochwasser zu leben (LAWA-AK »Hochwasser« 1995).

Selbstverständlich ist alles zu unterlassen, was Hochwasser verstärken kann bzw. alles zu seiner Verminderung zu tun (Renaturierung, Entsiegelung, Versickerung ...). Hochwasser ist auch wirksam fernzuhalten, wo dies zum Schutz sinnvoller Nutzungen erforderlich ist. Andererseits dürfen die Schadenspotentiale nicht weiter erhöht, ja sie sollten möglichst vermindert werden (keine weiteren Baugebiete in hochwassergefährdeten Flächen, Herabsetzung hochwertiger Nutzungen, z. B. Rückführung von Wohnungen in flutungsgefährdeten Untergeschossen in Keller oder Garagenräume). Kontinuierliche Verbesserungen der Vorwarnzeiten sind anzustreben und es ist sicherzustellen, daß Warnungen auch bei den Betroffenen ankommen und beachtet werden.

Wie sehr das Hochwasserbewußtsein der Anlieger Schäden mindern kann, zeigen Vergleiche zwischen dem Weihnachtshochwasser 1993 und dem Januarhochwasser 1995 im Rheingebiet.

Viele Schäden 1993 entstanden, weil Anlieger Urlaubsreisen angetreten und die Verantwortung für ihr Hab und Gut nicht delegiert hatten. Andere Schäden entstanden durch zu späte Reaktionen oder nicht ausreichende Maßnahmen. Hochwasservorhersagen und -warnungen wurden aus Unwissenheit nicht beachtet und zum Teil aus »Erfahrungen« heraus für die Eigenanwendung korrigiert. Wertverbesserungen in überschwemmungsgefährdeten Bereichen haben zudem viele Schäden deutlich erhöht.

1995 wurden die verbreiteten Vorhersagen und Warnungen wachsam verfolgt und sehr ernst genommen. So räumten viele Bürger an Mosel und Rhein ihre Häuser über den Wasserstand von 1993 hinaus. Dieses Hochwasser war offenbar noch jedermann präsent und der Lerneffekt wirkte sich erkennbar aus, auch in den Vorbereitungen und Maßnahmen der Behörden. Es gab bedeutend weniger Ölunfälle und kaum Stromabschaltungen (da die elektrischen Verteilungsanlagen inzwischen vielfach höher gelegt waren). Insgesamt führte dies zu den schon genannten Schadensreduzierungen, trotz der in Köln und stromab 1995 teilweise gegenüber 1993 höheren Wasserstände.

Leider muß man davon ausgehen, daß der festgestellte Lerneffekt von der Zeitspanne abhängig ist, die zwischen zwei Ereignissen liegt. Bei allen Schutzkonzepten ist deshalb sehr darauf zu achten, daß das Hochwasserbewußtsein der Betroffenen wachgehalten wird. Dabei ist zusätzlich zu berücksichtigen, daß im Rheingebiet die Eintrittswahrscheinlichkeiten von Hochwassern zugenommen haben.

5.5 Binnenschiffsverkehr und Wasserstraßenausbau
Ernst P. Dörfler

Dauerkonflikt zwischen Ökologie und Wasserstraßenausbau

Der Ausbau der Flüsse zu »leistungsfähigen Wasserstraßen« hat sich in den letzten Jahren zu einem Dauerkonflikt zwischen Verkehrsplanern und Umweltschützern entwickelt. Während sich die Wasserqualität der Flüsse allmählich verbessert, setzt sich eine Verarmung der ökologischen Strukturen in den Flußlandschaften, insbesondere durch Wasserbaumaßnahmen, scheinbar durch. Unter dem Vorwand der »Förderung des umweltfreundlichen Verkehrsträgers Wasserstraße« vollzog und vollzieht sich eine historisch einmalige, radikale Zerstörung flußtypischer Lebensräume und Funktionen. Spätestens mit der Häufung der Hochwasserkatastrophen wurde auch der Öffentlichkeit deutlich, daß mit der Umwandlung der Flüsse in begradigte, monotone Wasserstraßen Folgeschäden in Milliardenhöhe eingetreten sind und auch künftig erwartet werden müssen.

Weniger spektakulär, aber dennoch nachweisbar ist die ökologische Verarmung der Flußlandschaften nach erfolgter Modernisierung. Rechts und links der weitgehend vollkanalisierten Flüsse in West- und Süddeutschland sind kaum noch Auenwälder erhalten, Überflutungsauen wurden drastisch und rücksichtslos auf Folgewirkungen eingeengt und bebaut, naturnahe Ufer wurden mit Schotter denaturiert und die Flüsse selbst verloren an Vielfalt und Eigenart. Vom einstigen Artenreichtum sind oft nur noch kümmerliche Reste übriggeblieben. In vielen dieser Flußlandschaften klappert nicht einmal mehr ein Storch.Dennoch wird nach wie vor seitens der Bundesregierung das System Wasserstraße/Binnenschiffahrt als umweltfreundlicher Verkehrsträger angepriesen. Ausgeblendet werden die enormen Landschaftsschäden, die immensen und unersetzlichen Biotop- und Artenverluste, die Verluste an Selbstreinigungskraft, die Einbußen im Bildungs- und Erholungswert sowie im ästhetischen Reichtum einer lebendigen Flußlandschaft.

Die Wasserstraße zwischen Prognose und Realität

Abb. 5.5-1 zeigt die Prognosen für den Güterverkehr in Deutschland, die den Planungen für den weiteren Ausbau der Verkehrswege bis zum Jahre 2010 zugrundegelegt wurden. Ausgangspunkt sind die Wirtschaftsdaten aus dem Jahre 1988. Nach diesen Vorhersagen wird mit Steigerungen im Straßengüterverkehr um 95 %, im Schienenverkehr um 55 % (vgl. auch Kap. 3.1) und in der Binnenschiffahrt um 84 % gerechnet. Die Ist-Entwicklung (*Abb. 5.5-1*) bestätigt lediglich die Prognosen für den Straßengüterverkehr. Die Bahnleistung schrumpfte innerhalb weniger Jahre um 50 %, die Binnenschiffahrt stagniert. *Abb. 5.5-2* widerspiegelt die langfristige Entwicklung der Anteile der Hauptverkehrsträger am Güterfernverkehr. Dabei ist ersichtlich, daß trotz kostenintensiven Ausbaus der Wasserstraßen der Anteil der Binnenschiffahrt seit 1960 (30 %) auf inzwischen unter 20 % geschrumpft ist. Dramatischer noch ist der Rückgang des Güterverkehrs auf der Schiene. Der LKW-Verkehr expandiert dagegen beständig.

Diese Entwicklung ist Ausdruck der vorherrschenden Verkehrspolitik, die vorgibt, die umweltschonenderen Verkehrsträger zu fördern, in Realität den Straßenverkehr jedoch immer mehr subventioniert. Im »freien Wettbewerb« haben Bahn und Binnenschiff schon längst verloren. Dessen ungeachtet werden die Wasserstraßen immer mehr ausgebaut. Bis zum Jahre 2010 sollen laut Bundesverkehrswegeplan dafür 28 Mrd. DM bereitgestellt werden. Ziel ist, durch immer breitere, tiefere und einförmigere Wasserstraßen den

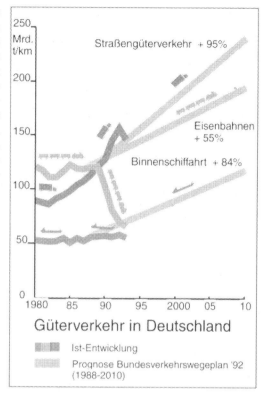

Abb. 5.5-1: Ist-Entwicklung und Prognose des Güterverkehrs in Deutschland (Quelle: BUNDESMINIST. FÜR VERKEHR 1994, zit. in Euronatur 1994)

Gütertransport auf dem Wasserweg durch den Einsatz immer größerer Schiffe zu verbilligen.

Ob diese Strategie aufgeht, nachdem sie in den letzten Jahrzehnten eindeutig scheiterte, ist zu bezeifeln. Hauptkonfliktfelder des weiteren Flußausbaus zeichnen sich einerseits an der Donau, andererseits an Elbe, Saale und Havel ab. Weitere Ausbauvorschläge seitens der EG reichen bis über die Oder, die Weichsel, den Bug bis nach Weißrußland. (KOMMISSION DER EUROPÄISCHEN GEMEINSCHAFTEN 1992).

Ausbauplanungen an der Donau

Die Donau ist auf weiten Strecken bereits durch Staustufen zu einer kanalisierten Wasserstraße ausgebaut (*Tafel 4*). Aber auch die Nebenflüsse Iller, Lech, Isar, Inn, Altmühl Naab und Regen wurden weitestgehend technisch umgeformt: Staustufe folgt auf Staustufe, Wasserkraftwerk auf Wasserkraftwerk. Durch diese sogenannte »ökologische Stromerzeugung« verloren Flüsse und Auen ihre prägende Dynamik und sind als charakteristische Lebensräume verschwunden.

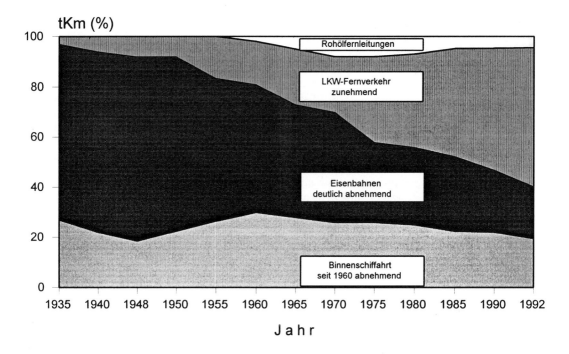

Abb. 5.5-2: Anteil der Hauptverkehrsträger am binnenländischen Güterfernverkehr in den alten Bundesländern (Quelle: BUNDESMINISTERIUM FÜR VERKEHR 1993, verändert)

Lediglich auf 70 km, zwischen Straubing und Vilshofen, ist die Donau ein noch frei fließender Fluß. Nach dem Bundesverkehrswegeplan soll nun auch dieser letzte Abschnitt voll kanalisiert werden. Geplant sind ein fast 10 km langer Seitenkanal, dazu der Bau zweier Staustufen: Oberhalb der Isarmündung in Waltendorf und unterhalb der Isarmündung in Osterhofen. Das Ausbauziel zwichen Straubing und Vilshofen wird mit 100 m Breite und 2,80 m Fahrwassertiefe angegeben. Damit sollen die Voraussetzungen für einen uneingeschränkten Begegnungsverkehr für Viererschubverbände geschaffen werden.

Widerstand gegen den Donauausbau

In den letzten 20 Jahren haben die Bewohner der Donau zwischen Regensburg und Straubing die Folgen derartiger Großeingriffe feststellen müssen: 1 800 ha Feuchtgebiete, entsprechend 80 % des Gesamtbestandes an diesem Donauabschnitt, gingen irreversibel verloren.

Im verbliebenen 70 km langen, freifließenden Donauabschnitt, wurden 50 Fischarten dokumentiert, wobei mehr als 20 Arten nur noch in diesem Donaubereich vorkommen. Kritisiert werden vom Bund Naturschutz Bayern vor allem die überzogenen Ausbauziele. Dieser Ausbaustandard ist weder am Rhein (Bingener Loch mit 1,90–2,10 m), noch am Main (40 m breit) noch am Main-Donau-Kanal (55 m breit) gegeben (WEIGER 1995).

Die Viererschubverbände machen zudem lediglich einen Anteil von nur 1 % der Transporte aus. WEIGER vermutet, daß die Schiffahrt nur vorgeschoben werde, um bei Osterhofen ein vom Bayernwerkkonzern betriebenes Kraftwerk zu erhalten, welches weitgehend vom Steuerzahler finanziert werden soll. Diese Ausbauvorhaben würden eindeutige Verstöße gegen internationale Verpflichtungen der BRD zum Schutz der Biodiversität und der EU-Richtlinien zum Schutz von Fauna und Flora nach sich ziehen, so WEIGER. Der geplante Ausbau bei Osterhofen mit dem Seitenkanal würden die hervorragenden und unersetzlichen Naturschutzgebiete Isarmündung, Staatshaufen, Mühlhammer Schleife und Winzerer Letten weitgehend zerstören.

Aber nicht nur der Verlust der Arten- und Biotopvielfalt, auch der Verlust von Grund- und Trinkwasservorräten, die Beschleunigung des Hochwasserabflusses und die Zerstörung der Hochwasserrückhalteräume sind die Folgen des Staustufenbaus. Die natürlichen Wasserstandsschwankungen der Donau von 3–5 m würden auf wenige Dezimeter reduziert werden, was zum Verlust der Wasserstandsdynamik im Grundwasserkörper wie auch im Fluß selbst führen würde. Anliegende Städte- und Gemeindeparlamente haben die Ausbaupläne als überzogen abgelehnt. Der anhaltende Bevölkerungswiderstand hat die Politiker gezwungen, auch andere Lösungsmöglichkeiten mit in Betracht zu ziehen.

Als Alternative wird vorgeschlagen, eine flußbauliche Lösung ohne Staustufe nach Professor Ogris von der Universität Wien zu prüfen. Sie wären dann machbar, wenn die Ausbauziele auf 2,50 m Fahrwassertiefe und 70 m Breite reduziert würden. Diese Variante soll inzwischen an der österreichischen Donau im Bereich des Nationalparkes Hainburg unterhalb von Wien in Angriff genommen werden.

Ausbauplanungen an Elbe und Saale
Allgemeine Situation

Die ostdeutschen Flüsse zwischen Elbe und Oder hatten aus wasserbaulicher Sicht ein halbes Jahrhundert Schonzeit. Die letzten größeren Flußbaumaßnahmen fanden in den 30er bis Anfang der 40er Jahre statt. Aus dieser Zeit stammen auch die letzten Flußbegradigungen, die abschittsweisen Uferbefestigungen und vor allem die Buhnen, jene Steinwälle, die im Abstand von weniger als 100 m quer in den Fluß hineinragen, um das Wasser in der Fahrwasserrinne zu bündeln. Stärker wasserbaulich verändert wurde die Saale. Auf knapp 70 km – von Halle-Trotha bis Calbe – kanalisierte man diesen Fluß in den 30er Jahren für das 1 000 t Schiff.

Kanalisierungspläne für die Elbe, die in den 50er und 60er Jahren auch in der DDR ausgearbeitet wurden, verschwanden aus Kostengründen wieder in den Schubläden. Stattdessen gab es für westliche Verhältnisse nur eine notdürftige Instandhaltung der vorhandenen Wasserbauwerke. Wurde eine Buhne durch ein Hochwasser beispielsweise durchgerissen, mußten oft Sandsäcke als Dauerlösung herhalten. Die bauliche Vernachlässigung der Flußbefestigungsanlagen war aus ökologischer Sicht außerordentlich vorteilhaft.

Streckenweise setzten ungewollt Renaturierungsvorgänge ein. Hochwässer rissen Uferbefestigungen oder Buhnen weg und hinterließen naturnahe und abwechslungsreiche Uferstrukturen. Noch wirksamer waren diesbezüglich – allerdings lokal begrenzt – militärische Truppenübungen rechts und links der Elbe. Zurück blieben wasserbaulich völlig zerstörte Ufer und Flachwasserzonen. An manchen Orten bildeten sich auch senkrechte Uferabbruchkanten heraus. Die im Selbstlauf wieder teilrenaturierten Flußufer wurden und werden von vielen Tier- und Pflanzenarten angenommen. Beispielhaft seien der Flußregenpfeifer und der Eisvogel genannt, die auf Kiesflächen bzw. senkrechte Abbruchkanten angewiesen sind.

Nicht nur die Ufer, auch die Flußauen wurden im vergangenen halben Jahrhundert kaum überbaut oder anderweitig zerstört. Weite, manchenorts bis zu mehreren Kilometern breite Überschwemmungslandschaften mit Auenwiesen und Auenwäldern blieben so erhalten. Im Gegensatz zur schlechten Flußwasserqualität (»Die Elbe – schmutzigster Fluß Europas«) fand die hohe ökologische Qualität der noch erhaltenen Flußlandschaft kaum einen angemessenen Platz in der Berichterstattung der Medien.

Ab 1990 hat sich die Wasserqualität der Elbe und ihrer Nebenflüsse wesentlich verbessert. In Vorwendezeiten lag die Sauerstoffkonzentration in Niedrigwasserperioden nicht selten unter 1 mg/l. Seit 1990 wird die Grenze von 7 mg/l im Magdeburger Raum nicht mehr unterschritten (vgl. Kap. 6.9). Selbst für anspruchsvollste Fischarten hat das Elbwasser wieder genug Sauerstoff sowie in den durchströmten Flachwasserzonen gute Laich- und Aufwuchsbedingungen. Kaum noch bekannte Fischarten haben sich wieder im Bereich der mittleren Elbe angesiedelt, darunter Rapfen und Bitterling.

Mit dem Kläranlagenbauprogramm in Ostdeutschland und in Tschechien kann mit einer weiteren Verbesserung der Wasserqualität gerechnet werden. Zur Zeit sind die Gehalte an Schwermetallen und chlorierten Kohlenwasserstoffen im Flußsediment und in den Schwebstoffen noch ein Problem.

Ausbau und Modernisierung der Wasserstraßen

Im Jahre 1990 wurden erste Ausbauforderungen für die Elbe laut. Die Hansestadt Hamburg wollte ihr »verlorengegangenes Hinterland« zurückhaben und führende Politiker verlangten den Ausbau der Elbe. Mit dem Bundesverkehrswegeplan wurden 1992 die Ausbauziele der ostdeutschen Flüsse festgelegt. In die Kategorie »vordringlicher Bedarf« fallen danach u. a. die Flüsse Elbe, Saale und Havel. Über 6 Mrd. Mark werden für Ausbau und Modernisierung der Wasserstraßen in Ostdeutschland als »vordringlich« vorgesehen. Das größte und teuerste Wasserstraßenausbauprogramm der deutschen Geschichte steht damit auf dem Plan.

Allein mit vier Mrd. Mark ist das sogenannte Projekt 17, der Ausbau der Wasserstraßenverbindung Hannover-Berlin für Großmotorgüterschiffe veranschlagt. Im Zuge dieses Projektes ist auch die Havel betroffen. Uferbegradigungen, Uferbefestigungen, Vertiefungen und Verbreiterungen für das 2 000 t Schiff bzw. den 3 500 t Schubverband mit 2,80 m Tiefgang sind auf dem Ost-West-Wasserweg vorgesehen (vgl. Kap. 3.1).

Planungen an Elbe und Saale
Eine Kanalisierung der Elbe ist derzeit offiziell nicht geplant. Die in Auftrag gegebenen Wirtschaftlichkeitsberechnungen haben ergeben, daß die Kanalisierungskosten den zu erwartenden Nutzen um den Faktor 5–10 übersteigen würden. Für die Elbe wurden deshalb Strombaumaßnahmen vorgesehen.

Strombaumaßnahmen an der Elbe
Vorgesehen und bereits begonnen wurde mit sogenannten Strombaumaßnahmen für 500 Mio. DM. Diese beinhalten die Wiederherstellung und Ergänzung von Buhnen und Uferbefestigungen sowie Sohlschwellen. Ziel ist, die Fahrwasserverhältnisse für die Schiffahrt um 20 cm zu verbessern, so daß Schiffe mit einer Tauchtiefe von 1,40 m an 95 % der (eisfreien) Tage im Jahr fahren können. Voll beladene Europaschiffe mit einer Tauchtiefe von 2,50 m sollen etwa zur Hälfte des Jahres ausreichend Wasser unterm Kiel vorfinden.

Saale-Ausbau
An der Saale, einem linken Nebenfluß der Elbe, ist der Ausbau für Europa-Schiffe geplant. Bei Niedrigwasser soll eine Tauchtiefe von 2,00 m, bei Mittelwasser von 2,50 m an allen Tagen im Jahr garantiert werden. Von Halle-Trotha bis Calbe wurde die Kanalisierung auf knapp 70 km Länge schon vor dem 2. Weltkrieg realisiert. Gebaut werden soll nun die letzte Staustufe kurz vor der Saalemündung in die Elbe bei Klein Rosenburg, die »kriegsbedingt nicht zur Ausführung« kam. Daneben sind ein Schleusenkanal, ein Durchstich sowie mehrere Kurvenabflachungen vorgesehen, um die Saale weiter zu begradigen.

Situation der Binnenschiffahrt
Die Aussage des Verkehrsministeriums, es müssen nun auch die Wasserwege in Ostdeutschland modernisiert werden, um den Verkehr zu verlagern, ist durch die Entwicklung im Westen nicht nachvollziehbar. Mit dem Ausbau der westdeutschen Flüsse sank der Anteil der Binnenschiffahrt am Güterfernverkehr (*Abb. 5.5-2*).

Die Wasserstraßen, die bundesweit nur zu rund 50 % ausgelastet sind, könnten die Gütertransporte mindestens verdoppeln. Auch der Schiffsraum ist nicht ausgelastet. Die freie Kapazität wird mit 15–20 % angegeben. Die Zahl der Binnenschiffer schrumpft jährlich beträchtlich (vgl. Kap. 3.1).

Statt die freien Kapazitäten zu nutzen und die Güterverkehre stärker auf das Wasser zu verlagern, werden 60 Mio. DM Abwrackprämie aus dem Bundeshaushalt zur Verfügung gestellt, um fahrtüchtige, vor allem kleinere und flußangepaßte Binnenschiffe zu verschrotten. Übrig bleiben die Großschiffe, die den weiteren Ausbau der Wasserstraßen auch im Osten Deutschlands zwangsläufig erforderlich erscheinen lassen. Nach der DEUTSCHEN BINNENREEDEREI (1995) ist der vollschiffige Ausbau der Elbe zur europäischen Wasserstraße unerläßlich. Auch die bislang vom der Brandenburger Landesregierung geübte Zurückhaltung in der Frage des Oder-Ausbaus solle aufgegeben werden. Die Flüsse seien in großen Abschnitten zu flach und die Fahrrinne zu schmal, um ganzjährig wirtschaftlich fahren zu können.

Für die Elbe wird eine »behutsame Stauregelung« gefordert, um der seit Jahrzehnten wirkenden Sohlenerosion und Grundwasserabsenkung entgegenzuwirken und um das »schwer geschädigte Ökosystem für den Menschen, aber auch für die Tier- und Pflanzenwelt« zu verbessern.

Nach der DEUTSCHEN BINNENREEDEREI werden die derzeit vorgesehenen Strombaumaßnahmen an der Elbe »die angestrebten Verkehrsverlagerungen auf das Binnenschiff nicht bringen«. Deshalb wird der Elbeausbau in drei Etappen verlangt:

• Strombaumaßnahmen an der Elbe
• Vollschiffige Anbindung der Wirtschaftsstandorte an der Saale mit dem Magdeburger Raum
• Vollschiffiger Ausbau der Elbe bis an die deutsch-tschechische Grenze

Als Alternative zur Elbekanalisierung arbeitet die Schiffswerft Roßlau an einem flachgehenden Elbeschiff, das auch bei niedrigen Wasserständen fahren soll. Dies wäre ein Beitrag zur Ökologisierung der Gütertransporte. Doch flachgehende Schiffstechnik, so die Deutsche Binnenreederei, sei kein Ersatz für den Wasserstraßenausbau, sondern lediglich als Zwischenschritt bis zum vollständigen Elbe-Ausbau zu sehen.

Ökologische Risiken eines weiteren Flußausbaus

Die Bundesregierung bezeichnet die Schiffahrt pauschal als umweltfreundlichen Verkehrsträger. Im Bundesverkehrswegeplan ist als Ergebnis der ökologischen Risikoanalyse zu lesen: »*Bei sorgfältiger Abstimmung auf den nachfolgenden Planungsstufen kann ein ökologisch tragbarer und relativ konfliktarmer Ausbau mit Ausgleich von Beeinträchtigungen erwartet werden*«.

Umweltverbände und unabhängige Wissenschaftler sowie Bundesfachbehörden, wie das Umweltbundesamt und das Bundesamt für Naturschutz warnen jedoch vor den ökologischen Risiken der Ausbaumaßnahmen an Elbe und Saale. Die Flußlandschaft Elbe ist insgesamt, vor allem aber im Bereich zwischen Mulde- und Saale-Mündung, das wohl wertvollste Flußökosystem, das die Bundesrepublik noch vorzuweisen hat.

Größte Auenwälder Mitteleuropas in Gefahr

Im Bereich zwischen Dessau und Magdeburg ist rechts und links der Elbe mit 8 000 ha der größte Auenwaldbestand Mitteleuropas erhalten geblieben. Von der Artenfülle her auch als »Regenwald« Mitteleuropas bezeichnet, können bis zu 20 000 Tierarten insgesamt in diesen Auenlebensräumen erwartet werden. Ausschließlich im Mittelelberaum zwischen Muldemündung und Saalemündung hat die letzte Elbe-Biber-Population mit 200 Tieren überlebt.

Von diesem Gebiet breitet sich die Art wieder erfreulich aus. Auf Grund der hervorragenden und einzigartigen Naturraumausstattung wurde dieses Gebiet schon 1979 als UNESCO-Biosphärenreservat »Mittlere Elbe« international anerkannt. 135 regelmäßige Brutvogelarten und über 130 Gastvogelarten finden nach HENTSCHEL (in STÄNDIGE ARBEITSGRUPPE DER BIOSPHÄRENRESERVATE IN DEUTSCHLAND 1995) im Biosphärenreservat geeignete Lebensbedingungen vor. Schwarzstorch und Schreiadler, Roter Milan und Wachtelkönig zählen zu den Brutvögeln. Wohl noch größer in der Bedeutung einzuschätzen ist das Elbegebiet als Rast- und Überwinterungsraum. Bis zu 70 000 nordische Gänse überwintern allein im Bereich des Biosphärenreservates. Besonders in Frostperioden gibt es für die Wasservögel zur fließenden Elbe keine Alternative.

Folgen einer Staustufe an der Saale

Der letzte große Auenwald der Saale liegt im Bereich der letzten 20 Flußkilometer vor der Mündung. Dieser Abschnitt soll nach den Vorstellungen der Bundesregierung mit einer Staustufe versehen werden. Eine Staustufe im Mündungsbereich der Saale hätte nach HENRICHFREISE (1995) schwerwiegende Folgen für den Auenwald. Noch ist der Auenstandort durch den dynamischen Wechsel von Hoch- und Niedrigwasser, von Überflutung und Trockenfallen geprägt. Der sich aber mit einer Staustufe in niedrigen Lagen einstellenden, auenunypischen Staunässe würde der wertvolle Stieleichen-Ulmen-Eschen-Wald zum Opfer fallen. Die Auswirkungen dieses Saale-Staus auf diese Flußlandschaft im Elbe-Saale-Winkel, so HENRICHFREISE, entsprächen einer 18 m hohen Staustufe am Rhein.

Tiefenerosion der Elbe

Die Auenwälder zu beiden Seiten der Elbe hingegen sind durch die Tiefenerosion des Flusses bedroht. Abschnittsweise hat diese Eintiefung schon 2,10 m in den vergangenen 100 Jahren überschritten. Maßgeblich verursacht wird die Sohlenerosion durch die früheren wasserbaulichen Maßnahmen:

- Begradigungen
- Einengung durch Buhnen und Uferbauwerke
- Geschiebedefizit durch Talsperren u. Staustufen

Eine Verschärfung der Tiefenerosion muß mit den geplanten Strombaumaßnahmen an der Elbe befürchtet werden. Das verkehrspolitische Ziel, die Fahrwasserverhältnisse um 20 cm zu verbessern, wird durch weitere Einengung des Stromes (Buhnenbau) und verstärkte Tiefenerosion angestrebt. Die Tiefenerosion vermindert nach HENRICHFREISE (1994) die für die Aue existenznotwendigen Überschwemmungen und zieht vor allem elbnah das Grundwasser ab.

Wie umweltfreundlich sind Wasserstraßen?

Mit zunehmendem Ausbau der Flüsse zu »leistungsfähigen Wasserstraßen« steht die »Umweltfreundlichkeit der Binnenschiffahrt« immer mehr in Frage. Es wird zwar seitens des Bundesverkehrsministeriums immer wieder betont, daß kein anderer Verkehrsträger so energiesparend und umweltschonend betrieben wird wie das Binnenschiff, unterschlagen wird jedoch, daß bei keinem anderen Verkehrsträger die Eingriffe in Natur und Landschaft so verheerend, die Vernichtung von einzigartigen Lebensräumen so irreversibel und die Ausrottung von Pflanzen- und Tierarten so effizient betrieben wird wie beim Ausbau von Flüssen zu »modernen Wasserstraßen«. Gerade naturnahe Flußlandschaften sind europaweit rar geworden und in ihren vielfältigen Funktionen für den Naturhaushalt nicht ersetzbar.

Flüsse und ihre Auen sind weit mehr als Transportwege: Sie reinigen und speichern das Wasser, sie sind Lebensraum für strömungsliebende Fische und für zahllose weitere Organismen, die auf die Dynamik von Flußlandschaften angewiesen sind. Frei fließende Flüsse prägen Lebensräume, wie Auenwiesen, Auenwälder, Altwässer und Ufer, die künstlich nicht herzustellen und zu erhalten sind.

Binnenschiffahrt und Wasserstraßen haben mit einem umweltfreundlichen Verkehrsträger nichts mehr gemeinsam, wenn für immer größere Schiffe mit immer mehr Tonnen ohne Rücksicht auf die Belange der Natur Flüsse und ihre Auen als lebendige Ökosysteme zerstört werden müssen.

Wirtschaftliche und verkehrspolitische Bewertung des Ausbaus von Elbe und Saale

Der gesamtwirtschaftliche Nutzen der Strombaumaßnahmen an der Elbe wird mit 9,3 und an der Saale mit 5,3 offiziell angegeben und als hoch eingeschätzt. Die Wasser- und Schiffahrtsdirektion Ost hebt hervor, daß mit dem Fortgang der Baumaßnahmen sich die Ausgaben des Bundes sofort auch auf die Region wirtschaftlich positiv auswirken werden (WSD Ost 1993).

Das Institut für Ökologische Wirtschaftsforschung Berlin stellt dagegen in einer Studie fest, daß das für die Elbe prognostizierte Verkehrsaufkommen von 15,6 Mio. t überhöht ist und eine Vervielfachung des heutigen Transportaufkommens bedeuten würde (PETSCHOW & MEYERHOFF 1994). Außerdem wird moniert, daß die ökologischen Folgekosten in der Nutzen-Kosten-Analyse der Bundesregierung völlig unberücksichtigt blieben. HOPF vom Deutschen Institut für Wirtschaftsforschung hält die Prognosen der Bundesregierung für »*völlig unrealistisch*«, da die Schwerindustrie im Osten völlig zusammengebrochen ist und das Schiffahrtsaufkommen auch im Westen Deutschlands seit 1988 trotz ausgebauter Wasserstraßen absolut keine Steigerung mehr erfahren hat (HOPF 1995).

Selbst der PLANCO-Bericht zum Ausbau der Saale, der im Auftrag des Bundesverkehrsministeriums 1995 erstellt wurde, stellt indirekt fest, daß die 500 Mio. DM teuren Ausbaumaßnahmen an der Elbe (Ausbauziel ist die Tauchtiefe von 1,40 m) fest, unsinnig sind: »*Auswertungen an bundesdeutschen Wasserstraßen belegen, daß auf Grund des Konkurrenzverhältnisses der Bahn erst ab einer konstanten Tauchtiefe von 2,0 m mit nennenswerten Binnenschiffsaufkommen zu rechnen ist*«. Diese Werte wären aber nicht durch die vorgesehenen Strombaumaßnahmen, sondern nur durch durchgehenden Staustufenausbau an der Elbe zu erreichen.

Nach THIELCKE von EURONATUR (mündl. Mitt. 1995) gehen in die Kosten-Nutzen-Analyse die ökologisch schwerwiegenden Eingriffe in die Flußaue nicht ein. Er vergleicht die Flüsse in Ost- und Westdeutschland und stellt fest, daß der hohe Naturwert der Ostflüsse auf deren Vernachlässigung während der DDR-Zeit beruht. Die weitgehende ökologische Zerstörung der Flußauen in Westdeuschland beruht dagegen zu wesentlichen Teilen auf dem Ausbau für die Schiffahrt.

Nach Angaben der Deutschen Bahn AG sind die Bahntrassen parallel zu Saale und Elbe (auch zur Havel!) nur zu höchstens 30 % ausgelastet. Die freien Transportkapazitäten auf der vorhandenen Schiene bewegen sich zwischen 11 und 24 Mio. t im Jahr und übertreffen damit die durch die Binnenschiffahrt auf Elbe und Saale transportierten Gütermengen teilweise um ein Mehrfaches. Ein realistischer Bedarf zum Ausbau der Flüsse in Ostdeutschland zu »modernen Wasserstraßen« ist nicht nachweisbar. Die geplanten Investitionen müssen deshalb ökonomisch als unsinnig und ökologisch als verheerend bewertet werden. Sollten die Ausbaumaßnahmen trotz der Gegenargumente und nach all den Erfahrungen an Rhein, Main und Donau dennoch realisiert werden, muß der Bundesregierung Ignoranz und Lernunfähigkeit bescheinigt werden. Die Kosten und die Folgeschäden werden wieder einmal die Natur und die betroffenen Menschen als Steuerzahler zu tragen haben.

5.6 Das Delta-Projekt und seine ökologischen Folgen am Beispiel der Oosterschelde

AAD SMAAL

Die Geschichte des Südwestens der Niederlande ist gekennzeichnet durch eine ständige Auseinandersetzung zwischen Mensch und Meer. Seit dem Jahr 1000 begann der Mensch Salzwiesen einzudeichen und in landwirtschaftliche Flächen umzuwandeln. Aber unregelmäßig auftretende

Sturmfluten durchbrachen die angelegten Deiche und wandelten die zuvor gewonnenen Flächen teilweise in Meeresgebiete zurück. Am 1. Februar 1953 erzeugte ein Nordweststurm eine Tide von bis zu 3 m über den mittleren Werten, durchbrach etwa 100 km der küstenschützenden Deiche und überflutete ca. 160 000 Polder (Köge). 1 835 Personen starben und mehr als 46 000 Häuser und Bauernhöfe wurden zerstört oder beschädigt. Ungefähr 200 000 Stück Vieh gingen verloren. Das Delta Projekt wurde als Antwort auf ständige Risiken der Überflutung entwickelt. Der Kern des Projektes war die Schließung der Haupt- und Nebentideästuare der Südwestniederlande. Die ursprünglichen Ästuare Veerse Gat, Haringvliet und Grevelingen wurden im Jahre 1961, 1970 und 1971 durch Dämme von der Nordsee abgetrennt und in »stehende« Gewässer mit jeweils Süß-, Brack- und Salzwasser umgewandelt (*Abb. 5.6-1*). Das Wasser von Rhein und Maas fließt durch den »Neuen Weg« (Nieuwe Waterweg) ab. Auch durch die Schleusen in Haringvliet geht das Wasser dieser Flüsse in die Nordsee. In der Westerschelde, welche eine internationale Hauptschifffahrtsstraße ist, wurden dagegen nur die Deiche erhöht und somit der Ästuarcharakter noch beibehalten.

An der Oosterschelde wurde ebenfalls geplant, das Ästuar durch einen Damm von der Nordsee abzutrennen und einen Süßwassersee zu schaffen. Allerdings wurde dieses Konzept 1976 nach einer intensiven politischen Auseinandersetzung geändert und ein Kompromiß zwischen Ökologie und Wirtschaft einerseits und dem Schutz vor Sturmfluten andererseits vereinbart. Als Ergebnis dieser öffentlich geführten Diskussion entschied man, die Region durch ein Sperrwerk, das nur bei schweren Sturmfluten geschlossen werden durfte, im Mündungsbereich vor Überflutungen zu schützen. Damit sollte der Tidecharakter der Oosterschelde beibehalten werden. Das Sperrwerk wurde gebaut und 1986 fertiggestellt. Im nördlichen und östlichen Bereich der Oosterschelde wurden ferner ergänzende Dämme (Oesterdamm und Philipsdamm) errichtet. Dadurch entstanden mehrere Kompartimente. 1987 wurde der Bau dieser Dämme beendet. Sie trennen den westlichen marinen Teil – die »neue« Oosterschelde – von den neu entstandenen Süßwasserbecken »Krammer/Volkerak« und »Zoommeer«, die hauptsächlich durch Wasser von Rhein und Maas gespeist werden (*Abb. 5.6-1*). Die vorliegende Arbeit befaßt sich mit den Baumaßnahmen in der Oosterschelde. Hierzu wurden intensive wissenschaftliche Studien vor, während und nach der Bauphase durchgeführt, um ökologische Effekte zu quantifizieren.

Ökologische Studien

Die Entscheidung, ein Sperrwerk statt eines Damms zu bauen, bedeutete eine politische Wende in den Niederlanden im Hinblick auf Umweltfragen. Bei diesem Wasserbau-Projekt mußten neben dem Sturmflutschutz zum ersten Mal ökologische Aspekte sowie Nutzungen wie Fischerei und Erholungsaktivitäten berücksichtigt werden. Nach Fertigstellung der Wasserbauten wurden in der Zeit von 1987–1991 intensive Studien durchgeführt, um die ökologischen Auswirkungen und die sozio-ökonomische Bedeutung der Oosterschelde zu untersuchen. Diese Ergebnisse wurden mit denen vor der Bauphase 1980–1984 verglichen. Ein »Hydrobiologia«-Sonderheft wurde diesen Studien gewidmet (NIENHUIS & SMAAL 1994a). Einige Schwierigkeiten traten bei der Interpretation der Ergebnisse auf, da die Reaktion des Ökosystems auf die Wasserbauten mit Effekten aufgrund anderer Faktoren übereinstimmte. Ferner blieben aufgrund der großen natürlichen Variabilität wahrscheinlich andere Erkenntnisse unentdeckt. Zusätzlich ist zu erwähnen, daß es vor und während des Baus (1984/1987) eine Reihe von schweren Wintern gab; während der Untersuchungen nach dem Bau traten jedoch nur milde Winter auf. Eine ausführliche Zusammenfassung der verschiedenen Streßfaktoren findet man in NIENHUIS & SMAAL 1994b.

Charakterisierung der Oosterschelde

Die gesamte Wasseroberfläche der »neuen« Oosterschelde beträgt 351 km² mit 118 km² Gezeitenfläche und 6,4 km² Salzwiesen. Die Tidenrinne des westlichen und zentralen Kompartiments ist bis zu 55 m tief. Im Gegensatz dazu ist das östliche Kompartiment relativ flach mit einer mittleren Tiefe von 4,1 m und 43 % Gezeitenfläche. Im nördlichen Kompartiment beträgt der Anteil der Gezeitenfläche nur noch 35 %.; hier befinden sich die größten Salzwiesen. Der Haupteinlauf von Süßwasser in die Oosterschelde geht durch die »Kammer-Schleuse« des Philipsdams an der Rückseite des nördlichen Kompartiments. Die Phytoplanktonproduktion bewegt sich jährlich zwischen 200 und 400 g C/m² und die mittleren Werte von Chlorophyll-a in der Wassersäule betragen 5 µg/l. Im System treten dominierend

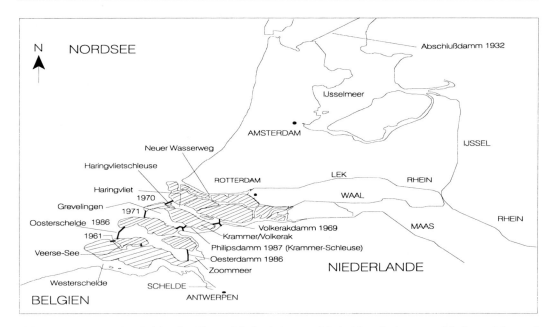

Abb. 5.6-1: Das Delta-Gebiet der Flüsse Rhein, Maas und Schelde mit den verschiedenen Unterteilungen aufgrund der Bauprojekte mit Angabe des Baujahres

Herz- und Miesmuscheln auf. Die Oosterschelde beherbergt ferner auffällige Pflanzen- und Tiergemeinschaften, die sich auf dem steinigen Substrat entwickeln, das als Deichverstärkung eingesetzt wurde. Die Oosterschelde – wie das gesamte Delta-Areal – haben generell eine wichtige Funktion für wandernde, überwinternde und brütende Vogelarten. Es wurden dort bis zu 280 000 Individuen festgestellt, von denen ca. 60 % Watvögel sind. Die Fischfauna der Oosterschelde besteht in etwa aus 70 Arten, von denen 50 % regelmäßig beobachtet werden. Das Gebiet hat eine begrenzte Funktion als Kinderstube für mehrere kommerziell wichtige Fischarten. Die ökonomischen Aktivitäten der Oosterschelde sind Miesmuschelkultur, Fischerei, Sport und Erholungsaktivitäten sowie Schiffahrt. Die Miesmuschelkulturen umfassen eine Fläche von etwa 23 km². Die Herzmuschelfischerei basiert auf der Nutzung natürlicher Bestände. Der Gesamtumsatz im Muschelhandel beträgt 300 Mio DFL jährlich; über 1 500 Personen werden dabei beschäftigt. Durch die Sport- und Erholungsaktivitäten wurden 1989 über 60 Mio. DFL umgesetzt und ca. 600 Personen beschäftigt (SMAAL & NIENHUIS 1992).

Haupteffekte durch die Wasserbauten
Hydrodynamik

Das Sperrwerk besteht aus 65 Pfeilern verteilt auf drei Rinnen (Roompot, Schaar und Hammen), die die Oosterschelde mit der Nordsee verbinden (*Abb. 5.6-2*). Im Falle von schweren Stürmen werden die zwischen den Pfeilern liegenden Schleusentore heruntergefahren, um die Verbindung zur Nordsee zu schließen. Der Bau der Schleuse hat zu einer Reduktion um 78 % des Querschnitts des Mündungsbereichs der Oosterschelde geführt (*Tab. 5.6-1*). Der verringerte Wasseraustausch zwischen Nordsee und Oosterschelde führte zunächst zu einer Verminderung des Tidenhubs. Um den Tidenhub wieder zu erhöhen, wurden die Dämme Oesterdamm (1986) und Philipsdamm (1987) gebaut. Während des Baus wurde die Fließgeschwindigkeit reduziert, um die Durchführung der Bauarbeiten zu erleichtern und Schäden durch hohe Fließgeschwindigkeit zu vermeiden. Nach Fertigstellung stieg der Tidenhub wieder an (*Abb. 5.6-3*). Durch den o. g. Bau verringerte sich die Gesamtfläche um 22 % und das Gesamtwasservolumen um 10 %. Die Fließgeschwindigkeit sank um 30 % im westlichen und 70 % im nördlichen Kompartiment. *Abb. 5.6-4* zeigt die Gebiete vor und nach der Bauphase mit Fließgeschwindigkeiten von weniger als 60 cm/s bei mittlerer Tide. Zusätzlich reduzierte sich der Süßwassereinlauf aus Rhein und Maas um 80 % auf 10 m/s. Insgesamt ging die Süßwasserzufuhr um 64 % zurück und der Wasseraustausch mit der Nordsee nahm um 28 % ab und beträgt jetzt 40 000 m³/s (SMAAL & NIENHUIS 1992).

Wasserqualität

Die Reduktion des Süßwasserdurchflusses hat bewirkt, daß das vorher bestehende Salzgehaltsminimum um 20 % auf Werte über 16 g Chlorid/Liter anstieg. Mit Ausnahme des nördlichen Kompartiments gibt es jetzt keine Salzwassergradienten mehr in der gesamten Oosterschelde (*Abb. 5.6-5*). In Verbindung mit dem geringen Süßwassereintritt sind aber die Schadstoffe in der Oosterschelde zurückgegangen. Auch die Nährstoffe nahmen ab; ihre Konzentrationen sind jetzt nur von den Einflußfaktoren an der Küste abhängig. Alle Werte im Jahre 1990 waren niedriger als vorher. Mit Ausnahme des nördlichen Kompartiments werden in der Oosterschelde keine Gradienten von Nitrat/Nitrit und Silikat mehr beobachtet. Die Konzentration der Schwebstoffe hat ebenfalls aufgrund der verringerten Fließgeschwindigkeit abgenommen.

Geomorphologie und Sedimenttransport

Die Reduktion des Gezeitenwasservolumens und der Strömungsgeschwindigkeit erfordern eine geomorphologische Anpassung. Die Tidenrinne ist aufgrund des veränderten Gezeitenvolumens überdimensioniert. Ein Volumen von ca. 500 Mio. m³ Sand wird sich dort ablagern, um ein neues Gleichgewicht herzustellen. Es gibt keinen effektiven Sandtransport aus der Nordsee; das bedeutet, daß ständig Sand aus den Watten ausgetragen wird. In der Tat ist schon eine Zunahme der Erosion im Bereich der Wattgebiete feststellbar. Gegenüber der Sedimentation überwiegt die Erosion. Es wird dort zur Zeit ein gesamter Flächenverlust von 35 ha/Jahr registriert. Dieser Prozeß wird sich über mehrere Jahre fortsetzen und wahrscheinlich zu einem Verlust von 15 % der gesamten Wattflächen in den nächsten 30 Jahren führen. Zusätzlich zu der Erosion in den stark exponierten Küstenstellen ist ein Sedimenttransport von den oberen Bereichen der Watten in Richtung Sublitoral zu beobachten. Daraus resultiert eine Reduktion der bei Ebbe trockenliegenden Küstenfläche. Die Erosion der Abbruchkanten am Rande der Salzwiesen hat ebenfalls nach der Bauphase zugenommen. Dies sind zusätzliche Folgen zu denen, die aufgrund der Reduktion der Fließgeschwindigkeit während der hydraulischen Arbeiten vom Oktober 1986 bis April 1987 auftraten. In diesem Zeitraum trocknete ein Teil der Marschen aus, was zur Oxidation und Ansäuerung der unteren Sedimentschichten führte. Dadurch wird ein jährlicher Verlust von Salzwiesen in der Größenordnung von 2–4 ha beobachtet. Weitere Verluste sind zu erwarten.

Tab. 5.6-1: Einige Parameter vor und nach den Bauarbeiten in Oosterschelde

Vor/Nach dem Bau	Vor	Nach
Gesamtfläche (km²)	452	351
Wasserfläche (km²)	362	304
Wattfläche (km²)	183	118
Salzwiese (km²)	17,2	6,4
Querschnitt b. geöff. Sperrwerk (m²)	80000	17900
Mittlerer Tidenhub, Yerseke (m)	3,7	3,25
Max. Fließgeschwindigkeit (m/s)	1,5	1
Verweilzeit des Wassers (Tage)	5-50	10-150
Mittl. Tidevolumen (m³·10^6)	1230	880
Wasservolumen (m³·10^6)	3050	2750
Süßwasserzufuhr (m³/s)	70	25

Veränderungen im Ökosystem

Die üblichen Parameter zur Beschreibung eines Ökosystems sind Diversität, Produktivität und Tragfähigkeit. Diese Variablen wurden im Rahmen dieser Studien in einer veränderten Weise

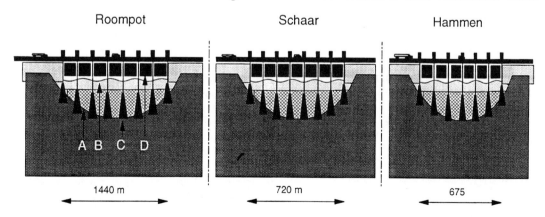

Abb. 5.6-2: Sperrwerk mit den drei Rinnen (Roompot, Schaar und Hammen). A = Sediment, B = Wasser beim Flut, C = Säulen und D = Schließvorrichtungen

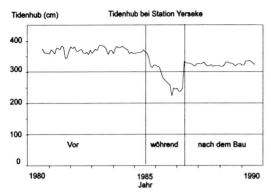

Abb. 5.6-3: Tidenhub in der Oosterschelde in Station Yerseke vor, während und nach der Bauphase

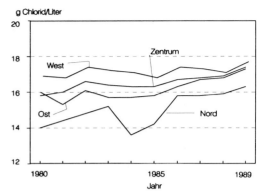

Abb. 5.6-5: Salinität in den vier Kompartimenten während der Jahre 1980–1989

verwendet: Artendiversität ist auf die Verfügbarkeit von Habitaten bezogen, und infolgedessen wurden Effekte auf Habitate als zusätzliche Variablen berücksichtigt. Produktivität wurde definiert als die Nettoproduktion von organischen Stoffen durch Primärproduzenten und daher als die Grundlage der Nahrungskette. Tragfähigkeit wurde benutzt, um Auswirkungen der Muschelkultur, Fischerei und Erholungsaktivitäten auf die Funktion der Oosterschelde als Feuchtgebiet einzuschätzen.

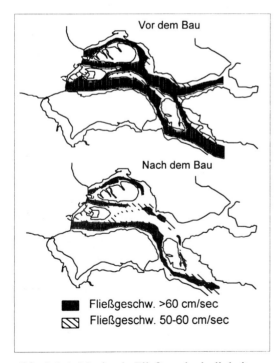

Abb. 5.6-4: Maximale Fließgeschwindigkeit vor und nach der Bauphase

Lebensraum und Artendiversität

Die wichtigsten Habitate im »alten« Oosterschelde Ästuar: (i) Priele und Rinnen, (ii) Sand- und Schlickwatten, (iii) Marschen und (iv) künstliche Uferbefestigungen sind weiterhin vorhanden; einige gravierende Veränderungen sind jedoch eingetreten. Im folgenden Abschnitt wird auf die Reaktion der Organismen eingegangen.

Priele und Tidenrinne

Das Ästuar wurde in eine Gezeitenbucht ohne Schwankung des Salzgehalts umgewandelt. Die Verweilzeit des Wassers nahm zu und der Gradient der Nährstoffe wurde umgekehrt; insgesamt hat sich das Brackwasser-Habitat verkleinert. Weitere Faktoren wie Trübung und Saisonalität der Lichtdurchlässigkeit nahm nach der Bauphase ab. Als Reaktion auf die Veränderung der Licht- und Nährstoffbedingungen sowie der Salinität ist eine Verschiebung im Phytoplankton von der Dominanz der großen Diatomeen zu kleinen Diatomeen und Flagellaten festzustellen. Sommerarten werden jetzt bereits im Frühjahr beobachtet und die Frühjahrsarten nahmen in ihrer Abundanz ab; die ursprünglichen saisonalen Trends in der Phytoplanktonsukzession sind verschwunden. Den früher bestehenden Ost-West-Gradienten in der Phytoplanktonbiomasse gibt es heute nicht mehr. Diese Erscheinung einer »Lagunisierung« des Ästuars wird erhärtet durch die Zunahme der Rädertierchens *Synchaeta* spp. und des Kopepoden *Acartia clausi* sowie durch eine Abnahme von *Acartia tonsa*, die eine typische euryhaline Art ist. Die Zooplanktonbiomasse stieg im östlichen Kompartiment an: der ursprüngliche West-Ost-Gradient verschwand ebenfalls. Das Vorkommen und die Häufigkeit der Fischarten im Oosterschelde-Ästuar wurde von 1979 an 10 Jahre lang untersucht. Insgesamt kamen 67 Fischarten vor.

Die Fischfauna zeigte nur geringe Unterschiede in der mittleren jährlichen Häufigkeit zwischen den Zeiträumen vor und nach 1985. Auffällig ist jedoch der seit 1985 beobachtete Rückgang der Anzahl der anadromen Fischarten als Auswirkung auf die Abnahme des Süßwasserzustroms.

Wattgebiete (Eulitoral)

Zusätzlich zur Reduktion der Wattflächen sank dort der Schlickgehalt. Die jährliche mittlere Biomasse des Mikrophytobenthos nahm nach der Bauphase von 115 auf 195 mg Chlorophyll-a/m² zu. Die Verringerung der Fließgeschwindigkeit, der Anstieg der Sichttiefe und wahrscheinlich eine größere Verfügbarkeit von limitierenden Nährstoffen, wie anorganisch gebundener Kohlenstoff werden als Erklärung genannt. Die Bedeutung des Mikrophytobenthos für die Produktivität des Systems hat dadurch zugenommen. Durch Beprobung von 300 Stationen in 1985 (vor dem Bau) und in 1989 (nach dem Bau) wurden Änderungen in Verteilung, Abundanz und Biomasse des Makrozoobenthos im Gezeitengebiet festgestellt. Die Analyse der langfristigen Veränderungen aufgrund einer zehnjährigen Untersuchung von 14 Stationen zweimal pro Jahr zeigte jedoch keinen Zusammenhang zu dem Bauprojekt. Starke Dynamik in Benthospopulationen wurde aber zusammen mit dem Auftreten von milden und schweren Wintern beobachtet. Geringe Biomasse, hohe Dichte und höhere Streßwerte, ausgedrückt als Verhältnis Abundanz/Biomasse, wurden nach schweren Wintern festgestellt; das Gegenteil trat bei milden Wintern ein. Getrennte Studien wurden durchgeführt, um die Dynamik der Herzmuscheln (*Cerastoderma edule*) und der Miesmuscheln (*Mytilus edulis*) zu beschreiben. Die mittlere Biomasse der Herz- und Miesmuscheln nach der Bauphase wurde auf 13,1 und 10,7 g AFDW (Aschefreies Trockengewicht) pro m² geschätzt. Die Mittelwerte lagen etwas niedriger als vor der Bauphase; die Spannweiten waren jedoch ähnlich. Es konnten keine Effekte durch die Baumaßnahmen nachgewiesen werden. Die Größe der Miesmuschelbiomasse wurde hauptsächlich durch die Intensität der Muschelkulturen bestimmt. Aus den von 1978 bis 1990 bei Hochwasser monatlich durchgeführten Zählungen, einschließlich der neu entstandenen Süßwasserseen, wurde abgeleitet, daß sich die Gesamtzahl der Vögel und der Vogeltage nicht signifikant geändert haben (*Abb. 5.6-6*). Allerdings zeigte der Vergleich vor und nach der Bauphase, daß die Anzahl der Watvögel von 181 000 auf 125 000 abnahm, während die Zahl der Wasservögel von 57 500 auf 98 600 anstieg; Dies ist durch die Umwandlung von gezeitenabhängigen Habitaten in Süßwasserseen und die Zunahme der Sichttiefe in der Oosterschelde erklärbar. Die jahreszeitliche Verteilung verschob sich von einem Maximum in der Mitte des Winters auf einen Spitzenwert im Herbst. Die Seehundpopulation (*Phoca vitulina*) nahm im gesamten Delta-Gebiet von 350 im Jahre 1960 auf zur Zeit 18 Individuen ab. Eine retrospektive Analyse zeigt, daß potentiell 4 000 Individuen die Gezeitenfläche des Delta-Gebietes besiedeln konnten. Die Abnahme ist eine Folge einer Faktorenkombination: Lebensraumverluste durch die durchgeführten Bauprojekte und andere Störungen durch anthropogene Aktivitäten.

Salzwiesen

Die Marschvegetation ist in der Regel an eine unregelmäßige Überschwemmungshäufigkeit angepaßt. Eine Analyse der Reaktion einzelner Arten zur Marschhöhe vor und nach dem Bau zeigte, daß die meisten Arten ihre Lage in den Höhengradienten der Marschen nach unten verlagert haben. Das Ausbleiben von Überschwemmungen während der Endphase des Baus resultierte in veränderter Bodenstruktur und Vegetationssterben. Dies wurde durch Auftreten sehr kalter Winter verstärkt; bereits 1984/85 wurde ein Rückgang von *Halimione* und *Spartina*-Populationen beobachtet. Weitere Veränderungen der Vegetation werden erwartet. Lange Trockenperioden in Kombination mit Frostschäden ergaben großräumige Veränderungen in der Marschvegetation; die Vegetation konnte sich jedoch recht gut erholen, aber es gibt immer noch Anomalien.

Felsige Substrate

Die Lebensgemeinschaften steiniger sublitoraler Substrate bestehend aus Seeanemonen, Tunikaten, Schwämmen und Bryozoen veränderten sich aufgrund von Auswirkungen der Bauarbeiten. Diese Reaktionen traten jedoch mit einer Verzögerung von 2 bis 3 Jahren ein. Die Abnahme der Fließgeschwindigkeit begünstigte die Besiedlung anderer, früher wenig zugänglicher Gebiete; dominierende Arten aus benachbarten Seen werden jetzt in der Oosterschelde beobachtet; die lokale Schlammablagerung verursachte Habitatverluste und führte zu einer dominierenden Entfaltung widerstandsfähiger Arten. Die Zunahme der gut durchlichteten euphotischen Zone erlaubt ferner, daß Algengemeinschaften nun tiefere Gebiete besiedeln. In einigen Gebieten nahm die Artenvielfalt zu; in anderen sank sie. Die Biomasse von

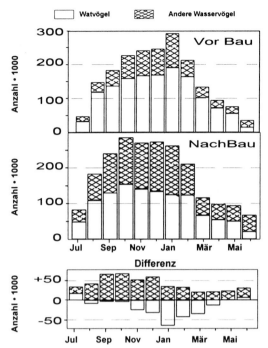

Abb. 5.6-6: Die gesamte Vogelzahl in der Oosterschelde einschließlich der Süßwasserseen in der Zeit vor und nach der Bauphase

Pflanzen und Tieren nahm trotz großer Variabilität seit 1988 ab. Diese Veränderungen sind jedoch nur teilweise aufgrund der Baumaßnahmen erklärbar. Eine intensive Entwicklung von *Ophiotrix fragilis* wurde in Jahren nach milden Wintern beobachtet; sie »verdrängt« andere Arten, was zum Rückgang der gesamten Biomasse führt. Klimatische Faktoren überlagern daher die aus den Ästuarveränderungen stammenden ökologischen Effekte.

Produktivität
Primärproduktion

Die Produktivität der Oosterschelde wurde aufgrund der Primärproduktion des Phytoplanktons geschätzt, die 85 % der gesamten Primärproduktion des Ökosystems vor den baulichen Veränderungen ausmachte. Andere Primärproduzenten sind Makrophyten und Mikrophytobenthos; aufgrund der angestiegenen Biomasse geht man davon aus, daß der Beitrag des Mikrophytobenthos zur gesamten Primärproduktion zugenommen haben dürfte. Der Netto-Import von organischem Material aus den anliegenden Systemen, vorherrschend aus der Nordsee, ist unbedeutend; bezüglich der organischen Stoffe und der Nahrungsverfügbarkeit war und ist die Oosterschelde ein sich selbsterhaltendes Ökosystem (SCHOLTEN et al., 1990). Infolge der Bauarbeiten haben sich die Haupteinflußfaktoren der Primärproduktion wie Licht und Nährstoffkonzentrationen in entgegengesetzter Richtung geändert: die Lichtbedingungen verbesserten sich und die Nährstoffkonzentrationen nahmen ab. Die Phytoplanktonbiomasse, gemessen als Chlorophyll-a Konzentration, ist in den östlichen und nördlichen Kompartimenten angestiegen; sie änderte sich jedoch nicht in den zentralen und westlichen Kompartimenten. Die Jahresmenge der Primärproduktion sank jedoch im westlichen Kompartiment und stieg im nördlichen Teilbereich. In den zentralen und östlichen Kompartimenten gab es keine Änderungen. Aus diesem Grund ist der vorher bestehende West-Ost-Gradient verschwunden. Insgesamt ist die Primärproduktion nach der Bauphase etwa gleich geblieben.

Kohlen- und Nährstoffkreislauf

Die Reaktionen des Ökosystems auf die baulichen Veränderungen wurden in einem mathematischen Simulationsmodel (SMOES) zusammengefaßt, das die wichtigsten Bestandteile der Kohlen- und Nährstoffflüsse vor und nach der Bauphase beschreibt; dabei wurde eine räumliche Skala von 10 bis 20 km und eine Zeitskala von 1 Tag verwendet. Neben dem SMOES-Modell lagen mittlere jährliche Kohlenstoffbilanzen vor (*Abb. 5.6-7*). Entsprechend dieser jährlichen Stoffhaushalte zeigen die wichtigsten Stoffflüsse vor und nach der Bauphase keine signifikanten Differenzen; eine Ausnahme stellen Biomasse und Konsumtion des Zooplanktons dar, die zugenommen haben. Die Zooplankton-Konsumtion nimmt jetzt die gleiche Stellung wie die Konsumtion durch benthische Filtrierer ein. Die Zunahme der Zooplankton-Konsumtion ist teilweise erklärt durch den Rückgang der Schwebstoffe im Wasser und damit durch die verbesserte Nahrungsqualität. Die Zunahme der Konsumtion und Biomasse des Zooplanktons könnte auch ein Effekt der geringen Biomasse der benthischen Filtrierer nach der Bauphase sein. Es kann aus dem Kohlenstoffhaushalt entnommen werden, daß die Produktivität der Oosterschelde nur geringe Änderungen als Reaktion auf die baulichen Veränderungen zeigt. Trotz der Änderungen in Nährstoffkonzentrationen, Lichtdurchlässigkeit, Gezeitenvolumen, Fließgeschwindigkeit und anderen Faktoren sind die wichtigsten Kohlenstoffflüsse erhalten geblieben: das Ökosystem Oosterschelde hat eine elastische Reaktion gezeigt. Diese Reaktion kann durch eine

Reihe von Anpassungen in der Nahrungskette erklärt werden. Die Phytoplanktonzusammensetzung hat sich so geändert, daß jetzt Arten vorherrschen, die früher hauptsächlich im Sommer auftraten. Es gibt eine Ausdehnung der Wachstumsphase; sie fängt jetzt früher an und setzt sich länger als in früheren Jahren fort. Die Änderungen in der Struktur der Phytoplanktongemeinschaft werden als Anpassung an die gestiegene Lichtdurchlässigkeit und die Abnahme der Nährstoffkonzentrationen interpretiert. Insgesamt ist die Produktion von Phytoplankton erhalten geblieben. Zusätzlich, als eine Auswirkung der verlängerten Verweilzeit des Wassers, kann die verstärkte benthisch-pelagische Bindung und damit die benthische Nährstoffregeneration, eine Rolle in der Aufrechterhaltung der Primärproduktion gespielt haben. Messungen in-situ zeigen den signifikanten Beitrag der Muschelbänke zur Regeneration der Nährstoffe. Die Stickstoffmineralisierung durch Muscheln kann etwa 50 % der Gesamtstickstoffmineralisation betragen. Die Freisetzung von Nährstoffen durch Muschelbänke kann die Primärproduktion des Phytoplanktons anregen, wodurch die Phytoplanktonaufnahme durch die Muscheln selbst teilweise kompensiert wird.

Tragfähigkeit (Kapazität)

Die Tragfähigkeit des Systems wurde als Maß benutzt, um die Effekte der umfangreichen Wasserbauten zu quantifizieren und Maßnahmen für ein zukünftiges Management zu treffen. Die zugelassenen Nutzungen erhielten unterschiedliche Stellenwerte; danach wurde folgende Priorität festgelegt: (1) Geschütztes Feuchtgebiet, (2) Muschelkultur und Fischerei sowie (3) Sport und Erholungsaktivitäten. Die Tragfähigkeit des Ökosystems wurde als die Kapazität des Systems definiert, eine maximale Dauernutzung so zu erlauben, daß die charakteristischen Merkmale des Systems nicht beeinträchtigt werden.

Miesmuschelkultur

Miesmuschelkulturen findet man sowohl im niederländischen Wattenmeer als auch in der Oosterschelde; die Nutzung der Gebiete durch die Fischer ist jedoch von der Verfügbarkeit von Jungtieren, der Größe der geeigneten Areale und vom Nahrungsangebot abhängig. Der mittlere Jahresertrag in der Oosterschelde betrug 1,68 Mio. kg vor und 1,35 Mio. kg aschenfreies Trockengewicht (AFTG) in der Zeit nach dem Bau. Der Ertrag pro Bestandseinheit war zu Anfang der Erntesaison 35 % vor und 32 % in der Zeit nach dem Bau; es konnten keine Hinweise auf gravierende Änderungen festgestellt werden. Bei einer Fließgeschwindigkeit von über 60 cm/s erhöht sich die Gefahr, daß die Muscheln verdriftet werden. Aus diesem Grund konnte vor der Bauphase nur ein begrenztes Gebiet für Muschelkulturen genutzt werden. Aufgrund der Entstehung von geschützten Arealen während der Bauarbeiten und die Verringerung der Fließgeschwindigkeit nah-

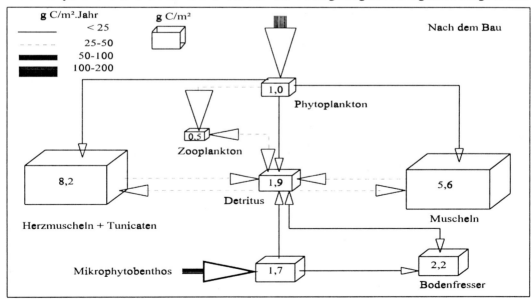

Abb. 5.6-7: Der jährliche Kohlenstoffhaushalt in der Oosterschelde

men die geeigneten Gebiete für Muschelkulturen zu (*Abb. 5.6-4*). Dadurch können nach Fertigstellung des Baus potentiell mehr Muscheln produziert werden. Die Tragfähigkeit für die Muschelkultur im System ist nun in erster Linie durch das Nahrungsangebot bestimmt, das von der Primärproduktion und der Biomasse der Filtrierer (Grazing-Raten) sowie der horizontalen Drift abhängig ist. Es gibt eine deutliche Beziehung zwischen Muschelwachstum, Größe der Miesmuschel- und Herzmuschelpopulation und Primärproduktion. Die Qualität der geernteten Muscheln, gemessen am Fleischanteil, zeigte eine starke Korrelation mit der Phytoplanktonproduktion und der Populationsgröße im vorangegangenen Sommer. Es wurde daher daraus geschlossen, daß eine Zunahme der Muschelbiomasse durch Muschelkulturen eine Reduktion der Primärproduktion bewirken würde und eine Verschlechterung der Wachstumsrate der Filtrierer einschließlich der Muscheln selbst zur Folge haben könnte. Ferner war es aufgrund des veränderten Wassertransports erforderlich, eine Neuverteilung der Muschelkulturen entsprechend der neuen hydrologischen Bedingungen vorzunehmen. Lokale Schlammablagerung und Einschränkung des Futterangebots durch reduzierte horizontale Drift wurden beobachtet. Experimentelle Muschelkulturen in ausgesuchten Gebieten zeigen gute Ergebnisse. Abschließend wurde festgehalten, daß eine Tragfähigkeit des Oosterschelde-Ökosystems für Muschelkulturen weiter besteht. Aufgrund der Wasserbauten ist jedoch eine Anpassung der bisherigen Praxis an die neuen hydrologischen Bedingungen notwendig. Es gibt kein Potential für eine Erweiterung der Muschelkulturfläche, ohne die Filtrierer einschließlich der Miesmuschel negativ zu beeinflussen.

Herzmuschelfischerei

Infolge der gestiegenen Nachfrage und der starken Entwicklung der Flotte und Fangmethoden haben die jährlichen Herzmuschelerträge seit 1986 drastisch zugenommen. Die mittleren jährlichen Fangerträge stiegen von 156 000 in den Jahren 1982/85 auf 914 000 kg AFTG in den Jahren 1987/89 an. Diese Werte entsprachen 3 bzw. 20 % der Gesamtmuschelbiomasse. Die Nutzung nahm von 8 % auf 53 % des verfügbaren Bestands zu. 30 Muscheln/m² stellen die geringste erforderliche Individuendichte für eine effiziente Fischerei dar. Da der Bestand in dieser Zeit abnahm, ist der Anstieg der Erträge durch die Intensivierung der Fischerei zu erklären. Zum Bestandsrückgang trug auch die schwache Rekrutierung seit 1988 bei. Einen wichtigen Faktor stellt ferner die Zehrung durch die Watvögeln dar. Aufgrund des Bestandsrückgangs und der Verringerung der bei Ebbe trockenbleibenden Fläche verschärfte sich die Konkurrenz zwischen Fischerei und Watvögeln. Aufgrund der höheren Bedeutung der Oosterschelde als geschütztes Feuchtgebiet wurden der Fischerei Grenzen gesetzt. Die Fischereiaktivität wurde seit 1993 zugunsten der Watvögel reduziert. Einige Gebiete sind für die Fischerei auf Dauer geschlossen; in Abhängigkeit von der verfügbaren Muschelmenge können diese Gebiete auch ausgedehnt werden. Auch die Nutzung der Oosterschelde als »Erholungsgebiet« wurde eingeschränkt. Seit 1992 dürfen einige Bereiche zeitweise nicht betreten werden.

Zusammenfassung

1. Die Bauarbeiten haben die hydrodynamischen und geomorphologischen Merkmale der Oosterschelde verändert. Der Süßwasserzufluß ging auf weniger als 0,1 % des Tidevolumens zurück; dadurch hat sich das System von einem Ästuar in eine Tidenbucht gewandelt. Der Austausch mit der Nordsee hat sich ebenfalls verringert. 2. Trotz der starken Umweltveränderungen haben die Lebensgemeinschaften im Ökosystem elastische Reaktionen gezeigt. 3. Die Diversität der Habitate änderte sich qualitativ nicht, aber eine quantitative Verschiebung wurde aufgrund der Anpassung an das neue geomorphologische Gleichgewicht beobachtet. 4. Die Produktivität des Systems blieb trotz der strukturellen Veränderungen der Phytoplanktongemeinschaft erhalten und damit die Tragfähigkeit des Systems für Filtrierer einschließlich der kommerziell wichtigen Muschelbestände. 5. Für die Watvögel ist die Aufnahmekapazität aufgrund des Rückgangs von Gezeitenfläche und Freßzeit gesunken. Wegen der großen und unvorhersagbaren natürlichen Variabilität des Herzmuschelbestandes bedeutet die Zunahme der Konkurrenz zwischen Watvögeln und Fischerei eine weitere Einschränkung der Tragfähigkeit des Systems für Watvögel. Maßnahmen, um die Herzmuscheln als Nahrung der Watvögel zu schützen, wurden bereits getroffen. 6. Neben den Bauarbeiten sind andere Streßfaktoren identifiziert worden, die das Ökosystem beeinflussen. Eine Trennung dieser Faktoren war jedoch nur in qualitativer Weise möglich.

6 Ökologische Folgen

Flüsse sind Ökosysteme. Sie werden in ihren Eigenschaften durch die Wechselwirkungen zwischen dem »Abiozön«, den unbelebten Umweltfaktoren, und der »Biozönose«, der Lebensgemeinschaft aus Tieren und Pflanzen, die den Lebensraum Fluß und seine Aue besiedelt, stark beeinflußt. Die unbelebten Umweltfaktoren wie Morphologie, Hydrologie, Eigenschaften des Wassers etc. sind im wesentlichen durch klimatische und orographische Bedingungen im Einzugsgebiet gegeben, werden aber auch in unterschiedlichem Maße durch die Tätigkeiten von Pflanzen und Tieren beeinflußt.

Die hier behandelten Flußsysteme werden durch den Menschen intensiv genutzt mit negativen Folgen für die dort nach der letzten Eiszeit etablierten Ökosysteme. Dabei veränderte er die Flußeigenschaften durch Aufstau, Kanalisierung, Landgewinnung, Auenentwaldung und Einleitung toxischer Substanzen. Dieser fortwährende »Krieg gegen die Flüsse« wurde in den vorangegangen Kapiteln ausführlich dargestellt und problematisiert.

Die katastrophalen Folgen für die Biozönose sind Gegenstand dieses Kapitels. Dabei wird deutlich, daß alle Organismen in Beziehungsgefüge und Wirkungsgeflechte eingebunden sind, in denen sich die anthropogenen Störungen meistens negativ addieren oder potenzieren. Typische Beispiele sind Eutrophierung, Versalzung und die Stauregulierung mit ihren Folgen für Sauerstoffhaushalt und Biozönose; die Entwaldung, Trockenlegung und Glättung der Auen und der Rückgang der Amphibien, Reptilien, Vögel und Säuger; Giftbelastung und Flußbegradigung und der Niedergang der Fischbestände usf. Auch wenn die Autoren sich auf spezifische Ursachen und Wirkungen konzentrieren, so ist deutlich, daß verschiedene Effekte quer durch die Biozönose nachweisbar sind, wie die Eutrophierung mit Effekten auf den Sauerstoffhaushalt und Verkrautung der Gewässer, während andere über Kausalketten zu Sekundär-, Tertiär- und Mehrfachfolgen führen wie die Giftakkumulation im Nahrungsnetz.

Während diese Eingriffe und ihre Folgen noch überwiegend regional und damit – jedenfalls im Prinzip – umkehrbar erscheinen, sind die möglichen Folgen des anthropogenen Klimawandels so weitreichender Natur, als verlegte man ganze Flußsysteme in andere Regionen. Die Folgen solcher Verschiebung in der Wasserführung und Temperatur lassen sich noch kaum abschätzen.

6.1 Veränderungen des Flußplanktons

JAN KÖHLER & BRITTA KÖPCKE

Was sind Plankter und woher kommen sie?

Frei im Wasser schwebende, mikroskopisch kleine Organismen werden als Plankter bezeichnet. Zum Plankton gehören Tiere (Zooplankton), Pflanzen (Phytoplankton) und Bakterien (Bakterioplankton). Aufgrund ihrer geringen Größe (zwischen etwa 0,001 und 1,5mm) sind diese Organismen nicht in der Lage, sich gegen stärkere Wasserbewegungen durchzusetzen (der Begriff Plankton stammt aus dem Griechischen und bedeutet »das Treibende«). Flüsse sind für Plankter also eine Einbahnstraße, es geht immer nur stromab. Trotzdem findet man bei der Untersuchung von Wasserproben eines bestimmten Flußabschnittes über Tage und Wochen, ja Monate hinweg Vertreter immer der gleichen Arten.

Ein Fluß ist kein glattes Gerinne, in dem alles Wasser mit der gleichen Geschwindigkeit ins Meer fließt. In Randbereichen, am Flußufer, in Buchten, Totarmen, hinter Hindernissen wie Steinen und umgestürzten Bäumen ist die Strömung verringert, es bilden sich Wirbel. Diese »Retentionszonen« fungieren als Parkflächen innerhalb der Einbahnstraße Fluß. Sie stehen im ständigen, aber immer nur partiellen Wasseraustausch mit dem Hauptstrom. Je nach Ausschwemmungsrate können sich in ihnen mehr oder weniger schnell wachsende Planktonpopulationen ansiedeln. Die Populationen verlieren durch den Wasseraustausch immer einen Teil ihrer Individuen an den Hauptstrom. Unter günstigen Umständen können sich die fortgerissenen Plankter im stromab fließenden Wasserkörper weiter vermehren.

Wie können sich die Plankter im Fluß vermehren?

Ein Wasserkörper unserer großen Flüsse wird innerhalb weniger Tage, allenfalls Wochen, bis zum Meer transportiert. Planktonorganismen haben also nur wenig Zeit, sich entlang eines Flusses zu vermehren. Viele von ihnen wachsen allerdings auch sehr schnell: Bakterien können sich mehrmals am Tag teilen, viele Algen und einzellige Zooplankter (Geißeltierchen, Wimpertierchen) verdoppeln sich alle ein bis zwei Tage. Größere Zooplankter (z.B. Wasserflöhe) weisen Entwicklungszeiten von mehreren Wochen auf, sie gelangen daher nur in strömungsberuhigten Randbereichen von Flüssen (etwa in Hafenbecken, SUDWISCHER 1993) zur Massenentwicklung. Charakteristisch für das Flußplankton sind die 0,02 bis etwa 1,5mm großen Tierchen, die sich wiederum vorwiegend von planktischen Algen ernähren.

Bevor eine **Phytoplankton**zelle sich teilen kann, muß sie genügend Zellbausteine und energiereiche Verbindungen synthetisieren. Sie benötigt Licht und CO_2 zur Photosynthese. Da eine Alge im Fluß ständig zwischen Wasseroberfläche und Flußbett hin- und hergetrieben wird, empfängt sie fluktuierendes Licht, dessen mittlere Intensität von Flußtiefe und Lichtdurchlässigkeit des Wassers abhängt. Wird das Wasser zu tief oder zu trübe (z. B. durch Algenentwicklung, Zufuhr von mineralischen Partikeln oder Abwässern), so verbringt die Algenzelle den größten Teil ihres Lebens in der Tiefenzone und kann aufgrund des Lichtmangels kaum noch Photosynthese betreiben. Zum Aufbau vielfältiger Zellbestandteile werden neben den Photosyntheseprodukten auch Nährstoffe benötigt. So können ohne Phosphat keine Energiespeicherprodukte gebildet werden, ohne Nitrat oder andere Stickstoffverbindungen keine Eiweiße. Kieselalgen benötigen außerdem Kieselsäure zum Aufbau ihrer Kieselschale. Aber auch viele Zellteilungen müssen nicht zu einer hohen Algenbiomasse führen. Entscheidend für Änderungen der Populationsgröße ist die Differenz zwischen Wachstum und Verlusten. Wichtige Verlustprozesse von Algenpopulationen sind Fraß durch planktische oder bodenlebende Tiere, Lysis sowie Sedimentation mit anschließendem Absterben. Im Oberlauf eines Flusses ist die Phytoplanktonmenge aufgrund kurzer Verweilzeiten und hoher Verluste durch Sedimentation und Fraß durch bodenlebende Tiere gering. Im Unterlauf wird das Algenwachstum vorwiegend durch Zooplankton-Fraß und durch Mangel an Licht, gelegentlich auch an Nährstoffen, begrenzt.

Die meisten **Zooplankter** ernähren sich von Algen (auch »Primärproduzenten«) oder abgestorbenem organischem Material. Sie werden ihrerseits von größeren planktischen oder bodenlebenden Tieren sowie von Fischen gefressen und bilden so als sogenannte »Sekundärproduzenten« ein wichtiges Bindeglied innerhalb des Nahrungsnetzes aquatischer Lebensgemeinschaften. Qualität und Menge der für das Zooplankton zur Verfügung stehenden Nahrung (Phytoplankton) beeinflussen Generationsdauer und Zahl der Nachkommen eines Tieres. Eine Zooplanktonpopulation kann sich nur dann in einem Flußabschnitt behaupten, wenn ihre Vermehrungsrate die Sterblichkeitsrate, z. B. durch Nahrungsmangel, Fraß oder Ausspülung ins Meer, mindestens ausgleicht.

Welche Plankter finden wir in unseren Flüssen?

Es gibt keine Planktonarten, die nur in Flüssen vorkommen, da die Fließzeiten viel zu kurz für eine Evolution von Flußplanktern sind. Die Lebensbedingungen von Planktonalgen in Flüssen und in flachen, durch Wind gut durchmischten Seen ähneln sich sehr: in beiden Gewässertypen müssen die Algen fluktuierendes Licht von im Mittel geringer Intensität effektiv nutzen. So finden wir in allen Flüssen Algenarten, die auch für flache Seen typisch sind. Das sind insbesondere zylinderförmige (»zentrische«) Kieselalgen (z. B. der Gattungen *Stephanodiscus* oder *Aulacosira*) und einige Grünalgen (*Chlamydomonas, Monoraphidium, Scenedesmus*). Bei genügend langer Verweilzeit des Wassers, wie z. B. in seenartigen Erweiterungen des Spree-Havel-Systems, kommen fädige Blaualgen wie *Planktothrix* oder **Aphanizomenon** hinzu. Je flacher der Fluß, desto größer wird der Anteil bodenlebender Algen im Freiwasser. Einige von ihnen, meist stäbchenförmige (»pennate«) Kieselalgen (z. B. *Fragilaria, Diatoma, Navicula* oder *Nitzschia*) wachsen dann auch im freien Wasser weiter. Das Flußphytoplankton wird im Frühjahr und Herbst durch Kieselalgen dominiert, während im Sommer oft Grün- oder Blaualgen vorherrschen.

Innerhalb des Zooplanktons sind die kleinen Rädertiere (z. B. *Brachionus, Keratella, Polyarthra, Synchaeta*) über weite Flußstrecken hinweg dominierend. Die etwas größeren Blattfußkrebse (Wasserflöhe, z. B. *Bosmina, Daphnia*) sowie die Ruderfußkrebse (z. B. *Cyclops*), spielen eine vergleichsweise untergeordnete Rolle. Massenvorkommen von Wasserflöhen werden dagegen im Sommer häufig in Hafenbecken beobachtet (SUDWISCHER 1993). Die Ästuarbereiche der Flüsse zeichnen sich infolge des Tideeinflusses durch relativ lange Verweilzeiten des Wassers aus (vgl. Kap. 2.3). Viele Süßwasserarten sterben dort aufgrund des zunehmenden Salzgehaltes ab. Da auch marine Arten in diesen Mischzonen nicht überleben können, erscheint das Zooplanktonbild oft völlig anders als im oberen Flußlauf: Sogenannte Brackwasserarten breiten sich in großen Mengen vom salzarmen Bereich bis ins Meer hinein aus. Es handelt sich dabei meist nur um wenige Arten aus der Gruppe der Ruderfußkrebse, welche das Zooplankton der Ästuare weltweit beherrschen (MILLER 1983). So macht der salztolerante Krebs *Eurytemora affinis* im Elbe-, Ems- und Weserästuar etwa 90 % des Gesamtzooplanktons aus.

Wie wirken menschliche Eingriffe?

Die europäischen Flüsse sind seit Jahrhunderten direkt (durch Aufstau, Kanalisation oder Einleitung von Abwässern) und indirekt (durch Eingriffe in den Wasser- und Stoffhaushalt des Einzugsgebietes) verändert worden. Erste Auflistungen von Planktonarten in Flüssen erfolgten hingegen viel später, etwa um 1900. Die Mengen des Phyto- und Zooplanktons wurden etwa seit 1930 erfaßt, jedoch nur punktuell und mit kaum vergleichbaren Methoden. Die Rekonstruktion eines »Naturzustandes« ist ohnehin problematisch, da dieser auch ohne Eingriffe des Menschen nie statisch ist (man denke an Auswirkungen von Klimaschwankungen oder geologischen Prozessen).

Eutrophierung

Zumindest für die letzten Jahrzehnte läßt sich eine deutliche Erhöhung der **Algen**mengen in allen untersuchten deutschen Flüssen zeigen. Einige Beispiele sind in *Tab. 6.1-1* aufgelistet. Warum konnte die Algenmenge so stark anwachsen? Welche der Faktoren, die die Algenentwicklung begrenzen können, haben sich verändert? In natürlichen Ökosystemen ist das Algenwachstum oft nährstofflimitiert, d. h. die Konzentration der zur Verfügung stehenden Nährstoffe (v. a. Ammonium und Phosphat) bestimmt über die Phytoplanktonmenge. Anthropogene Einleitungen führten nun z. B. von 1955 bis Anfang der 70er Jahre zu einer Verfünffachung des Orthophosphatgehaltes im Rhein an der deutsch-holländischen Grenze (PEELEN 1975).

Die »Erhöhung der Trophie von Gewässern durch Zufuhr von Nährstoffen (vor allem Nitraten, Phosphaten) in Abwässern oder von kunstgedüngten, landwirtschaftlichen Flächen« wird als Eutrophierung bezeichnet (SCHAEFER & TISCHLER 1983). In den letzten Jahren wurde die Phosphorbelastung durch Einführung phosphatfreier Waschmittel und durch Bau von Kläranlagen mit Nährstoffrückhalt wieder verringert. In den neuen Bundesländern trug die Schließung zahlreicher Betriebe zur geringeren Belastung der Elbe bei. Allein die aus diffusen Quellen (z. B. von landwirtschaftlich intensiv genutzten Flächen) in unsere Flüsse eingetragenen Nährstoffe reichen jedoch noch für Algenmassenentwicklungen aus.

Auf der anderen Seite fanden FRIEDRICH & VIEWEG (1984) im unteren Rhein bei Duisburg noch 1982 eine deutliche Hemmung der Algenproduktion durch Abwässer chemischer Betriebe. Inzwischen sind Teile dieser Einträge zurückgegangen. HERMANN et al. (1991) führen die angestiegene Produktivität des Phytoplanktons in der Westerschelde auf die reduzierte Einleitung chemischer Abwässer zurück, da bereits geringe Schadstoffkonzentrationen (wie z. B. 1–2,5 µg/l Cu) einen Einfluß auf die Primärproduktion haben. Auf weiten Abschnitten der Elbe war das Lichtangebot durch Einleitung trübender Abwässer aus der Zellstoffindustrie zusätzlich reduziert, so daß die Phytoplankter die reichlich verfügbaren Nährstoffe nicht für stärkeres Wachstum nutzen konnten.

Auch die Zusammensetzung des Phytoplanktons deutscher Flüsse unterlag während der letzten Jahrzehnte z. T. gravierenden Veränderungen. In Rhein und Elbe verschwanden einige der früher wichtigen Kieselalgenarten nahezu völlig, während andere zur Massenentwicklung gelangten. Der Anteil der Grünalgen stieg an.

Auf das **Zooplankton** des Flusses wirken sich die Abwassereinleitungen nicht so stark aus wie auf die Phytoplanktongemeinschaft. Von der bereits erwähnten Ruderfußkrebsgattung *Eurytemora* ist bekannt, daß sie in stark verschmutzten

Tab. 6.1-1: Entwicklung des Planktonsbestandes in Rhein, Elbe und Donau in den letzten Jahrzehnten

FLUSS	UNTERSUCHUNG	AUTOR	ALGENMENGE (Zellen/ml)
RHEIN bei Mannheim	September 1911	KOLKWITZ (1912)	30
	September 1933	SEELER (1938)	300
	September 1974	BACKHAUS UND KEMBALL (1978)	3 000
RHEIN bei Bimmen	September 1911	KOLKWITZ (1912)	170
	September 1933	SEELER (1938)	2 200
	September 1990	FRIEDRICH (1991)	12 000
ELBE bei Geesthacht	August 1933	SEELER (1935)	6 500
	Juli 1957	SCHULZ (1961)	26 000
	August 1991	MEISTER (1994)	154 000
DONAU (Österreich)	April 1933	SCHALLGRUBER (1944)	2 734
	1958–1960	CZERNIN-CHUDENITZ (1966)	Max. 4 109
	1974–1979	SAIZ (1985)	Max. 5 560

Flußbereichen sehr verbreitet ist (BULL 1931). Auch SEELER (1938) wies auf die Widerstandsfähigkeit der Planktonkrebse gegenüber Abwässern hin. Empfindlicher reagieren lediglich einige Rädertierarten, deren Häufigkeit in abwasserbelasteten Gebieten zurückgeht (SEELER 1935). Andererseits können erhöhte Algenbiomassen auch zu Massenentwicklungen schnellwüchsiger Zooplankter, wie z. B. kleiner Rädertiere, führen (HAMM 1991).

Massenentwicklungen des Phytoplanktons haben gravierende Auswirkungen auf das Fluß-Ökosystem. Die Algen produzieren während der Photosynthese Sauerstoff, wodurch zwar zunächst eine sogenannte »biogene Belüftung« des Flußabschnittes stattfindet, der Abbau der Algenbiomasse geschieht jedoch unter erheblichem Sauerstoffverbrauch. Die Sauerstoffgehalte können daraufhin kritische Werte erreichen (NUSCH 1978), im extremen Fall entstehen mit der Flußströmung wandernde »Sauerstofflöcher«, welche auf die Organismen schädigend oder sogar tödlich wirken. Infolge von Vertiefungen und Aufstauungen der Flüsse wird außerdem der Sauerstoffeintrag aus der Atmosphäre verringert. Auch für den Menschen sind die (von ihm verursachten) Algenmassenentwicklungen nachteilig. Hohe Blaualgendichten können durch Freisetzung toxischer Stoffe die Trinkwasserqualität gefährden. Die direkte Gewinnung von Trink- oder Brauchwasser aus unseren Flüssen ist aber auch deshalb problematisch, weil die Algenmassen zur Verstopfung von Mikrofiltern führen und algenbürtige Substanzen (z. B. Schleime) die Entfernung von Schadstoffen behindern.

In den tidebeeinflußten Bereichen (Ästuaren) der Flüsse ist die Primärproduktion aufgrund der hohen Schwebstoffgehalte allgemein lichtlimitiert, so daß der eutrophierende Einfluß kaum zur Wirkung kommt. Sterben die an den Schwebstoffen haftenden Algen, Pilze, Bakterien und Kleinsttierchen jedoch ab, so kann ihr Abbau auch im Ästuar Sauerstofflöcher entstehen lassen (vgl. Kap. 6.9). Während sich die größeren Fische unter derartigen Bedingungen in die angrenzenden sauerstoffreichen Flachwasserzonen zurückziehen können (THIEL, pers. Mitt.), kommt es zum Massensterben der kleineren und weniger beweglichen Lebewesen, was zu einer weiteren Verschlechterung des Sauerstoffmilieus führt. Breiten sich diese Sauerstofflöcher großräumig aus, so entstehen auch Massenfischsterben. Auch geringfügig abgesunkene Sauerstoffgehalte können auf anspruchsvolle Tiere, wie z. B. lachsartige Fische, bereits schädigend wirken. Andere Organismen, insbesondere der Zooplanktonkrebs *Eurytemora*, können hingegen noch bei geringsten Sauerstoffgehalten überleben.

Stauregelungen

Einige Nebenflüsse des Rheins wie Neckar, Main oder Saar sind zur Förderung der Schiffahrt in eine Kette von Stauhaltungen verwandelt worden, für Donau und Elbe wird der Aufstau diskutiert. Stauregelungen verändern die Wassertiefe, die Fließgeschwindigkeit und die Verweilzeit des Wassers. Sedimentation, mikrobieller Abbau und Wachstum von Phyto- und Zooplankton werden gefördert, während der Sauerstoffgehalt stärker schwankt. Je länger die Aufenthaltszeit des Wassers in der Staustufe, desto gravierender sind ihre Auswirkungen auf das Ökosystem. So bewirken Aufstauungen bei abflußreichen alpinen Flüssen (Rhein und Donau) nur geringe, bei Elbe, Mosel, Main und Mittelweser stärkere und bei dem abflußarmen Mittelgebirgsfluß Saar drastische Änderungen des Stoffhaushaltes (MÜLLER 1993).

Versalzung

Industrielle Einleitungen, z. B. Kaliabwässer, versalzen unsere Flüsse bereits seit Ende des letzten Jahrhunderts. Im Kap. 6.10 wurde bereits eingehend auf die ökologischen Auswirkungen derartiger Versalzungen eingegangen. Bereits in der Unterweser, welche im Vergleich zur Werra und Mittelelbe nur geringe Salzbelastung aufwies, hatte sich die Artenzusammensetzung der Phytoplanktongemeinschaft aufgrund anthropogener Versalzung zugunsten der Brackwasser- und Meresalgen verschoben (HAESLOOP 1990). Die Zooplankter der Flußmündungen sind im allgemeinen extrem »euryök«, d. h. sie können sich auch auf stärkere Änderungen ihrer umgebenden Verhältnisse einstellen und überleben. So traten in der Unterweser 1984 die gleichen Zooplanktonarten auf wie im Jahre 1968, als die anthropogene Versalzung noch wesentlich geringer ausgeprägt war (HAESLOOP 1990).

Flußvertiefung

Einen wesentlich schwerwiegenderen menschlichen Eingriff in das Flußökosystem stellen die zahlreichen Fahrwasservertiefungen dar (vgl. Kap. 5.2), welche »den Erfolg der Entlastung des Wassers von Schadstoffen konterkarieren« (SCHIRMER (1993): innerhalb des Ästuars bewirken sie einen starken Anstieg der ohnehin schon hohen Schwebstoffkonzentrationen (in der Ems haben sie sich von 1954–1980 etwa verdoppelt! DE JONGE 1983), wodurch den Algen das lebensnotwendige Licht zunehmend entzogen wird. Die durchgängige Schiffbarmachung reduzierte den ehemals vielgestaltigen Rhein weitgehend auf einen tiefen, schnell fließenden Hauptstrom, die Talaue wird nicht mehr regelmäßig, sondern nur noch bei starken Hochwässern überflutet. Während früher nährstoffreiche Partikel und Algen auf weiten Überschwemmungsflächen und in strömungsberuhigten Flußzonen zurückgehalten wurden, sinken sie jetzt nach langem Transport konzentriert im Ästuar oder in Stillwasserzonen wie Hafenbecken oder Stauhaltungen ab. Die in den sedimentierten Algen und Schwebstoffen enthaltenen Nähr- und Schadstoffe werden größtenteils freigesetzt und gelangen schließlich in die Nordsee.

Höhere Wasserpflanzen können die Algenentwicklung bremsen, indem sie Nährstoffe zurückhalten und eine vielfältige algenfiltrierende Organismengemeinschaft zwischen sich beherbergen. Röhrichte und Unterwasserpflanzen wurden jedoch durch Flußbaumaßnahmen vielerorts zurückgedrängt. Eintiefung, erhöhte Trübstoffmengen sowie die zeitweise massenhaft das Freiwasser besiedelnden Phytoplankter nehmen ihnen das benötigte Licht.

Extreme Ausbaumaßnahmen und damit verbundene Habitatsveränderungen bewirkten in der Unterweser eine drastische Artenverarmung (HAESLOOP 1990). Auch im Elbe-Ästuar führen Fahrwasservertiefungen zu Verlandungen von Flachwasserbereichen, welche nicht nur Nährstoffsenken sowie Rückzugs- und Aufwuchsgebiete für Fische darstellen, sondern auch Fortpflanzungszentren des Zooplanktons. SCHRÄDER (1941) führte die im Vergleich zur Unterweser in der Unterelbe weitaus häufigeren Wasserflöhe auf das dortige Vorhandensein ruhiger Buchten zurück. Der im Elbe-, Ems- und Weser-Ästuar häufigste Zooplanktonkrebs *Eurytemora affinis* – somit eine wichtige Nahrungskomponente der Fische – ist auf diese Retentionszonen angewiesen, um seine Abdrift ins (für ihn zu salzhaltige) offene Meer durch maximale Vermehrungsraten auszugleichen (KÖPCKE, unveröff.). Weitere Fahrwasservertiefungen könnten daher den Erhalt der Zooplanktonbestände im Ästuarbereich gefährden. Die dort lebenden euryöken Tiere sind hingegen relativ unempfindlich anderen Veränderungen der Wasserqualität gegenüber, welche auf die rein limnischen Arten in oberen Flußbereichen schädigend wirken können.

Schlußfolgerung

Abwassereinleitungen und diffuse Einträge aus landwirtschaftlich genutzten Flächen sowie Verringerung der Retentionsfähigkeit von Flußauen führten zur Eutrophierung unserer Fließgewässer. Bei genügend langer Verweilzeit, etwa in Stauhaltungen, und ausreichendem Licht sind nun Algenmassenentwicklungen möglich. Durch ihre negativen Folgen für das Sauerstoffregime – und somit auch für Zooplankton, Bodentiere und Fische – werden sie zunehmend zum wichtigsten Wassergüteproblem im Mittel- und Unterlauf der größeren Fließgewässer. Massenentwicklungen des Phytoplanktons und deren Auswirkungen können nur verhindert werden, wenn der Nährstoffeintrag weiter vermindert und das natürliche Retentionsvermögen unserer Flüsse durch Rücknahme von Wasserbaumaßnahmen wieder hergestellt werden. Flußbaumaßnahmen verändern die Flußmorphometrie oft irreversibel, beeinflussen die Hydrographie und beeinträchtigen das ökologische Gleichgewicht von Fluß und Auen. In den Ästuaren bewirken sie durch Erhöhung der Schwebstoffgehalte sowie die Vernichtung von Flachwasserbereichen eine Gefährdung der auf diesen extremen Lebensraum spezialisierten Zooplanktonbestände.

Belastungsreduzierung und Wiederherstellung einer naturnahen Flußmorphometrie würden zur Erhöhung der Artenvielfalt und somit zum Erhalt einer noch annähernd natürlichen Planktongemeinschaft beitragen.

6.2 Aufwuchsalgen der Fließgewässer
LUDWIG KIES

Was sind Aufwuchsalgen und wo leben sie?

Die Bodenzone fließender und stehender Gewässer ist, soweit Licht in die Tiefe dringt, von photosynthetisch aktiven Organismen, überwiegend Blaualgen und eukaryotischen Algen, bewachsen. Sie überziehen als Biofilm, im Verein mit Bakterien, Pilzen und Protozoen, mehr oder minder dicht alle lebenden und toten, natürlichen und künstlichen Weichsubstrate (Sand, Schlamm, Schlick) und Hartsubstrate (Fels, Geröll, Natur- und Kunststeine, Holz, Unterwasserpflanzen, auch für Experimente exponierte Glasplatten und

Kunststoffolien) und verleihen ihnen oft eine braune, grüne oder blaugrüne Färbung. Diese Algen werden insgesamt als Aufwuchsalgen oder Periphyton bezeichnet. Periphyton und Makrophyten (höhere Sumpf- und Wasserpflanzen) bilden zusammen das Phytobenthos (auch Phytobenthon) der Fließgewässer. Mikroskopisch kleine Aufwuchsalgen (Größe 10 µm bis 10 mm) werden auch unter dem Begriff Mikrophytobenthos zusammengefaßt. Sie sind einzellig oder wenigzellig. Ihnen stehen die schon mit bloßem Auge einzeln gut sichtbaren Makroalgen (10 mm bis 1 m) gegenüber. Diese sind mehrzellig, zumindest mehrkernig und bestehen aus unverzweigten oder verzweigten Zellfäden. In der Praxis vom Periphyton kaum zu trennen ist das Metaphyton, die lose zwischen den Aufwuchsalgen oder untergetauchten Teilen von Wasserpflanzen lebende Algen. Aufwuchsalgen, die durch die Strömung von ihrer Unterlage abgerissen werden und ins freie Wasser gelangen, bezeichnet man als Algen-Drift. Auf der Oberfläche langsam fließender, verschlammter Gewässer findet man oft braune bis schmutzig-blaugrüne Algenflocken, die vom Gewässergrund aufsteigen. Sie bestehen aus dicht verwobenen Fäden der Blaualge *Oscillatoria limosa*, Kieselalgen und eingeschlossenen Blasen von Assimilationssauerstoff, die den Auftrieb bewirken. FETZMANN (1963) hat sie unter der Bezeichnung Algenauftrieb z. B. aus Altwässern der Donau beschrieben.

Viele Aufwuchsalgen sind mittels selbstproduzierter Kohlenhydrat-Kleber fest mit dem Untergrund verbunden, andere sind beweglich und können sich auf der Substratoberfläche kriechend fortbewegen. Die von ihrer Artenzahl und Biomasse wichtigste taxonomische Gruppe von Aufwuchsalgen ist die der Kieselalgen (Bacillariophyceae), gefolgt von den Blaualgen (Cyanophyceae, Cyanobacteria) und den Grünalgen (Chlorophyta). In kühlen, sauberen Gebirgsbächen findet man die seltenen Süßwasser-Rotalgen (Rhodophyta) sowie einige Vertreter der Goldalgen (Chrysophyceae), insbesondere *Hydrurus*. Häufigster Vertreter aus der Klasse der Gelbgrünalgen (Tribophyceae) ist die aus verzweigten, querwandlosen, vielkernigen (coenocytischen) Schläuchen aufgebaute Gattung *Vaucheria*. In vielen Fließgewässern bildet sie große Polster; in Ästuaren bedeckt sie weite Flächen des Sand- und Schlickwattes (*Abb. 6.2-3*, SCHULZ-STEINERT & KIES 1995).

Die wissenschaftliche Bearbeitung der benthischen Fließgewässeralgen ist hinter der des Phytoplanktons zurückgeblieben, zeigt aber seit einigen Jahren eine steigende Tendenz. Das hat überwiegend methodische Gründe (schwierige Probenahme, hohe Varianz der Ergebnisse als Folge stark variierenden Algenbewuchses auf kleinstem Raum). Die wichtigsten Ergebnisse der Untersuchungen an benthischen Fließgewässeralgen hat SCHÖNBORN (1992) zusammengefaßt. Langzeituntersuchungen über die Aufwuchsalgen in Fließgewässern sind selten, das erschwert die Erfasssung und Beurteilung anthropogen verursachter Veränderungen. STEUBING und Mitarbeiter (1983) berichten, daß sich bei nur geringfügiger Verschlechterung der Gewässergüte die Artenzusammensetzung und biozönotische Struktur der Aufwuchsalgen in der Eder im Verlauf von 40 Jahren stark verändert hat. Warnsignale dieser Art, die von benthischen Algen der Fließgewässer ausgehen, verdienen unsere Beachtung.

Wie ist die abiotische Umwelt der Aufwuchsalgen strukturiert?

Das Vorkommen einzelner Arten des Aufwuchses sowie die spezifische Ausprägung der Gemeinschaften benthischer Mikro- und Makroalgen ist in hohem Maße abhängig von den Faktoren Licht, Temperatur, Strömungsgeschwindigkeit, geologischer Untergrund des Gewässers, Nährstoffe und Schadstoffe. Meist wirken mehrere Faktoren zusammen, monokausale Erklärungen sind kaum möglich.

Lichtfaktor: Die meisten Aufwuchsalgen der Fließgewässer sind an Schwachlicht adaptiert. Während Gebirgsbäche bis zum Grunde durchlichtet und von Aufwuchsalgen besiedelt sind, findet sich in schwebstoffreichen Flüssen wie der Elbe und ihrem Ästuar, eine lichtlose Tiefenzone, die frei ist von Aufwuchsalgen. Neben der Lichtintensität ist die Tageslänge wichtig, z. B. bildet *Batrachchospermum* nur im Langtag Geschlechtspflanzen aus (HUTH 1980).

Temperaturfaktor: Aufwuchsalgen der Gebirgsbäche sind an niedrige, im Jahresgang nur wenig schwankende Wassertemperaturen angepaßt (kaltstenotherme Arten). Algen in Tieflandgewässern sind toleranter gegen höhere und im Jahresgang stärker schwankende Wassertemperaturen (eurytherme Arten). Die Geschlechtspflanzen der Süßwasserrotalge *Batrachospermum* verschwinden bei Wassertemperaturen über 15 °C. Die Alge übersommert in Form ihres mikroskopisch kleinen, temperaturtoleranteren

Abb. 6.2-1: Bildung junger Geschlechtspflanzen der wirtelig verzweigten Süßwasserrotalge *Batrachospermum* (Froschlaichalge) aus den wenig verzweigten Fäden des *Chantransia*-Stadiums (Foto: L. Kies)

Chantransia-Stadiums (*Abb. 6.2-1*).

Strömungsgeschwindigkeit: Das strömende Wasser führt fortwährend neue Nährstoffe an die Algen heran, fördert den Gasaustausch und sorgt für erhöhten physikalischen Eintrag von Sauerstoff in das Fließgewässer. Hohe Strömungsgeschwindigkeiten sind mit starker mechanischer Beanspruchung der Aufwuchsalgen bis hin zur Ablösung von ihrer Unterlage verbunden. Man darf sich jedoch keine falschen Vorstellungen machen: selbst in schnell fließenden Gebirgsbächen ist die Strömungsgeschwindigkeit infolge der Bodenreibung in der bodennahen Wasserschicht stark reduziert. Algen, die in dieser nur wenige Millimeter dicken, sogenannten Prandtlschen Grenzschicht leben, sind den starken Kräften, die in turbulent strömenden Wasser auftreten, nicht ausgesetzt. In Anpassung an die geringe Dicke der Prandtl'schen Grenzschicht sind viele Aufwuchsalgen in Gebirgsbächen unter 1 mm hoch, wie z. B. die Blaualge *Chamaesiphon*, die krustenförmige Rotalge *Hildenbrandia* und die zu großen Lagern verwobenen Fäden der Blaualge *Phormidium*.

Beschaffenheit des Untergrundes: Da Gefälle, Strömungsgeschwindigkeit und Schleppkraft des Wassers von der Quelle zur Mündung abnehmen, verringert sich auch die durchschnittliche Korngröße der vom Wasser eben noch transportierten Feststoffe (vgl. Kap. 1.1). Die immer feinkörniger werdenden Substrate (Fels, Gerölle, Kiese, Sande, Schlick) werden von unterschiedli-

Tab. 6.2-1: Beschaffenheit des Untergrundes und Bezeichnung der darauf siedelnden Gemeinschaften von Algen

Beschaffenheit des Untergrundes	Bezeichnung der Gemeinschaft
Fels und Geröll	epilithische Algen
Sand	epipsammische Algen
Schlamm/Schlick	epipelische Algen
untergetauchte Wasserpflanzen	epiphytische Algen

chen Arten und Biozönosen der Aufwuchsalgen besiedelt (*Tab. 6.2-1*). Dieses vereinfachte allgemeine Bild wird dadurch kompliziert, daß im selben Flußabschnitt strömungsreiche und strömungsarme Bereiche nebeneinander vorkommen können. Die Ausprägung der Algenbiozönosen des Aufwuchses in Gebirgsbächen hängt auch vom Chemismus der Gesteine des Bachbettes ab. In Bächen auf Silikatgestein (mit kalziumarmem, weichem Wasser) findet man andere Biozönosen von Aufwuchsalgen als in Bächen mit Kalkgestein (mit kalziumreichem, hartem Wasser).

Nähr- und Schadstoffe: Die sogenannte Grundlast unserer Fließgewässer an Nähr- und Schadstoffen, wie sie vor Einflußnahme des Menschen herrschte, kann heute nur noch indirekt erschlossen werden. Sie hängt von den geologischen Verhältnissen und der Art der terrestrischen Vegetation im Einzugsbereich eines Fließgewässers ab. Die Grundlast wird meist überdeckt durch Einträge aus anthropogenen Nährstoff- und Schadstoffquellen. Zur Mündung eines Flusses hin erhöhen sich im allgemeinen Nährstoff-, Schadstoff- und Schwebstofffrachte aber auch die Trophie eines Fließgewässers.

Der Einfluß **biotischer Faktoren** auf Zusammensetzung und Biomasse der Gemeinschaften benthischer Algen in Fließgewässern ist erheblich. Weidegänger wie die wasserbewohnenden Larven von Steinfliegen (Plecopteren), Eintagsfliegen (Ephemeropteren) und Köcherfliegen (Trichopteren) sowie die Lungenschnecken *Ancylus* und *Radix* raspeln z. B. bevorzugt die Rasen von Kieselalgen auf Hartsubstraten ab, wobei sie bestimmte Algen bevorzugen können. Eine *Ancylus* mittlerer Größe kann pro Tag bei 10 °C eine Fläche von maximal 388 und bei 25 °C von 1647 mm² abweiden. Hohe Grazer-Dichten reduzieren zwar einerseits die flächenspezifische Biomasse der Algen, regen aber andererseits die Algen zu erhöhter Produktion an, unter anderem durch Verminderung der Lichtlimitierung innerhalb zu dick gewordener Algenbeläge und durch zusätzliche Düngung (SCHWOERBEL 1994).

Wie sind Aufwuchsalgen ihrem Habitat angepaßt?

Benthische Algen der Fließgewässer sind primär zwei großen Gefahren ausgesetzt: (1) dem Abgerissenwerden und Wegdriften bei zu starker Strömung und (2) dem Begrabenwerden bei strömungsbedingten Umlagerungen von Sedimenten. Es können sich deshalb nur solche benthischen Algen auf Dauer halten, die effektive Anpassungen entwickelt haben. Da Milieufaktoren auf Algen unterschiedlicher sytematischer Zugehörigkeit in gleicher Weise wirken, führt das zur konvergenten Ausbildung bestimmter Lebensformen und unverwechselbarer Algenbiozönosen (*Tab. 6.2-1*).

Epilithische Mikro- und Makroalgen sind in schnell strömenden Gebirgsbächen starken Druck-, Zug- und Scherkräften ausgesetzt. Je nach Anpassungsfähigkeit siedeln an untergetauchten Geröllen in Lee, Luv und seitlich unterschiedliche Algen auf. Eine wirksame Strategie gegen das Weggerissenwerden in turbulentem Wasser ist die Bildung polsterförmiger, halbkugeliger, bei einigen Gattungen mit Kalk inkrustierter Algenthalli, die eine glatte, oder auch schleimige Oberfläche besitzen, an denen Turbulenzkräfte nur schwer angreifen können. Beispiele hierfür sind die Blaualge *Schizothrix* (verkalkt) und die Grünalge *Chaetophora* (unverkalkt, schleimig). Epilithische Makroalgen, die aus der strömungsberuhigten Grenzschicht herausragen, besitzen flexible, oft schleimige Thalli, die in der Strömung fluten, wie die Rotalge *Batrachospermum*, die Goldalge *Hydrurus foetidus* sowie die Grünalgen *Ulothrix* und *Cladophora*. Bei Strömungsgeschwindigkeiten des Wassers zwischen 20 und 100 cm/sec sind die Biozönosen benthischer Algen am artenreichsten und besitzen die größte Selbstreinigungsleistung.

Epipsammische Mikroalgen sind meist über kleine Gallertkissen mit »ihrem« Sandkorn mehr oder minder fest verbunden. Sie gehören systematisch entweder zu den raphelosen Kieselalgen oder zu denen mit nur einer Raphe, was ihnen eine gewisse Eigenbeweglichkeit erlaubt. Die im allgemeinen kleinzelligen Arten siedeln gerne in Vertiefungen ihres Substrates, wo sie vor dem Zerriebenwerden bei strömungsbedingten Umlagerungen des Sandes geschützt sind. Exemplare, die in lichtlose Tiefen verfrachtet wurden, können für längere Zeit im Dunkeln überleben, da sie organische Kohlenstoffquellen zu nutzen vermögen.

Epipelischen Mikroalgen (Blaualgen, Kieselalgen und Euglenophyceen) ist gemeinsam, daß sie zu Kriechbewegungen unter Schleimausscheidung befähigt sind, die vom Licht gesteuert werden. Das ist eine wichtige Anpassung an ihren instabilen Lebensraum. Falls sie bei Sedimentumlagerungen begraben werden, können sie aktiv wieder an die belichtete Sedimentoberfläche gelangen. Epipelische Mikroalgen der Ästuare führen tidenperiodische Vertikalwanderungen aus, die sie vor der Verdriftung schützen sollen. Bei Ebbe (falls diese auf den Tag fällt), kriechen sie aus dem Schlick heraus und treiben Photosynthese (*Abb. 6.2-2*). Ehe die Flut wiederkommt, sind die Algen wieder in das Sediment hineingewandert (Asmus et al. 1994). Der bei ihrer Bewegung ausgeschiedene Schleim verklebt die Schlick- und Sandpartikel miteinander und stabilisiert das Sediment.

Auch sedimentbewohnende Makroalgen wie *Vaucheria compacta* (*Abb. 6.2-3*), müssen mit Übersandung bzw. Überschlickung fertig werden. Diese Alge ist mittels farbloser Rhizoide im Sand oder Schlick verankert. Aufgrund ihres starken zum Licht hin gewendeten (positiv phototropen) Wachstums kann sie neu aufgelagerte Sedimentschichten durchwachsen, wobei gleichzeitig das Sediment stabilisiert wird. *Vaucheria compacta* ist an der Verlandung von Ästuarbereichen, in denen eine geringe bis mäßig starke Wasserströmung herrscht, wesentlich beteiligt (Schulz-Steinert & Kies 1995).

Abb. 6.2-2: Beläge der epipelischen Kieselalgen *Navicula* sowie einige Fäden der Blaualgengattung *Phormidium* auf der Wattoberfläche in der Tide-Elbe bei Niedrigwasser (Foto: Projektstudie Mikrophytobenthos 1990)

Abb. 6.2-3: Rasen von *Vaucheria compacta* var. *compacta* in der mesohalinen Gezeitenzone des Elbe-Ästuars. Die Alge trägt durch Sedimentfang zur Bodenerhöhung bei. Das Wattsediment zwischen den Rasen ist zum Teil wegerodiert (Foto: L. Kies)

Epiphytische Mikro- und Makroalgen können nur dort aufwachsen, wo eine geringer gewordene Strömungsgeschwindigkeit des Wassers die Ansiedlung von Röhricht- und Unterwasserpflanzen erlaubt, nämlich im Mittellauf und Unterlauf der Fließgewässer. Epiphytische Algen zeigen in Anpassung an das mit zunehmender Tiefe immer schwächer werdende Licht eine ausgeprägte vertikale Zonierung der Besiedlung sowie einen ausgeprägten Jahresgang der Biomasse und Produktion. Es dominieren stab- und schiffchenförmige (pennate) Kieselalgen sowie fädige Grünalgen. Häufige Epiphyten der epilithischen Grünalge *Cladophora glomerata* sind die Kieselalgen *Cocconeis placentula* und *Rhoicosphenia abbreviata* (MÜLLER & PANKOW 1981). Die Befestigung der epiphytischen Algen auf ihrem Substrat erfolgt über Gallertkissen, Gallertstiele oder Haftscheiben.

Aus dem bisher Gesagten läßt sich leicht ableiten, daß benthische Algen und ihre Gemeinschaften in Fließgewässern eine bestimmte Längszonierung zeigen (SCHÖNBORN 1992), was im Detail hier nicht näher ausgeführt werden kann. Grundsätzlich nimmt von der Quelle bis zur Mündung die Zahl der Arten, die an sauberes, kaltes Wasser (kaltstenotherme Arten), starke Strömung (rhoeobionte und rheophile Arten) und hohe Sauerstoffkonzentrationen (polyoxybionte Arten) angepaßt sind, ab und die Zahl der Arten, die stärkere Temperaturschwankungen oder höhere Temperaturen vertragen (eurytherme und warmstenotherme Arten), unterschiedlich hohe Strömungsgeschwindigkeiten vertragen (rheotolerante Arten) und verschmutzungstolerant sind, zu. Typische Mikroalgen der Gebirgsbäche (des Rhitrals) sind z. B. die Kieselalgen *Diatoma hiemale* var. *mesodon* und *Meridion circulare*, die beiden namengebenden Arten der Algengesellschaft des »Diatomo-hiemalis-Meridionetum«. Charakteristische Makroalgen dieser Zone sind *Batrachospermum* und *Lemanea, Hydrurus foetidus, Vaucheria debaryana*, die typische Frühjahrsalge *Ulothrix zonata* und die besonders im Sommer häufigen Arten *Microspora amoena, Draparnaldia glomerata* und *Cladophora glomerata*. Im Tieflandbach (Potamal) finden sich dagegen häufig Lager der Blaualgengattungen *Oscillatoria* und *Phormidium* sowie Kieselalgen der artenreichen Gattungen N*avicula, Pinnularia* und *Surirella*. In verschmutzten Flußstrecken des Potamals kommen häufig die fädigen Grünalgen *Enteromorpha intestinalis, Cladophora glomerata* sowie verschiedene *Oedogonium-, Spirogyra-* und *Mougeotia*-Arten zur Massenentfaltung.

Was leisten die Aufwuchsalgen?

Aufwuchsalgen treten in natürlichen Gewässern in artenreichen Biozönosen auf, die jeweils 150-200 Algenarten (inklusive Blaualgen) umfassen (FETZMANN 1963, BACKHAUS 1973, FRIEDRICH 1973, KIRCHHOFF 1986, GÄTJE 1992). Die flächenbezogenen Chlorophyll a-Gehalte dieser Algenbiozönosen als Maß für die Biomasse sind relativ hoch. Für den Algenaufwuchs auf Glasplatten nach 36tägiger Exposition gibt KIRCHHOFF (1986) für die Oberen Düssel (Gewässergüteklasse II) Werte von 66 mg/m² Chlorophyll a und für die Untere Düssel (Güteklasse III–IV) 67 mg/m² Chlorophyll a an. Diese in einem Gebirgsbach gemessenen Werte sind vergleichbar den von GÄTJE (1992) gemessenen Maximalwerten für das Mikrophytobenthos der Wattsedimente im Elbe-Ästuar (117 mg/m² Chlorophyll a in der limnischen, 33 mg/m² in der oligohalinen und 46 mg/m² in der mesohalinen Zone).

Jahresproduktion und tägliche Respiration des Periphytons nehmen flußabwärts deutlich zu. Im relativ unbelasteten Oberlauf der Saale haben SCHÖNBORN & PROFT (1976) eine Tagesproduktion der Aufwuchsalgen (es dominierten *Ulothrix, Chantransia* und *Cladophora*) von 3,0 g O_2/m^2 und in der weiter flußabwärts gelegenen stark belasteten Barbenregion (Epipotamal) 14,0 g O_2/m^2 gemessen. Für die Jahresproduktion der Primärproduzenten in Fließgewässern (planktische und benthische Algen sowie Makrophyten) gibt SCHÖNBORN (1992) als Faustwert 200 g C/m^2 an.

Im Oberlauf von Fließgewässern ist der Beitrag der Aufwuchsalgen zur Primärproduktion und damit auch zur Selbstreinigungskraft von weit größerer Bedeutung als der des kaum entwickelten Phytoplanktons. Diese Tendenz wiederholt sich im Ästuar, wenngleich aus ganz anderen Gründen. Obwohl die Tiefe der produzierenden Schicht des Mikrophytobenthos im Sediment der Gezeitenzone des Elbe-Ästuars maximal nur etwa 1,5 mm beträgt, ist dessen flächenbezogene Produktion fast doppelt so hoch wie die des stark lichtlimitierten Phytoplanktons in der gesamten trüben Wassersäule der Elbe. Mikrophytobenthos und Phytoplankton der Tide-Elbe werden in ihrer Biomasse und Produktion weit übertroffen von den dichten Algenrasen der Gelbgrünalge *Vaucheria compacta* und den Makrophyten (*Tab. 6.2-2*).

Die biogene Belüftung eines Fließgewässers durch die sauerstoffproduzierenden Algen spielt besonders in mäßig bis kritisch belasteten Gewässern eine bedeutende Rolle (KIRCHHOFF 1986). In stark verschmutzten Gewässerabschnitten kann die biogene Belüftung, gerade in Zeiten kritischer Sauerstoffverhältnisse, von entscheidender Bedeutung für die Aufrechterhaltung der Selbstreinigungskraft sein.

Tab. 6.2-2: Vergleich von Biomasse (B), Produktion (P) und Produktionsleistung (P/B) des Phytoplanktons, des Mikrophytobenthos, der *Vaucheria compacta*-Rasen und der Makrophyten des Röhrichtes aus der Tide-Elbe (aus SCHULZ-STEINERT & KIES 1995)

Ökologische Einheit	B gC/m^2	P gC/m^2·d	P/B gC/gC·d	Quelle
Phytoplankton	4,1	0,35	0,09	FAST 1993
Mikrophytobenthos	12,8	0,66	0,05	GÄTJE 1992
Vaucheria-Rasen				
Minimum	34,6	1,2	0,023	SCHULZ 1993
Maximum	78,9	2,3	0,029	SCHULZ 1993
Makrophyten	686,4	9,42	0,010	SEELIG 1993

Wie reagieren Aufwuchsalgen auf anthropogen bedingte Milieuveränderungen?

Durch Begradigungen von Bächen und Flüssen, Abschneiden von Nebengewässern, Uferverbau, Bau von Talsperren für die Trinkwasserversorgung, von Stauhaltungen sowie Vertiefung der Fahrrinne zum Zwecke einer verbesserten Schiffahrt, Nutzung auch kleinerer Fließgewässer als Vorfluter für Abwässer und damit verbunden, die Einleitung von Nährstoffen und Schadstoffen, sind unsere Fließgewässer in ihrer Hydrographie und Biologie stark verändert worden. Besonders tiefe Eingriffe, deren negative Folgen inzwischen sehr deutlich geworden sind, waren verbunden mit dem Ausbau von Donau, Rhein, Main, Weser, Elbe und Oder zu wichtigen Schiffahrtsstraßen, an denen Industriezentren entstanden.

Nicht nur für das Phytoplankton (vgl. Kap. 6.1) sondern auch für Aufwuchsalgen haben sich die Lebensbedingungen erheblich verändert, was wiederum Veränderungen in der Artenzusammensetzung und der biozönotischen Struktur nach sich gezogen hat. Aufwuchsalgen, die spezialisierte Lebensanssprüche haben, sind zurückgegangen und in ihrem Bestand stark gefährdet. Das gilt z. B. für die in alten Floren als verbreitet oder ziemlich verbreitet angegebenen epilithischen Rotalgen des Süßwassers, von denen einige BUDDE (1935) zur Bezeichnung bestimmter Regionen eines Gebirgsbaches verwendet hat. BUDDES *Hildenbrandia*-Region entspricht der oberen und unteren Forellenregion, die *Lemanea*-Region entspricht der Äschenregion, die *Batrachospermum ectocarpum*-Region, entspricht einem Teil der Äschen- sowie der Barbenregion. Der Verlust von Algenarten, ja ganzen Algenbiozönosen wird von vielen Fachwissenschaftlern und erst recht von der Öffentlichkeit nicht bemerkt. Um hierauf aufmerksam zu machen und um Handlungsrichtlinien für die Zukunft zu erarbeiten, werden derzeit in Zusammenarbeit mit dem Bundesamt für Naturschutz von Fachleuten neue und umfassendere Rote Listen für Algen erstellt, wobei auch gefährdete oder vom Aussterben bedrohte Aufwuchsalgen der Fließgewässer berücksichtigt werden (vgl. Kap 8.5).

Mäßig hohe Eutrophierung der Fließgewässer führt zunächst zu einer Erhöhung der Biomasse und Produktion des Periphytons.

In künstlichen Gerinnen konnte z. B. die Biomasse einer Diatomeen-Gemeinschaft durch Zugabe von Phosphat verdoppelt, durch Zugabe von Phosphat und Nitrat sogar vervierfacht werden (PRINGLE & BOWERS 1984). Eutrophierend wirkt auch eine Erhöhung der Strömungsgeschwindigkeit des Wassers, indem immer neues nährstoffreiches Wasser an die Algen herangeführt und das an Nährstoffen verarmte Wasser weggeführt wird. Gleichzeitig erhöht sich die Respiration der Algen.

Einige Aufwuchsalgen, wie die Grünalgen *Ulothrix zonata* und *Cladophora glomerata*, zeigen in mäßig bis stark belasteten Gewässern ein verstärktes Wachstum bis hin zur Massenentwicklung. SCHÖNBORN (1992) gibt z. B. für die Jahresbruttoproduktion von *Cladophora* in der flachen, mäßig belasteten Saale den außerordentlich hohen Wert von 3597 g C/m² an. In Laborversuchen ermittelt er, daß ungefähr 53 % der Primärproduktion veratmet oder in Form organischer Stoffe in das Wasser ausgeschieden werden, die verbleibende Nettoprimärproduktion wird beim Absterben der Algen zu 70 % gelöst oder als CO_2 entgast, 30 % der toten Biomasse gelangen in das Sediment.

Bei starker Eutrophierung nimmt die autotrophe Produktion zugunsten der heterotrophen ab, gleiches gilt für die Artendiversität der Aufwuchsalgen. Bei sehr starker Verschmutzung werden diese Fadenalgen von dem fädigen Bakterium *Sphaerotilus natans* (»Abwasserpilz«) überwachsen und verschwinden. Anthropogen bedingte erhöhte Schwebstofffrachten in Bächen und Flüssen führen zu einer Verminderung der Eindringtiefe des Lichtes. Die Ansiedlung photoautotropher benthischer Algen wird dadurch auf eine schmale Zone nahe der Wasseroberfläche des Fließgewässers beschränkt. Zusätzlich können sedimentierte Schwebstoffe die vorhandenen Aufwuchsalgen mit einer feinen Schlammschicht überziehen, was deren Primärproduktion mindert (KANN 1983) und die Algen letztlich zum Absterben bringt. Von einer dünnen Sedimentschicht bedeckte Hartsubstrate sind für die Aufsiedlung epilithischer Algen ungeeignet.

Werra, Weser und einige Fließgewässer Nordthüringens wie die Wipper sind durch Salze belastet, die aus dem Kalibergbau stammen. Die Einleitung kalireicher Salzlaugen hat auch bei den Aufwuchsalgen zu drastischen Veränderungen geführt. Besonders spektakulär ist der Fund der marinen Braunalge *Ectocarpus confervoides* (GEISSLER 1983) und das Vorkommen einer artenreichen Flora salztoleranter oder salzliebender Aufwuchs-Kieselalgen in der Werra. Die Diatomeenflora der salzbelasteten Werra stimmte im Jahre 1982 zu 72 % mit der der Schlei, einem typischen Brackwasserbiotop überein (JAHN & WENDKER 1987). Als Folge weitgehender Stillegung der Kaliindustrie in Thüringen tritt eine fortschreitende Aussüßung der Werra ein (vgl. Kap. 6.10).

Fließgewässer, deren Einzugsgebiet und Bett im Untergrund aus kalkarmen Gesteinen bestehen, wie das z. B. im Bayerischen Wald der Fall ist, sind nur schwach gepuffert. Als Folge saurer Depositionen (insbesondere von Salpetersäure) aus der Luft weist ihr Wasser einen zunehmend niedrigeren pH-Wert auf. Das führt zur Zunahme säuretoleranter und säureliebender und einem Verlust basentoleranter und basenliebender Aufwuchsalgen. Die Gewässerversauerung kann am besten an der Veränderung der Kieselalgenflora studiert werden (STEINBERG & PUTZ 1991). Sie ist auch mit einer Zunahme der Biomasse fädiger Grünalgen wie *Mougeotia*, die lockere grüne Watten bildet und der Rotalge *Batrachospermum* verbunden. *Batrachospermum*, das nur physikalisch gelöstes CO_2 als anorganische Kohlenstoffquelle verwerten kann, profitiert wahrscheinlich von der Verschiebung des CO_2-Bikarbonat-Carbonat-Gleichgewichtes nach links bei erniedrigten pH-Werten.

Da Aufwuchsalgen auf Veränderungen in der Beschaffenheit von Fließgewässern empfindlich reagieren, können sie unter bestimmten Voraussetzungen auch zur Überwachung der Gewässerbeschaffenheit (passives oder aktives Monitoring) verwendet werden (vgl. die Einzelbeiträge in WHITTON et al. 1991). Die Frage nach dem Vorhandensein guter Indikatorarten unter den Fließgewässeralgen wird unterschiedlich beurteilt; während BEHRE (1961) sie bejaht, wird sie von KANN (1986) und BACKHAUS (1973) eher verneint. Viele Arten benthischer Algen haben keine spezialisierten Lebensansprüche (euryöke Arten, Ubiquisten) und eignen sich nicht als Indikatororganismen (BACKHAUS 1973). Da autotrophe Algen weniger die Saprobie als die Trophie anzeigen, werden sie seit einigen Jahren nicht mehr für die Beurteilung der biologischen Gewässergüte nach dem Deutschen Einheitsverfahren herangezogen. Dennoch hat man mit der von LANGE-BERTALOT (1978) an benthischen Kieselalgen entwickelten Differentialarten-Methode für die Bewertung der Wassergüte, die auf der unterschiedlich weit gehenden Toleranz einzelner Arten gegenüber organischer Verschmutzung basiert, im Bereich mäßiger bis hoher Verschmutzung gute

Ergebnisse erzielt. Benthische Kieselalgen werden auch mit Erfolg für die Bewertung der Trophie des Versalzungsgrades (KELLY & WHITTON 1995, ZIEMANN 1982) und zur Beurteilung der Gewässerversauerung herangezogen (STEINBERG & PUTZ 1991). *Ulothrix* und *Cladophora* akkumulieren in hohem Maße Schwermetalle. Kulturen dieser Aufwuchsalgen oder auch ganze Periphyton-Gemeinschaften werden für das Schwermetallmonitoring, aber auch zum zum Monitoring von toxischen organischen Substanzen, wie Pestizide und Detergentien, eingesetzt (WHITTON et al. 1991).

Schlußbetrachtung

Alle geplanten gewässerbaulichen Veränderungen müssen so gestaltet werden, daß mit ihrer Verwirklichung unmittelbar oder mittelbar eine Stabilisierung des Sauerstoffhaushaltes und eine Stärkung der Selbstreinigungskraft der Fließgewässer bewirkt wird. Der Beitrag der Aufwuchsalgen zur biogenen Belüftung des Wassers und zur Selbstreinigung ist im Bereich der Gewässergüteklasse II am größten (KIRCHHOFF 1986). Er kann optimiert werden durch Vermeidung eines für das Periphyton besiedlungsfeindlichen Gewässerausbaus (KIRCHHOFF 1986) und durch Renaturierung von Fließgewässern. Derartige Maßnahmen würden die Biodiversität des Periphytons und dessen positiven Beitrag zur Intaktheit der Fließgewässer fördern. Seit einigen Jahren regt sich massiver Widerstand gegen die Fortführung von Ausbauprogrammen für Fließgewässer, die ökologische Gesichtspunkte weitgehend unberücksichtigt lassen und damit in Kauf nehmen, daß der Naturhaushalt unseres Landes weiteren Schaden nimmt. Dort, wo Maßnahmen zur Verbesserung des aquatischen Lebensraumes konzipiert werden (z. B. ARGE Elbe 1994) oder bereits durchgeführte Maßnahmen überwacht werden müssen, bieten sich Aufwuchsalgen als Monitor-Organismen der Wasserbeschaffenheit (Trophie, Versalzung, Versauerung, wasserbürtige Schadstoffe) an.

6.3 Neozoen und andere Makrozoobenthos – Veränderungen

HANS-GERD MEURS & GERD-PETER ZAUKE

Anders als in der systematischen Zoologie, wo Tiere nach ihrer inneren und äußeren Gestalt in verwandtschaftliche Einheiten (Arten, Gattungen, Familien usw.) zusammengefaßt werden, klassifizieren Ökologen Tiere vielfach nach der Lebensweise und der Größe. Im Makrozoobenthos werden alle am oder im Boden lebenden Organismen der Meere, Flüsse und Seen mit einer Körpergröße von mehr als 2 mm vereint. Die leichte Handhabbarkeit der relativ großen Organismen und die vielfach bedeutende Stellung dieser Organismengruppe innerhalb des gesamten Artengefüges haben dazu geführt, daß bereits eingangs dieses Jahrhunderts die Besiedlung der großen Flußsysteme erfaßt wurde. Aus der vorgefundenen Artenzahl und aus der Artenzusammensetzung lassen sich Rückschlüsse auf den ökologischen Zustand des untersuchten Gewässers ableiten. Trotz der z. T. unterschiedlichen Methoden und Intensitäten bei der Probenahme, läßt sich aus dem Vergleich aktueller Untersuchungen mit solchen aus früheren Jahren ein Bild der wechselvollen Entwicklung der Lebensgemeinschaften und deren Beeinflussung durch den Menschen ablesen. Hinweise auf ein von menschlichen Aktivitäten unbeeinflußtes »natürliches« Arteninventar großer Flüsse lassen sich aus der vergleichenden Auswertung solcher Untersuchungen leider nicht ableiten, da Nutzungsansprüche des Menschen und damit Änderungen in der Artenzusammensetzung bis in Zeiten zurückreichen, die vor dem Beginn systematischer wissenschaftlicher Erhebungen liegen.

Das Auftreten von Neusiedlern (Neozoen), von Arten also, die ursprünglich aus anderen Regionen bekannt sind, läßt in zweifacher Weise Rückschlüsse auf den Einfluß menschlichen Handelns zu: 1. erfolgt die Verbreitung dieser Neubürger in der Regel durch die Schiffahrt oder über künstliche Wasserstraßen, und 2. können sich Neozoen vielfach nur dort behaupten, wo die angestammte Fauna entweder zerstört oder in ihrer Konkurrenzfähigkeit gegenüber Arten mit ähnlichen ökologischen Ansprüchen geschwächt ist.

Historische Entwicklung des Makrozoobenthos in Rhein, Weser, Elbe und Donau

Die zeitliche Entwicklung der Besiedlung des Makrozoobenthos läßt sich, zumindest für den Rhein, die Weser und die Elbe, seit Beginn dieses Jahrhunderts in drei Zeitabschnitte unterteilen. Einer Periode mit hohen Artenzahlen bis etwa 1920 folgte eine Phase mit drastischem Artenrückgang, der im Rhein bis in die 70er Jahre, in Weser und

Elbe bis in die 80er Jahre andauerte. In einer dritten Phase, die seit Ende der 70er Jahre bis in die heutige Zeit reicht, kommt es zu einem stetigen Anstieg der Artenzahlen. Am Beispiel des Rheins (*Abb. 6.3-1*), für den die verläßlichsten Daten zum Makrozoobenthos vorliegen, werden diese unterschiedlichen Phasen deutlich. In der Donau lassen sich aus der verfügbaren Datenlage diese drei Phasen nicht unterscheiden.

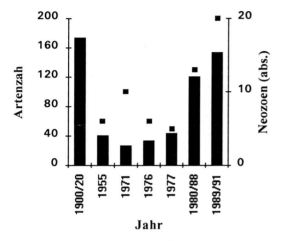

Abb. 6.3-1: Zeitliche Entwicklung der Makrozoobenthos-Arten insgesamt (Balken) und der Neozoen allein (Punkte) in Untersuchungen des Rheins (nach TITTIZER et al. 1993)

Phase mit hohen Artenzahlen

Obwohl durch wasserbauliche Maßnahmen des 18. und 19. Jh. bereits Verluste in der Fauna aufgetreten sind, werden bis in die 20er Jahre dieses Jahrhunderts aus den limnischen Bereichen des Rheins über 160 Arten (TITTIZER et al. 1993) und aus der Elbe über 130 Arten (PETERMEIER et al. 1994) gemeldet. Mit mehr als 110 Arten im Rhein und mehr als 60 Arten in der Elbe prägten Insekten (Eintagsfliegen, Köcherfliegen, Steinfliegen, Libellen) das Erscheinungsbild des Makrozoobenthos. Verläßliche Angaben zur Besiedlung limnischer Abschnitte der Weser liegen für diesen Zeitraum nicht vor (BÄTHE 1992). Nach groben Schätzungen muß die Artenzahl in der Weser aber unter der im Rhein und in der Elbe gelegen haben. In den brackigen Bereichen der Flußmündungen ist die Artenzahl naturgemäß niedriger. So werden um die Jahrhundertwende aus dem Flußmündungsbereich des Rheins etwa 80 Arten (BRINK, VAN DEN et al. 1990), aus der Weser und aus der Elbe weniger als 40 Arten gemeldet.

Phase mit sinkenden Artenzahlen

Bis in die Mitte der 70er Jahre sank die Artenzahl im limnischen Teil des Rheins auf weniger als 30 Arten ab. Während sich diese Abnahme bei den meisten Tiergruppen nur geringfügig auswirkte, nahm der Verlust bei den Insekten dramatische Formen an. So waren von den 112 um die Jahrhundertwende im Rhein nachgewiesenen Arten im Jahre 1971 lediglich noch 5 verblieben (TITTIZER et al. 1993). In der Weser sank die Artenzahl in den 50er und 60er Jahren bis auf wenige Arten ab, Insekten waren weitgehend verschwunden. Wie in Kap. 6.10 beschrieben, hat sich infolge starker Einleitungen von Salzen aus dem Kali-Bergbau in der Weser eine in Europa einzigartige Situation ergeben: Das Makrozoobenthos im gesamten Flußverlauf wurde weitgehend von salztoleranten oder echten Brackwasserarten bestimmt. Der Rückgang der limnischen Arten war so stark, daß zur Rettung der Fischfauna salztolerante oder echte Brackwasserarten als Fischnährtiere ausgesetzt wurden. Auch im limnischen Teil der Elbe sank die Artenzahl bis zum Ende der 80er Jahre deutlich ab. So verschwanden alle 6 ehemals heimischen Großmuschelarten. Von den 58 aquatischen Insektenarten waren noch 15 Arten verblieben (SCHÖLL et al. 1995). In den Ästuaren war die Abnahme der Artenzahl nicht derart drastisch, wie in den limnischen Bereichen. Im Rhein sank die Artenzahl von 43 Arten um 1940 auf unter 35 Arten Mitte der 80er Jahre ab (BRINK, VAN DEN et al. 1990). In der Weser und Elbe blieb die Artenzahl weitgehend unverändert. Dies gilt nicht für die relativ kleine Gruppe der »genuinen«, also ausschließlich im Brackwasser vorkommenden Arten, die deutliche Artenverluste hinnehmen mußte (MICHAELIS 1994) (vgl. Kap. 1.2).

Phase mit ansteigenden Artenzahlen

Seit Mitte der 70er Jahre nimmt im Rhein die Artenzahl bis in die heutige Zeit stetig zu. Mit über 150 Arten erreichte sie 1991 bereits wieder Werte, wie sie um die Jahrhundertwende auftraten (TITTIZER et al. 1993). Trotz einer vergleichbaren Artenzahl machen Unterschiede in der Artenzusammensetzung deutlich, daß von einer Wiederherstellung der ehemaligen Fauna keine Rede sein kann. Nach wie vor ist besonders die Gruppe der Insekten stark unterrepräsentiert. Von den um die Jahrhundertwende im Rhein vorkommenden Steinfliegen sind lediglich 6 %, von den Eintagsfliegen 27 % und von den Köcherfliegen 16 % geblieben. Deutlich höher als um die Jahrhundertwende ist die Zahl der Plattwürmer, der Egel und der Krebse. Anpassungsfähige Arten wie die eingebürgerten Körbchenmuscheln (*Corbicula fluminea, Corbicula fluminalis*), der Schlickkrebs (*Corophium curvispinum*) oder der getigerte Flohkrebs (*Gammarus tigrinus*) zeigen Massenentwicklungen (DEN HARTOG et al. 1992). Trotz einer inzwischen nachgewiesenen Zahl von 216 Arten – davon 46 Oligochaeten und 45 Chironomiden – stellt das Makrozoobenthos der Elbe eine wenig spezialisierte Restlebensgemeinschaft dar (SCHÖLL et al. 1995). Eine natürliche Gliederung der Lebensgemeinschaft im Flußverlauf ist nicht zu erkennen. Neben *Gammarus tigrinus* und *Cordylophora caspia*, die sich stetig flußaufwärts ausbreiten, treten verschmutzungstolerante Arten wie *Asellus aquaticus* massenhaft auf. Anzeichen einer Verbesserung der Lebensbedingungen lassen sich aus dem massenhaften Auftreten einiger Köcherfliegenarten und aus dem vereinzelten Auftreten von Großmuscheln und Eintagsfliegen ablesen. Mit 87 nachgewiesenen Makrozoobenthos- Arten bleibt die Weser in der Besiedlung deutlich hinter den anderen Flüssen zurück (BÄTHE 1992). Auch hier muß die aktuelle Makrozoobenthos-Gemeinschaft als untypisch bezeichnet werden. Durchschnittlich sind an einem Standort nie mehr als 12-14 Arten zu finden. Die biozönotische Gliederung im Längsschnitt erfolgt in Abhängigkeit vom vorherrschenden Salzgehalt (vgl. Kap. 6.10). Analog zur Situation im Rhein erweitern *Gammarus tigrinus, Corophium curvispinum* und *Corbicula*-Arten ihr Verbreitungsgebiet und treten z. T. massenhaft auf. Erste Erfolge in den Bemühungen um eine Verbesserung der Lebensbedingungen in der Weser zeigen sich u. a. im Auftreten der Flußkahnmuschel (*Theodoxus fluviatilis*), die lange Zeit als verschollen galt.

Auch wenn in allen drei Flüssen die steigenden Artenzahlen eine Verbesserung der Lebensqualität andeuten, bleibt festzustellen, daß es sich um untypische Lebensgemeinschaften handelt, die von anpassungsfähigen Arten bzw. von Immigranten aus dem Brackwasser oder von Neozoen bestimmt werden. Im deutsch-östereichischen Abschnitt der Donau hat sich die Artenzahl des Makrozoobenthos von 1967 bis etwa 1992 annähernd verdoppelt (MARTEN 1994). So ist im Donauabschnitt von Kehlheim bis zur östereichischen Grenze die Besiedlung mit 144 nachgewiesenen Arten als artenreich einzustufen (TITTIZER et al. 1994). Weit verbreitet sind der ehemals ausschließlich in der Donau vorkommende (endemische) Flohkrebs *Dikerogammarus haemobaphes* und die aus anderen Flußsystemen bekannten Arten *Corophium curvispinum* und *Hydropsyche contubernalis*. Dabei entwickelt *Corphium curvispinum* in der Donau ähnlich hohe Individuendichten wie im Rhein.

Neozoen und ihre ökologischen Konsequenzen

1. Auftreten von Neozoen

Einen Überblick über die für den Rhein, die Weser, die Elbe und die Donau beschriebenen Neozoen gibt *Tab. 6.3-1*. Bei einigen Arten (z. B. *Ferrissia wautieri, Physella acuta, Echinogammarus berilloni*) handelt es sich um »natürliche« Neozoen oder Remigranten. Dies sind Arten, die bereits vor der letzten Eiszeit in Deutschland vorkamen, in der Eiszeit zurückgedrängt wurden und in jüngerer Zeit neuerlich eingewandert sind. Häufig erfolgt die Neubesiedlung dieser Arten aus dem südwest- oder südosteuropäischen Raum. Durch den Bau künstlicher Schiffahrtswege (Kanäle) zur Verknüpfung der großen Flußsysteme und durch die Binnenschiffahrt selbst hat der Mensch dieser Ausbreitung aktiv Vorschub geleistet. Aktuellstes Beispiel für eine Ausbreitung über Kanäle ist die Erweiterung des Siedlungsgebietes von *Dikerogammarus haemobaphes* aus der Donau über den Rhein-Main-Donau Kanal in das Rhein-Main Gebiet. Erste Untersuchungen lassen vermuten, daß sich diese Art erfolgreich gegen die dort vorherrschende Art *Gammarus tigrinus* behaupten kann (mündl. Mitteilung M. Banning). Im Gegensatz zu »natürlichen« Neozoen sind »echte« Neozoen Arten, die nachweislich aus einem fremden Faunenkreis eingeschleppt wurden oder eingewandert sind (KINZELBACH 1990). Die Einbürgerung erfolgte dabei entweder beabsichtigt durch Besatzmaßnahmen des Menschen, um Lücken in der einheimischen Fauna zu schließen (*Gammarus tigrinus, Orconectes limosus*) oder zufällig auf Schiffsrümpfen oder im Ballastwasser großer Handelsschiffe (*Branchiura sowerbyi, Mytilopsis leucophaeata, Rhithropanopeus harrisii, Eriocheir sinensis*). Die Flußmündungen des Rheins, der Weser und der Elbe mit den großen Seehäfen Rotterdam, Bremerhaven und Hamburg sind so immermehr zu potentiellen Ausbreitungszentren für salztolerante Arten geworden. Dies wird eindrucksvoll durch eine Untersuchung belegt, bei der am Rumpf oder im Ballastwasser von 275 Schiffen aus 13 Herkunftsgebieten nicht weniger als 273 Tierarten gefunden wurden

Tab. 6.3-1: Nachgewiesene Neozoen im Rhein (R), in der Weser (W), in der Elbe (E) und in der Donau (D)

Taxon	Vorkommen	Herkunft	Ausbreitungsweg
Coelenterata			
Cordylophora caspia (PALLAS)	R, W, E	Pontokaspis	Kanäle, Schiffe
Craspedacusta sowerbyi LANKESTER	R, E	Ostasien	Vögel, Aquarien
Turbellaria			
Dugesia tigrina (GIRARD)	R, E, D	Nordamerika	Aquarien
Planaria torva (O. F. MÜLLER 1774)	W, D	Skandinavien	
Annelida			
Branchiura sowerbyi BEDDARD	R	Südasien	Schiffe, Aquarien
Bivalvia			
Corbicula fluminalis MÜLLER*	R, W	Südostasien	Schiffe
*Corbicula fluminea**	R, W	Nordamerika	Schiffe
Dreissena polymorpha PALLAS 1771	R, W, E, D	Pontokaspis	Schiffe, Kanäle
Mytilopsis leucophaeata (CONRAD 1831)	R, W	Westafrika	Schiffe, Kanäle
Gastropoda			
Ferrissia wautieri (MIROLLI)	R, E, D	Südosteuropa	Schiffe, Vögel
Lithoglyphus naticoides (L. PFEIFFER)	R, E, D	Pontokaspis	Schiffe, Kanäle
Physella acuta DRAPARNAUD 1805	R, W, E, D	Südosteuropa	Schiffe, Vögel
Potamopyrgus antipodarum (GRAY 1843)	R, W, E	Neuseeland	Schiffe, Vögel
Viviparus viviparus (LINNEAUS 1758)	R, W, E, D	Oosteuropa	Schiffe, Kanäle
Crustacea			
Atyaephyra desmarestii MILLET	R, D	Mittelmeergebiet	Kanäle
Chaetogammarus ischnus STEBBING	R, W, E, D	Pontokaspis	Kanäle
Corophium curvispinum G. O. SARS 1895	R, W, E, D	Pontokaspis	Schiffe, Kanäle
Dikerogammarus haemobaphes EICHWALD°	R, D	Pontokaspis	Schiffe, Kanäle
Echinogammarus berilloni CATTA	R, W, E	Mittelmeergebiet	Kanäle
Eriocheir sinensis H. MILNE-EDWARDS	R, W, E	Ostasien	Schiffe
Gammarus tigrinus SEXTON 1939	R, W, E	Nordamerika	Kanäle, Besatz
Orchestia cavimana HELLER	R, W, E	Pontokaspis	Schiffe, Kanäle
Orconectes limosus (RAFINESQUE)	R, E	Nordamerika	Besatz
Proasellus coxalis DOLLFUS 1892	W, E	Kleinasien	
Proasellus meridianus RACOVITZA	R	Mittelmeergebiet	Kanäle
Rhithropanopeus harrisii (GOULD)	R, W	Ostamerika	Schiffe

* = bei der Gattung Corbicula bestehen taxonomische Unklarheiten   ° = diese Art ist in der Donau heimisch

(DAMMER & GOLLASCH 1995). Mehr als die Hälfte der gefundenen Arten sind dem Makrozoobenthos zuzurechnen. Treffen die eingeschleppten Arten auf günstige Lebensbedingungen, offene Verbreitungswege und geringe Konkurrenz durch einheimische Arten mit ähnlichen Lebensansprüchen, können sie sich explosionsartig ausbreiten. Allein im Rhein hat sich die Zahl der Neozoen seit Anfang der 70er Jahre auf über 20 Arten verdoppelt (*Abb. 6.3-1*).

2. Ausbreitungsgeschichte und Bedeutung von Neozoen

An zwei Beispielen sollen die Hintergründe der Besiedlung sowie die Bedingungen und Mechanismen der Ausbreitung demonstriert werden:

• **Gammarus tigrinus Sexton 1939**

Die Besiedlungsgeschichte und Ausbreitungswege des in Nordamerika beheimateten getigerten Flohkrebses *Gammarus tigrinus* auf dem europäischen Kontinent lassen sich weitgehend lückenlos nachzeichnen. Nach einer ersten Einbürgerung in England um 1930 erfolgte von dort unabhängig voneinander an zwei Stellen eine Besiedlung durch Besatzmaßnahmen in Deutschland und in den Niederlanden. Eine deutsche Population nahm ihren Ursprung 1959 in der Werra, als etwa 1000 Tiere als Ersatz für die abgestorbene Gammaridenfauna ausgesetzt wurden. Unter den brackigen Bedingungen der Werra konnte sich schnell eine individuenreiche Population entwickeln, die sich von dort zunächst in der Weser, dann in der Elbe (1974) und schließlich über den Mittellandkanal (1977) bis in die Ems und in den Rhein (1982) ausbreitete. Mit Abundanzen von bis zu 90 000 Individuen pro Quadratmeter in der Weser und massenhaftem Vorkommen in der Mittelelbe prägt diese Art heute an vielen Stellen das Erscheinungsbild des Makrozoobenthos. Auf seinem Vormarsch traf *Gammarus tigrinus* auf wenig Konkurrenz, da die einheimische Gammaridenfauna stark reduziert oder völlig verschwunden war. Nur in der natürlich oligohalinen Zone der Flußmündungen von Weser und Elbe konnte *Gammarus tigrinus* die angestammte Art, *Gammarus zaddachi*, nicht verdrängen. Eine niederländische Population von *Gammarus tigrinus* nahm ihren Ursprung 1964 im Ijsselmeer, wo etwa 400 Tiere ausgesetzt wurden. Von dort breitete sie sich in den niederländischen Küstengewässern aus. Bei ihrem Vormarsch verdrängte *Gammarus tigrinus* die angestammten Arten *Gammarus pulex*, *Gammarus fossarum* und *Gammarus duebeni*. Im niederländischen Teil des Rheins trat *Gammarus tigrinus* zunächst vereinzelt (1982) und dann massenhaft im niederländisch-deutschen Grenzgebiet in der Waal (1989) auf. Heute trifft man *Gammarus tigrinus* auch im Mittelrhein an, ohne genau sagen zu können, ob es sich um die deutsche, die niederländische oder um eine Mischpopulation handelt. Massenentwicklungen, wie sie aus der Weser und der Elbe bekannt sind, traten im deutschen Teil des Rhein nicht auf.

Die Toleranz von *Gammarus tigrinus* gegenüber erhöhten Salzgehalten wird als Grund für seine weite Verbreitung in salzbelasteten Gewässern angeführt. Seine frühe Geschlechtsreife und seine hohe Reproduktionsrate erklären die schnelle Ausbreitung und bedeuten einen erhöhten Konkurrenzvorteil gegenüber anderen *Gammarus*-Arten. Die im Zusammenhang mit der Eröffnung des Rhein-Main-Donau Kanals geäußerte Vermutung, nach der *Gammarus tigrinus* auch in das Einzugsgebiet der Donau vordringen wird, hat sich nicht bestätigt.

- *Corophium curvispinum* **Sars 1895**

Dieser euryhaline, röhrenbauende Schlickkrebs stammt aus dem pontokaspischen Raum und befindet sich seit Anfang dieses Jahrhunderts sowohl über den Elberaum als auch über das Donaugebiet auf dem Vormarsch nach Westen. In seiner Ausbreitung ist *Corophium curvispinum* in erheblichem Maß durch den Ausbau der Binnenschifffahrtswege begünstigt worden. In der Unterelbe ist diese Art seit den 20er Jahren bekannt. In jüngerer Zeit (1991–1993) wurde er auch aus dem Bereich der Mittelelbe gemeldet (PETERMAIER et al. 1994). Zu Massenentwicklungen kam es aber weder in der Elbe noch in der Weser. Über den Mittellandkanal und den Dortmund-Ems-Kanal gelangte *Corophium curvispinum* 1987 bis in den Niederrhein. Eine zweite Einwanderung in den Rhein erfolgte aus dem Donauraum über Belgien in die Maas und von dort in den Rhein. Ab 1987 besiedelte diese Art binnen weniger Jahre den gesamten Niederrhein einschließlich des niederländischen Teils, den Mittelrhein und drang bis zum Oberrhein vor. Besiedlungsdichten von mehr als 100 000 Tiere/m² sind die Regel. In den Niederlanden wurden Werte bis 750 000 Tiere/m² gezählt. Heute gilt *Corophium curvispinum* als dominanter Vertreter des Makrozoobenthos im Nieder- und Mittelrhein.

Nach dem Sandoz-Chemieunfall des Jahres 1986, dem ein Großteil des Makrozoobenthos und der Fischfauna zum Opfer fielen, waren weite Bereiche des Rheins annähernd unbesiedelt. Opportunistische Arten, wie *Corophium curvispinum* oder die beiden Körbchenmuscheln *Corbicula fluminea* und *Corbicula fluminalis*, die ähnliche Massenentwicklungen zeigten, nutzten diesen »günstigen« Augenblick (DEN HARTOG et al. 1992). Durch die Fähigkeit zu schnellem Wachstum, der Produktion vieler Nachkommen und einer wenig anspruchsvollen Lebensweise waren diese bis dahin nicht in Erscheinung getretenen r-Strategen gegenüber anderen Arten des Makrozoobenthos im Vorteil (BRINK, VAN DEN et al.1993). Die Besiedlung wurde zusätzlich begünstigt durch die eintönige Gestaltung des »Rheinkanals« (KINZELBACH 1990), die *Corophium curvispinum* großräumig ideale Siedlungsbedingungen bietet. Eine tiefgreifende Umgestaltung der Lebensgemeinschaft ist die Folge, die sich nicht zuletzt in einem Rückgang der ihrerseits eingewanderten Dreikantmuschel *Dreissena polymorpha* äußert. Wie sich das System nach dieser Initialbesiedlung entwickeln wird, läßt sich nicht voraussagen. Schon ein kalter Winter könnte den Bestand von *Corophium curvispinum* reduzieren und so seine Vorherrschaft brechen. Eine andere Entwicklung der Lebensgemeinschaft wäre dann zu erwarten.

Schlußbetrachtung

Aus der steigenden Gesamtzahl und aus dem massenhaften Auftreten einzelner Neozoen lassen sich zwei Erkenntnisse ableiten: Erstens bauen internationale Handelsverflechtungen ehemals existierende Ausbreitungsbarrieren ab und führen so zu einer zunehmenden Vermischung unterschiedlicher Faunen. Die »Verfälschung« der ursprünglichen Faunenzusammensetzung kann so, durch Schaffung neuer Konkurrenzsituationen, evolutive Anpassungsprozesse beeinflussen. Sie ist somit nicht unbedingt kritisch zu bewerten, obwohl die Gefahr einer weltweiten Vereinheitlichung der Faunengemeinschaften besteht. Zweitens führt ein massenhaftes Auftreten einzelner Neozoen zu einer völligen Umstrukturierung der Lebensgemeinschaft, eine Erscheinung, die mit Sorge betrachtet werden sollte. Sie dokumentiert, daß die einheimische Fauna in ihrer Vitalität und damit in ihrer Konkurrenzfähigkeit in erheblich stärkerem Maß geschädigt ist, als es die vorgefundenen Artenzahlen vermuten lassen.

Faunistische Bestandserhebungen sind geeignet, die Zusammensetzung der Fauna und die Dynamik der Ausbreitung zu beschreiben. Aussagen über biologische Hintergründe lassen sich daraus nicht ableiten. Gerade am Beispiel der hohen Ausbreitungsgeschwindigkeit und des massenhaften Auftretens der Neozoen *Gammarus tigrinus*, *Dikerogammarus haemobaphes* und *Corophium curvispinum* wird deutlich, daß detaillierte Kenntnisse zu ökologischen Ansprüchen und zu Reproduktionsstrategien der Arten für ein Verständnis der Prozeßabläufe und für eine Abschätzung der zukünftigen Entwicklung unentbehrlich sind. Vergleichende Untersuchungen der Reproduktionszyklen einer Art in unterschiedlichen Flußsystemen und an unterschiedlichen Standorten innerhalb eines Flußsystems (z. B. an der Ausbreitungsspitze und in Bereichen mit etablierter Besiedlung) könnten so Anhaltspunkte über die Reproduktionspotenz der einzelnen Art liefern (MEURS-SCHER 1994). In Verbindung mit faunistischen Untersuchungen erscheinen populationsbiologische Untersuchungen geeignet, aktuelle Erscheinungen zu erklären.

Danksagung: Wesentliche Teile dieses Beitrages beruhen auf langjährigen Forschungsarbeiten der Bundesanstalt für Gewässerkunde in Koblenz. Für die Bereitstellung der Ergebnisse und für weitere Auskünfte danken wir besonders Frau Dipl. Biol. M. Banning und Herrn Dr. F. Schöll.

6.4 Amphibien und Reptilien in Flußauen Mitteleuropas, Indikatoren für Landschaftswandel?
HANS-KONRAD NETTMANN

Amphibien und Reptilien sind Wirbeltierklassen mit sehr unterschiedlicher Biologie und entsprechend sehr unterschiedlichen ökologischen Ansprüchen, die dennoch traditionell meist zusammen genannt und von einer einzigen Fachrichtung innerhalb der Zoologie, der Herpetologie, wissenschaftlich bearbeitet werden. In Mitteleuropa sind beide Klassen nur durch relativ wenige Arten vertreten. Jedoch ist von diesen Arten jeweils ein sehr hoher Prozentsatz, d. h. zumeist 50–100 %, in den Gefährdungskategorien der Roten Listen der deutschen Bundesländer und auch der europäischen Nachbarländer vertreten (PODLOUCKY 1993) und also offenbar in besonders starkem Maße von den Folgen industrieller Landschaftsveränderung betroffen. Darüber hinaus weisen die Amphibien offenbar global teilweise dramatische Bestandsverluste auf, so daß sich eine weltweite wissenschaftliche Diskussion zu möglichen Ursachen entwickelt hat (BLAUSTEIN & WAKE 1990, WAKE 1991). Dabei wird die Bedeutung von Amphibienarten als Indikatoren für Störungen in ökosystemaren Gefügen zunehmend deutlich. Bei der limnologisch zentrierten Betrachtung von Flüssen werden beide Tiergruppen ebenso wie die übrige terrestrische Fauna häufig übersehen (z. B. KINZELBACH & FRIEDRICH 1990). Immerhin finden sie bei Konzepten zur Renaturierung innerhalb der Leitartengruppen Verwendung (CLAUS et al. 1994) und sind im Donauraum sogar zur Typisierung von Auengewässern erfolgreich verwendet worden (WARINGER-LÖSCHENKOHL & WARINGER 1990).

Herpetofauna an Flüssen
Unter den in Mitteleuropa heimischen Reptilienarten ist nur die Würfelnatter (*Natrix tesselata*) als flußgebunden zu bezeichnen. Doch auch die Sumpfschildkröte (*Emys orbicularis*), soweit sie noch in autochthonen Beständen vorkommt, zeigt eine Bevorzugung von Stillgewässerbereichen in Stromauen. Darüber hinaus weisen aber thermophile, terrestrische Eidechsenarten in ihren Verbreitungsgebieten in Mitteleuropa eine Bindung an südexponierte offene Hänge der Engtäler an Rhein, Mosel, Nahe, Ahr und Donau auf und belegen, daß Flüsse nicht nur für wasserlebende Arten bedeutsam sind. Eine Analyse der Verbreitungsmuster der Amphibien in Mitteleuropa zeigt bei keiner Art eine echte Bindung an die Flußtäler. Zwar sind die Amphibien insgesamt durch ihre Fortpflanzungsbiologie an Gewässer gebunden, doch müssen diese nicht im Zusammenhang mit Flüssen stehen. Große Fließgewässer werden von den einheimischen Amphibienarten kaum genutzt, stattdessen sind Stillgewässer möglichst ohne Fischkonkurrenz die geeigneten Laichgewässer, wobei die einzelnen Molch- und Froscharten noch spezifische Ansprüche hinsichtlich Bewuchs, Besonnung, Wasserqualität etc. stellen. Solche spezifischen Ansprüche sind innerhalb Mitteleuropas oft auch noch klinaler Variation unterworfen oder können aus klimatischen Gründen nur in wenigen Landschaftsräumen realisiert werden.

Deshalb sind nur in Teilen ihres Verbreitungsgebietes einige Arten Stromtalbewohner, die dort die Auenbereiche und die darin bestehenden Altarme und Überschwemmungsrestgewässer bevorzugt nutzen, während sie in anderen Gebieten

Stromtäler eher meiden. Beispielsweise ist der Laubfrosch (*Hyla arborea*) am Oberrhein, der mittleren Elbe und Oder sowie der Donau als charakteristisches Element der Aue anzusehen, während er an der unteren Weser die Aue meidet und auf die thermisch begünstigten Geestflächen beschränkt bleibt, in Mecklenburg und Schleswig-Holstein hingegen das Jungmoränenland gleichmäßig besiedelt und keine Bindung an oder Meidung von Flußlandschaften erkennen läßt (GROSSE 1994).

So sind zur Amphibienfauna von Flußtälern nur regionale Aussagen sinnvoll. Beispielsweise können für den Oberrhein Springfrosch (*Rana dalmatina*), Moorfrosch (*Rana arvalis*), Seefrosch (*Rana ridibunda*) und Laubfrosch als charakteristische Arten der Aue bezeichnet werden (SCHADER 1983). An Elbe und Oder sind Seefrosch, Laubfrosch und Rotbauchunke (*Bombina bombina*) Charakterarten der Stromtäler während der Moorfrosch hier weiter verbreitet ist und Springfrösche nur in manchen Bereichen der Leipziger Bucht als Auenbewohner auftreten (SCHIEMENZ & GÜNTHER 1994).

Die Situation im Donau-Tiefland, wo neben allen genannten Arten noch der Donaukammolch (*Triturus dobrogicus*) eine Rolle spielt, wird hier nicht näher erörtert.

Natürlich sind auch die eher ubiquitären Arten wie Grasfrosch (*Rana temporaria*), Erdkröte (*Bufo bufo*), Wasserfrosch (*Rana kl. esculenta*) oder Teichmolch (*Triturus vulgaris*) in den Talauen zu finden, und mancherorts entsteht das Bild einer Bevorzugung der Talauen durch Amphibien lediglich dadurch, daß Flurbereinigung und Intensivierung der Landwirtschaft in den Flächen außerhalb der Talauen keinerlei Gewässer mehr belassen haben. In schmaleren Tälern kleinerer Flüsse wird darüber hinaus oft die Bedeutung der Altwässer des Talbodens für die umliegende Landschaft dadurch sichtbar, daß umfangreiche Wanderungen von Amphibien zwischen solchen Gewässern und den Wäldern und Feldern der Talhänge auftreten und bei Ausbau der Straßen an den Talrändern regelmäßig zu Massensterben führen. In solchen Landschaften ist die Bedeutung der Talauen für die benachbarten Landschaftsteile gerade mit Hilfe dieser Tiergruppen augenfällig.

An drei Beispielen können Aspekte ökologischer Beziehungen in Auenlandschaften, wie sie sich an Reptilien und Amphibien aufzeigen lassen, verdeutlicht werden.

Würfelnatter an Mosel, Lahn und Elbe

Die Würfelnatter lebt in Mitteleuropa an der klimainduzierten Nordgrenze ihres Areals und ist in ihrem Vorkommen auf wenige wärmebegünstigte Standorte beschränkt. Ihre Nahrung besteht überwiegend aus kleinen Fischen. Aus der Kombination dieser beiden Faktoren ergibt sich schon die Bindung an Flüsse in wärmeexponierten Lagen mit ufernahen Sand- oder Kiesbänken als Sonnenplätzen (GRUSCHWITZ 1985). Stillgewässer sind zumeist nur mit vegetationsreichen Ufern ausgestattet und daher an der Arealgrenze keine geeigneten Habitate. Reliktvorkommen dieser Art bestanden in Deutschland noch vor 50 Jahren am Mittelrhein, an Nahe, Mosel und Lahn sowie an der Elbe bei Meißen. Die Rheinvorkommen und das Vorkommen an der Elbe sind inzwischen erloschen, nur an Nahe, Mosel und Lahn haben sich Restvorkommen gehalten (GRUSCHWITZ 1985) und sind in jüngster Zeit durch gezielte Schutz- und Managementmaßnahmen zumindest stabilisiert worden (LENZ & GRUSCHWITZ 1992). Infolge des Ausbaus der Flüsse als Schiffahrtswege und der Täler als Straßen- und Schienenwege sowie wegen der Gestaltung der Flüsse als hindernisfreie Abflußrinnen sind wesentliche Habitatrequisiten für die Art verloren gegangen, nämlich Flachwasserbereiche zum Fang kleiner Fische, Büsche und offene Stellen im Wechsel als Sonnplätze und Versteckmöglichkeiten, verrottende Haufen aus organischem Spülicht als Eiablageplätze mit Gärwärme sowie Rückzugsmöglichkeiten zum Talhang bei Hochwasser. Obendrein sind die Stellen, an denen noch geeignete Habitate vorhanden sind, zumeist auch für die gestiegene Freizeitsportnutzung interessant, so daß häufige Störung insbesondere bei dem für die Aktivität der Tiere wichtigen sonnigen Wetter die Folge sind (LENZ & GRUSCHWITZ 1992). Insofern zeigt diese Art exemplarisch, wie Arten an ihrer klimainduzierten Verbreitungsgrenze besonders empfindlich auf Änderungen im Lebensraum reagieren und so einen Qualitätsverlust anzeigen, der durch häufigere Arten schwerer zu demonstrieren ist. Die Erhaltung der Art in den Tälern gelingt nur, wenn man mittels gezielter Managementmaßnahmen zumindest einen Teil der Requisiten regelmäßig bereitstellt, die ehemals durch die Dynamik des Flusses bereitgestellt wurden. Auch ist es unerläßlich, Schutzzonen für die Art auszuweisen, in denen dann Freizeitsport und andere Nutzungen des Flusses und seiner Ufer eingeschränkt werden müssen. Diese Problematik stellt sich in völlig gleicher Weise auch in anderen Vorkommensgebieten wie etwa an den Nebenflüssen der Elbe in Böhmen, während an der Elbe in Sachsen das Vorkommen aus den gleichen Gründen bereits in den 70er Jahren erloschen ist. So erweist sich die Art dort, wo sie noch vorkommt, als empfindlicher Indikator der Störungen, die die geänderten Ausbau- und Nutzungsformen an Flußlandschaften verursachen.

Reptilienhabitate und Hangdynamik
Eher unbeeinflußt vom Wasser erscheint zunächst die Situation von drei Eidechsenarten, der Mauereidechse (*Podarcis muralis*) und der westlichen und östlichen Smaragdeidechse (*Lacerta bilineata, Lacerta viridis*), die ebenfalls an ihren klimainduzierten Nordgrenzen in Mitteleuropa auf wärmebegünstigte Standorte begrenzt sind (GRUSCHWITZ & BÖHME 1986, RYKENA et al. 1996a, b). Deren Habitate sind offene, unbewaldete Hangstrukturen, d. h. in der Kulturlandschaft der Engtäler am Mittelrhein und seinen Nebenflüssen und an der Donau meist mauerdurchsetzte Weinberge oder Obstwiesen, die bei Aufgabe der Nutzung zunehmender Bewaldung unterliegen (BÖKER 1992, FRÖR 1986). Die Vorkommen der beiden Smaragdeidechsen außerhalb der Engtäler, d. h. am Oberrhein, in Brandenburg und im Donautiefland werden hier nicht weiter berücksichtigt. Ursprünglich konnten in solchen Tälern offene Hangpartien immer wieder durch die Erosionstätigkeit der Flüsse und die dadurch bedingten Hangrutschungen entstehen. Da solche natürliche Dynamik in den als Wohn- und Verkehrsraum ausgebauten Talabschnitten nicht mehr ermöglicht werden kann, müssen aufwendige Managementmaßnahmen unternommen werden, um diese alten Reliktpopulationen mit ihren spezifischen Anpassungserscheinungen zu sichern (GRUSCHWITZ 1992), wenn die alten Kulturlandschaftsstrukturen mit den sie tragenden Bewirtschaftungsweisen nicht mehr rentabel zu erhalten sind.

Amphibien in Stromauen
Die Bedeutung der Altarme und des Überschwemmungsregimes für die regionalen Amphibienfaunen ist wiederholt dargestellt worden (z. B. ASSMANN 1991, SCHADER 1983, 1987, WILKENS 1979). Gerade die gefährdeten Arten Laubfrosch, Springfrosch oder Rotbauchunke sind zumindest in einigen Teilen ihres Vorkommensgebietes von den Gewässern der Stromaue und deren Dynamik abhängig (SCHADER 1983, COMES 1987, SCHIEMENZ & GÜNTHER 1994), und erleiden hier deutliche Bestandseinbußen, wenn die Wasserstands- und Uferdynamik nicht mehr erfolgt. Zusätzlich tritt bei dauerhaft festgelegten Altgewässern in regulierten Auen meist eine Konkurrenz zu Fischen und Angelnutzung auf, der gerade diese Amphibienarten nicht gewachsen sind. So ist der weitgehende Zusammenbruch der Laubfroschvorkommen am Niederrhein und in Rheinhessen in den letzten 15 Jahren (GLAW & GEIGER 1991, SIMON 1990) auch als Auswirkung fehlender Dynamik der Flußlandschaft zu verstehen. Kreuzkröte (*Bufo calamita*), Wechselkröte (*Bufo viridis*) und Knoblauchkröte (*Pelobates fuscus*), die stärker an flache vegetationsarme Laichgewässer angepaßt sind, waren in der unverbauten Aue auf von Hochwässern erzeugte Offenstandorte mit sandigen Sedimenten angewiesen. Gerade solche Sedimentation und Erosion aber ist in den regulierten Auen weitgehend verhindert. So kommen diese Arten praktisch nur noch in Sekundärstandorten wie Kiesgruben und Spülfeldern vor (COMES 1987, KÖNIG 1992, GROSSE & MEYER 1994), und müssen dort nach Beendigung des Abbaus durch Managementmaßnahmen erhalten werden. Die Erdkröte als häufigste Amphibienart in der Kulturlandschaft gilt allgemein als besonders stark an ihre traditionellen Laichplätze gebunden. Die üblichen Schutzkonzepte für Amphibien mittels einer statischen Sicherung der Laichplätze sind daher besonders an dieser Art entwickelt worden. Jedoch konnte KUHN (1994) nachweisen, daß zumindest im Tiefland die Populationen einem hohen turnover unterliegen und ein hinreichend großes Potential zur Besiedlung neuer Gewässer besitzen. Selbst eine so dynamische Landschaft wie die Wildflußaue der oberen Isar kann erfolgreich von der Erdkröte besiedelt werden (KUHN 1993). Die Rolle der Landschaftsdynamik ist damit für die Amphibien generell neu zu bewerten.

Fazit
Alle drei Beispiele zeigen, daß Amphibien und Reptilien in Flußauen in jeweils spezifischer Weise von den natürlichen dynamischen Prozessen abhängen und auf Veränderungen spezifisch reagieren. Sie sind dabei besonders geeignet, den Zusammenhang zwischen den terrestrischen und limnischen Kompartimenten des Landschaftsraumes Aue zu demonstrieren. Doch damit ergibt sich im Hinblick auf Naturschutz und Landschaftsplanung in solchen Landschaftsräumen dringender Handlungs- und Forschungsbedarf, der im Folgenden kurz skizziert werden soll.

Forschungsbedarf

Obwohl Amphibien und Reptilien als vergleichsweise gut untersuchte Gruppe gelten, zeigt sich in der Praxis, wie lückenhaft die Kenntnisse insbesondere im populationsökologischen Bereich sind. Die Rolle der Populationsdynamik in Relation zur Landschaftsdynamik, die Bedeutung der Wechselwirkungen zwischen vielen kleinen und größeren Populationen in einem Landschaftsraum (Metapopulationskonzept), Altersaufbau und Raumnutzung sowie die Bedeutung der Tiere in den Nahrungsnetzen sind nur einige der weitgehend ungelösten Fragenkomplexe. Langzeitstudien gerade im Hinblick auf Landschaftsdynamik und Metapopulationskonzepte sind bislang nur sporadisch vorhanden (HENLE & RIMPP 1992, TESTER 1990). Auch die populationsgenetischen Fragen im Hinblick auf regionale Differenzierung und Anpassung, die Bedeutung von Verinselung und Vernetzung und die Fragen bei der Anwendung des »minimum viable population« Konzeptes der modernen Naturschutzforschung sind ungelöst.

Hinsichtlich der Flüsse und ihrer Auen gilt, daß Dynamik und Funktion der Amphibienpopulationen in großräumig zusammenhängenden Auenlandschaften kaum untersucht sind. Wenn aber die Feststellungen über die Bedeutung der Landschaftsdynamik für Amphibien richtig sind, dann ist die langfristige Untersuchung der Populationsdynamik von Amphibien in noch erhaltenen dynamischen Flußlandschaften von herausragender Bedeutung. Bislang sind entsprechende Vorhaben nur an einzelnen Arten in Tälern des Alpenraumes begonnen worden (z. B. KUHN 1993, TESTER 1990). Die Möglichkeiten zu vergleichenden Forschungsansätzen, die die verschieden regulierten Auen von Rhein, Weser, Elbe, Oder und Weichsel bieten, sind dagegen noch kaum erkannt, ungeachtet der Tatsache, daß die generelle Bedeutung der Flußauen für naturschutzfachliche Grundlagenforschung durchaus propagiert wird (FOECKLER & BOHLE 1991).

Schließlich sind gerade bei den Amphibien Fragen der Wirkung geringer Dosen von Umweltchemikalien und ihrer Metabolite besonders aktuell im Rahmen der internationalen Diskussion um den weltweiten Rückgang dieser Tiere. Denn aus amerikanischen Studien ergeben sich die Hinweise, daß Metabolite von Pestiziden in den Stoffwechsel wasserlebender Amphibienlarven eingebaut werden und entwicklungsbiologische Störungen erzeugen können (HAYES & LICHT 1993), dies aber spezifisch verschieden bei verschiedenen Arten. Entsprechende Studien aus Europa fehlen. Die bislang vorliegenden Studien zur direkten toxischen Wirkung von Pestiziden haben zumeist keine eindeutigen Resultate in dem Sinne gegeben, daß eine besondere Empfindlichkeit und damit eine Indikatoreignung der Amphibien zu zeigen war. Wenn jedoch die möglichen Effekte auf der Ebene der Populationsstruktur liegen, indem etwa geringe Dosen bestimmter Stoffe zu einer deutlichen Verschiebung des Geschlechterverhältnisses führen können, dann ist zu erwarten, daß die Amphibienbestände der Auen auch in dieser Hinsicht empfindliche Indikatoren darstellen. Der Zusammenbruch der Laubfroschbestände in weiten Teilen des Rheintales (GLAW & GEIGER 1991, SIMON 1990) muß auch in dieser Hinsicht neu analysiert werden.

Viele dieser Fragen gelten als Probleme der Grundlagenforschung, doch zeigt sich in der Praxis, daß in allen Anwendungsfällen, d. h. bei konkreten Fragen der Auengestaltung und der Eingriffe in Flußökosysteme, diese Fragen auftauchen und konkret beantwortet werden müssen. Sowohl bei der Verwendung als Leitarten (NETTMANN 1992) als auch zur Umsetzung konkreter Artenschutzziele sind daher Grundlagenforschungen notwendig, die dann auch im Rahmen solcher konkreten Projekte erfolgen müssen, da jeweils regional spezifische Antworten gegeben werden müssen. Es steht allerdings zu befürchten, daß weiterhin nur allgemeine Konzepte verfaßt werden, allgemeine Sätze über die »Gefährdung durch Verinselung« und die »Notwendigkeit der Vernetzung« wiederholt werden und massenhaft mathematische Modelle zur Überlebenswahrscheinlichkeit von Populationen produziert werden, ohne daß jemals die Finanzierung der notwendigen konkreten, langfristigen, vergleichenden Datenerfassung in den realen Lebensräumen erfolgt.

Handlungsbedarf

In der Praxis des Amphibien- und Reptilienschutzes ist angesichts der dramatischen Bestandseinbußen bei den meisten Arten die Sicherung der vorhandenen Gewässer und Populationen am Ort das vorrangige Ziel. Auch das planerische Instrumentarium dient bislang hauptsächlich dazu, die noch vorhandenen Naturraumpotentiale festzuschreiben und eine funktionale Zergliederung der Landschaft vorzunehmen, so daß feste Orte für bestimmte Funktionen wie beispielsweise Artenschutz vorgesehen werden. Die Betrachtung der Situation von Amphibien und Reptilien in den Auen lehrt jedoch, daß Landschaftsdynamik als konstitutiver Faktor zu den guten Lebensräumen gehört.

Es ist offensichtlich, daß Einschränkungen der natürlichen Dynamik des Wasserregimes der Stromtäler langfristig überwiegend negative Folgen auf die Bestandsentwicklung hat. Zwar kann beim Bau größerer Stauanlagen mit entsprechenden Ausgleichsmaßnahmen zunächst sogar ein Populationszuwachs mancher Arten erreicht werden. Doch sind solche Erfolge mittel- und langfristig nur gegen die natürliche Sukzession zu sichern, nicht ohne entsprechenden Pflegeaufwand (ASSMANN 1991). Dagegen hilft offenbar nur, möglichst viel natürliche Dynamik zuzulassen. Hingegen erscheint es nicht sinnvoll, nach dem Beispiel von GLITZ (1995) auf kleinen exemplarischen Flächen Amphibienzoos einzurichten, in denen dann die Tiere sich weiter vermehren können. Denn obwohl ein hoher Prozentsatz der Arten auf den Roten Listen als gefährdet eingestuft ist, besteht diese Gefährdung zumeist nicht darin, daß die Arten als solche aussterben, sondern daß sie ihre ehemals großflächige Verbreitung verlieren und so in der Gesamtfläche ihre Rolle und Funktion in den ökosystemaren Zusammenhängen nicht mehr ausfüllen können, was Folgen für zahlreiche weitere Arten haben dürfte. Sie sind deshalb als Leitarten (NETTMANN 1992), nicht als isolierte Hegesubjekte zu betrachten. Gerade angesichts der Gefährdung großräumig intakter Auenlandschaften an Elbe, Saale und Oder durch wasserbautechnische Großprojekte dürfen kleinräumige ökotechnische Ersatzhandlungen nicht zu Legitimationshilfe werden. Vielmehr ist aus den Erfahrungen und Überlegungen zur Bedeutung der Landschaftsdynamik abzuleiten, daß planerische Konzepte und Instrumente zu entwickeln sind, die solche dynamischen Prozesse in der Landschaft ermöglichen und fördern können. Solche Konzepte sind nicht nur in Auenlandschaften erforderlich, auch generell müssen Planungen in der Kulturlandschaft aus Naturschutzsicht wesentlich stärker auf landschaftsdynamische Prozesse hin konzipiert werden (ASSMANN et al. 1990). Denn auch die extensive Kulturlandschaft zeichnet sich dadurch aus, daß in ihr eine mittelfristig leicht chaotische Dynamik herrscht, die es in der industriell uniformierten Landschaft nicht mehr gibt. Solche planerischen Konzepte zu entwickeln und anzuwenden heißt mehr als nur die Forderung, natürliche Dynamik zuzulassen. Aber es erfordert zunächst, natürliche Dynamik hinreichend zu verstehen, um sie dann entsprechend in der Kulturlandschaft simulieren zu können. Auenlandschaften können hier umfangreiches Anschauungmaterial liefern und Amphibien und Reptilien sind dabei gute Beispielsgruppen.

Es steht allerdings zu befürchten, daß im Zuge der Vereinheitlichung der Rechts- und Wirtschaftsbedingungen in Europa eher das Wiederholungsexperiment erfolgt, in dem gezeigt wird, daß unter gleichen Rahmenbedingungen die Auenlandschaften von Elbe, Oder und Weichsel ebenso stark zerstört werden, wie die von Rhein, Weser und oberer Donau.

6.5 Gefährdung der Fischfauna der Flüsse Donau Elbe, Rhein und Weser

JOSÉ L. LOZÁN, CHRISTIAN KÖHLER, HANS-JOACHIM SCHEFFEL & HUBERT STEIN

Fischfauna:
Regionale Unterschiede und wirtschaftliche Bedeutung

Donau, Elbe, Rhein und Weser unterscheiden sich in ihrem Artenspektrum. Um auf die Unterschiede einzugehen, wurde die Fischfauna der Flüsse einschließlich die der Nebenflüsse semiquantitativ gegenübergestellt (*Tab. 6.5-1*). Dabei wurden nur die in den Fließgewässerbereichen lebenden Fischarten sowie diejenigen berücksichtigt, die regelmäßig zwischen Meer und Fluß, wie Stint und Lachs, und zwischen See und Fluß, wie Seeforelle und Donauperlfisch der alpinen Seen, wandern. Meeresfische, wie Hering und Sprotte, sowie typische Arten der Seen, wie Seesaibling und Blaufelchen (*C. wartmanni*), die unregelmäßig in die Flüsse eindringen, wurden dabei außer acht gelassen. Beispielsweise werden in der Tideelbe ca. 62 Arten gefangen; von denen sind ca. 55 % Nordseefischarten, die z. T. bei Flut in die Elbe eindringen. Es wäre daher irreführend, sie als Elbfische zu bezeichnen. Wie aus *Tab. 6.5-1* ersichtlich, sind heute für die Donau über 80 und für die Elbe, den Rhein und die Weser zwischen 40 und 50 einheimische Süßwasser- und Wanderfischarten zu verzeichnen. Dementsprechend weist die Donau mit Abstand die artenreichste Fischfauna mit mehreren endemischen – nur dort vorkommenden – Arten auf. Sie fließt ostwärts bis zum Schwarzen Meer. Mit 2778 km ist sie der längste der hier genannten Flüsse. Knapp 40 der aufgelisteten Fischarten werden nur dort angetroffen. Ihr Artenreichtum ist auf die tiergeographische Funktion der Donau als Einwanderungsroute für eine ponto kaspische und innerasiatische Fauna und als Entstehungsgebiet neuer Formen zurückzuführen (SCHIEMER & WAIDBACHER 1994); ferner kommen dort einige Arten vor, die die letzte glaziale Periode überlebt haben. Die Länge der Elbe (1 091 km), des Rheins (1 320 km) und der Weser (487 km) zusammen entspricht in etwa der der Donau; sie fließen nordwestwärts und münden in die Nordsee; in Elbe, Rhein und Weser sind 12 Arten, wie Fluß- und Meerneunaugen, Stint und Finte, bekannt, die nicht in der Donau auftreten. Mit 34 wird die Zahl der Arten beziffert, die in den vier Flüssen gemeinsam vorkommen. Auch zwischen dem Rhein und der Elbe gibt es in der Fischfauna Unterschiede. Während früher der Rhein durch seine große Lachspopulation bekannt war, zeichnete sich die Elbe durch ihr großes Störvorkommen aus. Es gab im Rhein eine Maifisch-Fischerei. Wie Belegexemplare aus dem vorigen Jahrhundert der Sammlung im böhmischen Museum zeigen, kam der Maifisch auch in der Elbe vor; das Elbgebiet stellt aber möglicherweise seine natürliche nördliche Verbreitungsgrenze dar. Eine Besonderheit der Weser ist das Fehlen der Zope, die in der Elbe noch nachweisbar ist, und der Nase, die im Rhein relativ häufig ist. Der Wels gehört zu den Elbfischen; in der Weser kann er sich trotz wiederholter Besatzmaßnahmen nicht etablieren. Obwohl die Statistik über die frühere Flußfischerei lückenhaft ist, zeigt sie eindeutig an, daß die Flüsse damals sehr ertragreich waren. Die Flußfischerei war durch das Bestehen vieler Betriebe und die Beschäftigung zahlreicher Familien ein wichtiger wirtschaftlicher Faktor; sie stellte einen bedeutenden Eiweißlieferanten für die Bevölkerung im Binnenland dar. Beispielsweise wurden zwischen 1880 und 1890 auf dem wichtigen Markt zu Kralingsche Veer (NL) im Mittel 44 000 Lachse (= 333 000 kg) jährlich vermarktet (vgl. auch Kap. 2.6). Ebenfalls dort wurden 1880 ca. 87 000 und 1881 ca. 120 000 Maifische verkauft (BORNE 1882). In der Elbe, wo das Zentrum der Störfischerei war, schwankte die jährlich gefangene Stückzahl von 1890 bis 1904 einschließlich der Fänge in der Eider und im Wattenmeer zwischen 1 300 und 4 300, wobei ein einzelnes Tier bis 150 kg schwer werden konnte (MOHR 1952). Mit über 10 000 kg pro Jahr waren die Neunaugenfänge Ende des 19. Jhs. in der Elbe beträchtlich. Auch andere Arten wie Flunder, Forelle und Schnäpel wurden früher in Elbe, Weser und Rhein in großen Mengen gefangen (LOZÁN 1990).

Veränderungen und Gefährdungen

Tab. 6.5-1 faßt die eingetretenen Veränderungen für Donau, Elbe, Rhein und Weser durch einen Vergleich der »früheren« und heutigen Fischfauna zusammen. Obwohl es kaum umfassende Aufzeichnungen über die frühere Zusammensetzung der Fischfauna gibt und daher viele Angaben als unsicher gelten, sind die festzustellenden Veränderungen z. T. dramatisch; einige Arten fehlen, andere weisen einen drastischen Rückgang auf. Besonders eindrucksvoll ist der Rückgang der Störartigen, Salmoniden und Neunaugen (vgl. auch LOZÁN 1990). Auch andere Arten, wie die Nase, die vor wenigen Jahrzehnten als Massenfisch galt, werden heute als gefährdet eingestuft. In zahlreichen Gewässern läßt sich diese Entwicklung an den rückläufigen Fangergebnissen der Angelfischer erkennen. Nach *Tab. 6.5-1* sind die Populationen von Stör in allen Flüssen, Glattdick in der Donau, Lachs, Schnäpel in Elbe, Rhein und Weser sowie Maifisch in Elbe und Weser ausgestorben. Andere Fischarten gelten zumindest für bestimmte Flußbereiche als gefährdet, stark gefährdet oder als verschollen. Viele weitere Arten sind zwar nicht als gefährdet eingestuft; sie weisen jedoch einen drastischen Rückgang in der Abundanz auf. Nur die euryöken Fischarten – das sind Fischarten mit geringen Biotopansprüchen und großer Anpassungsfähigkeit, wie Plötze, Ukelei, Döbel, Brasse, Giebel und Güster – zeigen hohe Abundanz. Nach Angabe des Bundesamt für Naturschutz (UBA 1994) sind von den aufgeführten 70 Fischarten und Rundmäulern 69,6 % den Kategorien »gefährdet«, »stark gefährdet«, »vom Aussterben bedroht«, »ausgestorben oder verschollen« zugeordnet. Nur 18 Arten gelten als »nicht gefährdet« und 3 weitere werden als »potentiell gefährdet« eingestuft (*Abb. 6.5-1*).

Eine Verschiebung der Fischfauna in den Flußsystemen ist zu beobachten. Beispielsweise besteht in der Unterelbe meistens 2/3 des Fanges aus Stint. Dies ist insbesondere darauf zurückzuführen, daß die durch Flußveränderungen betroffenen Arten in ihrer Häufigkeit stark zurückgegangen sind. In der Donau haben sich die Marmorierte Grundel und der Giebel in erstaunlicher

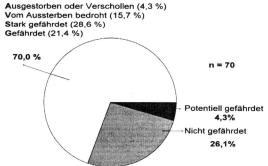

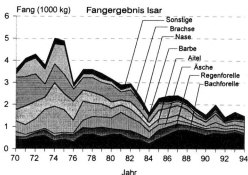

Abb. 6.5-1: Gefährdete Fischarten und Rundmäuler im Süßwasser der Bundesrepublik

Abb. 6.5-2: Entwicklung der Fangergebnisse in einer Teilstrecke der Isar nördlich von München

Weise ausgebreitet. Wahrscheinlich begünstigt durch die Stauregulierung wurde die Marmorierte Grundel 1985 bei Vilshofen nachgewiesen; wenig später fand man sie bereits bei Regensburg. In den Flachwasserbereichen der Altwässer, z. B. bei Donaustauf, dominiert eine für die Donau ungewöhnliche Lebensgemeinschaft aus Dreistachligem Stichling, Marmorierter Grundel, Blaubandbärbling und Bitterling. Der Giebel zählt inzwischen zu den häufigsten Arten der Donau-Altwässer. Unter extremen Bedingungen, wie hoher Temperatur und wenig Sauerstoff, vermag der Giebel Massenbestände zu bilden. Soweit bis jetzt untersucht, handelt es sich dabei um triploide Giebel, also Fische mit drei Chromosomensätzen. Sie vermehren sich ungeschlechtlich. Die Eiteilung wird durch das Eindringen einer Samenzelle anderer Cyprinidenarten wie Rotfeder ausgelöst. Aufgrund dieser Vermehrungsstrategie sind solche Bestände rein weiblich. Auch im Mittel- und Unterlauf der Donau ist er sehr häufig. Dort bestehen häufig 2/3 des Fanges aus Giebel und Rotauge; ein Teil der dortigen Giebel ist jedoch diploid. *Abb. 6.5-2* zeigt als Beispiel für die Donauveränderungen den Rückgang der Fänge in einer Teilstrecke der Isar nördlich von München; u. a. ging der Äschenbestand trotz enormer Bestandsstützung durch Besatzmaßnahmen innerhalb von 15 Jahren bis nahe zum Erlöschen zurück.

Um die Veränderungen innerhalb eines Flußsystems näher zu beschreiben, muß der Fluß nach Regionen betrachtet werden, da einige Arten in gut erhaltenen Flußbereichen noch vorkommen und in den durch Wasserbau und Verschmutzung veränderten Regionen völlig fehlen.

Exemplarisch werden die regional verschollenen und sehr seltenen Elbfischarten auf der Grundlage von BORNE (1882), DIERCKING & WEHRMANN (1991), GAUMERT & KÄMMEREIT (1993), PETER-MEIER et al. (1994), VOSTRADOVSKY (1994) und GAUMERT (1995) aufgeführt. **Böhmische Elbe** (Forellen- u. Äschenregion): Quelle bis Deutsch-Tschechische Grenze (ca. 415 km): Lachs, Stör, Maifisch, Meer- und Flußneunauge, Schneider. **Oberelbe** (Barbenregion): Deutsch-Tschechische Grenze bis Mühlberg (ca. 120 km): Stör, Lachs, Maifisch, Finte, Meer- und Flußneunauge, Schneider, Ziege (?), Koppe und Flunder. **Mittelelbe** (Brassenregion): Mühlberg, Magdeburg bis Geesthacht (ca. 466 km): Stör, Lachs, Schnäpel, Meerforelle, Maifisch, Finte, Meer- und Flußneunauge (?), Stint, Flunder, Schneider, Wels und Koppe. **Unterelbe** (Kaulbarsch-Flunder-Region): Geesthacht bis Flußmündung (ca. 141 km): Stör, Maifisch, Lachs, Schnäpel, Wels und Koppe.

In der gesamten Elbe fehlen heute Stör, Lachs, Schnäpel, Maifisch und wahrscheinlich auch Koppe und Schneider. In der Mittel- und Oberelbe nimmt die Anzahl der verschollenen Arten deutlich zu, da das Wehr in Geesthacht trotz Fischwanderhilfen die flußaufwärtige Wanderung der diadromen Arten Finte, Flunder, Meerforelle, Meer- und Flußneunauge und Stint, die in der Unterelbe noch vorkommen, be- bzw. verhindert. Gleich nach Fertigstellung des Wehrs 1959 nahmen die Neunaugen- und Quappenfänge in der Unterelbe ab; ihre wichtigsten Laichplätze befinden sich in der Mittelelbe, Aufwuchsgebiete der Quappe in der Unterelbe und die der Neunaugen vor der Küste. Eine ähnliche Entwicklung war in der Weser nach dem Bau des Wehrs in Bremen-Hemelingen 1912 zu beobachten (NOLTE 1976); das Wehr trennt die etwa 100 km lange Unterweser von der Mittelweser. Die Passierbarkeit für Fische ist auch dort stark eingeschränkt; in der Weser existieren insgesamt 8 Wehre mit stark eingeschränkter Passierbarkeit. Durch Vereinheitlichung der Flußstrecken, die vor allem mit dem

Bau der Wehre bewirkt wurde, ist der Charakter der natürlichen Flußregionen fast verschwunden; eine Trennung zwischen Forellen-, Äschen-, Barben- und Brassenregion ist heute in allen großen Flüssen problematisch. LELEK & KÖHLER (1990) fanden in einer umfangreichen Untersuchung im deutschen Abschnitt des Rheins von der schweizerischen bis zur niederländischen Grenze über eine Strecke von 700 km, daß die dortige Fischgemeinschaft, dominiert durch Cypriniden, einen hohen Grad an Uniformität zeigt. Ca. 75 % der an 200 Stationen gefangenen Individuen stellen Plötze (35,9 %), Ukelei (27,4 %) und Brasse (11,7 %) dar. Im Rhein und auch in der Weser – früher als Salmonidengewässer bekannt – spielen heute die Salmoniden kaum eine Rolle. Ferner ist das Räuber-Beute-Verhältnis durch den Rückgang der räuberischen Fische wie Hecht und Wels gestört; sie benötigen Stillwasserbereiche, die durch Begradigung und Uferverbau verloren gegangen sind. Die eingeführte Art Zander stellt dort nun den wichtigsten Fischräuber dar. Ferner wurden die Verbreitungsareale typischer Fische des Donaueinzugsgebietes durch Stauräume zerrissen. Es kam zur Bildung von Inselpopulationen. 1978 stellte man kleine Populationen der endemischen Arten Zingel und Streber in der oberen Isar bei Wolfratshausen mehr fest; die nächste Population befand sich ca. 180 km flußabwärts. 1990 wurde ein Bestand des Frauennerflings in der Amper bei Freising gefunden; erst 100 km entfernt in der Isarmündung war die nächste Population zu finden (STEIN unveröff.).

Eine weitere Ursache für Veränderungen der Fischfauna ist die beabsichtigte oder gedankenlose Einführung von fremden Arten. Der Sterlet, eine Donau-Art, wird nun auch im Rhein sowie in Elbe und Weser angetroffen.Auf der anderen Seite wurden in der Donau typische Arten der Elbe, Weser und des Rheins wie Aal, Dreistachliger und Neunstachliger Stichling eingeführt. Im Rhein sind ferner im Laufe der Zeit Huchen, Zander und Zährte, in der Weser Rapfen, Wels und Zander neu dazugekommen. Die Zahl eingeschleppter Arten anderer Kontinente ist sehr hoch und daher alarmierend; es werden in der Donau 12, in der Elbe 9, im Rhein 13 und in der Weser 7 exotische Arten gezählt (*Tab. 6.5-1*). Bachsaibling, Regenbogenforelle, Hundsfisch, Sonnenbarsch, Forellenbarsch, Schwarzbarsch, Zwergwels und Koboldkärpfling stammen aus Nordamerika und Silber-, Gras- und Marmorkarpfen sowie Blaubandbärbling aus Asien. Die Regenbogenforelle wurde für Aquakulturzwecke, der Forellenbarsch als Sportfisch und der Sonnenbarsch als Aquarienfisch importiert. In der Donau hängt die Präsenz des Aals von laufenden Besatzmaßnahmen ab, was heftig kritisiert wird (BALON et al. 1986); dies gilt auch für die o. g. asiatischen pflanzenfressenden Cypriniden im Oberlauf dieses Flusses. Die meisten Exoten, selbst Regenbogenforelle und Karpfen, pflanzen sich in Teilen ihres hiesigen Verbreitungsgebietes nicht fort; Ausnahmen stellen z. B. der Zander in Rhein und Weser und Rapfen in der Weser dar (SCHEFFEL & SCHIRMER 1991). Insgesamt sind die ökologischen Folgen der Einschleppung neuer Arten unkalkulierbar und können nicht vorausgesagt werden. Ferner ist zu erwähnen, daß mit dem Fischimport unbeabsichtigt Krankheiten und Parasiten (z. B. *Botriocephalus*) miteingeführt werden (vgl. Kap. 6.12). Es ist daher empfehlenswert, ohne Ausnahme die Einführung fremder Arten zu verbieten. Die zuletzt überarbeiteten Fischereigesetze der Bundesländer regeln deshalb den Fischbesatz in diesem Sinne und sollen damit verhindern, daß Anglervereine »Edelfische« unbekannter Herkunft massiv und unkontrolliert aussetzen.

Ursachen und Einflußfaktoren

Neben der oben genannten Einführung von fremden Arten werden als allgemeine Ursachen für die Veränderung und Gefährdung der Fischfauna der Wasserbau mit dem Verlust von Lebensräumen, zu intensive Fischerei, starke Verschmutzung, Wärmebelastung und Beeinträchtigung durch Schiffsverkehr, Versalzung, Eutrophierung und Sauerstoffmangel genannt. Das Aussterben und der drastische Rückgang in der Abundanz vieler Arten der letzten 150 Jahre beruhen meistens auf dem Zusammenwirken mehrerer dieser Faktoren.

Flußstaue oder -wehre

In den meisten Strömen und in ihren Nebenflüssen wurden Wehre errichtet; Schiffbarmachung, Energiegewinnung und Schutz vor Hochwasser waren meist die Gründe für ihren Bau. Insbesondere die Nebenflüsse der Donau werden aufgrund der starken Gefälle systematisch zur Wasserkraftnutzung ausgebaut. Die Auswirkungen auf die Fischfauna sind extrem negativ. Fische können ihre Freß- und Laichwanderungen nicht durchführen.In einigen Flüssen wurde der Fang auf die sich vor den Wehren sammelnden Fische intensiviert. Die Restpopulationen konnten sich trotz Besatzmaßnahmen nicht erholen, da sie ihre Hauptlaichplätze nicht erreichen. Die Fortpflanzung ist auf die wenigen bestehenden Laichplätze unterhalb des Wehrs beschränkt. Arten, wie der Lachs, die in Flußoberläufen ablaichen, sterben aus, da für Nachwuchs nicht gesorgt werden kann. Eine Fischtreppe stellt gegenüber den ökologischen Auswirkungen eines Wehrs nur eine Teilkompensation dar. Jede Fischart verhält sich anders. Die eingebauten Wanderhilfen können nicht die Ansprüche aller Wanderfischarten erfüllen und sind zudem von der Dimensionierung nicht für große Fernwanderfische geeignet. In der Donau ist der kausale Zusammenhang für den Rückgang der Störartigen mit dem Staudammbau unbestritten. Eine Rettungsaktion für diese Arten, vergleichbar mit dem Programm »Lachs 2000« am Rhein, ist damit aussichtslos und wird auch nirgends ernsthaft in Erwägung gezogen. Flußaufwärts bewirkt eine Staustufe die Verringerung der Fließgeschwindigkeit und damit eine Erhöhung der Sedimentation, was zur Verschlammung des Flußsubstrats führt. Viele Wehre und Sperrwerke bestehen seit Jahrzehnten, so daß die Verschlammung der betroffenen Gebiete inzwischen gravierend ist. Insbesondere Arten wie Äsche, Bachforelle, Nase, Strömer, Schneider, die auf Kiesbänken laichen, sind durch den Verlust ihrer Laichplätze gefährdet; die abgelaichten Eier auf den Laichbetten sterben an Sauerstoffmangel, da eine Durchströmung des Substrats durch Detritus und feine Sedimente verhindert wird. Eine Untersuchung an einem fischereilich nicht genutzten Teilstück der Moosach, einem kleinen Fließgewässer im Einzugsgebiet der Donau, zeigte aufgrund der zunehmenden Verschlammung einen raschen Rückgang der Äsche und Bachforelle (STEIN 1988). Der geschätzte Bestand in kg/ha betrug 1981 für Äsche und Bachforelle 182 und 86, 1983 92 und 76, 1986 nur noch 38 und 54. Der Bestand von Aal, Cypriniden und Hecht blieb im gesamten Untersuchungszeitraum bei ca. 40 kg/ha konstant. Vor dem Bau des Staudamms am Eisernen Tor (Donau) war der Fang durch die Arten Barbe, Wels und Zährte bestimmt. Nunmehr sind Brasse und Kleincypriniden dominierend. Der mittlere Fischertrag ging auf der jugoslawischen Seite des Staudamms in den Jahren 1973-1978, verglichen mit den Verhältnissen vor dem Einstau, um ca. 63 % zurück (BACALBASA-DOBROVICI 1994). Die Einleitung von Schwermetallen und organischen Schadstoffen verursachte gleichzeitig eine Kontamination des Schlammes und der Benthosorganismen. Die Schadstoffanreicherung bei Fischen in Stauräumen der Donau ist größer als in den Fließstrecken (WACHS 1982). Veränderte Nahrungsketten, in denen Benthosorganismen dominieren, tragen dazu bei. Die Wehre beeinträchtigen den gesamten Sedimenthaushalt des Flusses; vor dem Wehr findet sich ein Sedimentüberschuß, dahinter ein Defizit. Durch Zunahme der Fließgeschwindigkeit hinter dem Wehr erhöht sich gleichzeitig die Erosion. Die Folgen sind zusätzliche Verluste von Fischlebensräumen.

Flußbegradigung, Uferverbau und Deichbau
Die Wehre sind die auffälligsten Wasserbauten. Aber Flußbegradigung und Uferverbau (vgl. Kap. 5.1) führen ebenfalls zu großen Veränderungen mit verheerenden Folgen für die Fischfauna; die Flußmorphologie und das Abflußverhalten ändern sich drastisch. Durch die Begradigung wird der Fluß »kürzer«; die Fließgeschwindigkeit im Fluß und damit auch die Schleppkraft nehmen zu. Sie fördern die Tiefenerosion, so daß die Altwässer und andere Nebengewässer zunehmend die Anbindung an den Hauptfluß verlieren; viele Arten haben dort ihre Heimat. Die Flachwasserzonen, die als Kinderstube für Fische dienen, gehen gleichfalls durch Erosion verloren. Durch den Uferverbau wird die Böschungsneigung vereinheitlicht und die Fließgeschwindigkeit im Uferbereich erhöht. Wichtige Uferstrukturen werden zerstört. Limnophile Standfische – das sind Arten wie Schleie, Wels und Hecht, die Stillwasserbereiche und Seitengewässer mit geringer Fließgeschwindigkeit bevorzugen – verlieren ihren Lebensraum. Damit tritt nicht nur ein Biotopverlust für diese Arten ein, sondern die Existenzgrundlage der dort lebenden Kleinlebewesen (Fischnährtiere) und Wasserpflanzen, die für die Selbstreinigung des Flusses eine große Rolle spielen, wird ebenfalls vernichtet. Ferner sind diese Pflanzen für die Fortpflanzung phytophiler Laicher von Bedeutung. Beispielsweise kleben einige Fischarten ihre Eier daran; nach dem Schlüpfen leben die Jungfische zwischen den Pflanzen und nutzen das dort herrschende Mikroklima. Pflanzen bieten Deckung und Schutz vor zu starker Sonnenstrahlung und Strömung. Einhergehend mit der Ausrichtung des Flußes erfolgten Deichbauten entlang der gesamten Strecke. Sie sollen vor Überschwemmungen schützen. Durch Baumaßnahmen wurden riesige Überschwemmungsgebiete auf geringe Reste reduziert. Nach BACALBASA-DOBROVICI (1994) wurden allein im Bereich der mittleren Donau und ihren wichtigen Nebenflüssen Ende des 19. Jhs. ein Gesamtareal von vier Mio. ha trockengelegt.

Tab. 6.5-1: Fischarten und Rundmäuler in Donau, Elbe, Rhein und Weser im näheren Einzugsgebiet

Flüsse und näheres Einzugsgebiet	Donau		Elbe		Rhein		Weser	
FISCHART	früher	heute	früher	heute	früher	heute	früher	heute
1 Donauneunauge *Eudontomyzon danfordi* (Regan)	+3?	+1	-	-	-	-	-	-
2 Ukrainisches Bachneuna. *Eudontomyzon mariae* (Berg)	+5?	+2	-	-	-	-	-	-
3 Bachneunauge *Lampetra planeri* (Bloch)	?	+1?	+2?	+1	+2	◼	+3	+2
4 Flußneunaugen *Lampetra fluviatilis* (L.)	-	-	+5	◼	+3	◻	+5	+2
5 Meerneunaugen *Petromyzon marinus* (L.)	-	-	+3	◼	+3	◼	+3	+1
6 Hausen *Huso huso* (L.)	+3	◼	-	-	-	-	-	-
7 Sterlet *Acipenser ruthenus* (L.)	+4	+1/2	-	+1*	-	+1*	-	+1*
8 Sternhausen *Acipenser stellatus* (Pallas)	+2	◻	-	-	-	-	-	-
9 Waxdick *Acipenser gueldenstädti* (Brandt)	+3	◼	-	-	-	-	-	-
10 Stör *Acipenser sturio* (L.)	+3	◼	+5	◼	+2	◼	+4	◼
11 Glattdick *Acipenser nudiventris* (Lovetzky)	+3?	◼	-	-	-	-	-	-
12 Donauhering *Alosa pontica* (Eichwald)	+5	+3	-	-	-	-	-	-
13 Kaspi-Maifisch *Alosa caspia nordmanni* (Eichwald)	+4	+2	-	-	-	-	-	-
14 Tyulka-Sardine *Clupeonella cultriventris* (Nordmann)	+5	+1	-	-	-	-	-	-
15 Finte *Alosa fallax* (L.)	-	-	+4	◻	+2	◼	+4	+1
16 Alse, Maifisch *Alosa alosa* (L.)	-	-	+2	◼	+4	◼	+1?	◼
17 Äsche *Thymallus thymallus* (L.)	+5	+2/3	+3?	◼	+3	+1	+1	◼
18 Bachforelle *Salmo trutta f. fario* (L.)	+4	+2	+3?	◼	+3	+1	+2	+1
19 Europäischer Hundsfisch *Umbra krameri* (Waldbaum)	+3	+1	-	-	-	-	-	-
20 Hecht *Esox lucius* (L.)	+4	+3	+3	+1	+4	+2	+3	+2
21 Huchen *Hucho hucho* (L.)	+3	+1	-	-	-	+1*	-	-
22 Gr. Maräne, Felchen, Renken *Coregonus lavaretus* (L.)	+?	+?	-	-	+3	+1	-	-
23 Kleine Maräne *Coregonus albula* (L.)	-	+1?*	-	+1	-	+1?	-	-
24 Lachs *Salmo salar* (L.)	-	-	+3	◼	+5	◼	+4	◼
25 Nordseeschnäpel *Coregonus oxyrhynchus* (L.)	-	-	+3	◼	+2	◼	+3	◼
26 Peledmaräne *Coregonus peled* (Gmelin)	-	+1?	-	-	-	-	-	-
27 Schwarzmeerforelle *Salmo trutta labrax* (Pallas)	+2	◼	-	-	-	-	-	-
28 Meerforelle *Salmo trutta f. trutta* (L.)	-	-	+3	◼	+4	+1	+4	+1
29 Seeforelle *Salmo trutta f. lacustris* (L.)	+3	+1	-	-	-	-	-	-
30 Stint *Osmerus eperlanus* (L.)	-	-	+5	+5	+4	+4	+5	+4
31 Aitel, Döbel *Leuciscus cephalus* (L.)	+5	+4	+4	+3	+4	+3	+3	+3
32 Barbe *Barbus barbus* (L.)	+5	+3	+3	◼	+4	+2	+3	+2
33 Bitterling *Rhodeus sericeus amarus* (Bloch)	+5	+1	+3?	◻	+3	+1	+1/3	+1
34 Bobyrez-Döbel *Leuciscus borysthenicus* (Kessler)	+4	+1	-	-	-	-	-	-
35 Brachse, Brasse, Blei *Abramis brama* (L.)	+5	+5	+5	+5	+5	+5	+5	+5
36 Elritze *Phoxinus phoxinus* (L.)	+5	+3	+3?	◻	+2	+1	+1	◻
37 Frauennerfling *Rutilus pigus virgo* (Heckel)	+4/5	+1/2	-	-	-	-	-	-
38 Giebel *Carassius auratus gibelio* (Bloch)	?	+4/5	?	+2	?	+3	?	+3
39 Gründling *Gobio gobio* (L.)	+5	+3	+3?	+1	+4	+4	+5	+4
40 Güster *Blicca bjoerkna* (L.)	+5	+4	+5	+5	+5	+4	+5	+5
41 Hasel *Leuciscus leuciscus* (L.)	+5	+2/3	+3/4	+4	+5	+5	+5	+4
42 Hundsbarbe *Barbus meridionalis petenyi* (Kessler)	?	+2	-	-	-	-	-	-
43 Karausche *Carassius carassius* (L.)	+3?	◻	+2	+1	+4	◼	+2	+1
44 Karpfen (mehrere Formen) *Cyprinus carpio* (L.)	+4	+2	-	+1*	-	◻*	-	+1*
45 Kesslergründling *Gobio kessleri* (Dybowski)	+3?	+2?	-	-	-	-	-	-
46 Laube, Ukelei *Alburnus alburnus* (L.)	+5	+5	+5	+3/4	+5	+5	+4	+4
47 Moderlieschen *Leucaspius delineatus* (Heckel)	+3?	+2	+3?	+1	+2	+1	+3	◻
48 Nase *Chondostroma nasus* (L.)	+5	+2/3	+2	◼	+4	+2	-	-
49 Nerfling, Aland *Leuciscus idus* (L.)	+3?	+2	+4	+2/3	+3	+1	+4	+4
50 Perlfisch *Rutilus frisii meidingeri*	+3	◼	-	-	-	-	-	-
51 Rotaugen, Plötze *Rutilus rutilus* (L.)	+5	+5	+5	+5	+5	+5	+5	+5
52 Rotfeder *Scardinius erythrophthalmus* (L.)	+4	+2	+3	+2	+4	+2	+3	+2
53 Schied, Rapfen *Aspius aspius* (L.)	+3	+2	+5	+2	+2	+1	-	+1*
54 Schleie *Tinca tinca* (L.)	+3?	+2	+2	+1	+4	+1	+2	+1
55 Schneider *Alburnoides bipunctatus* (Bloch)	+5	+1/2	+2	◼	+3	◻	-	+1
56 Steingressling *Gobio uranoscopus* (Agassiz)	+3?	+1	-	-	-	-	-	-
57 Strömer *Leuciscus souffia agassizi* (Valenciennes)	+3?	◼	-	-	+2	◼	-	-
58 Weißflossengründling *Gobio albipinnatus* (Lukasch)	+3?	+1?	-	-	-	-	-	-
59 Zährte *Vimba vimba* (L.)	+5	+2	+5	◼	-	+1*	+3	+2
60 Ziege *Pelecus cultratus* (L.)	+4	+2/3	+2	◼	-	-	-	-
61 Zobel *Abramis sapa* (Pallas)	+4	+2/3	-	-	-	-	-	-
62 Zope *Abramis ballerus* (L.)	+3?	+1	+2?	+1	-	-	-	-

Tab. 6.5-1: (Fortsetzung)

Flüsse und näheres Einzugsgebiet	Donau		Elbe		Rhein		Weser	
FISCHART	früher	heute	früher	heute	früher	heute	früher	heute
63 Balkansteinbeißer *Cobitis elongata* (Heckel et Kuer)	+?	+2	-	-	-	-	-	-
64 Goldsteinbeißer *Cobitis aurata* (Filippi)	+3?	+1/2	-	-	-	-	-	-
65 Schlammpeitzger *Misgurnus fossilis* (L.)	+3	+1	+3?	+1	+2	■	+1/2	+1
66 Schmerle, Bartgrundel *Noemacheilus barbatulus* (L.)	+5	+3	+3?	□	+3	□	+1	□
67 Steinbeißer *Cobitis taenia* (L.)	+3?	+1	+3?	□	+2	■	+2	+1
68 Wels *Silurus glanis* (L.)	+3	+2	+3	■	+2	+1	-	+1*
69 Aal *Anguilla anguilla* (L.)	-	+3*	+5	+3	+5	+3	+5	+3
70 Rutte, Quappe *Lota lota* (L.)	+5	+1	+3	■	+3	+1	+3	□
71 Dreistachliger Stichling *Gasterosteus aculeatus* (L.)	-	+3*	+5	+3	+4	+2	+5	+4
72 Schwarmeer-Seenadel *Syngnathus nigrolineatus* (Eichwald)	+3?	+3/4	-	-	-	-	-	-
73 Ukrainischer Stichling *Pungitius platygaster* (Kessler)	+3?	+1	-	-	-	-	-	-
74 Zwerg-, Neunstachliger Stichling *Pungitius pungitius* (L.)	-	+2?*	+2?	+2	+2	□	+3	+2
75 Baloni *Gymnocephalus baloni* (Holcik et Hensel)	+?	+1	-	-	-	-	-	-
76 Flußbarsch *Perca fluviatilis* (L.)	+5	+3/4	+4	+2	+5	+4	+3	+2
77 Groppenbarsch *Romanichthys valsanicola* (Dumitrescu et al.)	+?	■	-	-	-	-	-	-
78 Kaulbarsch *Gymnocephalus cernuus* (L.)	+5	+3	+5	+2	+4	+3	+3	+2
79 Schrätzer *Gymnocephalus schraetser* (L.)	+5	+2	-	-	-	-	-	-
80 Streber *Zingel streber* (Siebold)	+4	□/+1	-	-	-	-	-	-
81 Wolgazander *Stizostedion volgense* (Gmelin)	+2?	+1/2	-	-	-	-	-	-
82 Zander *Stizostedion lucioperca* (L.)	+3?	+2/3	+2	+3	-	+3*	-	+3*
83 Zingel *Zingel zingel* (L.)	+4	□/+1	-	-	-	-	-	-
84 Bänder-Kaulquappengrundel *Bentophiloides brauneri* (Beling&Iljin)	+3?	+3?	-	-	-	-	-	-
85 Flußgrundel *Gobius fluviatilis* (Pallas)	+?	+3	-	-	-	-	-	-
86 Großkopfgrundel *Gobius cephalarges* (Pallas)	+?	+?	-	-	-	-	-	-
87 Kaukasische Grundel *Pomatoschistus caucasicus* (Kawraysky)	+?	+3	-	-	-	-	-	-
88 Kesslergrundel *Gobius kessleri* (Günther)	+?	+1	-	-	-	-	-	-
89 Marmorierte Grundel *Proterorhinus marmoratus* (Pallas)	+?	+3	-	-	-	-	-	-
90 Nackthalsgrundel *Gobius gymnotrachelus* (Sauvage)	+?	+1/2	-	-	-	-	-	-
91 Stern-Kaulquappengrundel *Bentophilus stellatus* (Sauvage)	+?	+1/2	-	-	-	-	-	-
92 Strandgrundel *Pomatoschistus microps* (Krøyer)	+?	+2	+2	+2	+2	+1?	+3	+4
93 Sandgrundel *Pomatoschistus minutus* (L.)	-	-	?	+1	+1	?	+1	+1
94 Flunder *Platichthys flesus* (L.)	-	-	+5	+2	+4	+1	+5	+4
95 Schwarzmeer-Flunder *Pleuronectes flesus luscus* (Pallas)	+3	■	-	-	-	-	-	-
96 Koppe, Groppe *Cottus gobio* (L.)	+4/5	+2	+1	■	+3	+2	+1	□

* Sie stellen im jeweiligen Fluß keine einheimische Art dar.

Flüsse und näheres Einzugsgebiet	Donau		Elbe		Rhein		Weser	
Eingeführte Arten aus anderen Kontinenten	früher	heute	früher	heute	früher	heute	früher	heute
97 Bachsaibling *Salvelinus fontinalis* (Mitchill)	-	+1	-	+1	-	+1	-	+1
98 Regenbogenforelle *Oncorhynchus mykiss* (Walbaum)	-	+2	-	+1	-	+1	-	+2
99 Zwergwels *Ictalurus nebulosus* (Le Seur)	-	+1	-	+1	-	+1	-	+1
100 Silberkarpfen *Hypophthalmichthys molitrix* (Valenciennes)	-	+1/2	-	+1	-	+1	-	+1
101 Graskarpfen *Ctenopharyngodon idella* (Valenciennes)	-	+1/2	-	+1	-	+1	-	+1
102 Marmorkarpfen *Aristichthys nobilis* (Richardson)	-	+1/2	-	+1?	-	+1	-	+1
103 Sonnenbarsch *Lepomis gibbosus* (L.)	-	+2	-	+1	-	+3	-	+1
104 Forellenbarsch *Micropterus salmoides* (L.)	-	+1?	-	-	-	+1	-	-
105 Schwarzbarsch *Micropterus dolomieu* (L.)	-	+1?	-	-	-	+1	-	-
106 Koboldkärpfling *Gambusia affinis* (Baird et Girard)	-	+1?	-	-	-	+1	-	-
107 Amerikanischer Hundsfisch *Umbra pygmaea* (De Kay)	-	-	-	+1	-	+1	-	-
108 Blaubandbärbling *Pseudorasbora parva* (Schlegel)	-	+2/3	-	+1	-	+1	-	-
109 Pazifischer Lachs *Oncorhynchus tschawytcha* (Walbaum)	-	-	-	-	-	+1	-	-

■ = ausgestorben ◨ = stark gefährdet □ = gefährdet - = nicht vorhanden +1 +3 +5 = vereinzelt . .häufig . ..sehr häufig

Damit gingen dort immense Flächen verloren, die zahlreichen Donaufischen als Laich- und Brutentwicklungsgebiete dienten. Die Fänge sanken dort von > 20 000 auf 1 200 t/a (LIEPOLD 1972).

Verbindung des Rhein- und Donausystems
Gegenwärtig stellt sich die Frage, welche Auswirkungen die neu geschaffene Verbindung des Rhein-Main- und Donausystems auf die Fischfauna haben wird. Es liegen noch keine konkreten Erkenntnisse vor. Beobachtungen von Fischern über die Zunahme des Rapfens im Main können auch andere Ursachen haben. Leider wurde versäumt, die Fischwanderung im Main-Donau-Kanal gezielt zu untersuchen. Sie würde nur dann augenfällig werden, wenn die endemischen, nicht durch fischereiliche Besatzmaßnahmen verbreiteten Donauarten, wie Ziege, Streber, Schrätzer oder Frauennerfling im Maingebiet auftauchen sollten, was gegenwärtig noch nicht der Fall ist. Erste genetische Untersuchungen an Main- und Donaufischen zeigen jedoch zumindest an den Arten Laube und Brasse, daß sich diese Populationen genetisch deutlich unterscheiden (ROTTMANN et al. unveröff.). Auf Populationsebene sind Auswirkungen auf die genetische Identität der Arten in beiden Flußsystemen zu erwarten. Im Hinblick auf die sehr unterschiedlichen, selektiv wirksamen abiotischen Faktoren in beiden Gewässern, z. B. Hochwasserdynamik oder Geologie des Einzugsgebiets, ist dies als bedenklich einzustufen.

Fischerei
Der Stör wurde ursprünglich überall in der Elbe befischt. So wurden auch bei Magdeburg gute Störfänge erzielt. Später wurde der Fang in der Unterelbe so stark, daß kaum noch Störe Magdeburg erreichten; es entstand ein Konflikt zwischen den Fischern der verschiedenen Flußregionen. Der Fang wurde auch nach Errichtung der Stauwehre intensiv fortgesetzt, bis diese Art aus dem Fluß verschwand. Die verschiedenen beschlossenen Schonmaßnahmen halfen nicht, da sie nicht konsequent angewandt wurden; für das Aussterben des Störs wird daher die Überfischung als verantwortlich angesehen. Auch die Störartigen der Donau (BALON 1968), die wegen ihrer Größe bereits seit dem frühen Mittelalter mit wirkungsvollen Methoden intensiv befischt wurden, sind durch Bestandsrückgänge vom Aussterben bedroht. In Bayern wurde der letzte Hausen wahrscheinlich 1920 gefangen. Im ungarischen Donauabschnitt gelang noch 1987 der Fang eines drei Meter langen 181 kg schweren Exemplars (KERESZTESSY 1994). Für das Aussterben von Lachs, Schnäpel und Maifisch sind neben der Fischerei vor allem Wasserverschmutzung und Wasserbaumaßnahmen als Ursachen anzusehen. NOLTE (1976) gibt eine ausführliche Darstellung über den Niedergang der Flußfischerei und über die früheren Bemühungen der Brutanstalten, diese Fischpopulationen zu erhalten. Er schreibt zum Schluß: »... *Schuld daran sind nicht nur die Fischer, die die Fische auf ihren Laichzügen abfingen, ehe sie sich vermehren konnten bzw. die Jungfische während ihrer Abwanderung nicht verschonten, sondern auch die umfangreichen Eingriffe in die Wasserführung durch Wehre*«. Ebenfalls eingestellt wurde im Laufe der Zeit die Finten-, Flunder-, Neunaugen- und Quappenfischerei. Eine noch bestehende Fischerei ist der Fang auf den Aal; die Erträge gehen aber fast überall zurück; in den Flußmündungen ist er sogar nicht mehr lohnend und wurde ganz eingestellt. Über die möglichen Gründe (hohe Sterblichkeit durch Fischerei und Turbinen, Überparasitierung, starke Schadstoffbelastung) wurde in LOZÁN 1990 ausführlich diskutiert. Obwohl Aale noch relativ häufig sind, ist aufgrund der dramatischen Abnahme der Anzahl der Larven von einer Gefährdung auszugehen. So sind die jährlichen Glasaalfänge in der Ems von ca. 4 000 kg 1975–1980 seit 1985 auf wenige kg zurückgegangen (LOZÁN 1994).

Industrielle Abwässer und Chemieunfälle
Die Verschmutzung durch Abwässer der bereits im 18./19. Jh. bestehenden Zucker-, Chemie- und Papierfabriken, die skrupellos ihre Abwässer in die Haupt- und Nebenflüsse einleiteten, trug schon damals zur negativen Entwicklung der Fischpopulationen bei. Betroffen durch diese »kostenlose« Entsorgung waren damals alle Flußsysteme. Beispielsweise wurde im Rhein bereits in den Folgejahren nach der Zeit 1880–1890 – Höhepunkt der Lachsfänge im Rhein – eine zunehmende Abwasserbelastung, wie z. B. im Bereich der Anilin- und Sodafabrik Ludwigshafen, verzeichnet. Aus dieser Zeit wird beschrieben, daß unterhalb des letzten Einlaufes auf ungefähr 800 m jegliches tierisches Leben getilgt und das Tierleben noch 3,3 km flußabwärts erst spärlich war. Bis in die 50er Jahre verschlechterte sich die Gewässergüte zunehmend, was im drastischen Rückgang der Lachsfänge und der reduzierten Artenzahl des Makrozoobenthos zum Ausdruck kam. Von 47 bis 1950 im Niederrhein vorkommenden einheimischen Fischarten konnten in den 60er Jahren nur noch 28 nachgewiesen werden. Hinzu zeigte sich in dieser Zeit infolge der Einleitung ungeklärter

Abwässer aus Zellstoffabriken eine Massierung des sog. »Abwasserpilzes«, der vor allem der Fischerei am Rhein durch Verstopfen der Netze große wirtschaftliche Schäden zufügte. In Elbe, Weser und Rhein wurde in den 60er Jahren infolge der Verluste von Ölen und Treibstoffen aus den Raffinerien und dem Schiffsverkehr der Fischgeschmack beeinträchtigt, so daß gefangene Fische auf den Märkten kaum Absatz fanden. Noch drastischer wirkte sich der Einfluß von Chemieunfällen aus. Ende der 60er und Anfang der 70er Jahre verendeten Zeitungsberichten zufolge während des großen Thiodan-Fischsterbens im Jahre 1969 bei Geisenheim (Rhein) bis zu 40 Mio. Fische. Erst in den letzten 20 Jahren konnte eine positive Entwicklung im Rhein erzielt werden. Diese wurde allerdings durch die Einleitung von vergiftetem Löschwasser während des Brandes im Werk der Sandoz AG bei Basel im November 1986 zumindest für kurze Zeit aufgrund eines gewaltigen Fischsterbens im Ober- und Mittelrhein einschneidend unterbrochen.

Kühlwasser, Turbinen und Pumpsysteme

Einen weiteren negativen Einflußfaktor für die Fischfauna stellt die Nutzung von Flußwasser als Kühlwasser und zur Energiegewinnung dar; die dabei eingesetzten Turbinen und Pumpsysteme vernichten jährlich große Fischmengen. Die Zahl dieser Anlagen in allen Flußsystemen ist recht hoch. In der Elbe schätzt KÖHLER (1981), daß 190 t Fisch jährlich durch die Kühlanlage des Kraftwerks Brunsbüttel vernichtet werden. Das 15 km entfernte Kraftwerk Brokdorf benötigt die doppelte Kühlwassermenge. Insgesamt sind 3 Atomkraftwerke in der Unterelbe angesiedelt, die rund 125 m³/s nutzen. Das Kühlwasser erfährt eine Temperaturerhöhung von rund 10 °C (vgl. Kap. 3.4), was höchstwahrscheinlich zum Absterben oder zur Beschädigung der Fischeier, Fischlarven und des Planktons führt, die aufgrund ihrer Größe die Rechen vor der Kühlanlage ungehindert passieren. Aufgrund der starken Schwankungen des Salzgehalts und damit der Leitfähigkeit des Wassers hilft hier eine elektrische Fisch-Scheuchanlage wenig. Im Durchschnitt geht etwa jeder dritte Aal ein, der durch eine Turbine eines Durchlaufkraftwerkes schwimmt. Die Überlebenschance ist von der Einstellung der Turbine abhängig. Für Fische besteht die größte Gefahr, wenn der Einstellungswinkel der Laufradschaufeln bei geringer Wasserführung so flach wird, daß die Kanten der Turbinenschaufeln im spitzen Winkel auf den Fisch treffen.

Schiffsverkehr

In den letzten Jahrzehnten wurden die großen Flüsse Donau, Elbe, Rhein und Weser mehr und mehr zu Schiffahrtsstraßen ausgebaut. Die Flüsse werden durch Vertiefung der Fahrrinne an die zunehmende Größe der Schiffe angepaßt. Die Intensität des Schiffsverkehrs nimmt zu. Neben den Bau- und Unterhaltungsmaßnahmen im Bereich der Schiffahrtsrinne wirkt sich der Schiffsverkehr selbst vielseitig negativ auf die Fischfauna aus; beispielsweise führt der daraus resultierende Wellenschlag vermutlich zur mechanischen Schädigung und damit zur Vernichtung von Fischeiern und Fischbrut. Durch die mit der Schiffahrt verbundenen Wasserstandsschwankungen und -bewegung besteht die Gefahr, daß Jungfische, die sich in den strömungsberuhigten und warmen Flachwasserbereichen aufhalten, ans Ufer gespült werden und verenden (BACALBASA-DOBROVICI 1994). Daran beteiligt ist nicht nur die Last- und Personenschiffahrt, sondern auch der Sportbootverkehr. In der Donau finden die Verluste gerade an den ökologisch wertvollen, flachen Kiesbänken statt, die stellenweise dort noch zu finden sind. Dort entwickelt sich die Brut von Nase, Döbel, Hasel und andereren Cypriniden; jedes passierende Schiff vermindert möglicherweise ihre Anzahl. Wie Kontrollen auf Kiesbänken im bayerischen Donauabschnitt zeigten, ist davon besonders die Nasenbrut betroffen (STEIN et al. 1995). Ferner wird der Untergrund ständig aufgewühlt, das Wasser wird getrübt, Wasserpflanzenwachstum kann in vielen Altwässern nicht mehr stattfinden und Laichgebiete der Krautlaicher werden zerstört. In der Unterweser wird der intensive Wellenschlag zusammen mit der Verschmutzung, dem Sauerstoffmangel und Fehlen von Schutzmöglichkeiten als eine der Ursachen für den drastischen Rückgang von Finte und Kaulbarsch angesehen. Das Trockenfallen von Fischlaich aufgrund des vergrößerten Tidenhubes, der z. B. in der Weser bei Bremen von 30 auf 410 cm infolge wiederholter Flußvertiefungen gestiegen ist, kann sich negativ auf den Fischnachwuchs auswirken.

Eutrophierung und Sauerstoffmangel

Einen weiteren Faktor für die Flußbelastung stellen abbaubare organische Stoffe in städtischen und landwirtschaftlichen Abwässern dar, deren Abbau mit sauerstoffzehrenden Prozessen verbunden ist. Als Endprodukt werden Nährstoffe frei. Zusätzliche Nährstoffe aus Äckern und landwirtschaftlicher Intensivhaltung sowie aus anderen Quellen (u. a. Verkehr) gelangen mit Regen und

Wind in die Flüsse. Diese Überdüngung (Eutrophierung) hat vor allem in den kleinen Fließgewässern eine Überproduktion meist von Algen zur Folge, die nach dem Verbrauch eines Stoffes absterben; der Sauerstoff nimmt bei gleichzeitigem Anstieg von Ammonium ab. Gleichzeitg führt die Algenentwicklung zum Verschwinden submerser Makrophyten und damit zum Verlust von Laichsubstrat phytophiler Fischarten. Alle Flüsse sind davon betroffen. Besonders für die Elbe liegen langfristige Sauerstoffmessungen vor: Regelmäßig von 1950–1990 wurden dort im Sommer an mehreren Bereichen Gehalte unter dem kritischen Wert von 4 mg O_2/l registriert. Die Intensität des Sauerstoffmangels wird vor allem durch den Wasserabfluß bestimmt; abflußarme Jahre wie 1954, 1959 und 1962 sind durch große Fischsterben gekennzeichnet. Auch in extrem langen Frostperioden wurde Sauerstoffmangel festgestellt; der Winter 1962/63 führte während zwei Monaten zu einer ausgedehnten Eisbedeckung auf der Elbe, die eine Sauerstoffaufnahme aus der Luft verhinderte. Nach MANN (1968) waren die Folgen dramatisch; er gab für den Raum Gorleben/Geesthacht (etwa 70 km Uferlänge) einen Verlust von 300–500 t Fisch an. Ebenfalls in Weser und Rhein sind Berichte über Fischsterben aufgrund von Sauerstoffmangel bekannt; im Rhein wurde 1971 ein Fischsterben registriert, welches sich von der Mainmündung über 200 km bis nach Bonn erstreckte. Zeitweise konnte über 24 Stunden lang dort gar kein Sauerstoff nachgewiesen werden. In den letzten Jahren wurde in Donau, Elbe und Weser sowie im Rhein durch Reinhaltemaßnahmen, Ausbau der Kläranlagen und durch Stillegung von Betrieben eine Verbesserung der Sauerstoffbedingungen erzielt. Weitere Anstrengungen sind jedoch erforderlich, um die Fracht von Nähr- und Schadstoffen weiter zu verringern. Für die Donau gibt es die Befürchtung, daß bei einer positiven Entwicklung in der Industrie und Landwirtschaft Osteuropas die gleichen Fehler wie in Westeuropa wiederholt werden und die Verschmutzung zunimmt; zwei Drittel des Einzugsgebietes der Donau liegen in dieser Region.

Versalzung
Von den regionalen Problemen mit ökologischen Auswirkungen ist die Entsorgung von Abwässern aus der Kaliindustrie in die Flüsse zu erwähnen. Einige Gewässer wie Werra, Weser, Mosel, Rhein und Elbe sind davon betroffen (vgl. Kap. 6.10). In die Elbe werden solche Abwässer, meist über die Saale (< 500 mg Chlorid/l), seit den 70er Jahren des 19. Jhs. eingeleitet. In »Letzter Heller« (Werra) werden z. Z. Konzentrationen bis zu 5 150 mg/l gemessen; vor 1993 stiegen die Gehalte sogar bis auf 13 000 mg/l (BÄTHE et al. 1994). Die verheerenden ökologischen Auswirkungen beruhen nicht nur auf den hohen Werten, sondern auch auf den kurzfristig starken Konzentrationsschwankungen. Die Unterwerra – hinter der Einleitungsstelle – gilt nahezu als fischleer. Dort kann sich nur der Dreistachlige Stichling – eine ursprünglich marine Art – fortpflanzen (BÄTHE et al. 1994); daneben spielt diese Art flußabwärts keine große Rolle. Erst bei einem Salzgehalt < 2 ‰ in der unteren Oberweser können sich einige Arten wieder fortpflanzen und die Artenzahl nimmt zu; die Salzbelastung verhindert die normale embryonale Entwicklung. Die Ionen-Zusammensetzung weist einen relativ hohen Anteil an Kalium auf. Dies hemmt die Bewegungsfähigkeit der Spermatozoen und die Entwicklung der Fischlarven. Der Kaliumgehalt führt ferner zu physiologischen Störungen wie Lähmung der Muskulatur und des Herzens. Fische sind nicht mehr fähig, den Druck ihrer Schwimmblase zu regulieren, da das Nervensystem beeinträchtigt ist. Nach BUHSE (1963) und HALSBAND (1977) sind bis zu 50 % der adulten Fische krank und zeigen Veränderung innerer Organe (Leber und Niere), des Blutbildes oder epidermale Geschwüre. Schwer erkrankte Fische sinken zu Boden und sterben dort unbemerkt.

Schlußbetrachtung
Die eingetretenen Veränderungen in der Fischfauna sind multifaktoriell bedingt. Auch die Lebensräume des Störs, der vor mehreren Jahrzehnten nur durch Überfischung ausstarb, gelten heute als mehrfach durch anthropogene Einflüsse verändert.

Die Situation der Flüsse ist insgesamt durch die Präsenz unüberwindbarer Wehre und Staustufen und durch veränderte Lebensräume aufgrund anderer Wasserbauten sowie Verschmutzung charakterisiert, die einen Aufwärtstrend in der Fischfauna verhindern. Wie die Mißerfolge bei Lachs und Schnäpel zeigen, ist eine Erholung der gefährdeten oder eine Wiedereinbürgerung verschollener Fischarten allein durch Besatzmaßnahmen nicht erreichbar, solange die tiefgreifenden Veränderungen der Flüsse bestehen. Wichtige Lebensräume wie Laichplätze, »Kinderstuben« und Überschwemmungsräume müssen saniert und renaturiert werden. Obwohl durch große Anstrengungen der letzten Jahre eine Verbesserung der Wasserqualität in fast allen Flüssen erreicht wurde, zeigen die Rückstandsuntersuchungen sogar in der in Europa nur mittelmäßig verunreinigten Donau, daß die Belastung der Fische mit Schadstoffen teilweise noch über den gesetzlichen Höchstmengen liegt; es gilt daher, eine weitere Verminderung der Schadstoffbelastung anzustreben. Die Salzbelastung von Werra und Weser hat sich zwar nach der Schließung von Betrieben in Thüringen verringert; starke Salzgehaltsschwankungen treten aber noch immer auf. Nach SCHEFFEL & SCHIRMER (1991) und BÄTHE et al. (1994), ist für eine gesicherte Reproduktion aller Werra- und Weserfischarten die durchgängige Einhaltung eines Grenzwertes von nicht mehr als 2 ‰ Salzgehalt zu fordern, der auch kurzfristig nicht überschritten werden darf. Es bestehen dann gute Chancen für eine Wiederbesiedlung der Werra und Oberweser über die Nebengewässer und aus dem Mittelweserbereich.

6.6 Rückgang der Flußkrebse
ERIK BOHL

Es zählt heute zu den seltenen Erlebnissen, einen einheimischen Krebs in unseren Flüssen anzutreffen. Das macht es schwer, sich vorzustellen, daß diese Tiere noch vor knapp über hundert Jahren in ungeheuren Mengen fast flächendeckend in nahezu allen Gewässern Mitteleuropas verbreitet waren, gleichermaßen in Seen, Gräben, Bächen und vor allem in den Flüssen (DRÖSCHER 1906). Nur noch historische Darstellungen und Aufzeichnungen von Fischern und Kaufleuten vermögen einen Eindruck der ehemaligen reichen Bestände zu vermitteln. Der Niedergang der Krebse vollzog sich innerhalb nur weniger Jahrzehnte durch eine ganze Reihe von Einflüssen, deren Ursprung immer menschliche Eingriffe in die natürlichen Abläufe waren. Geradezu modellhaft zeigt sich daran die Nachhaltigkeit der Beeinträchtigung der Flüsse in ihren Funktionen und ihren Lebensgemeinschaften, aber auch die Grenzen der Möglichkeiten einer Korrektur solcher Fehlentwicklungen.

Herkunft der Flußkrebse

Die Flußkrebse des Binnenlandes lassen sich auf mehrere hundert Millionen Jahre alte marine Vorfahren zurückführen, welche bereits die typischen äußeren Merkmale der zehnfüßigen Krebse aufweisen: Das verschmolzene Kopf-Bruststück ist deutlich vom mehrfach gegliederten Hinterleib abgesetzt, von den fünf Beinpaaren ist das erste mit kräftigen Scheren ausgestattet, der gesamte Körper ist von einer harten Cuticula umschlossen, welche an den Gelenken und den Verbindungsstellen zwischen den einzelnen Schalenteilen durch elastische Membranen beweglich gehalten werden.

Man geht heute davon aus, daß Hummer-ähnliche Vorfahren sich an die abnehmende Salzkonzentration der verbrackenden tertiären Urmeere anpaßten. In dieser Weise präadaptiert gelang einigen Arten die Besiedlung der Flußmündungen und die gänzliche Umstellung auf das Süßwasser des Binnenlandes. Dieser Schritt erschloß konkurrenzlos die günstigen Bedingungen eines ständigen Nahrungsstroms im fließenden Wasser, verbunden mit guten Sauerstoff- und Strukturbedingungen. Es ist deshalb verständlich, daß dieser Vorstoß den Krebsen mehrfach in der Stammesgeschichte zu verschiedenen Zeiten und in verschiedenen Teilen der Meere gelang.

Eine exakte Rekonstruktion der Besiedlungsgeschichte und der Ausbildung der Arten in Europa wird durch den Mangel an fossilen Belegen erschwert. Als gesichert gilt, daß die älteste Art im europäischen Binnengewässersystem der Steinkrebs (*Austropotamobius torrentium*) ist, dessen Einwanderung ins Süßwasser aus dem westlichen Teil des tertiären Binnenmeers vor etwa 30 Mio. Jahren angesetzt werden kann. Ebenfalls aus diesem Bereich folgte die Invasion des Dohlenkrebses (*Austropotamobius pallipes*). Später drang von Osten der Edelkrebs (*Astacus astacus*) aus dem heutigen Mittelmeer- Schwarzmeergebiet ins Binnenland vor. Als jüngster Einwanderer, dessen Ausbreitung noch nicht abgeschlossen ist, tritt erst in postglazialer Zeit der Galizier- oder Sumpfkrebs (*Astacus leptodactylus*) vom Kaspischen Meer her auf (ALBRECHT 1983; HAGER 1994). Die Verteilung der Arten wurde wesentlich durch klimatische Einflüsse und Veränderungen von Gewässern und Wasserscheiden in der Erdgeschichte geprägt, wodurch sich in Europa sehr scharfe Verbreitungsgrenzen ergaben. Diese wurden jedoch verwischt, da der Mensch vermutlich bereits in prähistorischer Zeit auf die Artenverteilung durch Verschleppen von Krebsen Einfluß genommen hat. Die Tiere sind schmackhaft, einigermaßen leicht zu fangen und auch längere Zeit ohne Wasser lebend zu transportieren. Man kann deshalb annehmen, daß Besatzmaßnahmen schon sehr früh und in teilweise beträchtlichem

Umfang betrieben wurden. Kanalbauten überbrückten natürliche Wasserscheiden und eröffneten neue Wanderwege für die Ausbreitung später hinzugekommener Arten (ALBRECHT 1983). Besonders zu nennen sind die Verbindungen zwischen den Einzugsgebieten Oder-Havel-Spree-Elbe, Main-Donau, Rhein-Marne, Rhein-Rhône.

Blüte der Krebsbestände

In der Tendenz verdrängte jeweils der nachfolgende Besiedler seine Vorgänger. Durch diesen Druck mußte sich der Steinkrebs vor dem Dohlenkrebs und dem Edelkrebs aus deren Habitaten auf die kälteren und nahrungsarmen Oberlaufbäche zurückziehen. Dadurch reduzierte sich nach den Eiszeiten sein Verbreitungsareal auf den voralpinen Bereich und die Mittelgebirgslagen Süddeutschlands, Österreichs und der Schweiz. Im westlichen Europa dominierte der Dohlenkrebs, die Gewässer östlich des Rheins bis an den Balkan beherrschte konkurrenzlos der Edelkrebs. Der Galizerkrebs hat nach heutiger Kenntnis eher durch Besatz als auf natürlichem Weg Deutschland erreicht. Bei allen diesen Krebsen handelt es sich um echte biologische Arten, welche in der Natur nicht bastardieren.

Die Krebsbestände im Binnenland etablierten sich über viele Millionen Jahre nahezu flächendeckend und besetzten fast alle Gewässertypen, wobei Fließgewässer nicht zuletzt aufgrund ihres großen Anteils der besiedlungsbegünstigten Ufer am gesamten Wasserkörper besonders geeignet waren. Lediglich etliche alpine Flüsse sind den Krebsen wegen ihrer geringen Temperatur und der zermalmenden Kraft der ständigen Geröllführung verschlossen. Desgleichen bieten verschlammte, moorige und sandige Gewässer nicht die geeigneten Unterstandsstrukturen und sind nur in geringerem Umfang besiedelbar (SMOLIAN 1925).

Das Nahrungsspektrum der Krebse ist außerordentlich breit, es reicht von Insektenlarven und Mollusken bis zu Wasserpflanzen. Die Dichte der Bestände ist deshalb vielmehr durch die Verfügbarkeit von Unterständen als durch das Nahrungsangebot begrenzt. Die natürlichen Flüsse mit ihrer ursprünglichen morphologischen Vielfalt boten durch die fein gegliederte Abfolge von Uferabbrüchen, Unterspülungen, Buchten, Schotterbänken, Totholzverklausungen, Wurzelwerk und Wasserpflanzen der strukturgebundenen Lebensweise der Krebse (BOHL 1989) außerordentlich günstige Voraussetzungen. Neben dem Fluß selbst waren Aue- und Altgewässer zusätzliche Teillebensräume, welche als Nahrungsareal, Refugialraum oder Verbundweg zu anderen Gewässern die Besiedlung förderten. Durch die ungeregelte Dynamik des Abflusses wurden Flußbett und Aue bei Hochwasser periodisch durch Umlagerung neu gestaltet, neue Strukturen und Standorte bildeten sich aus.

Die Populationsdichten der Krebse waren überwiegend sehr hoch. Dadurch waren Geschlechtspartner leicht verfügbar, und der Fortpflanzungserfolg hoch. Die Krebsbestände müssen von einer sehr stattlichen Produktivität gewesen sein, wie sich an Teichversuchen unter kontrollierten Dichtebedingung leicht nachvollziehen läßt. Dadurch war auch die Nutzbarkeit der natürlichen Bestände nahezu unerschöpflich. Noch zu Beginn des Jahrhunderts waren die Fangerträge in Deutschland hoch, 100 bis 200 t pro Jahr werden geschätzt. Auch die Einfuhren aus anderen europäischen Ländern betrug mehrere hundert Tonnen jährlich (HOFMANN 1980). Der Handel mit Krebsen hatte über Jahrhunderte hinweg einen bedeutenden Stellenwert, der nicht nur durch die Verwendung als Delikatesse und Fastenspeise, sondern auch als Rohmaterial für die verschiedensten medizinischen Rezepturen in früherer Zeit getragen wurde. Die Fischerei auf die begehrten Krustentiere wurde mit allen Mitteln betrieben. Die nachtaktiven Tiere wurden mit Lampen aufgespürt und mit Hamen oder Körben gefangen, in den Flüssen war die Verwendung von beköderten Reusen und Krebstellern besonders erfolgreich. Auch starke Befischung hat die Krebsbestände wohl nicht wesentlich beeinträchtigt. Die verborgene und nächtliche Lebensweise der Krebse und ihre winterliche Aktivitätspause sind ein natürlicher Schutz vor der Überfischung. Lokale Populationsverluste konnten zudem in kürzester Zeit durch das hohe Besiedlungspotential der umliegenden Bestände wieder aufgefüllt werden.

Der Beginn des Niedergangs

Stärkere Bestandseinbußen in den Krebsbeständen traten erst nach dem 18. Jh. auf, als im Zuge der Industrialisierung die Flüsse mit stellenweise großen Abwassermengen belastet wurden. Gleichzeitig wurde in großem Umfang in die Struktur der Gewässer eingegriffen. Begradigung und künstliche Eintiefung der Flüsse zum Zweck der Schiffbarmachung und des Hochwasserschutzes führten zu Strukturverlust und zur Beschleunigung des Abflusses, dem vielfach die Krebse nicht mehr standhalten konnten. Die Landwirtschaft

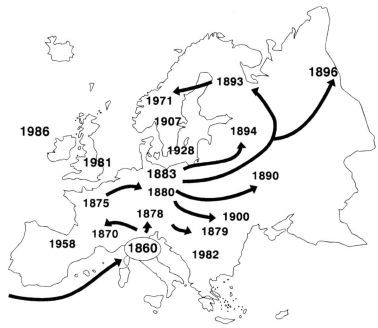

Abb. 6.6-1: Wichtige Daten der Ausbreitung der Krebspest in Europa, 1860 von Italien ausgehend (nach HOLDICH 1989, ergänzt)

wurde bis unmittelbar an die Ufer herangeführt, so daß die besonders wichtigen Gehölz- und Wurzelstrukturen an den Flüssen und auch an den kleinen Zuflüssen zerstört wurden. Zur Nutzung der Wasserkraft als Energiequelle wurden die alten Mühlräder an den Bächen durch Kraftanlagen ersetzt, welche einen Aufstau erfordern. Dadurch verschlammten die Stauräume infolge der reduzierten Schleppkraft des Wassers, so daß für die Flußkrebse die geeigneten Substratverhältnisse nicht mehr ausreichend geboten waren. Noch stärkere Ausmaße erreichte dieser Verlust an Lebensraum bei den großen Stauhaltungen der Flüsse, die im Zuge der Elektrifizierung und der Schiffahrt zunehmend errichtet wurden.

In diese Situation von bereits lokal bedrohlichen Umweltbedingungen trat ein Ereignis ein, welches die Situation der Krebsbestände Europas grundlegend veränderte. Vermutlich mit amerikanischen Flußkrebsen wurde der Erreger einer Infektionskrankheit 1860 in die Lombardei eingeschleppt. Es handelte sich um *Aphanomyces astaci,* einen Schlauchpilz, der als der Erreger der Krebspest bekannt wurde. Die amerikanischen Krebsarten hatten sich im Laufe ihrer Stammesgeschichte mit dem Erreger auseinandersetzen und Abwehrmechanismen ausbilden können, welche beim gesunden Tier das Eindringen des Pilzes durch den Panzer abzuwehren vermögen. Europäischen Krebsen dagegen fehlt diese Eigenschaft völlig, bei Infektion dringt der Pilz mit Hilfe lytischer Enzyme durch den Panzer in die Leibeshöhle ein und bringt das Tier unweigerlich durch Schädigung des Nervensystems und der inneren Organe zum Tod (UNESTAM 1973).

Der Zug der Seuche durch Europa ist gut dokumentiert (*Abb. 6.6-1*), da das Massensterben der Krebsbestände sehr bald am Ausbleiben der Fänge bemerkbar wurde. Von Italien bis nach Norwegen, von Frankreich bis tief nach Rußland wurden alle zusammenhängenden Krebsbestände in den Flüssen bis weit hinauf in die Seitenbäche zerstört (HOLDICH 1989). Zurück blieben nur vereinzelte Populationen in isolierten Gewässern und Quellbereichen, von denen viele in der Folgezeit durch wiederholte Seuchenereignisse ebenfalls ausstarben.

Im heutigen Verteilungsbild dokumentiert sich deutlich die Verlagerung aus dem ehemals dominierenden Lebensraum Fluß in marginale Gewässertypen (*Abb. 6.6-2*). Diese Verdrängung in suboptimale Habitate und der mangelnde Verbund zwischen den Populationen durch den weitgehenden Ausfall der Flüsse als Lebensraum vereiteln vielfach eine Erholung der Bestände. Die einzelnen Populationen sind meist klein, von geringer

Dichte und Ausdehnung und durch die instabilen Umweltbedingungen ihrer Standorte zusätzlich gefährdet.

Zwar starb mit den Krebsbeständen zunächst auch weitläufig der Erreger der Krebspest mangels eines geeigneten Wirtes wieder aus, zu einer erfolgreichen Wiederbesiedlung aus den vereinzelten Restbeständen in den Oberläufen konnte es dennoch nicht kommen. Die einheimischen Arten sind zwar noch in etlichen Regionen Deutschlands vorhanden (TROSCHEL & DEHUS 1993), das Ausstrahlungsvermögen dieser Kleinpopulationen reichte aber nicht aus, und die Flüsse waren überwiegend bereits zu stark beeinträchtigt. Versuche des Wiederbesatzes scheiterten hier meist.

Durch die Belastung der Flüsse veränderte sich auch die Fischfauna. Die Berufsfischerei mußte sich deshalb immer mehr auf den robusten Aal als Ertragsgrundlage konzentrieren. Auch außerhalb seines natürlichen Verbreitungsgebietes wurde er deshalb zahlreich besetzt. Als Freßfeind ist er auch heute ein bedeutender Bedrohungsfaktor für die Krebse.

Die natürlichen Bestände der europäischen Krebsarten sind heute weit davon entfernt, die Krebsfischerei als eigenen Berufsstand ernähren zu können. Nur noch einige hundert Kilogramm Speisekrebse erscheinen jährlich in den Import- und Exportbilanzen.

Gefährdung durch Einführung fremder Arten

Heute wird die Rückkehr der Krebse in die Flüsse wesentlich durch die Auswilderung amerikanischer Arten verhindert. Durch diese kann die Krebspest latent präsent und infektionsfähig gehalten werden. Auch dort, wo die Lebensbedingungen für die heimischen Arten ansonsten wieder geeignet wären, kann damit eine Wiederbesiedlung durch die Seuche vereitelt werden, wenn amerikanische Krebse als Überträger vorhanden sind. Der Kamberkrebs (*Orconectes limosus*) wurde bereits 1890 aus Amerika in das Einzugsgebiet der Oder eingesetzt (ANWAND 1993). Gelegentlich wird er seiner Herkunft entsprechend vereinfachend als Amerikanerkrebs bezeichnet. Heute findet er sich in zahlreichen Flüssen der Stromgebiete von Rhein, Ems, Weser, Elbe und Oder. Der erst in jüngster Zeit fertiggestellte Main-Donau-Kanal verbindet erstmalig die Flußsysteme und eröffnet auch dem Kamberkrebs eine weitere ungehinderte Ausbreitung ins Donaugebiet. Gemeinsam mit den heimischen Krebsarten kommt er in der Regel nicht vor,

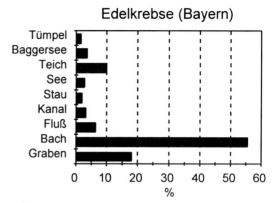

Abb. 6.6-2: Bei einer Untersuchung an ausgewählten Gewässern in Bayern konnten 179 Edelkrebsbestände nachgewiesen werden. Diese Fundorte (100 %) verteilen sich zu unterschiedlichen Häufigkeiten auf die Gewässertypen. Nur noch ein geringer Anteil der Bestände (6 %) wurde in Flüssen gefunden

so daß er entweder als mit diesen nicht verträglich gelten muß, oder speziell diejenigen Lebensräume nutzt, welche für die einheimischen Arten nicht mehr geeignet sind. In beiden Fällen ist sein Vorkommen damit für diese ein Anzeiger ungünstiger Bedingungen (über andere fremde Arten vgl. Kap. 6.3).

Über Schweden wurde um 1960 der ebenfalls nordamerikanische Signalkrebs (*Pacifastacus leniusculus*) leichtfertigerweise nach Deutschland gebracht. In neuester Zeit werden zunehmend die amerikanischen Sumpfkrebsarten (*Procambarus clarkii* und *Procambarus acutus*) durch den Delikatessen- und Aquarienhandel verbreitet. In Südeuropa bestehen bereits reproduzierende Populationen, auch in die Flüsse breiten sich die Arten aus. Einzelne Exemplare wurden auch in unseren Bächen schon nachgewiesen. Diese Arten sind gleichfalls als Überträger der Krebspest ein ökologisches Risiko.

Schlußbetrachtung

Die über Millionen von Jahren erfolgreich angepaßte Tiergruppe der Flußkrebse ist in unseren Flüssen innerhalb von nur wenigen Jahrzehnten mit so gravierenden Veränderungen ihrer Umwelt konfrontiert worden, daß sie nur noch vereinzelt und in Ersatzgewässern überdauern kann. Trotz Nachzucht und Besatz in jüngerer Zeit konnte nur vereinzelt in Stillgewässern und Bächen, nicht aber in den Flüssen eine Verbesserung der Situation erreicht werden.

Neben anderen Organismen ist auch der Krebs als bodengebundener und standortfester Bewohner ein wichtiger Indikator für die Beschaffenheit der Flüsse in der Gesamtheit ihrer komplexen ökologischen Funktionen. Auch sein Verschwinden weist damit auf die Vielfalt der Beeinträchtigungen hin. Die Bedrohungsfaktoren der einheimischen Krebsarten sind in allen Flüssen im Grunde gleich und ergeben sich aus dem fatalen Zusammenwirken von Wasserbelastung, Strukturverlust, Eingriffen in das Strömungsgeschehen und in das Gewässerumland, fischereiliche Bewirtschaftungsfehler und der Krebspest.

Daraus ergibt sich die Erkenntnis, daß die Rückführung der Flüsse und Ästuare in funktionsfähige ökologische Systeme, welche auch wieder den Krebs tragen können, nur dann erreichbar sein kann, wenn sie der Komplexität der Beeinträchtigungen entsprechend auf vielen Ebenen zugleich betrieben wird.

Abb. 6.7-1: Der Fischotter gehört zu den Säugetierarten, die am stärksten unter dem Einfluß gelitten haben, den der Mensch auf die Flußlandschaften genommen hat

6.7 Gefährdung der Säugetiere
Claus Reuther

Flüsse und Ästuare beeinflussen das Leben vieler Säugetierarten. Doch nur bei wenigen besteht eine existentielle Abhängigkeit von diesem Lebensraum. Im wesentlichen sind es die semiaquatischen, also die in besonderer Weise sowohl an das Leben an Land als auch im Wasser angepaßten Säuger, deren Überlebenschancen durch den Zustand der Flüsse und Ästuare geprägt werden. Zu ihnen gehören unter den heimischen Tierarten aus der Ordnung der Insektenfresser die Wasserspitzmaus (*Neomys fodiens*) und die Sumpfspitzmaus (*Neomys anomalus*), aus der Ordnung der Nagetiere der Biber (*Castor fiber*) und die Schermaus (*Arvicola terrestris*) und aus der Ordnung der Raubtiere der Fischotter (*Lutra lutra*) und der Europäische Nerz (*Mustela lutreola*) (Schröpfer & Stubbe 1992). Nicht unbedingt zu den semiaquatischen Säugetieren gehörig, aber dennoch als typische Vertreter des Lebensraumes Fluß seien der Vollständigkeit halber aus der Ordnung der Fledertiere die Wasserfledermaus (*Myotis daubentoni*) und die Teichfledermaus (*Myotis dasycneme*) genannt. Daneben haben sich – überwiegend durch künstliche Ansiedlungen – an unseren Flüssen aber auch einige nichtheimische semiaquatische Arten etabliert. So z.B. aus Nordamerika der Bisam (*Ondatra zibethicus*), der Nordamerikanische Biber (*Castor canadensis*) und der Nordamerikanische Nerz (*Mustela vison*) oder aus Südamerika die Nutria (*Myocastor coypus*).

Die genannten nichtheimischen Arten weisen in ihrer Populationsentwicklung nahezu alle einen eher stabilen Aufwärtstrend auf. Von den genannten heimischen Säugern werden dagegen nach der aktuellen »Roten Liste« (Nowak et al. 1994) der Europäische Nerz als »ausgestorben«, der Fischotter (*Abb. 6.7-1*) als »vom Aussterben bedroht«, die Sumpfspitzmaus, die Teichfledermaus und der Biber als »stark gefährdet« und die Wasserspitzmaus sowie die Wasserfledermaus als »gefährdet« ausgewiesen. Die Gefährdungsursachen sind dabei für jede Art differenziert zu betrachten (Blab 1993). So ist z. B. die Tatsache, daß der ursprünglich über ganz Deutschland verbreitete Biber zum Ende des zweiten Weltkriegs praktisch nur an der Elbe überlebt hatte, vorrangig auf eine überzogene Verfolgung durch den Menschen zurückzuführen. Daß der heute eindeutig in Ausbreitung befindliche Bestand dennoch als stark gefährdet gilt, ist aber wiederum dadurch bedingt, daß nicht in ausreichendem Umfang Lebenräume zur Verfügung stehen, die eine auf Dauer überlebensfähige Population beherbergen könnten. Beim Fischotter dagegen, dessen Vorkommen westlich der Elbe praktisch vor dem Erlöschen stehen, führte primär die Veränderung der Lebensräume zu einem geradezu dramatischen Rückgang.

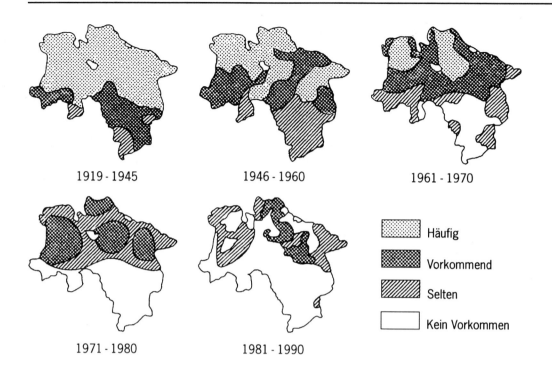

Abb. 6.7-2: Entwicklung der Verbreitung des Fischotters in Niedersachsen seit dem 1. Weltkrieg (nach REUTHER 1993)

Verinselung der Populationen

Sicherlich hat auch beim Fischotter die direkte Verfolgung durch den Menschen gerade um die letzte Jahrhundertwende zum Rückgang beigetragen. Doch schon seit 1934 genießt er, lediglich durch eine jährlich ein- bis zweimonatige Jagdzeit in den 50er und 60er Jahren unterbrochen, eine ganzjährige Schonzeit nach dem Jagdgesetz. Dennoch reduzierte sich die selbst zum Ende des zweiten Weltkrieges nahezu flächendeckende Verbreitung dieser Tierart innerhalb weniger Jahrzehnte auf ein relativ geschlossenes Vorkommen in Mecklenburg-Vorpommern, Brandenburg, Sachsen und den Osten Sachsen-Anhalts und einige Restvorkommen im Westen dieses Bundeslandes sowie in Schleswig-Holstein, Niedersachsen und Bayern.

Dieser Rückgang gerade im westlichen Teil der Bundesrepublik war gekennzeichnet durch eine Verinselung des einst geschlossenen Verbreitungsgebietes und eine voranschreitende Isolierung von Inselpopulationen, die dann letztlich schon aufgrund der geringen Individuenzahl, nicht überlebensfähig waren. Die Entwicklung der Otterverbreitung in Niedersachsen ist ein Beleg dafür (*Abb. 6.7-2*). In jüngster Zeit gibt es zwar Beispiele für natürliche Wiederbesiedlungen insbesondere aus Sachsen, Sachsen-Anhalt, Bayern und Niedersachsen, doch ob diese zu einer Umkehr der Entwicklung der letzten Jahrzehnte führen werden, bleibt abzuwarten. Ihr Umfang und ihre Erfolgsaussichten werden auch davon abhängen, inwieweit der Fischotter Flüsse als Verbindungswege zwischen den isolierten Restvorkommen nutzen kann.

Zerstörung der Biotopstrukturen

Noch ist nicht ausreichend geklärt, ob sich bezüglich der Ursachen für den Rückgang des Fischotters allgemein gültige Kausalzusammenhänge beweisen lassen. Diesbezüglich besteht noch erheblicher Forschungsbedarf. Unstritten ist jedoch, daß primär zwei vom Menschen ausgehende Einflußgrößen dafür verantwortlich zu machen sind: die Zerstörung der Biotopstrukturen und die Anreicherung von Schadstoffen.

Veränderung des Wasserregimes

Bisher ordnete man dem Fischotter als Lebensraum primär den eigentlichen Wasserkörper und die Uferzone stehender und fließender Gewässer zu. Die ersten vorliegenden, aber zumeist noch nicht publizierten Ergebnisse telemetrischer Untersuchungen, die derzeit an freilebenden Ottern in verschiedenen europäischen Ländern durchgeführt werden, deuten jedoch darauf hin, daß für sein Überleben z. B. die Auenbereiche der Flüsse ebenfalls von großer Bedeutung sind. Altarme, Überschwemmungskolke oder Bruchwaldbereiche dienen ihm als Nahrungsquelle, bieten ihm Unterschlupf und vermutlich auch die Möglichkeit zur Aufzucht seiner Jungen. Saisonal nutzt er diese Feuchtgebiete der Flußauen sogar häufiger als die Flüsse selbst, z. B. während der Laichzeit der Amphibien, die dann eine bevorzugte Beute darstellen. Doch gerade die typischen, saisonal überschwemmten Auenbereiche unserer Flüsse sind weitgehend verschwunden oder so stark vom Menschen durch Siedlung, Landwirtschaft oder Verkehr in Anspruch genommen, daß sie für den Fischotter nicht mehr nutzbar sind.

Gewässerausbau

Allein von den 9 053 im Statistischen Jahrbuch 1991 ausgewiesenen Flußkilometern für ganz Deutschland wurden 5 613 km, das entspricht 62 % für die Schiffahrt ausgebaut. Die Folgen dieser und anderer Flußregulierungen lassen sich am einfachsten mit dem bekannten Slogan »Von der Vielfalt zur Einfalt« zusammenfassen (REUTHER 1985, 1993). Für den Fischotter bedeutete dies z.B. den Verlust der dringend benötigten Deckung durch die meist radikale Beseitigung der Ufergehölzsäume. Auch fehlten ihm die alten Bäume unter deren unterspülten Wurzeln er Unterschlupf findet und die er als Markierungsplätze nutzt. Die Profilierung und Befestigung der Uferböschungen verringerte auch seine Chancen beim Nahrungserwerb, bei dem er Uferhöhlungen nach Beute absucht oder Fische in flache Uferzonen treibt. Und dort, wo die Ufer mit Spundwänden verbaut wurden, die mehr als einen Meter aus dem Wasser ragen, so zeigten Versuche, wurden diese selbst für den gewandten Wassermarder zu einer unüberwindbaren Verbreitungsbarriere.

Gewässerunterhaltung

Nachdem der größte Teil unserer Fließgewässer dem primär an technischen Gesichtspunkten orientierten Ausbau anheim gefallen war, wurden die Überlebenschancen für den Fischotter durch eine teilweise geradezu exzessive Gewässerpflege noch zusätzlich reduziert. Immerhin galt es, den einmal erreichten Ausbauzustand der Flüsse durch aufwendige und kontinuierliche Unterhaltungsmaßnahmen auf Dauer zu gewährleisten. In dem Maße, in dem Uferabbrüche mit Steinschüttungen »repariert« und Uferböschungen regelmäßig, z.T. sogar mehrfach jährlich gemäht wurden, schwanden die Chancen des Fischotters, ein Versteck oder gar einen Aufzuchtplatz für seine Jungen zu finden. Wirkten sich schon die Flußregulierungen häufig katastrophal auf die Beutetiere des Otters aus, so verringerten die Unterhaltungsmaßnahmen das für ihn verfügbare Nahrungsangebot noch zusätzlich.

Schadstoffe

Als Endglied einer sehr langen und weit verzweigten Nahrungskette wurde der Otter zu einer lebenden »Müllhalde« der Flüsse. Neben den Schwermetallen, deren tatsächlicher Einfluß auf den Rückgang des Otters umstritten ist, stehen insbesondere die Polychlorierten Biphenyle (PCBs) im Verdacht, wesentlich zur Gefährdung dieser Tierart beigetragen zu haben (MASON 1989). Obwohl diese z. B. in Lacken und Farben als Lösungsmittel, in Kunststoffen als Weichmacher oder in Transformatoren als Kühlmittel dienenden Chlorverbindungen seit 1978 nur noch in geschlossenen Kreisläufen eingesetzt werden durften, sind sie nach wie vor in unserer Umwelt allgegenwärtig. Fachleute gehen davon aus, daß bisher erst 25 % der weltweit produzierten PCBs in den natürlichen Kreislauf eingetreten sind. Sie gasen im Laufe der Zeit aus Materialien wie z. B. Kunststoffen aus, kommen dann aus der Erdatmosphäre mit dem Regen als sogenannter »airborn fallout« wieder zurück und lagern sich im Boden, in Pflanzen und in Kleinstlebewesen ab. Da die PCBs nur sehr langsam biologisch abgebaut und bevorzugt im Fettgewebe gespeichert werden, reichern sie sich auf jeder Stufe der Nahrungskette in höheren Konzentrationen an. Der Otter nimmt dann am Ende all das Gift zu sich, das seine Beutetiere zuvor aufgenommen und gespeichert haben. Die PCBs verursachen vielfältige organische Schädigungen, sie wirken karzinogen, d. h. sie erzeugen Krebs, und sie können die Fortpflanzung beeinträchtigen.

Inzwischen ist der Fischotter in unserem Lande so selten geworden, daß zu wenige Tiere zur Verfügung stehen, um die PCB-Belastung und die daraus folgenden Beeinträchtigungen direkt am Tier analysieren zu können. Deshalb muß auf Vergleichswerte zurückgegriffen werden, die aus Untersuchungen an Farmnerzen oder am Kot frei-

Tab. 6.7-1: Vergleich der Belastung von Kotproben mit chlororganischen Verbindungen und des Populationsstatus des Fischotters in verschiedenen europäischen Regionen (nach REUTHER & MASON 1992)

Land/Region	Kotproben n	Belastung* + [%] −		Populationsstatus
Deutschland				
Mecklenburg-Vorpomm.	38	26	55	Weit verbreitet und möglicherweise anwachsend
Brandenburg	40	18	75	Weit verbreitet und möglicherweise anwachsend
Sachsen	28	18	68	Regional weitverbreitet und möglicherweise anwachsend
Niedersachsen	14	43	57	Selten und rückläufig
Bayern	10	10	60	Weitgehend isoliert aber deutlich anwachsend
Großbritannien				
Ostengland	292	63	37	Heimische Population weitgehend erloschen. Ausgesetzte Population
Westengland	343	6	86	Weit verbreitet und anwachsend
Südirland	207	0	94	Weit verbreitet und stabil

* = mit chlororganischen Verbindungen   + = Kritisch bis besorgniserregend   − = weitgehend belastet

lebender Otter gewonnen wurden. Ein Vergleich des Anteils der als kritisch bzw. besorgniserregend mit chlororganischen Verbindungen belastet oder der als weitgehend unbelastet eingestuften Kotproben von Ottern aus verschiedenen europäischen Regionen mit der Einschätzung des dortigen Populationsstatus zeigt (REUTHER & MASON 1992), daß in den Regionen, in denen man von einer stabilen, eventuell sogar ansteigenden Otterpopulation ausgeht, der Anteil der belasteten Kotproben deutlich geringer und der Anteil der unbelasteten Kotproben deutlich höher ist, als in den Regionen, in den die Otterpopulation als gefährdet und rückläufig eingeschätzt wird (*Tab.6.7-1*).

Schlußbetrachtung

Auch wenn die am Beispiel des Fischotters aufgezeigte Bedrohung heimischer Säugetierarten durch anthropogene Veränderungen des Lebensraums Fluß nicht in jedem Falle und auf alle anderen Arten übertragbar ist, so kann sie dennoch als symptomatisch angesehen werden. Wenn die Flüsse ihre vernetzende Funktion zwischen verschiedenen Landschaftsräumen und Biotoptypen auch weiterhin oder zukünftig wieder erfüllen sollen, dann müssen sie selbst zunächst die Möglichkeit erhalten, die für sie typischen ökologischen Funktionen und Prozesse zu entwickeln. Das ist in dem erforderlichen Umfang weder durch die Ausweisung kleinräumiger Schutzreservate noch durch abschnittsweise technische Renaturierungsmaßnahmen zu erreichen. Nur durch das Zulassen oder Fördern einer eigendynamischen Entwicklung können in den Flüsse und in ihren Auen die vielgestaltigen Lebensbedingungen entstehen, die die Voraussetzung zum Überleben der an diesen Lebensraum gebundenen Säugetierarten bilden. Das erfordert jedoch, daß die Landnutzungsformen des Menschen – vom Verkehr, über die Siedlungs-, die Land-, Forst- und die Wasserwirtschaft bis hin zum Tourismus – darauf Rücksicht nehmen, daß ein Fluß und seine Aue ein landschaftsprägendes Element sind. So lange sich das Handeln des Menschen nicht an den ökologischen Gegebenheiten der Flüsse orientiert, sondern vielmehr die Flüsse den Bedürfnissen des Menschen angepaßt werden, wird die Bedrohung aller anderen auf diesen Lebensraum angewiesenen Organismen eher zu- als abnehmen.

6.8 Gefährdung der Vogelwelt an Flüssen
STEFAN GARTHE, JÜRGEN LUDWIG & PETER H. BECKER

Vögel an Gewässern haben auf Ornithologen seit jeher eine hohe Anziehungskraft ausgeübt. Zum einen liegt das an den Vogelarten selbst, die oft in großen Schwärmen vorkommen und damit gut zu sehen und zu erfassen sind, zum anderen aber auch an dem besonderen Reiz, den der aquatische Lebensraum auf den Menschen ausstrahlt.

Flüsse sind insbesondere als Verkehrswege seit langem von einer Vielzahl anthropogener Eingriffe betroffen. Diese Veränderungen führen in erster Linie zu einer Verschiebung der Artenzusammensetzung, wobei spezialisierte Arten in den meisten Fällen von Rückgängen betroffen sind, während weiter verbreitete bzw. häufigere

Arten oftmals zunehmen. Im Nahrungsnetz der fluvialen Ökosysteme nehmen Vögel die Spitzenpositionen ein. Von den fischfressenden Arten, die besonders stark mit Schadstoffen kontaminiert sind, wurden in Deutschland hauptsächlich Flußseeschwalben (*Sterna hirundo*) und Silbermöwen (*Larus argentatus*) an den Ästuaren von Elbe und Weser untersucht. Sie erweisen sich im Nahrungsnetz als um ein Vielfaches stärker mit Quecksilber und Organohalogenen belastet als Organismen niedrigerer trophischer Stufen (BECKER et al. 1991) und sind daher besonders gefährdet.

Die meisten Beeinträchtigungen lassen sich unter den Stichworten Hochwasserschutz, infrastrukturelle Erschließung und Schadstoffbelastung zusammenfassen. Andere Faktoren sind nur kleinräumiger oder kurzfristiger Natur; es wird aber immer deutlicher, daß viele Maßnahmen sich nachhaltig auf die Avifauna ausgewirkt haben.

Der vorliegende Beitrag befaßt sich schwerpunktmäßig mit den Gefährdungen, die sich nachhaltig auf die Vogelwelt auswirken. Am Beispiel der Unterelbe werden die Veränderungen und ihre Ursachen ausführlicher belegt. So liegt der Schwerpunkt des Beitrages auf dem Mündungsbereich von Flüssen; dies resultiert vor allem daraus, daß hier die Veränderungen besonders gut dokumentiert sind.

Hochwasserschutz

Hochwasserschutz wird vor allem durch Eindeichungen und Sperrwerke realisiert. Durch Eindeichungen an den Unterläufen der Flüsse gehen z. T. großflächig tidebeeinflußte Vorländer verloren. Diese Bereiche sind Lebensräume stark gefährdeter Wiesenlimikolen wie z.B. Kampfläufer (*Philomachus pugnax*) und Uferschnepfe (*Limosa limosa*), die anderen Ortes kaum Überlebenschancen haben. Vielfach werden auch Flußwatten zerstört. Insbesondere Süßwasserwatten sind als Rastplätze für viele durchziehende und überwinternde Vogelarten von elementarer Bedeutung, da vergleichbar nahrungsreiche Stellen abseits der Küste kaum anzutreffen sind. Die durch den Deich vom Fluß abgetrennten Areale trocknen langfristig aus und werden zudem oftmals als landwirtschaftliche Nutzflächen für die ursprünglich typischen Vogelarten wertlos. Aus allen Flußmarschen liegen umfangreiche Datenreihen vor, die belegen, daß feuchtigkeitsliebende Arten im Zuge der Austrocknung im Bestand zurückgehen. Selbst weniger empfindliche Arten wie Kiebitz (*Vanellus vanellus*) und Großer Brachvogel (*Numenius arquata*) finden nicht mehr genug Nahrung und verlieren ihren Nachwuchs durch umfangreiche landwirtschaftliche Aktivitäten. Der Bruterfolg wird hierdurch oftmals so stark vermindert, daß er letztlich nicht ausreicht, die Population zu erhalten. Daß diese Gebiete aber nicht dauerhaft z.B. als Rastgebiete verloren sein müssen, zeigt das Beispiel des Brokhuchting-Stroms in Bremen: Innerhalb kürzester Zeit nach künstlicher Wiederherstellung von Überschwemmungen nahmen die Rastbestände von Enten, Limikolen und Möwen stark zu (SEITZ & DALLMANN 1992).

In den Niederlanden hat man äußerst umfangreiche Eindeichungen vorgenommen. Im Gebiet Volkerakmeer-Zoommeer, 1987 von der durch Meerwassereinfluß dort bereits salzhaltigen Oosterschelde abgedeicht, veränderte sich die Vogelwelt nachhaltig. Der entstandene See süßte innerhalb von zwei Jahren fast völlig aus, ebenso ging der Gezeiteneinfluß verloren. Im Vergleich zu Gebieten mit Tideneinfluß waren fischfressende Arten und benthosfressende Tauchenten häufiger, Limikolen dagegen etwas seltener. Diese nutzten das Gebiet fast nur als Hochwasserrastplatz (VAN NES & MARTEIJN 1991). Höher gelegene Bereiche angrenzender ehemaliger Watten und Salzwiesen süßten ebenfalls rasch aus, während tiefer gelegene Stellen auch fünf Jahre nach der Eindeichung noch salzliebende Pflanzen enthielten. Infolge dieser erheblichen Veränderung in der Vegetation nahm die Zahl der Brutvogelarten auf den ehemaligen Salzwiesen von 1988 bis 1992 von 13 auf 37 zu, die der ehemaligen Wattflächen von 7 auf 41 (SPAANS 1994). Diese vordergründig positive Entwicklung darf jedoch nicht darüber hinwegtäuschen, daß hier in erster Linie weniger gefährdete Landvögel (incl. etlicher Singvogelarten) eingewandert sind.

Sperrwerke haben einen ähnlichen Einfluß auf die Avifauna. Das 1970 an der unteren Maas in den Niederlanden errichtete Sperrwerk reduzierte den Gezeitenhub von 2 auf 1 m. Infolge der dadurch verursachten Verringerung der Wattflächen nahmen die Rastbestände von typischen Süßwasserwatt-Arten wie Spießente (*Anas acuta*) und Krickente (*Anas crecca*) beträchtlich ab, während die sich tauchend vom Benthos ernährenden Reiherenten (*Aythya fuligula*) und Tafelenten (*Aythya ferina*) ebenso zunahmen wie die fischfressenden Haubentaucher (*Podiceps cristatus*) und Kormorane (*Phalacrocorax carbo*; STRUCKER et al. 1994).

An den Oberläufen von Fließgewässern wirken sich u.a. Rückhaltebecken negativ auf gefährdete Vogelarten aus. So kommt es durch Stauhaltung zu erhöhter Wassertiefe, verminderter Fließgeschwindigkeit und Änderungen in der Wassertemperatur. Der vorher vorhandene Reichtum an Insektenlarven wird zerstört, für Arten wie die Wasseramsel (*Cinclus cinclus*) verringert sich damit das Nahrungsangebot ganz erheblich.

Infrastrukturelle Erschließung

Die Erschließung der Flüsse als Wasserstraßen zerstört vielfach das natürliche Flußbett durch Vertiefung sowie die Ufer und ufernahen Bereiche durch Verbauung. Auf diese Weise gehen wertvolle Brut- und Rasthabitate verloren. Infolge der Zunahme des Schiffsverkehrs sowie des Naherholungsverkehrs (sowohl am Ufer als auch auf dem Wasser) werden Rastvögel von ihren Ruhe- und Nahrungsplätzen vertrieben, oder anhaltend an ihren Brutplätzen gestört. Dies hat mitunter schwerwiegende Konsequenzen für den Energiehaushalt der Arten, was letzten Endes auch zur Aufgabe der Brut- und Rastvorkommen führen kann (HÜPPOP 1993). Entenvögel entfernen sich bei Annäherung von Spaziergängern von den bevorzugten nahrungsreichen Flachwasserbereichen am Ufer. Je nach Fluchtdistanz bleibt bei permanenter Störung ein unterschiedlich breiter Streifen am Ufer vogelleer. Bei gleichzeitigem Bootsverkehr sind oftmals nur noch wenige Gewässerbereiche für Vögel nutzbar. Während Gänsesäger (*Mergus merganser*) und Schellenten (*Bucephala clangula*) nach Ende der Störung meist wieder die gleichen Bereiche des Gewässers aufsuchen, kommt es bei Tafel- und Stockenten (*Anas platyrhynchos*) zu Verlagerungen der Rastbestände (SELL 1991).

Beispiele aus der Unterelbe

Die seit Mitte des 19. Jh. begonnenen und im 20. Jh. intensivierten Eingriffe in das Elbe-Ästuar unterhalb des Hamburger Stromspaltungsgebietes hatten zum Ziel, den Fluß immer wieder an die technischen Erfordernisse als Seeschiffahrtsstraße anzupassen und einen besseren Hochwasserschutz zu erreichen. Insbesondere die kontinuierlichen Vertiefungen des Flußbettes, die Lenkung von Ebb- und Flutströmen in eine gemeinsame Rinne sowie umfangreiche Vordeichungen haben die ehemals typische natürliche Dynamik auf heute vergleichsweise kleine Flächen eingeengt. Ästuartypische morphologische Strukturen gingen weitgehend verloren. Deutlich wird dies u.a. an den Flächenbilanzen seit der Jahrhundertwende, wo-

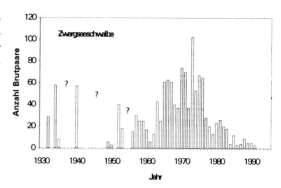

Abb. 6.8-1: Entwicklung des Brutbestandes der Zwergseeschwalbe an der Unterelbe 1930–1995. Daten vor 1960 unvollständig

bei die Außendeichsflächen um 66 % auf ca. 72 km², die Flachwasserbereiche (MTnw minus 2 m) um 27 % auf ca. 57 km² und die Watten um 11 % auf ca. 190 km² abgenommen haben (ARGE Elbe 1984).

Verlust natürlicher Dynamik

Der Verlust natürlicher Dynamik spiegelt sich sehr deutlich in der Bestandsentwicklung der Zwergseeschwalbe (*Sterna albifrons*) wider. Diese Art besiedelte ursprünglich die durch kontinuierliche Verlagerung der verschiedenen Stromrinnen und umfangreiche Ablagerungsprozesse im Unterlauf regelmäßig neu entstandenen Sandinseln vermutlich mit einigen hundert Brutpaaren. Die Kurzlebigkeit der Optimalhabitate war zwangsläufig mit einem häufigen Wechsel der Brutorte und vermutlich auch mit größeren Bestandsschwankungen verbunden. Nachdem natürliche Bruthabitate nicht mehr vorhanden waren, wurden seit Anfang der 1950er bis in die 1980er Jahre frische Spülflächen insbesondere auf den Elbinseln Lühesand, Pagensand und Schwarztonnensand besiedelt. Die Brutbestände schwankten in dieser Zeit zwischen 20 und 100 Paaren (*Abb. 6.8-1*). Heute ist die Art als Brutvogel an der Unterelbe verschwunden. Das ursprüngliche Verbreitungsmuster der Zwergseeschwalbe in Mitteleuropa entlang der Flußläufe ist nur in Polen in Resten erhalten geblieben (GLUTZ & BAUER 1982).

Folgen der Eindeichungen

Großflächige Vordeichungen haben die Tideelbe in den 1960er und 1970er Jahren grundlegend verändert. Mehr als 140 km² Vorlandflächen wurden dem Einfluß der Tide entzogen. Dies setzte insbesondere den charakteristischen Brutvogelarten des

Tab. 6.8-1: Brutbestände von Kampfläufer und Uferschnepfe an der Unterelbe 1960 und 1990

Gebiete	Kampfläufer			Uferschnepfe		
	1960	1990	Bilanz (%)	1960	1990	Bilanz (%)
Südufer						
Nordkehdingen	ca. 350	30–40	-90	ca. 800	ca. 450	- 44
Asseler Sand	ca. 20	0	-100	ca. 60	15	- 75
Nordufer						
Wedeler Marsch	ca. 25	0	-100	ca. 60	6–8	- 87
Twielenflether Sand	ca. 20	0	-100	ca. 40	2	- 95
Pagensand	0–3	0	-100	45	0	-100
Pinnau- u.Krückaumündung	ca. 5	0	-100	ca. 40	7	- 82

ausgedehnten Marschengrünlandes wie z. B. Uferschnepfe, Kampfläufer und Alpenstrandläufer (*Calidris alpina*) arg zu. Die Bestände von Uferschnepfe und Kampfläufer sind bis auf kleine Restpopulationen zusammengeschrumpft (*Tab. 6.8-1*). Der Alpenstrandläufer ist als Brutvogel verschwunden. Auch die Brutbestände von Knäkente (*Anas querquedula*), Löffelente (*A. clypeata*), Kiebitz, Bekassine (*Gallinago gallinago*) und Rotschenkel (*Tringa totanus*) sind deutlich rückläufig.

Internationale Bedeutung als Rastgebiet

Trotz der Vielzahl gravierender Eingriffe besitzt das Unterelbegebiet nach wie vor eine herausragende internationale Bedeutung als Rastgebiet für zahlreiche Wat- und Wasservogelarten. Zwergschwan (*Cygnus columbianus*), Bläßgans (*Anser albifrons*), Graugans (*A. anser*), Nonnengans (*Branta leucopsis*), Brandgans (*Tadorna tadorna*), Pfeifente (*Anas penelope*), Krickente, Stockente, Löffelente (*A. clypeata*), Säbelschnäbler (*Recurvirostra avosetta*), Goldregenpfeifer (*Pluvialis apricaria*) und Dunkler Wasserläufer (*Tringa erythropus*) nutzen das Unterelbegebiet regelmäßig in hohen Individuenzahlen auf dem Heim- und/oder Wegzug sowie teilweise als Überwinterungsgebiet. Aber für manche Rastvogelarten hat das Unterelbegebiet auch an Attraktivität verloren: Deutliche Einbrüche in den Rastbeständen sind bei Zwergschwan und Krickente insbesondere als Folge der Flächenverluste bei den Außendeichsflächen und Flachwasserbereichen sowie den damit verbundenen Veränderungen im Nahrungsangebot und Wasserhaushalt erkennbar (*Abb. 6.8-2*). Nonnengans, Bläßgans, Graugans und Pfeifente konnten dagegen u.a. durch Umstellung ihrer Nahrungswahl die Lebensraumverluste teilweise kompensieren, ihre Rastbestände haben zugenommen.

Neben der direkten Zerstörung des Lebensraumes durch Industrieansiedlungen und Umbruch von Dauergrünland in Ackerland sind der grundlegend veränderte Wasserhaushalt, die intensivierte Grünlandbewirtschaftung und die umfassende infrastrukturelle Erschließung als Naherholungsgebiete wesentliche Ursachen für die drastischen Bestandsrückgänge bei vielen Brut- und Rastvogelarten. Mit Fortfall der Gezeiten und Überschwemmungen fehlt in den Poldern/Kögen heute das als Brut-, Nahrungs-, Rast- und Schlafhabitat bevorzugte Land-Wasser-Mosaik weitgehend.

Belastung mit Umweltchemikalien

Besonders Top-Prädatoren wie fischfressende Vögel akkumulieren Umweltchemikalien zu hohen Konzentrationen. Sie integrieren die Belastung über eine Reihe von Nahrungsorganismen, über größere Nahrungs- und Zeiträume und eignen sich besonders als Indikatoren für Umweltchemikalien. Der Vergleich der Belastung von Vögeln zwischen verschiedenen Flüssen zeigt deren unterschiedliche Schadstofffrachten sehr deutlich an. So beinhalteten Flußseeschwalbeneier aus den Jahren 1988 und 1989 an der Elbe höhere Konzentrationen an Quecksilber, HCB und DDT-Verbindungen als Eier von der Weser (*Tab. 6.8-2*). Demnach gelangen diese Stoffe hauptsächlich über die Elbe in die Nordsee. PCB und Lindan dagegen finden sich in Eiern von Weser und Elbe in ähnlicher Größenordnung.

Eine Zeitreihe zur Quecksilberbelastung von an der Elbe brütenden Flußseeschwalben zeigt Rückgänge von 1981 bis 1991 (*Abb. 6.8-3*). Auch in Silbermöweneiern von der Wattenmeerinsel Trischen in der inneren deutschen Bucht sind die Gehalte an diesem Schwermetall rückläufig (SCHLADOT et al. 1993). Offenbar wirkten sich bereits im Jahre 1990 Beendigung, Einschränkung oder Umstellungen der chemischen Produktion in den neuen Bundesländern positiv auf die Umwelt

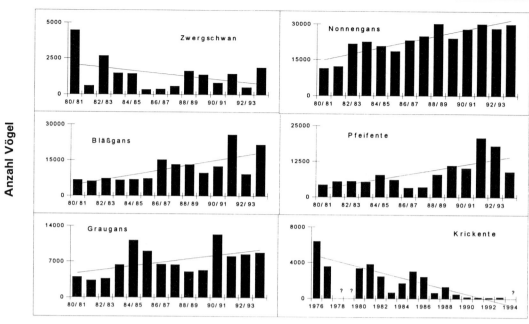

Winter / Jahr

Abb. 6.8-2: Entwicklung der Rastbestände (winterliche Maximalzahlen) ausgewählter Rastvogelarten in Nordkehdingen 1980/81–1993/94 (Krickente: mittlere Wegzugbestände in der Wedeler Marsch 1976–1994). Linien: errechnete Regressionsgeraden.

aus. Daß diese Entwicklung andauert ist zu hoffen. Weitere Vogelproben als geeignetes Instrument zur Untersuchung von Zeittrends der Schadstoffbelastung stehen für die Analytik bereit, so daß die Zeitreihe bis 1995 fortgesetzt und auch für andere Umweltchemikalien der Trend der Belastung fischfressender Vögel bis 1995 an der Elbe aufgezeigt werden kann.

Schwankungen in der Schadstofffracht eines Flusses setzen sich über das Nahrungsnetz rasch bis hin in die Endverbraucher fort, wie insbesondere die erhöhten Quecksilbergehalte in Flußseeschwalbeneiern des Jahres 1987 zeigen (*Abb. 6.8-3*). Flußseeschwalben, Ende April aus Afrika kommend, konzentrieren die Quecksilbermengen, die sie hauptsächlich als Methylquecksilber mit der Nahrung aufnehmen, in wenigen Tagen vor der Eiablage im Körper, und die Weibchen geben sie in das Ei ab. Die Eier zeigen somit direkt die Schadstoffbelastung im Nahrungsnetz vor der Eiablage an. Im Frühjahr 1987 hatte starkes Hochwasser, u. a. durch Ausräumen von Sedimenten, höhere Schadstofffrachten verursacht (UMWELTBUNDESAMT 1989).

Sind Vögel an Flüssen durch die erhöhten Rückstände gefährdet? Die Quecksilberwerte von der Elbe (*Tab. 6.8-2*), 39fach höher als die von der Weser, gehören zu den weltweit höchsten jemals in Vogeleiern gemessenen Konzentrationen dieses giftigen Schwermetalls. Eine Untersuchung des Schlüpferfolgs der Flußseeschwalbe am Hullen im Jahre 1988 erbrachte jedoch keine Hinweise auf Zusammenhänge einer dort verminderten Schlüpfrate mit Quecksilber, wohl aber mit den PCB (BECKER et al. 1993). Nicht geschlüpfte Eier hatten signifikant um 20% höhere Mengen an PCB (134 ± 58 µg) als frische Eier einer Zufallsstichprobe (112 ± 35 µg). Dieses Ergebnis deutet darauf hin, daß die PCB für Flußseeschwalben an der Elbe eine Größenordnung erreicht haben, die zu Beeinträchtigungen des Bruterfolgs führt. Zu ähnlichen Erkenntnissen kommen DIRKSEN et al. (1995), die Ende der 80er Jahre Kormorane an Rhein und Meuse untersucht haben: Eine Reduktion der Eischalendicke durch DDE und erhöhte Embryonensterblichkeit aufgrund der hohen PCB-Gehalte verminderten drastisch den Schlüpferfolg. Diese an Vögeln gewonnenen Erkenntnisse sind ernstzunehmende Warnzeichen für den Gesundheitszustand der Endverbraucher unter den Lebewesen in Flußökosystemen.

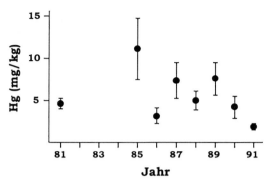

Abb. 6.8-3: Konzentration an Quecksilber in Eiern der Flußseeschwalbe aus dem Hullen, Elbeästuar, in den Jahren 1981–1991. Arithmetisches Mittel in mg/kg Frischmasse (jeweils 10, 1985 12, 1991 8 Eier) und 95% Konfidenzintervall (Linie). Signifikanz der Trends: rs = -0,29 (p< 0,01); 1985-1991: r_s = -0,42, (p < 0,01). Angaben in µg/g Ei-Frischgewicht. (Ergänzt durch BECKER et al. 1992)

Botulismus

»Massensterben« von Vögeln durch Botulismus-Vergiftungen treten in Deutschland seit Anfang der 1970er Jahre und an der Unterelbe seit Anfang der 1980er Jahre auf. Einen ersten Höhepunkt erreichte die Epidemie 1983 als in der Wedeler Marsch über 40 000 Vögel verendeten. Ein weiterer Höhepunkt folgte 1992 mit über 13.000 toten Vögeln. Im August 1995 waren wieder Nordkehdingen an der Unterelbe aber auch die Inseln Trischen, Neuwerk und Scharhörn im Wattenmeer mit insgesamt über 12 000 Opfern betroffen. Das für die Epidemien verantwortliche Bakterium *Clostridium botulinum* entwickelt sich ganz besonders gut bei hohen Temperaturen in sauerstofffreier und nährstofffreicher Umgebung. Diese Bedingungen sind in der anthropogen stark belasteten Elbe bei langanhaltenden Schönwetterperioden und geringer Wasserführung die Regel. Das von den Bakterien produzierte Neurotoxin wird von den Vögeln mit der Nahrung aufgenommen und verursacht fortschreitende Lähmungen der Beine, der Flügel und des Halses. Der Tod tritt meist durch Ersticken ein. Durch die bevorzugte Nahrungsaufnahme im Watt und in Flachwasserbereichen werden überwiegend Entenvögel, Limikolen und Möwen Opfer einer Botulismusepidemie. Langfristig kann die Wahrscheinlichkeit für weitere schwere Botulismusausbrüche nur verringert werden, wenn der Nährstoffeintrag in die Elbe vermindert wird und es gelingt, das Ökosystem zu vitalisieren (HEMMERLING & HÄLTERLEIN 1992). Die Auswirkungen derart hoher Mortalität auf die Brut- und Rastpopulationen sind bisher kaum bekannt. Langzeituntersuchungen konnten keinen nachhaltigen negativen Einfluß belegen (WESTPHAL 1991). Dabei ist jedoch nicht auszuschließen, daß lokale Teilpopulationen seltener Arten empfindlich dezimiert werden können.

Schlußbetrachtung

Die Ästuare der großen deutschen Flüsse Elbe, Weser und Ems sind bedeutende Brutgebiete für Wat- und Wasservögel. Dies wurde am Beispiel der Unterelbe belegt. Eine herausragende internationale Bedeutung ist zudem als Rastgebiet für Wat- und Wasservögel gegeben.

Die Funktion der Brack- und Süßwasserwatten und der angrenzenden Flußauen als Nahrungs-, Rast- und Mausergebiete für Wat- und Wasservögel ist ebenfalls bedeutsam, aber erst wenig erforscht. Hier sind weitere Grundlagenforschung und die Etablierung eines geeigneten Monitorings erforderlich.

Anthropogene Eingriffe haben die Ästuare gravierend verändert. Auentypische, dynamische Prozesse können heute nur noch in den engen Grenzen zwischen den Winterdeichen stattfinden. Dies hat die Lebensräume der Charakterarten vielfach drastisch eingeengt. Angesichts der geplanten weiteren Vertiefungen und Vordeichungen an Elbe, Weser und Ems sowie dem möglichen Bau der A 20 sind weitere gravierende Veränderungen der Lebensräume und damit auch der Populationen von Brut- und Rastvögeln zu befürchten.

Tab. 6.8-2: Vergleich wichtiger Schadstoffe in Eiern von Flußseeschwalben *Sterna hirundo* von Weser (Bremen) und Elbe (Hullen, Ostemündung) aus dem Jahr 1989. Angaben in µg/g Ei-Frischgewicht (aus BECKER et al. 1991)

	Weser (n = 16)	Elbe (n = 10)	p
Hg	0,194 ± 0,070	7,592 ± 2,643	< 0,001
	0,091 ± 0,281	3,845-11,563	
∑ PCB	5,127 ± 2,053	7,056 ± 2,557	n.s.
	(3,001 - 8,833)	(2,335 - 10,709)	
HCB	0,037 ± 0,005	0,301 ± 0,118	< 0,001
	(0,030 - 0,043)	(0,094 - 0,462)	
∑DDT	0,246 ± 0,114	0,940 ± 0,312	< 0,001
	(0,138 - 0,439)	(0,295 - 1,337)	
γ-HCH	0,013 ± 0,009	0,003 ± 0,004	n.s.
	(0,001 - 0,020)	(0,001- 0,012)	

Trotz rückläufiger Schadstoffbelastungen in den Flüssen sind Vögel nach wie vor durch Umweltchemikalien gefährdet, deren Eintrag in die Ströme weiter reduziert werden muß.

6.9 Das Problem des Sauerstoffmangels in Flüssen
MARTIN KERNER

Die verschiedenen Lebewesen in einem Fließgewässer haben unterschiedliche Ansprüche an den Sauerstoffgehalt und verfügen über die Fähigkeit, Änderungen der Sauerstoffgehalte in einem bestimmten Rahmen auszugleichen. So können viele Tieren und Pflanzen auch drastische Erniedrigungen der Sauerstoffgehalte durch die Umstellung des Energiestoffwechsels für eine gewisse Zeit tolerieren (SCHLEE 1992). Darüber hinaus verfügen Tiere über die Möglichkeit, durch Verhaltensanpassungen Sauerstoffmangelsituationen zu kompensieren (Tab. 6.9-1). Allerdings sind vor allem plötzliche und starke Konzentrationsänderungen von den Organismen nur schwer auszugleichen und führen zum Tode, wovon ganze Lebensgemeinschaften betroffen sein können.

Diese Situation ist für den Menschen unmittelbar zu erfahren, wenn damit ein Fischsterben verbunden ist. Eine drastische Erniedrigung der Sauerstoffgehalte in einem Flußsystem erfolgt aber nur dann, wenn der Sauerstoffeintrag über die Atmosphäre und die O_2-Produktion durch die Pflanzen deutlich kleiner sind als die biologische Sauerstoffzehrung, was oftmals auf menschliche Eingriffe zurückzuführen ist.

Vor allem die Nutzung der Fließgewässer als Vorfluter für unzureichend gereinigte oder ungereinigte Abwässer des Menschen hatte in der Vergangenheit in vielen Flüssen das Auftreten von signifikanten Sauerstoffmangelsituationen zur Folge. So war in den 70er Jahren in vielen großen Flüssen Deutschlands im Sommer eine regelmäßige Erniedrigung der Sauerstoffkonzentrationen zu beobachten, wobei oftmals Konzentrationen unter 3 mg/l erreicht wurden. Da dies für Fische eine kritische Grenze darstellen kann, kam es immer wieder zu Fischsterben (IKSR 1993). Nicht zuletzt aufgrund einer wachsenden Sensibilität für Umweltprobleme in der Gesellschaft wurden in Deutschland ab den 70er Jahren verstärkte Anstrengungen unternommen, durch die Reinigung von Abwässern in Kläranlagen die Belastung der Flüsse einzuschränken. Dadurch konnte eine deutliche Verbesserung der Sauerstoffsituation erreicht werden, was sich am Beispiel des Rheins über die Veränderungen der Jahresmittelwerte zwischen 1971 und 1991 gut aufzeigen läßt. So waren bis etwa 1982 vor allem im Unterlauf des Rheins deutliche Sauerstoffmangelsituationen zu beobachten (Abb. 2.6-5), die auf einer erhöhten Belastung mit sauerstoffzehrenden Substanzen aus industriellen und kommunalen Abwässern beruhten. Nach dem Ausbau der Klärkapazitäten am Rhein wurden etwa ab Beginn der 80er Jahre ganzjährig hohe Sauerstoffkonzentrationen erreicht, womit, in bezug auf sauerstoffzehrende Substanzen, die Situation im Rhein nunmehr als unproblematisch anzusehen ist.

Allerdings treten auch heute noch in einigen Fließgewässern Deutschlands Sauerstoffmangelsituationen auf, die so gravierend sind, daß sie zu einer Gefährdung für die Fische werden. Im folgenden sollen an drei Fallbeispielen durch unterschiedliche menschliche Eingriffe hervorgerufene Sauerstoffmangelsituationen aufgezeigt werden. Dem werden die Verhältnisse gegenübergestellt, die auch in einem natürlichen Fließgewässer zur Ausbildung von Sauerstoffmangelsituationen führen können. Ziel dieses Vorgehens ist es, das Problem des Sauerstoffmangels nicht nur im Hinblick auf eine Verschmutzung von Fließgewässern darzustellen, sondern als eine Umweltbedingung, die die Vielfalt des aquatischen Lebens mitbestimmt.

Tab. 6.9-1: Verhaltensanpassungen von Makroinvertebraten auf abnehmende Sauerstoffgehalte (nach KIEL & FRUTIGER 1995).

O_2-Gehalt: ▽	Reaktion der Organismen: Erhöhte Ventilationsbewegung Erhöhte Lokomotion und Exposition in die Strömung Aktive Abdrift/Flucht Koordinative Störungen Passive Abdrift Tod

Naturbelassene Fließgewässer

In schnell fließenden Bächen kann aufgrund der atmosphärischen Belüftung Sauerstoffsättigung erreicht werden, wenn die Sauerstoffproduktion über die Photosynthese und die Sauerstoffzehrung keinen Einfluß auf die Einstellung der Sauerstoffgehalte haben (Abb. 6.9-1a). Überwiegt im Sauerstoffhaushalt eines Fließgewässers die biogene Sauerstoffproduktion die Sauerstoffzehrung, so tritt tagsüber eine Übersättigung mit Sauerstoff

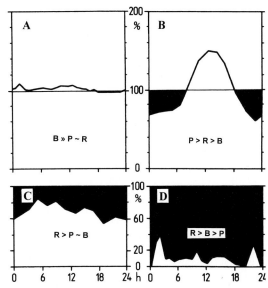

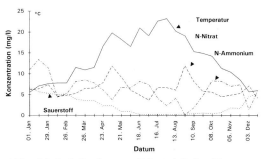

Abb. 6.9-1: Fließgewässertypen nach dem Tagesgang der Sauerstoffsättigung (aus BREHM UND MEIJERING 1990, erweitert). Der Sauerstoffeintrag erfolgt durch Photosynthese (P) und atmosphärische Belüftung (B), die Zehrung durch Respiration (R)

Abb. 6.9-2: Mittelwerte (14-tägig) der Temperatur und der Konzentrationen an Sauerstoff, Ammonium und Nitrat in 1990 im Schwarzbach (Station Trebur-Astheim), ein kleines Fließgewässer (mittlerer Abfluß = 0,45 m³/s), der bei Bischofsheim in den Rhein mündet (Daten: HESSISCHE LANDESANSTALT FÜR UMWELT 1990)

auf, während nachts, entgegen einer Wiederbelüftung, die Zehrung kurzfristig zu einem Sauerstoffdefizit führen kann. Diese tagesperiodischen Änderungen im Sauerstoffgehalt sind bezeichnend für nährstoff- und organismenreiche Flußabschnitte.

Während in einem Fließgewässer die Übersättigung mit Sauerstoff ausschließlich auf die Photosynthese der grünen Pflanzen und Blaualgen zurückzuführen ist, wird ein signifikantes Defizit durch biologische Zehrungsprozesse herbeigeführt. *Abb. 6.9-1c* und *d* zeigen die Ausbildung von Sauerstoffdefiziten in mit sauerstoffzehrenden Substanzen unterschiedlich belasteten Fließgewässern bei eingeschränkter biogener Sauerstoffproduktion. Kommt es in einem Fließgewässer zu einer Abwassereinleitung, so erfolgt meist vom Ort der Einleitung flußabwärts, innerhalb einer Selbstreinigungsstrecke, ein Wechsel der Gewässertypen mit D-C-B. Allerdings ist auch in unbelasteten Fließgewässern entlang der Fließstrecke Bach-Tieflandfluß eine natürliche Abfolge der verschiedenen Gewässertypen in der Reihenfolge A-B-C zu beobachten.

Fallbeispiel 1:
Der Schwarzbach als Vorfluter

Grundsätzlich reagieren vor allem kleine Fließgewässer mit einer geringen natürlichen Abfluß-rate sehr empfindlich auf eine Verschmutzung mit sauerstoffzehrenden Substanzen. Daß auch gut gereinigte Abwässer zu Sauerstoffmangelsituationen führen können, möchte ich am Beispiel des Schwarzbachs aufzeigen. Dieses Fließgewässer wird von den Klärwerken, in denen die Abwässer der Stadt Darmstadt und der Firma Merck gereinigt werden, als Vorfluter genutzt. *Abb. 6.9-2* zeigt die für dieses Fließgewässer typische Sauerstoffmangelsituation, die fast über das gesamte Jahr andauert. Dabei werden in den warmen Sommermonaten durchgehend Gehalte von unter 1 mg O_2/l erreicht. Diese Konzentration liegt deutlich unter dem EG-Richtwert für Süßwasser von 4 mg O_2/l, der nicht unterschritten werden sollte, um das Leben der Fische zu erhalten (IKSR 1993). Sehr deutlich ist auf der Grafik zu ersehen, daß erniedrigte Ammoniumkonzentrationen mit um den gleichen Betrag erhöhten Nitratkonzentrationen zusammenfallen, was auf hohe Nitrifikationsraten schließen läßt. Da bei der Nitrifikation, bei dem Ammonium (NH_4^+) zu Nitrit (NO_2^-) und im weiteren Schritt Nitrit zu Nitrat (NO_3^-) umgewandelt werden, pro 1 mg Ammonium etwa 3,5 mg O_2 verbraucht werden, entfällt im Schwarzbach in den Monaten Juli bis September rein rechnerisch fast das gesamte Sauerstoffdefizit auf die Nitrifikation (*Abb. 6.9-2*).

Eine Entschärfung der Sauerstoffproblematik im Schwarzbach wird zur Zeit dadurch angestrebt, daß die Effektivität des Klärwerks der Stadt Darmstadt durch weiteren Ausbau verbessert wird. Allerdings kann, da kein anderes Gewässer zur Verfügung steht, nicht darauf verzichtet werden, den Schwarzbach weiterhin als Vorfluter zu nutzen. Da nach starken Regenfällen ein Teil des ober-

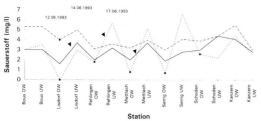

Abb. 6.9-3: Änderung der Sauerstoffgehalte im Längsprofil der stauregulierten Saar mit ausgeprägten Mangelsituationen im Juni-93 (Wasserparameter in Kanzern am 21.6.93: Temp.= 21°C, BSB_5 = 5,3 mg O_2/l, Ammonium = 1 mg/l, Abfluß = 28,8 m³/s). Maßnahmen des Wehrüberfalls (Punktmarkierung) führte zur Erhöhung der Sauerstoffkonzentration unterhalb **UW** gegenüber oberhalb **OW** des Wehrs (Daten EHLSCHEID 1994)

flächlich abfließenden Regenwassers auch nach dem Ausbau der Klärwerkskapazitäten ungeklärt in den Schwarzbach geleitet werden wird, sind sporadisch auftretende Sauerstoffmangelsituationen am Schwarzbach auch in Zukunft zu erwarten.

Fallbeispiel 2:
Die staugeregulierte Saar

Auch in staugeregelten Flüssen treten leicht Sauerstoffmangelsituationen auf, da der Sauerstoffhaushalt durch die Verringerung der atmosphärischen Belüftung, eine geringere Durchmischung des Wasserkörpers und eine größere Tiefe negativ beeinflußt wird. Deshalb wird meist zusammen mit dem Ausbau der Stauhaltung eine Verringerung der Belastungssituation angestrebt. So konnte nach 1978 aufgrund von abwassertechnischen Sanierungsmaßnahmen in der Donau an den Staustufen bei Poikam/Bad Abbach und Regensburg sogar eine Verbesserung der Wasserqualität beobachtet werden. Vor dem Aufstau wurden in diesem Bereich wiederholt Sauerstoffdefizite zwischen 30 und 50 % festgestellt, während nach dem Aufstau die Werte meist deutlich unter 30 % lagen und geringere Tag-Nacht-Schwankungen des Sauerstoffgehaltes beobachtet wurden (MÜLLER & KIRCHESCH 1985).

Einen deutlich negativen Einfluß auf den Sauerstoffhaushalt hatte die Stauregulierung an der Saar. Dieses Gewässer wird durch kommunale Abwässer der Stadt Saarbrücken (Strom-km 87,5) und des Industriegebiets bei Völklingen/Rossel (Strom-km 79,2) stark mit Ammonium und organischen Substanzen belastet, was mit einer entsprechend hohen Sauerstoffzehrung verbunden ist. Wie aus *Abb. 6.9-3* zu ersehen ist, führte dies im Juni 1993 zu einem starken Abfall der Sauerstoffkonzentrationen innerhalb der Stauhaltungen, wobei der Sauerstoffgehalt sogar bis auf unter 0,1 mg O_2/l absank. Allerdings erfolgte an den Wehren ein erhöhter Sauerstoffeintrag, was an der Erhöhung der Sauerstoffkonzentrationen kurz unterhalb der Wehre abzulesen ist. Am 14.6.1993 war die Sauerstoffsituation an der Saar so schlecht, daß das Wasser nicht mehr durch die Kraftwerksturbinen, sondern über die Staumauer geleitet wurde. Durch diese Maßnahme des Wehrüberfalls, die bei Unterschreitung der Schwellenwerte von 2 (oberhalb des Wehrs) bzw. 4 (unterhalb des Wehrs) mg O_2/l durchgeführt wird, konnte der Sauerstoffeintrag soweit erhöht werden, daß Konzentrationen von über 5 mg O_2/l unterhalb des Wehrs erreicht wurden (*Abb. 6.9-3*). Ein erneutes drastisches Absinken der Konzentrationen bis zur nächsten Staustufe wurde damit allerdings nicht verhindert. Eine weitere Maßnahme, um die Sauerstoffsituation im Bereich der Stauhaltung zu verbessern, besteht an der Saar darin, zusätzlichen Sauerstoff über ein Schiff, die »Oxygenia«, direkt in das Wasser einzublasen. Diese Stützungsmaßnahme wird eingesetzt, wenn trotz anderer Anreicherungsmaßnahmen der Sauerstoffgehalt in der Saar 2 mg O_2/l unterschreitet, was aber im Juni 1993 über einen längeren Zeitraum nicht der Fall war. Wie aus dem Beispiel zu ersehen ist, reichen die bisherigen Anstrengungen bei der Abwasserreinigung im Einzugsgebiet der Saar nicht aus, um eine befriedigende Sauerstoffsituation zu erreichen. Nicht zuletzt aufgrund der hohen Kosten für die Stützungsmaßnahmen von 1,1 Mio. DM im Jahre 1993 werden weitere Sanierungsmaßnahmen zur Reduzierung der Einleitung von sauerstoffzehrenden Verbindungen und Pflanzennährstoffen, die über die Sekundärverschmutzung die Saar belasten, angestrebt (EHLSCHEID 1994).

Fallbeispiel 3:
Das Elbe-Ästuar

In bezug auf den Sauerstoffhaushalt ist das Ästuar der Abschnitt im Längsprofil eines Fließgewässers, der am empfindlichsten auf Verschmutzung reagiert. Dies liegt zum einen daran, daß ein Fluß auf seiner Fließstrecke bis zum Meer zunehmend belastet ist, und deshalb Ästuare in den industrialisierten Ländern grundsätzlich mit verschiedenen Substanzen hoch kontaminiert

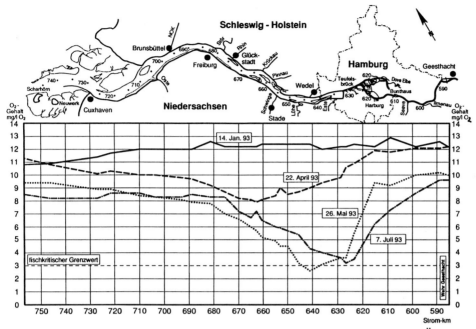

Abb. 6.9-4: Entwicklung des lokalen Sauerstoffdefizits im Längsprofil des Elbe-Ästuars im Jahr 1993 (aus ARGE 1994)

sind. Darüber hinaus wirken in einem Ästuar u. a. die Erhöhung der Verweilzeiten aufgrund der längeren Stromwege bei Flut und die Resuspension und Sedimentation von Schlick durch periodische Änderungen der Strömungsgeschwindigkeiten negativ auf den Sauerstoffhaushalt. In Ästuaren mit großen Wasserstandsänderungen im Gezeitenrhythmus wird das Wasser aufgestaut und Meerwasser strömt flußaufwärts. Dies führt im unteren Ästuar zu ansteigenden Salzkonzentrationen, ein Bereich, der als Brackwasserzone bezeichnet wird. Innerhalb dieser Zone werden sommerliche Sauerstoffdefizite in den unterschiedlichsten Ästuaren beobachtet, die darauf zurückzuführen sind, daß ein Teil des Phytoplanktons im Salzgradienten abstirbt und dann unter Sauerstoffzehrung abgebaut wird.

Im Gegensatz dazu treten im Elbe-Ästuar lokale Sauerstoffdefizite weit oberhalb der Brackwasserzone auf. *Abb. 6.9-4* zeigt Sauerstofflängsprofile für das Jahr 1993, wie sie von der Wassergütestelle Elbe erstellt wurden. Deutlich zu ersehen ist darauf die für die Elbe unterhalb Hamburgs typische Entwicklung von lokalen Sauerstoffdefiziten. So sind Bereiche mit signifikant erniedrigten Sauerstoffgehalten im Längsprofil etwa ab Mitte Mai im Bereich des Strom-km 670 zu erkennen. Im weiteren Jahresverlauf verstärkt sich dieser Minimumbereich und verlagert sich flußaufwärts. Etwa ab Mitte Juni erreichte er im Jahre 1993 seine endgültige Lage unterhalb des Hamburger Hafens, wobei Sauerstoffkonzentrationen von unter 3 mg O_2/l beobachtet wurden.

Die Ursachen für die im Elbe-Ästuar auftretenden Sauerstoffdefizite werden seit Jahren kontrovers diskutiert, was darauf zurückzuführen ist, daß der Transport von gelösten und partikulären Substanzen nicht oder nur sehr ungenau zu bilanzieren ist. Dennoch erlauben die Messungen der Arge-Elbe den Schluß, daß vor 1989 die Nitrifikation der aus der Mittelelbe eingetragenen Ammoniumfracht wesentlich an der Entstehung des Sauerstofflochs beteiligt war, mit einem etwa gleich hohen Anteil von organischer Substanz an der Gesamtzehrung (FLÜGGE 1985). Allerdings waren auch nach 1989, als sich die Ammoniumbelastung des Elbe-Ästuars deutlich verringerte, weiterhin regelmäßig signifikante Sauerstoffdefizite unterhalb Hamburgs zu beobachten. Jüngste Untersuchungen ergaben, daß die Sauerstoffmangelsituationen heutzutage ursächlich auf die Verfügbarkeit von Algen als Substrat für sauerstoffzehrende Prozesse zurückzuführen sind (KERNER et al. 1995). Der Anteil der Nitrifikation an der Sauerstoffzehrung ist nunmehr auf unter 20 % zurückgegangen. Darüber hinaus konnte u. a. durch bakteriologische Untersuchungen nachgewiesen werden, daß das Sauerstoffzeh-

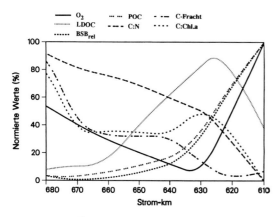

Abb. 6.9-5: Änderung einiger physikalisch-chemischer Kenngrößen im Längsprofil des Elbe-Ästuars zur Zeit einer Sauerstoffmangelsituation im Mai 1993 (Daten: KERNER et al. 1995)

rungspotential wesentlich von den im Freiwasser suspendierten Partikeln abhängt (BÖTTCHER et al. 1995). Dementsprechend lagen z. B. unterhalb Hamburgs bis zu 91 % der Ammonium oxidierenden Bakterien an Partikel gebunden vor (SCHÄFER & HARMS 1995).

Um die Zusammenhänge bei der Entstehung von lokalen Sauerstoffdefiziten in der Elbe näher zu verdeutlichen, wird in *Abb. 6.9-5* die Belastungssituation im Längsprofil zwischen Strom km 610 und 630 zur Zeit eines Sauerstoffdefizits im Mai 1993 dargestellt: Die abfallende Sauerstoffflanke unterhalb von Strom-km 610 korrelierte mit abnehmenden Gehalten an partikulärem organischen Kohlenstoff (POC) und dem biologischen Sauerstoffbedarf (BSB). Diese Ergebnisse verdeutlichen den Zusammenhang zwischen einer Sauerstoffabnahme und einem Abbau partikulärer organischer Substanz. Die in dem gleichen Flußabschnitt zu beobachtende Zunahme der C:Chlorophyll-a und C:N-Verhältnisse zeigen, daß die Algen in den sauerstoffzehrenden Prozessen bevorzugt abgebaut wurden. Auf diese Befunde hin stellt sich nun die Frage, wodurch die Algen bei der Passage durch den Hamburger Hafen soweit geschädigt werden, daß sie als Substrat für Abbauprozesse zur Verfügung stehen. Anhand der Literatur lassen sich zwar Hypothesen aufstellen, ihre Überprüfung bedarf aber weiterer Forschung. So könnte die verringerte Dauer der Lichtexposition im Hafenbereich aufgrund der dort vorherrschenden größeren Wassertiefe als im Strombereich dazu führen, daß der Grundstoffwechsel nicht mehr aufrechterhalten werden kann (WOFSY 1983). Allerdings ist auch ein toxischer Effekt des Hafenwassers nicht auszuschließen. Darüber hinaus begünstigt die Hydrodynamik im Hafenbereich die Bildung von Schwebstoffaggregaten, was zu einer Erhöhung der biologischen Verfügbarkeit des suspendierten partikulären Materials führen könnte (KERNER & GRAMM 1995).

Schlußbetrachtung

Um vielfältiges Leben in einem Fließgewässer zu ermöglichen, ist es für den Menschen notwendig, durch geeignete Maßnahmen den Sauerstoffgehalt im Freiwasser auf einem Niveau von über 4 mg/l zu stabilisieren. Durch Kläranlagen konnte die Abwasserbelastung der großen Flüsse soweit eingeschränkt werden, daß dieses Ziel als weitgehend erreicht angesehen werden muß. Allerdings sind auch heute noch in einigen Flüssen z. T. drastische Sauerstoffmangelsituationen in den Jahren zu beobachten, in denen niedrige Wasserabflüsse und hohe Sommertemperaturen zusammenfallen. Mehr und noch effizientere Kläranlagen werden in Zukunft vielleicht auch in diesen Flüssen zu einer weiteren Verbesserung der Wasserqualität und damit auch der Sauerstoffsituation führen. Das Ausbleiben von Sauerstoffmangelsituationen bedeutet aber nicht, daß die Flüsse unbelastet sind. Das Problem hat sich nur eher verlagert, hin zu einer Belastung mit toxischen Verbindungen.

6.10 Versalzung der Werra und Weser und ihre Auswirkungen auf das Phytoplankton und Makrozoobenthos

JÜRGEN BÄTHE

Werra und Weser sind seit Beginn der fünfziger Jahre dieses Jahrhunderts aquatische Ökosysteme besonderer Art. Die zunehmend intensivere Nutzung beider Flüsse als Sammler für Abfälle der Kaliindustrie in Thüringen und Hessen führte zur völligen Umgestaltung ehemals limnischer Lebensräume in das längste Fließbrackgewässer Deutschlands. Die Versalzung verursachte in beiden Flußläufen tiefgreifende Veränderungen des aquatischen und amphibisch-terrestrischen Ökosystems mit negativen Auswirkungen auf die Tier- und Pflanzenwelt sowie die Nutzungsansprüche des Menschen. Der Wahrnehmung dieses Sachverhaltes folgte die Unterzeichnung eines Verwaltungsabkommens, in dem die Bereitschaft zu weniger umweltbelastendem Denken und Handeln bekundet wird. In diesem Verwaltungsabkommen zwischen der Bundesrepublik Deutschland, den Weser-Anliegerländern und der Kali-Industrie bekunden die Vertragspartner die Absicht, durch verringerte Einleitungen von Produktionsabwässern, sowie einer Abpufferung von Belastungsspitzen, eine geringere, gleichmäßige Salzfracht bis 1996 schrittweise erreichen zu wollen.

Entwicklung der Versalzung

Der Salzgehalt eines Gewässers wird meist als Chloridkonzentration (Cl⁻) ausgedrückt. Der natürliche, geogene Chloridgehalt der Weser beträgt ca. 45 mg/l (KERP 1919). Im Weser-Untersuchungsgebiet bewegten sich die Mittelwerte bis 1992 zwischen 700 mg/l und 2 600 mg/l. An der Oberweser-Meßstation Hemeln wurden im vergangenen Jahrzehnt Maximalkonzentrationen zwischen 2 250 mg/l und 5 300 mg/l Chlorid gemessen, an der unteren Mittelweser in Bremen-Hemelingen zwischen 830 mg/l und 1 630 mg/l. In den sechziger und siebziger Jahren erreichte die Versalzung der Werra zum Teil Spitzenwerte von 5–40 g Salz je Liter Wasser.

Die mittlere Chloridfracht betrug an der Meßstation Bremen-Hemelingen ca. 245 kg/sec, das entspricht einer Menge von ca. 7,7 Mio. t Chlorid, die mit dem Weserwasser der Nordsee pro Jahr zugeführt wurden. Im Vergleich dazu transportiert der Rhein mit einer Fracht von 350 kg Cl⁻/s an der Meßstation Kleve jährlich etwa 11 Mio. t Cl⁻ in die Nordsee. Der Abfluß des Rheins ist jedoch etwa elfmal größer als die der Weser (NEUMANN et al. 1990). Die langjährig gemittelten Maximalwerte der Salinitäten in der unteren Werra waren zum Teil höher als die der Nordsee. Die mittlere Salinität des Werra-Weser-Systems bewegte sich im Fluß-Längsschnitt zwischen 8–2 ‰ die maximale Salinität zwischen 18–4 ‰. Das Ökosystem-Weser war demzufolge als brackiglimnisch bis brackig zu bezeichnen.

Weitere Kennzeichen dieser Versalzung sind die unregelmäßigen, starken Schwankungen der Salzkonzentration, deren Ionenzusammensetzung abweichend von natürlichen Salz- und Brackwässern vor allem einen erhöhten Kalium- und Magnesiumgehalt aufweist. Diese veränderte relative Ionenzusammensetzung wirkt sich auf die verschiedenen Organismengruppen wachstumshemmend, subletal oder akut toxisch aus. Für den Zeitraum von 1990 bis 1994 ist eine Reduktion der mittleren Chloridkonzentrationen um rund 63 % in der unteren Werra festzustellen (*Abb. 6.10-1*). Hohe Maximalbelastungen und große Schwankungsbreiten der Chloridkonzentrationen, die diskontinuierlich auf das Ökosystem und die Organismen wirken, sind jedoch nach wie vor als erhebliche physiologische Störgrößen präsent.

Die Situation des Phytoplanktons und Makrozoobenthos bis 1992

Die Phytoplanktonentwicklung im Ökosystem Weser war seit Beginn der intensiven künstlichen Versalzung in den frühen 60er Jahren bis 1991 durch Massenentwicklungen weniger halotoleranter Arten im Verlauf der Werra und der Oberweser gekennzeichnet. Zu nennen sind hier vor allem die Kieselalgen *Thalassiosira pseudonana* und *Thalassiosira weissflogi*, die 60–90 % der Kieselalgen-Zellzahlen zu bilden vermochten. Als weitere dominante Form ist *Cyclotella meneghiniana* zu nennen. Die aus der Fulda eingetragenen Süßwasser-Formen traten im Verlauf der ersten 120 km der Oberweser-Fließstrecke in der Regel hinter die dominanten Taxa aus der Werra zurück. Der durch die umfangreichen wasserbaulichen Maßnahmen noch nicht gänzlich zerstörte Rhitralcharakter der Oberweser, bietet einzigartige hydrologische Bedingungen für eine starke Vermehrung der Phytoplanktonzellen. Turbulentes Fließen und eine ständige Umwälzung des Wasserkörpers stellen einen ausreichenden Lichtgenuß für die Pflanzenzellen auf der gesamten Fließstrecke sicher, so daß in Zusammenhang mit dem gleichzeitig herrschenden Nährstoff-Überangebot Zelldichten von bis zu 600 Mio. Zellen je Liter Wasser erreicht werden. Diese umfangreiche Primärproduktion aus der Oberweser

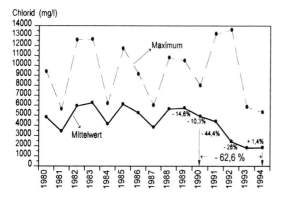

Abb. 6.10-1: Chloridkonzentrationen der Werra (Meßstation Letzter Heller) (Jahresmittelwerte und Jahresmaxima [mg/l])

trifft auf die hydrologisch völlig andersartigen Bedingungen der staugeregelten Mittelweser, in der die Fließgeschwindigkeit drastisch reduziert ist und das Volumen des Wasserkörpers erheblich zunimmt. Die strömungsangepaßten Algenzellen sedimentieren, die phytoplanktische Biomasse wird vor allem in den ersten drei der insgesamt sieben Stauhaltungen abgebaut. Die aus dem Abbau der Plankton-Biomasse resultierende Sekundärverschmutzung führt zu sommerlichen Sauerstoffdefiziten (ARGE Weser 1994). Sauerstoffkonzentrationen von 0–2 mg/l verursachten in den Sommermonaten Streßsituationen für die aquatische Fauna der Mittelweser.

Aufgrund der Dominanz salztoleranter und salzliebender Arten der Kieselalgen, die vor allem während der reduzierten Wasserführung und damit zugleich erhöhten Salzkonzentration in Werra und Oberweser zu massenhafter und konkurrenzloser Vermehrung gelangen, darf das Problem der Sauerstoffarmut in der Mittelweser während der Sommermonate in unmittelbarem Zusammenhang mit den Abwässern der Kali-Industrie gesehen werden. Im weiteren Verlauf der Mittelweser sind eine Verringerung der Gesamtzellzahlen und Verschiebungen in der Zusammensetzung der Anteile taxonomischer Gruppen, die aus dem überproportionalen Schwund der Kieselalgen herrühren, zu bemerken. So gewinnen zwischen den Stauhaltungen Drakenburg und Bremen-Hemelingen das coccale Nanoplankton (Zelldurchmesser < 2 µm) und verschiedene Grünalgen an Bedeutung, eine erneute Massenvermehrung ist jedoch nicht zu beobachten.

Synchron zu den durch die Versalzung hervorgerufenen Veränderungen der Phytoplanktonzönose, war in Werra und Weser das Aussterben nahezu aller einheimischen Makrozoenarten und eine schwerwiegende Beeinträchtigung der Fischfauna zu verzeichnen (vgl. Kap. 6.5). Der Einfluß der Versalzung auf Aufwuchsalgen wird in Kap. 6.2 kurz behandelt. Ursprünglich einheimische Arten wurden durch Immigranten und Neozoen aus anderen aquatischen Ökosystemen zum Teil ersetzt. Einige dieser Arten, wie der Polychaet *Polydora redeki*, der Schlickkrebs *Corophium lacustre* und die Seepocke *Balanus improvisus* sind in keinem anderen europäischen Fließgewässer oberhalb der Mündungsbereiche anzutreffen. Die in Werra und Weser bis 1992 vorhandene Ersatzbiozönose bestand nur zu einem Viertel aus Süßwasserformen, beinahe drei Viertel waren salzwassertolerante Formen und echte Brackwasserarten (BÄTHE 1992). Durchschnittlich 4–9 Arten waren auf einem Quadratmeter der Stromsohle zu finden. Die Besiedlungsstrukturen der einzelnen Flußabschnitte waren vor allem von *Corophium lacustre* und *Gammarus tigrinus* dominiert, weitere Gruppen mit zum Teil hohen Abundanzen waren die *Oligochaeta* und die *Chironomidae*. Nur ca. 10 % aller Arten zählten zu den konstanten Besiedlern des Flusses, 88 % der Arten waren nur zeitweilig und in wenigen Bereichen des Flusses präsent. Die ökologischen Funktionen der Benthoszönose wurden vor allem durch *Gammarus tigrinus, Oligochaeta, Corophium lacustre, Potamopyrgus antipodarum, Cordylophora caspia, Chironomidae* und *Dendrocoelum lacteum* ausgefüllt. Komplexe trophische Beziehungen in Form eines Nahrungsnetzes waren im artenarmen System der Werra und Weser nicht ausgebildet, woran sich bis heute wenig geändert hat.

Die Situation des Phytoplanktons und Makrozoobenthos nach 1992

Neben Veränderungen in der Artenzusammensetzung des Phytoplanktons sind vor allem Änderungen im Verlauf der Primärproduktion eingetreten. Die Dominanz salztoleranter zentrischer Kieselalgen erstreckt sich nurmehr auf die Zeit reduzierter Abflußmengen im Sommer. In den Jahren 1993 und 1994 war eine flußaufwärts gerichtete Verlagerung des Schwerpunktes der Primärproduktion während der Sommermonate zu beobachten. Als Regulativ dieser Verlagerung und der Zusammensetzung der Leitformen des Phytoplankton wirkt die Chloridkonzentration.

Anhand der Chlorophyll-a-Konzentrationen läßt sich die räumliche und zeitliche Verteilung der Primärproduktion verfolgen (*Abb. 6.10-2*). In der Zeit von Mitte Juni bis Anfang August 1994 wurden Phytoplanktondichten von 200–500 Mio. Zellen je Liter Wasser, einhergehend mit einer Chlorophyll-a-Konzentration von bis zu 420 µg/l, gefunden. Dieser jahreszeitenabhängigen Verlagerung der Primärproduktion in den Oberlauf der Weser und schließlich sogar in den Unterlauf der Werra hinein, schließt sich in der Regel flußabwärts eine Zone akuten Sauerstoffmangels an.

Mit der reduzierten Salzbelastung stieg seit 1992/93 die Zahl der Makrozoenarten eines Quadratmeters der Flußsohle auf durchschnittlich 12–16 Arten, vielerorts auch auf mehr als 20 Arten an. Auf die veränderte Salinität und die Veränderungen in der Primärproduktion reagiert die

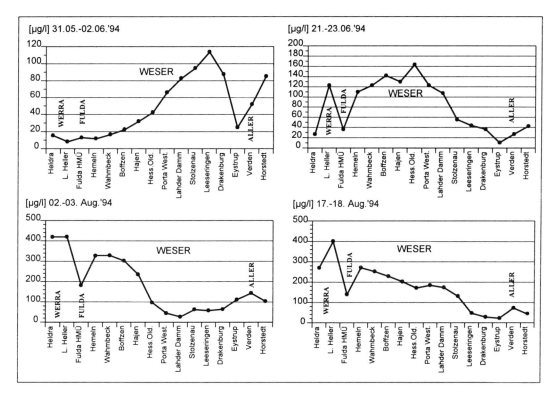

Abb. 6.10-2: Chlorophyll-a-Konzentrationen in Werra, Fulda, Weser und Aller 1994

Benthoszönose mit Arealverschiebungen und einem zunehmenden Beharrungsvermögen der weniger salztoleranten Arten.

Seit 1993 sind erstmals seit etwa 30 Jahren stabile, expandierende Trichopteren-Populationen mit hoher Konstanz im Benthal der Oberweser anzutreffen. Neben *Hydropsyche bulgaromanorum*, *Hydropsyche contubernalis* und *Hydropsyche pellucidula* zählen *Hydropsyche incognita*, *Hydroptila* spec. und *Psychomyia pusilla* zum festen Faunenbestand der Oberweser und sind nunmehr in der Lage, dort ihren Lebenszyklus zu vollenden. Als dominante Arten besiedelten 1994 *Hydropsyche contubernalis* mit rund 1 000–3 000 Ind./m² die Oberweser zwischen Hann.-Münden (Weser-km 0,0) und Hajen (Weser-km 119,9) und *Hydropsyche bulgaromanorum* mit rund 2 000–4 000 Ind./m² die Oberweser zwischen Hajen und Minden (Weser-km 205,0). Auch in der Mittelweser treten *Hydropsyche bulgaromanorum* und *Hydropsyche contubernalis* als vorherrschende Arten auf. Sie sind vor allem in den Staustufen Drakenburg, Dörverden, Langwedel und Hemelingen gemeinsam mit *Ecnomus tenellus* und *Tinodes waeneri* anzutreffen, deren Abundanzen sich von wenigen Exemplaren auf Besiedlungsdichten von nunmehr 16 bis 184 Ind./m² bzw. 40 bis 456 Ind./m² vergrößerten.

Zu den konstant präsenten Crustaceen-Arten der Weser mit zum Teil massenhaftem Vorkommen zählen seit 8 bzw. mindestens 15 Jahren *Corophium multisetosum* und *Corophium lacustre*. *Corophium lacustre* eroberte bis 1990 vom Weser-Ästuar kommend die gesamte Weser als Lebensraum. 1987 konnte *Corophium multisetosum* erstmals in der Mittelweser nachgewiesen werden. Diese Art erweiterte ihr Areal bis 1992 auf den Weserabschnitt zwischen km 240,0 und 367,0 bzw. in die Unterweser bis in den Bereich der Huntemündung (km 35,0) hinein (BÄTHE 1992, HERBST & BÄTHE 1993).

Die *Corophien* passen sich den veränderten Salinitäten durch die Verlagerung ihrer Verbreitungsschwerpunkte an. So besiedelt *Corophium lacustre* noch immer die gesamte Weser, die größten Individuenzahlen entwickelt diese Art jedoch nicht mehr wie zuvor in der Mittelweser, sondern in der Ober- und Unterweser. Das Verbreitungsmuster von *Corophium lacustre* entspricht der Präferenz dieser Art für oligo- bis pliohalines Milieu. *Corophium multisetosum* besiedelt heute die Mittelweser bis zur Stadt Minden hinauf (km 205,0). Das Areal dieses Schlickkrebses erweiterte sich damit in zwei Jahren um ca. 40 km flußaufwärts. *Corophium multisetosum* besiedelt vorzugsweise das oligohaline bis limnische Milieu. Im Weserabschnitt zwischen der Allereinmündung und dem Weserwehr in Bremen-Hemelingen ist *Corophium curvispinum* die dominante Crustaceen-Art. Dieser Schlickkrebs weitete 1992 sein Areal von der Aller auf die untere Mittelweser aus. *Corophium curvispinum* ist eine wenig salztolerante Art des limnischen bis oligohalinen Milieus.

Umstrukturierungen waren auch unter den Mollusca zu beobachten. Während sich die Bestände der salztoleranten Wandermuschel *Congeria leucophaeata* 1994 auf ein Minimum reduzierten, war bei *Dreissena polymorpha* ein deutliches Wachstum der Populationen festzustellen. Seit Jahrzehnten prägen filtrierende und zerkleinernde Organismen die Lebensgemeinschaften der Ober- und Mittelweser. Die Gattung *Corophium*, der Amphipode *Gammarus tigrinus*, sowie die Muscheln *Corbicula fluminalis*, *Corbicula fluminea* und *Dreissena polymorpha* sind die charakteristischen Zerkleinerer und Filtrierer der Mittelweser, in der Oberweser sind es *Corophium lacustre*, *Gammarus tigrinus* und die Gattung *Hydropsyche* (BÄTHE 1994).

Ökonomische Schäden

Neben den aufgezeigten biologischen Veränderungen sind einhergehend mit der Versalzung des Werra/Weser-Ökosystems negative Auswirkungen auf die Nutzungen der Flüsse festzustellen. Dies betrifft die Trinkwassergewinnung aus Werra und Weser, die Wasserversorgung von Landwirtschaft und Industrie, die Wasserkraftnutzung, die Fischerei, die Schiffahrt und die Schäden an Bauwerken.

Aufgrund der Infiltration von versalztem Flußwasser in Grundwasserleiter der Werra- und Weseraue können große Grundwassermengen (9,4 Mio. m³/a) nicht mehr gefördert werden, oder sind durch das Salz stark beeinträchtigt (8,4 Mio. m³/a) (MÖHLE 1983). Allein die Kosten für die notwendig gewordenen Maßnahmen zur Ersatzwasserbeschaffung und die Beseitigung von Korrosionsschäden im Leitungsnetz belaufen sich auf mehr als 13 Mio. DM jährlich. In ähnlicher Größenordnung bewegen sich die Kosten, die die Wirtschaft jedes Jahr in Schadensersatzmaßnahmen investieren muß. Das korrosiv wirkende Weserwasser verursacht auch Schäden an Stahlwasserbauten, Maschinen, Pumpen und Betonkonstruktionen. Die jährlichen wirtschaftlichen Schäden durch die Salzbelastung der Weser beziffert MÖHLE (1983) mit 59,3 Mio. DM, die Bundesregierung errechnete für 1992 einen Schaden in Höhe von rund 81 Mio. DM (BUNDESMINISTERIUM FÜR UMWELT, NATURSCHUTZ UND REAKTORSICHERHEIT 1993). Allein bis 1981 waren aufgrund der Versalzung Ersatzinvestitionen von 414,5 Mio. DM erforderlich. Die Minimierung des Salzeintrages in Werra und Weser ist die Voraussetzung für eine Erhöhung der Vielfalt und Pufferkapazität dieser Ökosysteme und somit zugleich eine Minimierung volkswirtschaftlicher Schäden.

Schlußbetrachtung

Sowohl die Phytoplankton- als auch die Benthoszönosen in Werra und Weser müssen nach wie vor als untypische Fließgewässergemeinschaften bezeichnet werden. Die Artenzusammensetzung der Planktonzönosen und der Verlauf von «Planktonblüten» werden maßgeblich durch die Salinität gesteuert. Ebenso beeinflussen wasserbauliche Maßnahmen die planktischen und benthischen Lebensgemeinschaften, da durch sie die hydrologischen und morphologischen Bedingungen des Flusses verändert werden. In Anpassung an das Nahrungsdargebot aus der umfangreichen Primärproduktion sind Filtrierer und Zerkleinerer die dominierenden Ernährungstypen unter den Benthosorganismen. Gleichwohl ist die Mehrzahl der taxonomischen Gruppen des Makrozoobenthos stark unterrepräsentiert und eine Vielzahl ökologischer Nischen nicht besetzt. Der Rückgang der Versalzung läßt Belastungen, die zum Beispiel durch andere industrielle und kommunale Abwässer entstehen, vermehrt in den Vordergrund treten. So werden zur Zeit auch die Wechselwirkungen zwischen der Salzfracht und thermisch belasteten Abwässern diskutiert.

Der begrüßenswerte Prozeß der Senkung der Salzkonzentration in Werra und Weser, der bislang ausschließlich auf Betriebsstillegungen zurückzuführen ist, kam seit der Jahreswende 1992/93 weitgehend zum Erliegen. Dementsprechend richtet sich das Ökosystem Weser auf einen neuen, noch immer artenarmen Minimalzustand bei verändertem Salinitäts-Niveau ein. Es bleibt zu hoffen, daß dies nicht für längere Zeit ein Schlußpunkt in den Bemühungen um eine Reduzierung der Salzkonzentration und ihrer starken Schwankungen ist und die angekündigten technischen Maßnahmen zur Minimierung des Salzeintrages in Werra und Weser in naher Zukunft erfolgreich eingesetzt werden.

Die vorliegenden Daten und Ergebnisse entstammen dem F&E Vorhaben »Folgen der Reduktion der Salzbelastung in Werra und Weser für das Fließgewässer als Ökosystem«, das vom Niedersächsischen Landesamt für Ökologie im Auftrag des Deutschen Verbandes für Wasserwirtschaft und Kulturbau e.V. (DVWK) durchgeführt und von der Arbeitsgemeinschaft zur Reinhaltung der Weser (ARGE Weser) gefördert wird.

6.11 Beeinträchtigung der Reproduktionsfähigkeit limnischer Vorderkiemerschnecken durch das Biozid Tributylzinn (TBT)

ULRIKE SCHULTE-OEHLMANN, EBERHARD STROBEN, PIO FIORONI & JÖRG OEHLMANN

Organozinnverbindungen werden zwar seit Mitte des letzten Jahrhunderts hergestellt, ihre industrielle Anwendung begann nach Entdeckung ihrer bioziden Wirkung aber erst 100 Jahre später. Innerhalb dieser Verbindungsklasse zeichnet sich Tributylzinn (TBT) durch eine besonders hohe Toxizität aus und wird daher zu den giftigsten Stoffen gezählt, die jemals hergestellt und in die Umwelt entlassen worden sind (MÜLLER et al. 1989). Bisher sind Beeinträchtigungen der Reproduktionsfähigkeit durch TBT bei umweltrelevanten Konzentrationen nur für Vorderkiemerschnecken bekannt geworden, während in anderen Organismengruppen entsprechende Effekte erst in erheblich höheren Konzentrationsbereichen aufgrund allgemein akut toxischer Wirkungen eintreten. Ursachen hierfür sind einerseits die extrem hohen Biokonzentrationsfaktoren für TBT und die Wechselwirkungen von TBT mit dem Steroidstoffwechsel der Vorderkiemerschnecken (vergl. unten). Wegen seiner hohen Effektivität als Biozid wird TBT in zahlreichen Anwendungsbereichen eingesetzt (*Tab. 6.11-1*).

In den aufwuchsverhindernden Schiffsfarben, den sogenannten Antifoulings, wird auch heute noch der größte Anteil der gesamten TBT-Produktion verarbeitet. Trotz deutlicher Verbesserungen in der Lacktechnik hinsichtlich Auslaugungsraten und Standzeiten beruht das Wirkungsprinzip der TBT-Antifoulings nach wie vor auf einer mehr oder weniger kontrollierten Abgabe des Biozids an das Umgebungswasser, so daß zwangsläufig eine Kontamination des aquatischen Milieus erfolgt. Seit Beginn der 70er Jahre wurden primär in Küstengewässern und Ästuaren Effekte von TBT auf wasserlebende Organismen bekannt, die durch den Einsatz der Farben eigentlich nicht beeinträchtigt werden sollten (»non target-Organismen«). Das weite Anwendungsspektrum und die zunehmende Bedeutung des TBT-Einsatzes außerhalb des Antifouling-Bereichs lassen aber auch ökotoxikologische Effekte außerhalb des marinen Lebensraums erwarten. Dies gilt besonders angesichts einer noch immer ansteigenden jährlichen Produktionsmenge von über 35 000 t Organozinnverbindungen (davon ca. 5000 t TBT) im Jahre 1986 (MAGUIRE 1987) und der Tatsache, daß der Großteil hiervon über das »leaching« zu einer Kontamination des limnischen Milieus führt.

Wasser- und Sedimentbelastung mit TBT

Daten zur aktuellen Belastungssituation von Wasser und Sedimenten in Bächen, Flüssen und Seen sind rar. *Tab. 6.11-2* zeigt, daß ermittelte TBT-Konzentrationen, trotz teils erheblicher Schwan-

Tab. 6.11-1: Übersicht über die Hauptanwendungsbereiche des Biozids Tributylzinn (TBT)

- Handelsschiffahrt, Yacht- und Freizeitbootbereich	Verhinderung der Besiedlung von Schiffsrümpfen durch Mikro- und Makroorganismen
- Holzindustrie	Verpilzungsschutz von Hölzern im Außenbereich
- Bauindustrie	Konservierungsmittel und Bewuchsminderung bei Dachziegeln; in Dichtungs- und Vergußmassen (z. B. Polyurethanschäume)
- Kunststoffindustrie	Zur Stabilisierung von Kunststoffen (z. B. PVC)
- Landwirtschaft/Gartenbau	Schutz landwirtschaftlicher Produkte vor Verpilzung und Schädlingen
- Textilindustrie	Verpilzungsschutz von Textilien; Bestandteil von Textilappreturen
- Gesundheitssystem*	Dezimierung des *Schistosoma*-Zwischenwirtes (*Biomphalaria glabrata*) zur Bilharziosebekämpfung
- Brau- und Papierindustrie, Kraftwerke*	Verhinderung von Schleim- und Bakterienrasenbildung und der Veralgung an Kühlturminnenseiten
- Lederindustrie*	Imprägnierung von Lederartikeln

* Anwendung nur außerhalb Deutschlands

Tab. 6.11-2: TBT-Konzentrationen in Wasser (ng/l) und Sedimenten (ng/g Trockengewicht)

Ort		Wasser	Sediment	Quellen
Marinas im Genfer See		15–353	204–2555	BECKER et al. (1992)
Kommunale Abwässer				
- Zürich	a) Einlauf	64–217	280–1510	FENT & MÜLLER (1991)
	b) Auslauf	7–47		
- Bremen+	a) Zulauf	<30–1130		SCHRÜBBERS et al. (1989)
	b) Ablauf	<30–20250		
Industrielle Abwässer				
- Bremen+		<30–61800		SCHRÜBBERS et al. (1989)
Yachthäfen				
- Bodensee, Tegelsee, Wedel/Unterelbe, Wannsee		<5–930	10–340 000*	KALBFUS et al. (1991)
- Rhein (Häfen bei Mainz/Wiesbaden)		10–73	13–182	SCHEBEK et al. (1991)
- Weser (inkl. Industriehäfen bei Bremen)		<30–150	<0,3–52,8	SCHRÜBBERS et al. (1989)
Weser-Ästuar			136	KUBALLA (1994)
Ems-Ästuar			73	KUBALLA (1994)

* bezogen auf das Naßgewicht des Sediments   + inkl. Umgebung

kungen, im Bereich biologischer Effektkonzentrationen liegen. Nicht aufgenommen sind darin Analyseergebnisse aus anderen Ländern, die ebenfalls besorgniserregende Belastungen erkennen lassen. Die höchste gemessene TBT-Konzentration im Süßwasser lag bei 3 000 ng/l in Yachthäfen des St. Clair-Sees (Kanada). In verschiedenen Flüssen, Seen und Binnengewässern der USA lagen die Maximalkonzentrationen bei 1600 ng TBT/l (HALL & PINKNEY 1985).

Physiologische Wege bei der Schädigung durch TBT

Tributylzinnverbindungen schädigen den Organismus auf unterschiedlichen Ebenen. Es ist bekannt, daß TBT nicht nur als allgemeines Stoffwechsel- und Zellgift wirkt, sondern auch Membranen schädigt und daher die Atmungskette in den Mitochondrien und die Photosynthese blokkiert. Die teratogene (fruchtschädigende) Wirkung dieser Verbindungsklasse ist ebenfalls mehrfach beschrieben worden und steht heute außer Frage. Dagegen gibt es erst in letzter Zeit Hinweise darauf, daß TBT und andere Organozinnverbindungen entgegen früheren Ergebnissen auch neurotoxisch (nervenschädigend), kanzerogen (krebserregend) und mutagen (erbgutverändernd) wirken.

Die verschiedenen Tier- und Pflanzengruppen reagieren sehr unterschiedlich auf eine TBT-Belastung. Algen werden zum Teil erst bei sehr hohen Konzentrationen abgetötet, während Krebse und Fische eine deutlich größere Empfindlichkeit zeigen. Am sensibelsten reagieren Mollusken, wie Muscheln und ganz besonders Schnecken auf TBT (CHAMP & LOWENSTEIN 1987). Einer der Gründe für diese Differenzen ist die zwischen den Organismengruppen stark variierende Fähigkeit, aufgenommenes TBT wieder auszuscheiden und vor allem zu weniger giftigen Verbindungen abzubauen. Es ist bekannt, daß TBT in den Mikrosomen der Mitteldarmdrüse von Evertebraten bzw. in der Leber der Wirbeltiere durch ein Cytochrom P-450-abhängiges multifunktionelles Oxygenasesystem (MFO) über Di- (DBT) und Monobutylzinn (MBT) zu anorganischem Zinn abgebaut wird (LEE 1986). Der MFO-Gehalt und damit die Abbauleistung für TBT ist bei Mollusken im Vergleich zu Crustaceen und Wirbeltieren aber erheblich geringer (LEE 1986). Deshalb weisen Schnecken und Muscheln bei gleichen Umweltkonzentrationen erheblich höhere TBT-Konzentrationen in ihren Geweben auf als andere Evertebraten und Fische. Bisher sind praktisch keine Freilanduntersuchungen, die die Effekte einer TBT-Exposition auf limnische Organismen untersuchen, durchgeführt worden. Daher können Daten aus Laborversuchen zur TBT-Sensitivität limnischer Vorderkiemerschnecken wichtige Hinweise auf eine mögliche Gefährdung dieser und anderer limnischer Organismen durch das Biozid geben.

Von Experimenten aus dem marinen Bereich ist bekannt, daß die Organozinnverbindung TBT bereits bei Umweltkonzentrationen von < 1,5 ng/l bei vielen Meeresschnecken das Imposexphänomen hervorruft. Imposex stellt das mit Abstand empfindlichste TBT-Bioindikatorsystem dar. Bei den getrenntgeschlechtlichen Vorderkiemerschnecken bilden weibliche Tiere zusätzlich Teile des männlichen Geschlechtssystems aus, meist einen Penis und/oder ein Vas deferens (Samenleiter). Imposex ist mittlerweile für mehr als 100 marine Arten aus allen Teilen der Welt beschrieben. Im Endstadium dieser sukzessiven Vermännlichung weiblicher Schnecken kommt es bei diversen Arten zur Sterilität der Weibchen, was den Bestand der entsprechenden Species lokal gefährdet und damit zum Aussterben ganzer Schneckenpopulationen führen kann.

Imposex durch TBT am Beispiel der Apfelschnecke
Reproduktionsunfähigkeit: Entwicklungsstadien

Die limnische, aus Südamerika stammende und getrenntgeschlechtliche Apfelschnecke *Marisa cornuarietis* entwickelt in Laborexperimenten in analoger Weise zu den Meeresschnecken Imposex, wobei der kritische Schwellenwert bei 85 ng TBT als Sn/l liegt (SCHULTE-OEHLMANN et al. 1995). *Abb. 6.11-1 bis 3* verdeutlichen, daß diese Species nicht nur als Akkumulationsindikator (zeit- und konzentrationsabhängige TBT-Aufnahme), sondern auch bei einem potentiellen Biomonitoring als Reaktionsindikator zur Einschätzung von TBT-Belastungen im Süßwasser geeignet ist. Die Imposex-Entwicklung bei *Marisa cornuarietis* kann mit Hilfe des in *Abb. 6.11-2* wiedergegebenen Schemas beschrieben werden. Dieses Schema ist zugleich Grundlage des VDS-Index (vgl. unten). Das Stadium 0 beschreibt dabei ein normales, imposex-freies Weibchen ohne männliche Anteile im Geschlechtssystem. Vom Stadium 1 bis 3 nimmt der Umfang und die Größe der äußeren männlichen Genitalorgane schrittweise zu, ohne daß jedoch bei den bisher gefundenen Imposexstadien der Apfelschnecke Hinweise auf eine Einschränkung der Fruchtbarkeit weiblicher Tiere beobachtet werden konnten. Bei marinen Schnecken kommt es im weiteren Verlauf der Imposexentwicklung zu einer Blockade der Genitalöffnung durch die fortschreitende Vermännlichung und die immer umfangreicher werdenden Abschnitte des männlichen Genitalsystems. Dies unterbindet die Ablage von Eikapseln und führt zur Unfruchtbarkeit.

VDS als Maß für Imposex

Als Maß der Virilisierungsintensität (Vermännlichung bei entsprechender Kalibrierung damit indirekt auch die Intensität der Gewässerbelastung) dient der Vas deferens-Sequenz-(VDS) Index. Dieser stellt den arithmetischen Mittelwert aller vorgefundenen Imposexstadien einer Probe dar. Aus *Abb. 6.11-3a* geht hervor, daß schon nach einer zweimonatigen Exposition mit 200 ng TBT als Sn/l ein kontinuierlicher Anstieg des Index von 1,0 bei Versuchsbeginn auf 3,0 zum Versuchsende festzustellen ist. Auch die weibliche Penisscheidenlänge dieser Tiere nimmt in Abhängigkeit von der Zeit bei der höheren TBT-Exposition kontinuierlich zu und zeigt sogar noch eher meßbare Effekte. Die Beziehung zwischen der TBT-Kontamination im Weichkörper und dem VDS

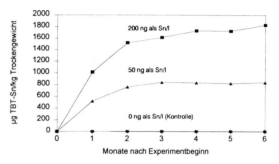

Abb. 6.11-1: Akkumulation von TBT bei *Marisa cornuarietis* im Laufe eines halbjährigen Laborexperiments bei Exposition mit unterschiedlichen TBT-Konzentrationen.

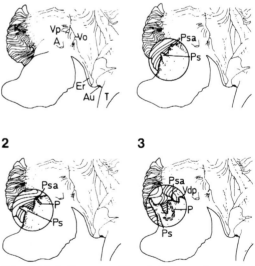

Abb. 6.11-2: Imposex-Entwicklungsschema bei *Marisa cornuarietis* mit den Stadien 1–3 (0 = imposexfreies Weibchen). A, Anus; Au, Auge; Er, Eirinne; K, Kieme; P, Penis; Ps, Penisscheide; Psa, Penissack; Vdp, Vas deferens- (= Samenleiter-) Papille; Vo, Vaginalöffnung; Vp, Vaginalpapille

zeigt, daß es zu einem dramatischen Anstieg des Index kommt, sofern die Belastung einen Schwellenwert von 1 400 µg des Biozids/kg (Trockengewicht) erreicht. Bei einem Biokonzentrationsfaktor von $16 \cdot 10^3$ liegt die niedrigste effektauslösende TBT-Konzentration des Umgebungswassers bei 85 ng TBT-Sn/l (*Abb. 6.11-3b*).

Die durch TBT hervorgerufenen Vermännlichungserscheinungen bei *Marisa cornuarietis* bieten für die Beurteilung des Gewässerzustandes heimischer Fließgewässer zwar lediglich im Rahmen von zeitlich begrenzten Transplantationsversuchen in sommerwarmen Gewässern eine Alternative, zeigen jedoch, daß auch limnische Species bereits bei relativ geringen TBT-Expositionen abnormale Veränderung des Geschlechtssystems aufweisen. Süßwasserschnecken reagieren damit prinzipiell in ähnlicher Weise wie ihre marinen Verwandten.

Bisher wurden zwar keine fortpflanzungsunfähigen Imposexstadien bei dieser Süßwasserart gefunden; die Ergebnisse für die grundsätzlich ähnlich reagierenden Meeresschnecken zeigen aber, daß dies in erster Linie eine Frage der Höhe der TBT-Exposition ist. Außerdem gibt es keine Anzeichen dafür, daß es bei einer Abnahme der TBT-Belastung zu einer Rückbildung des Imposexphänomens bei den individuell davon betroffenen Exemplaren kommt. Ein einmal erreichtes und unter Umständen steriles Imposexstadium kann sich daher selbst im Labor unter vollkommenem Wegfall der TBT-Belastung nicht zu einem imposexfreien bzw. fertilen Weibchen zurückbilden.

TBT-Versuche mit der Zwergdeckelschnecke

Die aus Neuseeland im 19. Jh. importierte Zwergdeckelschnecke *Potamopyrgus antipodarum* (vgl. Kap. 6.3) ist im Gegensatz zur Apfelschnecke ovovivipar, d. h. lebendgebärend. Obwohl diese Art ebenfalls getrenntgeschlechtlich ist, treten in unseren Breiten praktisch ausschließlich Weibchen in den Populationen auf, die sich parthenogenetisch, d. h. durch Jungfernzeugung, fortpflanzen. Männchen von dieser Art werden nur extrem selten in Mitteleuropa gefunden. Die Unabhängigkeit von der Existenz männlicher Tiere, die Viviparie und die extreme Widerstandskraft der Schnecken gegenüber vielen Umweltstressoren – die Tiere überleben beispielsweise unbeschadet eine Passage im Verdauungstrakt von Wasservögeln – sind für die erfolgreiche Verbreitung dieser Species mitverantwortlich. Die Zwergdeckelschnecke zeigt einen saisonalen Fortpflanzungszyklus, wobei im April/Mai die höchste und im Oktober/November die geringste Vermehrungsrate auftritt. Die Bestimmung der Längenausdehnung weiblicher Drüsen und das Auszählen der Embryonen innerhalb der Bruttasche lassen eine realistische Beurteilung der Reproduktionsfähigkeit bei dieser Species zu. Nehmen derartige Parameter quantitativ ab, ist dies ein deutlicher Hinweis auf eine abnehmende Fortpflanzungsrate.

Im Rahmen eines zweiphasigen Laborversuchs (*Abb. 6.11-4*) konnte beobachtet werden, daß die durchschnittliche Embryonenzahl bei einer Exposition von 100–400 ng TBT als Sn/l in signifikanter Weise gegenüber einer Kontrollgruppe verringert wird (*Abb. 6.11-4a*). Dabei zeigte sich, daß dieser Effekt dosis- und zeitabhängig eintrifft, d.h. die höchste TBT-Kontamination zeigt die stärkste Wirkung. Tiere niedrig exponierter Versuchsgruppen bringen zwar weniger Embryonen als Kontrolltiere, aber noch signifikant mehr als hochexponierte Individuen hervor. Eine Kontamination von 400 ng TBT-Sn/l führte nach einem Zeitraum von vier Monaten zum Tod der

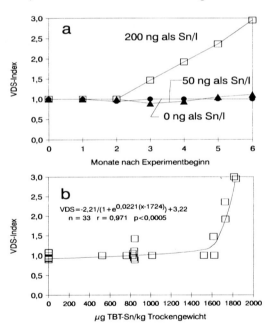

Abb. 6.11-3: Marisa cornuarietis (Weibchen). (a) Entwicklung des Vas deferens Sequenz- (VDS-) Index im Laufe eines halbjährigen Laborexperiments bei Exposition mit unterschiedlichen TBT-Konzentrationen. (b) Verhältnis zwischen der TBT-Anreicherung und dem VDS-Index in Laborversuchen

Testorganismen und muß somit als diejenige Dosis betrachtet werden, die auf Dauer nicht toleriert wird. Ähnliche Beobachtungen konnten bei der Längenausdehnung der Kapseldrüse gemacht werden. Auch hier zeigt sich, daß TBT-exponierte Tiere kleinere Drüsen als Kontrolltiere besitzen (*Abb 6.11-4b*). Die Drüsengröße wiederum steht in direkter Abhängigkeit zur Höhe der TBT-Exposition. Von marinen Prosobranchiern, wie z. B. *Nucella lapillus* und *Hinia reticulata*, ist ebenfalls bekannt, daß als Folge einer TBT-Exposition die Ausdehnung der weiblichen Geschlechtsdrüsen abnimmt (STROBEN et al. 1992). Die Menge der in den Eileiterdrüsen produzierten Drüsensekrete und Nährflüssigkeiten nimmt mit der Reduktion der Drüsen ebenfalls ab, so daß letztlich auch aufgrund dieser Effekte eine Reduktion der Fortpflanzungsleistung erwartet werden kann, die sich z. B. in einer Verringerung der Embryonenzahl von TBT-exponierten Zwergdeckelschnecken äußert.

Weiterhin ergeben Laborversuche mit *Potamopyrgus* bereits nach einer Expositionszeit von 3 Monaten deutliche Hinweise darauf, daß das Wachstum in den TBT-belasteten Versuchsgruppen konzentrationsabhängig vermindert wird und die Jungtiere neben der geringen Körpergröße, gemessen als Schalenhöhe, auch ein geringeres Körpergewicht erreichen. Das deutet darauf hin, daß stark belastete Tiere vermehrt Energie auf Entgiftungsmechanismen verwenden müssen, die dann für die Wachstumsprozesse, die Anlage von Energiereserven und möglicherweise auch für die Produktion von Eizellen und Nachkommen nicht mehr zur Verfügung steht.

Die zweite Phase des Experimentes sollte klären, ob die festgestellten Effekte ohne TBT-Einfluß reversibel sind. Dabei zeigte sich interessanterweise, daß im Gegensatz zum Imposexphänomen alle zuvor beschriebenen Effekte in einem Zeitraum von 4–6 Monaten nahezu reversibel sind.

Dieses Ergebnis sollte jedoch nicht zu der Annahme verleiten, daß aufgrund der Reversibilität beschriebener Phänomene keine akute Bestandsgefährdung für die Zwergdeckelschnecke besteht. Entgegen früherer Annahmen scheint das Biozid TBT durch eine hohe Persistenz in der Umwelt charakterisiert zu sein. Zwar wurden vor allem in Laborversuchen relativ kurze Halbwertzeiten im Oberflächengewässer von 1–19 Tagen ermittelt, im Freiland jedoch erheblich längere Zeiten von 1,5–9 Monaten (BERATERGREMIUM FÜR UMWELTRELEVANTE ALTSTOFFE 1989). Weitaus bedenklicher als die TBT-Persistenz im Wasser sind jedoch niedrige Abbauraten in den Sedimenten, in denen sich das Biozid aufgrund seines hydrophoben Charakters im Bereich eines Faktors um 10^3 anreichert. Halbwertzeiten von bis zu 15 Jahren in anaeroben Hafensedimenten (DE MORA et al. 1989) belegen, daß TBT unter ungünstigen Umweltbedingungen lange verfügbar bleibt und möglicherweise von großen Zeiträumen auszugehen ist, bis trotz einer Abnahme des Eintrags in die Umwelt ein deutliches Absinken der aquatischen Konzentrationen beobachtet werden kann. Da eine teilweise bedenkliche Belastung von Wasser und Sedimenten der Fließgewässer besteht (*Tab. 6.11-2*), kann die Zwergdeckelschnecke aufgrund der hohen Biokonzentrationsfaktoren TBT in einem für sie akuttoxischen Bereich akkumulieren. Durch ihre geringe Körpergröße weist *Potamopyrgus* einen erhöhten Stoffumsatz auf und nimmt daher, bezogen auf ihr Körpergewicht, über die Nahrung vermehrt TBT auf.

Die Flußkahnschnecke *Theodoxus fluviatilis* besitzt einen ähnlichen anatomischen Aufbau des

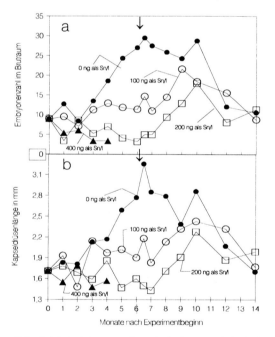

Abb. 6.11-4: 14-monatiger Laborversuch bei einer 6-monatigen Exposition mit unterschiedlichen TBT-Konzentrationen bei *Potamopyrgus antipodarum*: (a) Entwicklung der durchschnittlichen Embryonenzahl im Brutraum und (b) der durchschnittlichen Kapseldrüsenlänge (Pfeil, Ende der TBT- Exposition).

Geschlechtssystems, wie die durch das Imposexphänomen beeinträchtigten Meso- und Neogastropoden. Laborversuche mit Zuchtexemplaren dieser Species wurden durchgeführt, um Hinweise darauf zu erhalten, ob der in den letzten Jahrzehnten beobachtete Rückgang der Art in Mitteleuropa – mittlerweile steht sie auf der »Roten Liste« – durch Vermännlichungserscheinungen bei weiblichen Tieren mitverursacht wurde. Selbst unter relativ hohen TBT-Expositionen von 400 ng als Sn/l traten weder Imposex noch vergleichbare Virilisierungsphänomene bei den weiblichen Tieren auf. Deshalb ist davon auszugehen, daß zumindest der Bestandsrückgang dieser Species nicht in einem ursächlichen Zusammenhang mit der durch TBT verursachten Maskulinisierung weiblicher Schnecken steht. Neben möglichen anderen Ursachen wie O_2-Mangel, Belastung des Wasserkörpers mit Schad- und Nährstoffen und Veränderungen der Morphologie von Fließgewässern durch bauliche Maßnahmen könnte TBT dennoch einen sekundären Effekt auf Bestandsrückgänge der Flußkahnschnecke gehabt haben. Im Rahmen von Laborversuchen zeigte sich, daß der Weidegänger *Theodoxus* extreme Nahrungspräferenzen für bestimmte Algenspecies aufwies. Bei hohen TBT-Expositionen (400 ng TBT-Sn/l) veränderte sich schon innerhalb eines Expositionszeitraums von acht Wochen das Spektrum des verfügbaren Pflanzenmaterials, so daß in der hochexponierten Versuchsgruppe auch aufgrund von Nahrungsmangel eine hohe Sterblichkeitsrate auftrat.

In diesem Zusammenhang sollte auch bedacht werden, daß mit dem Aussterben einer Population nur sehr langsam eine Wiederbesiedlung an hochbelasteten Standorten erfolgen wird. Limnische Vorderkiemerschnecken verfügen im Gegensatz zu vielen marinen Arten nicht über planktische Verbreitungsstadien, die eine weite Verbreitung des Nachwuchses und damit eine erneute Ansiedlung zuließen.

TBT-Auswirkungen bei anderen Süßwasserorganismen
Mortalität
Es gibt zahlreiche Untersuchungen zur Akuttoxizität von Organozinnverbindungen auf marine und limnische Organismen unterschiedlichster systematischer Zugehörigkeit (zur Übersicht vgl. STROBEN 1994). Dabei wurden jedoch meist nur über sehr kurze Zeiträume hohe TBT-Konzentrationen im Bereich über 1 µg/l bis zu mehreren mg/l getestet. Die toxikologische Aussagekraft derartiger Hochdosis-Untersuchungen ist umstritten, weil Schadstoffbelastungen in der natürlichen Umwelt erheblich länger bestehen und häufig sogar einen Organismus lebenslang beeinflussen. Für Muschellarven werden erhöhte Sterberaten ab 50 ng TBT/l berichtet. Für viele andere Organismen werden teilweise deutlich höhere Schwellenwerte ermittelt; so zeigen Gammaridenlarven ab 300 ng TBTO/l eine erhöhte Sterblichkeit. Auch Kieselalgen zeigen ähnliche Mortalitätsschwellen. Bei Vertebraten, wie zum Beispiel Süßwasserfischen, steigt die Mortalität erst im µg/l-Bereich an: WARD et al. (1981) ermitteln für *Cyprinodon variegatus* 2,8 µg TBTO/l und FENT & MEIER (1992) für *Phoxinus phoxinus* 4,26 µg TBT/l. Bei *Salmo gairdneri* und *Tilapia rendelli* liegen die LC_{50}-Werte (24h) mit 30,8 bzw. 53,2 µg TBTO/l (CHLIAMOVITCH & KUHN 1977) nochmals höher.

Subakute und chronische Effekte
Unter chronischer TBT-Exposition kann es zu einer Reduktion des Körpergewichts, zu Wachstumshemmungen und histopathologischen Veränderungen kommen, die die biologische Fitness der Tiere erheblich beeinträchtigen und in der natürlichen Umwelt zu erhöhter Sterblichkeit führen können. Schon bei sehr geringen TBT-Konzentrationen von 5–20 ng TBTO/l wird bei Muschellarven und Ruderfußkrebsen (zur Übersicht vgl. STROBEN 1994) ein verringertes Wachstum festgestellt. Auch bezüglich chronischer Effekte liegen die Schwellenwerte bei Fischen mit Konzentrationen ab 200 µg TBT/l höher. Lediglich histopathologische Veränderungen bei Süßwasserfischen sind durch eine höhere Sensitivität als Effekte auf Wachstum und Körpergewicht gekennzeichnet. FENT (1992) und FENT & MEIER (1992) konnten bei jungen Elritzen (*Phoxinus phoxinus*) Skelettmißbildungen, eine verzögerte Dottersackresorption, Ödembildung im Herzbeutel, Augenmißbildungen, Nekrosen und Abbau der Skelettmuskulatur sowie Veränderungen in der Haut und der Niere bei TBT-Konzentrationen ab 820 ng/l nachweisen. SCHWAIGER et al. (1992) untersuchten entsprechende Effekte bei der Regenbogenforelle, bei der ab 600 ng TBT/l Schädigungen des Immunsystems, der Kiemen und Pseudobranchien sowie des Gallengangs auftreten.

Schlußbetrachtung
Bei der Beurteilung potentieller ökologischer Folgen sollte berücksichtigt werden, daß die Schädigung auch nur weniger Species dennoch oftmals

das komplizierte Zusammenspiel biologischer Lebensgemeinschaften nachhaltig zu stören vermag. Im Hinblick auf die bedeutende ökologische Rolle, die Vertreter der Gastropoden innerhalb vieler limnischer Nahrungsnetze einnehmen, sollten auch Gastropoden aus Freilandpopulationen auf pathologische Veränderungen des Geschlechtstraktes oder andere Einschränkungen der Reproduktionsfähigkeit untersucht werden.

Die in Laborversuchen im Zusammenhang mit einer TBT-Exposition aufgetretenen pathologischen Veränderungen (Imposex bei *Marisa cornuarietis*, Verkleinerung der weiblichen Drüsen und Reduktion der Embryonen im Brutsack von *Potamopyrgus antipodarum*) könnten zudem als geeignete Parameter für ein Biomonitoring eingesetzt werden, da sie mit der Höhe der vorgegebenen TBT-Exposition korrelieren. Zusammen mit einer chemischen Begleitanalyse könnten somit erstmals langfristige Trends ermittelt werden, die nicht nur Aussagen über den TBT-Gehalt einzelner Fließgewässerabschnitte machen, sondern auch realistische Aussagen zur aktuellen Gefährdung limnischer Organismen erlauben.

In den letzten Jahren wurden vermehrt Hinweise gefunden, daß neben TBT auch andere Xenobiotika das endokrine System von Tieren und Menschen beeinflussen können und sich daher negativ auf die Fortpflanzungsfähigkeit auswirken (COLBORN & CLEMENT 1992). Für die Mehrzahl der unter Verdacht geratenen Verbindungen wird eine östrogene Wirkung angenommen, die eine Verweiblichung männlicher Tiere sowie eine erhöhte Krebsinzidenz bei östrogenabhängig wachsenden Tumoren (z. B. Brustkrebs der Frau) und eine verminderte Samenqualität und -quantität beim Mann verursacht. Androgen wirkende Umweltchemikalien haben vermutlich entsprechende Auswirkungen auf weibliche Organismen und können das Wachstum androgenabhängiger Tumoren (z. B. Prostatakrebs) fördern. Weder für androgen- noch östrogenartig wirkende Xenobiotika stehen derzeit verlässliche Biotestsysteme zur Verfügung, die die Ermittlung entsprechender Wirkungen von verdächtigen Substanzen ermöglichen. Vorderkiemerschnecken scheinen aufgrund ihres prinzipiell mit dem der Wirbeltiere vergleichbaren Steroidmetabolismus für diese Aufgabe besonders geeignet zu sein.

Danksagung: Die Autoren danken dem Direktor der Umweltprobenbank für Human-Organproben und Umweltdatenbank am Institut für Pharmakologie und Toxikologie der Universität Münster, Herrn Prof. Dr. F. Kemper und seiner Mitarbeiterin Frau Dr. C. Müller für die Möglichkeit, in der Umweltprobenbank die Organozinnanalysen durchführen zu können.

6.12 Krankheiten und Parasitismus in natürlichen Gewässern

HANS-JÜRGEN SCHLOTFELDT & JOSÉ L. LOZÁN

Parasitismus und Fischkrankheiten manifestieren sich in natürlichen Gewässern weitaus seltener als in Aquakulturanlagen. Dies ist u. a. darauf zurückzuführen, daß die Wasserqualität – trotz der Verschmutzungsprobleme – in den natürlichen Gewässern im Schnitt besser ist als in den hochbesetzten Teichen oder Becken. Dementsprechend ist im allgemeinen die **Kondition** der Fische im freien Gewässer und damit ihre Abwehrkraft besser. Gerade bei wechselwarmen Tieren ist der Faktor Kondition essentiell zur Krankheitenbewältigung. Fische zeigen bei guter Kondition erstaunliche Fähigkeiten, »**in Harmonie**« mit spezifisch pathogenen Erregern aller Art zu leben, ohne klinisch zu erkranken. Auch mit vielen Parasitenarten ist ein gesunder Fisch in der Lage, »in Harmonie« ohne jegliche gesundheitliche Beeinträchtigung zu existieren. Von fischgesundheitlicher Bedeutung ist nur eine hochgradig massive Parasitierung, die wiederum fast ausnahmslos einen Hinweis auf Umweltverschlechterung und Störung des Gleichgewichts ist und eine einseitige explosionsartige Vermehrung eines bestimmten Parasiten bewirkt.

Wenn trotzdem Krankheiten auftreten, werden primär Jungendstadien, wie Brut und Setzlinge, betroffen. Deren Abgänge bleiben mehrheitlich unbemerkt, sie werden zu allererst von Fisch-**Prädatoren** wie Fischreiher, Kormoranen und Eisvögeln aufgenommen und damit der direkten Beobachtung entzogen. Insgesamt werden in natürlichen Gewässern nur extrem auffällige Ereignisse wie z. B. große Fischsterben, die amtlich gemeldet werden, festgehalten. *Abb. 6.12-1* zeigt die Art und Häufigkeit der durchgeführten Untersuchungen des Staatlichen Fischseuchenbekämpfungsdienstes Niedersachsen im Zeitraum von 1986 bis Herbst 1995 an Fischprobenmaterial, das »polizeilich« angeliefert wurde. Es wird dabei grob zwischen histologischen, rückstandsanalytischen, bakteriologischen und virologischen Indikationen unterschieden. Wie daraus ersichtlich, gab es bei den 202 gemeldeten Fällen einen hohen Anteil mit Vergiftungsverdacht. Chlorierte Kohlenwasserstoffe – insbesondere Pestizide – spielten dabei häufig eine wichtige Rolle. Viren und Bakterien sowie andere pathologische Erre-

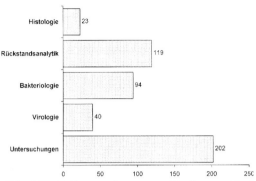

Abb. 6.12-1: Untersuchungen an Fischen aus Freigewässern von1986 bis 1995 in Niedersachsen. Grafik: D. W. Kleingeld

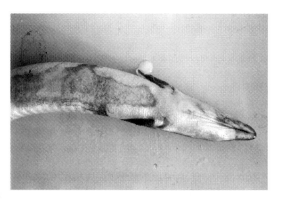

Abb. 6.12-2: »Rotseuche«: Eine häufige Fischkrankheit in der Werra und Weser infolge der hohen Salzbelastung

ger kamen als mögliche Ursache weniger häufig in Frage. Gegenüber dem Zeitraum 1975–1985 nahm die Indikation Rückstandsanalytik deutlich um ca. 40 % zu.

Vorbeugung von Krankheiten beim Fischbesatz

Bakterieninfektionen wie Enteric Redmouth Disease (»Rotmaulseuche«, Erreger: *Yersinia ruckeri*) kann heute durch **Vakzinierung** der Besatzfische erfolgreich **vorgebeugt** werden. Dies gilt auch für die Furunkulose der Salmoniden (Erreger: *Aeromonas salmonicida sp.*) und die Erythrodermatitis der Cypriniden (Erreger: *Aeromonas salmonicida*, atypische Formen; SCHLOTFELDT 1991). In der fischgesundheitlichen Routine herrschen die fakultativ fischpathogenen Bakterien vor. Je nach Kondition der Fische können aber auch sie systemisch-septikämische Infektionen bewirken, die klinisch von den durch spezifisch fischpathogene Bakterien hervorgerufenen Infektionen nicht zu unterscheiden sind.

Fischkrankheiten aufgrund der Versalzung der Werra und Weser

Hervorzuheben ist der niedersächsische Fall der bis Ende der 80er Jahre hochgradigen Versalzung der Weser. Der Umfang der gelieferten Weser-Fischproben zur fischgesundheitsdienstlichen Untersuchung stellte in Niedersachsen zwischen 1975 und 1990 mehr als 50 % aller Probeneinsendungen dar. Es überwogen die »Rotseuchen« bei Weißfischen und Aal (*Abb. 6.12-2*), die hauptsächlich durch *Aeromonas salmonicida*, atypische Formen, verursacht werden bis hin zu *Vibrio* sp., ein fischpathogener Keim im Brack- und Meerwasser. Nach HALSBAND (1976) schwankt der Anteil der erkrankten Weserfische mit dem Salz- und Schadstoffgehalt des Wassers zwischen 5 % und 30 %. Bei empfindlichen Arten wie der Barbe lagen diese Werte bei über 50 %. Neben der »Rotseuche« stellen Flossenfäule, Hauterkrankungen, Veränderungen der inneren Organe sowie parasitärer Befall durch Nematoden (Fadenwürmer) und Acanthocephalen (Kratzer) häufige Erscheinungsformen dar. Außer der hohen Salzkonzentration sind plötzliche und starke Konzentrationsschwankungen von großer Bedeutung. Bis 1991 wurden innerhalb weniger Tage Änderungen zwischen 1 000 mg Cl⁻/l und 12 000 mg Cl⁻/l beobachtet, die einen extremen physiologischen Streß sogar beim robusten Aal bewirken. Ferner ist auf die ungünstige Ionenzusammensetzung des eingeleiteten Salzes hinzuweisen; der hohe Anteil an Kalium-Ionen wirkt auf die Tiere hoch toxisch. Aus diesen Gründen verlieren die schwer erkrankten Fische die Fähigkeit, z. B. den Gasaustausch der Schwimmblase zu regulieren. Nach dem Absterben sinken sie zu Boden und bleiben unbemerkt.

Nach der Schließung einiger Kaliwerke in Thüringen und anderen Maßnahmen ist seit 1992 ein Rückgang der Weserversalzung festzustellen, aber die Salzkonzentration ist trotzdem immer noch unnatürlich hoch. (vgl. Kap. 6.10).

Parasitisch bedingte Nierenkrankheit (PKD)

In natürlichen Gewässern spielt insbesondere die Proliferative Nierenkrankheit (PKD) eine gewisse praktische Rolle. Es handelt sich beim Erreger um einen Sporozoen (Einzeller), dessen Zyklus und eventuelle Zwischenwirte noch nicht eindeutig geklärt sind. Häufigkeit und Befallsintensität sind temperaturabhängig. Als Faustregel gilt, je früher und je wärmer der Frühling einsetzt, desto gravierender ist das klinische Erscheinungsbild im

Herbst (September/Oktober) bis hin zu erheblichen Verlusten an Speiseforellen mit wirtschaftlichen Folgen (SCHLOTFELDT 1983). Stets wieder verblüffend ist, daß die im Oktober noch daumendicken Forellennieren ca. Ende November klinisch völlig normal aussehen. Der Parasit hat zu diesem Zeitpunkt den Wirt bereits verlassen. Im histologischen Schnitt sind die »PKX«-Zellen – wahrscheinlich die Zwischenform des PKD-Erregers – auch nicht mehr zu sehen.

Abb. 6.12-3 zeigt die PKD-geschwollene Niere bei einer Regenbogenforelle. Die PKD war bis ca. 1981 in Niedersachsen unbekannt; sie trat aber in den Folgejahren in zunehmendem Maße auf, so daß sie heute in keinem niedersächsichen Fließgewässer mit Sicherheit ausgeschlossen werden kann. Aber bereits ab etwa 1990 ist ein langsames Abklingen zumindest verlustreicher Fälle zu beobachten, so daß hier Grund zur Hoffnung auf Etablierung eines biologischen Gleichgewichts zwischen Wirt und Parasit besteht.

Umweltbedingte Krankheit

Es soll hier noch auf eine eher umweltbedingte Krankheit bzw. Stoffwechselstörung bei Salmoniden, die Nierenverkalkung (Nephrocalcinose) hingewiesen werden (*Abb. 6.12-4*). Diese Krankheit wird in Einzelfällen, z. B. bei Bachforellen besonders in Hochgebirgsbächen während der Schneeschmelzperioden, beobachtet. Dabei werden vor allem die Hinternieren in Mitleidenschaft gezogen. Da 80-90 % des N-Katabolismus bei Fischen durch die Kiemen erfolgt, treten hier keine großen Verluste auf. Bei der Erkrankung spielen höchstwahrscheinlich der pH-Wert und die CO_2-Verhältnisse eine wichtige Rolle.

Parasitismus durch Einführung fremder Arten

Das klassische Beispiel hierfür ist die Einführung von *Triaenophorus*-befallenen Hechten Ende des 19. Jhs. in den bis dahin hechtfreien Königssee in Bayern. Der Hecht ist der Endwirt des Bandwurms *T. crassus* und als Zwischenwirt fungiert ein Salmonide. Die Folge war die Fast-Ausrottung des begehrten »Schwarzreuthers« – des Königssee-Saiblings (*Abb. 6.12-5*).

Abb. 6.12-3: Hochgradig geschwollene Hinterniere durch die Proliferative Nierenkrankheit (PKD) bei einer Regenbogenforelle

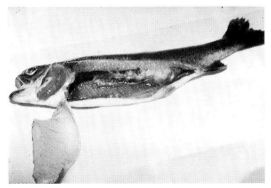

Abb. 6.12-4: Hochgradige Nierenverkalkung (Nephrocalcinose) bei einer Regenbogenforelle. Auffällig weiße Knoten und »Sandpapiereffekt« beim Schneiden. Beachten Sie den makroskopisch-klinischen Unterschied zur PKD

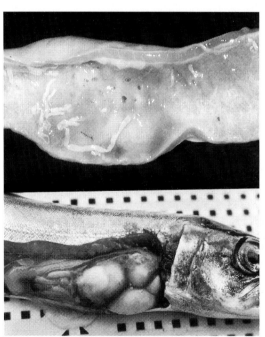

Abb. 6.12-5: **Oben**: Bandwurm (*Triaenophorus crassus*) im Hechtdarm. **Unten**: massive Zystenbildung in der Leber eines »Schwarzreuthers« als Zwischenwirt des Parasiten

Bei der Entwicklung des Parasiten kommt es zu umfassender Zystenbildung in den inneren Organen (bes. Leber), was zu Abmagerung und Konditionsabfall des Fisches führt. So kann die unüberlegte Einführung selbst einer nicht-fremden Art in ein Gewässer zu höchst unerwünschten Folgen führen.

Wesentlich größer sind die Gefahren insbesondere durch den grenzenlosen Lebendfisch-Handel exotischer Arten. So wurden in diesem und im vorigen Jahrhundert u. a. durch die Einschleppung von Wasserorganismen und durch den internationalen Tierhandel eine Reihe von Parasiten nach Deutschland und Europa eingeführt.

Genau untersucht wurden meistens nur die »auffälligen« Fälle. Hierzu gehört der Schlauchpilz *Aphanomyces astaci* (Schikora), der vermutlich 1860 mit dem Import amerikanischer Flußkrebse nach Europa gebracht wurde (vgl. Kap. 6.6). Diese Pilzart ist Erreger der »Krebspest« eine Krankheit die zu Massensterben der europäischen Krebsart *Astacus astacus* führt, die im Gegensatz zu den amerikanischen Krebsen nicht gegen diesen Pilz resistent ist. Die Flußkrebse in den Gewässern Mittel- und Nordeuropas waren früher so zahlreich, daß eine wirtschaftliche Nutzung lange Zeit möglich war. Mit der Ausbreitung der Krebspest in Deutschland und Europa gingen die Krebspopulationen in ihrem Vorkommen drastisch zurück; nur kleine Restpopulationen blieben bis heute übrig. Auch die in diesem Jahrhundert in zunehmender Weise festzustellende Gewässerverschmutzung hat die Erholung dieser Krebsart erschwert. In Schweden, wo *Astacus astacus* traditionell große Bedeutung hat, werden mit dem Schlauchpilz infizierte Gewässer seit Jahren erfolgreich z. B. durch Kalken renaturiert (ALDERMAN 1996).

Weitere Fälle von Parasitismus stehen in Verbindung mit der Einführung von Fischen aus anderen Kontinenten. So wurden Mitte der 60er Jahre drei asiatische Karpfenarten (Graskarpfen, Silberkarpfen und Marmorkarpfen) in verschiedenen Gewässern ausgesetzt, um der Überproduktion an Pflanzen infolge der Eutrophierung entgegenzuwirken. Dabei wurden trotz Vorsichtsmaßnahmen die Bandwürmer *Khawia sinensis* und *Botriocephalus acheilognathi* (Abb. 6.12-6) eingeschleppt. Sie befallen vor allem Karpfenartige.

Anguillicola novaezelandiae aus Australien und Neuseeland wurde durch Aalimporte in Europa eingeführt (MORAVEC & TARASCHEWSKI 1988). Im Gegensatz zu *A. anguillicola* (s. u.) konnte sich *A. novaezelandiae* nicht außerhalb Italiens ausbreiten. Die aus Asien stammenden Trematoden (Saugwürmer) *Pseudodactylogyrus anguillae* und *P. bini* (KØIE 1988) und der nordamerikanische Acanthocephale *Paratenuisentis ambiguus* (TARASCHEWSKI et al. 1987) kommen auch nur regional vor.

Mit dem Importen von Lebendaalen steht vor allem die Einschleppung des in Japan, Taiwan und Ostchina beheimateten Aalparasiten *Anguillicola*

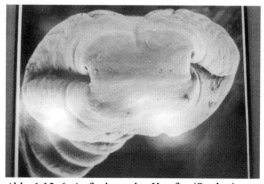

Abb. 6.12-6: Aufnahme des Kopfes (Scolex) von *Bothriocephalus* mit den Saugnäpfen. Foto: D. HOOLE & H. NISAN, Univ. Keele, Staffordshire UK

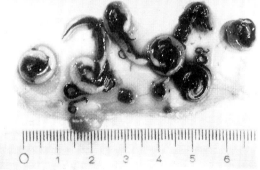

Abb. 6.12-7: *Anguillicola crassus*, »Schwimmblasenwurm«. **Oben**: verschiedene Entwicklungsstadien aus der Schwimmblase eines Aals

crassus in Verbindung (*Abb. 6.12-7*). Dieser in der Schwimmblase parasitierende Nematode wurde erstmals 1982 in Norddeutschland beobachtet (NEUMANN 1985). Da der Aalhandel von mehreren Ländern betrieben wurde (Deutschland, Holland, Italien u. a.), ist zu vermuten, daß die Einschleppung gleichzeitig in mehrere Länder erfolgte. Der regionale und europaweite Weiterverkauf der Lebendaale begünstigte die schnelle geographische Ausbreitung des Parasiten in Europa. Der Aal stellt den Endwirt des Parasiten dar. Die Entwicklung ist recht kompliziert; mehrere larvale Stadien werden durchlaufen. Als erster Zwischenwirt werden cyclopoide Kopepoden befallen. Verschiedene Jungfische können fakultativ als zweiter Zwischenwirt fungieren, bevor der Endwirt (Aal) infiziert wird.

In Deutschland kommt der Parasit heute fast flächendeckend vor. Wenige Jahre nach seiner Einschleppung stellte man Befallsraten bis zu 100 % und maximale Befallsintensitäten von fast 200 heranwachsenden und adulten Parasiten pro Aal fest (HARTMANN 1993). Beispielsweise wurde *Anguillicola crassus* in der Elbe erstmals 1986 beobachtet (PETERS & HARTMANN 1986). Von 1988 bis 1991 wurden jährlich über 300 Aale aus der Unterelbe zwischen 29,2 und 31,5 cm Länge untersucht. Die adulten Tiere waren bereits zu 76 bis 87 % infiziert (*Tab. 6.12-1*).

Tab. 6.12-1: Befallsrate (%) adulter Aale in der Unterelbe mit *Anguillicola* zwischen 1988 und 1991. (aus Daten von HARTMANN 1993)

Jahr	[n]	[cm]	Datum	[%]
1988	411	29,2	25.4.–17.10.88	83,4
1989	328	35,2	25.4.–04.12.89	76,2
1990	440	31,2	20.4.–18.12.90	79,9
1991	490	31,5	26.4.–10.12.91	87,0

Andere deutsche Gewässer wiesen ähnliche Befallsraten auf. TARASCHEWSKI et al. (1987) stellten Befallsraten in der Ruhr zwischen 79 % und 98 % und in der Weser von 43 % bis 78 % fest; nach WONRAK (1988) waren die Aale im Main zu 43 % bis 91 % infiziert.

Unabhängig davon konnte z. B. in Niedersachsen ab ca. 1993 ein deutliches Abklingen des *Anguillicola*-Problems beobachtet werden. Dies gibt Anlaß zu vorsichtig optimistischer Einschätzung, daß sich u. U. bei dieser Parasitose vielleicht viel eher als erwartet ein Gleichgewicht Wirt-Parasit einstellt.

In anderen europäischen Gewässern zeigt sich ein ähnliches Bild. In der südfranzösischen Carmargue wurde 1985 eine Befallsrate bis zu 95 % nachgewiesen (DUPONT & PETTER 1988). In den Niederlanden wird *Anguillicola* in Aal und Stint (*Osmerus eperlanus*) seit 1976 beobachtet. Im Ijsselmeer (Niederlande) lag 1987 der Anteil der parasitierten Aale bei über 91 % (DEKKER & VAN WILLIGEN 1989, HAENEN et al. 1994).

Die Schwimmblasenparasiten wirken sich negativ auf das Wachstum der Aale aus und schädigen die Schwimmblase des infizierten Fisches. Geschlechtsreife Tiere führen eine ca. 4 000 km lange Laichwanderung bis in die Sargasso-See durch. Ist die Schwimmblase mit Parasiten gefüllt, so ist nicht auszuschließen, daß die Laichwanderung und Rückbildung des Darms beeinträchtigt wird (LOZÁN 1990).

Die wirklichen Folgen der *Anguillicola*-Invasion auf den europäischen Aal werden in den nächsten Jahren bzw. zu Beginn des nächsten Jahrhunderts zu beobachten sein.

Fotonachweis: wenn nicht anders ausgewiesen - alle Abbildungen und Fotos vom Staatlichen Fischseuchenbekämpfungsdienst Niedersachsen und Fischgesundheitsdienst.

6.13 Die Belastung der Biozönosen durch Schadstoffe
DIETER BUSCH

Die in die Flußökosysteme eingetragenen Schadstoffe führen zu einer Beeinträchtigung der aquatischen Lebensgemeinschaften, wobei spektakuläre, akut toxische Situationen, wie z. B. der Sandozstörfall am Rhein, eher die Ausnahme bilden. Ein wesentlicher Teil des Schadstoffangebotes ist im Gewässersystem an feinpartikuläre Schwebstoffe gebunden und kann mit ihnen in den Sedimenten festgelegt werden. Nur geringe Anteile liegen (z. B. bei vielen Schwermetallen) in gelöster oder komplexierter Form im freien Wasserkörper vor. Die in den Sedimenten festgelegten Schadstoffe können durch physikalische (z. B. Resuspension bei Baggerarbeiten), chemische oder biologische Prozesse (z. B. Methylierung von anorganischem Quecksilber durch Mikroorganismen) remobilisiert und so für Organismen bioverfügbar gemacht werden.

Die für Gewässerbiozönosen ökotoxikologisch relevanten, nur zum Teil von den Umwelt- oder Wasserbehörden überwachten, Schadstoffbelastungen bestehen aus verschiedenen organischen Verbindungen (leicht- und schwerflüchtige Kohlenwasserstoffe (z. B. Lösungsmittel, Pestizide, PCBs), organischen Schwermetallverbindungen wie z. B. Methylquecksilber und anorganischen Stoffen (z. B. anorganische Schwermetallsalze, Radionuklide). Die im Wasserkörper gelöst oder an feinpartikuläres Seston gebunden vorliegenden Schadstoffe werden schon bei sehr geringen, teilweise analytisch nicht nachweisbaren Konzentrationen von aquatischen Organismen aufgenommen und in erheblichem Umfang akkumuliert. Eine Resorption von Schadstoffen aus Sedimenten erfolgt auch durch Körperkontakt oder bei Aufnahme von Sedimentpartikeln in den Magen-Darm-Trakt.

Im aquatischen Milieu unterliegen die eingetragenen Schadstoffe chemisch-physikalischen Veränderungen. Die sich wandelnden chemischen Speziierungen beeinflussen die biologische Verfügbarkeit. Diese ist nicht notwendigerweise mit den absoluten Konzentrationen in abiotischen Kompartimenten (Wasser, Seston, Sediment) des Ökosystems korreliert (BUSCH 1995a). Gleichzeitig kann es zu synergistischen Toxizitätssteigerungen als Wechselwirkung mit anderen Wasserinhaltsstoffen kommen. So steigen z. B. die Giftwirkung und Bioverfügbarkeit von Schwermetallen mit sinkendem Härtegrad und abnehmendem pH-Wert des Wassers rapide an (WACHS 1994). Zwischen der Bioverfügbarkeit von Schwermetallen und der Salinität des Flußwassers gibt es ebenfalls deutliche Korrelationen (BUSCH et al. 1995a).

Akkumulation von Schadstoffen durch aquatische Organismen

Eine Resorption erfolgt für wasserlösliche anorganische Verbindungen (z. B. Schwermetalle) vorwiegend aus dem umgebenden Wasser über den Kiemenpfad mit anschließender Speicherung in spezifischen Zielorganen (z. B. Leber oder Niere). Organische Verbindungen (z. B. Pestizide, PCBs) sind meist nur in geringem Umfang wasserlöslich. Sie werden von höheren Organismen (z. B. Fische) hauptsächlich über den Magen-Darm-Trakt mit der Nahrung aufgenommen und in den Fettgeweben akkumuliert. Eine Biomagnifikation (Anreicherung) der Schadstoffe kann innerhalb der Nahrungsketten auftreten. Die Spitzenglieder der Nahrungsnetze (z. B. Seeschwalben, Raubfische) weisen in der Regel höhere Konzentrationen an organischen Schadstoffen auf. Je nach Lebens- und Ernährungsweise lie-

Ort	Fluß-km	Pb			Cd			Cr			Ni			Zn			Cu		
		AL	GA	MU	AL	GA	MU	AL	GA	MU	AL	GA	MU	AL	GA	MU	AL	GA	MU
LEH	84	4,46	2,38	1,27	0,52	0,25	1,67	3,30	3,60	0,99	7,1	6,7	13,1	56,5	80,8	146,1	11,4	40,3	12,1
FUL	94	--	3,07	0,61	--	0,15	0,44	--	3,36	1,28	--	7,0	13,8	--	75,5	143,4	--	114,0	9,1
VER	114	--	2,35	2,00	--	0,58	2,30	--	0,34	0,49	--	2,5	8,6	--	90,3	353,6	--	88,5	9,5
BOF	69	11,94	0,54	0,68	0,55	0,34	1,27	9,12	0,63	0,78	13,3	5,1	10,8	89,9	80,6	156,3	26,3	67,5	12,1
HOL	147	5,07	0,82	0,99	0,23	0,25	0,88	3,02	1,60	0,81	8,9	4,9	15,6	46,1	75,7	141,1	8,4	71,3	14,3
DRB	275	7,13	0,35	0,84	0,52	0,17	1,69	6,31	0,82	1,00	9,0	7,4	19,4	70,6	77,2	186,2	12,3	60,2	13,6
HBH	361	10,52	4,59	1,37	0,51	0,29	1,43	3,55	2,34	0,86	7,3	3,2	24,6	83,4	122,0	172,6	7,9	78,9	11,8
HBF	UW-27	41,68	1,06	2,64	0,60	0,27	1,51	23,85	1,61	1,71	20,3	2,1	19,7	177,9	80,6	122,0	17,6	76,4	110,4

		Fettgehalt (%)			HCB			Lindan			Dieldrin			Ges.-DDT			Ges.-PCB		
		AL	GA	MU	AL	GA	MU	AL	GA	MU	AL	GA	MU	AL	GA	MU	AL	GA	MU
LEH	84	--	0,42	--	--	0,25	--	--	0,82	--	--	0,22	--	--	0,31	--	--	1,64	--
FUL	94	--	--	0,80	--	--	0,20	--	--	0,25	--	--	0,18	--	--	0,57	--	--	3,25
VER	114	--	1,54	0,70	--	0,18	0,14	--	0,27	0,23	--	0,18	0,20	--	0,35	0,34	--	1,38	2,30
BOF	69	--	0,78	0,80	--	0,33	0,13	--	0,44	0,30	--	0,26	0,08	--	0,31	1,01	--	2,47	1,85
POR	198	--	0,71	0,28	--	0,44	0,03	--	0,27	0,06	--	0,15	n.n	--	0,26	0,12	--	2,02	0,81
DRB	275	--	0,50	0,55	--	0,24	0,10	--	0,27	0,22	--	0,22	0,11	--	0,42	0,43	--	2,14	2,16
HBH	361	--	--	0,50	--	--	0,10	--	--	0,15	--	--	0,10	--	--	0,30	--	--	2,64
HBF	UW-27	--	0,59	0,40	--	0,43	0,10	--	0,19	0,27	--	0,38	0,20	--	0,73	0,85	--	3,01	4,88

Tab. 6.13-1: Mittlere Konzentrationen von Schwermetallen (mg/kg TG) und chlorierten Kohlenwasserstoffen (mg/kg extrahiertes Fett) aus dem Flußsystem Weser im Sommer 1992 (BUSCH et al. 1995a)

AL = sessile, fädige Algen (*Enteromorpha intestinalis*). Probennahme: Juli 1992, n = 3-5 (Mischproben). **GA** = Gammariden (*Gammarus* spp., Überwiegend *G. trigrinus*), Juli 1992, n = 10–15 (Ind.). **Mu** = Dreikantmuschelnˉ (*Dreissena polymorpha*). Exposition 12 Wo.(Mai–Juli 1992), n = 20 (Ind.). **Stationen**: **BOF** = Boffzen, km 69; **HOL** = Hessisch Oldendorf, km 147; **POR** = Porta, km 198; **DRB** = Drakenburg, km 278; **HBH** = Bremen-Hemelingen, km 361; **HBF** = Bremen–Farge, **UW-km 27** = 389; **BRA** = Brake, **UW-km 38** = 400 (Quell- u. Nebenflüsse): **LEH** = Letzter Heller, Werra, km 84; **FUL** = Wahnhausen/Fulda, km 94; **VER** = Verden/Aller, km 113

gen bei verschiedenen Organismentypen unterschiedliche Aufnahmemechanismen vor, gleichzeitig können sie einer unterschiedlichen Schadstoffexposition ausgesetzt sein. Auf diese Weise werden im gleichen Flußabschnitt in verschiedenen Organismen (z. B. Pflanzen, Krebstiere, Muscheln) unterschiedliche Konzentrationshöhen in den Geweben erreicht. Am Beispiel von Weserorganismen sind derartige Belastungsunterschiede (Schwermetalle, Pestizide, PCBs) in *Tab. 6.13-1* zusammengestellt (BUSCH et al. 1995a).

Sessile, fädige Algen (*Enteromorpha intestinalis*) sind im Litoral der Weser wichtige Vertreter des Phytobenthons. Die Schadstoffakkumulation aus dem umgebenden Wasser erfolgt durch Resorption in das Zellinnere oder durch Adhäsion an den Zelloberflächen. Filtrierende Muscheln (*Dreissena polymorpha*) haben durch ihre Ernährungsweise engen Kontakt mit den gelösten und den feinpartikulär gebundenen Schadstoffen der Wasserphase. Die Schadstoffaufnahme erfolgt über die Kiemen und den Verdauungstrakt. Die Anreicherungsfaktoren für Schwermetalle und CKWs aus dem unfiltrierten Flußwasser liegen bei 10^2–10^3. Ein Biomonitoring von Schadstoffen mit der Dreikantmuschel *Dreissena* wurde an Weser und Elbe durchgeführt (BUSCH et al. 1992, ARGE Elbe 1993).

Gammariden (*Crustacea*, überwiegend *Gammarus tigrinus*) sind Detritusfresser, ernähren sich bei Gelegenheit aber auch räuberisch. Sie kommen durch ihre benthische Lebensweise in Kontakt mit belasteten Sedimenten. In der Weser ist *Gammarus tigrinus* ein wichtiges Fischnährtier. Auch Gammariden sind für ein Biomonitoring von Schadstoffen geeignet (ZAUKE et al. 1995).

Organische Schadstoffe sind in Algen nicht nachweisbar, aber alle analysierten Schwermetalle werden deutlich akkumuliert. Sie erreichen hohe Blei- und Chromkonzentrationen, vor allem am tidebeeinflußten Unterweserstandort Bremen-Farge. Muscheln und Gammariden akkumulieren sowohl Schwermetalle als auch CKWs. Bei Cadmium und Zink werden die höchsten Konzentrationen in den Muscheln erreicht, während Pestizide in der Regel von Gammariden höher angereichert werden. Für PCBs ergeben sich für beide Organismen ähnliche Belastungsniveaus.

Ökologische Bewertungsmaßstäbe für die Schadstoffbelastung

Die bei der behördlichen Überwachung der Fließgewässer festgestellten Schadstoffkonzentrationen im Wasser erfüllen überwiegend die Richtwerte der Trinkwasserverordnung. Dieser Zustand darf aber nicht dazu verleiten, die vorliegenden Belastungsverhältnisse als unbedenklich anzusehen. Die in der Vergangenheit festgelegten und angewandten Grenz- und Richtwerte (Höchstmengenverordnung) für die Konzentrationen verschiedener Schadstoffe im Wasser und in Fischen sind allein an humantoxikologischen Aspekten orientiert. Ziel ist, den Menschen (bei durchschnittlichem Trinkwasser- und Fischkonsum) vor einem chronisch-toxischen Risiko zu bewahren.

Zu einem wirksamen Schutz der aquatischen Lebensgemeinschaften reichen derartige Grenzwerte bei weitem nicht aus. Bei vielen Organismen liegt der »No-effect-level« für die meisten Schadstoffe weit unter diesen Grenzwerten. Die gegenwärtig in unseren Flüssen vorliegenden Schadstoffkonzentrationen führen zu einer erheblichen chronisch-toxischen Belastung der Organismen. Gegenwärtig wird versucht, Qualitätsziele zum Schutz oberirdischer Binnengewässer vor gefährlichen Stoffen zu definieren (BLAK QZ 1992). Hierbei sind, neben der Sicherstellung anthropogener Gewässernutzungen, die aquatischen Lebensgemeinschaften eines der zu bewahrenden Schutzgüter. Die zu erarbeitenden Zielvorgaben sollen für die jeweiligen Gewässer eine möglichst naturnahe, standorttypische, sich selbst reproduzierende und selbst regulierende Lebensgemeinschaft von Pflanzen und Tieren und die Erhaltung des ursprünglichen Arteninventars gewährleisten (BLAK QZ 1992). Der Schutz der aquatischen Biozönosen stellt das Schutzziel mit den höchsten Anforderungen an die Gewässerqualität bezüglich der Schadstoffbelastung dar (WACHS 1994).

Die Beurteilung der Schadstoffbelastung aquatischer Ökosysteme erfordert eine umfassende Kenntnis über die Bioakkumulation und die chronisch-toxischen Wirkungen der Stoffe auf die limnischen Biozönosen. Bei der Abschätzung des ökologischen Risikos müssen sowohl Toxizität als auch die Biokonzentrationsfaktoren (Anreicherung in Organismen gegenüber dem Wasser) eines Stoffes in die Bewertung eingehen. Nach dem BLAK QZ (1992) sollen anhand von Biotestverfahren mit Primärproduzenten (z. B. Grünalgen), Primär- (z. B. Wasserflöhen) und Sekundärkonsumenten (z. B. Fische) die als unkritisch einzustufenden Konzentrationen im Wasser (NOEC, No observed effect concentration) ermittelt werden. Versehen mit einem Sicherheitsfaktor (0,1 bis 0,0001, je nach Toxizität und Bioakkumulation) ergibt sich aus diesen Konzentrationen ein Richtwert für das ökologische Qualitätsziel. Bisher handelt es sich jedoch nur um Empfehlungen, rechtlich verbindliche Maximalkonzentrationen von Schadstoffen im Wasser werden nicht festgelegt. Für viele Schadstoffe liegen zudem noch keine ausreichenden Kenntnisse über Toxizität und Bioakkumulationsfaktoren vor.

Ein Beispiel für derartige Qualitätsziele ist das von WACHS (1994) für die Schwermetallbelastung der Biozönose von Fließgewässern entwickelte Bewertungsschema (*Tab. 6.13-2*). Die siebenstufige Bewertungsskala reicht von I (unbelastet) bis IV (übermäßige Belastung). Neben Fischen wurde als repräsentativer Indikatororganismus für das Zoobenthon der Rollegel (*Erpobdella* spp.) ausgewählt. Die den Belastungsklassen zugewiesenen Konzentrationshöhen sind als Richtwerte für die Einschätzung der Belastungssituation anderer Organismen geeignet. Es muß aber berücksichtigt werden, daß z. B. Muscheln und Schnecken unter der gleichen Schadstoffbelastung im Gewässer geringere Konzentrationen erreichen, die Belastungssituation anhand der Skala also unterschätzt würde. Das Wassermoos *Fontinalis* sp. ist nach WACHS repräsentativ für niedere Pflanzen.

Die Bewertung der Gewässerbelastung mit biologisch abbaubaren Substanzen erfolgt anhand des biologischen Besiedlungsbildes (Arteninventar, Abundanzen) nach dem Saprobiensystem. Im Umweltprogramm der Bundesregierung wird die nach dem Saprobienindex definierte Güteklasse II allgemein als Mindestgüteziel der Wasserwirtschaft für Fließgewässer festgelegt. Nach WACHS (1994) sollte zum Schutz der aquatischen Biozönosen bei der Festlegung der Qualitätsziele für die Gewässerbelastung mit Schwermetallen ebenfalls die von ihm definierte Belastungsklasse II oder ein noch besserer Belastungszustand angestrebt werden.

Unterschiedliche Schadstoffbelastungen der Flußbiozönosen

Die Schadstoffbelastungen von Organismen aus Weser, Elbe, Rhein und Donau weisen deutliche Unterschiede auf. Ein umfassender Vergleich dieser Belastungen ist jedoch nur eingeschränkt möglich. Aktuelle Daten zur Schadstoffbelastung repräsentativer Organismengruppen liegen nur lückenhaft vor, Invertebraten und Wasserpflanzen werden in der Regel bei der Gewässerüberwachung nicht routinemäßig analysiert.

In den *Abb. 6.13-1* und *6.13-2* sind die unterschiedlichen Belastungsmuster von Schwermetallen und Pestiziden in exponierten Dreikantmuscheln aus der hamburgischen Elbe und der bremischen Weser gegenübergestellt. Beim Vergleich der Schwermetallkonzentrationen fallen sofort die hohen Quecksilberkonzentrationen in

Belastungsklassen	Fische Muskulatur mg/kg (FG)	Zoobenthon Erpobdella mg/kg (FG)	Phytobenthon Fontinalis mg/kg (TG)	Fische Muskulatur mg/kg (FG)	Zoobenthon Erpobdella mg/kg (FG)	Phytobenthon Fontinalis mg/kg (TG)	Fische Muskulatur mg/kg (FG)	Zoobenthon Erpobdella mg/kg (FG)	Phytobenthon Fontinalis mg/kg (TG)
	BLEI			**CADMIUM**			**CHROM**		
I	< 0.002	< 0.04	< 1	< 0.001	< 0.003	< 0.03	< 0.002	< 0.03	< 0.3
I-II	0.002 - 0.008	0.04 - 0.20	1 - 4	0.001 - 0.002	0.003 - 0.02	0.03 - 0.2	0.002 - 0.008	0.03 - 0.2	0.3 - 2.0
II	0.008 - 0.04	0.2 - 1.0	4 - 15	0.002 - 0.008	0.02 - 0.12	0.2 - 0.8	0.008 - 0.08	0.2 - 1.0	2 - 10
II-III	0.04 - 0.18	1 - 4	15 - 50	0.008 - 0.03	0.12 - 0.40	0.8 - 3.0	0.08 - 0.5	1 - 4	10 - 40
III	0.18 - 0.6	4 - 12	50 - 110	0.03 - 0.08	0.4 - 1.0	3 - 6	0.5 - 2.0	4 - 13	40 - 100
III-IV	0.6 - 1.5	12 - 25	110 - 180	0.08 - 0.2	1 - 2	6 - 10	2 - 5	13 - 30	100 - 180
IV	> 1.5	> 25	> 180	> 0.2	> 2	> 10	> 5	> 30	>180
	QUECKSILBER			**ZINK**			**KUPFER**		
I	< 0.005	< 0.001	< 0.003	< 0.4	< 3	< 10	< 0.01	< 0.1	< 0.6
I-II	0.005 - 0.02	0.001 - 0.005	0.003 - 0.02	0.4 - 1.2	3 - 15	10 - 40	0.01 - 0.03	0.1 - 0.5	0.6 - 3.0
II	0.02 - 0.08	0.005 - 0.04	0.02 - 0.1	1.2 - 3.0	15 - 60	40 - 150	0.03 - 0.1	0.5 - 2.0	3 - 12
II-III	0.08 - 0.3	0.04 - 0.2	0.1 - 0.5	3 - 6	60 - 200	150 - 500	0.1 - 0.3	2 - 6	12 - 35
III	0.3 - 0.8	0.2 - 0.8	0.5 - 2.0	6 - 10	200 - 400	500 - 1100	0.3 - 0.8	6 - 15	35 - 80
III-IV	0.8 - 2.0	0.8 - 3.0	2 - 8	10 - 15	400 - 600	1100 - 1800	0.8 - 2.0	15 - 28	80 - 180
IV	> 2	> 3	> 8	> 15	> 600	>1800	> 2	> 28	> 180

Tab. 6.13-2: Ökobewertung der Belastung von Fließgewässern mit Schwermetallen anhand von ausgewählten, repräsentativen Organismentypen (aus WACHS 1994). *Erpobdella* = Rollegel; *Fontinalis* = Wassermoos. TG = Trockengewicht. FG = Frischgewicht

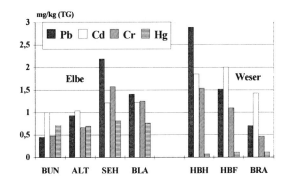
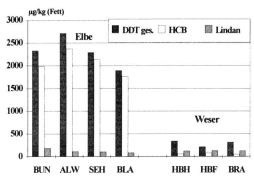

Abb. 6.13-1: Vergleich der erreichten mittleren Schwermetallkonzentrationen in Dreikantmuscheln. Exposition: (20.1.–2.4.93) (n = 20) (BUSCH et al. 1995a)

Stationen: (Elbe): **BUN** = Bunthaus, km 634; **ALT** = Altenwerder, Hafengebiet; **SEH** = Seemannshöft, km 629; **BLA** = Blankenese, km 634 (Weser): **HBH** = Bremen-Hemelingen, km 361; **HBF** = Bremen-Farge, UW-km 27; **BRA** = Brake, UW-km 38

Abb. 6.13-2: Vergleich der erreichten mittleren Pestizidkonzentrationen in Dreikantmuscheln nach Exposition (20.1.-2.4.93) in Weser und Elbe (Mischproben aus ca. n = 20) (BUSCH et al. 1995a)

Stationen: (Elbe):**BUN** = Bunthaus, km 634; **ALT** = Altenwerder, Hafengebiet, **SEH** = Seemannshöft, km 629; **BLA** = Blankenese, km 634 (Weser): **HBH** = Bremen-Hemelingen, km 361. Gesamt-DDT = Summe aus 2,4'-DDT; 4,4'-DDT, 4-4'-DDD und 4-4'-DDE

den Elbmuscheln auf. In den Wesermuscheln spiegelt sich die höhere Cadmiumbelastung der Weser ebenfalls wider. Die im Vergleich sehr hohe Pestizidbelastung der Elbe (*Abb. 6.13-2*) wird bei den Konzentrationen von Gesamt-DDT und von HCB (Hexachlorbenzol) deutlich. Die in der Elbe erreichten Konzentrationen liegen um den Faktor 10 über dem zeitgleich in der Weser erreichten Level. Auch für verschiedene PCB-Kongenere weist die Elbe ein höheres Belastungsniveau auf. Aus lebensmittelrechtlichen Gründen (Höchstmengenverordnung) wird die Schadstoffbelastung von Flußfischen häufiger analysiert (*Tab. 6.13-3*).

Die Pestizid- und Schwermetallbelastung von Fischen aus Rhein und Elbe ist nach wie vor besorgniserregend. Weißfische (Brassen) aus der Elbe erreichen bei organischen Quecksilberverbindungen ein deutlich höheres Belastungsniveau als Tiere aus Rhein und Weser, während Aale aus Rhein und Elbe gleichermaßen hoch belastet sind. Eine Bewertung der Quecksilberbelastung nach WACHS (1994) ergibt für Rhein und Weser eine Einstufung in die Belastungsklasse II–III, für die Elbe in Klasse III. Somit ergibt sich hinsichtlich der Quecksilberbelastung unserer Flüsse ein deutlicher Sanierungsbedarf. Auch bei der Belastung mit Pestiziden und PCBs nehmen Weißfische und Aale aus der Elbe die Spitzenstellung ein (GAUMERT 1995a,b).

Bei Fischen aus Rhein und Elbe kommt es regelmäßig zu Überschreitungen der Höchstwerte der Lebensmittelverordnung, was in der Vergangenheit z. B. zu Vermarktungsverboten für Elbaale führte. Im Jahr 1994 wurden 46 Elbaale aus dem Raum Gorleben (km 490) untersucht. Dabei wurden bei folgenden Stoffen die Höchstmengen überschritten: Quecksilber (1 mg/kg (FG)): 3 mal; HCB (0,5 mg/kg (Fett)): 18 mal; HCH-Isomere außer Lindan (0,5 mg/kg (Fett)): 3 mal; Lindan (0,5 mg/kg (Fett)): 1 mal; Gesamt-DDT (5 mg/kg (Fett)): 4 mal (GAUMERT 1995b). Auch bei Rheinfischen kam es 1990 regelmäßig zu Höchstmengenüberschreitungen. Am gesamten Flußlauf wurden z. B. bei einem Großteil der untersuchten Aale und Barben die PCB-Höchstmengen überschritten (IKSR 1991). Auch kleinräumige, teilweise erhebliche Belastungsunterschiede der Fischpopulationen einzelner Flußabschnitte sind gut erkennbar, z. B. die steigende PCB-Belastung von Elbbrassen im hamburgischen Hafengebiet (km 633, *Tab. 6.13-3*). Nach KRUSE et al. 1994 sind Weißfische (z. B. Brassen) auch zum Biomonitoring von Langzeittrends der Schadstoffbelastungen geeignet.

Warnsignale-Fazit der Belastung der Biozönosen mit Schadstoffen

Durch die Änderung von Produktionsverfahren, verbesserte Abwasseraufbereitung und vor allem durch strengere Umweltauflagen (z. B. AbwAG) kommt es bei altbekannten Problemstoffen

(Schwermetalle, PCBs) zu abnehmenden Einträgen in die Umwelt und damit auch zu sinkenden Schadstoffkonzentrationen in den Organismen. Gegenwärtig werden jedoch durch den Einsatz neuentwickelter, ökotoxikologisch relevanter Stoffe (z. B. Phosphorpestizide) neue chronisch-toxische Belastungen der Biozönosen verursacht. Andere neu eingesetzte Verbindungen (z. B. Detergentien (NTA, EDTA) in Waschmitteln, können im aquatischen Milieu durch ihr chemisch-physikalisches Reaktionspotential eine Anhebung der Bioverfügbarkeiten von vorhandenen Schadstoffen verursachen, so z. B. die Remobilisierung von Schwermetallen aus Sedimenten.

Die Schadstoffbelastungen der Flußökosysteme sind immer noch so hoch, daß regelmäßig in Fischen Schadstoffkonzentrationen nachgewiesen werden, die sogar die lebensmittelrechtlichen Höchstwerte erheblich überschreiten (IKSR 1991, GAUMERT 1995a, b). Das vom BLAK QZ (1992) definierte Qualitätsziel »Schutz der aquatischen Lebensgemeinschaften vor gefährlichen Stoffen« ist noch bei weitem nicht erreicht, für viele Stoffe müssen sogar noch die maximal zu tolerierenden Konzentrationen (NOEC) definiert werden.

Die vorliegenden Belastungen induzieren chronisch-toxische Effekte auf aquatische Organismen. Die Langzeiteffekte dieser chronisch-toxischen Belastungen auf Gesundheitszustand und Reproduktionsvermögen der verschiedenen Organismengruppen im aquatischen Milieu sind bisher nicht umfassend erforscht. Es herrscht z. B. noch weitgehend Unkenntnis über die Langzeiteffekte neuer Umweltkontaminanten wie z. B. Phosphorpestizide und Pyrethroide. Dabei ist zu bedenken, daß viele Umweltkontaminanten erst

(mg/kg)	Rhein		1990		Elbe		1991		Weser		1987		Saar	1991	Mosel	1991	Donau	1988
ART	Rotaugen				Brassen				Brassen				Div.Arten		Barsch		Div.Arten	
Ort	112-	321-	440-	642-	Gorlb	Ortk	Mb.L.	Glstd	Nienb.	Dreye	Farge		W.wald	Serrig	Berg	Kinh.	Lauing	Passau
Fluß-km	313	432	630	1055	490	608	633	675	260	363	UW-27		--	--	--	--	2545	2240
Fett (%)	--	--	--	--	2,04	2,13	2,17	6,06	4,1	2,6	2,2		--	--	--	--	--	--
Lindan	0,001	0,001	0,001	0,001	0,006	0,006	0,004	0,008	0,008	0,005	0,011		--	--	--	--	--	--
HCB	--	--	--	--	0,056	0,038	0,028	0,048	0,006	0,004	0,002		--	--	--	--	--	--
Ges.DDT	--	--	--	--	0,156	0,130	0,235	0,136	0,048	0,031	0,069		--	--	--	--	--	--
PCP	0,001	0,001	0,003	0,001	--	--	--	--	--	--	--		--	--	--	--	--	--
PCB 28	0,003	0,002	0,002	0,003	0,004	0,003	0,002	0,002	0,005	0,004	0,002		0,11	--	0,033	--	--	--
PCB 52	0,004	0,005	0,005	0,01	0,012	0,010	0,015	0,017	0,003	0,003	0,003		<0,0002	--	<0,0001	--	--	--
PCB 101	0,01	0,006	0,011	0,021	0,021	0,022	0,066	0,039	0,012	0,018	0,013		0,007	0,022	0,002	0,007	--	--
PCB 118	--	--	--	--	0,010	0,010	0,028	0,014	--	--	--		--	--	--	--	--	--
PCB 138	0,016	0,008	0,022	0,02	0,040	0,043	0,111	0,060	0,040	0,041	0,034		0,012	0,032	0,018	0,016	--	--
PCB 153	0,019	0,011	0,023	0,037	0,056	0,067	0,175	0,087	0,029	0,037	0,026		0,01	0,035	0,024	0,017	--	--
PCB 170	--	--	--	--	--	--	--	--	0,006	0,010	0,006		--	--	--	--	--	--
PCB 180	0,008	0,005	0,012	0,011	0,028	0,040	0,080	0,035	0,018	0,021	0,018		0,005	0,013	0,001	0,01	--	--
PCB 194	--	--	--	--	0,003	0,006	0,008	0,004	0,001	0,002	0,002		--	--	--	--	--	--
Muskel																		
Hg	0,25	0,16	0,17	0,26	0,38	0,58	0,71	0,40	0,28	0,24	0,18		--	--	--	--	--	--
Pb	0,051	0,023	<0,1	0,107	0,016	0,016	0,097	0,012	--	--	--		--	--	--	--	0,13	0,08
Cd	0,005	0,001	0,007	0,002	0,0003	n.n	0,0004	0,0001	--	--	--		--	--	--	--	--	--
Leber																		
Pb	--	--	--	--	0,15	0,08	0,10	0,08	0,09	0,11	0,08		--	--	--	--	0,40	0,18
Cd	--	--	--	--	0,03	0,04	0,04	0,07	0,44	0,21	0,07		--	--	--	--	--	--
Cr	--	--	--	--	0,04	0,04	0,18	0,02	0,03	0,02	0,02		--	--	--	--	0,67	0,40
Niere																		
Cd	--	--	--	--	0,22	--	0,40	0,40	1,52	0,84	0,34		--	--	--	--	--	--
Klassifizierung der Belastung der Fischmuskulatur nach WACHS (1994)																		
Muskel																		
Hg	II-III	II-III	II-III	II-III	III	III	III	III	II-III	II-III	II-III		--	--	--	--	--	--
Pb	II-III	II	II-III	II-III	II	II	II-III	II	--	--	--		--	--	--	--	II-III	II-III
Cd	II	I-II	II	II	I	I	I	I-II	--	--	--		--	--	--	--	--	--

Tab. 6.13-3: Schwermetalle, Pestizide und PCB-Konzentrationen in Fischen aus deutschen Flüssen

Quellen : **Rhein**: IKSR (1991), n = keine Angabe; **Elbe**: GAUMERT (1995), n = 15; Für CKWs Angabe bez. auf extrahiertes Fett, wurde auf Frischgewicht (FG) umgerechnet. Elborte: Gorl. = Gorleben; Ortk. = Ortkaten; Mb.L. = Mühlenberger Loch; Glstd. = Glückstadt. **Weser:** BUSCH et al. (1995 b) (SM); CETINKAYA et al. (1995) (CKW), n =11-20: Für SM Angabe bez. auf TG, wurde auf FG umgerechnet, Nienb. = Nienburg; **Donau:** WACHS (1993), n = 13-15; **Saar/Mosel:** IKSMS (1993), n = keine Angabe. Angaben erfolgten als Belastungsfaktoren (Konzentrationen/Höchstmengenverordnung), daraus errechnet wurden die mittleren Konzentrationen im Frischgewicht, **Saar**: W.Wald = Willerwald. **Mosel**: Kinh. = Kinheim

seit wenigen Jahren oder Jahrzehnten eingetragen werden, und solche Effekte z. T. noch gar nicht in Erscheinung getreten sind. Die Belastungs- und Wirkungsfaktoren in aquatischen Ökosystemen sind dermaßen komplex, daß monokausale, jeweils auf einzelne Schadstoffe bezogene Zusammenhänge zwischen dem Rückgang oder dem regionalen Aussterben einzelner empfindlicher Arten und chronischer Schadstoffbelastung nur selten belegt werden können.

Zunehmend werden negative Effekte der vorliegenden chronischen Belastungen auf die aquatischen Lebensgemeinschaften nachgewiesen. Nach CAMERON & WESTERNHAGEN (1990) beeinträchtigen PCB- und DDE-Belastungen das Fortpflanzungspotential von Fischen. HACKSTEIN et al. (1988) wiesen Effekte geringer Schwermetallkonzentrationen auf die Reproduktion von Invertebraten (*Gammariden*) nach. HANSEN & PLUTA (1994) belegen die Zusammenhänge zwischen dem Streß durch chronische Schadstoffbelastungen und der Ausprägung von Krankheitsbildern (z. B. Geschwüre an Fischen). Der umweltinduzierte Streß der Fische wird durch erhöhte Konzentrationen von streßinduzierten Enzymen (MFOs) in Fischlebern nachgewiesen.

Schlußbetrachtung

Wenn auch seit den 70er Jahren die Reduzierung bestimmter Schadstoffeinträge (Pestizide, Schwermetalle) beobachtet werden kann, so liegen in den Flußökosystemen noch lange keine unbedenklichen Belastungsniveaus vor. Aus ökotoxikologischer Sicht müssen die behördlichen Auflagen für die Abwasseraufbereitung und Einleiter (z. B. AbwAG) verschärft und die Gewässerüberwachung verbessert werden. Der Eintrag von Schadstoffen in die Umwelt muß durch Produktionsverbote besonders bedenklicher Stoffe (z. B. DDT, Lindan, PCBs), durch die Entwicklung alternativer Verfahren und durch Verwendung alternativer Produkte reduziert werden. Um dem vom BLAK QZ (1992) geforderten Qualitätsziel »Schutz der aquatischen Lebensgemeinschaften« näher zu kommen, müssen die teilweise noch festzulegenden Qualitätsnormen für die Schadstoffbelastung von Fließgewässern rechtlich verbindlich festgeschrieben werden.

BUND Naturschutz in Bayern e.V. Anwalt der Natur!

Wer ist der Bund Naturschutz?

Der Bund Naturschutz (BN) ist mit über 110 000 Mitgliedern der mitgliederstärkste und erfolgreichste Naturschutzverband in Bayern.

Der BN ist parteipolitisch und konfesionell unabhängig und dient ausschließlich gemeinnützigen Zwecken.

Der BN versteht sich als »Anwalt der Natur«, und die sonst keine Lobby hat. Er muß als Umweltverband bei vielen Eingriffen in den Naturhaushalt vorab gehört werden.

Was will der Naturschutz?

Der BN will die natürlichen Lebensgrundlagen von Menschen, Tieren und Pflanzen vor weiterer Zerstörung bewahren.

Er kümmert sich in Artenschutzprojekten um Tiere und Pflanzen, die vom Aussterben bedroht sind.

Der BN will dazu beitragen, daß der Natur- und Umweltschutz auf kommunaler und Landesebene den Stellenwert bekommt, der zur Sicherung unseres Naturhaushaltes notwendig sind.

Warum Mitglied im Bund Naturschutz?

Gemeinsam sind wir stark. Als Mitglied gebe ich mich zu erkennen und beziehe Stellung.

Nur ein starker, von staatlichen Geldern unabhängiger Verband kann wirkungsvoll für den Natur- und Umweltschutz eintreten.

Die Aufgaben wachsen ständig: Der BN engagiert sich auch zu den Themen Abfall, Klima, Energie und Verkehr.

Als Mitglied erhalte ich regelmäßig wichtige Informationen zu den

Themen des Umwelt- und Naturschutzes. Für Jugendliche gibt es eine eigene Jugendorganisation mit vielen Angeboten (Seminare und Freizeiten) und Treffen vor Ort.

Bei den Ortsgruppen kann ich eigene Vorstellungen verwirklichen und mich laufenden Projekten anschließen, z. B. im Artenschutz, bei Pflegemaßnahmen oder in Arbeitskreisen.

W E R D E N   S I E   M I T G L I E D !

Bund Naturschutz in Bayern e. V., Kirchenstraße 88, 81675 München

BUND FÜR UMWELT UND NATURSCHUTZ DEUTSCHLAND

Bundesgeschäftsstelle, Im Rheingarten 7, D-53225 Bonn, Tel. 0228 40097-0 Fax 0228 40097-40

Der BUND: Eine Bürgerbewegung für die Natur

Das BUND-Elbe-Projekt kämpft gegen den Ausbau der Flüsse zu Wasserstraßen; eine Brandenburger Ortsgruppe hat eine alte Lindenallee vor der Abholzung gerettet; in Köln zeigt der BUND den Großstädtern, wie faszinierend Fledermäuse sind und bundesweit macht sich der BUND stark gegen Gen-Tomaten im Supermarkt und für eine ökologische Steuerreform. Ob zuhause, vor der eigenen Haustür in Stadt und Kreis oder bei der sogenannten hohen Politik in Bonn: Der BUND mit seinen 220 000 Mitgliedern und seinen 2 000 Gruppen setzt sich auf allen Ebenen ein für die Bewahrung von Natur und Umwelt, für ein zukunftsfähiges Leben innerhalb der ökologischen Grenzen.

Der BUND wurde 1970 von prominenten Naturschützern gegründet. Die Geschichte einiger Landesverbände geht aber viel weiter zurück. So reichen zum Beispiel die Wurzeln des Bund Naturschutz in Bayern, dem größten und ältesten BUND-Landesverband, zurück bis ins Jahr 1913.

Heute ist der BUND mit seinen 16 Landesverbänden einer der größten Umweltverbände in Deutschland. Ehrenamtlich Aktive und hauptamtliche Mitarbeiterinnen und Mitarbeiter betreiben konkreten Naturschutz, sind kompetente Ratgeber für Verbraucherinnen und Verbraucher, informieren die Öffentlichkeit über wichtige Umweltthemen und arbeiten als politische Lobby für die Natur. Für eine enge Verzahnung von politischer Aktion mit ökologischen Know-How sorgen die 19 wissenschaftlichen Arbeitskreise des BUND. Hier engagieren sich Fachleute aus Wissenschaft und Forschung, aber auch ausgefuchste Spezialisten und Expertinnen, die aus Bürgerinitiativen und BUNDgruppen hervorgegangen sind. Hier werden BUNDkonzepte entwickelt. Denn wir kritisieren nicht nur und stellen in Frage, sondern wir liefern auch Antworten: Zum Beispiel, wie eine Energiezukunft ohne Atomstrom aussehen kann oder wie ein ernstzunehmendes Bodenschutzgesetz aussehen muß.

Von der Verwendung umweltfreundlicher Waschmittel im Haushalt über Krötenschutzaktionen vor Ort bis zur Pressekonferenz zur Verkehrspolitik oder der Stellungnahme zu Gesetzen: Alle BUNDaktivitäten werden von der Erkenntnis angetrieben, daß sich vieles ändern muß, wenn wir weiter ein lebenswertes Leben, im Einklang mit der Natur, führen wollen. Wir brauchen Veränderungen in der Politik, in der Wirtschaft, auf unseren Straßen, in unserem Alltag, in unseren Köpfen und Herzen. Erste konkrete Vorstellung darüber wie diese Veränderungen aussehen können, welches Ausmaß sie haben müssen und wie sie erreicht werden können, hat die kürzlich gemeinsam von BUND und Misereor vorgestellte Studie »Zukunftsfähiges Deutschland« geliefert. Ihre Analyse ist eindeutig: Unser derzeitiger Umweltverbrauch ist nicht zukunftsfähig. Wir überziehen das Umweltkonto, das uns, weltweit betrachtet, zusteht. Wir wirtschaften als hätten wir fünf Ersatz-Erdkugeln in der Schublade. Die Studie skizziert deshalb Leitbilder für einen Lebensstil und eine Wirtschaftsweise, die nicht auf zerstörerische Ausbeutung der natürlichen Ressourcen angelegt sind. Sie nennt konkrete Umweltziele und zeigt Wege zur Realisierung auf. An dieser Wende zur Zukunftsfähigkeit zu arbeiten, hat sich BUND zur Aufgabe gemacht. Während allenthalben kurzsichtig und einseitig über den »Wirtschaftsstandort Deutschland« diskutiert wird, setzt sich der BUND ein für den »Lebensstandort Deutschland«: Wir streiten dafür, daß die Politik verbindliche Umweltziele festlegt und entsprechend verfolgt - zum Beispiel die Senkung des Klimagas-Ausstoßes um 80 % bis zum Jahr 2050. Wir werben für neue Leitbilder in Wirtschaft und Gesellschaft: Für eine neue Ethik der Genügsamkeit nach dem Motto »gut leben statt viel haben«.

Dabei brauchen wir viel Unterstützung. Jede und jeder kann seinen Teil beitragen zu dem nötigen Wandel. Wir laden jeden ein, sich bei uns zu engagieren und mitzuarbeiten. Denn solange beispielsweise die Automobilclubs weit mehr Mitglieder (und noch viel mehr Geld) haben als wir, sind wir noch nicht stark genug, um die überkommene Beton- und Wachstumspolitik zu stoppen.

Konto Nr. 232, Sparkasse Bonn, BLZ 380 500 00

7 Flußtypische Lebensräume schützen !

Flüsse sind mehr als ihr Wasser! Unsere Flüsse sind seit Urzeiten für die Besiedlung von ausschlaggebender Bedeutung gewesen. Das hat dazu geführt, daß sie immer wieder verändert und ökologisch geschädigt wurden. Menschliche Überheblichkeit gegenüber der »beherrschbaren« Natur und die falsche Vorstellung von unendlichen Selbstreinigungskräften der Natur haben schwere Schäden an den Flüssen hervorgerufen.

Die Entkoppelung der Flüsse von ihrer Aue ging immer weiter, um die Bedingungen für die Landwirtschaft zu verbessern, Siedlungen und Gewerbegebiete zu errichten. Dabei waren aus wohlverstandenem Eigennutz des Menschen die regelmäßig überschwemmten Auen weitgehend freigehaltenen worden. Erst jetzt beginnt man so recht zu verstehen, was damit verloren ging. Die noch vorhandenen Reste auentypischer Landschaften verdienen besonderen Schutz, nicht zuletzt wegen ihrer Einmaligkeit. Ein Großteil der gefährdeten oder vom Aussterben bedrohten Pflanzen und Tiere gehört zu den typischen Elementen der Flußauen. Auch die mündungsnahen Süßwasserwatten und Ästuare sind bedroht. Zu den direkt zerstörenden Einflüssen gesellen sich andere Belastungen wie die Verunreinigung der noch überschwemmten Uferzonen mit Schadstoffen. Aufgabe der Zukunft wird es sein, Konzepte für die dauerhafte, möglichst naturnahe Entwicklung der Flußlandschaften anzuwenden. Es muß ein Zustand erreicht werden, der mit möglichst geringen steuernden Eingriffen auskommt.

Nach und nach werden durch spezielle Aktionsprogramme wie z. B. von Rhein und Elbe die Auen als unveräußerliche Bestandteile der Flüsse in die Sanierungsbemühungen einbezogen. Aber es werden noch viel größere Anstrengungen als bisher erforderlich sein. Auentypische Lebensräume schützen bedeutet, auf ihre Nutzung weitgehend zu verzichten. Es bedarf intensiver Zusammenarbeit zwischen allen Zuständigen und Betroffenen. Mehr Überzeugungsarbeit ist noch zu leisten, damit erkannt wird, daß der Auenschutz zugleich verbesserten Hochwasserschutz bedeutet. Statt immer höhere Wälle zu errichten ist es in sehr vielen Fällen letztlich einfacher und dauerhaft billiger, den nicht beherrschbaren Hochwässern auszuweichen und dem Fluß sein Hochwasserbett, die Aue, wiederzugeben. Intakte Lebensräume und größerer Erlebniswert für die Menschen entwickeln sich dann nahezu von allein.

7.1 Bedeutung und Gefährdung der Flachwassergebiete, Brack- und Süßwasserwatten

Andreas Hagge & Norbert Greiser

Tideflüsse im Naturzustand

Aus ökologischer Sicht stellen die tidebeeinflußten Abschnitte eines Flusses eine besonders enge Vernetzung terrestrischer und aquatischer Lebensräume dar. So kommt es in niederschlagsreichen Jahreszeiten oder während der Schneeschmelze zu längerandauernden jahreszeitperiodischen Überflutungen durch eine übermäßige Süßwasserzufuhr (»hohes Oberwasser«) aus dem Binnenland und zu episodischen großflächigen Überschwemmungen bei Sturmfluten. Einen besonderen Anpassungsdruck auf die in Ästuaren heimische Flora und Fauna üben jedoch die kurzzeitperiodischen Wasserstandswechsel bei Ebbe und Flut aus. Dieser Umweltfaktor fehlt in einem Binnenlandfluß, so daß nur in einem Ästuar tidebeeinflußte Flachwasserzonen, marine Watten, Brack- und Süßwasserwatten sowie hochwasserbeeinflußte Überschwemmungsgebiete zu größeren Lebensraumeinheiten miteinander verbunden sind.

Die genannten Änderungen im Wassertransport bewirken im Naturzustand eine starke Aufgliederung des Flußbettes in zahlreiche Nebenarme, Sande und Schlickzonen. Diese morphologischen Merkmale sind ein sichtbares Zeichen der im Fluß vorhandenen Strömungskräfte, die vor allem durch die starke Dynamik des Schwebstoff- und Sedimenttransportes absorbiert werden.

Der für den Aufbau und den Erhalt der Biomassen wichtige nährstoffreiche Schlick stammt primär von den höheren Pflanzen der Uferzonen. Die im Frühsommer (Samenflug) sowie Herbst und Winter (Laubfall) in den Fluß eingetragenen Pflanzenteile werden durch mikrobielle Tätigkeit zu Schwebstoffen umgeformt und können damit über den Wassertransportweg in die strömungsberuhigten Flachwasserbereiche und auf die Watt- und Überschwemmungsflächen exportiert werden.

Zwischen allen Lebensräumen findet somit über das Transportmittel »Wasser« ein intensiver Austausch von Nährstoffen aber auch von Pflanzen und Tieren statt. Ein wichtiges ökologisches

Kennzeichen eines Tideflusses ist daher sein hohes Wiederbesiedlungspotential. Pflanzen und Tiere können bereits in kurzer Zeit Gebiete wiederbesiedeln, die zuvor durch morphologische Umformungsprozesse zerstört worden waren. Dadurch entsteht das einzigartige, mosaikartige Netzwerk ästuartypischer Lebensräume, das sich gerade durch die Dynamik des Wasser- und Feststofftransportes »aus sich selbst heraus« erhält.

Natürlicherweise treten Flachwasser- und Wattgebiete an allen Fließgewässern auf, die in die Nordsee münden. Speziell die Wattgebiete sind dabei ein Charakteristikum der Ästuare, das heißt der Flußabschnitte, die durch die Tide beeinflußt werden. Neben Ebbe und Flut führt der Faktor Salzgehalt zur Ausprägung bestimmter Wattypen. Je nach Salinität (S) können marine Watten, die im externen Ästuarbereich liegen (mixo-polyhaline Zone: 18–30 ‰ S), gefolgt von Brackwasserwatten im internen Ästuarbereich (mixo-mesohaline Zone: 5–18 ‰ S und mixo-oligohaline Zone: 0,5–5 ‰ S) und Süßwasserwatten im limnischen Bereich (oligohaline Zone: um 0,5 ‰ S) unterschieden werden.

Brack- und Süßwasserwatten weisen außerdem Salzgehalt alle sonst von marinen Watten bekannten Eigenschaften auf. Durch den bereits genannten Wechsel der Gezeiten, der diesen Lebensraum sowohl der Luft, als auch der Wasserbedeckung aussetzt, haben Watten Extrembiotopcharakter. Trotzdem sind sie Habitat für viele Organismen mit reicher Individuenentwicklung. Sie sind daher bedeutende Produktionsgebiete und spielen eine wichtige Rolle innerhalb der Nahrungsnetze sowohl von Wasser- als auch von Landtieren (z. B. Fische und Vögel).

Tideflüsse im Ausbauzustand

Zwei Ziele prägten vor allem den Umbau der natürlichen Flußlandschaft durch den Menschen: der Schutz vor Überflutungen (Sturmfluten und Oberwasserwellen) und die Nutzung als Schifffahrtsweg.

Die Sturmflutsicherung erfolgte in der Vergangenheit nach der Maßgabe, durch eine möglichst kurze Deichlinie, den Naturgewalten eine geringe Angriffsfläche zu bieten. Dies konnte nur über Vordeichungen und Abdeichungen von Nebengewässern erreicht werden. Durch diese Maßnahmen gingen z. B. der Tideelbe in den letzten 90 Jahren 66 % der Vorlandgebiete, 11 % der Wattengebiete und 26 % der Flachwasserbereiche verloren (ARGE Elbe 1984, *Tab. 7.1-1*).

Tab. 7.1-1: Außendeichs-, Watt- und Flachwasserflächen (km²) an der Unterelbe zwischen den Hamburger Elbbrücken und Cuxhaven in den Zeiträumen 1896/1905 und 1981/1982. Flachwasser: 0–2 m Wassertiefe bei MTnw (nach ARGE Elbe 1984)

Norduferr	1896/1905	1981/1982	Abnahme [%]
Außendeich	66,2	34,5	47,9
Watten	168,3	156,4	7,1
Flachwasser	61,3	42,2	31,2
Südufer	**1896/1905**	**1981/1982**	**Abnahme [%]**
Außendeich	148,1	38,2	74,2
Watten	48,4	36,5	24,6
Flachwasser	16,9	15,5	8,3

Weitere Verluste tidebeeinflußter Gebiete resultierten in den Ästuaren aus der künstlichen Stromabverlagerung der Tidegrenze durch den Bau von Staustufen und Wehren.

Die Bereitstellung eines ausreichend tiefen und breiten Fahrwassers für seegängige Schiffe erforderte darüber hinaus eine ständige Anpassung der Fahrrinnentiefe an zunehmende Schiffsgrößen und Strombaumaßnahmen, wie den Bau von Buhnen, Strömungsleitdämmen und künstlichen Inseln zur Verhinderung erneuter Sedimentablagerungen im Fahrwasser.

Alle Maßnahmen bewirken eine Konzentration der Wasserführung auf die Fahrrinne, so daß unter diesen Bedingungen die Tidewelle in die Ästuare heute sehr viel ungehinderter einlaufen kann als früher. Die Veränderungen der Tidedynamik sind für die Elbe bei HINRICHSEN (1991) ausführlich dokumentiert. So betrug der Tidenhub in Hamburg in den dreißiger Jahren nur ca. 2,3 m, 1970 nach dem Abschluß des 12 m-Ausbaus bereits 2,7 m und heute nach der Vertiefung auf 13,5 m und den umfangreichen Vordeichungen in den siebziger Jahren erfolgte ein weiterer Anstieg auf 3,5 m. Zusätzlich hat sich der noch Anfang der sechziger Jahre in der Elbe vorhandene Gradient des Tidenhubs im Elbeverlauf (früher: kontinuierliche Erhöhung bis Cuxhaven) im Abschnitt Hamburg bis Brokdorf seit Mitte der siebziger Jahre sogar umgekehrt.

Neben dem offensichtlichen Verlust an Aussendeichsflächen werden andere ökologisch nachteilige Wirkungen erst nach längeren Zeiträumen erkennbar. Die genannten Änderungen des Tidenhubs minimieren bereits in der Unterelbe bei Hamburg die Wirkung von Frühjahrshochwässern auf die Wasserstände im Deichvorland. Die für die Auwaldentwicklung wichtigen länger andauernden Frühjahrsüberflutungen in der Tideelbe sind deshalb heute nur noch auf den Stromabschnitt oberhalb Hamburgs und die stromaufliegenden Bereiche der Norder- und Süderelbe beschränkt. Dies ist vermutlich mit ein Grund dafür, daß das dort vorhandene Naturschutzgebiet »Heuckenlock« auch heute noch seinen ursprünglichen Auwald behalten hat. In der Unterelbe dominiert eindeutig die Tidedynamik und die verbliebenen schmalen Außendeichsflächen sind dadurch erheblich größeren Unterschieden der Tidehoch- und -niedrigwasserstände ausgesetzt als vor Beginn der umfangreichen Ausbaumaßnahmen.

Der größere Tidenhub bedingt, daß jetzt auch höher gelegene Uferbereiche kurzzeitperiodischen Wasserstandsänderungen ausgesetzt werden und daß Teile ehemaliger Flachwassergebiete periodisch trockenfallen. Dadurch wird einseitig die Wattzone im ohnehin schon verkleinerten Vordeichsland vergrößert, mit der Folge, daß die Flachwasserbereiche an den Hauptstrom und die Flutrasen, Tideröhrichte und Auwaldreste an den Deichfuß zurückgedrängt werden. Strömungsberuhigte Flachwasserzonen sind heute kaum noch vorhanden. Gerade dies sind aber die Rückzugs-, Laich- und Aufwachsgebiete für Fische.

Der verstärke Wasserdurchsatz in der Hauptrinne des Flusses wirkt sich zudem negativ auf den Sediment- und Schwebstofftransport in den Nebenarmen und Randbereichen aus. Durch die höheren Strömungsenergien wird beim Auflaufen der Flut die Erosion im Watt gefördert und in den strömungsarmen Tidephasen sedimentieren größere Mengen der vermehrt vom Fluß herantransportierten Schwebstoffe.

Die Verstärkung des Feststoffumsatzes in den Flachwasser- und Wattbereichen erschwert die Konsolidierung der Sedimente, und die Ablagerung von Sand und Schlick konzentriert sich auf die wenigen verbliebenen strömungsarmen Teilflächen.

Diese ständigen Sedimentumlagerungen und die hohen Ablagerungsraten überfordern in vielen Bereichen die Anpassungsfähigkeit der sedimentbewohnenden Makrofauna und verleihen dem Schlick örtlich eine Fließschlammkonsistenz, die auch höheren Pflanzen die Ansiedlung erschwert. Die Folge dieser Effekte ist letztlich eine Verringerung des flachwasser- und wattypischen Arteninventars.

Rhein, Ems, Weser und Eider haben nur relativ kurze tidebeeinflußte Flußabschnitte. Sperrwerke oder Deiche, die bis fast an das weitgehend kanalisierte Fahrwasser heranreichen, haben die Flachwasser- und Wattbereiche dort weitgehend zerstört oder auf ein Minimum reduziert (z. B. Ausbau der Unterweser, *Tab. 7.1-2*). Allein die Tideelbe mit dem längsten Flachland-Ästuar in Mitteleuropa weist noch einige Uferbereiche auf, die durch ausgedehnte Süß- und Brackwasserwatten und weite Flachwasserbereiche gekennzeichnet sind.

Tab. 7.1-2: Bilanzierung der Flachwasserzonen an der Unterweser zwischen 1987 und 1988. Flachwasser: 0–2 m Wassertiefe bei MTnw (nach CLAUS et al. 1994)

Flachwasserzonen	1987 [ha]	1988 [ha]	Abnahme [%]
Limnischer Bereich	1722	266	85
Brackiger Bereich	690	257	63
Summe	**2412**	**523**	**78**

Das an der Nordsee gelegene großflächige und marin geprägte Wattenmeer sowie die verbliebenen Reste von limnisch geprägten Süßwasserwatten im Elbe-Ästuar sind heute weltweit einmalige Lebensräume, die eines besonderen Schutzes vor weiteren menschlichen Eingriffen bedürfen und deren ökologische Bestandsaufnahme dafür eine wichtige Voraussetzung ist.

Ökologische Bestandsaufnahme

Die Flora und Fauna der europäischen Flüsse wurde zerstört, bevor es möglich war, sie zu untersuchen. Genau in diesem Dilemma stehen Wissenschaftler heute, wenn sie versuchen, den natürlichen Zustand der großen Fließgewässer zu rekonstruieren (FITTKAU & REISS 1983). So liegen nur wenige Untersuchungen vor, die die Ökologie der Flachwassergebiete sowie der Süß- und Brackwasserwatten in Tideflüssen behandeln. Über marine Watten gibt es inzwischen eine umfangreiche Literatur, so daß dieser im äußeren Ästuar liegende Lebensraum hier nicht noch einmal dargestellt werden soll (LOZÁN et al. 1994).

Brackwasserwatten

Das bekannte Artenminimum im Bereich der Brackwasserzone eines Tidegewässers gilt auch für die Brackwasserwatten. Von See her gelangen Arten, die erniedrigte Salzgehalte ertragen können, während vom Süßwasser her Arten kommen, die eine gewisse Salzresistenz aufweisen. Eine dritte, recht kleine Gruppe sind die echten Brack-

Tab. 7.1-3: Abundanzwerte (Ind./m^2) des Makrobenthos im Elbe-Ästuar (veränd. n. CASPERS 1948)

Taxon	marines Watt Neuwerk	Brackwasser-watt Ostemündung	Süßwasser-watt Hetlingen
Bivalvia Gastropoda	1 025 *Cerastoderma Macoma, Mya, Hydrobia*		4 500 *Sphaeriidae*
Polychaeta	19 000 u.a. *Arenicola*	25 u.a. *Nereis*	
Oligochaeta		500 Tubificidae	55 000 Tubificidae
Crustacea	75	6 500 *Corophium*	
Chironomidae (Larven)			27 000
Summe	20 100	7 025	86 500

wasserarten, die im schwachsalzigen Bereich etwa zwischen 3–10 ‰ S ihren eigentlichen Lebensraum besitzen. Die bereits 1946 von CASPERS (1948) durchgeführten Untersuchungen über die Wattentierwelt im Elbe-Ästuar belegen für Brackwasserwatten zudem ein typisches Abundanz- und Biomasse-Minimum (*Tab. 7.1-3*). Echte Brackwasserarten reagieren sehr sensibel auf Umweltveränderungen. Von 25 bekannten Brackwasserspezies aus Ästuarwatten, die in die Nordsee münden, fanden MICHAELIS et al. (1992) nur noch 14 Arten in der Weser, 12 Arten im Ems-Dollart-Ästuar und je 7 Arten in Jade und Eider. Die meisten Arten bilden dabei nur noch räumlich sehr begrenzte Populationen. Einmal mehr bestätigt sich die Erkenntnis, daß zum Erhalt speziell angepaßter Arten nicht nur ihre typischen Lebensraumansprüche erfüllt sein müssen, sondern auch große zusammenhängende Areale ohne künstliche Verbreitungsbarrieren notwendig sind.

Süßwasserwatten

Zwei bedeutende Süßwasserwatten im Elbe-Ästuar sind das »Fährmannssander Watt« im Bereich der Wedeler-Haselrdorfer Marsch (ca. 400 ha) sowie das »Mühlenberger Loch« eine Elbstrombucht mit Süßwasserwatten (ca. 675 ha). Beide Gebiete sind relativ gut untersucht (Fährmannssand: PFANNKUCHE et al. 1975, PFANNKUCHE 1981, HENNIG & ZANDER 1981; Mühlenberger Loch: DÖRJES & REINECK 1981, CASPERS 1984, KAFEMANN 1992, POSEWANG-KONSTANTIN et al. 1992, MITSCHKE & GARTHE 1994).

Die Lebensgemeinschaften dieser Gebiete bestehen überwiegend aus kurzlebigen, wenig spezialisierten »Opportunisten« mit hoher Vermehrungsrate, die sich aus anpassungsfähigen und weit verbreiteten Süßwasserorganismen rekrutieren. Während in marinen Watten die Evolution innerhalb der verschiedenen Tiergruppen speziell an das Wattleben angepaßte Formen hervorgebracht hat, ist es im limnischen Bereich aufgrund des geringen Alters dieser Lebensräume nicht zu einer derartigen Entwicklung spezifischer Süßwasserwattorganismen gekommen. Im Fährmannssander Watt finden wir eine deutliche Zonierung der Sedimentverhältnisse mit Sandwatten im Bereich der Tiedeniedrigwasserlinie und Schlickwatten in Richtung Deichfuß. Typisch für das Benthos sind die hohen Abundanzen und Biomassen in den Schlickwatten, wobei die Familie der Tubificiden, die zu den wenigborstigen Ringelwürmern (Oligochaeten) gehört, überall dominiert (*Tab. 7.1-4*). Während PFANNKUCHE (1981) allein 27 Oligochaetenarten im Fährmannssander Watt identifizieren konnte, wurden im Mühlenberger Loch von verschiedenen Autoren nur 18 Arten festgestellt. Im Naturschutzgebiet »Heuckenlock« (120 ha), einem Tide-Auenwald im Stromspaltungsgebiet der Elbe oberhalb von Hamburg fand HAGGE (1985) in einem kleinen Gezeitenpriel immerhin noch 19 Oligochaetenspezies. Aufgrund ihrer Dominanz bildet diese Tiergruppe eine wichtige Nahrungsgrundlage für Fische und Vögel. Die Wühlaktivität (»Bioturbation«) trägt wesentlich zur Belüftung der Wattsedimente bei. Gleichzeitig leisten sie einen bedeutenden Beitrag zum Abbau organischer Substanz und fördern damit die Selbstreinigungsprozesse im Gewässer.

Eine zentrale Rolle beim Nährstoffumsatz in den Wattsedimenten spielen die Bakterien. Im

Tab. 7.1-4: Abundanzwerte (Ind./dm^2) der benthischen Massenformen im Süßwasserwatt Fährmannssand im Mai 1974 (veränd. n. PFANNKUCHE et al. 1975)

Taxon	Schlickwatt	Sandwatt
Turbellaria	188	10
Nematoda	482	112
Rotatoria	612	keine Angaben
Naididae	352	78
Tubificidae	1 296	708
Copepoda	196	10
Cladocera	102	4
Chironomidae	30	-
Ceratopogonidae	24	-

Gezeitenrythmus werden durch Wasserbedeckung und Luftexposition abwechselnd anaerobe und aerobe Bedingungen geschaffen. Sauerstoffzufuhr ermöglicht den aeroben Abbau von organischer Substanz. So kann das beim Abbau von Proteinen freigesetzte Ammonium von Mikroorganismen zu Nitrat oxidiert werden (»Nitrifikation«). Sauerstoffzehrung bei Wasserbedeckung führt zu anaeroben Verhältnissen, unter denen Nitrat-Stickstoff von Bakterien in gasförmigen molekularen Stickstoff umgewandelt wird (»Denitrifikation«). Wattsedimente sind somit Orte höchster Aktivität für die Nitratreduktion. Sie haben eine viel größere Bedeutung für den Abbau organischer Substanz durch Atmungsprozesse als subaquatische Sedimente, da im Watt unter natürlichen Bedingungen durch Versickerung auch tieferliegende Schichten mit Nitrat und Sauerstoff versorgt werden (KERNER 1991). Ein realer Austrag von Stoffen durch mikrobielle Umsetzungsprozesse aus dem System ist für Stickstoff (als gasförmiges N_2 oder N_2O) und Kohlenstoff (als gasförmiges CO_2 oder CH_4) gegeben sowie durch die in der Nahrung von Fischen oder Vögeln enthaltenen Nährstoffe, sofern sie nicht als Fäzes wieder in die Wattsedimente gelangen. Argumente für den Erhalt von Ästuarwatten sind also nicht allein Arten- und Biotopschutzaspekte, sondern viel mehr die funktionale Bedeutung von Organismen im Ökosystem wie z. B. die aufgezeigten, durch Bakterien und Oligochaeten stimulierten, natürlichen Selbstreinigungsprozesse.

Ein herausragendes Kennzeichen der Süßwasserwatten ist die hohe Produktion des Mikrophytobenthos. Hierbei handelt es sich um mikroskopisch kleine Algen, die im und auf dem Wattsediment leben. Bei Flut kriechen sie zwischen den Lücken von Sandkörnern und feinsten Schlickbestandteilen in tiefere Bodenhorizonte, während sie bei Ebbe an die Oberfläche wandern und dort bei voller Belichtung assimilieren (*Abb. 7.1-1*). So ist in den oberflächlichen 1–2 mm des Sedimentes der Gezeitenzone die Produktion doppelt so hoch wie in der gesamten euphotischen Zone der Wassersäule der Stromelbe (KIES et al. 1992). Diese Leistung der Mikroalgen hat große Bedeutung für die Sauerstoffverhältnisse in den dem Eulitoral vorgelagerten Flachwasserzonen. Die bekannten Sauerstoffdefizite, die alljährlich in den meisten Unterläufen der Flüsse auftreten, können selbstverständlich nicht mehr durch die Sauerstoffproduktion aus den kleinflächigen noch verbliebenen Wattgebieten kompensiert werden (CASPERS 1984, vgl. Kap. 6.9).

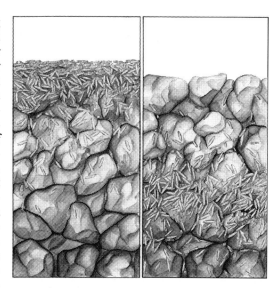

Abb. 7.1-1: Benthische Mikroalgen der Watten (»Mikrophytobenthos«) wandern bei Ebbe und Tageslicht an die Sedimentoberfläche (links), während sie sich bei Überflutung in tieferen Bodenschichten aufhalten (rechts). Aus CADÉE (1984), mit freundlicher Genehmigung der Landelijke Vereniging tot Behoud van de Waddenzee, Harlingen, NL

Flachwassergebiete

Die außerordentliche Bedeutung der Flachwassergebiete liegt in ihrer Funktion als Laich- und Aufwuchsareale für Fische, die hier ihre letzten Rückzugsgebiete finden. Das »Mühlenberger Loch« und der Unterlauf der Este sind wichtige Reproduktionsstätten von *Eurytemora affinis*, einem Kleinkrebs, der in allen europäischen Ästuaren verbreitet und im Brackwasser vorherrschend ist. So ist es nicht verwunderlich, daß z. B. der Stint (*Osmerus eperlanus*) eine dominierende Stellung innerhalb der vorgefundenen Fischgemeinschaft einnimmt (KAFEMANN 1992). Diese Fischart ernährt sich hauptsächlich von dem dort massenhaft vorkommenden Planktonkrebs *Eurytemora affinis*.

Flachwassergebiete und Süßwasserwatten weisen bis heute eine relativ hohe Diversität und Produktivität auf. Dennoch darf nicht vergessen werden, daß es im Vergleich zum ursprünglichen Faunenbild eine drastische Verschiebung gegeben hat. HENTSCHEL (1917) und THIEL (1924) beschreiben in der Tideelbe für die sogenannte »Schorre« (Watt) zum Beginn dieses Jahrhunderts massenhafte Vorkommen kleiner Muschelarten aus den Gattungen *Sphaerium* und *Pisidium*. Heute fehlt dieser wichtige Faunentyp »Filtrierer« entweder ganz, wie die Untersuchungen von RHODE (1982) aus der Ems und von SÖFFKER (1982) aus der Unterweser zeigen, oder es sind nur noch kleine Restbestände wie z. B. im Elbe-Ästuar vorhanden. Starke Belastungen durch Abwässer werden von allen Autoren als Hauptursache der Bestandsrückgänge verantwortlich gemacht. Die Wiederansiedlung bzw. -zunahme dieser Muschelarten wäre daher in der Zukunft ein guter Indikator, um Bemühungen bei der Gewässersanierung zu bewerten. Artenschwund und Bestandsrückgängen der Fischfauna könnte ebenfalls erfolgreich begegnet werden, wenn strukturreiche Flachwassergebiete und Prielsysteme als Laichgründe und Aufwuchsgebiete neu geschaffen würden.

Ausgedehnte Flachwassergebiete mit angrenzenden Eulitoralflächen sind eine notwendige Grundlage für eine intakte Avifauna, da sie wichtige Nahrungs-, Rast-, Mauser- und Überwinterungsplätze darstellen. Über die Bestände der einzelnen Wat- und Wasservogelarten in diesen Gebieten haben Ornithologen über die Jahre umfangreiches Beobachtungsmaterial gesammelt. Dennoch wissen wir sehr wenig über die nahrungsökologische Bedeutung der Watt- und Flachwassergebiete, das heißt es fehlen z. B. Angaben darüber, welcher Anteil der produzierten Biomasse von den verschiedenen Vogelarten genutzt wird. Unstrittig ist, daß Ästuare wichtige »Energie-Tankstellen« für das Vogelzuggeschehen darstellen. Jeder Verlust von Rast- und Nahrungsflächen greift daher auch in die Populationsdynamik einzelner Arten ein. Besonders deutlich ist der Rückgang vieler Limikolenarten (Watvögel), die an das Leben in der Wasserwechselzone besonders gut angepaßt sind (vgl. Kap. 6.8). Vögel haben als Indikatoren wesentlich zum Schutz und Erhalt bedeutender Flußlebensräume beigetragen. Gebiete mit unterschiedlichen Schutzkategorien (u. a. Feuchtgebiete internationaler Bedeutung nach RAMSAR-Konvention, Europareservate, Nationalparke, Natur- und Landschaftsschutzgebiete) bilden einen Flickenteppich entlang aller Ästuare. Eine genaue Flächenbilanz von Schutzgebieten an Ems, Weser, Elbe und Eider wurde aktuell von MARCHANT & NOLTE (1995) zusammengestellt.

Botulismus, ein Warnsignal aus den Watten

Seit Mitte der 1960er Jahre greift in vielen Teilen Europas vornehmlich bei Wasservögeln eine bakterielle Erkrankung um sich, die durch ein Neurotoxin des Bakteriums *Clostridium botulinum* verursacht wird (WESTPHAL 1991). Die Folgen sind Massensterben von Vögeln (vgl. Kap. 6.8).

Clostridien sind allgemein verbreitete Bodenbakterien, die in streng anaerobem Milieu leben. Sie haben die Fähigkeit »Überdauerungszellen«, sogenannte Sporen, zu bilden, die extremen Umweltbedingungen widerstehen können. Da vornehmlich in schlecht durchlüfteten, also vor allem auch in stark wasserhaltigen Böden umfangreiche sauerstofffreie Zonen oder zumindest Mikrolebensräume vorhanden sind, tragen sie dort in erheblichem Umfang zum Abbau organischer Substanz (»Detritus«) bei und sind besonders in limnischen Wattgebieten von großer ökologischer Bedeutung. Maximale Zellzahlen erreichen sie aber nur dort, wo lokal in großem Umfang organisches Material akkumuliert ist und hohe Umgebungstemperaturen ihre Vermehrung begünstigen (Wachstumsoptimum zwischen 30–40 °C). Insgesamt sind bisher mehr als 60 verschiedene Clostridien-Arten nachgewiesen worden, von denen aber nur wenige beim Abbau der organischen Substanz Stoffe bilden, die, wenn sie in die Körper höherer Lebewesen, z. B. von Fischen, Vögeln und Säugetieren gelangen, toxisch wirken.

Am Donaulauf bei Regensburg (1981), im Ems-Dollart-Ästuar (1982) und an der Unterelbe auf den Watten bei Assel und Bützfleth (1983), in Nordkehdingen (1992 und 1995) und im Neufelder Watt (1992) sowie im Fährmannssander Süßwasserwatt (1982–1984, 1986 und 1992) ist der Verlauf von Botulismus-Epidemien dokumentiert worden (z. B. HÄLTERLEIN 1991). Dabei wurde deutlich, daß die mutmaßlichen Entstehungsorte des Vogelsterbens z. B. in Nordkehdingen und im Fährmannssander Watt durch die erfolgten Vordeichungen einen vollständig anderen Charakter erhalten haben. Die einst durch Priele gegliederten und regelmäßig durchströmten Wattflächen sind einer monoton wirkenden Sedimentationszone gewichen, die zum Deich hin von einem schmalen, meist bis ins Röhricht hinein intensiv beweideten Deichvorland abgegrenzt ist.

Obwohl noch erheblicher Forschungsbedarf besteht, um die genauen Ursachen und Wirkungsmechanismen herauszuarbeiten, ist heute schon sicher, daß hohe sommerliche Temperaturen, Gewässereutrophierung (z. B. mit der Folge des flächigen Auftretens von *Vaucheria*-Algenmatten in den Wattgebieten) und die oben genannten ungünstigen hydrologischen Bedingungen wesentliche Gründe zur Entstehung von Botulismus-Epidemien sind.

Maßnahmen zur Verbesserung der ökologischen Situation

Betrachtet man die vorhandenen Flachwasser- und Wattgebiete, so muß in jedem Einzelfall geprüft werden, inwieweit z. B. durch den Bau von Buhnen erosionsgefährdete Teilflächen erfolgreich stabilisiert werden können oder durch Leitwerke Strömungen gezielt zur Minderung von Verschlickung in Flachwassergebiete umgeleitet werden können. Bei allen kleinräumig konzipierten Maßnahmen ist jedoch zu bedenken, daß die erwünschte positive Änderung an geplanter Stelle, z. B. eine Vertiefung der Sohle durch Erosion, an anderer Stelle zu verstärkter Sedimentation führen muß, wenn die Feststoffe nicht aus dem System entfernt, also lediglich umgelagert werden.

Vorrangig sind daher Maßnahmen anzustreben, mit denen zusätzliche Flächen in das Tidegeschehen einbezogen werden können. An der Ems werden dazu bisher landwirtschaftlich genutzte und zum großen Teil hinter den Sommerdeichen liegende Gebiete aus der Nutzung genommen und dem Naturschutz zugeführt. Das Renaturierungskonzept sieht vor, diese Flächen der natürlichen Entwicklung zu überlassen und insbesondere auch Zerstörungen an den Sommerdeichen nicht zu beheben. Die bisherigen Beobachtungen zeigen, daß bereits in kurzer Zeit derartige Flächen z. B. von Röhricht wiederbesiedelt werden.

Eine weitere Möglichkeit ist der (sturmflutsichere) Anschluß von Altarmen und Binnendeichsflächen an den Hauptstrom. Dieses Konzept wird beispielsweise in der Elbe bei Hamburg durch die vorgesehene Öffnung der »Alten Süderelbe« verfolgt. Die Begrenztheit der neugewonnenen Überflutungsflächen und die inzwischen erfolgte starke Auflandung des angrenzenden Elbegebietes »Mühlenberger Loch« bedingt jedoch, daß die Tide nur gedämpft ein- und ausschwingen darf, eine Maßgabe, die nur durch den Bau von Sielen an den beiden Verbindungsstellen zur Elbe erfüllt werden kann. Erst die praktische Erfahrung wird zeigen, ob der Wasserzu- und abfluß so reguliert werden kann, daß dort die gewünschten ökologischen Entwicklungen ausgelöst und langfristig stabilisiert werden.

Durch Deichrückverlegungen lassen sich ebenfalls gezielt neue Flachwasser- und Wattgebiete gewinnen. Dies wird an einem Pilotprojekt in der oberen Tideelbe am »Wrauster Bogen« deutlich. Allerdings waren auch dort aufgrund des starken Tidenhubs wasserbauliche Maßnahmen erforderlich, um den gewünschten Erfolg sicherzustellen. Durch Einbau einer Sohlschwelle wurde hier die Tideenergie gedämpft. Nur so konnte erreicht werden, daß der neu geschaffene Priel auch bei Niedrigwasser einen für Fische ausreichenden Wasserstand aufweist und sich die Morphologie des Priels und der Böschungen stabilisiert.

Diese Beispiele zeigen, daß durch den Ausbau unserer Tideflüsse die Tideenergie so stark zugenommen hat, daß ohne erneute wasserbauliche Eingriffe eine Verbesserung der ökologischen Situation, insbesondere der Erhalt von Flachwassergebieten, nicht möglich sein wird.

Die einzige Alternative, nämlich die Möglichkeit durch großräumige Deichrückverlegungen Flächen wiederzugewinnen, auf denen sich alle ästuartypischen Lebensräume durch natürliche Prozesse von selbst ausbilden und erhalten können, ist zur Zeit noch ein utopisches Ziel. Eine von der Umweltstiftung WWF-Deutschland in Auftrag gegebene und veröffentlichte Studie belegt (MARCHAND & NOLTE 1995), daß unter verschiedenen Szenarien Ausdeichungsflächen für die Elbe (14 750 ha), die Weser (5 030 ha) und die Ems (2 420 ha) von insgesamt 22 200 ha langfristig zur Verfügung stehen, wobei 15 000 ha Vorlandflächen und Flutraum bereits innerhalb der nächsten 10 Jahre bereitgestellt werden könnten. Dies wird jedoch nur gelingen, wenn neben den rein ökologischen Argumenten deutlich gemacht wird, daß entsprechende Änderungen der Flußlandschaft auch für den Hochwasserschutz (größere Fluträume) und die Unterhaltungsbaggerungen (potentielle Ablagerungsflächen für Feststoffe) von Vorteil wären. Gefragt ist also in der Zukunft die fachliche Allianz zwischen Ökologen und Wasserbauingenieuren und deren politische Überzeugungskraft.

7.2 Die Ufervegetation und ihre Gefährdung
LARS NEUGEBOHRN

In der Gewässerkunde bezeichnet man eine dauernd oder zeitweilig mit Wasser gefüllte Vertiefung der Landoberfläche als Bett, in unserer Betrachtung das Flußbett. Der untere Bereich dieses Flußbettes ist die Sohle, die seitlich durch das Ufer eingefaßt wird. Letzteres beginnt unterhalb der

Niedrigwasserlinie mit dem Uferfuß und endet über Wasser an einer mehr oder weniger ausgeprägten Geländekante, dem Uferscheitel. Hieran schließt sich die Flußaue, dann die Talniederung und der Terrassenhang an. Als Ufervegetation kann man alle die Pflanzenbestände bezeichnen, die zwischen dem Uferfuß und dem Uferscheitel siedeln und infolge zeitlich oder örtlich unterschiedlicher Wasserbedeckung, oder anderer Ursachen, eine parallel zum Fluß saumförmig verlaufende Gliederung aufweisen. Die sich außerhalb des Ufers anschließende Talfläche, die Aue, wird seltener und kurzfristiger vom Wasser überflutet, mit der Folge, daß sich die in Mitteleuropa klimatisch bedingten zonalen Laub- und Nadelwälder hier zu den azonalen Auwäldern verändert haben. Die horizontalen und vertikalen Grenzen dieser Auen werden durch Geländeform und Hochwasser bestimmt, sind aber morphologisch selten scharf ausgeprägt. Von der Quelle bis zur Mündung werden diese Flußlandschaften durch viele verschiedene Pflanzengesellschaften (Vegetationseinheiten) charakterisiert (s. a. BITTMANN, 1961, RUNGE, 1973, ELLENBERG, 1986), d. h. man findet nicht nur einen einzigen Vegetationstyp, sondern deren viele. Diese verschiedenen Vegetationstypen werden von der Wasserführung des speziellen Flußabschnittes (Gefälle, Fließgeschwindigkeit, Wasserstände, Überflutungshöhen), vom Substrat, der Geologie, der Höhe über NN, dem speziellen Relief, dem Abflußregime etc. beeinflußt, wobei allein die durchfließende Wassermenge in den verschiedenen Jahreszeiten um das 5 bis 50fache schwanken kann (ELLENBERG 1986). Eine regelmäßige Trockenperiode kann, ist aber in Mitteleuropa meist nicht Ursache dieser extremen Wasserstandsschwankungen, sondern entweder die Schneeschmelze, oder auch starke Regenfälle in den Quell- und Nebenflußsystemen. In den Flußmündungsgebieten der Küsten kann der Wasserstandswechsel auch auf den regelmäßigen Tideeinfluß zurückgeführt werden. Kurzzeitige Spitzenhochwässer füllen dabei die gesamte Auenlandschaft aus, während bei Minimalwasserständen nur kleine oder kleinste Teile des Flußbettes mit Wasser gefüllt sind. Fehlt der ökologische Faktor der Überflutung, oder wird dieser Faktor durch menschliche Tätigkeiten (z. B. durch Deiche) unterbunden, macht sich dieser Umstand langfristig mit erheblicher Änderung des Artengefüges der Ufer- und Auenvegetation bemerkbar.

Ökologische Bedingungen der Ufer und Auen

Jedes fließende Gewässer wird als Fluß bezeichnet, wobei wir im allgemeinen Sprachgebrauch bedeutendere Flüsse als Ströme, kleinere Flüsse als Bäche und kleinste Flüsse als Rinnsale bezeichnen. Dabei muß nicht jeder Fluß im Gebirge entspringen und im Meer münden, sondern kann z. B. auch im Flachland seine Quelle haben und als sog. Küstenfluß bereits nach kurzem Lauf zum Meer gelangen. Bei allen Flüssen (Potamal und Rhitral) unterscheidet man den Ober-, Mittel- und

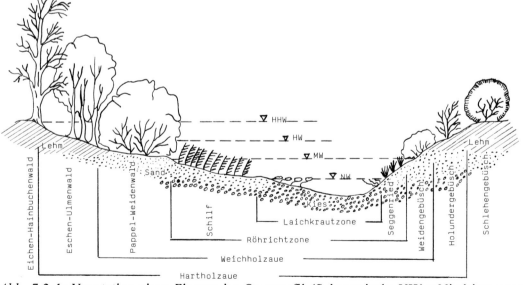

Abb. 7.2-1: Vegetation eines Flusses im Querprofil (Schematisch: **NW** = Niedrigwasser, **MW** = Mittelwasser, **HW** = Hochwasser, **HHW** = Höchstwasserstand)

Unterlauf mit ihrer jeweiligen Vegetationsabstufung. Der Wasserstand scheint dabei der ausschlaggebende Faktor einer Pflanzenbesiedlung der Ufer und Auen zu sein, dennoch haben aber auch die oben bereits genannten anderen Faktoren eine große Bedeutung für die Ansiedlung, Keimung und Konkurrenz der Arten. Allein das verschieden große Porenvolumen z. B. von Ton und Kies setzt vielen Arten die Grenze ihrer Verbreitung. Feinerdereiche Substrate werden so z. B. gerne von Röhrichten, kiesige Substrate von Seggen und Weiden besiedelt. Nimmt dann der organische Anteil im Substrat zu (Torf-, Moor-, Mudde-, Faulschlammsubstrate), stellen sich z. B. der Wasserschwaden, der Schierling und im ruhigen Wasser auch der Teichschachtelhalm ein. Es gibt noch weitere ansiedlungsbegrenzende Faktoren biotischer und abiotischer Natur, wie z. B. die Konkurrenz, Beweidung, Tritt und Mahd oder die Exposition, Beschattung und Wellenschlag. Vielleicht kann man die die Vegetation beeinflussenden Faktoren in bezug auf den Faktor Wasser im Sinne von BITTMANN (1961) folgendermaßen zusammenfassen: Liegen die Faktoren: kalt, fließend, klar, sauber, nährstoffarm, flach und steinig vor, ist die Ufervegetation reich an submersen Arten sowie an Seggen und Weiden; haben wir jedoch die Faktoren: warm, still, trüb, verschmutzt, nährstoffreich, schlammig und tief, so dominieren verschiedene Röhrichte.

Die Vegetation im Quer- und Längsprofil

Das Querprofil eines Ufers mit langandauernder Wasserbedeckung zeigt in seiner Vegetation im Idealfall (*Abb. 7.2-1*) bis zur Niedrigwassergrenze, mit über 360 Tagen Wasserbedeckung, eine Laichkrautzone (u. a. div. *Potamogeton*-Arten, *Ceratophyllum demersum, Myriophyllum spicatum* etc.). Daran schließt sich die Röhrichtzone (u. a. mit *Phragmites australis, Typha latifolia,* und *T. angustifolia, Iris pseudacorus, Sparganium erectum, Lysimachia vulgaris, Lythrum salicaria, Mentha aquatica* etc.) mit einer Wasserbedeckung von bis zu 360 Tagen (Mittelwasserstand) an. Dieser Zone folgt bei ansteigendem Ufer und abnehmender Überflutungshäufigkeit (bis zu 150 Tage) die Weichholzaue (u. a. mit *Salix viminalis, S. purpurea, S. pentandra, S. alba, S. triandra, Populus nigra, Solanum dulcamara*) und darüber dann die Hartholzaue (*Tab. 7.2-1*) mit bis zu 30 Tagen Überflutung. In den tidebeeinflußten Gebieten der Flüsse werden die uferbegleitenden Pflanzengesellschaften sowohl durch zu- und abnehmende Salzgehalte des Überflutungswassers als auch durch die regelmäßige Tide überformt, so daß hier Brack- oder sogar Salzwiesenvegetationen entstehen können.

Nun weisen Flüsse aber nur in den seltensten Fällen solche idealen Vegetationsquerprofile auf, sondern zeigen entsprechend der oben angesprochenen Faktoren flußtypisch sowohl Ausfälle als auch Abweichungen der Vegetationszonierung. Betrachtet man einen Fluß im Längsprofil, so wird man eine abschnittsweise regionale Gliederung der Vegetation vorfinden. Diese Gliederung ist vor allem eine Folge der Höhenlage, des Gesteins, des Bodens, des einwirkenden Klimas etc., also standörtlicher abiotischer Faktoren. Wir können z. B. im Oberlauf eines Fließgewässers von einer Quellregion und einer Schluchtregion, im Mittel- und Unterlauf dann von einer Auen- und einer Sumpfregion sprechen. Zwar entspringen nicht alle Flüsse im Gebirge, dennoch wollen wir einen solchen Fluß einmal als Beispiel nehmen und seinem Lauf bis zur Mündung im Meer folgen. An seiner Quelle hat sich vielleicht ein Quellmoor mit Dotterblumen und Schaum- oder Quellkräutern sowie Quellmoosen ausgebildet. Talwärts fließend entwickelt sich das Rinnsal, das von wasserliebenden Kräutern (u. a. Bachbunge, Brunnenkresse) gesäumt wird, schließlich zum Bach und gelangt entweder sanft in eine Talweitung oder stürzt erst durch eine Schlucht in ein solches Tal hinab. Seine Ufer sind hier entweder von Bachröhrichten oder von Ahorn, Bergulme und Esche bestanden. Weiter abwärts fließend und sich verbreiternd säumen – soweit die Ufer und Auen noch nicht genutzt sind – Erlen (Grau- und Schwarzerlen) und Bruchweiden das Gewässer. Zum Fluß geworden finden wir auf Schotterbänken seines Oberlaufes Pioniergebüsche aus Purpur- und Lavendelweiden. Wegen der großen Geschiebemengen, die während der Sommer- (Frühjahrs-) Hochwässer in den Gebirgsregionen mittransportiert werden, und bis zu 1/3 des Volumens der Wassermasse ausmachen können, bleibt der größte Teil des Ufers unbewachsen. Der Wasserstand schwankt hier selten mehr als 2 m. Zwischen der unbewachsenen Zone und dem höheren Weidengebüsch vermittelt eine Einjährigenflur und der Weiden-Tamariskenbusch (*Salici-Myricarietum*) mit den strömungs- und überschüttungsresistenten Arten *Myricaria germanica, Salix purpurea* var. *gracilis und Salix eleagnos*. Wegen der Anhäufung von Sand und Kies im Weiden-Tamariskenbusch gelingt es aber häufig der Grauerle (*Alnus incana*) diese Flächen zu besiedeln und das Weiden-Tamariskengebüsch zu verdrängen (*Alnetum incanae*). Anschließend folgt der Grauweiden-Sanddornbusch (*Salicetum eleagno-daphnoides*) der Gebirgsflußtäler.

Am Mittellauf, bei abnehmender Fließgeschwindigkeit und sich abflachenden Ufern, besiedeln dann z. T. schon Röhrichte, sowie Mandel- und Hanfweiden (Mandelweiden-Korbweidengebüsch) die jetzt lehmiger werdenden Uferzonen, gefolgt in der Auenregion von Eichen, Flatterulmen, Feldulmen und anderen Arten. Hier findet man dann bereits viele Arten der feuchten Eichen-Hainbuchen- und Ahorn-Eschenwälder (*Tab. 7.2-1*).

Am Unterlauf des Flusses verflachen seine Ufer dann weiter – evtl. auch unter dem Einfluß der Gezeiten – und der Wasserspiegel wird sehr viel breiter. Hier bilden sich mehr oder weniger ausgedehnte Röhrichte (Tideröhrichte u. a. mit *Schoenoplectus tabernaemontani*, *Bolboschoenus maritimus*, etc., KÖTTER 1961) aus, an die sich landeinwärts Grau- und Silberweidengebüsche (Weichholzauen) sowie Erlenwälder (Hartholzauen) anschließen.

Dynamik der Flußauenvegetation

Langandauernde geologische Veränderungen, ständige Erosionen und Flußbettverlagerungen bewirken zusammen mit den vielen menschlichen Eingriffen in die Uferregion und Flußaue, daß dieser Lebensraum eine sehr große Boden- und Vegetationsdynamik aufweist. Da sich die stärkste Strömung eines Flusses bei geradlinigem Bett in der Strommitte befindet, bei den bach- und flußtypischen Windungen aber nahe der Außenseiten, entstehen an den strömungsstarken Außenseiten sogenannte Prallhänge und an den strömungsschwächeren Innenseiten Gleithänge. Abhängig von der Wasserführung und Strömungsgeschwindigkeit des Flusses werden die Ufer und Böschungen an den Prallhängen mehr oder weniger stark unterspült, und die hier stockende Vegetation kann in die Tiefe gerissen und teilweise zerstört werden. Das Ufersubstrat ist wegen der hier herrschenden stärkeren Strömung sandig oder kiesig und es stellen sich in der Uferregion, abweichend vom idealen Vegetationsquerprofil, oberhalb der *Potamogetonetea*, Arten der Großseggenrieder und darüber möglicherweise Holunder-Schlehen-Vorwälder (*Prunion spinosae*) ein. An den Gleithängen wird das abgerissene Material dann wieder sedimentiert, so daß hier laufend neue, flache und breite Siedlungsflächen für die Pflanzen entstehen. Da die Flußufer und Auenregionen heute aber vom Menschen mehr oder weniger intensiv genutzt werden, wird durch Baumaßnahmen sowohl eine Unterspülung der Prallhänge als auch eine Überflutung der flacheren Gleithänge nicht nur durch Steinverbauungen der Böschungen, sondern auch durch Flußbegradigungen und Deichbauten unterbunden. Natürliche oder naturnahe Ufervegetationen und Flußauen sind deshalb äußerst selten.

Tab. 7.2-1: Artenliste: Eschen-Ulmen-Auenwald Tx. 1952 (aus RUNGE 1973); in den Talauen der großen Flüsse, fragmentarisch auf schweren, nährstoffreichen, neutralen, tiefgründigen Lehmböden (Hartholzauewälder), selten noch Überflutet; entspr. Alno-Ulmion, Erlen- und Edellaub-Auenwälder (ELLENBERG 1986)

Deutscher Name (Lateinischer Name)	Stetigkeit
Feldulme (*Ulmus minor*)	V 1-3
Flatterulme (*Ulmus laevis*)	IV 1-3
Goldstern (*Gagea lutea*)	IV +-1
Riesenschwingel (*Festuca gigantea*)	IV +-1
Waldziest (*Stachys sylvatica*)	IV +-1
Echte Nelkenwurz (*Geum urbanum*)	V +-2
Kratzbeere (*Rubus caesius*)	V 2-3
Esche (*Fraxinus excelsior*)	IV +-1
Hexenkraut (*Circaea luteciana*)	IV +-1
Scharbockskraut (*Ranunculus ficaria*)	IV +-1
Wald-Segge (*Carex sylvatica*)	IV 1-3
Feldahorn (*Acer campestre*)	IV 1-3
Buschwindröschen (*Anemone nemorosa*)	IV 1-3
Roter Hartriegel (*Cornus sanguinea*)	IV +-1
Haselnuß (*Corylus avellana*)	IV +-1
Weißdorn (*Crataegus* spec.)	IV +
Pfaffenhütchen (*Euonymus europaea*)	V 1-3
Stieleiche (*Quercus robur*)	IV +-3
Zaungiersch (*Aegopodium podagraria*)	IV +-1
Rasenschmiele (*Deschampsia caespitosa*)	IV +-3
Klebkraut (*Galium aparine*)	IV +-1
Große Brennessel (*Urtica dioica*)	IV +-1

Der Spülsaum

Jeder Fluß transportiert gelöste und feste Stoffe unterschiedlicher Größe im Wasser mit sich, die wir als Lösungsfracht, als Suspensionsfracht und als Geschiebe (Geröllfracht) bezeichnen. Alle festen Bestandteile setzen sich je nach der noch vorhandenen Fließgeschwindigkeit schließlich als Kies-, Sand- und Schlammbänke und an der Hochwassergrenze als »Treibselzone« ab. Sie können auch als ein von vielen Flußarmen durchzogenes Delta ins Meer vorgebaut werden. An Gezeitenküsten fehlen diese Delten, hier werden sog. Trichtermündungen (Ästuare) gebildet. Die gelösten Bestandteile gelangen meistens bis in den

Mündungsbereich, soweit sie nicht an Schwebstoffe adsorbiert sind und damit wieder sedimentiert werden. Dabei erfolgt eine solche Sedimentation der Schwebstoffe nicht nur in Stillwasserzonen, hinter und vor Wehren oder an der Grenze des höchsten Wasserstandes, im sog. Spülsaum, sondern bei Hochwässern auch in der Auenregion. Hier werden nicht nur mittransportierte Pflanzen- und Tierreste, sondern auch unzersetzliche Materialien unserer Industriegesellschaft (Plastik, Flaschen, Dosen etc.) z. T. in großen Mengen saumförmig oder flächig abgesetzt. Durch Mineralisation zumindest der eiweißhaltigen pflanzlichen und tierischen Reste kommt es in diesen Regionen zu einer Art der natürlichen Düngung, d. h. ein derartiger Spülsaum, aber auch die Aue ist u. a. reich an Nitraten, so daß Hochstauden (u. a. *Epilobium hirsutum, Angelica silvestris, Cirsium oleraceum, Heracleum sphondylium, Symphytum officinale*) einwandern können. Da die bodenständige Vegetation aber teilweise durch das Getreibsel überdeckt wird und abstirbt, stellen sich in diesen Zonen auch schnellebige, annuelle, stickstoffliebende Pflanzen ein. Die Beimischungen vieler anthropogen erzeugter, unzersetzlicher Materialien, die wir vielleicht ganz weit gefaßt als Müll bezeichnen können, führen aber dazu, daß dieses Getreibsel sich nicht mehr völlig zersetzen kann. Nur an den Hochwasserschutzanlagen wird, allerdings aus Sicherheitsgründen, alles Getreibsel entfernt, obwohl auch andere Gebiete der Ufervegetation bzw. der Auwälder davon belastet werden. Mit »Müll« vermischtes Getreibsel wird heute wie »Sondermüll« behandelt und kann nicht mehr hinter den Hochwasserschutzanlagen, wie früher, kompostiert werden.

In einigen Flüssen wird in der Nähe des Uferscheitels, häufig durch Wellenschlag verursacht, ein sandreicher Strandwall aufgeworfen, an dem zumindest das Getreibsel der Sommerhochwässer abgesetzt wird. Höher auflaufende Winterhochwässer verlagern dieses Material zusammen mit der Suspensions- und Treibselfracht auch in die hinter dem Strandwall befindlichen Vegetationseinheiten (z. B. Ufer- und Auenvegetation bei Cranz an der Unterelbe). So erfolgt über lange Zeiträume auch heute noch ein dauernder Nährstoffeintrag und ein Anwachsen des Bodens der Flußauen, d. h. seine Oberfläche entfernt sich vom mittleren Flußwasserstand. Hierdurch treten einerseits an den Pflanzen seltener Überflutungsschäden oder Schäden durch Abrasion (winterlicher Eisgang, GRADMANN 1932, bzw. Treibgut) ein, andererseits vermindert sich aber langfristig auch die Nährstoffzufuhr, denn dieser Eintrag ist an die Überflutungshöhe und -häufigkeit gebunden.

Schadstoffbelastung

Nun werden im Wasser aber nicht nur biologisch »unschädliche« gelöste und feste Stoffe (Getreibsel) transportiert, sondern auch viele vom Menschen freigesetzte Elemente und Verbindungen, die auf Organismen schädigend wirken können. Hierzu gehören z. B. viele Schwermetalle, die entweder durch technische Prozesse, aber auch durch den Kraftfahrzeugverkehr, durch Kraftwerke oder die Metallnutzung im Hausbau (Dachrinnen, Wasserleitungen etc.), über die geogene Belastung hinaus, in die Umwelt entlassen werden und über die Entwässerungsbauwerke – an Schwebstoffe adsorbiert – in die Vorfluter und schließlich in die Flüsse gelangen. Besonders in den wasserberuhigten Gebieten der Unter- und Mittelläufe der Flüsse und in den Flußauen kommt es dann zur Sedimentation schwermetallhaltiger Trübstoffe, die zumindest die hier lebenden tierischen Organismen z. T. erheblich schädigen. Viele Untersuchungen der letzten Jahre zeigten, daß die Pflanzen der Flußufer und Auen – im Gegensatz zu den Tieren – auf neutralem oder leicht alkalischem Substrat Schwermetalle in höherer Konzentration – im Verhältnis 10:1 – ertragen können (NEUGEBOHRN 1984). Durch den Eintrag dieser belasteten Schwebstoffe in die Auen- und Uferregion kommt es bei den hier stockenden Pflanzenbestände sogar zu einer Produktionssteigerung, weil an den Schwebstoffen neben toxischen Schwermetallen auch Pflanzennährstoffe adsorbiert sind. Diese Produktivitätssteigerungen haben früher dazu geführt, daß man ertragsarme Äcker und Grünländereien über Flußsedimente zu verbessern suchte. Heute wird allerdings auf dieses »Verbesserungsverfahren« verzichtet, da man in den letzten Jahren feststellen mußte, daß sich die toxischen Schwermetalle artspezifisch auch in Nutzpflanzen anreichern und so in die menschliche Nahrungskette gelangen können.

Schwerwiegendere Auswirkungen auf Pflanzen haben im Wasser mittransportierte organische »Schadstoffe« wie Rohöl und Ölprodukte. Da sich Rohöle und Ölprodukte auf der Wasseroberfläche mehr oder weniger dick filmartig ausbreiten, werden diese Substanzen insbesondere bis zu der jeweiligen Hochwassergrenze abgesetzt. Dabei haben die in dieser Zone siedelnden Pflanzen eine Art Filterwirkung, d. h. sie absorbieren mit ihren wachsbeschichteten Oberflächen die auf dem Wasser treibenden Ölfilme. Das von den Pflanzen festgehaltene Öl verschließt zunächst nur mechanisch die Spaltöffnungen, so daß eine Photosynthese unmöglich wird. Hinzu kommen dann noch physiologische Schäden, wobei die leichter flüchtigen Bestandteile der Öle nicht nur die Plasmagrenzschichten, sondern auch die Zellorganellen direkt schädigen. Besonders betroffen sind dabei alle niedrigwüchsigen Arten in der Nähe der Hochwassergrenze, während Arten, die über diesen Wasserstand hinausragen, wie die Röhrichte, nur im unteren Blatt-/Sproßbereich betroffen werden. Die Empfindlichkeit (Sensitivität) der Arten und damit auch der Pflanzengesellschaften gegen Öle und Ölprodukte ist nach diesen Untersuchungen nicht gleich, sondern sehr unterschiedlich. Langjährige Versuche in den Salzwiesen und an den Deichen haben gezeigt, daß alle Pflanzenbestände selbst durch dünne Ölfilme auf ihrer Oberfläche innerhalb weniger Tage absterben. Nur Bestände, die zum Zeitpunkt der Verölung deutlich über den Tageswasserstand hinausragten, konnten die Kontamination überstehen (NEUGEBOHRN et. al. 1987). Eine Rekultivierung solcherart vernichteter Vegetationseinheiten benötigte selbst auf kleinen Versuchsflächen (9 m²), durch Ausbringung von intakten Soden als Impfbänder, noch 2–3 Vegetationsperioden (JITTLER-STRAHLENDORFF & NEUGEBOHRN 1989).

Heutige Nutzung

Da die Auen nur selten überflutet werden, ihre Böden durch die Ablagerung der Sedimente während der Hoch- und Höchstwasserstände aber sehr fruchtbar sind, wurden sie allgemein zunächst ausgelichtet und gerodet und, nach Ausbau der Gewässer, entweder landwirtschaftlich genutzt (Äkker, Wiesen, Weiden), die Ufer z. T. auch besiedelt oder zur Anlage von Verkehrswegen und Kaianlagen verwendet. Schon vor Jahrhunderten wurden deshalb Wasserbaumaßnahmen (Begradigung, Eindeichung etc.) an den Flüssen durchgeführt, die die natürliche Erosions- und Sedimentationsarbeit des Flusses regulierten. Die ehemaligen Auwälder und Ufervegetationen wurden beseitigt (KONOLD 1993), so daß natürliche Verhältnisse an den Flußufern nur noch selten anzutreffen sind. In den Tieflandregionen und Voralpentälern entstanden so in den Auen die fruchtbaren Äcker und Grünländereien. Neuerdings werden nicht mehr genutzte Feuchtwiesen gerne mit Schwarzerlen wieder aufgeforstet, wobei man davon ausgeht, daß sich diese Bestände voraussichtlich zum *Alno-Fraxinetum* entwickeln werden (ELLENBERG 1986).

Mit der Rodung auch der zonalen mitteleuropäischen Wälder zu Gunsten landwirtschaftlicher Betriebe wurde die regulierende Wirkung des Waldes auf den Gebietswasserabfluß teilweise aufgehoben. Die ehemals langsame Versickerung und unterirdische Wasserabgabe wurden zu einem verstärkten oberirdischen Abfluß und zur Erhöhung der Bodenerosion verändert (s. a. KLÖTZLI 1993). Allerdings erfolgte erst mit der Ausweitung der Ackerbaukulturen auch die vermehrte Sedimentation von Auelehm in den Flußauen. Vorher waren in den Flußgebieten – mit Ausnahme der tidebeeinflußten, küstennahen Flachlandgebiete – Kiesböden vorherrschend.

Flußvertiefungen zum Zwecke einer reibungslosen Schiffahrt, aber auch Flußbegradigungen und Eindeichungsmaßnahmen verändern die Standortbedingungen der Ufer- und Auenvegetationen nachhaltig. Hierdurch wird nicht nur die Abflußgeschwindigkeit des Wassers erhöht, sondern es kommt auch zu einem sehr deutlichen Anstieg der Hochwassermarken. Allein die Vertiefungsmaßnahmen in der Unterelbe von 10 m auf 13,50 m KN und die weiteren Abdeichungen (*Tab. 7.2-3*) ehemaliger Überflutungsräume führten zu einer Erhöhung der mittleren Hochwasserwelle um 50 cm und mehr.

Mit der Erhöhung der Strömungsgeschwindigkeit schneidet sich ein Fluß darüber hinaus immer tiefer in das Gelände ein, d. h. der Grundwasserstand senkt sich dementsprechend ab. In den Tidegebieten der Unterelbe ist es mit der Vertiefung der Fahrrinne folglich auch zu einem deutlichen Absinken des Niedrigwasserstandes (von ca. 4,20 auf 3,60 m PN) gekommen, so daß heute gegenüber 1950 auch ein vergrößerter Tidenhub (von ca. 2,40 auf 3,40 m) vorliegt (vgl. Kap. 5.2).

Wegen der Absenkung der Grundwasserstände stocken viele Hartholz-Auenwälder häufig schon an den Stellen der ehemaligen Weichholzauen, oder es sind sogar Auen-Birken-Eichenwälder bzw. Kiefernwälder entstanden.

Im Unterelberaum erweisen sich diese Veränderungen der regelmäßig schwankenden Tidewasserstände auf die Ufervegetationen als recht dramatisch. Nach Untersuchungen von PREISINGER (1991) stehen viele Auenvegetationen in bezug auf das mittlere Hochwasser zu tief, mit der Folge, daß sie nach oben in Richtung Deich ausweichen müssen. Die neuerlich angestrebte weitere

Vertiefung der Unterelbe auf 15,50 m KN (Weser auf 14,0 m; KN = Karten Null, ein für jede Nation unterschiedlich festgelegter Wasserstand, der in der Nordsee dem mittleren Springtideniedrigwasser entspricht) zur Förderung der Großschiffahrt wird über die damit verbundene Wasserstandserhöhung nicht nur die Auwaldregionen, sondern auch die Röhrichte nachhaltig stören. Beide Vegetationseinheiten gehören nach dem Bundes-Naturschutz-Gesetz in den §20c, d. h. zu den gesetzlich geschützten Wasser- und Feuchtbiotopen, sie sind aber gleichzeitig auch eine natürliche Schutzbarriere gegen Erosionen. So konnten im Unterelberaum bereits riesige absterbende bzw. abgestorbene Röhrichtbestände nachgewiesen werden, deren Absterben nach den bisher vorliegenden Ergebnissen auf den veränderten Hochwasserstand zurückzuführen sind. Dabei scheint nicht das höhere Hochwasser, sondern die längere Überflutungszeit die Ursache der Vitalitätsminderung der Pflanzen zu sein. Die Pflanzen werden während einer Hochwasserphase sehr viel länger vom erforderlichen Gaswechsel abgeschnitten und so an einer Photosynthese gehindert. Hinzu kommt eine Verstärkung der erosiven Kraft des Wassers durch vermehrten und verstärkten Wellenschlag, so daß bei sich verminderndem Wurzelwerk die Pflanzen leichter ausgespült werden. Auf plötzliche Veränderungen der Standortsbedingungen kann die Vegetation nämlich nicht schnell genug reagieren. Im günstigsten Fall kommt es deshalb »nur« zu Vegetationsverschiebungen, meistens aber zu Ausfällen.

Flußtäler als Wanderwege für »Fremdarten«

Nach langjährigen Erkenntnissen haben sich Flußtäler als hervorragende Einwanderungswege für Pflanzen anderer Vegetationsstufen aber auch Florengebieten erwiesen (ELLENBERG 1986, PREISINGER 1991). So verbreiten sich mit Hilfe der Flüsse nicht nur die Gebirgsschwemmlinge der alpinen Geröllfelder, subalpinen Hochstauden- und Quellfluren, die mit den einsetzenden Hochwässern im Spätfrühling und Frühsommer zu Tal wandern (z. B. *Gypsophila repens, Campanula cochleariifolia, Arabis alpina, Poa alpina*), sondern es wandern viele Gartenflüchtlinge wie *Aster salignum, Solidago canadensis* und *gigantea, Helianthus tuberosus, Impatiens glandulifera und Reynoutria japonica* (*Tab. 7.2-4*) in die Spülsäume und Lichtungen der Weiden- und Erlenaue ein und verdrängen bodenständige Hochstauden, wie *Urtica dioica* und *Senecio fluviatilis*. Selbst über die Häfen dringen Arten fremder Florengebiete (u. a. *Amaranthus chlorostachys, Ambrosia artemisiifolia* etc., PREISINGER 1991) in die Ufervegetation der Flüsse ein, bleiben aber in ihrem Habitat zunächst lokal begrenzt. An dieser Stelle soll auch an die Verwendung der verschiedenen Pappelarten, -bastarde und -varietäten erinnert werden, die erst in den 50er Jahren flußbegleitend angepflanzt wurden (ELLENBERG 1986, KONOLD 1994) und Teile der bodenständigen Flora verdrängt haben. Eine ähnliche Entwicklung läuft gerade mit *Impatiens glandulifera* (Drüsiges Springkraut), und *Heracleum mantegazzianum* (Riesen-Bärenklau) ab, der, aus dem Kaukasus stammend, durch Sommier und Levier um 1890 nach Europa eingeführt, durch Gartenfreunde und Imker als Bienenfutterpflanze stark verbreitet wurde (HEGI 1926). Heute verdrängt diese Art an zusagenden Standorten (u. a. auch Bach- und Flußufer) z. T. die heimische Flora. Ähnlich verhält sich das Drüsige Springkraut, das in die Hochstaudenfluren der Flüsse, Bäche und Gräben einwandert und hier möglicherweise den Gilbweiderich sowie den Blutweiderich verdrängen wird.

Schlußbetrachtungen

Die heute noch existierenden Ufer- und Auenvegetationen unserer Landschaft sind infolge umfangreicher anthropogener Nutzungen, Überbauugen und Schadstoffbelastungen kaum noch

Tab. 7.2-2: Wirkung von Baumaßnahmen an der Tide-Elbe auf die Scheitelwasserstände sehr hoher Sturmfluten in Hamburg in dm (aus ABSCHLUß BERICHT UNABHÄNGIGE KOMMISSION STURMFLUTEN 1989)

Maßnahme	Blankenese	St. Pauli	Zollenspieker
Absperrung Seeve und Ilmenau; Vordeichung Oortkaten	0–0,5	0,5–1,0	2,0–3,0
Neue Deichlinie: Harburg bis Este; Absperrung Alte Süderelbe	ca. 1,5	ca. 1,5	ca. 1,5
Eindeich.Hahnöfer Sand; Absperr. Schwinge-, Krückau-, Pinnaumün.	ca. 1,0	0,5–1,5	1,0–1,5
Eindeichung Haseldorfer Marsch	0,5–1,0	0–1,0	ca. 1,5
Eindeichung Krautsand	0–1,0	0–1,0	1,0
Eindeichung Nordkehdingen	0–1,0	0–1,0	0–1,0
Fahrwasservertiefung von 10 auf 13,5 m unter Karte Null (NN)	1,0	1,0	0,5–1,5
Vergleich 1950–1980	4,5–5,5	5,0–6,0	7,0–9,0

Tab. 7.2-3: Neophyten im Hamburger Hafen, verkürzte Liste aus PREISINGER 1991, verändert)

Aus:	Deutscher Name (Lateinischer Name)
SE,As	Chinesischer Hanf (*Abutilon theophrasti*)
NAm	Weißer Fuchsschwanz (*Amaranthus albus*)
Am	Grünähriger Fuchsschw. (*Amaranthus chlorostachys*)
SAm	Bastard-Fuchsschwanz (*Amaranthus hybridus*)
SAm	Rauhhaariger Fuchsschwanz (*Amaranthus retroflexus*)
NAm	Hohe Ambrosie (*Ambrosia artemisiifolia*)
NAm	Dreispaltige Ambrosie (*Ambrosia trifida*)
NAm	Weidenblättrige Aster (*Aster salignus*)
SE	Glanz-Melde (*Atriplex nitens*)
SE	Schmalflüg.Wanzensame (*Corispermum leptopterum*)
SWAs	Riesenbärenklau (*Heracleum mantegazzianum*)
SE	Behaartes Bruchkraut (*Herniaria hirsuta*)
SE	Grausenf (*Hirschfeldia incana*)
As	Drüsiges Springkraut (*Impatiens glandulifera*)
OE	Besen-Radmelde (*Kochia scoparia*)
SE	Silber-Pappel (*Populus alba*)
OAs	Japanischer Staudenknöteric (*Reynoutria japonica*)
OAs	Sachalin Staudenknöterich (*Reynoutria sachalinensis*)
OE	Spitzblättrige Weide (*Salix acutifolia*)
NAm	Kanadische Goldrute (*Solidago canadensis*)
NAm	Riesen-Goldrute (*Solidago gigantea*)

S: Süd-, N: Nord-, O: Ost-, M: Mittel-, W: West-,
E: Europa, Am: Amerika, As: Asien, R: Rußland

als natürlich zu bezeichnen. Ihre ursprüngliche Artenzusammensetzung wurde durch den Menschen direkt und indirekt weitgehend verändert. Heute noch erhaltene, scheinbar unbeeinflußte Ufervegetationen können deshalb allenfalls als naturnah bezeichnet werden. Sie stellen praktisch den kläglichen Rest der früher weit verbreiteten mitteleuropäischen Röhrichte und Urwälder an den Flüssen dar. Ihr besonderer ökologischer Wert beruht darin, daß sie nicht nur viele gefährdete Pflanzenarten und -gesellschaften beherbergen, sondern u. a. auch Lebensraum vieler gefährdeter Tierarten sind (z. B. viele Vögel u. a. Rohrdommel, Rohrsänger, Gänse und Enten, Fischreiher und -adler, Insekten u. a. Libellen, div. Wasserkäfer, Schmetterlinge, Fische, Amphibien, Reptilien etc.). Darüber hinaus gelangt über die Aerenchyme der Röhrichtpflanzen erst der für viele Kleinlebewesen erforderliche Sauerstoff in das meist reduzierte, schlickige Substrat. Der Schutz der Ufervegetation ist und sollte deshalb auch weiterhin vorrangiges Ziel der Naturschutzplanung und -gesetzgebung sein. Ob dieses allerdings gelingt, bleibt abzuwarten.

7.3 Veränderungen und Gefährdungen der Flußmarschen
CHARLES HECKMAN &
HARTMUT KAUSCH

Marschgebiete früher

Die Überschwemmungsflächen der tidefreien Flußstrecken heißen Auen. Sie sind besonders ausgedehnt an den Mittelläufen der Tieflandflüsse und werden durch jahreszeitlich bedingte Hochwässer, meist im Frühjahr oder Frühsommer, für längere Zeit, Tage oder gar Wochen, überflutet (vgl. Kap. 7.5).

Als Marschen bezeichnet man das Schwemmland entlang der Meeresküsten, der Ästuare und Tideflüsse. Sie liegen oberhalb der im Tiderhythmus täglich zweimal bei Flut mit Wasser bedeckten und bei Ebbe wieder trockenfallenden Watten und werden nur bei Sturmfluten vom Wasser erreicht und überstaut. Man unterscheidet die Seemarschen mit Salzwasser- und die Brackmarschen mit Brackwasser- von den Flußmarschen mit Süßwassereinfluß. Während der Sturmfluten und vor allem bei deren Wiederablaufen wird der als Schwebstoff vom Wasser in großen Mengen mitgeführte Schlick abgelagert und führt nach und nach zum langsamen Aufwachsen der Marsch. Die Marschsedimente sind daher regelmäßig geschichtet, was man an Abbruchkanten oft gut erkennen kann. Da mit den Schwebstoffen auch Nährstoffe mitgeführt werden, sind die Marschen sehr fruchtbare Gebiete. Durch die in Ufernähe erhöhte Sedimentation bildeten sich Uferwälle, die im limnisch beeinflußten Teil der Ästuare von Ems, Weser und Elbe mehrere Jahrtausende hindurch Auenwäldern trugen. An den höheren und trockeneren Standorten entwickelte sich die Hartholz-, an den tiefer gelegenen, öfter überschwemmten Standorten die Weichholzaue (BEHRE 1994). Ihr vorgelagert waren Tide-Röhrichte und diesen wiederum Süßwasserwatten. Auf den landseitig hinter den Uferwällen tiefer liegenden Marschen bildeten sich unter Süßwasserbedingungen meist baumlose Moore, die aber in größeren Zeitabständen immer wieder überschwemmt und von Schlicklagen bedeckt wurden (SCHMIDTKE 1993) oder in trockeneren Zeitabschnitten Bruchwälder trugen (BEHRE 1994).

Die größten Flußmarschen Mitteleuropas fanden sich in den Ästuaren der Elbe, der Weser und der Ems sowie an der Rheinmündung, die ein großes Delta bildete, deren einzelne Mündungsarme stark von den Gezeiten der Nordsee beeinflußt waren. Das Urstromtal der Elbe war ehemals ein riesiges Feuchtgebiet. Das gezeitenbeeinflußte Stromspaltungsgebiet oberhalb Hamburgs bildete ein Binnendelta mit mehreren Elbarmen, von denen die Norder-, die Süder-, die Dove- und die Gose-Elbe noch heute, wenn auch stark verändert, zu erkennen sind, und mit Inseln, wie Finkenwerder und Altenwerder. Unterhalb dieses Gebietes erweitert sich die Unterelbe zu einer Trichtermündung, in der die Gezeiten in den Süß- und Brackwasserzonen eine breite und flache Zone, die Wattgebiete, täglich zweimal überfluten. Die breiten Marschgebiete auf beiden Seiten der Elbe boten den Hochwässern der Sturmfluten riesige Überflutungsräume. Es waren dynamische Lebensräume, die während Jahrtausenden durch Vorstoß und Rückzug des Meeres, Landverluste und -zuwächse, Entwicklung und Zerstörung gekennzeichnet waren.

Die Veränderung der Marschgebiete durch den Menschen
Kultivierung und Landgewinnung
Als der Mensch diese Gebiete in Kultur nahm, war der erste Schritt die Rodung der Hartholzaue auf den Uferwällen. Sie setzte mancherorts, z. B. im Rheindelta, bereits zu römischer Zeit ein. Im Emsgebiet und wohl auch an Weser und Elbe schritt die Eliminierung der Hartholzaue im frühen Mittelalter rasch voran. In allen Gebieten war sie gegen Ende des Mittelalters weitgehend abgeschlossen. Die Gebiete der Weichholzaue und das landseitig hinter den Uferwällen liegende, niedrigere Sietland konnten dagegen erst viel später, z. T. erst im 19. Jh., entwässert und in Kultur genommen werden (BEHRE 1994).

Der im 14. Jh. einsetzende Deichbau, der primär dem Hochwasserschutz diente, wurde bald zur Landgewinnung genutzt und führte zur völligen Veränderung der nun nicht mehr regelhaft überschwemmten Marschen. Die austrocknenden Marschböden mit ihren Torfschichten senkten sich mancherorts um mehrere Meter unter den Meeresspiegel und müssen seither mit Pumpenanlagen trocken gehalten werden. Durch Polderbau wurden die Küstenlinien der Nordsee vor allem vor der niederländischen Küste weit seewärts verschoben (URK & SMIT 1989) und durch Deiche befestigt. Auf den ehemaligen Überschwemmungsgebieten befindet sich heute ertragreiches, aber ökologisch eintöniges Ackerland.

Schutzmaßnahmen gegen Überschwemmungen
Die Deiche haben eine dauerhafte Nutzung der Marschen durch den Menschen erheblich erleichtert. Das mittelalterliche System, das sich auf zwei Deichlinien, den relativ niedrigen Sommerdeich und den höheren, viel weiter landeinwärts gezogenen Winterdeich, stützte, ermöglichte zumindest im Winter die Überflutung großer Bereiche vor den Winterdeichen. Bei Deichbrüchen entstanden durch das einströmende Wasser landseitig hinter der Bruchstelle tiefe Auskolkungen, die später als kleine, aber relativ tiefe Seen ohne Zu- und Abfluß, die Bracks (auch Braak oder Wehle (PETERSEN & ROHDE 1991)), erhalten blieben. Über 300 gibt es davon im Stadtgebiet von Hamburg (SPIEKER 1986). Die katastrophale Überschwemmung von 1962 veranlaßte eine sehr weitgehende Verstärkung der Deiche entlang der Unterelbe. Es wurde ein völlig neues Deichsystem mit nur einer stark verkürzten und dicht an die Ufer vorgeschobenen Linie hoher Deiche verwirklicht, welche nur noch eine schmale Überschwemmungszone übrig ließ (HECKMAN 1984a, 1986a). Dadurch wurden große und ökologisch wichtige Gebiete, wie z. B. die Wedeler und die Haseldorfer Marsch sowie weite Gebiete auf der niedersächsischen Elbseite sturmflutfrei gemacht und damit völlig ihres natürlichen Charakters beraubt. Obwohl vorgesehen war, wenigsten einen Teil der Tide in die abgetrennten Priele einschwingen zu lassen, ist dies an keiner Stelle verwirklicht worden. Die an den Mündungen der Nebenflüsse errichteten Sturmflutsperrwerke haben ihrerseits dazu beigetragen, daß die winterlichen Überschwemmungen die Marschlandschaft nicht mehr erreichen können. An den Brack- und Seemarschen ging dadurch auch der Übergangsbereich zwischen salz- und süßwasserbeeinflußter Vegetation, die Salzwiesen, weitgehend verloren. Dort, wo es sie noch gibt, sind sie zumeist überweidet und in ihrer Artzusammensetzung verfälscht (BEHRE 1994).

Ökologische Bedeutung der Marschgebiete
Filterfunktion der Ästuare
Die Marsch nimmt mit ihrer Lage zwischen den aquatischen und terrestrischen Bereichen und durch ihre Filterfunktion eine Schlüsselposition ein. Die Sedimentation der Schwebstoffe während der Überflutungszeiten wird durch das Vorhandensein der Marschenvegetation stark begünstigt. Das sich dadurch ansammelnde schlickige Sedi-

ment spielt eine große Rolle als Substrat für Mikroorganismen, die den Abbau von organischem Detritus bewirken und – wie auch die dort wachsenden höheren Pflanzen – gelöste Nährstoffe speichern. Auf diese Weise wurde vor den großen Eindeichungen (s. o.) das Wasser der Ästuare wie durch ein Filter von einem beträchtlichen Teil der in ihm suspendierten Schwebstoffe und den daran adsorbierten Nährstoffen befreit. Dieser Prozeß hatte einen großen Anteil an der Selbstreinigung der Ästuare. Nach Berechnungen von HECKMAN (1986a) müssen damals pro Jahr in den Elbmarschen rund 5 500 kg P/(km²·Jahr) und 13 320 t N/(km²·Jahr) von den Pflanzen aufgenommen und nach dem Absterben der oberirdischen Pflanzenteile am Ende der Wachstumsperiode rund 570 t P/(km²·Jahr) und 7 970 t N/(km²·Jahr) mit dem entstehenden Detritus auf den Überschwemmungsflächen verteilt und im Boden festgehalten worden sein.

Zu Anfang des 20. Jh. betrugen die von der Elbe bei Sturmfluten überstauten Marschflächen zwischen Hamburg und der Elbmündung noch 214 km² (ARGE Elbe 1984). Heute sind von den Flußmarschen durch die seither, vor allem nach der großen Sturmflut von 1962, sehr eng gezogenen Deichlinien nur noch 73 km² vorhanden. Der größere Teil ist von der Überflutung abgeschnitten und in landwirtschaftlicher Nutzung. Damit ist ihre ursprüngliche Funktion für die Ästuare weitgehend reduziert: Im Jahre 1982 betrug die im Detritus der Schilfröhrichte enthaltene Menge P noch ca. 195 t P/(km²·Jahr) und 2 719 t N/(km²·Jahr), staut sich heute aber am Deichfuß, wird abgefahren und verbrannt, wobei die Nährstoffe teilweise in die Atmosphäre gelangen.

Daß heute bei der Sedimentation der Schwebstoffe die an ihnen adsorbierten Schadstoffe, wie Schwermetalle und Pestizide, ebenfalls zurückgehalten werden und die Wattsedimente und die übriggebliebenen Flußmarschen zunehmend belasten (s. u.), ist ein nachteiliger, menschgemachter Begleiteffekt.

Marschgebiete als Lebensraum für Pflanzen und Tiere

Für das Überleben vieler Pflanzen- und Tierarten ist die Erhaltung der Marschgebiete von sehr großer Bedeutung, denn manche von ihnen kommen nur hier vor. Untersuchungen in der Elbmarsch haben gezeigt, daß die Diversität der Arten in den Außendeichgebieten oft niedriger ist als in den tidefreien Gewässern hinter dem Deich, für manche ein Argument, die tidebeeinflußten Biotope abzuwerten. Während der Jahre 1983 und 1984 wurden im Gebiet zwischen den beiden nördlichen Nebenflüssen der Unterelbe, Pinnau und Krückau, insgesamt 1049 Pflanzen- und Tierarten gefunden: 379 in dem außendeichs liegenden Vordeichsland, 472 Arten aber allein in einem Altwasser hinter dem Deich. In der Haseldorfer Marsch wurden dagegen insgesamt 487 von insgesamt 856 Arten in der Vordeichmarsch gefunden (HECKMAN 1986b, *Tab. 7.3-1*). Im Vordeichsland leben aber ästuartypische Arten, die an die häufigen Überflutungen angepaßt sind. Zu ihnen gehören im limnischen Teil der Tide-Elbe z. B. tidegebundene, selten gewordene, endemische Stromtalpflanzen, wie der Wasserschierling (*Oenanthe conioides*) oder die Elb-Schmiele (*Deschampsia wibeliana*), deren Vorkommen durch den Verlust des Lebensraumes nach Uferverbauung oder Deichbau nur noch auf wenige Stellen beschränkt sind (HECKMAN 1986b). In den neu entstandenen Stillgewässern hinter dem Deich fehlen solche Arten. Hier haben sich dagegen viele, auch sonst in Norddeutschland häufige Tier- und Pflanzenarten, »Allerweltsarten« also, eingefunden.

Auch für eine Anzahl von Vogelarten sind die Marschen entweder Brutplatz, wie z. B. für Kiebitz, Kampfläufer oder Uferschnepfe, wichtiges Rastgebiet auf ihren jährlichen Wanderungen zu und von ihren weit im Norden, z. T. in der Arktis liegenden Brutgebieten, z. B. für mehrere Gänsearten, Enten und Regenpfeifer (vgl. Kap. 6.8), oder Nahrungsgebiet, wie für Storch und Graureiher.

Urbanisierung, Industrialisierung und Schadstoffbelastung

Urbanisierung

An den Ästuaren von Ems, Weser und Elbe liegen heute große Hafenstädte (Delfzijl und Emden, Bremen und Bremerhaven, Hamburg und Cuxhaven), im ehemaligen Rheindelta Rotterdam. Auch wenn die Erstbesiedlung sich auf die hoch über dem Wasser liegenden Geestgebiete oder Uferwälle beschränkte, so haben sich die heutigen Groß-, z. T. Millionenstädte weit in die vormaligen Überschwemmungsgebiete hinein ausgedehnt und die Wasserläufe zu Häfen und Schiffahrtsstraßen umgestaltet. Wasser- und Strombau haben dafür gesorgt, daß sich Überschwemmungen möglichst gar nicht mehr ereignen oder auf möglichst unbedeutende Restflächen ohne nennenswerten Wert für den Menschen beschränkt bleiben. Die

Tab. 7.3-1: Zwischen 1981 und 1984 im Vordeichsland zwischen der Haseldorfen Marsch und der Krückaumündung gefundene Arten, die in den Gewässern hinter dem Deich fehlen oder sehr selten sind (HECKMAN 1986a)

TAXON	VERBREITUNG
Algae	
Vaucheria compacta (Collins) Taylor	häufig in der Elbmarsch
Actinocyclus normanii (Gregory) Hustedt	gesamte Tideelbe
Navicula salinarum Grunow	häufig auf den Süßwasserwatten
Caloneis permagna (Bailey) Cleve	typisch für Süßwasserwatten
Oocystis marssonii Lemmermann	häufig im Phytoplankton
Closterium pronum Brébisson	häufig im Phytoplankton
Euglena obtusa Schmitz	typisch für Süßwasserwatten
Tracheophyta	
Oenanthe conioides (Nolte) Lange	endemisch in der Unterelbe
Angelica archangelica litoralis (Fries) Thellung	Litoral an der Unterelbe
Deschampia wibeliana (Sonder) Parlatore	endemisch an der Unterelbe
Schoenoplectus tabernaemontani C. C. Gmelin) Palla	zwischen Marsch und Watten
Ciliata	
Chilodontopsis elongata Kahl 1935	typisch für Süßwasserwatten
Tintinnidium fluviatile Stein 1963	häufig im Plankton
Strombidinopsis gyrans Kent 1881	häufig im Plankton
Oxytricha pellionella (O. F. Müller1786)	typisch für Süßwasserwatten
Epistylis hentscheli Kahl 1935	Aufwuchs in der Marsch
Rhabdostyla vernalis Stokes 1887	Aufwuchs in der Marsch
Myoschiston centropagidarum Precht 1935	epizoisch auf Copepoden
Nematoda	
Tobrilus diversipapillatus (Daday 1905)	im Watten- und Marschsediment
Rotifera	
Rotaria neptunia (Ehrenberg 1832)	häufig im Plankton
Mollusca	
Potamopyrgus antipodarum (Gray 1840)	in der Marsch
Lymnaea truncatula (O. F. Müller 1794)	in der Marsch
Annelida	
Limnodrilus claparedeianus Ratzel 1868	in der Marsch und den Watten
Eiseniella tetraedra (Savigny 1850)	am Elbufer
Tardigrada	
Macrobiotus macronyx Dujardin 1851	in Algenwatten
Arachnida	
Clubiona phragmitis C. L. Koch 1843	in Schilfmarschen
Crustacea	
Polyphemus pediculus (Linnaeus 1761)	planktisch, Ästuaren und Seen
Ilyocryptus sordidus (Liévin 1848)	in der Marsch und den Watten
Eurytemora affinis (Poppe 1880)	pflanzt sich in der Marsch fort
Tachidius discipes Giesbrecht 1882	Marschbewohner
Gammarus zaddachi Sexton 1912	Nordsee Ästuaren
Orchestia cavimana Heller 1865	eingeschleppte Marschart
Eriocheir sinensis Milne-Edwards 1854	eingeschleppte Ästuarart
Insecta	
Bembidion andreae (Fabricius 1787)	Laufkäfer in der Flußufer
Bembidion bipunctatum (Linnaeus 1761)	Laufkäfer in der Flußufer
Bembidion biguttatum (Fabricius 1779)	Laufkäfer in der Flußufer
Bembidion lunulatum (Fourcroy 1785)	Laufkäfer in der Flußufer
Bembidion maritimum Stephens 1835	Laufkäfer in der Flußufer
Odacantha melanura (Linnaeus 1766)	Laufkäfer in der Tidenzone
Simulium reptans (Linnaeus 1758)	Unterlauf der Flüsse
Culicoides salinarius Kieffer 1914	in Marschen der Ästuare
Atrichopogon hirtidorsum Remm 1961	Unterlauf der Flüsse
Platycephala planifrons (Fabricius 1798)	Marschbewohner
Oscinella maura (Fallén 1820)	Marschbewohner
Pisces	
Anguilla anguilla (Linnaeus 1758)	Männchen in Ästuaren
Abramis brama (Linnaeus 1758)	pflanzt sich in der Marsch
Gynmocephalus cernua (Linnaeus 1758)	typische Art der Ästuare
Platichthys flesus (Linnaeus 1758)	typische Art der Ästuare

Ufer sind je nach Art der Nutzung umgestaltet, von der senkrechten Spundwand bis zur Betonoberfläche.

Außerhalb der unmittelbar städtisch besiedelten Gebiete sind die Deiche durch Rasen-, Beton- oder Asphaltoberflächen im Tidenbereich befestigt. Steinschüttungen schützen das Vordeichsland im Bereich der mittleren Tidehochwasserlinie (MThw). Diese seit langem praktizierte Art der Uferverbauung ist teuer, reduziert die Vielfalt der Lebensräume und unterbindet die natürlichen Filter- und Selbstreinigungsfunktionen dieser Restbestände ursprünglichen Marschlandes. Dabei wird der Schutz gegen Erosion von den steinigen Uferbefestigungen kaum besser gewährleistet als von einem gesunden Schilfbestand. Dazu kommt, daß diese Art der Biotopzerstörung eine der Ursachen für den Rückgang von Tier- und Pflanzenarten ist.

In der Vergangenheit war die Umgestaltung der Feuchtgebiete entlang der großen Flüsse durch die begrenzten technischen Möglichkeiten eingeschränkt. Dank der Entwicklung wirkungsvoller Baugeräte und der Weiterentwicklung geeigneter Bautechniken wurden Eingriffe möglich, die verheerende Konsequenzen für die Umwelt hatten und noch haben. Zu den am häufigsten zerstörten Biotopen gehören seither die Feuchtgebiete, besonders diejenigen, die in den Überschwemmungszonen der Flüsse und Ästuare liegen.

Industrialisierung und Schadstoffbelastung

Erhebliche Anteile der abgedeichten Marschflächen wurden durch Industrieansiedlung völlig umgestaltet und ihre ursprüngliche Struktur zerstört. Ein Beispiel ist das Binnendelta der Elbe bei Hamburg, das ab der Mitte des vorigen (19.) Jhs. für den Ausbau des Hamburger Hafens geopfert wurde und heute ein riesiges Industriegebiet ist. Die Planungen zum industriellen Ausbau des gesamten Elbeästuars zwischen Hamburg und Cuxhaven in den 60er Jahren haben immerhin den Bau von drei Kernkraftwerken und mehreren großen Chemiewerken an der Unterelbe, großenteils auf ehemaligen Marschgebieten, nach sich gezogen. Die Notwendigkeit der Deponie von Baggergut aus Strombau und Hafenunterhaltung hat weite ehemalige Marschflächen durch Aufspülung in »Spülflächen« umgewandelt, künstlich erhöht und zugleich mit Schadstoffen kontaminiert. Entsprechend reduzierte sich die Artenvielfalt. Inseln und Uferbereiche entlang des Elbeästuars wurden ebenfalls auf diese Weise »sturmflutsicher« gemacht. So gingen zwischen 1896 und 1982 48 % der Außendeichsflächen des Nord- und 74 % des Südufers der Unterelbe durch den Deichhbau und Strombaumaßnahmen verloren (ARGE Elbe 1984). Auch große Teile der Ästuare von Weser und Ems wurden für industrielle Erfordernisse, ein Kernkraftwerk und den Schiffbau verbraucht. In den 100 Jahren nach 1887 wurden 78 % der Wesermarsch, im limnischen Bereich sogar 85 %, eliminiert. Über 60 % der Ufer wurden künstlich befestigt (SCHIRMER 1994). Der kleine Rest der erhaltenen, auch heute noch von Sturmfluten beeinflußten Marschen ist viel zu klein, um einen Einfluß auf die Wasserqualität des Ästuars haben zu können. Nährstoffe werden kaum noch zurückgehalten, sondern passieren die Ästuare weitgehend unverändert und gelangen in die Nordsee (KAUSCH et al. 1991).

Weitere Belastungen der Überschwemmungsgebiete durch die Industrie schließen die Kontamination durch verschiedene toxische Chemikalien ein. *Tab. 7.3-2* zeigt die Gehalte an einigen Schwermetallen und Arsen in Gräben beim Spülfeld Feldhofe bei Hamburg, das in einem eingedeichten Abschnitt der ehemaligen Elbmarsch liegt. Die erste Probenahmestelle wurde durch Baggergut aus der Unterelbe kontaminiert, das einen hohen Anteil an Quecksilber hatte. Die Schwermetalle und Arsen an den anderen Stellen kamen dagegen hauptsächlich über die Luft. Die Marsch vor und hinter dem Deich ist mehr oder weniger gleichmäßig belastet, abhängig von der Windrichtung. Die in *Tab. 7.3-2* aufgeführten Probenahmestellen liegen am Rand der Vier- und Marschlande, eine große ehemalige Marsch im östlichen Teil von Hamburg, die seit Jahrhunderten wegen der Fruchtbarkeit des Bodens landwirtschaftlich genutzt wird. In den letzten Jahrzehnten wurden jedoch mehrfach Gemüsesorten aus diesem Gebiet wegen zu hohen Schadstoffgehaltes für die Vermarktung verboten.

Andere chemische Belastungen entstanden durch die Anwendung von Pestiziden, hauptsächlich in den landwirtschaftlich genutzten Marschgebieten. In *Tab. 7.3-3* sind die Auswirkungen dieser Substanzen auf den Artenreichtum in den Gräben hinter dem Deich aufgeführt (GARMS 1961, HECKMAN 1981, CASPERS & HECKMAN 1982). Offensichtlich ist dabei eine selektive Eliminierung von Pflanzenarten eingetreten; die von ihnen abhängigen Tierarten haben ihre Existenzgrundlage verloren. Der Rückgang der Libellen- und Schwimmkäferarten könnte auch eine Erklärung für die Zunahme einer Anzahl von Dipterenarten, einschließlich verschiedener Schädlinge, liefern.

Schlußbetrachtung

Das Ausmaß der Feuchtgebiete in den Überschwemmungszonen der großen Flüsse Deutschlands ist in den letzten 150 Jahre erheblich zurückgegangen. Im Rheindelta sind heute natürliche Bedingungen nicht mehr zu finden. Ungestörte Feuchtgebiete sind in den westdeutschen Bundesländern seit Jahrzehnten auch entlang kleinerer Flüsse kaum mehr vorhanden. Nur in den ostdeutschen Bundesländern konnten in den letzten Jahren größere zusammenhängende Auengebiete an der Mittelelbe unter Schutz gestellt werden (vgl. Kap. 2.3, 7.5, 8.9). Die größte noch zusammenhängende Flußmarsch liegt im Gebiet der Unterelbe, aber auch dort wurden in den letzten Jahrzehnten die ursprünglichen Flächen dieses Biotops erheblich reduziert. Was die Zukunft diesem interessanten Feuchtgebiet bringen wird, muß aufgrund früherer Ereignisse beurteilt werden.

Die Elbmarsch ist in unserem Jahrhundert durch Umbau und Verschmutzung nicht nur in ihren Flächen reduziert sondern auch gründlich verändert worden. Die gravierendsten Änderungen sind seit 1962 eingetreten. Als Indikatoren für das Ausmaß der Umweltzerstörung entlang der Ästuare können die Vogelarten herangezogen werden. Der Rückgang der für Feuchtbiotope typischen Arten ist längst als gravierend zu bezeichnen und verschiedene Charakterarten der Marsch sind wegen ihrer Abhängigkeit von diesem Biotop besonders gefährdet (vgl. Kap 6.8). Aber auch nicht an die Marsch gebundene, aber sie doch nutzende Arten, wie der in den Ästuargebieten immer seltener gewordene Weißstorch, leiden unter den Flächenverlusten, weil damit ein Rückgang

Tab. 7.3-2: Höchstgehalt in mg/kg Trockengewicht von verschiedenen toxischen Schwermetallen in acht Kleingewässern beim Spülfeld Feldhofe in Hamburg (nach HECKMAN 1990a).
W = Schwebstoff im Wasser einschließlich lebender Organismen (gemessen am: 3.9. und 8.12.1987);
S = Obere Sedimentschicht (gemessen am: 3.9.1987); - = unter der Nachweisgrenze

	1 W	1 S	2 W	2 S	3 W	3 S	4 W	4 S	5 W	5 S	6 W	6 S	7 W	7 S	8 W	8 S
Hg	-	17	-	0,7	-	0,4	-	0,1	-	7	-	1,1	-	0,4	-	0,5
Cd	-	23	6	2,2	-	2,2	-	0,7	44	8,2	50	2,9	7	4,4	-	1,2
Pb	-	390	341	220	-	130	-	14	192	170	34	280	53	76	-	59
Zn	7	1800	373	190	-	170	-	63	1556	980	279	260	-	330	-	170
Cu	714	660	389	190	-	110	476	19	444	270	1000	380	67	100	-	82
Ni	-	140	146	59	-	53	-	26	-	67	73	130	-	85	-	46
Cr	-	270	276	77	-	62	-	42	444	110	120	67	-	71	-	60
As	40	170	38	41	-	38	95	5,7	170	56	19	61	13	29	18	30

Tab: 7.3-3: Anzahl aquatischer Arten verschiedener Tiergruppen in den Gräben des Obstanbaugebietes »Altes Land« vor und nach Intensivierung des Pestizidverbrauchs und in Gewässern eines Trinkwasserschutzgebietes, wo die Anwendung von Pestiziden verboten ist

	Obstanbaugebiet 50er Jahre	Obstanbaugebiet 1978–83	Wasser-Schutzgebiet
Porifera	1	0	1*
Tricladida	4	4	5
Ectoprocta	2	1	1
Oligochaeta	7	7	8
Hirudinea	10	7	8
Gastropoda	20	20	23
Bivalvia	3	1	5
Acari	≥18	1	31
Araneae (aquatisch)	3	4	4
Cladocera	6	6	19
Copepoda	13	11	16
Branchiura	1	0	0
Isopoda	1	1	1
Amphipoda	1*	1	1
Decapoda	1	0	1
Collembola	3	4	9
Ephemeroptera	5	2	5
Odonata	14	5	11
Heteroptera (aquatisch)	16	12	16
Neuroptera (Sialis)	1	0	1
Lepidoptera (aquatisch)	3	2	2
Trichoptera	7	0	6
Coleoptera	≥62	14	82
Diptera	≥10	41	120
Chordata (außer Aves)	14	15	14

* vermutet ≥ Mindestanzahl

ihrer Nahrungstiere, wie Heuschrecken, Mäuse, Frösche, kleine Fische usw. verbunden ist. Die Verarmung der Marschfauna trägt deshalb zur Gefährdung auch des Storches bei. Früher waren genügend Flachwasserzonen der Überschwemmungsgebiete vorhanden. Bei Niedrigwasser boten flache Tümpel, Feuchtwiesen und sumpfiges Dickicht Unterschlupf und Nahrung für die das Wasser und die Feuchtgebiete bewohnenden oder die Marsch aufsuchenden Tiere; das sind Strukturen, die für deren Überleben unerläßlich sind. Für den Menschen waren die Feuchtgebiete nur schwer zugänglich (*Abb. 7.3-1*). Heute sind die Ästuare praktisch völlig eingedeicht und die Hinterdeichsländer werden vom Menschen intensiv genutzt. Die Gebiete vor den Deichen sind durch betonierte Wege sehr gut zugänglich. Statt Feuchtwiesen findet man am Ufer Schlackebrocken und große Steine. Einige Wassertiere überleben noch in den Entwässerungsgräben, sind aber mit Schadstoffen kontaminiert und bringen viel zu niedrige Populationsdichten zustande, um die Vogelbestände in der Marsch aufrecht erhalten zu können.

Weder für die Landwirtschaft, noch für den Deichschutz noch für das Wohl der Anwohner ist die überall zu beobachtende Umgestaltung der Vordeichsländer notwendig (HECKMAN 1984b).

Bauingenieure sollten heute eigentlich nicht mehr so unwissend gegenüber den Ansprüchen der Tier- und Pflanzenwelt sein wie früher (HECKMAN 1990b). Sie wissen inzwischen auch, daß die Fehler der Vergangenheit nur mit Mühe und hohen Kosten zu beheben sind. Trotzdem wird immer noch ständig viel Geld für »Pflegemaßnahmen« ausgegeben, die kaum mehr Sinn haben, als den Wunsch nach einem »ordentlich« aussehenden, garten- oder auch parkähnlichen Flußufer zu befriedigen. Tatsächlich wird dadurch die Artenvielfalt verringert. Besser wäre es, wenn mehr Flächen als bisher sich selbst überlassen und vor dem Menschen (und seinen Hunden) geschützt werden würden.

Zur Zeit mag die Fütterung der brütenden Störche durch den Menschen die Rettung des kleiner werdenden Bestandes westlich der Elbe und in Schleswig-Holstein bedeuten. Diese Maßnahme ist jedoch eine schlechter Ersatz für einen gesunden Umweltschutz.

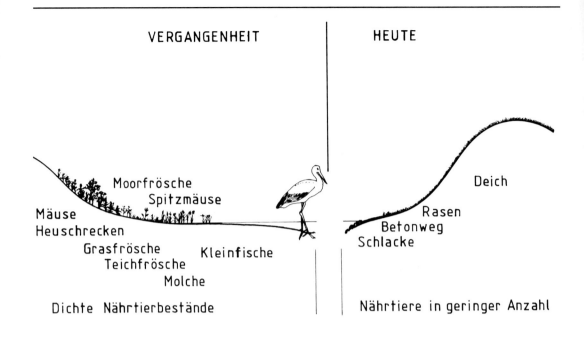

Abb. 7.3-1: Marschgebiete: Vergangenheit und heute

7.4 Nebenflüsse – ihre Bedeutung für die Regeneration der Biozönose des Hauptgewässers

JÖRG SCHOLLE & BASTIAN SCHUCHARDT

Fließgewässer sind mit wenigen Ausnahmen seit dem Mittelalter infolge direkter (Schiffahrt, Abwässer) und indirekter (Landwirtschaft, Hochwasserschutz) Nutzungsansprüche drastisch verändert worden. Die Degeneration natürlicher Flußsysteme in Mitteleuropa ist heute so stark, daß sich die Struktur und Funktion einer ungestörten Flußlandschaft sogar gedanklich nur bedingt rekonstruieren läßt.

Das System »Fluß« ist nicht nur als ein lineares Gewässer, sondern als ein verzweigtes Adernetz zu begreifen, zu dem kleinste Bäche und Nebenflüsse sowie der Hauptstrom gleichermaßen gehören. In einem Flußsystem haben die Nebenflüsse/bäche bezogen auf die Längenausdehnung im Vergleich zum Hauptfluß den weitaus größten Anteil. In Nordrhein-Westfalen z. B. entfallen von den ca. 60–75 000 Fließgewässer-km nur einige hundert auf die Hauptflüsse Ems, Weser und Rhein.

Dabei sind sowohl in Haupt- wie Nebengewässern jeweils durch spezifische Lebensraumbedingungen und Biozönosen charakterisierte Gewässerabschnitte vorhanden; aus deren linearer Abfolge sich bedingt eine allgemeingültige Fließgewässer-Zonierung zwischen Quelle und Mündung ableiten läßt (z. B. VANNOTE et al.1980, vgl. Kap. 1.1).

Im Mündungsbereich eines Nebenflusses in ein Hauptgewässer können Zonen ähnlicher Lebensraumbedingungen mit weitgehend identischem Arteninventar aufeinandertreffen. Bei starker Beeinträchtigung des Hauptgewässers, kann der jeweilige Nebenfluß in diesem Bereich deshalb eine wichtige Refugialzone (Rückzugsraum, Erhaltungsgebiet) für verschiedene Arten des Hauptgewässers darstellen. Diese ökologische Funktion und damit die Bedeutung für die Regeneration der Biozönose des Hauptgewässers soll – nach einer Begriffsbestimmung und Hinweisen auch auf Nebenflüsse wirkende Beeinträchtigungen – im folgenden verdeutlicht werden.

Nebenfluß-Begriffsbestimmung

Aufgrund des Vorhandenseins eines größeren Hauptgewässers wird aus einem Fluß, der in dieses mündet, ein (scheinbar weniger wichtiger) »Nebenfluß«. Der allgemeine Begriff »Nebenfluß« schließt damit Gewässer sehr unterschiedlicher Größe, Hydrologie, Morphologie usw. ein. Abzugrenzen sind lediglich kleinere Fließgewässer (die Bäche) und sehr große (die Ströme). Es existiert allerdings keine allgemein geltende Begriffsabgrenzung von Bach (kleines Fließgewässer) zu Fluß (größeres) bis Strom (sehr großes) Fließgewässer. Die gängige Klassifizierung erfolgt nach Kriterien wie z. B. Gewässerlänge, Einzugsgebietsgröße, Abflußmengen oder Wasserspiegelbreiten (*Tab. 7.4-1*).

Der »Nebenfluß« kann sich also je nach naturräumlicher Lage, Einzugsgebietsgröße u. a. aus verschiedenen Fluß-Größenklassen rekrutieren, so daß z. B. der Main mit einem Einzugsgebiet von 27 200 km² und einem mittleren Abfluß (MQ) von 196 m³/s ebenso wie z. B. die Ochtum (Bremen) mit 920 km² und einem MQ von 3 m³/s gleichermaßen den Status »Nebenfluß« besitzt. Obwohl sich beide Flüsse hinsichtlich ihrer hydraulischen und strukturellen Eigenschaften deutlich unterscheiden, können sie aber dennoch grundsätzlich vergleichbare wichtige ökologische Funktionen für die Regeneration der Biozönose ihres Hauptgewässers übernehmen.

Beeinträchtigungen der Nebenflüsse

Degenerationserscheinungen sind nicht nur an den Hauptgewässern wie Elbe, Rhein, Weser (vgl. Kap. 2.3, 2.6, 2.7), sondern auch an Nebenflüssen deutlich sichtbar. KONOLD zeigte schon 1984, daß kleinere Fließgewässer in vielen Fällen sogar drastischer verändert wurden als große Flüsse.

Ein Beispiel für die gleichsinnige Zerstörung der Strukturvielfalt von Haupt- und Nebenflüssen zeigt *Abb. 7.4-1*. Der Unterlauf der Ochtum, die bei Bremen in die Unterweser mündet, wurde vor allem als Folge der Weserausbauten (vgl. Kap. 2.7) und des Hochwasserschutzes morphologisch stark überformt. Der ehemals reich strukturierte Zusammenflußbereich bzw. der Ochtumunterlauf weicht heute erheblich von seinem historischen Erscheinungsbild ab (*Abb. 7.4-1*) und ist als naturfern zu charakterisieren.

Es sind insgesamt verschiedene Faktoren, die die Qualität der ökologischen Funktionen von Nebenflüssen beeinträchtigt haben. In diesem Zusammenhang sind folgende Aspekte besonders hervorzuheben:

• Die ursprüngliche Gewässernetzlänge wurde durch Gewässerausbaumaßnahem für Nutzungen wie Siedlungen und Landwirtschaft sowie den Hochwasserschutz drastisch reduziert. HIEKEL (1981) gibt für das Gebiet der neuen Bundesländer die Reduzierung der Längenausdehnung ursprünglicher Gewässersysteme mit 40–60 % an. Durch die Laufverkürzungen und Eintiefungen erfolgte eine Monotonisierung des zuvor strukturreichen Gewässerbettes und eine Änderung der typischen Strömungsdynamik, z. B. durch die Erhöhung der mittleren Strömungsgeschwindigkeit mit einer Abnahme der Varianz in Quer- und Längsrichtung. Dieses kann z. B. in Fließgewässern der Geest mit vorwiegend sandig-kiesigen Sohlstrukturen auch bei Normalabflußsituationen zu einer sich stetig umlagernden Sohle führen und eine Artenverarmung vor allem der interstitialen benthischen Biozönose nach sich ziehen (COBB et al. 1992). Betroffen sind neben den Larven verschiedener Insektenarten, z. B. der Eintagsfliegen, Steinfliegen und Köcherfliegen, vor allem die z. T. vom Aussterben bedrohten Großmuscheln wie die Flußperlmuschel (*Magaritafera magaritafera*) und die Dicke Flußmuschel (*Unio crassus*) (BUDDENSIEK et al. 1993) (vgl. Kap. 8.5).

• Die Unterbrechung des Flußkontinuums durch Querbauwerke führt ebenfalls zu einer z. T. starken Veränderung ursprünglicher Abflußverhältnisse und Strömungscharakteristika, so daß sich in den betroffenen Gewässerabschnitten (z. B. Rückstaubereiche von Wehren) häufig untypische Ersatzlebensgemeinschaften ausbilden. Ein longitudinaler Artenaustausch von Fischen

Tab. 7.4-1: Kriterien zur Abgrenzung der Begriffe Bach und Fluß (nach OTTO & BRAUKMANN 1983, LWA 1989, DRL 1994 verändert)

Kriterien Klassifikation	Einzugsgebiet [km²] Berg-/Flachland	Wasserspiegelbreite [m]	Mittlerer Abfluß [m³/s]	sonstiges
Kleine Bäche	<10/<2	<1 / <1	0,06–0,18	Baumkronenschluß
Größe Bäche	10–50/2–30	1–3 / 1–3	1,2–3,9	über dem Gewässerbett
Kleine Flüsse	50–300/30–500	3–10/ 3–10	keine Angabe	kein Baumkronenschluß
Große Flüsse	>300/>500	>10 / >10	keine Angabe	aufgrund größerer Breite
Strom	100000	keine Angabe	keine Angabe	>500 km Gewässerlänge

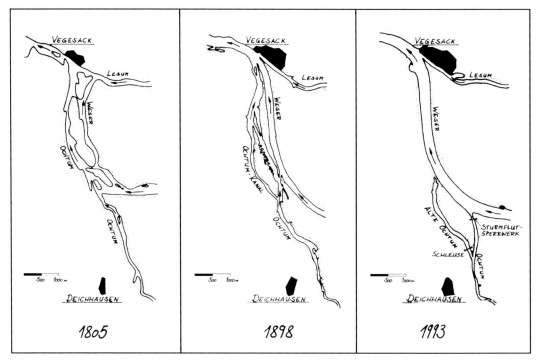

Abb. 7.4-1: Verformung des ehemals morphologisch strukturreichen Ochtumunterlaufs im Mündungsbereich in die Unterweser bei Bremen

und Makrobenthon-Organismen (z. B. Kompensationswanderungen nach Abdrift) kann vollständig unterbrochen werden. Die Wahrscheinlichkeit einer möglichen Behinderung insbesondere von Wanderfischarten und Neunaugen steigt hierbei mit zunehmendem Verzweigungsgrad der Nebenflüsse, die bei Wanderung zu stromaufliegenden Laichgebieten durchquert werden müssen. Diese Problematik wird durch den Rückgang der Lachse (*Salmo salar*) im Rhein sehr deutlich (vgl. Kap 2.6 und 6.5). Neben klassischen Wanderfischarten wie dem Lachs, ist auch bei früher als »Standfisch« bezeichneten Arten ein nennenswertes longitudinales Ortswechselverhalten nachgewiesen und damit auch von einer Behinderung solcher Fischarten bei einer Unterbrechung der Gewässerdurchgängigkeit auszugehen. So zeigen z. B. Rotaugenpopulationen (*Rutilus rutilus*) in der Unterweser während der Laichzeit ein ausgeprägtes Ortswechselverhalten aus dem Hauptfluß in die Ochtum, wobei die Fische Strecken von mehr als 30 km überwinden. Wiederfänge zuvor markierter Tiere machen ein zielgerichtetes Aufsuchen von Laichplätzen in Nebenflüssen wahrscheinlich (SCHOLLE 1995b). Obwohl diese »Allerweltsfischarten«, wenn sie durch Behinderungen solche Laichplätze nicht erreichen, im Gegensatz zu den o. g. Wanderarten in ihrem Bestand noch nicht gefährdet sind, zeigt das Ergebnis aber deutlich die enge Kommunikation der Lebensgemeinschaften zwischen Haupt- und Nebenflüssen. Die oben genannten negativen Auswirkungen von Sperrwerken, Stauwehren und Sohlschwellen, die die Kontinuität eines Flußlaufes zerschneiden, sind in jüngerer Zeit im Zusammenhang mit naturschutzfachlichen Fragestellungen durch die Forderung nach der biologischen Durchgängigkeit der Gewässer diskutiert und der Handlungsbedarf aufgezeigt worden (vgl. Kap. 5).

• Gewässerunterhaltungsmaßnahmen wie Grundräumungen und Krautungen in Folge des rein technischen Gewässerausbaus können zumindest in kleineren Nebenflüssen als erhebliche Einflußfaktoren gelten. Diese haben eine starke Beeinträchtigung der Biozönose durch die weitgehende Zerstörung des Lebensraumes zu Folge. Die Aufwirbelung von Sedimenten während der Unterhaltungsmaßnahmen führt zu einer verstärkten Wassertrübung und zu einer zeitweiligen Erhöhung der Sauerstoffzehrung, dabei werden auch weiter stromab liegende Gewässerbereiche betroffen. Diese negativen Auswirkungen auf die aquatische Lebensgemeinschaft wurde in der Vergangenheit zahlreich dokumentiert (DVWK 1992).

- Neben den o.g. Faktoren kann die Wasserqualität als Belastungsfaktor direkt oder indirekt auf die Biozönose des Nebenflusses einwirken (SCHUCHARDT 1994). Schadstoffstöße, z. B. nach Unfällen, können zu einer unmittelbaren Auslöschung von Arten führen, während eine langfristige Beeinträchtigung, z. B. durch Nährstoffbelastung, zu einer schleichenden Veränderung der Zoozönose führt, entweder direkt etwa durch O_2-Mangelsituationen oder indirekt durch Veränderung der Qualität und Quantität der Unterwasservegetation.

In *Tab. 7.4-2* sind aus dem Meßnetz der Wasserwirtschaftsverwaltungen (LAWA 1993) langjährige Mittelwerte der Wasserqualitätsparameter Ammonium-Stickstoff (NH_4-N), Biochemischer Sauerstoffbedarf (BSB_5) und ortho-Phosphat (o-PO_4-P) zusammengefaßt. Dabei sind jeweils die mündungsnahen Stationen aus dem Nebenfluß den räumlich benachbarten Stationen aus dem Hauptfluß gegenübergestellt. Die Ergebnisse zeigen, daß die Wasserqualität einzelner Nebenflüsse sowohl deutlich schlechter als auch deutlich besser als die jeweiligen Abschnitte im Hauptfluß sein kann. Nach LAWA (1993) ist die Amplitude der Wasserqualität in den Nebenflüssen insgesamt größer als in den Hauptgewässern.

Diese in unterschiedlicher Kombination wirkenden Belastungsfakoren führen in Nebenflüssen zu sehr verschiedenen Degenerationsintensitäten, aber im allgemeinen zu einer insgesamt starken Beeinträchtigung. ZUCCHI (1993) bilanziert den Anteil natürlicher bzw. naturnaher Flüsse bezogen auf den Bereich der alten Bundesrepublik auf lediglich 10 %. So sind z. B. fast alle Nebenflüsse des Oberlaufs der Donau reguliert und aufgestaut (DRL 1994). Untersuchungen an verschiedenen Zuflüssen der Donau (Inn, Isar, Lech, Salzach) zeigen in Folge verschiedener Ausbautätigkeiten und einer z. T. schlechten Wasserqualität deshalb eine mehr oder weniger ausgeprägte Naturferne. Lediglich 30 % der Isar und nur noch 1 % der Iller (unterhalb Oberstdorf) werden von RINGLER (1987) als »ohne starke Veränderungen« bzw. als »noch naturnah« bezeichnet. Die Salzach wird mit einer Gewässergüteklasse vom III–IV (stark verschmutzt) als der am stärksten verschmutzte Fluß Bayerns angegeben (AfU 1992).

Refugialfunktion und Regenerationspotential

Neben dem Eigenwert jedes einzelnen Nebenflusses unter Naturschutzgesichtspunkten und seiner Verbindungsfunktion in einem Flußsystem sind Nebenflüsse als Rückzugs- oder Refugialraum für einzelne Populationen oder ganze Gemeinschaften bei Veränderung der Lebensbedingungen im Hauptgewässer und auch als »Quelle« für seine Wiederbesiedelung von besonderer Bedeutung.

Als Refugialraum können die Nebenflüsse bei Verödungen des Hauptflusses als Folge von Schadstoffwellen wie z. B. nach dem Sandoz-Unfall am Rhein wirken. Das gilt auch bei langfristigen Veränderungen der abiotischen Situation des Hauptflusses wie, z. B. durch die anthropogene Salzbelastung der Weser oder dramatische Erhöhungen der Saprobie, in beinahe allen größeren Flüssen Mitteleuropas.

Dies gilt aber auch für Beeinträchtigungen der Biozönose des Hauptflusses bezüglich der Veränderung und Monotonisierung der hydraulischen und/oder morphologischen Situation.

Tab. 7.4-2: Auswahl einiger Wassergüteparameter in verschiedenen Nebenflüssen (N) nahe der Mündung in den Hauptfluß und korrespondierende Werte aus dem Hauptfluß (H). Mittelwerte und Standardabweichung aus den Jahresmittelwerten 1982–1991. Die angegebenen Konzentrationen (mg/l) basieren auf 10 bzw. 4–8 * Jahresmittelwerten (aus LAWA 1993)

	Neckar N	Rhein H	Mosel N	Rhein H	Sieg N	Rhein H	Nahe N	Rhein H
NH_4-N	0,20 ± 0,08	0,10 ± 0,00	0,16 ± 0,07	0,18 ± 0,04	0,27 ± 0,08	0,18 ± 0,04	0,38 ± 0,01	0,26 ± 0,10
BSB_5	3,60 ± 1,40	1,80 ± 0,40	1,80 ± 0,40	2,30 ± 0,60	2,80 ± 0,60	3,20 ± 0,30	4,50 ± 0,2*	2,90 ± 0,50
PO_4-P	0,33 ± 0,15	0,08 ± 0,02	0,27 ± 0,05	0,21 ± 0,07	-	-	-	0,13 ± 0,02

	Lech N	Donau H	Naab N	Donau H	Iller N	Donau H	Aller N	Weser H
NH_4-N	0,39 ± 0,04	0,13 ± 0,04	0,15 ± 0,04	0,11 ± 0,02	0,06 ± 0,02	0,10 ± 0,00	0,34 ± 0,12	0,15 ± 0,06
BSB_5	2,60 ± 0,40	2,20 ± 0,20	3,10 ± 0,40	2,70 ± 0,20	1,60 ± 0,10	3,70 ± 1,80*	5,00 ± 0,80	4,40 ± 0,50
PO_4-P	0,10 ± 0,03	0,18 ± 0,05	0,15 ± 0,03	0,15 ± 0,03	0,08 ± 0,03	0,12 ± 0,06*	0,24 ± 0,09*	0,23 ± 0,09*

Wenn sich die veränderten Lebensbedingungen im Hauptfluß aufgrund des Abklingens der Schadstoffwelle oder aktiv durchgeführter Maßnahmen wie Abwasserrückhaltung oder Rückbau wieder in Richtung eines natürlichen, historischen oder zumindest naturnahen Zustandes verbessern, kann aus den Refugialräumen heraus eine Regeneration der Biozönose beginnen.

Eine solche (partielle) Regeneration ist sowohl für die Fischfauna als auch für das Makrozoobenthon des Rheins in der Folge der Reduzierung der Sauerstoff-Mangelsituation sowie der Schadstoffbelastung relativ gut dokumentiert. So beschreibt SCHILLER (1990), daß sich die Zahl der Taxa des Makrozoobenthon im nordrhein-westfälischen Rheinabschnitt zwischen dem Ende der 60er Jahre, dem Zeitpunkt der stärksten Beeinträchtigung und 1987 mehr als verdreifacht hat (vgl. Kap. 2.6). SCHILLER (1990) konstatiert, daß für eine weitere Zunahme der Artenzahl, die immer noch deutlich geringer ist als das »potentiell natürliche« Artenspektrum, nicht nur eine weitere Verbesserung der Wasserqualität, sondern vor allem eine Verbesserung der Ökomorphologie erfolgen muß. Nur eine Verbesserung beider Aspekte kann langfristig eine Regeneration sichern (SCHUCHARDT 1994).

Grundsätzlich kommen als Ausgangspunkte für eine Regeneration der Biozönose des Hauptflusses folgende Teillebensräume in Frage:
- Seitengewässer (Altarme, Altwässer)
- Interstitial
- stromauf liegender Flußabschnitt
- stromab liegender Flußabschnitt
- Nebenflüsse

Dabei hat jeder dieser Teillebensräume eine spezielle Bedeutung für den Regenerationsprozeß, der zum einen in der unterschiedlichen Refugialfunktion, zum anderen im Regenerationspotential liegt. So kommt den Teillebensräumen, die weniger oder nicht von oberstrom durch das Wasser des Hauptstromes durchströmt werden, eine größere Bedeutung als Refugialraum zu (und damit später eine größere Bedeutung für die Regeneration des Hauptflusses), da sie im Falle einer Schadstoffwelle weniger oder nicht unmittelbar betroffen sind. Dazu gehören neben dem stromauf liegenden Flußabschnitt vor allem die Nebenflüsse.

Besondere Aufmerksamkeit ist der ökologischen Funktion der Refugialzonen nach dem Sandoz-Unfall bei Basel am Rhein 1986 zuteilgeworden, der zu einer starken Beeinträchtigung der Biozönose eines größeren Rheinabschnitts geführt hat (z. B. STÖSSEL 1990). Entgegen ersten Befürchtungen über die vieljährige Dauer einer Regeneration bis zur Wiederherstellung des status quo ante verlief die Wiederbesiedelung erstaunlich zügig. Im Rahmen der umfangreichen Untersuchungsprogramme, die durch den Unfall initiiert worden sind, ist auch die Bedeutung der Nebenflüsse für diese zügige Regeneration der wirbellosen Makrofauna deutlich geworden (SCHRÖDER & REY 1991).

Für die Fischfauna des Rheins haben LELEK & KÖHLER (1989) die Bedeutung der Mündungsbereiche, aber auch die Bedeutung der Neben- und Altgewässer als Refugialzonen beschrieben. Diese Refugialzonen haben nach dem Sandoz-Unfall zu einer weitgehenden Wiederherstellung der Situation vor dem Unfall im Hauptfluß innerhalb von 2–3 Jahren beigetragen.

Auch bei langfristigen Veränderungen des Hauptflusses, wie z. B. der Weser durch die anthropogene Versalzung mit Bergbauabraum, kommt besonders den Nebenflüssen eine bedeutsame Funktion als Refugialraum zu, da alle anderen o. g. Teillebensräume durch die langfristige und sehr weit oberstrom stattfindende Versalzung ebenfalls beeinträchtigt sind. Nach Reduktion einer solchen Belastung kann aus diesen Refugialzonen heraus die Wiederbesiedlung des Hauptflusses beginnen. GAUMERT & KÄMMEREIT (1994) gehen davon aus, daß aufgrund der Salzbelastung der Weser auch der Individuenaustausch vieler Fischarten zwischen Nebenflüssen und Hauptgewässer in Bereich der Mittelweser unterbunden ist. In den Nebenflüssen sind z. B. noch zahlreiche gefährdete und stark gefährdete Fischarten vorhanden, die bei einer Verbesserung des Hauptgewässers das dort verarmte Artenspektrum wieder auffüllen können (GAUMERT & KÄMMEREIT 1994).

Der Beitrag, den dabei ein Nebenfluß unter der Voraussetzung einer ungehinderten Durchgängigkeit zur Wiederbesiedlung des Hauptflusses leisten kann, ist umso größer, je höher sein Abfluß ist. Je höher der Abfluß, je ähnlicher sind die Lebensraumbedingungen, das Artenspektrum (vor dem Unfall bzw. bezogen auf den Zielzustand bei einer Sanierung) und desto größer die Zahl in den Hauptfluß eingetragener Individuen.

Auch im natürlichen Flußsystem sind die Lebensbedingungen für die aquatische Flora und Fauna in Nebenflüssen, also Gewässern mit weniger verstetigtem, geringerem Abfluß, höheren Strömungsgeschwindigkeiten, anderen Breite/Tiefe-Verhältnissen, veränderten Substratbedin-

gungen etc., nicht denen im Hauptfluß identisch und sie weisen jeweils ein spezifisches Arteninventar auf. Je größer dabei die gemeinsame Teilmenge des jeweiligen Arteninventars aus Haupt- und Nebenfluß ist, desto größer ist der potentielle Beitrag des jeweiligen Nebenflusses als Refugialgewässer. SCHRÖDER & REY (1991) konnten bei der Untersuchung des Hochrheins und seiner Nebengewässer beim Makrozoobenthon drei relativ deutlich getrennte Artengruppen unterscheiden:
1. die (fast) nur im Rhein selbst vorkommenden Arten
2. die sowohl in einzelnen Rheinabschnitten als auch im Einzugsgebiet vorkommenden Arten
3. die (fast) nur im Einzugsgebiet vorkommenden Arten

Zur Gruppe 3 gehören auch Arten, die zur »ursprünglichen« Zoozönose des Rheins gehörten, dort aber z. Z. keine entsprechende Lebensgrundlage finden.

Als Quellen für eine Wiederbesiedelung des Hauptgewässers können also die Gruppen 2 und 3 in Frage kommen.

In den verformten Fließgewässersystemen Mitteleuropas ist die Bedeutung der Nebenflüsse als Refugialraum für den Hauptfluss z. T. vergrößert, überwiegend jedoch – in Folge der o. g. auf sie wirkenden Belastungsfaktoren – verkleinert worden. So kommt vielen Nebenflüssen heute nur noch eine Bedeutung als Refugialraum für eine verarmte Faunengemeinschaft aus »Allerweltsarten« zu, wie sie auch den Hauptfluß prägt. Dieses beschreibt zum Beispiel HAESLOOP (1990) für einen Nebenfluß der Unterweser, die Lesum.

Für die biozönotische Regeneration des nach einem Unfall verödeten Hauptflusses stellen diese Nebenflüsse jedoch das vorher vorhandene, wenn auch eingeschränkte Artenspektrum wieder zur »Verfügung«.

Gestiegen ist – durch die allgemeine Beeinträchtigung von Haupt- und Nebenflüssen – die Bedeutung der Nebenflüsse, die noch ein Artenspektrum aufweisen, das dem »potentiell natürlichen« des Hauptflusses entspricht. Dieses gilt aufgrund des heutigen Belastungsniveaus der Hauptflüsse besonders für störungssensible rheotypische Arten, für die frei fließende Nebenflüsse oft einziger Refugialraum sind.

Sie sind vor allem für eine Reetablierung der »natürlichen« Gewässerbiozönose im Rahmen einer umfassenden Sanierung von Bedeutung, wie es langfristig Ziel aller Maßnahmen an den Gewässern sein muß. So haben insbesondere noch naturnahe Nebenflüsse im Rahmen der Entwicklung des »Niedersächsischen Fließgewässerschutzsystems« eine zentrale Stellung (DAHL & HULLEN 1989).

Anhand der Wasserschnecken-Zönose des limnischen Bereichs der Unterweser, die heute als stark verarmt zu klassifizieren ist, läßt sich dieses exemplarisch aufzeigen. Von den von BOCHERDING (1883) benannten 11 Arten sind mit *Bithynia tentaculata* und *Radix ovata* heute nur noch 2 Species vorhanden, sowie mit *Potamopyrgus antipodarum* ein Neozoon. In zwei aktuell untersuchten Nebenflüssen der Unterweser ist das von BOCHERDING (1883) dokumentierte Artenspektrum jedoch noch nahezu vollständig anzutreffen. So finden sich in der Wümme, einem schneller strömenden, streckenweise naturnahen Fluß der Geest (MQ ca. 12 m³/s), insgesamt 14 Arten, u.a. die flußtypischen, auch in der Weser ehemals häufigen Arten *Ancylus fluviatilis* und *Valvata picinalis*. In der Ochtum (17 Arten), einem sehr langsam fließenden Marschgewässer (MQ ca. 3 m³/s), dominieren hingegen Schnecken, die strömungsberuhigte Zonen bevorzugen wie z. B. *Gyraulus albus* und *Radix auricularia* (WÄHNER mündl. Mitt.). Diese Arten waren in der Unterweser früher ebenfalls regelmäßig anzutreffen. Auch für andere zoobenthische Gruppen wie etwa die Eintagsfliegen, die in der Unterweser ähnlich den Schnecken heute kaum noch anzutreffen sind, kann die Wümme als Refugialzone für die Weser angesehen werden. Das umfangreiche Artenspektrum der untersuchten Wümmeabschnitte umfasst ca. 20 Formen, die als charakteristisch für potamale/rithrale Fließgewässerstrukturen gelten. Dies sind Taxa wie z. B. *Heptagenia flava, H. fuscogrisea, Baetis* sp., *Caenis* sp. u. a. (SCHOLLE 1995a). In der unteren Mittelelbe waren diese Taxa noch bis 1965 z. T. vorhanden (BFG 1994), so daß davon auszugehen ist, daß sie für die Weser ebenfalls zum ursprünglichen Arteninventar gezählt werden können.

Daß im Hauptgewässer verschwundene, vor allem fließgewässertypische Arten in Nebenflüssen überdauern und nach möglicher Verbesserung der ökologischen Situation des Hauptflusses dieses wiederbesiedeln, vermutet auch die Bundesanstalt für Gewässerkunde (BFG 1994). So wird als Quelle der Einwanderung des dort zitierten Wiederfundes der Libellenart *Gomphus flavipes* in die untere Mittelelbe der Elbe-Nebenfluß Havel angenommen. Für die Donau verweist SCHNEIDER-JACOBY (1994) in diesem Zusammenhang auf die bedeutsame Funktion der weitgehend erhaltenden Lebensraumvielfalt ihrer Nebenflüsse Save und Drau. Hier konnten z. B. 50 % der im Donaueinzugsgebiet vorhandenen Fischarten und nachgewiesen werden. Hierzu gehören vor allem auch seltene Arten, wie u. a. der Wildkarpfen.

Der Begriff Refugialzone eines Nebenflusses läßt sich also als der Bereich eingrenzen, der von den o. g. Gruppen 2 und/oder 3 besiedelt wird und in denen damit eine partielle Artenidentität mit dem vorhandenen oder dem potentiellen Artenspektrum des Hauptflusses oder angrenzender Auen vorhanden ist. Diese Refugialzonen sind allerdings keine eindeutig räumlich abgrenzbaren Gebiete, da das für eine partielle Artenidentität (die i. d. R. mit zunehmender Entfernung vom Mündungsbereich abnimmt) erforderliche Ähnlichkeitsmaß der Lebensraumbedingungen nicht nur gewässerspezifisch sondern auch ortsspezifisch ist und sich zusätzlich saisonal z. B. als Folge der Abflußdynamik verändern kann. Bezogen auf spezifische Arten muß die Refugialzone u. U. räumlich weit gefaßt werden.

Es handelt sich bei den Refugialzonen insgesamt um Bereiche, die, obwohl sie räumlich nicht exakt eingrenzbar sind, eine wesentliche ökologische Funktion innerhalb eines Fließgewässersystems übernehmen und damit auch ein wesentliches ökologisches Attribut der Nebenflüsse darstellen.

Schlußfolgerungen

Da der Begriff Nebenfluß den größten Teil der größeren Fließgewässer umfaßt, ist eine allgemeine Charakterisierung und Zustandsbeschreibung kaum möglich. Abhängig von Naturraum und Größe unterliegen Nebenflüsse z. T. dem gleichen Nutzungsdruck wie die Hauptgewässer, z. T. einem veränderten. Sie sind insgesamt jedoch als ähnlich stark anthropogen verformt zu bezeichnen wie die Hauptgewässer, sowohl bezüglich der Wasserqualität als auch der Morphologie.

Eine allen Nebenflüssen gemeinsame Funktion ist die als Refugialraum für einen Ausschnitt der Gewässerbiozönose des Hauptflusses. Die qualitative Ausfüllung dieser ökologischen Funktion ist jedoch vom Ausmaß der Degeneration des einzelnen Nebenflusses abhängig.

Neben dem Eigenwert jedes einzelnen Nebenflusses und der Bedeutung als Verbingungsgewässer ist es also auch wesentlich die Refugialfunktion, die eine Sicherung und Entwicklung der gewässerökologischen Qualität auch der Nebenflüsse notwendig macht.

7.5 Flußauen: Ökologie, Gefahren und Schutzmöglichkeiten
EMIL DISTER

Definitionen/Verbreitung

Auen sind die Niederungen entlang der Flüsse und Bäche, die mehr oder weniger regelmäßig von Hochwässern überschwemmt und von fluviatilen Sedimenten aufgebaut werden. Geomorphologisch sind sie meist als schmale, langgestreckte oder gewundene Depressionen erkennbar, die sich in unterschiedlicher Deutlichkeit gegen die umgebende Landschaft abheben. Die Geländestufe an ihrer seitlichen Begrenzung, der **Aurand** bzw. – bei Eintiefung der Aue in eine Terrasse – das **Hochufer**, mißt dabei nicht selten nur wenige Dezimeter, sie kann aber auch, wie etwa am mittleren Oberrhein, 10 m und mehr erreichen. Unterhalb des Hochufers und parallel zu diesem verläuft nicht selten eine grundwassernahe, flache Mulde, die **Randsenke**. Die Zone der Aue, die unbehindert durch Deiche überflutet werden kann, wird als **rezente Aue** (wasserwirtschaftlich: [Deich-]Vorland) bezeichnet. Landseits der Deiche bis zum Aurand bzw. zum Hochufer erstreckt sich die **Altaue**. Die geomorphologischen Formen, ökologischen Prozesse und die Lebensgemeinschaften sind in Flußauen ungleich mannigfaltiger als in Bachauen.

In Deutschland liegen die großen, zusammenhängenden **Auengebiete** von Natur aus zum einen an Oberrhein und Donau mit ihren rechten Nebenflüssen Iller, Lech, Isar und Inn, zum anderen an den nord- und ostdeutschen Flüssen bzw. Flußabschnitten wie Elbe, Oder und Niederrhein, ferner auch an Ems, Weser und Aller. Die meisten übrigen Flüsse wie Neckar oder Main verlaufen großenteils im Einschnitt und weisen deswegen eine geringe Ausdehnung ihrer Auen auf. In Europa liegen die großen Auenkomplexe vor allem im Osten und Südosten des Kontinents, so entlang der Donau und ihren großen Nebenflüssen (Drau, Sawe, Theiß, Sereth, Pruth) und an Weichsel, Warthe, Bug, Dnjester, Pripjet etc., aber auch an Loire und Garonne.

Ökologisches Wirkungsgefüge
Wasserstandsdynamik

Ökologisch gesehen ist der Wechsel von Trockenfallen und Überflutung der entscheidendste Faktor. Alle übrigen, für die Aue wichtigen und charakteristischen Ökofaktoren hängen von diesem

Hauptfaktor ab (*Abb. 7.5-1*). Daher ist es unerläßlich, sich mit den **Wasserstandsschwankungen** zu befassen. Diese lassen sich aus den Wasserständen, die an Pegeln gemessen werden, ermitteln und in Wasserstandsganglinien darstellen. Betrachtet man die Ganglinien mehrerer Jahre an einem beliebigen mitteleuropäischen Flußpegel (*Abb. 7.5-2*), so wird deutlich, daß hinsichtlich der Wasserstandsdynamik kein Jahr dem anderen gleicht; die Anzahl der Hoch- und Niedrigwasserereignisse, ihre absoluten Pegelwerte, ihre Dauer, ihr jahreszeitliches Auftreten und andere Merkmale variieren von Jahr zu Jahr beträchtlich, wie aus den einschlägigen gewässerkundlichen Jahrbüchern (u. a. BAYERISCHES LANDESAMT F. WASSERWIRTSCHAFT 1983, MINISTERE DE L'ENVIRONNEMENT 1983, INSTITUT F. WASSERWIRTSCHAFT 1984) abgeleitet werden kann. Durch diesen unregelmäßigen Wechsel der Wasserstände wird auch verständlich, warum in der Wasserwechselzone, besonders im Bereich der Mittelwasserlinie, praktisch jedes Jahr andere Tiergesellschaften und – soweit es die kurzlebige Auenvegetation betrifft – auch andere Pflanzengesellschaften zur Entwicklung kommen (u. a. DISTER 1980, FRITZ 1982, HEIMER 1983, WINKEL & FLÖSSER 1986).

Trotzdem gibt es natürlich einige allgemeine Züge der Wasserstandsdynamik, die sich mit Hilfe der gewässerkundlichen Statistik fassen lassen. Betrachtet man die langjährigen Monatsmittel der Wasserstände, so ist am nördlichen Oberrhein (Pegel Worms) ein allmählicher, kontinuierlicher Anstieg der Werte bis zur Mitte des Kalenderjahres (Juni/Juli) hin festzustellen; dann erfolgt ein relativ rascher Abfall bis zum November, dem Beginn des hydrologischen Jahres (*Abb. 7.5-3*).

Zweifellos spiegelt sich darin der allgemeine Witterungsverlauf im Einzugsgebiet des Oberrheins wieder. Es handelt sich ja um ein Sommerregengebiet, wobei die Niederschläge im Sommer auch im alpinen Raum meist direkt in den Abfluß eingehen und noch Verstärkung durch die Schnee- und Gletscherschmelze in den Hochlagen erfahren, während sie im Winter zunächst als Schnee gespeichert werden.

Flüsse, die überwiegend aus den zentraleuropäischen Mittelgebirgen gespeist werden wie die Elbe (Hohnstorf) oder die March/Niederösterreich, erreichen dagegen die durchschnittlich höchsten Wasserstände bereits im April, die niedrigsten treten im September auf. Noch weiter zum Jahresbeginn hin verschoben sind dagegen die höchsten Monatsmittel der Wasserstände an der mittleren Loire (Pegel La Charité); sie werden schon im Februar registriert, wobei auch die niedrigsten durchschnittlichen Monatswerte deutlich früher, nämlich im Juli/August auftreten. Das hängt mit den milderen, regenreichen Wintern und der merklichen Trockenheit im Hochsommer unter dem schon mediterran beeinflußten Klima der Cevennen und des Massif Central zusammen, aus denen die Loire gespeist wird.

Die Pegel charakterisieren hydrologisch immer nur einen begrenzten Flußabschnitt; innerhalb der Längserstreckung eines Flusses kann sich nämlich das Regime durch die Zuflüsse beträchtlich ändern.

Es leuchtet ein, daß sich das unterschiedliche

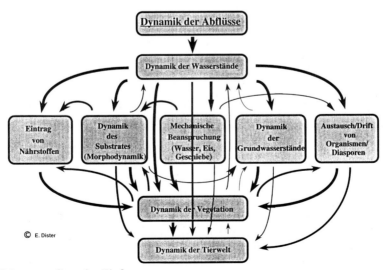

Abb. 7.5-1: Wirkungsgefüge der Flußaue

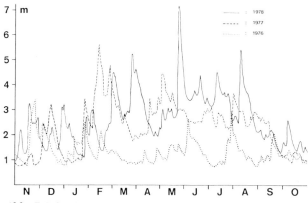

Abb. 7.5-2: Wasserstandsganglinien des Wormser Rheinpegels in den Jahren 1976–1978

Abflußverhalten der Flüsse bzw. bestimmter Flußabschnitte in der Ausbildung der Auenvegetation – und damit auch der Tierwelt – niederschlagen muß. Ist es doch von wesentlicher Bedeutung, ob die Überflutungen (und die hohen Grundwasserstände) wie am Oberrhein im Juni/Juli, also in der Hauptvegetationszeit stattfinden, oder ob dies wie an der Loire im Winter während der Vegetationsruhe der Fall ist.

Für das Überleben der Vegetation bei Hochwasser spielt neben der Jahreszeit des Hochwasserereignisses in erster Linie die **Überflutungsdauer** eine entscheidende Rolle; sie verändert die Konkurrenzverhältnisse zwischen den Arten und/oder sie führt eine Auslese durch und läßt nur die hochwassertolerantesten überleben.

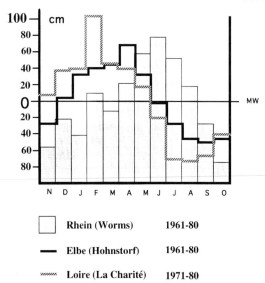

☐ Rhein (Worms)   1961-80
■ Elbe (Hohnstorf)   1961-80
▨ Loire (La Charité)   1971-80

Abb. 7.5-3: Monatsmittel der Wasserstände an den Pegeln Worms (Rhein), Hohnstorf (Elbe) und La Charité (Loire)

Die **Überflutungshöhe** ist insofern von Bedeutung, als viele überflutungstolerante Pflanzenarten dann überleben, wenn wenigstens **ein** Blatt aus dem Wasser herausragt; völlig untergetaucht gehen die meisten Auenpflanzen zugrunde (u. a. GILL 1970, DISTER 1983).

Beide Parameter, Überflutungsdauer und Überflutungshöhe, werden bei einer gegebenen Hochwasserwelle durch die relative Höhe des Standorts in Bezug zum Pegel bestimmt. Die geringen, vom ungeschulten Beobachter kaum registrierten Reliefunterschiede in der Aue modifizieren also diese Kenngröße in sehr bedeutender Weise. Wenige Dezimeter Niveauunterschied entscheiden oft über einige Wochen mehr oder weniger lang anhaltende Überflutung des Standorts und damit über die Zusammensetzung der Vegetation und der Tierwelt. So ist auch erklärlich, warum man auf jedem Niveau in der Aue unterschiedliche Lebensgemeinschaften vorfindet.

Grundwasserstandsdynamik

Mit den Wasserstandsschwankungen im Flußbett gehen aber auch Schwankungen des Grundwasserspiegels einher. Das Grundwasser in der Aue stellt sich nämlich i. d. R. auf den Flußwasserspiegel ein, da der Fluß meist als Grundwasservorfluter dient und das seitlich zuströmende Grundwasser aufnimmt. Daher ist der Grundwasserspiegel der Aue – längerfristig betrachtet – in Form einer Schräge auf einen mittleren Flußwasserspiegel hin orientiert (*Abb. 7.5-4*).

Steigt oder fällt der Flußpegel nur kurzzeitig, so machen sich diese Wasserstandsschwankungen im Grundwasserkörper nur in unmittelbarer Nähe des Ufers bemerkbar; der Grundwasserspiegel wölbt sich dort zunächst bogenförmig nach oben bzw. unten. Halten die höheren oder niedrigen Wasserstände aber längere Zeit an, so paust sich diese Wasserstandsänderung bis weit in die Aue, ja sogar über den Aurand hinaus durch: Das seitlich zuströmende Grundwasser wird aufgestaut bzw. abgezogen, der Grundwasserspiegel ändert seine Höhenlage und richtet sich auf die **Druckhöhe** aus, die von der neuen Wasserspiegellage im Flußbett vorgegeben wird; diese Angleichung an den Flußwasserstand braucht natürlich eine gewisse Zeit und dauert um so länger, je weniger durchlässig die grundwasserführenden Sedimente sind (hydraulische Leitfähigkeit) und je weiter vom Fluß entfernt die Grundwasserstandsschwan-

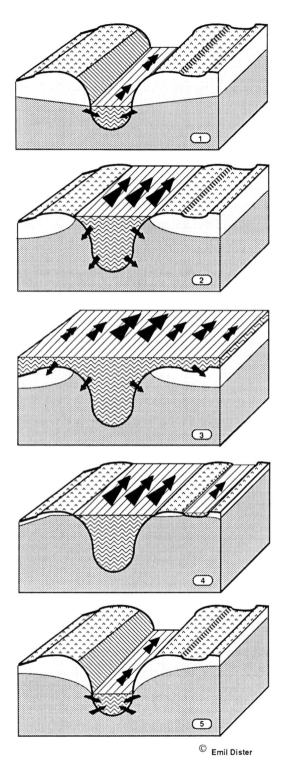

Abb. 7.5-4: Beziehung zwischen Oberflächenwasserstand und Grundwasserstand

kungen beobachtet werden (DYCK & PESCHKE 1983). Bei länger anhaltenden, größeren Überflutungen der Aue kommt es zudem zu einer nennenswerten Infiltration von Oberflächenwasser in den Grundwasserleiter (Aquifer).

Standorts- und Vegetationsdynamik

In unverbauten Wildflüssen lösen wechselnde Wasserstände weiterhin geomorphologische Prozesse aus. Ansteigende Flußpegel erhöhen die Fließgeschwindigkeit des Wassers und mit ihr die **Schleppspannung.** Immer gröberes Material, etwa Kies, wird aus der Flußsohle aufgenommen und transportiert, Ufer werden erodiert, Sand- und Schotterbänke werden umgelagert oder gar abgetragen, schließlich können neue Flußarme und Inseln entstehen, ja sogar eine völlige Verlagerung des Flußlaufes kann im Zuge gewaltiger Hochwasser zustande kommen (u. a. MUSALL 1969, BABONAUX 1970, GREGORY 1977, MANGELSDORF & SCHEURMANN 1980, BRAVARD 1981). Derartige Prozesse kann man heute noch im Flußsystem der Loire beobachten.

Das an der Sohle rollend oder hüpfend bewegte **Geschiebe** kommt bei sinkenden Wasserständen, also abnehmender Fließgeschwindigkeit, früher zur Ablagerung als der **Schwebstoff**, der noch weit in die Aue verfrachtet werden kann und erst bei sehr geringer Wasserbewegung abgelagert wird. Da die Fließgeschwindigkeit des Wassers in der Aue räumlich und zeitlich sehr stark wechselt, sedimentiert Material unterschiedlicher Korngröße oftmals neben- und übereinander. Die Standortseigenschaften der Auenböden ändern sich daher kleinräumig in bedeutender Weise, so daß dicht nebeneinander unterschiedliche Lebensgemeinschaften existieren können. Erosion, Materialtransport, Umlagerung und Sedimentation, sogar die gesamte Formung des Flußbettes und des **Auenreliefs** hängen also mittelbar ebenso vom Wechsel der Wasserstände ab wie die **Korngrößenverteilung** des Substrates.

Auf solchen, vom Fluß neu geschaffenen, vegetationsfreien Flächen siedeln sich sehr rasch Pionierpflanzen an, unter denen verschiedene Weiden (*Salix purpurea, S. alba*), die Schwarzpappel (*Populus nigra*) und das Rohrglanzgras (*Phalaris arundinacea*) eine große Rolle spielen; in alpin beeinflußten Flüssen und Flußabschnitten tritt auch die Grauerle (*Alnus incana*) dazu. Es stellen sich aber auch Pflanzen ein, die mit den Lebensbedingungen in den Auen überhaupt nicht zurecht kommen, deren Samen aber durch das Hochwasser hergebracht wurden und die nun auf den vom Fluß geschaffenen, konkurrenzfreien Standorten ausreichende Keimungsbedingungen gefunden haben.

Sie tragen mit ihrem Wurzelwerk dazu bei, daß die neue Bodenoberfläche gefestigt wird und dem Angriff künftiger Hochwässer besser widersteht. Ihre Sprosse und Blätter setzen (sehr lokal) die Strömungsgeschwindigkeit bei neuerlichen Überflutungen herab und kämmen quasi im Wasser mitgeführtes, feineres Sediment aus. Die Ablagerung wächst in die Höhe, wobei die Korngrößenzusammensetzung des Substrats mit gelegentlichen, hochwasserbedingten Unterbrechungen immer feiner wird. Die Morphodynamik steht also mit der Vegetationsentwicklung in einer engen Wechselbeziehung. Selbstverständlich müssen die Organismen namentlich im flußnahen Bereich gegenüber der **mechanischen Beanspruchung** durch Wasser, Eis und Geschiebe eine hohe Belastbarkeit aufweisen.

Im Verlauf der **Sukzession** gewinnen meist die Silberweiden, auf höheren, trockeneren Geländeabschnitten auch die Schwarzpappeln, die Oberhand und schließen sich zu **Weichholzauenwäldern** zusammen. Greift der Fluß (oder der Mensch !) in diese Entwicklung nicht ein, so können rasch Gehölzarten der **Hartholzauenwälder** in die Bestände eindringen, die bereits nach ca. 80 Jahren der ungestörten Vegetationsentwicklung den Charakter der ehemaligen Weichholzauenwälder fast völlig beseitigt haben; dies kann etwa auf den unterschiedlich alten Donauinseln bei Vukovar (Kroatien) studiert werden (vgl. auch RAUS 1978). Es bedarf keiner besonderen Erwähnung, daß mit der Pflanzensukzession auch eine Abfolge unterschiedlicher, an die jeweiligen Lebensbedingungen angepaßter Tiergemeinschaften parallel läuft (GERKEN 1982, WINKEL & FLÖSSER 1986).

Nährstoffeintrag

Mit dem Schwebstoff, der bei Überflutungen in die Aue verfrachtet wird und dort zur Ablagerung kommt, gelangen aber auch erhebliche Mengen von Nährstoffen, die an die sedimentierten Bodenpartikel angelagert sind, in die Auen-Ökosysteme. Auch die organische Substanz, die bei Hochwasser in großer Menge in die Auen eingetragen wird, reichert die Auenböden mit Nährstoffen an (u. a. PENKA et al. 1985). Daher zählen die Auen weltweit zu den produktivsten Ökosystemen.

Bei uns profitiert vor allem die Forstwirtschaft von der hohen **Produktivität** der Auenstandorte, aber auch die Wiesennutzung in den Auen erbringt beachtliche Massenerträge. Neben der Zuwachsleistung der Gehölze und der enormen Wuchshöhe der krautigen Pflanzen kommt dieser Nährstoffreichtum besonders im Auftreten zahlreicher Stickstoffzeiger wie Brennessel (*Urtica dioica*), Gundermann (*Glechoma hederacea*), Knoblauchsrauke (*Alliaria petiolata*) und Kratzbeere (*Rubus caesius*) zum Ausdruck.

Unter dem Einfluß der Wasserstandsdynamik im Grundwasserleiter mit ihrem Wechsel von aeroben zu anaeroben Verhältnissen findet in der Aue in großem Maße Denitrifikation statt, es wird also Stickstoff in molekularer Form (N_2) in die Atmosphäre entlassen (PINAY & DECAMPS 1988, HAYCOCK et al. 1993). Dieser Prozeß kann angesichts der überall wirksamen Eutrophierung, überwiegend durch Nitrat, gar nicht hoch genug bewertet werden.

Austausch von Organismen

Bei niedrigem Wasserstand bestehen zwischen Fluß und Auengewässern in der Regel nur wenige (oder gar keine) offenen Verbindungen; die meisten Gewässer in der Aue sind dann vom Fluß völlig abgekoppelt.

Mit steigendem Flußwasserstand ändert sich dieser Zustand aber grundlegend. Immer mehr Altarme, Schluten und Mulden werden vom ein- und durchströmenden Flußwasser erfaßt und miteinander verbunden, bis schließlich beim Erreichen großer Hochwasserspitzen (fast) der gesamte Auenbereich überflutet wird.

Damit öffnen sich ständig mehr (Wasser-) Wege für die Organismen des Flusses – etwa für die Fische –, die es ermöglichen, in die Auen zu gelangen oder auch umgekehrt, aus den Auengewässern in den Fluß zu kommen. In der Tat wissen wir von vielen »nicht wandernden« Fischarten, daß sie aktiv die Auen aufsuchen (LELEK 1978, SCHIEMER 1985), etwa um dort abzulaichen; seicht überschwemmte Wiesen und Röhrichte werden dafür besonders gern genutzt. Der plötzlich erschließbare Nahrungsreichtum der Auen in Form vieler, vom Hochwasser überraschter und abgestorbener Kleintiere veranlaßt ebenfalls viele Fische, diese Weidegründe aufzusuchen. Die hohe Produktivität der Auengewässer und ihren Deckungsreichtum nutzen besonders die Jungfische gern aus und bleiben bis zum Herbst in diesen Lebensräumen.

Da nach Ablauf des Hochwassers jedes Auengewässer wieder seine eigene, ökologische Charakteristik voll entfaltet – unterschieden nach Gewässertiefe, Strömungsgeschwindigkeit, Form, physikalischen und chemischen Merkmalen, Verbindung mit anderen Gewässern etc. – werden sehr vielen Arten von Fischen und anderen Wasserorganismen Lebensmöglichkeiten geboten. Daher weisen an den Fluß angeschlossene, natürliche Auen eine ungleich höhere Speziesdiversität und Abundanz – z. B. an Fischen – auf, wie es LÖFFLER, SCHIEMER und Mitarbeiter im Vergleich von abgedämmten und natürlichen Auen an der österreichischen Donau nachweisen konnten.

Andererseits bestehen natürlich auch von der Aue in den Fluß gerichtete **Wanderbewegungen**. Fische suchen zu bestimmten Zeiten, besonders im Herbst, aktiv den Fluß auf. Planktonorganismen werden bei höheren Wasserständen passiv aus den Auengewässern in den Fluß verdriftet. Diasporen vieler Pflanzen werden bei Hochwasser flußabwärts transportiert und in unterstromig gelegene Auen eingeschwemmt, Kleintiere bis hin zur Größe mittelgroßer Wirbeltiere werden, auf Treibholz sitzend, innerhalb der Auen und auf dem Fluß verfrachtet. Temporär erfolgt also durch das Transportmittel Wasser ein bemerkenswerter **genetischer Austausch** zwischen Fluß und Aue sowie innerhalb der Auen (vom Oberwasser ins Unterwasser), der in seiner Dimension noch gar nicht näher untersucht ist.

Insgesamt gesehen kann man feststellen, daß die verschiedenen Lebensgemeinschaften der Auen hauptsächlich nach den ökologischen Gradienten **Überflutungsdauer** (Geländehöhe über Mittelwasser) und **Substratdynamik** (Korngrößenverteilung) angeordnet sind und als Ausdruck des Zusammenspiels dieser beiden Parameter verstanden werden müssen. Da in der scheinbar gleichförmigen Aue sowohl die Überflutungsdauer wie auch die Bodentextur kleinräumig sehr stark wechseln, kommt ein unerwarteter Reichtum an Lebensräumen und Lebensgemeinschaften in mosaikartiger Anordnung zustande.

Lebensgemeinschaften, Lebenstätten und ihre Abfolge

Grundsätzlich lassen sich in den Flußauen Mitteleuropas, abgesehen von den Auengewässern, 4 semiterrestrische Hauptlebensräume mit dem entsprechenden Inventar an Lebensgemeinschaften unterscheiden. Es sind dies die **Pionierbiotope**, die **Weichholzauen**, die **Hartholzauen** und die **Grundwasserauen**.

Pionierbiotope befinden sich überwiegend in oder an den zumindest zeitweise stark durchströmten Gerinnen. Dort werden die Substrate erodiert oder es werden frische Sedimente (Kiese, Sande, Lehme, Tone) abgelagert. Auf den so entstandenen Rohböden siedeln je nach Korngröße kurzlebige, krautige Pflanzengemeinschaften, die sich häufig nur schwer einer Assoziation zuordnen lassen. Gut abgrenzbare Pflanzengesellschaften solcher Standorte sind u. a. die Schlammlingsflur (Limoselletum aquaticae) sowie die Flußmeldengesellschaften Polygono-Chenopodietum und Chenopodietum rubri. Bemerkenswerte Tierarten der Schlammlingsfluren sind z. B. die Sägekäfer (Heteroceridae), die den wassergesättigten Schlamm nach Nahrung durchwühlen. Auf sandig-kiesigen Substraten sind trotz Wassernähe und gelegentlichen Überflutungen viele xero- und thermophile Arten anzutreffen, wie etwa die Sandschrecke (*Sphingonotus caerulans*) und der Sandlaufkäfer (*Cicindela hybrida*), aber auch Flußregenpfeifer (*Charadrius dubius*) sowie – z. B. an der Loire – Zwergseeschwalbe (*Sterna albifrons*) und Triel (*Burhinus oedicnemus*), die auf den Sand- und Kiesinseln brüten. (DISTER et al 1989). Natürliche Erosionsufer werden von Uferschwalbe (*Riparia riparia*) und Eisvogel (*Alcedo atthis*), in Süd- und Südosteuropa auch vom Bienenfresser (*Merops apiaster*) besiedelt.

Solche Substrate kommen sowohl unter wie auch weit über der Mittelwasserlinie vor und werden, wenn die Dauer der Überflutung oder die Substratdynamik es nicht ausschließt, über kurz oder lang von Flußweiden und Pappeln besiedelt (s. o.). Auf groben Substraten mit starker Morphodynamik sind es gegen mechanische Beanspruchung sehr widerstandsfähige Arten, wie Purpurweide (*Salix purpurea*) und Filzweide (*Salix eleagnos*), aber auch die echte Schwarzpappel (*Populus nigra*), die hier Fuß fassen. Auf sandigen bis schlammig-tonigen Subtraten überwiegt die Silberweide (*Salix alba*) und baut in der Regel natürliche Reinbestände auf. Da solche Weichholzauenwälder (Salicetum albae, Populetum nigrae, u. a.) die unterschiedlichsten Substrate und Höhenlagen besiedeln, ist ihr Inventar an Pflanzen- und Tierarten extrem heterogen.

Bleiben die Standorte über längere Zeiträume stabil, was überwiegend in flußfernen Abschnitten der Aue der Fall ist, so können Weichholzauenwälder schon nach einer Baumgeneration durch Hartholzauenwälder (Querco-Ulmetum, u. a.) ersetzt werden, in denen Stieleiche (*Quercus robur*), Feldulme (*Ulmus minor*), Flatterulme (*Ulmus laevis*) und Gemeine Esche (*Fraxinus excelsior*), in Südosteuropa die Feldesche (*Fraxinus angustifolia*), eine große Rolle spielen.

Hinzu kommen zahlreiche weitere, hochwassertolerante Baumarten und Sträucher. An den Bestandesrändern zu Altwassern etc. stellen sich Lianen (*Clematis vitalba, Vitis silvestris, Humulus lupulus*, u. a. BEEKMAN 1984) ein. Zusammen bauen diese Arten die gehölzarten- und strukturreichsten Wälder Europas auf (CARBIENER 1970). Entgegen der Lehrbuchmeinung können sie durchaus sehr lange – im Durchschnitt bis 3 Monate, in Extremjahren bis 7 Monate – überflutet werden (DISTER 1983, DISTER & DRESCHER 1987). In der Krautschicht sind nitrophile Arten häufig. Pirol (*Oriolus oriolus*), Gelbspötter (*Hippolais icterina*), Mittelspecht (*Dendrocopus medius*) und Nachtigall (*Luscinia megarhynchos*) gelten als charakteristische Vogelarten dieser vielstufigen, lichten Laubwälder, unter den zahlreichen Insektenarten ist der Heldbock (*Cerambyx cerdo*) hervorzuheben.

Unter dauerdem Grundwassereinfluß, wie etwa in den Randsenken, oder in Gebieten mit natürlicherweise erschwerter Vorflut so wie an vielen osteuropäischen Flüssen verarmt das Arteninventar der Hartholzauenwälder. Esche (*Fraxinus excelsior*) und Flatterulme (*Ulmus laevis*) gewinnen an Bedeutung und es tritt zu diesen Baumarten die Schwarzerle (*Alnus glutinosa*) hinzu, die den typischen Hartholzauenwäldern fremd ist. In der Krautschicht dominieren Seggen (*Carex* ssp.), Wasserschwertlilie (*Iris pseudacorus*) etc. und markieren die Zwischenstellung dieser Grundwasserauenwälder (Pruno-Fraxinetum, u. a.) zwischen Hartholzauenwäldern und Bruchwäldern.

An die Stelle der Hartholzauenwälder, teilweise auch als Ersatzgesellschaften der Weichholzauen- und Grundwasserauenwälder, ist durch menschlichen Einfluß die Palette der Auenwiesengesellschaften getreten, die je nach Höhenlage über Mittelwasser (Überflutungsdauer) und Bodentextur unterschiedlichen Verbänden (Agropyro-Rumicion, Cnidion, Arrhenatherion etc.) angehören. Bemerkenswerte Pflanzenarten sind Kantenlauch (*Allium angulosum*), Färberscharte (*Serratula tinctoria*) und Brenndolde (*Cnidium dubium*).

Bedeutung/Funktionen

Innerhalb der Landschaft erfüllen intakte Auen zahlreiche ökologische Funktionen, die sich aus dem o. g. Wirkungsgefüge ableiten lassen. Durch die Aufnahme gewaltiger Wassermengen in kurzer Zeit leisten die Auen einen beachtlichen Beitrag zum **Hochwasserschutz**. Auch der Umkehrschluß gilt: Durch die Vernichtung von 130 km² Auen in der Zeit von 1955–1977 am südlichen Oberrhein hat sich die Hochwassergefahr für die Unterlieger drastisch erhöht (DISTER 1985, 1986, ROTHER 1985, MOCK et al. 1991).

Die Aufnahme von Oberflächenwasser in die strukturreiche und biologisch hochaktive Aue führt zur verstärkten **Selbstreinigung** des Gewässers. Die damit einhergehende Infiltration von Oberflächenwasser in den Grundwasserleiter verstärkt nicht nur die Reinigungsprozesse durch die Bodenpassage (u. a. Denitrifikation!, s. o.), sondern speichert dort dieses gereinigte Wasser temporär, um es später allmählich an den Fluß abzugeben (**unterirdische Zwischenspeicherung, Niedrigwasseraufhöhung**).

Die hohe Bedeutung der Flußauen für den Biotop- und Artenschutz wurde bereits bei der Darstellung des Arten- und Gesellschaftsinventars deutlich. Hinzu kommt die Funktion als Biokorridor bei der Vernetzung isolierter Biotope sowie beim genetischen Austausch innerhalb des Einzugsgebietes infolge des Transportes von Diasporen durch das Wasser.

Von geringerer Bedeutung ist heute in Mitteleuropa die hohe **Produktivität** der Auenstandorte, die sowohl die Forstwirtschaft wie auch die Grünlandwirtschaft und die Fischerei begünstigt. Dagegen nimmt die Bedeutung für die **Erholung** noch zu, da der kleinräumige Wechsel zwischen Wasser, Wald und Grünland eine besondere Attraktivität für den Menschen besitzt. Noch wenig bekannt sind die Wirkungen der Flußauen auf das **Lokal- und Regionalklima**.

Gefahren

Direkte Flächenverluste

Geradezu als lehrbuchhaftes Fallbeispiel der sukzessiven Zerstörung einer Flußlandschaft durch **wasserbauliche Eingriffe** kann der Oberrhein gelten. Der badische Ingenieur TULLA und seine Nachfolger führten zwischen 1817 und 1878 die sog. Oberrheinkorrektion durch, daran schloß sich von 1906 bis etwa 1936 die Niedrigwasser-Regulierung an, der im wesentlichen nach dem 2. Weltkrieg der sog. Moderne Oberrhein-Ausbau (beendet 1977) in drei Phasen folgte (Näheres dazu bei SCHÄFER 1974, FRÖHLICH 1975, KUNZ 1975, DISTER 1986). Im Zuge dieser Maßnahmen wurde das Überschwemmungsgebiet drastisch reduziert. Allein durch den modernen Oberrheinausbau zwischen 1955 und 1977 wurden rund 130 km², d. s. 60 % der vormals vorhandenen Auen, durch den

Staustufenbau und die damit verbundene Vorverlegung der Hochwasserdämme vom Fluß abgeschnitten. Die heute verbliebenen 90 km² befinden sich – sieht man von der Wasserfläche des Rheins und der Stauhaltungen ab – fast ausschlielich im Bereich der sog. Schlingenlösung (DISTER 1986) und unterliegen dort einem stark veränderten Wasserregime. Nach HÜGIN (1981) sind nur noch 6 % der ehemaligen Auenfläche in diesem Oberrhein-Abschnitt als naturnahe Standorte zu bezeichnen, wobei aber nur 1–2 % naturnahe Lebensgemeinschaften tragen.

Von der Fläche der gesamten morphologischen Oberrheinaue (ca. 1 822 km² in Deutschland und Frankreich) dürften heute, nach den ziemlich großzügigen Naturschutzmaßstäben beurteilt, die SOLMSDORF et al. (1975) bei ihrer Rhein-Kartierung anlegten, nur wenig mehr als 10 % als naturnahe bis natürliche Flächen übrig geblieben sein. Von der weniger als halb so großen morphologischen Aue des Niederrheins (760 km²) werden heute nur noch etwa 180 km², also knapp 1/4 der Fläche, überflutet.

Entgegen der landläufigen Meinung wurden auch an der Elbe enorme Auenflächen abgedeicht, wenngleich die streckenweise ungewöhnliche Breite des natürlichen Überschwemmungsgebietes an der Mittelelbe diese Verluste nicht so augenscheinlich werden ließ, wie am Rhein. Die Donau ist in Bayern bis auf die Weltenburger Enge und die kurze Strecke Straubing-Vilshofen völlig mit Staustufen verbaut; im österreichischen Abschnitt weisen nur noch die knapp 50 Flußkilometer unterhalb von Wien naturnahe Auen auf, die allerdings ökologisch besonders wertvoll sind.

Als Folge, teilweise aber bis heute noch als Ursache der Eindeichungen, schlägt die **Flächeninanspruchnahme für Siedlung und Industrie** stark zu Buche, insbesondere in den Verdichtungsräumen. So sind nach den Angaben von DILGER & SPÄTH (1985) im Gebiet des Stadtkreises Mannheim 4 430 ha (66 %) der morphologischen Rheinaue technisch überformt, im Stadtkreis Karlsruhe sind es 1 350 ha (43 %).

Gravierend sind weiterhin die Flächenverluste durch **Naßabbau von Kies und Sand**. Die gesamte Abbaufläche auf der deutschen Oberrheinstrecke wurde von der Bundesforschungsantalt für Naturschutz und Landschaftsökologie (jetzt: Bundesamt für Naturschutz) mit 4 700 ha (Stand 1980) angegeben, inzwischen dürften, trotz restriktiver Handhabung der Abbaugenehmigungen vor allem in Baden-Württemberg, 5 000 ha überschritten sein. Abbau-Vorhaben in noch größerer Dimension sind in den neuen Bundesländern an der Elbe geplant.

Flächenverluste durch Änderung der Bewirtschaftung

Neben diesen direkten Flächenverlusten gibt es erhebliche Verluste an naturnahen Lebensgemeinschaften, deren Hauptursache in den Änderungen der Flächenbewirtschaftung durch die **Forst- und Landwirtschaft** zu suchen ist.

Man muß heute davon ausgehen, daß im Rahmen der forstlichen Ernte- und Verjüngungsmaßnahmen alljährlich rund 2/3 der jeweils betroffenen Bestände in einen naturferneren Zustand transformiert werden, wobei die Ausgangssituation aus der Sicht des Naturschutzes seit langem nicht mehr als befriedigend gewertet werden kann. Als Bewirtschaftungsform wird fast ausnahmslos der Kahlhieb praktiziert, der völlig ungeeignet ist, den von Natur aus vielschichtigen und artenreichen Aufbau der Hartholzauenwälder (Querco-Ulmetum, s. o.) bzw. den Aufbau der ihnen nahekommenden, durchgewachsenen Mittelwälder auf Standorten der Hartholzaue zu erhalten (CARBIENER 1970, DISTER 1985b, WALTER 1979). An die Stelle dieser naturnahen Waldtypen treten dann häufig Kulturpappel-, Roteichen- oder Ahorn-Forste, die selbst im hiebsreifen Zustand ökologisch weit unter der Wertigkeit naturnaher Hartholzauenwälder zurückbleiben. DILGER & SPÄTH (1985) beziffern den Verlust an naturnaher Waldfläche (ohne Berücksichtigung des Alters!) in der morphologischen Rheinaue der Forstbezirke Rastatt und Bühl mit 17,7 % ! für die kurze Zeitspanne zwischen 1977 und 1984, was allein auf die oben beschriebene Bewirtschaftung zurückzuführen ist. Davon sind auch Naturschutzgebiete nicht ausgenommen.

Noch dramatischer vollzog sich in den letzten Jahrzehnten der Wandel in der Landwirtschaft, der sich zwar etwas verlangsamt hat, aber keineswegs zum Stillstand gekommen ist. Die Wiesen, einst beherrschendes Element der offenen Rheinniederung, sind heute weitgehend aus der Landschaft verschwunden und in Äcker überführt. In der nordbadischen Rheinaue betrug der Rückgang an Wiesen zwischen 1940 und 1984 über 70 % (DILGER & SPÄTH 1985). Dabei sind nicht alle Wiesengesellschaften gleichmäßig betroffen; der Verlust von Pfeifengraswiesen (Molinion, hier meist das Cirsio tuberosi-Molinietum) ist in der nordbadischen Rheinaue nahezu total. Auf pfälzischer und elsässischer Seite sieht es noch etwas besser aus, doch ist die Bedrohung der dortigen Pfeifengraswiesen extrem hoch. Eine ausreichende naturschutzrechtliche Sicherung ist meist noch nicht erfolgt. Die übriggebliebenen Wiesengesellschaften werden vor allem durch Düngung in ihrer Artenzusammensetzung verändert.

Verluste durch Änderung der Standorte
Veränderungen der Standorte, in erster Linie der flußmorphologischen und hydrologischen Gegebenheiten, haben mehr oder weniger ausgeprägt an allen größeren Flüssen Mitteleuropa zur Verringerung oder gar zum völligen Verlust bestimmter, auentypischer Vegetationseinheiten und damit auch ihres Arteninventars – floristisch wie faunistisch – geführt. Besonders betroffen davon sind die grobgeschiebereichen, aus dem Alpenraum kommenden Flüsse. Staustufen und Uferfestlegung haben den Geschiebetrieb eingeschränkt oder völlig unterbunden; die Flüsse müssen ihr Geschiebedefizit durch Aufnahme von Material aus der Sohle ausgleichen und graben sich auf diese Weise immer tiefer ein. Die Eintiefung der Flußsohle rückte große Flächen in der Aue soweit über die Mittelwasserlinie, daß sie heute nur noch höchst selten überflutet werden und damit ihren Auencharakter verloren haben. Das Geschiebedefizit im Zusammenwirken mit der Uferbefestigung ließ die vormals ausgedehnten Flußinseln, Kies- und Sandbänke mit ihren charakteristischen Pioniergesellschaften stark zurückgehen oder vollständig verschwinden. Beispiele dafür sind u. a. die Iller, der Lech, die Isar, die Salzach (u. a. WEISS 1981, 1988), aber auch der Oberrhein (PHILIPPI 1982).

Auch an Sandflüssen wie der Elbe ist streckenweise eine beachtliche Sohleintiefung festzustellen, so etwa in den Abschnitten um Torgau und Magdeburg (GLAZIK 1994). Die Auswirkungen auf die Auen-Biozönosen sind aber nur ungenügend erforscht. Es ist zu vermuten, daß sich die Auen-Lebensgemeinschaften und ihre Zonation und Sukzession schon weit von den natürlichen Verhältnissen entfernt haben.

Es soll an dieser Stelle auch nicht verschwiegen werden, daß aufgrund eines fehlgeleiteten Naturschutz-Engagements Eingriffe in Altwasser-Bereiche (Dammbauten, Wehre etc.) getätigt wurden, die die Wasserstände stabilisieren und damit für einige wenige, nicht unbedingt auetypische, aber für Naturliebhaber interessante Arten »bessere« Lebensmöglichkeiten schaffen sollen. Solche Maßnahmen gehen ebenfalls zu Lasten der gesamten Auen-Biozönose, sie konnten bisher aber keine allzu großen Schäden anrichten.

Schutzmöglichkeiten

Die bisher in Deutschland ergriffenen Schutzmaßnahmen haben nicht dazu geführt, auch nur eine Bestandssicherung der wichtigsten Flußauen zu gewährleisten. Das rechtliche Instrumentarium ist sowohl im Naturschutzrecht wie auch im Wasserrecht seit langem ausreichend, kam aber nicht oder nur eingeschränkt zur Anwendung, weil überwiegend lokale Interessen entgegenstanden und die Notwendigkeit nicht erkannt wurde. Von einer Ausweitung der Rechtsvorschriften ist daher konkret und substanziell nur Besserung zu erwarten, wenn diese in Politik, Verwaltung und Öffentlichkeit von einer veränderten Einstellung hinsichtlich der Bedeutung der Flußauen begleitet werden und strikte Anwendung finden.

Die verbliebenen Restflächen sind aus biologisch-ökologischer Sicht an den meisten Flüssen Mitteleuropas weder qualitativ noch quantitativ ausreichend, die ökologischen Funktionen der Aue, ihre Lebensstätten und ihre charakteristischen Lebensgemeinschaften zu erhalten. Das Ziel eines modernen Auenschutzes muß daher darauf ausgerichtet sein, die Auenfläche zu erweitern und ein Mehr an auendynamischen Prozessen zu ermöglichen. Trotzdem gibt es bisher kaum Beispiele, daß echte Auen flächenmäßig (wieder) erweitert wurden. Das europaweit bedeutendste Vorhaben dieser Art wurde im Naturschutzgebiet Kühkopf-Knoblochsaue am hessischen Oberrhein – ungewollt – begonnen. Dort hat man die Dämme zum Schutz von Ackerflächen auf der Insel »Kühkopf«, die bei dem großen Hochwasser im April 1983 gebrochenen waren, nicht mehr aufgebaut; dadurch werden seitdem ca. 400 ha Akkerland, das der Sukzession überlassen blieb, und 300 ha Wald wieder regelmäßig überflutet. Die Ergebnisse dieses Naturversuches konnten wissenschaftlich dokumentiert werden und ermutigen zur Nachahmung (DISTER et al. 1992).

Konkrete Ansätze zur Auenerweiterung und Auenrenaturierung werden seit einigen Jahren ernsthaft am Oberrhein im Zusammenhang mit Hochwasserschutzmaßnahmen (DISTER 1985, 1986, 1991, 1992; MOCK et al. 1991) sowie neuerdings am Niederrhein und an der Elbe (JÄHRLING 1994) diskutiert, geplant und teilweise verfahrensmäßig vorangetrieben. Eine enge Zusammenarbeit mit der Wasserwirtschaft ist in jedem Fall unerläßlich und bietet die Möglichkeit, die Renaturierung von Auen großflächig und teilweise auch wirksam zu betreiben; an stauregelten Flüssen werden derartige Maßnahmen jedoch immer nur bescheidene Erfolge erzielen können.

8 Was wird getan?

In den letzten Jahren ist deutlich geworden, daß Gewässerschutz nicht nur die Reinhaltung des Wassers bedeutet, sondern daß das Gewässer als Lebensraum geschützt und wieder hergestellt werden muß. Dies umfaßt nicht nur das Gewässer selbst, sondern auch sein Umland.

Für die Nutzung des Wassers, z. B. als Trinkwasser, ist vor allem seine Schadstoffbelastung bedeutungsvoll. Gleiches gilt bezüglich Schädigungen der Wasserorganismen. Biomonitoring zur Erkennung der an verschiedenen Punkten angreifenden Schadstoffe und ihrer Wirkungen – auf suborganismischer, organismischer und biozönotischer Ebene – wird bezüglich der Schadstoffvermeidung in Zukunft zweifelsohne eine ganz große Rolle spielen. Weitgehend übersehen ist das Problem der Belastung der Gewässer mit Bakterien und Viren. Wo immer auch biologisch gut gereinigtes Abwasser in Flüsse eingeleitet wird – und das ist praktisch überall der Fall – entstehen seuchenhygienisch bedenkliche Verhältnisse. Es kann aber durchaus ein Zukunftsziel sein, auch im Rhein oder der Elbe unbesorgt baden zu können.

Das Artendefizit in den Gewässern einschließlich ihres Umlandes ist nach wie vor Anlaß zu großer Sorge. Die Roten Listen sprechen eine eindeutige Sprache. Ein besonderer Schwerpunkt ist daher gegenwärtig schon die Gewässerstrukturerhebung und Renaturierung der Flüsse. Die Verbesserung der Interaktionen zwischen Fluß und Flußaue spielen hierbei eine entscheidende Rolle. Aber wohin soll diese Rückentwicklung gehen? Das viel beschworene »Leitbild« benötigt noch weiterhin viel theoretische und praktische Arbeit.

Die Wiedervereinigung Deutschlands hat die Forschung und den Gewässerschutz gewaltig in Bewegung gebracht. Auf der einen Seite sind erschreckende Umweltprobleme zu lösen, auf der anderen Seite wurden uns Naturräume, gerade an den Flüssen, präsentiert, von denen man keine Ahnung mehr hatte. Die Festsetzung von Nationalparks und Biosphärenreservaten ist ein guter Weg um diese Geschenke der Natur zu bewahren.

Übergreifender Gewässerschutz auf nationaler und internationaler Ebene ist nur mehr durch gemeinsame Anstrengungen möglich. Ein bewährtes Beispiel ist die Internationale Kommission zum Schutz des Rheins. Deshalb wird in diesem Kapitel eine Übersicht gegeben über den gegenwärtigen Stand dieser Arbeitsgemeinschaften an den großen Flüssen Deutschlands und auch aufgezeigt, was hier noch wünschenswert wäre.

8.1 Strukturelle Sanierung und Renaturierung

KLAUS KERN

Das Bett ausgebauter Flüsse kann streng genommen nicht »renaturiert« werden, und die weitgehende Beseitigung von Schmutzfrachten ist bei aller Bemühung nur teilweise und auch nur bei bestimmten Stoffgruppen möglich (vgl. Kap. 4.1-6 u. 8.3-4). Nachdem nun viele Beiträge die Folgen der Schadstoffeinleitungen und der Nährstoffüberfrachtung beleuchtet haben und auch die Auswirkungen von Flußregulierungen auf die Tier- und Pflanzenwelt dargestellt wurden, sollen hier die Möglichkeiten und Grenzen der morphologischen Rückentwicklung kanalisierter Gewässerbetten diskutiert werden.

Schon die ersten Rodungen in vorchristlicher Zeit führten zu Bodenabschwemmungen, die nachweislich zur Bildung von Auenlehmdecken in Flußniederungen beitrugen (KERN 1994). Die höchsten Sedimentationsraten in den Auen sind jedoch im Mittelalter zu verzeichnen, als die Waldflächen auf den kleinsten Bestand in historischer Zeit zurückgedrängt wurden. Im Einzugsgebiet der großen Flüsse begann die Einrichtung von Mühlenbetrieben und die Regulierung von Flößereigewässern ebenfalls im Mittelalter. Die Folgen waren noch heute feststellbare Eintiefung von Oberläufen durch Schwallbetrieb der Flößerei und Auflandungen im Staubereich der Mühlen. Obwohl einzelne Durchstiche von Flußschlingen beispielsweise am Oberrhein schon im Hochmittelalter erfolgten, setzten die großen Flußregulierungen erst im 18. und 19. Jh. ein. Niedrigwasserregulierungen für die Schiffahrt und der Staustufenausbau zur Wasserkraftnutzung wurden erst in diesem Jahrhundert abgeschlossen und ließen nur wenige freie Fließstrecken übrig, um deren Erhaltung teilweise heute noch heftig gerungen wird (Rhein: zurückgestellte Staustufen Au-Neuburg und Germersheim; Donau: umstrittener Staustufenausbau Straubing-Vilshofen und Bratislava-Budapest, verhinderter Staustufenbau Hainburg; Elbe: umstrittener Staustufenausbau an der Saale, weitgehender Verzicht auf Staustufenbau an der Elbe). Die Folgen der Flußregulierungen wurden in Kap. 5.1-6 beschrieben.

Viele Nebengewässer wurden vor allem in diesem Jahrhundert zur Verbesserung der landwirtschaftlichen Produktionsbedingungen begradigt, zur Hochwasserableitung oder als Entwässerungsvorfluter ausgebaut und nicht selten mit Steinsatz oder gar Betonschalen befestigt. Damit ging nicht nur der gewässertypische und landschaftsprägende Ufergehölzsaum verloren, sondern es verloren auch viele Tier- und Pflanzenarten den Lebensraum, den sie gegenüber konkurrierenden Arten erobert hatten.

Rückentwicklung – ja! Aber wohin?

Die vielfachen landschaftlichen Eingriffe seit Gründung der ersten Siedlungen haben von der Natur- zu unserer heutigen Kulturlandschaft geführt. Ein Zurück-zur-Natur(landschaft) kann es aus verschiedenen Gründen nicht geben. Zum einen sind viele Eingriffsfolgen nicht umkehrbar; so wurden in den meisten Flußniederungen Kiesgruben errichtet, und viele Flußauen wurden zu Seenlandschaften. Ebensowenig rückgängig zu machen sind die oft mehrere Meter mächtigen Auenlehmdecken, die das ursprüngliche Auenniveau erhöht und die ökologischen Standortbedingungen nachhaltig verändert haben. Aber auch viele Eingriffe im Einzugsgebiet haben zu nicht umkehrbaren Änderungen im Abfluß- und Geschieberegime geführt. Hierzu gehören die erhöhte Bodenabschwemmung auf Acker- und Rebflächen, aber auch der Rückhalt von groben Sedimenten an zahlreichen Geschiebesperren in Wildbächen, in Speicherseen und Wehranlagen. Die Versiegelung der Landschaft sowie die Verkürzung und Eindeichung von Wasserläufen und der Bau von Hochwasserrückhaltebecken veränderten das Abflußgeschehen. In Meliorationsgebieten wurde durch die Wassermengenwirtschaft der ursprüngliche Abflußcharakter oft vollständig verändert.

An großen Flüssen sind die Schifffahrt, die Wasserkraftnutzung und die Fixierung des Laufes mit einer bestimmten Abflußkapazität auf unabsehbare Zeit festgeschriebene Nutzungen und Eingriffe. Aber auch an den meisten kleineren Gewässern sind mittelfristig allenfalls an kurzen Strecken Extensivierungen möglich, die eine naturnahe Entwicklung erlauben.

Nicht nur diese irreversiblen Eingriffsfolgen und weiterhin bestehenden Nutzungsinteressen schließen eine Rückkehr zur ursprünglichen Naturlandschaft aus. Auch aus Gründen des Natur- und Landschaftsschutzes wäre eine solche Umkehr nicht unbedingt wünschenswert. Mit der Rodung der Urwälder wuchs die Standort- und damit auch die Artenvielfalt. So sind viele bedrohte Tier- und Pflanzenarten an extensiv genutzte Feuchtwiesen gebunden oder auf gehölzfreie Auen angewiesen.

Das Leitbildkonzept

Aus diesen Gründen muß in jedem Einzelfall der anzustrebende Gewässerzustand entsprechend den jeweiligen Gegebenheiten definiert werden. Hierzu wird ein sogenanntes Leitbild erstellt, das die langfristig anzustrebenden ökologischen Funktionen des Gewässers im Naturhaushalt beschreibt (*Abb. 8.1-1*). Es gründet sich auf dem naturgegebenen Gewässer- und Landschaftscharakter, berücksichtigt jedoch das heutige Standort- und Entwicklungspotential aufgrund unumkehrbarer Landschaftsveränderungen und trägt der kulturhistorischen Landschaftsentwicklung mit Vorgaben aus dem Biotop- und Artenschutz Rechnung. Entscheidend ist dabei zum einen die richtige und aussagekräftige Synthese des Gewässertypus, die in dicht besiedelten und intensiv genutzten Naturräumen nur schwer zu leisten ist. So sind z. B. in der Oberrheinebene nur noch Relikte der ursprünglichen Gewässerformen beidseits des Rheinstroms zu finden. Von großer Bedeutung ist jedoch auch, welche Eingriffsfolgen als unabänderlich angesehen werden. Grundsätzlich sollten derzeitige und geplante Nutzungen nicht ins Leitbild einfließen. Damit wird das Leitbild selbst zu einer unveränderlichen Größe. Das Leitbild für schiffbare Flüsse, wie den Rhein, wäre der unregulierte Strom mit all seinen aquatischen, amphibischen und terrestrischen Lebensräumen.

Erst im zweiten Schritt, bei der Festlegung der Entwicklungsziele, werden die derzeitigen und künftigen Nutzungen als Randbedingungen und Vorgaben berücksichtigt. Dabei sollten kurz-, mittel- und langfristige Ziele und Maßnahmen unterschieden werden (*Abb. 8.1-2*).

Naturgegebener Gewässer- und Landschaftscharakter	Heutiges Standort- und Entwicklungspotential	Kulturhistorische Landschaftsentwicklung
Leitbild		
Einschränkende Randbedingungen und Vorgaben		
Entwicklungsziele		
kurzfristig	mittelfristig	langfristig
Maßnahmenvorschläge		
kurzfristig	mittelfristig	langfristig

Abb. 8.1-1: Das Leitbildkonzept in der Gewässerplanung

kurzfristig	mittelfristig	langfristig
▶ Extensivierung der Unterhaltung ▶ Ausweisung von Randstreifen ▶ Entfernung von Ufer- und Sohlensicherungen ▶ Duldung von Uferabbrüchen ▶ Förderung von Auskolkungen und Anlandungen ▶ Bettumgestaltungen ▶ Aufbau von Ufergehölzstreifen	▶ Extensivierung der Auennutzungen ▶ Änderung der Hochwasserschutzkonzeption ▶ Wiederherstellung natürlicher Abflußbedingungen ▶ Regeneration des Geschiebehaushalts ▶ Erweiterung der Ufergehölzstreifen zu auwaldähnlichen Beständen ▶ Einstellung der Unterhaltung	▶ Entwicklung gewässertypischer Strukturen durch morphodynamische Umlagerungen
Anstöße zur Selbstentwicklung	**Änderung der Rahmenbedingungen**	**Kontrollierte Gewässerentwicklung**
Beginn morphodynamischer Regeneration	Morphologische Anpassung an veränderte Randbedingungen	Morphologische Gleichgewichtsprozesse

Abb. 8.1-2: Kurz-, mittel- und langfristige Ziele und Maßnahmen der Gewässerentwicklung (KERN 1994). Mit Genehmigung des Springer-Verlages

Regenerationsfähigkeit

Bei der Regeneration ausgebauter Bäche und kleiner Flüsse hat die morphologische Selbstentwicklung durch Umlagerungen Vorrang vor Umgestaltungen mit dem Bagger. Der Maschineneinsatz sollte sich im Regelfall auf die Entfernungen von Ufersicherungen und Sohlenpflasterungen beschränken. Die Regenerationsfähigkeit ausgebauter Gewässer hängt von der Strömungskraft, der Abflußdynamik, dem Geschiebeaufkommen, der Erodierbarkeit der Ufer- und Auensedimente und der Ausbaugröße (Ausbaugrad) des Gewässers ab. Im Naturzustand verlagern Flüsse leichter ihren Lauf als Bäche, da der Uferbewuchs den Seitenschurf nur unbedeutend einschränkt und das Transport- und Erosionsvermögen mit der Wassertiefe steigt. Entwicklungsfreudig sind z. B. geschiebereiche Auenbäche, die noch regelmäßig Hochwasser führen, insbesondere, wenn ihre Ufersedimente aus Sand und Kies bestehen. Entwicklungsträge sind Bäche, die in tonig-lehmige Auensedimente eingebettet sind oder deren Ufer mit engständigen Ufergehölzen gesäumt sind.

In jedem Fall dauert eine vollständige Rückentwicklung zu einem naturgemäßen Verlauf mehrere Jahrzehnte. Gerade bei kleineren Gewässern ist die morphologische Regeneration eng mit der Entwicklung der Ufergehölze verknüpft. So stehen in naturbelassenen Waldbächen die Uferbäume aufgrund gegenseitiger Beschattung in großen Abständen. An ihren Stämmen und Wurzelstöcken bilden sich Kolke, die nicht selten zu lokalen Laufverlegungen führen. In Flachlandbächen sind gefallene Baumstämme und Astwerk die wichtigsten strukturbildenden Elemente sowie Siedlungssubstrat für Fließwasserorganismen. So gesehen müßte die volle Rückentwicklung einer ausgebauten Gewässerstrecke mindestens 1–2 Baumgenerationen in Anspruch nehmen.

Rehabilitierung von Flußsystemen

Die Rehabilitierung von Flußsystemen muß das Flußbett, die Aue und die Zuflüsse einbeziehen (*Abb. 8.1-3*). Der Transport und die Umlagerung der Sedimente bedingt die typische Strukturvielfalt des Flußbettes mit Inseln, Kies- und Sandbänken, Kolken, Flachwasserbereichen, Ausbuchtungen und Steilufern. Der Diversität der Flußbettstrukturen entspricht das Mosaik der Kornverteilung in den unterschiedlich stark durchströmten Bereichen. Die Wiederherstellung der Strukturvielfalt setzt eine weitgehend ungehinderte morphodynamische Entwicklung voraus, die in den europäischen Flüssen mit den Ansprüchen der Binnenschifffahrt nicht vereinbar ist. Noch hinderlicher ist der Betrieb von Staustufen, da sowohl

Rehabilitierung von Flüssen		
Flußbett	**Aue**	**Zuflüsse**
Dynamisches Flußregime	Dynamik der Wasserstände	Geschiebezufuhr
Morphodynamik bei relativer Sohlenstabilität	Morphodynamik (Auflandung und Umlagerung)	Reduzierung von Schad- und Nährstoffeinträgen
Diversität der Bettstrukturen	Diversität der Auenstrukturen	biologische Durchgängigkeit (Fische und Wirbellose)
Begrenzung von Schad- und Nährstoffen	Sukzession der Auenvegetation	Erhaltung von Laichbiotopen
biologische Durchgängigkeit (Wanderfische)	Vernetzung von Fluß und Aue (Organismen- und Stoffaustausch)	

Abb. 8.1-3: Komponenten der Rehabilitierung von Flüssen und Strömen

die flußtypische Strömung als auch der Geschiebetrieb eliminiert werden.

Nur ein scheinbarer Widerspruch zur freien Morphodynamik ist die Forderung nach relativer Sohlenstabilität. Viele Flüsse, wie die bayerische Donau, Strecken des Oberrheins und der Elbe haben sich nach Laufverkürzung und Staustufenbau zum Teil erheblich eingetieft. Die naturgegebene Einschneidung von Flüssen findet hierzulande jedoch in geologischen Zeiträumen statt. Über Jahrzehnte und Jahrhunderte ist deshalb in Mitteleuropa von einem morphologischen Gleichgewichtszustand mit stabiler mittlerer Sohlenlage auszugehen (MACKIN 1948). Dies schließt jedoch örtliche Umlagerungen und kurzzeitige Eintiefungen auf begrenzten Strecken nicht aus. Sohlenstabilität auf lange Sicht setzt jedoch ein Gleichgewicht von Sedimentein- und -austrag voraus – eine Bedingung, die nur bei ungehinderter Laufentwicklung und Sedimentzufuhr aus Nebenflüssen gegeben ist.

Zur ökologischen Qualität gehört die Minderung der stofflichen Belastungen, die vor allem in den Zuflüssen reduziert werden muß (vgl. Kap. 4.1-7). Wesentliche Voraussetzung für die faunistische Besiedelung ist die biologische Durchgängigkeit, die in den Hauptströmen in Längsrichtung zumindest für Wanderfische gewährleistet sein muß, in den Nebenflüssen und Auengewässern möglichst für alle Fischarten und Wirbellose.

Das wichtigste ökologische Merkmal intakter Flußauen ist die Standortdynamik durch das Flußregime. Hierzu gehören die Dynamik der Wasserstände und Grundwasserstände, die flächige Ablagerung von Schwebstoffen und Erosion von Ufersedimenten (Morphodynamik), der Eintrag von Nährstoffen, die Sukzession der Vegetation und der Austausch von Organismen zwischen Fluß und Aue (DISTER 1985). Wenn regelmäßige Überflutungen der Aue durch Ausdeichung unterbunden wurden oder nur noch unwesentliche Grundwasserspiegelschwankungen stattfinden, wie beispielsweise entlang von Stauhaltungen, dann sind die Grundvoraussetzungen für die Bildung von Weich- und Hartholzauen nicht mehr gegeben. Die Anbindung der begleitenden Auenwälder an das (ungestörte) Flußregime ist deshalb das oberste Prinzip der Auenregeneration.

Das Auenrelief spiegelt die Entwicklungsgeschichte des Flußlaufes wider. Auenrinnen und Altarme in unterschiedlichen Verlandungsstadien zeugen von früheren Verläufen. Unterschiedliche Höhenniveaus der Auenflächen weisen auf verschiedene Umlagerungsphasen hin. Das Auenrelief und die Dynamik des Flußregimes bedingen die Standortvielfalt der Aue.

Die Regeneration großer Flüsse muß sich weitgehend auf die Wiederanbindung von Auen, die Vernetzung mit Nebengewässern und die Reduzierung von Nähr- und Schadstoffen reduzieren. Weitergehende Ansprüche, etwa an die Zusammensetzung des Arteninventars, können nur in kleineren Einzugsgebieten gestellt werden (MILNER 1994, GORE & SHIELDS 1995).

Programme zur Sanierung von Flußsystemen

Ein Schwerpunkt der Programme zum Schutz von Flüssen war in der Tat die Verbesserung der Wasserqualität. Die Rheinanlieger schlossen sich in der Internationalen Kommission zum Schutz des Rheines (IKSR) zusammen, die vor allem die Reduzierung der organischen und anorganischen Belastungen zum Ziel hat und einen Alarmplan für die Handhabung von Störfällen entwickelte (vgl. Kap. 3.2). Unmittelbar nach der Wiedervereinigung Deutschlands wurde eine entsprechende Kommission für die Elbe gebildet (IKSE), in der Deutschland und Tschechien vor allem eine Gütesanierung der hoch belasteten Elbe anstreben. Seit langem existiert ein Datenaustausch der Donauanlieger über die institutionalisierte Regionale Zusammenarbeit der Donauländer.

Über die Verbesserung der Wasserqualität hinaus gibt es auch Bemühungen, die Auen in den Gewässerschutz einzubeziehen und die Gewässervernetzung zu gewährleisten. Für das Rheingebiet wird unter dem Schlagwort »Lachs 2000« versucht, die Durchgängigkeit für Wanderfische im Hauptstrom und in den Nebengewässern bis zu den Laichgründen wiederherzustellen. Im Rahmen der IKSE wird versucht, die Gewässerstruktur und die Uferbereiche in ihrer biologischen Wirksamkeit zu verbessern.

In den Integrierten Rhein- und Donauprogrammen Baden-Württembergs sollen Verbesserungen des Hochwasserschutzes mit ökologischen Zielsetzungen vereinbart werden. Entlang des Oberrheins müssen Hochwasserrückhalteräume bereitgestellt werden als Ausgleich für im Zuge des Staustufenbaus ausgedeichte Überflutungsflächen. Dabei waren zunächst rein technische Planungen vorgelegt worden mit Flutungen der Polderräume ausschließlich bei großen Hochwasserabflüssen und großen Einstauhöhen. Nach Intervention der beteiligten Ökologen wurden die Planungen überarbeitet und sogenannte Fließpolder vorgesehen, bei denen die Überflutungsflächen an das natürliche Abflußregime des Rheins angebunden sind und somit auenähnliche Standortbedingungen (wieder) geschaffen werden. An einigen Stellen sind auch Dammrückverlegungen geplant. Bei der Realisierung von Fließpoldern werden zur Gewährung der gleichen Hochwassersicherheit wesentlich größere Überflutungsflächen benötigt. Deshalb stößt die Umsetzung des Programmes in den Kommunen vor Ort auf erheblichen Widerstand, zumal die Nutznießer des Hochwasserschutzes andere sind, nämlich in erster Linie die Städte Karlsruhe, Mannheim und Ludwigshafen.

Beim Integrierten Donauprogramm sollen ebenfalls Hochwasserschutzplanungen mit ökologischen Verbesserungen am Oberlauf der Donau in Baden-Württemberg bis Ulm vereinbart werden, allerdings in einem wesentlich bescheideneren Rahmen. In einem ersten ausgeführten Projekt wurde die Donau auf ca. 1 km Länge wieder in eine Doppelschleife gelegt, ähnlich wie sie zum Ausbau im Jahre 1872 existierte (*Abb. 8.1-4*). Das neue Bett wurde höher angelegt als das stark erodierte Kanalbett, was durch die Schüttung zweier Rampen erreicht wurde. Das alte Kanalbett wird nur noch bei Hochwasserabflüssen durchströmt. Die neu entstandenen vormals landwirtschaftlich genutzten Inselbereiche wurden nach Vorgaben der beteiligten Ökologen mit unterschiedlichen Höhen modelliert, um die standortgerechte Habitatdiversität zu erreichen. In den neuen Schleifen wurde auf jegliche Ufer- oder Sohlensicherung verzichtet, um dem Fluß auf diesem Abschnitt eine begrenzte Verlagerung zu erlauben. Ein Hundert-Meter-Streifen an der Außenseite der neuen Flußschleifen wurde zu diesem Zweck erworben. Seit Abschluß der Arbeiten im Jahre 1993 hat sich die erste Schleife schon einige Meter nach außen verlagert.

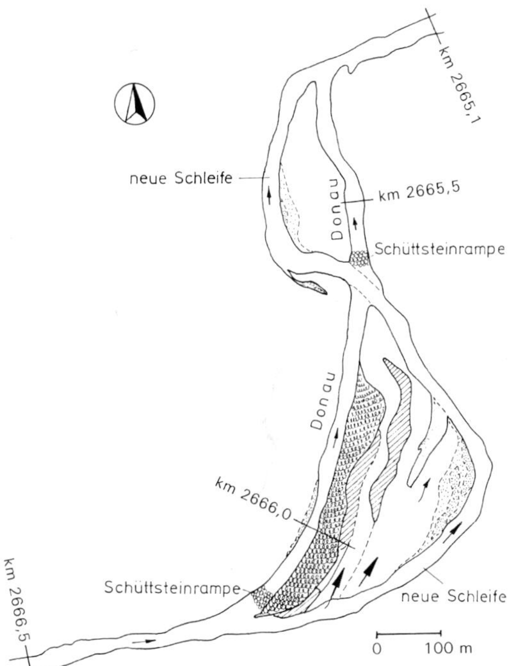

In Niedersachsen wurde ein Fließgewässerschutzsystem erstellt, das zum Ziel hat, alle heimischen Tier- und Pflanzenarten der niedersächsischen Bäche und Flüsse zu erhalten (DAHL et al. 1989). Aufgrund der Verbreitungs- und Entwicklungsgeschichte der Tier- und Pflanzenarten Mitteleuropas unterscheidet sich die floristische und faunistische Besiedlung der Bäche und Flüsse nicht nur in den einzelnen Naturräumen sondern auch in den großen Stromgebieten Elbe, Weser, Rhein und Donau. Bei der Zusammenstellung der besonders zu schützenden »Hauptgewässer« mußte deshalb nicht nur die naturräumliche Gliederung des Landes beachtet werden, sondern auch die Zuordnung einzelner Naturräume zu den Stromgebieten Elbe oder Weser. Die ausgewählten Hauptgewässer sollten nach Möglichkeit noch naturnahe Strecken enthalten und im übrigen weitgehend renaturiert werden. Großer Wert wird dabei auf die Beseitigung von Wanderungshindernissen für Fische gelegt. Um die Verbindung bis zum Meer zu gewährleisten werden zusätzliche »Verbindungsgewässer« ausgewiesen, zu denen auch die Ströme Elbe und Weser gehören. Nebenbäche der ausgewählten Hauptgewässer werden miteinbezogen, um das Wiederbesiedelungspotential bei Störfällen (Gewässerverschmutzungen) zu sichern. Dieses Konzept eines systematischen Biotopschutzes von Fließgewässern wurde inzwischen von einigen anderen Bundesländern übernommen, ist jedoch erst in Niedersachsen in der Umsetzungsphase.

Regeneration kleinerer Flüsse und Bäche

Die ersten Umgestaltungen kanalisierter Gewässerstrecken fanden Anfang der 80er Jahre in der Industrielandschaft des Ruhrgebiets statt. Im dortigen Emschergebiet hatte man wegen bergbau-

Abb. 8.1-4: Umgestaltung der Donau bei Blochingen in Baden-Württemberg (KERN 1994). Mit freundlicher Genehmigung des Springer-Verlages

bedingter Senkungen einen großen Teil der natürlichen Wasserläufe zu offenen Abwasserkanälen ausgebaut, um das Abwasser oberirdisch und ungeklärt in die Emscher zu leiten, an deren Mündung eine Großkläranlage errichtet wurde. Mit der Nordwanderung des Bergbaus kam die Oberfläche zur Ruhe, und somit war es möglich, das Abwasser, wie sonst üblich in getrennten, geschlossenen Kanalrohren abzuleiten. Zugleich wurde beschlossen, das Konzept des Mündungsklärwerkes zugunsten dezentraler Kläranlagen aufzugeben. Damit war auch der Weg frei zu einem Rückbau der ehemaligen Kanalstrecken. Mittlerweile wurden die Vorhaben in ein umfassendes Landschaftsgestaltungsprojekt »Emscherpark« eingegliedert, das im Rahmen einer internationalen Bauausstellung umgesetzt wird. Dabei stellt das neu bewertete Gewässernetz einschließlich der Emscher gewissermaßen das Rückgrat der angestrebten Landschaftsentwicklung dar.

Alle Bundesländer haben Programme und teilweise Richtlinien zur naturnahen Entwicklung ausgebauter Gewässer herausgebracht. Während anfangs ausschließlich auf Rückbau mit Baggereinsatz und anschließender Bepflanzung gesetzt wurde, wird mittlerweile aus ökologischen und ökonomischen Gründen die Eigenentwicklung unter Nutzung der Gewässer- und Vegetationsdynamik propagiert. Bei vielen Projekten hatte sich nach kurzer Zeit erwiesen, daß die morphologische Entwicklung falsch eingeschätzt wurde oder Pflanzmaßnahmen und Ufersicherungen überflüssig waren (LUA NRW 1994). Obwohl es seit Mitte der 80er Jahr zahllose Projekte gibt, erstrecken sich fast alle auf kurze Gewässerstrecken und wurden ohne übergeordnetes Konzept realisiert. Im folgenden sollen beispielhaft einige Projekte skizziert werden.

Eines der bedeutendsten Renaturierungsprojekte ist die Sanierung des erosionsgeschädigten Holzbachs im Westerwald. Das Bachbett war nach dem Ausbau in den 30er Jahren vermutlich durch die Beseitigung einer natürlichen Sohldeckschicht und fehlendem Geschiebenachschub auf langen Strecken stark erodiert. Abschnittsweise konnte deshalb das 100jährliche Hochwasser im Profil ohne Ausuferung abfließen. In einem Forschungsvorhaben des Bundes wurden mehrere kurze Strecken in ganz unterschiedlicher Weise saniert. Auf einer leicht erodierten Strecke wurden nur Ufer abgeflacht, mit Steinschüttungen gesichert und hinterpflanzt, sowie einige Sohlengleiten gebaut. Ein sehr stark erodierter Abschnitt wurde aufgeweitet und mit einem künstlichen Korsett aus Steinschüttungen gegen erneute Tiefenerosion gesichert. Dabei wurde versucht, eine natürliche Sequenz von Schnellen und Stillen (Riffle-Pool) nachzubilden (Abb. 8.1-5). Die übergroße Abflußkapazität des Bettes konnte jedoch nicht verringert werden. In einem späteren Bauabschnitt wurden statt einer geschlossenen Deckschicht in kurzen Abständen Sohlengurte geschüttet und in den Außenufern des unveränderten Bettes ausgebaggerte Taschen mit Steinmaterial verfüllt. Letztere sind als künstliche Geschiebequellen gedacht bei Erosionen am Prallufer. In einer weniger stark erodierten Strecke wurde schließlich nur noch Geschiebevorrat eingebracht. Die am Holzbach sukzessiv angewandten Bauweisen zeigen deutlich den Trend zur Einbeziehung der Morphodynamik bei der Sanierung gestörter Gewässerstrecken.

Kleine Bäche im intensiv landwirtschaftlich genutzten Flachland wurden häufig mit trapezförmigem Regelprofil ausgebaut, nicht selten mit

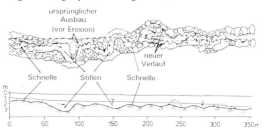

Abb. 8.1-5: Sanierung einer stark erodierten Strecke am Holzbach (nach OTTO 1988)

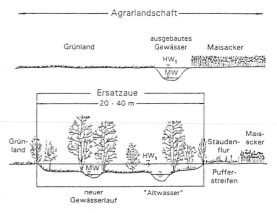

Abb. 8.1-6: Herstellung einer »Ersatzaue« in landwirtschaftlich intensiv genutzten Flachlandgebieten

Sohlenschalen versehen und jeglicher Aue beraubt. Die Selbstentwicklung eines solchen Gewässers wäre nicht nur durch die Sohlenbefestigung behindert. Die Rückbildung der oft übergroßen Abflußkapazität dieser Vorfluter setzt in jedem Fall eine Extensivierung der Agrarnutzung voraus. Wo dies nicht möglich ist, kann an die Herstellung einer »Ersatzaue« gedacht werden, wie sie z. B. am Kleinen Sulzbächle und am Siegentalgraben in Baden-Württemberg ausgeführt wurde (UM BW 1992). *Abb. 8.1-6* zeigt eine schematische Darstellung der Bauweise. Das ausgebaute Gewässer faßt den 5–20jährlichen Hochwasserabfluß; die landwirtschaftliche Nutzung reicht bis an die Böschungen. Eine breite Abgrabung schafft einen Gewässerkorridor, der bei weitgehend ungehinderter Gehölzentwicklung die gleiche Abflußkapazität aufweist. In diesem Hochwasserprofil kann das neue Mittelwasserbett frei mäandrieren. Teile des vormaligen Kanalbettes können als »Altgewässer« erhalten bleiben. Bei genügend großem Hochwasserprofil ist langfristig keine Pflege erforderlich, weil die aufgewachsenen Gehölze sich gegenseitig beschatten und genügend Raum für den Hochwasserabfluß lassen. Der Nachteil dieser Bauweise liegt in den umfangreichen, kostenträchtigen Erdarbeiten.

Im Rahmen der Landesgartenschau in Pforzheim wurde die Enz im Stadtgebiet auf etwa 1 km Länge umgestaltet (UM BW 1992). Das vorherige Doppeltrapezprofil mit 20 m breitem Mittelwasserbett und beidseitigen Vorländern war durch Deiche auf insgesamt 90 m Breite begrenzt. Dieser Ausbau aus dem 19. Jahrhundert hatte noch große Abflußreserven über dem 100jährlichen Hochwasser, wodurch (abflußhemmende) Bepflanzungen und Bettveränderungen möglich wurden. Die Umgestaltung war auf das Bett innerhalb der Deiche begrenzt. Eine weitere Randbedingung stellten zahlreiche Düker und Versorgungsleitungen dar, die teilweise in geringer Tiefe unter dem Bett durchgeführt wurden. Bei der Umgestaltung wurde das streng gegliederte Doppeltrapezprofil zugunsten eines unregelmäßig verlaufenden Mittelwasserbett mit Verengungen und Aufweitungen aufgelöst. An zwei Stellen wurden kleine Inselgruppen in einer Aufweitung angelegt. Die Uferlinie wurde mit ingenieurbiologischen Bauweisen gesichert. Die Bepflanzung entlang des Mittelwasserbettes des zuvor gehölzfreien Profils wurde mit einem hydraulischen Modell so optimiert, daß die Hochwassersicherheit des angrenzenden Stadtgebiets bis zum 200jährlichen Abfluß nicht gefährdet wird.

Naturnahe Entwicklung durch Unterhaltung

Aufwendige Umgestaltungen sind aus Kostengründen auf kurze Gewässerstrecken beschränkt und schon deshalb kein geeignetes Konzept zur naturnahen Entwicklung der zigtausend ausgebauten Gewässerkilometer in Deutschland. Aussichtsreicher ist dagegen die Änderung der Unterhaltungspraxis, die traditionell auf die Erhaltung des Ausbauzustandes ausgerichtet ist. Tatsächlich soll jedoch nach Gesetzeslage die Unterhaltung auch den Belangen der Landschaft und des Naturhaushalts Rechnung tragen. Oft können Uferbereiche schonender unterhalten und bestenfalls sich selbst überlassen bleiben. In vielen Fällen entsprechen die vormals festgesetzten Ausbauziele nicht mehr den heutigen Nutzungsansprüchen und können rechtlich geändert werden. Die »Entfesselung«, d. h. die Entfernung von Ufersicherungen ist jedoch vielfach erforderlich, um die angestrebte Restrukturierung des Gewässerbettes zu beschleunigen. Auch in schiffbaren Flüssen bestehen Möglichkeiten zur Biotopentwicklung in Buhnenfeldern und Uferbereichen.

In vielen Bundesländern wurden sog. Uferrandstreifenprogramme aufgelegt, die nicht schiffbaren Gewässern mehr Entwicklungsraum bieten sollen. Hierbei wird angestrebt, ein 5–20 m breites Areal beidseitig des Gewässerbettes von intensiven Nutzungen freizuhalten, in dem idealerweise ein gewässerbegleitender Uferwald entsteht, der keiner weiteren Unterhaltung oder Pflege bedarf (BINDER & KRAIER 1994, FRIEDRICH 1994).

Eine zielgerichtete Entwicklung der Gewässer unter Berücksichtigung bestehender Nutzungsansprüche kann am besten durch Gewässerpflegepläne erreicht werden, wie in Bayern schon lange üblich und bewährt (BINDER 1979, BAYER. LAWaWi 1987). Hierin werden nach einer praxisgerechten Bewertung der Gewässersituation und der künftigen Nutzungen die schützenswerten, entwicklungsfähigen und umgestaltungsbedürftigen Gewässer- und Auenbereiche ausgewiesen und die erforderlichen Maßnahmen zum Grunderwerb, zur künftigen Unterhaltung oder zum notwendigen Umbau festgelegt.

Schlußbetrachtung

Die verschlechterte Haushaltslage des Bundes und der Länder in den 90er Jahren hat viele Projekte und Programme verlangsamt oder zum Stillstand gebracht. Dies führt zwar in vielen Fällen zu bedauerlichen Verzögerungen, andererseits sind die Geldgeber mehr als früher gezwungen, Prioritätten zu setzen und die Mittel zielgerichtet einzusetzen. So ist zu hoffen, daß künftig landesweite Konzepte mit übergeordneter Bedeutung wie das niedersächsische Fließgewässerschutzsystem eher verwirklicht werden als lokale Projekte ohne überregionalen Bezug.

Das Prinzip »Selbstentwicklung vor Gestaltung« ist mittlerweile als fachliche Leitlinie allgemein anerkannt. Allerdings gibt es kaum Kenntnisse über die Morphodynamik von Fließgewässern. Der Wissensstand zur typologischen Einordnung von Gewässern konnte in den letzten Jahren erfreulich verbessert werden (OTTO 1991, NAIMAN et al. 1992, FORSCHUNGSGRUPPE FLIESSGEWÄSSER 1993). Dennoch besteht für die Prognose morphologischer Entwicklungen erheblicher Forschungsbedarf.

Aus der Betrachtung der zeitlich-räumlichen Entwicklung von Gewässersystemen (KERN 1994) wird deutlich, daß wir sehr viel mehr Geduld aufbringen müssen für die naturnahe Gewässerentwicklung. Die heute am Bachufer aufkeimende (oder gepflanzte) Erle wächst zwar rasch in die Höhe, schafft jedoch erst in Jahrzehnten den erwünschten Kolk und Unterstand für Fische, fällt gar erst nach 100 bis 150 Jahren ins Gewässer, um dort eine jahrzehntelang bestehende natürliche Schwelle zu bilden. Wasserwirtschaftler (und Naturschützer) müssen deshalb lernen, wie die Forstleute über Generationen hinweg zu denken und zu planen.

8.2 Ökonomie und Ökologie – ein Widerspruch?
DIRK JEPSEN, JOACHIM LOHSE & SABINE WINTELER

Wird heute über die negativen Umwelteffekte des bestehenden Konsumtionsmodells gesprochen, so wird als Grundursache vielfach ein grundsätzlicher Gegensatz zwischen dem ökonomischen System und den Regelprinzipien der Ökosphäre postuliert. Der scheinbar unversöhnliche Gegensatz wird zusätzlich verstärkt durch emotional besetzte Widerspruchspaare wie »Arbeitsplätze statt Naturidylle« oder die Frage nach der »Zukunft des Standortes Deutschland«. Bei derartigen Gegenüberstellungen werden unter Ökonomie meist die Handlungsprinzipien des jeweils vorherrschenden Wirtschaftssystems und unter Ökologie eine Art naturorientiertes Universalprinzip verstanden (TREPL 1980).

Widerspruchspaar oder kritisches aufzeigen von methodischen Defiziten?
Kritiker meinen, daß das kategorische Postulat dieses Gegensatzes nicht nur falsch ist, sondern auch negative Folgen hat. Denn dadurch wird die Ökonomie aus der Pflicht zur Selbstkritik entlassen und es wird ihr zugebilligt, sozusagen naturgesetzlich gegen ökologische Prinzipien zu verstoßen (IMMLER 1989). Auch heißt dies implizit, daß der richtige Umgang mit der Natur nicht in die Zuständigkeit der Ökonomie, sondern in die der Ökologie fällt. Dazu noch ein Zitat von H. IMMLER als einem der bekanntesten Kritiker dieser Trennung. »*Es wäre eine Katastrophe, sich die Gesellschaft der Zukunft mit zwei Abteilungen vorzustellen, wobei der Abteilung 'Ökonomie' die blinde Aneignung der physischen Ressourcen, dagegen der Abteilung 'Ökologie' die Reparaturarbeiten an der geschundenen Natur zufielen. So funktioniert die zukünftige Wirtschaft nicht*« (IMMLER 1990). Es stellen sich somit die beiden Fragen: Kann die Ökonomie ihre Aufgabe als eines der zentralen Steuerungsinstrumente heutiger Industriegesellschaften unter Ausblendung eines derart wesentlichen Bereiches wie dem Verhältnis zwischen der sozio-technischen Sphäre und den umgebenden Ökosystemen wirklich erfüllen? Und liegt diese »Naturblindheit« der Ökonomie wirklich in ihrer Grundkonstruktion begründet? Dagegen spricht, schon sprachlich, daß Ökonomie von »oikos« und »nomos« abstammt, was in freier Übersetzung die Praxis von der Lehre von der richtigen Führung des Hauses, auch des allumfassenden Gesellschaftshauses meint. Doch bevor hierauf weiter eingegangen wird, ist die Gegenfrage zu stellen: »Was ist Ökologie?« Als Teildisziplin der Biologie könnte sie kaum den Anspruch erheben, die Wirkungsmechanismen der Gesellschaft zu verändern und eine neue Naturharmonie herzustellen. Versteht man sie dagegen als erkenntnistheoretisches Prinzip, das universell darauf aufmerksam machen will, daß der herrschende gesellschaftliche Umgang mit der Natur falsch ist, so steht sie nicht als Alternative zur Ökonomie, sondern vielmehr handelt es sich dann um den Ansatz einer Ökonomiekritik nach ökologischen Kriterien.

Zum Wesen der Ökonomie
Nach herrschender Lehrbuchmeinung beschreibt Wirtschaften »*Disponieren über knappe Güter, die direkt oder indirekt geeignet sind, menschliche Bedürfnisse zu erfüllen*« (SCHIERENBECK 1981). Nach dem »ökonomischen Prinzip« ist dabei ein

möglichst optimales Verhältnis zwischen Aufwand und Ertrag anzustreben. Zentraler Akteur ist der sogenannte »homo oeconomicus«, dessen per definitionem rationales Interagieren auf freien Märkten zu einer hoch effizienten Deckung von Bedürfnissen und knappen Gütern führt. Wenngleich sich hier eine deutlich anthropozentrische Orientierung zeigt, enthält diese Aufgabenstellung per se keine Ausgrenzung der Natur. Gerade mit der für das ökonomische Geschehen konstituierenden Güterknappheit liegt eine Problemformulierung vor, unter der auch Umweltnutzungsprobleme betrachtet werden müssen. Trotzdem bleibt in allen entwickelten Marktökonomien die augenfällige Differenz zwischen dem (individuellen und kollektiven) Umweltbewußtsein und der Beibehaltung von umweltschädigenden (wirtschaftlichen) Handlungsweisen zu konstatieren. Die aktuelle umweltökonomische Debatte beschäftigt sich auf zwei unterschiedlichen Ebenen mit diesem Dilemma. Einerseits in einer Theoriedebatte über die Ursache der »Naturblindheit« der geläufigen neoklassischen Wirtschaftsmodelle und über die Tauglichkeit des wirtschaftswissenschaftlichen Standardinstrumentariums zur Erfassung des Umweltproblems (Diagnose), zum anderen in einer Diskussion über konkrete Methoden und Verfahren, mit deren Hilfe das Problem gemindert (Therapie) werden soll (BECKENBACH 1991).

Diagnose: Ausgrenzung der Natur aus der ökonomischen Theorie

Während in frühen agrarischen und urbanen Wirtschaftsordnungen der Gebrauchswert und der Tauschwert noch gleichberechtigt nebeneinander standen, vollzog sich mit der Betonung der marktorientierten Tauschbeziehungen innerhalb des ökonomischen Theroriesystems eine Ausgrenzung der Natur, da sie von der Bildung dieser Tauschwerte ausgeschlossen blieb: Adam Smith bemißt z. B. in seinem berühmten »Hirsch-Biber-Beispiel« den Wert der Tiere ausschließlich mit der für ihre Erjagung notwendigen Arbeitszeit. David Ricardo setzt in seiner Werttheorie die Natur als Konstante. Auf diesem Theorem der Naturkonstanz, welches einerseits die beliebige Reproduzierbarkeit der Waren durch die menschliche Arbeit, und andererseits die unbegrenzte Verfügbarkeit von Naturressourcen für diese Warenproduktion umfaßt, ist Voraussetzung für seine »Arbeitswertlehre«. Sie besagt, verkürzt dargestellt, daß der Wert einer Ware ausschließlich von der zu seiner Produktion erforderlichen Arbeitsmenge abhängt. Markantestes Beispiel für die Folgen dieser die Natur ausgrenzenden Anschauungen ist die Definition sogenannter »freier Güter« wie saubere Luft, sauberes Wasser, etc.. Diese Güter können demnach von jedem kostenfrei in beliebiger Menge genutzt werden. Daß eine derartige Definition einer unbegrenzten Natur falsch ist, bedarf heute keiner weiteren Diskussion mehr. Mit der stetig steigenden Intensität der Wechselbeziehungen zwischen der sozio-technischen Sphäre und der sie umgebenden Natur wird die Begrenztheit der Welt immer offensichtlicher. Erst neuere Ökonomen verfolgen andere Ansätze. Am weitesten geht dabei der bereits zitierte deutsche Ökonom H. IMMLER, der, ausgehend von einem sehr umfassenden Naturbegriff, zu dem Schluß kommt, daß die Natur der grundlegende produktive Faktor ist und somit alle Wertbildung von der Reproduzierbarkeit der Natur abhängt. Fraglich ist allerdings, ob sein Konzept der »Naturwertproduktion« in der ökonomischen Theorie wirksam verankert werden kann, oder ob die Berücksichtigung der Regenerationsmöglichkeit der Natur erst als normativ-ethischer Appell im Rahmen einer neuen Wirtschaftsethik wirksam werden kann (SEIFERT 1989).

Folgen der Arbeitswertorientierung für die gesamtwirtschaftlichen Steuerungsindikatoren

Gesamtwirtschaftliches Handeln, zumeist im Rahmen der Wirtschaftspolitik von Volkswirtschaften, soll primär die Wohlfahrt der Bevölkerung sichern und steigern. Konkretisiert wird diese Zielsetzung im Stabilitätsgesetz, welches die Wirtschaftspolitik der gleichzeitigen Verfolgung der vier Einzelziele des »magischen Viereckes« verpflichtet. Diese Einzelziele sind: Vollbeschäftigung, Außenhandelsgleichgewicht, Preisstabilität und angemessenes Wachstum.

Als Analyseinstrument für Zustand und Entwicklung der Volkswirtschaft dient vor allem die Volkswirtschaftliche Gesamtrechnung (VGR) mit ihrer Hauptkennzahl, dem Bruttosozialprodukt (BSP). Der Aufbau der VGR ist in den letzten 40 Jahren weitgehend unverändert geblieben (ihr Wert beruht gerade auch auf dieser Konstanz und der weltweiten Anwendung eines einheitlichen Vergleichsparameters). Die Konzeption der VGR beruht maßgeblich auf den Arbeiten des englischen Nationalökonomen KEYNES. Sie erfaßt sämtliche Zahlungsströme, die über die Märkte einer Volkswirtschaft fließen, und ordnet sie den verschiedenen Wirtschaftssektoren zu.

Das BSP beschreibt nach gängiger Deutung dabei die wirtschaftliche Leistung einer Volkswirtschaft, indem es diese Geldströme nach verschiedenen Rechenmodellen für eine Periode zusammengefaßt. Dabei werden jedoch implizit immer nur die marktgängigen Ströme erfaßt, d. h., daß z. B. Hausarbeit, Nachbarschaftshilfe u. ä. ausgeblendet bleiben. Aus der Perspektive einer ökologischen Kritik der Ökonomie ist hier zu konstatieren, daß die ökologischen, aber auch Teile der sozialen Kosten der heutigen industriellen Produktions- und Konsumtionsprozesse in diesem Analyseinstrument der wirtschaftswissenschaftlichen Politikberatung nicht existent sind und somit auch keine Auswirkungen auf wirtschaftspolitische Entscheidungen haben. Durch konzeptionell verankerte »Fehler« bei der Ermittlung wird das BSP (bzw. das Wachstum desselben) regelmäßig zu hoch ausgewiesen.

Der erste Hauptfehler ist, daß der Abbau einer zentralen gesellschaftlichen Vermögensgröße, des Naturvermögens, keinerlei Niederschlag in der Rechnungslegung findet. Korrekterweise müßte hier zumindest eine Art Abschreibung durchgeführt werden, wie sie im betriebswirtschaftlichen Bereich für Investitionsgüter durchaus üblich ist. Ein Beispiel ist die intensive Fischerei mit immer größeren Schiffen und Netzen, die durch kurzfristig gesteigerte Fangerträge als Plus in das BSP eingeht, längerfristig dagegen die Möglichkeiten zum Fischfang insgesamt gefährdet. Der zweite »Hauptfehler« besteht darin, daß Aufwendungen für die Reparatur oder Kompensation von Umweltschäden nur als einzelwirtschaftliche Erträge (und damit BSP-steigernd) verbucht werden. Dabei handelt es sich um gesamtwirtschaftliche Zusatzkosten, die nicht die Wohlfahrt steigern, sondern vielmehr versuchen, einen Wohlfahrtsverlust auszugleichen. Dieser Kritikpunkt besitzt besondere Aktualität, da derzeit der Umweltschutztechnik-Markt einer der am stärksten expandierenden Märkte ist. Mit teilweise zweistelligen Zuwachsraten wird er als der Zukunftsmarkt dargestellt, der rückläufige Tendenzen in anderen Bereichen kompensieren könne. Beschäftigungspolitisch gesehen mag dies korrekt sein. In einer Gesamtbetrachtung kann es aber vermutlich kein dauerhaft sinnvolles Ziel sein, den Produktionsweg unter Steigerung des Material- und Energieeinsatzes durch vor- und nachgelagerte Filteranlagen und dergl. immer mehr zu verlängern. Sind derartige Aufwendungen zur Sicherung lebensfähiger Ökosysteme notwendig, so sind dies zusätzliche Kosten, die als solche zu verbuchen sind.

Wenn z. B. eine Firma eine Abwasseranlage installiert, die mit entsprechendem Energie- und Hilfsstoffeinsatz die toxischen Inhaltstoffe des Abwassers weitgehend zurückhält, so wird dadurch das BSP unmittelbar gesteigert. Ökologisch gesehen kann zwar unzweifelhaft der schleichenden Vergiftung des »Vorfluters« entgegengewirkt werden, auf der anderen Seite aber sind neben den für den Betrieb der Anlage notwendigen laufenden Material- und Energieaufwendungen nun möglicherweise hochtoxische Klärschlämme abzulagern sowie beträchtliche, für den Bau der Abwasseranlage verwendete Ressourcen gegenzubuchen.

Die Externalisierung von Kosten als einzelwirtschaftliche Reaktion auf das bestehende Ökonomiesystem

Zielsetzung der einzelnen Wirtschaftssubjekte in der existierenden Wirtschaftsordnung ist es, durch möglichst effiziente Nutzung und Kombination von Ressourcen Profite zu erwirtschaften und zu maximieren. Neben anderen betriebswirtschaftlichen Maßnahmen (wie Produktivitätssteigerung, Bezug günstiger Rohstoffe etc.) kann dies durch die Überwälzung von Kosten, die durch die Aktivitäten des einzelnen Wirtschaftssubjekts verursacht wurden, auf die Allgemeinheit geschehen. Diese Überwälzung von Kosten auf die Gesellschaft wird Externalisierung genannt. Ein Beispiel ist die Tendenz der Reedereien zum Bau und Einsatz immer größerer Schiffe, für die die Flüsse immer tiefer ausgebaggert werden müssen. Der Reeder profitiert von steigenden Gewinnmargen bei für ihn sinkenden Transportkosten, während die Allgemeinheit die Kosten für die Ausbaggerung, Behandlung und Deponierung des Baggergutes zu tragen hat. Ein Großteil der Behandlungs- und Deponierungskosten wiederum ist auf im Baggergut enthaltene Schadstoffe zurückzuführen, deren Einleitung in das Gewässer durch Industriebetriebe betriebswirtschaftlich sinnvoll war (auch wenn volkswirtschaftlich gesehen die Schadstoffrückhaltung in einer betrieblichen Kläranlage günstiger als die spätere Behandlung des kontaminierten Baggergutes gewesen wäre). Neben dem Abwälzen mehr oder minder gut quantifizierbarer Kosten gibt es noch den weiten Bereich der (derzeit) kostenfreien Folgen einzelwirtschaftlicher Aktivitäten, den Verbrauch der nicht ökonomisierten Naturressourcen, also z. B. des »freien Gutes« saubere Luft. Betriebswirtschaftlich gesehen ist es hier rational, den Verbrauch einer kleinen Menge eines kostenbehafteten Gutes (z. B. eines im Kreislauf geführten speziellen Kühlmediums) durch den Verbrauch großer Menge eines »freien Gutes« (z. B. der Durchlaufkühlung mit Flußwasser) zu substituieren. Auch diese Substitution stellt unter ökologischem Blickwinkel eine Externalisierung dar.

Infolge der vorstehend geschilderten Externalisierungsbestrebungen der einzelnen Wirtschaftssubjekte kommt es zu einem Auseinanderklaffen der Mikro- und der Makrorationalität der Marktwirtschaft, denn die Abwälzung der Kosten vom Einzelnen auf die Allgemeinheit führt in Konsequenz zu
• Wohlfahrtsverlusten bei Dritten (z. B. den Anliegern besonders stark genutzter Verkehrswege),
• Schäden am Volksvermögen (z. B. der Zerstörung ökologisch intakter Naturräume durch die Aufheizung von Flüssen mit Kühlwässern) und
• gesellschaftlicher Umverteilung (so werden z. B. die Kosten für die Behandlung von arbeits- bzw. umweltbedingten Erkrankungen über Beitragserhöhungen von allen Mitgliedern der »Solidargemeinschaft« Krankenversicherung getragen).

Mögliche Lösungsansätze

Obwohl die Quantifizierung der »wahren Kosten« im Einzelfall schwierig und oft nicht frei von Willkür ist, lassen sich aus den derzeit verfügbaren ökonomischen Zahlen zahlreiche Indizien für die negativen Tendenzen des herrschenden Entwicklungsmodells ableiten. Damit aber diese Erkenntnisse über vollmundige Absichtserklärungen von Politikern und sonstigen gesellschaftlichen Akteuren hinaus eine verändernde Wirkung entfalten können, ist es notwendig, daß geeignete Veränderungen am ökonomischen System vorgenommen werden, die eine verbesserte Selbstregulierung der Wirtschaftsprozesse befördern. Im folgenden sollen sowohl die gesamtwirtschaftlichen sowie die einzelwirtschaftlichen Bereiche auf Ansätze solcher Veränderungen hin abgeklopft werden.

Gesamt- / Volkswirtschaftliche Veränderungsmöglichkeiten

Gesamtwirtschaftlich müßte durch Veränderungen der gesamtwirtschaftlichen Rechnungslegung vor allen Dingen sichergestellt werden, daß die Wahrnehmung von Umweltproblemen bei politischen und wirtschaftlichen Entscheidungsträgern möglichst umfassend und korrekt erfolgt. Wie bereits angesprochen, kann z. B. der Umwelttechnikmarkt selbst als zukunftsträchtiger, neuer Wachstumsmarkt, abgesehen von einigen Außenhandelsaspekten, langfristig keinen volkswirtschaftlichen Ausgleich für andere, rückläufige Branchen schaffen, denn die Expansion der umwelttechnischen Aufwendungen führt in Konsequenz nur zu einer Ausweitung des Ressourcenbedarfes für die Produktion der gesellschaftlich gewünschten Güter. Der Ausweg kann nur in der ressourcenschonenden Umgestaltung der Produktionsprozesse selbst, sowie in der Verlangsamung oder gar Umkehrung des Produktions- und Konsumtionswachstums als solchem liegen. Für ein solches, anderes Wachstumsmodell hat die BRUNDLANDT KOMMISSION (1987) als neues Leitbild der wirtschaftlichen Entwicklung den Begriff der dauerhaften Entwicklung (»Sustainability«) geprägt. DALY (1989) und EL SERAFY (1989) sprechen im gleichen Zusammenhang von einer nachhaltigen Produktion bzw. einem nachhaltigen Einkommen. Nachhaltig ist ein Einkommen dann, wenn die Einkommensquelle im Prozeß der Einkommensentstehung nicht dauerhaft reduziert oder sonst qualitativ beeinträchtigt wird. In der Energiediskussion bedeutet dies z. B. konkret, daß die menschliche Zivilisation wieder lernen muß, mit der Energiezufuhr der Sonne hauszuhalten, anstatt durch die Nutzung fossiler Ressourcen bei gleichzeitiger Kontamination und Aufheizung der Biosphäre auf Kosten der kommenden Generationen zu leben.

Doch zurück zur obenstehenden Zielsetzung, die gesamtwirtschaftliche Rechnungslegung den ökologischen Gegebenheiten anzupassen. Um das Konzept des dauerhaften Wachstums, basierend auf einem nachhaltigen Einkommensbegriff, umsetzen zu können, bedarf es, neben dem politischen Willen, der Information über die Entwicklung der verschiedensten gesellschaftlichen Vermögensgrößen, insbesondere des Naturvermögens. Mittlerweile gibt es eine breite Debatte unter den Theoretikern der VGR, ob es sinnvoller ist, die umweltschutzrelevanten Faktoren direkt in der ökonomischen Berichterstattung zu verankern, also auch die bestehenden Maßgrößen zu modifizieren, oder aber eine unabhängige umweltbezogene Rechnungslegung daneben zu stellen. Für die erste Variante spricht die unmittelbarere Einbindung in das existierende Berichtssystem und die damit unübersehbare Aussage der Notwendigkeit eines Kurswechsels. Für die zweite Variante sprechen die Probleme bei der Ökonomisierung vieler wesentlicher Faktoren der Umweltentwicklung sowie die Vermeidung der

Durchbrechung eines der wenigen, weltweit relativ einheitlich funktionierenden Statistikmodelle. In der Konsequenz läuft diese Diskussion in der Bundesrepublik derzeit auf die Schaffung eines sogenannten Umweltsatellitensystems zur VGR hinaus, also einen weitgehend eigenständigen Rechnungslegungsteil, der bestimmte, in Geldeinheiten nicht zu erfassende (Schlüssel-)Indikatoren aufführt, aber dennoch einen direkten Bezug zu den Daten der traditionellen VGR behält. (Ähnliche Satellitensysteme werden auch für die Bereiche Hausarbeit, Gesundheit und Forschung angedacht.) Für den in Geldeinheiten gemessenen (monetären) Teil eines Umweltsatellitensystems liegen schon einige Daten für die BRD vor, so z. B. die Umweltschutz-Investitionen und die zugehörigen laufenden Kosten im Produzierenden Gewerbe und im Staatssektor sowie die Umweltaktivitäten in anderen Wirtschaftssektoren für die Jahre 1975–1988.

Im nicht monetären Teil bedarf es unter anderem einer Ermittlung der Emissionsdaten für die verschiedenen Wirtschaftssektoren in einer hohen Detailliertheit. Geeignet wäre z. B. eine Aggregationsebene, die den Input-Output-Tabellen, die die wirtschaftliche Verflechtung zwischen unterschiedlichen Branchen darstellen, entspricht und mit diesen koppelbar wäre. Solche Daten liegen für einige Stoffgruppen zumindest für das Produzierende Gewerbe mittlerweile vor. Weitergehende Datenerhebungen müssen allerdings mit einer Veränderung der Umweltstatistikgesetze einhergehen, denn derzeit besteht das Problem, daß in den einzelnen Überwachungs- und Genehmigungsbehörden zwar eine große Zahl von Informationen über umweltrelevante Aktivitäten vorliegen, aber weder eine rechtliche Grundlage für deren Weitergabe noch eine einheitliche Erhebungsmethodik existiert. Inwieweit ein solches Umweltsatellitensystem aber zu tatsächlichen Planungs- und Handlungsänderungen führt, bleibt abzuwarten.

Einzelwirtschaftliche Veränderungsmöglichkeiten

Im Bereich des Einzelwirtschaftlichen Handelns heißt das derzeitige »Zauberwort« für die Auflösung des Widerspruches zwischen Ökonomie und Ökologie Internalisierung, d. h. Zurücküberwälzung der Folgekosten auf die Verursacher (die verursachenden Prozesse).

Internalisierung durch Abgaben und Steuern
Eine solche Internalisierung kann durch lenkenden Eingriff der Verwaltung in das Kostengefüge bestimmter umweltrelevanter Verhaltensweisen erfolgen. Gängige Instrumente hierfür sind Abgaben oder Steuern (z. B: Abwasserabgabe, Steuerbefreiung für schadstoffarme PKWs, vorgezogene Entsorgungsgebühr beim Kauf von Produkten etc.). Der Eingriff in das Kostengefüge geschieht hierbei in der Hoffnung, daß es in Folge durch Selbstregulierungsprozesse der Marktwirtschaft zu einer sozial und ökologisch verträglicheren Nutzung von Ressourcen kommt. Befürworter dieses Weges sprechen sogar davon, daß diese Veränderungen dabei zu den geringsten gesamtgesellschaftlichen Kosten erreicht werden, da jeweils eine individuelle Grenzkostenbetrachtung angestellt wird (z. B: Ist die Produktion einer weiteren Einheit der Ware x lohnend, wenn hierfür Abgaben für die Nutzung weiterer Umweltressourcen überproportional ansteigen?). Im Vergleich zu ordnungsrechtlichen Maßnahmen ist der administrative Aufwand einer Kosteninternalisierung geringer. Allerdings muß sehr deutlich zwischen einem Lenkungszweck auf der einen und einem Finanzierungszweck auf der anderen Seite unterschieden werden, da es sonst zu Zielkonflikten kommt: Steht die Lenkung im Vordergrund, soll über die Ausnutzung des Marktregulatives z. B. die Substitution eines bestimmten Einsatzstoffes (der ökologisch knapp ist) durch einen anderen (ökologisch unbedenklicheren) erreicht werden. Beim Finanzierungszweck hingegen sollen allgemein Finanzmittel für staatliche Handlungen, also z. B. Kompensation von Umweltschäden oder Ergreifen von Vorsorgemaßnahmen abgeschöpft werden. Steuern sind in der Wirtschaftsverfassung primär für diesen Finanzierungszweck gedacht, und zwar unter Berücksichtigung der Entscheidungsfreiheit der Parlamente über die Art des Mitteleinsatzes (d. h. es ist rechtlich zumindest bedenklich, wenn die über sog. Ökosteuern erhobenen Einnahmen auch direkt für umweltpolitische Zwecke ausgegeben werden sollen). Anders sieht es bei Abgaben aus. Sie eignen sich eher für Lenkungszwecke, da es bei ihnen denkbar ist, auch die eingenommenen Mittel direkt für zielgleiche Maßnahmen einzusetzen (z. B. Nutzung der auf Produktionsumstellungen zielenden Abwasserabgaben während einer Übergangszeit für Maßnahmen der Gewässersanierung). Bei vollständiger Erfüllung des Lenkungszweckes entfallen die zusätzlichen Einnahmen dann ja auch.

Gesetze, Verordnungen und Auflagen
Neben den wirtschaftspolitischen Maßnahmen stehen ordnungspolitische Instrumente wie Geset-

ze, Verordnungen und Auflagen dem lenkenden staatlichen Eingriff zur Verfügung. Bei ihrem Einsatz wirkt der Allokationsmechanismus für die Umweltressourcen wie bei einer Zuteilungswirtschaft, denn über die gesamte Wirtschaft werden die Umweltnutzungen eingeschränkt und das verbliebende Nutzungspotential, z. B. die als zulässig erachtete »Restverschmutzung«, wird kostenlos in gleichen Portionen zur Verfügung gestellt.

In der Realität wird allerdings meist eine Mischung der vorstehend beschriebenen Eingriffsinstrumente gewählt. Das Wasserhaushaltsgesetz z. B. steckt den Rahmen für zulässige mögliche Nutzungen/Verschmutzungen von Gewässern. Dieser Rahmen kann durch Verwaltungsverordnungen für bestimmte Branchen und Regionen konkretisiert und mit Auflagen der zuständigen Behörden für einzelne Betriebe ergänzt werden. Innerhalb des ordnungspolitisch gesteckten Rahmens werden dann, gestaffelt nach Inanspruchnahme der Nutzungspotentiale, Abwasserabgaben erhoben. Es ist allerdings zu beobachten, daß innerhalb eines relativ großen Toleranzbereiches (der zusätzlichen Kosten) die Wirtschaftssubjekte nur sehr geringfügig auf die veränderten Kostenstrukturen der Ressource »Abwasserentsorgung« reagierten. Anders sieht dies im Bereich der Sonderabfallentsorgung aus. Dort haben sich in den letzten 4–5 Jahren die Entsorgungskosten für viele Abfallarten um den Faktor 5–10 erhöht. Hierdurch, aber noch mehr durch die Tatsache, daß häufig Schwierigkeiten bestehen, eine Entsorgungsmöglichkeit zu finden, wurde innerhalb vieler Betriebe der Bereich Entsorgung plötzlich zu einem ernstgenommenen Managementbereich. Darüberhinaus ist festzustellen, daß es bis hinauf in die Geschäftsleitungen eine neue Sensibilität für Reststoffvermeidungs-, -verminderungs und -verwertungsmaßnahmen gibt. Der Anstieg der Entsorgungskosten entstand überwiegend nicht durch eine Abgabenregelung, sondern dadurch, daß durch Gesetze, Auflagen und Verordnungen einerseits die Behandlung und Ablagerung anspruchsvoller und damit teurer wurde, gleichzeitig aber auch das verfügbare Angebot an Entsorgungsmöglichkeiten verknappt wurde. Durch den ausgleichenden Marktmechanismus zwischen Angebot und Nachfrage wirkt dies preissteigernd. Selbstverständlich ist aber auch dieser vordergründig als »Marktpreis« erscheinende Preis ein politisch gewollter und gesteuerter Preis. Hierin liegt auch der prinzipielle Schwachpunkt aller genannten Internalisierungsinstrumente. Ihnen allen ist gemeinsam, daß die mangelnde Rationalität des »freien« Marktes im Bereich der ökologischen Folgen durch eine mehr oder minder zentrale Planungs- und Steuerungsrationalität ersetzt werden soll. Dabei kommen alle Schwächen solcher zentralen Planungs-und Steuerungslösungen zum Tragen, also vor allen Dingen die mangelnde Reaktionsfähigkeit auf die Ausweichhandlungen der Wirtschaftssubjekte (z. B. Substitution eines »sanktionierten« Rohstoffes durch einen anderen ebenfalls ökologisch bedenklichen aber nicht sanktionierten), die zu starre Verregelung eines vom schnellen Erkenntniswandel geprägten Bereiches und die beträchtlichen zusätzlichen Verwaltungsaufwendungen. Größter Schwachpunkt ist natürlich, wie schon im gesamtwirtschaftlichen Bereich, die prinzipielle Unmöglichkeit des wirklich rationalen Handelns, da die Menschheit sich immer im Zustand des unvollständigen Wissens über die komplexen Wechselbeziehungen innerhalb des Ökosystems und die Auswirkungen von Veränderungen in der Interaktion zwischen dem ökonomisch-technisch-sozialen und dem ökologischen System befinden wird.

Schlußfolgerungen

Aus der in diesem Text dargestellten großen Diskrepanz zwischen mangelhafter Berücksichtigung der Natur im zentralen Steuerungssystem der Industriegesellschaften und den grundsätzlichen, kaum überbrückbaren Schwierigkeiten bei ihrer Ökonomisierung ergeben sich aus Sicht der Autorin und der Autoren die folgenden Schlußfolgerungen:

- Trotz der großen Probleme bei der Wertbildung für Naturprodukte und -ressourcen erscheint eine unvollständige und teilweise fehlerhafte Wertzuweisung dennoch als das kleinere Übel gegenüber einer vollständigen Ausblendung der (materiellen) Lebensbasis aus den gesellschaftlichen Regelungszusammenhängen
- Bei der ökologisch-ökonomischen Bewertung von (Einzel-)Maßnahmen muß neben die Abschätzungen bekannter Folgewirkungen als wesentliches Kriterium die Revidierbarkeit der Maßnahmen gesetzt werden. Nur so kann dem unvollkommenen Wissen über weiterreichende Folgewirkungen Rechnung getragen werden
- Eine wirklich wirksame Internalisierung kann nur durch die Veränderung der ökonomischen Rationalität der einzelnen Wirtschaftssubjekte hin-

zur verstärkt positiven Bewertung vorsorgender und Entwicklungsmöglichkeiten offenhaltender Handlungsperspektiven erfolgen (also eher langfristige Planungen als kurzfristige Profitmaximierung). Das bedeutet nicht mehr und nicht weniger als den vielbeschworenen ethischen Wertewandel der Gesellschaft.

8.3 Industrielle Abwässer: Verbesserung der Abwasserbehandlung
THOMAS KLUGE & AICHA VACK

Industrielle Abwässser enthalten abhängig von ihrer produktionsspezifischen Herkunft Inhaltsstoffe mit unterschiedlichen chemisch-physikalischen Eigenschaften. Herkömmliche Behandlungsverfahren verfolgen verschiedene, einander ergänzende Reinigungsstrategien: chemische Umwandlung in abtrennbare Stoffe (z. B. Neutralisation, Fällung mit Eisen- oder Aluminiumsalzen), physikalische Stoffabtrennung (z. B. Flotation, Filtration) und biochemischer Abbau. In den meisten Branchen ist bis heute die biologisch-mechanische Kläranlage das Kernstück der industriellen Abwasserbehandlung (*Tab. 8.3-1*).

Historische Entwicklung: Management der Sauerstoffzehrung

Die Dominanz der mechanisch-biologischen Verfahren resultiert aus einem historischen Prozeß: Bis in die 50er Jahre hinein gingen Politik, Verwaltung und Industrie davon aus, daß die sogenannte Selbstreinigung in den Flüssen, d. h. Verdünnungseffekte, Abbau- und Ablagerungsprozesse, schädliche Auswirkungen von Abwassereinleitungen auch dann beseitigen würde, wenn die Abwässer unbehandelt in Gewässer eingeleitet würden. In den 60er Jahren zeigten regelmäßige Fischsterben während des Sommers, die als Folge von übermäßigem Sauerstoffverbrauch durch biochemischen Abbau von Abwasserinhaltsstoffen auftraten, daß diese Vorstellung nicht stimmte. Ausgangspunkt der Entwicklung der heute gebräuchlichen Verfahren der Abwasserbehandlung war deshalb das Ziel, die Schädlichkeit des Abwassers vor seiner Einleitung in ein Gewässer auf ein für die Flüsse und ihre Lebensgemeinschaften unproblematisches Niveau zu minimieren. Dies wurde zum damaligen Zeitpunkt vor allem als eine allgemeine Mengenreduktion der Abwasserinhaltsstoffe, insbesondere der fischereibiologisch relevanten, biologisch abbaubaren Chemikalien, interpretiert.

Als umwelttechnische Lösung sollten die wichtigsten Selbstreinigungsprozesse von Gewäs-

Tab. 8.3-1: Herkömmliche Verfahren der Behandlung von industriellen Abwässern (nach RÜFFER & ROSENWINKEL 1991)

	Vorbehandlung	Hauptbehandlung
Branchen mit organisch belasteten Abwässern		
Lebensmittelindustrie: Zuckerherstellung. Stärkeindustrie, Gemüse- und Obstverwertung, Kartoffelveredelung, Speisefettgew., Schlachterei und Fleischverarbeitung, Molkereien, Käsereien, Fischverarbeitung	Neutralisation, Fettabscheidung, chem. Emulsionsspaltung, Flotation	Biol.-mech. Verfahren
Getränkeindustrie Mineralwasser-, Erfrischungsgetränke- und Fruchtsaftindustrie, Brauereien, Weinbereitung, Brennereien, Hefeindustrie	Neutralisation	Biol.-mech. Verfahren
Tiererzeugungs- und Verwertungsbetriebe Fischintensivhaltung, Lederherstellung, Darmbearbeitung, Tierkörperbeseitigung, Fischmehl	Entgiftung	Biol.-mech. Verfahren
Papier- und Zellstoffindustrie		Biol.-mech. Verfahren
Textilindustrie	Aktivkohleadsorption	Biol.-mech. Verfahren
Produktion von Beschichtungsstoffen und Lacken	Neutralisation, Fällung, Entgiftung, Aktivkohleadsorption	Biol.-mech. Verfahren
Petrochemie, Erdölverarbeitung	Aktivkohleadsorption, Fällung, Strippen, Destillation	Biol.-mech. Verfahren
Chemieindustrie	Neutralisation, Fällung Aktivkohleadsorption	Biol.-mech. Verfahren
Branchen mit anorganisch belasteten Abwässern Anorganische Chemikalienproduktion, Eisen und Stahlind., Nichteisenmetallind. Metallverarbeitung, Batterieind., Fotolaborbetriebe, Druckereien, Bergbau, Keramische Industrie, Glasindustrie		Adsorption, Ionenaustausch, Cyanidentgiftung Chromatentgiftung, Ölabscheidung, chem.-phys.Emulsionsspaltung, Fällung, Flotation

sern (Ablagerung und Abbau) technisch in biologisch-mechanischen Kläranlagen stattfinden. Die Summenparameter BSB (biologischer Sauerstoffbedarf) und CSB (chemischer Sauerstoffbedarf) messen den Reinigungserfolg der biologisch-mechanischen Kläranlagen unter dem Blickwinkel der Minderung der Sauerstoffzehrung im Fluß, nicht aber der Reduktion aller organischen Bestandteile des industriellen Abwassers.

Veränderte Zielsetzung: Schädlichkeit als Problem gefährlicher Stoffe

Daneben haben Forschung und Politik in den letzten 20 Jahren die toxische Wirkung einzelner Chemikalien, beispielsweise ihre Giftigkeit, ihr krebserzeugendes Potential oder ihre schädliche Wirkung auf das Erbgut, ins Blickfeld gerückt. Zusätzlich zur allgemeinen Mengenreduktion biologisch abbaubarer Abwasserinhaltsstoffe verfolgt die Wasserpolitik deshalb heute die gezielte Reduktion toxischer Einzelstoffe oder Stoffgruppen. Entsprechend sollten die Kläranlagen optimiert und um spezifische, z. T. neu entwickelte Verfahren erweitert werden. Solche Verfahren sind beispielsweise Cyanid-Entgiftung mittels Redox-Reaktionen, gezielte Fällung von Schwermetallen, Abtrennung von Schwermetallen in Ionenaustauschern, Ausblasen (Strippen) von leichtflüchtigen Kohlenwasserstoffen sowie Adsorption von organischen Halogenverbindungen an Aktivkohle.

Auf EU-Ebene hat dieser stoffbezogene Ansatz zur Erstellung einer Liste mit 129 Stoffen geführt, die prioritär aus den Gewässern herausgehalten werden sollen. In der Bundesrepublik sollen neben Nährstoffen, Schwermetallen und Chlororganika (AOX) nur folgende Einzelstoffe und Stoffgruppen gezielt aus dem Abwasser entfernt werden: Aldrin, Anilin, Asbest, Cyanid, DDT, Dichlormethan, Dieldrin, Endosulfan, Endrin, Hexachlorbenzol, Hexachlorbutadien, Hexachlorcyclohexan, Isodrin, Mercaptane, Pentachlorphenol, Sulfide, Sulfit, Tetrachlorethen, Tetrachlormethan, 1,1,1-Trichlorethan, Trichlorethen und Trichlormethan (BMJ 1992). Fehlendes Wissen darüber, welche chemischen Stoffe und Verbindungen sich in industriellen Abwässern befinden, aber auch fehlendes Wissen auf der Seite der Wirkungsforschung führt letztlich dazu, daß diese zweite Strategie der gezielten Einzelstoffreduktion nur einen kleinen Ausschnitt aus den Abwasserinhaltsstoffen abdeckt.

Gesetzliche Regelungen

Beide Strategien der Abwasserbehandlung (allgemeine Mengenreduktion bei BSB und CSB und gezielte Reduktion schädlicher Einzelstoffe) haben Eingang in die gesetzlichen Regelungen für industrielles Abwasser gefunden.

Auf Bundesebene bildet das Wasserhaushaltsgesetz (WHG) den rechtlichen Rahmen für die industrielle Abwasserbehandlung. §7a WHG legt hierbei einerseits fest, daß Abwasser nach einem allgemeinen Vermeidungsgrundsatz, der sich vor allem auf die Parameter BSB, CSB, P, N bezieht und der den allgemein anerkannten Regeln der Technik genügen muß, zu behandeln ist. Andererseits müssen sogenannte gefährliche Stoffe, also toxische Einzelstoffe oder Stoffgruppen, nach dem Stand der Technik verringert werden. Die Konkretisierung der allgemein anerkannten Regeln der Technik und besonders des Stands der Technik findet sich nicht im WHG. Sie soll im Laufe der Zeit in Form von branchenspezifischen Abwasserverwaltungsvorschriften (Anhängen) geschaffen werden.

Dieses Regelwerk zur Abwasserreinigung in der Industrie ist auf sehr unterschiedlichem Niveau. Für einige Branchen sind bis heute ältere Abwasserverwaltungsvorschriften gültig, die nur allgemein anerkannte Regeln der Technik festlegen, während für andere Branchen die Abwasserverwaltungsvorschriften zu Anhängen einer Rahmenabwasserverwaltungsvorschrift novelliert wurden, in denen beide Technikniveaus definiert sind (BMJ 1992).

Bei der Definition der Technikniveaus kommen zwei verschiedene Strategien zur Anwendung. In allen Vorschriften werden Emissionsgrenzwerte für die jeweiligen Parameter festgelegt. Darüber hinaus wird jedoch in einigen Anhängen (z. B. Anhang 40 für Metallbearbeitung und -veredelung (BMJ 1992)) der Stand der Technik zusätzlich auf einer verfahrenstechnischen Ebene definiert. Solche Anforderungen sind gut in Verwaltungshandeln umsetzbar, da in der Vorschrift festgelegt ist, welches Verfahren als Stand der Technik gilt und welches nicht. Daher hat beispielsweise im Bereich Galvanik ein neuartiger Umgang mit dem Abwasser eingesetzt. Statt eines undifferenzierten Blicks auf das Abwasser werden dessen Inhaltsstoffe und das Wasser selbst zunehmend getrennt betrachtet. Stoffrecycling und Kreislaufführung von Prozeßwasser sind in der Galvanik so entwickelt, daß einzelne Betriebe abwasserfrei arbeiten können (FISCHWASSER 1994).

Für die Großchemie als Branche mit den meisten Abwässern (*Tab. 8.3-2*) und wenig bekannten Stoffrisiken fehlen derartige Operationalisierungen (vgl. Anhang 22 – Mischabwasser in BMJ 1992).

Im chemischen Werksverbund werden sehr viele verschiedene Substanzen in der Produktion als Ausgangsstoff verwendet bzw. neu hergestellt. Traditionell werden die Abwässer der verschiedenen Produktionen vermischt und gemeinsam in biologisch-mechanischen Kläranlagen behandelt. Das Mischabwasser ist hochgradig mit organischen Substanzen belastet, die im wesentlichen über die Summenparameter BSB und CSB gemessen werden. Hinter diesen Parametern verbirgt sich eine extreme Chemikalienvielfalt, die aus einer Vielzahl verschiedenster Prozesse resultiert.

Statt verfahrenstechnischer Konkretisierungen versucht der Gesetzgeber bei der chemischen Industrie, die Emission organischer Substanzen mit dem Abwasser einzudämmen, indem er hohe Anforderungen an die CSB-Reduktion in sogenannten Abwasserteilströmen stellt, bevor diese mit anderen Teilströmen zu Mischabwasser vermischt werden. Zwar wird im Anhang 22 (BMJ 1992) auch eine Forderung nach Mutterlaugenaufbereitung formuliert, da aber nicht konkretisiert wird, wie dies verfahrenstechnisch umgesetzt werden soll, ist diese Forderung angesichts der Prozeßvielfalt in der chemischen Industrie nur schwer in Verwaltungshandeln umsetzbar (KLUGE & VACK 1994).

Tab. 8.3-2: Aufkommen an Produktionsabwasser in der Industrie (ohne Kühlwasser) in 1993

Branche	Produktionsabwasser
Chemische Insdustrie	736
Zellstoff, Papier und Pappe	302
Steine und Erden	233
Nahrungsmittelindustrie	218
Eisenschaffende Industrie	130
Textilindustrie	75
Mineralölverarbeitung	33
Straßenfahrzeugbau	31
Summe sonstiger Industriezweige	132
Gesamt	1890 Mio. m³

Quelle: Stat. Bundesamt

Tab. 8.3-3: Kosten der Abwasserreinigungsverfahren (nach UHLICH 1992)

Verfahren	Betriebskosten (DM/m³)
Biologie	2–3
Naßoxidation	80–150
Verbrennung	100–400
Umkehrosmose	15–40
Extraktion	35–55

Die chemische Industrie reagiert auf diese Anforderung an eine CSB-Reduktion in der Regel, indem sie hochbelastete Teilstöme vor der Kläranlage vorbehandelt – mittels Naßoxidation, Ozonisierung, Aktivkohlefiltration etc. – oder bestimmte Teilströme sogar ganz aus dem Mischabwasser herausnimmt und diese verbrennt (vgl. z. B. SEMEL 1992, RUDOLPH & KÖPPKE 1994). Ziel dieser weitergehenden Verfahren ist es, den Rest-CSB im Abwasser unter den gesetzlich erlaubten Grenzwert zu drücken, ohne sich mit einzelnen Produktionsverfahren oder Abwasserinhaltsstoffen beschäftigen zu müssen. Je niedriger der Grenzwert angesetzt wird, desto mehr Teilströme müssen vorbehandelt werden bzw. desto aufwendiger wird die Vorbehandlung. Da Betriebskosten für Naßoxidation je Kubikmeter Abwasser 40–50 mal für Verbrennung sogar 50–100 mal höher liegen als die Kosten der biologischen Abwasserbehandlung (*Tab. 8.3-3*), sind diese weitergehenden Verfahren für die Industrie mit erheblichen Mehrkosten verbunden. Die genannten Vorbehandlungsverfahren können deshalb immer nur für ausgewählte Abwasserteilströme und nicht für das Gesamtabwasser eingesetzt werden. Einer Verringerung des Rest-CSB sind auf diesem Weg schnell ökonomische Grenzen gesetzt.

Bewertung des gegenwärtigen Standes der industriellen Abwasserbehandlung

Die historisch gewachsene Abwasserpolitik hat keine vollständige Entfernung aller problematischen Substanzen aus dem Abwasser zum Ziel. Da biologisch-mechanische Kläranlagen vor allem auf den Verfahrensprinzipien der Adsorption und des biochemischen Abbaus beruhen, können schlecht adsorbierbare (polare) und schwer abbaubare (persistente) Substanzen die Kläranlagen ungehindert passieren. Dies hat zur Foge, daß die gereinigten Abwässer der Industrie, die über den Summenparameter CSB geregelt werden, vor allem polare, persistente Substanzen enthalten (KLUGE et al. 1994). Hieran ändert auch der für die chemische Industrie entwickelte Blick auf die Teilströme nichts, denn innerhalb des Teilstroms können die geforderten Werte dadurch erreicht werden, daß gut abbaubare Substanzen fast vollständig entfernt werden, während schlecht abbaubare nur geringfügig eliminiert werden.

Auch die zweite Strategie im Gewässerschutz, die gezielte Reduktion gefährlicher Stoffe oder Stoffgruppen, versagt bislang vor polaren, persistenten Chemikalien, weil hierbei nur solche Stoffe betrachtet werden, die analysierbar sind. Das analytische Fenster ist jedoch nicht nur ungeheuer klein, es hat auch ein systematisches Problem. Da die Chemikalien in Gewässern normalerweise in sehr geringen Konzentrationen vorliegen, müssen sie zur Analyse aufkonzentriert werden. Dies geschieht bislang meist mit hocheffektiven Adsorptionsverfahren, d. h. die gefundenen Problemstoffe sind prinzipiell durch das physikalische Verfahren der Adsorption rückhaltbar. Die große Gruppe der nicht adsorbierbaren (polaren) Organika, kann jedoch mit diesen herkömmlichen Analyseverfahren nicht entdeckt werden. Da der Nachweis einer Substanz nach der herrschenden Logik zumeist Voraussetzung dafür ist, daß ein Abwasserinhaltsstoff auf seine Toxizität untersucht wird, müssen polare Organika letztlich durch die Maschen dieses Bewertungsnetzes hindurchrutschen. Da auch auf der Behandlungsseite Substanzen, die weder adsorbierbar noch biologisch abbaubar sind, von den herkömmlichen Kläranlagen prinzipiell nicht erfaßt werden, gelangen diese Stoffe nahezu unbemerkt in die Flüsse (vgl. Kap. 3.3).

Polare Substanzen sind im Wasser mobil, d. h. sie breiten sich mit dem Wasser aus. Sind solche Substanzen zudem persistent, so spielt die zeitliche Komponente ihrer Ausbreitung eine wichtige Rolle, denn mit der Zeit werden auch Wasservorkommen in großer Enfernung von der Eintragsquelle verschmutzt. Die Substanzen werden ubiquitär und sind damit nicht mehr rückholbar. Stellt sich dann nach längerer Zeit heraus, daß sie Schäden erzeugen, besteht keine Möglichkeit mehr, die Ursache dieser Schäden zu beheben. Im Falle der Luft ist dies bei den ozonschädigenden FCKWs eingetreten, im Wasserbereich zeichnet sich ab, daß persistente Chemikalien, die wie Östrogene wirken, die Reproduktionsfähigkeit von Vögeln, Fischen, Reptilien, aber auch von Menschen schwer schädigen. Hierbei kann nicht ausgeschlossen werden, daß auch polare, persistente Chemikalien wie Östrogen wirken können (VACK 1995).

Bei Behandlung industrieller Abwässer zwangsläufig in großer Menge anfallender Klärschlamm ist mit toxischen Abwasserinhaltsstoffen, die nicht oder nicht vollständig abgebaut, sondern nur in den Klärschlamm verlagert werden, belastet. Deshalb muß industrieller Klärschlamm in der Regel als Sondermüll entsorgt werden (KLUGE et al. 1994). Aus der Sicht eines ökologischen Nährstoffmanagements werden in industriellen biologisch-mechanischen Kläranlagen wertvolle Nährstoffe verschmutzt und mit der Entsorgung des Klärschlamms als Sondermüll dem natürlichen Nährstoffkreislauf entzogen. Da jedoch die Abbauleistung der Klärwerksbakterien von ihrer Versorgung mit Nährstoffen abhängt, lassen sich diese Nährstoffverluste systemimmanent nicht vermeiden. Im Gegenteil, industrielle Abwässer sind häufig eher nährstoffarm, so daß ihnen sogar künstlich Nährstoffe zugesetzt werden, z. B. indem industrielle und kommunale Abwässer wie bei der BASF oder der BAYER AG gemeinsam behandelt werden oder, indem dem Industrieabwasser Harnstoff zudosiert wird.

Obwohl Abwasserinhaltsstoffe häufig unerwünschte (Neben)produkte der industriellen Produktion sind, entstehen sie unter einem hohen Einsatz an Rohstoffen und Energie. In der herkömmlichen Abwasserbehandlung werden diese Stoffe vermischt und mehr oder weniger effektiv zerstört. Unter einem stoffwirtschaftlichen Blickwinkel müßten sie dagegen als wertvolle Reststoffe eingestuft werden, die möglichst sortenrein zurückgewonnen und weiterverwertet, recycliert oder aufbewahrt werden müßten.

Schlußbetrachtung

Aus dem Blickwinkel eines vorsorgenden Gewässerschutzes müssen völlig neue Anforderungen an den Umgang mit Abwasser gestellt werden. Insbesondere müssen die Emissionen persistenter Chemikalien vollständig unterbunden werden. Die herkömmlichen Techniken der Abwasserbehandlung sind für diese veränderte Zielsetzung nicht mehr problemadäquat. An ihre Stelle muß eine Neuorientierung des Umgangs mit Wasser und Stoffen in der industriellen Produktion treten. Die Produktionsgestaltung selbst sollte sich dabei am Leitbild des geschlossenen Kreislaufs für Wasser und Stoffe orientieren (KLUGE et al. 1995). Hierzu müssen Industrie und Politik auf der Ebene der Einzelstoffe im Wasser und bei Primärmaßnahmen auf der Ebene der spezifischen Produktionsverfahren ansetzen. Dies erfordert tiefgreifende Änderungen im Wasserrecht. In Anlehnung an das Abfallrecht muß prioritär ein Vermeidungs- und nachgeordnet ein Verwertungsgrundsatz festgeschrieben werden (KLUGE & VACK 1994).

In einem gesellschaftlichen Konsens, der neben Industrie, Politik und Umweltverbänden beispielsweise auch die Ansprüche von Konsumentinnen und Konsumenten an industriell gefertige Güter oder Interessen der Wasserversorger berücksichtigt, müssen kurz-, mittel- und langfristige Ziele des Umstellungsprozesses ermittelt und festgelegt werden (KLUGE et al. 1995). Voraussetzung hierfür ist, daß die Industrie alle Einzelstoffe in ihren Abwässern offenlegt, so daß die Bewertung von Abwasserinhaltsstoffen sich zukünftig nicht mehr allein auf die analysierbaren Stoffe begrenzt, die nur etwa 2 % der Xenobiotika in den Flüssen ausmachen. Gleichzeitig müßten am Vorsorgeprinzip orientiert, gut handhabbare Kriterien der Stoffbewertung entwickelt werden (VACK 1995), anhand derer dann Ziele abgeleitet werden können, welche Stoffe mit welcher Priorität aus dem Abwasser herausgehalten werden sollen. Auf der technischen Seite könnten insbesondere angepaßte Membranverfahren direkt am Produktionsort eingesetzt werden. da diese kostengünstig eine differenzierte Stoffrückgewinnung ermöglichen.

8.4 Kommunale Abwässer – Hygienische Probleme und technische Möglichkeiten zu ihrer Lösung
WOLFGANG DORAU

Zielkonflikt: Abwassereinleitungen und Gewässerhygiene

Mit kommunalen Abwässern gelangen große Mengen an pathogenen Krankheitserregern (Viren, Bakterien, Parasiten, vgl. *Tab. 8.4-1*) in Flüsse und Seen, und zwar auch dann, wenn diese Abwässer vor ihrer Einleitung mit den heute üblichen Methoden mechanisch und biologisch geklärt werden. Da wegen der dichten Besiedlung in Deutschland nur wenige Gewässer von Abwassereinleitungen freigehalten werden können, gelten Gewässer (insbesondere Fließgewässer) grundsätzlich als seuchenhygienisch bedenklich.

Zielkonflikt Abwassereinleitung und Abwasserbehandlung – so wie sie sich in Deutschland entwickelt haben – auf der einen Seite und Siedlungshygiene auf der anderen Seite beschreiben eine Konfliktsituation.

Moderne Siedlungshygiene basiert in Bezug auf Abwasser auf dem Grundsatz der strikten Verhinderung jeglichen Kontaktes der Bevölkerung mit fäkalbelastetem Abwasser, d. h. mit vermehrungs- und ausbreitungsfähigen Krankheitserregern. Die Ableitung von Abwasser aus Haushalten und Siedlungen mittels Schwemmkanalisation und ihre möglichst schadlose Einleitung in Gewässer ist vom Ursprung her eine äußerst wichtige Hygienemaßnahme.

Mechanisch-biologische Abwasserbehandlung, deren Feststoffrückhalt traditionellerweise mittels Sedimentation erfolgt, kann prinzipiell Krankheitserreger nur sehr ungenügend zurückhalten. Dies führt zu der widersprüchlichen Situation, daß das auf die Verhinderung des Kontaktes mit Krankheitserregern ausgerichtete Konzept der Siedlungshygiene die als Abwasserableiter genutzten Oberflächengewässer massiv mit Krankheitserregern verunreinigt. Damit werden neue,

Tab. 8.4-1: Einige human- und tierpathogene Erreger, die über Abwasser, Oberflächenwasser und Trinkwasser direkt oder indirekt erkrankungsauslösend wirken

Erregerart	Hervorgerufene Erkrankung
Bakterien:	
Salmonella typhi	Typhus
Salmonella paratyphi A,B,C	Paratyphus
Enteritis-Salmonellen	Enteritiden
Shigella Species	Ruhr enteropathogene
Escherichia coli	Enteritiden, Enterotoxämien
Yersinia enterocolitica	Enteritiden
Brucella Species	Sang'sche Erkrankung
Francisella tularensis	Tularämie
Pseudomonas aeruginosa	Otitiden, Dermatitiden
Vibrio cholerae und Biotyp El Tor	Cholera
NAG-Vibrionen	Enteritiden
Campylobacter jejuni	Enteritiden
Leptospira Species	Weil'sche Krankheit, Kanikolafieber
Listeria monocytogenes	Listeriose
Bacillus anthracis	Milzbrand
Clostridium botulinum	Botulismus
Clostridium perfringens	Lebensmittelintoxikation., Gasbrand
Mycobacterium Species	Hautulzerationen, Tuberkulose
Mycoplasma Species	Respiratorische Erkrankungen
Chlamydia trachomatis	Konjunktivitis
Viren:	
Polioviren	Kinderlähmung, Meningitiden
Coxsackieviren A und B	Herpangina, Meningitiden, Ekzeme, Perikarditiden
ECHOviren	Meningitiden, Diarrhoen, respirat. E.
Rotaviren A und B	Enteritiden, Erbrechen,
Adenoviren	Respiratorische Erkrankungen, Enteritiden, Augeninfektionen
Hepatitis A und E	Brechdurchfall, epidemis. Hepatitis
Astroviren	Enteritiden
Caliciviren	Enteritiden
Coronaviren	Respiratorische Erkrankungen
Norwalkvirus u.a. kleine Rundviren	Erbrechen, Enteritiden
Protozoen:	
Giardia lamblia	Lamblienruhr
Cryptosporidium parvum	Cryptosporidiose
Entamoeba histolytica	Amöbenruhr
Naegleria fowleri	Meningoenzephalitis
Helminthen:	
Ascaris lumbricoides	Ascariasis
Taenia-Species	Sandwurmbefall
Trichuris trichuria	Trichuriasis
Enterobius vermicularis	Oxyuriasis

wenn auch örtlich verschobene Kontakt- und Ausbreitungsmöglichkeiten für Krankheitserreger geschaffen. Dieselben Gewässer, in die Abwässer eingeleitet werden bzw. werden müssen, sind auf Grund der Siedlungsdichte und der daraus folgenden Mehrfachnutzung der Gewässer nicht selten ebenso Ziel von Freizeit- und Erholungsaktivitäten oder Ressource für die Trinkwassergewinnung. Daraus folgt als zwingende Aufgabe, nach Lösungen zu suchen, Abwassereinleitungen in Gewässer und andere hygienisch sensible Nutzungen der Gewässer miteinander kompatibel, d. h. hygienisch vereinbar zu gestalten.

Bei der Auslegung von Kläranlagen wird die inzwischen klassische Abfolge von Vorklärung, biologischer Stufe und Nachklärung (Nachklärung als Sedimentation!) kaum noch dahingehend in Frage gestellt, was es für die hygienische Qualität des geklärten Abwassers bedeutet, daß an die letzte Stufe eine Sedimentation gesetzt wird. Die Sedimentation besitzt im Gegensatz zur Mikrofiltration keinerlei Barrierewirkung für nicht absetzfähige Feststoffe bzw. Schwebstoffe. Eine nach geschaltete Sandfiltration vermag dieses Manko nur zum Teil beheben, weil auch sie noch feinste Schwebstoffe passieren läßt. In diesen feinsten Schwebstoffen sind noch so viele Krankheitserreger enthalten, daß sandfiltriertes Abwasser immer noch seuchenhygienisch bedenklich ist. Erst eine Mikrofiltration mit einer definierten Abscheidegrenze (üblicherweise bei 0,2 µm) vermag die für die menschliche Gesundheit so bedeutsamen kleinen Partikel wie Viren, Bakterien und Parasiten wirkungsvoll zurückzuhalten.

Wird eine Mikrofiltration mit Barrierewirkung als Schlußreinigung eingesetzt, werden natürlich nicht nur die Zielgruppen (d. h. Krankheitserreger) abgetrennt, sondern auch alle größeren Partikel. Damit stellt sich eine Fülle von positiven Nebeneffekten ein, von denen als wichtigste die praktisch vollständige Entfernung von fällbaren Phosphorverbindungen und die Abtrennung antibiotikaresistenter Bakterien zu nennen sind.

Gesetzliche Grundlagen
Wasserhaushaltsgesetz (WHG)
Während der letzten Jahrzehnte hat sich die Abwasserbehandlung auf die Entfernung chemischer Inhaltsstoffe konzentriert. Es wurden große Anstrengungen unternommen, den Chemischen und Biochemischen Sauerstoffbedarf (CSB, BSB_5) zu senken und die Gewässer vor der Einleitung von Schwermetallen, organischen Chlorverbindung (AOX) und anderen gefährlichen Stoffen zu schützen. Diese Anstrengung spiegelt sich auf gesetzgeberischer Seite in dem Regelwerk zu §7a des WHGs wider, d. h. in den Abwasserverwaltungsvorschriften sowie in der Rahmen-Abwasserverwaltungsvorschrift mit ihren Anhängen. Obwohl das WHG in §7a die Entfernung gefährlicher Stoffe aus dem Abwasser mit Verfahren nach dem Stand der Technik fordert und obwohl pathogene Viren, Bakterien und Parasiten höchst gefährliche Abwasserinhaltsstoffe darstellen und die Abwasserbehandlung nach wie vor der Elimination auch dieser hygiene-relevanten »Stoffe« dienen sollte, enthält das Regelwerk keine einzige Anforderung an die hygienische Beschaffenheit des gereinigten Abwassers. Aus hygienischer Sicht besteht hier ein Manko.

Bundes-Seuchengesetz
Unter Abwasserexperten ist wenig oder gar nicht bekannt, daß es außer §7a WHG noch ein weiteres Gesetz gibt, das Anforderungen an den Umgang mit Abwasser stellt. Das Gesetz zur Verhütung und Bekämpfung übertragbarer Krankheiten beim Menschen (Bundes-Seuchengesetz) (ANONYMOUS 1992a) stellt in §12 Abs. 1 Satz 1 eine umfassende Anforderung an die Hygiene der Abwasserbeseitigung. §12 (1) Satz 1 Bundes-Seuchengesetz: »*Die Gemeinden oder Gemeindeverbände haben darauf hinzuwirken, daß Abwasser, soweit es nicht dazu bestimmt ist, auf landwirtschaftlich, forstwirtschaftlich oder gärtnerisch genutzte Böden aufgebracht zu werden, so beseitigt wird, daß Gefahren für die menschliche Gesundheit durch Krankheitserreger nicht entstehen*«.

EG-Badegewässerrichtlinie
Die EG-Badegewässerrichtlinie (ANONYMOUS 1976) stellt zwar keine unmittelbaren Anforderungen an die Beschaffenheit von gereinigtem Abwasser. Wenn jedoch in abwasserbelasteten Oberflächengewässern gebadet wird, sind in den meisten Gewässern die Anforderungen der EG-Richtlinie ohne zusätzliche klärtechnische Maßnahmen der Keimentfernung nicht erreichbar. Wegen der gleichzeitigen Anforderung einer Mindestsichttiefe von 1 m (empfohlen: 2 m) während der Badesaison muß zusätzlich zur Keimentfernung auch die Nährstoffbelastung (Eutrophierung) von Gewässern gesenkt werden, wenn diese zu einer Algenmassenentwicklung führt. Da die meisten Binnengewässer phosphorlimitiert sind, bedeutet dies für die Gestaltung der Klärtechnik, daß sie

zur Einhaltung der EG-Richtlinie in der Regel sowohl eine weitestgehende Keimreduktion als auch eine weitestgehende Phosphorelimination umfassen muß. Auf die Gesundheitsgefährdung durch Algentoxine kann an dieser Stelle nur hingewiesen werden (FALCONER 1993).

Zustand abwasserbelasteter Gewässer aus hygienischer Sicht

Die größte hygienische Gefährdung durch Abwässer wurde zunächst dadurch gebannt, daß Abwässer mittels Kanalisation aus den Siedlungszentren herausgeführt wurden. Dadurch wurde die Gefährdung jedoch nur an die Peripherie der Siedlungen bzw. in die Gewässer verlagert. Die quasi vollständige Entsorgung der Bevölkerung durch Schmutzwasserkanalisationen hat inzwischen eine Einleitungsdichte geschaffen, die das Konzept der sogenannten Selbstreinigungskraft in Bezug auf Krankheitserreger zunichte gemacht hat, abgesehen vom Zweifel, ob dieses Konzept je funktioniert hat.

Vielen Abwasserfachleuten und der Öffentlichkeit ist nicht bewußt, daß selbst moderne mechanisch-biologische Kläranlagen (auch einschließlich Phosphat-Elimination) den Gehalt an pathogenen Krankheitserregern nur sehr ungenügend (90–99 %) reduzieren (*Abb. 8.4-1*) und daß damit bezüglich des §12 des Bundes-Seuchengesetzes ein Handlungsdefizit besteht. Eine Elimination von 99 %, die bei der Entfernung von chemischen Verunreinigungen schon zu den Spitzenleistungen zählen würde, ist angesichts der hohen Belastung des Rohabwassers mit Krankheitserregern aus hygienischer Sicht völlig unzureichend. Mechanisch-biologisch behandeltes Abwasser mit Keimgehalten von z. B. 10^6 KBE an *E. coli* pro 100 ml ist noch als seuchenhygienisch bedenklich zu bewerten (Anmerkung: Keimgehalte werden bei Bakterien in KBE – Koloniebildende Einheiten – und bei Viren in pfu – plaque formig units – gemessen). Das derzeitige, aus der Jahrhundertwende stammende Handlungskonzept gründet auf dem Konzept von PETTENKOFER, daß Fäkalkeime bei der Einleitung in Gewässer durch ausreichende Verdünnung und Milieuwechsel absterben (Schlagwort »Ausnutzung der Selbstreinigungskräfte des Gewässers«). Das PETTENKOFER'sche Konzept hat bewirkt, daß die Entfernung pathogener Krankheitserreger aus kommunalem Abwasser als konzeptionelle Zielsetzung der Abwasserbehandlung unterblieben ist. Abgesehen davon, daß das sogenannte Selbstreinigungskonzept bereits damals umstritten war (ZELLNER 1914), hat sich die Situation dahingehend geändert, daß infolge der heutigen hohen Einleiterdichte ausreichende Verdünnungen und Fließstrecken zur Ausnutzung der Selbstreinigung nicht mehr vorhanden sind. In *Abb. 8.4-1* sind die Verdünnungsstufen eingezeichnet, die ausgehend von biologisch gereinigtem Abwasser bei der Einleitung dieses Abwassers in Oberflächengewässer erreicht werden müssen, damit die Hygienestandards der EG-Badegewässer-Richtlinie oder der Badebeckenwasser-Verordnung (Entwurf) allein durch Verdünnung mit nicht keimbelasteten Wasser erreicht werden. Die Verdünnungsverhältnisse sind so hoch, daß für normale deutsche Einleiteverhältnisse die notwendigen Verdünnungen bei der Abwassereinleitung nicht erreicht werden. Ein Einwand gegen diese Betrachtungsweise könnte sein, daß derart hohe Verdünnungsstufen gar nicht notwendig seien, weil die mit den Fäkalien ausgeschiedenen Krankheitserreger nach der Einleitung in ein Gewässer rasch absterben (Temperatur- und Milieuwechsel). Wie Untersuchungen des Instituts für Wasser-, Boden- und Lufthygiene, Berlin, an abwasserbelasteten Fließgewässern zeigen, ist die Elimination von Krankheitserregern teilweise so gering, daß sich konstante (zu hohe) Keimkonzentrationen einstellen. Ferner sind aus der Literatur Überlebenszeiten von Krankheitserregern von Monaten bis Jahren bekannt. Freizeitaktivitäten wie Baden und Surfen, bei denen größere Wassermengen aufgenommen werden kön-

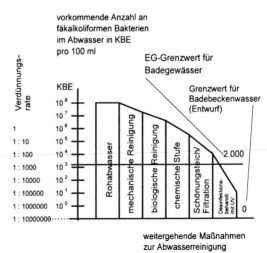

Abb. 8.4-1: Notwendige Verdünnung nach biologischer Reinigung zur Erzielung eines seuchenhygienisch unbedenklichen Wassers

nen, sind deshalb mit einem höheren, nicht vernachlässigbaren Infektions- und Erkrankungsrisiko verbunden. Die EG-Badegewässer-Richtlinie kann wegen ihrer zum Teil recht hohen Grenzwerte dieses Risiko nur mindern.

Ansätze für eine Lösung des Problems

Kommunales Rohabwasser enthält eine Vielzahl von pathogenen Viren, Bakterien und Parasiten aus unterschiedlichsten Quellen (Haushalte, Krankenhäuser, Schlachthäuser etc.) (*Tab. 8.4-1*). Diese Erreger können schwerste Erkrankungen wie Durchfälle, Nierenversagen, Herzmuskelversagen, Hirnhautentzündungen etc. zum Teil mit Todesfolge hervorrufen. Eine zusätzliche Gefährlichkeit erhalten diese Erreger dadurch, daß es bei Infizierten zwar nicht zum Ausbruch der Krankheit kommt, diese Infizierten aber als unerkannte Ausscheider bzw. Überträger fungieren. Die ohnehin schwierige Erkennung von Infektionswegen wird dann völlig unmöglich. Auch Inkubationszeiten von zum Teil mehreren Monaten verhindern eine kausal eindeutige Zuordnung von Erkrankung und Infektionsort. Für die Begründung der Entfernung pathogener Krankheitserreger aus geklärtem Abwasser folgt daraus, daß nicht der Nachweis von Erkrankungen sondern bereits der Nachweis von Kontaktmöglichkeiten, d. h. Möglichkeiten zur Schließung von Infektionsketten, genügt. Allein die Tatsache, daß durch Klärwerke regelmäßig und in großen Mengen Krankheitserreger in die Gewässer eingebracht werden, und die vielfältigen Infektionsmöglichkeiten bei der Benutzung dieser Gewässer reichen als Begründung für eine Entfernung pathogener Krankheitserreger aus. Die Forderung nach uneingeschränkter Entfernung von pathogenen Krankheitserregern aus kommunalem Abwasser gemäß Bundes-Seuchengesetz trägt auch dem Umstand Rechnung, daß kommunale Kläranlagen örtlich die letzte Chance bieten, große Mengen an fäkalgebundenen Krankheitserregern abzufangen und zu bekämpfen, ehe sie sich unkontrollierbar in Gewässern ausbreiten und Infektionskreisläufe ausbilden können. Von einzelnen Erregerarten (insb. Viren und Parasiten) ist hinlänglich bekannt, daß sie weder durch Chlorung noch durch UV-Bestrahlung inaktiviert werden (z. B. *Giardia lamblia* (Lamblienruhr), *Cryptosporidium parvum* (Cryptosporidiose), Parasiten). Dieses Manko wiegt zusätzlich schwerer, weil gerade bei Viren und Parasiten bereits wenige Erreger eine Infektion bzw. Erkrankung auslösen können, d. h. gegenüber diesen routinemäßig nicht kontrollierten Erregergruppen muß eine Desinfektionsmethode besonders effizient sein. Eine ausreichend sichere Elimination aller Erregertypen kann auf Grund des Verfahrensprinzips die Membrantechnik (z. B. Mikrofiltration) leisten. Das Institut für Wasser-, Boden- und Lufthygiene, Berlin, hat diese Technik (Mikrofiltration mit Hohlfasermembranen) in einem einjährigen Dauerversuch für diese Aufgabenstellung untersucht bzw. erfolgreich getestet und gelangt zu der Einschätzung, daß die Mikrofiltration die obigen Anforderungen verfahrenstechnisch eleganter und mit einer ungleich höheren Effektivität und hygienischen Sicherheit bei noch vertretbaren Kosten (ANONYMOUS 1992b) als die bisher angewandten Verfahren auf der Basis von Desinfektionschemikalien oder UV-Strahlung erfüllen kann (DIZER et al. 1993).

Eliminationsmechanismen der Mikrofiltration und Ergebnisse
Krankheitserreger

Mikrofiltration ist die einfachste Form der Membranfiltration mit porösen Kunststoff- oder Keramikmembranen. Sie ist eine reine Partikelfiltration. Bei den handelsüblichen Membranen wird ein Porendurchmesser von 0,2 µm bevorzugt. Die hervorstechendste Eigenschaft von Mikrofiltrationsmembranen für die Aufgabe der Keimentfernung ist ihre Wirkung als absolute mechanische Sperre, als Barriere, gegenüber Partikeln > 0,2 µm. Bakterien mit Abmessungen um 5 µm und erst recht die größeren Protozoen und Parasiten sind deutlich größer als die Membranporen und werden ausschließlich und vollständig durch den Größenunterschied zwischen Membranporen und Bakteriengröße zurückgehalten (*Abb. 8.4-2*). Die verwendeten Testviren sind viel kleiner als die Membranporen und müßten eigentlich die Membranen passieren. Daß dies so ist, kann man nachweisen, wenn man feststofffrei gezüchtete und in feststofffreiem Wasser gelöste Viren durch eine Mikrofiltrationsmembrane schickt. Ein höher Prozentsatz der Viren passiert tatsächlich die Membrane. Wenn, wie *Abb. 8.4-3* zeigt, Viren durch Mikrofiltrationsmembranen auch bis zur Nachweisgrenze zurückgehalten werden können, dann bestätigt *Abb. 8.4-3* nichts anders, als daß Viren in feststoffreichem nativen Abwasser tatsächlich an die vorhandenen Feststoffe adsorbiert sind und in dem Maße durch die Membrane zurückgehalten werden wie die Feststoffe durch die Membrane abgetrennt werden. Darüber hinaus zeigt *Abb. 8.4-3*, daß die Entfernung noch gesteigert bzw.

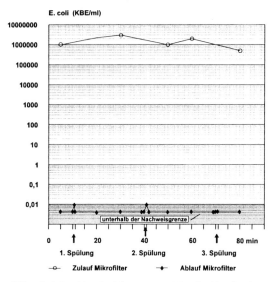
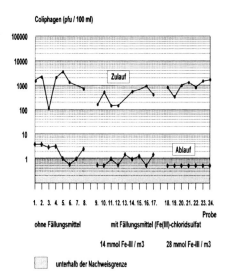

Abb. 8.4-2: Abscheidung von *E.coli* (Aufstockungsversuch)

Abb. 8.4-3: Abscheidung von Coliphagen

sicher gemacht werden kann durch die aus Gründen der Phosphorentfernung zugegebenen Fällmittel. Man kann diesen Effekt so interpretieren, daß bei der Flockenbildung eventuell noch adsorbiert werden. Ob der Begriff »Adsorption« diesen Vorgang präzise beschreibt, sei im Moment dahingestellt.

Unterschiedliche chemische Eigenschaften oder Empfindlichkeiten gegenüber energiereicher Strahlung spielen keine Rolle. Sich nicht darum kümmern zu müssen, welche Bakterien oder sonstigen Erreger im Abwasser in welchen Mengen enthalten sind, ob sie gentechnisch verändert sind oder andere unerwünschte Eigenschaften besitzen, verleiht der Mikrofiltration eine enorme hygienische Sicherheit und bedeutet gesundheitspolitisch gesehen einen enormen Zuwachs an hygienischer Sicherheit bei der Einleitung von Abwasser in Oberflächengewässer.

Phosphate

Die bisherigen Erfahrungen mit der Mikrofiltration zeigen, daß man mit ihr fällbare Phosphorverbindungen ebenfalls bis in den Spurenbereich entfernen kann, wenn dem Kläranlagenablauf vor der Mikrofiltration Fällmittel zugegeben werden, d. h. die Wirksamkeit der klassischen Phosphorelimination kann drastisch erhöht werden. Zur Orientierung: In dem einjährigen Dauerversuch im Institut lag der Durchschnittswert der PO_4-P-Konzentration bei 6 µg/l. Die Eignungsuntersuchungen verschiedener Mikrofiltrationstypen für die Nachbehandlung kommunalen Abwassers wird bei den Berliner Wasser-Betrieben mit größeren Anlagen fortgeführt (ALTMANN et al. 1994).

Schlußbetrachtung

Durch den Trick der Kombination von Fällung und Mikrofiltration und durch die Ausnutzung der Doppelfunktion von Fällmitteln gegenüber Viren und Phosphor können alle Zielvorgaben für eine praktisch vollständige Entfernung aller möglichen Arten von Krankheitserregern und für eine gleichzeitige praktisch vollständige Entfernung fällbarer Phosphorverbindungen erreicht werden. Damit kann erreicht werden, daß von kommunalen Abwassereinleitungen in Gewässer bzw. Badegewässer kein nennenswertes Infektionsrisiko und kein Beitrag zum Algenmassenwachstum (Eutrophierung) mehr ausgehen.

8.5 Rote Liste – eine Bilanz

JOSEF BLAB & PETER FINCK

Definition und fachlicher Hintergrund von Roten Listen

In Naturschutzkreisen versteht man unter Roten Listen Verzeichnisse ausgestorbener, verschollener und gefährdeter Objekte der Natur, seien es Arten, Biotoptypen oder Pflanzengesellschaften. Diese Übersichten können sich dabei auf unterschiedlich große Räume (die ganze Welt, Europa,

Deutschland oder aber auch die Fläche eines Bundeslandes usw.) beziehen. Rote Listen sind das Ergebnis einer Analyse der Daten über Stand und Entwicklung der Bestände und Verbreitungsgebiete der jeweils untersuchten Naturobjekte in der betreffenden geographischen Bezugsregion. Bei der Beurteilung der Bestandsveränderungen werden schwerpunktmäßig die Verhältnisse während der letzten 100–120 Jahre (manchmal auch kürzere Zeitspannen) zugrunde gelegt, da im Regelfall nur für diesen Zeitraum ausreichend dokumentierte Informationen für eine vergleichende Bewertung vorliegen.

Fachlicher Hintergrund der Roten Listen ist der unübersehbare Rückgang zahlreicher Biotoptypen, Arten und Lebensgemeinschaften im Regionen, in denen sie früher, das heißt vielfach noch vor wenigen Jahren oder Jahrzehnten, teilweise sogar sehr häufig auftraten. Zwar waren die Natur und ihre Bestandteile im Laufe der Erdgeschichte immer Veränderungen unterworfen gewesen und kann Aussterben durchaus auch als natürlicher Vorgang angesehen werden, doch haben die beinahe dramatischen Entwicklungen insbesondere der letzten vier Jahrzehnte, in denen aus lokalen Verlusten nahezu schlagartig regionale und landesweite Bestandsrückgänge wurden, nur mehr sehr wenig gemein mit diesen natürlichen Evolutionsvorgängen (Die ersteren erstreckten sich nämlich auf Zeitspannen von Jahrmillionen und waren von evolutivem Entstehen z. B. neuer Tier- und Pflanzenformen begleitet. Die letzteren laufen dagegen in nur wenigen Jahrzehnten ab, wobei die Arten ersatzlos und endgültig aussterben bzw. ihren Platz weitverbreiteten und anpassungsfähigen »Allerweltsarten« räumen).

Das Kernstück der Roten Listen bilden Verzeichnisse, aus denen hervorgeht, welche Arten des jeweiligen Taxons (Gesamtheit der Arten einer systematischen Gruppe wie Familie, Ordnung usw.) oder welche Biotoptypen usw. im entsprechenden Gebiet ausgestorben, vom Aussterben bedroht oder in unterschiedlichem Maße gefährdet sind (zu den Kriterien vgl. *Tab. 8.5-1*). Auf diese Weise werden auch die Vertreter jener Objektkategorien festgestellt, die nicht bestandsbedroht sind. Diese Kataloge veranschaulichen also, wie es um den Erhaltungszustand der jeweils betrachteten Objekte des Naturschutzes im entsprechenden Gebiet bestellt ist und bieten damit auch einen nachvollziehbaren Orientierungswert über den Umfang der Belastungen und Veränderungen der natürlichen Umwelt.

Indikationspotential von Roten Listen

Naturschutz ist eine wertende Disziplin. Entsprechend zählt es zu den Aufgaben der einschlägigen Forschung, nicht nur ökologische Grunddaten zu ermitteln, sondern auch stichhaltige und nachvollziehbare Bewertungsmaßstäbe sowie fachlich fundierte und gewichtete Entwicklungsziele und Handlungsanleitungen zu erarbeiten. Rote Listen repräsentieren ein qualifizierendes Bewertungssystem des Naturinventars unter dem Gesichtspunkt des Erhaltungszustandes. Damit haben sie wertvolle Impulse gegeben für die Entwicklung von Schwerpunkten und Prioritäten im Biotopschutz oder zur Bewertung und Abwehr von Eingriffen in Landschaften und Ökosysteme.

Noch mehr gilt dies hinsichtlich der weitergehenden Auswertungsmöglichkeiten der Roten Listen, z. B. wenn die hinter den Katalogen der Arten oder Biotoptypen verborgene Information eingesetzt und weiter untersucht wird. Etwa indem man Bestands- und Verbreitungsdaten der unter-

Tab. 8.5-1: Gefährdungskategorien der Roten Listen der Arten und Biotoptypen in Deutschland (BLAB et al. 1984, RIECKEN et al. 1994)

ARTEN	BIOTOPTYPEN		
Gefährdungskriterien	Gefährdungskriterien		Zusatzkriterium
	FL Gefährdung durch direkte Verbindung (Flächenverlust)	QU Gefährdung durch qualitative Veränderungen (schleichende Degradierung)	RE Einschätzung der »Regenerationsfähigkeit«
0 ausgestorben oder verschollen	0 vollständig vernichtet	0 vernichtet	N nicht regenerierbar
1 vom Aussterben bedroht	1 von vollständiger Vernichtung bedroht	1 von vollständiger Vernichtung bedroht	K kaum regenerierbar
2 stark gefährdet	2 stark gefährdet	2 stark gefährdet	S schwer regenerierbar
3 gefährdet	3 gefährdet	3 gefährdet	B bedingt regenerierbar
P potentiell gefährdet	P potentiell gefährdet		X keine Einstufung sinnvoll

schiedlich stark gefährdeten und der nicht gefährdeten Arten oder Biotoptypen vergleichend aus- und bewertet, oder indem man im Sinne einer ökologischen Risikoanalyse Zusammenhänge herstellt zwischen charakteristischen Eigenschaften der Arten und Biotoptypen (z. B. Biotopspezialisierung, Nahrungsspezialisierung, unterschiedliches Reproduktionspotential, Empfindlichkeit usw.), ihren biogeographischen Positionen (z. B. kleines natürliches Verbreitungsgebiet in vom Menschen besonders stark beanspruchten Regionen), ihrem Gefährdungsgrad und der zivilisationsbedingten Landschaftsentwicklung usw. Hierdurch lassen sich Hinweise gewinnen auf
• das Gewicht von Schadeinflüssen,
• die abgestufte Schutzbedürftigkeit unterschiedlicher Biotoptypen,
• die Bedeutung der verschiedenen ökologischen Faktoren für das Überleben der einzelnen Arten, Artengruppen und ihrer Lebensgemeinschaften, und schließlich im Umkehrschluß aus der ermittelten Rangordnung unter den gefährdeten und nicht gefährdeten Arten und Biotope sowie bezüglich der Gefährdungsursachen auch darauf, wo Schutzmaßnahmen besonders vordringlich sind. Die Rote Liste bildet damit eine wichtige (aber keinesfalls die einzige!) Orientierungshilfe, um Schwerpunkte für Programm und Praxis des Naturschutzes herauszuarbeiten.

Wandel der Flußsysteme und ihrer Lebensgemeinschaften in Mitteleuropa

Flüsse und ihre Auen unterlagen und unterliegen starken menschlichen Einflüssen mit oft erheblichen Konsequenzen für die flußtypischen Biotope, Arten und Lebensgemeinschaften. Aufgrund ihrer Verkehrswegfunktion entstanden an ihren Ufern bereits früh Zentren menschlicher Besiedlung, deren stetes Anwachsen wiederum zu erheblichen und weitergehenden Veränderungen und Belastungen der Flüsse und Flußauen führte. Besonders seit Ende des 18. Jhs. wurden außerdem verstärkt Baumaßnahmen in und an den großen Flüssen selbst durchgeführt, die zum einen einer verbesserten Sicherung vor Hochwasser dienen und zum anderen die Binnenschiffahrt fördern sollten. Als Konsequenz dieser Veränderungen kam es zu einer fortschreitenden Kanalisierung der Flußläufe mit einer einhergehenden Verarmung an gewässermorphologischen Strukturen, zu drastischen Verschlechterungen der Wasserqualität und – durch flußnahe Deichführungen

und Stauhaltungen – zu außerordentlich großen Einbußen an Auelebensräumen mit ihrer charakteristischen Überflutungs- und Grundwasserdynamik. Diese Verluste von Lebensräumen in und an den großen Flüssen haben zu einer dramatischen Bedrohung der aue- und flußtypischen Lebensgemeinschaften geführt, mit entsprechendem Niederschlag in den Gefährdungskatalogen.

Die Roten Listen des Bundes und der Länder dokumentieren die besondere Gefährdung des Lebensraumes Fluß und Flußaue sowie seiner typischen Lebensgemeinschaften und fungieren somit als »Bestandsthermometer« für den Erhaltungszustand dieser Ökosysteme. Analysen der ökologischen Ansprüche von gefährdeten Arten an diese Lebensräume lassen Rückschlüsse auf die Ursachen der Gefährdung zu und weisen auf spezifische Defizite an den jeweiligen Stromsystemen hin, eine wichtige Grundlage für die naturschutzfachliche Bewertung der Gebiete und – wo geplant – für eine geeignete Konzipierung von Renaturierungsmaßnahmen.

Insbesondere aufgrund der Unterschiede der naturräumlichen, geographischen und politischen Rahmenbedingungen an den großen Strömen Deutschlands (Rhein, Elbe, Oder und Donau) hat sich die geschilderte Entwicklung sowohl in ihrem Ausmaß als auch in ihrem zeitlichen Ablauf zum Teil recht unterschiedlich vollzogen. Hierdurch weist die heutige Situation an den genannten Flußsystemen wichtige Unterschiede auf, die unmittelbare Auswirkungen auf die jeweiligen Biozönosen haben. Diese Unterschiede im Zustand und Wandel der Biozönosen dieser vier Betrachtungsobjekte sollen nachfolgend exemplarisch an Hand der Roten Listen diskutiert werden.

Besondere Gefährdung charakteristischer Arten und Biotoptypen der Flüsse und Flußauen

Der insgesamt besonders kritische Erhaltungszustand der Lebensgemeinschaften von großen Flüssen wird deutlich, wenn innerhalb von Artengruppen, die zumindest einen Teil ihres Lebens aquatisch sind, die Gefährdungssituation von sogenannten Potamalarten mit der allgemeinen Gefährdungssituation der entsprechenden Artengruppe verglichen wird. Unter Potamalarten werden hier solche Arten verstanden, die den Schwerpunkt ihrer Verbreitung im Bereich der Zone der Tieflandflüsse haben. Als Beispiel sei die aktuelle Rote Liste der Köcherfliegen (*Trichoptera*) angeführt (KLIMA et al. 1994).

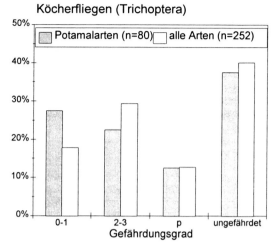

Abb. 8.5-1: Gefährdungssituation der Köcherfliegen (*Trichoptera*) des Potamal im Vergleich zur Gefährdungssituation aller Köcherfliegenarten, die im Großraum Mitteldeutschland vorkommen (n=Anzahl der Köcherfliegenarten). Großraumeinteilung und Gefährdungseinstufung nach KLIMA et al. (1994) Gefährdungsgrade vgl. *Tab. 8.5-1*

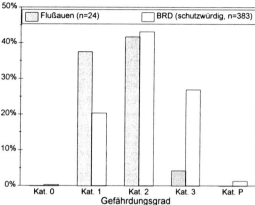

Abb. 8.5-2: Gefährdungsgrad von naturnahen Biotoptypen mit einem Schwerpunkt der Verbreitung in den Auen der großen Flüsse im Vergleich zu der Gefährdungseinstufung aller schutzwürdiger Biotoptypen in Deutschland mit Vorkommen (n = Anzahl der Biotopen). Daten zur Gefährdungseinstufung nach RIECKEN et al. (1994)

Dort zeigt sich, daß Potamalarten unter den Köcherfliegen überproportional in den höchsten Gefährdungskategorien der Roten Liste 0 (ausgestorben) und 1 (vom Aussterben bedroht) vertreten sind (*Abb. 8.5-1*). In den von KLIMA et al. eingeteilten 3 Großräumen (Norddeutschland, Mitteldeutschland, Süddeutschland) haben bis zu 50 % aller in die Kategorien 0 und 1 der Roten Liste eingestuften Köcherfliegen einen Schwerpunkt ihrer Verbreitung im Potamal, obwohl nur jeweils ca. 1/3 aller Köcherfliegenarten in den Großräumen Potamalarten sind. Diese Tendenz, die sich beliebig auf andere Artengruppen der Fließgewässer übertragen läßt, dokumentiert sehr deutlich die besondere Beeinträchtigung und Gefährdung der Lebensräume der an Flußunterläufe und große Ströme angepaßten Lebensgemeinschaften.

Gleiches zeigt auch ein Blick in die Rote Liste der gefährdeten Biotoptypen Deutschlands (RIECKEN et al. 1994): Von den 24 schutzwürdigen Biotoptypen, die ihren Verbreitungsschwerpunkt in der Aue aufweisen, sind 38 % von der vollständigen Vernichtung bedroht (Kategorie 1 der Roten Liste Biotope), während dies im Vergleich dazu »nur« für 20 % aller im Sinne dieser Roten Liste als schutzwürdig eingestuften Biotoptypen Deutschlands gilt (*Abb. 8.5-2*). Dabei steht bei den limnischen Biotoptypen der Flußauen vor allem die Gefährdung durch qualitative Veränderungen im Vordergrund, die weil z. B. bei Auewäldern der Verlust an Flächenumfang und Beständen dieser Biotoptypengruppe ausschlaggebend für ihre Einstufung in die Rote Liste Biotope sind.

Biozönosen der großen Flußsysteme im Vergleich

Wie vorne erwähnt unterscheiden sich die Entwicklungen an den Strömen Rhein, Elbe, Oder und Donau aufgrund der naturräumlichen, geographischen und politischen Rahmenbedingungen deutlich. Alle vier Flußsysteme sind als Wasserstraßen und vor dem Hintergrund von Hochwassersicherung ausgebaut worden. Aufgrund der begrenzten finanziellen Ressourcen in der ehemaligen DDR und der streckenweisen Grenzlage entsprechen die Ausbaumaßnahmen an Elbe und Oder jedoch ungefähr dem Stand der 30er Jahre dieses Jahrhunderts, während an Rhein und Donau nach 1945 der Ausbau nach modernstem Stand der Technik bis heute fortgesetzt wurde. Dies bedeutet, daß sich die Stromregulierungen an Elbe und Oder außer dem Elbstau bei Geesthacht auf deutschem Gebiet auf Durchstiche, Sohlvertiefungen, Buhnenbauwerke und Eindeichungen beschränken, während an Donau und

Oberrhein die Flüsse nahezu vollständig staureguliert sind. Hierdurch und durch die wesentlich flußnähere Deichführung an Rhein und Donau gingen auetypische Standorte in erheblichem Umfang verloren. So wurde beispielsweise im heutigen Regierungsbezirk Magdeburg die Überflutungsaue von ehemals 2 200 km² auf 350 km² reduziert (STAU MAGDEBURG 1993). Immerhin blieben aber noch 16 % des ehemaligen Überflutungsbereichs der Flußdynamik unterworfen. Im gleichen Zeitraum gingen dagegen im Bereich des Oberrheins zwischen Basel und Karlsruhe 94 % durch auetypische Überflutungsdynamik gekennzeichnete Auestandorte verloren (HÜGIN 1981). Vergleichbar ist auch die Situation an der Donau auf deutschen Gebiet. Hierdurch wurden die an die typische Wasserdynamik der Auen angepaßten Arten erheblich in ihrem Bestand beeinträchtigt

Stromtalauen im Vergleich der Ströme

Ein Blick auf die Gefährdungssituation von typischen Stromtalpflanzen, die zum großen Teil an die auetypische Wasserdynamik in ihrer Verbreitung angewiesen sind, verdeutlicht, in welch unterschiedlichem Maße die Auen der großen Ströme Deutschlands durch diese Entwicklung betroffen sind (*Abb. 8.5-3*). In diesen Vergleich gehen 79 Pflanzenarten ein, die nach HAEUPLER & SCHÖNFELDER (1989) bzw. VENT & BENKERT (1984) einen Schwerpunkt der Verbreitung in den Stromtälern haben. An Hand der Roten Listen der gefährdeten Pflanzenarten der Bundesländer (BFANL 1992) mit den größten Anteilen an den Fließstrecken des jeweiligen Flusses wurde der Gefährdungsgrad ermittelt (Rhein: RL Baden-Württemberg, RL Rheinland-Pfalz, RL Nordrhein-Westfalen; Elbe: RL Niedersachsen, RL Sachsen-Anhalt; Oder: RL Brandenburg; Donau: RL Bayern). Wurden Rote Liste-Einstufungen aus mehreren Bundesländern in den Vergleich einbezogen, so wurde die jeweils niedrigere Gefährdungseinstufung verwendet.

Bei diesem Vergleich wird deutlich, daß vor allem an der Donau typische Aueverhältnisse soweit zurückgedrängt sind, daß dort nahezu 2/3 aller Stromtalpflanzen als gefährdet eingestuft werden müssen. 21 % dieser Stromtalpflanzen sind in den Auen der Donau vom Aussterben bedroht (RL-Kategorie 1) oder bereits ausgestorben (RL-Kategorie 0).

Die Auen der Oder schneiden in diesem Stromtal-Vergleich am besten ab. Hier ist noch

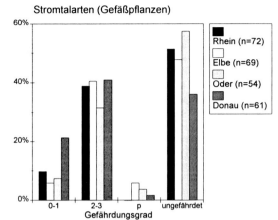

Abb. 8.5-3: Gefährdungssituation typischer Arten der Stromtalflora in den Auen von Rhein, Elbe, Oder und Donau. Berücksichtigt sind insgesamt 79 Arten mit dem Schwerpunkt der Verbreitung in den Stromtälern (n = Anzahl der in den jeweiligen Stromtälern vorkommenden Arten aus dieser Liste). Gefährdungseinstufung s. Text. Gefährdungsgrade vgl. *Tab. 8.5-1*

keine der Stromtal-Arten ausgestorben und lediglich 4 Arten (4 %) sind vom Aussterben bedroht. 57 % der typischen Pflanzen in den Oderauen werden für Brandenburg als ungefährdet eingestuft.

Der Rhein schneidet in diesem Zusammenhang noch relativ günstig ab (*Abb. 8.5-3*), ein Umstand, der im wesentlichen den Einstufungen der entsprechenden Stromtalpflanzen in der Roten Liste Baden-Württembergs zu verdanken ist. Hierfür sind offenbar die wenigen naturnäheren Restauen am Oberrhein verantwortlich. Legt man beim Vergleich zu den Flüssen Elbe und Oder für den Rhein jedoch lediglich die Länder-Roten Listen von Rheinland-Pfalz und Nordrhein-Westfalen zugrunde und berücksichtigt somit nur die jeweiligen Mittel- und Unterläufe der Ströme auf deutschem Gebiet, so relativiert sich dieses Bild erheblich. 13 % der Stromtalpflanzen am Rhein sind für diese Region in den Rote Listen Kategorien 0 und 1 eingestuft; an Elbe und Oder finden sich nur 6 % bzw. 7 % in diesen Gefährdungskategorien.

Deutlich wird bei dieser Betrachtung die immanente Gefährdung der Lebensformen, die auf die speziellen Verhältnisse in den Auen mit ihrem Nährstoffreichtum, typischen Überflutungen und Grundwassergängen angepaßt bzw. sogar angewiesen sind.

Wandel der Lebensgemeinschaften in den Strömen im Vergleich

Ein anderes Bild der Verhältnisse an den großen Strömen ergibt sich, wenn man die Situation in den Wasserkörpern vergleicht.

In ihrer Gewässerqualität sind besonders Rhein und Elbe durch die Vielzahl von Industriezentren an ihren Läufen beeinträchtigt. Während der Rhein jedoch den Höhepunkt seiner Verschmutzung Ende der 60er Jahre erreichte und sich die Wasserqualität seitdem kontinuierlich verbesserte (abgesehen von kurzfristigen Rückschlägen wie etwa den Vergiftungen in Folge des Werksbrandes bei Sandoz), hatte die Elbe den Grad höchster Verschmutzung erst Ende der 80er Jahre erreicht. Diese unterschiedliche Entwicklung spiegelt sich im zeitlichen Ablauf des Wandels der aquatischen Fauna dieser Flüsse wider. Vergleicht man beispielsweise die Bestands- und Gefährdungssituation von Köcherfliegen an Oberrhein und Oberelbe, so zeigt sich, daß im Oberrhein von ehemals 29 Arten (1920), nach dem völligen Verschwinden dieser Artengruppe aus dem Rhein Ende der 60er Jahre, heute (1990) wieder mindestens 20 Arten im Oberrhein nachgewiesen werden können (TITTIZER et al. 1991). In der Oberelbe konnten Ende der 80er Jahre keine der ehemals 23 Köcherfliegenarten mehr nachgewiesen werden, 1992 tauchten 6 Arten wieder auf (BFG 1994).

Diese rein quantitative Betrachtung wird aber der tatsächlichen Situation nicht gerecht. Von den mindestens 20 Köcherfliegenarten des Oberrheins des Jahres 1990 zählen lediglich 9 Arten zur urprünglichen (autochthonen) Fauna des Oberrheins. Bei den übrigen neu hinzugekommenen Arten für den Oberhein handelte es sich zu 54 % um sogenannte euryöke Arten, d.h. um Arten, die eine hohe Toleranz gegenüber den Umweltbedingungen haben. Dies wird auch deutlich, wenn man an Hand der Roten Listen feststellt, daß keine der hinzugekommen Köcherfliegenarten im Oberrhein als gefährdet eingestuft wird. Die neuen Arten zeichnen sich besonders durch eine teilweise höhere Wärme- und Salztoleranz aus und sind in der Regel in der Lage, Phasen einer geringeren Sauerstoffversorgung des Wassers zu überleben.

Die Situation an der Oberelbe verläuft praktisch gleichgerichtet mit 20 Jahren Verzögerung. Auch hier sind alle 6 der 1992 nachgewiesenen Köcherfliegenarten als ungefährdet und euryök anzusprechen und hatten kein ursprüngliches Vorkommen in diesem Flußabschnitt.

Diese Betrachtung macht deutlich, daß auch Verbesserungen im Bereich der Gewässerreinhaltung sehr differenziert betrachtet werden müssen. Trotz quantitativer Annäherung der Artenzahlen an die Verhältnisse zu Anfang dieses Jahrhunderts stellt sich die ursprüngliche, an die natürlichen stromtypischen Verhältnisse angepaßte (autochthone) Fauna nur schleppend oder gar nicht ein. So ist es nicht verwunderlich, daß von den an der Oberelbe verschollenen 23 Köcherfliegenarten 66 % in der Roten Liste als gefährdet (Kategorie 0–3) für die Region Mitteldeutschland eingestuft werden (KLIMA et al. 1994). Die Vergleichszahl für alle Köcherfliegen dieser Region liegt bei 47 %.

Ebenfalls deutlich negative Effekte auf die Fauna der Fließgewässer hat die Unterbrechung der Fließstrecke durch Stauhaltungen. Solche Stauvorrichtungen behindern zum einen direkt die Wanderungen der Organismen entlang der Flüsse. Des weiteren werden in ihrem Rückstau seeähnliche, strömungsarme Bereiche geschaffen. Diese ausgedehnten Stillwasserbereiche können von vielen an sauerstoffreiche Strömungsverhältnisse angepaßten (rheophilen) Arten nicht besiedelt werden.

Von den großen Strömen Rhein, Elbe, Donau und Oder ist nur die Oder nicht staureguliert. Die Elbe ist im Bereich der Tschechischen Republik und bei Geesthacht gestaut, der Rhein im Bereich des Oberrheins und im Rheindelta. Beide Ströme verfügen jedoch auf deutschem Gebiet über große Bereiche freier Fließstrecken. Die Donau hingegen ist sowohl auf deutschem Gebiet als auch in Österreich nahezu vollständig staureguliert. Für die noch vorhanden freien Fließstrecken gibt es in beiden Ländern konkrete Stauhaltungsprojekte.

Vor diesem Hintergrund und der oben angesprochenen Gewässerbelastung durch Nähr- und Schadstoffe ist die Bestands- und Gefährdungssituation der Fischfauna in diesen Flüssen zu sehen. Im Rhein, der heute wieder bessere Wasserqualität aufweist und eine relativ lange ungestaute Fließstrecke hat, können heute wieder 41 von 47 autochthonen Fischarten nachgewiesen werden (IKSR 1993). Von den 6 im Rhein verschollenen Fischarten sind allerdings auch zwei (Stör und Schnäpel) in ganz Deutschland ausgestorben (BLESS et al. 1994) und drei weitere Arten (Bachneunauge, Finte, Bitterling) als stark gefährdet eingestuft (Rote Liste Kategorie 2). Signifikant ist, daß 4 der 6 im Rhein verschollenen Arten zu den Wanderfischen zählen.

In der Donau werden die Effekte der ausgedehnten Stauhaltungen darin deutlich, daß z. B. von den 30 als rheophil einzustufenden autochthonen Arten der österreichischen Donau 80 % als gefährdet eingestuft werden müssen. Der gefährdete Anteil der übrigen autochthonen Fischarten der österreichischen Donau, der gegenüber strömungsarmen Bereichen tolerant ist, liegt dagegen bei nur 32 % (SCHIEMER & WAIDBACHER 1994).

In der Elbe hingegen wird die bis in jüngste Zeit dramatisch schlechte Wasserqualität auch darin verdeutlicht, daß 1990 von den um die Jahrhundertwende beschriebenen 39 autochthonen Fischarten 17 (43 %) im Strom verschollen waren (BFG 1994). 14 dieser 17 Arten (also über 80 %) sind auch für ganz Deutschland als gefährdet eingestuft (BLESS et al. 1994). Dies macht die besondere Bedeutung gerade der großen Ströme als wichtigen Lebensraum einer spezialisierten Fauna augenfällig. Besonders hoch unter den verschollenen Fischarten der Elbe ist sodann der Anteil der Wanderfische; 12 der 17 verschollenen Fischarten führen mehr oder weniger ausgedehnte Wanderungen durch, besonders um zu geeigneten Laichplätzen zu gelangen, und sind heute, bedingt durch die vorhandenen Stauwerke in Geesthacht und auf tschechischem Gebiet, nicht mehr in der Lage sich in der Elbe fortzupflanzen (vgl. auch Kap. 6.5).

Schlußbetrachtung

Negative Veränderungen im Bestand der Arten und Biotoptypen eines Betrachtungsraumes sind wegen der Vielzahl variabler, dazu von Ort zu Ort oft wechselnder Faktorenkombinationen schwierig summarisch abzubilden. Mit den Roten Listen, die eine zwar stark verdichtete, dennoch aber recht umfassende Zusammenschau des aktuellen Kenntnisstandes über den Erhaltungszustand der jeweils betrachteten Objekte geben, gelang es eine Methode zu etablieren, diese Problematik in einer vergleichsweise leicht nachvollziehbaren Form darzustellen.

Eine wichtige Rolle kommt Roten Listen weiterhin für die Vorstrukturierung fachlicher Entscheidungen zu, denn der Naturschutz muß, um politisch aktionsfähig zu sein, Gewichtungen für seine Raumansprüche setzen. Zweckmäßigerweise orientiert man eine derartige Rangordnung daran, in welchem Maße die Objekte des Naturschutzes, die Arten, Lebensgemeinschaften und Biotope, mit dem zivilisationsbedingten Landschaftswandel zurechtkommen. Dies erlaubt durch die überregionale Sichtung und Bewertung der lokalen Befunde sowohl eine geographische Schwerpunktbildung vorzunehmen als auch die regionale Erhaltungssituation im Vergleich abzubilden.

Weitergehende Studien i. S. einer ökologischen Risikoanalyse, d. h. mittels des Versuches, einen Zusammenhang zwischen bestimmten ökologischen Ansprüchen der einzelnen Arten und ihrem Gefährdungsgrad herzustellen, ergeben Hinweise auf die Gefährdung der Biotope, die Bedeutung einzelner ökologischer Faktoren bzw. das Gewicht von Gefährdungsursachen und damit auch darauf, wo Schutzmaßnahmen vorrangig ansetzen müssen. Ähnlichen Zielen dienen auch Studien und Experimente zu den Gefährdungsursachen, zu deren Gewicht und Wirkungsweise und zu den Mechanismen von Aussterben und Gefährdung der Arten.

Vorstehende Analyse belegt dabei sehr deutlich den herausgehobenen Gefährdungsgrad sowohl der Biotoptypen mit Verbreitungsschwerpunkt in der Aue, als auch der an Flußunterläufe und große Ströme angepaßten Arten im Vergleich zur Erhaltungssituation aller Biotoptypen bzw. der entsprechenden aquatischen Taxozönosen. Ein differenzierter Vergleich des Erhaltungszustandes der Lebensgemeinschaften der großen Stromsysteme zeigt weiterhin anschaulich, daß an der Donau sowie am Mittel- und Unterlauf des Rheines die flußtypische Biotopausstattung und die Auenverhältnisse anders als an Elbe und Oder weitestgehend zurückgedrängt sind, während ein Vergleich von Elbe und Rhein hinsichtlich der von der Wasserqualität entscheidend abhängigen Biozönoseglieder umgekehrt sehr deutlich zeigt, wie sehr die Entwicklungen in der Elbe hinter jener des Rheins hinterherhinken.

Wert und Schutzwürdigkeit von Raumeinheiten sind vornehmlich in dem Maße gegeben, wie die jeweiligen Biotope bzw. ihre Systemteile auch die ursprünglich für sie charakteristische Flora und Fauna in Form einer intakten Biozönose mit stabilen Populationen beherbergen. Vorstehende Abhandlung dokumentiert dabei anschaulich, daß eine rein quantitative Betrachtung nicht hinreichend ist, da z. B. nach Wiederherstellung einer verbesserten Wasserqualität zwar die Artenzahlen deutlich ansteigen, jedoch viele typische und anspruchsvolle ursprüngliche Arten (Charakterarten) der jeweiligen Flußsysteme nach wie vor (noch) fehlen und sich dafür vielfach lediglich euryöke bzw. fremde Vertreter eingestellt haben.

8.6 Kritische Anmerkungen zum Einsatz des Saprobiensystems bei der Gewässerüberwachung
GERD-PETER ZAUKE & HANS-GERD MEURS

Die Ermittlung von Gewässergüteklassen mit Hilfe biologischer Indikatoren gehört heute zum Standardrepertoire behördlicher Umweltüberwachung von Fließgewässern der Bundesrepublik Deutschland. Ein wesentliches Element dieses Überwachungskonzepts ist die Berechnung des Saprobienindex (S) eines Fließgewässerabschnitts nach ZELINKA & MARVAN (1961), der als gewichteter Mittelwert der beobachteten Häufigkeit (h) aller vorgefundenen Arten aufzufassen ist: $S=\sum(s \cdot h \cdot g)/\sum(h \cdot g)$. Als Gewichtungsfaktoren kommen die Saprobienindices (s) für die einzelnen Arten, d. h. Indikatoren für ihre bevorzugte bzw. tolerierte Gewässergütestufe, und ihr Indikationsgewicht (g), d. h. ihre Eignung für eine Bewertung, zum Tragen. Saprobienindices der einzelnen Arten und ihre Indikationsgewichte sind in der gängigen Literatur dokumentiert. Die hieraus gewonnenen Saprobienindices (S) für die einzelnen Fließgewässerabschnitte werden dann, in Verbindung mit weiteren chemischen Variablen wie dem biochemischen Sauerstoffbedarf (BSB) oder dem Ammonium, entsprechenden Güteklassen zugeordnet: Güteklasse I (S=1,0–1,5; oligosaprob, unbelastet), Güteklasse II (S=1,8–2,3; β-mesosaprob, mäßig belastet), Güteklasse III (S = 2,7–3,2; α-mesosaprob, stark verschmutzt) und Güteklasse IV (S=3,5–4,0; polysaprob, übermäßig verschmutzt).

Detaillierte Informationen zur praktischen Durchführung dieses Konzepts geben beispielsweise FRIEDRICH (1990), SCHMEDTJE & KOHMANN (1992) sowie DIN 38410. Auf die umfangreiche Originalliteratur kann an dieser Stelle nicht eingegangen werden. Die nachfolgenden kritischen Anmerkungen und alternativen Ansätze sollen allen Interessierten, die bisher keine Gelegenheit hatten, sich mit Details der wissenschaftlichen Diskussion des Saprobiensystems auseinanderzusetzen, eine erste Orientierung geben und zu weiterem Studium dieser Problematik anregen.

Aussagefähigkeit und Gültigkeitsbereich des Konzepts

Grundvoraussetzung für eine Anwendung des Saprobiensystems ist eine valide, vollständige taxonomische Zuordnung der Tier- oder Pflanzenarten in einem Fließgewässerabschnitt. Falsche Bestimmungen oder solche, die nicht bis auf das Artniveau gehen (z. B. im Fall nicht oder schwer bestimmbarer Chironomiden oder Oligochaeten) sowie fehlende saprobielle Einordnungskriterien führen zwangsläufig zu einer falschen Berechnung des Saprobienindex. Darüber hinaus sind aber eine Reihe weiterer Aspekte kritisch zu hinterfragen: beispielsweise, welche Proben für einen Gewässerabschnitt repräsentativ sind, welchen (geographischen) Gültigkeitsbereich saprobielle Einordnungskriterien haben, wie die Saprobienindices für die einzelnen Arten gewonnen werden (Problem der Validierung- bzw. Kalibrierung) und, nicht zuletzt, ob das Grundkonzept des Saprobiensystems mit international akzeptierten theoretischen Grundannahmen der Ökologie in Einklang steht.

Die gängige Praxis der saprobiellen Bewertung von Fließgewässern setzt einen großen (geographischen) Gültigkeitsbereich des Konzepts voraus. Diese Voraussetzung ist aber nicht notwendigerweise gegeben. In einer kritischen Analyse kommt beispielsweise BRAUKMANN (1987) zu dem Schluß, daß eine saprobielle Bewertung von Fließgewässern nur nach einer entsprechenden Typisierung möglich sei. Er unterscheidet dabei 6 Fließgewässertypen (von alpinen und subalpinen Gebirgsbächen über montane und submontane Bergbäche sowie Hochlandbäche zu Tieflandbächen und Flüssen), die alle eine unterschiedliche saprobielle Grundbelastung aufweisen, die von den ermittelten Saprobitätsindices jeweils abgezogen werden müßte: z. B. 0,7 für Gebirgsbäche; 1,0 für Bergbäche und 1,7 für Flachlandbäche.

Das Problem der Validierung bzw. Kalibrierung von Saprobiern kommt bereits in der Definition von Saprobie zum Ausdruck, um die auf zwei Fachtagungen zum Saprobiensystem (PRAG 1966 und 1973) hart gerungen wurde (nachfolgende Zitate sinngemäß nach SLADECEK 1973). Der Aspekt des Stoffhaushalts von Gewässern wurde hauptsächlich von Vetretern der Seenforschung betont (z. B. Definition von ELSTER: wichtigster Faktor von Saprobität ist der Betrag und die Intensität des Abbaus von organischer Substanz), während angewandte Fließgewässerökologen die Antwort der Lebensgemeinschaften auf die Belastung mit abbaubarer organischer Substanz (in erster Linie durch Einleitung häuslicher Abwässer) im Vordergrund sahen (z. B. Definition von CYRUS & SLADECEK: Saprobität ist ein komplexes System physiologischer Merkmale eines Organismus, das seine Fähigkeit bestimmt, sich in einem Wasser zu entwickeln, welches einen bestimmten Grad an organischer Substanz, einen bestimmten Grad von Verschmutzung zeigt). In der »Prager Konvention« wurde als Kompromiß eine Definition von Saprobität verabschiedet, die beiden Grundströmungen Rechnung trug und die noch heute die operationale Grundlage für die oben definierten Güteklassen bildet (im Sinne einer Kombination von chemischen und biologischen Variablen!).

Das Problem der Kalibrierung wird deutlicher, wenn wir uns die notwendigen Schritte bei der Entwicklung des Saprobiensystems vor Augen führen. Zunächst müssen die Saprobienindices der einzelnen Arten ermittelt werden, indem das Vorkommen dieser Arten mit chemischen Zustandsvariablen des Gewässers in Verbindung gebracht wird, d. h. gerade mit den erwähnten Indikatoren einer organischen Belastung wie dem BSB oder dem Ammonium. Im zweiten Schritt soll dann das Vorkommen bestimmter Arten das (unbekannte) Ausmaß der organischen Belastung eines Gewässers anzeigen. Dieser Zirkelschluß ist prinzipiell nicht auflösbar und entspricht in etwa der Situation, wie sie auch bei der Definition des Trophiegrades von Seen vorliegt (VOLLENWEIDER 1979).

Darüber hinaus ist festzuhalten, daß im Gewässerschutz heute nicht nur abbaubare organische Substanzen eine Rolle spielen, sondern eine Reihe anderer anthropogener Faktoren, angefangen von Gewässerausbaumaßnahmen bis hin zu Nährstoffen, Schwermetallen und potentiell toxischen Umweltchemikalien. Es reicht daher nicht aus, die Eignung von Bioindikatoren mit Hilfe univariater statistischer Verfahren, beispielsweise im Hinblick auf den BSB oder das Ammonium, zu analysieren, wie es bei der Ermittlung der Saprobienindices (s) der einzelnen Arten der Fall ist bzw. sein sollte. Vielmehr müßte das Vorkommen der Arten im Hinblick auf ein breites Spektrum gewässerrelevanter Faktoren mit Hilfe multivariater statistischer Verfahren analysiert werden (z. B. durch Anwendung von Strukturgleichungsmodellen, wie von BÄUMER et al. (1991) in anderem Zusammenhang demonstriert), um Indikatoreigenschaften entsprechend quantifizieren zu können. Auf diesem Gebiet sind jedoch allenfalls erste Schritte unternommen worden. So fand beispielsweise WIEGLEB (1984) für höhere Wasserpflanzengemeinschaften keine Zusammenhänge zu wasserchemischen oder geochemischen Variablen, die ein Indikatorsystem rechtfertigen könnten.

Bei den bisherigen Betrachtungen bleibt die historische Entwicklung von Lebensgemeinschaften unberücksichtigt, was nach dem »individualistic concept« von GLEASON (1939), das sich in der modernen Ökologie als theoretische Grundlage weitgehend duchgesetzt hat, nicht vertretbar ist. Sukzessionen, d. h. Abfolgen von Lebensgemeinschaften, können danach unterschiedliche Entwicklungen nehmen, je nachdem auf welche Stadien des Lebenszyklus (life-history) von Organismen natürliche und anthropogene Störungen, zu denen auch Gewässerverschmutzungen zählen, einwirken. Die hieraus folgende »Geschichtlichkeit« bzw. das »Gedächtnis« von Lebensgemeinschaften spricht gegen monokausale Erklärungen von Beobachtungen ohne Berücksichtigung der historischen Entwicklung, worauf bereits EICHENBERGER (1977) in einem Nachwort zum Prager Saprobiologie-Symposium von 1973 hingewiesen hat.

Alternative Bewertungsansätze

Ein wesentlicher Schwachpunkt des Konzepts des Saprobiensystems bzw. der Gewässergüte besteht, neben den bereits erwähnten Aspekten, in der Tatsache, daß objektivierbare Beobachtungen und (ggf. subjektive) Bewertungen in unzulässiger Weise vermischt werden. Darauf hat bereits der schweizer Limnologe WUHRMANN (1980) hingewiesen, ohne daß seine Argumente, beispielsweise in der Gewässerschutzdiskussion in Deutschland, Beachtung gefunden hätten. Er hat anstelle des Begriffs Gewässergüte die Verwendung der Begriffe Gewässerzustände und Gewässerqualität vorgeschlagen. Gewässerzustände sind durch quantitative Maße für physikalische, chemische oder biologische Variablen charakterisiert (z. B. Konzentrationen von Wasserinhaltsstoffen oder Abundanzen einzelner Arten) und sind prinzipiell wertneutral. Qualitäten sind dagegen Bewertungen von Zuständen anhand vorgegebener Maßstäbe, die im Hinblick auf beabsichtigte Nutzungen festgelegt werden. Eine gute oder schlechte Qualität beschreibt dann die Vereinbarkeit bestimmter Gewässerzustände mit Nutzungsanforderungen, die durch spezifische Dosis-Wirkungsanalysen wissenschaftlich zu begründen sind. Ein vorrangiges Ziel des Gewässerschutzes sollte es dann sein, örtlich unabhängig und simultan mehrere Nutzungsanforderungen zu gewährleisten, wobei unter Nutzungen z. B. Wasserwirtschaft, Fischerei oder Naturschutz verstanden werden kann. Dieses Konzept leistet auch gute Dienste, wenn es um die Frage geht, ob die sog. »Selbstreinigungsleistung« von Gewässern in Anspruch genommen werden soll oder nicht, wie von ZAUKE & THIERFELD (1984) am Beispiel der Nährstoffelimination durch höhere Wasserpflanzen ausgeführt wurde.

Was wäre jetzt durch diesen Ansatz für die uns hier interessierende Frage gewonnen? Zunächst einmal müßten keine globalen Aussagen oder Bewertungen mehr vorgenommen werden, beispielsweise, ob ein Fließgewässerabschnitt im europäischen Maßstab als »gut« oder »schlecht« einzustufen ist. Stattdessen könnte man sich auf regionale und lokale Erhebungen und Bewertungen konzentrieren, beispielsweise auf die Frage, ob in einem Gradienten zunehmender Konzentrationen von Wasserinhaltsstoffen (etwa organischer Kohlenstoff, BSB, Nährstoffe oder Umweltchemikalien) Veränderungen von Lebensgemeinschaften zu verzeichnen sind, die Auswirkungen auf Nutzungsanforderungen haben könnten. Auch bräuchten keine Aussagen mehr zum Fließgewässer »an sich« gemacht zu werden, sondern man könnte sich auf engumrissene und vergleichbare »Mikrohabitate« konzentrieren (z. B. bestimmte Sedimentbereiche, Makrophytenbestände oder künstliche Aufwuchssubstrate) bzw. auf »Schlüsselarten«, die für die Aufrechterhaltung wichtiger ökologischer Prozesse von Bedeutung sind. Dies würde, in Ergänzung zu klassischen faunistischen Erhebungen, auch die Berücksichtigung populationsdynamischer Prozesse ermöglichen, die einen hohen ökologischen Erklärungswert haben, wie in Kap. 6.3 in anderem Zusammenhang betont worden ist.

8.7 Biomonitoring im Rahmen der Meßprogramme internationaler Organisationen und staatlicher Institutionen

LUDWIG KARBE & ROBERT DANNENBERG

Warnsignale wurden von Fachleuten in Forschungsinstituten und in den für das Gewässermanagement zuständigen Behörden wie auch in den im Umweltschutz engagierten Verbänden bereits seit langem erkannt. Die Einsicht, daß die anstehenden grenzüberschreitenden Probleme nur in internationaler Zusammenarbeit zu lösen sind, führte zu internationalen Übereinkommen und zur Einsetzung von Internationalen Gewässerschutzkommissionen, die über ihre Einhaltung wachen und Vorschläge für weitergehende Maßnahmen ausarbeiten sollen. All diese Internationalen Kommissionen haben Aktionsprogramme zur Verbesserung der gewässerökologischen Situation und Meßprogramme beschlossen, zu deren Umsetzung sich die Vertragsparteien verpflichtet haben.

Aufgaben der Meßprogramme und Methoden

Die Aufgaben der verschiedenen Meß- und Untersuchungsprogramme sind meist ähnlich gefaßt. Sie sollen:
- einer möglichen Gefährdung der menschlichen Gesundheit vorbeugen,
- Wirkungen anthropogener Substanzen und anderer anthropogener Beeinträchtigungen aquatischer und amphibischer Systeme erfassen,
- den gegenwärtigen Stand der Gewässerbelastung dokumentieren und
- die Wirksamkeit der Maßnahmen des Gewässerschutzes (Emissionsbeschränkungen, wasserbauliche und landschaftspflegerische Maßnahmen) anhand von Immissionswerten und anderen Kriterien zur Bewertung der Gewässerbeschaffenheit aufzeigen.

Bevor wir uns mit den derzeit etablierten und weiter entwicklungsfähigen Methoden des Biomonitoring etwas detaillierter auseinandersetzen, müssen wir uns darüber im Klaren sein, daß im European Inventory of Existing Commercial Chemical Substances (EINECS) etwa 100 000 Stoffe aufgeführt sind, daß von diesen Stoffen aber nicht einmal 0,5 % mehr oder weniger regelmäßig im Wasser oder in anderen Medien von Rhein, Weser, Elbe und Donau gemessen werden. Die meisten Meßprogramme haben deshalb eine starke biologische Komponente, da der Bioindikation (GUNKEL 1994) eine verschiedene Kenngrößen integrierende und über die Beschreibung der Beschaffenheit hinausgehend bewertende Funktion zukommt. Die biologischen Komponenten der verschiedenen Meßprogramme beziehen sich auf
- Schadstoff-Monitoring (Bioakkumulation)
- Monitoring von Wirkungspotentialen (Trophie, Saprobität, Toxizität)
- Ökosystem-Monitoring (Struktur, Funktion)

Die methodischen Ansätze des Monitorings biologischer Effekte zur (**Biomonitoring**) fallen in die Kategorien:

Bioassays. Dies sind Verfahren, bei denen Testorganismen, aus Organismen isolierte Zellen oder isolierte Enzyme experimentell der Einwirkung von Umweltproben ausgesetzt werden, um aus der Art und dem Grad der Reaktion des Testsystems Aussagen über toxische oder auf eutrophierend wirksame Eigenschaften der Proben abzuleiten.
Biomarker-Teste. Diese beziehen sich auf die Untersuchung einzelner, frei lebender oder in Käfigen exponierter Organismen. Auf suborganismischer Ebene werden biochemische, physiologische oder auch histologische Methoden eingesetzt, um aus der Art und Stärke der Biomarker-Reaktion Hinweise auf (möglicherweise unbekannte aber) biologisch wirksame Kontaminanten und gegebene Beeinträchtigungen von Organismen ableiten zu können.
Bestandsuntersuchungen. Untersuchung der Populationsdynamik einzelner Arten und der Zusammensetzung der Organismengesellschaften (Benthon, Plankton, Fische), die der Beschaffenheit der ökologischen Bedingungen entsprechen.

Angestrebt (und wichtig!) ist eine Kombination der drei Untersuchungsansätze. Bei der Auswahl biologischer Meßtechniken und der Frequenz ihrer Anwendung ist zu berücksichtigen, daß die Antworten auf geänderte Bedingungen stets erst nach dem Ablauf von Ansprechzeiten (Manifestationszeiten) gegeben werden, die sich je nach auslösendem Faktor, Art des Indikators und Art der Reaktion auf sehr unterschiedlichen zeitlichen Skalen bewegen. So reagieren mobile Organismen vielfach sehr schnell mit Änderungen ihres Schwimmverhaltens, meist innerhalb von Sekunden nach dem Wahrnehmen. Etwas längere Zeiträume benötigt die Manifestation biochemischer und physiologischer oder auch morphologisch ausgeprägter Veränderungen. Die Reaktion exponierter Testorganismen mögen innerhalb von Stunden oder wenigen Tagen deutliche Antworten geben. Die Manifestation signifikanter Änderungen in der Populationsdynamik von Freilandbeständen, in der artlichen Zusammensetzung der Organismengesellschaften, in funktionellen Abläufen auf ökosystemarer Ebene und schließlich im Landschaftsbild benötigt dahingegen meist Zeiträume in der Größenordnung von Jahren und Jahrzehnten.

Kontrolle bekannter Einleiter
(Emissionsuntersuchungen)

Die wesentlichen Punktquellen, aus denen mit Nährstoffen und Schadstoffen befrachtete Abwässer in unsere Flüsse eingetragen werden, sind bekannt. Bei der Untersuchung komplexer Abwässer und der Identifizierung und Bewertung der mit ihrer Einleitung verbundenen Risiken gibt es aber erhebliche Probleme. Hier kommt der Anwendung von Biotestverfahren zur summarischen Erfassung von Wirkungspotentialen eine zentrale Bedeutung zu.

Hinsichtlich der bei Abwassereinleitungen allgemein einzuhaltenden Mindestanforderungen gibt es anerkannte Regeln der Technik. Weitergehende Regelungen gelten, wenn die Besorgnis besteht, daß Abwässer Stoffe enthalten, die aufgrund ihrer Giftigkeit, Langlebigkeit, Anreicherungsfähigkeit oder krebserregender, fruchtschädigender oder erbgutverändernder Wirkungen als gefährlich zu bewerten sind (**gefährliche Stoffe**). Diese (oder entsprechende Wirkungspotentiale) gilt es nachzuweisen, da die Wassergesetze verschiedener Länder (so z. B. das deutsche Wasserhaushaltsgesetz) in diesem Falle den Einsatz von Behandlungsverfahren vorschreiben, die über das normale Mindestmaß hinausgehen und dem jeweiligen Stand der Technik entsprechen. Zahlreiche wasserrechtliche Bescheide enthalten Auflagen, die diesem Umstand Rechnung tragen und schreiben eine adäquate Kontrolle der Abwässer mit wirkungsspezifischen Biotesten vor. Ein anderer Zweck des Einsatzes von Biotesten ist es, die Wirkung toxischer Abwasserkomponenten summarisch zu erfassen, um den Summenparameter Toxizität als Bemessungsgrundlage für die Berechnung von **Abwasserabgaben** berücksichtigen zu können. Neben der Kontrollfunktion kann der Einsatz von Methoden des Biomonitoring auch die Aufgabe haben, im Falle eines betriebsinternen Unfalls Alarm zu geben mit dem Ziel, Maßnahmen einzuleiten, mit denen der Freisetzung von Stoffen mit toxischen Eigenschaften begegnet werden kann.

In der Praxis der Einleiterüberwachung werden je nach Zweckbestimmung verschiedene Techniken der Exposition verwendet:

• Exposition in diskontinuierlich entnommenen Einzelproben. Ausreichend bei über längere Zeiträume gleichbleibender Abwasserqualität
• Exposition in einer zeit- oder volumenproportional hergestellten Mischung über einen bestimmten Zeitraum (meist diskontinuierlich) entnommener Einzelproben. Belastungsspitzen bleiben durch Verdünnung unerkannt
• Exposition der Testorganismen in einem kontinuierlich arbeitenden Durchflußsystem mit fest

eingestellter, eventuell in mehreren Schritten abgestufter Verdünnung. Nur dieses System ist geeignet im Ereignisfall Alarm zu geben.

Im »online« Betrieb entsprechender Biomonitoringstationen und der Interpretation der Ergebnisse ergeben sich Schwierigkeiten bzw. Unsicherheiten aus der Variabilität der Aktivität der Organismen:

• Der Variabilität von Eigenschaften des Abwassers, die die Reaktion der Testorganismen beeinflussen, wie z. B. Änderungen im Salzgehalt oder in der Trübung
• Der Variabilität von Eigenschaften des Flußwassers, wenn dieses im Testsystem als Verdünnungswasser verwendet wird, ein (mit einem gewissen Aufwand lösbares) Problem bei den tidebeeinflußten Flüssen

Biomonitoring der Wasserqualität der Flüsse
(Immissionsuntersuchungen)

Die für die Einleiter-Kontrolle beschriebenen Ansätze werden auch für die Untersuchung der Eigenschaften des die Abwässer und andere Einträge aus dem Umland aufnehmenden Flußwassers eingesetzt. An einer großen Zahl von Meßstellen werden regelmäßig Proben von Wasser, Schwebstoffen und Sedimenten entnommen und in zunehmendem Maße auch unter Einsatz biologischer Prüfmethoden auf verschiedene Wirkungspotentiale (Mutagenität, Kanzerogenität, Neurotoxizität, Wirkungen auf das Hormonsystem etc.) untersucht. Aufgrund der Verdünnung der eingetragenen Wirkstoffe im Gewässer sprechen viele Verfahren bei Einsatz des Originalwassers zumindest im Kurzzeit-Test nicht an. Hier helfen die
• Verlängerung der Expositionszeit (Langzeit-Teste, chronische Teste)
• Konzentrierung der in der Originalprobe enthaltenen Spurenstoffe und Einsatz der Konzentrate (ähnlich wie dies auch für die chemische Analyse vieler Problemstoffe erforderlich ist)
• Untersuchung von Schwebstoffen oder frisch abgelagerten Sedimenten, in denen viele Wirkstoffe aufgrund hydrophober Eigenschaften von Natur aus angereichert vorliegen

Ein hinsichtlich der Risikobewertung und des Risikomanagements schwer lösbares Problem resultiert aus dem Umstand, daß wir es in den komplexen Medien nicht mit Einzelstoffen sondern mit Gemischen von Stoffen zu tun haben, die in der vorliegenden Kombination meist andere Eigenschaften und entsprechend andere Wirkungspotentiale haben als die Einzelsubstanzen. So ist damit zu rechen, daß einzelne Abwasserkomponenten in dem die Abwasserlast aufnehmendem Gewässer anders - und möglicherweise stärker - wirken als im konzentrierten Abwasser, in dem bestimmte Wirkungen aufgrund eines maskierenden Effektes der komplexen Mischung unterdrückt werden. Ein weites Feld ist die Auseinandersetzung mit den (von Arzneimitteln gut bekannten) Phänomenen synergistischer und antagonistischer Wirkungen.

Faunistisch-floristische Geländearbeiten: Biomonitoring der Organismengesellschaften

Aufgabe des Gewässermanagement ist die Herstellung und nachhaltige Sicherung der ökologischen Integrität eines Gewässers, in unserem Falle der Unversehrtheit und Fitness der in typische Landschaften eingebetteten Flußläufe und ihrer Auen. Hier geht es um Beziehungen zwischen den strukturellen Gegebenheiten und funktionellen Größen, die die ökologische Funktionsfähigkeit, Elastizität und Tragfähigkeit des Systems bedingen. Der Artzusammensetzung der Organismengesellschaften der Boden- und Uferregionen und des Freiwassers, speziell dem Fischbestand und dem Makrobenthon wird allgemein ein großer Indikationswert zugeschrieben (*Abb. 8.7-1*):

• Das Vorkommen und die Bestandsentwicklungen von Indikatororganismen entsprechen den sie bedingenden und über einen längeren Zeitraum gegebenen Umwelteinflüssen
• Sie reagieren auf ein bereites Spektrum bekannter, aber auch unbekannter, die Entwicklung der Organismen fördernder oder hemmender Einflußgrößen
• Die Reaktion der Organismen ist eine Antwort auf das Zusammenwirken synergistischer und antagonistischer Effekte, die in ihrer Komplexizität prinzipiell nicht aus chemischen Daten abgeleitet werden können.
• Obwohl Änderungen in der Bestandssituation stets als Ausdruck einer Änderung der ökologischen Bedingungen interpretiert werden können, erlaubt der bestandskundliche Befund allein meist keine Aussagen zur Kausalität.
• Eine wesentliche Ergänzung sind Untersuchungen zur strukturellen Beschaffenheit des Lebensraums (Öko-Morphologie),aus deren Befunden vielfach Vorschläge für ökologisch-wasserbauliche und landschaftspflegerische Maßnahmen

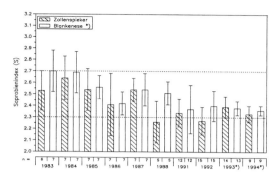

Abb. 8.7-1: Veränderung des biologischen Gütezustandes in der Elbe nach Krieg oberhalb (Zollenspieker) und unterhalb (Blankenese, ab 1993 Seemannshöft) des Hamburger Hafens (Saprobität bestimmt anhand des heterotrophen Aufwuchses, Jahresmittelwerte und Streuungsmaß) (aus BLOHM et al. 1995)

zur Verbesserung der Lebensbedingungen in Gewässern und Auen abgeleitet werden können.
• Die von Biologen erhobenen faunistisch und floristisch bestandskundlichen Originaldaten sind für den Laien nur schwer verständlich. Es ist daher erforderlich, aus diesen Daten abgeleitete Indizes zu berechnen (Indizes wie der Saprobienindex, in dem der spezielle Indikationswert und die relative Häufigkeit einzelner Indikatorarten berücksichtigt wird; auf der Anzahl präsenter Arten oder ihrer Abundanz basierende Indizes; Indizes, die die Proportionen zwischen verschiedenen Artengruppen berücksichtigen; Indizes, die verschiedene Typen von Informationen kombinieren). Bei der Interpretation entsprechender Zahlenwerte ist zu berücksichtigen, daß diese – operationell definiert – stets nur Aussagen zu bestimmten Fragen erlauben.

Das bekannteste auf dem Prinzip des Bestands-Monitoring basierende Produkt ist die turnusmäßig alle 5 Jahre von der deutschen Länder Arbeitsgemeinschaft Wasser (LAWA) veröffentlichte »Gewässergütekarte der Bundesrepublik Deutschland«. Die Karte, in der die nach den Kriterien der LAWA ermittelten Beschaffenheitsklassen durch farbige Markierungen dargestellt sind, gibt einen guten Überblick über die Gesamtsituation in den Fließgewässern hinsichtlich der das Besiedlungsbild entscheidend beeinflussenden Faktoren: Belastung mit fäulnisfähigen organischen Substanzen und Belastung des Sauerstoffhaushalts. Deutlich zeigt sie die Wirksamkeit von Maßnahmen zur Minderung der Abwasserbelastung, wenn man mit dem gleichen Ansatz für verschiedene Jahre erstellte Karten vergleicht. Die klassische Gewässergütekarte bedarf der Ergänzung durch Karten, in denen Befunde zu anderen Themen des Gewässerschutzes abgebildet sind (z. B. Strukturgütekarte).

Kontinuierlich arbeitende Biotestautomaten

Zahlreiche Meßstationen längs des Rheins und der Elbe sind mit kontinuierlich durchflossenen Biotestautomaten ausgestattet. Ihre Aufgabe ist es, bei Störfällen im Bereich industrieller Abwassereinleiter, unerlaubten Einleitungen und Unfällen, die zur Freisetzung von Gefahrstoffen geführt haben, Alarm zu geben. Über Sensoren werden Änderungen im Verhalten oder anderen Reaktionen hier exponierter Testorganismen registriert und mit den Mitteln der Telekommunikation an zentrale Meldestellen weitergegeben (*Abb. 8.7-2*):
• Schwimmverhalten von Planktonkrebsen (z. B. *Daphnia magna*)
• Schwimmverhalten von Fischen (z. B. *Leuciscus idus*)
• Schalenbewegungen von Muscheln (*Dreissena polymorpha*)
• Photosynthetische Aktivität (Fluoreszenz) von Phytoplanktonalgen (z. B. *Chlamydomonas reinhardii*)
• Änderungen in der Lumineszenz von Bakterien (*Vibrio fischeri*)

Neben den Biotestautomaten enthalten all diese Meßstationen Sonden zur Registration von Temperatur, pH, Leitfähigkeit und Sauerstoffgehalt, sowie Probenahmeautomaten zur Sammlung von Wasser- und Schwebstoffproben für die chemische und toxikologische Untersuchung im Labor. Bei der Erprobung im Rhein wurden alle Spitzenbelastungen, die zu einer erkennbaren Beeinträchtigung der Organismenbestände im Freiwasser führten und der größte Teil der den Behörden gemeldeten Unfälle auch von den Biotestautomaten angezeigt. In einigen Fällen gaben die Testautomaten auch in Situationen Alarm, wo seitens des Verursachers wegen der Geringe des Störfalles keine Veranlassung zu einer Meldung gesehen wurde. Vielfach ließ sich keine Erklärung für die Reaktion der Testautomaten finden. Die Häufigkeit des Auftretens von Belastungsspitzen rechtfertigt den Einsatz dieser Warnsysteme, auch wenn die Möglichkeiten einer Intervention im Alarmfall beschränkt sind. Insgesamt ist ein Rückgang in der Zahl der durch Testautomaten ausge-

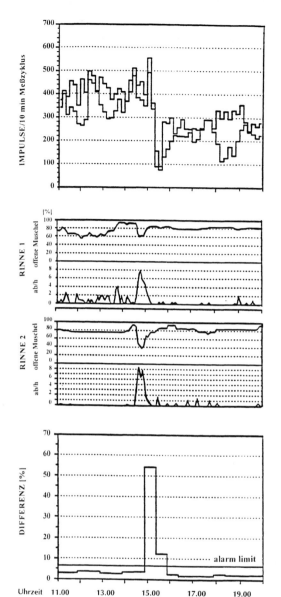

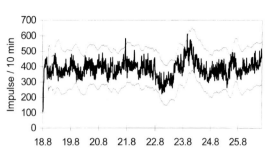

Abb. 8.7-3: Beispiel für Ansprechen des *Daphnien*testes als Komponente eines Biotestautomaten: Verlauf über eine Woche (Hamburg 18.–25.8.1992) mit Vertrauensbereich (dreifache Standardabweichung). An zwei Stellen kommt es zur kurzfristigen Überschreitung der oberen Schwelle (aus UBA 1995)

Bedeutung der Muschel- und Algenteste wird vermutlich zunehmen.

Zukünftige Bedeutung des Biomonitoring

Zumindest für den Rhein gilt, daß der Anteil von Punktquellen an der Befrachtung des Flusses mit Schadstoffen deutlich zurückgegangen ist (IKSR 1994). Damit verbunden sind Erkenntnisse über die zunehmende Bedeutung von Einträgen aus diffusen Quellen (Landwirtschaft, Verkehr, Verbrennung von Abfallprodukten, Verwendung kontaminierter Abfallprodukte als Baustoffe). Daraus ist zu folgern, daß auch in den Ländern wie Deutschland mit einem primär emissionsorientierten Ansatz des Wassergüte-Managements (Mindestanforderungen an das Einleiten von Abwässern und entsprechende Kontrollen) die Bedeutung von Umweltmeßprogrammen (Immissionskontrollen) zunehmen wird. Gefordert sind integrierte Ansätze unter Kombination physikalischer, chemischer und biologischer Kriterien, bei denen ganzheitliche Betrachtungen zu Fragen der »Gesundheit« des Ökosystems (holistischer Ansatz) gleichermaßen berücksichtigt werden müssen wie Fragen des vorsorgenden Gesundheitsschutzes.

Abb. 8.7-2: Beispiel für einen Synchronalarm anhand eines Abwassertests mit teilgeklärtem Abwasser. **Oben:** Dynamischer Daphnientest; **Mitte**: *Dreissena*-Monitor. **Unten:** DF-Algentest (aus UBA 1995)

lösten Alarmfälle zu verzeichnen. Am häufigsten wird der »Dynamische *Daphnien*test« (*Abb. 8.7-3*) eingesetzt (ca. 27 Geräte im Einsatz). Der früher meist verwendete dynamische Fischtest wird, da in der derzeitigen Form zu unempfindlich, an Bedeutung verlieren. Die bisher erprobten kontinuierlichen Bakterienteste erfordern einen vergleichsweise zu hohen Wartungsaufwand. Die

Die derzeitigen Meßprogramme basieren vornehmlich auf der Untersuchung von Abwasser, Flußwasser, Wasserorganismen und Sediment. Ansätze zur Einbeziehung der gegen Schadstoffeinträge hoch sensiblen Auen und der Entwicklung eines auf die landschaftswasserwirtschaft-

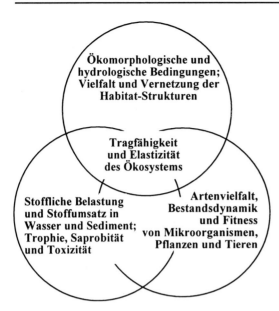

Abb. 8.7-4: Komponenten eines integrierten synökologisch orientierten Biomonitorings (Triad-Ansatz)

lichen und landschaftsökologischen Belange der Flußauen ausgerichteten Bioindikationssystems werden zumindest diskutiert. Zu fordern sind

- klarere an Leitbildern orientierte Formulierungen der Zielvorstellungen
- bessere Abstimmung von Einleiterüberwachung und allgemeinem Umwelt-Monitoring
- bessere Integration von chemischen und biologischen Meß- und Untersuchungsprogrammen
- stärkere Berücksichtigung komplexer Wirkungsbeziehungen (*Abb. 8.7-4*)
- Einbeziehung auf besonders problematische Wirkungen (Mutagenität, Kanzerogenität, Neurotoxizität, Immunotoxizität etc.) ausgerichteter Prüfverfahren mit dem Ziel einer Vermeidung der Probleme und Risiken und einer an den Ursachen ansetzenden Therapie

Die Möglichkeiten des Einsatzes neu entwickelter Biomarkertechniken wurden bisher nur wenig genutzt. Bei einer Weiterentwicklung und Modifikation der derzeitigen Meß- und Bewertungsprogramme wird es weniger darauf ankommen, mehr Finanzmittel einzusetzen, um mehr Daten sammeln zu können, als vielmehr darauf, vorhandene Diagnoseinstrumente in Vollzug von Übereinkommen und Gesetzen im Risikomanagement effizienter einzusetzen.

8.8 Nationale Arbeitsgemeinschaften und internationale Kommissionen: Einrichtungen zum Schutz der Flüsse

JOSÉ L. LOZÁN, THOMAS HÖPNER & HEINRICH REINCKE

Aus der Erkenntnis heraus, daß sich die Fragen der Gewässergüte und der Wasserwirtschaft eines länderübergreifenden Flußsystems nur durch eine kooperative Zusammenarbeit der Anliegerländer lösen lassen, haben sich Behörden bereits vor über 40 Jahren für entsprechende Zusammenarbeit entschieden und Arbeitsgemeinschaften für die verschiedenen Flüsse gegründet. Die Arbeitsgemeinschaften beschließen Aktionsprogramme zur Reinhaltung der Gewässer und Meßprogramme zur Überwachung der Wasserqualität. Die Meßprogramme sind ähnlich aufgebaut. Am Beispiel des Meßprogramms der Deutschen Kommission für die Reinhaltung des Rheins wird näher auf die gemessenen Parameter eingegangen. Der Rhein als der bedeutendste Strom in Europa hat in der Entwicklung nationaler und internationaler Arbeitsgemeinschaften eine wesentliche Rolle gespielt. Von Bedeutung war noch die »Konvention über die Verhinderung der Meeresverschmutzung vom Land her«, die sog. Pariser Konvention vom 4.6.1974. Sie sieht die Reduzierung der Einleitung bestimmter Schadstoffe in das Meer vor, selbst wenn diese indirekt über die Flüsse dorthin gelangen. Auch die Umweltkonferenz der Vereinten Nationen in Stockholm 1972 hat sich der Verschmutzung der internationalen Flüsse und besonders des Rheins angenommen. Art. 21 der UN-Umweltdeklaration verpflichtet alle Staaten, durch die Tätigkeiten innerhalb ihrer eigenen Hoheits- oder Kontrollbereiche anderen Staaten keinen Schaden zuzufügen.

Internationale Kommission zum Schutze des Rheins gegen Verunreinigung (IKSR)

Bereits 1946 forderte die niederländische Regierung auf einer Sitzung der Zentralkommission für die Rheinschiffahrt abgestimmte Schutzmaßnahmen. 1950 einigten sich die Regierungen der Bundesrepublik, Frankreichs, Luxemburgs, der Niederlande und der Schweiz über die Gründung der IKSR. Erst 1963 wurde in Bern eine völkerrechtlich gültige Vereinbarung geschlossen, die nach weiteren zwei Jahren in Kraft trat. Die IKSR verfügt heute über ein ständiges Sekretariat in Koblenz. Ein Vertreter der Europäischen Union nimmt seit Ende 1976 an den IKSR-Sitzungen teil. Im Abkommen wurden die Grundlagen der Zusammenarbeit festgelegt. Beschlüsse waren jedoch zunächst nur einstimmig möglich und hatten nur Empfehlungscharakter. Eine enge Zusammenarbeit mit den Kommissionen zum Schutz des Bodensees, der Saar und der Mosel wurde vorgeschrieben. Die internationale Saar- und Moselkommission besteht seit 1963 mit Beteiligung von Frankreich und Deutschland, im Fall der Mosel auch der von Luxemburg.

An dieser Stelle ist die Gründung der »Internationalen Arbeitsgemeinschaft der Wasserwerke (IAWR)« am 23.1.1970 durch die Betreiber der damals 82 Wasserwerke der Bundesrepublik, Frankreichs, der Niederlande, Österreichs und der Schweiz zu erwähnen. Wegen der wachsenden Schwierigkeiten, aus dem Rhein brauchbares Trinkwasser zu gewinnen, wies die IAWR wiederholt auf die Gefährdung der Wasserversorgung ihrer 20 Mio. Verbraucher hin. 1973 veröffentlichte die IAWR eine Erklärung zur Rheinwasserverschmutzung und Trinkwassergewinnung. Sie warnte ausdrücklich vor der inzwischen eingetretenen Entwicklung und forderte die sofortige Einführung einer Abwasserabgabe und die Festlegung von Einleitungsgrenzwerten. 1974 zeigte sich die IAWR enttäuscht, daß die Versalzung durch die elsässischen Kalibergwerke immer noch fortgesetzt wird. Ernsthaft besorgt war die IAWR auch über die Zunahme der schwer abbaubaren Stoffe im Wasser (RSU 1976).

Schon in den ersten Jahren zeigten die Messungen der Salz-, Abwärme- und Schadstoffbelastung im Rahmen der IKSR-Vereinbarung, daß politische Maßnahmen dringend nötig waren. Dazu fand 1972 in Den Haag die erste Ministerkonferenz der Rheinanliegerstaaten statt. Man war sich über die Notwendigkeit eines koordinierten Programms zur Sanierung und Reinhaltung des Rheins einig; der steigenden Salzbelastung mußte Einhalt geboten werden. Frankreich erklärte sich bereit, ab 1.1.1975 jährlich 2 Mio. t Salz aus den elsässischen Kalibergwerken aufzuhalden anstatt einzuleiten. Die Kosten sollten zu festgelegten Anteilen durch die Rheinanliegerstaaten übernommen werden, da alle zur Salzbelastung des Rheins beitrugen. Ein weiterer Schritt war das Chlorid-Abkommen von 1976, im wesentlichen auf Betreiben der Niederlande. Das Ziel war, an der deutsch-niederländischen Grenze den Gehalt von 200 mg Cl$^-$/l nicht zu überschreiten. Durch Stillegung und Verbesserungen einiger Betriebe vor allem im Elsaß sanken die Chloridwerte, so daß die Versalzung für die Niederlande kein Problem mehr war und die vollständige Umsetzung des Abkommens entfiel.

Zur Verhinderung einer Zunahme der Wärmebelastung wurde bereits bei der ersten Ministerkonferenz vereinbart, alle zukünftigen Kraftwerke mit geschlossenen Kühlsystemen auszustatten. Nach Angabe der zuständigen Behörden stellt die Wärmebelastung heute kein großes ökologisches Problem mehr dar.

Zur Schadstoffbelastung wurde man bei der zweiten Ministerkonferenz in Bonn am 2. und 3.12.1973 etwas konkreter: eine dreistufige Stoffliste wurde verabschiedet. Auf der »*Schwarzen Liste*« stehen Stoffe wie Hg, Cd, CKWs, deren Einbringung verhindert werden sollte oder nur mit Genehmigung zugelassen ist. Auf der »*Grauen Liste*« befanden sich Stoffe wie Zyanide, Fluoride, Mineralöl, deren Einleitung streng eingeschränkt werden sollte, und auf die »*Beige Liste*« wurden Stoffe wie Phosphate und Nitrate gesetzt, die nach und nach herabgesetzt werden sollten. Zugleich wurde das Abkommen gegen chemische Verunreinigung unterschrieben. Ziel war es, die Verunreinigung durch toxische und gefährliche Stoffe wie Hg, Cd, organische Halogenverbindungen sowie andere krebserregende Stoffe zu beenden. Die Einträge von Cu, Pb, Cr und Zn sollten verringert werden. Ökologische Fortschritte waren danach kaum zu registrieren. Erst der spektakuläre Sandoz-Großbrand vom 1.11.1986 brachte eine Wende. Bei den internationalen Ministerkonferenzen am 12.11.1986 in Zürich und am 19.12.1986 in Rotterdam wurde fast ausschließlich über Ausmaß und Konsequenzen dieses Unfalls beraten. Die Auswirkungen mußten genau untersucht und ein verstärktes Überwachungsprogramm definiert werden. Rückhaltebecken für Löschwasser wurden in den Betrieben gebaut und Störwarnsysteme und Sicherheitsstandards verbessert.

Am 1.10.1987 wurde das »*Aktionsprogramm Rhein*« (APR) im Zusammenhang mit der 2. Nordseeschutzkonferenz beschlossen. Die Bemühungen zur Renaturierung des Flusses und Passierbarkeit der Staustufen für Fische sind verstärkt worden. Obwohl viele Zielvorgaben zur Reduzierung der Problemstoffe bis 1995 nicht erreicht wurden, gibt es eine Tendenz zur Verbesserung. Auf der (11.) internationalen Ministerkonferenz (8.12.1994) schließlich kam ein neuer

Problemkomplex auf die Tagesordnung: Man vereinbarte erste Maßnahmen zum Hochwasserschutz.

Arbeitsgemeinschaft zur Reinhaltung des Rheins (ARGE Rhein)

Im Jahr 1956 gründeten die im deutschen Rheineinzugsgebiet liegenden Bundesländer - das sind Baden-Württemberg, Bayern, Hessen, Nordrhein-Westfalen, Rheinland-Pfalz und Saarland - die ARGE Rhein. Zur Zeit wird jedes Land durch das zuständige Ministerium für Umwelt vertreten. ARGE Rhein und DK (s. u.) haben einen gemeinsamen Sitz und eine gemeinsame Geschäftsstelle, bis Ende 1993 in Rheinland-Pfalz und z.Z. in Hessen. Die ARGE Rhein wählt einen ständigen Ausschuß, der für die Zusammenarbeit mit der DK zuständig ist. Eine der wichtigsten Aufgaben von ARGE Rhein und DK ist die Erarbeitung von Grundlagen für die deutsche Delegation der IKSR.

Deutsche Kommission zur Reinhaltung des Rheins (DK)

Sie wurde im Jahre 1963 gegründet. Hier arbeiten alle sechs in der ARGE-Rhein zusammengeschlossenen Bundesländer mit den fachlich betroffenen Bundesministerien zusammen. Das sind das Auswärtige Amt, das Bundesministerium für Umwelt, Naturschutz und Reaktorsicherheit, das Bundesministerium für Wirtschaft, das Bundesministerium für Verkehr und das Bundesministerium für Ernährung, Landwirtschaft und Forsten. Der Sitz des Sekretariats und des Vorsitzes befindet sich z.Z. in Wiesbaden (Hessen) und wird alle 2 Jahre durch ein anderes Bundesland übernommen. Im Gegensatz zur ARGE Rhein verfügt die DK zur Durchführung ihrer Aufgaben über neun Arbeitsausschüsse, die im Regelfall den Arbeitsgruppen der IKSR entsprechen. Schwerpunkt der Arbeiten bis zum Jahr 2000 ist das »*Aktionsprogramm Rhein*« (APR), das am 1.10.87 auf der 8. Ministerkonferenz der Rheinanliegerstaaten mit den Zielen beschlossen wurde (IKSR 1987):
• Früher vorhandene höhere Arten, wie der Lachs, sollen im Rhein wieder heimisch werden können
• Die Nutzung des Rheinwassers zur Trinkwasserversorgung muß auch weiterhin möglich sein
• Die Sedimente sollen von Schadstoffen entlastet werden
• Der Schutz der Nordsee wurde auf der 10. Ministerkonferenz am 30.11.1989 hinzugenommen.

Seit Januar 1976 ist die DK für die Wasserbeschaffenheitsmessungen des »*deutschen Meßprogramms Rhein*« zuständig, um die sich vorher die ARGE Rhein und an bestimmten Meßstellen auch die IKSR und die IAWR gekümmert hatten. Das heutige Meßprogramm umfaßt 15 Meßstellen (*Abb. 8.8-1*), von denen die Meßstellen 5, 7 und 14 gleichzeitig Meßstellen des internationalen Meßprogramms Rhein sind. Die Messungen erfolgen nach einschlägigen DIN-Normen bzw. gleichwertigen Methoden. 4 Kenngrößen (Temp., O_2, pH und Leitfähigkeit) werden kontinuierlich gemessen. 8 weitere Kenngrößen (TOC, DOC, AOX, NH_4-N, NO_3-N, Ges-N, Ges-P und o-PO_4) bestimmt man anhand 14-täglicher Einzelproben und weitere 15 Kenngrößen inkl. Hg anhand 28-Tages-Mischproben. Später wurde das Schwebstoffmeßprogramm an den IKSR-Meßstellen durchgeführt und ab 1992 erweitert. Dies dient vor allem dazu, der sich an die Schwebstoffe anlagernden Stoffe zu erfassen. Mittels 28-täglicher Einzelproben werden neben dem Schwebstoffgehalt auch TOC, Gesamt-P, Gesamt-N, Cadmium, Chrom, Kupfer, Eisen, Nickel, Blei, Zink und Quecksilber gemessen (DK 1994).

Abb. 8.8-1: Meßstellen des Deutschen Meßprogramms Rhein (aus DK 1994)

Arbeitsgemeinschaft zur Reinhaltung der Elbe (ARGE Elbe)

Anfang der 70er Jahre wurden auch an der Elbe die Fragen der Gewässergüte, z. B. wegen zusätzlicher Gewässernutzungen durch Industrieansiedlungen im Unterelberaum, immer bedeutungsvoller. Die zuständigen Länderverwaltungen hielten eine engere Zusammenarbeit nicht nur bei gemeinsamen Meßaktivitäten, sondern auch bei der Abstimmung der Nutzungen für erforderlich. Die ersten Schritte wurden auf der Konferenz der Regierungschefs der norddeutschen Länder am 30.10.1974 in Kiel beschlossen. Einige Monate später schlossen Hamburg, Niedersachsen und Schleswig-Holstein eine Verwaltungsvereinbarung über die Bildung der ARGE Elbe ab, die zum 1.7.1977 wirksam wurde. Eine Verwaltungsvereinbarung mit dem Bund aus dem Jahre 1964 wurde daraufhin aufgehoben, weil der Bund aus haushaltsrechtlichen Gründen nicht in der Lage war, die Erweiterung der Aufgaben der ARGE Elbe und die damit verbundenen Aufwendungen mitzutragen. Laut Urteil des Bundesverfassungsgerichtes vom 13.10.1962 ist der Bund nämlich nicht für die Gewässergüte zuständig.

Auch die Untersuchungsstelle für die Wassergüte in der Elbe bei der Wasser- und Schiffahrtsdirektion (einer Bundesbehörde) wurde zum 30.6.1977 aufgelöst. Stattdessen wurde die Wassergütestelle Elbe in Hamburg eingerichtet und seinerzeit von den drei Elbanlieger-Bundesländern gemeinsam getragen. Die Fachaufsicht wird von allen Ländern gemeinsam wahrgenommen und durch den ARGE-Vorsitzenden vertreten. In einer Verwaltungsvereinbarung sind die Grundlagen der Zusammenarbeit, Organisationsstrukturen und Aufgaben festgelegt. Hervorzuheben ist die im Vergleich zu anderen Arbeitsgemeinschaften wesentlich weitergehende Zusammenarbeit in gewässerökologischer und gewässergütemäßiger Sicht. Die Wassergütestelle Elbe betreibt heute die Immissionsüberwachung des Stromes von der tschechischen Grenze bis zur Nordsee, einschließlich seiner 30 wichtigsten Nebenflüsse. Mit dem umfangreichen ARGE-Elbe-Meßprogramm, das den unterschiedlichen hydrographischen Gegebenheiten im Längsschnitt des Flusses angepaßt ist, werden die vier Komponenten Wasser, Schwebstoff, Sediment und Biota in sich schlüssig und aufeinander abgestimmt überwacht. Die ARGE Elbe legt diese Ergebnisse regelmäßig in den Jahresberichten »Wassergütedaten der Elbe« vor. Ferner werden zahlreiche Sonderberichte veröffentlicht. Seit 1981 werden die umweltpolitischen Grundlinien der ARGE Elbe durch die »Elbeministerkonferenz« entscheidend geprägt, an der sich die zuständigen Fachminister beteiligen. 1990 wurde die IKSE gegründet und am 1.7.1993 erweiterte sich die ARGE Elbe um die Elbanliegerländer Brandenburg, Mecklenburg-Vorpommern, Sachsen und Sachsen-Anhalt. Die Wassergütestelle erfüllt weitgehend die nationalen Aufgaben im Rahmen der IKSE (ARGE Elbe 1994).

Internationale Kommission zum Schutz der Elbe (IKSE)

Am 8.10.1990 wurde die Vereinbarung zwischen der Bundesrepublik Deutschland und der Tschechischen Republik über die IKSE unterzeichnet. Die Hauptziele der Vereinbarung waren 1) die Nutzungen, vor allem die Gewinnung von Trinkwasser aus Uferfiltrat und die landwirtschaftliche Nutzung des Wassers und der Sedimente zu ermöglichen, 2) ein möglichst naturnahes Ökosystem mit einer gesunden Artenvielfalt zu erreichen und 3) die Belastung der Nordsee aus dem Elbeeinzugsgebiet nachhaltig zu verringern. Um diese Ziele zu erreichen, ist eine Verbesserung des Zustandes der Elbe und ihrer Nebenflüsse in physikalischer, chemischer und biologischer Hinsicht in den Komponenten Wasser, Schwebstoffe, Sediment und Organismen sowie die Erhöhung des ökologischen Wertes des Elbetales erforderlich. 1991, ein Jahr nach Unterzeichnung der Vereinbarung, wurde ein »Sofortprogramm« für den Zeitraum 1992–1995 beschlossen, um die Einträge aus kommunalen und industriellen Abwässern durch Verbesserung der Kläranlagen zu verringern (IKSE 1994).

Arbeitsgemeinschaft zur Reinhaltung der Weser (ARGE Weser)

Anfang der 60er Jahre erfolgten die ersten Schritte zur Gründung einer Weser-Arbeitsgemeinschaft. Mit Inkraftsetzung ihres Statuts am 1.1.1964 entstand die ARGE Weser. Die Länder Bremen, Niedersachsen, Hessen und Nordrhein-Westfalen erklärten, in gemeinsamer Verantwortung Reinhaltemaßnahmen im Bereich der Weser voranzutreiben. Mit dem Beitritt des Landes Thüringen 1992 sind jetzt alle Länder des Einzugsgebietes Mitglieder. Die Arbeiten wurden und werden von Vertretern der Wasserwirtschaftsbehörden der Länder erledigt und in Form verschiedener Ausschüsse zusammengetragen und abgestimmt. Oberstes Gremium sind die Sitzungen der ARGE Weser. Die Ergebnisse der Ausschüsse werden dort beraten. Ein Ständiger Ausschuß bestand bis 1989. Seit 1.3.93 hat die ARGE Weser eine Koordinierungsstelle, die Wassergütestelle Weser, die beim Niedersächsischen Landesamt für Ökologie in Hildesheim angesiedelt ist. Eine wichtige Arbeit der 70er Jahre war das Projekt »Wärmelastplan«, um eine Entscheidungshilfe bei der Festlegung von Standorten für Kraftwerke und Industrieansiedlungen zu erhalten. 1974 wurde der »*Wärmelastplan*« Weser veröffentlicht. Um die Ölverschmutzung zu bekämpfen, wurde ab 1972 ein organisierter Bilgenölsammeldienst für die gesamte Weser und ihre Nebenflüsse sowie angrenzende Kanalstrecken eingerichtet, der durch die Bundesländer nach einem festgelegten Kostenschlüssel finanziert wird. Im Anschluß daran wurde mit den Arbeiten zum »Weserlastplan« gestartet, der 1982 veröffentlicht wurde. Ziel war, einen Gesamtüberblick über Hydrologie und Gütezustand aus wasserwirtschaftlicher Sicht zu erhalten. Ferner sollten Nutzungen und die zu erwartenden Belastungen aufgezeigt werden. Abschließend wurden konkrete Vorschläge zur Verbesserung der Wassergüte vorgestellt.

Seit Anfang dieses Jhs. gab es in der Weser eine Salzbelastung. Diese verschärfte sich Ende der 60er Jahre durch die Abwassereinleitung aus den Thüringer Kalibergwerken. Trotz Schließung einiger Bergwerke ist die Salzbelastung noch zu hoch. Das 1992 abgeschlossene Verwaltungsabkommen über Zuwendungen des Bundes und der Länder für die Reduzierung der Versalzung sieht technische Konzepte vor, die sich zur Zeit in der Umsetzung befinden. Eine Verbesserung der Gewässersituation ist zu erwarten.

Ergebnisse des Meßprogramms der ARGE Weser werden regelmäßig in den Güteberichten (früher Zahlentafeln) veröffentlicht. Aufgrund der beschlossenen Maßnahmen auf der 2. Nordseeschutzkonferenz am 24. und 25.11.1987 in London und in Anlehnung an die Beschlüsse der Ministerkonferenz der Rheinanliegerstaaten vom 1.10.1987 hat die ARGE Weser in ihrer Sitzung am 26. und 27.11.1987 die Aufstellung »eines Aktionsprogramms Weser« beschlossen, das auf den »Weserlastplan« von 1982 aufbaut (ARGE Weser 1989).

Internationale Kommission zum Schutz der Donau

Ein Übereinkommen über die Zusammenarbeit zum Schutz und zur verträglichen Nutzung der Donau wurde im Juni 1994 unterschrieben. Eine »Task Force« genannte Arbeitsgruppe auf Regierungsebene bereitet eine Internationale Kommission zum Schutz der Donau (IKSD) vor. Seit 1956 ist die Internationale Arbeitsgemeinschaft Donauforschung (IAD) mit einem ständigen Generalsekretariat in Wien Basis der internationalen wissenschaftlichen Zusammenarbeit der Donau-Anliegerländer. Unter der Leitung Österreichs als neutralem Land gelang es der IAD als »*Non Governmental Organization*« (NGO), eine Brücke zwischen den Ost- und Weststaaten für gemeinsame Forschung und Überwachung zu schlagen. Das erste IAD-Ziel war eine Standardisierung der Forschungsmethoden. Später stand die Überwachung im Mittelpunkt. Die Gewässergüte und die ökologische Situation der Donau wurden zentrale Themen. Aktionsprogramme wurden auf nationaler und internationaler Ebene geschaffen, Forderung nach Reduzierung von Schadstoffeinträgen und Verbesserung von Abwasserreinigung gestellt. IAD-Arbeitstagungen werden regelmäßig abgehalten; die 30.Tagung fand 1994 in Zuoz (Schweiz) statt. Eine wichtige IAD-Publikation ist das Supplement »Donauforschung« (jetzt Large International Rivers) des Archivs für Hydrobiologie (IAD 1884).

Arbeitsgemeinschaft zur Reinhaltung der Ems (ARGE Ems) ?

Wegen der Kleinheit der Ems haben die Wasserbehörden bisher eine ARGE Ems für nicht notwendig gehalten. An ihr müßten sich, solange es um den limnischen Bereich geht, nur die Bundesländer Niedersachsen und Nordrhein-Westfalen beteiligen. Der Einzugsbereich der Ems ist auf die Staatlichen Ämter für Wasser und Abfall bzw. für Wasser- und Abfallwirtschaft (StÄWA) Aurich, Cloppenburg, Meppen, Münster und Minden aufgeteilt. Der Versuch eines Gesamtüberblicks über die Ems erfordert, so z. B. erlebt bei der Vorbereitung dieses Buches, sowohl deren Gewässergüteberichte auszuwerten auch als, wegen der Abstimmung der Ergebnisse, Vertreter dieser fünf Ämter zu befragen. Es gibt Bedarf an verbesserter Zusammenarbeit nicht nur zwischen, sondern auch innerhalb der beiden Bundesländer. Die Bezirksregierung Weser-Ems veranlaßte neuerdings einen Gesamt-Gewässergütebericht, aber leider nur für den niedersächsischen Teil der Ems und gegenüber den bisherigen Einzelberichten in verkürzter Form.

Im Zuge der niedersächsischen Verwaltungsreform wird auch die Effektivität und Rentabilität der StÄWA geprüft. Bisher geht es noch um den Personal- und Mittelaufwand. Ebenso wichtig wäre eine Anpassung der Ämter-Distrikte an Fluß-Einzugsgebiete, hier also die Errichtung eines StÄWA-Ems, nötigenfalls mit Außenstellen. Auch die Struktur der Bundesbehörde ist nicht überzeugend. Die Ems und der Dortmund-Ems-Kanal sind aufgeteilt auf die Wasser- und Schiffahrtsämter (WSÄ) Emden, Meppen und Rheine. Die Zusammenarbeit zwischen den StÄWA und den WSÄ ist zumindest nach Ansicht der ersteren verbesserbar. Entsprechend der Kompetenzverteilung zwischen Bund und Ländern (siehe hierzu Anmerkungen bei der ARGE Elbe) ist das WSA Emden zuständig für die Fahrwasservertiefung und -erhaltung, aber die Überwachung der davon beeinflußten Gewässergüte liegt beim StAWA Aurich. Zwischen den beiden Behörden herrscht zur Zeit eine verbissene Auseinandersetzung über die Ursachen der 1994 festgestellten Verschlechterung der Gewässergüte der oberen Tide-Ems. Abflußmessungen sind Aufgabe der WSÄ, Konzentrationsmessungen der StÄWA. Die StÄWA warten auf die Abflußdaten der WSÄ, um ihre Konzentrationen in Frachten umrechnen zu können. Kein Wunder, daß Frachten schwer und meist spät verfügbar sind - und dies nicht nur für die Ems.

Wäre eine wünschenswerte und notwendige ARGE Ems entlang der Flußachse orientiert, so orientiert sich die Deutsch-Niederländische Ems-Kommission eher quer dazu. Ihre Aufgaben beschränken sich auf die Abstimmung der Interessen im Ems-Dollart-Ästuar. Die Ems-Kommission ist eine Einrichtung des Ems-Dollart-Vertrages von 1960. Die Vertragspartner entsenden je drei »Emskommissare«. Die Aufgaben liegen auf der Ebene der Wasser- und Schiffahrtsverwaltungen sowie des Küstenschutzes. Gewässergüte war nur ein einziges Mal Gegenstand der Kommission, als die deutschen Kommissare 1965 die Sorge vor Folgen niederländischer Abwassereinleitungen in den Dollart einbrachten. Es blieb bei gegenseitiger Information. Überhaupt sind Vertrag und Kommission eher auf Eintracht als auf Problemlösung angesetzt: »*Die Vertragsparteien werden ... im Bewußtsein ihrer gemeinsamen Interessen und in Achtung der besonderen Interessen der anderen Vertragspartei ... im Geiste guter Nachbarschaft zusammenarbeiten, um eine den jeweiligen Erfordernissen entsprechende seewärtige Verbindung ihrer Häfen zu gewährleisten...*« (Art.1). Die Emskommission trägt kaum dazu bei, die Lücke einer fehlenden ARGE Ems zu füllen.

Internationale Kommission zum Schutz der Oder (IKSO)

Ein Vertrag zwischen der Bundesrepublik Deutschland und der Republik Polen über die Zusammenarbeit auf dem Gebiet der Wasserwirtschaft an den Grenzgewässern wurde im Mai 1992 unterschrieben; die Ratifizierung auf polnischer Seite steht jedoch noch aus..

Die Bildung einer Internationalen Kommission zum Schutz der Oder befindet sich in Vorbereitung; Vertragspartner sind Deutschland, Polen, die Tschechische Republik und die Europäische Union (EU). Der IKSO-Vertrag soll Ende 1995 unterschrieben werden und ab 1996 in Kraft treten. Sitz der IKSO-Vertretung wird Breslau sein.

Länderarbeitsgemeinschaft (LAWA)

Die Gründung der LAWA erfolgte 1956 als »Zusammenschluß der für die Wasserwirtschaft und das Wasserrecht zuständigen Ministerien der Länder«. Ziel der Länderarbeitsgemeinschaft Wasser ist es, auftauchende Fragestellungen gemeinsam zu erörtern, Lösungen zu erarbeiten und Empfehlungen zur Umsetzung zu initiieren. Aber auch aktuelle Probleme im nationalen, supranationalen und internationalen Bereich werden aufgenommen und diskutiert. Um diese Ziele zu erfüllen, wurden fünf Arbeitsgruppen und themenspezifische Arbeitskreise eingerichtet. Sie bearbeiten die Themenfelder: Wasserrecht, Gewässerkunde, Gewässer- und Meeresschutz, Ökologie, Hochwasserschutz, Küstenschutz, Grundwasser, Wasserversorgung, Kommunal- und Industrieabwässer und den Umgang mit wassergefährdenden Stoffen. Die daraus erzielten Ergebnisse stellen die Grundlage für einen einheitlichen wasserwirtschaftlichen Vollzug in den Ländern dar. Die erarbeiteten Konzepte beinhalten noch ausreichend Raum für die Berücksichtigung regionaler Besonderheiten. Die LAWA gibt eine Reihe von Schriften über die o. g. Themen zur allgemeinen Information heraus.

Schlußbetrachtung

Ein Fluß und sein Einzugsgebiet sind ein zusammengehöriges System, dessen Gewässergüte und Bewirtschaftung ein abgestimmtes Management erfordern. Grenzen zwischen Bundesländern und nationale Grenzen ändern daran nichts. Entlang der großen Flüsse bestehen nationale Arbeitsgemeinschaften und ggf. internationale Kommissionen oder sind in Vorbereitung, und nur an der Ems gibt es allzu deutlichen Nachholbedarf. Die Prü-

gibt es allzu deutlichen Nachholbedarf. Die Prüfung der Verhältnisse bringt Koordinationsbedarf nicht nur zwischen Staaten und zwischen Bundesländern, sondern auch innerhalb der Bundesländer sowie zwischen Bund und Ländern zutage. Die Aufteilung des Fluß-Managements auf die Wasser- und Schiffahrtsbehörden des Bundes einerseits und die Staatlichen Ämter für Wasser der Bundesländer andererseits kann den Anforderungen grundsätzlich nicht genügen. Sie kommt einer getrennten Verwaltung der Flußmorphologie und der Gewässerökologie gleich. Das drängende Problem der Hochwasser-Vorsorge ist vielleicht geeignet, diesen Dualismus zu überwinden. Innerhalb der routinemäßigen Tätigkeit der mit Gewässergüte befaßten Landesbehörden ist die fast ausschließliche Berücksichtigung von Wasser und Sediment ein Schwachpunkt. Flußauen, Flußmarschen, Überschwemmungsgebiete und flußnahe Feuchtgebiete müßten einbezogen werden. Erst nach den jüngsten Ereignissen wie den schweren »*Hochwasserkatastrophen*« im Rheingebiet wird über die Themen Wasser-Retention und Renaturierung ernsthaft diskutiert. So steht im Kommuniqué der 11. IKSR- Ministerkonferenz (Dez.1994 in Bern): »*Die Ministerinnen und Minister sowie Vertreter der Europäischen Kommission stellten fest, daß heute etwa 80 % der ursprünglich vorhandenen Überflutungsgebiete des Rheins nicht mehr zur Verfügung stehen. Sie fordern, daß die noch verbliebenen etwa 20 % fluß- und auetypische Natur mit ihrer zugehörigen Tierwelt als Lebensraum zu schützen und zu erhalten sind*«. Ein Hauptziel der IKSE-Vereinbarung ist: »*ein möglichst naturnahes Ökosystem mit einer gesunden Artenvielfalt zu erreichen...* « und im Arbeitsplan der IKSE bis zum Jahre 2000 wird festgelegt: »*..daß neben einer guten Wasserbeschaffenheit das Vorhandensein fließgewässertypischer Biotopstruktur im Bereich des Flusses, seiner Ufer und Auen von fundamentaler Bedeutung für die Entwicklung naturnaher Lebensgemeinschaften ist...* «. Durch die hierfür eingerichtete Arbeitsgruppe »*Schutz und Gestaltung der Gewässerstrukturen und Uferregionen*« wurde empfohlen, in einem Sofortprogramm besonders gefährdete wichtige Biotope zu schützen bzw. zu renaturieren. Hoffentlich werden diese Empfehlungen trotz der komplexen politischen Infrastruktur bald verwirklicht.

Danksagung: An dieser Stelle danken wir Frau Thomé (IKSR), Frau Karbowski (BMU), Herrn Henneberg (ARGE Weser) und Herrn Frensch (DK) sowie Miarbeitern von LAWA für die Unterstützung bei der Verfassung dieses Beitrags.

8.9 Schutzgebiete in Flußbereichen mit besonderer Berücksichtigung der »Mittleren Elbe«
GERDA BRÄUER & JOSÉ L. LOZÁN

Durch die Bemühungen von Umweltschützern und -behörden, Verbänden und Politikern, die in noch naturnahem Zustand befindlichen Flußlandschaften zu schützen, sind in deutschen Flüssen verschiedene Schutzgebiete entstanden. Nach dem Bundesnaturschutzgesetz unterscheidet man:
• **Naturschutzgebiete** (NSG). Das sind festgelegte Areale, in denen ein »besonderer Schutz von Natur und Landschaft in ihrer Ganzheit oder in einzelnen Teilen zur Erhaltung von Lebensgemeinschaften oder Lebensstätten bestimmter wildwachsender Pflanzen oder wildlebender Tierarten, aus wissenschaftlichen, naturgeschichtlichen oder landeskundlichen Gründen oder wegen ihrer Seltenheit, besonderen Eigenart oder hervorragenden Schönheit erforderlich ist«. Ein Beispiel für NSG stellen die *Borgfelder Wümmewiesen* (Unterweser) dar. Die Zahl der deutschen NSG ist recht hoch, die Fläche entspricht jedoch nur 1,7 % der Gesamtfläche Deutschlands (UBA 1994) .
• **Nationalparks** (NP). Das sind Gebiete, die »großräumig von besonderer Eigenart sind, im überwiegenden Teil ihres Gebietes die Voraussetzungen eines Naturschutzgebietes erfüllen, sich in einem von Menschen nicht oder wenig beeinflußten Zustand befinden und vornehmlich der Erhaltung eines möglichst artenreichen heimischen Pflanzen- und Tierbestandes dienen«. Das *Untere Odertal* stellt den einzigen Nationalpark im deutschen Flußbereich dar (vgl. Kap. 2.5). In diesem Zusammenhang sind die berechtigten Forderungen für die Anerkennung der Elbtalniederung als Nationalpark unterstützend zu erwähnen, da dieses Gebiet die entsprechenden Voraussetzungen erfüllt (NEUSCHULZ & WILKENS 1991).
• **Landschaftsschutzgebiete** (LSG). Das sind Areale, in denen »ein besonderer Schutz von Natur und Landschaft zur Erhaltung oder Wiederherstellung der Leistungsfähigkeit des Naturhaushaltes oder der Nutzungsfähigkeit der Naturgüter, wegen der Vielfalt, Eigenart und Schönheit des Landschaftsbildes oder wegen ihrer besonderer Bedeutung für die Erholung erforderlich ist«. Die Zahl der deutschen LSG und NSG ist recht groß.
• **Naturparks** (NP). Das sind »großräumige Areale, die überwiegend Landschaftsschutz- oder Naturschutzgebiete sind, sich wegen ihrer landschaft-

lichen Voraussetzungen für die Erholung besonders eignen und nach den Grundsätzen und Zielen der Raumordnung und Landschaftsplanung für die Erholung oder den Fremdenverkehr vorgesehen sind«. Beispiele für NP sind das *Elbufer-Drawehn* und das *Elbetal*.

Es soll ferner auf folgendes hingewiesen werden:
• Im Jahre 1989 wurde das Naturschutzprogramm durch das **Gewässerrandstreifenprogramm** (GRP) des Bundes ergänzt. Es soll dem dauerhaften Erhalt von Naturlandschaften und der Sicherung sowie Entwicklung von kultur-historisch typischen Landschaftsteilen mit herausragenden Lebensräumen für schützbedürftige Tier- und Pflanzenarten dienen. Ferner soll das Programm zur Verbesserung der Gewässer beitragen. Beispiele für GRP sind die Projekte *Mündungsgebiet der Isar* (Überflutungsaue im Mündungsbereich in die Donau) und *Bislicher Insel* (Feuchtgrünland im Bereich der Rheinaue mit Altarm).
• Das seit 1987 bestehende **Erprobungs- und Entwicklungsvorhaben im Bereich Naturschutz und Landschaftspflege** soll der praktischen Umsetzung neuer und erfolgversprechender Verfahren und Konzepte dienen. In Verbindung mit wissenschaftlicher Begleitung und Erfolgskontrollen sollen Erkenntnisse zur Optimierung von Naturschutzmaßnahmen mit Bundesbedeutung gewonnen werden. Ein Beispiel hierfür ist *Naturgemäßer Waldbau und Renaturierung von Auenwäldern am Oberrhein 1988/93*, Rastatt.
• Schutz der **Fließgewässer in den Alpen**: Im Rahmen der Alpenkonvention von 1991 wird beabsichtigt, die Bestandsaufnahme der dortigen Gewässer zu vervollständigen, die noch vorhandenen Wildflüsse zu schützen und gestörte Flüsse – soweit wie möglich – zu renaturieren. Weniger als 10 % der knapp 10 000 km Alpenhauptflüsse sind noch in natürlichem Zustand. Ungestörte oder wenig gestörte Fließgewässer befinden sich nur oberhalb der Wasserkraftwerke. Die Wasserläufe der Alpen stellen wichtige Wasserreserven Europas dar und sind markante Elemente der alpinen Natur (vgl. Internationales alpines Umweltzentrum ICALPE).
• Der Internationale Rat für Vogelschutz (IRV) bekam von der EU 1980 den Auftrag, die wichtigen EU-Gebiete zu erfassen (Important Bird Areas = **IBA-Gebiete**). Neben den 108 IBA-Gebieten gibt es z. Z. in Deutschland noch ca. 210 **Vogelschutzgebiete nach EU-Richtlinie** (UBA 1994)

Im Rahmen von internationalen Programmen unterscheidet man:

• **Biosphärenreservate** (BR), die seit 1976 im Rahmen des UNESCO-Programms »Der Mensch und die Biosphäre« (MAB) anerkannt werden. Diese großflächigen Gebiete sind Natur- und wertvolle Kulturlandschaften. Außer dem Erhalt von Ökosystemen sollen sie dienen: a) der Entwicklung und Erprobung nachhaltiger, ökologisch und sozio-ökonomisch abgestimmter Landnutzungskonzepte, b) als bevorzugte Untersuchungsräume der ökosystemaren Forschung, c) als Bezugsflächen im Netz der nationalen und globalen ökologischen Umweltbeobachtung, u. a. zur Erfassung der Wirkung von Stoffeinträgen, von Umwelt- und Klimaveränderungen sowie d) als Schulungs- und Ausbildungszentren zu Fragen des Umwelt- und Naturschutzes. Das einzige BR in Deutschland im Flußbereich ist die *Mittlere Elbe*. Auch das *Donaudelta* in Rumänien stellt ein wichtiges internationales BR dar (vgl. Kap. 2.1).
• **Feuchtgebiete internationaler Bedeutung für Wat- und Wasservögel** (FG). Im Rahmen der RAMSAR-Konvention 1976 verpflichteten sich die beteiligten Staaten zur Erhaltung und Förderung von Feuchtgebieten als Voraussetzung für eine artenreiche Lebensgemeinschaft in diesen Gebieten. Kriterien zur Auswahl von FG sind: 1) Es müssen regelmäßig 1 % oder mehr einer biogeographischen Population einer Wasservogelart vorhanden sein, 2) Es müssen regelmäßig 10 000 Enten, Gänse, Schwäne, Bläßrallen oder 20 000 Wasservögel vorhanden sein oder 3) Vorhandensein einer großer Anzahl bestandsbedrohter Tier- und Pflanzenarten oder 4) Besonderer Wert für die Erhaltung genetischer oder ökologischer Reichhaltigkeit oder 5) Habitat von Pflanzen und aquatisch sowie terrestrisch lebenden Tieren mit wissenschaftlicher oder ökonomischer Bedeutung. Wichtige deutsche FG sind: *Niederelbe zwischen Barnkrug und Otterndorf, Elbaue zwischen Schnackenburg und Lauenburg, Niederung der Unteren Havel mit Gülper See, Mühlenberger Loch, Unterer Niederrhein, Weserstaustufe Schlüsselburg, Rhein zwischen Eltville und Bingen, Donauauen und Donaumoos, Lech-Donau-Winkel* und *Unteres Odertal bei Schwedt*.
• **Welt-Naturerbe-Gebiete.** Bei diesem UNESCO-Übereinkommen von 1972 geht es um Erfassung, Schutz und Erhaltung des Kultur- und Naturerbes von außergewöhnnlichem universellem Wert sowie um Sicherstellung ihrer Weitergabe an künftige Generationen. Dazu gehören auch Kulturlandschaften mit Natur- und Kulturdenkmalen wie *Donautal bei Regenburg mit »Wallhalla«* und *Donaustauf*.

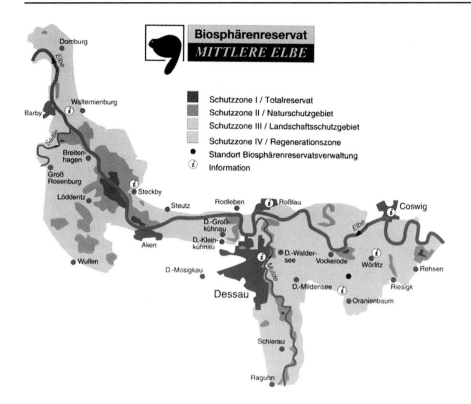

Abb. 8.9-1: Die Schutzzonen des Biosphärenreservats (Auenreservats) Mittlere Elbe

Biosphärenreservat Mittlere Elbe

Die waldreiche Aue an der mittleren Elbe wurde 1979 als eines der ersten BR in Deutschland anerkannt. BR sind in Schutzzonen gegliedert. Die Zonen werden abgestuft nach dem Einfluß der menschlichen Tätigkeit. Die Kernzone bleibt ohne Nutzung oder Pflege. Hier sollen ungestört natürliche Entwicklungsprozesse ablaufen. Die Pufferzone entspricht dem Naturschutzgebiet. Das besondere Ziel der Entwicklungszone ist die modellhafte Entwicklung ökologisch verträglicher Nutzungen mit heutigen Wirtschaftsweisen. Flächenanteile und Gliederung der 12 in Deutschland bestehenden BR zeigen große Unterschiede. Während z. B. das BR Schleswig-Holsteinisches Wattenmeer keine Entwicklungszone hat, nimmt diese im BR Mittlere Elbe mit 84 % die größte Fläche ein (vgl. *Abb. 8.9-1*).

Das BR Mittlere Elbe erstreckt sich über 78 km entlang der Elbe flußaufwärts ab Magdeburg und schließt die Auen im Unterlauf von Mulde und Saale ein. Das BR Mittlere Elbe hängt als Auengebiet in hohem Maße vom Elbe-Zustand ab.

Die Elbbelastung durch Schadstoffe ist seit 1990 stark zurückgegangen. Auf längere Sicht ist aber mit einer Dauerbelastung aufgrund vorhandener Altlasten im Sediment zu rechnen (SPOTT 1992). Ferner ist das Geschiebedefizit hervorzuheben. Durch die fehlende Geschiebezufuhr und die Einengung des Flußbettes durch Buhnen befindet sich die mittlere Elbe in einem aktiven Eintiefungsprozeß von ca. 1–2 cm/a (vgl. Kap. 2.3). Dies führt zur Austrocknung der flußbegleitenden Auen. Trotz dieser Einschränkung sind Struktur und Arteninventar der Elbauen relativ naturnah und wesentlich besser als die des Rheins einzuschätzen. Am Rhein sind die großen Nebenflüsse (Neckar, Main, Mosel und Lahn) aufgestaut und für die Schiffahrt erschlossen. Die alpinen Zuflüsse wurden massiv eingedeicht, verbreitert und zur Energiegewinnung aufgestaut. Die ehemals ausgedehnten Auenlandschaften sind bis auf wenige Reste geschrumpft. Die gesamte frei fließende Strecke am Rhein wurde mit massivem Uferbau versehen, der die morphologische Dynamik im Flußuferbereich verhindert. Die so wichtige durchgängige Verbindung zwischen Fließ- und Auengewässer sowie auch mit den Auen existiert nicht mehr (RAST 1992).

Im BR Mittlere Elbe liegen noch 30% der Gebietsflächen von insgesamt 43 000 ha in den Überflutungsauen. In den Buhnenfeldern befinden sich weite Flachlandbereiche. Während die Elbe den Ausbauzustand der 30er Jahre aufweist, ist die Untere Mulde durch einen höheren Grad an morphologischer Natürlichkeit ausgezeichnet. Sie ist nicht schiffbar und zeigt, begrenzt durch Steinschüttungen (50 %), noch Uferabbrüche, Kolke und Kiesbänke. Das Verhältnis von mittlerem Niedrig- zu mittlerem Hochwasser ist mit 1:35 für einen Mittelgebirgsfluß sehr groß und ein Ausdruck für seine Dynamik. Die Saale wurde im Gegensatz zur Elbe und Mulde in den 30er Jahren staustufenreguliert. Sie hat durchgehend versteinte Ufer und wurde für eine Abladetiefe von 2,50 m ausgebaut. Sie gilt nur im untersten Abschnitt bis zur Mündung in die Elbe noch als naturnah.

Das BR Mittlere Elbe mit noch großen zusammenhängenden Auenwäldern (Hartholzaue = 30% der Fläche) hat überregionale Bedeutung und gilt als IBA- und europäisches Vogelschutzgebiet. Bemerkenswert ist der Reichtum an Greifvogelarten, an rastenden und überwinternden Wat- und Wasservogelarten. Das ist das Gebiet, in dem der Elbebiber überlebt hat; infolge gelungener Schutzbemühungen ist ihre Anzahl beträchtlich angestiegen (ca. 2 800 Tiere).

Das BR Mittlere Elbe schließt im Ostteil das Dessau-Wörlitzer Gartenreich den Ausgangspunkt bewußter Landschaftsgestaltung auf dem europäischen Festland ein. Diese Leistung wird heute in ihrer Bedeutung mit der Bauhausbewegung in Dessau als gleichrangig eingeschätzt. Das Dessau-Wörlitzer Gartenreich steht unter Denkmalschutz. Als historisch wertvolles Zeugnis einer Kulturlandschaft fügt es sich in die Zielstellung des BR ein. Das Prinzip der Landschaftsgestaltungen jener Zeit – Nützliches mit Schönem zu verbinden – wurde in der Folgezeit immer wieder aufgegriffen und fortgeführt. Es hat bis heute an Aktualität nichts eingebüßt.

Aus den Flußveränderungen und aus den Nutzungsansprüchen lassen sich verschiedene Gefährdungen benennen:
• Seit der Wiedervereinigung sind Elbe und Saale als **Bundeswasserstraßen** für Flußbaumaßnahmen vorgesehen. An der Saale befindet sich der Bau einer Staustufe bereits in der Planung. Der Elbe-Saale-Winkel gehört den Schutzzonen I und II an. Ein Staustufenbau mit einem Dauerstau in der Saale von 1,5 m hätte auf den Auenwald eine verheerende Wirkung. Er ist ökologisch nicht akzeptabel. Auch infolge des geringen Verkehrsaufkommens ist ein gesicherter wirtschaftlicher Nutzen stark in Frage gestellt (vgl. Kap. 5.5).

• Die **Rückverlegung von Deichen** ist besonders dringlich um den Ort Lödderitz, wo der Hochwasserdeich wertvolle Auenwälder durchschneidet. In diesem Teil des BR ist der Retentionsraum der Elbe besonders eng. Am einfachsten ist die Erweiterung des Retensionsraums durch Deichschlitzung in Verbindung mit Ersatzmaßnahmen.
• Zusammen mit der Rückverlegung von Deichen ist zur Verbesserung der Wasserverhältnisse eine **Altwasser-Sanierung** und die **Wasserrückhaltung** in den Grabensystemen ein ständiges Anliegen.
• **Belastungen** infolge intensiver Landwirtschaft und durch Abwässer aus der Chemieindustrie. Sie haben zur Folge, daß seit 1994 ein Teil des Auengrünlandes der Mulde für die Nutzung durch Haustiere gesperrt ist. Grenzwertüberschreitungen liegen insbesondere bei ß-HCH, einem Isomer der ausgelaufenen Lindanproduktion (Insektizid) des ehemaligen Chemiekombinats Bitterfeld, vor.
• Gefährdungen durch **Kiesgewinnung** konnten im Biosphärenreservat bisher abgewendet werden.
• Der **Tourismus** konzentriert sich insbesondere auf Wörliz. Die anderen Teile des BR sind wenig bekannt und die Infrastruktur kaum entwickelt. Das gilt auch für das Dessau-Wörlitzer Gartenreich.

Um den Naturraum Elbe langfristig zu erhalten, sind einige Bedingungen zu erfüllen (RAST 1992):
• Anpassung der Schiffe an die natürlichen Wasserverhälnisse der Elbe
• Zugabe von Geschiebe unterhalb der Staustufenkette
• Verbesserung der Verbindung zwischen Fluß und Aue
• Wiederanschluß ausgedeichter Auengebiete
• Förderung extensiver Landnutzungsformen.

8.10 Probleme bei der Renaturierung der Flußauen am Beispiel der Mittleren Donau
ALEXANDER ZINKE & ULRICH EICHELMANN

Von der »schönen blauen Donau« blieb vor allem in Deutschland und Österreich nicht mehr viel übrig. Nach Recherchen des WWF Österreich gibt es auf den ersten 1 000 km, vom Schwarzwald bis Bratislava, 58 Stauhaltungen, 3 nennenswerte freie Fließstrecken und nur noch einen (!) intakten Auwald, nämlich unterhalb von Wien. Seit mehreren Jahrzehnten ringen Kraftwerksingenieure und Naturschützer darum, ob im Raum zwischen Wien, Bratislava (Slowakei) und Györ (Ungarn) weitere Donaukraftwerke oder großräumige Auen-Schutzgebiete errichtet werden. Beide Gruppen erheben den Anspruch, eine Verbesserung der heutigen Situation zum Wohle einer intakten Flußlandschaft erreichen zu können. Im österreichischen Abschnitt (Flußkm 1921–1872,6) zeichnet sich ab, daß im Herbst 1996 ein Auen-Nationalpark eröffnet wird, während entlang der slowakisch-ungarischen Grenzstrecke seit Ende Oktober 1992 80–90 % des Donauwassers auf einer Länge von 40 km in den betonierten Gabcikovo-Kraftwerkskanal abgeleitet werden. In beiden Abschnitten erfolgen derzeit sog. »Auen-Renaturierungen«, die im folgenden kritisch beleuchtet werden.

1. Donau-Altarm-Renaturierung Regelsbrunn

Der größte zusammenhängende Auwald an der Oberen und Mittleren Donau befindet sich zwischen Wien und Wolfsthal (Grenze zur Slowakei). Diese Au ist insgesamt 11 500 ha groß. Diese Auen sollen nun im Okt. 96 endgültig zum Nationalpark erklärt werden (WWF Österreich 1994).

Eine der Kernzonen dieses Nationalparkes wird die sog. »Regelsbrunner Au« sein. Dieser etwa 420 ha große Teil der Auen ist seit 1989 im Besitz des WWF Österreich. Seitdem wurden für die Bereiche Waldbau, Jagd, Fischerei und Besucherlenkung nationalparkkonforme Konzepte entwickelt und auch weitgehend umgesetzt.

Die wichtigste Renaturierungsmaßnahme für dieses Gebiet ist aber die Öffnung der Altarme. Zwar gilt das 21 km lange und zum Teil verästelte Altarmsystem bei Regelsbrunn als das dynamischste auf den ersten tausend Donaukilometern, doch auch hier zeigen sich die Auswirkung der Donauregulierung: Zwischen 1882 und 1899 wurden die Nebenarme der Donau durch den sogenannten Treppelweg abgetrennt, wodurch die heutigen Altarme entstanden sind, die nur noch bei Hochwasser durchflossen werden. In den 20er Jahren dieses Jahrhunderts baute man dann noch zusätzliche Traversen (Querdämme) in die Altarme, um diese zu stabilisieren und um die Zugänglichkeit zu erhöhen. Die Arme der Regelsbrunner Au werden heute nur an durchschnittlich etwa 15 Tagen pro Jahr durchströmt. Dies hat zu folgenden Mißständen geführt:

- **Verlandung der Gewässer**: Die Kraft des Wassers reicht nicht aus, die Altarme von Ablagerungen wieder frei zu spülen. Die Wasserflächen wurden immer kleiner und flacher, neue Gerinne entstehen kaum mehr.
- **Rückgang der Pionierflächen**: Treppelweg und Traversen reduzieren das Entstehen von Schotterinseln und Steilufern. Dadurch wird nicht nur der Brutraum von Regenpfeifer, Eisvogel und Bienenfresser eingeschränkt, sondern auch die Auwaldneubildung.
- **Isolation der Gewässer**: Treppelweg und Traversen verhindern oder erschweren den Habitatwechsel von Fischen, verbunden mit dem Verlust der Funktionen Laichbiotop, Nahrungsbiotop, Wintereinstand und Hochwasser-Rückzugsraum (Schiemer et al. 1991).

Seit Ende 1993 arbeitete der WWF daher intensiv an der Öffnung der Altarme. Zusammen mit der Universität Wien, der Nationalparkplanungs-Gesellschaft und der Wasserstraßendirektion (Projektleitung) wurde ein Projekt erarbeitet, das jetzt die wasserrechtliche Bewilligung erhielt und Anfang 1996 realisiert werden soll.

Dieses Projekt besteht im wesentlichen aus den Überströmmulden, Kastendurchlässen und der Adaptierung der Traversen *(Abb. 8.10-1)*. An fünf Stellen wird der Treppelweg jeweils auf einer Strecke von 30 m abgesenkt. Die tiefste Mulde »springt« bei Mittelwasser an (MW = 1 950 m³/s während 152 Tagen/a), zwei bei MW + 0,5 m (90 Tage/a) und zwei bei MW + 1 m (= 46 Tage/a). Drei dieser Überströmmulden erhalten zusätzlich einen 10 m breiten Kastendurchlaß mit einer lichten Höhe von 1,50 m. Dadurch ist eine Anbindung an die Donau für durchschnittlich 222 Tage/a gewährleistet.

Bei drei Traversen wird die Durchflußkapazität deutlich erhöht. Die größte Baumaßnahme betrifft dabei die »Mitterhaufentraverse«, die auf 120 m Länge um mehr als 2 m abgesenkt wird. Nach Realisierung des Projektes ist diese Stelle dann nur noch an 180 Tagen anstatt wie bisher an 350 Tagen/a trockenen Fußes passierbar.

Die Dimension dieses Projekt verdeutlicht folgendes Beispiel: Die Vernetzungsdauer erhöht sich von 15 auf 222 Tage/a. Die Durchflußmenge im Altarm bei der Ortschaft Regelsbrunn erhöht sich bei einem Donauwasserstand von Mittelwasser + 1,5 m (entspricht ca. 3 800 m³/s Donauwasser) von derzeit etwa 5 m³/s auf rund 250 m³/s nach Fertigstellung.

Um die Konsequenzen dieses Projektes festzustellen, finden zur Zeit die wissenschaftlichen

Status Quo-Erhebungen durch die Universität Wien und die Nationalparkplanungs-Gesellschaft statt. Nach Realisierung der Maßnahmen wird drei Jahre die Beweissicherung durchführt. Diesem Pilotprojekt sollen in den nächsten Jahren noch ähnliche Renaturierungsmaßnahmen im geplanten Nationalpark folgen.

2. Altarm-Bewässerung im Bereich des Kraftwerkes Gabcikovo

Nur etwa 20 km weiter flußabwärts läuft seit Frühjahr 1993 eine weitere Au-Renaturierungsmaßnahme. Im Rahmen der Errichtung und Inbetriebnahme des Donaukraftwerkes Gabcikovo in der Süd-Slowakei und der umstrittenen Umleitung der Donau in den Kraftwerkskanal Ende Okt. 92 wurden die Altarme und Auwälder dieser Region schwer geschädigt. Neben der Beseitigung von mehreren 1 000 ha Auwald für den Stauraum und das Ableitungswehr bei Cunovo (Grenze zu Ungarn) bedeutet die Umleitung von durchschnittlich 80–90 % des Donauwassers in den abgedichteten Kraftwerkskanal, daß die natürlichen Verbindungen zwischen Fluß und Altarmen und der Austausch von Wasser und Organismen für ca. 8 000 ha verbliebene, wertvollste Aulandschaft der Grenzregion fast völlig verloren gingen.

Da schon vor der Inbetriebnahme des Megaprojektes (2 Stauhaltungen, 2 Kraftwerke, 45 km langer, teilweise betonierter Kanal, Anstau des Wassers bis 20 m über Umgebung) schwerwiegende ökologische Folgen für Oberflächen- und Grundwasser prognostiziert (ZINKE 1994, 1995) wurden, verordneten slowakische Behörden Wasserverbindungen zwischen Donau und Altarmen und periodische Auenüberflutungen. Der Kraftwerksbetreiber ignorierte aber diese Auflagen und baute im Winter 1992/93 eine künstliche Bewässerungsanlage, die aus einem Dotationswerk am Kraftwerkskanal (Kapazität 236 m³/s), einem ca. 1 km langen abgedichtetem Zufuhrkanal und 7 betonierten Querdämmen entlang eines rund 30 km langen Altarmzuges besteht. Die Querdämme dienen zur konstanten Anhebung der Wasserstände in den Auen-Kassetten. Alle Verbindungen zur bis zu 5 m tiefer liegenden Rest-Donau wurden abgedichtet, mit Ausnahme der Altarmrückführung in das Donaubett (WWF 1994).

Dieses slowakische Altarmsystem wurde erst ab Frühjahr 1993 vom Dotationswerk mit Wassermengen von 7 bis 118 m³/s versorgt (bei fast konstantem Mittelwert von ca. 30 m³/s). Nur im Juli/Aug. 95 wurden für rund 3 Wochen über 70 m³/s dotiert, was die Altarme aber lediglich bis zur Bordkante füllen konnte. Im Donaubett fiel der Wasserstand um bis zu 5 m auf eine Wassermenge von meist 100 bis 600 m³/s (das Donau-Mittelwasser betrug hier 2 000 m³/s, die Extrema lagen bei 700 bis > 12 000 m³/s). Nach der letzten natürlichen Überflutung im Aug. 91 gelangen bis heute weder in den slowakischen noch in den ungarischen (s. u.) Auen künstliche Überflutungen.

Interessanterweise wurden diese künstlichen Bewässerungen vom slowakischen Kraftwerksbetreiber so farbig präsentiert, als ob das »Wasserkraftwerk Gabcikovo die Rettung des Binnendeltas der Donau« (VVSP 1993) bewirkt hätte. Als »Belege« dienen Photos der Altarme vor der Donauumleitung (»trocken«) und nach der Bewässerung (gefüllt). Tatsächlich gingen in den Donau-Auen seit den 60er Jahren die Grundwasserspiegel und Überflutungen zurück, mit nachfolgenden Trockenschäden in den Auen. Ursache für die Sohlerosion im Donaubett war allerdings weniger die Geschiebe-Rückhaltung in den vielen Stauhaltungen oberhalb oder die Erhaltung der Schiffahrt, sondern massive Kiesbaggerungen in der Donau unterhalb von Bratislava (WWF 1994).

Auf ungarischer Seite ist die Situation insgesamt deutlich schlechter, da man von der Wasserzufuhr vom slowakischen Donau-Ableitungswehr Cunovo abhängig ist. Dies waren ab Frühjahr 1993 im Schnitt 20 – 25 m³/s (davon für die Auen-Altarme ca. 10 m³/s). Zusätzlich pumpte Ungarn im Sommer 1993 und 1994 mehrere m³/s Wasser in die nun ebenfalls zur Donau abgeschotteten Altarme (Drainage-Gefahr). Ab Mai 1995 wurde als neue Maßnahme im alten Donaubett 10 km unterhalb von Cunovo eine neue Sohlschwelle errichtet, deren Rückstau die Ableitung von im Schnitt 50–80 m³/s Donauwassers in den Altarmzug erlaubt.

Somit sind die Auenschäden vor Inbetriebnahme von Gabcikovo weitgehend hausgemacht und die künstliche Renaturierungen »dank Gabcikovo« in ihrer ökologischen Wirkung sehr beschränkt: es findet beiderseits der Donau nur eine – in Menge, Qualität und Periodik – weitgehend unnatürliche Wasserzufuhr statt, die elementaren Verbindungen zwischen Fluß und Aue sind auf je zwei beschränkt und Organismenwanderungen (Fische!) extrem begrenzt.

Die Auswirkungen der »Renaturierungsmaßnahmen«

Bis heute wurden nur wenige wissenschaftliche Untersuchungen publiziert, nachdem Reaktionen der Zoo- und Phytozönosen oft erst nach Jahren deutlich erkennbar sind. Auf ungarischer Seite entstanden schon 1993 schwere Waldschäden auf mindest 10 % der Fläche, für die slowakische Seite fehlen bisher solche Angaben. Da die Grundwasserstände in den Auen 1992–1993 aber um 1–5 m sanken (WWF 1995), sind angesichts des kiesigen Untergrundes Wasserversorgungsprobleme für die Wälder unvermeidlich. Tatsächlich sind zahlreiche Waldflächen beiderseits der Donau durch Kronenverlichtungen, frühen Laubabfall und tote Baumgruppen gekennzeichnet und in der Strauchschicht sterben junge und kleine Pflanzen vermehrt ab (ZINKE 1995, ÚZE SAV 1995). Rodungen und Neuanpflanzungen nach 1992 verzerren allerdings das Monitoring.

Die auf intakte Auen-Bedingungen angewiesene Fischfauna erlitt auf ungarischer Seite ein halbes Jahr nach der Donauumleitung Verluste von 50–80 % (120–360 t), auf slowakischer Seite 1993 sogar über 80 % (Rückgang von 110 auf 17,5 t). Die Diversität und Abundanz gingen in den Altarmen deutlich zurück, rheophile Arten wurden durch Allerweltsarten ersetzt. Gründe sind die Aufheizung einiger Auengewässer, der Verlust an Lebens- und Laichräumen und das Ausbleiben von Überschwemmungen (ÚZE SAV 1995).

Weitere Ergebnisse des slowakischen Monitorings: Bei den Cladoceren ging die Dominanz pelagialer Arten zurück, litorale Arten nahmen deutlich zu; die Abundanz der Copepoden wie des gesamten Zooplanktons ging in den Altarmen deutlich zurück; das Makrozoobenthos erfuhr 1993/94 deutliche Artenverschiebungen (ÚZE SAV 1995)

Aufgrund dieser Zwischenergebnisse und im Vergleich mit den Erkenntnissen besonders vom Oberrhein (DISTER 1991) sind daher die Maßnahmen im Raum Gabcikovo keine »Renaturierung« im auenökologischen Sinne, noch weniger eine »Rettung« dieser Landschaft durch Gabcikovo (ZINKE 1994, 1995). Vielmehr erhärtet sich die Forderung nach einer echten Renaturierung, die auf der weitgehenden Wiederherstellung der hydrologischen Dynamik basiert: der WWF (1994, 1995) hat dazu bei einem Abflußminimum von 600 m³/s eine Abflußmenge von 2/3 des Donauwassers im »alten« Bett gefordert. Darüber hinaus ist durch eine Verengung des Flußbettes durch Inseln und Sandbänke eine Verbindung mit den Altarmen wiederherstellbar. Ähnliche Forderungen haben auch bereits andere Experten erhoben (z. B. LISIKÝ & STRAKA 1994, JÄGGI in Neue Züricher Zeitung v. 13.1.94). Allerdings könnten diese Rettungsmaßnahmen bald zu spät kommen.

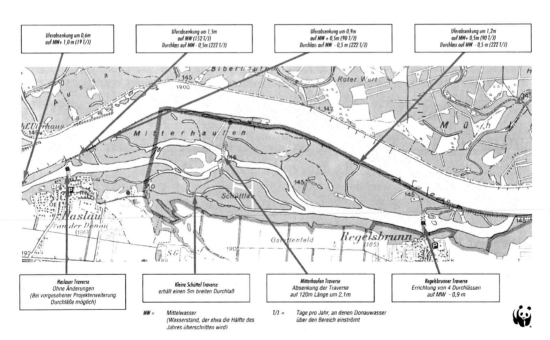

Abb. 8.10-1: Altarmöffnungen der Donau-Auen zwischen Haslau und Regelsbrunn im geplanten Nationalparkgebiet östlich von Wien

9 Ausblick
HANS BERNHART, ALFRED HAMM, GÜNTHER FRIEDRICH, HARTMUT KAUSCH, JOSÉ L. LOZÁN & MICHAEL SCHIRMER

Im Laufe der letzten Jahrhunderte haben sich Städte, Ballungsräume und Industriezentren mit ihren komplexen Infrastrukturen wie Binnen- und Seehäfen an den Flüssen etabliert. Dies war eine durch wirtschaftliche Interessen geprägte Entwicklung, die lange Zeit keine Rücksicht auf ökologische Erfordernisse nahm. Struktur und Funktion der Flüsse und ihrer Täler wurden dadurch völlig verändert.

Durch Eindeichungen wurden die Flußläufe eingeengt. Feucht- und Überschwemmungsgebiete entlang der Flüsse liegen heute größtenteils trocken und werden für landwirtschaftliche und industrielle Nutzung oder als Bauland verwendet. Um die Flüsse schiffbar zu machen, wurden sie begradigt und vertieft. Viele Flußläufe wurden zur Energiegewinnung aufgestaut. Durch diese wasserbaulichen Maßnahmen veränderten sich Flußlandschaft und Abflußverhalten erheblich. Lebensräume von Pflanzen und Tieren gingen dabei verloren. Flußauen, die an die Flußdynamik angepaßt waren, stehen entweder dauernd unter Wasser oder sind trockengelegt. Viele der Veränderungen gelten als irreversibel oder können nur mit großem Aufwand rückgängig gemacht werden

Die Zunahme der Besiedlung und die Entwicklung von Industrie und Gewerbe haben zu sehr großen Abwassermengen geführt. Jahrzehntelang haben die Einleitung häuslicher und industrieller Abwässer in die Flüsse die Wasserqualität verschlechtert. Die Nutzung der Flüsse zum Baden, Fischfang und zur Trinkwassergewinnung ging dadurch sehr stark zurück. Die Flüsse büßten bei dieser Entwicklung wichtige Funktionen ein. Trotz vieler Verbesserungen durch den Bau von Kläranlagen werden bis heute schwerabbaubare und toxische Stoffe sowie Nährstoffe mit dem Wasser ins Meer transportiert.

Hochwässer häufen sich!
Extreme Hochwasser hat es zu allen Zeiten gegeben. Hochwasser und Überschwemmungen gehören zur natürlichen Dynamik eines Flusses. Katastrophen für den Menschen werden sie, weil er durch Ausbau und Kanalisierung dem Fluß das Hochwasserbett genommen und im kaum nachvollziehbaren Vertrauen auf die Allmacht des Menschen und seiner Technik immer größere Werte in die Gefahrenzone gebracht hat. Dies ist als Warnsignal gegen die Pläne zu bewerten, noch naturnah gebliebene Flußbereiche, wie die mittlere Elbe, weiter auszubauen.

In stark veränderten Flußbereichen häufen sich die Hochwasserereignisse. So wurden z. B. nach dem Oberrhein-Ausbau am Pegel Karlsruhe-Maxau seit 1977 sechs Hochwasserereignisse mit über 4 000 m^3/s Abfluß in den Jahren 1978, 1980, dann 1983 zweimal (April und Mai) und danach 1988 und 1990 beobachtet. In den fast 100 Jahren davor (1880–1977) traten nur vier solche Ereignisse auf.

Eine der wichtigsten Ursachen dafür, daß starke Niederschlagsereignisse im Einzugsgebiet heute immer öfter Hochwasser nach sich ziehen, liegt an der weitgehenden Zerstörung der Flußauen. Diese Feuchtgebiete mit ihren Auenwäldern entstanden durch Hochwasser und Überschwemmungen; darin führen die Flüsse ihr Hochwasser großräumig ab. Mit den Eindeichungen trennte man sie von ihren Überschwemmungsgebieten und kappte die Verbindungen zu den tief ins Land greifenden Nebenarmen. Die Vorverlegung der Deichlinien engte die Flüsse noch weiter ein, so daß das heutige Flußbett zu eng geworden ist. Zudem haben die Flußbegradigungen und der Wegfall der Überflutungsräume zu einer Erhöhung der Fließgeschwindigkeiten geführt und es kommt bei gleichen Niederschlagsereignissen zu einer Aufsteilung der Hochwasserwelle und zu einer Beschleunigung des Abflusses, d. h. die Wellenscheitel oder die Abflußspitzen erhöhen sich und die Welle durchfließt den Flußabschnitt in einem zum Teil deutlich kürzeren Zeitintervall. Dadurch kann es zur Überlagerung der Hochwasserwellen von Haupt- und Nebenflüssen kommen wie bei z. B. Rhein und Neckar (*Abb. 5.3-3*), wodurch sich die Wasserstände aufsummieren.

Eine Verschärfung der Hochwasserereignisse ist zu erwarten, wenn die globale Erwärmung fortschreitet, die Alpengletscher und Firnfelder im Sommer stärker abschmelzen und die Schneegrenze weiter höher wandert. Aktuelle Untersuchungen zeigen, daß der »ewige« Schnee in den letzten Jahren stärker als früher abschmilzt. Besonders kritisch wird es, wenn der Abfluß des Schmelzwassers und eine intensive Regenphase zeitlich und räumlich zusammenfallen.

Maßnahmen gegen Hochwasser
Auf vielen ehemaligen Überflutungsgebieten stehen heute Industrieanlagen oder Kraftwerke. Frühere Flußvorländer wurden in Verkehrswege, Parkplätze oder Wohnsiedlungen umgewandelt. Nach dem Weihnachtshochwasser 1993/94 lagen die Sachschäden nach Angaben der Versicherungsgesellschaften bei über 1 Mrd. DM (vgl. Kap. 5.4).

Trotz aller damit verbundenen Schwierigkeiten wird es erforderlich werden, Auen wieder freizulegen und für die verloren gegangenen Überflutungsräume geeignete Ersatzflächen als Rückhaltespeicher bereitzustellen, wie es von den ökologisch ausgerichteten Projekten »Flußlandschaft Donau«, »integriertes Rheinprogramm« und »Hochwasserschutz am Niederrhein« empfohlen wird.

Rationelle Energienutzung und Energieeinsparung!

Die Energiegewinnung durch Wasserkraftwerke hat zwar den Vorteil, daß weder Schadstoffe noch Abwärme und CO_2 bei der Energieerzeugung abgegeben werden. Nachteilig sind aber die gravierenden negativen Folgen für die Fließgewässer als Ökosysteme. Die Zahl der Wasserkraftwerke, die meist als zusammenhängende Staustufenketten gebaut werden, ist in allen Flüssen bereits hoch. *Tafel 3 und 4* zeigen die bestehenden Wasserkraftwerke an der mittleren Weser, am Hochrhein und an der Donau. An der gesamten Donau und an den Nebenflüssen existieren mehrere hundert Staustufen. Allein an der slowenischen Mur befinden sich 12 Staustufen in der Planung. Ein weiterer Ausbau – wie noch immer von einigen Institutionen befürwortet – würde bedeuten, daß die noch wenigen, in unverbautem Zustand verbliebenen freien Fließstrecken durch weitere Staustufen in ihrem Flußcharakter zerstört würden. Wegen des bereits sehr hohen Ausbaugrades müssen die letzten Fließstrecken erhalten und geschützt werden (vgl. Kap. 5.3).

Die Stromerzeugung durch die deutschen öffentlichen Elektrizitätswerke betrug 1990 466 TWh (alte und neue Bundesländer zusammen). Davon wurden 17,7 TWh (3,8 %) durch Wasserkraftwerke gewonnen. Die Enquetekommission des Deutschen Bundestages schätzt, durch den Weiterausbau der Wasserkraftwerke eine zusätzliche nutzbare Energie von ca. 6 TWh jährlich zu gewinnen (vgl. Kap 5.3). Dies entspricht etwa 1,3 % der Gesamtstromversorgung der Bundesrepublik. Diese Zahl ist jedoch im Vergleich mit den anderen Energieträgern sowie den Möglichkeiten der besseren Energieausnutzung, wie Erhöhung des Wirkungsgrades von Kraftwerken, Fernwärme, -nutzung, Kraft- und Wärmekopplung u. a., verschwindend gering und hat daher kaum Einfluß auf die gesamte CO_2-Emission, die zum klimatischen Umweltschutz unbedingt reduziert werden muß. Wenn die letzten Wasserkraftreserven ausgebaut werden, würde das bedeuten, daß die CO_2-Emission um weniger als 0,001% reduziert wird, die Schäden an den noch naturnah gebliebenen Flußstrecken aber ungeheuer wären (vgl. Kap. 5.3).

Auch an den Nebenflüssen ist die heutige Situation durch eine große Anzahl von Kleinwasserkraftwerken ökologisch ungünstig. Sie verhindern die Ausbreitung gefährdeter Arten aus den kleinen Fließgewässern, die sich noch in einem naturnahen Zustand befinden und die Durchgängigkeit für Fische. Unwirtschaftliche Anlagen sollten zugunsten der Renaturierung aufgegeben werden. Maßnahmen zur Einsparung von Energie sollten umfassend gefördert werden.

Ökologische Folgen durch Stauhaltungen

Viele Flüsse sind heute gestaut. Dadurch wird das Abflußverhalten geändert und der natürliche Wechsel zwischen Hoch- und Niedrigwasser unterdrückt. Flußtypische Uferstrukturen gingen verloren. Arten, die von Fließgewässern abhängig sind, werden besonders betroffen. Staustufen verhindern die Fortbewegung der wandernden Fauna. Fische können nicht in genügender Anzahl ihre Laichplätze und Aufwuchsgebiete erreichen. Von den 50–60 lebenden Fischarten werden weit über die Hälfte als »gefährdet« oder »vom Aussterben bedroht« eingestuft. 4–5 Arten sind bereits aus unserer Fischfauna verschwunden. Nur noch Arten mit geringen Biotopansprüchen und großer Anpassungsfähigkeit wie Plötze, Ukelei, Döbel, Brasse, Giebel und Güster gelten als nicht gefährdet. Allein dies sollte ein Beweggrund sein, Maßnahmen, die zu einer weiteren Verschlechterung der ökologischen Struktur der Flüsse führen, zu unterlassen und Verbesserungen anzustreben. Fische sind Indikatoren für den ökologischen Gesamtzustand der Flüsse (vgl. Kap. 5.1 und 6.5). Außerdem fördert die Stauhaltung durch die längere Aufenthaltszeit des Wassers die Eutrophierung. Das damit verbundene übermäßige Algenwachstum beeinträchtigt als Sekundärverschmutzung die Gewässergüte. Die infolge von Stauhaltungen entstandenen Sekundärlebensräume sind, auch wenn sie vor allem aus Gründen des Vogelschutzes z. T. als Ramsar-Gebiete erklärt worden sind, kein Ersatz für verloren gegangene Fließstrecken.

Stauhaltungen verhindern den natürlichen Geschiebe- und Sedimenttransport, der ein wesentliches Element zur Stabilisierung des Gewässerbettes ist und für die Organismen am Gewässergrund von erheblicher Bedeutung ist. Verlandungen im Stauraum und verstärkte Erosion unterhalb ziehen immer wiederkehrende Maßnahmen nach sich, die in einer Gesamtbilanz von Kosten und Nutzen offenbar bisher nicht genügend beachtet wurden. Die Eintiefung der Gewässersohle des Oberrheins und vieler anderer Flüsse als Folge der Flußkorrekturen und Störungen des Geschiebetransportes hat z.T. dramatische Ausmaße erreicht. Wenn die schützende Kiesdecke fehlt, besteht die Gefahr unkontrollierbarer Sohldurchschläge und Tiefenerosion. Baggerung von Kies trägt vielfach ebenfalls zum Geschiebedefizit bei. Auf der anderen Seite stellen die Verschlammungen und Verlandungen von Stauräumen und die damit oft notwendigen Stauraumspülungen ein erhebliches Problem für die aquatische Fauna und Flora und die Gewässergüte dar.

Flußvertiefung

Durch fortgesetzte Vertiefung der Ästuare für große Frachtschiffe ist eine drastische Zunahme des Tidenhubs in den großen Flußhäfen wie Hamburg und Bremen eingetreten. Gleichzeitig ist die Hochwassergefahr bei Sturmflut in diesen Städten dadurch enorm angestiegen. In den letzten Jahren sind die Sturmflutwarnungen in Hamburg häufiger als an der Küste selbst. Die Ems-Vertiefung, die nur durchgeführt wurde, um die Ausfahrt eines riesigen, für den kleinen Fluß viel zu großen Seeschiffes von einer Großwerft in Papenburg zu ermöglichen, ist ökonomisch und ökologisch nicht zu begründen. Wenn man solche Schiffe in Hamburg oder Bremen gebaut hätte oder bauen würde, wäre die Vertiefung nicht nötig gewesen. An die Stelle kompromißloser Konkurrenz müßte eine ökologisch-volkswirtschaftliche Aufgabenverteilung und Kooperation treten, sowohl zwischen Werften, als auch zwischen Hafenstädten, z. B. im Rahmen von Firmen- oder Hafenverbünden. Die Flüsse dürfen nicht weiter an die Schiffsgröße angepaßt werden, Schiffswerften und andere Hafenaktivitäten müssen an die Küste oder an tiefere Bereiche der Flüsse verlagert werden. Kosten der Vertiefungs- und Unterhaltungsarbeiten, die heute der Steuerzahler trägt, müssen auf die Nutzer der Flüsse umgelegt werden. Wir müssen wieder lernen, mit dem Fluß zu leben, statt ihn zu bekämpfen (vgl. auch Kap. 5.2).

Binnenschiffsverkehr

Für eine Verstärkung des Güterverkehrs auf den Wasserstraßen spricht, daß der Verkehrsträger Binnenschiff weit energiesparender und umweltschonender betrieben wird, als dies mit LKW möglich ist. Die Analyse der Daten der letzten Jahre zeigt, daß der Anteil der Binnenschiffahrt am gesamten Güterverkehr auf unter 20 % geschrumpft ist. Noch dramatischer ist der Rückgang des Schienenverkehrs. Nur der LKW-Verkehr expandiert beständig, mit den bekannten Folgen für die Luftverschmutzung und das Klima (vgl. Kap. 5.5).

Die Wasserstraßen sind bei weitem nicht ausgelastet. Auch der Schiffsraum weist freie Kapazitäten von 15–20 % auf (vgl. Kap. 5.5). Wenn durch politische Entscheidung ein Teil des Güterverkehrs von der Straße auf die Schiene und die Wasserstraßen umgelenkt würde, reichte die jetzige Infrastruktur der Wasserstraßen für den dann intensiveren Binnenschiffsverkehr völlig aus. Ein weiterer Ausbau der Wasserstraßen ist dafür nicht erforderlich. Er wäre sowohl unökonomisch als auch ökologisch schädlich. Abwrackprämien, wie sie derzeit in Höhe von 60 Mio. DM aus Steuergeldern zur Verfügung gestellt werden, fördern den ökologisch schädlichen Ausbau der Flüsse, weil dadurch die Verschrottung der kleinen, an die Größe der Flüsse angepaßten, aber angeblich unwirtschaftlichen Binnenschiffe vorangetrieben wird. Übrig bleiben dann nur die großen Fahrzeuge, für die die Flußvertiefungen gefordert werden. Statt für den überdimensionierten Ausbau der Flüsse sollte man sich eher für die Sanierung und ökologische Verbesserung der bestehenden Wasserstraßen und Kanäle einsetzen. Für die zukunftsorientierte Containerschiffahrt genügt eine geringere Wassertiefe als derzeit bereits vorhanden ist.

Renaturierung: Typische Flußfunktionen wieder ermöglichen!

Die Überschwemmungsgebiete Flußauen, Feucht- und Marschgebiete sind ursprünglich Flußregionen mit vielfältiger Vegetation und Tierwelt. Auen und Marschen fungierten als Senke für Schwebstoffe; organische Stoffe wurden aus dem Wasser abgefangen und mineralisiert. Das Zusammenwirken von Überschwemmungsgebiet, Uferregion und Wasser samt den dort vorhandenen Lebensgemeinschaften bewirken Filterfunktion und Selbstreinigungskraft der Flüsse. Durch die Retentionsfähigkeit dieser Feuchtgebiete, zusammen mit den Altwässern und Seitenarmen, waren Flüsse in der Lage, die Wirkung starker und langandauernder Niederschlagsereignisse zu dämpfen. In den Ästuaren minderten die ausgedehnten Marschgebiete die Wasserstände der Sturmfluten. Zu den Flüssen gehören natürlich auch Strominseln, Sandbänke, Schilfsäume und Auenwälder. In einer gesunden Flußlandschaft befindet sich eine große Anzahl unterschiedlicher Lebensräume mit großer Artenvielfalt in ständig sich ändernder Mosaikstruktur.

All dies fordert eine genügend weiträumige Wiederherstellung von Überschwemmungsgebieten als Retentionsräumen und als Ausgleich für die verlorenen Feuchtgebiete. Die höher auflaufenden Sturmfluten erfordern eine Neuorientierung des Küstenschutzes. Rückverlegung oder teilweise Öffnung der Deiche zur Wiederherstellung der erst vor wenigen Jahrzehnten abgedeichten Überflutungsflächen dürfen nicht länger Tabuthemen bleiben. Schon heute muß vorgeplant werden, wie dem totalen Verlust naturnaher Lebensräume in den Ästuaren bei voranschreitendem Meeresspiegelanstieg langfristig vorgebeugt werden kann.

Die Besiedlung hochwassergefährdeter Gebiete darf nicht länger fortgesetzt werden. Die Extensivierung der landwirtschaftlichen Nutzung sollte entlang der Flüsse verstärkt durchgeführt oder Flächen stillgelegt werden, damit dort regelmäßige Überschwemmungen wieder zugelassen werden und Flußlandschaften wieder entstehen können.

Letzte naturnahe Flußlandschaften schützen!

Zur Verbesserung der ökologischen Situation müssen neben einer Sanierung und Renaturierung ausgebauter Flußstrecken die noch naturnah erhaltenen Gebiete an Elbe, Oder, Donau als Großräume vorrangig unter Schutz gestellt werden.

Die Elbtalniederung in der unteren mittleren Elbe wurde wegen der politischen Gegebenheiten in den letzten 50 Jahren nur wenig verändert und hat ihren naturnahen Charakter weitgehend bewahrt. Mehrere Kilometer breite Überschwemmungslandschaften mit Auenwiesen und Auenwäldern blieben so erhalten und sind von hoher ökologischer Qualität. Das Elbtal ist ein Refugium für Lebensgemeinschaften mitteleuropäischer Flußauen. Dort kommen kontinentale, atlantische, boreale sowie boreo-alpine Arten sowie Spezies extremer Biotope vor. Dieses Gebiet ist durch verkehrspolitische Planungen gefährdet. Daher bedarf es besonderen Schutzes.

Ein Ausbau der mittleren Elbe für größere Binnenschiffe würde eine Trennung der Verbindung von Fluß und Aue zur Folge haben. Auch der Bau einer Staustufe in der Saale würde dazu führen, daß die dortigen Auen ständig unter Wasser stehen. Diese Maßnahmen wären daher für die Auenlandschaft des Biosphärenreservates »Mittlere Elbe« verheerend (vgl. Kap. 8.9). Gleiches gilt für die Oder und die Donau.

Gefährdete Arten schützen!

Einer der wichtigsten Gründe für die Gefährdung vieler Pflanzen und Tiere ist der unübersehbare Rückgang zahlreicher Biotoptypen als Folge des fortschreitenden Ausbaus der Flußläufe mit ihrer starken Verarmung an gewässerökologischen Strukturen und der Absenkung des Grundwassers. Alarmierend ist der nahezu schlagartige regionale und landesweite Bestandsrückgang der letzten Jahrzehnte. Aus einem Vergleich des heutigen Vorkommens von 79 Pflanzenarten mit einer Verbreitung in den Stromtälern wird deutlich, daß vor allem an der Donau die Veränderungen so dramatisch sind, daß bereits 21% dieser Pflanzen vom Aussterben bedroht oder bereits ausgestorben sind.

Im Zusammenhang mit der Verbesserung der Wasserqualität der Flüsse zeigt sich eine Wiederbesiedlung in der aquatischen Fauna jedoch mit einer deutlichen Artenverschiebung. Ende der 60er Jahre traten keine der im Jahre 1920 im Rhein bekannten 29 Köcherfliegenarten mehr auf. Heute sind dort rund 20 Arten wieder nachgewiesen. Davon zählen aber lediglich 9 Arten zur ursprünglichen Fauna. Bei den anderen handelt es sich um oportunistische Arten, die als nicht gefährdet gelten. In der Elbe ist eine ähnliche Wiederbesiedlung verzögert zu beobachten, die den unterschiedlichen zeitlichen Ablauf in der Verschmutzung und Sanierung dieses Flusses widerspiegelt (vgl. Kap. 8.5).

Besonders eindrucksvoll ist der Rückgang der Störartigen, Salmoniden und Neunaugen sowie der Nase, die vor Jahrzehnten als Massenfische galten und heute z. T. als verschollen eingestuft werden. Um eine Wiederbesiedlung dieser Arten zu erreichen, müssen die verloren gegangenen Lebensräume, Laichplätze und »Kinderstuben« renaturiert werden. Sie müssen für die Fische erreichbar sein, d. h. die Flüsse müssen wieder durchgängig werden. Allein mit Besatzmaßnahmen ist das Problem der Wiederbesiedlung durch Fische nicht zu lösen.

Sauberes Wasser für die Flüsse

Durch den Ausbau der Kläranlagen zur Reinigung der kommunalen und industriellen Abwässer haben die meisten Fließgewässer in Deutschland eine Verbesserung bezüglich der organischen Belastung erfahren. Dies spiegelt sich in den Sauerstoffverhältnissen des Flußwassers wider. Die Elbe erfuhr nach der Wiedervereinigung eine signifikante Verbesserung, weil die industrielle Abwasserlast durch Schließung von Betrieben gestoppt wurde. In der mittleren Elbe sind in den letzten Jahren keine dramatischen Sauerstoffmangelsituationen mehr eingetreten. Das sommerliche weiträumige Sauerstoffdefizit in der Tideelbe unterhalb Hamburgs aber, früher eine Folge der Verschmutzung durch Abwasser, ist, als Folge des Abbaus von Phytoplanktonbiomasse aus der Mittelelbe, bis heute nur kleiner geworden, aber nicht verschwunden (Kap. 6.9).

Auch vor allem die Ammonium- und Phosphatbelastung ist stark zurückgegangen. Dagegen ist die Nitratbelastung und die Belastung mit organischen Schadstoffen und Schwermetallen nach wie vor ein ungelöstes Problem.

- durch Vermeidung von Überdüngung in der Landwirtschaft

Seit 1950 hat sich der Einsatz von Düngemitteln überproportional erhöht. Allerdings ist in den letzten Jahren eine erfreulicher Rückgang der Düngeraufwendungen festzustellen. Neben einer oft nicht pflanzenbedarfsgerechten Düngung gibt es das Problem der Beseitigung übermäßiger Mengen tierischer Abgänge (Gülle, Jauche; auch Silosickersäfte). Bei der Massentierhaltung fällt im allgemeinen mehr Gülle an, als der Bauer auf der zur Verfügung stehenden Fläche pflanzenbedarfsgerecht unterbringen kann. Im Mittel für die Bundesrepublik Deutschland ergeben sich jährliche Bilanzüberschüsse von ca. 100 kg N/ha und 25 kg P/ha. Sie sind nicht nur unökonomisch sondern auch ökologisch unakzeptabel. Häufig wird Flüssigdüngung (Jauche, Gülle) auf gefrorene und schneebedeckte Böden aufgebracht. Die neu erlassene Düngeverordnung regelt und begrenzt zwar die Düngeraufwandmenge. Es sind jedoch erhebliche Zweifeln angebracht, ob diese Maßnahmen ausreichen, die Nitratbelastung des Grund- und Trinkwassers, der Oberflächengewässer und den Eintrag von Nährstoffen in die Meere wirksam zu vermindern. Obwohl der Wissenstand für Maßnahmen in der Landwirtschaft zur Reduktion der Belastung heute ausreichend ist, werden diese Erkenntnisse nicht konsequent umgesetzt. Eine Reduktion der o. g. Bilanzüberschüsse auf ca. 50 kg/ha Stickstoff und 5 kg/ha Phosphor ist nach Angaben der Experten heute erreichbar. Die Massentierhaltung muß ferner an die Größe der zur Verfügung stehenden Fläche angepaßt werden. Aus all diesen Gründen konnte auch die Bundesrepublik Deutschland die bei der 2. Nordseeschutzkonferenz 1990 eingegangene Verpflichtung zur Reduzierung der N-Einträge bis 1995 um 50 % nicht erfüllen.

Während Stickstoffverbindungen gut wasserlöslich sind, gelangen die schwerlöslichen Phosphate und Pflanzenschutzmittel vor allem durch Bodenerosion in die Gewässer. Durch erosionsmindernde Maßnahmen können diese Einträge weiter verringert werden. Gute Kenntnisse zum Erosionsschutz liegen vor. Auch hier mangelt es an praktischen Umsetzungen.

- durch umweltschonende Gestaltung der Landwirtschaft

In Trinkwasser aus Oberflächengewässern, im Grund- und Quellwasser, Uferfiltrat und angereichertem Grundwasser werden regelmäßig Pflanzenschutzmittel nachgewiesen. Häufig wird der Trinkwassergrenzwert von 0,1 µg/l je Einzelsubstanz überschritten. Zwischen 1980 und 1991 wurden in der Bundesrepublik jährlich 2,9 kg/ha Pflanzenschutzmittel verwendet. In den alten Bundesländern wurden früher ca. 30 000 t/Jahr verkauft, wobei der Trend bei Herbiziden fällt und der bei Fungiziden steigt. Nach den Beschlüssen der 3. Nordseeschutzkonferenz wurden eine Reihe von gefährlichen Pflanzenschutzmitteln verboten bzw. nicht zugelassen. Dazu gehört das Verbot des Atrazins. Die Verpflichtung, die Einträge bis 1995 gegenüber 1985 auf 50 % zu reduzieren, wurde nicht erfüllt. Die Gewässerbelastung durch Pflanzenschutzmittel kann nach den Grundsätzen des integrierten Pflanzenschutzes und durch Anwendung umweltverträglicherer Wirkstoffe reduziert werden. Unsachgemäße Anwendung von Pflanzenschutzmitteln muß unbedingt vermieden werden.

- durch weitere Verringerung der Einträge von Schwermetallen und CKWs

Die Belastung durch Schwermetalle und CKWs ist trotz des erzielten Rückgangs im Vergleich mit den 70er und 80er Jahren vielfach nach wie vor unnatürlich hoch und besorgniserregend. Nutzfischarten wie der Aal überschreiten immer noch häufig die höchstzulässige Konzentration für Quecksilber. In der Elbe ist trotz der verschiedenen Maßnahmen kein Rückgang bei den chlorierten Kohlenwasserstoffen wie HCH und PCB festzustellen. Die Gehalte an Kupfer und Zink, die für Wasserleitungen und Regenrinnen häufig verwendet werden, sind in den Flüssen unverändert hoch geblieben (*Abb. 4.8-4*). Die Lindanbelastung der Elbe ist sogar angestiegen (*Abb. 4.8-1*).

Die Wasserqualität kann erst dann nachhaltig verbessert werden, wenn die entsprechenden Emissionen durch geeignete Maßnahmen nach dem jeweils neuesten Stand der Technik konsequent vermieden werden. Diffuse Einträge wie Nährstoffe und Pestizide aus Landwirtschaft, Forstwirtschaft und Gartenbau, Antifoulingsubstanzen von Sport- und Handelsschiffen, NOx, Schwermetalle und PAK aus Verbrennungsvorgängen (Verbrennungsanlagen, Kraftfahrzeuge) stellen gravierende Probleme dar und müssen durch gezielte politische Maßnahmen wie Anwendungsverbote für toxische und gefährliche Substanzen, ökonomische Instrumente, Verbesserungen der Recyclingsysteme usw. erreicht werden. Vor allem muß der Umgang mit wassergefährdenden Stoffen reduziert werden.

Schutz der Nord- und Ostsee sowie des Schwarzen Meeres

Dieser Appell betrifft nicht nur die Küstenstädte sondern uns alle, denn der Schutz der Meeresumwelt beginnt im Gebirge. Aufgrund der riesigen Entwässerungsgebiete der Flüsse gelangen die in Luft und Boden enthaltenen Schadstoffe früher oder später nach Auswaschung durch das Regenwasser ins Meer. Beispielsweise umfaßt das Entwässerungsgebiet der Donau, auf dem ca. 90 Mio. Menschen leben, ca. 817 000 km² – eine fast zehnmal so große Fläche wie Österreich. Eine unüberschaubare Anzahl unterschiedlicher Substanzen aus diesem Gebiet werden im Laufe weniger Tage vom Fluß zum Meer transportiert und führen dort, weit von den Emissionsquellen entfernt, zu oft zu spät erkannten ökologischen Auswirkungen.

In den Flußmündungsbereichen und an der Küste werden Schadstoffe durch komplexe Ab- und Adsorptions- sowie Sedimentationsprozesse angereichert und langfristig deponiert. Häufig treten dort vermehrt Krankheiten und Mißbildungen bei Fischen auf. Die Robben im Wattenmeer sind um ein Vielfaches stärker belastet als die der Antarktis und von Spitzbergen (vgl. Kap. 1.3).

In Küstengewässern sind die Nährstoffe um ein Vielfaches angestiegen. Die Phosphatkonzentration hat sich dort gegenüber den 50er Jahren nicht nur mehr als verdoppelt, sondern auch der Jahresgang hat sich verändert. Nach der Planktonblüte im Frühjahr waren die Phosphatmengen früher minimal und blieben über den ganzen Sommer hinweg gering. Heute dagegen liegen sie gerade im Sommer um ein mehrfaches höher als früher. Das läßt sich nur durch die Remineralisation organischer Substanz, vermutlich aus erhöhter Planktonproduktion erklären. Dies und die Tatsache, daß nicht mehr alle Nährstoffe verbraucht werden, wird als Beweis für Überdüngung gewertet. Gleiches gilt bezüglich der Stickstoffverbindungen. Zwar zeigen sich erste Anzeichen, daß die Anstrengungen im Binnenland sich in einem Rückgang der Phosphatkonzentrationen im Küstenbereich bemerkbar machen, die weiterhin ansteigenden Stickstoffkonzentrationen führen jedoch zu Verschiebungen der N/P-Verhältnisse, was möglicherweise sehr unerwünschte Algenarten begünstigt.

Die zwischen Fluß und Meer wandernde Fauna und die in der Übergangszone lebenden Brackwasserorganismen sind am meisten gefährdet. Eine Reihe von Arten gilt als verschollen oder ausgestorben. Durch die Veränderungen in den Flüssen erreichen die Wanderarten wie Stör, Alse (Maifisch), Schnäpel und Lachs ihre Laichplätze nicht mehr oder sie sind zerstört. Die genannten Arten gelten fast überall als verschollen. Aal, Flunder sowie Fluß- und Meerneunauge zeigen drastische Rückgänge in ihren Populationgrößen (vgl. Kap.1.3).

Grundwasser: Unterirdischer Schatz der Flußfeuchtgebiete

Das meiste unterirdische Wasser ist aufgrund der durchlässigen Kies- und Sandablagerungen durch die Belastung mit Schad- und Nährstoffen gefährdet. So führt beispielsweise die Überdüngung landwirtschaftlicher Flächen zu hohen Nitratkonzentrationen im Grundwasser. Eine Trinkwassergewinnung mit naturnahen Verfahren ist aufgrund der Schadstoffbelastung häufig nicht mehr möglich.

Durch zusätzliche Reinigungen verteuert sich das Trinkwasser enorm.

Tourismus

In ökologisch empfindlichen Abschnitten der Flüsse und Auen sowie Feucht- und anderen Schutzgebieten müssen auch Erholungsaktivitäten wie Wassersport eingeschränkt werden. Bootsliege- und Campingplätze und ihre Einrichtungen müssen natur- und umweltfreundlich gestaltet werden.

Vorsorgeprinzip

Nach dem Vorsorgeprinzip ist der Einsatz von toxischen und schwer abbaubaren Stoffen, die durch Pflanzen und Tiere angereichert werden, bereits an der Quelle zu unterbinden, auch wenn Auswirkungen noch nicht nachgewiesen wurden, aber zu befürchten sind.

Der beste Umweltschutz ist das Vermeidungsprinzip, d. h. daß wir Schadstoffe gar nicht erst entstehen lassen und mit den natürlichen Rohstoffen wie Wasser nicht verschwenderisch umgehen. Leider ist das Abwasserabgabengesetz kürzlich entschärft worden. Umweltbewußtes Verhalten sollte durch Steuererleichterungen gefördert werden.

Über ein Viertel der Frachtgüter sind Gefahrgüter. Aufgrund des ständigen Unfallrisikos in den Flüssen sind die Sicherheitsstandards auf den Flüssen mindestens so hoch wie an Land anzusetzen !

Wie soll, wie kann es weitergehen?

Wir sollten inzwischen alle gelernt haben, daß Flüsse Ökosysteme und Teile der Landschaft sind, keine technischen Einrichtungen, die nach Gutdünken manipuliert werden dürfen. Wie wir immer wieder sehen können, schlägt die Natur zurück, wenn sie überstrapaziert oder übernutzt wird. Für den Umgang mit den Flüssen muß ein Umdenken erfolgen, der die Wiederholung der Fehler der Vergangenheit ausschließt. Zukunftsfähige und nachhaltige Entwicklung unserer inzwischen durchmanipulierten und technisierten Kulturlandschaft erfordert auch das Bestehen vollständiger und funktionsfähiger Auenlandschaften, die in naturnäher und maßvoller als bisher ausgebaute Flußregime einbezogen sind. Daher muß z. B. der lukrative Kies- und Sandabbau in den Auen streng begrenzt werden. Recyclingverfahren für Baustoffe sind mit Sicherheit weiter ausbaubar. Auch an und auf den Flüssen muß die dringend erforderliche, vielfach bereits gut funktionierende, gleichberechtigte Partnerschaft zwischen Ökonomie und Ökologie – man denke nur an Abwasser- und Rauchgasreinigung – gemeinsam weiterentwickelt werden. Dazu gehört z. B. die großflächige Renaturierung der Fließgewässer, die nur auf der Grundlage umfassender, unter den Beteiligten abgestimmter Konzepte wirksam in Angriff genommen werden kann. Dies erfordert gegenseitiges Verstehen- und Lernenwollen auf beiden Seiten, aber auch den Willen zum Kompromiß. Nur so sind die Zielkonflikte zu lösen. Dazu gehört auch, daß die Ökologen und Limnologen bereit sind, die dafür notwendigen Leitbilder nicht allein in einer menschenleeren, der Nutzung entzogenen Naturlandschaft zu sehen. Dieses wünschenswerte und berechtigte Ziel für vermehrt einzurichtende und auszudehnende Naturschutzgebiete oder die wenigen, noch erhaltenen Naturlandschaften kann jedoch im dichtbesiedelten Mitteleuropa nicht flächendeckend greifen. Dennoch muß und kann viel mehr als bisher getan werden. Neue, den ökologischen Erfordernissen gemäße Methoden, Reparatur der gravierendsten Schäden, die durch die Eingriffe der letzten 150 Jahre entstanden sind, und neue, nicht allein am technisch Machbaren orientierte Denkansätze sind erforderlich. Würde unsere in Europa vorbildliche Wassergesetzgebung, die der Unterstützung durch die politischen Entscheidungsträger bedarf, konsequent umgesetzt, wäre der Umgang mit unseren Gewässern und ihren Einzugsgebieten sorgsamer. Schadensbehebung und strikte Schadensvermeidung sind die notwendigen Perspektiven, nicht Schadensbegrenzung wie bisher. Dies würde nicht nur mehr Naturnähe und weniger Umweltzerstörung bedeuten, sondern auch Verbesserung der Lebensqualität einer dem Naturerleben immer mehr entfremdeten Bevölkerung. Man sage nicht, dafür sei kein Geld vorhanden.

Das Buch
»Warnsignale aus Flüssen und Ästuaren«
wurde mit Unterstützung von **STATeasy, wissenschaftliche Auswertung**
herausgegeben.

Ein Produkt von **STATeasy, wissenschaftliche Auswertung** ist das Computerprogramm **STATeasy 4.0** für Variationsstatistik für wissenschaftliche Arbeiten.
Informationen erhalten Sie über Dr.J.L.Lozán, Schulterblatt 86 20357 Hamburg, Tel./Fax. 040 4304038.

STATeasy ist leistungsstark, schnell und leicht verständlich. Für parametrische Tests werden die Voraussetzungen überprüft. Ergebnisse werden in Textform erläutert. Und alles ohne viel lesen zu müssen. Über 60 Verfahren werden behandelt. Die Lieferung setzt sich aus 5 Disketten und einer Bedienungsanleitung zusammen.

»Warnsignale aus Flüssen und Ästuaren« ist das dritte Buch in dieser Reihe. Ziel der Bemühung der Herausgeber ist die Diskussion um den Umwelt- und Naturschutz anhand wissenschaftlicher Fakten zu objektivieren und zu vertiefen. Damit soll der Prozeß des Umdenkens beschleunigt und unser Umgang mit unseren Lebensräumen drastisch verbessert werden.

WWF-Engagement an Flüssen

Als sich in Straßburg unter der Ägide des Europas-Rates 1980 erstmals europäische Auen-Fachleute zu einer Bestandsaufnahme zusammenfanden, zeichnete sich zwei Erkenntnis deutlich ab: Man wußte über Auen erschütternd wenig und die Auen-Zerstörung lief derweil aber auf Hochtouren. Während verschiedener Auseinsetzungen wurde dem WWF-International bewußt, daß er mehr Sachverstand in Auen-Fragen verfügen müßte. Um diese Frage abzuhelfen, wurde von WWF und IUCN der internationale Auen-Beirat gegründet. Dieser legte in einem Strategiepapier dar, was von WWF-Seite aus zum Schutz, zur Erforschung und zur Entwicklung der Auen (in Mittel-) Europa geschehen müsse. Zentraler Punkt darin war die Schaffung eines speziellen Institutes. So wurde vom Präsident des WWF-International, im Frühjahr 1985 das WWF-Auen-Institut in Rastatt eröffnet.

Die ökologischen Probleme in Auengebieten sind viel zu komplex, als daß sie von wissenschaftlichen Einzelkämpfern gelöst werden könnten. Teamarbeit ist daher bei uns die Regel. Das Team setzt sich aus Vertretern unterschiedlicher Fachrichtungen, vor allem der Natur- und Ingenieurwissenschaften zusammen: Pflanzensoziologie, Zoologie, Ökologie, Limnologie, Hydrologie, Landschaftsplanung, Wasserbau, Forstwissenschaft, Umweltrecht und Computer-Kartographie sind Beispiele dafür. Die hohe Akzeptanz der Vorschläge, die meist im Spannungsfeld zwischen Schutz und Nutzung angesiedelt sind, rührt zum Teil aus diesem interdisziplinären Ansatz. Eine andere Stärke des Instituts liegt in der Beschränkung und Fokusierung auf das Thema »Flußlandschaft«. Von Bremen aus widmet sich der WWF mit seinem Fachbereich Meere und Küsten dem Schutz und Management von Ästuaren.

10 Begrifferklärungen und Abkürzungen
HARTMUT KAUSCH

Abfluß (Durchfluß) = Wasservolumen, das pro Zeiteinheit den Querschnitt eines Fließgewässers passiert (Q)
Abflußspende = Abfluß pro Flächeneinheit des Einzugsgebietes (q)
Abrasion = einebnende Abtragung einer Landoberfläche d. Wellenschlag unter Bildung einer **A.**sterrasse
Absorption = Aufnahme v. Substanzen über die Körper- od. Zelloberfläche in das Innere
Abundanz = Anzahl v. Individuen eines Art pro Flächen od. Volumeneinheit
Adsorption = Anlagerung v. Substanzen an der Oberfläche fester Stoffe
A_E = Areal des Einzugsgebietes; A_{Eo} = oberirdisches E.
AFDW = **ashfree dry weight** (aschefreies Trockengewicht)
aerob = bei Anwesenheit v. Sauerstoff
Aerosol = in der Luft schwebende, feste (Rauch) od. flüssige (Wolken, Nebel) Teilchen < 10 im Durchmesser
Äschenregion = untere Bachzone, Leitfisch Äsche (*Thymallus thymallus*); schnellströmend, Kies-/Sandboden, Maximaltemperatur selten > 15 °C
Ästuar = d. →Seitenerosion trichterförmig erweiterte Flußmündung in ein gezeitenbeeinflußtes Meer; periodische Wasserstandsänderung u. Umkehr der Fließrichtung bis zur →Tidegrenze; Brackwasserzone mit →Salzgradient u. →Trübungsmaximum
Algen = Abteilung Phycophyta des Pflanzenreichs mit 12 taxonomischen Klassen[2], einzellig, oder auch kolonie- (→Mikroalgen) od. lagerbildend (→Makroalgen)
Algenblüte = Planktonblüte, Wasserblüte, Massenentwicklung v. →Algen des →Phytoplanktons
allochthon = dem Gewässer v. außen zugeführt
Alluvium = →Holozän (Postglazial)
Alluvionen = junge, nacheiszeitliche Ablagerungen (Anschwemmungen)
Altarm, Altwasser = stehendes Gewässer in der →Aue, aus abgetrenntem →Mäander od. altem Flußlauf entstanden, bei Hochwasser überschwemmt
Amplitude = Größe des Ausschlages einer Schwingung
anaerob = völlig frei v. elementarem Sauerstoff
anoxisch = nahezu sauerstofffrei
anthropogen = d. den Menschen u. seine Tätigk. verursacht
AOX = Abk. f. absorbierbare, organisch gebundene →Halogene (»X«)[8]
ARGE Elbe, Rhein, Weser = Arbeitsgemeinschaft f. die Reinhaltung der Elbe, des Rheins, der Weser
arid = Bez. f. ein Gebiet, in dem die Verdunstung größer ist als der Niederschlag
Artefakt = d. die Untersuchungsmethode unbeabsichtigt erzeugter Befund
As = chem. Zeichen f. Arsen
Aue = Überschwemmungsgebiet eines Flusses
Ausleitungskraftwerk = Kraftwerk, dem das Wasser über einen vom Fluß abgezweigten Kanal (Ausleitungskanal, Wasserkraftkanal) zugeführt wird
autochthon = im Gewässer selbst entstanden
autotroph = Bez. f. Organismen, die sich d. →Primärproduktion ernähren

Barbenregion = obere Flußregion, Leitfisch Barbe (*Barbus barbus*); schnellfließend, Sand, Max. Temp. knapp > 15 °C
Benthos (Benthon) = im u. auf dem Gewässerboden lebende Tiere (u. Pflanzen)

Berme = ebener Überschwemmungsbereich des ausgebauten →Hochwasserbettes eines Flusses oberhalb des →MW
Bestandsdichte = Anzahl der Individuen pro Flächeneinheit
Bifurkation = Aufspaltung eines Flusses in zwei getrennt weiterfließende Flüsse
Bilge = Kielraum des Schiffes[9] **Bilgenöl** = ölverschmutztes Wasser, das sich in der →Bilge sammelt
Binnendelta = Fließstrecke, in der sich der Fluß in mehrere Arme aufspaltet, die sich weiter unterhalb wieder vereinen
Biodiversität →Diversität
biogene Belüftung = d. die →Photosynthese v. →Phytoplankton v. →Makrophyten erzeugter Sauerstoffeintrag in Gewässer
Bioindikatoren = Tiere od. Pflanzen (selten Mikroorganismen), die d. ihr Vorkommen (→Zeigerorganismen), Fehlen, die charakteristische Änderung ihres Aussehens od. die Anhäufung v. z. B. Schadstoffen in ihren Zellen, Geweben od. Organen besondere Eigenschaften der Umwelt anzeigen[4][8]
Biomasse = »*in einem Bestand v. Lebewesen festgelegte (lebende) organische Substanz*«[4]
Biomonitoring = Überwachung eines Gebietes (Ökosystems) mittels →Bioindikatoren
Biotest = Nachweis od. quantitative Bestimmung v. Wirk- od. Schadstoffen mittels biologischer Methoden unter Verwendung v. Testorganismen od. Zellkulturen
Biotop = der Lebensraum einer →Biozönose; besteht aus den →Habitaten
biozid = abtötend; Biozide = Sammelbezeichnung f. Umweltchemikalien zur Bekämpfung schädlicher Lebewesen
Biozönose = Lebensgemeinschaft aus allen, den →Biotop besiedelnden Lebewesen
Bore = gut erkennbare, stromauf laufende Flutwelle, die, v. den Gezeiten angetrieben, in manchen Ästuaren aus morphologisch-hydrographischen Gründen entsteht
Botulismus = Vergiftung d. Nervengifte, die v. versch. Erregertypen des Bakteriums *Clostridium botulinum* ausgeschieden werden[2]
Brachsenregion = Brassen-, Bleiregion, Leitfisch Brachsen (*Abramis brama*); langsam fließend, Sand-/Schlamm, Maximaltemperatur knapp > 20 °C
Brackmarsch = →Marsch in der Brackwasserzone der →Ästuare
BSB = Biologischer Sauerstoff-Bedarf; Maß f. die d. die Atmung v. Kleinstlebewesen im Wasser während einer Zeitspanne (meist 5 Tage, BSB_5) verbrauchte Sauerstoffmenge
Buhnenfeld = ausbaubedingt strömungsberuhigter Teil der Flußuferregion zwischen zwei Buhnen
Buntsandstein = Formation der →Trias

Cd = chem. Zeichen f. Cadmium
Chironomiden = Zuckmücken
Chlorid = einwertig negativ geladenes Ion des Chlors (Cl⁻)
Chlorkohlenwasserstoffe = chlorierte Kohlenwasserstoffe; Sammelbezeichnung f. eine große Gruppe v. Schädlingsbekämpfungsmitteln (Pestizide)
Chromatographie = Methoden (Papier-, Dünnschicht-, Säulen-; Gas-, Flüssigkeitschr.) zur Trennung v. Stoffgemischen in flüssiger od. gasförmiger, »mobiler Phase« unter Ausnutzung der unterschiedl. Durchlaufgeschwindigkeiten der Einzelstoffe an porösem Material, der »stationären Phase«
Chromatogramm = Bez. f. die in der stationären Phase sichtbar gemachte Trennung der Stoffe bei der Papier- u. der Dünnschichtchromatographie
Coliforme = **coliforme Bakterien** = Darmbakterien der Familie *Enterobacteriaceae*; Hinweis auf Verunreinigungen mit häuslichem Abwasser

Corioliswirkung = richtungsablenkende Wirkung der Erddrehung auf die (Wasser)bewegung
CSB = **C**hemischer **S**auerstoff-**B**edarf; Maß f. die d. die chemische Oxidation v. im Wasser gelösten Substanzen verbrauchte Sauerstoffmenge
d = Tag (in Dimensionen)
DDE = Neben- u. Abbauprodukt v. DDT
DDT = **D**ichlor**d**iphenyl**t**richlorethan, ein Gemisch aus mehreren Isomeren, Insektizid (Kontaktgift)
Deckwerk = flächige Uferbefestigung d. Steinschüttung, Pflasterung, Asphalt- od. Betonauflage
Denaturierung = durch äußere Einwirkung (Hitze, Kälte, Substanzen) hervorgerufene, unumkehrbare Veränderung (Zerstörung) biologisch aktiver Strukturelemente (z. B. Eiweißkörper) lebender Systeme
Denitrifikation = mikrobielle Reduktion des Nitrats bis zum elementaren Stickstoff, N_2, auch weiter zum Lachgas, N_2O
Deposition = Ablagerung »*eines Stoffes aus der Atmosphäre auf Böden, Gewässer, Pflanzen od. andere Oberflächen. Man unterscheidet trockene u. nasse (feuchte) D.*«[8]
Depression = Land, das tiefer liegt als der Meeresspiegel
Desorption = Ablösung →adsorbierter Stoffe
Detritus = das Zerriebene, mineralischer u. organ. D.; Biologie: tote, v. Lebewesen stammende, partikuläre od. in Wasser gelöste organische Substanz
Devastierung (Devastation) = Zerstörung v. Böden durch Übernutzung od. falsche Bewirtschaftung
Diasporen = Überdauerungs- bzw. Ausbreitungseinheiten der Pflanzen; je nach Art Sporen, Samen, Fruchtteile, ganze Früchte, Brutkörper usw.[2]
Diatomeen = Kieselalgen, Bacillariophyceae (→Mikrophyt.)
diffuse Quelle = örtlich großflächig verteilte, nicht eingrenz- od. faßbare Herkunft v. →Emissionen (z. B. bei Abschwemmungen v. Oberflächen od. Auswaschungen aus Böden)
Diluvium = Pleistozän, Eiszeitalter
Diversität = zusammenfassender (mathematischer) Ausdruck f. die Artenvielfalt u. Individuendichte einer →Biozönose
DOC = **d**issolved **o**rganic **c**arbon; in Wasser gelöster, organisch gebundener Kohlenstoff
Dominanz = das Vorherrschen einer bestimmten Organismenart in einer →Biozönose
Drift = passive Verfrachtung durch Wasserströmungen; organismische Drift in Flüssen = Verfrachtung v. Wassertieren mit der fließenden Welle
Durchstich = Abtrennung einer Flußschlinge (→Mäander) durch Bau eines künstl. Flußbettes

edaphisch = den Boden u. seine Eigenschaften betreffend, auch: im Boden lebend; Edaphon = Lebensgem. im Boden
EDTA = Ethylendiamintetraacetat, ein →Komplexbildner
Einzugsgebiet = v. der Wasserscheide begrenztes Abflußgebiet eines Fließgewässers, Zuflußgebiet eines Sees (A_E)
emers = über die Wasseroberfläche hinausragend
Emission = Abgabe v. Belastungen (z. B. Schadstoffe, Abwärme, Geräusche, Strahlen) an die Umwelt (z. B. Atmosphäre, Gewässer) aus einer E.-Quelle
endokrin = innersekretorisch
Enzyme = Eiweißkörper (Proteine), ermöglichen d. katalytische Herabsetzung der Aktivierungsenergie die biochemischen Umsetzungen der Lebewesen bei normalen Umgebungsbedingungen
epi- = auf; epilithisch = auf Steinen, epipelisch = auf Schlamm, epiphytisch = auf Pflanzen, epipsammisch = auf Sand
Epipotamal = obere Flußzone, in Mitteleuropa →Barbenregion. **Epirhithral** = obere Bachzone, in Mitteleuropa obere Salmonidenregion = →Forellenregion
EROD = 7-Ethoxyresorufin-O-dealkylase, →Enzym der Phase I des Entgiftungsstoffwechsels der (tierischen) Organismen
Erosion = Abtragung der festen Landoberfläche d. Wasser od. Wind
Evolution = die bis heute andauernde Entwicklung der Lebewesen im Laufe der Erdgeschichte
eukaryotisch = einen Zellkern besitzend
Eulitoral = die Uferzone, die den natürlichen Wasserstandsschwankungen unterliegt, begrenzt d. →MNw u. →MHw
Europa-Schiff = genormter europäischer Binnenschiffstyp f. den Güterverkehr, Länge: 85 m, Breite: 9,5 m, Tiefgang 2,5 m
euryök = sehr unterschiedliche Umweltbedingungen ertragend; z.B. **euryhalin** (Salzgehalt), **eurytherm** (Temperatur)
eutraphent = nährstoffreiche (eutrophe) Verhältnis. anzeigend
eutroph = nährstoffreich, mit hoher →Primärproduktion
Eutrophierung = d. natürliche od. →anthropogene Nährstoffzufuhr hervorgerufene Steigerung der →Primärproduktion
Evapotranspiration = die tatsächliche Gesamtverdunstung (AER) v. Wasser an einem bestimmten Standort in einer bestimmten Zeitspanne
Exoenzyme = v. Lebewesen (z. B. Bakterien) aktiv an ihre Umwelt abgegebene →Enzyme

Faschine = zu Uferbefestigung, Deichbau u. Landgewinnung im Watt verwendetes, fest zusammengebund. Reisigbündel
Fischzonen (Fischregionen) = Längszonierung der mitteleuropäischen Fließgewässer in zweimal 3 Zonen nach dem Vorkommen v. Leitfischarten: Salmonidenregion (Bachzone, →Rhithral), aufgeteilt in →Forellenregion, obere (→Epirhithral), →Forellenregion, untere (→Metarhithral), →Äschenregion (→Hyporhithral) sowie →Potamal (Flußzone), aufgeteilt in Cyprinidenregion mit →Barbenregion (→Epipotamal) u. →Brachsenregion (Metapotamal) sowie →Kaulbarsch-Flunder-Region (→Hypopotamal, auch Brackwasser-Region)
Fitness = »*Maß für den Beitrag eines →Genotyps zur folgenden Generation, relativ zu anderen Genotypen*«[3]
Flußmarsch = →March in →limnisch.Zone der →Ästuare
Flußbett = i. e. S. die Ablaufrinne des Flusses zwischen den Ufern, deren Begrenzungslinie (Uferlinie) hydrol. dem mittleren Wasserstand (→MW) entspricht (s. auch Kap.7.2 u. →Flußregulierung)
Flußregionen = Einteilungen der Fließgewässer in hintereinander liegende, in ihren Eigenschaften unterschiedliche Abschnitte: a) geogr. in Quelle, Ober-, Mittel-, Unterlauf, Mündungsgebiet; b) limnologisch in →Krenal, →Rhithral u. →Potamal. u. in →Fischzonen
Flußregulierung = Begradigung, Verkürzung, Aus- od. Umbau der →Flußbettes einschl. des →Hoch-, →Mittel- u. →Niedrigwasserbettes zur technischen Nutzung des →Durchflusses (Schiffahrt, Gewinnung elektr. Energie)
Flußsohle = die Oberfläche des →Flußbettes
Flußstau = →Stauhaltung in einem Fluß
fluviatil = den Flüssen zugehörig, in Flüssen lebend
Forellenregion = oberste u. mittlere Bachregion, Leitfisch Bachforelle (*Salmo trutta* f. *fario*); sehr starke Strömung, Geröll/Kies, Temperatur um 10 °C, selten > 10°C
fossil = in vergang., geolog. Zeiten lebend od. entstanden
Frischwasser = Süßwasser; wörtl. Übersetz. v. »freshwater«
Fungizide = Pilzbekämpfungsmittel (→Pestizide)
Furkationszone (-bereich) = Flußstrecke, in der sich der natürliche Flußlauf in viele, miteinander vernetzte Arme teilt

G = Giga, 1000 Millionen, 1 Milliarde, 10^9
Gaschromatographie = →Chromatographie gasförm.Stoffe
Genotyp = die Gesamth. der Erbanlagen eines Lebewesens[2]
geomorphologisch = die Gestalt der Erdoberfläche betreffend
Geoakkumulation = Anreicherung v. Stoffen, vor allem in den feinkörnigen Fraktionen der →Sedimente u. →Böden

Geoakkumulationsindex f. Schwermetalle = Kalkulationsmaß f. die →Kontamination v. Sedimenten u. Böden d. →Schwermetalle u. deren Anreicherung über den, in der unbelasteten Situation d. die geochemischen Verteilungsgesetze vorgegebenen, Nullwert hinaus
Geschiebe = »*Feststoffe, meist Gesteinstrümmer, die d. das Wasser an der Gewässersohle bewegt, d.h. gerollt (Kiesel, Geröll) u. geschoben werden*«[10]
Gewässergüte = Wassergüte, »*Klassifizierung v. Gewässern aufgrund des →Saprobiensystems, der Sauerstoffkonzentration u. des biochemischen Sauerstoffbedarfs*«[8]; in Deutschland 7 Güteklassen (von I = unbelastet bis IV = übermäßig belastet)
Gleithang = konvexe Seite einer Flußkrümmung (→Mäander), an der sich d. geringere Fließgeschwindigkeit →Sediment ablagert
Grazing = engl. »Beweidung«; Fachausdruck f. den Wegfraß v. →Phytoplankton d. das →Zooplankton; G.-rate = Wegfraß pro Zeiteinheit
Grundwasser = »*unterirdisches Wasser, das Hohlräume der Erde zusammenhängend ausfüllt u. dessen Bewegungsmöglichkeit nur d. die Schwerkraft bestimmt wird*«[10]
Grundwasseranreicherung = Trinkwassergewinnung d. Einspeisen v. Flußwasser über Sandfilter in das Grundwasser
GWh/a = Giga-Wattstunden/Jahr (1 GWh/a = 1 Mrd. Wh/a)

H_2S = chem. Formel v. Schwefelwasserstoff
ha = Hektar (1 ha = 10 000 m^2)
Habitat = »*Aufenthaltsbereich einer Tier- od. Pflanzenart innerhalb eines →Biotops*«[2]
Halobiensystem = analog dem →Saprobiensystem entwickelte Berurteilung salzbelasteter aquatischer Biozönosen
Halogene = die Elemente Fluor (F), Chlor (Cl), Brom (Br), Jod (I) u. Astat (At)
Hartholzaue = Vegetation höher liegender Bereiche der Überschwemmungsflächen aus Hartholz bildenden Baumarten, welche < 30[10], als niedriger liegende →Klimax-Gesellschaft der →Weichholzaue bis 90[5] Tage/Jahr (Kap. 7.5: Extrem bis 7 Monate) Überflutungsdauer tolerieren; Ersatzvegetation: Wiesengesellschaften[10]
HCB = Hexachlorbenzol. **HCH** = Hexachlorcyclohexan
Helophyten = Sumpfpflanzen
Hepatom = Krebsgeschwulst in der Leber
Herbizide = Unkrautvernichtungsmittel (→Pestizide)
heterotroph = Bez. f. Organismen, die sich v. Pflanzen, Tieren, Mikroorganismen od. organischem →Detritus ernähren
Hg = chem. Zeichen f. Quecksilber
Hochwasserbett = natürlicher od. künstlich geschaffener Verlauf eines Flusses einschließlich des Überschwemmungsgebietes, den die Hochwasserwelle (HW) durchfließt
Holozän = Alluvium, Zeit nach der letzten Eiszeit, Jetztzeit
homoiohalin (homoiosmotisch) = Bez. f. einen Wasserorganismus mit gleichmäßigem, v. der Zusammensetzung des ihn umgebenden Wassers weitgehend unabhängigem Ionengehalt seiner Körperflüssigkeiten
HQ = Hochwasserabfluß
humid = Bez. f. ein Gebiet, in dem der Niederschlag größer ist als die Verdunstung
Hydrodynamik = a) Lehre v. der Bewegung der Flüssigkeiten, b) zeitliche Änderung v. Wasserstand u. Durchfluß
hypertroph = sehr stark nährstoffbelastet
Hypopotamal = untere Flußregion, in Mitteleuropa →Kaulbarsch-Flunder-Region
Hyporheal = **hyporheisches Interstitial**, wasserdurchströmter, sauerstoffreicher »*Lebensraum im Lückensystem unter der Sohle eines Fließgewässers*«[3]
Hyporhithral = untere Bachzone, in Mitteleuropa untere Salmonidenzone = Äschenregion (*Thymallus thymallus*); schnellströmend, Kies-/Sand, Max. Temperatur selten >15 °C

I →Geoakkumulationsindex
IKSE, IKSO, IKSR = Internationale Kommission (en) zum Schutze der Elbe, der Oder, des Rheins
Immission = Eintrag v. Schadfaktoren in die Umwelt, oft fern der (→Emission)squelle[4]
Immobilisierung = a) Festlegung v. Substanzen (z. B. →Schwermetallen) im Boden od. im Sediment v. Gewässern; b) d. Schadeinwirkung herbeigeführte Unfähigkeit zur Bewegung eines sonst beweglichen Lebewesens
Indikation = d. die Diagnose (Feststellung u. Erkennung) einer Krankheit angezeigte Heilbehandlung
Indikator = Anzeiger einer Eigenschaft
Interglazial = →Warmzeit zwischen zwei →Kaltzeiten
Interstitial →Hyporheal
Ion = nach außen elektrisch geladenes Atom od. Molekül[8]
I-TEQ-Wert = Begriff des internationalen Systems der Berechnung toxischer Äquivalente

Kaltzeit = Glazial
Karbon = Steinkohlenzeit, nach dem Devon der vierte Zeitabschnitt des Paläozoikums (Erdalter.), gefolgt vom →Perm
Kation = →Ion mit positiver Ladung
Kaulbarsch-Flunder-Region = untere Flußzone, Leitfische Kaulbarsch (*Acerina cernua*) u. Flunder (*Pleuronectes flesus*), Brackwasserregion (→Ästuar); Gezeiten, Schlick, Maximaltemperatur bis 20 °C
Keuper = Formation der →Trias
Klei = Lehm, Ton, Marschboden
Klimax = dauerhaft sich erhaltend. Endstadium einer →Sukzession v. →Biozönosen od. Organismenart. eines →Biotops
Koog (Polder) = ringsum eingedeichtes Marschgebiet
Kolmation = Auflandung, Aufschlickung durch Absetzen v. →Sinkstoffen
Komplexbildner = anorganische od. organische Verbindungen, die mit Metallionen Komplexbindungen eingehen; werden in Wasch- u. Reinigunsmitteln, aber auch in der Wasseranalytik eingesetzt (z. B. →EDTA, →NTA)
Konsumtion = Nahrungsaufnahme →heterotr. Organismen
Kontinuum-Konzept = auf der räumlichen Längserstreckung des Fließgewässers v. der Quelle bis zur Mündung u. der damit verbundenen allmählichen Änderung der physikalischen Faktoren basierende Hypothese, daß »*die biologische Organisation im Fluß diesem Gradienten angepaßt ist u. damit auch ein Kontinuum bildet*«[3] (River continuum concept[11])
Korngröße = d. den Durchmesser gekennzeichnete Größe der Boden- od. Sedimentpartikel (-körner)
Korngrößenverteilung = Kornverteilung, die Anteile unterschiedlicher →Korngrößen in einer Sedimentprobe
Korrelation = wechselseitige Beziehung, deren Stärke mit dem r-Koeffizienten (-1 < r < 1) angegeben werden kann
Kreide = nach dem Jura letzte Formation des Mesozoikums, gegliedert in Unter- u. Oberkreide, gefolgt vom →Tertiär
Krenal = Quellzone eines Fließgewässers
Kulturlandschaft = d. menschliche Besiedlung, Land- u. Forstwirtschaft geprägte Landschaft[2]

l = Liter
LAWA = Länderarbeitsgemeinschaft Wasser (vgl. Kap. 8.8)
Längswerk = Wasserbauwerk, das sich in Längsrichtung des Flusses erstreckt (→Leitdamm, Leitwerk)
LC$_{50}$(nh) = Maßzahl v. Toxizitätstests, Konz. eines (Schad-) Stoffes in Wasser, die innerhalb einer vorgegebenen Zeit (*nh* = *n* Stunden) bei 50 % der Testorganismen zum Tode führt

Leaching = engl. »auslaugen, durchsickern«, mikrobiell ausgelöste Mobilisierung v. Metallionen, auch kommerziell angewendet (z. B. Urangewinnung)[2]
Leitdamm = →Längswerk in Flüssen zur Stabilisierung der Strömungsrichtung (Leitwerk)
Leitorganismus = Tier- od. Pflanzenart, die an einen bestimmten Lebensraum gebunden ist u. ihn dadurch kennzeichnet
lenitisch = Bez. f. ein d. langsam fließendes od. wenig bewegtes Wasser gekennzeichnetes →Biotop
Ligand = Bez. f. Atome, →Ionen od. Moleküle, die das Zentralatom od. -ion eines chem. →Komplexes umgeben[8]
Limikolen = Watvogel-Arten
limnisch = im Süßwasser vorkommend
Limnologie = die Lehre v. den Binnengewässern (Grundwasser, Seen u. Fließgewässer, einschl. binnenländischer Salzgewässer), Teil der →Ökologie
limnophil = ruhiges, wenig strömendes Wasser bevorzugend
Litoral = die Uferzone v. Gewässern
Löß = postglazial aus den Gletschergebieten d. Wind herantransportierte Ablagerungen feinsten Mineralstaubes, Korngröße < 50 ìm, oft Quarzkern mit Kalkummantelung; bildet fruchtbare Böden, senkrechte Böschungen
lotisch = Bez. f. ein d. schnellfließendes, turbulentes Wasser gekennzeichnetes →Biotop
Lysis = →Denaturierung d. die Einwirkung v. →Enzymen

M = Mega, 1 Million, 10^6
m = Meter, m^2 = Quadratmeter, m^3 = Kubikmeter
Mäander = Flußschlinge (abgel. mäandrieren)
Mäanderzone = Streckenabschnitt, in dem der Fluß ein sich schlängelndes, mäandrierendes →Flußbett entwickelt
Makroalgen = mit bloßem Auge erkennbare →Algen; im Meer: große Grün-, Rot-, Braunalgen, Sammelbez.: Tang; im Süßwasser: Armleuchteralgen (z. B. *Chara*)
Makroorganismen = Lebewesen, die mit bloßem Auge als Individuen erkennbar sind
Makrophagen (alveoläre) = Abwehrzell. des Immunsystems
Makrophyten = »*Wasserpflanzen, die mit bloßem Auge als Individuen erkennbar sind*«[10]
Makrozoobenthos (-on) = →Benthostiere > 2 mm
Marsch = d. Sedimentablagerung bei Sturmfluten od. d. Landgewinnung aus →Watt aufwachsende →Überschwemmungsgebiete an Meeresküsten u. Ästuaren, gegliedert in den erhöhten sandigen Strandwall (Uferw.) u. das niedrig liegende, moorige Sietland dahinter; heute meist eingedeicht, entwässert u. in Kultur genommen
Mentum = bei den Mundwerkzeugen der Insekten: der basale Abschnitt der Unterlippe (Labium)
mesohalin = Brackwasser v. 5 – 18 ‰ Salzgehalt
Metabolisierung = Um- u. Abbau v. Stoffen d. biochemische Prozesse des Stoffwechsels (Metabolismus) v. Lebewesen
Metabolite = Um- u. Abbauprodukte des Stoffwechsels v. Lebewesen
Metapotamal = untere Cyprinidenregion, in Mitteleuropa →Brachsenregion
Metarhithral = mittlere Bachregion, in Mitteleuropa mittlere Salmonidenregion = →Forellenregion, untere
MHw = mittlere Hochwasserlinie
MHQ = mittlerer Hochwasserabfluß
Mikroalgen →Mikrophyten
Mikrophyten = mikroskopisch kleine, einzellige od. koloniebildende, auch fädige, →photoautotrophe Arten des →Phytoplanktons u. des →Mikrophytobenthos
Mikrophytobenthos = am Gewässerboden sowie im u. auf dem Wattsediment lebende →Mikrophyten
Minimumfaktor = das Wachstum v. Lebewesen begrenzender Faktor, dessen »Angebot« kleiner ist als die »Nachfrage« (Beispiel: Phosphat, Licht in getrübten Gewässern)
Miozän →Tertiär
Mitochondrien = Zellorganellen, Ort der (inneren) Atmung
Mittelwasserbett →Flußbett
Mittelwasserlinie = Uferlinie, arithmetisches Mittel der Wasserstände (W) über einen Zeitraum, mindestens 1 Jahr
Mittelwasserregulierung = d. wasserbauliche Eingriffe u. Maßnahmen herbeigeführte Stabilisierung der Schiffahrtsrinne bei mittlerem Wasserstand (MW) des Flusses
mixohalin = Süß- mit Meerwasser vermischt
mixotroph = Bez. f. Organismen, die sich sowohl →autotroph als auch →heterotroph ernähren
MNw = mittleres Niedrigwasser
MNQ = mittlerer Niedrigwasserabfluß
Mollusca = Muscheln u. Schnecken
Monitoring = gebiets- od. ökosystembezogene (Langzeit)-Überwachung umweltrelevanter Parameter d. Messung, Analytik und/oder den Einsatz v. →Bioindikatoren (Biomonitoring mit Monitororganismen)
monokausal = durch eine einzige Ursache hervorgerufen
Montansalz = aus dem (Kali-)Salzbergbau stammende Salze
Moräne = d. Gletscher abgetragenes, transportiertes, an deren Grund (Grundm.) od. Seiten (Seitenm.) abgelagertes od. am Gletscherende (Endm.) aufgestauchtes, nach dem Gletscherrückzug zurückgebliebenes, meist grobsortiertes, oft M.-Hügel od. M.-Züge bildendes Gesteins- u. Lockermaterial
Morphodynamik = d. die Wirkungen des fließenden Wassers hervorgerufene, natürliche Verlegungen u. Veränderungen des Flußbettes; nach Ausbau des Flusses d. künstliche Befestigung der Uferregion stark eingeschränkt
MQ = mittlerer →Abfluß eines Flusses od. Ästuars, an einem bestimmten Querschnitt, über einen Zeitraum gemittelt
Mq = mittlere Abflußspende
MThb = mittlerer Tidenhub, MThw minus MTnw
MThw = mittleres Tidehochwasser (durchschnittlicher Hochwasserstand am Ende der Flut)[4]
MTnw = mittleres Tideniedrigwasser (durchschnittlicher Niedrigwasserstand am Ende der Ebbe)
Muschelkalk = Formation der →Trias
MW = →Mittelwasserstand

N = chem. Zeichen f. Stickstoff
Nahrungsnetz = Bez. f. die komplexen Nahrungsbeziehungen im →Ökosystem (Erweiterung d. Begriffs Nahrungskette)
Nekton = die aktiv schwimmenden Tiere (z. B. Fische)
Neophyten = aus entfernten Gebieten od. anderen Kontinenten (neu) eingewanderte od. auch eingebürgerte Pflanzenarten
Neozoen = aus entfernten Gebieten od. anderen Kontinenten (neu) eingewanderte od. auch eingebürgerte Tierarten
Neurotoxine = Nervengifte = für das Nervensystem giftige u. es schädigende Substanzen
Neuston = mikroskop. kleine Lebewesen, die sich unmittelbar auf od. unter der Oberflächenh. des Wassers aufhalten[2]
NH_4^+ = Ammonium-Ion, einfach positiv geladen
Niedrigwasserbett = der d. den mittleren Niedrigwasserstand (MNW) eines Flusses gekennzeichnete Teil des →Flußbettes
Niedrigwasserregulierung = d. wasserbauliche Eingriffe u. Maßnahmen herbeigeführte Stabilisierung der Schiffahrtsrinne bei mittlerem Niedrigwasserstand (MNW) des Flusses
Nitrifikation = aerober bakteriologischer Prozeß der (zweistufigen) Oxidation v. Ammonium (NH_4^+) über Nitrit (NO_2^-, d. *Nitrosomonas*) zu Nitrat (NO_3^-, d. *Nitrobacter*)
Nitrophyten = stickstoffanzeigende Pflanzen
nival = d. Schnee (d. die Schneeschmelze) geprägt
NN = Normalnull = Meereshöhe = »*für Landkarten maßgebliches Meeresspiegel-Niveau (Wasserstand), Mittelwasserspiegel am Amsterdamer Pegel, im Jahre 1879 festgelegt*«[4]

NO$_x$ = Stickoxide; neun versch. Verbindungen; im praktischen Umweltschutz meist die Summe aus NO (Stickstoff(II)oxid) u. NO$_2$ (Stickstoffdioxid)[8]
NO$_2^-$ = Nitrit, einwertig negativ geladenes →Ion (Anion),
NO$_2$-N = Stickstoffgehalt im Nitrit-Stickstoff
NO$_3^-$ = Nitrat, einwertig negativ geladenes →Ion (Anion),
NO$_3$-N = Stickstoffgehalt im Nitrat, Nitrat-Stickstoff
NQ = Niedrigwasserabfluß
NTA = Nitrilotriacetat, ein →Komplexbildner
Nutzungskonflikt →Zielkonflikt
Oberwasser = Wasserabfluß aus einem Fluß in sein →Ästuar
Ökologie = Wissenschaft v. den Wechselbeziehungen der Lebewesen untereinander u. mit ihrer (unbelebten) Umwelt
Ökophysiologie = Lehre v. den ökologisch wirksamen Leistungen der Organismen u. ihrer Beeinflussung durch Umweltfaktoren
Ökosystem = das d. strukturelle Merkmale gekennzeichnete Beziehungsgefüge aus Lebensraum (→Biotop) u. den darin vorkommenden Lebewesen (der Lebensgemeinschaft, →Biozönose), deren Lebensprozesse in vielgestaltiger, charakteristischer Weise funktionell vernetzt sind u. ihrerseits auf die Struktur einwirken
Ökotoxikologie = Lehre v. den auf Organismen giftig wirkenden Substanzen, ihrem Eintrag u. ihrer Verbreitung in der Umwelt sowie ihrer Bedeutung für die dadurch herbeigeführten Schädigungen u. Änderungen der →Biozönosen
Oligochaeten = »Wenigborster«, nicht mit den Regenwürmern verwandte Ringelwürmer[4]
oligohalin = Brackwasser v. 0,5 – 5 ‰ Salzgehalt
oligotraphent = oligotrophe Verhältnisse anzeigend
oligotroph = nährstoffarm mit geringer →Primärproduktion
Organochlorverbindungen = organische Substanzen, die Chlor enthalten (Organohalogene)
Osmoregulation = Konstanthaltung des osmotischen Druckes im Protoplasma und/oder den Körperflüssigkeiten wasserlebender Organismen, unabhängig vom Salzgehalt des umgebenden Wassers

P = a) chem. Zeichen f. Phosphor b) Abk. f. Produktion c) Peta, 1000 Billionen, 1 Trillion, 10^{15}
PAK = polycyclische aromatische Kohlenwasserstoffe
Patchiness = fleckenhaft ungleichmäßige (»geklumpte«) Verteilung v. Organismen im →Biotop
Pb = chem. Zeichen f. Blei
PCB = polychlorierte Biphenyle; die einander sehr ähnlichen 209 PCB-Verbindungen werden als Kongenere bezeichnet u. durchgehend numeriert (z.B. PCB 136)
PCDD/F = zusammengefaßt aus PCDD, polychlorierte Dibenzodioxine u. PCDF = polychlorierte Dibenzofurane
periglazial = in unmittelbarer Nachbarschaft einer Vereisung
Periphyton = **Aufwuchs** = die im Wasser auf Schlamm (**Epipelon**), Steinen (**Epilithon**), Pflanzen (**Epiphyton**) u. anderen →Substraten anhaftende u. dort lebenden Bakterien, Pilze, Einzeller, Pflanzen u. Tiere
Perm = Dyas = die Zeit nach dem →Karbon, letzter Zeitabschnitt des Paläozoikums, gegliedert in Unterp. (Rotliegendes, terrestrisch) u. Oberperm (Zechstein, marin), gefolgt v. der →Trias
pH-Wert = der negative Zehnerlogarithmus der Wasserstoffionenkonzentration; kann Werte zwischen 0 u. 14 annehmen; Maß f. die Reaktion des Wassers (neutral pH = 7, alkalisch >7, sauer <7)
Photosynthese = →Primärproduktion mit Hilfe des Sonnenlichtes als Energiequelle
Phytoplankton = die dem →Plankton angehörenden →Mikrophyten
Pioniergesellschaften = Lebensgemeinschaften der Erstbesiedler v. →Biotopen
Plankton = im Wasser »treibende« (schwebende) Lebewesen, die d. Strömungen verdriftet werden; Einteilung nach Organismengruppen, z. B. →Bakteriopl., →Phytopl., →Zoopl. od. Körpergröße (Femto-, Pico-, Nano-, Mikro-, Meso-, Makro-, Megapl.)[6]
Planktonblüte →Algenblüte
Pleistozän = Diluvium, Eiszeitalter
Pleuston = auf od. an d. Wasseroberfl. lebende Tiere u. Pflanzen
Pliozän →Tertiär
pluvial = durch Regen gekennzeichnet
POC = particulate organic carbon; der in Partikeln (→Schwebstoffe, →Seston) enthaltene, organisch gebundene Kohlenstoff
poikilohalin (poikilosmotisch) = Bez. f. einen Wasserorganismus mit veränderlichem, v. der Zusammensetzung des ihn umgebenden Wassers weitgehend abhängigem Ionengehalt seiner Körperflüssigkeiten
Polarität (von Stoffen) = Unterschiede in der räumlichen Ladungsverteilung bei Molekülen unter Abweichung v. der Elektroneutralität, z. B. bei Wasser (ein Dipol), Proteinen, Lipiden, Kohlenhydraten; begründet wichtige Eigenschaften dieser Stoffe, z. B. die Wasserlöslichkeit
Polder = →Koog
Polychaeten = Vielborstige Ringelwürmer, weit überwiegend marin (z. B. Wattwurm)
polytroph = stark nährstoffbelastet
Porensystem = die zwischen Sandkörnern u. Schlammpartikeln freibleibenden, miteinander verbundenen Hohlräume
Potamal = Flußzone, »*die sommerwarme (> 20 °C) sandig-schlammige Zone eines Fließgewässers*«[10], unterteilt in →Epi- →Meta- u. →Hypopotamal
Potamoplankton = Flußplankton, das nur in großen Flüssen mit langer Fließzeit heranwachsen kann, zum größten Teil ausgeschwemmt u. aus Seitenräumen, Altwässern, Flußseen od. -stauen immer wieder ergänzt wird
P/R-Quotient = Verhältnis: →Produktion zu →Respiration
Prallhang = konkave Seite einer Flußkrümmung (→Mäander), an der d. größere Fließgeschw. →Erosion überwiegt
Priel = natürliche Be- u. Entwässerungsrinne im →Watt
Primärkonsumenten = →heterotrophe Organismen, die sich ausschließlich v. →Primärproduzenten ernähren
Primärproduktion = »*photo- od. chemosynthetischer Aufbau v. organischer Substanz aus anorganischen Substanzen*«[2] d. zur →Photosynthese befähigte grüne Pflanzen sowie photoautotrophe u. chemolithoautotrophe Bakterienarten
Primärproduzenten = zur →Primärproduktion befähigte Organismen
Punktquelle = auf eine eindeutig eingrenzbare Stelle beschränkte Herkunft einer →Emission (z. B. der Auslauf eines Abwasserrohres)

Q →Abfluß (Durchfluß). **q** →Abflußspende
Quartär = die jüngste u. (mit ca. 600 000 Jahren) kürzeste aller geol. Formationen, gegliedert in →Pleistozän u. →Holozän; schließt an das →Tertiär an
Querwerk = Wasserbauwerk, das sich quer zur Strömungsrichtung erstreckt (Buhne, →Wehr)

Ramsar-Konvention = internationales Abkommen (von Ramsar, Iran 1976) über die Einrichtung u. den Schutz v. Feuchtgebieten internationaler Bedeutung
Raphe = länglicher Spalt in der Schale der Kieselalgen
Regression = langfristiger Rückzug des Meeres unter Freigabe eines Landgebietes (geol.); Ausgleichsrechnung (mathem.)
Restbiozönose, -ökosystem = meist d. den Einfluß menschlicher Aktivitäten verarmte →Biozönose (→Ökosystem)

Restwasserstrecke = nach Ausleitung des Wassers (→Ausleitungskanal) nur gering durchströmtes, altes Flußbett
Retentionskapazität = die maximale Speichergröße eines Überschwemmungsgebietes od. eines künstlichen→Rückhaltebeckens (-polders)
Rezeptoren = a) Organe, Organellen, Zellen od. Moleküle, die Reize aufzunehmen vermögen; b) körpereigene Moleküle, an welche körperfremde Substanzen gebunden werden können, meist zugleich der Wirkungsort einer evtl. damit verbundenen Schadwirkung (z. B. Vergiftung)
rezent = derzeit vorhanden, heute lebend; nicht ausgestorben
rheophil = Wasserströmungen bevorzugend
Rheotaxis = d. Wasserströmung ausgelöste Wahl der (Bewegungs-) Richtung eines Lebewesens (→Taxis)
rheotolerant = Wasserströmungen ertragend
Rhithral = Bachzone, »*die sommerkalte (< 20 ºC), steinig-kiesige Zone eines Fließgewässers*«[5], unterteilt in →Epi-, →Meta- u. →Hyporhithral
Rhizoid = wurzelähnlich aussehende Struktur, z. B. die Haftkralle v. →Makroalgen
Rückhaltebecken (-polder) = künstl. geschaffenes Wasserauffangbecken (-gebiet) zur Regen- od. Hochwasserentlastung des (ausgebauten, regulierten) Fließgewässers

s = Sekunde (in Dimensionen)
Säuredeposition = Ablagerung v. (Schwefel-, Salpeter-)Säure aus der Atmosphäre auf die Erdoberfläche
Salzgradient = Änderung des Salzgehaltes beim Zusammentreffen v. Fluß- u. Meerwasser unter Bildung einer Brackwasserzone im →Ästuar
Salzwiese = zwi. →MThw u. oberer Sturmflutgrenze angesiedelte Gesellschaft salzliebender u. -ertragender Pflanzenarten
Saprobie = Intensität der →heterotr. Prozesse im Gewässer
Saprobienindex = Maßzahl, Ergebnis der Anwendung des Saprobiensystems, kennzeichnet die Gewässerverschmutzung
Saprobiensystem = Methode zur Bestimmung der →Gewässergüte auf der Grundlage des Vorkommens bestimmter Organismenarten, »*die als Leitorganismen zur biolog. Beurteilung des Verschmutzungsgrades v. Gewässern dienen*«[2]
saprobiologisch = unter den Bedingungen hoher Saprobie lebend u. sie bevorzugend
Saprobienwert = der Kennzeichnung der saprobiologischen Einstufung einer Organismenart dienender, ihr zugeordneter Zahlenwert
saurer Regen = Regen, der d. →anthropogenen Gehalt an Säuren den natürlichen pH-Wert v. 5,6 unterschreitet
Scheitel = die maximal erreichte Höhe des Wasserstandes bei einem Hochwasser od. einer Sturmflut, auch der maximal zulässige Füllungszustand eines Kanales od. einer Stauhaltung
Schlick- od. **Sedimenteggen** = Umlagerung v. Sedimenten d. Aufwirbeln am Boden des Gewässers u. Verfrachtung flußabwärts mit der Wasserströmung
Schwebstoffe = d. die Turbulenzen im Wasser in Schwebe gehaltene Partikel (→Seston) unterschiedlicher Zusammensetzung aus mineralischen u./od. organischen/organismischen Bestandteilen
Schwermetalle = Metalle mit einem spez. Gewicht >3,5; z.B. Blei, Cadmium, Quecksilber, Zink; oft →toxisch
Screening = schnelles, orientierendes Testverfahren
Seemarsch = →Marsch an den Meeresküsten
Seitenerosion = Abtragung an den Seiten des Flußbettes, z.B. am Prallhang eines →Mäanders od. d. Strömungsablenkung infolge der Corioliswirkung
Sekundärkonsumenten = →heterotrophe Organismen, die sich v. →Primärkonsumenten ernähren
Sekundärproduktion = allgem. »→*Produktion aller* →*heterotropher Organismen*«[2]; spez. der Aufbau körpereigener Substanz d. →heterotrophe Organismen, die sich v. Pflanzen (→Primärproduzenten) ernähren
Sekundärproduzenten = allgem. die Organismen, die sich →heterotroph ernähren; spez. die →Primärkonsumenten
Senke = Prozeß, d. den ein Stoff in seiner Menge verringert wird (z. B. ist die →Primärproduktion eine S. f. →CO_2)
Si = chem. Zeichen f. Silizium
SKN = Seekarten-Null
Sn = chem. Zeichen für Zinn
Sohlschwelle = →Querbau an u. in der Flußsohle (Grundschwelle), zur Sohlensicherung sowie zur Querschnitt- u. Gefälleveränderung
Sperrwerk = technische Einrichtung zur Verhinderung des Eindringens einer Sturm- od. Hochflut in einen Fluß
Spülfeld = Deponie f. Baggergut, das auf dafür eingerichtete Flächen aufgespült wird
Stabilität, ökologische = die Fähigkeit eines Ökosystems, Störungen, v. außen zu tolerieren, ohne sich dadurch nennenswert zu verändern
Stauhaltung = d. eine Staumauer od. ein →Wehr aufgestaute Flußstrecke
Staustufe = eine der Stauhaltungen in einer Kette v. S.n
stenök = nur sehr gleichmäßige, in sehr engen Grenzen schwankende Umweltbedingungen ertragend
Steroidmetabolismus = Stoffwechsel u. Umsatz der Steroide (Geschlechtshormone)
Stromstrich = Verlauf des →Durchflusses im Flußbett, Verbindungslinie der in aufeinanderfolgenden Flußquerschnitten ermittelten Lage der jeweils größten Abflußgeschwindigkeit
Stromtalpflanzen = an die großen Flußtäler gebundene Pflanzenarten
Sublitoral = ständig →submerse Uferregion v. Seen, Flüssen, Ästuaren u. dem Meer
submers = im Wasser völlig untergetaucht
Sukzession = zeitl. Aufeinanderfolge der Arten od. Lebensgemeinschaften während der (Neu)-Besiedlung eines Biotopes, welche mit →Pionierarten beginnt u. in die Klimax mündet
Suspension = Aufschwemmung fester Teilchen (abgel. suspendiert)
synergistisch = Bez. f. die gemeinsame Wirkung zweier od. mehrerer Einflußfaktoren

T = Tera, 1000 Millionen, 1 Billion, 10^{12}
Tauchtiefe = v. der Beladung u. der Dichte des Wassers abhängiger Tiefgang v. Schiffen
Taxis = d. einen Reiz ausgelöste Wahl einer Richtung; auf d. Reizquelle zu = negative T., v. ihr weg = negative T.
TBT-Sn = Zinngehalt in Tributylzinn (TBT)
TCDD = 2,3,7,8-Tetrachlordibenzo-p-dioxin (das Seveso-Dioxin); wird als →Toxizitätsäquivalent f. Dibenzodioxine, -furane u. bestimmte →PCB-Kongenere verwendet
TE = Abk. f. Toxizitätsäquivalent, ein Stoff, dessen bekannte →Toxizität als Vergleichsmaß f. andere toxische Stoffe dient
Tektonik = strukturbildende Bewegungen in der Erdkruste
Tertiär = Braunkohlenzeit, erster u. längster Abschnitt des Neo- od. Känozoikums, Erdneuzeit; gegliedert in Paläo-, Eo-, Oligo-, Mio- u. Pliozän, gefolgt vom →Quartär
-terasse = Überrest einer auf →Permafrostboden entstandenen Ablagerungsfläche eines →kaltzeitlichen (Gletscherab-) Flusses, in die sich ein →warmzeitlicher Flußlauf eingetieft hat (Hochterrasse, Niederterrasse)
terrestrisch = a) der Erde angehörig, irdisch; b) dem festen Land, der festen Erde zugehörig
Thallus = Pflanzenteil der Thallophyten, z. B. →Makroalgen
thermophil = wärmeliebend
Tide = Gezeiten; **Tidegrenze** = natürliches od. künstliches

Ende der Gezeitenwirkung in einem →Ästuar
Tidenzyklus = die Gezeiten kennzeichnende (periodische) Abfolge v. Ebbe u. Flut
Tiefenerosion = die Sohle des Flußbettes vertiefende →Erosion (Sohlenerosion); unerwünschte Nebenwirkung v. Buhnen u. unterhalb v. →Flußstauen
TOC = total organic carbon, der organisch gebundene Kohlenstoff in Wasser; setzt sich zusammen aus →DOC u. →POC
Toleranz = Begriff der → Ökophysiologie: Benötigen, Dulden od. Ertragen v. Umwelteinflüssen innerhalb bestimmten Grenzen
Toxizität = »*Maß für die gesundheitsschädigende Wirkung einer Substanz od. einer physikalischen Einwirkung*«[7]
Toxizitätsäquivalent →TE
Transgression = langfrist. Meereseinbruch in ein Landgebiet
Transurane = künstliche radioaktive Elemente, deren Atomgewicht größer ist als das des Urans
Trias = erster Zeitabschnitt des Mesozoikums, Erdmittelalter, gegliedert in Buntsandstein, Muschelkalk u. Keuper, gefolgt vom Jura
Trockenrasen = »*gehölzarme Rasen- u. Halbstrauchformat. trockener Standorte mit flachgründigen, mageren Böden*«[2]
Trockental = in →humiden Gebieten: ein altes, heute nicht mehr durchflossenes Tal; in →ariden Gebieten: ein nur bei seltenen Regenfällen durchflossenes Tal (Wadi)
Trophie = a) →Limnologie: Intensität der →autotrophen Prozesse in Gewässern (Gegensatz: →Saprobie) b) Zusammenfassung v. Organismen gleicher Ernährungsgrundlage in den, gemäß der Richtung des Stoffflusses der klassischen Nahrungskette, aufeinanderfolgenden trophischen Ebenen der Trophiepyramide
Trübungsmaximum = **Trübungszone** = die hydrographisch bedingte Akkumulation v. →Schwebstoffen oberhalb des →Salzgradienten im →Ästuar

ubiquitär = (nahezu) überall vorkommend, weit verbreitet
Überflutungspolder = künstliches, bei Hochwasser flutbares Überschwemmungsgebiet zur Kappung v. Hochwasserscheiteln
Überschwemmungsgebiet = →Hochwasserbett eines Flusses mit den →Auen; s. auch →Watt u. →Marsch
Uferfiltrat = aus einer parallel zum Flußufer angeordneten Kette v. Brunnen gewonnenes Trinkwasser, d. die Filterwirkung des durchsickerten Bodens v. Verunreinigung. befreit
Uferfiltration = Trinkwassergewinnung aus Flußwasser, das d. die Ufersedimente ins Grundwasser sickert
Urstromtal = d. Gletscherabfluß in die eiszeitliche Landoberfläche eingetieftes Tal, oft Vorläufer eines heute existierenden Flusses
Varianz = Maßzahl für die Abweichungen v. Mittelwert
Vergreisung (eines Flusses) = flußaufwärts gericht. Verschiebung v. →Fischzonen d. die Errichtung v. →Stauhaltungen
Vermeidungsprinzip →Vorsorgeprinzip
Vorflut = a) natürliche od. künstlich geschaffene Möglichkeit, zufließendes Wasser dem →Vorfluter zuzuführen[1]
Vorfluter = techn. Bez. f. das zur Ableitung v. Oberflächenabflüssen od. der Einleitung v. Abwasser geeignete Gewässer
Vorpuppen-Larve = Propupa, das vor der Puppe liegende Larvenstadium der (holometabolen) Insekten
Vorsorgeprinzip = besagt, daß bereits vor jeder umweltrelevanten Maßnahme dafür zu sorgen ist, daß dadurch hervorgerufene Umweltbelastungen nach dem jeweiligen Stand der Technik minimiert, besser, vermieden (Vermeidungsprinzip) werden
Warmzeit = durch bedeutende langfristige Erwärmung gekennzeichneter Zeitabschnitt zwischen zwei Eiszeiten, Interglazial; das →Holozän kann als W. zwischen der Weichsel-

(Würm-) u. einer künftigen Eiszeit aufgefaßt werden
Wasserbau, naturnaher = Ausbau v. Gewässern unter Verwendung lebender Pflanzen (Bäume, Sträucher, Röhricht), deren Wurzelwerk die Uferbefestigung gegen Seitenerosion sichert
Wasserkraftkanal →Ausleitungskraftwerk
Watt = →Eulitoral an den Küsten gezeitenbeeinflußter Meere u. der Ästuare, das im Gezeitenrhythmus periodisch abwechselnd trockenfällt u. überschwemmt wird
Wehr = dem Aufstau v. Wasser dienendes Bauwerk mit fester od. variabel einstellbarer Stauhöhe
Weichholzaue = Vegetation niedrig liegender Bereiche der Überschwemmungsflächen mit Weichholz bildenden Baumarten, welche bis zu 150[10] (Silberweide max. 190–300)[5] Tage/Jahr Überflutung tolerieren; Pioniergesellschaft; Ersatzvegetation: Feuchtwiesengesellschaften[10]
Windstau = Aufstau v. Wassermassen an der Meeresküste, in Ästuaren u. Seen d. den Einfluß auflandiger, anhaltender Stürme (→Sturmflut)
Wurt = **Warft** = künstlicher Hügel zum Schutz des darauf gebauten Hauses vor Hochwasser

Xenobiotika = Fremstoffe, »Umweltchemikalien«, die dem Ökosystem fremd u. oft biologisch nicht abbaubar sind[8]
Zeigerorganismen = Tier- od. Pflanzenarten, die d. ihr Vorkommen auf das (evtl. vermehrte) Vorhandensein od. Fehlen bestimmter Umweltfaktoren an ihrem Standort hinweisen
Zielkonflikt = Situation, in der mehrere, miteinander unverträgliche Ziele gleichzeitig nebeneinander bestehen
zönotisch = eine Lebensgemein. (→Biozönose) betreffend
Zooplankton = zum →Plankton gehörende, partikelfressende, →heterotrophe Planktonorganismen, die entweder Protisten (= eukaryote Einzeller) od. vielzellige Tiere sind[6]
Zuwässerung = die der Regulierung dienende Einspeisung zusätzlicher Wassermengen in einen Fluß
Zyste = a) v. fester Hülle umschlossene pflanzliche od. tierische Ruheform (biol.); b) eingekapselter, flüssigkeits- od. fettgefüllter Hohlraum (med.)

---

[1] BROCKHAUS ENZYKLOPÄDIE.
[2] BECKER, U. et al. (1994): **Herder Lexikon der Biologie** (1994): 10 Bde. - Spektrum Akademischer Verlag GmbH, Heidelberg, Berlin, Oxford.
[3] LAMPERT, W. & U. SOMMER (1993): Limnoökologie - Thieme, Stuttgart. 440 S.
[4] LOZÁN, J. L., E. RACHOR, K. REISE, H. V. WESTERNHAGEN & W. LENZ (1994): Warnsignale aus dem Wattenmeer. Blackwell Wissenschaftsverlag, Berlin, 389 S.
[5] SCHWORBEL, J. (1993): Einführung in die Limnologie. 7. Aufl. - Gustav Fischer, Stuttgart, Jena.
[6] SOMMER, U. (1994): Planktologie. Springer, Berlin 274 S.
[7] STREIT, B. (1994): Lexikon Ökotoxikologie. 2. Aufl., 896 S., VCH Verlagsgesellschaft mbH.
[8] STREIT, B. & E. KENTER (1992): Herder Umweltlexikon. - Herder, Freiburg, Basel, Wien.
[9] WAHRIG, G. (1975): Deutsches Wörterbuch. - Bertelsmann Lexikon-Verlag.
[10] WOHLRAB, B., A. ERNSTBERGER, A. MEUSER & V. SOKOLLEK (1992): Landschaftswasserhaushalt. - Paul Parey, Hamburg, Berlin.
[11] VANNOTE, R. L., G. W. MINSHALL, K. W. CUMMING, J. R. SEDELL & C. E. CUSHING (1980): The river continuum concept. Can. J. Fish. Aquat. Sci. 37:130.

11 Literaturverzeichnis

KAPITEL 1

BACKHAUS, J., B. GURWELL, K. HESSE, H. KUNZ, M. SCHIRMER, P. PETERSEN, I. SCHMIDT, U. SCHÖTTLER, W. EBENHÖH & H. STERR (1994): Forschungsleitplan zum Verbundvorhaben Klimaänderung und Küste. BMFT, Bonn. 24 S.
BANTELMANN, A. (1955): Tofting, eine vorgeschichtliche Warft an der Eidermündung. Offa-Bücher 12, Wachholtz, Neumünster.132 S.
BANTELMANN, A. (1975): Die frühgeschichtliche Marschensiedlung beim Elisenhof in Eiderstedt. Landschaftsgeschichte und Baubefunde. Stud. Küstenarch. Schleswig-Holstein, Ser. A. Elisenhof 1. Lang, Bern-Frankfurt. 190 S.
BANTELMANN, A. (1956, 1957): Die kaiserzeitliche Marschensiedlung bei Brunsbüttelkroog. Offa-Bücher 16, Wachholtz, Neumünster. 53-79.
BARNES, J. R. & G. W. MINSHALL (Hrsg.) (1983): Stream ecology. Application and testing of general ecological theory. Plenum Press, New York, London. 399 S.
BAUMGARTNER, A. & H.-J. LIEBSCHER (1990): Allgemeine Hydrologie: Quantitative Hydrologie. Gebr. Borntraeger, Berlin, Stuttgart. 673 S.
BEETS, D. (1995): The coastal lowlands of The Netherlands. In: SCHIRMER, W. (Hrsg.): Quaternary field trips in Central Europa. Verlag Dr. F. Pfeil, München. **2**:1019-1022.
BEHRE, K.-E. (1976): Die Pflanzenreste aus der frühgeschichtlichen Wurt Elisenhof. Stud. Küstenarch. Schleswig-Holstein, Ser. A, Elisenhof 2. Lang, Bern-Frankfurt. 144 S.
BEUKEMA, J. J. (1991): Changes in composition of bottom fauna of a tidal-flat area during the period of eutrophication. Mart. Biol. 111:293-301.
BOENIGK, W. (1990): Die pleistozänen Theinterrassen und deren Bedeutung für die Gliederung des Eiszeitalters in Mitteleuropa. In: LIEDTKE, H. (Hrsg.): Eiszeitforschung. Wiss. Buchges., Darmstadt. 130-140.
BOKELMANN, K. (1988): Wurten und Flachsiedlungen der römischen Kaiserzeit. Ergebnisse einer Prospektion in Norderdithmarschen. In: MÜLLER-WILLE, M., B. HIGELKE, D. HOFFMANN, B. MENKE, A. BRANDE, K. BOKELMANN, H. E. SAGGAU, & H. J. KÜHN (Hrsg.) Norderhever-Projekt, 1 Landschafts- und Siedlungsgeschichte im Einzugsgebiet der Norderhever (Nordfriesland). Stud. Küstenarch. Schleswig-Holstein, Ser. C. Offa-Bücher 66,Wachholt
BRAUKMANN, U. (1987): Zoozönologische and saprobiologische Beiträge zu einer regionalen Bachtypologie. Arch. Hydrob. Beih. Ergebn. d. Limnol. **26**:1-135.
BRETSCHNEIDER, H., K. LECHER & M. SCHMIDT (1993): Taschenbuch der Wasserwirtschaft. Parey. Hamburg. 1022 S.
BROCKMANN, U. H. & K. EBERLEIN (1986): River input of nutrients into the German Bight. In: SKRESLET, S. (Hrsg.): The Role of freshwater putflow in coastal marine ecosystems. Springer, Berlin, 231-240.
CADEE, G. C. (1992): Trends in Marsdiep phytoplankton. Neth. Inst. Sea Res. Publ. Ser. **20**:285-290.
CALOW, P. & G. E. PETTS (1992, 1994): The river handbook. Hydrobiological and ecological principles. Blackwell Scientific Publications Oxford (Vol 1, 1992. 526 S.; Vol 2, 1994. 523 S.).
CAMERON, D., D. VAN DOORN, C. LABAN & H. STEIF. (1993): Geology of the southern North Sea basin. In: HILLEN, R. & H. VERHAGEN (Hrsg.): Coastlines of the southern North Sea. Amer. Soc. of Civil Ingineers, New York. 14-26.
CASPERS, G., H. JORDAN, J. MERKT, K.-D. MÜLLER & H. STREIF (1995): Niedersachsen. In: BENDA, L. (Hrsg.): Das Quartär Deutschlands. Borntraeger, Berlin, Stuttgart: 23-58.
DE JONGE, V. N. & H. POSTMA (1974): Phosphorus compounds in the Dutch Wadden Sea. Neth. J. Sea Res. **8**:139-153.
DIN 4049 (1994): Hydrologie. Teil 1-3. Deutsches Institut für Normung e. V. Berlin.
ENGEL, H. (1995): Die Hydrologie der Weser. In: GERKEN, B. & M. SCHIRMER (Hrsg.): Die Weser. Limnologie aktuell Bd 6. Gustav Fischer, Stuttgart. 3-14.
FIGGE, K. (1980): Das Elbe Urstromtal im Bereich der Deutschen Bucht (Nordsee). Eiszeitalter u. Gegenwart, 30:203-211.
GIBBARD, P. L. (1988): The history of the great northwest European rivers during the past three million years. Phil. Trans. R. Soc. London, **318**:149-192.
HAARNAGEL, W. (1940): Marschensiedlungen in Schleswig-Holstein und im linkselbischen Küstengebiet. Probleme d. Küstenforschung 1. Lax, 87-98.
HANTKE, R. (1993): Flußgeschichte Mitteleuropas - Skizzen zu einer Erd-Vegetations- und Klimageschichte der letzten 40 Millionen Jahre. Enke, Stuttgart. 460 S.
HERMANN, P. M. J., H. HUMMEL, M. BOKHORST & A. G. A. MERKS (1991): The Westerschelde: interaction between eutrophication and chemical pollution? In: ELLIOT, M. & J.-P. DUCROTOY (Hrsg.): Estuaries and coasts: spatial and temporal intercomparisons. Olsen & Olsen. 359-364.
HESSE, K.-J., U. BROCKMANN, U. HENTSCHKE & U. TILLMANN (1993): Nährstoffgradienten im Wattenmeer - Strukturen und Hypothesen. In: SDN (Hrsg.): Eutrophierung und Landwirtschaft. 43-57.
HICKEL, W., M. EICKHOFF & H. SPINDLER (1996): Langzeit-Untersuchungen von Nährstoffen und Phytoplankton in der Deutschen Bucht. Deutsche Hydro. Z./Suppl. (in Arbeit).
HOFMEISTER, A. E. (1979/81 Besiedlung und Verfassung der Stader Elbmarschen im Mittelalter. Teil I u. II. Veröff. Inst. histor. Landesfors. Univer. Göttingen.
HOFMEISTER, A. E. (1984): Zum mittelalterlichen Deichbau in den Elbmarschen bei Stade. Probleme d. Küstenforschung **15**:41-50.
ILLIES, J. (1961): Versuch einer allgemeinen biozönotischen Gliederung der Fließgewässer. Verh. Internat. Ver. Limnol. **13**:834-844.
IPCC (1990): Climate change. The IPCC scientific assessment. (HOUGHTON, J. T., G. J. JENKINS & J. J. EPHRAUMS, Hrsg.) Cambridge University Press, Cambridge. 365 S.
IPCC (1994): WG II second assessment report. Chapter II. A. 8: Coastal zones and small islands. BIJLSMA L. Den Haag.
KLOSTERMANN, J. (1992): Das Quartär der Niederrheinischen Bucht. Geol. Landesamt, Krefeld. 200 S.
KOSACK, B. & W. LANGE (1985): Das Eem-Vorkommen von Offenbüttel/Schnittlohe und die Ausbreitung des Eem-Meeres zwischen Nord- und Ostsee. Geol. Jb. **A86**:3-17.
KRÖNCKE, I. (1990): Macrofauna standing stock of the Dogger Bank. A comparison. Neth. J. Sea Res. **25**:189-198.
KÜHL, H. & H. MANN (1961): Vergleichende hydrochemische Untersuchungen an den Mündungen deutscher Flüsse. Verh. Internat. Verein. Limnol. **14**:151-158.
KÜHN, H. J. & A. PATEN (1989): Der frühe Deichbau in Nordfriesland. Archäologisch-historische Untersuchungen. Nordfriisk Instituut, Bredstedt. 127 S.
KÜSTER, F. (1978): Korrelationsmodell eines natürlichen Fließgewässers aus der Sicht des Naturschutzes. Verh. Ges. Ökol. (Kiel 1972), 233-242.
KWADIJK, J. (1989): The impact of CO_2-induced climatic change on the hydrological regime of the river Rhine. In: JONGMANN, R. H. G. & M. M. DE BOER (Hrsg.): Landscape ecological impact of climatic change on fluvial systems within Europe. LICC-Project. Agr. Univ. of Wageningen. 60-72.
LEOPOLD, L. B. & B. LANGBEIN (1966): River meanders. Sci. Amer. 60-70.
LEOPOLD, L. B., M. G. WOLMAN & J. P. MILLER (1964): Fluvial processes in geomorphology. W. H. Freeman & Co., San Francisco. 522 S.

MANGELDORF, J. & K. SCHEURMANN (1980): Flußmorphologie. Ein Leitfaden für Naturwissenschaftler und Ingenieure. R. Oldenbourg. München, Wien. 262 S.
MEIER, D. (1992): Frühe Deiche in Eiderstedt. In: STEENSEN Th. (Hrsg.): Deichbau und Sturmfluten in den Frieslanden. Beiträge vom 2. Historiker Treffen des Nordfriisk Instituut. Nordfriisk Instituut, Bredstedt. 20-32.
MEIER, D. (1994): Landschaftsentwicklung und Siedlungsmuster von der römischen Kaiserzeit bis zum Mittelalter in den schleswig-holsteinischen Marschen. Schrif. Naturwiss. Ver. Schleswig-Holstein 63:117-144.
MEYER, K.-D. (1986): Ground and end moraines in Lower Saxony. In: MEER, VAN DER J. J. M. (Hrsg.): Tills and glaciotectonics. Balkema, Rotterdam. 197-204.
MICHAELIS, H., H. FOCK, M. GROTJAHN & D. POST (1992): The status of the intertidal zoobenthic brackish-water species in estuaries of the German Bight. Neth. J. Sea Res. 30:201-207.
NIERMANN U. & E. BAUERFEIND (1990): Ursachen und Auswirkungen von Sauerstoffmangel. In: LOZÁN, J. L., W. LENZ, E. RACHOR, B. WATERMANN & H. v. WESTERNHAGEN (Hrsg.): Warnsignale aus der Nordsee. Paul Parey, Hamburg. 65-75.
NLÖ (1995): Deutsches Gewässerkundliches Jahrbuch - Weser- und Emsgebiet. Abflußjahr 1990. Niedersächsisches Landesamt für Ökologie (Hrsg.). Hildesheim. 285 S.
NOVAKY, B. (1989): Climatic effects on the runoff conditions in Hungary. In: JONGMANN, R. H. G. & M. M. DE BOER (Hrsg.): Landscape ecological impact of climatic change on fluvial systems within Europe. LICC Project. Agr. Univ. Wageningen. 12-26.
PATEN, A. (1986): Peter Sax, Werke zur Geschichte Nordfrieslands und Dithmarschens. Bd. 1. Eine neue Beschreibung der sämtlichen, im ganzen Nordfrieslande, am Cimbrischen Meere, gelegenen Landen, Insulen und Ougen. Herausgegeben nach der Handschrift von 1636 von A. Panten u. Norriisk Institut, Lühr u. Dierks, St. Peter-Ording. 338 S.
POFF, N. L. (1992): Regional hydrologic response to climate change: An ecological perspective. In: FIRTH, P. & S. G. FISHER (Hrsg.): Global climate change and freshwater ecosystems. Springer, New York. 88-115.
PREUSS, H. (1979): Die holozäne Entwicklung der Nordseeküste im Gebiet der östlichen Wesermarsch. Geol. Jb. A53:3-85.
REISE, K. & I. SIEBERT (1994): Mass occurrence of green algae in the German Wadden Sea. Deutsche Hydrograph. Zeitschrift, Suppl. 1, 171-180.
SCHIRMER, M. & B. SCHUCHARDT (1993): Klimaänderungen und ihre Folgen für den Küstenraum: Impaktfeld Ästuar. In: SCHELLNHUBER, H.-J. & H. STERR (Hrsg.): Klimaänderung und Küste. Springer. Berlin. 244-259.
SCHIRMER, M. (1994): Ökologische Konsequenzen des Ausbaus der Astuare von Elbe und Weser. In: LOZÁN, J. L., E. RACHOR, K. REISE, H. v. WESTERNHAGEN & W. LENZ (Hrsg.): Warnsignale aus dem Wattenmeer. Blackwell Wissenschaftsv., Berlin.164-171.
SCHÖNBORN, W. (1992): Fließgewässerbiologie. Gustav Fischer. Jena, Stuttgart. 504 S.
SCHRÖDER, P. (1988): Aufbau und Untergliederung des Niederterrassenkörpers der Unterelbe. Mitt. Geol. Inst. Universität Hannover. 27. 119 S.
SCHWARZ, J. & G. HEIDEMANN (1994): Zum Status der Bestände der Seehund- und Kegelrobbenpopulationen im Wattenmeer. In: LOZÁN, J. L., E. RACHOR, K. REISE, H. v. WESTERNHAGEN & W. LENZ (Hrsg.). Warnsignale aus dem Wattenmeer. Blackwell Wissenschaftsverlag, Berlin. 296-303.
SCHWOERBEL, J. (1964): Die Bedeutung des Hyporheals für die benthische Lebensgemeinschaft der Fließgewässer. Verh. Internat. Verein. Limnol. 15:215-226.
SCHWOERBEL, J. (1993): Einführung in die Limnologie. Gustav Fischer. Jena, Stuttgart. 7. Aufl. 387 S.
SKINNER, B. J. & S. C. PORTER (1987): Physikal geology. Wiley & Sons, New York. 750 S.
STREIF, H. (1990): Das ostfriesische Küstengebiet - Nordsee, Inseln, Watten und Marschen. Samml. Geol. Führer 57. Borntraeger, Berlin, Stuttgart. 2. Auflage. 1 Beil. 376 S.
STREIF, H. (1993): Geologische Aspekte der Klimawirkungsforschung im Küstenraum der südlichen Nordsee. In: SCHELLNHUBER, H.-J. & H. STERR (Hrsg.): Klimaänderung und Küste. Springer, Berlin. 77-93.
TÖRNQUIST, T. E. (1993): Fluvial sedimentary geology and chronology of the holocene Rhine-Meuse Delta, The Netherlands. Nederlandse Geografische Studies, Utrecht. 166 S.
VANNOTE, R. L., G. W. MINSHALL, K. W. CUMMINS, J. R. SEDELL & C. E. CUSHING (1980): The river continuum concept. Can. J. Fish. Aquat. Sci. 37:130-177.
WARD, A. K., G. M. WARD, J. HARLIN & R. DONAHOE (1992): Geological mediation of stream flow and solute loading to stream ecosystems due to climate change. In: FIRTH, P. & S. G. FISHER (Hrsg.): Global climate change and freshwater ecosystems. Springer. New York. 116-142.
WESTERNHAGEN H. v. & P. CAMERON (1994): Chromosomenveränderungen in Wattenmeerfischen. In: LOZÁN, J. L., E. RACHOR, K. REISE, H. v. WESTERNHAGEN & W. LENZ (Hrsg.): Warnsignale aus dem Wattenmeer. Blackwell Wissenschaftsverlag, Berlin. 258-260.
WESTERNHAGEN H. v. (1994): Chlorierte Kohlenwasserstoffe in Küstenfischen. In: LOZÁN, J. L., E. RACHOR, K. REISE, H. v. WESTERNHAGEN & W. LENZ (Hrsg.): Warnsignale aus dem Wattenmeer. Blackwell Wissenschaftsverlag, Berlin. 237-241.
ZAGWIJN, W. H. (1979): Early and middle pleistocene coastlines in the southern North Sea basin. In: OELE, E. SCHÜTTENHELM, R. T. E. & A. J. WIGGERS (Hrsg.): The quaternary history of the North Sea. Acta. Univ. Ups. Symp. Univ. Ups. Annum. Quingentesimum Celebratis, Uppsala. 2:31-42.

KAPITEL 2

AKADEMIE FÜR NATUR- UND UMWELTSCHUTZ BADEN (1994): Lebensraum Donau - Europäisches Ökosystem. Beitr. Akad. Natur- Umweltschutz Bad.-Württ. 17.
ALBRECHT, M.-L. (1960): Die Elbe als Fischgewässer. WassWirt. WassTech. 10:461-465.
ANDERS, K. & H. MÖLLER (1991): Epidemologische Untersuchungen von Fischkrankheiten im Wattenmeer. Ber. Inst. f. Meereskunde Kiel 207. 166 S.
ANL (Bayerische Akademie f. Naturschutz u. Landschaftspflege (1991): Erhaltung und Entwicklung von Flußauen in Europa. Laufende Seminarbeiträge 4/91.
ARGE (1995): Gütebericht 1993. Arbeitsgemeinschaft zur Reinhaltung der Weser (Hrsg.). Bearb. d. Wassergütestelle Weser, NLÖ, Hildesheim. 97 S.
ARGE (1994b): Die Unterweser. Arbeitsgemeinschaft zur Reinhaltung der Weser (Hrsg.). Bremen. 82 S.
ARGE (1994a): Limnologische Zustandsbeschreibung der Ober- und Mittelweser. Arbeitsgemeinschaft zur Reinhaltung der Weser (Hrsg.). Bearb. d. NLÖ, Hildesheim. 91 S.
ARGE (1989): Aktionsprogramm Weser. Arbeitsgemeinschaft der Länder zur Reinhaltung der Weser (Hrsg.). Wiesbaden. 52 S.
ARGE (1982): Weserlastplan. Arbeitsgemeinschaft der Länder zur Reinhaltung der Weser (Hrsg.). Bremen. 146 S.
ARGE Elbe (1992): Salzgehalts- und Trübstoffverhältnisse in dem oberen Brackwassergebiet der Elbe. Arbeitsgemeinschaft für die Reinhaltung der Elbe, Arge Elbe Hamburg. 145 S.
ARGE Elbe (1984): Gewässerökologische Studie der Elbe von Schnackenburg bis zur See. - Arbeitsgemeinschaft für die Reinhaltung der Elbe (ARGE-Elbe). 98 S.
ARSU GmbH (1984): Hochwasserschutz der Stadt Lingen. Im Auftrage der Stadt Lingen. Oldenburg. 26 S.
ALBRECHT, J. & N. KIRCHHOFF (1987): Ökologie der Weser. Der Fluß als Lebensraum im Wandel der Zeit. In: BACHMANN, J. & H. HARTMANN (Hrsg.): Schiffahrt, Handel, Häfen.J.C.C. Bruns, Minden: 295-325.

BAUCH, G. (1958): Untersuchung über die Gründe für den Ertragsrückgang der Elbfischerei zwischen Elbsandsteingebirge und Boizenburg. Z. Fischerei N. F. 7:161-437.
BLANKENBURG, U. (1910): Von der Störfischerei in der Elbe. Fischerbote 2:7-12.
BÖTTCHER, K. (1985): Zur ökologischen Grundlage von Güteaussagen bei Fließgewässern unserer Kulturlandschaft, unter besonderer Berücksichtigung der Situation im ländlichen Raum Norddeutschlands. Schr. Naturw. Ver. Schlesw.-Holst. 55:35-62.
BAUMGARTNER, A. & H.-J. LIEBSCHER (1990): Allgemeine Hydrologie. Gebr. Borntraeger, Berlin. 673 S.
BERNHARDT, K. G. (1994): Das interdisziplinäre Gesamtkonzept Haseauenrevitalisierung - Ablauf und erste Ergebnisse. In: BERNHARDT, K. G. (Hrsg.): Revitalisierung einer Flußlandschaft. Keller Verlag Osnabrück. 47-59.
BfN (Bundesforschungsanstalt für Naturschutz u. Landschaftsökologie) (1992): Übersichten zum Naturschutz. Bonn-Bad Godesberg. 52 S.
BUCHTA, R. (1995): Flüsse zwischen Ost und West. Konzept für die ökologische Entwicklung der großen ostdeutschen Flüsse unter Einbeziehung der Binnenschiffahrt. Michael Otto Stiftung für Umweltschutz. Hamburg, 21 S.
CASPERS, H. (1984): Die Sauerstoffproduktion einer Bucht im Süßwasserbereich des Elbe-Ästuars. Untersuchungen im »Mühlenberger Loch« in Hamburg. Arch. Hydrobiol./Suppl. 61:509-542.
CORNELSEN (1994): Aktuelle Landkarte »Der Rhein«. Cornelsen, Berlin.
CLAUS, B., P. NEUMANN & M. SCHIRMER (1994b): Rahmenkonzept zur Renaturierung der Unterweser und ihrer Marsch. Teil 2: Konkretisierung der Entwicklungsziele, Maßnahmen/Entwicklungskonzept, Landwirtschaftliche Perspektiven. Veröff. der Gemeinsamen Landesplanung Bremen/Niedersachsen Nr. 8-94. 232 S.
CLAUS, B., P. NEUMANN & M. SCHIRMER (1994a): Rahmenkonzept zur Renaturierung der Unterweser und ihrer Marsch. Teil 1: Dokumente, Leitbild, Bewertungskriterien, regionalisierte Bewertung. Veröff. der Gemeinsamen Landesplanung Bremen/Niedersachsen Nr. 1-94. 369 S.
DK (Deutsche Kommission zur Reinhaltung des Rheines) (1994): Rheinbericht 1993. 92 S.
DÖHL, G. (1995): Schiffahrt und Wasserbau an Werra, Fulda und Weser. Unveröff. Manuskript, Hannover.
EMPEN, R. (1992): Die Mittlere Elbe - Ein Stromtal im Überlappungsbereich verschiedener Florenregionen. In: Bund f. Umwelt u. Nat.-Schutz Deutschl. (BUND) & Stift. Europ. Naturerbe (SEN) (Hrsg.): Tagung Nationalpark Elbtalaue, 1. Februar 1992 in Hitzacker. 73-79.
ENGEL, H. (1995): Die Hydrologie der Weser. In: GERKEN, B. & M. SCHIRMER (Hrsg.): Die Weser. Limnologie aktuell Bd. 6: Fischer, Stuttgart: 3-14.
FOCK, H. (in Vorb.) Modellierung der Struktur litoraler Lebensgemeinschaften und die Regulation durch abiotische und biotische Parameter. Diss. Univ. Kiel 287 S.
FOCK, H. O. & B. HEYDEMANN (1995): Vom Meer abgesperrte Flußsysteme - die Eider. Flußmündungen unter Druck. Tagungsber.10. WWF-Deutschland. FB-Meere und Küsten, Bremen 1995. 263-277.
FRIEDRICH, G. & D. MÜLLER (1984): The Rhine. In: WHITTON, B. A. (Hrsg.): Ecology of European Rivers. Blackwell Scientific Publications, Oxford, London, Edinburgh. 265-315.
FELLNER, A. & B. SCHÄFER (1994): Erholungsgebiet Hasetal - ein integriertes Entwicklungskonzept zur Implementation eines umweltverträglichen Tourismus. In: BERNHARDT, K. G. (Hrsg.): Revitalisierung einer Flußlandschaft. Keller, Osnabrück. 126-133.
FREUDE, M. (1995): Das Nationalparkprogramm in Brandenburg - 5 Jahre danach. Nationalpark, 2:34-41.
GAUMERT, T. (1995): Spektrum und Verbreitung der Rundmäuler und Fische in der Elbe von der Quelle bis zur Mündung. ARGE Elbe (Hrsg.). 29 S.
GERSTER, S. (1991): Hochrhein-Fischfauna im Wandel der Zeit. Internationale Fischereikommission für den Hochrhein (Hrsg.). 27 S.
GLAEBE, F. (1968): Die Unterweser. Chronik eines Stromes und seiner Landschaft. Eilers & Schünemann Verlagsges., Bremen. 164 S.
HERBST, V. (1952): Limnologische Betrachtungen an der mittleren Eider. Schr. Naturw. Ver. f. Schl.-Holstein 26:9-17.
HUNTENBURG, S., A. ZAHRTE, K. RICKLEFS & D. STÜBEN (1995): Untersuchungen zur Schwermetallkonzentration im Eider-Ästuar. Meyniana, 47:21-43.
HEIMANN, H. (1987): Mittelweser - Maßnahmen an der Schiffahrtstraße. In: Bachmann, J. & H. Hartmann (Hrsg): Schiffahrt, Handel, Häfen. J.C.C. Bruns, Minden: 277-292.
HERMEL, U. R. (1995): Möglichkeiten eines ökologischen Wassermanagements im Unteren Odertal, unter Berücksichtigung der Belange der Schiffahrt, des Hochwasserschutzes, der Landwirtschaft und der Fischerei. Landesanstalt für Großschutzgebiete Brandenburg, Nationalparkverwaltung, Schwedt. 91 S.
HÖPNER, TH. (1994): Mögliche Auswirkungen der Ästuarvertiefung am Beispiel der Emsmündung. In: LOZÁN, J. L., E. RACHOR, K. REISE, H. v. WESTERNHAGEN & W. LENZ (Hrsg.):Warnsignale aus dem Wattenmeer. Blackwell Wissenschaftsverl., Berlin. 171-175.
IAD (Hrsg.) (1995): Limnologische Berichte Donau 1994, Bd.II - Übersichtsreferate. Internationale Arbeitsgem. Donauforschung. Dübendorf-Wien.
IKSE (Internationale Kommission zum Schutz der Elbe) (1994): Ökologische Studie zum Schutz und zur Gestaltung der Gewässerstrukturen und der Uferrandregionen der Elbe. Magdeburg.
IKSR (1994): Aktionsprogramm Rhein - Bestandsaufnahme der punktuellen Einleitungen prioritärer Stoffe 1992. Internationale Kommission zum Schutz des Rheins (Hrsg.), Koblenz. 64 S.
IKSR (1993): Statusbericht Rhein, Chemisch-physikalische und biologische Untersuchungen bis 1991, Vergleich Istzustand 1990 - Zielvorgaben Internationale Kommission zum Schutz des Rheins (Hrsg.). Koblenz, 120 S.
IWANOW, K.& D. PETSCHINOV (1987): Veränderung des Ionenabflusses der Donau bei der Stadt Russe (Fl.-km 495) unter dem Einfluß der Wirtschaftstätigkeit. Internationale Arbeitsgem. Donauforschung (IAD). 26:22-24.
JÄHRLING, K.-H. (1992): Auswirkungen wasserbaulicher Maßnahmen auf die Struktur der Elbauen - prognostisch mögliche ökologische Verbesserungen. 4. Magdeburger Gewässerschutzseminar - Die Situation der Elbe - 22.-26.9.1992, Spindleruv Mlyn, CSFR, 211-214.
KANOWSKI, H. (1992): Historische Entwicklung und heutige Bedeutung des Hochwasserschutzes der Elbe im Bundesland Sachsen-Anhalt. 4. Magedburger Gewässerschutzseminar - Die Situation der Elbe - 22.-26. September 1992, Spindleruv Mlyn, CSFR. 225-235.
KHR (Internationale Kommission für die Hydrologie des Rheingebietes) (1978): Das Rheingebiet, Hydrologische Monographie. Teil A (Texte) 322 S.; Teil B (Tabellen), 296 S.; Teil C (Karten u. Diagramme), Staatsuitgeverij, Den Haag.
KINZELBACH, R. (Hrsg.) (1994): Biologie der Donau. Limnologie aktuell, Bd.2. Fischer, Stuttgart. 370 S.
KOMMUNIQUE DER 11. RHEIN-MINISTERKONFERENZ am 8. Dezember 1994 in Bern 19 S.
KONOLD, W. (Bearb.) (1994): Historische Wasserwirtschaft im Alpenraum und an der Donau. Wittwer, Stuttgart. 592 S.
KÖHLER, J. (1992): Stromtaltypische Lebensräume und ihre Schmetterlinge. In: Bund f. Umwelt u. Natursch. Deutschland eV (BUND) & Stiftung Europ. Kulturerbe (SEN) (Hrsg.): Tagung Nationalpark Elbtalaue, 1. Februar 1992 in Hitzacker. 56-67.
KÜSTENAUSSCHUSS NORD- UND OSTSEE (1964): Gutachten über Vorschläge zur Behebung der Schwierigkeiten in der Eider. Die Küste 12,30-60.
KAISER, A. (1993): Zur Geschichte der Ems. Natur und Ausbau. Veröff. aus dem Kreis Gütersloh Reihe 1, H.1. Archiv des Kreises Gütersloh. Rheda-Wiedenbrück. 176 S.
KEWELOH, H.-W. (1985): Flößerei in Deutschland. KEWELOH,H.-W. (Hrsg.) im Auftr. d. Dt. Schiffahrtsmuseum, Bremerhaven. K. Theis, Stuttgart. 172 S.
LELEK, A. & G. BUHSE (1992): Fische des Rheins. Springer, Berlin und Heidelberg. 214 S.
LICHTFUSS, R. (1977): Schwermetalle in den Sedimenten schleswig-holsteinischer Fließgewässer - Untersuchungen zu Gesamtgehalten und Bindungsformen. Diss. Univ. Kiel. 133 S.
LIEPOLT, R. (Hrsg.) (1967): Limnologie der Donau. Schweizerbart, Stuttgart. 648 S.
LINK, G. (1973): Untersuchungen über Chemismus und Zooplankton der Untereider. Diss. Univ. Kiel 150 S.

LORENZEN, J. (1966): Zur Lösung der Eiderprobleme. Die Küste 14:63-71.
LOZÁN, J. L., E. RACHOR, K. REISE, H. v. WESTERNHAGEN & W. LENZ (1994): Warnsignale aus dem Wattenmeer - Wissenschaftliche Fakten. Blackwell-Wissenschaftsverlag, Berlin. 390 S.
LÖSING, J. (1989): Ökologische Probleme des Donau-Staustufensystems Gabcikovo-Nagymaros(CSSR - Ungarn). Natur und Landschaft 64(2):64-67.
LUA (Landesumweltamt Brandenburg) (1994): Eine Zusammenfassung, Auswertung und Bewertung des vorhandenen Informationsmaterials über die Oder und ihre deutsche Nebenflüsse. LUA, Brandenburg, Potsdam, Bd. I-II.
LINKSEMSISCHE KANALGENOSSENSCHAFT (1991): Über 100 Jahre linksemsische Kanalgenossenschaft. Meppen 12 S.
LÖBE K. (1960): Unternehmen Mittelweser. Verlag H.M. Hauschild, Bremen. 139 S.
MARSSON, M. (1907-1911): Bericht über die Ergebnisse der vom 14. bis zum 21.10.1905 ausgeführten biologischen Untersuchung des Rheins auf der Strecke Mainz bis Koblenz. Arbeiten aus dem kaiserl. Gesundheitsamt (Berlin) 25, 140-63 (1907); 28, 29-61 (1908); 28, 92-124 (1908); 28, 549-71 (1908); 30, 543-74 (1909); 32, 59-88 (1909); 33, 473-99 (1910); 36, 260-90 (1911).
MELF (Niedersächsisches Ministerium für Ernährung, Landwirtschaft und Forsten) (1964): Generalplan für die Wasserregelung im Hasegebiet. Allgemeine Erläuterungen vom 17.01.1964. Hannover. 14 S.
MELTER, J. (1992): Das Elbtal als Zugkorridor für Wasservögel - eine aktuelle Datenauswertung. In: Bund f. Umwelt u. Natursch. Deutschland eV (BUND) & Stiftung Europ. Kulturerbe (SEN) (Hrsg.): Tagung Nationalpark Elbtalaue, 1. Feb. 1992 in Hitzacker. 56-67.
MICHAELIS, H., H. FOCK, M. GROTJAHN & D. POST (1992): The status of the intertidal zoobenthic brackis-water species in estuaries of the German Bight. Neth. J. Sea Res. 30:210-207.
NACHTNEBEL, H. P. (1989): Ökosystemstudie Donauaustau Altenwörth. Österreichische Wasserwirtschaft 41:153-157.
NELLEN, W. (1992): Fische und Fischerei in der Elbe. In: KAUSCH, H. (Hrsg.): Die Unterelbe - natürlicher Zustand und Veränderungen durch den Menschen. - Ber. Zentrum f. Meeres- u. Klimaforschg Univ. Hamburg Nr 19:205-223.
NLÖ (1995): Deutsches Gewässerkundliches Jahrbuch. Weser- und Emsgebiet. Abflußjahr 1990. Niedersächsisches Landesamt für Ökologie (Hrsg.), Hildesheim. 285 S.
PALUSKA, A., LAMMERZ, U., KLEINEIDAM, T. & K. EMEIS (1984): Einige geologische Aspekte der Hamburger Gewässer. In: DEGENS, E. T., HILLMER, G. & C. SPAETH (Hrsg.): Exkursionsführer - Erdgeschichte des Nordsee- und Ostseeraumes. - Geol.-Paläontol. Institut u. Museum d. Univ. Hamburg. 1-44.
PETERSEN, G. & H. ROHDE (1991): Sturmflut - Die großen Fluten an den Küsten Schleswig-Holsteins und in der Elbe. Wachholtz, Neumünster. 182 S.
PARIS CONVENTION (1991): Report on Land-based Inputs of Contaminants to the Waters of the Paris Convention in 1989. Report of the Sixteenth Meeting of the Joint Monitoring Group Brighton Jan. 28 - Feb. 1, 1991.
REGIONALE ZUSAMMENARBEIT DER DONAULÄNDER (Hrsg.) (1986): Die Donau und ihr Einzugsgebiet. Eine hydrologische Monographie. o.O.
REICHELT, G. (1986): Laßt den Rhein leben! Strom im Spannungsfeld zwischen Ökologie und Ökonomie. Cornelsen - Velhagen & Klassing Verlagsges. Bielefeld. 109 S.
REINCKE, H. (1992): Die Entwicklung der Belastungssituation der Elbe. Wasser und Boden 10:648-653.
RICKLEFS, K. (1989): Zur Sedimentologie und Hydrographie des Eider-Ästuars. Ber.-Reports, Geol.-Paläont. Inst. Univ. Kiel. 35. 185 S.
RIEDEL-LORJE, J.C. & T. GAUMERT (1982): 100 Jahre Elbe-Forschung. Hydrobiologische Situation und Fischbestand 1842-1943 unter dem Einfluß von Stromverbau und Sieleinleitungen. Arch. Hydrobiol./Suppl. 61:317-376.
ROHDE, H & A. TIMON (1967): Die Versandung der Eider. Die Wasserwirtschaft 6:220-225.
ROHDE, H. (1971): Eine Studie über die Entwicklung der Elbe als Schiffahrtsstraße. Mitt. Franzius-Inst. f. Grund- u. Wasserbau, TU Hannover, 36:17-241.
ROHDE, H. (1965): Die Veränderungen der hydrographischen Verhältnisse des Eidergebietes durch künstliche Eingriffe. Dt. Gewässerkundliche Mitt. Sonderheft. 57-68.
REQUARDT-SCHOHAUS, E. & M. STROMANN (1992): Die Ems - der Strom im Nordwesten. Verlag Soltau-Kurier-Norden, Norden. 151 S.
SCHIRMER, M. (1994): Ökologische Konsequenzen des Ausbaus der Ästuare von Elbe und Weser. In: LOZÁN, J.L., RACHOR, E., REISE, K., WESTERNHAGEN, H.v. & W. LENZ(Hrsg.): Warnsignale aus dem Wattenmeer., Blackwell Wissenschaftsverlag, Berlin. 164-171.
SCHMIDTKE, K.-D. (1993): Die Entstehung Schleswig-Holsteins. Wachholtz, Neumünster. 128 S.
SCHULTE-WÜLWER-LEIDIG, A. (1994): Zielvorgaben der IKSR für den Rhein. Wasser und Boden 3:15-19.
SCHWARZL, S. (1992): Anthropogene Einflüsse auf das Abflußverhalten im Extrembereich (Hochwässer). Internationales Symposium Interpraevent, Bern Tagungspub. Band 1:123-135.
SIMON, M. (1994): Stand der Durchführung der im »Sofortprogramm« der IKSE enthaltenen Maßnahmen und deren Auswirkungen auf die Gewässer. In: GUHR, H., PRANGE, A., PUNCOCHAR, P., WILKEN, R.-D. & B. BÜTTNER (Hrsg.): Die Elbe im Spannungsfeld zwischen Ökologie und Ökonomie. - B.G. Teubner Verlagsges., Stuttgart, Leipzig. 19-29.
SINDERN, J. & H. ROHDE (1970): Zur Vorgeschichte der Abdämmung der Eider in der Linie Hundknöll-Vollerwiek. Die Wasserwirtschaft 3:85-91.
SPRATTE, S. (1992): Daten zur limnischen Fischfauna im Eidergebiet. Min. für Ernährung, Landwirtschaft, Forsten und Fischerei des Landes Schleswig-Holstein. 137 S.
STAMS, W. (1995): Die sächsischen Elbstrom-Kartenwerke. In: Flüsse im Herzen Europas. Rhein - Elbe - Donau. Kartographische Mosaiksteine einer europäischen Flußlandschaft. - Kartenabt. d. Staatsbibl. Berlin. Dr. Ludwig Reichert Verlag, Wiesbaden. 78-87.
STEINERT, G. (1951): Kaviar in der Fischkinderklinik. Naturw.-technische Zeitschrift für Jedermann ORION 6:713-716.
SCHIRMER M. (1995): Eindeichung, Trockenlegung, Korrektion, Anpassung: Die Abwicklung der Unterweser und ihrer Marsch. In: GERKEN, B. & M. SCHIRMER (Hrsg.): Die Weser. Limnologie aktuell Bd. 6. Fischer, Stuttgart: 35-53.
SCHIRMER, M. (1994): Ökologische Konsequenzen des Ausbaus der Ästuare von Elbe und Weser. In: LOZÁN, J.L., RACHOR, E., REISE, K., WESTERNHAGEN, H.v. & W. LENZ (Hrsg.): Warnsignale aus dem Wattenmeer. P. Parey, Hamburg: 164-171.
SCHUCHARDT, B. & M. SCHIRMER (1990): Seasonal and Spacial Patterns of the Diatom *Actinocyclus normanii* in the Weser Estuary (NW Germany) in relation to environmental factors. In: MICHAELIS, W. (Hrsg.): Estuarine Water Quality Management. Coastal and Estuarine Studies 36:385-388.
SCHWIEGER, F. (1995): Plankton der Ober- und Mittelweser. In: GERKEN, B. & M. SCHIRMER (Hrsg.): Die Weser. Limnologie aktuell Bd 6. Fischer, Stuttgart. 151-158.
SEEDORF, H. H. & H.-H. MEYER (1992): Landeskunde Niedersachsen Bd. 1, Historische Grundlagen und naturräumliche Ausstattung. Wachholtz, Neumünster. 517 S.
SERAPHIM, E. TH. (Hrsg.) (1978, 1980, 1981): Beiträge zur Ökologie der Senne. Sonderheft. Ber. Naturwissenschaftlichen Vereins für Bielefeld und Umgegend e. V., Selbstverlag des Vereins, Bielefeld 237 + 211 + 320 S.
StAWA (Staatliches Amt f. Wasser und Abfallwirtschaft) Minden (1991): Gewässergütebericht 1991.
StAWA (Staatliches Amt f. Wasser und Abfallwirtschaft) Münster (O.Jahr) Emsauenschutzkonzept. 24 S.
StAWA (Staatliches Amt f. Wasser und Abfall) Aurich (1994): Gewässergütebericht 1994. 70 S.
StAWA (Staatliches Amt f. Wasser und Abfall) Cloppenburg (1993): Gewässergütebericht 1993. 131 S.
StAWA (Staatliches Amt f. Wasser und Abfall) Meppen (1994): Gewässergütebericht 1994. 145 S.
STADTWERKE BIELEFELD (1989): Grundwasserversauerung in der Senne. Bielefeld. 8 S.

STRASSER, H. (1994): Wie schwierig ist die Revitalisierung einer Flußlandschaft ? In: BERNHARDT, K. G. (Hrsg.). Revitalisierung einer Flußlandschaft. Keller Verlag Osnabrück. 367-373.
SUCCOW, M. & MIECZYSLAW JASNOWSKI (1991): Projektstudie für einen Deutsch-Polnischen Nationalpark »Unteres Odertal«. Ministerium für Umwelt-, Naturschutz und Reaktorsicherheit der Bundesrepublik Deutschland, Außenstelle Berlin. 62 S.
TRAHMS, O. K. (1954):Der Rhein: Abwasserkanal oder Fischgewässer. Mitt. Rhein Verein f. Denkmalspflege u. Heimatschutz. 314:1-8.
UHLMANN, D. (1988): Hydrobiologie. G. Fischer, Stuttgart.
UIH (1994): Erfassung, Darstellung und Auswertung des ökologischen Zustandes der Auenbereiche von Werra, Fulda, Ober- und Mittelweser. Bd.1: Textbeiträge. Erstellt v. Umwelt Institut Höxter i.A. des DVWK FA 4.12 für die ARGE Weser. Höxter. 228 S.
ULLRICH, S. (1992): Bakterielle Fischkrankheiten in Untereider und Unterelbe und ihre Beeinflussung durch Umweltfaktoren. Ber. Inst. f. Meereskunde Kiel 223. 115 S.
WAGNER, G. (1960): Einführung in die Erd- und Landschaftsgeschichte mit besonderer Berücksichtigung Süddeutschlands. 3. Aufl. Verlag der Hohenlohe'schen Buchhandlung F. Rau, Ohringen. 694 S.
WIELAND, P. (1992): Deichschutz und Binnenentwässerung im Eidergebiet. In: KRAMER, J. & H. ROHDE (Hrsg.): Historischer Küstenschutz, Wittwer, Stuttgart. 463-486.

KAPITEL 3

ABKE, W., H. KORBIEN & B. POST (1995): Clofibrinsäure in Main und Nidda im Bereich der Stadt Frankfurt. ARW-Jahresbericht 51:81-91.
ANONYMUS (1994): Schlauch über Bord. Der Spiegel 13/1994. 68-78.
BDB (1994): Binnenschiffahrt 1993/94, Geschäftsbericht 1993/1994 des Bundesverbandes der Deutschen Binnenschiffahrt e.V. Bundesverband der Deutschen Binnenschiffahrt (Hrsg.). Duisburg. 81-100.
BERNHARDT, H. & W.-D. SCHMIDT (1988): Zielkriterien und Bewertung des Gewässerzustandes und der zustandsverändernden Eingriffe für den Bereich der Wasserversorgung. Materialen zur Umweltforschung 14, Kohlhammer, Mainz.
DK (1994a): Nutzungen am Rhein und seinen Nebenflüssen. Deutsche Kommission zur Reinhaltung des Rheins (Hrsg.), Rheinbericht 1993, 7-14.
DK (1994b): Reinhaltemaßnahmen und Planungen. Deutsche Kommission zur Reinhaltung des Rheins (Hrsg.), Rheinbericht 1993, 31-45.
DK (1994c): Rheinbericht 1993. Deutsche Kommission zur Reinhaltung des Rhein (Hrsg.). 92 S.
GAEBE, W., J. HAGEL, J. MAIER & L. SCHÄTZL (1984): Sozial- und Wirtschaftsgeographie 3. Harms Handbuch der Geographie, Paul List Verlag, München. 138-140.
GÖLZ, E., J. SCHUBERT & D. LIEBICH (1991): Sohlenkolmation und Uferfiltration im Bereich des Wasserwerks Flehe (Düsseldorf). gwf Wasser Abwasser **132**:69-76.
HABERER, K. (1993): Aufbereitungsstrukturen der Trinkwassergewinnung am Rhein. Stuttgarter Beiträge zur Siedlungswasserwirtschaft **121**:23-43.
HELD, H.-D. (1984): Kühlwasser. BOHNSACK, G. (Hrsg.). 3. Aufl. Vukan-Verlag, Essen. 553 S.
IAEA (Internat. Atomic Energy Agency) (1980): Environmental effects of cooling Systems. Techn. Report Series No.202, Wien. 196 S.
IKSR (1993): Verunreinigungsquellen und Sanierungsmaßnahmen. Internationale Kommission zum Schutze des Rheins (Hrsg.). Tätigkeitsbericht 1992. 14-21.
KLUGE, TH. & E. SCHRAMM (1991): Die Zukunft des Trinkwassers in den neuen Bundesländern und Berlin. Greenpeace-Studie. Greenpeace, Hamburg.
KLUGE, TH., E. SCHRAMM & A. VACK (1995): Wasserwende. Piper, München.
LAWA (Länderarbeitsgemeinschaft Wasser) (1991): Grundlagen für die Beurteilung von Kühlwassereinleitungen in Gewässer. LAWA-Arbeitsgruppe »Wärmebelastung der Gewässer«, Erich Schmidt, Berlin. 109 S.
LINDNER, K. et al. (1995): Erfassung und Identifizierung von trinkwassergängigen Einzelstoffen in Abwasser und Rhein I. ARW-Jahresbericht **51**:159-193.
LUA-NRW (1994): Zeitnahe Gewässerüberwachung. Informationsschrift des Landesumweltamtes Nordrhein-Westfalen, Gewässerüberwachung in Nordrhein-Westfalen.
LUA-NRW (1995): Schadensfälle im Rheineinzugsgebiet. In: Landesumweltamt Nordrhein-Westfalen, Gewässergüteber.1993/94. 25-27.
MALLE, K.-G. (1994): Verschmutzung des Rheins durch Unfälle. Spektrum der Wissenschaft 2/94:40-47.
MUUS, B. J.& P. DAHLSTRÖM (1990): Süßwasserfische Europas. Biologie, Fang, wirtschaftliche Bedeutung. BLV, München, Wien und Zürich. 6. Auflage 223.
PÜTZ, K. (1991): Die Bedeutung der Elbe für die Trinkwasserversorgung. IAWR-Arbeitstagung **13**:55-64.
REICHENBACH-KLINKE, H. H. (1976): Die Einwirkung von Umweltfaktoren auf die Gesunderhaltung des Fisches. Fisch und Umwelt, Gustav Fischer, Stuttgart, New York. H. 2. 153-162.
ROTH, E. (1994): Mensch, Umwelt und Energie. Energiewirtschaft und Technische Verlagsgesellschaft, Düsseldorf. 2. Auflage. 235 S.
RP DÜSSELDORF (1992): Schadensfälle an Gewässern. Regierungspräsident Düsseldorf, Warndienst Rhein NW - Maßnahmenplan.
SCHMIDT, W. D. (1994): Stand der künstlichen Grundwasseranreicherung in Deutschland. gwf Wasser Abwasser **135**: 273-280.
SCHÖTTLER, U. (1985): Wechselwirkungen von ausgewählten Spurenelementen mit chemisch-biologischen Prozessen bei Uferfiltration, künstlicher Grundwasseranreicherung und Untergrundpassage. UBA-Texte 39/85.
SONTHEIMER, H. (1991): Trinkwasser aus dem Rhein? Academia Verlag Sankt Augustin.
STATISTISCHES BUNDESAMT (1994): Statistisches Jahrbuch für die Bundesrepublik Deutschland. STATISTISCHES BUNDESAMT (Hrsg.). Wiesbaden. 335-360.
TAUBERT, U. (1975): Analyse der natürlichen Temperaturen von Flüssen. FLINSPACH, D. (Hrsg.): GWF - Wasser/Abwasser. Oldenbourg, München. 441-450.
TITTIZER, T., M. BANNING, H. LEUCHS, M. SCHLEUTER & F. SCHÖLL (1993): Faunenaustausch Rhein/Main - Altmühl/Donau. DGL (Hrsg.): Erweiterte Zusammenfassungen. Jahrestag. Deutsche Gesellschaft für Limnologie. 383-387.
UMWELTBUNDESAMT (1994): Daten zur Umwelt 1992/93. Erich-Schmidt, Berlin. 325 S.
VCI (Verband der Chemischen Industrie) (1987): Sicherheitskonzept für Kühlwasserströme in der Chemischen Industrie, Frankfurt. 4 S.
VOGT, K. (1994): Zeitnahe Gewässerüberwachung am Niederrhein. In: Tagungsband 1 des Kongresses Wasser Berlin 1993. 507-518.
WUNDERLICH, M. (1982): Stoffwechseldynamische Aspekte der Gewässererwärmung. Bayer. Landesamt für Wasserforschung (Hrsg.): Abwärme und Gewässerbiologie. Münchener Beiträge zur Abwasser-, Fischerei- und Flußbiologie, Bd.35, Oldenburg, München. 37-55.

KAPITEL 4

AHLBORG, U. G., G. C. BECKING, L. S. BIRNBAUM, A. BROUWER, H. J. G. M. DERKS, M. FEELEY, G. GOLOR, A. HANBERG, J. C. LARSEN, A. K. D. LIEM, S. H. SAFE, C. SCHLATTER, F. WAERN, M. YOUNES & E. YRJÄNHEIKKI (1994): Toxic equivalency factors for dioxin-like PCBs. Chemosphere 28 (6):1049-1067.
ANONYMUS (1993): Belastungen der Oberflächengewässer aus der Landwirtschaft - gemeinsame Lösungsansätze zum Gewässerschutz. Frankfurt/Main, Agrarspectrum 21. 244 S.
ANONYMUS (1995): Nutrients in the convention area, overview of implementation of PARCOM. Recommendation 88/2, Oslo and Paris Commissions. 60 S.

ARGE Elbe (1989): Schwermetalldaten der Elbe von Schnackenburg bis zur See, 1984 - 1988. Wassergütestelle Elbe, Hamburg.
ARGE Elbe (1989-): Zahlentafeln 1989 - 1994. Arbeitsgemeinschaft für die Reinhaltung der Elbe. Wassergütestelle Elbe.
ARGE Elbe (1990): Gewässergütebericht Elbe 1985-1990. Wassergütestelle Elbe, Hamburg, Wasserwirtschaftsdirektion Unterelbe, Magdeburg (Bearb.). 44 S. , ISSN 0932-3953.
ARGE Elbe (1990): Nährstoffstudie der Elbe. Wassergütestelle Elbe, Hamburg. 52 S.
ARGE Elbe (1991): Trend-Entwicklung der Nährstoffe im Elbwasser von 1980 bis 1989. Wassergütestelle Elbe, Hamburg. 23 S.
ARGE Elbe (1994): Wassergütedaten der Elbe von Schmilka zur See - Zahlentafeln 1993. Wassergütestelle Elbe. 44 S. ISSN 0932-3953.
ARGE Elbe (1994): Wassergütedaten der Elbe - Zahlentafel 1993. Wassergütestelle Elbe, Hamburg. 159 S.
ARGE Weser (1991): Zahlentafel 1991. Niedersächsisches Landesamt für Ökologie, Hildesheim. 171 S.
ARGE Weser (1992): Zahlentafel 1992 Niedersächsisches Landesamt für Ökologie, Hildesheim. 207 S. ISSN 0173-1602.
ARGE Weser (1994): Die Unterweser 1993. Sen. f. Umweltschutz u. Stadtentw. Bremen, Staatl. Amt f. Wasser u. Abfall Brake, Niedersächs. Landesamt f. Ökologie, Hildesheim, 82 S.
ARGE Weser (1995): Gütebericht 1993. Wassergütestelle Weser, Hildesheim. 97 S.
BANAT, K., U. FÖRSTNER & G. MÜLLER (1972): Schwermetalle in Sedimenten der Donau, Rhein, Ems, Weser und Elbe im Bereich der Bundesrepublik. Naturwissenschaften 59:525-528.
BEHRENDT, H. (1991): Entwicklung der Nährstoffbelastung auf dem Gebiet der DDR. Mitt. der Deutschen Gesellschaft für Limnologie. 256-260.
BEHRENDT, H. (1996): Inventories of point and diffuse sources and estimated nutrient loads. - A comparison for different river basins in central Europe. Water Sci. Techn. (in Druck).
BERGHAHN, R., L. KARBE, U. SEIDEL, S. BURCHERT & R. ZEITNER (1986): Zur Ökotoxikologie fluviatilen Baggerguts in Meer- und Brackwasser - Ergebnisse aus einem orientierenden Aquarienexperiment. Vom Wasser 66:211-224.
BERNHARDT, H. (1978): Phosphor, Wege und Verbleib in der Bundesrepublik Deutschland. Verlag Chemie.
BESTER, K. (1995): Über Eintrag, Verbleib und Auswirkungen von stickstoff- und phosphorhaltigen Schadstoffen in die Nordsee. Shaker, Aachen.
BESTER, K. & H. HÜHNERFUSS (1993): Triazines in the Baltic and North Sea. Mar. Pollut. Bull. 26:423-427/657-658.
BESTER, K., H. HÜHNERFUSS, B. NEUDORF & W. THIEMANN (1995a): Atmospheric deposition of triazine herbicides in northern Germany and the German Bight (North Sea). Chemosphere 30:1639-1653.
BESTER, K., H. HÜHNERFUSS, U. BROCKMANN & H. J. RICK (1995b): Biological effects of triazine herbicide contamination on marine phytoplankton. Arch. Environm. Contam. Toxicol. 29:277-283.
BETHAN, B. (1995): Untersuchungen zum enatioselektiven Abbau und zur enatioselektiven Anreicherung von Cyclodien-Pestiziden in Umweltproben. Dipl. Arbeit. FB-Chemie. Univ. Hamburg. 77 S.
BRANNON, J. M., R. E. HOEPPEL & D. GUNNISON (1987): Capping contaminated dredged material. Mar.Poll.Bull. 18(4): 175-179.
BURTON, J. D. (1976): Basic properties and processes in estuarine chemistry. In: BURTON, J. D. & P. S. LISS (Hrsg.): Estuarine Chemistry. Academic Press, London. 1-36.
CALMANO, W., W. AHLF & U. FÖRSTNER (1988): Study of metal sorption/desorption processes on competing sediment phases with a multi chamber device. Environ. Geol. Water Sci. 11(1):77-84.
CALMANO, W., W. AHLF & U. FÖRSTNER (1988): Study of metal sorption/desorption processes on competing sediment components with a multichamber device. Environ. Geol. Water Sci.11:77-84.
CALMANO, W., W. AHLF & U. FÖRSTNER (1990): Exchange of heavy metals between sediment components and water. In: BROEKAERT, J. A. C., S. GÜCER & F. ADAMS (Hrsg.): Metal speciation in the environment. NATO ASI Ser. G 23, Springer, Berlin. 503-522.
CHAPMAN, P. M. (1986): Sediment quality criteria from the sediment quality triad. An example. Environ. Toxicol. Chem. 5:957-964.
CHUKHLOVIN, A., L. KARBE, H. REINCKE, S. TOKALOV, A. RESHCHIKOV & J. WESTENDORF (1995): Acute toxicity of Elbe River sediments as assessed with thymocytes, bone marrow cells and alveolar macrophages. (unpubl.).
DK (DEUTSCHE KOMMISSION ZUR REINHALTUNG DES RHEINS) (1995): Zahlentafeln 1992. Bundesanstalt f. Gewässerkunde, Koblenz, Rheingütestation Worms im Landesamt f. Wasserwirtschaft Rhld.-Pfalz. 189 S.
DUINKER, J. C. (1980): Suspended matter in estuaries: Adsorptionsand desorption processes. In: OLAUSSON, E. & I. CATO (Hrsg.): Chemistry and biogeochemistry of estuaries. Wiley, Chichester. 121-151.
EBINGHAUS R. & R.-D. WILKEN (1993): Transformations of mercury species in the presence of Elbe river bacteria. Appl. Organomet. Chem. 7:127-135.
EBINGHAUS R. & R.-D. WILKEN (1995): Mercury distribution and speciation in a polluted fluvial system. In: CALMANO, W. & U. FÖRSTNER (Hrsg.): Sediments and toxic substances: Environmental effects and ecotoxicity. Springer, Berlin. In press.
EBINGHAUS R., H. HINTELMANN & R.-D. WILKEN (1994b): Mercury cycling in surface waters and in the atmosphere - Speciesanalysis for the investigation of transformation- and transport-properties of mercury. Fresenius J. Anal. Chem. 350(1-2):21-29.
EBINGHAUS R., R.-D. WILKEN & P. GISDER (1994a): Untersuchungen zur Entstehung von Monomethylquecksilber (II) in der Elbe. Vom Wasser, 82:19-35.
ELBAZ-POULICHET, F., J. M. MARTIN, W. W. HUANG & J. X. ZHU (1987): Dissolved Cd behaviour in some selected French and Chinese estuaries, consequences on Cd supply to the ocean. Mar. Chem. 22,125-136.
ENQUETE-KOMMISSION (1994): Schutz der Erdatmosphäre. Economia Verlag, d. Deutschen Bundestages.
FEGER, K. H. (1993): Bedeutung von Ökosysteminternen Umsätzen und Nutzungseingriffen für den Stoffhaushalt von Waldlandschaften. Habil.Schrift. Freiburger Bodenkundl. Abh.
FOKKEN, B. & A. WOLF (1993): Umsetzung von Strategien zur Vermeidung von Gewässerbelastungen am Beispiel des »Arbeitskreises Akerbau und Wasser im linksrheinischen Kölner Norden e. V.«. In: THOROE, C., H. G. FREDE, H. J. LANGHOLZ, W. SCHUMACHER & W. WERNER (Hrsg.): Belastungen der Oberflächengewässer aus der Landwirtschaft, Agrarspectrum, Frankfurt/Main. 21:120-139.
FÖRSTNER, U. & G. T. W. WITTMANN (1981): Metal pollution in the aquatic environment. Springer, Berlin. 2. Auflage. 486 S.
FÖRSTNER, U., W. AHLF, W. CALMANO & J. LOHSE (1985): Untersuchungen zum Verhalten von Hamburger Baggerschlick beim Einbringen in eine Deponie im Küstenvorfeld (1. Orientierende Laborexper.). Bericht für Amt Strom- und Hafenbau, Hamburg, 62 S.
FÖRSTNER, U., & G. MÜLLER (1974): Schwermetalle in Flüssen und Seen als Ausdruck der Umweltverschmutzung. Springer, Berlin-Heidelberg-New York. 225 S.
GÖHREN, H. (1982): Probleme der Baggergutunterbringung des Hamburger Hafens. Z. f. Kulturtechnik und Flurbereinigung 23:95-104.
GÖHREN, H., P. G. TAMMINGA & H. DUCHROW (1986): Baggergutablagerung im Küstenmeer. Schiff und Hafen/Kommandobrücke, Heft 9:71-73.
GÖTZ, R. (1991): Wirkstoffe von Pflanzenbehandlungsmitteln (PBSM) in der Elbe, in Nebengewässern der Elbe und in Kleingewässern des Einzugsgebietes. Hamburger Umweltberichte, 34/91.
GÖTZ, R., B. STEINER, P. FRIESEL, K. KOCH, H. REINCKE & B. STACHEL (1994): Dioxine in der Elbe. In: 6. Magdeburger Gewässerschutzseminar, Cuxhaven (Poster).
GRÖNGRÖFT, A., B. MAASS & G. MIEHLICH (1984): Grundwassergefährdung durch Hafenschlickspülfelder - Methodische Ansätze und erste Ergebnisse. Veröff. d. Fachseminars Baggergut der FHH Hamburg, 27.2.-1.3.1984, 89-110.
HAARICH M. (1994): Schwermetalle im Wasser und Sediment. In : LOZAN J. L., E. RACHOR, REISE K., H. v. WESTERNHAGEN, W. LENZ (Hrsg.): Warnsignale aus dem Wattenmeer. Blackwell Wissenschaftsverlag, Berlin. 30-34.

HAMM, A. (1989) Entwicklung der P-Bilanz in der Bundesrepublik Deutschland. Münchener Beitr. z. Abwasser-, Fischerei- u. Flussbiologie. 43:99-110.
HAMM, A. (1991): Studie über Wirkungen und Qualitätsziele von Nährstoffen in Fließgewässern. Academia Verlag Richarz GmbH, St. Augustin.
HEININGER, P. (1995): Abstracts und Folien der Vorträge. Workshop: Belastung der Elbe und ihrer Nebenflüsse mit organischen Schadstoffen. 31.5.-1.6.95. (AG-F, IKSE). Organische Schadstoffkonzentrationen und -frachten in der Elbe heute und vor 1989, 139-155.
HELCOM (1993): Second Baltic Sea pollution load compilation, Helsinki Kommission. BSH, Hamburg. 161 S.
HELCOM (1993): Second Baltic Sea pollution load compilation. Baltic Sea Environ. Proceed. No. 45, S. 88. Helsinki Kommision, Helsinki.
HELSEL D. R. & T. A. COHN (1988): Estimation of descriptive statistics for multiply censored water quality data. Water Resources Research, 24(12):1997-2004.
HENDRIKS, A. J., J. L. MAAS-DIEPVEEN, A. NOORDSIG & M. A. VAN DER GAAG (1994): Monitoring reponse of XAD-concentrated water in the Rhine Delta: A major part of the toxic compounds remains unidentified. Wat. Res. 28(3):581-598.
HERMS, U. & G. BRÜMMER (1980): Einfluß der Bodenreaktion auf Löslichkeit und tolerierbare Gesamtgehalte an Nickel, Kupfer, Zink, Cadmium und Blei in Böden und kompostierten Siedlungsabfällen. Landwirtschaftl. Forschung 33:408-423.
HERMS, U. & L. TENT (1982): Schwermetallgehalte im Hafenschlick sowie in landwirtschaftlich genutzten Hafenschlick-Spülfeldern im Raum Hamburg. Geol. Jb. F12:3-11.
HERRSCHEN, M., M. DIEDRICH, & B. LUDWIG (1995): Anwendung eines Auswahlschemas zur Identifizierung gewässerrelevanter gefährlicher Stoffe. Umweltbundesamt, Texte 50/95.
HILL, I. R., P. MATTHIESSEN & F. HEIMBACH (Hrsg.) (1993): Guidance document on sediment toxicity tests and bioassays for freshwater and marine environment. Society of Environmental Toxicology and Chemistry - Europa.
IKSR (1984): Zahlentafeln der physikalisch-chemischen Untersuchungen des Rheinwassers 1984. IKSR, Koblenz. 115 S.
IKSR (1993): Statusbericht Rhein. IKSR, Koblenz. 120 S.
IKSR (1993): Zahlentafeln. Internationale Kommission zum Schutze des Rheins (Hrsg.), Koblenz.
IKSR (1994): Aktionsprogramm Rhein, Bestandsaufnahme der punktuellen Einleitungen prioritärer Stoffe 1992. IKSR, Koblenz. 64 S.
IKSR (1995): Zahlentafeln 1993. Koblenz. 204 S.
IKSR (1995): Zahlentafeln der physikalisch-chemischen Untersuchungen des Rheinwassers und des Schwebstoffs 1993. Koblenz. 203 S.
ISERMANN, K. (1990): Die Stickstoff- und Phosphor-Einträge in die Oberflächengewässer der Bundesrepublik Deutschland durch verschiedene Wirtschaftsbereiche unter besonderer Berücksichtigung der Stickstoff- und Phosphor-Bilanz der Landwirtschaft und der Humanernährung. DLG-Forschungsberichte zur Tierernährung. 54 S.
IVA (1990): Mengenmäßig bedeutende Wirkstoffe in der Bundesrepublik Deutschland. Industrieverband Agrar (Hrsg.) Frankfurt/M.
KARBE L., K. MÄDLER & J. WESTENDORF (Hrsg.) (1994): Biologische Effekte von Schadstoffen und toxisches Potential von Wasser und Sediment in Elbe und Nordsee (BIOTOX Elbe/BIOTOX Nordsee) II. Berichte aus dem Zentrum für Meeres- und Klimaforschung (ZMK) der Universität Hamburg. Reihe E, Nr. 7. 152 S.
KÄHLER, A. (1994): Toxizität von ausgewählten PCBs und Schwebstoffen aus der Elbe auf primäre Hepatocyten. Dipl.Arbeit. Univ. Hamburg, FB Biologie.
KLAPPER, H. (1992): Eutrophierung und Gewässerschutz. Fischer, Jena. 277 S.
KNAUTH, H.-D., J. GRANDRASS & R. STURM (1993): Vorkommen und Verhalten organischer und anorganischer Mikroverunreinigungen in der mittleren und unteren Elbe. Forschungsbericht des Bundesministers für Umwelt, Naturschutz und Reaktorsicherheit. Erich Schmidt, Berlin, Berichte 8/93. 351 S.
KONONOVA, M. M. (1966): Soil organic matter. Pergamon, Oxford. 544 S.
KÖRNER, D. (1990): pers. Mitteilung.
KRAMER, K. J. M. & J. C. DUINKER (1988): The Rhine/Meuse Estuary. In: SALOMONS, W., B. L. BAYNE, E. K. DUURSMA & U. FÖRSTNER (Hrsg.): Pollution of the North Sea, An assessment. Springer, Berlin. 213-224.
LAMPERT, W., W. FLECKNER, E. POTT, U. SCHOBER & K. U. STÖRKEL (1989): Herbicide effects on planktonic systems of different complexicity. Hydrobiologica 188/189:415-424.
LANDESAMT FüR WASSERHAUSHALT UND KüSTEN SCHLESWIG-HOLSTEIN (1995): Ein Jahrzehnt Beobachtung der Niederschlagsbeschaffenheit in Schleswig-Holstein 1985-1994. 130 S.
MAASS, B. (1994): Belastung des Baggerguts. In: Informationen zum Hamburger Baggergut, FHH Hamburg, Wirtschaftsbehörde, Strom- und Hafenbau.
MEYERCORDT J. (1994): Schwermetalle in Salzwiesen-Sedimenten. In: LOZÁN J. L., E. RACHOR, K. REISE, H. v. WESTERNHAGEN & W. LENZ (Hrsg.): Warnsignale aus dem Wattenmeer. Blackwell Wissenschaftsverlag, Berlin. 34-37.
MICHALEK-WAGNER, K. (1994): Toxizität von ausgewählten PCBs und Schwebstoffen aus der Elbe auf Leber-Hepatomzellen. Dipl. Arbeit. FB Biologie der Universität Hamburg.
MORRIS, A. W. (1988): The estuaries of the Humber and Thames. In: SALOMONS, W., B. L. BAYNE, E. K. DUURSMA & U. FÖRSTNER (Hrsg.) Pollution of the North Sea, An Assessment. Springer, Berlin. 213-224.
MÜLLER, G. (1979): Schwermetalle in den Sedimenten des Rheins. Veränderungen seit 1971. Umschau 79: 778-783.
MÜLLER, G. (1985a) Unseren Flüssen geht's wieder besser. Bild der Wissenschaft 22:74-97.
MÜLLER, G. (1985b): Heavy metal concentration in sediments of mayor rivers within the Federal Republic of Germany: 1972 and 1985. Proc. Int. Conf.»Heavy metals in the environment«, Athens CEP Consultants Edinburgh U.K. 1985:110-112.
MÜLLER, G. (1986): Schadstoffe in Sedimenten - Sedimente als Schadstoffe. Mitt. österr. geol. Ges. 79:107-126.
MÜLLER, G. (1993): Untersuchung der Neckar-Altsedimente und Bewertung ihres möglichen Einflusses auf die Gewässergüte und auf das Grundwasser. In: Altsedimente in den Stauhaltungen des Neckars. Bericht des Regierungspräsidiums. 126 S.
MÜLLER, G. & F. FURRER (1994): Die Belastung der Elbe mit Schwermetallen. Erste Ergebnisse von Sedimentuntersuchungen. Naturwissenschaften 81:401-405.
MÜLLER, G. & F. FURRER (1995): Heavy metals in the sediments of the Elbe River 1972-1994. Proc. Int. Conf. »Heavy Metals in the Environment«, Hamburg. CEP Consultants Edinburgh U. K. 2, 83-86.
MÜLLER, G. & U. FÖRSTNER (1975): Heavy metals in sediments of the Rhine and Elbe Estuaries: Mobilisation or mixing effect? Environ. Geol. 1:33-39.
MÜLLER, G., A. YAHYA & P. GENTNER (1993): Die Schwermetallbelastung des Neckars und seiner Zuflüsse: Bestandsaufnahme 1990 und Vergleich mit früheren Untersuchungen. Heidelberg. Beitr. Geowissensch. 69. 91 S.
MÜLLER, G., G. GRIMMER & H. BÖHNKE (1977): Sedimentary record of heavy metals and polycyclic aromatic hydrocarbons in Lake Constance. Naturwissenschaften 64:427-431.
NOLTE, Ch. & W. WERNER (1991): Stickstoff- und Phosphateintrag. North Sea Quality Status Report 1993, Oslo and Paris Commissions, London. 132 S.
OEHMICHEN U. & K. HABERER (1986): Stickstoffherbizide im Rhein. Vom Wasser 66:225-241.
OLFS, H. W. (1991): Über »diffuse« Quellen. In: HAMM, A.: Studie über Wirkungen und Qualitätsziele von Nährstoffen in Fließgewässern.
PATEL, T. (1994): Briottany's rivers kill off crops. New Scientist 24.10.94.
PFAFFENBERGER, B., H. HÜHNERFUSS, B. GEHRICKE, I. HARDT, W. A. KÖNIG & G. RIMKUS (1994): Gaschromatographic separation of the enantioners of bromocyclen in fish samples. Chemospheren 29(7): 1385-1391.

QSR (1993): Quality status report of the North Sea. Subreg.10 - The Wadden Sea. Common Wadden Sea Secretar., Wilhelmshaven. 174 S.
REDFIELD, A. C., B. H. KETCHUM & F. A. RICHARDS (1963): The influence of organisms on the composition of sea water. In: HILL M. N. (Hrsg.): The sea. Wiley Interscience London. 26-77.
REINCKE, H. (1993): Belastungssituation der Elbe mit Nährstoffen. In: SDN (Hrsg.): Eutrophierung und Landwirtschaft. Hefts 3:14-29.
REINCKE, H. (1995): Abstracts und Folien der Vorträge. Workshop: Belastung der Elbe und ihrer Nebenflüsse mit organischen Schadstoffen. 31.5.-1.6.95. (AG-F, IKSE). Organische Schadstoffkonzentrationen und -frachten in der Elbe heute und vor 1989. 157-162.
REINCKE, H. (1995): Trends in heavy metals and arsenic bordens in the Elbe River. Proc. Int. Conf. »Heavy Metals in the Environment«, Hamburg. CEP-Consultants Edinburgh UK 2:76-82.
ROJANSCHI, V. (1994): How clean is the Danube? An overall view. In: Lebensraum der Donau, europäisches Ökosystem, Akademie für Natur- und Umweltschutz, Stuttgart. 72-98.
SALOMONS, W. (1993): Non-Linear and delayed responses of toxic chemicals in the environment. In: ARENDT, F. et al. (Hrsg.): Contaminated Soil '93. Kluwer Publ., Dordrecht. 225-238.
SALOMONS, W. & U. FÖRSTNER (1984): Metals in the hydrocycle. Springer, Berlin. 349 S.
SALOMONS, W. & W. G. MOOK (1980): Trace metal concentrations in estuarine sediments: Mobilization, mixing or precipitation. Neth. J. Sea. Res. 11:199-209.
SCHATZMANN, M. (1994): Belastung von Böden und Gewässern durch diffuse Stickstoffeinträge aus der Atmosphäre. Staub - Reinhaltung der Luft 54:229-232.
SCHLüNZEN, K. H. (1994): Atmosphärische Einträge von Nähr- und Schadstoffen. In: LOZÁN, J. L., E. RACHOR, K. REISE, H. v. WESTERNHAGEN & W. LENZ (Hrsg.): Warnsignale aus dem Wattenmeer. 45-48.
SCHRODER, H. (1985): Nitrogen losses from Danisch agriculture-trends and consequences. Agriculture, Ecosystems and Environment. 14:279-289.
SCHWEDHELM, E., W. SALOMONS, J. SCHOER & H.-D. KNAUTH (1988): Provenance of the sediments and the suspended matter of the Elbe Estuary. Forschungszentrum Geesthacht, GKSS 88/E/20. 76 S.
SEILER, A. & F. MÜHLEBACH (1993): Atrazine, information on the active ingredient. Manuscript, Ciba-Geigy, Basel.
SPIES, R. B., B. D. ANDERSEN & D. W. RICE jr (1987): Benzothiazoles in estuarine sediments as indicator of street runoff. Nature 327:697-699.
STEGMANN, R. & D. KRAUSE (1986): Untersuchungen zur Gasbildung aus Hafenschlick. Interner Bericht im Auftrag der FHH Hamburg, Amt Strom- und Hafenbau.
STIGLIANI, W. & W. SALOMONS (1993): »Our fathers toxic sins«. New Scientist, 140:38-42.
STRASKRABOVA, V. et al. (1994): Produktions- und selbstreinigende Prozesse in der Moldaukaskade bei Veränderungen der Belastung durch Nährstoffe. In: GUHR, H., A. PRANGE, P. PUNCOCHAR, R. D. WILKEN & B. BÜTTNER (Hrsg.): Die Elbe in Spannungsfeld zwischen Ökologie und Ökonomie, Treubner, Stuttgart. 503-508.
STURM, R. & J. GANDRASS (1988): Verhalten von schwerflüchtigen Chlorkohlenwasserstoffen an Schwebstoffen des Elbe-Ästuars. Vom Wasser 70:271-279.
TUREKIAN, K. & K. H. WEDEPOHL (1961): Distribution of the elements in some major units of the earth's crust. Bull. Geol. Soc. America 72:175-192.
UMWELTBUNDESAMT (1994): Daten zur Umwelt 1992/93. Erich Schmidt, Berlin. 688 S.
UMWELTBUNDESAMT (1995): Jahresbericht 1994.
VAHL, H. H., L. KARBE, M.-J. PRIETO-ALAMO, C. PUEYO & J. WESTENDORF (1995): The use of salmonella BA9 forward mutation assay in sediment quality assessment: Mutagenicity of freshly deposited sediment of the River Elbe. J. Aquatic Ecosystem Helth. In press.
VAN BREEMEN, N. (1987): Effects of redox processes on soil acidity. Neth. J. Agric. Sci. 35:271-279.
VAN ECK, G. T. M. & N. M. DE ROOIJ (1993): Polluted sediments as chemical time bombs in the Scheldt Estuary. Land Degrad. Rehabil. 4:317-328.
VAN URK, G., F. C. M. KERTUM & H. SCHMIT (1992): Life cycle patterns density and frecuency of deformines in Chironomus larvae (Diptera, Chironomidae) over a contaminated sediment gradient. Can. J. Fish. and Aqua. Sci. 49:2291-2299.
VFFA (Verein der Freunde u. Förderer der Akademie für Natur- u. Umweltschutz Baden-Württemberg) (1994): Lebensraum Donau - Europäisches Ökosystem. Tagungsdokumentation des internationalen Kolloqiums vom 19.-21.4.94 in Ulm. Beiträge der Akademie, Bd. 17. 344 S. Ludwigsburg. ISBN 3 522 30485 3.
WENDLANDT, E., H. H. STABEL & K. WIELAND (1989): Atmosphärischer Herbizid-Eintrag in ein Wasserschutzgebiet am Bodensee. Arbeitsgemeinschaft Wasserwerke Bodensee-Rhein (Hrsg.). Jahresbericht. 126-142.
WESTRICH, B. (1988): Fluviatiler Feststofftransport - Auswirkung auf die Morphologie und Bedeutung für die Gewässergüte. Schriftenreihe GWF Wasser/Abwasser 22:1-173.
WINDOM, H., J. BYRD, R. SMITH, Jr., M. HUNGSPREUGS, S. DHARMVANIJ, W. THUMTRAKUL & P. YEATS (1991): Trace metal - nutrientrelationships in estuaries. Marine. Chem. 32:177-194.
WODSACK, H. P. (Hrsg.) (1994): Deutschlands unter besonderer Berücksichtigung des Eintragsgeschehens im Lockergesteinsbereich der ehem. DDR. Schriftenreihen Agrarspektrum. Bd.22. DLG-Verlag.
WODSAK, H.-P., H. BEHRENDT & W. WERNER (1994): Gesamteintrag an Stickstoff und Phosphor auf dem Gebiet der ehemaligen DDR (incl. Berlin) und Gesamtdeutschlands aus diffusen und punktförmigen Quellen. In: WERNER, W. & H.-P. WODSAK (Hrsg.): Stickstoff- und Phosphoreintrag in die Fließgewässer Deutschlands unter besonderer Berücksichtigung des Eintragsgeschehens im Lockergesteinsbereich der ehemaligen DDR. Agrarspectrum, Bd. 22. DGL, München. 165-170.
WERNER, W. & H.-P. WODSAK (Hrsg.) (1994): Stickstoff- und Phosphoreintrag in die Fließgewässer Deutschlands unter besonderer Berücksichtigung des Eintragsgeschehens im Lockergesteinsbereich der ehemaligen DDR. Agrarspectrum, Bd. 22. DGL, München.
WOLLAST, R. (1988): The Scheldt Estuary. In: SALOMONS, W., B. L. BAYNE, E. K. DUURSMA & U. FÖRSTNER (Hrsg.): Pollution of the North Sea, An Assessment. Springer, Berlin. 183-193.
WULFFRAAT, K. J., TH. SMIT, H. GROSKÄMP, A. DE VRIES (1993): Debelasting van de Nordzee met verontreinigten stoffen 1980-1990. Directoraat-Generaal Rijkswaterstaat, Getijdewateren, Den Haag. Rapport DGW-93.037. 152 S.
ZÜLLIG, H. (1956): Sedimente als Ausdruck des Zustandes eines Gewässers. Schweiz. Zeitschr. Hydrologie 18:7-143.

KAPITEL 5

ARGE Elbe (1984): Gewässerökologische Studie der Elbe von Schnackenburg bis zur See. - Arbeitsgemeinschaft für die Reinhaltung der Elbe (ARGE-Elbe). 98 S.
ARGE Elbe (1992): Salzgehalts- und Trübstoffverhältnisse in dem oberen Brackwassergebiet der Elbe. Arbeitsgemeinschaft für die Reinhaltung der Elbe (Hrsg.) Hamburg. 145 S.
AVAKYAN, A. (1996): Ecological problems of rivers systems regulated by reservoirs. In: LOUCKS, D. P. & N. GLAZOVSKY (Hrsg.): Proc. of the NATO workshop »Rehabilitation of large rivers«, Yaroslawl. Russia, 1995. Kluwer Acad. Press.
ALEXANDER HOWDEN GROUP LTD., MANZITTI HOWDEN BECK S.P.A. INSURANCE AND REINSURANCE BROKERS (1995): Flooding in northern Italy, A report of the November 1994 floods in Piedmont... 8 S.
BAUER, F. (1965): Der Geschiebehaushalt der bayerischen Donau im Wandel wasserbaulicher Maßnahmen. Die Wasserwirtschaft. H.5 55:106-112.

BAYERISCHES LANDESAMT FÜR WASSERWIRTSCHAFT (1984): Hinweise zur standortgerechten Bepflanzung von Flußdeichen, Stauhaltungsdämmen und Vorländern. München, Bayern.
BEAUMONT, P. (1978): Man's impact on our river systems. A world wide review. Area 10: 38-41.
BERNHART, H. H. (1988): Sohlenvertiefungen unterhalb von Staustufen und mögliche Schutzmaßnahmen, Perspektiven. Spezialausgabe: Staustufe Wien-Freudenau. Compress, Verlagsgesellschaft. H.9/10.
BMV (Bundesministerium f. Verkehr) (1987): Untersuchung der Abfluß- und Geschiebeverhältnisse des Rheins. Schlußbericht. Bonn.
BMV (Bundesministerium f. Verkehr) (1981): Untersuchungen Sohlenerosion des Oberrheins. Schlußbericht. Bonn.
BMfLF (Bundesministerium f. Land- u. Forstwirtschaft) (1992): Schutzwasserbau, Gewässerbetreuung, Ökologie. Grundlage für wasserbauliche Maßnahmen an Fließgewässern. BMfLF und ÖWWV (Hrsg.). Wien, Österreich.
CASPERS, H. (1984): Die Sauerstoffproduktion einer Bucht im Süßwasserbereich des Elbe-Ästuars. Untersuchungen im »Mühlenberger Loch« in Hamburg. Arch. Hydrobiol./Suppl. 61:509-542.
DEUTSCHER BINNENREEDEREI (1995): Mitteilungen der Deutschen Binnenreederei. DBR-Aktuell 1:1995.
DIN V19661 (1991): Richtlinien für den Wasserbau. Sohlenbauwerke. Teil 2.
DROSSEL, G. (1995): Verbesserungen der seewärtigen Zufahrt nach Hamburg. Aspekte aus der Sicht des Hafens. In: SDN (Hrsg.): Fahrwasservertiefungen und ihre Auswirkungen auf die Umwelt. - Schriftenreihe d. Schutzgemeinschaft Deutsche Nordseeküste e.V. (SDN). 1:15-20.
EBEL, U. & H. ENGEL (1994): Das »Weihnachtshochwasser« 1993/94 in Deutschland. Bayerische Rück, Sonderdr. 16, München. 23 S.
EBEL, U. & H. ENGEL (1995): ... 13 Monate später, Das Hochwasser vom Januar 1995 Bayerische Rück, Sonderdr. 17, München. 8 S.
ECKBLAD, J. W., N. L. PETERSON & K. OSTLIE (1977): The morphometry, benthos and sedimentation rates of a flood plain lake of the upper Mississippi river. Amer. Midland Naturalist 97:433-443.
ENGEL H., N. BUSCH, K. WILKE, P. KRAHE, H. G. MENDEL, H. GIEBEL & C. ZIEGER (1994): Das Hochwasser 1993/94 im Rheingebiet. Bundesanstalt für Gewässerkunde, Koblenz. 92 S.
ENGEL H. (1994): Observed trends in discharge in German rivers and changing precipitation patterns in associated catchments. UNESCO-Symposium »Water Resources Planning in a Changing World«, Karlsruhe, 199-209.
ENGEL H. (1995): Die Hochwasser 1993/94 und 1995 im Rheingebiet im vieljährigen Vergleich. Kolloquium »Wasserwirtschaft als komplexe Aufgabe«, Berlin. 16 S.
EURONATUR HINTERGRUND (1994): Informationen der Stiftung Europäisches Naturerbe (Euronatur) zur Umweltsituation der EU. EURONATUR (Hrsg.). Radolfzell.
FACULTY OF NATURAL SCIENCES, COMENIUS UNIVERSYTY, BRATISLAVA (1995): Gabcikovo part of the hydroelectric Project. Environmental Impact review. Bratislava. ISBN 80-85 401-50-9.
FORUM ÖSTERREICHISCHER WISSENSCHAFTLER FÜR UMWELTSCHUTZ (1993): Das Ende des Mythos. Daten und Fakten zur »sauberen« Wasserkraft. Faltblatt, Wien.
GESSNER, F. (1957): Meer und Strand. VEB Verlag d. Wissenschaften, Berlin.
GRABEMANN, I., A. MÜLLER & B. KUNZE (1993): Ausbau der Unter- und Außenweser: Morphologie und Hydrologie. Dortmunder Vertrieb für Bau- und Planungsliteratur. 21-39.
HARY, N. & H. P. NACHTNEBEL (1989): Ökosystemstudie Donaustau Altenwörth. Band 14 der Veröff. des österreichischen MaB Programmes. Österr. Akademie der Wissenschaften. Universitätsverlag Wagner, Innsbruck.
HENRICHFREISE, A. (1995): Eine Chance für die Elbe. Vortrag zum Europäischen Naturschutzjahr (8.6.95) in Brambach.
HENSEN, W. (1955): Stromregulierungen, Hafenbauten, Sturmfluten in der Elbe und ihr Einfluß auf den Tideablauf. Hamburg, Großstadt und Welthafen, Kiel.
HENTSCHEL, P. (1995): Das Biosphärenreservat »Mittlere Elbe«. In: Ständige Arbeitsgruppe der Biosphärenreservate in Deutschland (Hrsg.): Biosphärenreservate in Deutschland. Springer, Berlin. 430 S.
HOPF, R. (1995): Anhörung vor dem Landtag Sachsen-Anhalt am 17.8.95. Deutsches Institut für Wirtschaftsforschung, Berlin.
HÖPNER, TH. (1994): Auswirkungen der Astuarvertiefung in der Emsmündung. In: LOZAN, J. L., E. RACHOR, K. REISE, H. v. WESTERNHAGEN & W. LENZ (Hrsg.): Warnsignale aus dem Wattenmeer. Blackwell Wissenschaftsverlag, Berlin. 171-175.
IKSE (Internationale Kommission zum Schutz der Elbe) (1994) Ökologische Studie zum Schutz und zur Gestaltung der Gewässerstrukturen und der Uferrandregionen der Elbe. Magdeburg.
JANSEN, P. PH., L. VAN BENDEGOM, L. VAN DEN BERG, M. DE VRIES & A. ZANEN (1979): Principles of river engineering. Pitman, London U. K.
JUNGWIRTH, M & H. WINKLER (1983): Die Bedeutung der Flußbettstruktur für Fischgemeinschaften. Österr.Wasserwirtschaft H.9/10:229-234.
KAFEMANN, R. (1992): Ökologisch-fischereilbiologische Gradienten in Haupt- und Nebenstromgebieten der unteren Tideelbe unter besonderer Berücksichtigung des Mühlenberger Loches. Dipl.Arbeit, FB Biologie, Univ. Hamburg.
KHR (1993): Internationale Kommission für die Hydrologie des Rheingebietes. Ber. Nr. I-11, KHR, Secretariat, NL 8200 AA Lelystad.
KIRCHENPAUER, G. H. (1862): Die Seetonnen der Elbmündung - Ein Beitrag zur Thier- und Pflanzen-Topographie. Abh. Geb. Naturwiss. Hamburg 4:1-59.
KOMMISSION DER EUROPÄISCHEN GEMEINSCHAFT (1992): Mitteilung der Kommission Verkehrsinfrastruktur und Vorschlag für eine Entscheidung des Rates über die Entwicklung eines europäischen Binnenwasserstraßennetzes. 101 S.
KOMOLI, H. (1992): Danubius-Ister-Donau. Versuch einer Monografie. ÖIAZ, 137, H.7/8. Wien.
LANGE, G. & K. LECHER (1993): Gewässerregelung und Pflege. Paul Parey, Hamburg.
LAWA AK-Hochwasser (1995): Leitlinien zum Hochwasserschutz in Deutschland, Hochwasser-Ursachen und Konsequenzen Entw. 40 S.
LÜTTKE, M. (1993): Wasserkraftnutzung von ideologischen Hemmnissen befreien. Das Wassertriebwerk. H.5.
MANGELSDORF, J. & K. SCHEURMANN (1980): Flußmorphologie. R. Oldenbourg, München und Wien. 262 S.
MERMEL, T. W. (1983): Major dams of the world. Water Power and Dam Construction 35(8):43.
MERMEL, T. W. (1991): Major dams of the world. Water Power and Dam Construction, 43(6):67.
MICHELER, H. (1965): Flußland der Salzach vor dem Umbruch?. Jahrbuch des Vereins zum Schutze der Alpenpflanzen und -tiere e.V., 30.Jg., München. 38 S.
MINISTERIUM FÜR UMWELT BADEN-WÜRTTEMBERG (1988): Hochwasserschutz und Ökologie. Stuttgart.
MINISTERIUM FÜR UMWELT BADEN-WÜRTTEMBERG (1990): Flußlandschaft Donau - Wasserwirtschaftlich-ökologisches Konzept. Stuttgart.
Mc CRIMMON, H. R. (1980): Nutrient and sediment retention in a temperate marsh ecosystem. Intern. Review gesamt. Hydrobiologie 65:719-744.
NAIMAN, R. J. & H. DECAMPS (1990): The ecology and management of aquatic-terrestial ecotones. Man and Biosphere Series, UNESCO, Paris, Vol 4.
NAUMANN, E. (1967): Naturschutz kontra Umweltschutz - eine Erfahrung zum Nachdenken. Das Wassertriebwerk, H.11.
NAUMANN, E. & B. KALUSA (1992): Die neue Wasserkraftanlage Kinsau am Lech. Wasserwirtschaft 82, H.11.
NIENHUIS, P. H. & A. C. SMAAL (1994b): The Oosterschelde (The netherlands), an estuarine ecosystem unter stress: discrimination between the effects of human-induced and natural stress. In: DYER K. R. & R. J. ORTH (Hrsg.): Changes in fluxes in estuaries: implications from sciences to management. Olsen & Olsen, Fredensborg. 109-120.
NIENHUIS, P. H. & A. C. SMAAL (Hrsg.) (1994a): The Oosterschelde estuary (The Netherlands): A case study of a changing ecosystem.

Dev. in Hydrobiology 97; Hydrobiologia 282/283, Kluwer Acad. Press. 597 S.
NOVITZKI, R. P. (1978): Hydrology of the Nevin Wetland near Madison, Wisconsin. USGS Water Resources Investigations 78-48, Washington D.C. USA.
ORTEGA, J., V. STEEGE & H. KAUSCH (1994): Hydrobiologische Untersuchungen im Hamburger Hafen - Vorschläge für Maßnahmen zur Verbesserung der gewässerökologischen Situation im Hafen. Bd. II. - Umweltbehörde Hamburg. 170 S.
ÖSTERREICHISCHER WASSERWIRTSCHAFTSVERBAND (1965): Die Donau als europäische Kraftwasserstraße. Schriftenreihe des österreichen Wasserwirtschaftsverbandes. H.16. Springer, Wien.
PETSCHOW, U. & J. MEYERHOFF (1994): Konflikte beim Ausbau von Elbe, Saale und Havel. Schr.-R. d. Deutschen Rates für Landespflege. H.64.
PETTS, G. E. (1989): Historical analysis of fluvial hydrosystems. In: PETTS, G. E., H. MÖLLER & A. L. ROUX (Hrsg.): Historical changes of large alluvial rivers in Western Europe. J. Wiley & Sons.
PINAY, G. & H. DECAMPS (1988): The role of riparian woods in regulating nitrogen fluxes between the alluvial aquifer and the surface water: A conceptual model. Regulated rivers 2:507-516.
RIEDEL-LORJE, J. C. & T. GAUMERT (1982): 100 Jahre Elbe-Forschung. Hydrobiologische Situation und Fischbestand 1842-1943 unter dem Einfluß von Stromverbau und Sieleinleitungen. Arch. Hydrobiol./Suppl. 61:317-376.
RIEDEL-LORJE, J. C., U. KOHLA & B. VAESSEN (1995): Das Vordringen ausgewählter Bodentiere im Elbe-Ästuar als Indikation für eine Verlagerung der oberen Brackwassergrenze. Dt. Gewässerkdl. Mitt. (DGM), H. 4/5. 39:137-145.
ROHDE, H. (1971): Eine Studie über die Entwicklung der Elbe als Schiffahrtsstraße. Mitt. Franzius-Inst. f. Grund- u. Wasserbau, TU Hannover, 36:17-241.
SCHILLER, G. & F. DREXEL (1991): The status and prospect of hydropower in Austria. Water Power and Dam Construction 43(6):27-31.
SCHIRMER, M. (1994): Ökologische Konsequenzen des Ausbaus der Ästuare von Elbe und Weser. In: LOZÁN, J.L., E. RACHOR, K. REISE, H. v. WESTERNHAGEN & W. LENZ (Hrsg.): Warnsignale aus dem Wattenmeer. Blackwell Wissenschaftsverlag, Berlin. 164-171.
SCHOLTEN, H., O. KLEPPER, P. H. NIENHUIS & M. KNOESTER (1990): Oosterschelde estuary (S. W. Netherlands): A self sustaining ecosystem? Hydrobiologia 195:201-215.
SMAAL A. C. & P. H. NIENHUIS (1992): The Eastern Scheldt (The Netherlands), from an estuary to a tidal bay: A review of responses at the ecosystem level. Neth. J. Sea. Res. 30:161-173.
STANCIĆ, A. & S. JOVANOVIC (1988): Hydrologie der Donau. Priuroda, Bratislawa, Slowakei.
TAGUNGSBERICHT DER AKADEMIE FÜR NATURSCHUTZ UND LANDSCHAFTSPFLEGE (1981): Die Zukunft der Salzach. Laufen/Salzach.
THIELCKE, G. (1995): pers. Mitteilung. (EURONATUR).
THIEL, R., A. SEPULVEDA, R. KAFEMANN & W. NELLEN (1995): Environmental factors as forces structuring the fish community of the Elbe estuary. J. Fish. Biol., 46:47-69.
TUTTLE, J. R. (1994): Review of 1993 Midwestern Flood and Flood Control Plans - Mississippi River. International Seminar on Floods, Japan Institute of Construction Engineering, Tokio. 33-53.
TÜMMERS, H. J. (1994): Der Rhein - ein europäischer Fluß und seine Geschichte. C. H. Beck'sche Verlagsbuchhandlung (Oscar Beck), München.
UBA (Hrsg.) (1994): Daten zur Umwelt 1992/93. Erich Schmidt, Berlin. 688 S.
VAN URK, G. & H. SMIT (1989): The lower Rhine. Geomorphological changes. In: PETTS, G. E., H. MÖLLER & A. L. ROUX (Hrsg.): Historical changes of large alluvial rivers in Western Europa. J. Wiley & Son. 167-182.
VANNOTE, R. L., G. MINSHALL, K. CUMMINS, J. R. SEDELL & C. E. CUSHING (1980): The river continuum concept. Can. J. Fish. Aquat. Sci. 37:130-137.
VELTROP, J. A. (1991): Water, dams and hydropower in the coming decades. Water Power and Dam Construction 43(6):37.
WASSER- UND SCHIFFAHRTSVERWALTUNG DES BUNDES (1976): Ausbau des Rheins zwischen Kehl/Straßburg und Neuburgweier/Lauterburg. Bröschüre, Neubauamt, Rastatt. Rheinkraftwerk, Iffezheim.
WEIGER, H. (1995): Die Donau muß Fluß bleiben. Natur und Umwelt. 3/95.
WETZEL, V. (1987): Der Ausbau der Weserfahrwassers von 1921 bis heute. Jahresber. Hafenbautechn. Ges. 42:83-105.
WOHLRAB, B., H. ERNSTBERGER, A. MEUSER & V. SOKOLLEK (1992): Landschaftswasserhaushalt. Paul Parey, Hamburg und Berlin. 352 S.
WSD Ost (Wasser u. Schiffährtsdirektion) (1993): Ausbau der Bundeswasserstraßen im Bezirk der WSD Ost. Informationsschrift.

KAPITEL 6

ALBRECHT, H.(1983):Besiedlungsgeschichte und ursprünglich holozäne Verbreitung der europäisch.Flußkrebse. Spixiana 6(1):61-77.
ALDERMAN, D. J. (1996): Crustaceans: Bacteriological and fungal diseases, gaffkaemia and crayfish plague. OIE Bulletin - OIE International Conference on preventing spread of aquatic animal diseases through international trade, Paris 7-9 June 1995 (in press).
ANWAND, K. (1993): Über den Amerikanischen Flußkrebs *Orconectes limosus* (Rafinesque). Fischer & Teichwirt 5:158-162.
ARGE Elbe (1984): Gewässerökologische Studie der Elbe von Schnackenburg bis zur See. Wassergütestelle Elbe - Hamburg. 98 S.
ARGE Elbe (1993): Schadstoffüberwachung der Elbe bei Schnackenburg mit der Dreikantmuschel - Aktives Biomonitoring - 1990-1991. Wassergütestelle Elbe (Hrsg.), Hamburg.
ARGE Elbe (1994): Maßnahmen zur Verbesserung des aquatischen Lebensraumes der Elbe. Wassergütestelle Elbe, Hamburg. 103 S.
ARGE Weser (1994): Limnologische Zustandsbeschreibung von Ober- und Mittelweser. Arbeitsgemeinschaft zur Reinhaltung der Weser (Hrsg.). Bearbeiter: Niedersächsisches Landesamt für Ökologie, Hildesheim. 91 S.
ARGE (1994): Arbeitsgemeinschaft für die Reinhaltung der Elbe. Wassergütedaten der Elbe von Schnackenburg bis zur See - Zahlentafel. 159 S.
ASMUS, R., C. GÄTJE & V. N. DE JONGE (1994): Mikrophytobenthos - empfindliche Oberflächehaut des Wattbodens. In: LOZÁN, J.L., E. RACHOR, K. REISE, H. v. WESTERNHAGEN & W. LENZ (Hrsg.): Warnsignale aus dem Wattenmeer. Blackwell Wissenschaftsverlag. 75-81.
ASSMANN, O. (1991): Stützkraftstufe Landau a. d. Isar. Kap. 6. Lurche; Kap. 7. Kriechtiere Schriftenr. Bayer. Landesamt f. Wasserwirtschaft 24:61-73.
ASSMANN, O., F. J. DINGETHAL, P. JÜRGING, H. SCHMIDT & L. PAUL (1990): Sand und Kiesgruben - Lebensräume für Amphibien. Schriftenr. bayer. Sand- und Kiesindustrie. Heft 3: 51 S.
BACALBASA-DOBROVICI, N. (1994): Auswirkungen veränderter Hydrologie und des Chemismus auf die Fischfauna. In: KINZELBACH (Hrsg.): Biologie der Donau. Biologie Aktuell Bd. 2. G. Fischer, Stuttgart, Jena, New York. 273-279.
BACKHAUS, D. (1969):Ökologische Untersuchungen an den Aufwuchsalgen der obersten Donau und ihrer Quellflüsse. Arch. Hydrobiol./ Suppl. 36 (Donauforschung):1-26.
BACKHAUS, D. (1973): Fließgewässeralgen und ihre Verwendbarkeit als Bioindikatoren. Verh. Ges. Ökol. 8:149-169.
BALON, E. K. (1968): Einfluß des Fischfangs auf die Fischgemeinschaften der Donau. Arch. Hydrob./Suppl. 34:228-249.
BALON, E. K., S. S. CRAWFORD & A. LELEK (1986): Fisch communities of the upper Danube River (Germany, Austria) prior to the

new Rhein-Main-Donau connection. Environmental Biology of Fishes **15**:243-271.
BÄTHE, J. (1992): Die Makroinvertebratenfauna der Weser. Ökologische Analyse eines hochbelasteten, anthropogenen Ökosystems. Ekopan Witzenhausen. 266 S.
BÄTHE, J. (1992): Die Makroinvertebratenfauna der Weser. Ökologische Analyse eines hochbelasteten, anthropogenen Ökosystems. Ekopan-Verlag, Witzenhausen. 266 S.
BÄTHE, J. (1994): Die Verbreitung von *Corbicula fluminalis* (O.F. MÜLLER, 1774)(Bivalvia, Corbiculidae) in der Weser. Lauterbornia, **15**:17-21, Dinkelscherben.
BÄTHE, J., V. HERBST, G. HOFMANN, U. MATTHES & R. THIEL (1994): Folgen der Reduktion der Salzbelastung in Werra und Weser für das Fließgewässer als Ökosystem. Wasserwirtschaft **84**:528-536.
BECKER, K., L. MERLINI, N. DE BERTRAND, L. F. DE ALENCASTRO & J. TERRADELLAS (1992): Elevated levels of organotins in Lake Geneva: bivalves as sentinel organism. Bull. Environ. Contam. Toxicol. **48**:37-44.
BECKER, P. H., C. KOEPFF, W.A. HEIDMANN & A. BÜTHE (1991): Schadstoffmonitoring mit Seevögeln. Forschungsbericht UBA-FB 91-081, TEXTE 2/92, Umweltbundesamt, Berlin: 260 S.
BECKER, P.H., S. SCHUHMANN & C. KOEPFF (1993): Hatching failure in common terns (*Sterna hirundo*) in relation to environmental chemicals. Environ. Pollut. **79**:207-213.
BECKER, P.H., W.A. HEIDMANN, A. BÜTHE, D. FRANK & C. KOEPFF (1992): Umweltchemikalien in Eiern von Brutvögeln der deutschen Nordseeküste: Trends 1981-1990 J. Orn. **133**:109-124.
BEHRE, H. (1961): Die Algenbesiedlung der Unterweser unter Berücksichtigung ihrer Zuflüsse. Veröff. Inst. Meeresforsch. **7**:71-263.
BERATERGREMIUM FÜR UMWELTRELAVANTE ALTSTOFFE (BUA) (Hrsg.) (1989): Tributylzinnoxid: Bis-(tri-*n*-butylzinn)-oxid. Verlag Chemie, Weinheim (=BUA-Stoffbericht 36),1-90.
BLAB, J. (1993): Grundlage des Biotopschutzes für Tiere. Kilda, Greven. 479 S.
BLAK QZ (1992): Konzeption zur Ableitung von Zielvorgaben zum Schutz oberirdischer Binnengewässer vor gefährlichen Stoffen. Länderarbeitsgemeinschaft Wasser, Bund-/Länder-Arbeitskreis »Qualitätsziele«, ZV-Konzeption, Entwurf, Stand 05.08.92, unveröff.
BLAUSTEIN, A. & D. B. WAKE (1990):Declining Amphibian populations: a global phenomenon ? Trends in Ecol. & Evolut. **5**:203-204
BOHL, E. (1989): Untersuchungen an Flußkrebsbeständen. Ber. Bayerischen Landesanstalt für Wasserforschung, München. 237 S.
BORNE, M. (1882): Die Fischereiverhältnisse des Deutschen Reiches, Oesterreich, Ungarns, der Schweiz und Luxemburgs. Moeser, W., Berlin.
BÖKER, T. (1992): Zum Schutz der Smaragdeidechse Lacerta viridis (LAURENTI 1768): Grundlegende Kenntnisse für die Durchführung. Fauna Flora Rheinland-Pfalz, Beiheft **6**:47-53.
BREHM, J. & M. P. D. MEIJERING (1990): Fließgewässerkunde. Einführung in die Limnologie der Quellen, Bäche und Flüsse. Quelle & Meyer Verlag. 295 S.
BUDDE, H. (1935): Die Algenflora des Sauerländischen Gebirgsbaches. Arch. Hydrobiol. **19**:433-520.
BUHSE, G. (1993): Auswirkungen der Salzkonzentrationen auf die Biozönose der Fließgewässer. DVWK-Mitteilungen **24**:83-100.
BULL, H. O.(1931): Resistance of *Eurytemora hirundoides* Nordquist, a brackish water copepod, to oxygen depletion.Natur.**127**:406-407.
BUNDESMINISTERIUM FÜR UMWELT, NATURSCHUTZ UND REAKTORSICHERHEIT (1993): Antwort der Bundesregierung auf eine kleine Anfrage von Abgeordneten zur ökologischen Sanierung von Werra und Weser. WA I6(B)-00022, 07.12.93, Bonn. 7 S.
BUSCH, D., M. CETINKAYA & W. WOSNIOK (1995b): Die Belastung von Brassen (*Abramis brama*): mit Schwermetallen und schwerflüchtigen Organochlorverbindungen im bremischen Teil der Weser, 1985 und 1987. Teil I: Schwermetalle. In: GERKEN, B. & M. SCHIRMER (Hrsg.): Die Weser, Limnologie aktuell Bd. 6, Gustav Fischer, Stuttgart. 123-137.
BUSCH, D., T. LÜCKER, M. SCHIRMER & W. WOSNIOK (1992): The Application of the Bivalve *Dreissena polymorpha* (Pallas): for Biomonitoring Routine of Heavy Metals in Rivers. In: NEUMANN, D. & H. A. JENNER. (Hrsg.): Limnologie aktuell Bd. 4: The Zebra mussel *Dreissena polymorpha*. Gustav Fischer, Stuttgart. 197-211.
BUSCH, D., T. LÜCKER, W. WOSNIOK & M. CETINKAYA (1995a): Schadstoffbiomonitoring (aktiv und passiv): mit der Süßwassermuschel *Dreissena polymorpha* (PALLAS): und anderen Kompartimenten der Biozönose als Methode der Gewässerüberwachung. Gutachten erstellt für die Arbeitsgemeinschaft der Länder zur Reinhaltung der Weser, Universität Bremen, unveröff.
BRINK, F.W.B. VAN DEN, G. VAN DER VELDE & W. G. CAZEMIR (1990): The faunistic composition of the freshwater section of thr river Rhine in the Netherlands: present state and changes since 1900. In: KINZELBACH, R. & G. FRIEDRICH (Hrsg.). Limnologie aktuell 1, Biologie des Rheins. Fischer Stuttgart. 191-216.
BRINK, F.W.B., VAN DEN, G. VAN DER VELDE & A. BIJ DE VAATE (1993): Ecological aspects, explosive range extension and impact of a mass invader, *Corophium curvispinum* Sars, 1895 (Crustacea: Amphipoda), in the Lower Rhine (The Netherlands). Oecologia **93**:224-232.
CAMERON, P. & H. VON WESTERNHAGEN (1990): Untersuchung der Reproduktionsfähigkeit von Flundern und Kliesschen aus dem Wattenmeer, Abschlußbericht, Teilvorhaben 4, Forschungsvorhaben Wasser 102 04 373/04. Fischkrankheiten aus dem Wattenmeer, UBA, Berlin.
CETINKAYA, M., W. BALZER, D. BUSCH, T. WARNKE, H. P. WEIGEL & W. WOSNIOK (1995): Die Belastung von Brassen (*Abramis brama*): mit Schwermetallen und schwerflüchtigen Organochlorverbindungen im bremischen Teil der Weser, 1985 und 1987. Teil II. Organochlorpestizide und PCB's. In: GERKEN, B. & M. SCHIRMER (Hrsg.): Die Weser, Limnologie aktuell Bd. 6. G. Fischer, Stuttgart. 139-148.
CHAMP, M. A. & F. L. LOWENSTEIN (1987): TBT: the dilemma of high-technology antifouling paints. Oceanus **30**:69-77.
CHLIAMOVITCH, Y.-P. & C. KUHN (1977): Behavioural, haematological and histological studies on acute toxicity of bis (tri-n-butyltin) oxide on *Salmo gairdneri* Richardson and *Tilapia rendalli* Boulenger. J. Fish Biol. **10**:575-585.
CLAUS, B., P. NEUMANN & M. SCHIRMER (1994): Rahmenkonzept zur Renaturierung der Unterweser und ihrer Marsch. Teil 1 und 2. Veröffentl. der Gemeins. Landesplanung Bremen/Niedersachsen 1/94: 369 S. und 8/94: 232 S.
COLBORN, T. & C. CLEMENT (Hrsg..) (1992): Chemically-induced alterations in sexual and functional development: The wildlife/human connection. Princeton Scientific Publishers, New York.
COMES, P. (1987): Qualitative und Quantitative Bestandserfassung von Kreuzkröte (*Bufo calamita*) und Laubfrosch (*Hyla arborea*) in der Oberrheinebene zwischen Lörrach und Kehl. Veröff.Landesstelle Naturschutz u.Landschaftspfl.Baden-Württemberg Beih.**41**:343-378.
CZERNIN-CHUDENITZ, C. (1966): Das Plankton der österreicherischen Donau und seine Bedeutung für die Selbstreinigung. Arch. Hydrobiol./Suppl. 30 (Donauforschung II), **2**:193-217.
DÄMMER, M. & GOLLASCH, S. (1995): Zur Gefährdung unserer Küstengewässer durch über Ballastwasser und Schiffsbewuchs eingeschleppte Organismen: erste Untersuchungsergebnisse. Deutsche Hydrographische Zeitschrift, Suppl. **2**:141-149.
DE JONGE, V. N. (1983): Relations between annual dredging activities, suspended matter concentrations, and the development of the tidal regime in the Ems estuary. Can. J. Fish. Aquat. Sci. **40**:289-300.
DE MORA, S. J., N. G. KING & M. C. MILLER (1989): Tributyltin and total tin in marine sediments: profiles and the apparent rate of TBT degradation. Environ. Technol. Lett. **10**:901-908.
DECKER, W. & J. VAN WILLIGEN (1988): Short note on the distribution and abundance of Anguillicola in The Netherlands. J. Appl. Ichthyol. **1**:46-47.
DEN HARTOG, C., F. W. B. VAN DEN BRINK & G. VAN DER VELDE (1992): Why was the invasion of the river Rhine by Corophium curvispinum and Corbicula species so successful? J. Nat. Hist. **26**:1121-1129.
DIERCKING R. & L. WEHRMANN (1991): Artenschutzprogramm. Fische und Rundmäuler in Hamburg. Umweltbehörde Hamburg,

Naturschutzamt (Hrsg.). Schriftenreihe H.38. 126 S.
DIRKSEN, S., T.J. BOUDEWIJM, L.K. SLAGER, R.G. MES, M.J.M. VAN SCHAICK & P. DE VOOGT (1995): Reduced breeding success of Cormorants (*Phalacrocorax carbo sinensis*) in relation to persistant organochlorine pollution of aquatic habitats in the Netherlands Environ. Pollut. **88**:119-132.
DRÖSCHER, W. (1906): Der Krebs. Verlag von J. Neumann, Neudamm. 171 S.
DUPONT, F. & A. J. PETTER (1988): *Anguillicola*, une epizootie plurispecifique en Europe. Apparition de Anguillicola crassa (Nematoda, Anguillicolidae) chez l'anguille europeenne *Anguilla anguilla* en Camargue, Sud de la France. Bull. Fr. Peche, Piscic. **308**:38-41.
FENT, K. (1992): Embryotoxic effects of tributyltin on the minnow *Phoxinus phoxinus*. Environ. Pollut. **76**:187-194.
FENT, K. & M. D. MÜLLER (1991): Occurrence of organotins in municipal wastewater and sewage sludge and behavior in a treatment plant. Environ. Sci. Technol. **25**:489-493.
FENT, K. & W. MEIER (1992): Tributyltin-induced effects on early life stages of minnows Phoxinus phoxinus. Arch. Environ. Contam. Toxicol. **22**:428-438.
FETZMANN, E. (1963): Studien zur Algenvegetation der Donau-Auern. Arch. Hydrobiol./Suppl. (Donauforschung 1) **27**:183-225.
FLÜGGE, G. (1985): Gewässerökologische Überwachung der Elbe - Sauerstoffmangel/Fischsterben/Schwermetalle/chlorierte Kohlenwasserstoffe - Analysen der Ursachen. Abh. Naturw. Verein Bremen **40**:217-232.
FOECKLER, F. & H. W. BOHLE (1991): Fließgewässer und ihre Auen - prädestinierte Standorte ökologischer und naturschutzfachlicher Grundlagenforschung. In: HENLE, K. & G. KAULE (Hrsg.): Arten- und Biotopschutzforschung für Deutschland. Berichte aus der ökol. Forschung (KFA Jülich eds.)Bd.4:236-266.
FRIEDRICH, G. (1973): Ökologische Untersuchungen an einem thermisch anomalen Fließgewässer (Erft/Niederrhein). Schriftreihe der Landes Nordrhein-Westfalen. H.33. 125 S.
FRIEDRICH, G. & M. VIEWEG (1984): Recent developments of the phytoplankton and its activity in the Lower Rhine. Ver. Intern. Verein. Limnol. **22**:2029-2035.
FRÖR, E. (1986) Erhebung zur Situation der Reptilienbestände im Bereich der Donauhänge zwischen Passau und Jochenstein. Schriftenr. Bayer. Landesamt f. Umweltschutz 73: 135-158.
GAUMERT, D. & M. KÄMMEREIT (1993): Süßwasserfische in Niedersachsen. Niedersächsisches Landesamt f. Ökologie, Hildesheim. 161 S.
GAUMERT, TH. (1995a): Statistische Daten zur Schadstoffbelastung der Elbebrassen an verschiedenen Fangstellen im Elbelängsprofil (1991). Unveröff. Arbeitsunterlagen der Wassergütestelle Elbe, Hamburg. (pers. Mitt.).
GAUMERT, TH. (1995b): Schadstoffbelastung der Aale aus der Mittelelbe im Herbst 1993 und 1994 - kurze Ergebnisbeschreibung. Unveröffentlichte Arbeitsunterlagen der Wassergütestelle Elbe, Hamburg, pers. Mittl.
GAUMERT, TH. (1995): Spektrum und Verbreitung der Rundmäuler und Fische in der Elbe von der Quelle bis zur Mündung. Arbeitsgemeinschaft für die Reinhaltung der Elbe (Hrsg.). 29 S.
GÄTJE, C. (1992): Artenzusammensetzung, Biomasse und Primärproduktion des Mikrophytobenthos des Elbe-Ästuars. Diss. FB. Biologie. Univ. Hamburg. 210 S.
GEISSLER, U. (1983): Die salzbelastete Flußstrecke der Werra - ein Binnenlandstandort für *Ectocarpus confervoides* (ROTH) KJELLMANN. Nova Hedwigia **37**:193-217.
GLAW, F. & A. GEIGER (1991: Ist der Laubfrosch im nördlichen Rheinland noch zu retten? LÖLF-Mitt. 16: 39-44.
GLITZ, D. (1995): Amphibienschutzerfolge durch neu angelegtes Teichsystem. Natur u. Landsch. 70: 311-319.
GLUTZ VON BLOTZHEIM, U. N. & K. M. BAUER (1982): Handbuch der Vögel Mitteleuropas. Band 8/II Charadriiformes. Akademische Verlagsgesellschaft, Wiesbaden: 1270 S.
GROSSE, W.-R. (1994): Der Laubfrosch. Neue Brehm Bücherei Bd. 615. Westarp Wissenschaften, Magdeburg. 211 S.
GROSSE, W.-R. & F. MEYER (Hrsg.)(1994):Biologie und Ökologie der Kreuzkröte. Ber. Landes. f. Umwelts. Sachsen-Anhalt 14. 95 S.
GRUSCHWITZ, M. (1985): Status und Schutzproblematik der Würfelnatter (*Natrix tessellata* LAURENTI 1768) in der Bundesrepublik Deutschland. Natur u. Landschaft 60: 353-356.
GRUSCHWITZ, M. (1992): Artenschutzprojekt Smaragdeidechse (*Lacerta viridis* LAURENTI 1768). Fauna Flora Rheinland-Pfalz, Beih. **6**: 39-46.
GRUSCHWITZ, M. & W. BÖHME (1986): *Podarcis muralis* (LAURENTI 1786) - Mauereidechse. in: W. BÖHME (Hrsg): Handbuch der Reptilien und Amphibien Europas. Echsen III (Podarcis). Aula, Wiesbaden: 155-208.
HACKSTEIN, E., M. SCHIRMER & H. LIEBSCH (1988): Die Veränderung populationsdynamischer Parameter bei *Gammarus tigrinus* SEXTON (Amphipoda) als Ausdruck subletaler Effekte durch die Wechselwirkung von Temperatur und cadmiumkontaminiertem Futter. Int. Revue ges. Hydrobiol. 78:213-227.
HAENEN, O. L. M., P. VAN BANNING & W. DEKKER (1994): Infection of eel *Anguilla anguilla* (L.) and smelt *Osmerus eperlanus* (L.) with *Anguillicola crassus* (Nematoda, Dracunculoidea) in the Netherlands from 1986 to 1992. Aquaculture, **126**:219-229.
HAESLOOP, U. (1990): Beurteilung der zu erwartenden Auswirkungen einer Reduzierung der Weserversalzung auf die aquatische Biozönose der Unterweser. Diss. Univ. Bremen. 205 S.
HAGER, J. (1994): Die europäischen Flußkrebse. Österreichs Fischerei, 47. Jg. H. 2-3:61-62.
HALL, L. W. & A. E. PINKNEY (1985): Acute and sublethal effects of organotin compounds on aquatic biota: An interpretative literature evaluation. CRC Crit. Rev. Toxicol. 14,159-209.
HALSBAND, E. (1977): Veränderungen im Blutbild der Fische bei höheren Kaliumkonzentrationen. Wasser, Luft, Betrieb **21**:548-551.
HAMM, A. (Hrsg.)(1991): Studie über Wirkungen und Qualitätsziele von Nährstoffen in Fließgewässern. Academia Verl.,Sankt Augustin.
HANSEN P.-D. & H.-J. PLUTA (1994): Entgiftungsaktivität in Fischen des Wattenmeeres. In: LOZAN, J. L., E. RACHOR, K. REISE, H. v. WESTERNHAGEN & W. LENZ (Hrsg.): Warnsignale aus dem Wattenmeer. Blackwell Wissenschaftsverlag, Berlin. 241-244.
HARTMANN, F. (1993): Untersuchungen zur Biologie, Epidemiologie und Schadwirkung von *Anguillicola crassus* Kuwahara, Niimi und Itagaki 1974 (Nematoda), einen blutsaugenden Parasiten in der Schwimmblase des europäischen Aals (*Anguilla anguilla* L.). Diss. FB Biologie, Univ. Hamburg.
HAYES, T. & P. LICHT (1993): Metabolism of exogenous steroids by Anuran larvae. Gen. Comp. Endocrinology **91**:250-258.
HEMMERLING, W. & B. HÄLTERLEIN (1992): Botulismus an der Unterelbe. Wattenmeer International **4/92**:22-23.
HENLE, K. & K. RIMPP (1992): Überleben von Amphibien und Reptilien in Metapopulationen - Ergebnisse einer 26-jährigen Erfassung Verh. Ges. Ökol.22:215-220.
HERBST, V. & J. BÄTHE (1993): Die aktuelle Verbreitung der Gattung *Corophium* (Crustacea:Amphipoda) in der Weser. Lauterbornia, H.**13**:27-35, Dinkelscherben.
HERMAN, P., H. HUMMEL, M. BOKHORST & A. G. A. MERKS (1991): The Westerschelde: interaction between eutrophication and chemical pollution? In: ELLIOT, M. & J.-P. DUCROTOY (Hrsg.): Estuaries and coasts spatial and temporal intercomparisons. Olson & Olson. 359-364.
HESSISCHE LANDESANSTALT FÜR UMWELT (1990): Hessisches Gütemeßprogramm für Oberirdische Gewässer- Fließgewässer. Umweltplanung, Arbeits- und Umweltschutz H.114. 330 S.
HOFMANN, J. (1980): Die Flußkrebse. Paul Parey, Hamburg und Berlin. 110 S.
HOLDICH, D. M. (1989): The dangers of introducing alien animals with particular reference to crayfish. In: GOELDLIN DE TIEFENAU, P. (Hrsg.): Freshwater Crayfish 7. Lausanne, XV-XXX.
HUTH, K. (1980): Einfluß der Tageslänge und Beleuchtungsstärke auf den Generationswechsel bei *Batrachospermum moniliformes*. Ber. Deutsch. Bot. Ges. **92**:467-472.

HÜPPOP, O. (1993): Auswirkungen von Störungen auf Küstenvögel. Wilhelmshavener Tage 4: 95-104.
IKSMS (1991): Bericht über Schadstoffbelastung von Fischen in Saar und Mosel in 1991. Internationale Kommissionen zum Schutze der Mosel und der Saar gegen Verunreinigungen, Sekr. IKSMS/CIPMS, Trier.
IKSR (1993): Internationale Kommission zum Schutz des Rheins. Statusbericht Rhein: Chemisch-physikalische und biologische Untersuchungen bis 1991. Vergleich Istzustand 1990 - Zielvorgaben. 120 S.
IKSR / CIPR (1991): Aktionsprogramm »Rhein«, Statusbericht Rhein 1990, Kontamination von Rheinfischen, I. Stammdaten und 2. Auswertung. Sekr. IKSR/CIPR und Chemische Landesuntersuchungsanstalt Freiburg.
JAHR, R. & S. WENDKER (1987): Untersuchungen zur Diatomeenflora der Werra, einem extrem salzbelasteten Biotop. Nova Hedwigia 44:163-173.
KALBFUS, W., A. ZELLNER, S. FREY & E. STANNER (1991): Gewässergefährdung durch organozinnhaltige Antifouling-Anstriche. UBA Forschungsbericht 126 05 010, Berlin (= Texte Umweltbundesamt 44/91).
KANN, E. (1983): Die benthischen Algen der Donau im Raum von Wien. Arch. Hydrobiol./Suppl. (Veröff. Arbeitsgem. Donauforsch. 7) 68:15-36.
KANN, E. (1986): Können benthische Algen zur Wassergütebestimmung herangezogen werden? Arch. Hydrobiol./Suppl. (Algological Studies 44). 73(3):405-423.
KELLY, M. G. & B. A. WHITTON (1995): The trophic diatom index: A new index for monitoring eutrophication in rivers. J.Applied Phycol. 7:433-444.
KERESZTESSY, K. (1994): Protected fish species in the Danube in Hungary. In: KINZELBACH, R. (Hrsg.): Biologie der Donau. Biologie Aktuell Bd. 2. Gustav Fischer. Stuttgart, Jena, New York. 267-272.
KERNER, M. & H. GRAMM (1995): Changes in oxygen consumption at the sediment-water interface formed by settling seston from the Elbe estuary. Limnol. Oceanogr. 40:544-555.
KERNER, M., J. KAPPENBERG, U. BROCKMANN & F. EDELKRAUT (1995): A case study on the oxygen budget in the freshwater part of the Elbe estuary. I. The effect of changes in the physico-chemical conditions on the oxygen consumption. Arch. Hydrobiol./Suppl. 110(1):1-25.
KERP (1919): Gutachten des Reichs-Gesundheitsrats über das duldbare Maß der Verunreinigung des Weserwassers durch Kali-Abwässer (2.Teil). Arbeiten aus dem Reichsgesundheitsamte, 156. Bd. H.2, Berlin.
KIEL, E. & A. FRUTIGER (1995): Einfluß von Sauerstoffreduktion auf verschiedene Arten der Simuliidae (Diptera). Beitrag auf der Jahrestagung der DGL/SIL in Berlin (24.9.-29.9.1995).
KINZELBACH, R. (1990): Besiedlungsgeschichtlich bedingte longitudinale Faunen-Inhomogenitäten am Beispiel des Rheins. In: KINZELBACH, R. & G. FRIEDRICH (Hrsg.). Limnologie aktuell 1, Biologie des Rheins. Fischer Stuttgart. 41-58.
KINZELBACH, R. & G. FRIEDRICH (Hrsg.) (1990): Biologie des Rheins. G. Fischer, Stuttgart, Jena. 496 S.
KIRCHHOFF, N. (1986): Untersuchungen zum Sauerstoffgehalt und zur Wassergüte der »Düssel« und des »Mettmanner Baches«. Wasser und Abfall, Schriftr. Landesamt für Wasser und Abfall Nordrhein-Westfalen, H. 42. 84 S.
KÖHLER, A. (1981) Fluktuationen der Fischfauna im Elbe-Ästuar als Indikator für ein gestörtes Ökosystem. Helgoländer Meeresunters. 34:263-285.
KÖNIG, H. (1992): Gefährdung und Schutz der Knoblauchkröte (*Pelobates fuscus*) in Rheinhessen. Fauna Flora Rheinland-Pfalz, Beih. 6: 61-72.
KRUSE, R., U. BALLIN & K. KRÜGER (1994): Trendstudie zur langfristigen Schadstoffkontamination von Elbfischen zwischen 1979 und 1994. In: GUHR, H., A. PRANGE, P. PUNCOCHAR, R.-D. WILKEN & B. BÜTTNER (Hrsg.): Die Elbe im Spannungsfeld zwischen Ökologie und Ökonomie, 6. Magdeburger Gewässerschutzseminar, Teubner, Stuttgart. 267-274.
KUBALLA, J. (1994): Einträge und Anwendungen von toxischen Organozinnverbindungen. In: LOZÁN, J. L., E. RACHOR, K. REISE, H. VON WESTERNHAGEN & W. LENZ (Hrsg.), Warnsignale aus dem Wattenmeer. Blackwell Wissenschaftsverlag, Berlin. 42-45.
KUHN, J. (1993): Fortpflanzungsbiologie der Erdkröte *Bufo bufo* (L) in einer Wildflußaue. Z. Ökol. Naturschutz 2:1-10.
KUHN, J. (1994): Lebensgeschichte und Demographie von Erdkrötenweibchen Bufo **Bufo** bufo (L). Z. Feldherpetol. 1:3-87.
LANGE-BERTALOT, H. (1978): Diatomeen-Differentialarten anstelle von Leitformen: ein geeignetes Kriterium der Gewässerbelastung. Arch. Hydrobiol./Suppl. (Algological Studies 21), 51:393-427.
LANG, TH. (1994): Fischkrankheiten im Wattenmeer. In: LOZÁN, J. L., E. RACHOR, K. REISE, H. v. WESTERNHAGEN & W. LENZ (Hrsg.): Warnsignale aus dem Wattenmeer. Blackwell Wissenschaftsverlag Berlin, 253-258.
LEE, R. F. (1986): Metabolism of bis(tributyltin)oxide by estuarine animals. Oceans '86. Conference Record 4:1182-1188.
LEIPOLD, R. (1972): Uses of the Danube River. In: OGLESBY, R. T., C. A. CARLSON & J. A. McCANN (Hrsg.): River Ecology. Proc.Intern.Symp. Univ. of. Mass. 233-251.
LELEK, A. & CH. KÖHLER (1990): Restoration of fish communities of the Rhine river two years after a heavy pollution wave. Regulated Rivers: Research & Management, 5:57-66.
LENZ, S. & M. GRUSCHWITZ (1992):Artenschutzprojekt Würfelnatter (*Natrix tessellata*). Fauna Flora Rheinland-Pfalz, Beih.6:55-60.
LOZÁN, J. L. (1990): Zur Gefährdung der Fischfauna. Das Beispiel der diadromen Fischarten und Bemerkungen über andere Spezies. In: LOZÁN, J. L., W. LENZ, E. RACHOR, B. WATERMANN & H. v. WESTERNHAGEN (Hrsg.): Warnsignale aus der Nordsee. Paul Parey Hamburg. 230-249.
LOZÁN, J. L. (1994): Über die Bedeutung des Wattenmeeres für die Fischfauna und deren regionale Veränderung. In: LOZÁN, J. L., E. RACHOR, K. REISE, H. v. WESTERNHAGEN & W. LENZ (Hrsg.): Warnsignale aus dem Wattenmeer. Blackwell Wissenschaftsverlag, Berlin. 226-235.
MAGUIRE, R. J. (1987): Environmental aspects of tributyltin. Appl. Organomet. Chem. 1,475-498.
MANN, H. (1968): Die Beeinflussung der Fischerei in der Unterelbe durch zivilisatorische Maßnahmen. Helgoländer wiss.Meeresunters. 17:168-181.
MARTEN, M. (1994): Derzeitiger Kenntnisstand und historische Entwicklung des Makrozoobenthos der Donau unter besonderer Berücksichtigung der Montanregion. Bericht: 30. Arbeitstagung der IAD, Zuoz-Engadin, Schweiz. 157-190.
MASON, C. F. (1989): Water pollution and otter distribution: a review. Lutra 32:97-131.
MEISTER, A. (1994): Untersuchung zum Plankton der Elbe und ihrer größeren Nebenflüsse. Limnologica 24(2):153-171.
MEURS-SCHER, H.-G. (1994): Muster und Prozesse in der Besiedlung des Tidebereichs der Hunte und Weser durch Gammariden (Crustacea: Amphipoda) - Ein populationsbiologischer Ansatz. Diss. FB-Biologie, Univ. Oldenburg. 180 S.
MICHAELIS, H. (1991): Der Schwund einheimischer Brackwasserarten in Ästuaren und kleinen Mündungsgewässern. In: LOZÁN, J. L., E. RACHOR, K. REISE, H. v. WESTERNHAGEN & W. LENZ (Hrsg.): Warnsignale aus dem Wattenmeer. Blackwell Berlin. 178-181.
MILLER, C. B. (1983): The zooplankton of estuaries. In: KETCHUM, B. K. (Hrsg.): Estuaries and enclosed seas. Ecosystems of the world 26:103-143.
MOHR, E. (1952): Der Stör. Akad. Verlagsges. Geest & Portig KG., Leipzig. 65 S.
MORAVEC, F. & H. TARASCHEWSKI (1988): Revision of the genus *Anguillicola* Yamaguti, 1935 (Nematoda: Anguillicolidae) of the swimbladder of eels, including descriptions of two new species, *A. novaezelandiae* sp.n. and *A. papernai* sp. n. Folia Parasit. 35:125-146.
MÖHLE, K.-A. (1983): Ursachen und Auswirkungen von Salzbelastung der Weser unter besonderer Berücksichtigung der Wasserversorgung im Wesereinzugsgebiet. Die Weser, 57:201-210.
MÜLLER, A. (1993): Besondere Anforderungen an die Abwasserreinigung bei gestauten Flüssen. In: Auswirkungen von Abwassereinleitungen auf die Gewässerökologie. Bayrische Landesanstalt für Wasserforschung (Hrsg.), Oldenbourg. 173-184.

MÜLLER, B. & H. PANKOW (1981): Algensoziologische und saprobiologische Untersuchungen an Vorflutern der Elbe. Limnologica (Berlin) **13**:291-350.
MÜLLER, D. & V. KIRCHESCH (1985): Auswirkungen der Stauregulierung zwischen Kehlheim und Regensburg auf den Sauerstoffhaushalt der Donau - Charakterisiert mit mikrobiologisch-biochemischen Methoden und Gütemodellrechnungen. Landschaftsentwicklung und Umweltforschung Nr. 40, TU-Berlin. 337-346.
MÜLLER, M. D., L. RENBERG & G. RIPPEN (1989): Tributyltin in the environment - sources, fate and determination: an assessment of present status and research needs. Chemosphere 18,2015-2042.
NETTMANN, H. K. (1992): Artensättigung, Flächengröße, Wiederherstellbarkeit, Leitarten. Aspekte zur Auswertung faunistischer Daten. In: EIKHORST, R. (Hrsg.): Beiträge zur Biotop- und Landschaftsbewertung (Tagung 89). Verlag f. Ökol. u. Faunistik, Duisburg:1-22.
NEUMANN, H., D. GAUMERT, V. HERBST & J. SCHILLING (1990): Betrachtungen über die ökologischen und ökonomischen Schäden der Salzbelastung von Werra und Weser. Die Weser, 64. Jg., Nr. **2/3**:77-90.
NEUMANN, W. (1985): Schwimmblasenparasit *Anguillicola* bei Aalen.. Fischer und Teichwirt **11**:322.
NOLTE, W. (1976): Die Küstenfischerei in Niedersachsen. Kommissionsverlag Göttinger Tagesblatt. Göttingen. 109 S.
NOWAK, E., J. BLAB, & R. BLESS (1994): Rote Liste der gefährdeten Wirbeltiere in Deutschland. Kilda, Greven. 190 S.
NUSCH, E. A. (1978): Development of planktonic algae in the Ruhr River dependent on nutrient supply, waterflow, irradiance and temperature. Verh. Intern. Verein. Limnologie **20**:1837-1843.
PEELEN, R. (1975): Changes in the composition of the rivers Rhine and Meuse in the Nederlands during the last fifty-five years. Verh. Intern. Verein. Limnol. **19**:1997-2009.
PETERMAIER, A., F. SCHÖLL & T. TITTIZER (1994): Historische Entwicklung der aquatischen Lebensgemeinschaft (Zoobenthos und Fische) im deutschen Abschnitt der Elbe. Bundesanstalt für Gewässerkunde 0832, Koblenz. 173 S.
PETERMEIER, A., F. SCHÖLL & T. TITTIZER (1994): Historische Entwicklung der aquatischen Lebensgemeinschaft (Zoobenthos und Fischfauna) im deutschen Abschnitt der Elbe. Gutachten vom Bundesanstalt f. Gewässerkunde (Koblenz) im Auftrage des Bundesministeriums für Umwelt, Naturschutz und Reaktorsicherheit. 173 S.
PETERS, G. & F. HARTMANN (1986): *Anguillicola*, a parasitic nematode of the swim bladder spreading among eel populations in Europe. Dis. aquat. Org. **1**:229-230.
PODLOUCKY, R. (1993): Ursachen des Rückganges der Bestände von Amphibien und Reptilien. Rundgespr. d. Komm. f. Ökollogie Bd. **6**: 87-100.
PRINGLE, C. M. & J. A. BOWERS (1984): An in situ substratum fertilization technique: Diatom colonization on nutrient-enriched sand substrates. Can. J. Fish. Aquat. Sci. **41**:1247-1251.
REUTHER, C. (1985): Die Bedeutung der Uferstruktur für den Fischotter (*Lutra lutra*) und daraus resultierende Anforderungen an die Gewässerpflege. Z.angewandte Zoologie **72**:93-128.
REUTHER, C. (1993): Der Fischotter. Naturbuch, Augsburg. 63 S.
REUTHER, C. & C. F. MASON (1992): Erste Ergebnisse von Kotanalysen zur Schadstoff-Belastung deutscher Otter. In: REUTHER, C. (Hrsg.): Otterschutz in Deutschland. Habitat 7. 176 S.
RYKENA, S., H. K. NETTMANN & R. GÜNTHER (1996a, b) Westliche Smaragdeidechse *Lacerta bilineata* DAUDIN 1802. und Östliche Smaragdeidechse *Lacerta viridis* (LAURENTI 1768). In: GÜNTHER, R. (Hrsg.) Amphibien und Reptilien Deutschlands. G. Fischer, Jena.
SAIZ, D. (1985): Das Phytoplankton des österreichischen Donauabschnittes unter dem Einfluß der Wasserbauten. In: Die Auswirkung der wasserbaulichen Maßnahmen und der Belastung auf das Plankton und das Benthos der Donau. Verlag der Bulgarischen Akademie der Wissenschaften, Sofia. 46-62.
SCHADER, H. (1983): Die Bedeutung der Rheinauen zwischen Oppenheim und Worms für die Amphibien in Rheinhessen. Ber. a. d. Arbeitskr. der GNOR **4/5**: 165-191.
SCHAEFER, M. & W. TISCHLER (1983): Wörterbücher der Biologie: Ökologie. VEB G. Fischer, Jena. 354 S.
SCHALLGRUBER, F. (1944): Das Plankton des Donaustromes bei Wien in qualitativer und quantitativer Hinsicht. Arch. Hydrobiol. **39**:665-689.
SCHÄFER, B. & H. HARMS (1995): A case study on the oxygen budget in the freshwater part of the Elbe estuary. V. Distribution of ammonia-oxidizing bacteria in the river Elbe downstream of Hamburg at low and normal oxygen concentrati ons. Arch. Hydrobiol. /Suppl. **110(1)**:77-82.
SCHEBEK, L., M. O. ANDREAE & H. J. TOBSCHALL (1991): Methyl- and butyltin compounds in water and sediments of the Rhine River. Environ. Sci. Technol. **25**:871-878.
SCHEFFEL, H.-J. & M. SCHIRMER (1991): Larvae and juveniles of freshwater and euryhaline fishes in the tidal river Weser at Bremen, FRG. Verh. Internat. Verein. Limnol. **24**:2446-2450.
SCHIEMENZ, H. & R. GÜNTHER (1994): Verbreitungsatlas der Amphibien und Reptilien Ostdeutschlands. Natur & Text Rangsdorf. 143 S.
SCHIEMER, F. & H. WEIDBACHER (1994): Naturschutzerfordernisse zur Erhaltung einer typischen Donau-Fischfauna. In: KINZELBACH, R. (Hrsg.): Biologie der Donau. Biologie Aktuell Bd. 2. G. Fischer, Stuttgart, Jena, New York.
SCHIRMER, M. (1993): Beurteilung der Wassergüte und der Biologie des Weserästuars In: UVP-Förderverein (Hrsg.): Umweltvorsorge für ein Fluß-Ökosystem. 51-66.
SCHLADOT, J. D., E. KLUMPP, H. W. DÜRBECK & M. J. SCHWUGER (1993): Umweltprobenbank der Bundesrepublik Deutschland - Bedeutung der Tenside. Tenside Surf. Det. **30**: 438-447.
SCHLEE, D. (1992): Ökologische Biochemie. G. Fischer, Jena. 587 S.
SCHLOTFELDT, H.-J. (1983): Feldbeobachtungen zur »Proliferativen Nierenkrankheit« (PKD) bei Regenbogenforellen im norddeutschen Raum, mit besonderem Hinweis auf die Temperaturabhängigkeit dieses Syndroms. Tierärztliche Umschau **38(7)**:500-503.
SCHLOTFELDT, H.-J. (1991): Frühjahr 1991: Zeit zur Schutzimpfung gegen die »Rotmaulseuche«/ERM - und jetzt auch gegen die Furunkulose der Salmoniden und gegebenenfalls gegen die »Hautrotseuche«/»Kapfen-Furunkulose« oder Erytht odermatitis (ED). Fischer & Teichwirt 6/91. 195-197.
SCHLOTFELDT, H.-J. & D. W. KLEINGELD (1993): Frühjahr 1993: Zeit zur Fischvakzinierung - Hinweise zur Anwendung der Sprühyakzine »Piyersivac« (Impfstoffwerke Dessau-Tornau) z. Schutz gegen die ERM/»Rotmaulseuche«. Fisch.&Teichw.**44(4)**:124-125.
SCHÖNBORN, W. (1992): Fließgewässerbiologie. Gustav Fischer, Jena und Stuttgart. 504 S.
SCHÖNBORN, W. & G. PROFT (1976): Periphyton und Sauerstoffhaushalt der mittleren Saale. Limnologica (Berlin). **10**:171-176.
SCHRÄDER, T. (1941): Fischereibiologische Untersuchungen im Wesergebiet, 2. Hydrographie, Biologie und Fischerei der Unter- und Außenweser. Z. Fisch. **39**:527-693.
SCHRÖPFER, R. & M. STUBBE (1992): The diversity of European semiaquatic mammals within the continuum of running water systems. In: SCHRÖPFER, R., M. STUBBE & D. HEIDECKE (Hrsg.): Semiaquatische Säugetiere. Wissenschaftliche Beiträge. Martin Luther Universität, Halle-Wittenberg. 468 S.
SCHRÜBBERS, H., H. HELMS & U. SONNEKALB (1989): Gutachten zur Belastung des Gewässerzustandes der Unterweser. Teilbericht Belastung der Unterweser mit zinnorganischen Verbindungen. Bremer Gesellschaft Angewandte Umwelttechnologie mbH, Bremen.
SCHULTE-OEHLMANN, U., C. BETTIN, P. FIORONI, J. OEHLMANN & E. STROBEN (1995): *Marisa cornuarietis* (Gastropoda, Prosobranchia): a potential TBT bioindicator for freshwater environments. Ecotoxicology 4, im Druck
SCHULZ-STEINERT, M. & L. KIES (1995): Biomass and primary production of algal mats produced by *Vaucheria compacta*

(Xanthophyceae) in the Elbe estuary (Germany). Arch. Hydrobiol./ Suppl. (Unters. Elbe-Ästuar 7(2)). **110**:1-16.
SCHULZ, H. (1961): Qualitative und quantitative Planktonuntersuchungen im Elbe-Ästuar. Arch. Hydrobiol./Suppl. **26**:5-105.
SCHWAIGER, J., F. BUCHER, H. FERLING, W. KALBFUS & R.-D. NEGELE (1992): A prolonged toxicity study on the effects of sublethal concentrations of bis(tri-*n*-butyltin)oxide (TBTO): histopathological and histochemical findings in rainbow trout (*Oncorhynchus mykiss*). Aquat. Toxicol. **23**:31-48.
SCHWOERBEL, J. (1994): Trophische Interaktionen in Fließgewässern. Limnologica **24**:185-194.
SEELER, T. (1935): Über eine quantitative Untersuchung des Planktons der deutschen Ströme unter besonderer Berücksichtigung der Einwirkung von Abwässern und der Vorgänge der biologischen Selbstreinigung. I. Die Elbe. Arch. Hydrobiol. **28**:323-356.
SEELER, T. (1938): Über eine quantitative Untersuchung des Planktons der deutschen Ströme unter besonderer Berücksichtigung der Einwirkung von Abwässern und der Vorgänge der biologischen Selbstreinigung. II. Der Rhein. Arch. Hydrobiol. **30**:85-114.
SEITZ, J. & K. DALLMANN (1992): Die Vögel Bremens und der angrenzenden Flußniederungen. BUND, Bremen. 536 S.
SELL, M. (1991): Raum-Zeit-Muster überwinternder Entenvögel unter dem Einfluß anthropogener Störfaktoren: Experimente an einem Freizeitstausee im Ruhrgebiet. Ber. Dtsch. Sekt. Int. Rat Vogelschutz **30**:71-85.
SIMON, L. (1990): Der Laubfrosch Hyla arborea L. 1758. In: KINZELBACH R. (Hrsg.): Atlas zur Fauna von Rheinland-Pfalz. Mainz. naturwiss. Arch. Beih. **13**:89-94.
SMOLIAN, K. (1925): Der Flußkrebs, seine Verwandten und die Krebsgewässer. In: DEMOLL, R. & H. N. MAIER (Hrsg.): Handbuch der Binnenfischerei Mitteleuropas **5**:423-524.
SPAANS, B. (1994): De broedvogels van het Volkerak-Zoommeer in de eerste vijf jaar na de afsluiting. Limosa **67**: 15-26.
STEINBERG, C. & R. PUTZ(1991):Epilithic diatoms as bioindicators of stream acidification. Verh.Intern.Verein.Limnol.**24**:1877-1880.
STEIN, H. (1988): Folgen der Erosion für Fischfauna und Fischerei, dargestellt am Beispiel der Moosach. Natur u. Landschaft **63**:270-271.
STEIN, H., R. REINARTZ & U. STEINHÖRSTER (1995) Potentielle Ursachen der Bestandsgefährdung rheophiler Fischarten - dargestellt am Beispiel der Nase (*Chondrostoma nasus*). In: Bay.Landesanstalt f. Wasserforschung, München (Hrsg.): Entwicklung von Zielvorstellungen des Gewässerschutzes aus der Sicht der aquatischen Ökologie. Oldenbourg, München, Wien. 405-417.
STEUBING, L., G. FRICKE & H. JEHN (1983): Veränderungen des Algenspektrums der Eider im Verlauf von vier Jahreszehnten. Arch. Hydrobiol. **96**:205-222.
STROBEN, E. (1994): Imposex und weitere Effekte von chronischer TBT-Intoxikation bei einigen Mesogastropoden und Bucciniden (Gastropoda, Prosobranchia). Cuvillier Verlag, Göttingen,1-193.
STROBEN, E., J. OEHLMANN & P. FIORONI (1992): The morphological expression of imposex in *Hinia reticulata* (Gastropoda: Buccinidae): a potential biological indicator of tributyltin pollution. Mar. Biol. **113**:625-636.
STRUCKER, R.C.W., L.C. PREESMAN & J. VERKERK (1994): Watervogels van de zoetwatergetijderevier de Oude Maas. Limosa **67**: 45-52.
SUDWISCHER, A. (1993): Zum Vorkommen des Crustaceenplanktons in den Becken des Hamburger Hafens unter besonderer Berücksichtigung der räumlichen Verteilung von Cladoceren und Copepoden. Hausarbeit zur Ersten Staatsprüfung für das Lehramt an der Oberstufe - Allgemeinbildenden Schulen - der Freien und Hansestadt Hamburg. 73 S.
SCHÖLL. F., T. TITTIZER, E. BEHRING & M. WANITSCHECK (1995): Faunistische Bestandsaufnahme an der Elbsohle zur ökologischen Zustandsbeschreibung der Elbe und Konzeption von Sanierungsmaßnahmen. Bundesanstalt für Gewässerkunde 0880, Koblenz. 48 S.
TARASCHEWSKI, H., F. MORAVEC, T. LAMAH & K. ANDERS (1987): Distribution and morphology of two helminths recently introduted into European eel populations: *Anguillicola crassus* (Nematoda, Dracunculoidea) and *Paratenuisentis ambiguus* (Acanthocephala, Tenuisenti dae), Dis. aquat. Org. **3**:167-176.
TESTER, U. (1990): Artenschützerisch relevante Aspekte zur Ökologie des Laubfrosches (*Hyla arborea* L.). Diss. Univ. Basel. 291 S.
TROSCHEL, H. J. & P. DEHUS (1993): Distribution of crayfish species in the Federal Republic of Germany, with special reference to Austropotamobius pallipes In: HOLDICH D. M. (Hrsg.): Freshwater Crayfish 9. Reading. 390-398.
TITTIZER, F. SCHÖLL. & M. DOMMERMUTH (1993): Die Entwicklung der Lebensgemeinschaften des Rheins im 20. Jahrhundert. In: Ministerium für Umwelt Rheinland-Pfalz (Hrsg.): Die Biozönose des Rheins im Wandel: Lachs 2000? Advanced Biology Petersberg. 25-39.
UBA (Hrsg.) (1994): Daten zur Umwelt 1992/93. Erich Schmidt, Berlin. 688 S.
UBA (Hrsg.) (1989): Daten zur Umwelt 1988/89. Erich Schmidt, Berlin. 613 S.
UNESTAM, T. (1973): On the host range and origin of the crayfish plague fungus. Rep. Inst. Freshw. Res. Inst. Drottningholm **52**:192-198.
VAN NES, E. H. & E. C. L. MARTEIJN (1991): Watervogels in het Volkerakmeer-Zoommeer; ontwikkelingen in de eerste twee jaar na afsluiting (1987-1989). Limosa **64**:155-164.
VOSTRADOVSKY, J. (1994): Ichthyozönosen in der tschechischen Elbe und Rückkehrmöglichkeiten von Zugfischen in das böhmischen Elbegebiet. In: GUHR, H., A. PRANGE, P. PUNCOCHAR, R.-D. WILKEN & B. BÜTTNER (Hrsg.): Die Elbe im Spannungsfeld zwischen Ökologie und Ökonomie. B.G. Teubner Verlagsgesellschaft, Stuttgart, Leipzig. 250-259.
WACHS, B. (1982): Schwermetallgehalt von Fischen aus der Donau. Z.f.Wasser- und Abwasserforsch. 15:43-49.
WACHS, B. (1993): Akkumulation von Blei, Chrom und Nickel in Flußfischen. Z. angew. Zoolog. 79(1992/93): H.2. 155-176.
WACHS, B. (1994): Limnotoxizität und Ökobewertung der Schwermetalle sowie entsprechende Qualitätsziele zum Schutz aquatischer Ökosysteme. Münchener Beiträge zur Abwasser-, Fischerei- und Flußbiologie Bd. 48, Oldenbourg, München. 425-486.
WAKE, D. B. (1991): Declining Amphibian Populations. Science 253: 860.
WARD, G. S., G. C. CRAMM, P. R. PARRISH, H. TRACHMAN & A. SLESINGER (1981): Bioaccumulation and chronic toxicity of bis(tributyltin)oxide (TBTO): tests with a saltwater fish. In: BRANSON, D. R. & K. L. DICKSON (Hrsg.): Aquatic toxicity and hazard assessment. Philadelphia. 183-200.
WARINGER-LÖSCHENKOHL, A. & J. WARINGER (1990): Zur Typisierung von Auengewässern anhand der Litoralfauna (Everebraten, Amphibien). Arch. Hydrobiol. Suppl. **84**:73-94.
WESTPHAL, U. (1991): Botulismus bei Vögeln. AULA, Wiesbaden. 100 S.
WHITTON, B. A., ROTT, E. & G. FRIEDRICH (Hrsg.) (1991): Use of algae for monitoring rivers. Proc. Internat. Sympos. Landesamt Wasser und Abfall Nordrhein-Westfalen, Düsseldorf, Germany 26-28 May 1991. 199 S.
WILKENS, H. (1979): Die Amphibien im städtischen Elbetals:Verbreitung und Ökologie der Rotbauchunke. Natur u.Landschaft **54**:46-50.
WOFSY, S. C. (1983): A simple model to predict extinction coefficients and phytoplankton biomass in eutrophic waters. Limnol. Oceanogr. **28**:1155-1155.
WONDRAK, P. (1988): Schwimmblasenwürmer beim Aal - bereits in Bayern. Fischer und Teichwirt **7**:207-208.
ZAUKE, G., G. PETRI, J. RITTERHOFF & H. MEURS-SCHER (1995): Theoretical background for the assesment of the quality status of ecosystems: Lessons from studies of heavy metals in aquatic invertebrates. Submitted to Senckenbergia maritima.
ZIEMANN, H. (1982): Indikatoren für den Salzgehalt der Binnengewässer - Halobiensystem. In: Ausgewählte Methoden der Wasseruntersuchung. G. Fischer, Jena. 2. Auflage. **2**:89-95.

KAPITEL 7

ABSCHLUSSBERICHT UNABHÄNGIGE KOMMISSION STURMFLUT (1989): Hamburg, Juni 1989.
ARGE Elbe (1984): Gewässerökologische Studie der Elbe von Schnackenburg bis zur See. Arbeitsgemeinschaft für die Reinhaltung der

Elbe (Hrsg.), Hamburg. 98 S.
BABONAUX, Y. (1970): Le lit de la Loire. Etude d'hydrodynamique fluviale. Paris. 252 S.
BAYERISCHES LANDESAMT FÜR WASSERWIRTSCHAFT (1983): Deutsches Gewässerkundliches Jahrbuch - Donaugebiet. Abflußjahr 1980. München.
BEEKMAN, F. (1984): La dynamique d'une forêt alluviale rhénane et le rôle des lianes. Colloques phytosociologique, 9 (Les forêts alluviales, Strasbourg 1980). Cramer, Vaduz. 475-501.
BEHRE, K. -E. (1994): Küstenvegetation und Landschaftsentwicklung bis zum Deichbau. In: LOZÁN, J. L., E. RACHOR, K. REISE, H. VON WESTERNHAGEN & W. LENZ (Hrsg.). Warnsignale aus dem Wattenmeer. Blackwell Wissenschaftsverlag, Berlin. 182-189.
BFG (1994): Historische Entwicklung der aquatischen Lebensgemeinschaft (Zoobenthos und Fischfauna) im deutschen Abschnitt der Elbe. Bundesanstalt für Gewässerkunde im Auftrag des Bundesministeriums f. Umwelt, Naturschutz und Reaktorsicherheit. BFG-JAP-Nr.1737, Koblenz.173 S.
BOCHERDING, F. (1883): Die Molluskenfauna der nordwestdeutschen Tiefebene. Abh. Naturw. Ver. Bremen 8(1):255-363.
BRAVARD, J.-P. (1981): La Chautagne. Dynamique de l'environment d'un pays savoyard - Inst. des Etudes Rhodaniennes des Universites de Lyon. Memoires et Documents, 18:1-182.
BUDDENSIEK, V., G. RATZBOR & K. WÄCHTLER (1993): Auswirkungen von Sandeintrag auf das Interstial kleiner Fließgewässer im Berejch der Lüneburger Heide. Natur und Landschaft 68(2):47-51.
CADEE, G. (1984): Pflanzliche Produktion im Wattenmeer. In: Landelijke Vereiniging tot Behoud van de Waddenzee, Harlingen und Vereiniging tot Behoud van Natuurmonumente in Nederland's-»Graveland« (Hrsg.): Wattenmeer. Ein Naturraum der Niederlande, Deutschlands und Dänemarks. Wachholtz, Neumünster. 4. Auflage. 117-121.
CARBIENER, R. (1970): Un exemple de type forestier exceptionnel pour l'Europe occidentale: la foret du lit majour du Rhin au neveau du fosse rhenan (Fraxino-Ulmetum OBERD. 53). Interet ecologique et biogeographique. Comparaison a d'autres forets thermophiles. Vegetatio, 20:97-148.
CASPERS, H. (1948): Ökologische Untersuchungen über die Wattentierwelt im Elbe-Ästuar. Verh. Deutsch. Zool. Ges. Kiel. 350-359.
CASPERS, H. (1984): Die Sauerstoffproduktion einer Bucht im Süßwasserbereich des Elbe-Ästuars. Untersuchungen im »Mühlenberger Loch« in Hamburg. Arch. Hydrobiol. Suppl. 61:509-542.
CASPERS, H. & C. W. HECKMAN (1982): The biota of a small standing water ecosystem in the Elbe flood plain. Arch. Hydrobiol./Suppl. 61 (Untersuch. Elbe-Aestuar 5). 227-316.
CLAUS, B., P. NEUMANN, & M. SCHIRMER (1994): Rahmenkonzept zur Renaturierung der Unterweser und ihrer Marsch. Gutachten im Auftrag des Niedersächsischen Innenministeriums und des Senates für Umweltschutz und Stadtentwicklung Bremen. 94 S.
COBB, D. G., T. D. GALLOWAY & J. F. FLANAGAN (1992): The effect on the trichoptera of a stable riffle constructed in an unstable reach of Wilson Creek, Manitoba, Canada. In: TOMASZEWSKI, C. (Hrsg.): Proc. 6th. Intern. Symp. Trichoptera 1989. Poznan. 81-88.
DAHL, H. J., M. HULLEN, W. HERR, D. TODESKINO & G. WIEGLEB (1989): Beiträge zum Fließgewässerschutz in Niedersachsen. Natursch. Landespfl. Nieders. 18:1-284.
DILGER, R. & V. SPÄTH (1985): Kartierung und Bilanzierung schutzwürdiger Bereiche der Rheinniederung im Regierungsbezirk Karlsruhe. Natur und Landschaft 60(11):435-444.
DISTER, E. (1980): Geobotanische Untersuchungen in der hessischen Rheinaue als Grundlage für die Naturschutzarbeit. Diss. Math.Nat. Fak. Göttingen.
DISTER, E. (1983): Zur Hochwassertoleranz von Auenwaldbäumen an lehmigen Standorten. Verh. Ges. Ökol. (Mainz 1981) 10:325-366.
DISTER, E. (1985): Taschenpolder als Hochwasserschutzmaßnahme am Oberrhein. GR, 37(5):241-247.
DISTER, E. (1986): Hochwasserschutzmaßnahmen am Oberrhein. Ökologische Probleme und Lösungsmöglichkeiten. Geowissenschaften in unserer Zeit 4(6):194-203.
DISTER, E. (1986): Hochwasserschutzmaßnahme und Retentionsfunktion. ANL-Tagungsber.: Die Zukunft der ostbayerischen Donaulandschaft. 3:74-90.
DISTER, E. (1991): Folgen des Oberrheinausbaus und Möglichkeiten der Auen-Renaturierung. Laufener Seminarbeiträge. 4/91:114-122.
DISTER, E. (1992): Ökologische Forderungen an den Hochwasserschutz. Wasserwirtschaft 82(7/8):372-376.
DISTER, E. (1992): La maitrise des crues par la renaturation des plaines alluviales du Rhin Supérieur. Bull.Soc.Ind.Mulhoouse 1. 73-82.
DISTER, E. & A. DRESCHER (1987): Zur Struktur, Dynamik und Ökologie lang überschwemmter Hartholzwälder der unteren March (Niederösterreich). Verh. Ges. Ökol. 15 (Graz 1985):295-302.
DISTER, E., P. OBRDLIK, E. SCHNEIDER & E. WENGER (1989): Zur Ökologie und Gefährdung der Loire-Auen und Landschaft. Jg. 64, H.3. 95-99.
DISTER, E., et al. (1992): Großflächige Renaturierung des Kühlkopfes in der hessischen Rheinaue - Ablauf, Ergebnisse und Folgerungen der Sukzessionsforschung. Beit.Akad.Natur-u.Umweltsch. Baden Wüttemb. (Auen-Gefährdete Lebensadern Europas): 20-36.
DÖRJES, J. & H.-E. REINECK (1981): Eine Elbstrombucht mit Süßwasserwatten. Natur u. Museum 111:275-285.
DRL (1994): Konflikte beim Ausbau von Elbe, Saale und Havel. Schriftr. d. Deutschen Rats f. Landespflege 64:1-84.
DVWK (1992): Methoden und ökologische Auswirkungen der maschinellen Gewässerunterhaltung. Deutscher Verband für Wasserwirtschaft und Kulturbau. Merkblätter zur Wasserwirtschaft 224:1-84.
DYCK, S. & G. PESCHKE (1983): Grundlage der Hydrologie. Ernst & Sohn, Berlin. 388 S.
ELLENBERG, H. (1986): Vegetation Mitteleuropas mit den Alpen in ökologischer Sicht. Ulmer, Stuttgart. 989 S.
FITTKAU, E. J. & F. REISS (1983): Versuch einer Rekonstruktion der Fauna europäischer Ströme und ihrer Auen. Arch.Hydrob.97:1-6.
FRITZ, H.-G. (1982): Ökologische und systematische Untersuchung an Diptera/Nematocera (Insecta) in Überschwemmungsgebieten des nördlichen Oberrheins. Ein Beitrag zur Ökologie großer Flußauen. Diss. FB 10, TH. Darmstadt.
FRÖHLICH, H. (1975): Die Geschichte des Oberrheinausbaus. Wasserwirtschaft 65(9):219-222.
GARMS, R. (1961): Biozönotische Untersuchungen an Entwässerungsgräben in Flußmarschen des Elbe-Aestuars. Arch. Hydrobiol./Suppl. 26 (Elbe-Aestuar 1). 344-462.
GAUMERT, D. & M. KÄMMEREIT (1994): Süßwasserfische in Niedersachsen. Niedersächsisches Landesamt für Ökologie. Hildesheim. 163 S.
GERKEN, B. (1982): Zonationszönosen bodenlebender Käfer der Oberrhein-Niederung: Spiegel der Wandlung einer Stromauenlandschaft. Vortragsmanuskripts f. d. 2. intern. Entomologentagung in Kiel.
GILL, C. J. (1970): The flooding tolerance of woody species - A review. Forestry Abstracts, 31(4):671-688.
GLAZIK, G. (1994): The Sohlenerosion der Elbe. WWt. 7:32-35 u. 8:36-43.
GRADMANN, R. (1932): Unsere Flußtäler im Urzustand. Z. Ges. f. Erdk. Berlin 1932:1-17.
GREGORY, K. J. (Hrsg.) (1977): River Channel. Wiley & Sons, Chichester.
HAESLOOP, U. (1990): Beurteilung der zu erwartenden Auswirkungen einer Reduzierung der anthropogenen Weserversalzung auf die aquatische Biozönose der Unterweser. Diss. FB Biologie, Univ. Bremen. 205 S.
HAGGE, A. (1985): Jahresgang und Verteilung abiotischer und biotischer Parameter im Sediment eines Gezeitenpriels im Stromspaltungsgebiet der Elbe. Dipl. Arb., Univ. Hamburg. 110 S.
HAYCOCK, N. E., G. PINAY & CH. WALKER(1993):Nitrogen retention in river corridors: European Perspective.Ambio 22:340-346.
HALTERLEIN, B. (1991): Botulismus. In: BERNDT, R. K. & G. BUSCHE (Hrsg.): Vogelwelt Schleswig-Holstein, Bd. 3. Wachholtz, Neumünster. 20-21.
HECKMAN, C. W. (1981): Long-term effects of intensive pesticide applications on the aquatic community in orchard drainage ditches near Hamburg, Germany. Arch. Environ. Contam. Toxicol. 10:393-426.

HECKMAN, C. W. (1984a): Effects of dike construction on the wetland ecosystem along the freshwater section of the Elbe Estuary. Arch. Hydrobiol./Suppl. 61 (Untersuch. Elbe-Aestuar 5):397-508.
HECKMAN, C. W. (1984b): The ecological importance of wetlands along streams and rivers and the consequences of their elimination. Int. J. Ecol. Environ. Sci. 10:11-29.
HECKMAN, C. W. (1986a): The role of marsh plants in the transport of nutrients as shown by a quantitative model for the freshwater section of the Elbe Estuary. Aquatic Botany 25:139-151.
HECKMAN, C. W. (1986b): Tidal influence on the wetland community structure behind the dike along the Elbe Estuary. Arch. Hydrobiol./Suppl. 75 (Untersuch. Elbe-Aestuar 6). 1-117.
HECKMAN, C. W. (1990a): The fate of aquatic and wetland habitats in an industrially contaminated section of the Elbe floodplain in Hamburg. Arch. Hydrobiol./Suppl. 75 (Elbe-Aestuar 6). 133-250.
HECKMAN, C. W. (1990b): Agricultural reclamation. In: PATTEN, B. C. (Hrsg.): Wetlands and shallow continental water bodies. SPB Academic Publ., The Hague. 525-541.
HEIMER, W. (1983): Auswirkungen von Wasserstandsschwankungen auf Diptera/Brachycera (Insecta) in Naturschutzgebieten der hessischen Rheinaue. Diss., FB 10, TH Darmstadt.
HENNIG, R. & C. D. ZANDER (1981): Zur Biologie und Nahrung von Kleinfischen des Nord- und Ostsee-Bereichs. III. Die Besiedlung eines Süßwasserwatts der Elbe durch euryhaline Fische. Arch. Hydrobiol. Suppl. 43:487-505.
HENTSCHEL, E. (1917): Ergebnisse der biologischen Untersuchungen über die Verunreinigung der Elbe bei Hamburg. Mitt. Zool. Museum Hamburg 34:37-190.
HIEKEL, W. (1981): Fließgewässernetzdichte und andere Kriterien zur landeskulturellen Einschätzung der Verrohrbarkeit von Bächen. Wiss. Abh. Geogr. Ges. DDR 15:133-142.
HINRICHSEN, A. (1991): Der Einfluß des Oberwassers auf die Tideparameter der Elbe. Mitt. der Wasser- u. Schiffahrtsdirektion Nord, WSD-Nord, Kiel. 100 S.
HÜGIN, G. (1981): Die Auenwälder des südlichen Oberrheintals - ihre Veränderung und Gefährdung durch den Rheinausbau. Landschaft und Stadt 13(2):78-91.
INSTITUT FÜR WASSERWIRTSCHAFT (1984): Gewässerkundliches Jahrbuch der Deutschen Demokratischen Republik. Abflußjahre 1976-80, Berlin.
JÄHRLING, K.-H. (1994): Mögliche Deichrückverlegungen im Bereich der Mittelelbe - Vorschläge aus ökologischer Sicht als Beitrag zu einer interdisziplinären Diskussion. STAU, Magdeburg, 82 S.
JITTLER-STRAHLENDORFF, M. & L. NEUGEBOHRN (1989): Untersuchungen zum Einfluß schwerer Verölungen des Deichvorlandes auf die Möglichkeit und Durchführbarkeit schneller Rekultivierungen von Pflanzenbeständen mittels unterschiedlicher Verfahren. Teil I. Rekultivierungen mittels Soden. Seevögel 10:H.3:33-40.
JURKO, A. (1958): Bodenökologische Verhältnisse und Waldgesellschaften der Donautiefebene. Slov. Akad. Vied. 264 S.
KAFEMANN, R. (1992): Ökologisch, fischereibiologische Gradienten in Haupt- und Nebenstromgebieten der unteren Tide-Elbe unter besonderer Berücksichtigung des Mühlenberger Lochs. Dipl. Arb., FB Biologie der Univ. Hamburg. 118 S.
KAUSCH, H., P. BRECKLING, G. FLÜGGE, T. GAUMERT, L. KIES, M. NÖTHLICM. SCHIRMER & H.-P. WEIGEL (1991): Tidegewässer. In: HAMM, A. (Hrsg.): Studie über Wirkungen und Qualitätsziele von Nährstoffen in Fließgewässern. Academia Verlag, St. Augustine. 565-638.
KERNER, M. (1991): Dynamik und Bilanz der mikrobiellen Atmungsprozesse innerhalb der räumlichen Struktur von Süßwasserwattsedimenten des Elbe-Astuars. Diss., FB Biologie der Univ. Hamburg. 262 S.
KIES, L., L. NEUGEBOHRN, H. BRAKER, T. FAST, C. GÄTJE & A. SEELIG (1992): Primärproduzenten und Primärproduktion im Elbe-Ästuar. In: KAUSCH, H. (Hrsg.): Die Unterelbe. Natürlicher Zustand und Veränderungen durch den Menschen. Ber. ZMK Univ. Hamburg 19:137-168.
KLÖTZLI, F. A. (1993): Ökosysteme. G. Fischer, Jena und Stuttgart. UTB 1479. 3. Aufl. 447 S.
KONOLD, W.(1984):Zur Ökologie kleiner Fließgewässer. Agrar- und Umweltfors. in Baden-Württenberg Bd.6. Ulmer,Stuttgart. 226 S.
KÖTTER, F. (1961): Die Pflanzengesellschaften im Tidegebiet der Unterelbe. Arch. Hydrobiol. Suppl. 26:106-185.
KUNZ, E. (1975): Von der Tulla'schen Oberrheinkorretion bis zum Oberrheinausbau - 150 Jahre Wasserbauten am Oberrhein. Jb. Natursch. Landschaftspfl., 24:59-78.
LAWA (1993): Fließgewässer in der Bundesrepublik Deutschland - Karten der Wasserbeschaffenheit 1982-1991. Länderarbeitsgemeinschaft Wasser, Stuttgart. 165 S.
LELEK, A. (1978): Die Fischbesiedlung des nördlichen Oberrheins und des südlichen Mittelrheins. Natur und Museum 108:1-9.
LELEK, A. & C. KÖHLER (1989): Zustandsanalyse der Fischartengemeinschaften im Rhein (1987-1988). Fischökologie 1(1):47-64.
LOZAN, J. L., E. RACHOR, K. REISE, H. v. WESTERNHAGEN & W. LENZ (Hrsg.) (1994): Warnsignale aus dem Wattenmeer. Blackwell Wissenschaftsverlag, Berlin. 387 S.
LWA (1989): Richtlinie für den naturnahen Ausbau und Unterhaltung der Fließgewässer in Nordrhein-Westfalen. Landesamt für Wasser u. Abfall Nordrhein-Westf. 4. Aufl., Düsseldorf. 69 S.
LfU (1992): Ökologische Zustandserfassung der Flußauen an Iller, Lech, Isar, Inn, Salzach und Donau und ihre Unterschutzstellung. Bayrisches Landesamt für Umweltschutz. LfU-Schriftenreihe 124. 102 S.
MANGELSDORF, J. & K. SCHEURMANN (1980): Flußmorphologie. Oldenbourg, München. 262 S.
MARCHAND, M. & S. NOLTE (1995): Zur Situation der Ästuare von Ems, Weser, Elbe und Eider. Eine Flächenbilanz und Vorschläge zur Problemlösung. Studie im Auftrag der Umweltstiftung WWF-Deutschland. 59 S.
MICHAELIS, H., H. FOCK, M. GROTJAHN & D. POST (1992): The status of the intertidal zoobenthic brackish-water species in estuaries of the German Bight. Neth. J. Sea Res. 30:201-207.
MINISTERE DE L'ENVIRONMENT (1983): Annuaire national des debits de cours d'eaux. Annee 1979. Vol. II (Bassin Loire-Bretagne) - Paris (Orleans).
MITSCHKE, A. & S. GARTHE (1994): Die Bedeutung des Mühlenberger Loches als Rast- und Nahrungsgebiet für Wasser- und Watvögel. Hamburger avifaun. Beitr. 26:99-235.
MOCK, J., H. KRETZER & D. JELINEK (1991): Hochwasserschutz am Rhein durch Auenrenaturierung im Hessischen Ried. Wasser u. Boden 43(3):126-130.
MOOR, M. (1958): Pflanzengesellschaften schweizerischer Flußauen. Mitt. Schweiz. Anst. Forstl. Versuchswes. 34:221-360.
MUSALL, H. (1969): Die Entwicklung der Kulturlandschaft der Rheinniederung zwischen Karlsruhe und Spreyer vom Ende des 16. bis zum Ende des 19. Jahrhunderts. Heidelberger Geographische Arbeiten. 22:1-279.
NEUGEBOHRN, L., P. GOLOMBEK, M. JITTLER-STRAHLENDORFF & S. C. OFFEN (1987): Öleinwirkungen auf Pflanzengemeinschaften. In: UBA (Hrsg.) Meereskundliche Untersuchung von Ölunfällen. Texte Umweltbundes Amt 6/87:82-108.
OTTO, A. & U. BRAUKMANN (1983): Gewässertypologie im ländlichen Raum. Schriftr. d. Bundesministers f. Ernährung, Landwirtschaft u. Forsten, Reihe A, Angew. Wiss. 88:1-61.
PENKA, M., M. VYSKOT, E. KLIMO & F. VASICEK (1985): Floodplain Forest Ecosystem. Akademia, Praha. 466 S.
PETERSEN, M. & H. ROHDE (1991): Sturmflut. - Die großen Fluten an den Küsten Schleswig-Holsteins und in der Elbe. Karl Wachholtz, Neumünster. 182 S.
PFANNKUCHE, O. (1981): Distribution, abundance and life cycles of aquatic Oligochaeta (Annelida) in a freshwater tidal flat of the Elbe Estuary. Arch. Hydrobiol. Suppl. 43:506-524.

PFANNKUCHE, O., H. JELINEK & E. HARTWIG (1975): Zur Fauna eines Süßwasserwattes im Elbe-Ästuar. Arch. Hydrobiol. 76:475-498.
PHILIPPI, G. (1982): Änderungen der Flora und Vegetation am Oberrhein. Veröff. Pfläz. Ges. z. Förderung d. Wissenschaften in Speyer 70:87-105.
PINAY, G. & H. DECAMPS (1988): The role of riparian woods in regulating nitrogen fluxes between the alluvial aquifer and surface water: A conceptual model. Regulated Rivers. Research & Management 2:507-516.
POSEWANG-KONSTANTIN, G., A. SCHÖL & H. KAUSCH (1992): Hydrobiologische Untersuchung des Mühlenberger Lochs. Gutachten im Auftrag des Amtes für Strom- u. Hafenbau, Hamburg. 124 S.
PREISINGER, H. (1991): Strukturanalyse und Zeigerwert der Auen- und Ufervegatation im Hamburger Hafen- und Hafenrandgebiet. J. Cramer, Stuttgart. Diss. Botanicae Bd. 174. 296 S.
RAUS, D. (1978): Die Waldvegetation der Donau-Inseln und -Auen bei Vukovar. Ecologija. 13:133-147.
RHODE, B. (1982): Die Bodenfauna der Watten in der Emsmündung von Papenburg bis Emden. Jber. 1980, Forsch.-Stelle f. Insel- u. Küstenschutz, Norderney 32:99-118.
RINGLER, A. (1987): Gefährdete Landschaft: Lebensräume auf der Roten Liste. Eine Dokumentation in Bildvergleichen. BLV Verl. Ges., München. 195 S.
ROTHER, K.-H. (1985): Möglichkeiten des Ausgleichs der Hochwasserverschärfung aus dem Oberrheinausbau. Wasserbau-Mitteilungen (TH Darmstadt) 24:47-55.
RUNGE, F. (1973): Die Pflanzengesellschaften Deutschlands. Aschendorff, Münster. 246 S.
SCHÄFER, W. (1974): Der Oberrhein, sterbende Landschaft? Natur und Museum, 104.
SCHIEMER, F. (1988): Gefährdete Cypriniden - Indikatoren für die ökologische Intaktheit von Flußsystemen. Natur und Landschaft 63(9):370-373.
SCHILLER, W. (1990): Die Entwicklung der Makrozoobenthonbesiedelung des Rheins in Nordrhein-Westfalen im Zeitraum 1969-1987. In: KINZELBACH, R. & G. FRIEDRICH (Hrsg.): Biologie des Rheins. Limnologie aktuell Bd.1. G. Fischer, Stuttgart. 259-275.
SCHIRMER, M. (1994): Ökologische Konsequenzen des Ausbaus der Ästuare von Elbe und Weser. In: LOZAN, J. L., E. RACHOR, K. REISE, M. VON WESTERHAGEN & W. LENZ (Hrsg.): Warnsignale aus dem Wattenmeer. Blackwell Wissenschaftsv., Berlin. 164-171.
SCHMIDTKE, K. -D. (1993): Die Entstehung Schleswig-Holsteins. Karl Wachholtz, Neumünster. 128 S.
SCHNEIDER-JACOBY, M. (1994): Bedeutung der Nebenflüsse für die Donau am Beispiel von Save und Drau. Proceedings of the intern. colloqium at Ulm: Lebensraum Donau - Europäisches Ökosystems. Akademie f. Natur- u. Umweltschutz Baden-Württemberg (Hrsg.) Bd. 17:254-275.
SCHOLLE, J. (1995a): Untersuchungen zur Entwicklung der Makrobenthon-Zönose eines neuangelegten Seitenarms der Wümme im Naturschutzgebiet Borgfelder Wümmewiesen, Bremen. Bremer Beiträge f. Naturkunde und Naturschutz 3. (in Druck).
SCHOLLE, J. (1995b): Zur Besiedlungsdynamik der Ichthyozönose in einem neuangelegten Flußabschnitt des Ochtum, einem Nebenfluß der Weser unter besonderer Berücksichtigung des »home-range-areal« von Rotaugen (Rutilus rutilus LINNE, 1758). Diss. FB Biologie, Univ. Bremen (in Vorb.).
SCHRÖDER, P. & P. REY (1991): Fließgewässernetz Rhein und Einzugsgebiet. Milieu, Verbreitung und Austauschprozesse zwischen Bodensee und Taubergießen. IFAH-Scientific Publications Vol.1, Konstanz. 224 S.
SCHUCHARDT, B. (1994): Die Wasserqualität der Hase: Konsequenzen für ein Revitalisierungskonzept. In: BERNHARDT, K.-G. (Hrsg.): Revitalisierung einer Flußlandschaft. Schriftr. der Deutschen Bundesstiftung Umwelt: Initiativen zum Umweltschutz Bd.1. Zeller Verlag, Osnabrück. 73-88.
SOLMSDORF, H., W. LOHMEYER & W. MRASS (1975): Ermittlung und Untersuchung der schutzwürdigen und naturnahen Bereiche entlang des Rheins (Schutzwürdige Bereiche im Rheintal). Schr. Reihe für Landschaftspflege und Naturschutz, 11:1-186.
SÖFFKER, K. (1982): Die eulitorale Bodenfauna der Unterweser zwischen Bremerhaven und Bremen. Jber. 1981, Forsch.-Stelle f. Insel- u. Küstenschutz, Norderney 33:105-138.
SPIEKER, J. (1986): Untersuchungen zur Limnologie des Kiebitzbracks. Dipl. Arb., FB Biologie. Univ. Hamburg.
STÖSSEL, F. (1990): Schädigung und Erholung der Makroinvertebraten im schweizerischen Abschnitt des Rheins nach dem Brandfall in Schweizerhalle. In: KINZELBACH, R. & G. FRIEDRICH (Hrsg.): Biologie des Rheins. Limnologie aktuell. G. Fischer, Stuttgart. 277-291.
THIEL, M. E. (1924): Versuch, die Verbreitung der Arten der Gattung *Sphaerium* in der Elbe bei Hamburg aus ihrer Lebensweise zu erklären. Arch. Hydrobiol. Suppl. 4:1-70.
URK, G. VAN & H. SMIT (1989): The lower Rhein. Geomorphological changes. In: PETTS G. E. (Hrsg.): Historical changes of large alluvial rivers. John Wiley, Chichester. 167-182.
VANNOTE, R. L., G. W. MARSHALL, K. W. CUMMINGS, J. R. SEIDEL & C. E. CUSHING (1980): The river continuum concept. Can. J. Fish. Aquat. Sci. 37(6):130-136.
WALTER, J. M. N.(1979):Etude des structures spatiales en foret alluviale rhenane. V.L'architecture observee. Oecol.Plant.14(3):401-410.
WEISS, F. H. (1980): Flußbetteintiefungen unterhalb von Stauanlagen - Untersuchungsmethoden und Möglichkeiten der Sanierung. Wasser und Boden 40(3):136-142.
WEISS, F.-H. (1981): Die flußmorphologische Entwicklung und Geschichte der Salzach. ANL-Tagungsbericht 11:24-33.
WESTPHAL, U. (1991): Botulismus bei Vögeln. AULA, Wiesbaden. 100 S.
WINKEL, S. & E. FLÖSSER (1986): Zusammenfassender Bericht über die tierökologischen Untersuchungen im NSG Kühkopf-Knoblochsaue 1984/85. Manuskript 74 S.

KAPITEL 8

ALTMANN, H.-J., J. DITTRICH, R. GNIRSS, A. PETER-FRÖHLICH & F. SARFERT (1994): Mikrofiltration von kommunalem Abwasser zur Keim- und P-Entfernung. Vortrag ATV-Infotag »Desinfektion von Abwasser«, München.
ANONYMUS (1976): Richtlinie des Rates der europäischen Gemeinschaften über die Qualität der Badegewässer (76/160/EWG). Amtsblatt der europäischen Gemeinschaften Nr. L 31/1-7.
ANONYMUS (1992a): Gesetz zur Verhütung und Bekämpfung übertragbarer Krankheiten beim Menschen (Bundes-Seuchengesetz). BGBl. I S 2094.
ANONYMUS (1992b): Demonstration of Memtec microfiltration for disinfection of secondary treated sewage. Water Board Memtec Limited, Dept. of Industry, Technology and Commerce, Blackheath, NSW Australia, 240 S.
ARGE Elbe (1994): Maßnahmen zur Verbesserung des aquatischen Lebensraumes der Elbe. Arbeitsgemeinschaft für die Reinhaltung der Elbe (Hrsg.). 103 S.
ARGE Weser (1989): Aktionsprogramm WESER. Arbeitsgemeinschaft der Länder zur Reinhaltung der Weser (Hrsg.). 52 S.
BÄUMER, H.-P., A. VAN DER LINDE & G.-P. ZAUKE (1991): Structural equation models: Applications in biological monitoring. Biometrie und Informatik in Medizin und Biologie 22:156-178.
BECKENBACH, F. (1991): Zwischen Frosch- und Vogelperspektive: Das Ökologieproblem als Verknüpfung von ökonomischer Entscheidungs- und Reproduktionstheorie. In: Die ökologische Herausforderung für die ökonomische Theorie. Marburg. 63 S.
BFANL (Bundesforschungsanstalt für Naturschutz und Landschaftsökologie) (1992): Synopse der Roten Listen Gefäßpflanzen. Schr. R. Vegetationskde 22. Bonn-Bad Godesberg. 262 S.
BFG (Bundesanstalt für Gewässerkunde) (1994): Historische Entwicklung der aquatischen Lebensgemeinschaft (Zoobenthos und Fisch-

fauna) im deutschen Abschnitt der Elbe. BFG-0832. Koblenz, 173 S.
BINDER, W. (1979) Grundzüge der Gewässerpflege. Schr.-R. Bayer. Landesamtes für Wasserwirtschaft, H.**10**:1-56.
BINDER, W. & W. KRAIER (1994): Zur Ausbildung und Pflege von Ufergehölzen an Fließgewässern. In: Wasser & Boden 11/94. Gninfo 1/94.
BLAB, J. (1985): Sind Rote Listen der gefährdeten Arten geeignet, den Artenschutz zu fördern? Schr. R. d. Dt. Rates f. Landespflege **46**:612-617.
BLAB, J., E. NOWAK, W. TRAUTMANN & H. SUKOPP (Hrsg.) (1984): Rote Liste der gefährdeten Tiere und Pflanzen in der Bundesrepublik Deutschland (= Naturschutz aktuell 1), 4.Aufl. Kilda Greven. 270 S.
BLESS, R., A. LELEK & A. WATERSTRAAT (1994): Rote Liste und Artenverzeichnis der in Deutschland in Binnengewässern vorkommenden Rundmäuler und Fische (Cyclostomata & Pisces). In NOWAK, E., J. BLAB & R. BLESS (Hrsg.). Rote Liste der gefährdeten Wirbeltiere in Deutschland. Schr. R. f. Landespflege u. Naturschutz 42. Kilda Greven, 137-156.
BLOHM, W., R. DANENBERG, P. FRIESEL, R. GÖTZ, A. KRIEG, A. LOHMANN, M. PFEIFFER & K. KOCH (1995): Wassergütemeßnetz Hamburg. Jahresbericht 1994, Umweltbehörde Hamburg. ISBN 0946-0039.
BMJ (Bundesminister der Justiz, Hrsg.) (1992): Bekanntmachung der Neufassung der Allgemeinen Rahmen-Verwaltungsvorschrift über Mindestanforderungen an das Einleiten von Abwasser in Gewässer - Rahmen-AbwasserVwV -v. 25.11.92. Bundesanzeiger **44**(233b):1-51.
BRAUKMANN, U. (1987): Zoozönologische und saprobiologische Beiträge zu einer allgemeinen regionalen Bachtypologie. Arch. Hydrobiol. Beih. Ergebn. Limnol. **26**:1-355.
BRUNDTLAND KOMMISSION (1987): Our common future (unsere gemeinsame Zukunft - Der Brundland-Bericht der Weltkommission für Umwelt und Entwicklung. V. HAUFF, Hrsg.). Greven.
BAYER. LAWaWi (1987): Grundzüge der Gewässerpflege. Schr.-R. Bayer. Landesamtes für Wasserwirtschaft. **21**:1-112.
DAHL, H.-J., M. HÜLLEN, W. HERR, D. TODESKINO & G. WIEGLEB (1989): Beiträge zum Fließgewässerschutz in Niedersachsen. Naturschutz Landschaftspfl. Niedersachs., H.18, Hannover. 1-284.
DALY, H. E. (1989): Towards a measure of sustainable social net national product. Zitiert in LEIPERT, C. (1989): »Die heimlichen Kosten des Fortschritts«. Frankfurt.
DIN 38410 (1991): Deutsche Einheitsverfahren zur Wasser-, Abwasser- und Schlammuntersuchung (24. Lieferung): Biologisch-Ökologische Gewässeruntersuchung; Bestimmung des Saprobienindex (M2). VCH-Verlagsgesellschaft, Weinheim und Beuth-Verl., Berlin. Teil 2.
DISTER, E. (1985): Auelebensräume und Retentionsfunktion. In: Akademie für Naturschutz und Landschaftspflege (Hrsg.). Die Zukunft der ost-bayerischen Donaulandschaft. Laufender Seminarbeiträge 3/85, Laufen. 74-90.
DISTER, E. (1991): Folgen des Oberrheinausbaus und Möglichkeiten der Auen-Renaturierung In: Akademie für Naturschutz und Landschaftspflege, Laufe. Seminarbericht. 4/91.
DIZER, H., W. ALTHOFF, W. BARTOCHA, H. BOHN, W. DORAU, A. GROHMANN, C. KOPPLIN, J. M. LOPEZ-PILA & K. SEIDEL (1993): Inaktivierung von Bakterien und Viren in Klärwerksabläufen durch Flockungsfiltration, UV-Bestrahlung und Mikrofiltration in verschiedenen Pilotanlagen. Institut f. Wasser-, Boden- und Lufthygiene des Bundesgesundheitsamtes. Berlin. Gutachten. 54 S.
DK (1994): Rheinbericht 1993. Deutsche Kommission zur Reinhaltung des Rheins (Hrsg.). 92 S.
EICHENBERGER, E. (1977): Nachwort [zum Prager Symposium von 1973]. Arch. Hydrobiol. Beih. Ergebn. Limnol. **9**:239-245.
EL SERAFY, S. (1989): The proper calculation of income from depletable natural resources. Zitiert in: LEIPERT, C. (1989) »Die heimlichen Kosten des Fortschritts«. Frankfurt.
FALCONER I. R. (1993): Algal Toxins in Seafood and Drinking Water. Academic Press, London.
FISCHWASSER, K. (1994): Stoffkreisläufe im Nutzungskreislauf des Wassers. Wasserkalender 1994:106-122.
FORSCHUNGSGRUPPE FLIESSGEWÄSSER (1993): Fließgewässertypologie - Ergebnisse interdisziplinärer Studien an naturnahen Fließgewässern und Auen in Baden-Württemberg mit Schwerpunkt Buntsandstein-Odenwald und Oberrheinebene. In: BOSTELMANN, R., U. BRAUCKMANN, E. BRIEM, G. HUMBORG, I. NODOLNY, A. NESS, K. SCHEURLEN, G. SCHMIDT, K. STEIB & U. WEIBEL (Hrsg.). Reihe Umweltforschung in Baden-Württemberg, 1 Karte. Ecomed verlag, Landsberg/Lech.
FRIEDRICH, G. (1990): Eine Revision des Saprobiensystems. Z. Wasser-Abwasser-Forsch. **23**:141-152.
FRIEDRICH, G. (1994): Pflege und Unterhaltung an der Elbe: Statement zu Fragen der Gewässerunterhaltung. Schr.-R. Deutscher Rat für Landespflege, H. **64**:41-42.
GLEASON, H. A. (1939): The individualistic concept of the plant association. Am. Midland Naturalist **21**:92-110.
GORE, J. A. & F. D. SHIELDS (1995): Can large river be restored? Bioscience, **45**(3):142-152.
GUNKEL, G. (Hrsg.) (1994): Bioindikation in aquatischen Ökosystemen - Bioindikation in limnischen und küstennahen Ökosystemen, Grundlagen, Verfahren und Mehoden. G. Fischer, Jena und Stuttgart. 540 S.
HAAS, C. (1983): Estimation of risk due to low doses of microorganisms: A compartion of alternative methodologies. American Journal of Epidemiol. **118**:573-582.
HAEUPLER, H. & P. SCHÖNFELDER (Hrsg.) (1989): Atlas der Farn- und Blütenpflanzen der Bundesrepublik Deutschland. Ulmer Stuttgart. 768 S.
HÜGIN, G. (1981): Die Auenwälder des südlichen Oberrheintales - Ihre Veränderung und Gefährdung durch den Rheinausbau. Landschaft u. Stadt **13**(2):79-91.
IAD (Internationale Arbeitsgemeinschaft Donauforschung) (1994): 30. Arbeitstagung der IAD in Zuoz (Engadin-Schweiz). Tagungsbericht. Bezugsadresse: Prof.Dr.H.Ambühl. Parkweg 11, Ch-5033 Buchs.
IKSR (1987): Aktionsprogramm »Rhein«. Internationale Kommission zum Schutze des Rheins gegen Verunreinigung (Hrsg.). 28 S.
IKSR (1993): Statusbericht Rhein. Internationale Kommission zum Schutze des Rheins gegen Verunreinigung (Hrsg.), Koblenz. 120 S.
IMMLER, H. (1989): Vom Wert der Natur - zur ökologischen Reform von Wirtschaft und Gesellschaft. Opladen. 46 S.
IMMLER, H. (1990): Reiche Gesellschaft - arme Natur? Tageszeitung v. 20.8.1990 14 S.
KERN, K. (1994): Grundlage naturnaher Gewässergestaltung - geomorphologische Entwicklung von Fließgewässern. Springer, Heidelberg, Berlin, New York. 256 S.
KLIMA, F., R. BELLSTEDT, H. W. BOHLE, R. BRETTFELD, A. CHRISTIAN, R. ECKSTEIN, R. KOHL, H. MALICKY, W. MEY, T. PITSCH, H. REUSCH, B. ROBERT, C. SCHMIDT, F. SCHÖLL, W. TOBIAS, H.-J. VERMEHREN, R. WAGNER, A. WEINZIEL & W. WICHARD (1994): Die aktuelle Gefährdungssituation der Köcherfliegen Deutschlands (Insecta, Trichoptera). Natur u. Landsch. **69** (11):511-518.
KLUGE, TH. & A. VACK (1994): Gebot der Stunde. Die Regelungen des Abfallrechts sollten auch für Abfälle zutreffen, die mit dem Wasser entsorgt werden. Müllmagazin 76(3):46-48.
KLUGE, TH., E. SCHRAMM & A. VACK (1994): Industrie und Wasser, Aquarius 2. Studientexte des Instituts für sozial-ökologische Forschung, Frankfurt/Main.
KLUGE, TH., E. SCHRAMM & A. VACK (1995): Wasserwende. Piper, München.
LISICKY, M. & P. STRAKA (1994): Ekologia Dunaja pod Bratislavou (Ökologie der Donau unterhalb von Bratislava). In: Zbornik prednasok medzinarodnej konferencie Ekologia, Dunaja, Bratislava.
LUA NRW (1994): Ökologische Effizienz von Renaturierungsmaßnahmen an Fließgewässern. In: SMUKALLA, R. & G. FRIEDRICH (Hrsg.): Materialien 7, Essen. 1-462.
MACKIN, J. H. (1948): Concept of the graded river. Bull. Geol. Soc. of Ameica. **59**:463-512.
MILNER, A. M. (1994): System recovery. In: CALOW, P. & G. E. PETTS (Hrsg.). The Rivers Handbook. Bd.2. Blackwell Scientific Publications. 76-97.

NAIMAN, R. J., D. G. LONZARICH, T. J. BEECHIE & S. C. RALPH (1992): General principles of classification and the assessment of conservation potential in rivers. In: BOOM, CALOW & PETTS. 93-123.
NEUSCHULZ, F. & H. WILKENS (1991): Die Elbtalniederung - Konzept für einen Nationalpark. Natur und Landschaft **66**(10):481-485.
OTTO, A. (1988): Naturnaher Wasserbau - Modell Holzbach. AID Auswertungs- und Informationsdienst für Ernährung, Landwirtschaft und Forsten e.V. (Hrsg.). H.1203, Bonn. 1-32.
OTTO, A. (1991): Grundlage einer morphologischen Typologie der Bäche. Mitt. Institut Wasserbau u. Kulturtechnik, Univ. Kalsruhe. **180**:1-94.
RAST, G. (1992): Wasserbau und Naturschutz an großen Flüssen - Konflikte, Möglichkeiten zur Zusammenarbeit. Ber. des Landesamtes für Umweltschutz Sachsen-Anhalt. **2**:12-21.
RIECKEN, U., U. RIES & A. SSYMANK (1994): Rote Liste der gefährdeten Biotoptypen der Bundesrepublik Deutschland. Schr. R. f. Landespflege u. Naturschutz 41, Bonn-Bag Godesberg. 184 S.
RSU (Der Rat von Sachverständigen für Umweltfragen) (1976): Umweltprobleme des Rheins. 3. Sondergutachten. W. Kohlhammer, Stuttgart und Mainz. 258 S.
RUDOLPH, K.-U. & K.-E. KÖPPKE (1994): Entwicklungen und Tendenzen der industriellen Abwasserbehandlung. Korrespondenz Abwasser **41**:954-963.
RÜFFER, H. & K. H. ROSENWINKEL (1991): Taschenbuch der Industrieabwasserreinigung. Oldenbourg, München.
SCHIEMER, F. & H. WAIDBACHER (1994): Naturschutzerfordernisse zur Erhaltung einer typischen Donau-Fischfauna. In: KINZELBACH, R. (Hrsg.). Biologie der Donau. Gustav Fischer, Stuttgart, Jena, New York. 247-265.
SCHIEMER, F., M. JUNGWIRTH & G. IMHOF (1991): Status der Fischfauna der Donau in Österreich. Nationalparkinstitut Donau-Auen im Auftrag des Bundesministerium für Umwelt, Jugend und Familie, Wien. 127 S.
SCHIERENBECK, H. (1981): Grundzüge der Betriebswirtschaftslehre. München, Wien, Oldenburg. 2 S.
SCHMEDTJE, U. & F. KOHMANN (1992): Bestimmungsschlüssel für die Saprobier-DIN-Arten (Makroorganismen). Informationsberichte des Landesamtes für Wasserwirtschaft (München) 2/88 (2. Aufl.) 1-274.
SEIFERT, E. K. (1989): Zum Abschluß des Immlerschen Projektes der Naturwert-Produktion. Rezension. Informationsdienst des IÖW/VÖW. Nr.2 v. 2.6.1989. 12 S.
SEMEL, J. (1992): Verfahrensauswahl zur weitergehenden Abwasserreinigung - Erfüllung der 22. VwV im Stammwerk der Hoechst AG. In: Verfahrenstechnik der mechanischen, thermischen, chemischen und biologischen Abwasserbehandlung, 2. GVC Kongreß, 19.-21. Okt. 1992, Bd. 1, Düsseldorf. 347-359.
SLADECEK, V. (1973): System of water quality from the biological point of view. Arch. Hydrobiol. Beih. Ergebn. Limnol. **7**:1-218.
SPOTT, D. (1992): Wassergüteveränderungen der Elbe. Vortrag am 5.9.92 in Magdeburg. GKSS-Inst.f.Gewässerforsch.Magdeburg.
[STAU] MAGDEBURG, JAHRLING, K.-H. (Bearb.) (1993): Auswirkungen wasserbaulicher Maßnahmen auf die Struktur der Elbauen - prognostisch mögliche Verbesserungen. Staatliches Amt für Umweltschutz (Hrsg.). Magdeburg. 27 S.
TITTIZER, T., F. SCHÖLL, M. DOMMERMUTH, J. BÄTHE & M. ZIMMER (1991): Zur Bestandsentwicklung des Zoobenthos des Rheins im Verlauf der letzten neun Jahrzehnte. Wasser und Abwasser **35**:125-166.
TREPL, L. (1980): Geschichte der Ökologie. In: SIMONIS, U. E. (Hrsg.): Ökologie und Ökonomie - Auswege aus einem Konflikt. Karlsruhe. 226 S.
UBA (Hrsg.) (1994): Daten zur Umwelt 1992/93. Erich Schmidt, Berlin. 688 S.
UBA (Hrsg.) (1995): Kontinuierliche Biotestverfahren zur Überwachung des Rheins. Ber. 1/95. ISBN 3-503-03690-3.
UHLICH, H. (1992): Abwasserreinigung unter Einbezug der Nassoxidation. In: Verfahrenstechnik der mechanischen, thermischen, chemischen und biologischen Abwasserbehandlung, 2.GVC-Kongreß, 19.-21.Okt.92, Bd.1, Düsseldorf: 361-373.
UM BW (UMWELTMINISTERIUM BADEN-WÜRTTEMBERG) (1992): Naturnahe Umgestaltung von Fließgewässern-Leitfaden und Dokumentation ausgeführter Projekte. In: KERN, K., R. BOSTELMANN & G. HINSENKAMP. Handbuch Wasserbau 2. Stuttgart. 239 S.
UZE SAV (1995): Vysledky a skusenodki z Monitorovania Bioty Uzemia Ovplyvneneho VD Gabcikovo (Biological monitoring of the territory influenced by the Gabcikovo waterworks: Results an experiences). USTAV zoologie a ekosozologie SAV (Hersg.). Bratislava.
VACK, A. (1995): Östrogene Chemikalien in der Umwelt - Konsequenzen für den Umgang mit persistenten Stoffen. Umweltwissenschaften und Schadstoffforschung (zum Druck eingereicht).
VENT, W. & D. BENKERT (1984): Verbreitungskarten brandenburgischer Pflanzenarten. 2. Reihe. Stromtalpflanzen (I). Gleditschia (Berlin) **12**:213-238.
VOLLENWEIDER, R. A. (1979): Das Nährstoffbelastungskonzept als Grundlage für den extremen Eingriff in den Eutrophierungsprozeß stehender Gewässer und Talsperren. Z. Wasser-Abwasser-Forsch. **12**:46-56.
VVSP (1993): Wasserkraftwerk Gabcikovo - Rettung des Binnendeltas der Donau. Vodohospodarska vystavba s.p., Bratislava.
WIEGLEB, G. (1984): A study of the habitat conditions of the macrophytic vegetation in selected river systems in western Lower Saxony (FRG). Aquat. Bot. **18**:313-352.
WUHRMANN, K. (1980): Aktuelle Ziele des Gewässerschutzes: Alter Wein aus neuen Schläuchen. Münchner Beiträge Abwasser-, Fischerei- und Flußbiologie (München) **32**:9-24.
WWF (1994): A new solution for the Danube. WWF-statement on the EC mision reports of the »Working Group of Monitoring and Management Experts« and on the overall Situation of the Gabcikovo hydrodam project. Vienna/Rastatt.
WWF (1995): Time to bring the Danube back: End the suffering of Szigetköz and Zitny Ostrov!. The C-variant of the Gabcikovo barrage system. Györ.
WWF-ÖSTERREICH (1994): Au Ja - Es wird Zeit für den Nationalpark. Wien.
ZAUKE, G. & D. THIERFELD (1984): Kritische Anmerkungen zum Selbstreinigungskonzept - ein Beitrag zur ökologischen Beurteilung von Gewässerbaumaßnahmen. Inf. Natursch. Landschaftspfl. (Wardenburg) **4**:267-276.
ZELINKA, M. & P. MARVAN (1961): Zur Präzisierung der biologischen Klassifikation der Reinheit fließender Gewässer. Arch. Hydrobiol. **57**:389-407.
ZELLNER, H. (1914): Die Verunreinigung der deutschen Flüsse durch Abwässer der Städte und Industrien. Verlag Von Kurt Amthor, Berlin.
ZINKE, A. (1994): Chances and risks for the development of the Danube with regards to the hydropower plant of Gabcikovo. In: Zbornik prednasok medzinarodnej konferencie ekologia dunaja, Bratislava.
ZINKE, A. (1995): Das Kraftwerkprojekt Gabcikovo-Nagymaros: Argumente der Kritiker. In: Südosteuropa aktuell (Hrsg.). Südosteuropa-Gesellschaft. München(in Druck).

12 Sachregister

Abfluß, mittlerer jährlicher 180
Abflußcharakteristik, veränderte 170
Abflußdynamik 170
Abflußspende 24f,77f
Abflußtyp
-, nivaler 23f
-, pluvialer 23
-, pluvio-nivaler 24
Abschwemmung 106
Abtrag 153
Abwasser
-, -abgabe 332
-, -belastung 49-51
-, -beseitigung 49-51
-, -einleitung 318f
-, -entsorgung 313
-, industrielles 314-318
- -, anorganisch belastetes 314
- -, organisch belastetes 314
-, -inhaltsstoffe 319
-, -kanal 51
-, kommunale, hygienische Probleme 318-322
Abwrackaktion 90
Aerosole 150
Aktionsprogramm Rhein 337
Aktionsprogramm Weser 82
Alarmdienst Rhein 92
Algenbiomasse 101
Algenblüte 140
Algentoxine 320
Alpenrhein 67
Altarm 153, -Bewässerung 347
Altchemikalien 113
Altenwörth, Staustufe 35f
Altes Land, Obstanbaugebiet 285
Alte Süderelbe 273
Altgewässer 307
Altwasser 48, -Sanierung 345
Ames-Test 131
Ammoniak 149, toxisches 108
Ammoniumbelastung 108
Amphibien 213-217
Anpassung, Ästuarvertiefungen 163
Arbeitsgemeinschaft zur
-, ARGE Elbe 339
-, ARGE Ems 59,340f
-, ARGE Rhein 338
-, ARGE Weser 339f
Ärmelkanal 12
Arsen in Elbesedimenten 119
Arten
-, -defizit 301
-, Gefährung charakteristischer 324f
-, rheophile 327,348
Artenspektrum
- Veränderungen 161
-, -vielfalt, Verlust 184
Äschenregion 3
Ästuar 5
-, Filterfunktion 281f
-, Lichtverhältnisse im 10
-, limnischer Bereich 167
- -, räumliche Verteilung der 134-136
- -, -Vertiefungen 163f
-, -watt 271
Atmosphärischer Eintrag 151

Atomkraftwerk 82
Atrazin 112
Auen 188
-, Alt- 292
-, -bildung 3f
-, Ersatz- 306
-, -erweiterung 300
-, Hartholz- 274,296f
-, -nutzung
- -, Extensivierung 303
-, ökologische Bedingungen 274-276
-, -rand 292
-, -relief 295
-, -renaturierung 300
-, -Revitalisierung 58
-, rezente 292
-, -vegetation 34,161
-, -wald
- -, -entwicklung 18,269
-, Weichholz- 274,296f
-, -zerstörung 37
Aufbereitung
-, -(s)schlamm
- -, schadstoffbeladener 99
-, -(s)verfahren 99
Auflandung 153
Aufwuchsalgen 201-208
-, biotische Faktoren 203
-, Lichtfaktor 202
-, Nährstoffe 203
-, Schadstoffe 203
-, Strömungsgeschwindigkeit 202f
-, Temperaturfaktor 202
Ausbaggerung 310
Ausbau
-, freifließender Gewässer 173
-, -möglichkeiten 175f
Außenweser 17,168
-, (von) Baumwurzeln 166
-, (von) Röhrichtrhizomen 166
Austausch, genetischer 297
Automobilverkehr 110f
Avifauna 36,272

Bach 287, -Regeneration 305-307
Bagger
-, -gut 131
- -, Belastung von 124f
-, -schlick 128f
Bakterien, coli- u. fäkalcoliforme 33
Bakterioplankton 197
Ballungsraum 84
Baltisches Flußsystem 11
Barbenregion 3
Baumaßnahmen
-, Veränderungen durch 152-196
Beanspruchung, mechanische 296
Begradigung 152-156,162,187
Belastungsart im Güterverkehr 90
Benthos 270
Besiedlung
-, -(s)entwicklung 83-91
- -, im Eidermündungsgebiet 19-21
-, im Elbemündungsgebiet 21-23
-, -(s)grenzen 28
Bettbildung von Fließgewässern 155
Bewässerung 159

Bewertungsansatz, alternativer 330f
Bilgenentölungsboot 93
Binneneider 41
Binnenflotte, Situation 87-89
Binnenschiffahrt 182-188, 351
-, Entwicklung 83-91
-, Situation 186
Binnenschiffe, Bestand 89
Bioakkumulation 114
Bioassay 332
Bioindikatoren, Eignung von 330
Biomarker-Test 332
Biomasseproduktion, Verringerung durch Stauhaltung 161
Biomonitoring 331-336
-, im Online-Betrieb 333
-, der Organismengesellschaften 333
-, der Wasserqualität 333
-, zukünftige Bedeutung 335f
Biosphärenreservat 38,343
Biotestautomat, kontinuierlich 334f
Biotop
-, -schutz 323
-, -typen 328
- -, Gefährdung von 324f
- -, Gefährdungskriterien 323
- -, Rückgang 323
-, -vielfalt Verlust 184
Bioturbation 270
Biozid Tributylzinn *siehe* TBT
Biozönose 26
-, großer Flußsysteme 325-328
-, Regeneration der 286-292
-, Schadstoffbelastung 259-265
- -, Warnsignale-Fazit 263-265
Blei im Rhein 147
Bleiregion 3
Bodenabtrag 138
Bodenauswaschung 110
Bodenfiltration 99
Bodensee 66f,96
Bodenversiegelung 179
Böhmische Elbe, Fischarten 219
Botulismus 272f
Brackmarschen 280
Brackwasser 280
-, -arten 10,269f
-, -biotop 42
-, -fauna 43
-, -form 42
-, -sedimente 15f
-, -watt 268-270
- -, Gefährdung 267-273
-, -zone 10,16,27,167
Bronzezeit 18
Bruttosozialprodukt 309
Buhnen 154,186f
-, -bau 48,79,162,164
-, -regulierung 63f
Bundes-Seuchengesetz 319f
Bundesverkehrswegeplan 162
Bundeswasserstraßen 84-86,163,345
-, Ausbau 91

Cadmium
-, -belastung 117
-, (in der) Elbe 146

383

-, (im) Rhein 147
-, (in der) Weser 147
CB in der Elbe 146
Channel River System 12f
Chemieunfall 91
Chiralität 148
Chlorid 56
-, -Abkommen 337
-, -konzentration
- -, (in der) Werra 245
Chlorophyll-a-Konzentrationen 247
Chrom in der Elbe 146
CKW-Eintrag, Verringerung 353
Clofibrinsäure 98
Clostridium botulinum 272
CO_2-Emission 173
Coliphagen-Abscheidung 322
Containerschiff 87, Tiefgang der 168
CSB-Reduktion 316
Cyanid-Entgiftung 315

Daphnientest 335
Dauerlinie 75,77
DDT in der Elbe 146
Deckwerke 156-158
Deich
-, -bau 19
-, -linie 47
-, -rückverlegung 345
Delta-Projekt 188-196
Denitrifikation 108f,271
-, -(s)rate 157
Deposition
-, atmosphärische 148f
-, nasse 149
-, Schadstoff- 150f
-, Schwefeldioxid- 151
-, Stickstoff- 151
-, trockene 149
Desinfektionschemikalien 321
Detoxifikation 141
Detritusbildung, Verringerung durch Stauhaltung 161
Deutsche Binnenreederei 186
Deutsche Kommission zur Reinhaltung des Rheins (DK) 338
Deutsches Meßprogramm Rhein
-, Meßstellen 338
Diatomeen 9
Dioxin 131f
-, (in) Elbesedimenten 132
-, Seveso- 132
- -, Wirkung auf Zellen des blutbildenden Systems 132f
Direkteinleiter, industrieller 106
Dollartgebiet 17
Donau 28-38
-, Abflußverhalten 32
-, Altarm-Öffnung der Auen 348
-, Altarm-Renaturierung 346f
- -, Regelsbrunner Au 346
-, Auenvegetation 37
-, Auenzerstörung 37
-, -Ausbau 30-32,34f,170f
- -, (in) Bulgarien 31f
- -, (in) Deutschland 31
- -, (in) Jugoslawien 31
- -, Korrektionen 31
- -, (in) Kroatien 31

- -, (in) Österreich 31
- -, Planungen 183-185
- -, (in) Rumänien 31f
- -, (in der) Slowakei 31
- -, Staustufen 31f
- -, (in) Ungarn 31
- -, Widerstand gegen 184f
-, -Begradigung 34f
-, Chloridfracht 33
-, -Delta 29,37f
-, Durchstich 154
-, Kraftwasserstraße 170
-, Fischarten 222f
-, Geschiebe
- -, -fracht 33
- -, -haushalt 32f
-, Lauflängenverkürzung 154
-, Mittlere 29,345-348
-, Obere 29
- -, Ausbau 171
-, Regulierungsarbeiten 154
-, Rundmäuler 222f
-, Schadstoff-Fracht 147
-, Schwebstoff
- -, -fracht 33
- -, -haushalt 32f
-, Staustufen 159
-, stoffliche Belastungen 33f
-, Umgestaltung 305
-, Untere 29
Dortmund-Ems-Kanal 52,54-56
Dreissena-Monitor 334
Drenthe-Stadium 13
Druckhöhe 294
Düngung, (von) Wäldern 151
Durchstich 154,162

Ebbezeit 165
Eem
-, -Meer 14
-, -Warmzeit 14
EG-Badegewässerrichtlinie 319f
Eichen-Hainbuchenwald 274
Eider 15,28,39-43
-, -Abdämmung
- -, Hundeknöll-Vollerwiek 40
- -, Binnen- 41
-, -Einzugsgebiet 39
-, -Mündungsgebiet 19-21,23
- -, Versandung 41
Eindeichung 79,349
Eingriff, wasserbaulicher 298
Einzugsgebiet, (von) Flüssen 7
Eisenzeit 18
Eisernes Tor 29f,33
Eiszeitalter siehe Pleistozän
Elbe 15,28,43-52
-, -Ästuar 18,45f,163
- -, Belastung des 135
- -, Sauerstoffgehalt 242-244
-, -Ausbau 186,188
- -, (zur) Schiffahrtsstraße 47-49
-, Böhmische 219
-, -Einzugsgebiet 44
-, Fischarten 222f
- -, eingeführte aus anderen Kontinenten 223
-, Kanalisierungspläne 185
- -, Mittlere 43,45,49,187,219,342-

345
-, -Mündungsgebiet 21-23
-, Ober- 43,219
-, Rundmäuler 222f
-, Schadstoff-Fracht 145f
-, -Schiff
- -, flachgehendes 186
-, -Schwebstoffe
- -, Schadstoffbelastung 124
-, -Sedimente 119-123
- -, blutzelltoxisches Potential 133
- -, Dioxingehalt 132
- -, Mutagenität 131
- -, Schwermetallgehalt 116,133
-, Strombaumaßnahmen 186
-, Tiefenerosion 187
-, Unter- 45,135f,163,165f,168,219
-, -Urstromtal 15
-, -Verlagerung 23
Elbmarsch 46,284
Elisenhof 21
Elster-Kaltzeit 12
Emission 139,149
-, persistenter Chemikalien 317
-, punktförmige 119
-, -(s)tandard 27
Ems 15,28,52-59
-, -Ästuar 17,163
-, -Dollart-Raum 59
-, -Einzugsgebiet 53
-, hydrologische Daten 56
-, Jahresfrachten 56
-, Tidebereich bei Herbrum 55
-, -Vechte-Kanal 54
Energie
-, -einsparung 350
-, thermische 82
Entsiegelung 182
Epipotamal 2
Erosion 2,106,162,165
Ersatzaue 306
Ersatzbiotope 168
Eschen-Ulmenwald 274
Escherichia coli, Abscheidung 322
Eulitoral 271
Europa-Schiff 54,80,162
Eutrophierung 7,105,141,199
Evapotranspiration 23
EXPO 2000 58
Externalisierung 310

Fährmannssander Watt 270,272
Fahrwasser
-, -tiefe
- -, Entwicklung in der Unterelbe 166
- -, stabile 162
-, -vertiefung 162-168
Fauna
-, autochthone 327
-, wandernde 11
FCKW, ozonschädigendes 317
Feuchtgebiete, internationale 343
Fischarten
-, autochthone 328
-, gefährdete 174,219
-, limnophile 160
-, rheophile 160
-, verschollene 328
Fischaufstieg 176

Fischbestand, des Rheins 72
Fischerei, intensive 310
Fischfauna 36,42
-, Gefährdung der 217-227
-, regionale Unterschiede 217f
Fischkrankheiten 10
-, (durch) Versalzung 256
Fischmißbildungen 10
-, Chromosomenschädigungen 10
Fischsterben 51
Flächeninanspruchnahme
-, (für) Industrie und Siedlungen 299
Flachsiedlungen 19
Flachwasserzonen 269,271-273
-, brackiger Bereich 269
-, Gefährdung 267-273
-, limnischer Bereich 269
-, Stabilisierung der 168
-, Verschwinden der 164f
Flagellaten 9
Flammschutzmittel 113
Fließgewässer 1-5
-, (in den) Alpen 343
-, ausbaubedingte Veränderungen 161,170-173
-, Bedeutung der 174f
-, Längszonierung 1-3
-, Physiographie 4
-, -typen 241
Fließgewässerbelastung
-, atmosphärische Beiträge 149
-, (mit) Schwermetallen 262
Fließstrecken, naturbelassene 175
Flunderregion 3
Fluß 287
-, -auen
- -, Gefahren 292-300
- -, Ökologie 292-300
- -, Schutzmöglichkeiten 292-300
- -, -vegetation, Dynamik 276
- -, Wirkungsgefüge 293
- -, Einfluß auf Hochwasser 179f
-, (als) Brauchwasserreservoir 95-99
-, -dynamik 349
-, typische 351
-, -hochwasser 177-182
-, -kraftwerk 170
- -, Rückgang der 227-231
- -, -landschaftsschutz 351f
- -, -marschen
- -, Gefährdung der 280-286
- -, Mitteleuropas 280f
-, -mündung 5
- -, (als) Sammelbecken für Schadstoffe 133-138
- -, Veränderungen 197-201
- -, Schrumpfung 40
-, -Regeneration 305-307
-, -sanddünen 46
-, -sedimente 113-124
- -, Schadstoffbelastung 74
- - -, Reduzierung 74
- -, Rehabilitierung 303f
- -, Sanierung 304f
- -, Wandel 324
-, (als) Trinkwasserreservoir 95-99
- -, (im) Querprofil 274
-, -vergreisung 48
-, -vertiefung 200f,278,350f

-, -wasserfahnen 7
Flutzeit 165
Forellenregion 3
Forstwirtschaft 299
-, (als) Schadstoffquelle 111f
Fremdarten, (in) Flußtälern 279
Frühwarnsystem für Verunreinigungen 94
Furkationszone 75

Gabcíkovo
-, Altarm-Bewässerung bei 347
-, Staustufe 31f,36f
Gefährdungspotential der Schadstoffe 148
Geoakkumulation 114
Geröll 2
Geschiebe 2,35,295
-, -defizit 187
-, -haushalt
- -, Regeneration 303
-, -zufuhr 344
Gewässer
-, abwasserbelastete 320f
-, -biozönose 292
-, -güte 55f
- -, -probleme 56f
- -, -stufe 329
- - -, Güteklasse I 329
- - -, Indikatoren 329
-, -hygiene 318f
-, Isolation der 346
-, natürliche
- -, Krankheiten 255-259
- -, Parasitismus 255-259
-, -planung
- -, Leitbildkonzept 302
-, -randstreifenprogramm 343
-, -sanierung 272
-, -temperatur
- -, zulässige 102
-, Verlandung 346
Gezeiten- siehe Tide-Grenzwerte
-, (für) Gewässertemperaturen 102
-, (der) Trinkwasserverordnung 109
Großmotorgüterschiff 80,186
Großmotorschiff 90
Grünalgen 35
Grundwasser 96,354
-, -auen 297
-, -dynamik 161
-, -einleitung 138
-, -spiegel 36
- -, Absenkung 162f
-, -stand 51,295
-, -strom 14
Güter
-, -aufkommen 87
- -, Verteilung 88
-, -fernverkehr
- -, binnenländischer
- - -, Hauptverkehrsträger 184
-, -hauptgruppen 87
-, -schiff 87
-, -verkehr 86
- -, Entwicklung 89,183
- -, Prognose 183
Gütezustand

-, Veränderung des biologischen 335

Hafenschlick 124-129
Halogenverbindungen 315
Hamburger Hafen 134,145
-, Neophyten im 280
Hangdynamik 215
Haringvliet 189
Hartholzaue 274,296f
Hase 56, hydrologische Daten 56
Hauptterrassenfolge 12
Haushalte, als Schadstoffquelle 112f
Havel 139
Herbizide 110
Herpetofauna 213-215
Hinterdeichsland 285
Hochmoorvegetation 16
Hochrhein 67
Hochwasser 3
-, -abflüsse 177
-, Auswirkungen 181f
-, Beeinflussung durch
- -, Flußausbauten 179f
- -, Klimaänderungen 179f
-, beschleunigter Ablauf 161
-, -entwicklung 177f
- -, Januar 1995   178
- -, Dez./Jan. 1993/94   178
-, -katastrophen 342
-, -schutz 69,159,235f,273,298
- -, -deich 172
- -, -konzepte 181f
- -, -maßnahmen 46f,176,349f
-, -vorsorge 342
-, -wellen
- -, Veränderung durch Oberrheinausbau 172
Ho-Frie-Wa (Friedrichsthaler-Wasserstraße) 61,63f
Hohensaaten-Finow 59
Holozän 14
-, Flußmündungsentwicklung 15-19
-, Küstenlandschaftsentwicklung 11
-, Nordsee-Entwicklung 15-19
Holstein, -Meer 13, -Warmzeit 13
Hyporheal 4
Hyporhithral 2

IBA-Gebiete 343
IKSO 65
Immission 139, -(s)standard 27
Immunotoxizität 336
Inkubationszeit 321
Integriertes Donauprogram. 38,304f
Integriertes Rheinprogramm 175,304
Internationale Arbeitsgemeinschaft
-, Donauforschung (IAD) 340
-, (der) Wasserwerke (IAWR) 337
Internationale Kommission zum
-, Schutz der Donau (IKSD) 340
-, Schutz der Elbe (IKSE) 339,342
-, Schutz der Oder (IKSO) 341
-, Schutz des Rheins (IKSR) 336-338,342
Interstitial, hyporheisches 97
IUCN 61,63

Jahrbuch, gewässerkundliches 293
Jahresniederschläge

-, Entwicklung 180
-, (im) Wesergebiet 78
Jahrhunderthochwasser 83,167

Kammerschleuse 84
Kanalbau 84
Kanalnetz der Bundesrepublik Deutschland 84-86
Kanzerogenität 336
Kaolinsande 11
Kernkraftwerk 57
Kettenschiffahrt 48
Kies, -gewinnung 345, -grube 80
Kieslaicher 176
Kieselalgenwachstum 140
Kieseloolith-Schichten 12
Killeralge 9
Kläranlagen 319
-, Schadensfälle durch Störungen 93f
Klärschlamm 133
Klärwerke als Schadstoffquelle 112f
Klima
-, -änderungen 26
- -, Einfluß auf Hochwasser 179-181
-, -folgen 27
-, -verschiebungen 177
-, -wandel
- -, Bedeutung für Flüsse 25-27
Kohlenwasserstoffe
-, halogenierte 114
-, polykondensierte aromatische (PAK) 111
-, polyzyklische 114
- -, aromatische 114,123
-, schwerflüchtige chlorierte
- -, (im) Rhein 147
Komplexbildner 99,112,114126
Kondition 148
Kontinuum
-, (des) Flußökosystems 79
-, -konzept 5
Korrektion
-, (der) Ästuarvertiefungen 163
-, -(s)maßnahmen 152-156
Krankheiten, in natürlichen Gewässern 255-259
Kreislaufkühlung 102
Kühlsysteme, Probleme in 103
Kühlwasser
-, -chemikalien 103
-, -einleitung 102
-, -konzept 103
-, -nutzung 103
Kulturlandschaft 302
Kupfer, (in der) Elbe 146
Küsten, -niederung 17, -schutz 78

Lachs 73
Landdeponierung 127
Länderarbeitsgemeinschaft Wasser (LAWA) 334,341
Landgewinnung 46f
Landschaftspflege
-, Entwicklungsvorhaben 343
-, Erprobungsvorhaben 343
Landschaftsschutzgebiet 342
Landwirtschaft 299
-, (als) Schadstoffquelle 111f
-, umweltschonende Gestaltung 353
Lauflängenverkürzung

-, (der) Donau 154
-, (des) Rheins 75,162
Lebensraum Fluß 1-27
Leitdammbau 162,164
Leitlinienfunktion, (von) Flüssen 83
Leitorganismen 1
Leitwerk 154
Limnofauna 79
Lindan 112, in der Elbe 145f

Maas 133, -Delta 190
Makroalgen
-, epilithische 204
-, epiphytische 205
Makrozoobenthon 70,72f,291
Makrozoobenthos 74,208-213
Management, ökologisches 65
Marines Watt 267f,270
Marktwirtschaft
-, Selbstregulierungsprozeß der 312
Marschgebiete
-, Industrialisierung 283f
-, Kultivierung 281
-, Landgewinnung 281
-, (als) Lebensraum für Pflanzen und Tiere 282
-, ökologische Bedeutung 281f
-, Schadstoffbelastung 283f
- -, chemische durch Pestizide 284
-, Schutzmaßnahmen gegen Überschwemmungen 281
-, Storchbestand 286
-, Urbanisierung 282f
Massenschiff 87
Massentierhaltung 151
Meeres-Phytoplankton 167
Meeressedimente 16
Meeresspiegel
-, -absenkung 12,14
-, -anstieg 16f,27,39
-, -höhe 6
-, -schwankungen 16
Meerestransgression *siehe* Transgression
Melde- und Informationssystem Binnenschiffahrt 91,93
Metalle
-, Freisetzung durch mikrobielle Aktivitäten 126
-, giftige
- -, Pflanzenaufnahme von 124
-, Schwer- *siehe* Schwermetall(e)
Metapotamal 3
Methylquecksilber 114
Miesmuscheln 193
Mikroalgen 271
-, benthische 271
-, epilithische 204
-, epipelische 204
-, epiphytische 205
-, epipsammische 204
Mikrofiltration 319,321f
Mikrophytobenthos 202,271
Mikroverunreinigungen, 71
Minamata-Krankheit 114
Mischprobensammler 145
Mittellandkanal 51,54,80
Mittelrhein 69
-, Jährlichkeit des Scheitels 179

Mittelterrasse 12f
Mittelwasserbett 172
Mittelweser 75,80, Staustufen 80
Mittlere Donau 29
-, Renaturierungsprobleme 345-348
Mittlere Elbe 43,45
-, Fischarten 219
-, UNESCO-Biosphärenreservat 187,344f
- -, Schutzzonen im 344
-, Schutzgebiete 342-345
-, (bei) Wahrenberg 49
MNQ/MHQ-Relation 24
Mobilisationsprozesse
-, (von) Metallen 125f
Morphodynamik 26
Moschus 112
Motorgüterschiff 87
Motorschiff
-, -Schleppgelenkverband 89
-, -Schubverband 89
Mühlenberger Loch 167,271,273
Mulde 116,139
Muschelkulturen 193
Mutagenität 336

Nacheiszeit *siehe* Holozän
Nährsalze 140
Nährstoff(e)
-, Belastung mit 105-110,138-144
-, -eintrag 296
-, diffuse Einleitungen 138f
-, Punktquellen 138f
-, Frachten durch die Flüsse 138-144
-, -konzentration 141
-, Mobilität von 113f
-, (und) Sediment-Wassersäule 142f
-, -umsatz 139f
Naßabbau von Kies und Sand 299
Naßoxidation 316
Nationalpark 342
-, Unteres Odertal 61
Natur 2000 58
Naturinventar
-, Bewertungssystem 323
Naturlandschaft 302
Naturpark 342f
Naturreserven, wertvolle 174
Naturschutz
-, Entwicklungsvorhaben 343
-, Erprobungsvorhaben 343
-, -gebiete 342-345
-, kontra Umweltschutz 171
-, -planungen 65
Naturvermögen 311
Nebenarm, strömungsruhiger 165
Nebenfluß
-, Beeinträchtigungen 287-289
-, Begriffsbestimmung 286f
-, Refugialfunktion 289-292
-, Regeneration der Biozönose durch 286-292
-, Regenerationspotential 289-292
Neckar-Sedimente 116-119,122-124
Neophyten 27
-, (im) Hamburger Hafen 280
Neozoen 27,101,208-213
-, Auftreten 210f
-, Bedeutung 211f
-, (im) Rhein 211

Nickel in der Elbe 146
Niederrhein 70
Niederschlag 26
-, -Abfluß-Relation 23
-, extremer 179
-, -(s)mengen 178
Niederterrasse 15
Nitrat
-, -Deposition 110
-, (im) Grundwasser 109
- -, (aus) diffusen Quellen 139
-, -Konzentration
- -, Entwicklung im Rhein 107
-, (in) Oberflächengewässern 109
-, -Reduktion 271
-, (im) Trinkwasser 109
Nitrifikation 99,108,271
Nitrifizierung 141
Nord-Ostsee-Kanal 40
Nordsee, Einleitungen aus Flüssen 143
N:P-Verhältnis 9

Obere Donau 29,171
Oberelbe 43, Fischarten 219
Oberrhein 67-69,73,152,172
-, Begradigung 162
-, Eintiefung 153
-, Tulla-Korrektion 68f
-, Lauflängenverkürzung 162
Oberterrasse 12
Oder 28,59-65
-, -Ausbau 186
- -Ausbau für Fernstraßen 64
- -Ausbau für Schiffahrt 63f
-, -Einzugsgebiet 61
-, Gefahren für die 63-65
-, -Havel-Kanal 61
-, Mittlere 60
-, mittlerer Monatsabfluß 62
-, Nutzungsansprüche 64f
-, Obere 60, - Untere 60-63
-, Vereisungsperioden 59
Ökologie 168
Öko-Morphologie 333
Ökonomie 168
Ökosphäre, Regelprinzipien 308
Ökosystem-Monitoring 331
Ölprodukte 277
Ölschadensfall 93
Oosterschelde 188-196
-, Charakterisierung 189f
-, (als) Erholungsgebiet 196
-, Erosion 191
-, euphotische Zone 193
-, felsige Substrate 193
-, Fließgeschwindigkeit 192
-, Geomorphologie 191
-, (als) geschütztes Feuchtgebiet 196
-, gestiegene Lichtdurchlässigkeit 195
-, Herzmuschelfischerei 196
-, Kohlenstoffhaushalt 195
-, Kohlenstoffkreislauf 194f
-, Miesmuschelkulturen 195f
-, Nährstoffkreislauf 194f
-, Priele 192f
-, Produktivität 194f
-, Salzwiesen 193
-, Sedimenttransport 191

-, Tidenhub 192
-, Tidenrinne 192f
-, Tragfähigkeit 195f
-, Überschwemmungen 193
-, Vogelzahl 193
-, Wasserbauten 190f
-, Wasserqualität 191
-, Wattgebiete 193
-, West-Ost-Gradient 194
Opportunisten 270
Organika, nicht adsorbierbare 317
Organismen
-, marine 8-10
-, Übergangszone Fluß/Meer 10f
Organochlorverbindungen
-, lipophile 144
Organophosphorverbindungen 113
Osmoregulation 10
Ostsee
-, Einleitungen aus Flüssen 143
-, Schutz 353f
Ozonbildung 150

Pappel-Weidenwald 274
Parasitismus in natürlichen Gewässern 255-259
PCB-Konzentration in Fischen 264
Pegel Intschede 75,77
Pellet-Produktion 129
Personaleinsatz
-, (bei der) Binnenschiffahrt 90
Personenbeförderung
-, (bei der) Binnenschiffahrt 87
Pestizidkonzentration
-, (in) Dreikantmuscheln 263
-, (in) Fischen 264
Pflanzengesellschaften
-, (und) Einstaudauer 157
Pflanzenschutzmittel 82
Phosphat
-, anorganisch gelöstes
- -, Jahresgang 7
Phosphor
-, -belastung 106
- -, (der) Nordsee 108
- -, (der) Ostsee 108
-, -einträge 105-108
- -, landwirtschaftliche 106
-, -konzentration
- -, Entwicklung im Rhein 107
Photosynthese, Hemmung der 128
Phytoplankton 81,197f
-, Veränderungen in 8
Pionierbiotop 297
Pionierflächen, Rückgang 346
Plankton 42,70, -blüten 9
Pleistozän
-, Flußentwicklung 12-15
-, Küstenlandschaftsentwicklung 11-19
Pliozän 11f
Polysaccharide, extrazelluläre 126
Porta Westfalica 75
Potamal 2-4
Potamoplankton 3f
Prager Konvention 330
Primärverschmutzung 105
Problemstoffmanagement 97-99
Produktion/Respiration-Quotient 4
Produktionsprozeß, ressourcescho-

nende Umgestaltung des 311
Projekt 17   186
Prozeßwasser, Kreislaufführung 315

Quecksilber
-, -belastung 118
-, (in der) Elbe 146
-, (im) Rhein 147
-, (in der) Weser 147

RAMSAR-Konvention 62,343
Reaktionen
-, chemische in der Atmosphäre 149f
Redoxverhältnis 126
Reduktionsvorgang, biogener 126
Refugialzone 291f
Regenerationsfähigkeit 303
Regenwasser
-, -behandlung 106
-, -einträge 138
Regulierungsarbeiten 154
Rehburger Stadium 13
Reinigung, biologische 320
Remobilisierung 143
Renaturierung 182,301-308,348
-, Auswirkungen 347f
-, Ersatzaue 306
-, Probleme 345-348
-, Richtlinien 306
-, Sanierung einer stark erodierten Strecke 306
Reproduktion 148
Reptilien 213-217, -habitate 215
Restrhein *siehe* Oberrhein
Restwasserstrecke 36
Retention
-, -(s)raum 69,79
-, -(s)vermögen 26
-, (des) Wassers 1
Rhein 28,65-75,91,133
-, Alpen- 67
-, biologischer Zustand 72
-, -Delta 70,190
-, Fischarten 222f
- -, eingeführte 223
-, Gütezustand 70-72
-, Hoch- 67,169
-, -Hochwasser 178
-, Längsprofil 68
-, Makrozoobenthon 74
-, Mittel- 62,69,179
-, -Nebenflüsse
- -, Ausbau
- - -, Wellenablaufs durch 180
- - -, (zur) Energiegewinnung 179f
- - -, (zur) Schiffbarkeit 179f
-, Nieder- 70
-, Ober- 67-69,73,152f,162,172
-, Rundmäuler 222f
-, Schadstoff-Fracht 146f
-, -Seitenkanal 153
-, Störfälle im 95
-, (als) Trinkwasserquelle 66,74,94
-, Vergangenheit 66
Rheotaxis, positive 3
Rhithral 2f
RIWA-Alarmzentrale 95
Rodung 6,301
Röhrichtgürtel 166,274
Rote Liste 322-328

387

Saale 116,139
-, -Ausbau 186,188
- -, Planungen 185
-, -Kaltzeit 13f
-, Staustufe
- -, Folgen 187
Saar
-, stauregulierte 242
- -, O$_2$ im Längsprofil 242
Salzeinleitung, in die Weser 81
Salzwassereinfluß 20
Sandfluß 300
Sandoz-Unfall 71,73,91,98,290,337
Sandwatt 270
Sanierung 301-308
-, (einer) stark erodierten Strecke 306
Saprobien, -index 330, -system 329
Saprobität 329f
Sauerstoffbedarf
-, biochemischer, chemischer 319
Sauerstoffdefizit 271
Sauerstoffeintrag, biogener 166
Sauerstoffmangel 101,141,240-244
-, -katastrophe 81
-, in naturbelassenen Gewässern 240f
-, -situation 103
Sauerstoffübersättigung 105
Sauerstoffverarmung 140
Säugetiere
-, Fischotter
- -, Belastung von Kotproben 234
- -, Populationsverinselung 232
- -, Gefährdung der 231-234
Saurer Regen 150
Schadensreduzierung 182
Schadstoff(e)
-, Akkumulation 260f
-, (aus dem) Automobilverkehr 110f
-, -belastung 301
- -, (der) Auen 277f
- -, (durch) Schwebstoffe 124
- -, (der) Ufer 277f
- -, zeitliche Entwicklung der 133f
-, -Deposition 144f,150f
- -, Auswirkungen 151
-, (in) Eiern von Seeschwalben 239
-, (in) Flüssen 110-138,144-151
- -, Deposition 144
- -, (aus) diffusen Quellen 144
- -, Freisetzung 144f
- -, (aus) Punktquellen 144
- -, Verbleib 144f
- -, Wechselwirkungen 144
-, (aus der) Forstwirtschaft 111f
-, -Frachten durch die Flüsse 144-148
- -, Donau 147
- -, Elbe 145f
- -, polnische 147
- -, Rhein 146f
- -, Weser 147
-, -Freisetzung
- -, in Ästuarsedimenten 136-138
-, (aus) Haushalten 112f
-, (aus) Klärwerken 112f
-, (aus der) Landwirtschaft 111f
-, -management 97-99
-, Mobilität 113f,129
-, -Monitoring 331

-, organische 133
- -, (in) Elbesedimenten 119,122f
- -, (in) Flußsedimenten 113-124
- -, (in) Neckarsedimenten 123f
-, polare 110
-, -quellen
- -, diffuse 110-113,144
- -, Punkt- 110,144
-, -reservoir 135
-, (und) Sediment-Wassersäule 142f
-, -Transfer 136
-, -Transport 150
Schelde-Delta 190
Schiffahrt, Leckagen 92, Unfälle 92
Schifferzunft 84
Schiffsgröße 90
Schilfgebiet, größtes 37
Schlepper 87
Schleppkraft
-, (eines) Flusses 153
-, (des) Wassers für Sedimente 165
Schleppschiffahrt 89
Schleppspannung 156,295
Schlickeggen 126
Schlickwatt 270
Schnackenburg 145
Schubboot 87, Schubverband 89
Schubleichter 87, EUROPA 90
Schubverband 89
Schutzgebiete, in Flußbereichen 342
Schwarzes Meer, Schutz 353f
Schwebstoff(e) 8,82,295
-, -Fracht
- -, (der) Donau 155
-, -gehalt
- -, Zunahme 166f
-, -konzentration 134
-, Schadstoffbelastung 124
-, toxisches Potential 129-133
Schwefeldioxid 149, Deposition 151
Schwermetall(e) 71,81
-, Abtrennung 315
-, -belastung
- -, (aus) diffusen Quellen 119
- -, (der) Elbe 116
- -, (in) Elbesedimenten 119-121,133
- -, (in) Flußsedimenten 113-124
- -, (des) Neckars 116-119
- -, (in) Neckarsedimenten 122f
-, -eintrag
- -, Verringerung 353
-, Fällung 315
-, (in) Fließgewässern 262
-, (in) Flußsedimenten 113-124
-, -konzentration
- -, (in) Dreikantmuscheln 263
- -, (in) Fischen 264
-, (in) Organismen der Weser 260
-, -verbindungen 114
Sediment(e)
-, Besiedlung 130
-, Bioteste 130
-, Chemie 130
-, -deponierung
- -, (an) Land 127
-, anoxische Bedingungen bei 128
-, (unter) Wasser 127f
-, »Gedächtnis« der 143
-, -kern 134

-, klastische 16
-, (als) Schadstoff-Senke 133
-, schwebstoffbürtige 131-133
-, toxisches Potential 129-133
-, -toxizitätsbestimmung 130f
-, -umlagerung im Gewässer 126f
Seemarsch 5,280
Selbstreinigung
-, -(s)konzept 320
-, -(s)prozeß der Gewässer 270,298
Seveso-Gift 148
Sickerwasser
-, -einleitung 138
-, Spülfeld- 127
Siedlung, Wirtschaftsgrundlage 21
Sohleneintiefung 38
Sohlenerosion 32,172
-, Maßnahmen zum Stop der 172
-, unterhalb von Staustufen 172f
Sohlschwellen, Auswirkungen 288
Sonnenenergie 311
Spaltprodukte 114
Speicherbauten 159
Speicherbecken Geeste 56f
-, hydrologische Daten 56
Sperrwerk, Nordfeld 41
Spülfläche 125
Spülsaum 276f
Stapelrecht 84
Staustaltung 35,152,158-161
-, Auswirkungen 160f
-, Veränderungen durch
- -, (am) Gewässer 158
- -, (im) Umland 158
Stauregelungen 200
Staustufe(n)
-, Altenwörth 35f
-, (der) Donau 159
-, Gabčíkovo 31f,36f
-, Geesthacht 45
-, (der) Saale 187
Stauwehr 170, Auswirkungen 288
Steinschüttung 157
Stickoxid 149
Stickstoff
-, -bilanz 109
-, -Deposition 151
-, -einträge 108-110
-, (aus) diffusen Quellen 108
Stoffe, transportierte 6
Stoffkreislauf, geochemischer 137
Stoffrecycling 315
Störungen, anthropogene 330
Strandwallsysteme 17
Strom 287
-, -baumaßnahmen 47
-, -bettkanalisierung 164
-, -talauen 326
-, -talflora
- -, Gefährdung typischer Arten 326
Stromversorgung, Entwicklung 174
Strukturarmut, im Stauraum 160
Strukturvielfalt, Reduktion durch Stauhaltung 160
Sturmflut 23,78, -häufigkeit 39
Substanzen
-, persistente 316
-, polare 316
-, radioaktive 6

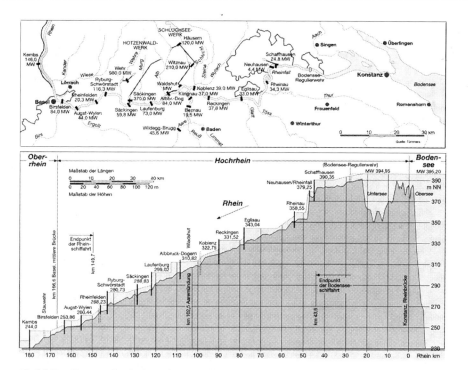

Tafel 3a: Staustufen haben den Hochrhein in eine »Wassertreppe« verwandelt
(aus Cornelsen 9/1994 mit freundlicher Genehmigung des Verlags)

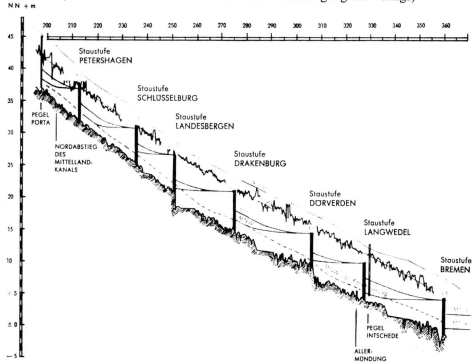

Tafel 3b: Längsschnitt der staugeregelten (kanalisierten) Mittelweser (HEIMANN 1987 mit freundlicher Genehmigung des Bruns Verlags und Druckerei)

Substratdynamik 297
Süd-Nord-Kanal 54
Sukzession 296, -(s)stadium 26
Süßwasser
-, -Phytoplankton, Rückgang des 167
-, -watt 268,270f
- -, Gefährdung 267-273

Tankschiff 87
TBT
-, Auswirkungen 254
-, Hauptanwendungsbereiche 249
-, physiologische Wege 250f
-, Sedimentbelastung 249f
-, Wasserbelastung 249f
Temperatur
-, (als) ökologischer Faktor 100-102
Tertiär 11
Tideauenwälder 166
Tideelbe *siehe* Elbe
Tidenhochwasser 164
Tidenhub 6,27,164
-, Anstieg 40,165f, 168
Tideröhricht 269
Tidewasserstand, schwankender 278
Tiefdeponie 128
Tiefenerosion 45,68,81,158
Tonnenkilometer 86
Tönning 20
Torf 16, -abbau 22, -gewinnung 17
Totalausbau 170
Tourismus 345
Transgression 15
-, holozäne 17
-, -(s)zyklus 14
Transurane 114
Treene-Mündung 39
Treibhausgas 149
Treibselzone 276
Treideln 162
Treidelpfad 79
Triazin 98, -herbizide 112
Tributylzinn *siehe* TBT
Trichlorethen, (in der) Elbe 146
Triebisch 116
Trinkwasser 36
-, -aufbereitung 96f
-, -gewinnung 49-51
-, -reserve 152
-, -schutzgebiet 285
-, -versorgung 96,98
Trübung
-, -(s)maximum 27
-, -(s)zone 5f,134,143
Tulla, Gottfried 152,162
Typschiff Th. Bayer 90

Überdüngungseffekt 140f
Überfischung 51
Überflutung
-, -(s)dauer 294,297
-, -(s)dynamik 326
-, -(s)höhe 294
-, -(s)moor 63
-, -(s)räume 349
Überschwemmungsgebiete 1,79,267
-, Verlust der 172
Ufer
-, ökologische Bedingungen 274-276

Uferbefestigung *siehe* Ufersicherung
Uferbegradigung 186
Uferböschung 158
Uferfiltrat 96
Uferfiltration 109,
-, anaerobe Verhältnisse 99
Ufergehölzstreifen 302
-, Erweiterung 303
Uferrandbiotop
-, lenitisches, lotisches 42
Ufersicherung 48,156-158,186
Uferstabilisierung, 158
Uferstruktur 157
Ufervegetation, Gefährdung 273-280
Uferverbau 152-161
Unterhaltungsbaggerung 166f,273
Untersedimentdeponie 127f
Ur-Jadebusen 18
UV-Strahlung 321

Vaucheria-Algenmatten 272
Vegetationsdynamik 295f
Verbindungen, organische 140
Verbreiterung 164
Verhaltensdrift 3
Verkehr
-, -(s)etat 91
-, -(s)strecken 89
-, -(s)träger 89
Verlandung der Wischhafener Nebenelbe 50
Versalzung 50,200
-Auswirkungen 244-249
Versickerung 179,182
Versiegelung 157
Versteppung der Flußniederung 163
Vertiefung 164,186
Verwitterung
-, -(s)produkte 6
-, -(s)prozeß 113
Viererschubverband 184
Vogelschutzgebiete 343
Vogelwelt
-, Belastung 237-239
-, Botulismus 239
-, Folgen der Eindeichungen 236f
-, Gefährdung der 234-240
-, Verlust natürlicher Dynamik 236
Völkerwanderungszeit 19f
Volksvermögen, Schäden am 311
Volkswirtschaftliche Rechnung 309
Vorfluter 83,138,310, -Funktion 91
Vorwarnzeiten 182
Vulkanisationsmittel 111

Wachtelkönig 62
Wanderfische 48
Warft *siehe* Wurt
Wärme
-, -belastung
- -, (durch) Kraftwerke 100-103
-, -lastpläne 102
Wasserbaumaßnahmen 84,278
Wasserhaushalt 57,
-. Beanspruchung durch Kühlwasserbedarf 57
-, -(s)gesetz 313,315,319
-, Veränderungen durch Stauhaltung 161

Wasserkraft
-, -nutzung 68,103,159,168-177
-, -potential 173f
Wasserkraftwerk
-, Entwicklung am Hochrhein 169
-, ökologische Folgen 350
Wasserkreislauf 6
Wasserpflanzenbestände
-, (im) collinen Bereich 4
-, (im) montanen Bereich 4
-, (im) planaren Bereich 4
Wasserqualität, Verbesserung 304
Wasserrückhaltung 345
Wasserstände
-, (im) Donau-Einzugsgebiet 156
-, Dynamik 185
-, Schwankungen 293
Wasserstraßen 51,83
-, -ausbau 182-188
-, -klassen 86
-, künstliche 86
-, Modernisierung 185f
-, natürliche 86
-, Umweltfreundlichkeit 187f
Wasservegetation 35
Wasservogelpopulation, Veränderungen durch Stauhaltung 160f
Watt
-, -gebiet 167,268f,273
-, -sedimente 16
-, -typen 268
Wechselwirkung
-, (zwischen) Fluß und Meer 6-11
Weichholzaue 274,296f
Weichmacher 113
Weichsel, -Kaltzeit, -Spätglazial 14
Welt-Naturerbe-Gebiete 343
Werra 75, Salzbelastung 82
Weser 15,75-82
-, Abwärmebelastung 82
-, -Ästuar 163,165
-, -Einzugsgebiet 76
-, Fischarten 222f
- -, eingeführte 223
-, Jahresgang der Abflüsse 78
-, Mittel- 75,80
-, Nebenflüsse 76
-, ökologischer Gesamtplan 82
-, -Pegel 76
-, Renaturierungskonzept 82
-, Salzbelastung 82
-, Schadstoff-Fracht 147
-, Staustufen 76
Westerschelde 189
Wirkungspotential-Monitoring 331
Wohlfahrtsverlust 311
Wurt 18, -Dorf- 20

Zeitbombe, chemische 137
Zellen, apoptotische 132
Ziegelstein-Produktion 129
Zink, in der Elbe 146
Zooplankton 197f
Zoozönose, ursprüngliche 291
Zuflüsse, alpine 107
Zwischenspeicherung
-, unterirdische 298